# INTRODUCTION À LA BIOMÉTRIE



**Pierre JOLICOEUR**
professeur titulaire
Département de Sciences biologiques
Université de Montréal

Préfaces
de
Richard TOMASSONE
Département de Mathématique et Informatique
Institut National Agronomique, Paris
et
Jean-Marie LEGAY
professeur émérite
Université Claude-Bernard Lyon I, Villeurbanne

Troisième édition,
revue et augmentée



DÉCARIE, Montréal

INTRODUCTION À LA BIOMÉTRIE

Infographie : Pierre Jolicoeur

Note: Le diagramme de la couverture est basé sur une analyse originale de données publiées en 1905 par les pionniers de l'étude de la respiration humaine, J. S. Haldane et J. G. Priestley (voir le chapitre 23).

Troisième édition



Dépôt légal 1er trimestre 1997
Bibliothèque nationale du Québec
Bibliothèque nationale du Canada

Décarie Éditeur inc.
233, avenue Dunbar, bureau 201
Mont-Royal (Québec)
H3P 2H4

ISBN 2-89137-155-0



IMPRIMÉ AU CANADA

1 2 3 4 5 IV 01 00 99 98 97

# Préface

La nécessaire collaboration entre le "biologiste" et le "mathématicien", qu'évoquait Jean-Marie Legay dans la préface de la première édition de l'ouvrage de Pierre Jolicoeur, est bien évidemment toujours d'actualité. La confrontation de deux univers de pensée de nature différente ne peut que se poursuivre! Le mathématicien peut vivre, sans doute plus facilement, dans le sien sans trop en souffrir, si ce n'est en ressentant une certaine frustration intellectuelle de ne pas voir les outils qu'il développe (ses "théorèmes") immédiatement utilisés par d'autres, alors qu'il ressent intérieurement qu'ils devraient l'être. Le biologiste, quant à lui, peut difficilement les ignorer: il doit assurer la progression de sa propre discipline en utilisant au mieux des instruments de pensée et d'action qu'il a rarement créés et dont il se sent, pourtant, dépendant pour extraire toutes les informations contenues dans ses propres données expérimentales.

L'importance du langage dans la transmission des connaissances (du mathématicien vers le biologiste) et des motivations (du biologiste vers le mathématicien) est sans doute primordiale et bien trop souvent ignorée par une majorité de scientifiques. Que l'exposé des objectifs d'une étude soit parfaitement compris, que le passage du formalisme mathématique à son utilisation dans le monde vivant soit aussi bien un "acte de langage" qu'un apprentissage de connaissances, sont sans doute sous-évalués dans de nombreux enseignements, et particulièrement dans les enseignements universitaires. La biométrie a pour ambition d'être le creuset où se rejoignent ces deux univers: encore faut-il que le biométricien ait cette aptitude au dialogue. Cette aptitude ne peut s'acquérir que par une longue pratique à la fois des outils mathématiques (ici ceux de la statistique) et d'un domaine privilégié d'applications, comme c'est le cas de Pierre Jolicoeur.

L'auteur de cet ouvrage appartient à cette famille de scientifiques dont l'ambition est de répondre à cette attente. Son exposé est simple et clair, mais toujours d'une grande rigueur: il devrait satisfaire tous les types de lecteurs. Le mathématicien trouvera la quintessence du message à faire passer et, sans doute, pourra-t-il trouver dans l'ouvrage une façon de présenter les objets mathématiques pour les adapter à des situations biologiques particulières. Le biologiste y trouvera encore davantage. D'abord des outils immédiatement adaptables à ses propres problèmes; je pourrais dire vulgairement: "c'est la moindre des choses". Mais il trouvera aussi, au delà des formules indispensables, un mode de raisonnement simple et intelligent pour adapter correctement des modélisations statistiques aux situations complexes du mode vivant. Il saura que la biométrie lui permet d'aller à l'essentiel, de mettre l'accent sur les "formes fortes" d'une analyse, mais qu'elle laisse aussi de côté ce qu'il faut bien rejeter dans une partie aléatoire inhérente à toute expérience ou à toute observation. Mais on peut aussi penser que bien d'autres utilisateurs que les biologistes pourront tirer profit de l'ouvrage, et tous ceux qui travaillent dans un univers aléatoire devraient pouvoir transposer à leur propre domaine les résultats qui sont exposés ici.

Certes, tout ce qui fait que la biométrie d'aujourd'hui est une science (peut-être n'est-ce qu'un métier?) en continuelle évolution, créant chaque jour de nouveaux outils, n'est pas consigné dans cet ouvrage: ce n'était pas le but de Pierre Jolicoeur. Mais, quand le lecteur aura lu et compris tout son contenu, quand il aura appliqué une partie des méthodes exposées à ses propres travaux, il aura atteint un "point de non-retour" sur le chemin de la pratique biométrique. Cette pratique sera ancrée dans son esprit, et il pourra lire d'autres traités plus spécialisés, quelquefois plus formalisés, si cela s'avère nécessaire. Mais il aura auparavant acquis l'essentiel de ce qu'il doit savoir pour poursuivre sa réflexion personnelle.

Enfin, il me plaît de relever que, dans l'océan des publications en langue anglaise, un ouvrage est publié dans une langue qui apparaît quelquefois inutile à certains cercles scientifiques académiques. Là aussi, et c'est encore un problème de langage, à part de très rares exceptions de bilinguisme parfait, un auteur n'expose clairement sa pensée, avec toutes ses nuances et ses subtilités, que dans sa langue maternelle. Que dire de la multitude des lecteurs non spécialistes de la biométrie qui ne savent bien lire que la leur! Il est inutile qu'ils cumulent simultanément les difficultés de la matière et celles de la langue. Je pense que tous les lecteurs francophones sauront l'apprécier et qu'ils n'auront pas le regret que je ressens en me disant: "quel dommage de ne pas avoir eu en main le « *Jolicoeur* » quand j'ai commencé ma carrière de biométricien!".

Richard TOMASSONE

# Préface de la première édition (1991)

S'il est une affirmation banale aujourd'hui, c'est bien celle de la nécessaire pluridisciplinarité dans la résolution de problèmes dont la complexité ne peut être réduite et appelle la collaboration de spécialistes de formations diverses.

C'est ainsi que les mathématiciens devraient faire l'effort de connaître un peu de biologie, ce qui n'est que rarement et mal assuré, malgré quelques initiatives récentes dans quelques Universités et Grandes Écoles.

Symétriquement, les expérimentateurs, et en particulier les biologistes, ne peuvent plus se passer d'une certaine culture mathématique, qu'ils utiliseront soit en analyse de données, soit en modélisation. Qu'ils prennent en charge eux-mêmes ces travaux ou qu'ils les réalisent en collaboration avec des mathématiciens, ils auront besoin de connaissances techniques et peut-être plus encore d'une capacité d'appréciation de ce qu'il est possible de faire, des limites qu'il est opportun de donner à une interprétation, des projets qu'il est raisonnable d'envisager.

Un véritable problème pédagogique se pose donc pour des étudiants qui ont décidé de s'orienter vers des domaines biologiques, agronomiques, ou médicaux, qui n'ont pas envie de poursuivre des études supérieures en mathématique, et qui auront pourtant à connaître, par leurs lectures et éventuellement par leurs propres recherches, des concepts et des techniques relevant de cette discipline.

Par chance, quelques biologistes et quelques mathématiciens ont abordé ce type de questions depuis longtemps (modèles d'allométrie, équations de dynamique de populations, modèles de dispersion, d'interactions prédateurs–proies, etc.). Leur activité conjointe a abouti à la naissance d'une discipline d'interface, la biométrie. Il n'est pas étonnant dès lors que ce soit souvent des biométriciens qui assument dans l'enseignement et dans la recherche les fonctions que nous venons d'évoquer et qui s'exercent dans un champ commun de biologie et de mathématique.

Monsieur Pierre Jolicoeur est un biométricien de notoriété internationale qui s'est intéressé très tôt à des situations biologiques complexes. Il a eu l'idée de les explorer à l'aide de méthodes statistiques multivariées et a joué un rôle de pionnier dans certaines études de morphologie et en particulier de structures de symétrie. Aujourd'hui, il est connu pour ses modèles originaux concernant la croissance des organismes. En choisissant le titre de son ouvrage, Monsieur Jolicoeur indique clairement sa position, et c'est en tant qu'acteur de la recherche dont il connaît les besoins et dont il a assuré de beaux succès (voir sa liste de références bibliographiques), qu'il met son expérience complémentaire d'enseignant au service d'une entreprise difficile.

La grande originalité que nous offre le texte de ce livre, c'est d'aborder des questions élémentaires de probabilités et statistiques avec clarté, avec tout un choix d'exemples renouvelés et souvent personnels, avec des commentaires qui vont satisfaire l'usager et qui vont lui laisser entrevoir des développements beaucoup plus élaborés, ce qui rend très attractive une lecture tant soit peu attentive de bien des développements.

Le livre est soulagé du détail des démonstrations concernant expressions et formules, mais jamais privé d'un énoncé explicite et soigneux des hypothèses, ni d'un résumé des raisonnements, ni d'une discussion des méthodes en fonction de leur usage, ou des pratiques en fonction de leurs avantages et inconvénients. L'auteur a manifestement fait un choix, préférant utiliser l'effort consenti par son lecteur dans la compréhension qualitative des démarches plutôt que dans la conviction technique de résultats par ailleurs classiques.

La rédaction de l'ouvrage est dominée par la notion de distribution, dont le concept correspond bien à l'impression la plus immédiate qu'on a de la variabilité biologique. L'auteur étudie aussi bien les distributions de statistiques classiques que celles des variables aléatoires les plus couramment utilisées en biologie. Tout le reste en découle naturellement que ce soient les épreuves d'hypothèses concernant les relations entre moyennes, entre variances, ou celles ayant trait aux tableaux de fréquences, aux ajustements, aux corrélations ou aux régressions simples ou multiples. L'auteur se limite à la prise en compte simultanée de deux ou trois variables[1] de manière que le lecteur (encore débutant) garde à l'esprit une représentation concrète de ses calculs, même si certaines généralisations bien naturelles sont évoquées chaque fois que possible.

On voit bien que, si les objectifs techniques de l'auteur sont modestes, ceux d'une compréhension approfondie et intuitive des phénomènes sont ambitieux. Il est nécessaire que de jeunes lecteurs, au début de leurs études, devinent dès ce moment quels prolongements seraient possibles, et qu'une partie d'entre eux soient tentés de poursuivre leurs efforts. C'est le mérite de cet ouvrage d'y contribuer et c'est une raison importante pour lui souhaiter tout le succès qu'il mérite.

Jean-Marie LEGAY

[1] Note de l'éditeur: dans cette troisième édition, l'analyse simultanée de plus de trois variables est considérée aux chapitres 24, 25 et 29 à 34.

# Table des matières

# Tables statistiques les plus utilisées en biométrie

# Introduction

Le mot *biométrie* est tiré du grec (βιος, *vie* + μετρον, *mesure*) et signifie littéralement l'étude quantitative des phénomènes vitaux. Comme les organismes vivants diffèrent généralement les uns des autres, tant dans leur taille et dans leur forme que dans leurs fonctions, l'étude de ces variations nécessite l'utilisation de méthodes statistiques, de sorte que le mot *biométrie* est souvent considéré comme un synonyme de *biostatistique*. Toutefois les biométriciens accordent généralement plus d'attention aux aspects biologiques que ne le feraient des statisticiens. Depuis plusieurs années, on constate que la connaissance de la biométrie est indispensable tant dans le milieu du travail qu'à l'occasion de la préparation d'un mémoire de maîtrise ou de doctorat. Aussi la majorité des universités reconnaissent-elles de nos jours la nécessité de donner à leurs étudiants de biologie au moins un cours d'introduction à la biométrie.

Le présent ouvrage a été rédigé à l'intention des étudiants et des étudiantes en biologie qui suivent des cours de biométrie au niveau universitaire, ainsi que des biologistes désireux de raffermir leur connaissance de la biométrie. Le point de vue adopté par l'auteur est intermédiaire entre celui de la *statistique classique* et celui de l'*analyse de données*. En plus de présenter un spectre assez étendu de méthodes statistiques, l'auteur a tenu à faire une place aussi large que possible à la compréhension, de façon à permettre au lecteur de développer graduellement son autonomie. Toutefois, comme ce livre s'adresse surtout à des biologistes, une partie des explications techniques sont véhiculées par du texte plutôt que par des démonstrations mathématiques.

À l'exception de l'épreuve des signes (section 17.11), les méthodes non paramétriques ne sont pas traitées: l'auteur considère que les méthodes paramétriques fournissent de meilleures illustrations du rôle logique que les statistiques sont appelées à jouer dans la recherche scientifique, les paramètres correspondant aux connaissances théoriques qu'on cherche à obtenir. De plus, les méthodes non paramétriques sont généralement moins sensibles que les méthodes classiques correspondantes. Enfin, elles constituent un arsenal parallèle, qui fait double emploi dans une certaine mesure. La distribution de fréquences des données ressemble souvent assez à la distribution normale ou peut lui être rendue suffisamment semblable par des transformations de variables pour que les méthodes reliées à la distribution normale puissent être employées. Au besoin, le lecteur devrait consulter l'introduction aux méthodes non paramétriques de Sprent (1992, 1993).

Les biologistes et les étudiants en biologie sont plus fortement motivés pour l'étude des méthodes statistiques lorsque ces dernières sont illustrées à l'aide de données biologiques véritables. C'est pourquoi presque toutes les données des exemples du présent manuel sont authentiques et ont été extraites de publications scientifiques. Dans les quelques cas où des données fictives sont utilisées, elles ont été choisies de façon à simuler la réalité biologique aussi bien que possible.

La matière est organisée en chapitres qui sont subdivisés en sections, à peu près dans l'ordre dans lequel les sujets peuvent être présentés de manière efficace au point de vue pédagogique. Certains chapitres et certaines sections chevauchent partiellement, ce qui donne lieu à des renvois. Le présent ouvrage ne comporte pas d'exercices, mais la matière des vingt-trois premiers chapitres est couverte par le cahier publié par l'auteur (**Introduction à la biométrie: exercices et solutions, Décarie Éditeur, Montréal, 1996**).

Cette troisième édition se distingue des éditions précédentes, publiées en 1991 et en 1996, par l'inclusion de plusieurs nouveaux chapitres sur les méthodes statistiques multidimensionnelles, et sur les courbes de croissance et autres relations non linéaires.

Les cinq tables statistiques qui sont les plus utiles dans un cours d'introduction à la biométrie forment la partie finale du présent manuel. Ces tables ont été entièrement recalculées à l'aide d'algorithmes discutés par Abramowitz et Stegun (1968) et par Kennedy et Gentle (1980), et elles sont particulièrement complètes quant aux nombres de degrés de liberté, afin de rendre l'interpolation rarement nécessaire. Les valeurs tabulées[1] comportent généralement au moins quatre ou cinq chiffres, et tous ces chiffres devraient être justes parce que les calculs ont été effectués avec une précision supérieure au nombre de chiffres retenus, et que les résultats ont été transférés dans un logiciel de traitement de texte de manière électronique. Afin d'habituer l'étudiant à travailler de façon méthodique et de minimiser les risques d'équivoque, toutes les tables sont données en fonction de la probabilité cumulée, c'est-à-dire de la probabilité qu'une variable aléatoire prenne une valeur inférieure à la valeur tabulée.

Certains s'interrogeront peut-être sur la pertinence de fournir des tables statistiques, à notre époque où les ordinateurs permettent d'évaluer en quelques instants la probabilité d'une valeur observée ou, inversement, de calculer une valeur possédant une probabilité déterminée. Cette décision résulte d'un choix pédagogique: l'auteur est convaincu que la simple manipulation de logiciels fabriqués par d'autres personnes est une manière trop superficielle de se familiariser avec les méthodes statistiques, et qu'on ne doit pas s'en contenter dans l'enseignement universitaire. Tout biométricien devrait néanmoins posséder soit un microordinateur personnel soit une bonne calculatrice électronique de type scientifique.

L'auteur espère que le présent ouvrage aidera le lecteur à se familiariser avec les notions fondamentales de la biométrie et à découvrir l'intéressant défi que présente l'application des mathématiques à la biologie. Tout lecteur qui remarquerait des obscurités ou des inexactitudes est prié de communiquer avec l'auteur, qui accueillerait avec reconnaissance les suggestions qu'on voudrait bien lui faire. Merci aux lecteurs des deux premières éditions qui ont suggéré des améliorations ou des corrections.

De nombreuses générations d'étudiants et d'étudiantes m'ont incité par leurs questions et par leurs remarques à clarifier ma présentation de plusieurs sujets. Plusieurs chercheurs, tel qu'indiqué dans le texte, m'ont permis d'utiliser leurs intéressantes données pour en faire des exemples. MM. les Professeurs Jean-Marie Legay, de l'Université Claude-Bernard Lyon I, et Richard Tomassone, de l'Institut National Agronomique, Paris, ont aimablement accepté de préfacer la première et la présente édition de ce livre. M. le Professeur Jacques Pontier, également de Lyon, a fait de valables suggestions. MM. les Professeurs William H. Kruskal et Stephen M. Stigler, du Département de Statistiques de l'Université de Chicago, m'ont fourni des renseignements historiques. Enfin, mes enfants, mon épouse, Veronika Meinow, et Monsieur André Décarie, éditeur, ont contribué par leurs commentaires à l'amélioration du texte et des illustrations. Je remercie vivement toutes les personnes énumérées ci-dessus, ainsi que d'autres dont les noms ne sont pas mentionnés explicitement par concision.

Je dédie ce livre conjointement à la mémoire de mes parents ainsi qu'au bonheur et au succès de mes enfants, Lucie, Francine, et André.

Montréal, le 1$^{er}$ janvier 1997 Pierre Jolicoeur

Adresse de l'auteur: Département de Sciences biologiques, Université de Montréal
Case Postale 6128, Succursale Centre-Ville, Montréal, Québec H3C 3J7

[1] Dans cet ouvrage, le participe passé du verbe tabuler est utilisé au sens transitif direct pour qualifier une valeur numérique donnée dans une table statistique.

# Chapitre 1

## L'examen de données biologiques quantitatives à l'aide de diagrammes de dispersion

### Section 1.1: diagrammes de dispersion

De manière générale en statistique appliquée, et en particulier en biométrie, les représentations graphiques et les méthodes numériques jouent des rôles complémentaires et souvent aussi importants l'un que l'autre. L'une des méthodes graphiques les plus utiles en statistique est connue sous le nom de *diagramme de dispersion* (*scatter diagram* en anglais). Cette expression désigne simplement un graphique où sont tracés des axes de coordonnées cartésiennes et où des points dits *figuratifs* représentent les mesures variables qu'on veut examiner. Bien qu'un diagramme de dispersion puisse comporter un seul axe de coordonnées (dispersion unidimensionnelle) ou puisse en comporter plus de deux (dispersion tridimensionnelle ou multidimensionnelle), la sorte la plus couramment utilisée est le *diagramme de dispersion bidimensionnel* (*bivariate scatter diagram* en anglais), qui comporte deux axes et où les points figuratifs représentent des paires de mesures.

### Section 1.2: un exemple d'examen graphique de données

Les données numériques du tableau 1.2.1 ont été obtenues sur des squelettes humains non dissociés, à la suite de fouilles archéologiques en Angleterre, et elles sont représentées par un diagramme de dispersion à la figure 1.2.1 (page suivante). Les mesures données sur une même ligne, dans le tableau 1.2.1, sont provenues du squelette d'un même individu.

**Tableau 1.2.1**
**Mesures de longueur de l'humérus gauche et de l'humérus droit de squelettes humains de sexe féminin; données extraites de l'étude de Münter (1936).**

| Numéro (indice) du squelette | Humérus gauche (mm) | Humérus droit (mm) |
|---|---|---|
| 1 | 311 | 315 |
| 2 | 302 | 306 |
| 3 | 301 | 311 |
| 4 | 322 | 333 |
| 5 | 312 | 316 |
| 6 | 285 | 292 |
| 7 | 305 | 308 |
| 8 | 310 | 318 |
| 9 | 328 | 326 |
| 10 | 304 | 309 |

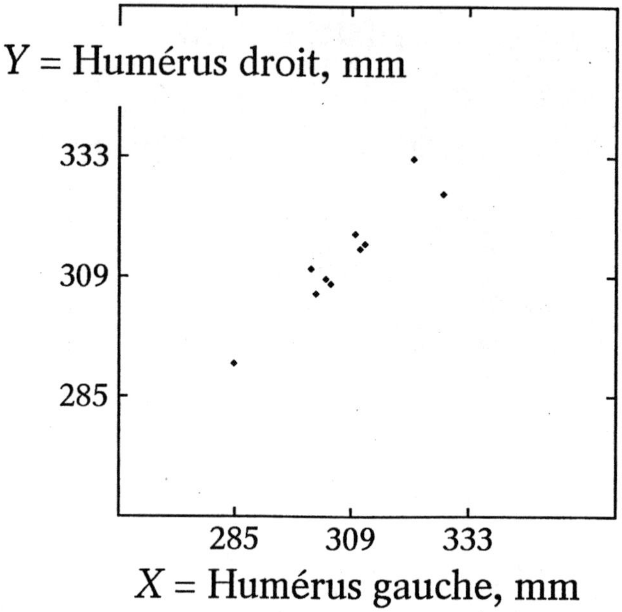


**Figure 1.2.1**
**Diagramme de dispersion de la longueur $X$ de l'humérus gauche et de la longueur $Y$ de l'humérus droit de 10 squelettes humains de sexe féminin.**

De même, dans la figure 1.2.1, chaque point figuratif représente une personne, dont la longueur de l'humérus gauche et la longueur de l'humérus droit correspondent aux coordonnées sur l'abscisse (l'axe des $X$) et sur l'ordonnée (l'axe des $Y$), respectivement. L'examen attentif de ce diagramme de dispersion révèle déjà une caractéristique importante de ce petit ensemble de données : les points figuratifs sont répartis approximativement le long d'une droite fictive allant du coin inférieur gauche au coin supérieur droit du diagramme. Ceci suggère qu'une personne ayant un humérus gauche particulièrement long a aussi un humérus droit particulièrement long; inversement, une personne ayant un humérus gauche court a aussi un humérus droit court. Ce diagramme paraît donc indiquer que, dans le squelette humain, l'humérus gauche et l'humérus droit ont des longueurs voisines. À y bien penser, voici un cas particulier du phénomène de symétrie bilatérale, qui est présent chez l'homme, chez beaucoup d'autres animaux, et même dans certaines structures végétales.

Si la symétrie bilatérale était parfaite, on s'attendrait à ce que les points figuratifs soient tous situés rigoureusement sur une ligne droite passant par les points d'égale valeur, dont l'équation serait $Y = X$. Une telle droite a été tracée dans la figure 1.2.2, et elle montre que la symétrie bilatérale est imparfaite. En effet, les points figuratifs ne sont pas tous situés exactement sur la droite $Y = X$. En outre, 9 des 10 points figuratifs de même que le point moyen $(\overline{X}, \overline{Y})$ (voir le chapitre 4) sont situés au dessus de la droite $Y = X$, dans la portion du diagramme de dispersion où $Y > X$, c'est-à-dire là où la longueur de l'humérus droit est plus grande que celle de l'humérus gauche. Comme cela sera confirmé à l'aide de méthodes numériques aux sections 9.6, 9.9 et 17.11, l'humérus droit semble donc légèrement plus long que l'humérus gauche chez la majorité de ces squelettes.

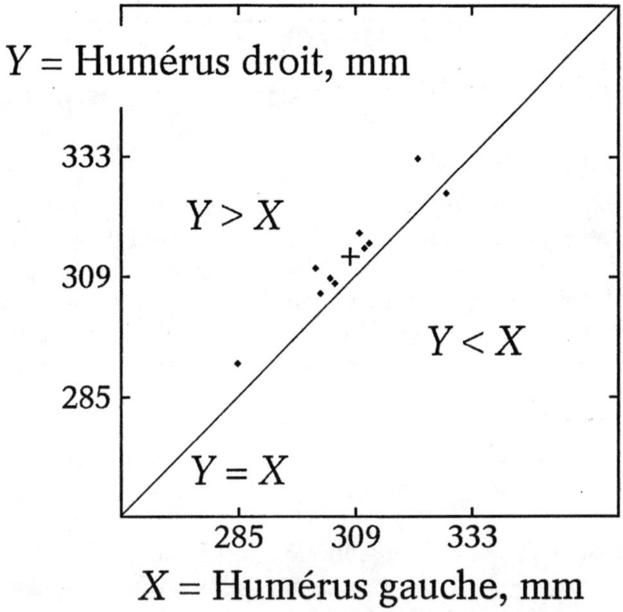


**Figure 1.2.2**
**Diagramme de dispersion de la longueur $X$ de l'humérus gauche et de la longueur $Y$ de l'humérus droit de 10 squelettes humains de sexe féminin; la droite diagonale $Y = X$ représente l'hypothèse de symétrie bilatérale et la croix (+) représente le point moyen ($\overline{X}$, $\overline{Y}$).**

On peut se demander s'il n'y aurait pas une relation entre cette légère prédominance de la longueur de l'humérus droit et le fait que, dans toutes les populations actuelles, et même dans les populations préhistoriques, si on en juge par les dessins préhistoriques (Coren et Porac, 1977), la majorité des individus (de 90% à 95%) sont droitiers. Il est remarquable que le simple examen graphique d'un si petit ensemble de données permette de mettre en évidence des informations et de soulever des questions aussi intéressantes.

Pour ce qui est de la symétrie bilatérale, l'asymétrie fonctionnelle du cerveau humain a reçu beaucoup d'attention de la part des neurobiologistes au cours des deux dernières décennies, la question ayant été revue par Bradshaw et Rogers en 1993. Dans une analyse statistique multidimensionnelle de l'asymétrie du squelette chez l'homme et chez la martre d'Amérique, Jolicoeur (1963c) a discuté l'hypothèse que, chez les animaux possédant un pôle céphalique (une tête), la symétrie bilatérale (par rapport à un plan médian) est une adaptation à la locomotion rapide en ligne droite dans un milieu stratifié verticalement par la pesanteur. Par contraste, la symétrie radiaire (par rapport à un axe) est souvent présente chez les animaux dont l'axe céphalo-caudal est peu différencié et généralement vertical et qui sont sessiles ou se déplacent lentement sans préférence marquée de direction, comme les coelentérés (anémones et méduses) et les stades adultes de beaucoup d'échinodermes (oursins et étoiles de mer). Chez les végétaux, la symétrie radiaire est la plus fréquente, mais la symétrie bilatérale est présente chez une partie des diatomées et chez les fleurs dites *zygomorphes* de plusieurs angiospermes (en particulier dans la famille des orchidées), dont le port est penché et dont certaines ont des interactions très intenses avec les insectes pollinisateurs.

# Chapitre 2
# Échantillons et populations, estimations et paramètres

## Section 2.1: échantillons et populations

Les mots *échantillon* (*sample* en anglais) et *population* reçoivent en statistique et en biométrie un sens différent et plus restreint que celui qu'ils ont dans la langue courante. En statistique, le mot population (on dit aussi *univers*) signifie un ensemble d'êtres (ou d'observations qualitatives ou quantitatives faisables sur ces êtres), ensemble qu'on désire connaître et qu'on étudie par l'intermédiaire d'un sous-ensemble, appelé *échantillon,* qu'on en tire généralement de manière *aléatoire,* c'est-à-dire de façon aussi impartiale que possible. L'adjectif aléatoire (on dit aussi *fortuit*) provient du nom latin *alea* qui signifie sort, chance ou *hasard* (*random* en anglais).

Contrairement au sens qui lui est attribué en sciences biologiques, le sens statistique du mot population ne sous-entend aucunement la présence d'organismes vivants, différant les uns des autres quant à l'âge et au sexe et capables de se perpétuer par la reproduction sexuée ou asexuée. Le biométricien doit donc être constamment sur ses gardes et distinguer soigneusement les cas où le mot population est utilisé dans son sens biologique de ceux où il l'est dans son sens statistique. Pour cette raison, il est souvent utile de qualifier le mot population par un adjectif, et de parler soit de *population statistique* soit de *population biologique.* Cependant cela n'exclut pas nécessairement qu'un même ensemble d'organismes vivants puisse être considéré comme une population biologique par le biologiste et comme une population statistique par le biométricien ou le statisticien.

De même, le mot *échantillon* désigne généralement en statistique un sous-ensemble tiré de la population statistique pour la connaître, et ce sous-ensemble comporte habituellement plusieurs êtres ou observations et n'est réduit à une seule unité que de manière exceptionnelle. Au contraire, dans la langue courante, un échantillon est souvent un spécimen unique d'une substance, comme lorsqu'on parle d'un échantillon de tissu dans le commerce des textiles, d'un échantillon de roc en géologie ou d'un échantillon de sang ou d'urine en biochimie médicale.

Le nombre d'êtres ou d'observations inclus dans un échantillon au sens statistique est appelé l'*effectif* de cet échantillon (*sample size* en anglais), et est souvent représenté par la lettre $N$. Pour ce qui est des populations statistiques, bien qu'on considère occasionnellement (entre autres pour des raisons didactiques) des populations finies, c'est-à-dire ne comportant qu'un nombre limité d'êtres ou d'observations possibles, la plupart des populations qu'on étudie comportent un si grand nombre d'unités qu'elles peuvent être considérées comme infinies en pratique. En outre, même si on pense que la population étudiée est finie, sa grandeur est rarement connue de manière exacte. En écologie, il est souvent utile d'estimer la grandeur des populations biologiques.

La population statistique est un tout qu'on cherche à connaître par l'intermédiaire de l'une de ses parties, l'échantillon. Comme, même si on souhaite connaître le tout, on étudie directement seulement une partie, l'opération logique par laquelle on étend au tout les constatations qu'on a vérifiées seulement sur une partie constitue une *généralisation* ou *raisonnement inductif.* Rappelons que la conclusion d'un raisonnement inductif est incertaine, sauf dans le cas plutôt exceptionnel de l'*induction complète* (où toute la population peut être étudiée).

Ne serait-il pas plus simple de s'abstenir de prendre un échantillon et d'étudier directement tous les membres de la population statistique? – Sans doute, mais cela ne serait pas toujours possible, car certaines populations statistiques sont extrêmement nombreuses. De plus, certaines méthodes d'étude obligent le biologiste à tuer l'organisme vivant auquel il s'intéresse: dans de tels cas, on se limite donc forcément à ne prélever qu'une partie de la population. Enfin, l'étude directe d'une population complète exigerait souvent un effort disproportionné par rapport à l'importance de l'information cherchée. Bien qu'elle puisse paraître plutôt abstraite au premier abord, la distinction entre la population statistique et l'échantillon est fondamentale, et indispensable si on veut comprendre le rôle logique que les méthodes statistiques sont appelées à jouer dans la recherche scientifique (section 2.4).

## Section 2.2: estimations et paramètres

En biométrie, une caractéristique descriptive d'un échantillon, comme par exemple la moyenne ordinaire $\overline{X}$ (section 4.2), est un essai de connaître la caractéristique correspondante de la population statistique dont l'échantillon est provenu et qu'il représente. Il est donc très important de distinguer une caractéristique numérique d'une population, qu'on appelle un *paramètre,* de la caractéristique correspondante de l'échantillon, qu'on appelle une *estimation* (*estimate* en anglais; on parle plutôt d'*estimateur* si on signifie la formule algébrique par laquelle l'estimation numérique est obtenue). Afin de les rendre faciles à reconnaître, les paramètres statistiques sont représentés aussi souvent que possible par des lettres grecques. Ainsi, la moyenne d'une variable quantitative $X$ dans une population statistique est désignée par le symbole $\mu_X$ (ou $\mu$ tout simplement), tandis que la moyenne de la même variable dans un échantillon d'effectif $N$ est représentée par le symbole $\overline{X}$. La moyenne de l'échantillon, $\overline{X}$, est donc une estimation c'est-à-dire un essai de connaître la moyenne paramétrique de la population, $\mu_X$ . Notons que la lettre grecque $\mu$ (*mu*) est utilisée parce qu'elle correspond à la lettre *m* de notre alphabet, qui est la lettre initiale des mots *moyenne* en français et *mean* en anglais (section 4.2).

## Section 2.3: types d'échantillonnage

Le prélèvement de l'échantillon est généralement effectué en grande partie au hasard (*échantillonnage aléatoire*) afin d'éviter que les conclusions des chercheurs soient faussées par d'éventuelles idées préconçues. Ainsi, lorsqu'un ichtyologiste étudie la longueur $X$ des poissons d'une espèce particulière dans un lac, s'il choisissait surtout les plus gros et les plus beaux spécimens parce qu'il les considère comme plus "représentatifs", cela tendrait à augmenter artificiellement la moyenne $\overline{X}$ de l'échantillon et à diminuer la ressemblance de cette dernière avec la moyenne $\mu$ de la population qu'on veut connaître.

Toutefois, lorsqu'on sait à l'avance qu'une population est hétérogène et comporte plusieurs sous-populations distinctes les unes des autres (appelées *strates* en langage technique), on peut obtenir des renseignements plus précis au sujet de l'ensemble en pratiquant l'*échantillonnage stratifié:* on prélève alors dans chaque strate un sous-échantillon dont l'effectif est proportionnel à l'importance (telle que reflétée par la *fréquence relative,* sections 3.1 et 3.2) de cette sous-population dans la population globale. C'est ce qu'on fait habituellement lorsqu'on cherche à prévoir à l'aide d'un *sondage* l'issue d'un scrutin populaire dans une population hétérogène au point de vue ethnique, linguistique, politique, religieux ou social.

On distingue aussi l'*échantillonnage avec remise* de l'*échantillonnage sans remise* (*sampling with* ou *without replacement* en anglais) selon que l'individu prélevé est remis ou non dans la population après étude. En biologie, on pratique forcément l'échantillonnage sans remise lorsque l'individu étudié doit être sacrifié, mais parfois l'échantillonnage avec remise dans le cas contraire ou pour des raisons didactiques (voir la section 9.5). Les principaux types d'échantillonnage utilisables en biologie ont été discutés avec brièveté et clarté par Chanut (1987).

## Section 2.4: le rôle logique des statistiques dans la recherche scientifique

La figure 2.4.1 schématise le rôle logique que les méthodes statistiques sont appelées à jouer dans la recherche scientifique. Tandis que toutes nos prises de contact avec la réalité consistent en perceptions sensorielles sur un échantillon de quelques êtres concrets en particulier, nous aspirons à connaître les caractéristiques générales et donc abstraites de la population statistique de tous les êtres de la sorte étudiée. L'estimation des paramètres de la population à partir de l'échantillon, au moyen d'estimations ponctuelles ou par intervalles (chapitres 9 et suivants), constitue donc une forme quantitative de raisonnement inductif. Pour ce qui est de la prédiction de nouvelles observations particulières à partir des paramètres de la population, elle est une sorte de raisonnement déductif, et est faite soit (a) pour éprouver une hypothèse en la confrontant avec les faits (chapitre 9), soit (b) dans un but pragmatique, pour prévoir un cas particulier jamais encore observé.

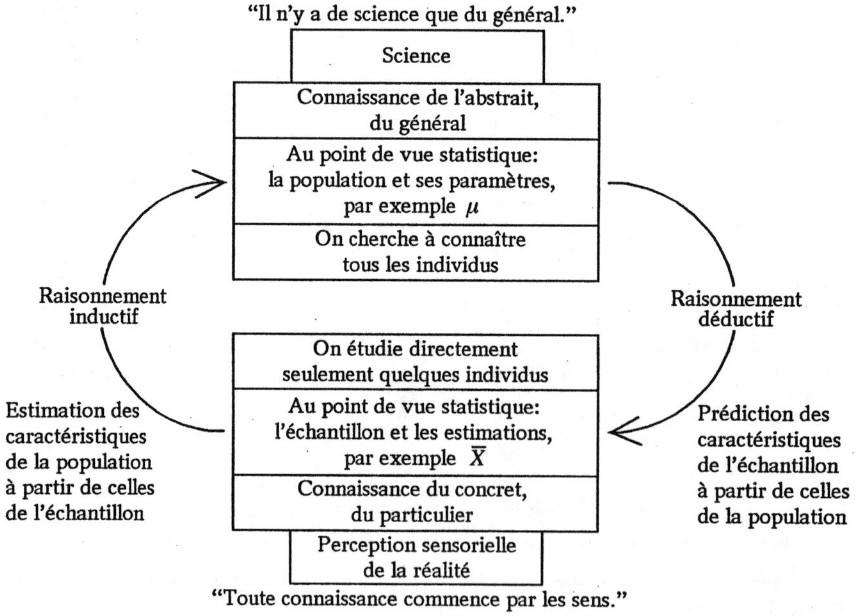


**Figure 2.4.1**
**Le rôle logique des méthodes statistiques dans la recherche scientifique.**

# Chapitre 3
## Fréquences et probabilités

### Section 3.1: fréquences absolues et fréquences relatives

Lorsqu'on classifie un échantillon (chapitre 2) d'êtres ou d'observations quant à une variable qualitative ou quantitative, il arrive que plusieurs observations sont situées dans la même classe ou possèdent la même valeur. On appelle alors *fréquence* (ou *fréquence absolue*) le nombre d'êtres ou d'observations qui "tombent" dans cette classe ou possèdent cette valeur. Comme l'échantillon se répartit habituellement en plusieurs classes, on appelle *fréquence totale* la somme des fréquences absolues de toutes les classes. La fréquence totale d'un échantillon est donc synonyme de son effectif. Le tableau 3.1.1 montre de quelle façon un échantillon de 76 martres d'Amérique (*Martes americana*) mâles se *répartit,* se *distribue,* par rapport à la longueur du crâne mesurée en mm. Un tel tableau s'appelle un *tableau de fréquences.*

**Tableau 3.1.1**

**Tableau de fréquences de la longueur du crâne $X$ en mm de martres d'Amérique mâles capturées en 1955 au Montana (Jolicoeur, 1963b, 1963c).**

| Classes de longueur (mm) | Fréquences absolues | Fréquences relatives |
|---|---|---|
| 68 | 0 | 0,0000 |
| 69 | 0 | 0,0000 |
| 70 | 0 | 0,0000 |
| 71 | 0 | 0,0000 |
| 72 | 0 | 0,0000 |
| 73 | 1 | 0,0132 |
| 74 | 0 | 0,0000 |
| 75 | 2 | 0,0263 |
| 76 | 3 | 0,0395 |
| 77 | 7 | 0,0921 |
| 78 | 13 | 0,1711 |
| 79 | 20 | 0,2632 |
| 80 | 12 | 0,1579 |
| 81 | 12 | 0,1579 |
| 82 | 6 | 0,0789 |
| Sommes | 76 | 1,0001 |

Lorsqu'on doit comparer deux échantillons dont les effectifs sont inégaux, il est avantageux de faire abstraction de cette inégalité des effectifs en considérant la *fréquence relative* de chaque classe, par opposition à la fréquence tout court ou *fréquence absolue:* la fréquence relative d'une classe est obtenue en divisant la fréquence absolue de cette classe par la *fréquence totale* de toutes les classes, c'est-à-dire par l'*effectif.* Inversement, la fréquence absolue d'une classe peut être retrouvée en multipliant sa fréquence relative par l'effectif. La fréquence relative est exprimée en fraction de l'unité. Toutefois, si on multiplie par 100 le quotient de la fréquence absolue par la fréquence totale, la fréquence relative peut être exprimée en pourcentage. Tandis que la somme des fréquences absolues de toutes les classes est égale à la fréquence totale, la somme de leurs fréquences relatives est égale à 1,0 ou 100% (à l'erreur d'arrondissement près).

## Section 3.2: fréquences relatives observées et prévues, probabilités

La fréquence relative d'une classe particulière dans un échantillon est une estimation de la fréquence relative de la même classe dans la population statistique dont l'échantillon est provenu. Comme les fréquences relatives des diverses classes d'une population statistique sont fixées (théoriquement d'une certaine façon), on les appelle des *probabilités*. La probabilité d'une classe, c'est donc la fréquence relative de cette classe dans la population statistique dans laquelle on est sur le point de prélever un échantillon ou un événement (section 3.6), et on s'attend théoriquement à ce que la fréquence relative qui sera observée dans l'échantillon soit voisine de la probabilité correspondante. En somme, on peut dire que les probabilités sont les *fréquences relatives dans la population statistique* ou qu'elles sont les *fréquences relatives prévues* à partir de la population, par opposition aux *fréquences relatives observées*, qui sont déterminées à partir de l'échantillon.

## Section 3.3: distributions de fréquences et de probabilités

Un tableau de fréquences comme le tableau 3.1.1 indique comment la fréquence totale d'un échantillon est répartie ou distribuée quant aux diverses valeurs ou classes de valeurs d'une variable aléatoire $X$. Concrètement, on appelle *distribution de fréquences* la façon particulière suivant laquelle est distribué un ensemble de valeurs observées d'une variable aléatoire $X$. De même, on parle de *distribution de probabilités* lorsqu'il s'agit de fréquences relatives prévues (section 3.2). Une distribution de fréquences ou de probabilités peut être représentée graphiquement en portant en abscisse les valeurs successives de la variable aléatoire $X$ et en ordonnée les fréquences ou probabilités correspondantes. La fréquence de chaque classe est représentée par un trait vertical dans le *diagramme en bâtons* (figure 3.3.1.a) mais par un rectangle dans l'*histogramme de fréquences* (figure 3.3.1.b). Le diagramme en bâtons est particulièrement opportun lorsqu'il s'agit d'une variable $X$ véritablement discrète, parce qu'il suggère la discontinuité, tandis que l'histogramme de fréquences est préférable lorsqu'il s'agit d'une variable fondamentalement continue pour laquelle on ne distingue en pratique qu'un nombre limité de classes pour des raisons de concision. Dans le cas d'une variable continue, on peut aussi représenter les fréquences des classes successives simplement par des points qu'on réunit ensuite par des segments de droite, ce qui donne un polygone (figure 3.3.1.c), ou par des traits recourbés, ce qui donne une courbe (figure 3.3.1.d). Lorsque la distribution de fréquences ou de probabilités d'une variable continue est représentée par une courbe, l'ordonnée $f(X)$ doit être interprétée comme une *densité de fréquence*[1] ou une *densité de probabilité* plutôt que simplement comme une fréquence ou une probabilité (voir les sections 3.8, 3.10 et 5.2). La distribution de fréquences de la longueur du crâne de 76 martres d'Amérique mâles (tableau 3.1.1) est représentée par un histogramme de fréquences à la figure 3.3.2 .

[1] On met habituellement les mots *fréquence* et *probabilité* au pluriel dans plusieurs expressions, comme *distribution de probabilités, table de probabilités, tableau de fréquences, histogramme de fréquences, papier de probabilités,* etc., parce que ces expressions laissent sous-entendre le pluriel. Dans les expressions *densité de fréquence* et *densité de probabilité*, on écrit toutefois *fréquence* et *probabilité* au singulier parce que ces mots y sont utilisés dans leur sens abstrait.

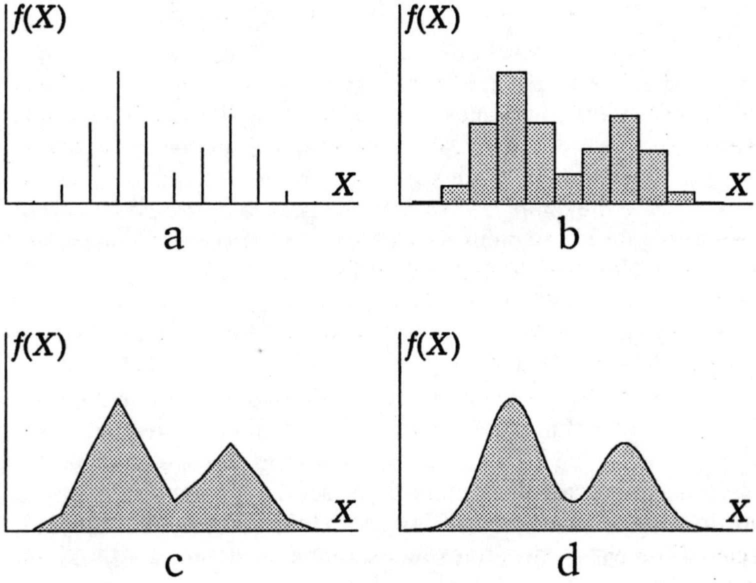


**Figure 3.3.1**
**Représentation d'une distribution de fréquences ou de probabilités par un diagramme en bâtons (a), par un histogramme (b), par un polygone (c), et par une courbe (d).**

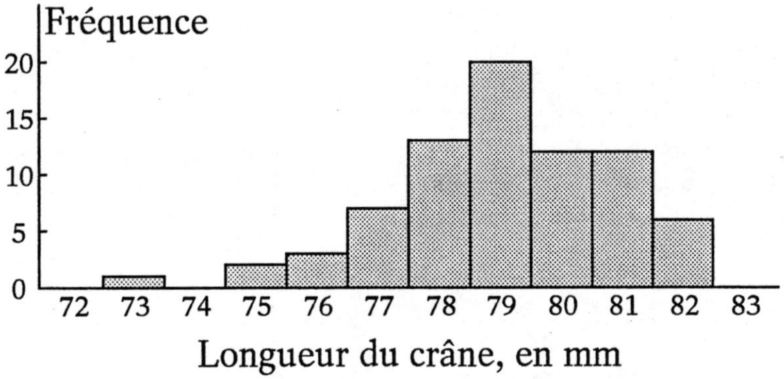


**Figure 3.3.2**
**Représentation par un histogramme de la distribution de fréquences de la longueur du crâne en mm de martres d'Amérique mâles capturées en 1955 au Montana (voir le tableau 3.1.1).**

## Section 3.4: unimodalité ou plurimodalité d'une distribution

On appelle *mode* d'une distribution une valeur ou une classe qui possède une fréquence ou une probabilité clairement plus élevée que les valeurs ou les classes adjacentes. Dans le cas de la longueur du crâne de 76 martres d'Amérique mâles, par exemple, (tableau 3.1.1 et figure 3.3.2), la valeur 79 mm, dont la fréquence est 20, est un mode. On dit qu'une distribution est unimodale, bimodale, trimodale ou plurimodale suivant qu'elle possède un seul, deux, trois ou plusieurs modes. Lorsqu'une distribution possède plus d'un mode, cela peut souvent être interprété comme un symptôme d'hétérogénéité. À titre d'exemple, le tableau 3.4.1 et la figure 3.4.1 montrent la distribution de fréquences de la longueur du crâne de 53 martres d'Amérique femelles en plus des 76 martres mâles considérées aux sections 3.1 et 3.3.

On constate que les distributions de fréquences des deux sexes sont fortement décalées l'une par rapport à l'autre, le mode de la distribution des mâles étant situé à 79 mm, avec une fréquence égale à 20, tandis que le mode de la distribution des femelles est situé à 71 mm, avec une fréquence de 16. Ce décalage reflète le dimorphisme sexuel marqué de la taille dans la famille des mustélidés (dont la martre fait partie), les mâles étant beaucoup plus gros que les femelles. Si on ignorait le sexe des spécimens, la distribution de fréquences serait fortement bimodale, la bimodalité provenant de la superposition de deux distributions différentes (tableau 3.4.1 et figure 3.4.1). Même lorsque la présence du dimorphisme sexuel est moins évidente, il est toujours plus sûr de distinguer les mâles soigneusement des femelles au cours d'une analyse de données.

**Tableau 3.4.1**
**Fréquences absolues de la longueur du crâne *X* en mm de martres d'Amérique mâles et femelles capturées en 1955 au Montana (Jolicoeur, 1963b, 1963c).**

| Longueur (mm) | Mâles | Femelles | Les 2 sexes |
|---|---|---|---|
| 68 | 0 | 2 | 2 |
| 69 | 0 | 2 | 2 |
| 70 | 0 | 9 | 9 |
| 71 | 0 | 16 | 16 |
| 72 | 0 | 13 | 13 |
| 73 | 1 | 7 | 8 |
| 74 | 0 | 4 | 4 |
| 75 | 2 | 0 | 2 |
| 76 | 3 | 0 | 3 |
| 77 | 7 | 0 | 7 |
| 78 | 13 | 0 | 13 |
| 79 | 20 | 0 | 20 |
| 80 | 12 | 0 | 12 |
| 81 | 12 | 0 | 12 |
| 82 | 6 | 0 | 6 |
| Fréquences totales | 76 | 53 | 129 |

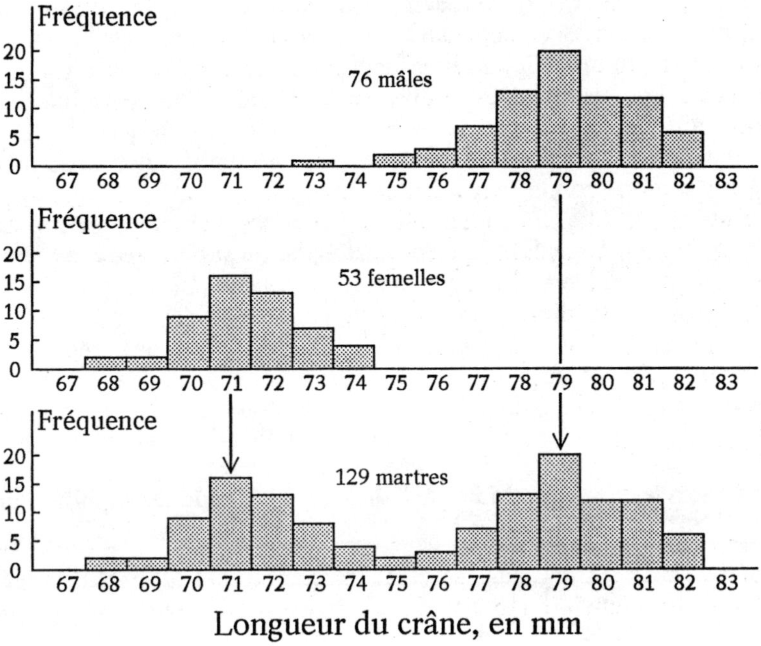


**Figure 3.4.1**
**Distribution de fréquences de la longueur du crâne en mm de martres d'Amérique mâles et femelles capturées en 1955 au Montana (voir le tableau 3.4.1).**

Pour ce qui est du dimorphisme sexuel de la taille chez les mammifères, il est parfois relié de manière frappante au comportement social et à la structure des populations. Chez les pinnipèdes (l'ordre des phoques et des otaries), par exemple, le mâle adulte atteint une taille beaucoup plus considérable que la femelle chez certaines espèces (entre autres chez l'éléphant de mer, *Mirounga angustirostris* dans l'hémisphère nord et *Mirounga leonina* dans l'hémisphère sud), et il est alors fortement dominant, pratique la polygamie et éloigne agressivement les autres mâles de son harem. Chez d'autres espèces de pinnipèdes, au contraire, le mâle n'atteint qu'une taille voisine de celle de la femelle et est généralement monogame.

## Section 3.5: fréquences et probabilités cumulées

Aux sections précédentes, il s'agissait du nombre d'êtres qui avaient une certaine valeur ou dont la valeur "tombait" dans une certaine classe; ainsi, le tableau 3.1.1 et l'histogramme de la figure 3.3.2 indiquaient comment la fréquence totale $N = 76$ se *distribue* dans les diverses classes. On dit pour cette raison que ce tableau et cet histogramme sont *distributifs* et que les fréquences en question sont des *fréquences distribuées.* Il arrive d'autre part qu'on s'intéresse au nombre d'êtres dont la valeur est inférieure à un nombre donné, par exemple la durée de survie d'organismes dans des conditions hostiles: on dit alors qu'il s'agit de *fréquences cumulées.* Enfin, on peut aussi considérer le nombre d'êtres dont la valeur est égale ou supérieure à un nombre donné, et on parle alors de fréquences *décumulées* ou *rétrocumulées* (tableau 3.5.1 et figure 3.5.1). Dans le cas particulier de la durée de survie des drosophiles, pris ici comme exemple au tableau 3.5.1 et à la figure 3.5.1, l'histogramme des fréquences cumulées constitue une description approchée d'une *courbe de mortalité,* tandis que l'histogramme des fréquences décumulées décrit approximativement une *courbe de survie.*

**Tableau 3.5.1**
**Durée de survie en minutes dans de l'air sec à 33,5°C de drosophiles femelles élevées à 15 °C (Smith, 1957).**

| Fréquences distribuées | | Fréquences cumulées | | Fréquences décumulées | |
|---|---|---|---|---|---|
| Durée de survie | Mouches mourantes | Durée de survie | Mouches mortes | Durée de survie | Mouches vivantes |
| $X = 50$ | 0 | $X < 50$ | 0 | $X \geq 50$ | 6 |
| $X = 55$ | 1 | $X < 55$ | 0 | $X \geq 55$ | 6 |
| $X = 60$ | 0 | $X < 60$ | 1 | $X \geq 60$ | 5 |
| $X = 65$ | 1 | $X < 65$ | 1 | $X \geq 65$ | 5 |
| $X = 70$ | 3 | $X < 70$ | 2 | $X \geq 70$ | 4 |
| $X = 75$ | 1 | $X < 75$ | 5 | $X \geq 75$ | 1 |
| $X = 80$ | 0 | $X < 80$ | 6 | $X \geq 80$ | 0 |
| Fréquence totale = 6 | | | | | |

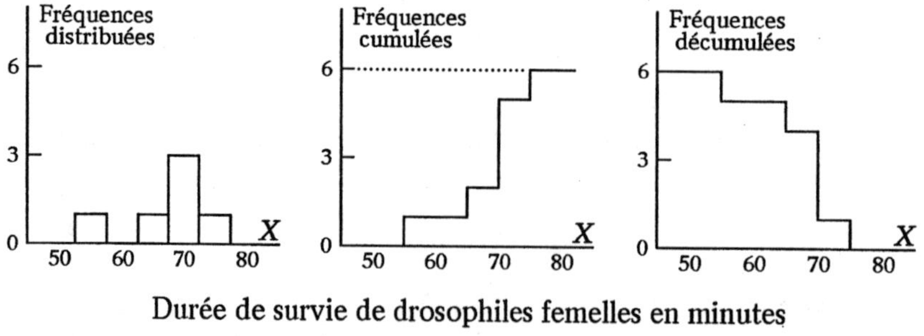


**Figure 3.5.1**
**Histogramme distributif (à gauche), et histogrammes cumulatifs des fréquences cumulées (au centre) et décumulées (à droite) de la durée de survie $X$ en minutes dans de l'air sec à 33,5°C de drosophiles femelles élevées à 15°C (voir le tableau 3.5.1).**

La notion de *fréquences* ou de *probabilités cumulées* est importante non seulement en pratique mais aussi en théorie, parce que la façon la plus efficace de décrire une distribution de probabilités théorique, comme par exemple la *distribution normale* (chapitre 5), consiste à dresser une table de la probabilité cumulée de la variable aléatoire $X$, c'est-à-dire la probabilité que cette variable prenne une valeur inférieure à un nombre donné (figure 3.5.2). Tandis que cette probabilité cumulée est représentée par la surface pointillée comprise sous la courbe distributive à gauche de la valeur $X_0$ (figure 3.5.2, à gauche), elle est représentée par l'ordonnée de la courbe cumulative au dessus de l'abscisse $X_0$ (figure 3.5.2, à droite). L'ordonnée de la courbe distributive (figure 3.5.2, à gauche) est la dérivée de l'ordonnée de la courbe cumulative (figure 3.5.2, à droite).

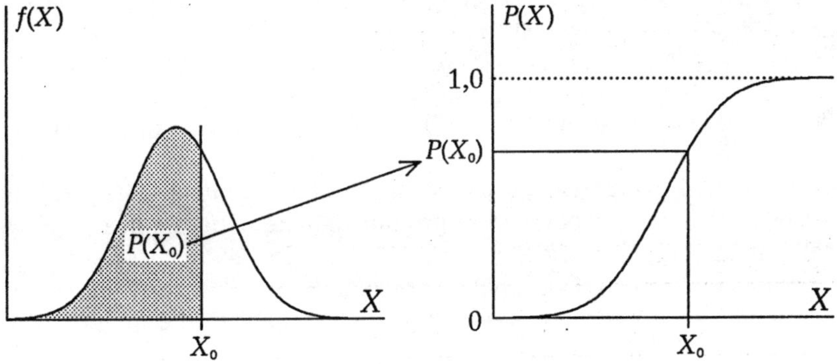


**Figure 3.5.2**
**Courbe distributive (à gauche) et courbe cumulative (à droite) de la distribution de probabilités normale.**

Lorsqu'une table de probabilités est donnée sous forme cumulative, il est très facile de déterminer la probabilité que la variable aléatoire en question tombe dans toute région à laquelle on s'intéresse: en effet, la probabilité qu'une variable aléatoire continue $X$ tombe dans l'intervalle entre deux valeurs spécifiées $X_1$ et $X_2$ est égale tout simplement à la probabilité cumulée de la plus grande ($X_2$) moins celle de la plus faible ($X_1$) des deux valeurs (figure 3.5.3), la probabilité cumulée de $-\infty$ étant 0 et celle de $+\infty$ étant 1,0 .

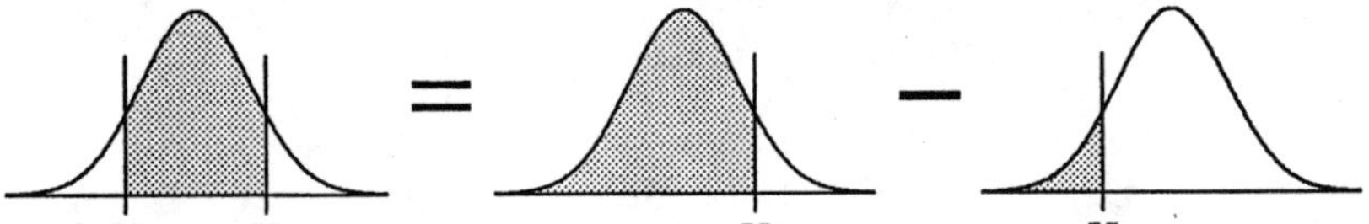


$$P(X_1 < X < X_2) \quad = \quad P(X < X_2) \quad - \quad P(X < X_1)$$

**Figure 3.5.3**[1]
**La probabilité qu'une variable aléatoire continue $X$ tombe dans l'intervalle entre deux valeurs spécifiées $X_1$ et $X_2$ est égale tout simplement à la probabilité cumulée de la plus grande ($X_2$) moins celle de la plus faible ($X_1$) des deux valeurs.**

[1] Bien que cette figure ait été imitée dans d'autres ouvrages, sa version originale faisait partie des notes inédites d'un cours d'introduction à la biométrie donné par l'auteur à l'Université de Montréal.

En statistique théorique, la probabilité cumulée $P(X_0) = P(X < X_0)$ est souvent désignée par le symbole $F(X)$ et est appelée *fonction de répartition* (on dit aussi *fonction de distribution,* mais cette expression risque d'être interprétée comme désignant la fonction distributive au lieu de la fonction cumulative). Cependant nous utiliserons le symbole $F(X)$ en pratique plutôt pour représenter une fréquence absolue observée (section 4.7, chapitres 15, 16, 17 et 18).

## Section 3.6: événements (simples, composés, conjoints) et occasions

Dans l'étude des probabilités, le mot *événement* (*event* en anglais) est employé pour désigner un phénomène qui se produit lorsqu'une occasion se présente, tandis que l'*occasion* est un ensemble de circonstances déterminées dans lesquelles un événement peut se produire. De manière concrète, l'occasion peut être conçue comme une petite portion d'espace-temps où il est possible que l'événement se manifeste. Si chacune de ces deux notions entre dans la définition de l'autre, ce qui peut sembler circulaire à première vue, c'est qu'il s'agit de deux notions liées qui forment un couple en quelque sorte.

On appelle *événement simple* un événement qui ne peut pas être décomposé en événements plus élémentaires pouvant se produire séparément, tandis qu'un *événement composé* est constitué par la réalisation conjointe (simultanée ou successive) de deux ou plusieurs événements simples. On appelle *événements conjoints* les événements simples dont la réalisation simultanée ou successive constitue l'événement composé. En pratique, pour qu'il soit utile au point de vue scientifique de considérer la réalisation conjointe d'événements simples comme un événement composé, il faut qu'il y ait une certaine relation, réelle ou hypothétique, entre ces événements simples.

## Section 3.7: événements compatibles et exclusifs, complémentaires

On appelle *événements compatibles* des événements qui peuvent se réaliser conjointement, tandis que des *événements exclusifs* ne peuvent pas se produire conjointement. Il faut remarquer que des événements qui sont exclusifs lors d'une *occasion simple* peuvent être compatibles lors d'une *occasion composée.* Si deux événements A et B sont exclusifs, la probabilité que l'un ou l'autre se réalise lors d'une occasion donnée est égale à la somme des probabilités de l'un et de l'autre: $P(\text{A ou B}) = P(\text{A}) + P(\text{B})$ . Il peut aussi y avoir un ensemble de plusieurs événements exclusifs A, B, C, ... tels que

$$P(\text{A ou B ou C ou ...}) = P(\text{A}) + P(\text{B}) + P(\text{C}) + \dots \ .$$

On appelle *événements complémentaires* des événements exclusifs dont l'un se produira certainement parce que l'ensemble de ces événements exclusifs épuise la liste des possibilités et constitue un *système complet d'événements.* Si les événements A, B, C, ... etc. sont complémentaires, on a

$$P(\text{A ou B ou C ou ...}) = P(\text{A}) + P(\text{B}) + P(\text{C}) + \dots = 1 \ .$$

Ainsi, par exemple, lorsqu'on prend un seul individu au hasard dans une population humaine dans laquelle il y a 51% d'hommes et 49% de femmes, la probabilité d'avoir un homme est $P(\text{A}) = 0{,}51$ et celle d'avoir une femme est $P(\text{B}) = 0{,}49$, et on a $P(\text{A}) + P(\text{B}) = 0{,}51 + 0{,}49 = 1{,}00$, car il est certain que l'individu sera soit un homme soit une femme.

## Section 3.8: sommation ou intégration de distributions de probabilités

Dans le cas d'une variable aléatoire quantitative $X$ qui ne peut prendre qu'un nombre limité $K$ de valeurs $X_1, X_2, \ldots, X_K$, possédant respectivement des probabilités $P(X_1)$, $P(X_2), \ldots, P(X_K)$, comme la série des valeurs possibles $X_1, X_2, \ldots, X_K$, constitue un système complet d'événements (section 3.7), la somme de leurs probabilités est égale à l'unité:

$$\sum_{i=1}^{K} P(X_i) = 1{,}0 \ .$$

L'équation précédente constitue une description résumée de la distribution de probabilités parce que, dans la mesure où chacun des termes de la somme est connu, cette dernière indique comment les probabilités sont réparties. Dans le cas d'une variable aléatoire continue, la distribution de probabilités peut être résumée par une intégrale où chacune du nombre infini de valeurs possibles est représentée par la densité de probabilité correspondante $f(X)$ (voir les sections 3.3, 3.10 et 5.2):

$$\int_{-\infty}^{+\infty} f(X)\, dX = 1{,}0 \ .$$

## Section 3.9: probabilités conditionnelles; association et indépendance

La probabilité ordinaire (aussi appelée *probabilité marginale*) d'un événement A, $P(\mathrm{A})$, est la probabilité que cet événement se produise sans tenir compte des relations possibles avec d'autres événements B, C ... Par opposition, la *probabilité conditionnelle de l'événement* A *étant donné* B, $P(\mathrm{A}|\mathrm{B})$, est la probabilité que l'événement A se produise lui aussi si l'événement B se produit. La probabilité conditionnelle $P(\mathrm{A}|\mathrm{B})$ est plus grande que la probabilité marginale $P(\mathrm{A})$ s'il y a une association positive mais plus faible que la probabilité marginale s'il y a une association négative entre les événements A et B. Dans le cas où les événements A et B sont indépendants, la probabilité conditionnelle $P(\mathrm{A}|\mathrm{B})$ est égale tout simplement à la probabilité marginale $P(\mathrm{A})$.

Si un événement composé est constitué par la réalisation conjointe de deux événements simples A et B, la probabilité que cet événement composé se produise est

$$P(\mathrm{AB}) = P(\mathrm{A\ et\ B}) = P(\mathrm{A}|\mathrm{B})\, P(\mathrm{B}) = P(\mathrm{B}|\mathrm{A})\, P(\mathrm{A})\, .$$

Dans le cas particulier où deux événements conjoints A et B sont indépendants, la probabilité de l'événement composé AB est égale tout simplement au produit des probabilités marginales :

$$P(\mathrm{AB}) = P(\mathrm{A})P(\mathrm{B})\, .$$

On trouvera des exemples biologiques de phénomènes indépendants et associés aux sections 15.3 et 15.5.

## Section 3.10: l'espérance mathématique (ou moyenne paramétrique)

La notion d'*espérance mathématique* (ou *valeur attendue; expectation* ou *expected value* en anglais) correspond fondamentalement à l'idée de moyenne paramétrique (sections 2.2, 4.2, 5.3). Dans le cas d'une variable aléatoire quantitative $X$ qui ne peut prendre qu'un nombre limité $K$ de valeurs $X_1, X_2, \ldots, X_K$, possédant respectivement des probabilités $P(X_1), P(X_2), \ldots, P(X_K)$, l'espérance mathématique de la variable $X$ est

$$\mathscr{E}\{X\} = X_1 P(X_1) + X_2 P(X_2) + \ldots + X_K P(X_K),$$

c'est-à-dire

$$\mathscr{E}\{X\} = \sum_{i=1}^{K} [X_i P(X_i)] = \mu_X .$$

L'espérance mathématique est donc une *somme pondérée* de toutes les valeurs possibles de la variable aléatoire $X$ où le poids de chaque valeur possible $X_i$ est égal à sa probabilité $P(X_i)$ c'est-à-dire à sa fréquence relative dans la population statistique. La somme pondérée ci-dessus est apparentée à la formule de calcul de la moyenne $\overline{X}$ d'un échantillon dans le cas de données groupées (section 4.7). Par suite de la pondération de la série des valeurs possibles de la variable $X$ par leurs probabilités respectives, l'espérance mathématique $\mathscr{E}\{X\}$ est située approximativement au centre de la série des valeurs possibles et constitue une mesure de tendance centrale (chapitre 4).

Dans le cas d'une variable aléatoire continue, l'espérance mathématique est définie par une intégrale où chacune du nombre infini des valeurs possibles est multipliée par la densité de probabilité correspondante $f(X)$ (voir les sections 3.8, 5.2 et 5.3) :

$$\mathscr{E}\{X\} = \int_{-\infty}^{+\infty} X\, f(X)\, dX = \mu_X .$$

Cependant, comme l'intégrale est la limite d'une somme de produits, l'espérance mathématique possède dans tous les cas une série de propriétés qui découlent de l'associativité et de la distributivité des sommes et des produits algébriques:

$\mathscr{E}\{K\} = K$ si $K$ est une constante;

$\mathscr{E}\{KX\} = K\,\mathscr{E}\{X\}$ ;

$\mathscr{E}\{\mathscr{E}(X)\} = \mathscr{E}\{X\}$ ;

$\mathscr{E}\{a+b\,X\} = a+b\,\mathscr{E}\{X\}$ ;

$\mathscr{E}\{X-\mathscr{E}(X)\} = \mathscr{E}\{X\}-\mathscr{E}\{\mathscr{E}(X)\} = \mathscr{E}\{X\}-\mathscr{E}\{X\} = 0$ ;

$\mathscr{E}\{X\pm Y\pm Z\} = \mathscr{E}\{X\}\pm\mathscr{E}\{Y\}\pm\mathscr{E}\{Z\}$, c'est-à-dire $\mu_{(X\pm Y\pm Z)} = \mu_X \pm \mu_Y \pm \mu_Z$ .

Les propriétés de l'espérance mathématique permettent de démontrer de nombreuses relations théoriques en calcul des probabilités et en statistique (voir par exemple la section 12.4). En outre, deux autres quantités statistiques importantes peuvent être définies à l'aide de la notion d'espérance mathématique :

la variance (section 4.5),

$$\sigma_X^2 = \mathrm{var}(X) = \mathscr{E}\{[X-\mathscr{E}(X)]^2\} = \mathscr{E}\{X^2\}-[\mathscr{E}\{X\}]^2 = \mathscr{E}\{X^2\} - \mu_X^2 ,$$

et la covariance (chapitre 19),

$$\sigma_{XY} = \mathrm{covar}(X, Y) = \mathscr{E}\{[X-\mathscr{E}(X)]\,[Y-\mathscr{E}(Y)]\} = \mathscr{E}\{XY\}-\mathscr{E}\{X\}\mathscr{E}\{Y\} = \mathscr{E}\{XY\} - \mu_X\,\mu_Y .$$

On peut montrer que $\mathrm{var}(a+bX) = b^2\,\mathrm{var}(X)$ et que $\mathrm{covar}(a+bX, c+dY) = bd\,\mathrm{covar}(X, Y)$.

D'autre part,

$$\sigma^2_{(X\pm Y)} = \mathscr{E}\{[(X\pm Y)-\mathscr{E}(X\pm Y)]^2\} = \mathscr{E}\{[[X-\mathscr{E}(X)] \pm [Y-\mathscr{E}(Y)]]^2\},$$

d'où

$$\sigma^2_{(X\pm Y)} = \mathscr{E}[X-\mathscr{E}(X)]^2 \pm 2\mathscr{E}\{[X-\mathscr{E}(X)][Y-\mathscr{E}(Y)]\} + \mathscr{E}[Y-\mathscr{E}(Y)]^2 = \sigma_X^2 \pm 2\sigma_{XY} + \sigma_Y^2 .$$

De plus, lorsque deux variables aléatoires $X$ et $Y$ sont statistiquement indépendantes, $\mathscr{E}\{XY\} = \mathscr{E}\{X\}\,\mathscr{E}\{Y\}$ de sorte que leur covariance $\sigma_{XY}$ est nulle et que $\sigma^2_{(X\pm Y)} = \sigma_X^2 + \sigma_Y^2$. Toutefois, bien que la nullité de la covariance soit une condition nécessaire de l'indépendance statistique, ce n'est pas une condition suffisante: deux variables peuvent avoir une covariance nulle et ne pas être indépendantes (voir la figure 19.10.1).

## Section 3.11: permutations, combinaisons et factorielles

On appelle *combinaisons* les différents arrangements d'objets qu'on peut obtenir en faisant varier uniquement la nature des objets pris dans l'arrangement, l'ordre dans lequel ces objets sont pris n'ayant pas d'importance. Pour ce qui est des *permutations*, ce sont les différents arrangements linéaires d'objets qu'on peut obtenir en faisant varier non seulement la nature des objets pris dans l'arrangement mais aussi l'ordre dans lequel ces objets sont pris.

Si le nombre total d'objets disponibles est $K$ tandis que le nombre d'objets pris dans l'arrangement est $X$, le nombre de permutations peut être désigné par ${}_KP_X$ et est égal à

$${}_KP_X = K(K-1)(K-2)\ldots(K-X+1) = K!\,/\,(K-X)!\,,$$

où $K!$ désigne la factorielle de $K$, c'est-à-dire le produit de $K$ par tous les nombres entiers successifs inférieurs à $K$ jusqu'à l'unité:

$$K! = K(K-1)(K-2)\ldots 3\times 2\times 1 .$$

Pour que l'expression $(K-X)!$ demeure valable même dans le cas où $X = K$, on définit $0! = 1$ par convention.

Comme le nombre de combinaisons ne tient pas compte de l'ordre dans lequel les objets sont pris, il est forcément inférieur au nombre de permutations, et on peut l'obtenir en remarquant que chaque combinaison pourrait donner naissance à $X!$ permutations. Le nombre de combinaisons peut être désigné par le symbole ${}_KC_X$ et est donc égal à

$${}_KC_X = {}_KP_X/X! = K!/[X!\,(K-X)!] .$$

La symétrie de l'expression ci-dessus montre que ${}_KC_X = {}_KC_{(K-X)}$, ce qui reflète le fait que, à chaque combinaison de $X$ objets qu'on prend parmi un nombre total de $K$ objets pour en faire un arrangement correspond une combinaison de $(K-X)$ objets qu'on ne prend pas, et vice-versa. Le nombre de combinaisons ${}_KC_X$ peut aussi être représenté par le symbole

$$\binom{K}{X}.$$

La fonction factorielle et le nombre de combinaisons sont utilisés pour exprimer les termes successifs de la distribution binomiale et de la distribution de Poisson (chapitres 17 et 18).

# Chapitre 4
## Mesures de tendance centrale et de dispersion

### Section 4.1: généralités

La plupart des distributions de fréquences et de probabilités de variables quantitatives qu'on étudie en biologie peuvent être interprétées à l'aide de deux principes opposés mais complémentaires: d'une part, la *tendance* des observations vers une *valeur centrale* et, d'autre part, la *dispersion* des mêmes observations autour de cette valeur centrale. Cette situation peut être représentée algébriquement par une *équation modèle*:

$$X_h = \mu + e_h ,$$

où $h$ est le numéro d'ordre (ou indice) de la $h^{\text{ième}}$ observation d'un échantillon, $X_h$ est la valeur numérique de cette $h^{\text{ième}}$ observation, $\mu$ est une valeur constante qui correspond à la *tendance centrale,* et $e_h$ est une valeur aléatoire qui varie d'une observation à l'autre et qui est responsable de la *dispersion.* Notons que la lettre $i$ est souvent utilisée comme indice mais que nous préférons ici la lettre $h$ parce que nous réservons la lettre $i$ pour d'autres usages. Si on soustrait $\mu$ des deux membres de l'équation modèle ci-dessus, on obtient $e_h = (X_h - \mu)$, ce qui montre qu'au point de vue géométrique la variable aléatoire $e_h$ correspond à l'*écart* entre la $h^{\text{ième}}$ observation $X_h$ et la tendance centrale $\mu$. On peut se représenter la variation visuellement comme un mouvement de va-et-vient d'un point observé $X_h$ de part et d'autre d'une position d'équilibre $\mu$ lorsqu'on passe d'une observation individuelle à l'observation suivante (figure 4.1.1).

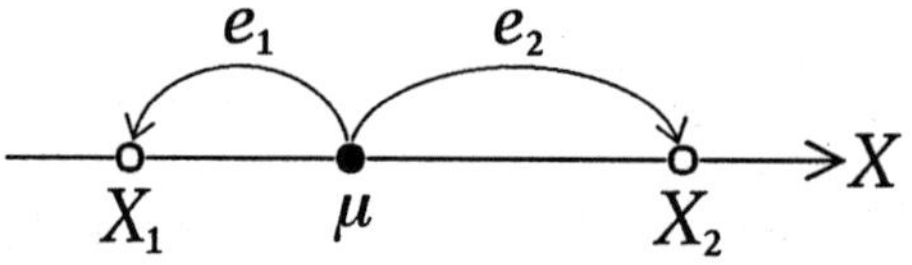


**Figure 4.1.1**
**La variation peut être conçue comme un va-et-vient d'un point observé $X_h$ de part et d'autre d'une position d'équilibre $\mu$.**

### Section 4.2: la moyenne ordinaire ou moyenne arithmétique

La mesure de tendance centrale la plus utilisée est la moyenne ordinaire, aussi appelée *moyenne arithmétique* (*arithmetic mean* ou *average* en anglais); la moyenne arithmétique d'un échantillon est représentée par le symbole $\overline{X}$ et est calculée en divisant la somme des valeurs numériques des observations par l'effectif $N$, c'est-à-dire par le nombre d'observations de l'échantillon:

$$\overline{X} = \frac{X_1 + X_2 + X_3 + \ldots + X_N}{N} = \sum_{h=1}^{N} X_h / N .$$

Lorsqu'on analyse deux variables simultanément et lorsqu'on représente les paires d'observations $(X, Y)$ par des points figuratifs dans un diagramme de dispersion bidimensionnel, par exemple, le point moyen $(\overline{X}, \overline{Y})$, qui a pour coordonnées la moyenne des $X$

sur l'abscisse et la moyenne des $Y$ sur l'ordonnée, est situé approximativement au centre du groupe de points figuratifs (voir la figure 1.2.2). C'est pourquoi la notion de moyenne est reliée à l'idée de *centre* et de *tendance centrale,* et c'est la raison pour laquelle on fait parfois une analogie entre la moyenne d'un groupe de points figuratifs et le *centre de gravité* (aussi appelé *barycentre*) du corps solide qui serait formé par l'ensemble de ces points, si chacun d'eux possédait une masse égale à celle des autres. On parle parfois de *centroïde* pour désigner la région centrale d'un groupe d'observations de façon plus ou moins diffuse. La valeur numérique de la moyenne arithmétique $\overline{X}$ d'un échantillon est une estimation de la moyenne arithmétique de la population qui, elle, est un paramètre (section 2.2) et est représentée par le symbole $\mu_X$ ou $\mu$ tout court.

La signification géométrique de la moyenne peut être mise en évidence si on compare deux populations statistiques qui suivent la distribution de probabilités normale (chapitre 5) et qui ne diffèrent l'une de l'autre que par leurs moyennes. À la figure 4.2.1, par exemple, on a représenté les distributions de deux populations **A** et **B** ayant des moyennes différentes $\mu_A = 5$ et $\mu_B = 15$ mais des écarts-types égaux $\sigma_A = \sigma_B = 1$ (section 4.5). On voit que la population **B**, qui a la moyenne la plus élevée, est située plus à droite sur l'axe gradué de la variable aléatoire $X$. En augmentant ou en diminuant la moyenne d'une distribution normale, on déplace donc son centre et on se trouve à faire glisser l'ensemble de cette distribution vers la droite ou vers la gauche. Pour cette raison, on considère la moyenne non seulement comme une mesure de tendance centrale mais aussi comme une *mesure de position.*

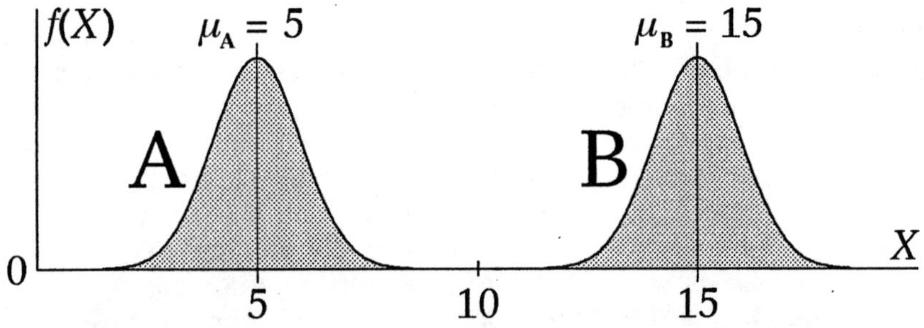


**Figure 4.2.1**
**Au point de vue géométrique, si deux distributions normales ne diffèrent que par leurs moyennes, cela se traduit par le fait que la distribution qui a la moyenne la plus élevée est située plus à droite.**

La moyenne arithmétique satisfait le *principe des moindres carrés* (*least-squares principle* en anglais). En effet, on peut démontrer que la somme des carrés des écarts quant à la moyenne arithmétique $\overline{X}$ n'est jamais plus grande que la somme des carrés des écarts quant à toute autre valeur $K$ :

$$\sum_{h=1}^{N} (X_h - \overline{X})^2 \leq \sum_{h=1}^{N} (X_h - K)^2 ,$$

car $\Sigma(X_h - K)^2 = \Sigma[(X_h - \overline{X}) + (\overline{X} - K)]^2 = \Sigma(X_h - \overline{X})^2 + 2\,\Sigma(X_h - \overline{X})(\overline{X} - K) + \Sigma(\overline{X} - K)^2$

$$= \Sigma(X_h - \overline{X})^2 + 0 + \Sigma(\overline{X} - K)^2, \quad \text{où } \Sigma(\overline{X} - K)^2 \geq 0 .$$

Le fait que la moyenne arithmétique satisfait la condition des moindres carrés peut être vérifié aussi en montrant que la dérivée de la somme des carrés des écarts entre les observations et un nombre $K$, $d[\Sigma(X_h - K)^2]/dK$, est nulle lorsque $K = \overline{X}$. Tandis que la moyenne $\overline{X}$ de l'échantillon satisfait le principe des moindres carrés au niveau de l'échantillon, la moyenne $\mu$ de la population satisfait le même principe au niveau de la population. La condition des moindres carrés garantit que, dans un certain sens, la moyenne arithmétique $\overline{X}$ (ou $\mu$ dans le cas de la population) est située aussi près que possible du centre du groupe de points figuratifs qui représentent les observations dans un diagramme de dispersion ou sur un axe gradué (voir les figures 1.2.2 et 4.1.1). On peut montrer aussi que

$$\Sigma(X_h - \overline{X}) = \Sigma X_h - \Sigma\overline{X} = N\overline{X} - N\overline{X} \equiv 0 ,$$

ce qui rend impossible l'utilisation de la somme ou de la moyenne des valeurs algébriques des écarts (pris avec leur signe) comme mesure de dispersion (sections 4.5 et 4.8).

## Section 4.3: la moyenne géométrique

Bien qu'elle soit souvent satisfaisante, la moyenne arithmétique n'est pas la seule mesure de tendance centrale utilisée en biométrie; la *moyenne géométrique* $G_X$ (*geometric mean* ou *geometric average* en anglais) est souvent désirable :

$$G_X = \sqrt[N]{[X_1\, X_2\, X_3\, \ldots\, X_N]} = [\prod_{h=1}^{N} X_h]^{1/N} .$$

En effet, beaucoup de variables biologiques, telles que la concentration d'une substance dans un organisme, la longueur ou le poids d'un organisme individuel, ou le nombre d'organismes dans une population biologique, ne peuvent pas prendre de valeurs numériques négatives. De plus, les distributions de probabilités de ces variables sont souvent *positivement dissymétriques* (chapitre 13): elles possèdent une queue plus allongée à droite qu'à gauche, de sorte qu'elles ressemblent à la *distribution lognormale* (chapitre 14) plutôt qu'à la *distribution normale* discutée au chapitre 5. Dans ce contexte, il est souvent opportun d'effectuer la *transformation logarithmique* c'est-à-dire de remplacer chaque observation $X_h$ par son logarithme naturel (de base e) $Y_h = \log_e(X_h)$ avant de calculer la moyenne arithmétique $\overline{Y}$ des logarithmes:

$$\overline{Y} = \sum_{h=1}^{N} Y_h / N = \sum_{h=1}^{N} \log_e(X_h) / N .$$

Afin de réexprimer les résultats d'un tel calcul selon l'échelle arithmétique sur laquelle les observations originales $X_h$ ont été faites, il faut ensuite prendre l'antilogarithme de la moyenne arithmétique $\overline{Y}$ des logarithmes, ce qui donne justement la moyenne géométrique $G_X$ des mesures originales: $G_X = \exp(\overline{Y})$ . La moyenne géométrique est donc particulièrement utile lorsque la transformation logarithmique ou la distribution lognormale doivent être employées. La moyenne géométrique d'observations positives n'est jamais plus grande que leur moyenne arithmétique. La moyenne géométrique n'est pas définie au sens mathématique si certaines observations sont négatives, et elle est nulle si l'une des observations est nulle.

## Section 4.4: autres mesures de tendance centrale: le mode, la médiane

Deux autres mesures de tendance centrale sont aussi employées occasionnellement: le *mode* et la *médiane*. Le mode d'une distribution unimodale (section 3.4) est défini comme la valeur (ou la classe dans le cas de données groupées; voir la section 4.7) qui possède la fréquence ou la probabilité la plus élevée. Dans le cas de la longueur du crâne de 76 martres d'Amérique mâles par exemple (tableau 3.1.1 et figure 3.3.2), le mode est la valeur 79 mm, dont la fréquence est 20. Dans le cas de la durée de survie de 6 drosophiles femelles (tableau 3.5.1 et figure 3.5.1), le mode est la valeur 70 minutes, dont la fréquence est 3. Dans le cas d'une distribution bimodale ou plurimodale (figure 3.4.1), l'utilisation du mode principal (dont la fréquence est la plus élevée) comme mesure de tendance centrale serait difficilement justifiable.

La médiane d'une distribution est la valeur de chaque côté de laquelle "tombe" la moitié de la fréquence totale (ou une probabilité de 1/2 ou 50% s'il s'agit d'une distribution de probabilités). La médiane d'un échantillon est souvent représentée par le symbole $\widetilde{X}$ et est définie comme l'observation qui occupe le milieu de la série des observations lorsque ces dernières sont rangées par ordre de grandeur croissante si l'effectif de l'échantillon est impair. Si l'effectif est pair, la médiane est définie comme la moyenne arithmétique (et donc le point milieu) des deux observations qui occupent le milieu de la série des mesures.

Au point de vue théorique, le mode et la médiane paramétriques coïncident avec la moyenne arithmétique dans une distribution normale (chapitre 5), et la médiane coïncide avec la moyenne géométrique dans une distribution lognormale (chapitre 14). Les diverses mesures de tendance centrale sont souvent assez voisines les unes des autres mais peuvent différer fortement dans le cas de distributions dissymétriques.

## Section 4.5: mesures de dispersion: la variance et l'écart-type

La mesure de dispersion la plus utilisée est la *variance* ainsi que sa racine carrée l'*écart-type* (appelé *standard deviation* en anglais). L'écart-type est aussi appelé *écart quadratique moyen*. Bien que l'*écart absolu moyen* (section 4.8) semble à première vue plus facile à calculer, on emploie généralement la variance et l'écart-type parce que ces deux dernières quantités figurent explicitement ou implicitement dans la définition de plusieurs distributions théoriques, comme la distribution normale, la distribution lognormale, la distribution de $\chi^2$, la distribution de $F$, la distribution binomiale, la distribution de Poisson, etc.. La variance de l'échantillon est habituellement représentée par le symbole $S_X^2$ tandis que la variance de la population est désignée par $\sigma_X^2$, la lettre grecque $\sigma$ (*sigma*) minuscule étant l'équivalent de notre *"s"*. Les écarts-types correspondants sont désignés par $S_X$ et $\sigma_X$.

On peut démontrer (sections 4.10 et 12.4) que, afin d'obtenir des *estimations sans biais* (c'est-à-dire justes en moyenne) de la variance paramétrique $\sigma_X^2$, on doit définir la variance de l'échantillon comme suit:

$$S_X^2 = \sum_{h=1}^{N} (X_h - \overline{X})^2/(N-1) .$$

Le dénominateur $(N-1)$ est appelé le *nombre de degrés de liberté* et il est souvent représenté par la lettre grecque $\nu$ (*nu*) minuscule, qui correspond au "*n*" de notre alphabet (voir aussi les sections 6.2 et 7.1). L'écart-type $S_X$ est évalué tout simplement en prenant la racine carrée de la variance $S_X^2$.

Au point de vue géométrique, tandis que la moyenne décrit la position du centre d'un groupe de points figuratifs, l'écart-type (ou son carré la variance) indique si les points figuratifs sont faiblement ou fortement dispersés, éparpillés, dans un diagramme de dispersion. Pour ce qui est de cet éparpillement graphique, il montre si les données numériques diffèrent peu ou beaucoup les unes des autres ainsi que de leur moyenne $\overline{X}$. Si toutes les observations numériques étaient égales les unes aux autres et à leur moyenne, tous les points figuratifs coïncideraient avec le point moyen et l'écart-type serait nul. Au contraire, plus la variation numérique et la dispersion graphique sont fortes, plus l'écart-type est grand. La figure 4.5.1 illustre les distributions de probabilités de deux populations statistiques normales **C** et **D** (chapitre 5) dont les moyennes sont égales ($\mu_C = \mu_D = 10$) mais dont les écarts-types sont différents: $\sigma_C = 1$ et $\sigma_D = 2$. La distribution **D**, qui a le plus grand écart-type, est la plus étalée en largeur.

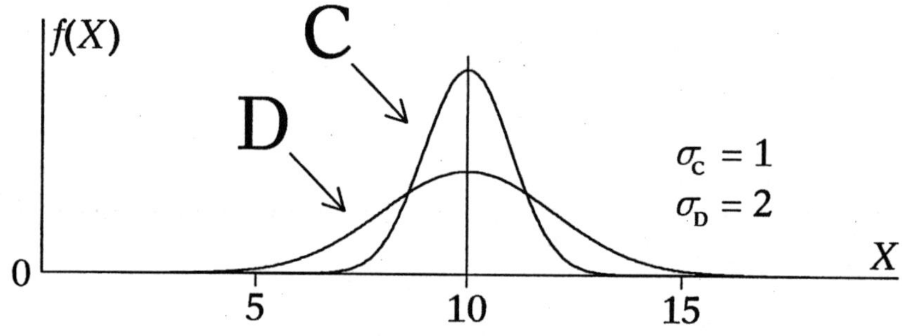


**Figure 4.5.1**
**Au point de vue géométrique, si deux distributions normales ne diffèrent que par leurs écarts-types, celle qui a le plus grand écart-type est la plus étalée en largeur.**

## Section 4.6: calcul de la moyenne, de la variance, et de l'écart-type

Afin de réduire les risques d'erreurs numériques, le calcul de la moyenne, de la variance et de l'écart-type gagne à être fait de façon méthodique. À moins qu'on utilise un ordinateur, il est avantageux de disposer les calculs comme au tableau 4.6.1. Chacune des quantités comme $(X_h - \overline{X})$ est connue sous le nom d'*écart* ou *écart à la moyenne,* et la *somme des carrés des écarts à la moyenne,*

$$\sum_{h=1}^{N} (X_h - \overline{X})^2,$$

est aussi connue sous le nom de *somme centrée.* Pour effectuer les calculs, on remplit d'abord les colonnes $h$ et $X_h$ du tableau (noter que la colonne $h$ est facultative), après quoi on fait la somme des $X_h$. Une fois la moyenne $\overline{X}$ obtenue en divisant la somme des $X_h$ par l'effectif $N$, on remplit les colonnes des écarts et des carrés des écarts, et on fait ensuite la somme de chacune de ces deux dernières colonnes. On vérifie si la somme des écarts est nulle: elle devrait être suffisamment voisine de zéro si on a fait les calculs avec assez de précision. Pour ce qui est de la somme des carrés des écarts, on la divise par $(N-1)$ afin d'obtenir la variance, dont on extrait finalement la racine carrée pour avoir l'écart-type.

**Tableau 4.6.1**
**Étapes détaillées du calcul de la moyenne arithmétique, de la variance, et de l'écart-type de la longueur de 10 humérus droits (mm); (voir le tableau 1.2.1).**

| individu $h$ | observation $X_h$ | écart $(X_h - \overline{X})$ | écart au carré $(X_h - \overline{X})^2$ |
|---|---|---|---|
| 1 | 315 | +1,6 | +2,56 |
| 2 | 306 | −7,4 | +54,76 |
| 3 | 311 | −2,4 | +5,76 |
| 4 | 333 | +19,6 | +384,16 |
| 5 | 316 | +2,6 | +6,76 |
| 6 | 292 | −21,4 | +457,96 |
| 7 | 308 | −5,4 | +29,16 |
| 8 | 318 | +4,6 | +21,16 |
| 9 | 326 | +12,6 | +158,76 |
| 10 | 309 | −4,4 | +19,36 |
| Sommes | 3134 | 0,0 | +1140,4 |

la moyenne $\overline{X} = \Sigma X/N = 3134/10 = 313{,}4$ mm,

la somme centrée $\Sigma(X-\overline{X})^2 = 1140{,}4$ mm²,

la variance $S_X^2 = 1140{,}4/(10-1) = 126{,}711$ mm²,

et l'écart-type $S_X = \sqrt{126{,}711} = 11{,}2566$ mm.

Lorsqu'on dispose d'un ordinateur ou d'une calculatrice de type scientifique, une méthode courante consiste à commencer par calculer ce qu'on appelle les *sommes brutes,*

$$N, \quad \sum_{h=1}^{N} X_h, \quad \text{et} \quad \sum_{h=1}^{N} X_h^2,$$

puis à en déduire la valeur de la moyenne et de la somme centrée par les formules

$$\overline{X} = (\Sigma X)/N \qquad \text{et} \qquad \Sigma(X-\overline{X})^2 = \Sigma X^2 - (\Sigma X)^2/N = \Sigma X^2 - N\overline{X}^2;$$

(nous omettons ici l'indice $h$ de sommation parce qu'il n'y a pas de risque d'équivoque). La quantité $(\Sigma X)^2/N = N\overline{X}^2$ est appelée *terme de centrage* (*correction factor* en anglais) parce que sa soustraction correspond au fait d'utiliser le *centre des observations* (la moyenne $\overline{X}$) comme origine au lieu du point zéro. Toutefois, bien que le calcul de la somme centrée à l'aide du terme de centrage soit exactement équivalent à la sommation des carrés des écarts à la moyenne au point de vue algébrique (voir la section 13.2), il peut donner des résultats numériques sérieusement inexacts et même parfois entièrement faux lorsque les registres de calcul sont courts et lorsque la variation numérique des données est peu importante relativement à leur ordre de grandeur. On est donc plus sûr d'obtenir de bons résultats numériques, même lorsqu'on utilise un ordinateur ou une calculatrice, si on calcule d'abord la moyenne $\overline{X}$ et si on obtient ensuite la somme centrée $\Sigma(X_h - \overline{X})^2$ par une seconde série d'opérations où on commence par soustraire la moyenne $\overline{X}$ de chaque observation individuelle $X_h$. Des difficultés numériques du même ordre peuvent se présenter lorsqu'on calcule les sommes des cubes et des quatrièmes puissances des écarts en vue d'obtenir les indices de dissymétrie et d'aplatissement (section 13.6). Les termes de centrage sont néanmoins utiles dans plusieurs sortes d'analyses de variance parce qu'ils facilitent la compréhension des calculs (voir les sections 12.3 et 28.4 par exemple).

## Section 4.7: méthodes de calcul pour des données groupées

Les méthodes de calcul exposées à la section précédente conviennent particulièrement au cas des données continues lorsque les observations individuelles n'ont pas été regroupées par classes. Or il faut reconnaître que, par suite de la puissance des moyens de calcul dorénavant disponibles, il est de plus en plus rare qu'on regroupe des observations continues uniquement pour abréger les calculs comme on le faisait autrefois. En effet, de tels regroupements entraînaient des pertes de précision et ne permettraient plus aujourd'hui d'économies substantielles de temps. Il subsiste néanmoins des cas où les données sont groupées naturellement, comme dans l'étude de variables discrètes (chapitres 17 et 18), et il faut encore regrouper des observations continues lorsqu'on veut effectuer des épreuves de qualité d'ajustement (chapitre 16). Les méthodes de calcul pour données groupées ont pour effet d'abréger le calcul des sommes brutes ou des sommes centrées en évitant de répéter des termes semblables. Par exemple, la partie de la somme des carrés des observations provenant d'une même classe $i$ est obtenue en multipliant le carré de la valeur ou du point milieu $X_i$ de cette classe par la fréquence absolue $F(X_i)$ de la classe. Les formules de calcul adaptées aux données groupées et aux données non groupées sont énumérées en parallèle au tableau 4.7.1. Le nombre total de classes est désigné ici par $K$.

## Section 4.8: autres mesures de dispersion: l'écart absolu moyen, l'étendue

Deux autres mesures de dispersion sont utilisées à l'occasion: l'*écart absolu moyen* et l'*étendue*. L'écart absolu moyen est obtenu en divisant la somme des valeurs absolues des écarts à la moyenne par l'effectif:

$$\sum_{h=1}^{N} |X_h - \overline{X}| \,/N \,.$$

À première vue, l'écart absolu moyen est un cas particulier de moyenne arithmétique et semble peut-être plus simple et plus naturel que la variance ou l'écart-type (voir la section 4.5) comme mesure de dispersion. Toutefois, tel qu'indiqué à la section 4.5, on préfère souvent la variance ou sa racine carrée, l'écart-type, parce que ces deux dernières quantités figurent explicitement dans la formulation de plusieurs distributions théoriques. Néanmoins l'écart absolu moyen est parfois préférable parce qu'il est moins sensible que la variance ou l'écart-type aux observations extrêmes ou aux observations atypiques (aussi appelées "observations aberrantes"; *outliers* en anglais).

L'étendue (*range* en anglais) est une mesure de dispersion encore plus simple que l'écart absolu moyen, car elle est égale à la différence entre les valeurs extrêmes d'un échantillon, c'est-à-dire qu'elle est obtenue en soustrayant la valeur minimum de la valeur maximum:

$$\text{Étendue} = \text{valeur maximum} - \text{valeur minimum} \,.$$

**Tableau 4.7.1**
**Formules de calcul pour des données non groupées et pour des données groupées; les indices de sommation *h* et *i* sont omis lorsqu'il n'y a pas d'équivoque.**

| quantité | données non groupées | données groupées |
|---|---|---|
| effectif | $N$ | $\sum_{i=1}^{K} F(X_i)$ |
| somme des observations | $\sum_{h=1}^{N} X_h$ | $\sum_{i=1}^{K} [X_i F(X_i)]$ |
| somme des carrés des observations | $\sum_{h=1}^{N} X_h^2$ | $\sum_{i=1}^{K} [X_i^2 F(X_i)]$ |
| moyenne de l'échantillon | $\bar{X} = (\Sigma X)/N$ | $\bar{X} = \{\Sigma[X F(X)]\}/[\Sigma F(X)]$ |
| somme des carrés des écarts | $\sum_{h=1}^{N} (X_h - \bar{X})^2$ | $\sum_{i=1}^{K} [(X_i - \bar{X})^2 F(X_i)]$ |
| nombre de degrés de liberté | $\nu = (N-1)$ | $\nu = [\Sigma F(X)] - 1$ |
| variance de l'échantillon | $S_X^2 = (1/\nu)\, \Sigma(X_h - \bar{X})^2$ | $S_X^2 = (1/\nu)\, \Sigma[(X_i - \bar{X})^2 F(X_i)]$ |

Ainsi l'étendue de la distribution de fréquence de la longueur du crâne de 76 martres d'Amérique mâles (tableau 3.1.1 et figure 3.3.2) est de (82–73) = 9 mm. L'étendue est intéressante parce qu'elle reflète l'ampleur de la variation individuelle, mais elle extrait peu d'information de l'échantillon parce qu'elle est basée uniquement sur les deux observations les plus extrêmes.

## Section 4.9: mesures de dispersion relative

Toutes les mesures de dispersion mentionnées jusqu'ici, la variance et l'écart-type (section 4.5), l'écart absolu moyen et l'étendue (section 4.8), dépendent de l'unité de mesure quant à laquelle les observations sont exprimées: dans le cas de la longueur du crâne des 76 martres mâles, par exemple, la variance est exprimée en $mm^2$ tandis que l'écart-type, l'écart absolu moyen et l'étendue sont exprimés en mm. On dit pour cette raison de toutes ces quantités qu'elles sont des mesures de *dispersion absolue*.

En pratique, les mesures de dispersion absolue de la plupart des données biologiques ne sont pas indépendantes de leur tendance centrale: lorsqu'on compare plusieurs échantillons d'une même variable aléatoire $X$, ceux qui ont les plus grandes moyennes ont fréquemment aussi les plus grands écarts-types. Au tableau 4.9.1, par exemple, on donne la moyenne et l'écart-type de la stature (hauteur) de 20 pygmées mâles de la tribu Éfé ainsi que de la longueur de 20 baleines bleues mâles. On note que l'écart-type $S_X$ de la longueur des baleines (115 cm) est près de dix-neuf fois plus grand que l'écart-type de la stature des pygmées (6 cm). À première vue, ceci semblerait indiquer que les baleines bleues sont beaucoup plus variables que les pygmées. Toutefois, si on remarque que la longueur moyenne $\overline{X}$ des baleines bleues (2399 cm) est près de dix-sept fois plus grande que la stature moyenne des pygmées (142 cm), on comprend facilement qu'une même différence de longueur ou de stature, de 1 mètre par exemple, n'aurait pas la même importance relative chez les baleines bleues que chez les pygmées. Afin de tenir compte de l'ordre de grandeur des organismes ou des caractères qu'on veut comparer, il faut donc utiliser une mesure de *dispersion relative* plutôt qu'une mesure de dispersion absolue.

**Tableau 4.9.1**
**Dispersion absolue et relative de la stature de 20 pygmées Éfé mâles et de la longueur de 20 baleines bleues mâles.**

| Variable | Stature de 20 pygmées Éfé mâles | Longueur de 20 baleines bleues mâles |
|---|---|---|
| Source des données | Schebesta & Lebzelter, 1933 | MacKintosh & Wheeler, 1929 |
| $\overline{X}$ | 142 cm | 2399 cm |
| $S_X$ | 6 cm | 115 cm |
| $V = S_X / \overline{X}$ | 0,0427 | 0,0478 |
| $S_{\log_e(X)}$ | 0,04327 | 0,04953 |

La mesure de dispersion relative la plus connue est le coefficient de variation, $V$, qui est égal au quotient de l'écart-type par la moyenne arithmétique. Lorsque le coefficient de variation est exprimé en pourcentage, comme il l'est souvent, l'écart-type est multiplié par 100 avant d'être divisé par la moyenne:

$$V = S_X/\overline{X} = 100\,(S_X/\overline{X})\%\,.$$

Comme le numérateur et le dénominateur du coefficient de variation possèdent la même unité de mesure (ici le cm), cette unité de mesure se simplifie par division et le coefficient de variation lui-même est un *nombre sans dimension* (on dit aussi *nombre pur*). Si on compare les coefficients de variation des 20 pygmées et des 20 baleines bleues mâles (tableau 4.9.1), on constate qu'ils sont approximativement égaux. Ceci indique que, si on tient compte du fait que la longueur des baleines bleues est beaucoup plus grande que la stature des pygmées, les baleines bleues ne paraissent pas sensiblement plus variables.

Facile à interpréter au point de vue biologique, le coefficient de variation $V$ souffre d'un désavantage au point de vue statistique: comme il est constitué par le quotient de deux autres estimateurs, $S_X$ et $\overline{X}$, sa distribution de probabilités est compliquée. Heureusement, le coefficient de variation $V$ peut souvent être remplacé de manière avantageuse par une autre mesure de dispersion relative, l'écart-type des logarithmes $S_{\log_e(X)}$. Ce dernier peut être obtenu en transformant les données en logarithmes (section 4.3) avant d'en calculer l'écart-type. Comme l'ont remarqué Kermack et Haldane (1950), la valeur numérique de l'écart-type des logarithmes (naturels) est souvent approximativement égale à celle du coefficient de variation du même ensemble de données.

En génétique et en taxonomie quantitatives, les mesures de dispersion relative ont tendance à être fortes pour des groupes hétérogènes d'individus, par exemple des groupes d'hybrides naturels ou expérimentaux. En physiologie, les mesures de dispersion relative tendent à être faibles pour les caractères quantitatifs qui font l'objet de régulations étroites, comme la concentration du glucose dans le sang (glycémie), mais fortes pour les caractères variables, comme la concentration du glycogène dans le foie ou dans les muscles, une matière de réserve dont les fluctuations contribuent à garder la glycémie constante.

Les mesures de dispersion relative n'ont malheureusement pas de signification claire pour certaines variables dont l'échelle de mesure possède une origine arbitraire, ce qui rend leur moyenne également arbitraire. Par exemple, il serait fort intéressant au point de vue physiologique d'obtenir une mesure de dispersion relative pour la température corporelle, qui varie beaucoup chez les animaux dits poïkilothermes mais très peu chez les animaux homéothermes (qui comprennent l'homme et la plupart des mammifères et des oiseaux). Or les mesures de dispersion relative de la température corporelle différeraient fortement selon qu'on utiliserait le zéro degré Celsius ou le zéro absolu comme origine, et on ne voit pas de raisons pleinement convaincantes de préférer l'un à l'autre. Dans le cas de telles variables, il est sans doute préférable de s'en tenir à des mesures de dispersion absolue.

## Section 4.10 : principes d'estimation

En tant qu'estimateur de la moyenne $\mu_X$ de la population statistique, la moyenne $\overline{X} = (\Sigma X)/N$ de l'échantillon satisfait le *principe des moindres carrés* (section 4.2). La moyenne $\overline{X}$ d'un échantillon extrait d'une population normale (chapitre 5) satisfait aussi un autre principe courant d'estimation, le *principe du maximum de vraisemblance*, selon lequel on prend comme estimation d'un paramètre la valeur qui aurait maximisé la densité de probabilité d'obtenir l'échantillon prélevé. La notion de *vraisemblance* est utilisée en outre au lieu de la notion de probabilité quand il s'agit de quantifier notre incertitude face à une conclusion statistique (section 9.1). Dans la recherche d'un estimateur, d'autres qualités sont également désirables, comme le fait d'être *sans biais* et celui d'être *efficace*. L'espérance mathématique d'un estimateur non biaisé est égale au paramètre correspondant, tandis que l'estimateur efficace possède une variance aussi faible que possible. Les qualités désirables ne sont pas toujours toutes réunies dans un même estimateur. Ainsi, l'estimateur de la variance paramétrique $\sigma_X^2$ d'une distribution normale selon le principe du maximum de vraisemblance est $\hat{\sigma}_X^2 = \Sigma(X-\overline{X})^2/N$, mais cet estimateur est biaisé car son espérance mathématique est inférieure au paramètre correspondant (sections 4.5 et 12.4):

$$\mathscr{E}\{\Sigma(X-\overline{X})^2/N\} = [(N-1)/N]\,\sigma_X^2 < \sigma_X^2 .$$

On modifie donc l'estimateur du maximum de vraisemblance de façon à corriger son biais, et on utilise $S_X^2 = \Sigma(X-\overline{X})^2/(N-1)$. D'autre part, la médiane $\tilde{X}$ pourrait être utilisée pour estimer la moyenne $\mu_X$ d'une population statistique normale (qui coïncide avec sa médiane, section 5.3), mais cela serait inefficace parce que la variance de la médiane est plus forte que celle de la moyenne $\overline{X}$ de l'échantillon (section 9.5).

# Chapitre 5
## La distribution normale

### Section 5.1: généralités

La distribution normale est une distribution de probabilités continue, unimodale et symétrique dont la courbe distributive (section 3.5) a la forme d'une cloche (figure 5.1.1). Cette distribution fut découverte indépendamment par le Français Pierre Simon de Laplace (1749-1827) et par l'Allemand Karl Friedrich Gauss (1777-1855), qui s'adonnaient tous deux aux mathématiques, à la physique et à l'astronomie. La distribution normale est prévue théoriquement par le calcul des probabilités lorsqu'une variable aléatoire continue est affectée par des causes de variation très nombreuses, agissant de manière additive, indépendantes les unes des autres, et d'importance faible et approximativement égale. Comme la distribution normale est une distribution théorique, elle n'est pratiquement jamais observée telle quelle en réalité. En particulier, bien que la distribution normale s'étende en principe de $-\infty$ à $+\infty$, beaucoup de variables biologiques ne peuvent pas prendre de valeurs numériques négatives, par exemple la concentration d'une substance dans un organisme, la longueur ou le poids d'un organisme individuel, ou le nombre d'organismes dans une population biologique (voir la section 4.3). En pratique, la distribution normale est cependant obtenue très souvent de façon approchée dans beaucoup de domaines, comme la physique, la biologie, la psychologie, etc., aussi bien lorsque la variation est d'origine objective que lorsqu'elle est due à des erreurs de mesure ou à des imprécisions. De plus, même lorsque la distribution normale proprement dite n'est pas satisfaisante, elle peut souvent être remplacée par une distribution apparentée, la distribution lognormale (chapitre 14).

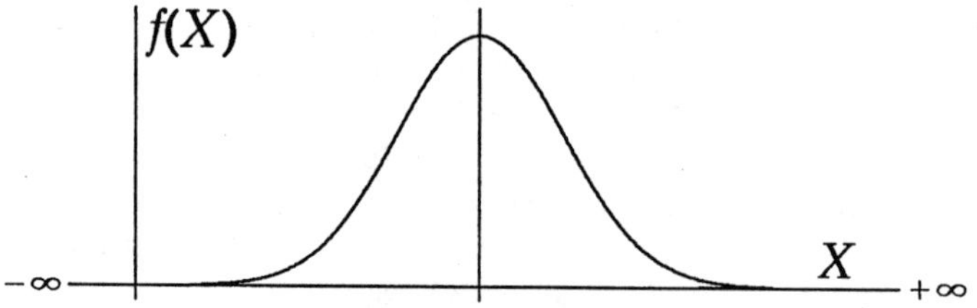


**Figure 5.1.1**
**La courbe de la distribution normale a la forme d'une cloche.**

La distribution normale joue un rôle très important en statistique parce que beaucoup d'autres distributions théoriques lui sont reliées, comme la distribution de $\chi^2$ (chapitre 7), ou lui ressemblent de plus en plus lorsque l'effectif augmente, comme la distribution du $t$ de Student (chapitre 6), ou lorsque l'un des paramètres augmente, comme l'exposant de la distribution binomiale (chapitre 17) ou la moyenne de la distribution de Poisson (chapitre 18).

## Section 5.2: la densité de probabilité normale

La distribution normale, comme d'ailleurs toutes les autres distributions de probabilités de variables continues, présente un paradoxe: bien qu'une variable aléatoire continue $X$ puisse prendre n'importe quelle valeur numérique, entière ou fractionnaire, y compris une valeur absolument exacte comme $X_0 = 13{,}000...$ (avec un nombre infini de zéros), la probabilité qu'une variable aléatoire continue $X$ prenne une valeur infiniment exacte est nulle: $P(X = X_0) = 0$. En effet, cette probabilité est assimilable à la superficie d'un rectangle infiniment étroit dans un histogramme de fréquences où le nombre de classes tendrait vers l'infini tandis que la largeur des classes tendrait vers 0. Et pourtant, l'obtention d'une valeur absolument exacte doit être considérée comme possible par définition et l'ordonnée de la courbe distributive au dessus du point $X = X_0$ n'est pas nulle (figure 5.2.1). Pour cette raison, tel que mentionné aux sections 3.3, 3.8 et 3.10, l'ordonnée $f(X)$ de la courbe distributive d'une distribution de probabilités continue doit être définie non pas comme une probabilité mais comme une *densité de probabilité,* c'est-à-dire comme une *probabilité par unité de la variable X.* C'est aussi pour cette raison que, lorsqu'il s'agit d'une variable continue, on ne peut pas considérer la probabilité que cette variable prenne une valeur exacte: il faut considérer la probabilité que cette variable soit inférieure ou supérieure à un certain nombre ou qu'elle prenne une valeur comprise dans un certain intervalle. La densité de probabilité $f(X)$ de la distribution normale est définie par l'équation

$$f(X) = \frac{1}{\sigma_X \sqrt{2\pi}} \, e^{-\frac{1}{2}\left(\frac{X-\mu}{\sigma_X}\right)^2} ,$$

où $X = X_0$ = la valeur de la variable aléatoire dont on évalue la densité de probabilité,
$\mu = \mu_X$ = la moyenne paramétrique de la distribution,
$\sigma^2 = \sigma_X^2$ = la variance paramétrique de la distribution (la racine carrée de la variance étant l'écart-type $\sigma_X$),
$\pi$ = 3,141592653590 ... , une constante numérique,
et e = 2,718281828459 ... , la constante numérique qui sert de base aux logarithmes naturels.

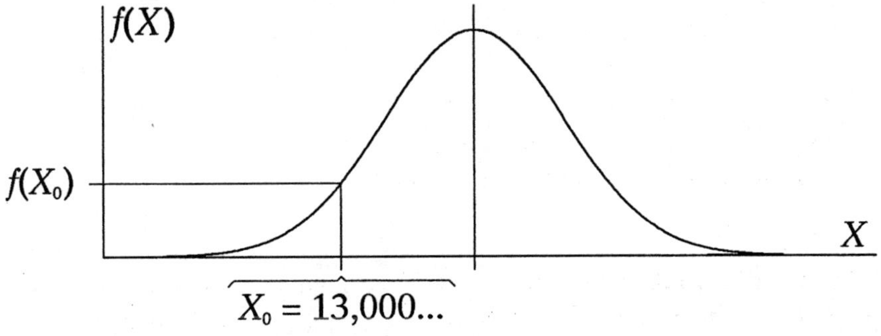


**Figure 5.2.1**
**L'ordonnée de la courbe distributive d'une distribution continue comme la distribution normale est une densité de probabilité.**

Tel qu'indiqué à la section 3.5, la densité de probabilité $f(X)$ est l'ordonnée de la courbe distributive (figure 3.5.2, à gauche et figure 5.2.1) et la dérivée de la probabilité cumulée $P(X < X_0)$, qui est l'ordonnée de la courbe cumulative (figure 3.5.2, à droite). Dans le cas particulier de la distribution normale, l'intégrale de la densité de probabilité $f(X)$ ne peut pas être exprimée à l'aide de fonctions élémentaires, et la probabilité cumulée peut être évaluée uniquement à l'aide d'algorithmes (procédés de calcul) numériques.

## Section 5.3: les deux paramètres de la distribution normale, $\mu$ et $\sigma^2$

Si on sait (ou si on suppose) qu'une variable continue $X$ a une distribution de probabilités normale, il n'y a que deux quantités à connaître pour déterminer la distribution au complet, la moyenne $\mu_X$ et la variance $\sigma^2$. En effet, ce sont les deux seules quantités (en plus de la variable $X$) qui peuvent changer dans l'équation qui détermine la densité de probabilité $f(X)$ à la section 5.2. Ce sont donc les deux seules valeurs par lesquelles les distributions normales peuvent différer les unes des autres. Comme pour les autres distributions continues, la moyenne et la variance paramétriques de la distribution normale sont définies par des intégrales (section 3.10):

$$\mu_X = \int_{-\infty}^{+\infty} X\, f(X)\, dX \quad \text{et} \quad \sigma_X^2 = \int_{-\infty}^{+\infty} (X-\mu)^2 f(X)\, dX .$$

Ces deux intégrales, de même que l'expression de la densité de probabilité à la section 5.2, sont d'intérêt surtout théorique. En pratique, la moyenne et la variance d'une population statistique normale sont habituellement estimées à partir d'un échantillon au moyen des formules données au chapitre 4. Les utilisateurs de méthodes statistiques doivent néanmoins bien comprendre et bien employer les notions de moyenne et de variance paramétriques afin de pouvoir formuler des hypothèses ou déterminer des intervalles de confiance (chapitres 9 et 10) de manière claire et logique.

Dans le cas de la distribution normale, à cause de la symétrie et de l'unimodalité de cette distribution, la moyenne paramétrique coïncide avec le mode et la médiane paramétriques (section 4.4). Au niveau de la population, la moyenne paramétrique $\mu$ possède des propriétés semblables à celles de la moyenne $\overline{X}$ de l'échantillon (section 4.2):

$$\int_{-\infty}^{+\infty} (X-\mu)^2 f(X)\, dX \leq \int_{-\infty}^{+\infty} (X-K)^2 f(X)\, dX .$$

et

$$\int_{-\infty}^{+\infty} (X-\mu)\, f(X)\, dX \equiv 0 .$$

Enfin, tel qu'illustré au chapitre 4, la moyenne reflète la position du centre de la distribution (figure 4.2.1) tandis que la variance (ou sa racine carrée l'écart-type) reflète l'étalement en largeur de la distribution (figure 4.5.1). La courbe de la densité normale possède deux points d'inflexion situés à un écart-type à gauche et à un écart-type à droite de la moyenne paramétrique (figure 5.3.1); la courbe est convexe vers le haut dans l'intervalle entre ces deux points d'inflexion et concave vers le haut à l'extérieur.

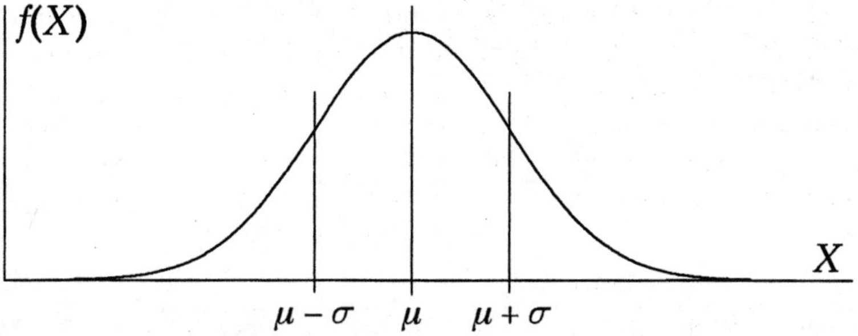


**Figure 5.3.1**
**La courbe de la distribution normale possède deux points d'inflexion situés à un écart-type à gauche et à droite de la moyenne paramétrique.**

Lorsqu'on veut indiquer qu'une variable aléatoire continue $X$ suit une distribution de probabilités normale dont la moyenne est $\mu_X$ et la variance $\sigma_X^2$ , on peut employer la notation suivante:

$$X \leftarrow \mathcal{N}(\mu_X, \sigma_X^2) \ .$$

## Section 5.4: la forme réduite de la distribution normale

En pratique, la plupart des distributions normales diffèrent les unes des autres par leurs moyennes et par leurs variances. D'autre part, la probabilité cumulée (section 3.5) d'une variable aléatoire normale doit être évaluée dans chaque cas particulier à l'aide d'algorithmes numériques assez laborieux. Afin d'éviter d'effectuer fréquemment de tels calculs, on emploie des transformations de variables qui permettent de ramener toutes les distributions normales à une seule et même forme. Comme les distributions normales ne peuvent différer les unes des autres que par rapport à deux paramètres (section 5.3), il suffit de soustraire la moyenne $\mu$ de chaque observation $X$ et de diviser la différence $(X - \mu)$ par l'écart-type $\sigma_X$. On obtient ainsi ce qu'on appelle une *variable réduite* (*standardized variate* en anglais; en français, certains auteurs disent variable centrée réduite ou variable centrée et réduite, mais on sous-entend habituellement l'adjectif centrée parce qu'on ne réduit généralement une variable que si elle est déjà centrée). Cette variable transformée peut être désignée soit par la lettre $x$ minuscule soit par la lettre $t$ minuscule et est égale à

$$x = t = (X - \mu)/\sigma \ .$$

À la suite de cette transformation, la nouvelle variable $x$ est tantôt positive tantôt négative, et elle possède une moyenne paramétrique nulle et une variance et un écart-type paramétriques égaux à l'unité:

$$\mu_x = 0 \quad \text{et} \quad \sigma_x^2 = \sigma_x = 1 \ .$$

On peut donc écrire $x \leftarrow \mathcal{N}(0, 1)$ . Cela permet de donner une table unique de la probabilité cumulée pour la distribution normale (section 5.5). Une fois que les calculs statistiques nécessaires ont été effectués sur la variable réduite $x$, on peut réexprimer les résultats quant à la variable originale $X$ à l'aide de la transformation inverse:

$$X = \mu + x\sigma \ .$$

Au point de vue géométrique, le fait de remplacer la variable originale $X$ par la variable réduite $x$ puis de revenir à la variable originale équivaut simplement à une regraduation temporaire de l'axe de coordonnées (figure 5.4.1):

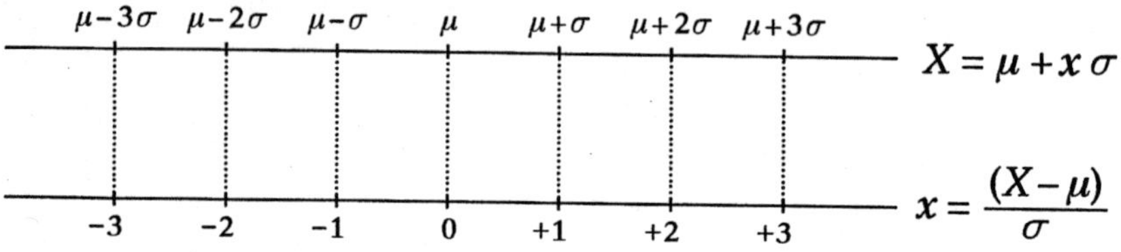


**Figure 5.4.1**
**Correspondance entre les valeurs de la variable originale $X$ et de la variable réduite $x=(X-\mu)/\sigma$.**

L'équation qui exprime la densité de probabilité normale (section 5.2) est sensiblement plus simple pour la variable réduite $x$ que pour la variable originale $X$ :

$$f(x) = \frac{1}{\sqrt{2\pi}} e^{-x^2/2} .$$

La courbe de densité de probabilité de la distribution normale réduite est illustrée à la figure 5.4.2.

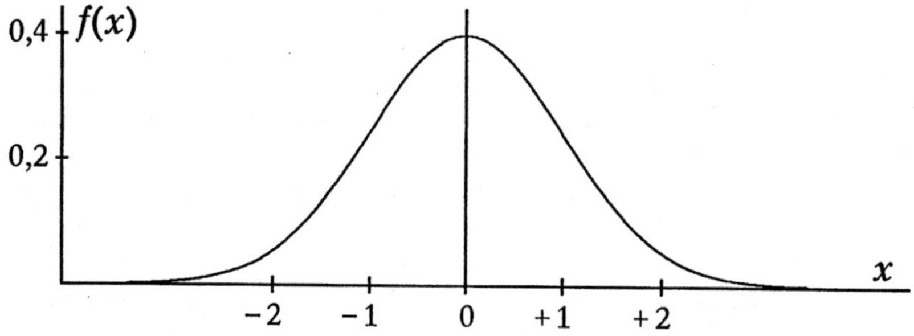


**Figure 5.4.2**
**Courbe de densité de probabilité de la distribution normale réduite.**

En pratique, les valeurs paramétriques de la moyenne $\mu_X$ et de l'écart-type $\sigma_X$ sont souvent inconnues, et on effectue alors la réduction de la variable $X$ et la transformation inverse à l'aide de la moyenne $\overline{X}$ et de l'écart-type $S_X$ de l'échantillon:

$$x' = (X - \overline{X})/S_X \qquad \text{et} \qquad X = \overline{X} + x' S_X .$$

Dans ce dernier cas, la moyenne et l'écart-type de la variable transformée $x'$ sont 0 et 1 respectivement au niveau de l'échantillon, mais généralement pas au niveau de la population:

$$\overline{x}' = 0 \qquad \text{et} \qquad S_{x'} = 1 ,$$

mais

$$\mu_{x'} \neq 0 \qquad \text{et} \qquad \sigma_{x'} \neq 1 .$$

## Section 5.5: tables numériques de la distribution normale

On trouvera une table des probabilités cumulées de la forme réduite de la distribution normale à la fin du présent ouvrage. Nous ne donnons pas la densité de probabilité de la distribution normale parce qu'elle est utilisée moins souvent et parce que, contrairement à son intégrale, elle est relativement facile à calculer à l'aide des expressions données aux sections 5.2 et 5.4. La distribution normale peut être considérée comme le cas limite, lorsque l'effectif $N$ de l'échantillon devient infiniment grand, de la distribution du $t$ de Student discutée au chapitre 6. Tandis que beaucoup d'auteurs désignent une valeur tabulée d'une variable normale réduite correspondant à une probabilité cumulée particulière $P$ par la lettre $z$, nous préférons donc la lettre $t$ que nous affectons d'une parenthèse comme indice; cette parenthèse contient d'abord la probabilité cumulée $P$ suivie d'un point-virgule puis du symbole $\infty$ pour rappeler que la distribution normale est semblable à la distribution du $t$ de Student (chapitre 6) lorsque le nombre de degrés de liberté $\nu$ de cette dernière devient infini: $t_{(P;\,\infty)}$.

Par exemple, l'équation $t_{(0,95;\,\infty)} = +1{,}644854$ signifie que, dans une distribution normale réduite, la probabilité que $t < +1{,}644854$ est 0,95 c'est-à-dire 95%. Si la parenthèse ne contient pas de probabilité cumulée, cela signifie que la valeur de $t$ en question est non pas une valeur tabulée mais une valeur observée: ainsi, $t_{(\infty)} = 2{,}87$ désignerait une valeur observée d'une variable aléatoire continue dont on sait (ou dont on pense) qu'elle suit une distribution normale réduite. Enfin, lorsqu'il n'y a pas d'équivoque et qu'il est évident qu'on utilise la distribution normale, on simplifie parfois la notation en omettant le symbole $\infty$. Comme la distribution normale réduite est symétrique et centrée sur l'origine, la table donnée à la fin du présent ouvrage contient seulement des valeurs positives de $t$, mais la probabilité $P$ d'une valeur négative $t_0 < 0$ peut être obtenue à l'aide de la relation $P[t < t_0] = 1 - P[t < -t_0]$, ou encore plus facilement à partir de $t_{(P;\,\infty)} = -t_{(1-P;\,\infty)}$. Les valeurs des écarts réduits normaux correspondant exactement aux probabilités cumulées les plus utilisées (0,95, 0,975, 0,99, 0,995, 0,999 et 0,9995) sont données à la dernière ligne de la table du $t$ de Student.

## Section 5.6: papier de probabilités normales

La courbe cumulative d'une distribution normale est sigmoïde, c'est-à-dire qu'elle a la forme d'un $S$ allongé (figure 3.5.2, à droite). Cette courbe sigmoïde peut toutefois être transformée en ligne droite si on modifie la graduation de l'ordonnée, sur laquelle sont inscrites les fréquences ou les probabilités cumulées. Il suffit de faire varier l'espacement de la graduation de l'ordonnée selon la fonction inverse de la fonction de répartition (section 3.5). On obtient ainsi ce qu'on appelle du *papier à échelle fonctionnelle de probabilité normale* qui est disponible commercialement (on dit aussi, plus brièvement, *papier de probabilités normales; normal probability paper* en anglais). L'utilisation de ce papier facilite l'examen graphique de la concordance entre la distribution de fréquences d'un ensemble de données et la distribution normale parce qu'il est plus facile de détecter visuellement des écarts par rapport à une ligne droite que par rapport à une courbe sigmoïde.

# Chapitre 6
## La distribution du *t* de Student

### Section 6.1: généralités

La distribution du $t$ de Student fut découverte par le biométricien britannique William Sealy Gossett (1876-1937) qui publia un article à ce sujet sous le pseudonyme de *Student* dans le périodique *Biometrika* en 1908. L'intérêt de cette distribution réside dans le fait que, si on étudie des observations provenant d'une population statistique normale dont l'écart-type paramétrique $\sigma$ est inconnu, et si on désire éprouver des hypothèses au sujet de la moyenne $\mu$ de cette population, la distribution de Student permet quand même d'obtenir des probabilités exactes. Avant la découverte de la distribution de Student, on utilisait la distribution normale de façon approximative dans ce genre de contexte, mais cette façon de procéder n'était considérée comme vraiment satisfaisante que si on possédait un grand échantillon ($N \geq 30$). La découverte de la distribution du $t$ de Student a donc fourni des méthodes statistiques plus rigoureuses dans le cas des petits échantillons ($N < 30$) dont on doit souvent se contenter dans plusieurs domaines, comme la biologie expérimentale, l'écologie, la paléontologie, etc. . De nos jours, comme les tables de la distribution du $t$ de Student atteignent des effectifs considérables, on est rarement obligé d'employer la distribution normale comme approximation.

### Section 6.2: la densité de probabilité

La densité de probabilité de la distribution de Student avec $\nu$ *degrés de liberté* (voir les sections 4.5, 7.1 et 12.4) est définie par l'équation suivante :

$$f(t_{(\nu)}) = \frac{(1 + t_{(\nu)}^2/\nu)^{-(\nu+1)/2}}{\sqrt{\nu}\, B(1/2, \nu/2)} \quad ,$$

$$\text{où} \quad B(1/2, \nu/2) = \frac{\Gamma(1/2)\, \Gamma(\nu/2)}{\Gamma(1/2 + \nu/2)} \quad .$$

Tel qu'indiqué ci-dessus, la fonction Bêta qui apparaît dans la densité de probabilité peut être évaluée à l'aide de fonctions Gamma. Quant à ces dernières, elles peuvent être calculées par la méthode approximative de Stirling ou par divers algorithmes énumérés par Abramowitz et Stegun (1968). La fonction Gamma d'un nombre entier positif $(X+1)$ est apparentée à la notion de factorielle (section 3.11), car $\Gamma(X+1) = X!$, mais elle est définie aussi dans le cas de nombres fractionnaires. Dans le cas de la distribution de Student comme dans ceux des autres distributions théoriques (chapitres 5, 7 et 8), la densité de probabilité est intéressante surtout parce qu'elle montre de quelles quantités dépend la forme de la distribution. Toutefois, ce dont les utilisateurs ont plutôt besoin en pratique, c'est la probabilité cumulée qui est obtenue par intégration numérique de la densité de probabilité (section 6.3). La densité de probabilité de la distribution du $t$ de Student est représentée par quelques courbes typiques à la figure 6.2.1. On constate que, plus le nombre de degrés de liberté $\nu$ est élevé, plus la distribution de Student ressemble à la distribution normale de sorte que, à la limite, lorsque $\nu = \infty$, ces deux distributions deviennent numériquement et géométriquement identiques.

Par contre, lorsque les effectifs des échantillons et les nombres de degrés de liberté sont faibles, la distribution de Student est plus aplatie et plus étalée en largeur que la distribution normale. Pour inclure une même probabilité dans un intervalle symétrique de part et d'autre de l'origine 0, il faut donc prendre un intervalle plus large dans le cas du $t$ de Student que dans celui de la distribution normale. Cela permet de tenir compte de l'incertitude qui résulte du fait que l'écart-type paramétrique $\sigma$ est inconnu et estimé à partir d'un échantillon d'effectif fini.

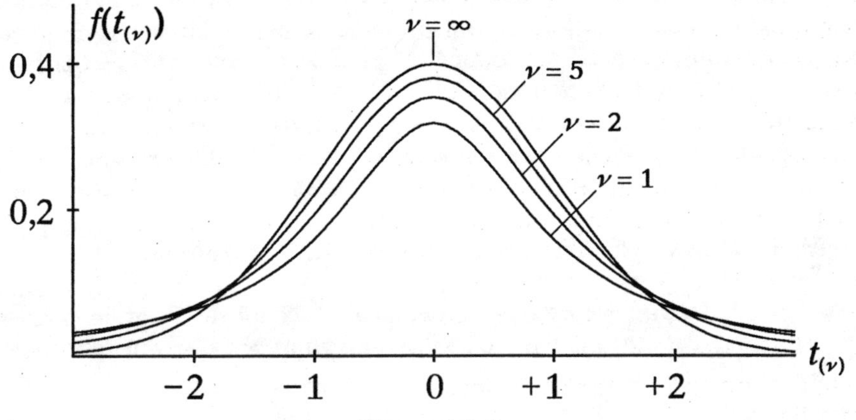


**Figure 6.2.1**
**Courbes de densité de probabilité du $t$ de Student.**

## Section 6.3: la table numérique de la distribution de Student

On trouvera une table des probabilités cumulées de la distribution du $t$ de Student à la fin du présent ouvrage. Nous utilisons une notation très voisine de celle que nous avons employée pour la distribution normale (section 5.5): si une variable $t$ suit une distribution de Student qui possède $\nu$ degrés de liberté, nous désignons par $t_{(P;\ \nu)}$ une valeur tabulée dont la probabilité cumulée est $P$. C'est-à-dire qu'on a

$$\text{Probabilité}\,[t < t_{(P;\ \nu)}] = P\,.$$

Si la parenthèse ne contient pas de probabilité cumulée (qui est généralement une fraction de l'unité), cela signifie que la valeur de $t$ en question est non pas une valeur tabulée, mais une valeur observée: ainsi $t_{(9)} = 2{,}87$ désignerait une valeur observée d'une variable aléatoire continue suivant une distribution de $t$ de Student avec $\nu = 9$ degrés de liberté. Comme la distribution normale réduite, la distribution du $t$ de Student est symétrique et centrée sur l'origine, et la table donnée à la fin du présent ouvrage contient seulement des valeurs positives de $t$ correspondant à des probabilités cumulées égales ou supérieures à 1/2, mais une valeur de $t$ correspondant à une probabilité cumulée inférieure à 1/2 peut être obtenue très facilement à partir de la relation

$$t_{(P;\ \nu)} = -t_{(1-P;\ \nu)}\ .$$

L'utilisation de la distribution du $t$ de Student pour éprouver des hypothèses ou pour déterminer des intervalles de confiance au sujet d'une ou de deux moyennes sera discutée au chapitre 9.

# Chapitre 7
## La distribution de $\chi^2$ (khi-carré)

### Section 7.1: généralités

La distribution de $\chi^2$ (khi-carré) est une distribution continue et dissymétrique qui va de 0 à $+\infty$ et qui est suivie par une somme de carrés de variables normales réduites indépendantes. La distribution de $\chi^2$ fut découverte par le biométricien anglais Karl Pearson (1857-1936), qui a été surnommé le "père de la biométrie" et qui fut l'un des fondateurs du périodique *Biometrika.* Cette distribution s'applique de manière exacte (chapitre 10) lorsqu'on doit éprouver des hypothèses ou déterminer des intervalles de confiance au sujet de la variance paramétrique $\sigma^2$ d'une variable aléatoire continue $X$ si cette dernière suit la distribution normale (chapitre 5). De plus, la distribution de $\chi^2$ s'applique de façon approximative dans un grand nombre de cas, y compris l'épreuve d'homogénéité de la variance de Bartlett (section 12.7), les épreuves d'hypothèses au sujet de tableaux de fréquences (chapitre 15), les épreuves de qualité d'ajustement (chapitres 16, 17 et 18), les épreuves de binomialité (chapitre 17) et de poissoniennité (chapitre 18), etc. . Paradoxalement, les utilisations approximatives de la distribution de $\chi^2$ sont peut-être les mieux connues.

Si on a une série de $N$ observations indépendantes, $X_h$, $h = 1, 2, \dots N$, dont chacune suit une distribution normale $\mathcal{N}(\mu, \sigma^2)$, la somme des carrés des variables réduites $(X_h - \mu)/\sigma$ suit la distribution de $\chi^2$ avec $N$ *degrés de liberté* (voir les sections 4.5, 6.2 et 12.4):

$$\sum_{h=1}^{N} [(X_h - \mu)/\sigma]^2 \leftarrow \chi^2_{(N)} .$$

Toutefois le nombre réel d'observations entièrement indépendantes est souvent moindre que le nombre apparent $N$ d'observations à cause de diverses contraintes, et c'est ce nombre réel d'observations complètement indépendantes qui est appelé *nombre de degrés de liberté* et qui est désigné par la lettre grecque $\nu$ minuscule. Par exemple, lorsque la moyenne paramétrique $\mu$ est inconnue et est remplacée par la moyenne $\overline{X}$ de l'échantillon, il y a perte de un degré de liberté et on a

$$\sum_{h=1}^{N} [(X_h - \overline{X})/\sigma]^2 \leftarrow \chi^2_{(\nu = N-1)} .$$

En effet, contrairement aux écarts $(X_1 - \mu)$, $(X_2 - \mu)$, ... $(X_N - \mu)$, qui sont indépendants les uns des autres, les écarts $(X_1 - \overline{X})$, $(X_2 - \overline{X})$, ... $(X_N - \overline{X})$ ne sont pas entièrement indépendants car l'existence de la relation $\Sigma(X_h - \overline{X}) \equiv 0$ (section 4.2) permet d'exprimer l'un de ces écarts en fonction des autres.

### Section 7.2: la densité de probabilité

La densité de probabilité de la distribution de $\chi^2$ avec $\nu$ degrés de liberté est définie par l'équation suivante:

$$f(\chi^2_{(\nu)}) = \frac{\chi^{2\,(\nu/2-1)}_{(\nu)}\, e^{-\chi^2_{(\nu)}/2}}{2^{\nu/2}\;\Gamma(\nu/2)} .$$

La densité de probabilité ci-dessus est représentée par quelques courbes typiques à la figure 7.2.1. On constate que, fortement dissymétrique lorsque $\nu$ est faible, la distribution de $\chi^2$ se déplace vers la droite et devient de moins en moins dissymétrique (ce qui la fait ressembler finalement à la distribution normale) lorsque le nombre de degrés de liberté augmente.

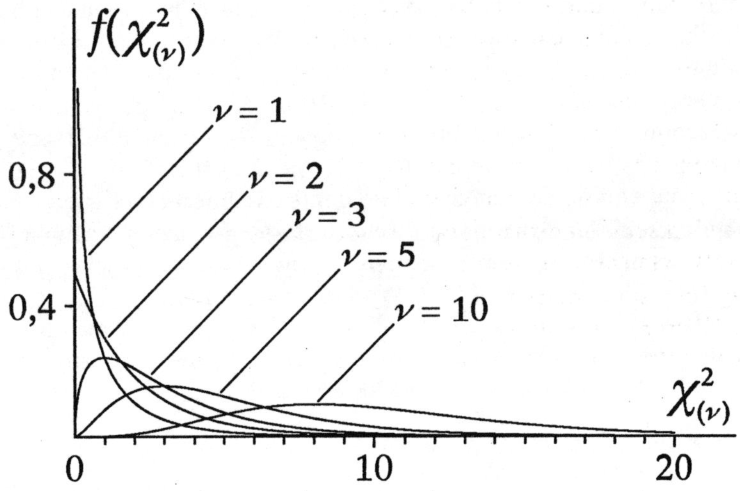


**Figure 7.2.1**
**Courbes de densité de probabilité de la distribution de $\chi^2$.**

## Section 7.3: la table numérique de la distribution de $\chi^2$

On trouvera une table des probabilités cumulées de la distribution de $\chi^2$ à la fin du présent ouvrage. Si une variable $\chi^2_{(\nu)}$ suit la distribution de khi-carré avec $\nu$ degrés de liberté, nous désignons par $\chi^2_{(P;\,\nu)}$ une valeur tabulée dont la probabilité cumulée est $P$. C'est-à-dire qu'on a

$$\text{Probabilité}\;[\,\chi^2_{(\nu)} < \chi^2_{(P;\,\nu)}\,] = P .$$

Lorsque le nombre de degrés de liberté $\nu$ est supérieur à 200, on peut généralement évaluer la valeur de $\chi^2$ avec au moins quatre chiffres justes à l'aide de la très bonne approximation de Wilson et Hilferty (1931)[1] :

$$\chi^2_{(P;\,\nu)} \doteq \nu\{1 - 2/(9\nu) + t_{(P;\,\infty)}\sqrt{[2/(9\nu)]}\}^3 ,$$

où $t_{(P\,;\,\infty)}$ désigne la valeur algébrique (prise avec son signe) d'une variable normale réduite ayant une probabilité cumulée $P$.

[1] Dans cet ouvrage, le symbole $\doteq$ est utilisé pour indiquer une égalité approximative.

# Chapitre 8
# La distribution du rapport de variances, *F*

## Section 8.1: généralités

Les bases théoriques de la distribution du rapport de variances (*variance ratio* en anglais) furent établies par le biométricien britannique Ronald Aylmer Fisher (1890-1962), mais c'est le statisticien américain George W. Snedecor (1881-1974) qui exprima cette distribution quant au quotient de deux variances, ce qui permet de dresser les tables numériques faciles d'emploi qu'on utilise aujourd'hui. Snedecor désigna le rapport de deux variances observées $S_1^2/S_2^2$ par la lettre $F$ majuscule en l'honneur de Fisher. La distribution de $F$ est la distribution de probabilités du rapport de deux estimations indépendantes de variance dont chacune est égale au quotient d'une somme de carrés d'écarts normaux réduits, qui suit une distribution de $\chi^2_\nu$ par le nombre de degrés de liberté correspondant. La distribution du rapport de variances est une distribution continue et dissymétrique qui va de 0 à $+\infty$ comme la distribution de khi-carré, mais la distribution de $F$ dépend de deux nombres de degrés de liberté tandis que la distribution de $\chi^2$ n'en a qu'un seul. La distribution du rapport de variances est utile non seulement pour éprouver l'hypothèse que deux populations statistiques normales ont des variabilités individuelles égales (chapitre 11) mais aussi dans de nombreux types d'analyse de variance (chapitres 12, 21, etc.) où l'estimation de variance mise au numérateur de $F$ peut refléter la présence éventuelle de différences entre les moyennes ou les droites d'estimation de plusieurs groupes qu'on souhaite comparer.

## Section 8.2: la densité de probabilité

La densité de probabilité de la distribution de $F$ avec $\nu_1$ et $\nu_2$ *degrés de liberté* est définie par l'équation suivante:

$$f(F_{(\nu_1,\,\nu_2)}) = \frac{\nu_1^{\nu_1/2}\ \nu_2^{\nu_2/2}}{B(\nu_1/2,\,\nu_2/2)}\ F_{(\nu_1,\,\nu_2)}^{(\nu_1/2\,-\,1)}\ (\nu_2 + \nu_1 F_{(\nu_1,\,\nu_2)})^{(-\nu_1/2\,-\,\nu_2/2)}\ .$$

$\nu_1$ désigne le nombre de degrés de liberté de l'estimation de variance $S_1^2$ placée au numérateur du rapport de variances $F$, et $\nu_2$ celui du dénominateur $S_2^2$. Comme à la section 6.2, la fonction Bêta peut être évaluée à l'aide de fonctions Gamma qui peuvent elles-mêmes être calculées par la méthode approximative de Stirling ou par divers algorithmes énumérés par Abramowitz et Stegun (1968).

Comme aux chapitres 5, 6 et 7, ce dont les utilisateurs ont surtout besoin, c'est la probabilité cumulée c'est-à-dire l'intégrale de la densité de probabilité ci-dessus. Comme le calcul de cette probabilité cumulée est plutôt laborieux, il est pratiquement toujours effectué à l'aide d'ordinateurs, et des tables numériques sont disponibles (section 8.3).

La densité de probabilité de la distribution du rapport de variances est représentée par quelques courbes typiques à la figure 8.2.1. On constate que la distribution a tendance à se concentrer au voisinage de la valeur $F = 1$ lorsque les nombres de degrés de liberté $\nu_1$ et $\nu_2$ sont élevés.

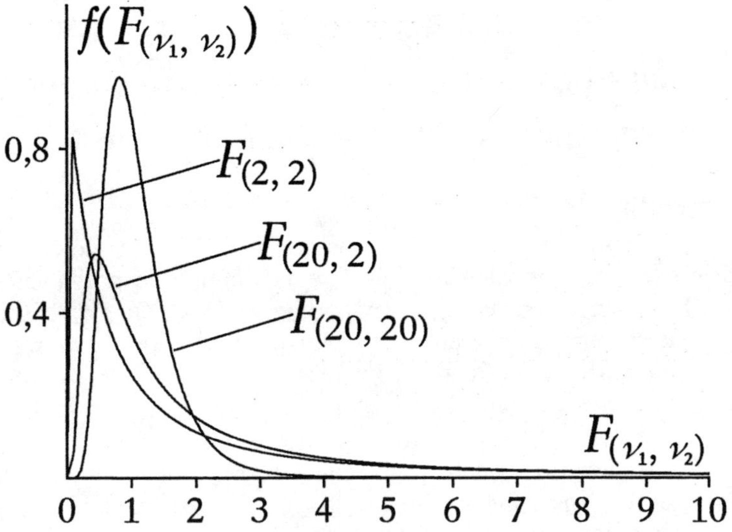


**Figure 8.2.1**
**Courbes de densité de probabilité de la distribution de $F$.**

## Section 8.3: la table numérique de la distribution de $F$

On trouvera une table des probabilités cumulées de la distribution de $F$ à la fin du présent ouvrage. Si un rapport de variances suit la distribution de $F$ avec $\nu_1$ et $\nu_2$ degrés de liberté, nous désignons par $F_{(P;\ \nu_1, \nu_2)}$ une valeur tabulée dont la probabilité cumulée est $P$. C'est-à-dire qu'on a

$$\text{Probabilité } [F_{(\nu_1,\ \nu_2)} < F_{(P;\ \nu_1,\ \nu_2)}] = P.$$

Bien que la distribution du rapport de variances ne soit pas symétrique, elle possède une propriété voisine:

$$F_{(1-P;\ \nu_2,\ \nu_1)} = 1/F_{(P;\ \nu_1,\ \nu_2)}\ .$$

Comme la table donnée à la fin du présent ouvrage ne donne que des probabilités égales ou supérieures à 0,95, on se sert de la propriété précédente pour évaluer les valeurs du rapport de variances correspondant aux probabilités complémentaires (0,05, 0,025, 0,01, 0,005, 0,001 et 0,0005). La distribution du rapport de variances $F$ est apparentée à la distribution du $t$ de Student par la relation:

$$F_{(P;\ 1,\ \nu)} = t^2_{[(1-P)/2;\ \nu]} = t^2_{[(1+P)/2;\ \nu]}\ .$$

Dans le cas de la distribution du rapport de variances $F$, de même que dans celui de la distribution de $\chi^2$ ainsi que dans celui de la distribution du $t$ de Student, on recommande généralement d'interpoler à l'aide de l'inverse des nombres de degrés de liberté plutôt qu'à l'aide des nombres de degrés de liberté eux-mêmes.

# Chapitre 9

## Épreuves d'hypothèses et intervalles de confiance au sujet d'une ou de deux moyennes

### Section 9.1: généralités

Au cours du présent chapitre, nous supposerons que la variable aléatoire continue $X$ à l'étude de laquelle nous sommes intéressés suit une distribution de probabilités normale (chapitre 5) dont la moyenne est $\mu_X$ et la variance $\sigma_X^2$: $X \leftarrow \mathcal{N}(\mu_X,\ \sigma_X^2)$. Toutefois les méthodes du présent chapitre demeureront valables dans beaucoup d'autres cas, où la distribution de $X$ n'est pas normale mais où on réussit à trouver une transformation de variable $Y = g(X)$ telle que la variable transformée $Y$ suit une distribution normale $\mathcal{N}(\mu_Y,\ \sigma_Y^2)$. Dans ce dernier cas, une fois que l'analyse statistique de la variable transformée $Y$ aura été effectuée, les résultats pourront être réexprimés quant à la variable originale $X$ à l'aide de la transformation inverse $X = g^{-1}(Y)$. Par exemple, si la variable originale $X$ suit une distribution lognormale (chapitre 14), la variable transformée $Y = \log_e(X)$ suit une distribution normale et les résultats de l'analyse statistique de $Y$ peuvent être réexprimés par rapport à $X$ grâce à la transformation $X = \exp(Y)$.

L'une des sortes de questions les plus importantes en statistique consiste à se demander si la valeur numérique de l'un des paramètres d'une population est égale ou inégale à une valeur particulière. Par exemple, on peut supposer que la moyenne $\mu$ d'une distribution normale a la valeur particulière $\mu_0 = 15$ tout en soupçonnant qu'elle pourrait être différente: $\mu \neq 15$. On dira que les deux affirmations opposées, $\mu = \mu_0 = 15$ d'une part et $\mu \neq 15$ d'autre part, sont des hypothèses. En pratique, on cherchera souvent à vérifier si une hypothèse comme $\mu = \mu_0 = 15$ est plausible en la confrontant avec un échantillon de données tirées de la population en question. Une telle tentative de vérification s'appelle une *épreuve d'hypothèse* (*significance test* en anglais; beaucoup d'auteurs francophones utilisent la traduction littérale *test de signification,* mais l'expression *épreuve d'hypothèse* a un sens plus clair).

Lorsque la valeur numérique d'un paramètre est inconnue et qu'on ne se sent pas en mesure de poser une hypothèse à son sujet, on essaiera habituellement d'obtenir une estimation de cette valeur à partir d'un échantillon de données tirées de la population. Il existe deux sortes principales d'estimations. D'une part, on peut essayer de connaître une caractéristique d'une population, comme la moyenne $\mu$ d'une distribution normale, en prenant la caractéristique correspondante d'un échantillon, disons la moyenne $\overline{X} = 14{,}7$. On écrira alors que $\hat{\mu} = \overline{X} = 14{,}7$, l'accent circonflexe qui surmonte la lettre $\mu$ indiquant qu'il s'agit d'une valeur estimée. Comme l'estimation $\hat{\mu} = \overline{X} = 14{,}7$ est une valeur unique, elle peut être représentée par un seul point sur l'axe de coordonnées des $X$, et on dira que $\overline{X}$ est une *estimation ponctuelle* (*point estimate* en anglais). Si l'estimation ponctuelle possède l'avantage de la simplicité, elle présente l'inconvénient qu'elle n'indique pas par elle-même l'incertitude résultant du fait qu'elle est obtenue à partir d'un échantillon d'effectif fini. Aussi, afin d'éliminer ce dernier inconvénient, peut-on prendre comme estimation de $\mu$ toute une gamme de valeurs numériques, par exemple

$$12{,}7 \leq \mu \leq 16{,}7\ ,$$

ce qui constitue une *estimation par intervalle* (*interval estimate* en anglais). La sorte la plus courante d'estimation par intervalle est l'*intervalle de confiance* (section 9.7), dont les limites sont déterminées à partir des données de l'échantillon. La détermination d'un intervalle de confiance est la démarche inverse d'une épreuve d'hypothèse et, en principe, les résultats obtenus par l'une ou l'autre de ces deux méthodes doivent concorder.

Soulignons que la théorie des épreuves d'hypothèses et des intervalles de confiance exposée dans le présent ouvrage a été élaborée par les statisticiens J. Neyman (1894-1981) et E. S. Pearson (1895-1980). Ce dernier était le fils de Karl Pearson (1857-1936; voir la section 7.1). Selon Fisher (1890-1962) de même que Neyman et Pearson, la notion de probabilité ne devrait être employée que pour décrire la réalisation fluctuante d'un processus objectif (extérieur à l'observateur), et devrait être remplacée par la notion de *vraisemblance* (*likelihood* en anglais; voir la section 9.7) lorsqu'il s'agit de quantifier notre incertitude subjective face à une conclusion. Bien qu'il existe d'autres écoles de pensée, en particulier l'école bayesienne, les méthodes statistiques les plus couramment employées sont basées sur la théorie de Neyman et Pearson.

Les méthodes du présent chapitre permettent d'éprouver des hypothèses ou de déterminer des intervalles de confiance au sujet d'une ou de deux moyennes paramétriques. Lorsqu'on désire comparer les moyennes de plus de deux groupes, on doit faire appel à l'analyse de variance (chapitre 12).

## Section 9.2: un exemple aussi simple que possible d'épreuve d'hypothèse

Afin de réduire le problème à sa plus simple expression, nous envisagerons d'abord un exemple fictif. Supposons que, à la suite de l'étude de très grands échantillons, on sait que la stature (c'est-à-dire la hauteur corporelle) $X$ des hommes adultes d'un village homogène **A** suit exactement une distribution de probabilités normale dont la moyenne et l'écart-type sont $\mu_A = 1700$ mm et $\sigma_A = 60$ mm. D'autre part, un anthropologue a mesuré la stature d'un homme adulte, $X = 1500$ mm, dont on ne sait pas s'il provient de la même population statistique ou d'une autre population **B** dont la moyenne paramétrique serait différente: $\mu_B \neq 1700$ mm (figure 9.2.1).

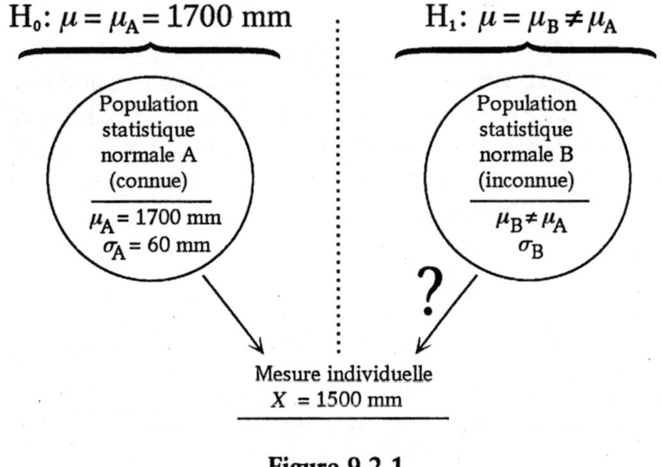


**Figure 9.2.1**
**L'hypothèse préliminaire $H_0$ et l'hypothèse contraire $H_1$.**

Même si on soupçonne que l'individu $X = 1500$ mm appartient peut-être à une population **B** différente, on considérera comme logiquement plus simple de penser, jusqu'à preuve du contraire, que cet individu appartient à la population connue **A**. En effet, si l'hypothèse que l'individu $X$ appartient à la population **A** était plausible, cela nous permettrait de postuler la présence d'une seule population statistique **A** (ou de deux populations identiques, ce qui revient au même au point de vue mathématique); cela éviterait de multiplier sans nécessité les êtres de raison (c'est-à-dire les fictions de l'esprit), comme on le ferait si on postulait la présence d'une seconde population **B** différente sans justification suffisante. En commençant par faire l'hypothèse que l'individu $X$ provient de la population déjà connue, on respecte ce qu'on appelle le *principe de parcimonie,* attribué à Guillaume d'Ockham (environ 1300-1349); selon ce principe, parmi plusieurs explications possibles d'un phénomène, on doit préférer l'explication la plus simple si cette dernière permet d'expliquer le phénomène aussi bien que les autres. Étant donné que la stature individuelle varie même au sein d'une population homogène, le fait que la stature d'un individu diffère légèrement de la moyenne d'une population n'est pas considéré comme une raison suffisante pour conclure que cet individu provient d'une population différente. Par contre, si la stature de l'individu en question diffère fortement de la moyenne de la population **A**, il conviendrait sans doute de rejeter l'hypothèse que cet individu provient de la population **A** et d'accepter plutôt l'hypothèse qu'il provient d'une population différente **B**.

Nous appelons *hypothèse préliminaire* et désignons par le symbole $H_0$ l'hypothèse logiquement la plus simple, selon laquelle l'individu $X = 1500$ mm proviendrait de la population connue **A**. L'*hypothèse préliminaire* est appelée *hypothèse nulle* (*null hypothesis* en anglais) par la plupart des auteurs (on dit aussi *hypothèse principale*), mais l'appellation *hypothèse préliminaire* est préférable parce qu'il vaut mieux réserver l'appellation *hypothèse nulle* pour de véritables hypothèses de nullité (sections 9.8 et 9.9). Pour ce qui est de l'hypothèse opposée, selon laquelle l'individu $X$ proviendrait d'une autre population **B** encore inconnue et de moyenne différente, nous la désignons par le symbole $H_1$ et l'appelons *hypothèse contraire* (*alternative hypothesis* en anglais et *Gegenhypothese* en allemand; la plupart des auteurs francophones traduisent littéralement de l'anglais et disent *hypothèse alternative,* mais le mot alternative a un sens plus étroit en français qu'en anglais).

Il nous reste à décider si, étant donné la stature de l'individu $X = 1500$, nous pouvons accepter l'hypothèse préliminaire $H_0$ ou si nous devrions au contraire la rejeter, cas dans lequel nous accepterions l'hypothèse contraire $H_1$. Il semble naturel d'accepter $H_0$ si l'individu est situé assez près du centre de la population **A** mais de rejeter $H_0$ et d'accepter $H_1$ si l'individu est situé trop loin du centre de la population **A** (figure 9.2.2). Dans le cas présent, l'hypothèse contraire, $\mu_B \neq \mu_A$, comprend deux possibilités: $\mu'_B < \mu_A$ et $\mu''_B > \mu_A$. Nous conviendrons donc d'accepter $H_0$ si l'individu $X$ est compris dans une région centrale que nous appellerons *région d'acceptation;* si, au contraire, l'individu $X$ est situé soit à gauche soit à droite de la région d'acceptation, dans ce que nous appellerons la *région de rejet,* nous rejetterons $H_0$ et accepterons $H_1$.

Les limites des régions d'acceptation et de rejet de l'hypothèse préliminaire $H_0$ sont déterminées de telle manière que, lorsqu'on tire une mesure individuelle $X$ au hasard de la population **A**, la probabilité est forte que cette mesure soit située dans la région d'acceptation mais faible qu'elle "tombe" dans les régions de rejet. Si on consulte une table de la forme réduite de la distribution normale (sinon la dernière ligne de la distribution du $t$ de Student, correspondant à $\nu = \infty$), on constate qu'il y a une probabilité de 0,025 que la variable réduite $(X - \mu)/\sigma$ soit inférieure à –1,96 et de 0,025 qu'elle soit supérieure à +1,96. Si on prend $\mu_A - 1{,}96\,\sigma_A = 1582{,}4$ comme limite inférieure et $\mu_A + 1{,}96\,\sigma_A = 1817{,}6$ comme limite supérieure, il y a donc une probabilité de 0,95 c'est-à-dire 95% qu'une mesure individuelle tirée au hasard de la population **A** soit comprise dans l'intervalle [1582,4, 1817,6] et une probabilité de (0,025 + 0,025) = 0,05 = 5% qu'elle soit inférieure à 1582,4 ou supérieure à 1817,6. La mesure individuelle $X = 1500$ tombe donc dans la région de rejet, et il est peu probable de tirer au hasard de la population **A** une mesure individuelle différant autant ou plus de $\mu_A$ vers la gauche ou vers la droite que $X = 1500$. On devrait rejeter l'hypothèse préliminaire et accepter l'hypothèse contraire.

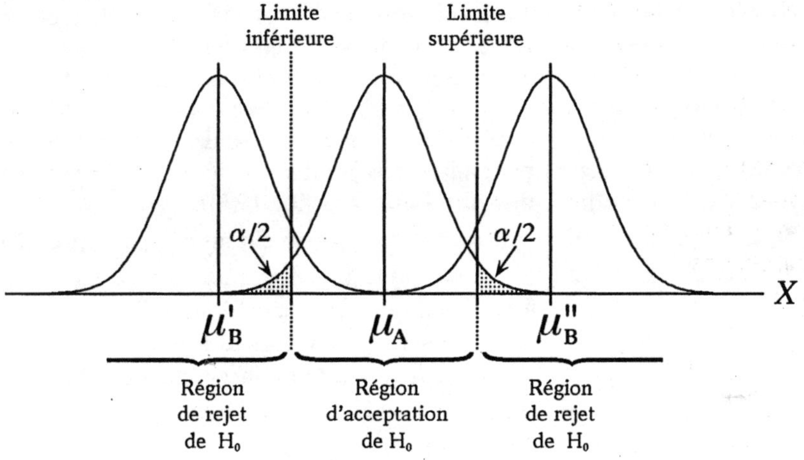


**Figure 9.2.2**
**Régions d'acceptation et de rejet de l'hypothèse préliminaire $H_0$; la somme des deux petites surfaces pointillées correspond au seuil de signification $\alpha$ (section 9.4).**

Suivant le vocabulaire statistique, on dirait que la différence $(X - \mu_A)$ est *significative,* ce qui veut dire qu'elle est révélatrice, digne d'attention, concluante. Il faut noter que, même si une différence est significative au point de vue statistique, elle n'a pas nécessairement une signification majeure au point de vue biologique. Afin d'éviter toute équivoque, on pourrait donc dire que la différence $(X - \mu_A)$ est *statistiquement significative.* Si, au contraire, la mesure individuelle $X$ était située dans la région d'acceptation, on la considérerait comme non significative au point de vue statistique, on l'attribuerait à la variation individuelle, et on conserverait l'hypothèse préliminaire.

## Section 9.3: le raisonnement statistique déductif, une réduction à l'absurde

La façon dont un statisticien procède pour répondre à la sorte de question considérée à la section précédente peut paraître inutilement compliquée à première vue: pourquoi, en effet, commencer par poser l'hypothèse préliminaire $H_0$ alors que c'est en fait l'hypothèse contraire $H_1$ qui correspond à ce qu'on soupçonne, à ce qu'on se demande, à ce qu'on souhaiterait découvrir? – C'est parce que la sorte de raisonnement qu'on se trouve à faire dans ce genre de contexte est une *réduction à l'absurde.*

Ce qui permet de découvrir du nouveau dans la recherche scientifique, c'est l'observation d'une différence qu'on ne pouvait pas prévoir à partir des connaissances antérieures. Toutefois, étant donné la variabilité des phénomènes biologiques, comme la stature, on peut s'attendre à ce qu'une observation particulière diffère sensiblement de la moyenne paramétrique d'une population connue même si elle provient bien de cette population. On doit donc passer au crible les apparences de différences que la réalité nous présente et ne retenir que celles qui sont assez importantes.

C'est pourquoi on commence par poser l'hypothèse préliminaire, suivant laquelle l'observation proviendrait de la population déjà connue, même si elle diffère de sa moyenne paramétrique. La différence observée $(X-\mu_A)$ serait alors due purement à la variation individuelle. S'il s'avère ensuite que la probabilité d'obtenir une telle observation est trop faible suivant l'hypothèse préliminaire, on considère cette dernière comme invraisemblable ("*absurde*") et on la rejette, mais c'est alors la réalité elle-même, par l'intermédiaire des données analysées, qui motive la conclusion à laquelle on parvient. Il faut noter que, lorsqu'on conserve l'hypothèse préliminaire, on ne peut pas considérer qu'on l'a confirmée mais uniquement qu'on n'a pas réussi à l'infirmer. L'importance de considérer des hypothèses et des théories ayant des chances de pouvoir être réfutées (une idée souvent traduite en anglais par l'adjectif *falsifiable*) a été soulignée par le philosophe contemporain d'origine autrichienne Karl Popper (1902–1994).

## Section 9.4: les deux espèces d'erreurs, le seuil de signification statistique

Par suite de la variabilité des phénomènes biologiques, les conclusions tirées en biométrie ne correspondent à la réalité qu'une partie du temps (figure 9.4.1). Lorsque l'hypothèse préliminaire est vraie, elle sera quand même rejetée avec une fréquence relative ou probabilité $\alpha$ *(alpha)* qui dépend de l'emplacement choisi pour les limites des régions d'acceptation et de rejet (figure 9.2.2). Ce rejet erroné de l'hypothèse préliminaire est appelé une *erreur de première espèce* (ou *erreur de type I*), et sa probabilité $\alpha$ correspond à la somme des deux petites surfaces pointillées à l'extrême gauche et à l'extrême droite de la courbe centrale (de la population **A**) dans la figure 9.2.2 .

Lorsque l'hypothèse préliminaire est fausse, elle sera quand même acceptée avec une probabilité $\beta$ (*bêta*) qui dépend non seulement de l'emplacement des limites des régions d'acceptation et de rejet mais aussi du degré d'éloignement entre la moyenne $\mu'_B$ ou $\mu''_B$ d'une part et la moyenne $\mu_A$ d'autre part. Cette acceptation erronée de $H_0$ est appelé une *erreur de seconde espèce* (ou *de type II*). Les lettres grecques $\alpha$ et $\beta$ correspondent respectivement au *a* et au *b* minuscules de notre alphabet. La probabilité $\alpha$ de rejeter erronément $H_0$ est appelée le *seuil de signification,* tandis que la probabilité $(1-\beta)$ de rejeter correctement $H_0$ est appelée la *puissance de l'épreuve.* La puissance d'une épreuve est une caractéristique désirable, car on souhaite détecter l'hypothèse contraire $H_1$ lorsque c'est cette dernière qui est vraie. Idéalement, on souhaiterait réduire le plus possible les probabilités $\alpha$ et $\beta$ des deux types d'erreurs, mais on doit faire un compromis car, si on déplaçait les limites des régions d'acceptation et de rejet de façon à diminuer $\alpha$ on se trouverait à augmenter $\beta$ et vice versa. Les seuils de signification les plus couramment utilisés en pratique sont $\alpha=0{,}05$ (déjà utilisé à la section 9.2), $\alpha=0{,}01$, et $\alpha=0{,}001$. Des conclusions statistiques tirées au seuil $\alpha=0{,}05$ peuvent être considérées comme des indications préliminaires, tandis que des conclusions tirées aux seuils $\alpha=0{,}01$ ou $\alpha=0{,}001$ peuvent être considérées comme bien ou très bien établies.

| Conclusion tirée | Situation réelle: $H_0$ vraie | Situation réelle: $H_0$ fausse |
|---|---|---|
| $H_0$ acceptée | Conclusion correcte<br>$P = (1 - \alpha)$ | Erreur de type II<br>$P = \beta$ |
| $H_0$ rejetée | Erreur de type I<br>$P = \alpha$<br>(seuil de signification) | Conclusion correcte<br>$P = (1 - \beta)$<br>(puissance) |

**Figure 9.4.1**
**Erreurs de types I et II, et seuil de signification $\alpha$.**

## Section 9.5: variation de moyennes d'échantillons dans une même population

Afin d'illustrer la façon dont varient des moyennes $\overline{X}$ d'échantillons tirés d'une même population statistique normale, nous donnons au tableau 9.5.1 (à la page suivante) les mesures de longueur, en mètres, de 200 baleines bleues mâles [de l'espèce *Sibbaldus* (*Balaenoptera*) *musculus*] capturées en 1925-1926 dans l'hémisphère austral (MacKintosh & Wheeler, 1929). Ces mesures ont été disposées ici au hasard (à l'aide de nombres aléatoires), c'est-à-dire de manière telle qu'il n'y a pas de relation entre leur ordre et leur valeur.

Pour les fins du présent exposé, nous utiliserons les 200 baleines du tableau 9.5.1 comme une population statistique dont nous chercherons à connaître la moyenne paramétrique en y prélevant des échantillons au hasard. Évidemment, contrairement à la situation dans laquelle on est habituellement placé en pratique, où les paramètres de la population sont inconnus, nous échantillonnerons ici une population finie dont la moyenne et l'écart-type peuvent être calculés ($\mu = 20{,}6971$ et $\sigma = 2{,}50095$). Au point de vue didactique, nous serons donc bien placés pour voir dans quelle mesure les moyennes des échantillons que nous allons prélever seront satisfaisantes ou insatisfaisantes comme estimations de la moyenne paramétrique.

Afin de simuler l'*échantillonnage sans remise* (section 2.3) dans une population infinie, dont on se rapproche souvent en biologie, nous prélèverons nos échantillons dans le tableau 9.5.1 *avec remise*, chaque baleine pouvant être "capturée" plus d'une fois. La figure 9.5.1 représente le résultat de l'*expérience d'échantillonnage*. Nous avons prélevé successivement au hasard, dans le tableau 9.5.1, 10 échantillons de chaque grosseur, allant de $N = 1$ à $N = 30$, puis nous avons calculé la moyenne arithmétique de chaque échantillon. Ces moyennes sont représentées dans la figure 9.5.1 par de courts traits horizontaux, dont l'abscisse indique l'effectif utilisé tandis que l'ordonnée décrit la valeur moyenne obtenue. Dans le cas limite où $N = 1$, chaque échantillon ne contient qu'une seule baleine, et la moyenne se réduit alors exceptionnellement à la valeur de cette mesure individuelle.

**Tableau 9.5.1**
**Mesures de longueur en mètres de 200 baleines bleues mâles (MacKintosh & Wheeler, 1929).**

| Colonnes | | | | | | | | | |
|---|---|---|---|---|---|---|---|---|---|
| 1 | 2 | 3 | 4 | 5 | 6 | 7 | 8 | 9 | 10 |
| 22,74 | 17,25 | 16,95 | 18,97 | 18,00 | 19,40 | 23,40 | 18,45 | 17,60 | 21,30 |
| 19,80 | 21,65 | 24,50 | 22,10 | 22,05 | 21,80 | 18,45 | 25,83 | 17,50 | 20,15 |
| 21,50 | 17,80 | 21,70 | 24,40 | 21,70 | 19,64 | 19,45 | 23,50 | 20,30 | 18,60 |
| 18,70 | 20,00 | 19,20 | 22,45 | 24,80 | 19,60 | 24,90 | 17,53 | 19,00 | 25,20 |
| 18,60 | 19,20 | 18,20 | 18,00 | 21,60 | 17,90 | 18,10 | 19,00 | 20,35 | 19,90 |
| 21,50 | 18,60 | 16,90 | 18,95 | 21,90 | 18,55 | 24,40 | 22,55 | 20,30 | 18,90 |
| 19,80 | 25,45 | 18,05 | 18,40 | 18,80 | 23,80 | 17,85 | 20,50 | 19,10 | 18,50 |
| 19,85 | 22,90 | 21,40 | 24,55 | 24,40 | 22,60 | 24,50 | 18,70 | 19,10 | 19,00 |
| 25,50 | 19,35 | 18,95 | 17,75 | 22,70 | 18,80 | 17,80 | 17,50 | 20,55 | 21,70 |
| 24,90 | 26,30 | 18,35 | 24,45 | 19,30 | 18,07 | 22,70 | 18,30 | 19,40 | 23,30 |
| 21,85 | 23,20 | 17,75 | 17,70 | 24,45 | 26,00 | 24,10 | 18,40 | 22,90 | 25,10 |
| 24,65 | 17,30 | 19,85 | 19,10 | 20,50 | 16,85 | 20,40 | 24,10 | 17,75 | 21,30 |
| 23,90 | 23,10 | 18,50 | 19,90 | 18,25 | 20,85 | 19,20 | 20,37 | 24,80 | 18,80 |
| 19,05 | 19,20 | 22,20 | 22,25 | 18,60 | 19,40 | 17,00 | 22,35 | 18,40 | 24,10 |
| 24,70 | 15,83 | 18,40 | 21,97 | 20,90 | 23,30 | 18,40 | 17,85 | 18,30 | 24,25 |
| 17,25 | 18,80 | 17,25 | 21,65 | 17,50 | 18,75 | 23,20 | 23,40 | 21,75 | 18,10 |
| 18,10 | 19,55 | 25,25 | 22,60 | 23,80 | 18,80 | 19,30 | 25,50 | 20,80 | 23,80 |
| 24,80 | 20,65 | 20,10 | 17,40 | 18,30 | 23,40 | 19,50 | 21,20 | 20,07 | 23,05 |
| 23,00 | 22,00 | 21,25 | 20,80 | 21,50 | 24,40 | 19,50 | 20,00 | 18,05 | 19,30 |
| 22,00 | 24,15 | 24,00 | 20,63 | 19,40 | 20,10 | 18,17 | 24,20 | 20,20 | 21,60 |

On constate que, à mesure que l'effectif $N$ des échantillons augmente, les traits figuratifs qui représentent les moyennes des groupes successifs de 10 échantillons sont de moins en moins dispersés (figure 9.5.1). Donc, plus les effectifs des échantillons sont grands, moins leurs moyennes diffèrent les unes des autres ainsi que de la moyenne paramétrique $\mu$, dont elles sont des estimations. On serait tenté d'essayer de décrire numériquement la diminution de la dispersion des moyennes $\overline{X}$ lorsque l'effectif $N$ augmente en calculant l'écart-type de chacun des groupes successifs de 10 moyennes: d'abord l'écart-type des moyennes des 10 échantillons d'effectif $N = 1$ (qui sont tout simplement 10 mesures individuelles); ensuite, l'écart-type des moyennes des 10 échantillons d'effectif $N = 2$; et ainsi de suite jusqu'à $N = 30$. En fait, l'écart-type de la moyenne $\overline{X}$ est couramment utilisé en statistique et est représenté par le symbole $\sigma_{\overline{X}}$ dans le cas du paramètre et par $S_{\overline{X}}$ dans le cas de l'estimation.

Les situations dans lesquelles on utilise l'écart-type de la moyenne en pratique sont toutefois très différentes de l'expérience d'échantillonnage effectuée ici. Ici, pour des raisons didactiques, nous considérons une population connue, et nous y prélevons de nombreux échantillons d'effectif croissant afin de nous familiariser avec la façon dont varie la moyenne de l'échantillon et avec l'influence de l'effectif. Dans ce contexte didactique, l'écart-type de la moyenne pourrait donc être estimé en calculant l'écart-type des moyennes de plusieurs échantillons d'effectifs égaux. En pratique, on est ordinairement placé dans la situation inverse: on étudie une population dont les paramètres sont inconnus, et on dispose généralement d'un seul échantillon par population. Le plus souvent, l'écart-type de la moyenne, $\sigma_{\overline{X}}$ , est donc estimé à partir d'un échantillon unique et à l'aide d'une formule d'origine théorique:

$$S_{\overline{X}} = S_X / \sqrt{N}\,.$$

En effet, on peut montrer que, si des mesures individuelles $X$ suivent une distribution normale dont la moyenne est $\mu = \mu_X$ et dont la variance est $\sigma^2 = \sigma_X^2$, les moyennes $\overline{X}$ d'échantillons de $N$ mesures individuelles suivent elles aussi une distribution normale dont la moyenne est $\mu$ mais dont la variance est $N$ fois plus faible: $\sigma_{\overline{X}}^2 = \sigma^2_{(\Sigma X/N)} = (1/N^2)\sigma^2_{(\Sigma X)} = (1/N^2)N\sigma_X^2 = \sigma_X^2/N$. On peut donc écrire

$$\overline{X} \leftarrow \mathcal{N}(\mu_X, \sigma_X^2/N)\,.$$

En fait, la théorie statistique (le *"théorème central limite"*) indique que, même lorsque la distribution de $X$ n'est pas normale, celle de $\overline{X}$ ressemble à la distribution normale si l'effectif $N$ est assez grand.

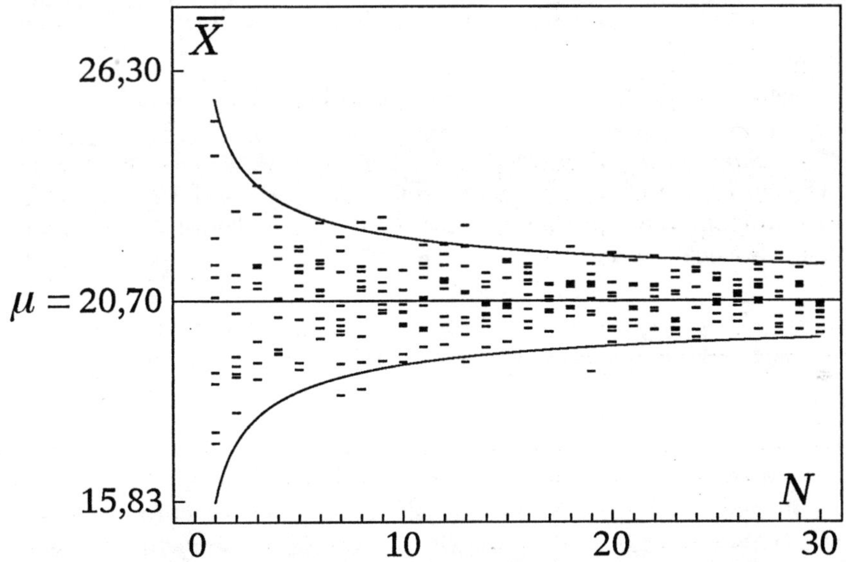


**Figure 9.5.1**
**Diminution de la dispersion des moyennes à mesure que l'effectif $N$ des échantillons augmente; la droite horizontale d'ordonnée 20,70 représente la moyenne paramétrique $\mu$ de la population, et les deux courbes délimitent la région à l'intérieur de laquelle on s'attend théoriquement à ce que tombent 95% des moyennes $\overline{X}$ des échantillons.**

L'écart-type de la moyenne sert d'habitude à décrire numériquement l'incertitude qui affecte la moyenne $\overline{X}$ de l'échantillon en tant qu'estimation de la moyenne paramétrique $\mu$ de la population (sections 9.6 et 9.7). La diminution de l'écart-type de la moyenne lorsque l'effectif augmente est une conséquence particulière de la loi des grands nombres et a une importance fondamentale en statistique: plus l'effectif de l'échantillon est grand, plus la moyenne de cet échantillon a de chances de se trouver près de la moyenne paramétrique de la population et d'en constituer une bonne estimation. Donc, plus l'effectif est grand, plus l'échantillon apporte d'information au sujet de la moyenne de la population statistique dont il est provenu.

Notons finalement que l'écart-type de la moyenne est appelé *erreur-type de la moyenne* par la plupart des auteurs (*standard error of the mean* en anglais). L'expression *erreur-type* a toutefois une connotation inopportune en biométrie parce que, contrairement à ce qui se passe dans d'autres domaines, la majeure partie de la variation observée en biologie est due à des causes objectives, et non pas à des erreurs ou à des imprécisions de mesure ou d'observation. Pour cette raison, nous préférons l'appellation écart-type de la moyenne.

## Section 9.6: épreuves d'hypothèses au sujet de la moyenne d'une population, hypothèses contraires à sens unique et à double sens

À l'aide des notions discutées depuis le début du présent chapitre, il est possible d'éprouver une hypothèse au sujet de la moyenne paramétrique $\mu$ d'une population statistique normale dont est provenu un échantillon. Prenons pour exemple les mesures de longueur des humérus gauches et droits de 10 squelettes humains de sexe féminin (tableau 1.2.1). Si on s'intéresse spécialement à la question de la symétrie bilatérale, on pourrait décider de calculer le quotient

$$X = \text{(longueur de l'humérus droit)/(longueur de l'humérus gauche)}$$

pour chacun de ces 10 squelettes et de faire une analyse statistique de cet échantillon de 10 quotients. Nous supposerons ici que le quotient $X$ suit une distribution normale. Le quotient de chaque squelette est supérieur ou inférieur à 1,0 suivant que l'humérus droit est plus long ou plus court que l'humérus gauche correspondant. Le tableau 9.6.1 donne ces 10 quotients calculés à une précision de 6 chiffres.

**Tableau 9.6.1**
**Quotients de la longueur de l'humérus droit par celle de l'humérus gauche pour 10 squelettes humains de sexe féminin (voir le tableau 1.2.1).**

| | | | | |
|---|---|---|---|---|
| 1,01286 | 1,01325 | 1,03322 | 1,03416 | 1,01282 |
| 1,02456 | 1,00984 | 1,02581 | 0,993902 | 1,01645 |

La moyenne et l'écart-type de cet échantillon sont $\overline{X} = 1{,}01769$ et $S_X = 0{,}0121176$ et l'écart-type de la moyenne est $S_{\overline{X}} = 0{,}00383192$. Disons qu'on désire éprouver l'hypothèse préliminaire $H_0: \mu = \mu_0 = 1{,}0$ suivant laquelle la symétrie bilatérale de la longueur de l'humérus serait parfaite en moyenne. Si cette hypothèse préliminaire est vraie, la moyenne $\overline{X}$ appartient à une distribution normale dont la moyenne est $\mu = \mu_0 = 1{,}0$ et dont l'écart-type $\sigma_{\overline{X}}$ est estimé par $S_{\overline{X}}$. Si on connaissait la valeur de l'écart-type paramétrique de la moyenne, $\sigma_{\overline{X}}$, on pourrait utiliser la distribution normale car l'écart réduit $(\overline{X} - \mu_0)/\sigma_{\overline{X}}$ suit la distribution normale réduite $\mathcal{N}(0, 1)$. Comme la valeur de $\sigma_{\overline{X}}$ est inconnue, on la remplace par son estimation $S_{\overline{X}}$ et l'écart $(\overline{X} - \mu_0)/S_{\overline{X}}$ (qu'on appelle aussi un *critère*) suit la distribution du $t$ de Student avec $\nu = (N-1)$ degrés de liberté.

Avant de pouvoir déterminer les limites des régions d'acceptation et de rejet, il nous faudra trouver quelle sorte d'hypothèse contraire est appropriée. Bien qu'une seule sorte d'hypothèse contraire ait été mentionnée à la section 9.2 pour simplifier l'exposé, $H_1: \mu = \mu_1 \neq \mu_0$, deux autres sortes aussi sont communément employées: $H_1: \mu = \mu_1 < \mu_0$ et $H_1: \mu = \mu_1 > \mu_0$. Les régions d'acceptation et de rejet correspondant aux trois types courants d'hypothèses contraires sont illustrées à figure 9.6.1. Ces régions d'acceptation et de rejet peuvent aussi être exprimées quant au critère $t_{(N-1)} = (\overline{X} - \mu_0)/S_{\overline{X}}$ (figure 9.6.2).

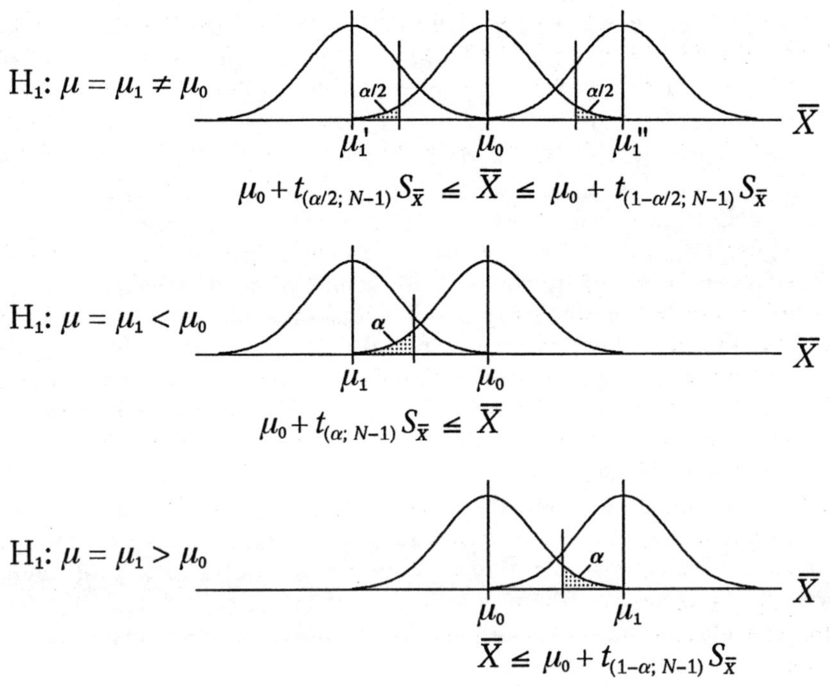


**Figure 9.6.1**
**Régions d'acceptation et de rejet de l'hypothèse préliminaire H$_0$: $\mu = \mu_0$ correspondant aux trois types courants d'hypothèses contraires.**

Soulignons sans tarder que le choix de l'une des trois sortes d'hypothèses contraires doit être fait pour des raisons *a priori* (dictées par des connaissances préalables) et non pas suggéré par l'examen des données. En effet, toutes les méthodes du présent chapitre, de même que la plupart des méthodes statistiques courantes, sont conçues pour éprouver des hypothèses formulées indépendamment de l'examen des données (voir toutefois la section 26.4).

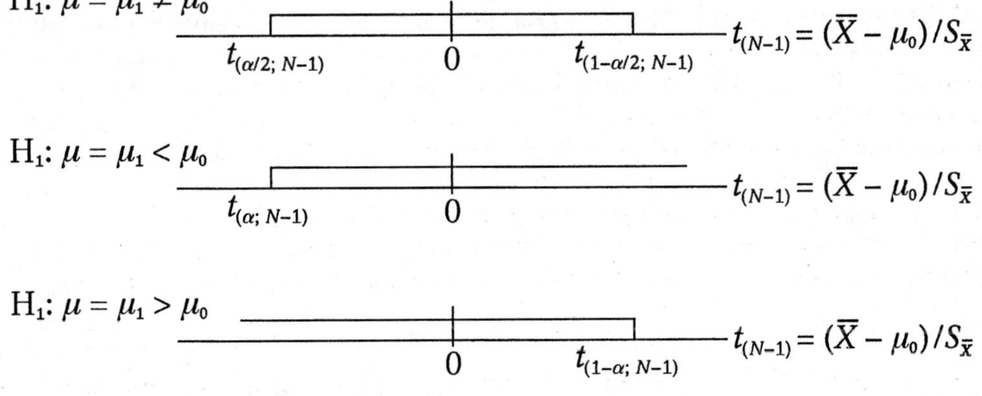


**Figure 9.6.2**
**Régions d'acceptation et de rejet réexprimées quant au critère $t_{(N-1)}$.**

L'hypothèse contraire $H_1$: $\mu = \mu_1 \neq \mu_0$ est dite *à double sens* (ou *bilatérale*) parce qu'elle comprend deux possibilités: $\mu = \mu_1 < \mu_0$ et $\mu = \mu_1 > \mu_0$. Cette sorte d'hypothèse contraire, déjà discutée à la section 9.2, est appropriée chaque fois que, si l'hypothèse préliminaire $H_0$ n'est pas vraie, on n'a pas plus de raisons de s'attendre à ce que la moyenne $\mu = \mu_1$ soit petite que de raisons de s'attendre à ce qu'elle soit grande. Les deux autres sortes d'hypothèses contraires, $H_1$: $\mu = \mu_1 < \mu_0$ et $H_1$: $\mu = \mu_1 > \mu_0$, sont dites *à sens unique* (ou *unilatérales*) parce que chacune comprend une seule condition, et elles conviennent lorsqu'on a des raisons préalables de s'attendre soit seulement à une supériorité soit seulement à une infériorité de la moyenne. Si on cherche à développer une sorte d'engrais utilisable en agriculture, par exemple, seules les substances qui augmenteraient la production végétale seraient intéressantes, et on pourrait être justifié de faire une hypothèse contraire à sens unique du type $H_1$: $\mu = \mu_1 > \mu_0$. Il est avantageux de faire une hypothèse contraire à sens unique plutôt qu'à double sens lorsque c'est justifiable parce que cela augmente les chances de détecter cette hypothèse contraire, c'est-à-dire de "faire une découverte".

Dans le cas des quotients de longueurs d'humérus du tableau 9.6.1, étant donné la prédominance générale des droitiers dans toutes les populations humaines connues, on pourrait peut-être se sentir justifié de faire l'hypothèse contraire à sens unique $H_1$: $\mu = \mu_1 > \mu_0 = 1{,}0$. Si cette hypothèse contraire était vraie, cela devrait tendre à augmenter la valeur de la moyenne $\overline{X}$ de l'échantillon de même que celle du critère

$$t_{(N-1)} = (\overline{X} - 1{,}0)/S_{\overline{X}}\,.$$

On devrait donc placer la région de rejet à droite de la région d'acceptation (bas des figures 9.6.1 et 9.6.2). La moyenne $\overline{X}$ de l'échantillon tombe donc dans la région d'acceptation si

$$\overline{X} \leq \mu_0 + t_{(1-\alpha;\, N-1)}\, S_{\overline{X}}$$

c'est-à-dire si le *critère* $t_{(N-1)} = (\overline{X} - \mu_0)/S_{\overline{X}} \leq t_{(1-\alpha;\, N-1)}\,.$

Au point de vue numérique, on a ici

$$t_{(9)} = (1{,}01769 - 1{,}0)\ /\ 0{,}00383192 = 4{,}6165 > 4{,}2968 = t_{(0{,}999\,;\,9)}\,,$$

et le critère calculé tombe dans la région de rejet au seuil de signification $\alpha = 0{,}001$. On doit donc rejeter $H_0$ et conclure que la moyenne paramétrique du quotient de la longueur de l'humérus droit par celle de l'humérus gauche n'est pas égale à 1,0. On pourrait dire que la différence $(\overline{X} - \mu_0)$ est *statistiquement significative* au *seuil de signification* $\alpha = 0{,}001$, ou que la probabilité d'obtenir au hasard une différence aussi forte ou plus forte que $(\overline{X} - \mu_0)$ est $P < 0{,}001$. Cette analyse numérique confirme donc les indications graphiques données par la figure 1.2.2, suivant laquelle la symétrie bilatérale n'est pas parfaite pour ce qui est de la longueur de l'humérus.

Si l'hypothèse contraire était $H_1$: $\mu = \mu_1 \neq \mu_0$, la région d'acceptation de $H_0$ serait

$$t_{(\alpha/2\,;\, N-1)} \leq (\overline{X} - \mu_0)/S_{\overline{X}} \leq t_{(1-\alpha/2\,;\, N-1)}\,,$$

et, si l'hypothèse contraire était $H_1$: $\mu = \mu_1 < \mu_0$, la région d'acceptation de $H_0$ serait

$$t_{(\alpha;\, N-1)} \leq (\overline{X} - \mu_0)/S_{\overline{X}}\,.$$

Lorsqu'une différence est jugée statistiquement significative, on a coutume de mentionner le seuil de signification le plus fin (correspondant à la probabilité $\alpha$ la plus petite) auquel cette différence demeure significative, parce que ceci indique en outre tous les seuils plus grossiers auxquels la même différence serait aussi jugée significative. Dans le cas des 10 squelettes considérés ci-dessus, par exemple, on mentionnerait que $P < 0{,}001$ parce que le lecteur saurait ainsi que $P < 0{,}001 < 0{,}01 < 0{,}05$ et que la différence observée est digne d'attention à tous les seuils usuels à partir de $\alpha = 0{,}05$ jusqu'à $\alpha = 0{,}001$. Inversement, lorsqu'une différence n'est pas jugée significative, on a coutume de mentionner le seuil le plus grossier (correspondant à la probabilité $\alpha$ la plus forte) auquel cette différence demeure non significative, parce que ceci indique en outre tous les seuils plus fins auxquels la même différence serait aussi jugée non significative. Ainsi, lorsqu'on sait que $P > 0{,}05$, on sait par le fait même que $P > 0{,}05 > 0{,}01 > 0{,}001$. Si on écrit $0{,}01 < P < 0{,}05$, on indique que la différence observée peut être considérée comme une indication préliminaire ($P < 0{,}05$) mais pas comme une conclusion bien établie ($P > 0{,}01$; section 9.4).

## Section 9.7: intervalles de confiance de la moyenne d'une population

Les méthodes d'épreuves d'hypothèses exposées à la section précédente sont utiles lorsqu'on connaît déjà une valeur moyenne hypothétique qu'on désire confronter avec un échantillon de données. Lorsqu'on n'a pas d'idées préalables au sujet de la valeur moyenne $\mu$ d'une population, on détermine plutôt ce qu'on appelle un *intervalle de confiance*. L'intervalle de confiance est la sorte la plus courante d'estimation par intervalle (section 9.1).

En pratique, lorsqu'on détermine un intervalle de confiance, on connaît la moyenne $\overline{X}$ de l'échantillon et on ignore la moyenne $\mu$ de la population mais, en théorie, pour poser le problème correctement, il faut supposer temporairement qu'on connaît $\mu$ et qu'on ignore $\overline{X}$ et faire comme s'il s'agissait d'une épreuve d'hypothèse. Disons par exemple qu'on veut utiliser la moyenne $\overline{X}$ d'un échantillon pour établir l'intervalle de confiance de la moyenne $\mu$ de la population dont cet échantillon est provenu et que, s'il s'agissait d'une épreuve d'hypothèse, on serait placé dans le contexte où l'hypothèse contraire serait à double sens:

$$H_0:\ \mu = \mu_0 \quad \text{et} \quad H_1:\ \mu = \mu_1 \neq \mu_0 \ .$$

Si on suppose que l'écart-type paramétrique $\sigma_0$ est connu, l'écart-type paramétrique de la moyenne $\overline{X}$ d'un échantillon d'effectif $N$ est $\sigma_0/\sqrt{N}$ et la probabilité que la moyenne $\overline{X}$ de l'échantillon tombe dans la région d'acceptation est

$$P\,[\,\mu_0 + t_{(\alpha/2;\,\infty)}\,\sigma_0/\sqrt{N} \leq \overline{X} \leq \mu_0 + t_{(1-\alpha/2;\,\infty)}\,\sigma_0/\sqrt{N}\,] = (1-\alpha)\,.$$

Notons que nous utilisons la distribution normale ci-dessus parce que l'écart-type paramétrique $\sigma_0$ est supposé connu. L'équation précédente est correcte à la condition que l'hypothèse préliminaire $H_0$ soit vraie, mais cette condition peut être éliminée si on remplace $\mu_0$ et $\sigma_0$ par $\mu$ et $\sigma$, car $\mu$ et $\sigma$ sans indices désignent par définition la moyenne et l'écart-type de la population où on s'apprête (théoriquement) à prélever l'échantillon. On peut donc réécrire

$$P\,[\,\mu + t_{(\alpha/2;\,\infty)}\,\sigma/\sqrt{N} \leq \overline{X} \leq \mu + t_{(1-\alpha/2;\,\infty)}\,\sigma/\sqrt{N}\,] = (1-\alpha)\,,$$

et cette nouvelle équation est toujours vraie, que l'hypothèse préliminaire soit vraie ou qu'elle soit fausse. L'écart-type paramétrique $\sigma$ étant généralement inconnu en pratique, nous le remplacerons ensuite par son estimation $S_X$ mais, ce faisant, nous devrons substituer la distribution du $t$ de Student avec $(N-1)$ degrés de liberté à la distribution normale:

$$P[\mu + t_{(\alpha/2\,;\,N-1)}\, S_x/\sqrt{N} \leq \overline{X} \leq \mu + t_{(1-\alpha/2\,;\,N-1)}\, S_x/\sqrt{N}] = (1-\alpha)\,.$$

La double inéquation dont la probabilité est exprimée ci-dessus peut ensuite être modifiée par une série de simples manipulations algébriques, les valeurs moyennes $\mu$ et $\overline{X}$ étant soustraites des trois membres, les signes des trois membres étant changés en inversant la direction des signes d'inégalité, les trois membres étant réécrits par ordre de grandeur croissante et les valeurs $-\,t_{(\alpha/2;\,N-1)}$ et $-\,t_{(1-\alpha/2;\,N-1)}$ étant remplacées par $t_{(1-\alpha/2;\,N-1)}$ et $t_{(\alpha/2;\,N-1)}$ respectivement grâce à la symétrie de la distribution du $t$ de Student. On obtient ainsi:

$$P[\overline{X} + t_{(\alpha/2\,;\,N-1)}\, S_x/\sqrt{N} \leq \mu \leq \overline{X} + t_{(1-\alpha/2\,;\,N-1)}\, S_x/\sqrt{N}] = (1-\alpha)\,.$$

Tant que l'échantillon n'a pas encore été tiré de la population, l'expression ci-dessus désigne la probabilité que l'intervalle aléatoire

$$[\overline{X} + t_{(\alpha/2\,;\,N-1)}\, S_x/\sqrt{N},\quad \overline{X} + t_{(1-\alpha/2\,;\,N-1)}\, S_x/\sqrt{N}]$$

tombe de telle manière sur l'axe de coordonnées des valeurs possibles de la moyenne paramétrique qu'il *contienne* (on dit aussi *couvre* en langage statistique) la moyenne $\mu$ de la population échantillonnée. Par contre, une fois que l'échantillon a été tiré de la population, nous considérerons qu'il serait contradictoire de parler encore de probabilité car chacune des deux limites de l'intervalle a maintenant une valeur fixe, et la moyenne paramétrique $\mu$ elle aussi (même si cette dernière n'est pas connue). Nous dirons donc que l'*intervalle de confiance,*

$$\overline{X} + t_{(\alpha/2\,;\,N-1)}\, S_x/\sqrt{N} \leq \mu \leq \overline{X} + t_{(1-\alpha/2\,;\,N-1)}\, S_x/\sqrt{N}\,,$$

désormais calculé, *contient vraisemblablement la moyenne $\mu$ de la population avec un coefficient de confiance égal à* $(1-\alpha)$.

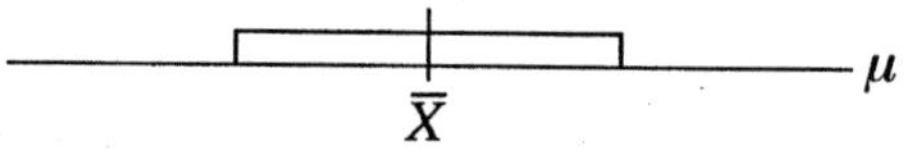


**Figure 9.7.1**
**Représentation graphique d'un intervalle de confiance à double sens.**

En bref, on dira aussi que cet intervalle est l'*intervalle de confiance de $\mu$ au seuil de signification $\alpha$*. Lorsqu'on obtient un intervalle de confiance, on devrait généralement le représenter de manière graphique comme ci-dessus (figure 9.7.1; voir aussi la figure 12.8.1), car cela rend la chose plus concrète.

La détermination d'intervalles de confiance à sens unique doit être faite avec précaution car, si on se fiait uniquement à son intuition, on risquerait fort de procéder incorrectement. Supposons d'abord que, s'il s'agissait d'une épreuve d'hypothèse, on aurait l'hypothèse contraire $H_1$: $\mu = \mu_1 < \mu_0$ (figure 9.7.2). La probabilité que la moyenne $\overline{X}$ de l'échantillon (non encore tiré) tombe dans la région d'acceptation est alors:

$$P[\mu_0 + t_{(\alpha\,;\,\infty)}\, \sigma_0/\sqrt{N} \leq \overline{X}] = (1-\alpha)\,.$$

Si on effectue les mêmes sortes de modifications et de manipulations que dans le cas précédent, on obtient finalement:

$$P[\mu \leq \overline{X} + t_{(1-\alpha;\, N-1)}\, S_x/\sqrt{N}] = (1-\alpha)\,.$$

Une fois que l'échantillon est tiré, l'intervalle de confiance à sens unique,

$$\mu \leq \overline{X} + t_{(1-\alpha;\, N-1)}\, S_x/\sqrt{N}\,,$$

contient donc vraisemblablement la moyenne $\mu$ de la population avec un coefficient de confiance $(1-\alpha)$. La limite (supérieure) de cet intervalle de confiance peut être interprétée comme la plus forte valeur qui est vraisemblable pour la moyenne $\mu$ de la population.

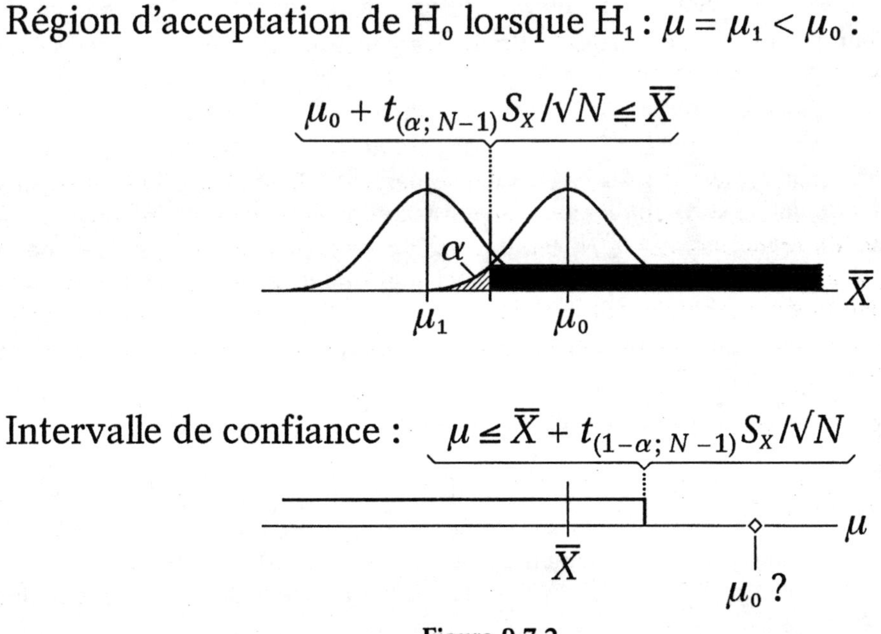


**Figure 9.7.2**

**Dans le cas où, s'il s'agissait d'une épreuve d'hypothèse, l'hypothèse contraire serait $H_1$: $\mu = \mu_1 < \mu_0$, tandis que la région d'acceptation va jusqu'à $+\infty$ vers la droite, l'intervalle de confiance va jusqu'à $-\infty$ vers la gauche.**

À première vue, il est déroutant de constater dans ce cas-ci que, tandis que la région d'acceptation s'étend jusqu'à $+\infty$ vers la droite, l'intervalle de confiance s'étend jusqu'à $-\infty$ vers la gauche (figure 9.7.2). Si on réfléchit bien, on constate toutefois que cette solution est manifestement correcte: pour que l'échantillon donne des indications qu'il provient d'une population dont la moyenne $\mu$ est plus basse qu'une valeur particulière $\mu_0$, il faut que la moyenne $\overline{X}$ soit tellement plus basse que $\mu_0$ que même la limite supérieure de l'intervalle de confiance, qui est à droite de $\overline{X}$, soit à gauche de $\mu_0$. Intuitivement, on serait tenté de donner le même sens à l'intervalle de confiance qu'à la région d'acceptation mais, si on adoptait cette solution erronée, il serait impossible de détecter les indications éventuelles de faiblesse (de $\mu$) données par la moyenne $\overline{X}$ de l'échantillon!

Dans le cas opposé où, s'il s'agissait d'une épreuve d'hypothèse, l'hypothèse contraire serait $H_1$: $\mu = \mu_1 > \mu_0$, l'intervalle de confiance est

$$\overline{X} + t_{(\alpha;\, N-1)}\, S_X / \sqrt{N} \leq \mu \,.$$

La limite (inférieure) de cet intervalle peut être interprétée comme la plus faible valeur vraisemblable de $\mu$.

## Section 9.8: deux populations ont-elles des moyennes différentes ?

Les méthodes discutées jusqu'ici nous ont permis de confronter une moyenne hypothétique avec des observations ou de déterminer l'intervalle de confiance d'une moyenne théorique $\mu$ lorsqu'on a un seul échantillon en main. Nous verrons maintenant qu'une simple extension des méthodes précédentes permet de comparer les valeurs moyennes $\overline{X}_A$ et $\overline{X}_B$ de deux échantillons, dont on suppose qu'ils sont provenus d'une seule population statistique normale (ou de deux populations **A** et **B** identiques, ce qui revient mathématiquement au même), tout en soupçonnant qu'ils pourraient être provenus de populations dont les moyennes $\mu_A$ et $\mu_B$ seraient différentes.

Lorsque les valeurs individuelles d'une variable aléatoire continue $X$ suivent une distribution normale $\mathcal{N}(\mu,\, \sigma_X^2)$, les valeurs moyennes $\overline{X}$ d'échantillons d'effectifs $N$ tirés de la même population suivent elles aussi une distribution normale dont la moyenne est $\mu$ mais dont la variance est $\sigma_{\overline{X}}^2 = \sigma_X^2/N$ (section 9.5): $\overline{X} \leftarrow \mathcal{N}(\mu,\, \sigma_X^2/N)$. Dans la présente section, nous irons une étape plus loin et nous considérerons une nouvelle variable aléatoire continue $Y$ constituée par la différence $(\overline{X}_B - \overline{X}_A)$ entre les valeurs moyennes $\overline{X}_A$ et $\overline{X}_B$ de deux échantillons tirés l'un d'une population normale dont la moyenne est $\mu_A$ et l'autre d'une population normale dont la moyenne est $\mu_B$. En pratique, les méthodes décrites dans cette section serviront habituellement lorsqu'on a en main une seule paire d'échantillons dont on veut comparer les moyennes $\overline{X}_A$ et $\overline{X}_B$, mais, en théorie, pour formuler le problème correctement, il faut supposer qu'on a toute une série de paires d'échantillons, les deux échantillons de chaque paire provenant l'un de la population **A** et l'autre de la population **B**. En théorie, on a donc toute une série de différences du type $Y = (\overline{X}_B - \overline{X}_A)$, et on peut montrer que ces différences suivent elles aussi une distribution normale, mais dont la moyenne est $\mu_Y = (\mu_B - \mu_A)$, et dont la variance est $\sigma_Y^2 = \sigma_{(\overline{X}_B - \overline{X}_A)}^2 = \sigma_{\overline{X}_A}^2 + \sigma_{\overline{X}_B}^2 = \sigma_X^2/N_A + \sigma_X^2/N_B = \sigma_X^2(1/N_A + 1/N_B)$.

$$\text{On a donc } Y = (\overline{X}_B - \overline{X}_A) \leftarrow \mathcal{N}\big(\mu_B - \mu_A,\, \sigma_X^2(1/N_A + 1/N_B)\big)\,.$$

L'hypothèse préliminaire est généralement ici une véritable *hypothèse de nullité*,

$$H_0\colon\ \mu_Y = (\mu_B - \mu_A) = 0\,,\quad \text{c'est-à-dire}\quad H_0\colon\ \mu_A = \mu_B\,,$$

et l'hypothèse contraire est habituellement de l'un des trois types discutés à la section 9.6 et illustrés à la figure 9.6.1:

$$H_1\colon\ (\mu_B - \mu_A) \neq 0\,,\quad \text{c'est-à-dire}\quad H_1\colon\ \mu_A \neq \mu_B\,,$$

$$H_1\colon\ (\mu_B - \mu_A) < 0\,,\quad \text{c'est-à-dire}\quad H_1\colon\ \mu_A > \mu_B\,,$$

$$\text{ou}\quad H_1\colon\ (\mu_B - \mu_A) > 0\,,\quad \text{c'est-à-dire}\quad H_1\colon\ \mu_A < \mu_B\,.$$

Afin de simplifier le problème de la comparaison des moyennes, on suppose habituellement que les variances des deux populations sont égales, $\sigma_A^2 = \sigma_B^2 = \sigma^2$, et on obtient une estimation commune de la variance (et de sa racine carrée l'écart-type) en additionnant les sommes des carrés des écarts des deux échantillons avant de les diviser par la somme de leurs nombres de degrés de liberté: $(N_A - 1) + (N_B - 1) = (N_A + N_B - 2)$. Si la supposition d'égalité des variances est vraie, le critère

$$t_{(N_A + N_B - 2)} = \frac{[(\overline{X}_B - \overline{X}_A) - (\mu_B - \mu_A)]}{S_{x_{commun}} \sqrt{(1/N_A) + (1/N_B)}},$$

$$\text{où } S_{x_{commun}} = \sqrt{\frac{\Sigma(X - \overline{X})_A^2 + \Sigma(X - \overline{X})_B^2}{N_A + N_B - 2}},$$

suit la distribution du $t$ de Student avec $(N_A + N_B - 2)$ degrés de liberté et on peut utiliser cette distribution pour éprouver l'hypothèse préliminaire, en tenant compte du type d'hypothèse contraire en cause, de la même façon qu'à la section 9.6. Notons que, lorsqu'on éprouve l'hypothèse préliminaire $H_0$: $\mu_A = \mu_B$, le numérateur du critère ci-dessus se simplifie vu que la différence $(\mu_B - \mu_A)$ est remplacée par 0. Si la supposition d'égalité des variances n'était pas vraie, le critère ci-dessus ne suivrait pas la distribution de Student exactement, ce qui risquerait de fausser le seuil de signification $\alpha$ choisi (sections 9.4 et 9.6) pour la comparaison des moyennes. La supposition d'égalité des variances, $\sigma_A^2 = \sigma_B^2$, constitue donc une condition de validité de l'utilisation de la distribution de Student pour éprouver l'hypothèse d'égalité des moyennes, $H_0$: $\mu_A = \mu_B$. Si on soupçonne fortement que la supposition d'égalité des variances n'est pas vraie, on peut traiter cette supposition à son tour comme une hypothèse et l'éprouver à l'aide de la distribution du rapport de variances, $F$, tel qu'indiqué à la section 11.2 du chapitre 11. En pratique, on s'abstient toutefois de mettre en doute la supposition d'égalité des variances à moins d'avoir de fortes raisons de le faire, parce qu'on peut montrer que l'utilisation de la distribution du $t$ de Student pour comparer des moyennes est une méthode statistique *robuste,* qui est peu dérangée lorsque ses conditions de validité ne sont pas parfaitement satisfaites.

Afin d'illustrer l'utilisation de la distribution de $t$ de Student pour éprouver l'hypothèse d'égalité des moyennes de deux populations statistiques, on compare la durée de survie moyenne en minutes dans de l'air sec à 33,5°C de drosophiles mâles et femelles élevées à 15°C (tableau 9.8.1, page suivante). Comme il n'y a pas de raisons *a priori* de soupçonner que les mâles survivent moins longtemps que les femelles, l'hypothèse contraire est

$$H_1: (\mu_B - \mu_A) \neq 0 .$$

Le critère tombe dans la région de rejet au seuil de signification $\alpha$ = 0,001, et la différence observée est très concluante en dépit de la petitesse des échantillons.

**Tableau 9.8.1**
**Exemple de la comparaison de deux moyennes à l'aide du $t$ de Student: durée de survie en minutes dans de l'air sec à 33,5°C de drosophiles mâles et femelles élevées à 15°C (Smith, 1957).**

| Échantillon | $N$ | $\overline{X}$ | $\Sigma(X-\overline{X})^2$ | $S_X^2$ |
|---|---|---|---|---|
| A : Mâles | 6 | 44,1667 | 470,833 | 94,1666 |
| B : Femelles | 6 | 67,5 | 237,5 | 47,5 |

$$t_{(10)} = +\,4{,}80196 > +\,4{,}5869 = t_{(0{,}9995;\,10)}$$

## Section 9.9: un contexte spécialement avantageux: les mesures appariées

La méthode expliquée à la section 9.8 permet de comparer globalement les moyennes de deux échantillons indépendants, provenus l'un d'une population **A** et l'autre d'une population **B**, et dont toutes les observations sont sans relations les unes avec les autres. Notons que, dans ce cas, les effectifs $N_A$ et $N_B$ ne sont pas nécessairement égaux. Il arrive toutefois souvent en biologie qu'on doit comparer deux groupes de données **A** et **B** mais qu'il y a une relation spéciale entre chacune des mesures du groupe **A** et l'une des mesures du groupe **B** et vice versa. On dit alors qu'il s'agit de *mesures appariées* (*paired measurements,* en anglais), et les deux mesures entre lesquelles il y a une relation spéciale forment une *paire*, un *couple*. Lorsqu'il y a de telles relations, les effectifs des deux échantillons sont nécessairement égaux. Les dix paires de mesures de longueur d'humérus gauches et droits données au tableau 1.2.1 sont un bon exemple de mesures appariées. La relation spéciale entre les mesures de chaque paire correspond ici au fait que ce sont les deux humérus (gauche et droit) d'un même squelette. L'une des façons de tenir compte de ces relations d'appariement est de calculer la différence algébrique (tenant compte du signe) entre les mesures de chaque paire et de remplacer les deux échantillons de mesures par un échantillon unique de différences entre les mesures appariées (tableau 9.9.1).

Si les deux variables $X_A$ et $X_B$ suivent chacune une distribution normale, la différence $Y=(X_B-X_A)$ suit elle aussi une distribution normale dont la moyenne $\mu_Y$ et la variance $\sigma_Y^2$ peuvent être estimées par la moyenne $\overline{Y}$ et la variance $S_Y^2$ de l'échantillon de différences. Si la symétrie bilatérale était parfaite en moyenne, l'humérus gauche de chaque personne devrait avoir une longueur voisine de celle de l'humérus droit de la même personne, et la moyenne paramétrique des différences serait nulle: $H_0$: $\mu_Y=0$. Cette hypothèse préliminaire (qui est ici une *hypothèse nulle* comme à la section 9.8) peut être éprouvée à l'aide des méthodes discutées à la section 9.6 si on calcule le critère

$$t_{(N-1)} = (\overline{Y} - \mu_Y)\,/S_{\overline{Y}}\,, \text{ où } N = N_A = N_B\,.$$

Dans le cas des longueurs d'humérus du tableau 9.9.1, si on pose les hypothèses $H_0$: $\mu_Y=0$ et $H_1$: $\mu_Y>0$, on trouve

$$t_{(9)} = +5{,}4/1{,}1944 = +4{,}5210 > +4{,}2968 = t_{(0{,}999;\,9)}\,,$$

et le critère calculé tombe dans la région de rejet au seuil de signification $\alpha=0{,}001$. On doit donc rejeter $H_0$ et conclure que la moyenne paramétrique des différences appariées entre la longueur de l'humérus droit et celle de l'humérus gauche n'est pas égale à 0. Remarquons que ce résultat confirme la conclusion obtenue à l'aide de quotients à la section 9.6 et à l'aide de l'épreuve des signes à la section 17.11.

**Tableau 9.9.1**
**Différences entre des mesures appariées de la longueur en mm des humérus gauches et droits de squelettes humains de sexe féminin (tableau 1.2.1).**

| Numéro (indice) du squelette | Humérus gauche $X_A$ | Humérus droit $X_B$ | Différence $Y = (X_B - X_A)$ |
|---|---|---|---|
| 1 | 311 | 315 | +4 |
| 2 | 302 | 306 | +4 |
| 3 | 301 | 311 | +10 |
| 4 | 322 | 333 | +11 |
| 5 | 312 | 316 | +4 |
| 6 | 285 | 292 | +7 |
| 7 | 305 | 308 | +3 |
| 8 | 310 | 318 | +8 |
| 9 | 328 | 326 | −2 |
| 10 | 304 | 309 | +5 |

Lorsqu'on n'a pas de raisons préalables de poser une hypothèse de nullité et lorsqu'on désire plutôt une estimation par intervalle de la différence moyenne paramétrique, on peut déterminer l'intervalle de confiance de $\mu_Y$ à l'aide des méthodes de la section 9.7.

Si on comparait deux échantillons de mesures appariées de manière globale à l'aide du critère discuté à la section 9.8, on procéderait de manière inefficace parce qu'on ignorerait la relation spéciale entre les deux mesures de chaque paire. Par exemple, si on appliquait les méthodes de la section 9.8 aux longueurs d'humérus, on trouverait

$$t_{(18)} = +5{,}4/5{,}1687 = +1{,}0448 < +1{,}7341 = t_{(0{,}95\,;\,18)}\,.$$

Le critère calculé tomberait dans la région d'acceptation au seuil $\alpha = 0{,}05$, et on devrait conserver $H_0$. La méthode de comparaison globale serait donc ici beaucoup moins sensible que la méthode des mesures appariées.

L'appariement augmente la sensibilité d'une comparaison parce qu'il réduit l'influence des facteurs de variation autres que celui qu'on désire étudier. Pour que la méthode des mesures appariées soit avantageuse, il faut cependant que la relation spéciale entre les mesures de chaque paire soit assez prononcée, car le nombre de degrés de liberté est coupé de moitié lorsqu'on remplace deux échantillons comportant chacun $N$ mesures par un seul échantillon de $N$ différences. Lorsque les mesures de chaque paire ont réellement tendance à se ressembler, cette tendance peut être évaluée à l'aide du coefficient de corrélation (chapitre 19). La représentation de mesures appariées dans un diagramme de dispersion où on trace une droite correspondant à l'hypothèse d'égalité (figure 1.2.2) est une méthode graphique particulièrement efficace.

Malgré sa simplicité, la méthode des mesures appariées est très puissante et peut rendre de grands services non seulement en morphologie quantitative mais aussi dans plusieurs autres domaines. En physiologie, par exemple, les deux mesures de chaque paire peuvent provenir d'organismes aussi semblables que possible au point de vue génétique et soumis à des conditions identiques sauf que l'un des deux reçoit un traitement expérimental tandis que l'autre sert d'*individu témoin* (*control*, en anglais).

L'organisme témoin donne donc une idée aussi bonne que possible de ce dont l'organisme expérimental aurait eu l'air s'il n'avait pas été soumis au traitement expérimental. On utilise parfois des jumeaux vrais (monozygotes) comme organismes appariés à cause de leur ressemblance génétique pratiquement parfaite. Parfois aussi, les deux mesures appariées sont prises successivement sur un même organisme, la mesure témoin avant et la mesure expérimentale après l'administration du traitement.

En écologie, la méthode des mesures appariées pourrait servir à comparer l'abondance ou l'activité d'une même espèce dans deux habitats différents mais voisins. Par exemple, on pourrait comparer le nombre de captures de petits mammifères dans un boisé **A** et dans une prairie **B** durant une série de plusieurs nuits successives, les nombres de captures d'une même paire étant obtenus une même nuit. Comme l'activité nocturne et les chances de capture de petits mammifères sont très influencées par les conditions climatiques (vent, pluie, température, éclairage, etc.), la méthode des mesures appariées réduirait l'effet des conditions climatiques et mettrait en relief l'influence de la différence d'habitat.

## Section 9.10: comparaison d'une observation individuelle et d'un échantillon

Plus souvent peut-être en biologie que dans d'autres disciplines, la comparaison d'une observation individuelle avec un groupe d'observations peut revêtir un grand intérêt. En taxonomie, par exemple, on se demande parfois si un spécimen trouvé à la limite de l'aire de distribution d'une espèce ne serait pas un hybride naturel avec une espèce voisine. En physiologie, on soupçonne occasionnellement qu'un individu isolé réagit plus ou moins fortement que les membres d'un groupe à cause d'un effet *"social"*. Au point de vue statistique, la comparaison d'une mesure individuelle avec un groupe de mesures peut être considérée comme un cas particulier de la comparaison de deux groupes, l'un des deux groupes étant réduit à une seule observation. Le critère utilisé à la section 9.8 peut alors être adapté si on simplifie la notation comme suit:

$N_A = N$ est l'effectif de l'échantillon qui comporte plusieurs observations,

$N_B = 1$ est l'effectif de l'échantillon réduit à une seule observation,

$\bar{X}_A = \bar{X}$ est la moyenne du premier échantillon,

$\bar{X}_B = X$ est l'unique observation qui constitue le second échantillon,

$\Sigma(X-\bar{X})^2_A = \Sigma(X-\bar{X})^2$ est la somme des carrés des écarts du premier échantillon,

et $\Sigma(X-\bar{X})^2_B = 0$ est la somme des carrés des écarts (inexistante) du second échantillon.

Le critère qui a permis de comparer les moyennes de deux échantillons à la section 9.8 prend alors la forme suivante:

$$t_{(N-1)} = \frac{[(X-\bar{X})-(\mu_B-\mu_A)]}{S_x}\sqrt{\frac{N}{N+1}} \quad , \quad \text{où } S_x = \sqrt{\frac{\Sigma(X-\bar{X})^2}{N-1}} \quad .$$

Lorsqu'on désire éprouver l'hypothèse préliminaire $H_0$: $\mu_A = \mu_B$ , selon laquelle l'observation individuelle $X$ serait provenue de la même population que l'échantillon **A** (ou d'une population de moyenne égale), la formule précédente se simplifie encore davantage puisque $(\mu_B - \mu_A) = 0$ . Les limites des régions d'acceptation et de rejet de $H_0$ sont déterminées en tenant compte de la nature de l'hypothèse contraire $H_1$ comme à la section 9.8, sauf que le nombre de degrés de liberté est $(N_A - 1) = (N - 1)$ au lieu de $(N_A + N_B - 2)$.

## Section 9.11: intervalles de prédiction et intervalles de variation

Lorsqu'on a en main d'une part une observation individuelle $X$ et d'autre part un groupe d'observations dont la moyenne est $\overline{X}$ mais que les moyennes paramétriques $\mu_A$ et $\mu_B$ sont inconnues, l'épreuve d'hypothèse discutée à la section 9.10 pourrait être inversée afin d'obtenir un intervalle de confiance pour la différence $(\mu_B - \mu_A)$. Par exemple, si on est dans le contexte d'une hypothèse contraire à double sens, on aurait l'intervalle de confiance

$$(X-\overline{X}) + t_{(\alpha/2;\, N-1)} S_x \sqrt{[(N+1)/N]} \leq (\mu_B - \mu_A) \leq (X-\overline{X}) + t_{(1-\alpha/2;\, N-1)} S_x \sqrt{[(N+1)/N]}.$$

La multiplication de l'écart-type $S_x$ des mesures individuelles par le facteur $\sqrt{[(N+1)/N]}$ fournit l'estimation $S_{(X-\overline{X})}$ de l'écart-type de la différence $(X-\overline{X})$ entre une observation individuelle $X$ et la moyenne $\overline{X}$ d'un échantillon, car $\sigma^2_{(X-\overline{X})} = \sigma^2_X + \sigma^2_{\overline{X}} = \sigma^2_X + \sigma^2_X/N = \sigma^2_X[1+(1/N)] = \sigma^2_X[(N+1)/N]$. Bien que l'intervalle de confiance ci-dessus soit rarement utilisé en biologie, on peut en dériver un autre type d'intervalle qui est souvent utile. En effet, si l'observation individuelle $X$ n'est pas encore obtenue et si on fait la supposition que cette observation individuelle proviendra de la même population que l'échantillon dont la moyenne est $\overline{X}$, la double inéquation précédente peut être réécrite

$$(X-\overline{X}) + t_{(\alpha/2;\, N-1)} S_x \sqrt{[(N+1)/N]} \leq 0 \leq (X-\overline{X}) + t_{(1-\alpha/2;\, N-1)} S_x \sqrt{[(N+1)/N]},$$

et, à la suite de divers réarrangements,

$$\overline{X} + t_{(\alpha/2;\, N-1)} S_x \sqrt{[(N+1)/N]} \leq X \leq \overline{X} + t_{(1-\alpha/2;\, N-1)} S_x \sqrt{[(N+1)/N]}.$$

L'intervalle ci-dessus indique entre quelles limites tombera vraisemblablement une nouvelle observation individuelle $X$, avec un coefficient de confiance $(1-\alpha)$, si elle provient de la même population statistique normale que l'échantillon d'effectif $N$ dont la moyenne est $\overline{X}$. Ce type d'intervalle est appelé un *intervalle de prédiction* par les statisticiens en langage technique. La largeur d'un intervalle de prédiction est à peu près proportionnelle à l'écart-type $S_x$ et est habituellement beaucoup plus grande que celle de l'intervalle de confiance de la moyenne (section 9.7) calculé à partir du même échantillon, car cette dernière est proportionnelle à l'écart-type de la moyenne $S_{\overline{X}} = S_x/\sqrt{N}$. On emploie assez souvent des intervalles de prédiction en taxonomie ou en paléontologie animale ou végétale, parce que ces intervalles reflètent approximativement l'étendue de la variation individuelle. Toutefois, lorsque l'effectif d'un échantillon est faible, bien que l'intervalle de prédiction demeure correct au point de vue statistique, il devient démesurément large parce qu'il tient compte non seulement de la variation individuelle mais aussi de l'incertitude des estimations fournies par l'échantillon, $\overline{X}$ et $S_x$.

Lorsqu'on souhaite obtenir un intervalle dont la largeur reflète strictement l'importance de la variation individuelle, on peut employer la distribution normale et faire comme si les paramètres $\mu$ et $\sigma_x$ de la population étaient exactement égaux aux estimations $\overline{X}$ et $S_x$ :

$$\overline{X} + t_{(\alpha/2;\, \infty)} S_x \leq X \leq \overline{X} + t_{(1-\alpha/2;\, \infty)} S_x.$$

Ce dernier type d'intervalle peut être appelé un *intervalle de variation,* et équivaut aux méthodes approximatives dont on se servait anciennement pour déterminer un intervalle de prédiction dans le cas d'un grand échantillon. Jolicoeur et Heusner (1986) ont proposé d'employer des intervalles de variation pour représenter l'ampleur de la variation individuelle de part et d'autre de courbes de croissance, mais le principe peut s'appliquer à tous les cas où on souhaite décrire l'étendue estimée de la variation individuelle plutôt que prédire où tombera une nouvelle observation. Dans le contrôle de la qualité industrielle, on utilise d'autres types d'intervalles, les intervalles de tolérance.

# Chapitre 10
## Épreuves d'hypothèses et intervalles de confiance au sujet d'une variance

### Section 10.1: généralités

Tel qu'indiqué à la section 7.1, lorsqu'on a une série de $N$ observations complètement indépendantes $X_1, X_2, X_3, \ldots X_N$, dont chacune suit une distribution normale $\mathcal{N}(\mu_X, \sigma_X^2)$, la somme des carrés des variables réduites $(X_h - \mu_X)/\sigma_X$ suit la distribution de $\chi^2$ avec $N$ *degrés de liberté:*

$$\sum_{h=1}^{N} (X_h - \mu_X)^2/\sigma_X^2 \leftarrow \chi^2_{(N)} \ .$$

Toutefois, lorsque la moyenne paramétrique $\mu$ est inconnue et est remplacée par la moyenne $\overline{X}$ de l'échantillon, le nombre de degrés de liberté $\nu$ est diminué de $N$ à $(N-1)$ et on a:

$$\sum_{h=1}^{N} (X_h - \overline{X})^2/\sigma_X^2 \leftarrow \chi^2_{(\nu\,=\,N-1)} \ .$$

La probabilité cumulée (section 3.5) d'une valeur particulière de $\Sigma(X_h - \overline{X})^2/\sigma_X^2$ est donc (section 7.3; figure 10.1.1)

$$\text{Probabilité}\,[\,\chi^2_{(N-1)} = \Sigma(X_h - \overline{X})^2/\sigma_X^2 < \chi^2_{(P;\,N-1)}\,] = P.$$

On peut tirer parti de l'équation précédente pour éprouver des hypothèses ou déterminer des intervalles de confiance au sujet de la variance $\sigma_X^2$ ou de l'écart-type $\sigma_X$ de la population dont est provenu l'échantillon. Contrairement à la plupart des autres utilisations de la distribution de $\chi^2$, qui sont approximatives, les méthodes du présent chapitre sont exactes si les observations $X_1, X_2, X_3, \ldots X_N$ suivent réellement une distribution normale.

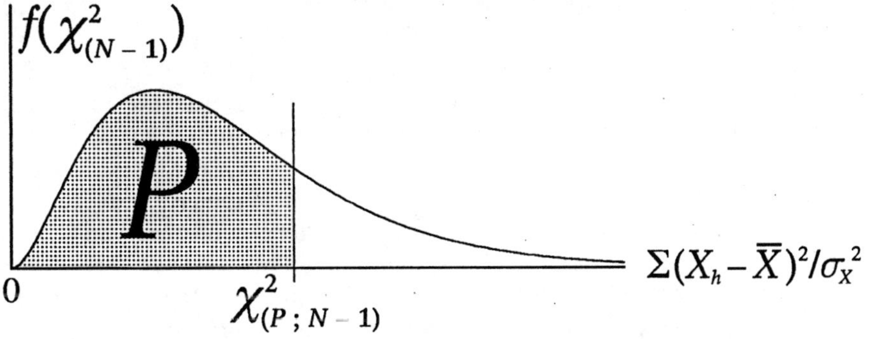


**Figure 10.1.1**
**Probabilité cumulée d'une valeur particulière de $\Sigma(X_h - \overline{X})^2/\sigma_X^2$ .**

## Section 10.2: épreuves d'hypothèses au sujet de la variance paramétrique $\sigma^2$

Si on veut éprouver l'hypothèse préliminaire $H_0$: $\sigma^2 = \sigma_0^2$, la première étape consiste à calculer la valeur du critère

$$\chi^2_{(N-1)} = \Sigma(X_h - \overline{X})^2/\sigma_0^2 = (N-1)\, S_X^2/\sigma_0^2.$$

En effet, ce critère suit exactement la distribution de $\chi^2$ avec $(N-1)$ degrés de liberté lorsque l'hypothèse préliminaire est vraie. La détermination des régions d'acceptation et de rejet de l'hypothèse préliminaire est illustrée à la figure 10.2.1 dans le cas des trois types courants d'hypothèses contraires.

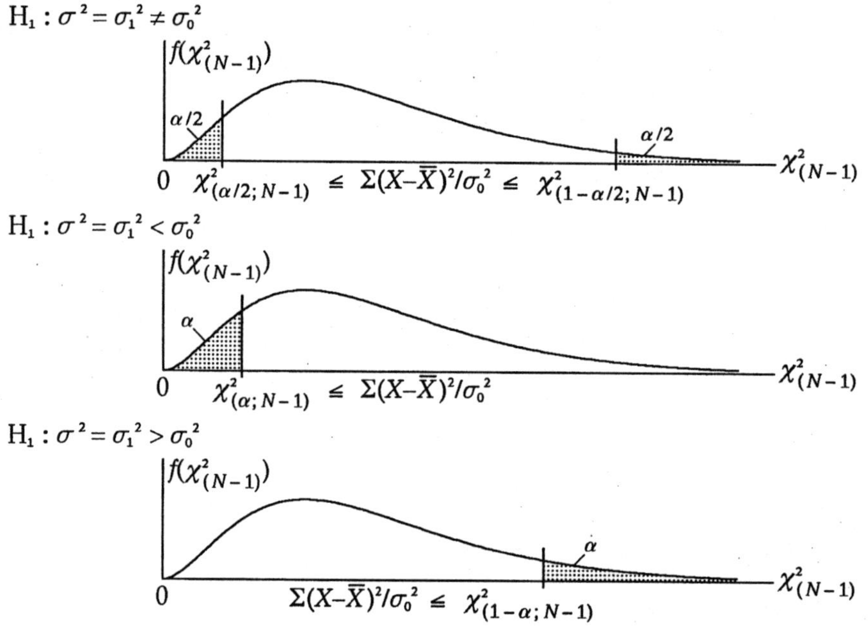


**Figure 10.2.1**
**Régions d'acceptation et de rejet de l'hypothèse préliminaire $H_0$: $\sigma^2 = \sigma_0^2$ correspondant aux trois types courants d'hypothèses contraires.**

L'hypothèse contraire à double sens, $H_1$: $\sigma^2 = \sigma_1^2 \neq \sigma_0^2$, serait opportune lorsque, si l'hypothèse préliminaire n'était pas vraie, on n'aurait pas plus de raisons de s'attendre à ce que la variance $\sigma^2$ soit forte que de raisons de s'attendre à ce qu'elle soit faible. L'hypothèse contraire $H_1$: $\sigma^2 = \sigma_1^2 < \sigma_0^2$ serait opportune si on soupçonnait que la variance $\sigma^2$ est faible, par exemple dans le cas d'un caractère quantitatif dans un groupe d'individus fortement apparentés (souvent dits *consanguins*). Enfin, l'hypothèse contraire $H_1$: $\sigma^2 = \sigma_1^2 > \sigma_0^2$ serait appropriée si on soupçonnait que la variance $\sigma^2$ est forte, comme dans le cas d'un groupe hétérogène au point de vue génétique, par exemple la génération $F_2$ issue d'un croisement entre deux races ou variétés très différentes. En pratique, on n'effectue pas souvent des épreuves d'hypothèses au sujet de la variance $\sigma^2$ en biologie parce qu'on a rarement des raisons théoriques de s'attendre à une valeur numérique particulière $\sigma_0^2$ plutôt qu'à une autre. Ce qui est opportun la plupart du temps en biologie, c'est donc de calculer les limites d'un intervalle de confiance pour $\sigma^2$ (section 10.3).

## Section 10.3: intervalles de confiance de la variance $\sigma^2$

En pratique, lorsqu'on désire un intervalle de confiance de la variance $\sigma^2$, on connaît la variance $S_X^2$ de l'échantillon et on ignore la variance $\sigma_X^2$ de la population mais, en théorie, pour poser le problème correctement, il faut supposer temporairement qu'on connaît $\sigma_X^2$ et qu'on ignore $S_X^2$ et faire comme s'il s'agissait d'une épreuve d'hypothèse, comme dans le cas de la moyenne (section 9.7). Envisageons d'abord le cas où, s'il s'agissait d'une épreuve d'hypothèse, on aurait une hypothèse contraire à double sens: $H_1$: $\sigma^2 = \sigma_1^2 \neq \sigma_0^2$. La probabilité que le critère calculé à partir de l'échantillon (supposé non encore prélevé) tombe dans la région d'acceptation de $H_0$ serait (figure 10.2.1, en haut):

$$P[\chi^2_{(\alpha/2;\,N-1)} \leq \Sigma(X-\overline{X})^2/\sigma_0^2 \leq \chi^2_{(1-\alpha/2;\,N-1)}] = (1-\alpha)\,.$$

L'équation précédente est valide à la condition que l'hypothèse préliminaire $H_0$: $\sigma^2 = \sigma_0^2$ soit vraie, mais cette condition peut être éliminée si on remplace $\sigma_0^2$ par $\sigma^2$ sans indice, qui désigne par définition la variance de la population dont l'échantillon proviendra en réalité:

$$P[\chi^2_{(\alpha/2;\,N-1)} \leq \Sigma(X-\overline{X})^2/\sigma^2 \leq \chi^2_{(1-\alpha/2;\,N-1)}] = (1-\alpha)\,.$$

Cette nouvelle équation est toujours valide, que l'hypothèse préliminaire $H_0$ soit vraie ou non, et elle peut être réexprimée de la façon suivante si on inverse les trois membres de la double inéquation en changeant la direction des signes d'inégalité, etc.:

$$P[\Sigma(X-\overline{X})^2/\chi^2_{(1-\alpha/2;\,N-1)} \leq \sigma^2 \leq \Sigma(X-\overline{X})^2/\chi^2_{(\alpha/2;\,N-1)}] = (1-\alpha)\,.$$

Tant que l'échantillon n'a pas encore été prélevé, on a la probabilité ci-dessus que l'intervalle aléatoire

$$[\Sigma(X-\overline{X})^2/\chi^2_{(1-\alpha/2;\,N-1)}\,,\ \Sigma(X-\overline{X})^2/\chi^2_{(\alpha/2;\,N-1)}]$$

contienne la valeur de la variance paramétrique $\sigma^2$. Une fois que l'échantillon a été prélevé, l'intervalle ci-dessus, dont les limites sont maintenant déterminées, est l'*intervalle de confiance de* $\sigma^2$ avec un coefficient de confiance $(1-\alpha)$. Si on représente cet intervalle de confiance graphiquement (figure 10.3.1), on constate que, contrairement à l'intervalle de confiance à double sens de la moyenne, qui était symétrique quant à $\overline{X}$ (figure 9.7.1), l'intervalle de confiance à double sens de la variance est légèrement dissymétrique quant à $S_X^2$ : ceci découle de la dissymétrie de la distribution de $\chi^2$.

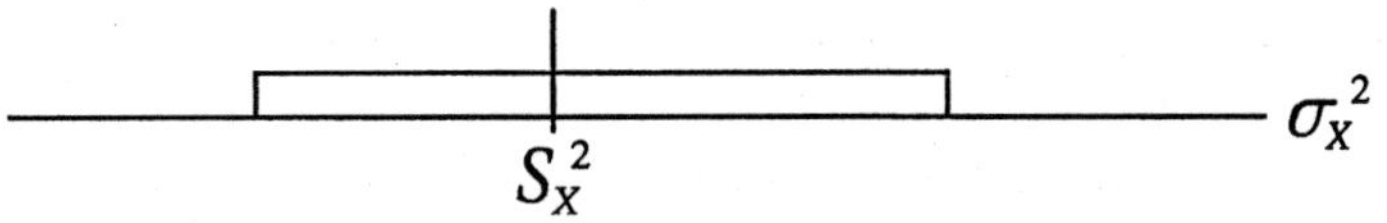


**Figure 10.3.1**
**L'intervalle de confiance à double sens de $\sigma_X^2$ est dissymétrique quant à $S_X^2$.**

Dans le cas où l'hypothèse contraire est $H_1$: $\sigma^2 = \sigma_1^2 < \sigma_0^2$, la probabilité que le critère tombe dans la région d'acceptation de $H_0$ est

$$P[\chi^2_{(\alpha;\, N-1)} \leq \Sigma(X-\overline{X})^2/\sigma_0^2 \leq +\infty] = (1-\alpha)\,.$$

$$\text{c'est-à-dire} \quad P[0 \leq \sigma^2 \leq \Sigma(X-\overline{X})^2/\chi^2_{(\alpha;\, N-1)}] = (1-\alpha)\,,$$

et, tandis que la région d'acceptation à sens unique allait jusqu'à $+\infty$ vers la droite, l'intervalle de confiance va jusqu'à 0 vers la gauche. La limite (supérieure) de l'intervalle de confiance est donc la plus forte valeur numérique qui est vraisemblable pour la variance paramétrique de la population.

Enfin, dans le cas où l'hypothèse contraire est $H_1$: $\sigma^2 = \sigma_1^2 > \sigma_0^2$, la région d'acceptation de $H_0$ est

$$0 \leq \Sigma(X-\overline{X})^2/\sigma_0^2 \leq \chi^2_{(1-\alpha;\, N-1)}$$

et l'intervalle de confiance est

$$\Sigma(X-\overline{X})^2/\chi^2_{(1-\alpha;\, N-1)} \leq \sigma^2 \leq +\infty\,.$$

## Section 10.4: épreuves d'hypothèses et intervalles de confiance au sujet de $\sigma$

Pour effectuer des épreuves d'hypothèses ou déterminer des intervalles de confiance au sujet de l'écart-type paramétrique $\sigma$, il suffit de tenir compte du fait que ce dernier est égal à la racine carrée de la variance $\sigma^2$. Par exemple, si on désire éprouver l'hypothèse préliminaire $H_0$: $\sigma = \sigma_0$, on réexprimera cette hypothèse quant à la variance: $H_0$: $\sigma^2 = \sigma_0^2$. Inversement, si on désire un intervalle de confiance de l'écart-type paramétrique $\sigma$, on extraira la racine carrée des trois membres de la double inéquation qui exprime l'intervalle de confiance correspondant pour la variance $\sigma^2$. Ainsi, tandis que l'intervalle de confiance à double sens de la variance est

$$\Sigma(X-\overline{X})^2/\chi^2_{(1-\alpha/2;\, N-1)} \leq \sigma^2 \leq \Sigma(X-\overline{X})^2/\chi^2_{(\alpha/2;\, N-1)}\,,$$

l'intervalle de confiance correspondant pour l'écart-type est

$$\sqrt{[\,\Sigma(X-\overline{X})^2/\chi^2_{(1-\alpha/2;\, N-1)}\,]} \leq \sigma \leq \sqrt{[\,\Sigma(X-\overline{X})^2/\chi^2_{(\alpha/2;\, N-1)}\,]}\,.$$

# Chapitre 11

## Épreuves d'hypothèses et intervalles de confiance au sujet d'un rapport de variances

### Section 11.1: généralités

Au cours du présent chapitre, nous verrons comment utiliser la distribution du rapport de variances $F = S_1^2/S_2^2$, déjà discutée au chapitre 8, pour éprouver des hypothèses ou déterminer des intervalles de confiance au sujet du quotient des variances $\sigma_1^2$ et $\sigma_2^2$ de deux populations statistiques normales. La distribution du rapport de variances peut servir en outre à effectuer une comparaison globale des moyennes (ou des droites d'estimation) de plusieurs échantillons, mais ces autres utilisations seront traitées au cours de chapitres ultérieurs (chapitres 12, 21, etc.).

### Section 11.2: épreuves de l'hypothèse préliminaire $H_0$: $\sigma_1^2/\sigma_2^2 = 1$

Dans le cas d'un rapport de variances $\sigma_1^2/\sigma_2^2$ comme dans celui de la moyenne $\mu$ (chapitre 9) et dans celui de la variance $\sigma^2$ (chapitre 10), la détermination des limites des régions d'acceptation et de rejet de l'hypothèse préliminaire dépend de la nature de l'hypothèse contraire. Par opposition à l'hypothèse préliminaire $H_0$: $\sigma_1^2/\sigma_2^2 = 1$, on envisagera occasionnellement, selon le contexte biologique, des hypothèses contraires à sens unique, comme $H_1$: $\sigma_1^2/\sigma_2^2 < 1$ ou $H_1$: $\sigma_1^2/\sigma_2^2 > 1$. En pratique, le cas de l'hypothèse contraire à double sens, $H_1$: $\sigma_1^2/\sigma_2^2 \neq 1$, est toutefois particulièrement important au point de vue technique parce que la supposition d'égalité des variances, $\sigma_1^2 = \sigma_2^2$, constitue une condition de validité de l'utilisation de la distribution du $t$ de Student pour comparer deux moyennes (section 9.8). Or la supposition d'égalité des variances est insatisfaite tout autant si $\sigma_1^2/\sigma_2^2 < 1$ que si $\sigma_1^2/\sigma_2^2 > 1$. La figure 11.2.1 (page suivante) illustre deux manières équivalentes d'éprouver l'hypothèse préliminaire $H_0$: $\sigma_1^2/\sigma_2^2 = 1$ lorsque l'hypothèse contraire est $H_1$: $\sigma_1^2/\sigma_2^2 \neq 1$. Si l'hypothèse préliminaire est vraie, la probabilité que le rapport des variances observées, $S_1^2/S_2^2$, tombe dans la région d'acceptation (figure 11.2.1, en haut) est

$$P\,[\,F_{(\alpha/2\,;\,\nu_1,\,\nu_2)} \le S_1^2/S_2^2 \le F_{(1-\alpha/2\,;\,\nu_1,\,\nu_2)}\,] = (1-\alpha)\,,$$

où $\nu_1 = (N_1 - 1)$ et $\nu_2 = (N_2 - 1)$. Cependant, si on inverse le critère $S_1^2/S_2^2$, on doit également avoir (figure 11.2.1, en bas)

$$P\,[\,F_{(\alpha/2\,;\,\nu_2,\,\nu_1)} \le S_2^2/S_1^2 \le F_{(1-\alpha/2\,;\,\nu_2,\,\nu_1)}\,] = (1-\alpha)\,.$$

On peut facilement montrer que les deux probabilités précédentes sont égales en inversant les trois membres de la double inéquation

$$F_{(\alpha/2\,;\,\nu_2,\,\nu_1)} \le S_2^2/S_1^2 \le F_{(1-\alpha/2\,;\,\nu_2,\,\nu_1)}$$

en changeant la direction des signes d'inégalité, et en réécrivant les trois membres par ordre de grandeur croissante, ce qui donne

$$1/F_{(1-\alpha/2\,;\,\nu_2,\,\nu_1)} \le S_1^2/S_2^2 \le 1/F_{(\alpha/2\,;\,\nu_2,\,\nu_1)}\,.$$

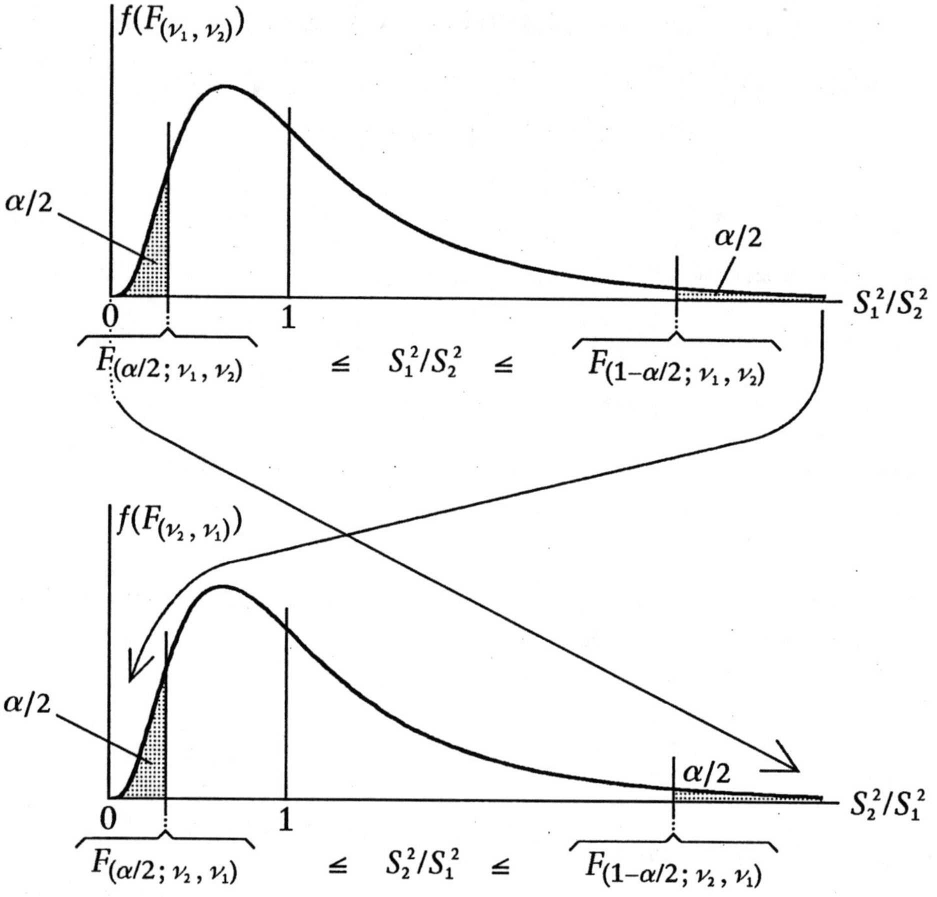


**Figure 11.2.1**
**Deux manières équivalentes d'éprouver l'hypothèse préliminaire $H_0$: $\sigma_1^2/\sigma_2^2 = 1$ lorsque l'hypothèse contraire est $H_1$: $\sigma_1^2/\sigma_2^2 \neq 1$.**

En effet, à cause de la relation $F_{(1-P;\, \nu_2, \nu_1)} = 1/F_{(P;\, \nu_1, \nu_2)}$ (section 8.3),

$$F_{(\alpha/2;\, \nu_1, \nu_2)} = 1/F_{(1-\alpha/2;\, \nu_2, \nu_1)} \quad \text{et} \quad F_{(1-\alpha/2;\, \nu_1, \nu_2)} = 1/F_{(\alpha/2;\, \nu_2, \nu_1)} .$$

Au point de vue géométrique, le schéma inférieur de la figure 11.2.1 peut être dérivé du schéma supérieur si les indices 1 et 2 sont interchangés et si tout est inversé de gauche à droite, l'origine 0 du schéma supérieur allant à $+\infty$ dans le schéma inférieur et l'origine 0 du schéma inférieur venant de $+\infty$ dans le schéma supérieur. La distribution de $F$ donne donc des réponses concordantes (heureusement !) qu'on considère $S_1^2/S_2^2$ (figure 11.2.1, en haut) ou $S_2^2/S_1^2$ (figure 11.2.1, en bas).

En principe, on peut donc procéder de l'une ou l'autre des deux façons illustrées à la figure 11.2.1 pour éprouver l'hypothèse que les variances paramétriques sont égales (c'est-à-dire que leur rapport est égal à un). En pratique, chacune de ces deux méthodes demande toutefois de consulter la table de probabilités du rapport de variances à deux endroits. Aussi procède-t-on souvent plutôt d'une troisième façon qui ne demande de consulter la table de $F$ qu'à un seul endroit: on convient de placer la plus grande des deux variances observées (disons $S_i^2$) au numérateur, et on définit la région d'acceptation de $H_0$ comme étant

$$1 \leq S_i^2/S_j^2 \leq F_{(1-\alpha/2;\ \nu_i,\ \nu_j)} \ .$$

Ceci revient à utiliser la partie droite du schéma supérieur de la figure 11.2.1 lorsque $S_1^2 > S_2^2$ et la partie droite du schéma inférieur (qui correspond à la partie gauche du schéma supérieur) lorsque $S_1^2 < S_2^2$. Cette explication est importante si on veut comprendre clairement pourquoi on doit utiliser ici une valeur de $F$ possédant une probabilité cumulée $(1-\alpha/2)$, au lieu de $(1-\alpha)$, même s'il semble superficiellement y avoir une région de rejet seulement à droite. Cette apparence trompeuse est due au fait que, en convenant de mettre la plus grande des deux variances observées au numérateur, on se trouve à ramener du côté droit la région de rejet qui serait autrement située du côté gauche. En dépit des apparences, on a donc affaire ici à une hypothèse contraire à double sens. La situation sera différente dans le cas de l'analyse de variance, où on aura véritablement une hypothèse contraire à sens unique et où on placera toujours l'estimation *intergroupes*[1] de variance au numérateur, même lorsqu'elle sera plus faible que l'estimation *intragroupes* (section 12.6).

Dans le cas de l'exemple de la durée de survie de drosophiles mâles et femelles (tableau 9.8.1), on a ici

$$S_A^2/S_B^2 = S_1^2/S_2^2 = F_{(5,\ 5)} = 1{,}98246 < 7{,}1464 = F_{(0{,}975;\ 5,\ 5)} \ ,$$

et le quotient de la plus grande des deux variances observées (celle des mâles) par la plus faible tombe dans la région d'acceptation de l'hypothèse d'égalité des variances paramétriques même au seuil $\alpha = 0{,}05$. L'utilisation de la distribution du $t$ de Student pour comparer les moyennes (section 9.8) était donc justifiable.

## Section 11.3: épreuves de l'hypothèse que $\sigma_1^2/\sigma_2^2 = \Phi$

La distribution du rapport de variances peut être utilisée même lorsque, suivant l'hypothèse préliminaire, les variances paramétriques ne sont pas égales. Supposons par exemple que, pour des raisons théoriques ou par suite de connaissances préalables, on s'attend à ce que le rapport des variances $\sigma_1^2/\sigma_2^2$ soit égal non pas à l'unité mais à un autre nombre positif désigné par $\Phi$ (la lettre grecque *phi* majuscule, qui correspond au $F$ de notre alphabet). Il suffit alors de multiplier les valeurs de $F$ tirées de la table de probabilités (sinon de diviser le rapport des variances observées $S_1^2/S_2^2$) par le rapport des variances paramétriques, $\sigma_1^2/\sigma_2^2$, pour revenir à la situation précédente. Si on désire éprouver l'hypothèse préliminaire $H_0$: $\sigma_1^2/\sigma_2^2 = \Phi$, l'hypothèse contraire étant $H_1$: $\sigma_1^2/\sigma_2^2 \neq \Phi$, la région d'acceptation de $H_0$ est

$$(\sigma_1^2/\sigma_2^2)\, F_{(\alpha/2;\ \nu_1,\ \nu_2)} \leq S_1^2/S_2^2 \leq (\sigma_1^2/\sigma_2^2)\, F_{(1-\alpha/2;\ \nu_1,\ \nu_2)} \ ,$$

c'est-à-dire, $$F_{(\alpha/2;\ \nu_1,\ \nu_2)} \leq (S_1^2/S_2^2)\,/(\sigma_1^2/\sigma_2^2) \leq F_{(1-\alpha/2;\ \nu_1,\ \nu_2)} \ ,$$

où on donne au rapport $\sigma_1^2/\sigma_2^2$ la valeur $\Phi$ qu'il possède suivant $H_0$.

---

[1] Les adjectifs invariables *intragroupes* et *intergroupes*, utilisés ici et par la suite, équivalent aux adjectifs anglais *within-group* et *between-group* et sont formés des préfixes *intra-* et *inter-* et du pluriel du substantif *groupe*, de la même façon que les adjectifs *interarmes* et *interclubs*.

## Section 11.4: intervalles de confiance du rapport $\sigma_1^2/\sigma_2^2$

La double inéquation mentionnée à la section précédente permet d'obtenir facilement un intervalle de confiance pour le rapport des variances paramétriques, $\sigma_1^2/\sigma_2^2$, lorsque ce dernier est inconnu. Il suffit d'isoler $\sigma_1^2/\sigma_2^2$ dans le membre du centre et d'exprimer les membres de gauche et de droite entièrement en fonction du rapport des variances observées, $S_1^2/S_2^2$, ainsi que des valeurs de $F$ tirées de la table de probabilités; on obtient alors

$$(S_1^2/S_2^2)/F_{(1-\alpha/2;\, \nu_1,\, \nu_2)} \leq (\sigma_1^2/\sigma_2^2) \leq (S_1^2/S_2^2)/F_{(\alpha/2;\, \nu_1,\, \nu_2)} \; ,$$

ou, ce qui revient au même,

$$(S_1^2/S_2^2)\, F_{(\alpha/2;\, \nu_2,\, \nu_1)} \leq (\sigma_1^2/\sigma_2^2) \leq (S_1^2/S_2^2)\, F_{(1-\alpha/2;\, \nu_2,\, \nu_1)} \; .$$

Il faut noter que, dans la toute dernière double inéquation, le premier des deux nombres de degrés de liberté ($\nu_2$) des valeurs de $F$ tirées de la table de probabilités correspond au dénominateur plutôt qu'au numérateur du rapport des variances observées. Ceci est l'inverse de ce qu'on a habituellement, en particulier dans le cas d'épreuves d'hypothèses.

## Section 11.5: épreuves d'hypothèses et intervalles de confiance pour $\sigma_1/\sigma_2$

Comme au chapitre 10 (section 10.4), si on désire éprouver une hypothèse au sujet du rapport des écarts-types paramétriques, $\sigma_1/\sigma_2$, on réexprime cette hypothèse quant au rapport des variances en mettant au carré la valeur hypothétique du rapport des écarts-types. Inversement, on dérive un intervalle de confiance pour le rapport des écarts-types en extrayant la racine carrée des limites de l'intervalle de confiance correspondant pour le rapport des variances.

# Chapitre 12
## L'analyse de variance (de type I à un critère de classification)

### Section 12.1: généralités

Si on comparait les moyennes de plusieurs groupes deux à deux à l'aide du $t$ de Student (section 9.8), le nombre de comparaisons deviendrait rapidement plus grand que le nombre de groupes (figure 12.1.1). En plus de prolonger et de morceler l'analyse, cela aurait l'inconvénient d'augmenter la probabilité qu'on rejette erronément au moins une fois l'hypothèse d'égalité des moyennes. En effet, si on tire une dizaine de conclusions statistiques au seuil de signification $\alpha$, la probabilité $\alpha$ qu'on rejette au moins une fois l'hypothèse préliminaire lorsque cette dernière est vraie est multipliée par 10. En tirant 10 conclusions au seuil $\alpha = 0{,}05$, on aurait donc une chance sur deux de rejeter faussement l'hypothèse préliminaire au moins une fois. Bien qu'il soit possible de compenser cette tendance, il est souvent désirable de pouvoir effectuer une seule comparaison globale des moyennes de plusieurs échantillons.

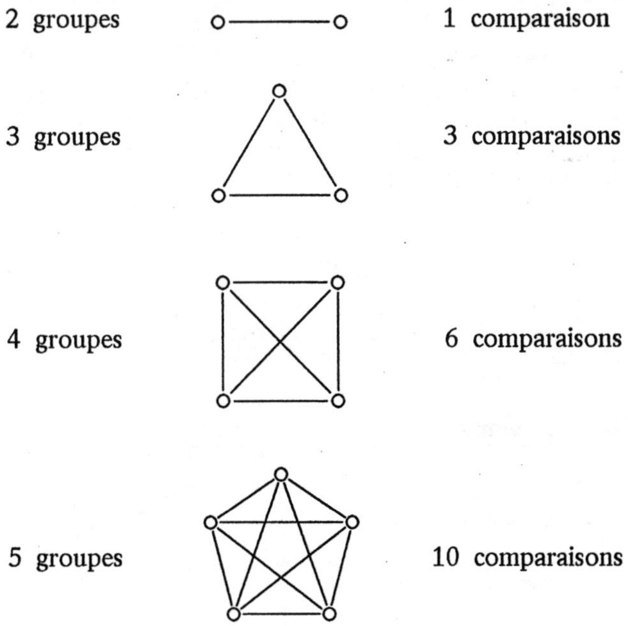


**Figure 12.1.1**
**Augmentation du nombre de comparaisons avec le nombre de groupes.**

La méthode qui permet de faire une telle comparaison s'appelle l'*analyse de variance* (*analysis of variance* en anglais, mais on emploie souvent l'abréviation ANOVA). Au cours du présent chapitre, nous considérons la forme la plus simple d'analyse de variance, celle où les groupes comparés diffèrent quant à un seul critère de classification, comme l'espèce, et non pas quant à deux ou plusieurs critères conjointement, comme l'espèce et la provenance géographique (chapitre 28). En outre, il s'agit ici de l'analyse de variance de type I, où on cherche à connaître les moyennes des populations et leurs différences, et non pas de l'analyse de variance du type II où on voudrait connaître l'importance de la variation aléatoire à deux niveaux successifs (chapitre 27).

## Section 12.2: une notation avec doubles indices

Chaque observation individuelle est désignée par la lettre $X$ affectée d'un double indice inférieur, $X_{gh}$, dont le premier, $g$, indique de quel groupe provient l'observation tandis que le second, $h$, est le numéro d'ordre de l'observation dans l'échantillon. Comme les données d'une analyse de variance à un critère de classification peuvent être disposées dans un tableau comportant plusieurs colonnes, chaque groupe occupant une colonne, on désigne le nombre total de groupes par $C$ (la première lettre du mot colonne). L'indice de groupe $g$ (la première lettre du mot groupe) varie donc de 1 à $C$. Les moyennes paramétriques des $C$ populations étudiées sont $\mu_1$, ... $\mu_g$, ... $\mu_C$ et l'hypothèse préliminaire est

$$H_0: \mu_1 = ... = \mu_g = ... = \mu_C ,$$

tandis que l'hypothèse contraire est

$$H_1: \mu_i \neq \mu_j .$$

On doit remarquer que, tandis que l'hypothèse préliminaire $H_0$ spécifie que les moyennes des populations sont toutes égales les unes aux autres, l'hypothèse contraire affirme seulement que l'une des moyennes (la $i^{\text{ème}}$) diffère d'une autre (la $j^{\text{ème}}$). En effet, pour que l'hypothèse préliminaire soit fausse, il suffit qu'il y ait une inégalité entre deux des $C$ moyennes et il n'est pas nécessaire que les moyennes paramétriques diffèrent toutes les unes des autres. La notation employée pour désigner les caractéristiques des $C$ échantillons est indiquée au tableau 12.2.1. Les quantités relatives à l'ensemble de toutes les observations sont désignées par la même sorte de symbole que celles de chacun des échantillons, sauf que l'indice est remplacé par un point (voir la colonne d'extrême droite du tableau 12.2.1). Ces quantités sont obtenues à l'aide des formules données au haut de la page suivante (la notation est occasionnellement simplifiée lorsqu'il n'y a pas de risque d'équivoque).

**Tableau 12.2.1**
**Notation employée pour les caractéristiques des échantillons.**

| Quantité | Échantillon | | | | | Ensemble |
|---|---|---|---|---|---|---|
| | 1 | ... | $g$ | ... | $C$ | |
| Effectif | $N_1$ | ... | $N_g$ | ... | $N_C$ | $N.$ |
| Somme des observations | $(\Sigma X)_1$ | ... | $(\Sigma X)_g$ | ... | $(\Sigma X)_C$ | $(\Sigma X).$ |
| Somme des carrés des observations | $(\Sigma X^2)_1$ | ... | $(\Sigma X^2)_g$ | ... | $(\Sigma X^2)_C$ | $(\Sigma X^2).$ |
| Terme de centrage | $(\Sigma X)_1^2/N_1$ | ... | $(\Sigma X)_g^2/N_g$ | ... | $(\Sigma X)_C^2/N_C$ | $(\Sigma X)_.^2/N.$ |
| Moyenne | $\overline{X}_1$ | ... | $\overline{X}_g$ | ... | $\overline{X}_C$ | $\overline{X}.$ |
| Somme des carrés des écarts | $\Sigma(X-\overline{X})_1^2$ | ... | $\Sigma(X-\overline{X})_g^2$ | ... | $\Sigma(X-\overline{X})_C^2$ | $\Sigma(X-\overline{X})_.^2$ |
| Variance | $S_1^2$ | ... | $S_g^2$ | ... | $S_C^2$ | $S_.^2$ |

Formules de calcul

$$\overline{X}_g = (\Sigma X)_g / N_g = \sum_{h=1}^{N_g} X_{gh} / N_g$$

$$\Sigma(X-\overline{X})_g^2 = (\Sigma X^2)_g - (\Sigma X)_g^2/N_g \text{ , où } (\Sigma X)_g^2/N_g = N_g \overline{X}_g^2$$ est le *terme de centrage*

$$S_g^2 = \Sigma(X-\overline{X})_g^2/(N_g - 1)$$ , où $(N_g - 1)$ est le *nombre de degrés de liberté*

$$N. = N_1 + \ldots + N_g + \ldots + N_C = \Sigma N_g$$

$$(\Sigma X). = (\Sigma X)_1 + \ldots + (\Sigma X)_g + \ldots + (\Sigma X)_C$$

$$(\Sigma X^2). = (\Sigma X^2)_1 + \ldots + (\Sigma X^2)_g + \ldots + (\Sigma X^2)_C$$

## Section 12.3: les sommes de carrés d'écarts *intragroupes* et *intergroupes*

L'analyse de variance exploite le fait qu'on obtient généralement une plus grande somme de carrés d'écarts (appelée la *somme de carrés d'écarts totale;* abréviation: SCE *totale*) si on met tous les échantillons en commun dès le début des calculs que si on calcule une somme de carré d'écarts pour chaque échantillon séparément et si on en fait la somme ensuite (ce qui donne la SCE dite *intragroupes*). Or on peut montrer que la différence (appelée SCE *intergroupes*) entre les sommes de carrés d'écarts obtenues de ces deux façons reflète l'importance des différences entre les moyennes $\overline{X}_1$, ... $\overline{X}_g$, ... $\overline{X}_C$ des échantillons. On peut en effet démontrer algébriquement que

$$\text{SCE}_{\text{totale}} = \text{SCE}_{\text{intragroupes}} + \text{SCE}_{\text{intergroupes}} ,$$

où

$$\text{SCE}_{\text{totale}} = \Sigma\Sigma(X-\overline{X}.)^2 = \sum_{g=1}^{C} \sum_{h=1}^{N_g} (X_{gh} - \overline{X}.)^2 ,$$

$$\text{SCE}_{\text{intragroupes}} = \Sigma\Sigma(X-\overline{X})_g^2 = \sum_{g=1}^{C} \sum_{h=1}^{N_g} (X_{gh} - \overline{X}_g)^2 ,$$

et

$$\text{SCE}_{\text{intergroupes}} = \text{SCE}_{\text{totale}} - \text{SCE}_{\text{intragroupes}}$$

$$= N_1(\overline{X}_1 - \overline{X}.)^2 + \ldots + N_g(\overline{X}_g - \overline{X}.)^2 + \ldots + N_C(\overline{X}_C - \overline{X}.)^2$$

$$= \sum_{g=1}^{C} N_g (\overline{X}_g - \overline{X}.)^2 .$$

On voit que la somme des carrés des écarts intergroupes est fonction des différences entre les moyennes des groupes, $\overline{X}_g$ , et la moyenne générale $\overline{X}.$, et que cette somme s'annulerait si les moyennes des échantillons coïncidaient toutes les unes avec les autres et avec la moyenne de l'ensemble. Il est instructif aussi d'exprimer la SCE intergroupes en fonction des termes de centrage, car on a

$$\text{SCE}_{\text{intergroupes}} = N_1\overline{X}_1^2 + \ldots + N_g\overline{X}_g^2 + \ldots + N_C\overline{X}_C^2 - N.\overline{X}.^2 .$$

Bien que ce soit numériquement peu efficace, la somme des carrés des écarts intergroupes pourrait donc être évaluée algébriquement en soustrayant le terme de centrage général, $N.\overline{X}.^2$, de la somme des termes de centrage des échantillons considérés séparément. Comme chaque terme de centrage reflète la valeur de la moyenne $\overline{X}_g$ du groupe correspondant, la SCE intergroupes reflète la dispersion des moyennes des échantillons de part et d'autre de la moyenne générale $\overline{X}.$ . La décomposition de la SCE totale en une partie intragroupes et une partie intergroupes est représentée géométriquement à la figure 12.3.1.

$$\text{SCE}_{\text{totale}} = \text{SCE}_{\text{intragroupes}} + \text{SCE}_{\text{intergroupes}}$$

$$\sum_g\sum_h(X_{gh}-\overline{X}.)^2 = \sum_g\sum_h(X_{gh}-\overline{X}_g)^2 + \sum_g\sum_h(\overline{X}_g-\overline{X}.)^2$$

$$(N.-1) = (N.-C) + (C-1)$$

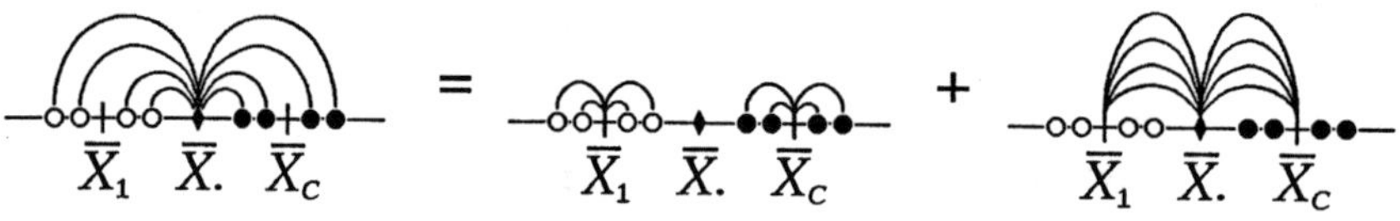


**Figure 12.3.1**[1]
**Décomposition de la somme de carrés d'écarts totale en deux parties.**

## Section 12.4: les nombres de degrés de liberté des sommes de carrés d'écarts

On peut démontrer que le nombre de degrés de liberté de l'ensemble, $(N.-1)$, se décompose, parallèlement à la somme de carrés d'écarts totale, en deux parties dont l'une,

$$(N_1-1) + \ldots + (N_g-1) + \ldots + (N_C-1) = \sum_{g=1}^{C}(N_g-1) = (N.-C) ,$$

correspond à la SCE intragroupes tandis que l'autre, $(C-1)$ , correspond à la SCE intergroupes. Pour démontrer que la SCE intragroupes possède $(N.-C)$ degrés de liberté et que la SCE intergroupes en possède $(C-1)$, il faut évaluer les espérances mathématiques (section 3.10) de ces sommes de carrés d'écarts. Afin d'illustrer la façon dont on procède pour résoudre cette sorte de problème, nous évaluerons ici l'espérance mathématique de la somme de carrés d'écarts $\Sigma(X-\overline{X})^2$ dans le cas plus simple où il y a un seul échantillon.

[1] Bien que cette figure et sa discussion aient été imitées dans d'autres ouvrages, leur version originale faisait partie des notes inédites d'un cours d'introduction à la biométrie donné par l'auteur à l'Université de Montréal.

Nous ferons grâce au lecteur de la manière détaillée dont on évaluerait l'espérance mathématique des SCE intragroupes et intergroupes parce que cela prendrait trop de temps et trop de place, mais les procédés employés seraient fondamentalement les mêmes. Comment donc peut-on prouver que, pour estimer sans biais la variance $\sigma^2$ d'une population, il faut diviser la somme de carrés d'écarts $\Sigma(X-\overline{X})^2$ de l'échantillon par le nombre de degrés de liberté $(N-1)$ au lieu de la diviser par l'effectif $N$ comme semblerait le demander la définition de la variance (qui est en principe la moyenne du carré d'un écart)?

Rappelons d'abord l'*équation modèle* dont on pense qu'elle décrit la genèse de la $h^{\text{ième}}$ observation individuelle (section 4.1):

$$X_h = \mu + e_h ,$$

où $\mu$ = la moyenne paramétrique, c'est-à-dire l'espérance mathématique $\mathscr{E}\{X_h\}$ de la variable $X$ dans la population statistique normale échantillonnée,

et $e_h$ = l'écart aléatoire qui suit une distribution normale $\mathscr{N}(0, \sigma^2)$, de sorte que $\mathscr{E}\{e_h\}=0$ et $\mathscr{E}\{[e_h-\mathscr{E}(e_h)]^2\}=\mathscr{E}\{[e_h-0]^2\}=\mathscr{E}\{e_h^2\}=\sigma^2$; de plus, comme on suppose que les observations successives (disons la $h^{\text{ième}}$ et la $i^{\text{ème}}$) sont indépendantes, les écarts sont indépendants aussi les uns des autres et $\mathscr{E}\{e_he_i-\mathscr{E}(e_h)\mathscr{E}(e_i)\}=\mathscr{E}\{e_he_i\ -\ 0\}=\mathscr{E}\{e_he_i\}=0$.

Essayons maintenant d'évaluer l'espérance mathématique de la somme des carrés des écarts

$$\sum_{h=1}^{N}(X_h-\overline{X})^2 = \sum_{h=1}^{N} X_h^2 - N\overline{X}^2 .$$

Comme $\mathscr{E}\{X \pm Y\}=\mathscr{E}\{X\}\pm\mathscr{E}\{Y\}$, évaluons d'abord $\mathscr{E}\{\Sigma X_h^2\}$ puis $\mathscr{E}\{N\overline{X}^2\}$ que nous en soustrairons par la suite.

Notons que $$\sum_{h=1}^{N} X_h^2 = \sum_{h=1}^{N}(\mu+e_h)^2 = N\mu^2 + 2\,\mu \sum_{h=1}^{N} e_h + \sum_{h=1}^{N} e_h^2 ;$$

donc $$\mathscr{E}\{\sum_{h=1}^{N} X_h^2\} = N\mu^2 + 2\,\mu \sum_{h=1}^{N} \mathscr{E}\{e_h\} + \sum_{h=1}^{N} \mathscr{E}\{[e_h]^2\}$$

$$= N\mu^2 + 2\mu(0) + N\sigma^2 = N\mu^2 + N\sigma^2 .$$

Pour ce qui est du terme de centrage $N\overline{X}^2 = (1/N)(\sum_{h=1}^{N} X_h)^2$,

notons que $$\sum_{h=1}^{N} X_h = \sum_{h=1}^{N} \mu + \sum_{h=1}^{N} e_h = N\mu + \sum_{h=1}^{N} e_h ;$$

donc $$(\sum_{h=1}^{N} X_h)^2 = N^2\mu^2 + 2\,N\mu \sum_{h=1}^{N} e_h + (\sum_{h=1}^{N} e_h)^2 ;$$

donc $(1/N)\,(\sum_{h=1}^{N} X_h)^2 = N\mu^2 + 2\,\mu \sum_{h=1}^{N} e_h + (1/N)\,(\sum_{h=1}^{N} e_h)^2$ ;

donc $\mathscr{E}\{(1/N)\,(\sum_{h=1}^{N} X_h)^2\} = N\mu^2 + 2\mu \sum_{h=1}^{N} \mathscr{E}\{e_h\} + (1/N)\,\mathscr{E}\{(\sum_{h=1}^{N} e_h)^2\}$

$$= N\mu^2 + 2\mu(0) + (1/N)\,\mathscr{E}\{\sum_{h=1}^{N} e_h^2 + \sum_{\substack{h=1\\h\neq i}}^{N} \sum_{i=1}^{N} e_h e_i\}$$

$$= N\mu^2 + (1/N)\,[\sum_{h=1}^{N} \mathscr{E}\{e_h^2\} + \sum_{\substack{h=1\\h\neq i}}^{N} \sum_{i=1}^{N} \mathscr{E}\{e_h e_i\}]$$

$$= N\mu^2 + (1/N)\,[N\sigma^2 + 0] = N\mu^2 + \sigma^2 .$$

Si on combine le résultat ci-dessus avec celui de la page précédente, on constate que

$$\mathscr{E}\{\sum_{h=1}^{N} (X_h - \overline{X})^2\} = (N\mu^2 + N\sigma^2) - (N\mu^2 + \sigma^2) = (N-1)\,\sigma^2 .$$

Par conséquent, pour que l'estimation de la variance paramétrique $\sigma^2$ soit égale à cette dernière en moyenne, il faut diviser la somme des carrés des écarts de l'échantillon, $\Sigma(X_h - \overline{X})^2$, par $(N-1)$: si on utilisait l'effectif $N$ comme diviseur, on sous-estimerait la variance paramétrique par un facteur de $(N-1)/N$. Toutefois, si la moyenne paramétrique $\mu$ était connue, on devrait diviser $\Sigma(X_h - \mu)^2$ par $N$ car l'espérance mathématique de $\Sigma(X_h - \mu)^2 = \Sigma e_h^2$ est $N\sigma^2$. On perd donc un degré de liberté en remplaçant la moyenne paramétrique $\mu$ par son estimation $\overline{X}$ . On peut montrer que $\Sigma(X_h - \overline{X})^2$ possède $(N-1)$ degrés de liberté aussi de façon plus succincte car

$$\Sigma(X_h - \mu)^2 = \Sigma[(X_h - \overline{X}) + (\overline{X} - \mu)]^2 = \Sigma[(X_h - \overline{X})^2 + 2(X_h - \overline{X})(\overline{X} - \mu) + (\overline{X} - \mu)^2]$$

$$= \Sigma(X_h - \overline{X})^2 + 2(\overline{X} - \mu)\Sigma(X_h - \overline{X}) + N(\overline{X} - \mu)^2 = \Sigma(X_h - \overline{X})^2 + 2(\overline{X} - \mu)0 + N(\overline{X} - \mu)^2 .$$

Donc, $\Sigma(X_h - \mu)^2 = \Sigma(X_h - \overline{X})^2 + N(\overline{X} - \mu)^2$ , d'où $\Sigma(X_h - \overline{X})^2 = \Sigma(X_h - \mu)^2 - N(\overline{X} - \mu)^2$ ,

et $\mathscr{E}\{\Sigma(X_h - \overline{X})^2\} = \Sigma\mathscr{E}\{(X_h - \mu)^2\} - N\mathscr{E}\{(\overline{X} - \mu)^2\} = N\sigma^2 - N\sigma_{\overline{X}}^2 = N\sigma^2 - \sigma^2 = (N-1)\sigma^2$ .

En utilisant des procédés semblables à ceux des deux dernières pages, on peut montrer que

$$\mathscr{E}\{\text{SCE}_{\text{intragroupes}}\} = (N. - C)\,\sigma^2$$

et que

$$\mathscr{E}\{\text{SCE}_{\text{intergroupes}}\} = (C-1)\,\sigma^2 + \sum_{g=1}^{C} N_g(\mu_g - \overline{\mu})^2 - [\sum_{g=1}^{C} N_g(\mu_g - \overline{\mu})]^2 / \sum_{g=1}^{C} N_g$$

où $\overline{\mu} = \sum_{g=1}^{C} \mu_g / C$ .

Lorsque les effectifs des échantillons sont tous égaux à une valeur commune désignée par $N$ sans indice,

$$N_1 = \dots = N_g = \dots = N_C = N,$$

l'espérance mathématique de la somme des carrés des écarts intergroupes prend une forme plus simple:

$$\mathscr{E}\{\text{SCE}_{\text{intergroupes}}\} = (C-1)\,\sigma^2 + N \sum_{g=1}^{C} (\mu_g - \bar{\mu})^2 .$$

En conclusion, lorsque l'hypothèse d'égalité des moyennes est vraie,

$$\text{H}_0:\ \mu_1 = \dots = \mu_g = \dots = \mu_C,$$

les différences $(\mu_g - \bar{\mu})$ sont toutes nulles et l'espérance mathématique de la SCE intergroupes est tout simplement $(C-1)\sigma^2$. Au contraire, si certaines moyennes paramétriques sont inégales, l'espérance mathématique de la SCE intergroupes est augmentée par la présence de certains carrés non nuls du type $(\mu_g - \bar{\mu})^2$. Afin d'estimer $\sigma^2$ lorsque $\text{H}_0$ est vraie, il faut donc diviser la SCE intergroupes par $(C-1)$ degrés de liberté. Pour ce qui est de la SCE intragroupes, son espérance mathématique est $(N.-C)\,\sigma^2$ que l'hypothèse préliminaire soit vraie ou qu'elle soit fausse, et son nombre de degrés de liberté est donc $(N.-C)$.

## Section 12.5: le tableau d'analyse de variance

Les nombreuses quantités qui figurent dans une analyse de variance sont habituellement présentées de manière ordonnée comme au tableau 12.5.1.

**Tableau 12.5.1**
**Analyse de variance de type I à un critère de classification.**

| Variation | SCE | D. de L. | Variance observée | Variance attendue |
|---|---|---|---|---|
| groupe 1 | $\Sigma(X-\bar{X}_1)^2$ | $(N_1-1)$ | $S_1^2$ | $\sigma^2$ |
| ... | ... | ... | ... | ... |
| groupe $g$ | $\Sigma(X-\bar{X}_g)^2$ | $(N_g-1)$ | $S_g^2$ | $\sigma^2$ |
| ... | ... | ... | ... | ... |
| groupe $C$ | $\Sigma(X-\bar{X}_C)^2$ | $(N_C-1)$ | $S_C^2$ | $\sigma^2$ |
| intragroupes | "SCE $_{\text{intra}}$" = $\sum_g \sum_h (X_{gh}-\bar{X}_g)^2$ | $(N.-C)$ | $S^2_{\text{intragroupes}}$ = $S^2_{\text{commune}}$ = SCE $_{\text{intra}}/(N.-C)$ | $\sigma^2$ |
| intergroupes | "SCE $_{\text{inter}}$" = SCE $_{\text{totale}}$ − SCE $_{\text{intra}}$ | $(C-1)$ | $S^2_{\text{intergroupes}}$ = SCE $_{\text{inter}}/(C-1)$ | $\sigma^2 + \Delta^2$ |
| totale | "SCE $_{\text{totale}}$" = $\sum_g \sum_h (X_{gh}-\bar{X}.)^2$ | $(N.-1)$ | $S^2_{\text{totale}}$ = SCE $_{\text{totale}}/(N.-1)$ | (généralement inutilisée) |

Sur la ligne de la variation intergroupes, dans le tableau 12.5.1 de la page précédente, on a remplacé

$$\{ \sum_{g=1}^{C} N_g(\mu_g - \bar{\mu})^2 - [ \sum_{g=1}^{C} N_g(\mu_g - \bar{\mu})]^2 / \sum_{g=1}^{C} N_g \} / (C-1)$$

par $\Delta^2$ faute de place dans l'expression de la variance attendue sur la ligne de la variation intergroupes. En outre, le lecteur est prié de noter que, là où nous avons inscrit des expressions algébriques ici dans le corps du tableau 12.5.1, la personne qui effectue l'analyse de variance d'un ensemble de données inscrirait les valeurs numériques correspondantes. De plus, les lignes des groupes 1 à $C$ et la colonne "Variance attendue" sont souvent omises lorsqu'on résume une analyse numérique dans un tableau aussi concis que possible. Enfin, les adjectifs *intragroupes* et *intergroupes* sont souvent remplacés par les abréviations "*intra*" et "*inter*". Nous donnons ici un exemple d'analyse de variance (tableau 12.5.2) de données extraites d'une étude de l'entomologiste Brower (1959).

**Tableau 12.5.2**
**Exemple d'analyse de variance de type I à un critère de classification: longueur de l'aile antérieure droite en mm de papillons mâles appartenant à 4 espèces du genre *Papilio* (Brower, 1959).**

| Variation | Somme de carrés d'écarts | Nombre de degrés de liberté | Estimation de variance |
|---|---|---|---|
| espèce 1 (*Papilio glaucus*) | 42,5 | 9 | 4,722222 |
| espèce 2 (*Papilio rutulus*) | 50,9 | 9 | 5,655555 |
| espèce 3 (*Papilio eurymedon*) | 108,5 | 9 | 12,05555 |
| espèce 4 (*Papilio multicaudatus*) | 108,1 | 9 | 12,01111 |
| intragroupes | 310,0 | 36 | 8,611111 |
| intergroupes | 1053,9 | 3 | 351,3 |
| totale | 1363,9 | 39 | – |

On peut obtenir une estimation de variance (ou "*variance observée*") sur chaque ligne du tableau en divisant la somme de carrés d'écarts (abréviation: SCE) qui s'y trouve par le nombre de degrés de liberté (D. de L.) correspondant.

## Section 12.6: épreuve globale de l'hypothèse d'égalité des moyennes

L'opération la plus importante, dans une analyse de variance de type I à un critère de classification, consiste à comparer l'estimation intergroupes avec l'estimation intragroupes de la variance. En effet, si l'hypothèse préliminaire d'égalité des moyennes,

$$H_0: \mu_1 = \dots = \mu_g = \dots = \mu_C ,$$

est vraie, et si les variances des populations comparées sont égales,

$$\sigma_1^2 = \dots = \sigma_g^2 = \dots = \sigma_C^2 = \sigma^2 ,$$

les variances observées $S^2_{\text{intergroupes}}$ et $S^2_{\text{intragroupes}}$ sont des estimations d'un seul et même paramètre, $\sigma^2$; et le rapport $S^2_{\text{intergroupes}} / S^2_{\text{intragroupes}}$ suit la distribution de $F$ avec $(C-1)$ et $(N.-C)$ degrés de liberté. Au contraire, si l'hypothèse d'égalité des moyennes paramétriques est fausse, le paramètre $\sigma^2 + \Delta^2$ estimé par $S^2_{\text{intergroupes}}$ est plus grand que $\sigma^2$, ce qui tend à être reflété par le rapport $S^2_{\text{inter}} / S^2_{\text{intra}}$ qui prend souvent de grandes valeurs.

Comme la présence de différences entre les moyennes paramétriques peut uniquement augmenter (et non diminuer) le paramètre $\sigma^2 + \Delta^2$, il est opportun de placer la région de rejet de $H_0$ entièrement du côté droit, et la région d'acceptation est définie par l'inéquation

$$S^2_{\text{intergroupes}} / S^2_{\text{intragroupes}} \leq F_{(1-\alpha;\, C-1,\, N.-C)} \;.$$

Dans le présent contexte, on place la variance $S^2_{\text{intergroupes}}$ toujours au numérateur, même lorsqu'elle est moins grande que $S^2_{\text{intragroupes}}$, contrairement à ce qu'on a fait à la section 11.2. Dans le cas de l'exemple de la longueur de l'aile antérieure droite chez les papillons mâles de quatre espèces du genre *Papilio* (tableau 12.5.2), on a

$$S^2_{\text{intergroupes}} / S^2_{\text{intragroupes}} = 40{,}7961 > 6{,}7436 = F_{(0{,}999;\, 3,\, 36)} \;.$$

Le rapport des variances observées tombe donc dans la région de rejet au seuil de signification $\alpha = 0{,}001$. Par conséquent, on peut conclure avec beaucoup d'assurance que la longueur moyenne de l'aile antérieure droite diffère chez les papillons mâles de ces quatre espèces.

## Section 12.7: l'épreuve d'homogénéité de la variance de Bartlett

Tel que mentionné à la section précédente, il faut que les variances des populations comparées soient égales (*homogènes* en langage statistique; des variances inégales sont dites *hétérogènes*) pour que le quotient $S^2_{\text{intergroupes}} / S^2_{\text{intragroupes}}$ suive la distribution de $F$ exactement. Lorsqu'on fait une analyse de variance, on fait donc la supposition que $\sigma_1^2 = \ldots = \sigma_g^2 = \ldots = \sigma_C^2 = \sigma^2$, où $\sigma^2$ sans indice désigne la valeur commune à laquelle les variances paramétriques sont égales. Comme le $t$ de Student (section 9.8), l'analyse de variance est une méthode statistique *robuste,* qui est peu dérangée lorsque ses conditions de validité ne sont pas entièrement satisfaites. En pratique, on s'abstient donc de mettre en doute la supposition d'égalité des variances à moins d'avoir de bonnes raisons de le faire. Néanmoins, lorsqu'on soupçonne que les variances des populations comparées sont inégales, on peut éprouver l'hypothèse

$$H_0:\ \sigma_1^2 = \ldots = \sigma_g^2 = \ldots = \sigma_C^2 = \sigma^2$$

à l'aide d'une méthode approximative conçue par le statisticien britannique Bartlett (1954), qui a montré que le critère

$$(1/K) \sum_{g=1}^{C} (N_g - 1)\,[\log_e(S^2_{\text{intragroupes}} / S_g^2)] \,,$$

où

$$K = 1 + \{ \sum_{g=1}^{C} [1/(N_g - 1)] - [1/(N.-C)] \} / [3\,(C-1)] \,,$$

suit approximativement la distribution de $\chi^2$ avec $(C-1)$ degrés de liberté.

Si l'un des échantillons (disons le $g^{\text{ième}}$) ne comporte qu'une seule mesure, il peut être inclus quand même dans l'analyse de variance proprement dite mais il doit être exclu du calcul du critère de Bartlett car il n'apporterait aucune information au sujet de la variance de la population dont il provient; de plus, si on l'incluait, le calcul du coefficient $K$ serait impossible car on aurait $1/(N_g - 1) = 1/0 = \infty$. Le critère de Bartlett s'annulerait si les variances des échantillons étaient toutes égales les unes aux autres et à l'estimation intragroupes, car les quotients du type $(S^2_{\text{intragroupes}} / S^2_g)$ seraient tous égaux à l'unité et leurs logarithmes seraient tous nuls. La valeur du critère devient au contraire positive et de plus en plus grande à mesure que les variances des échantillons diffèrent plus fortement les unes des autres. Il convient donc de placer la région de rejet entièrement du côté droit, et la région d'acceptation de l'hypothèse $H_0$ est définie par l'inéquation

$$(1/K)\,\Sigma\,(N_g - 1)\ [\log_e(S^2_{\text{intragroupes}} / S^2_g)] \ \leq\ \chi^2_{(1-\alpha\,;\,C-1)}\,.$$

Dans le cas de la longueur de l'aile antérieure droite des papillons mâles de quatre espèces du genre *Papilio* (tableau 12.5.2), le critère de Bartlett est égal à

$$3{,}02729 \ <\ 7{,}8147 \ =\ \chi^2_{(0{,}95;\,3)}$$

et tombe dans la région d'acceptation même au seuil $\alpha = 0{,}05$. On peut donc conserver l'hypothèse d'égalité des variances (et considérer l'analyse de variance comme justifiable). On recommande généralement de n'employer le critère de Bartlett que si aucun des échantillons n'a moins de quatre degrés de liberté, sinon l'approximation par la distribution de $\chi^2$ serait insatisfaisante. En outre, comme le critère de Bartlett est sensible à la non-normalité éventuelle de la distribution de la variable étudiée, on recommande de ne l'employer que si on soupçonne que les variances paramétriques sont assez fortement inégales pour invalider l'analyse de variance (malgré la robustesse de cette dernière face à l'inégalité des variances).

Il existe une façon plus simple de vérifier si la supposition d'égalité des variances est justifiable, mais la réponse fournie par cette méthode est fiable seulement lorsqu'on peut conserver l'hypothèse d'égalité des variances. Cette façon de procéder consiste à calculer le quotient de la plus forte (disons $S^2_i$) par la plus faible (disons $S^2_j$) des variances des $C$ échantillons (voir la section 11.2). Lorsque ce quotient tombe dans la région d'acceptation,

$$S^2_i / S^2_j \ \leq\ F_{(1-\alpha/2;\,N_i-1,\,N_j-1)}\,,$$

on peut accepter l'hypothèse $H_0$: $\sigma^2_1 = \ldots = \sigma^2_g = \ldots = \sigma^2_C = \sigma^2$ sans hésitation. Mais, lorsque le quotient $S^2_i / S^2_j$ tombe dans la région de rejet, il n'est pas sûr qu'on doive rejeter $H_0$ parce que les variances $S^2_i$ et $S^2_j$ ne sont pas choisies entièrement au hasard, la première étant la plus grande et la seconde étant la plus faible parmi plus de deux estimations. Pour comparer de manière vraiment valide la plus forte à la plus faible de plusieurs estimations de variances, il faut utiliser des tables préparées spécialement à cette fin.

Lorsque les variances des échantillons, $S^2_1$, ... $S^2_g$, ... $S^2_C$, diffèrent tellement qu'on est obligé de rejeter l'hypothèse d'égalité des variances des populations, $\sigma^2_1$, ..., $\sigma^2_g$, ..., $\sigma^2_C$, la validité de l'analyse de variance pour éprouver l'hypothèse d'égalité des moyennes,

$$H_0\!: \ \mu_1 = \ldots = \mu_g = \ldots = \mu_C\,,$$

devient douteuse, mais il est parfois possible de contourner ce problème technique en trouvant une transformation de la variable $X$ qui rend les variances des échantillons sensiblement égales. La transformation logarithmique $Y = \log_e(X)$ ou $Y = \log_{10}(X)$ est fréquemment avantageuse à cet égard (sections 4.3, 4.9 et 9.1; chapitre 14). Une fois que l'analyse statistique de la variable transformée $Y$ est achevée, les résultats peuvent en être réexprimés quant à la variable originale $X$ à l'aide de la transformation inverse [par exemple, $X = \exp(Y)$ si on a fait $Y = \log_e(X)$, $X = 10^Y$ si on a fait $Y = \log_{10}(X)$, ou $X = Y^2$ si on a fait $Y = \sqrt{X}$ (section 14.4; voir aussi les sections 19.8 et 30.9)].

## Section 12.8: comparaison des intervalles de confiance des moyennes

L'analyse de variance révèle si les moyennes de plusieurs populations diffèrent les unes des autres, mais elle n'indique ni la nature ni l'importance de ces différences. Il est donc toujours préférable de compléter une analyse de variance par le calcul et la représentation graphique des intervalles de confiance des moyennes. La figure 12.8.1 représente les intervalles de confiance à double sens au seuil de signification $\alpha = 0{,}05$ de la longueur moyenne en mm de l'aile antérieure droite chez les papillons mâles de quatre espèces du genre *Papilio,* d'après des données de Brower (1959) déjà utilisées au tableau 12.5.2. La première espèce semble posséder l'aile la plus courte tandis que la quatrième espèce semble posséder l'aile la plus longue. De plus, la longueur de l'aile semble très voisine chez les espèces deux et trois. S'il s'avérait que ces deux dernières espèces sont assez semblables aussi quant à d'autres caractères, cela pourrait suggérer qu'elles sont étroitement apparentées. La comparaison des intervalles de confiance des moyennes complète donc avantageusement l'analyse de variance, car cette dernière permettait seulement de conclure qu'il y a des différences entre les moyennes. Bien que la réponse fournie par l'analyse de variance soit indispensable pour savoir si la conclusion est bien établie au point de vue statistique, les renseignements fournis par l'examen des intervalles de confiance sont plus révélateurs au point de vue biologique. L'étude de l'analyse de variance sera poursuivie aux chapitres 26, 27 et 28.

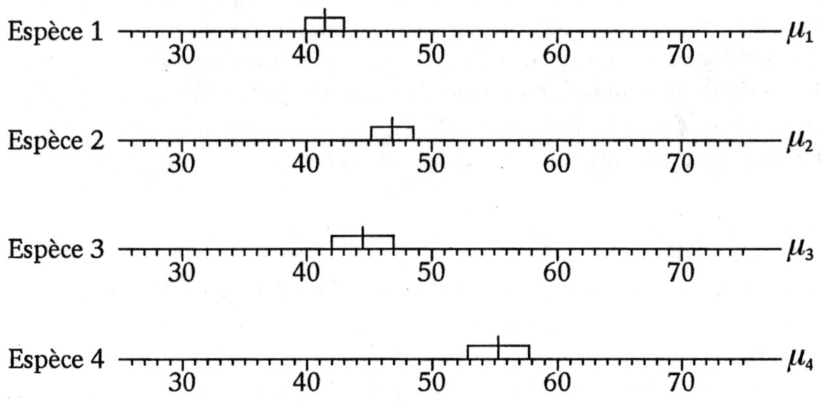


**Figure 12.8.1**

**Intervalles de confiance à double sens au seuil de signification $\alpha = 0{,}05$ de la longueur moyenne en mm de l'aile antérieure droite de papillons mâles de quatre espèces du genre *Papilio* (Brower, 1959).**

# Chapitre 13

## Les indices de dissymétrie et d'aplatissement, $g_1$ et $g_2$

### Section 13.1: généralités

La plupart des méthodes statistiques applicables à une variable aléatoire continue supposent que la distribution de probabilités de cette dernière est normale. Les indices de dissymétrie et d'aplatissement, $g_1$ et $g_2$, permettent de vérifier cette supposition de normalité. Bien qu'on puisse examiner l'accord entre la distribution de fréquences d'un ensemble de données et une distribution théorique (y compris la distribution normale) à l'aide des épreuves de qualité d'ajustement (chapitre 16), ces dernières exigent un grand échantillon (d'effectif préférablement égal ou supérieur à 100). Les indices $g_1$ et $g_2$ peuvent être utilisés même dans le cas d'un petit échantillon et possèdent en outre l'avantage de fournir des réponses explicites au sujet du degré de dissymétrie (*skewness* en anglais) et du degré d'aplatissement (*kurtosis* en anglais) d'une distribution observée (figures 13.2.1 et 13.2.2). Notons sans tarder que ce que nous appelons ici le degré d'aplatissement est une qualité complexe qui n'est pas réductible au degré d'étalement en largeur mesuré par la variance ou l'écart-type (section 4.5). Pour ce qui est de la dissymétrie, nous employons ce mot plutôt que le mot asymétrie à cause de l'équivoque, dans le français parlé, entre la symétrie et l'asymétrie!

### Section 13.2: les moments

Les indices de dissymétrie et d'aplatissement sont dérivés d'une famille de quantités statistiques qu'on appelle les *moments* d'une distribution et qui inclut aussi la moyenne et la variance (chapitre 4). Les moments de la distribution de probabilités d'une variable aléatoire continue peuvent être exprimés comme au tableau 13.2.1 et sont classifiés quant à deux critères: l'ordre $r$ et l'origine. Les moments paramétriques sont définis par des intégrales et concernent la population statistique (tableau 13.2.1), mais on peut aussi considérer les moments de l'échantillon qui sont définis par des sommes (tableau 13.2.2). On peut passer des moments à l'origine aux moments à la moyenne, et vice-versa, au moyen de formules dérivées de l'expansion du binôme $(X-\mu)^r$ dans le cas de la population et de $(X-\overline{X})^r$ dans le cas de l'échantillon. Dans le cas particulier de $m_2$, par exemple, on peut montrer (voir aussi la section 4.6) que

$$\sum_{h=1}^{N}(X_h-\overline{X})^2 = \sum_{h=1}^{N}(X_h^2-2\overline{X}X_h+\overline{X}^2) = \sum_{h=1}^{N}X_h^2-2\overline{X}\sum_{h=1}^{N}X_h+\sum_{h=1}^{N}\overline{X}^2 = \sum_{h=1}^{N}X_h^2-2N\overline{X}^2+N\overline{X}^2$$

d'où

$$\sum_{h=1}^{N}(X_h-\overline{X})^2 = \sum_{h=1}^{N}X_h^2 - N\overline{X}^2 .$$

Par conséquent,

$$m_2 = \sum_{h=1}^{N}(X_h-\overline{X})^2/N = (1/N)\sum_{h=1}^{N}X_h^2 - \overline{X}^2 = m_2'-m_1'^2 .$$

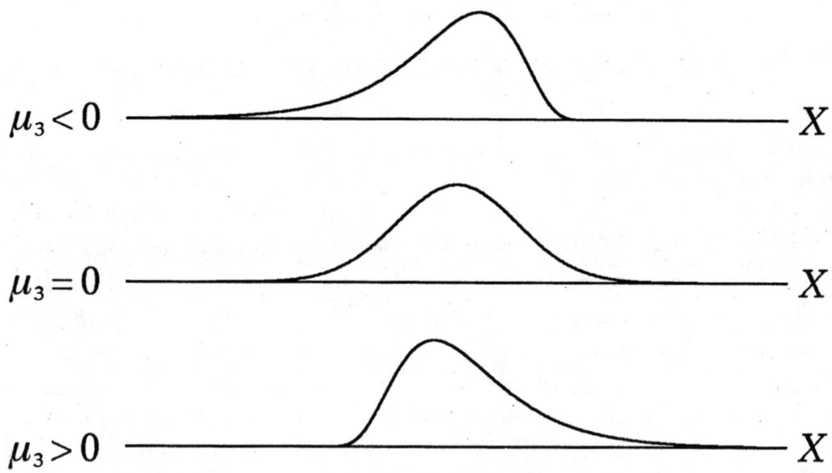


**Figure 13.2.1**
**Signification géométrique du troisième moment à la moyenne, $\mu_3$: distribution négativement dissymétrique en haut, symétrique au centre, et positivement dissymétrique en bas.**

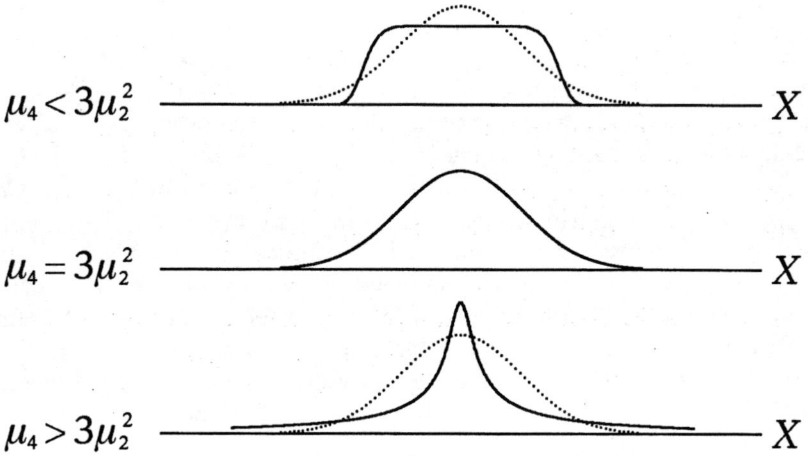


**Figure 13.2.2**
**Signification géométrique du quatrième moment à la moyenne, $\mu_4$: distribution aplatie en haut, normale au centre, et pointue en bas.**

On peut montrer de la même façon que

$$\Sigma(X-\overline{X})^3 = \Sigma X^3 - 3\overline{X}\Sigma X^2 + 2N\overline{X}^3,$$

et que

$$\Sigma(X-\overline{X})^4 = \Sigma X^4 - 4\overline{X}\Sigma X^3 + 6\overline{X}^2\Sigma X^2 - 3N\overline{X}^4,$$

et en déduire les formules reliant $m_3$ et $m_3'$ ainsi que $m_4$ et $m_4'$. En outre, comme les intégrales sont des limites de sommes, on a des relations du même type entre $\mu_2$ et $\mu_2'$, $\mu_3$ et $\mu_3'$, et $\mu_4$ et $\mu_4'$, etc. .

Pour bien comprendre la façon dont les divers moments permettent de décrire la forme d'une distribution de fréquences, on doit noter les faits suivants: (1) dans le cas des moments à la moyenne dont l'ordre $r$ est impair, la contribution $(X_h - \overline{X})^r$ d'une observation (la $h^{\text{ième}}$) a le même signe que l'écart $(X_h - \overline{X})$; cette contribution est donc positive si l'observation $X$ est supérieure à la moyenne $\overline{X}$ mais négative si l'observation est inférieure à la moyenne; (2) quant aux moments à la moyenne d'ordre pair, la contribution d'une observation est positive quel que soit le signe de l'écart (que l'observation soit située à gauche ou à droite de la moyenne); (3) les moments à la moyenne sont d'autant plus sensibles aux observations extrêmes que leur ordre est élevé, car l'élevation des écarts $(X_h - \overline{X})$ à une puissance $r$ forte augmente l'importance relative des écarts qui ont la plus grande valeur absolue.

La signification géométrique des deux premiers moments a déjà été discutée à propos des mesures de tendance centrale et de dispersion (chapitre 4), car le premier moment paramétrique à l'origine $\mu_1'$ est égal à la moyenne $\mu$ de la population et décrit la tendance centrale, tandis que le second moment à la moyenne $\mu_2$ est égal à la variance $\sigma^2$ et décrit la dispersion, l'étalement en largeur, d'une distribution. Pour ce qui est du troisième moment à la moyenne, $\mu_3$, on peut constater qu'il révèle la dissymétrie (*skewness* en anglais) d'une distribution (figure 13.2.1), car il tend à être négatif si les observations inférieures à la moyenne sont situées plus loin de cette dernière que les observations supérieures à la moyenne (figure 13.2.1, en haut), mais positif dans le cas contraire (figure 13.2.1, en bas). Le troisième moment à la moyenne est nul si la distribution est symétrique. Enfin, le quatrième moment à la moyenne (figure 13.2.2) reflète le degré d'aplatissement (*kurtosis* en anglais): on a $\mu_4 = 3\mu_2^2$ dans le cas de la courbe normale (chapitre 5), mais $\mu_4 < 3\mu_2^2$ si la courbe de distribution est *aplatie* (*platykurtic* en anglais) et $\mu_4 > 3\mu_2^2$ si la courbe est *pointue* (*leptokurtic* en anglais). Soulignons à nouveau que le degré d'aplatissement révélé par le quatrième moment à la moyenne est une qualité plus complexe que le degré d'étalement en largeur mesuré par la variance $\sigma^2$. Ainsi, lorsqu'une courbe distributive est dite *pointue,* elle est plus haute simultanément au centre et aux extrémités mais plus basse aux flancs qu'une distribution normale (figure 13.2.2, en bas). Inversement, lorsqu'une courbe est dite *aplatie,* elle est plus basse au centre et aux extrémités mais plus haute aux flancs qu'une distribution normale (figure 13.2.2, en haut).

Si les moments possèdent l'avantage d'être relativement simples, ils ont l'inconvénient que, avec l'exception du moment d'ordre un de l'échantillon, qui fournit une estimation sans biais du paramètre correspondant, les moments de l'échantillon sont des estimateurs biaisés des paramètres correspondants. Par exemple, le second moment à la moyenne de l'échantillon, $m_2$, sous-estimerait le second moment à la moyenne de la population, $\mu_2 = \sigma_X^2$, car son espérance mathématique est $(N-1)\sigma_X^2/N$ (voir la section 12.4).

**Tableau 13.2.1**
**Moments de la distribution de probabilités d'une variable aléatoire continue classifiés quant à l'ordre et à l'origine.**

| | | Origine | |
|---|---|---|---|
| | | moments à l'origine | moments à la moyenne |
| Ordre | 1 | $\mu_1' = \int_{-\infty}^{+\infty} X\, f(X)\, dX = \mu$ | $\mu_1 = \int_{-\infty}^{+\infty} (X-\mu)\, f(X)\, dX = 0$ |
| | 2 | $\mu_2' = \int_{-\infty}^{+\infty} X^2\, f(X)\, dX$ | $\mu_2 = \int_{-\infty}^{+\infty} (X-\mu)^2\, f(X)\, dX = \sigma^2$ |
| | 3 | $\mu_3' = \int_{-\infty}^{+\infty} X^3\, f(X)\, dX$ | $\mu_3 = \int_{-\infty}^{+\infty} (X-\mu)^3\, f(X)\, dX$ |
| | 4 | $\mu_4' = \int_{-\infty}^{+\infty} X^4\, f(X)\, dX$ | $\mu_4 = \int_{-\infty}^{+\infty} (X-\mu)^4\, f(X)\, dX$ |
| | ... | ... | ... |
| | $r$ | $\mu_r' = \int_{-\infty}^{+\infty} X^r\, f(X)\, dX$ | $\mu_r = \int_{-\infty}^{+\infty} (X-\mu)^r\, f(X)\, dX$ |

**Tableau 13.2.2**
**Moments de l'échantillon classifiés quant à l'ordre et à l'origine.**

| | | Origine | |
|---|---|---|---|
| | | moments à l'origine | moments à la moyenne |
| Ordre | 1 | $m_1' = (1/N) \sum_{h=1}^{N} X_h = \overline{X}$ | $m_1 = (1/N) \sum_{h=1}^{N} (X_h - \overline{X}) = 0$ |
| | 2 | $m_2' = (1/N) \sum_{h=1}^{N} X_h^2$ | $m_2 = (1/N) \sum_{h=1}^{N} (X_h - \overline{X})^2 = (N-1)S_X^2/N$ |
| | 3 | $m_3' = (1/N) \sum_{h=1}^{N} X_h^3$ | $m_3 = (1/N) \sum_{h=1}^{N} (X_h - \overline{X})^3$ |
| | 4 | $m_4' = (1/N) \sum_{h=1}^{N} X_h^4$ | $m_4 = (1/N) \sum_{h=1}^{N} (X_h - \overline{X})^4$ |
| | ... | ... | ... |
| | $r$ | $m_r' = (1/N) \sum_{h=1}^{N} X_h^r$ | $m_r = (1/N) \sum_{h=1}^{N} (X_h - \overline{X})^r$ |

## Section 13.3: les cumulants

Heureusement, il existe une autre série de quantités apparentées aux moments, à l'aide desquelles on peut caractériser les distributions de probabilités et pour lesquelles on possède des estimateurs sans biais, les *cumulants* (tableau 13.3.1). Les cumulants de l'échantillon sont désignés par la lettre $k$ minuscule et sont appelés *k–statistics* en anglais (Fisher, 1970). Les cumulants paramétriques (de la population) sont désignés par la lettre grecque $\varkappa$ (*kappa*) minuscule qui correspond à la lettre $k$ de notre alphabet. Les lettres $K$ et kappa majuscules ne sont pas utilisées parce qu'elles sont identiques et ne pourraient pas être distinguées l'une de l'autre. Les cumulants $\varkappa_3$ et $\varkappa_4$ sont nuls dans le cas d'une distribution normale. Bien qu'ils soient plus satisfaisants que les moments, les cumulants possèdent eux aussi un défaut, celui de ne pas être des *nombres purs* (appelés aussi *nombres sans dimensions*): leur valeur numérique dépend de l'unité avec laquelle la variable $X$ est mesurée. Si, par exemple, la variable $X$ est mesurée en cm, $\varkappa_1$ est exprimé en cm, $\varkappa_2$ est exprimé en cm$^2$, $\varkappa_3$ est exprimé en cm$^3$, et $\varkappa_4$ est exprimé en cm$^4$.

**Tableau 13.3.1**
**Les cumulants de la population et de l'échantillon.**

| | | population | échantillon |
|---|---|---|---|
| Ordre | 1 | $\varkappa_1 = \mu_1' = \mu_X$ | $k_1 = (1/N) \sum_{h=1}^{N} X_h = \overline{X}$ |
| | 2 | $\varkappa_2 = \mu_2 = \sigma_X^2$ | $k_2 = [1/(N-1)] \sum_{h=1}^{N} (X_h - \overline{X})^2 = S_X^2$ |
| | 3 | $\varkappa_3 = \mu_3$ | $k_3 = \{N/[(N-1)(N-2)]\} \sum_{h=1}^{N} (X_h - \overline{X})^3$ |
| | 4 | $\varkappa_4 = \mu_4 - 3\mu_2^2$ | $k_4 = N\,\Delta_4 / [(N-1)(N-2)(N-3)]$ où $\Delta_4 = (N+1) \sum_{h=1}^{N} (X_h - \overline{X})^4 - 3[(N-1)/N]\{\sum_{h=1}^{N} (X_h - \overline{X})^2\}^2$ |

## Section 13.4: les indices de dissymétrie et d'aplatissement, $g_1$ et $g_2$

Afin de pouvoir mieux comparer toutes sortes de distributions les unes avec les autres, il est préférable de dériver des cumulants un indice de dissymétrie et un indice d'aplatissement qui sont des nombres purs et ne dépendent pas de l'unité de mesure employée (tableau 13.4.1). Les indices de dissymétrie et d'aplatissement sont désignés par la lettre $g$ minuscule (affectée de l'indice 1 ou 2) dans le cas de l'échantillon mais par la lettre grecque correspondante $\gamma$ (*gamma*) minuscule dans le cas de la population. Dans le cas d'une variable $X$ suivant la distribution normale, les indices paramétriques $\gamma_1$ et $\gamma_2$ sont nuls et les estimateurs $g_1$ et $g_2$ suivent approximativement des distributions normales dont les moyennes sont $\gamma_1$ et $\gamma_2$ respectivement et dont les écarts-types sont

$$\sigma_{g_1} = \sqrt{\{[6\,N(N-1)] / [(N-2)(N+1)(N+3)]\}}\,,$$

et

$$\sigma_{g_2} = \sqrt{\{[24\,N(N-1)^2] / [(N-3)(N-2)(N+3)(N+5)]\}}\,.$$

Nous employons la lettre grecque $\sigma$ pour les écarts-types (ou "erreurs-types" comme on dit habituellement dans ce contexte-ci) de $g_1$ et $g_2$ comme pour des paramètres parce que la valeur de ces écarts-types dépend seulement de l'effectif et n'est pas fonction des données de l'échantillon.

**Tableau 13.4.1**
**Indices de dissymétrie et d'aplatissement.**

| | de la population | de l'échantillon |
|---|---|---|
| dissymétrie | $\gamma_1 = \varkappa_3 / \varkappa_2^{1,5} = \varkappa_3 / \sigma_X^3$ | $g_1 = k_3 / k_2^{1,5} = k_3 / S_X^3$ |
| aplatissement | $\gamma_2 = \varkappa_4 / \varkappa_2^2 = \varkappa_4 / \sigma_X^4$ | $g_2 = k_4 / k_2^2 = k_4 / S_X^4$ |

## Section 13.5: épreuves de normalité

Les indices de dissymétrie et d'aplatissement permettent d'éprouver l'hypothèse que la variable étudiée, $X$, suit une distribution normale,

$$X \leftarrow \mathcal{N}(\mu_X, \sigma_X^2) ,$$

ou du moins que la distribution de la variable $X$ dans la population est symétrique ($\gamma_1 = 0$) et possède le même degré d'aplatissement ($\gamma_2 = 0$) qu'une distribution normale. Comme l'indice de dissymétrie $g_1$ et l'indice d'aplatissement $g_2$ suivent eux aussi des distributions (approximativement) normales,

$$g_1 \leftarrow \mathcal{N}(\gamma_1 , \sigma_{g_1}^2) \quad \text{et} \quad g_2 \leftarrow \mathcal{N}(\gamma_2 , \sigma_{g_2}^2) ,$$

on peut confronter les valeurs observées de $g_1$ et $g_2$ avec les valeurs hypothétiques $\gamma_1$ et $\gamma_2$ à l'aide de la distribution normale (chapitre 5): il n'y a pas lieu d'utiliser ici la distribution du $t$ de Student (chapitre 6) même si l'effectif de l'échantillon est petit, car les formules de $\sigma_{g_1}$ et $\sigma_{g_2}$ données au bas de la page précédente tiennent déjà compte de la grandeur ou de la petitesse de l'échantillon. Il faut toutefois noter que l'approximation normale est un peu moins satisfaisante pour l'indice d'aplatissement que pour l'indice de dissymétrie, particulièrement lorsque l'effectif de l'échantillon est petit.

L'hypothèse que la distribution de la variable $X$ est symétrique (comme la distribution normale) est donc $H_0$: $\gamma_1 = 0$ et, si l'hypothèse contraire est à double sens, $H_1$: $\gamma_1 \neq 0$, la région d'acceptation de l'hypothèse préliminaire est

$$t_{(\alpha/2;\, \infty)} \leq t_1 = (g_1 - 0)/\sigma_{g_1} \leq t_{(1-\alpha/2;\, \infty)} .$$

Pour ce qui est de l'hypothèse que la distribution de $X$ possède le même degré d'aplatissement que la distribution normale, $H_0$: $\gamma_2 = 0$, si l'hypothèse contraire est ici aussi à double sens, $H_1$: $\gamma_2 \neq 0$, la région d'acceptation est

$$t_{(\alpha/2\,;\, \infty)} \leq t_2 = (g_2 - 0)/\sigma_{g_2} \leq t_{(1-\alpha/2\,;\, \infty)} .$$

Comme les deux épreuves d'hypothèses ci-dessus répondent séparément à la question de la symétrie et à celle du degré d'aplatissement, on préfère parfois combiner les résultats des deux épreuves en une réponse unique. Cela peut être fait à l'aide de la distribution de $\chi^2$: la région d'acceptation de la double hypothèse préliminaire

$$H_0:\ \gamma_1 = 0\ ,\ \gamma_2 = 0$$

est alors

$$t_1^2 + t_2^2 \leq \chi^2_{(1-\alpha;\,2)}\ ,$$

où

$$t_1 = g_1/\sigma_{g_1} \quad \text{et} \quad t_2 = g_2/\sigma_{g_2}\ .$$

## Section 13.6: précision des calculs

En théorie, si la calculatrice ou l'ordinateur disponible pour effectuer les calculs possédait des registres très longs (plus de 20 et préférablement 30 chiffres décimaux!), on pourrait commencer par calculer les sommes brutes $N$, $\Sigma X$, $\Sigma X^2$, $\Sigma X^3$ et $\Sigma X^4$ puis en déduire les sommes centrées $\Sigma(X-\overline{X})^2$, $\Sigma(X-\overline{X})^3$ et $\Sigma(X-\overline{X})^4$ au moyen des formules mentionnées à la section 13.2. En pratique toutefois, si la calculatrice ou l'ordinateur possède des registres courts, il vaut mieux commencer par calculer la moyenne $\overline{X}$ de l'échantillon puis calculer les sommes centrées directement, en soustrayant $\overline{X}$ de chaque observation individuelle, sans passer par les sommes brutes. Autrement, on s'exposerait à ce que les valeurs des sommes centrées (et de toutes les quantités qui en découlent) soient entachées d'erreurs d'arrondissement inacceptables, parce que les sommes centrées d'ordre élevé seraient obtenues en soustrayant les unes des autres des quantités considérables que de courts registres de calcul ne permettraient pas de loger entièrement. Des difficultés numériques du même type surviennent occasionnellement dans le calcul de la variance (section 4.6).

## Section 13.7: la distribution du poids d'hommes adultes est-elle normale?

Le poids du corps est un caractère quantitatif important et souvent utilisé en biologie humaine et en médecine. On peut se demander si la distribution de probabilités de ce caractère ressemble à la distribution normale ou, au contraire, en diffère. Afin d'essayer de répondre à cette question, on peut calculer les indices de dissymétrie et d'aplatissement d'un échantillon de mesures de poids obtenues sur 100 hommes adultes décédés à l'Hôpital de Londres, Angleterre (Greenwood et Brown, 1913). Les indices $g_1$ et $g_2$, leurs écarts-types $\sigma_{g_1}$ et $\sigma_{g_2}$, et les critères $t_1$ et $t_2$ ont les valeurs suivantes:

| | | | |
|---|---|---|---|
| dissymétrie | $g_1 = +0{,}931752$ | $\sigma_{g_1} = 0{,}241380$ | $t_1 = +3{,}86011$ |
| aplatissement | $g_2 = +1{,}08346$ | $\sigma_{g_2} = 0{,}478331$ | $t_2 = +2{,}26507$ |

On doit donc rejeter l'hypothèse que la distribution du poids d'hommes adultes est symétrique ($P < 0{,}001$) ainsi que l'hypothèse qu'elle possède le même degré d'aplatissement que la distribution normale ($P < 0{,}025$). Si on veut baser la conclusion sur un critère unique, on obtient $\chi^2_{(2)} = t_1^2 + t_2^2 = 20{,}031$ ($P < 0{,}0005$). Il ne serait donc pas recommandable d'appliquer la distribution normale aux mesures de poids d'hommes adultes publiées par Greenwood et Brown (1913). L'analyse de ces intéressantes données sera poursuivie aux chapitres 14 et 16.

# Chapitre 14
## La distribution lognormale

### Section 14.1: généralités

Comme cela a déjà été mentionné aux sections 4.3, 5.1, 9.1 et 12.7, la distribution normale n'est pas toujours parfaitement adéquate en biologie parce que beaucoup de variables biologiques ne peuvent pas prendre de valeurs négatives, et parce que leurs distributions de fréquences sont positivement dissymétriques (sections 13.2 et 13.7). La distribution lognormale est souvent mieux adaptée aux données biologiques. Tandis que la distribution normale s'étend théoriquement de $-\infty$ à $+\infty$ et comprend des valeurs négatives (figure 14.1.1, en haut et en bas), la distribution lognormale s'étend de 0 à $+\infty$ et est limitée aux valeurs positives (figure 14.1.1, au centre).

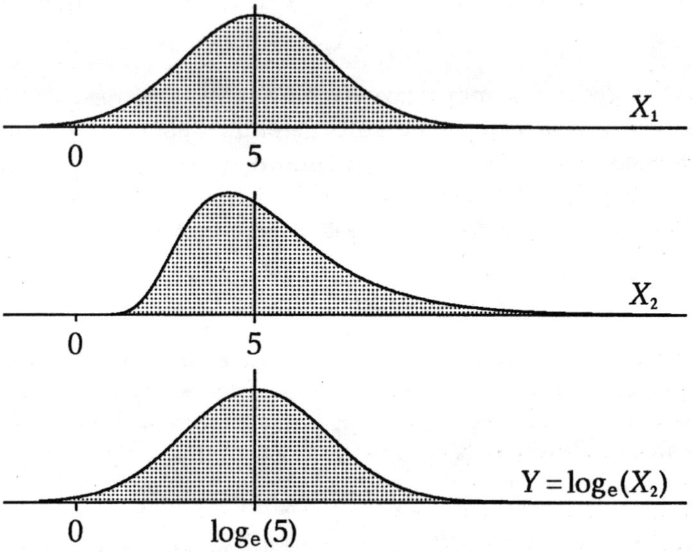


**Figure 14.1.1**
**En haut: la variable $X_1$ suit une distribution normale dont la moyenne arithmétique est 5; au centre: la variable $X_2$ a une distribution lognormale dont la moyenne géométrique est 5; en bas: le logarithme $Y = \log_e(X_2)$ possède une distribution normale dont la moyenne arithmétique est $\log_e(5)$.**

La distribution lognormale permet de profiter du vaste arsenal de méthodes disponibles pour la distribution normale car il suffit de soumettre une variable aléatoire lognormale $X_2$ (figure 14.1.1, au centre) à la transformation logarithmique, $Y = \log_e(X_2)$, pour retrouver une variable normale (figure 14.1.1, en bas). Enfin, une fois que l'analyse statistique de la variable transformée $Y$ a été menée à terme, ses résultats peuvent être réexprimés quant à la variable originale $X_2$ (voir aussi le cas bidimensionnel aux figures 19.8.1 et 30.9.1) à l'aide de la transformation antilogarithmique $X_2 = \exp(Y)$.

## Section 14.2: variation additive et variation multiplicative

On dit que la variation est de nature *additive* dans le cas de la distribution normale (chapitre 5) parce que l'*équation modèle*

$$X_h = \mu_X + e_h, \quad \text{où} \quad e_h \leftarrow \mathcal{N}(0, \sigma_X^2) ,$$

représente l'observation individuelle $X_h$ comme le résultat de la somme de la moyenne arithmétique (paramétrique) $\mu_X$ et d'un écart aléatoire $e_h$ (sections 4.1, 12.4). Comme la distribution normale s'étend théoriquement de $-\infty$ à $+\infty$, on a

$$-\infty < e_h < +\infty \quad \text{et} \quad -\infty < X_h < +\infty.$$

Pour ce qui est de la distribution lognormale, la variation est additive dans le cas du logarithme $Y_h = \log_e(X_h)$ car ce dernier suit la distribution normale et correspond à l'équation modèle

$$Y_h = \mu_Y + e_h, \quad \text{où} \quad e_h \leftarrow \mathcal{N}(0, \sigma_Y^2) ,$$

mais on dit que la variation est de nature *multiplicative* dans le cas de la variable originale $X$ parce que, lorsque l'équation modèle est réexprimée quant à cette dernière, on a

$$X_h = \Gamma_X \exp(e_h) ,$$

où $\Gamma_X = \exp(\mu_Y)$ est la moyenne géométrique (paramétrique) de $X$. La lettre grecque $\Gamma$ (*gamma*) majuscule correspond au $G$ de notre alphabet. La variable lognormale $X_h$ est donc conçue comme résultant du produit de la moyenne géométrique $\Gamma_X$ par un écart aléatoire $\exp(e_h)$ dont la valeur fluctue de part et d'autre de l'unité, car $\exp(0) = 1$, mais n'est jamais négative, car sa valeur minimum est $\exp(-\infty) = 0$. Par conséquent, on a ici

$$-\infty < e_h < +\infty \quad \text{mais} \quad 0 < \exp(e_h) < +\infty \quad \text{et} \quad 0 < X_h < +\infty .$$

Comme nous l'avons déjà dit, les modèles multiplicatifs de variation et la distribution lognormale sont souvent désirables en biologie parce que beaucoup de variables biologiques, comme les dimensions somatiques (corporelles) d'un organisme, la concentration d'une substance dans un organisme, ou le nombre d'organismes dans une population biologique, ne peuvent pas prendre de valeurs inférieures à zéro.

## Section 14.3: dissymétrie positive et hétéroscédasticité

La transformation logarithmique, $Y = \log_e(X)$, permet souvent de faire disparaître la dissymétrie positive au sein d'une population et l'*hétéroscédasticité* (l'inégalité des variances; mot tiré du grec ετερος, *autre* + σκεδαστος, *dispersé;* l'égalité des variances est appelée *homoscédasticité*) parmi plusieurs populations (sections 4.3, 5.1, 9.1 et 12.7); inversement, si une variable $Y$ possède une distribution symétrique et si plusieurs populations ont des variances égales en dépit de leurs différences de moyennes, la transformation antilogarithmique $X = \exp(Y)$ produit généralement une distribution positivement dissymétrique et hétéroscédastique. La distribution lognormale permet donc de reproduire la dissymétrie positive et l'hétéroscédasticité qui sont fréquemment observées en biologie.

Considérons par exemple une population fictive qui suit une distribution lognormale dont la moyenne géométrique $\Gamma_X = 5$ et dont la variance $\sigma_Y^2 = [\log_e(2)/2]^2$ (figure 14.3.1). Dans une distribution normale [comme celle de $Y = \log_e(X)$], on a

$$t_{(0{,}025;\,\infty)} = -1{,}96 \doteq -2 \quad \text{et} \quad t_{(0{,}975;\,\infty)} = +1{,}96 \doteq +2 .$$

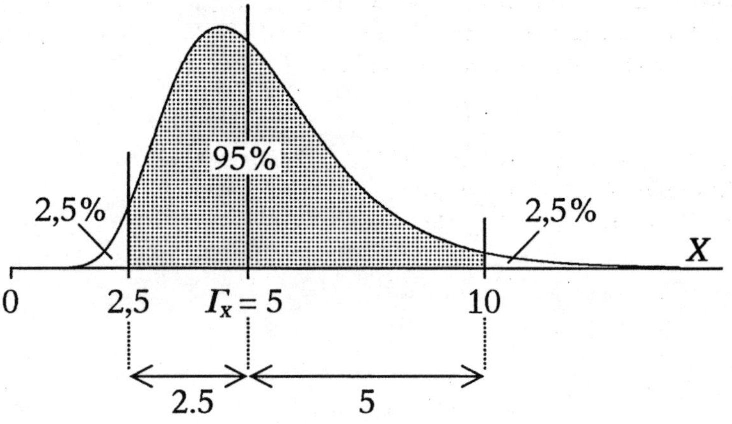


**Figure 14.3.1**
**Dissymétrie positive de l'intervalle bilatéral contenant 95% des observations individuelles dans une distribution lognormale.**

On a donc approximativement 95% des valeurs individuelles de $Y$ dans l'intervalle

$$\mu_Y - 2\sigma_Y < Y < \mu_Y + 2\sigma_Y ,$$

c'est-à-dire

$$\log_e(5) - \log_e(2) < Y < \log_e(5) + \log_e(2) ,$$

et donc approximativement 95% des valeurs individuelles de $X$ dans l'intervalle

$$2{,}5 < X < 10 .$$

On constate que ce dernier intervalle s'étend deux fois plus loin du côté droit $(10-5=5)$ de la moyenne géométrique $\Gamma_X = 5$ que du côté gauche $(5-2{,}5=2{,}5)$, ce qui reflète la dissymétrie positive de la distribution de probabilités de la variable originale $X$ (figure 14.3.1).

Comparons d'autre part (figure 14.3.2, page suivante) la population précédente avec une autre population qui suit elle aussi une distribution lognormale de variance $\sigma_Y^2 = [\log_e(2)/2]^2$, mais dont la moyenne géométrique est 3 fois plus grande ($\Gamma_X = 15$). L'intervalle bilatéral qui contient approximativement 95% des valeurs individuelles de cette seconde population est

$$\log_e(15) - \log_e(2) < Y < \log_e(15) + \log_e(2) ,$$

c'est-à-dire

$$7{,}5 < X < 30 .$$

La largeur de l'intervalle est donc 3 fois plus grande dans le cas de la seconde population $(30-7{,}5=22{,}5)$ que dans celui de la première $(10-2{,}5=7{,}5)$, ce qui reflète l'hétéroscédasticité de la distribution lognormale (figure 14.3.2). Suivant la distribution lognormale, la largeur de l'intervalle qui contient approximativement 95% des observations individuelles sur l'échelle de mesure originale est proportionnelle à la moyenne géométrique $\Gamma_X$, ce qui s'accorde assez bien avec la constance approximative du coefficient de variation qu'on observe généralement en biologie (section 4.9). Cette situation diffère radicalement de celle qui prévaut en théorie dans le cas de la distribution normale, où la variance est indépendante de la moyenne (figures 4.2.1 et 4.5.1).

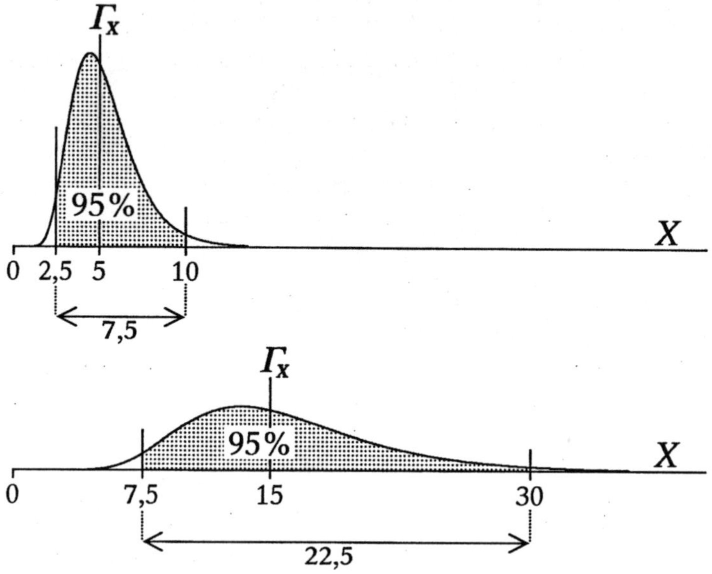


**Figure 14.3.2**
**Hétéroscédasticité de la distribution lognormale: même si deux distributions lognormales ont des écarts-types logarithmiques égaux [ici à $\log_e(2)/2$], la variation est plus grande dans la population dont la moyenne géométrique est la plus forte.**

Lorsqu'on analyse deux ou plusieurs variables simultanément, en plus de faire souvent disparaître la dissymétrie positive et l'hétéroscédasticité, la transformation logarithmique permet occasionnellement de redresser ("linéariser") des relations qui seraient autrement courbées. Cela sera discuté aux chapitres 19, 20 et 22.

## Section 14.4: approximation lognormale de distributions discrètes

La dissymétrie positive et l'hétéroscédasticité sont souvent particulièrement fortes lorsqu'on détermine le nombre d'organismes dans une ou dans plusieurs populations biologiques, mais cette sorte de variable est discrète (discontinue) en principe, car elle peut prendre seulement des valeurs entières, comme 0, 1, 2, 3, ... 99, ...999, ...9999, etc.. La distribution lognormale en soi étant une distribution continue, où la variable $X$ peut prendre des valeurs fractionnaires aussi bien que des valeurs entières, l'utilisation de la distribution lognormale pour analyser des nombres d'organismes constitue donc une approximation.

De plus, tandis que la probabilité qu'une variable lognormale (continue) prenne exactement la valeur zéro est théoriquement nulle, la probabilité qu'une variable discrète non négative prenne la valeur zéro n'est pas négligeable, car la valeur zéro correspond alors à une classe de largeur finie. Lorsqu'on soumet une variable discrète à la transformation logarithmique, il faut donc lui ajouter au préalable une constante positive, afin d'éviter l'apparition éventuelle de la valeur $\log_e(0) = -\infty$, car cette dernière rendrait impossible le calcul de la moyenne et de la variance. La transformation logarithmique d'une variable discrète est donc faite à l'aide de la formule $Y = \log_e(X + a)$, où $a > 0$.

Or, si $Y \leftarrow \mathcal{N}(\mu_Y, \sigma_Y^2)$, $-\infty < Y < +\infty$ et $\exp(-\infty) < (X+a) < \exp(+\infty)$, de sorte que $-a < X < +\infty$. La valeur $a = 1/2$ semble particulièrement opportune car le point $X = -1/2$ peut être interprété comme la limite inférieure d'une classe centrée sur zéro et dont la largeur est égale à l'unité. Plusieurs statisticiens considèrent la constante $a$ comme un troisième paramètre de la distribution lognormale et essaient de l'estimer à partir des données, tandis que d'autres lui attribuent diverses valeurs arbitraires, comme 1/4 , 1/2 , 1,0 , 1,5 , etc., semble-t-il dans le but de modifier le degré de dissymétrie de la distribution lognormale, mais ces modifications de la constante $a$ sont peu efficaces. En outre, l'utilisation de valeurs de $a$ supérieures à 1/2 ferait correspondre une partie de la probabilité totale à des valeurs impossibles de la variable $X$. La transformation $Y = \log_e(X + 1/2)$ est sans doute la plus recommandable. En dépit de son caractère approximatif, l'application de la distribution lognormale à des données sur l'abondance d'organismes donne souvent d'excellents résultats en pratique. Toutefois, dans certains cas, la transformation racine carrée, $Y = \sqrt{X}$, est plus efficace pour stabiliser la variance de nombres d'organismes (section 12.7).

## Section 14.5: la distribution du poids d'hommes adultes est-elle lognormale?

À la fin du chapitre précédent, le calcul des indices de dissymétrie et d'aplatissement des données de Greenwood et Brown (1913) a permis de rejeter l'hypothèse que le poids d'hommes adultes suit la distribution normale. Ces indices ont été recalculés ici pour les données transformées en logarithmes, et les valeurs de $g_1$ et $g_2$ sont clairement plus faibles que dans le cas des données originales. Remarquons toutefois que les valeurs des écarts-types $\sigma_{g_1}$ et $\sigma_{g_2}$ sont inchangées puisqu'elles dépendent uniquement de l'effectif de l'échantillon.

| | | | |
|---|---|---|---|
| dissymétrie | $g_1 = +0{,}397302$ | $\sigma_{g_1} = 0{,}241380$ | $t_1 = +1{,}64596$ |
| aplatissement | $g_2 = +0{,}0979443$ | $\sigma_{g_2} = 0{,}478331$ | $t_2 = +0{,}204762$ |

Les critères $t_1$ et $t_2$, ainsi que le critère combiné $\chi^2_{(2)} = t_1^2 + t_2^2 = 2{,}75112$ tombent tous dans la région d'acceptation ($P > 0{,}05$), et il serait justifiable d'utiliser la distribution lognormale pour analyser les mesures de poids humain publiées par Greenwood et Brown (1913).

## Section 14.6: choix de la base des logarithmes

Au point de vue mathématique, on préfère généralement utiliser des logarithmes naturels, dont la base est le nombre e = 2,718281828459... , parce que cela permet de donner une forme plus simple à plusieurs expressions. Ainsi, la fonction inverse du logarithme naturel $Y = \log_e(X)$ est simplement l'exponentielle de ce logarithme: $X = \exp(Y) = e^Y$. En pratique cependant beaucoup d'utilisateurs sont plus familiers avec les logarithmes décimaux, $Z = \log_{10}(X)$, dont la base est le nombre 10 et dont la fonction inverse est $X = 10^Z$. Lorsque la transformation logarithmique de données statistiques permet de réduire ou d'éliminer la dissymétrie positive et l'hétéroscédasticité, ces avantages sont conservés quelle que soit la base des logarithmes utilisés. En effet, le logarithme naturel d'un nombre $X$ est égal simplement au produit du logarithme décimal de ce nombre $X$ par le logarithme naturel du nombre 10: $\log_e(X) = \log_e(10) \times \log_{10}(X)$ ,

car $$X = e^{\log_e(X)} = 10^{\log_{10}(X)} = [e^{\log_e(10)}]^{\log_{10}(X)} = e^{\log_e(10) \times \log_{10}(X)}.$$

De plus, les valeurs numériques des indices de dissymétrie et d'aplatissement et de leurs erreurs-types (chapitre 13) ne sont pas affectées par le choix de la base des logarithmes.

# Chapitre 15

## Épreuves d'hypothèses au sujet de tableaux de fréquences à l'aide de la distribution de $\chi^2$

### Section 15.1: généralités

Découverte par Karl Pearson (1857-1936) et déjà brièvement discutée au chapitre 7, la distribution de $\chi^2$ (khi-carré) possède de nombreuses applications en statistique. Dans le cas où une variable continue $X$ suit une distribution normale (chapitre 5), la distribution de $\chi^2$ permet d'effectuer des épreuves d'hypothèses ou de construire des intervalles de confiance avec exactitude au sujet de la variance paramétrique $\sigma_X^2$ de la population (chapitre 10). En outre, lorsqu'on désire éprouver l'hypothèse d'égalité des variances intragroupes au cours d'une analyse de variance (chapitre 12), le critère de Bartlett suit la distribution de $\chi^2$ de manière approximative (section 12.7). De plus, lorsqu'on se demande si la distribution d'un ensemble de données possède le même indice de dissymétrie ($\gamma_1 = 0$) et le même indice d'aplatissement ($\gamma_2 = 0$) qu'une distribution normale, la distribution de $\chi^2$ peut servir à éprouver ces deux hypothèses conjointement (section 13.5). Mais l'usage le plus courant de la distribution de $\chi^2$ demeure sans doute son utilisation approximative pour éprouver des hypothèses au sujet de tableaux de fréquences (aussi appelés *tableaux de contingence*).

### Section 15.2: tableaux de fréquences à un critère de classification

Le type le plus simple de tableau de fréquences possède un seul critère de classification (tableaux 15.2.1 et 15.2.2). Prenons pour exemple le nombre de petites crevettes de l'espèce *Mysis mixta* capturées dans le golfe du Saint-Laurent par le zoologiste Pierre Brunel (Jolicoeur et Brunel, 1966) à six dates successives durant l'année 1961 (tableau 15.2.1). Chacune des fréquences absolues observées $F(X_i) = F_i$ représente le résultat d'un même *effort de pêche,* car elle est la somme des nombres d'individus capturés à l'aide de quatre traits de filets à crevettes d'une durée d'une heure chacun (1 filet supérieur et 1 filet inférieur, à 9 heures et à 13 heures). Le milieu échantillonné est relativement uniforme et constant: en effet, le fonds est vaseux, la profondeur ne varie guère qu'entre 110 et 117 mètres, et la température de l'eau s'écarte peu de 0°C durant toute l'année. Dans ces conditions, on pourrait envisager l'hypothèse que la population de *Mysis mixta* ne serait pas affectée par les changements saisonniers et ne changerait pas d'une partie de l'année à l'autre. Selon cette hypothèse, la probabilité $P(X_i)$ que chaque capture ait été effectuée à l'une ou l'autre des six dates considérées est égale à 1/6 = 0,16666667. La fréquence attendue à la $i^{\text{ème}}$ date est alors égale au produit $A_i = NP(X_i)$ de la probabilité $P(X_i)$, qui est une fréquence relative prévue (section 3.2), par la fréquence totale ou effectif $N = 4568$, car la fréquence attendue est une fréquence absolue (section 3.1). L'examen de la cinquième colonne du tableau 15.2.1 et la comparaison des colonnes 2 et 4 montrent que les fréquences observées diffèrent fortement des fréquences prévues selon l'hypothèse. Pearson a montré, il y a environ un siècle, que le critère

$$\sum_{i=1}^{L} (F_i - A_i)^2/A_i = \left[\sum_{i=1}^{L} (F_i^2/A_i)\right] - N$$

suit la distribution de $\chi^2$ de manière approximative (sections 17.12, 29.9). La lettre "$L$" (la première lettre du mot *ligne*) désigne le nombre de catégories observées. Le nombre de degrés de liberté $\nu$ est égal à $(L-1)$ si les probabilités $P(X_1), \dots P(X_i), \dots P(X_L)$ sont obtenues indépendamment des données, comme c'est le cas dans la présente analyse. La perte d'un degré de liberté découle du fait que la somme des fréquences attendues est égale à la somme des fréquences observées,

$$\sum_{i=1}^{L} A_i = \sum_{i=1}^{L} F(X_i) = N .$$

Il s'ensuit que la somme des écarts $\Sigma(F_i - A_i) \equiv 0$ et que ces écarts ne sont pas complètement indépendants les uns des autres puisque l'un d'entre eux peut être exprimé en fonction des autres. Si on examine le critère de Pearson avec attention, on constate qu'il est nul si les fréquences observées concordent parfaitement avec les fréquences attendues, mais que sa valeur numérique est d'autant plus grande que les fréquences observées diffèrent beaucoup des fréquences attendues. L'hypothèse préliminaire $H_0$, suivant laquelle les probabilités des $L$ classes sont $P(X_1), \dots P(X_i), \dots P(X_L)$, doit donc être acceptée si

$$\text{le critère de Pearson} \leq \chi^2_{(1-\alpha;\, \nu)} ,$$

où $\nu = (L-1)$ et $\alpha$ désigne le seuil de signification (section 9.4) utilisé pour conclure. L'hypothèse $H_0$ doit être rejetée dans le cas contraire. Dans le cas des données du tableau 15.2.1,

$$1967{,}124 > \chi^2_{(0{,}9995;\, 5)} = 22{,}105 ,$$

et on doit rejeter l'hypothèse que la population de *Mysis mixta* échantillonnée par Pierre Brunel est constante.

**Tableau 15.2.1**

**Nombres de crevettines de l'espèce *Mysis mixta* capturées à différentes dates dans le golfe du Saint-Laurent à l'aide de filets à crevettes (Jolicoeur et Brunel, 1966).**

| Date (1961) | Fréquence observée $F(X)$ | Probabilité hypothétique $P(X)$ | Fréquence attendue $NP(X)$ | Écart $F(X) - NP(X)$ | Contribution au critère de Pearson |
|---|---|---|---|---|---|
| 25 juillet | 324 | 0,1666667 | 761,333 | – 437,333 | 251,218 |
| 14 août | 1369 | 0,1666667 | 761,333 | 607,667 | 485,016 |
| 25 août | 709 | 0,1666667 | 761,333 | – 52,3333 | 3,597344 |
| 8 septembre | 347 | 0,1666667 | 761,333 | – 414,333 | 225,489 |
| 25 septembre | 1509 | 0,1666667 | 761,333 | 747,667 | 734,245 |
| 12 octobre | 310 | 0,1666667 | 761,333 | – 451,333 | 267,559 |
| Sommes | $N = 4568$ | 1,000000 | 4568 | 0,000 | 1967,124 |

**Tableau 15.2.2**
**Tableau de fréquences à un seul critère de classification.**

| Classe | Fréquence observée $F(X)$ | Probabilité hypothétique $P(X)$ | Fréquence attendue $NP(X)$ | Écart $F(X) - NP(X)$ | Contribution au critère de Pearson |
|---|---|---|---|---|---|
| $X_1$ | $F_1 = F(X_1)$ | $P(X_1)$ | $A_1 = NP(X_1)$ | $F(X_1) - NP(X_1)$ | $[F(X_1) - NP(X_1)]^2/A_1$ |
| ... | ... | ... | ... | ... | ... |
| $X_i$ | $F_i = F(X_i)$ | $P(X_i)$ | $A_i = NP(X_i)$ | $F(X_i) - NP(X_i)$ | $[F(X_i) - NP(X_i)]^2/A_i$ |
| ... | ... | ... | ... | ... | ... |
| $X_L$ | $F_L = F(X_L)$ | $P(X_L)$ | $A_L = NP(X_L)$ | $F(X_L) - NP(X_L)$ | $[F(X_L) - NP(X_L)]^2/A_L$ |
| Sommes | $N$ | 1,0 | $N$ | 0,0 | Critère de Pearson |

La notation utilisée dans un tableau de fréquences à un seul critère de classification est indiquée de manière plus détaillée au tableau 15.2.2. Lorsqu'on classifie un ensemble d'observations en une série de plusieurs classes, on peut souvent désigner par $X_1$, ..., $X_i$, ... etc. les modalités de la variable qualitative (ou la valeur centrale de chaque classe s'il s'agit d'une variable quantitative et si les données sont groupées). Sur chaque ligne du tableau, on inscrit dans des colonnes successives la modalité ou valeur $X_i$ de chaque classe, la fréquence observée $F(X_i)$, ainsi que la probabilité $P(X_i)$ et la fréquence attendue $A_i = NP(X_i)$ qui correspondent à l'hypothèse qu'on doit éprouver. La somme des probabilités est égale à l'unité parce que la série des $L$ classes comprend toutes les possibilités et constitue un *système complet d'événements* (section 3.7). L'une des utilisations les plus courantes des tableaux de fréquences à un critère de classification est l'épreuve de qualité d'ajustement, qui sera discutée plus en détail et dont des exemples numériques seront donnés au chapitre 16.

## Section 15.3: indépendance et association de variables qualitatives

Comme préambule aux tableaux de fréquences à deux critères de classification, qui seront discutés à la section 15.4, nous présentons ici deux exemples afin d'illustrer de manière concrète les notions de probabilités marginale et conditionnelle, d'indépendance et d'association (section 3.9). Bien que les chiffres donnés soient fictifs, ils ont été choisis de façon à bien simuler la réalité biologique. Considérons d'abord une population finie de deux cents personnes (tableau 15.3.1) dont la moitié sont des hommes et la moitié sont des femmes, et dont la moitié ont les cheveux pâles et la moitié ont les cheveux foncés (teinte naturelle). La partie essentielle du tableau comprend les fréquences des *événements composés*: hommes à cheveux pâles (fréquence 50), hommes à cheveux foncés (fréquence 50), femmes à cheveux pâles (fréquence 50), femmes à cheveux foncés (fréquence 50).

**Tableau 15.3.1**
**Variables indépendantes (événements indépendants).**

| | | Teinte des cheveux | | Marge droite |
|---|---|---|---|---|
| | | $Y_1$: pâle | $Y_2$: foncée | |
| Sexe | $X_1$: hommes | 50 | 50 | 100 |
| | $X_2$: femmes | 50 | 50 | 100 |
| Marge inférieure | | 100 | 100 | $N = 200$ |

À cela s'ajoutent les fréquences dites marginales inscrites dans la marge droite et dans la marge inférieure du tableau; chaque fréquence marginale est égale à la somme des fréquences des événements composés situés sur la même ligne ou dans la même colonne: hommes (50+50=100), femmes (50+50=100), individus à cheveux pâles (50+50=100), individus à cheveux foncés (50+50=100). Enfin, la fréquence totale ($N$ = 200) apparaît dans le coin inférieur droit du tableau. Supposons qu'on s'apprête à prélever un individu au hasard dans cette population. La probabilité ordinaire ou marginale de prendre un homme sans tenir compte de la teinte des cheveux est évaluée à partir des fréquences inscrites dans la marge droite du tableau. Comme il y a 100 hommes sur un total de 200 individus, cette probabilité est

$$P(\text{homme}) = 100/200 = 1/2 = 0{,}5 = 50\% .$$

D'autre part, si on tient compte de la teinte des cheveux et si on se limite aux individus dont les cheveux sont foncés, la probabilité conditionnelle de prendre un homme aux cheveux foncés est évaluée à partir des fréquences inscrites dans la seconde colonne du tableau ($Y_2$: foncée) et est égale à

$$P(\text{homme}|\text{cheveux foncés}) = 50/100 = 1/2 = 0{,}5 = 50\% .$$

On constate ici que la probabilité conditionnelle de prendre un homme étant donné que la teinte des cheveux de l'individu prélevé est foncée est égale à la probabilité marginale de prendre un homme sans tenir compte de la teinte des cheveux. Ceci reflète le fait que, dans cette population finie, le sexe et la teinte des cheveux sont des événements indépendants.

**Tableau 15.3.2**
**Variables associées (événements associés).**

| | | Stature | | Marge droite |
|---|---|---|---|---|
| | | $Y_1$: faible | $Y_2$: forte | |
| Sexe | $X_1$: hommes | 25 | 75 | 100 |
| | $X_2$: femmes | 75 | 25 | 100 |
| Marge inférieure | | 100 | 100 | $N$ = 200 |

Considérons maintenant une autre population finie de deux cents personnes (tableau 15.3.2) dont la moitié sont des hommes et la moitié sont des femmes, et dont la moitié sont de stature faible et la moitié sont de stature forte. Cette fois-ci, la probabilité conditionnelle de prendre un homme si la stature de l'individu prélevé est forte,

$$P(\text{homme}|\text{stature forte}) = 75/100 = 3/4 = 0{,}75 = 75\% ,$$

est plus grande que la probabilité marginale de prendre un homme sans tenir compte de la stature,

$$P(\text{homme}) = 100/200 = 1/2 = 0{,}5 = 50\% .$$

Ceci reflète le fait que, dans cette seconde population, il y a une association positive entre le sexe masculin et la stature forte.

Lorsque deux événements sont indépendants, comme le sexe et la teinte des cheveux (tableau 15.3.1), on peut vérifier que les fréquences des événements composés (hommes à cheveux foncés, etc.) sont égales au quotient par la fréquence totale du produit des fréquences marginales correspondantes. Ainsi, la fréquence des hommes à cheveux foncés (50) est égale au quotient par la fréquence totale (200) du produit de la fréquence marginale des hommes (100) par la fréquence marginale des individus à cheveux foncés (100). Cette relation n'est pas présente lorsque deux événements sont associés, comme le sexe et la stature (tableau 15.3.2).

On peut remarquer aussi que, lorsque deux événements sont indépendants (tableau 15.3.1), la série des fréquences des événements composés sur une ligne (ou dans une colonne) du tableau est égale ou proportionnelle à la série des fréquences sur une autre ligne (ou dans une autre colonne). Au contraire, lorsque deux événements sont associés, la série des fréquences des événements composés change de manière non proportionnelle lorsqu'on passe d'une ligne à une autre ou d'une colonne à une autre (tableau 15.3.2). Notons que, dans la présente section, il s'agit d'exemples fictifs où on suppose que des populations finies sont complètement connues, et il n'y a pas lieu de distinguer ici des fréquences observées et des fréquences attendues comme dans le reste du chapitre.

## Section 15.4: tableaux de fréquences à deux critères de classification

L'hypothèse préliminaire qui doit être éprouvée lorsqu'on analyse un tableau de fréquences à deux critères de classification ($X$ et $Y$) est que les deux critères (ou variables) de classification sont indépendants. La fréquence observée de l'événement composé $X_i Y_j$ est désignée par $F(X_i Y_j)$ ou plus simplement par $F_{ij}$ . Comme la présentation des fréquences observées requiert déjà un tableau à double entrée (tableau 15.4.1), comportant $L$ lignes et $C$ colonnes, les fréquences attendues $A_{ij}$ sont représentées dans un tableau distinct (tableau 15.4.2). La lettre $C$ est utilisée pour désigner le nombre de modalités du second critère de classification $Y$ parce que c'est la première lettre du mot *colonne*.

Comme à la section précédente (tableaux 15.3.1 et 15.3.2), chaque fréquence marginale inscrite dans la marge droite est égale à la somme des fréquences des événements composés situés sur la même ligne, tandis que chaque fréquence marginale inscrite dans la marge inférieure est égale à la somme des fréquences des événements composés situés dans la même colonne:

$$F_{i\cdot} = \sum_{j=1}^{C} F_{ij} \quad \text{et} \quad F_{\cdot j} = \sum_{i=1}^{L} F_{ij} \ .$$

Suivant la notation employée ici, comme dans le cas de l'analyse de variance (section 12.2), on remplace par un point l'indice quant auquel la sommation est faite. La fréquence totale $F_{\cdot\cdot}$ est égale à l'effectif $N$ et peut être calculée soit en faisant la somme des fréquences $F_{ij}$ de tous les événements composés du tableau, soit en faisant la somme des fréquences marginales de la marge droite, soit en faisant la somme des fréquences marginales de la marge inférieure:

$$F_{\cdot\cdot} = \sum_{i=1}^{L} \sum_{j=1}^{C} F_{ij} = \sum_{i=1}^{L} F_{i\cdot} = \sum_{j=1}^{C} F_{\cdot j} \ .$$

Pour ce qui est des fréquences attendues selon l'hypothèse d'indépendance (tableau 15.4.2), comme dans le cas des fréquences d'une population finie (section 15.3), chacune d'entre elles est égale au quotient par la fréquence totale du produit des fréquences marginales situées à droite de la ligne et au bas de la colonne où elle se trouve:

$$A_{ij} = F_{i\cdot} F_{\cdot j} / F_{\cdot\cdot} \ .$$

**Tableau 15.4.1**
**Tableau de fréquences à deux critères de classification: fréquences observées.**

| | | Y | | | | | |
|---|---|---|---|---|---|---|---|
| | | $Y_1$ | ... | $Y_j$ | ... | $Y_C$ | |
| X | $X_1$ | $F_{11}$ | ... | $F_{1j}$ | ... | $F_{1C}$ | $F_{1\cdot}$ |
| | ... | ... | ... | ... | ... | ... | ... |
| | $X_i$ | $F_{i1}$ | ... | $F_{ij}$ | ... | $F_{iC}$ | $F_{i\cdot}$ |
| | ... | ... | ... | ... | ... | ... | ... |
| | $X_L$ | $F_{L1}$ | ... | $F_{Lj}$ | ... | $F_{LC}$ | $F_{L\cdot}$ |
| | | $F_{\cdot 1}$ | ... | $F_{\cdot j}$ | ... | $F_{\cdot C}$ | $F_{\cdot\cdot}$ |

Les fréquences marginales du tableau des fréquences attendues (tableau 15.4.2) sont égales à celles du tableau des fréquences observées (tableau 15.4.1) aux erreurs d'arrondissement près. On a donc $L$ relations du type

$$\sum_{j=1}^{C} (F_{ij} - A_{ij}) \equiv 0$$



et $C$ relations du type

$$\sum_{i=1}^{L} (F_{ij} - A_{ij}) \equiv 0$$

et les écarts entre les fréquences observées et les fréquences attendues ne sont pas complètement indépendants les uns des autres. On peut toutefois montrer que ces $(L + C)$ relations ne sont pas toutes indépendantes les unes des autres non plus et qu'on a en fait l'équivalent de $(L + C - 1)$ relations, de sorte que le critère de Pearson,

$$\sum_{i=1}^{L} \sum_{j=1}^{C} (F_{ij} - A_{ij})^2 / A_{ij} = \left[ \sum_{i=1}^{L} \sum_{j=1}^{C} (F_{ij}^2 / A_{ij}) \right] - N,$$

possède ici $LC - (L + C - 1) = (L - 1)(C - 1)$ degrés de liberté.

**Tableau 15.4.2**
**Tableau de fréquences à deux critères de classification: fréquences attendues selon l'hypothèse d'indépendance.**

| | | Y | | | | | |
|---|---|---|---|---|---|---|---|
| | | $Y_1$ | ... | $Y_j$ | ... | $Y_C$ | |
| X | $X_1$ | $A_{11}$ | ... | $A_{1j}$ | ... | $A_{1C}$ | $F_{1\cdot}$ |
| | ... | ... | ... | ... | ... | ... | ... |
| | $X_i$ | $A_{i1}$ | ... | $A_{ij}$ | ... | $A_{iC}$ | $F_{i\cdot}$ |
| | ... | ... | ... | ... | ... | ... | ... |
| | $X_L$ | $A_{L1}$ | ... | $A_{Lj}$ | ... | $A_{LC}$ | $F_{L\cdot}$ |
| | | $F_{\cdot 1}$ | ... | $F_{\cdot j}$ | ... | $F_{\cdot C}$ | $F_{\cdot\cdot}$ |

Comme dans le cas des tableaux de fréquences à un seul critère de classification (section 15.2), le critère de Pearson serait nul si les fréquences observées étaient exactement égales aux fréquences attendues, et la valeur numérique de ce critère est d'autant plus grande que les fréquences observées diffèrent beaucoup des fréquences attendues. L'hypothèse préliminaire $H_0$, selon laquelle les deux critères de classification $X$ et $Y$ sont indépendants l'un de l'autre, doit donc être acceptée si

$$\sum_{i=1}^{L} \sum_{j=1}^{C} (F_{ij} - A_{ij})^2 / A_{ij} \leq \chi^2_{(1-\alpha;\, \nu)} ,$$

où $\nu = (L-1)(C-1)$ et $\alpha$ désigne le seuil de signification. L'hypothèse $H_0$ doit être rejetée si le critère de Pearson est plus grand que $\chi^2_{(1-\alpha;\, \nu)}$.

## Section 15.5: mari et femme se ressemblent-ils quant à la couleur des yeux?

Karl Pearson et Alice Lee (1900) ont étudié des données recueillies antérieurement par Francis Galton sur la coloration des yeux humains. Afin de simplifier la présente analyse et d'éviter la présence de fréquences attendues trop faibles, les types de coloration distingués par Galton ont été regroupés ici dans les classes suivantes:

| Classe | Types de coloration |
|---|---|
| a | bleu pâle, bleu vert, gris moyen |
| b | bleu moyen, bleu foncé |
| c | gris foncé, noisette |
| d | brun pâle, brun moyen |
| e | brun foncé, noir |

Le tableau 15.5.1 donne les fréquences absolues de divers types de combinaisons de colorations observées pour les yeux du mari et de la femme dans 774 couples humains. Les fréquences attendues suivant l'hypothèse d'indépendance, calculées de la manière indiquée à la section 15.4, sont données au tableau 15.5.2. Les colorations des yeux du mari et de la femme tendent à se ressembler de façon perceptible pour les classes "a" (fréquence observée de 105, attendue de 85,1486), "b" (observé 87, attendu 64,3204) et "e" (observé 24, attendu 11,8256), mais moins clairement dans le cas des autres classes.

**Tableau 15.5.1**
**Fréquences observées de divers types de combinaisons de coloration des yeux des conjoints dans 774 couples humains.**

| | | Couleur des yeux du mari | | | | | Marge droite |
|---|---|---|---|---|---|---|---|
| | | a | b | c | d | e | |
| Couleur des yeux de la femme | a | 105 | 69 | 34 | 18 | 19 | 245 |
| | b | 48 | 87 | 26 | 16 | 19 | 196 |
| | c | 39 | 32 | 18 | 16 | 7 | 112 |
| | d | 34 | 38 | 11 | 13 | 12 | 108 |
| | e | 43 | 28 | 9 | 9 | 24 | 113 |
| Marge inférieure | | 269 | 254 | 98 | 72 | 81 | 774 |

**Tableau 15.5.2**
**Fréquences attendues de divers types de combinaisons de coloration des yeux selon l'hypothèse d'indépendance.**

| | | Couleur des yeux du mari | | | | | Marge droite |
|---|---|---|---|---|---|---|---|
| | | a | b | c | d | e | |
| Couleur des yeux de la femme | a | 85,1486 | 80,4005 | 31,0207 | 22,7907 | 25,6395 | 245 |
| | b | 68,1189 | 64,3204 | 24,8165 | 18,2326 | 20,5116 | 196 |
| | c | 38,9251 | 36,7545 | 14,1809 | 10,4186 | 11,7209 | 112 |
| | d | 37,5349 | 35,4419 | 13,6744 | 10,0465 | 11,3023 | 108 |
| | e | 39,2726 | 37,0827 | 14,3075 | 10,5116 | 11,8256 | 113 |
| Marge inférieure | | 269 | 254 | 98 | 72 | 81 | 774 |

Le critère de Pearson est égal à 49,4228 et possède $(L-1)(C-1)=16$ degrés de liberté. On doit donc rejeter l'hypothèse d'indépendance même au seuil $\alpha=0{,}001$ car $\chi^2_{(0{,}999;\,16)}$ $= 39{,}252$, et on conclut qu'il y a une association entre la couleur des yeux du mari et celle des yeux de la femme.

L'interprétation de cette association statistique demande toutefois de la prudence. En effet, même si Pearson et Lee (1900, page 113) ont opiné que les données de Galton indiquent qu'un être humain tend à choisir un conjoint qui lui ressemble, l'apparence d'association montrée par ces données pourrait découler de ce qu'elles provenaient de plusieurs régions différentes et isolées les unes des autres. Si, par exemple, une partie des 774 couples étudiés habitait une région où la majorité de la population avait les yeux de couleur "a", tandis qu'une autre partie habitait une autre région où la majorité de la population avait les yeux de couleur "b", et s'il y avait très peu d'échanges entre ces régions, la ressemblance de la couleur des yeux des conjoints détectée en analysant cet échantillon hétérogène pourrait refléter le fait qu'un habitant d'une région avait de fortes chances de prendre un conjoint provenant de la même région, de la même couche sociale, etc., un phénomène appelé l'*homogamie.* Si on souhaitait vérifier l'influence possible des préférences individuelles (la *sélection sexuelle* en termes génétiques), il faudrait s'assurer que les données analysées seraient d'origine aussi homogène que possible. Cependant, chaque personne incluse dans l'analyse devrait avoir été suffisamment libre de choisir son conjoint parmi plusieurs personnes en tenant compte de diverses caractéristiques par rapport auxquelles ces personnes auraient différé, une condition qui n'est sans doute pas toujours complètement réalisée en pratique.

En médecine et en épidémiologie, on essaie de détecter l'association entre l'apparition d'une maladie et l'existence d'antécédents.

## Section 15.6: conditions de validité

L'approximation du critère de Pearson par la distribution de $\chi^2$ n'est satisfaisante que si les fréquences attendues sont assez grandes. Avant de calculer le critère de Pearson, on recommande de fusionner si nécessaire des classes voisines afin qu'aucune fréquence attendue ne soit inférieure à l'unité et que le pourcentage de fréquences attendues qui sont inférieures à 5 ne dépasse pas 20% (Cochran, 1954). On regroupe donc au besoin des lignes consécutives dans le cas d'un tableau de fréquences à un seul critère de classification (section 15.2) et des lignes ou des colonnes consécutives dans le cas d'un tableau à 2 critères de classification (section 15.4). Lorsque les fréquences sont faibles, la correction de continuité de Yates (1934; voir aussi la section 17.6) peut être recommandable.

# Chapitre 16

## Épreuves de qualité d'ajustement

### Section 16.1: généralités

Les épreuves de qualité d'ajustement (*tests of goodness of fit* en anglais) sont un cas particulier d'épreuves d'hypothèses au sujet de tableaux de fréquences. Une épreuve de qualité d'ajustement sert à vérifier si une variable aléatoire $X$, continue ou discontinue, suit une distribution de probabilités théorique, comme la distribution normale (chapitre 5), la distribution lognormale (chapitre 14), la distribution binomiale (chapitre 17), ou la distribution de Poisson (chapitre 18). Le tableau de fréquences analysé dans une épreuve de qualité d'ajustement possède un seul critère de classification s'il s'agit d'une distribution unidimensionnelle, mais il pourrait posséder 2 ou plusieurs critères de classification s'il s'agissait d'une distribution multidimensionnelle, comme la distribution normale bidimensionnelle (chapitre 19) ou tridimensionnelle (chapitre 23).

### Section 16.2: épreuve de qualité d'ajustement de la distribution normale

Afin de vérifier si la distribution de fréquences d'un échantillon ressemble ou non à la distribution normale, on peut découper l'étendue observée de la variation en une suite de classes de même largeur. Il est souvent commode de placer ces classes de manière telle que leurs limites peuvent être calculées en additionnant à la moyenne $\overline{X}$ un multiple de l'écart-type $S_X$, par exemple $(k/4)\,S_X$ où $k$ est un nombre entier positif ou négatif. On obtient ainsi les limites $-\infty, \ldots, \overline{X}-3\,S_X, \overline{X}-2{,}75\,S_X, \ldots, \overline{X}-0{,}25\,S_X, \overline{X}, \overline{X}+0{,}25\,S_X, \ldots, \overline{X}+2{,}75\,S_X, \overline{X}+3\,S_X, \ldots, +\infty$. Afin d'éviter toute équivoque dans le classement des observations, on devrait garder au moins deux ou trois décimales dans le calcul des limites des classes.

La probabilité qu'une observation individuelle $X$ tombe dans une classe est évaluée en soustrayant la probabilité cumulée de la limite inférieure de celle de la limite supérieure de la classe (section 3.5, figure 3.5.3). Dans le cas de la distribution normale, les probabilités cumulées sont obtenues en consultant la table de la distribution normale réduite à la suite d'écarts réduits $\ldots, -3, -2{,}75, \ldots, -0{,}25, 0, +0{,}25, \ldots, +2{,}75, +3, \ldots$, etc. . La fréquence absolue prévue (*attendue*) pour la $i^{\text{ème}}$ classe de la variable $X$ est égale au produit $NP(X_i) = A_i$ de la probabilité $P(X_i)$ de cette classe par la fréquence totale $N$ (l'effectif). On compare la fréquence absolue observée $F(X_i) = F_i$ et la fréquence absolue prévue $NP(X_i)$ de chaque classe en calculant l'écart $[F(X_i) - NP(X_i)]$. Une valeur positive (ou négative) de l'écart $[F(X_i) - NP(X_i)]$ indique que la fréquence observée est supérieure (ou inférieure) à la fréquence prévue.

L'épreuve de qualité d'ajustement d'une distribution unidimensionnelle est un cas particulier d'analyse d'un tableau de fréquences à un seul critère de classification (section 15.2). Le critère de Pearson est alors égal à l'expression

$$\sum_{i=1}^{L} (F_i - A_i)^2/A_i \;=\; \Big[\sum_{i=1}^{L} (F_i^2/A_i)\Big] - N\,,$$

qui suit la distribution de $\chi^2$ avec $\nu$ degrés de liberté de manière approximative et où $L$ désigne le nombre de classes distinguées dans la variable $X$. Pour que l'approximation de la distribution du critère de Pearson par la distribution de $\chi^2$ soit satisfaisante, il faut toutefois qu'aucune fréquence attendue ne soit inférieure à 1 et que le pourcentage de fréquences attendues qui sont inférieures à 5 ne dépasse pas 20% (section 15.6). On s'assure que les conditions précédentes sont respectées en regroupant au besoin des classes voisines avant de procéder au calcul du critère de Pearson. Dans une distribution symétrique comme la distribution normale, les fréquences attendues les plus faibles sont situées à l'extrême gauche et à l'extrême droite, et ce sont donc les classes les plus basses et les plus élevées qui sont susceptibles d'être fusionnées. Dans le cas de la distribution normale, les estimations $\overline{X}$ et $S_X$ des paramètres $\mu$ et $\sigma$ doivent être obtenues à partir de l'échantillon pour établir les limites des classes, ce qui introduit deux contraintes additionnelles en plus de celle qui est due au fait que les sommes des fréquences observées et attendues sont égales (section 15.2). Le nombre de degrés de liberté du critère de Pearson est donc

$$\nu = (L' - 1 - 2) = (L' - 3) ,$$

où $L'$ désigne le nombre de classes après fusions, et l'hypothèse que la population dont l'échantillon est provenu suit la distribution normale peut être acceptée si

$$\text{le critère de Pearson} \leq \chi^2_{(1-\alpha;\,\nu)} ,$$

où $\alpha$ désigne le seuil de signification (section 9.4) utilisé pour conclure.

Les diverses quantités calculées au cours d'une épreuve de qualité d'ajustement sont habituellement résumées dans un tableau numérique disposé comme le tableau 16.2.1. Au point de vue graphique, d'autre part, on peut mettre en évidence la différence entre la distribution théorique et la distribution observée en représentant les fréquences absolues prévues par un histogramme hachuré ou pointillé à contour mince, auquel on superpose un histogramme clair à contour épais pour représenter les fréquences observées (voir les figures 16.4.1 et 16.4.2).

**Tableau 16.2.1**

**Tableau d'épreuve de qualité d'ajustement d'une distribution unidimensionnelle.**

| Classe | Probabilité hypothétique | Fréquence observée | Fréquence attendue | Écart $[F(X) - NP(X)]$ | Terme de $\chi^2$ |
|---|---|---|---|---|---|
| $X_1$ | $P(X_1)$ | $F_1 = F(X_1)$ | $A_1 = NP(X_1)$ | $(F_1 - A_1)$ | $(F_1 - A_1)^2/A_1$ |
| ... | ... | ... | ... | ... | ... |
| $X_i$ | $P(X_i)$ | $F_i = F(X_i)$ | $A_i = NP(X_i)$ | $(F_i - A_i)$ | $(F_i - A_i)^2/A_i$ |
| ... | ... | ... | ... | ... | ... |
| $X_L$ | $P(X_L)$ | $F_L = F(X_L)$ | $A_L = NP(X_L)$ | $(F_L - A_L)$ | $(F_L - A_L)^2/A_L$ |
| Sommes | 1,0 | $N$ | $N$ | 0,0 | Critère de Pearson |

## Section 16.3: épreuves de qualité d'ajustement d'autres distributions

La qualité d'ajustement de la distribution lognormale (chapitre 14) à un ensemble de données peut être éprouvée de la même façon que celle de la distribution normale (section 16.2), à la condition de soumettre au préalable la variable originale $X$ à la transformation logarithmique $Y = \log_e(X)$ ou $Y = \log_{10}(X)$. Si la distribution normale semble s'accorder bien avec celle de la variable transformée $Y$ mais mal avec celle de la variable brute $X$, on peut penser que cette dernière ($X$) suit la distribution lognormale (voir la section 16.4). Les épreuves de qualité d'ajustement de la distribution binomiale et de la distribution de Poisson seront discutées aux chapitres 17 et 18.

## Section 16.4: le poids d'hommes adultes: distribution normale ou lognormale?

Au cours de chapitres antérieurs, les indices de dissymétrie et d'aplatissement ont indiqué que la distribution de fréquences des mesures de poids d'hommes adultes (en livres; 1 livre = 454 grammes) publiées par Greenwood et Brown (1913) diffère de la distribution normale (section 13.7) mais ressemble à la distribution lognormale (section 14.5). Dans la présente section, nous tentons de vérifier les indications précédentes à l'aide d'épreuves de qualité d'ajustement. Le tableau 16.4.1 résume l'épreuve de qualité d'ajustement de la distribution normale aux mesures de poids non transformées, dont la moyenne $\overline{X} = 128{,}89$ et l'écart-type $S_X = 24{,}4895$ . Les fréquences observées $F(X)$ sont

**Tableau 16.4.1**
**Ajustement de la distribution normale aux mesures de poids non transformées.**

| $X$ en livres (454 g) | $P(X)$ | $F(X)$ | $N\,P(X)$ | $F(X) - N\,P(X)$ | $\chi^2$ |
|---|---|---|---|---|---|
| $-\infty < X \leq 55{,}42$ | 0,00134990 | 0 | 0,134990 | – 1,22245 | 1,22245 |
| $55{,}42 < X \leq 61{,}54$ | 0,00162987 | 0 | 0,162987 | | |
| $61{,}54 < X \leq 67{,}67$ | 0,00322990 | 0 | 0,322990 | | |
| $67{,}67 < X \leq 73{,}79$ | 0,00601481 | 0 | 0,601481 | | |
| $73{,}79 < X \leq 79{,}91$ | 0,0105257 | 0 | 1,05257 | – 4,45827 | 3,64148 |
| $79{,}91 < X \leq 86{,}03$ | 0,0173090 | 1 | 1,73090 | | |
| $86{,}03 < X \leq 92{,}16$ | 0,0267480 | 0 | 2,67480 | | |
| $92{,}16 < X \leq 98{,}28$ | 0,0388426 | 5 | 3,88426 | 0,815195 | 0,0723524 |
| $98{,}28 < X \leq 104{,}40$ | 0,0530055 | 5 | 5,30055 | | |
| $104{,}40 < X \leq 110{,}52$ | 0,0679721 | 16 | 6,79721 | 9,20279 | 12,4597 |
| $110{,}52 < X \leq 116{,}65$ | 0,0819102 | 9 | 8,19102 | 0,808981 | 0,0798986 |
| $116{,}65 < X \leq 122{,}77$ | 0,0927561 | 8 | 9,27561 | – 1,27561 | 0,175427 |
| $122{,}77 < X \leq 128{,}89$ | 0,0987063 | 13 | 9,87063 | 3,12937 | 0,992129 |
| $128{,}89 < X \leq 135{,}01$ | 0,0987063 | 10 | 9,87063 | 0,129367 | 0,00169553 |
| $135{,}01 < X \leq 141{,}14$ | 0,0927561 | 8 | 9,27561 | – 1,27561 | 0,175427 |
| $141{,}14 < X \leq 147{,}26$ | 0,0819102 | 5 | 8,19102 | – 3,19102 | 1,24314 |
| $147{,}26 < X \leq 153{,}38$ | 0,0679721 | 4 | 6,79721 | – 2,79721 | 1,15112 |
| $153{,}38 < X \leq 159{,}50$ | 0,0530055 | 4 | 5,30055 | – 3,18481 | 1,10432 |
| $159{,}50 < X \leq 165{,}62$ | 0,0388426 | 2 | 3,88426 | | |
| $165{,}62 < X \leq 171{,}75$ | 0,0267480 | 4 | 2,67480 | 0,541727 | 0,0537658 |
| $171{,}75 < X \leq 177{,}87$ | 0,0173090 | 2 | 1,73090 | | |
| $177{,}87 < X \leq 183{,}99$ | 0,0105257 | 0 | 1,05257 | | |
| $183{,}99 < X \leq 190{,}11$ | 0,00601481 | 2 | 0,601481 | 2,77755 | 6,31095 |
| $190{,}11 < X \leq 196{,}24$ | 0,00322990 | 1 | 0,322990 | | |
| $196{,}24 < X \leq 202{,}36$ | 0,00162987 | 0 | 0,162987 | | |
| $202{,}36 < X < +\infty$ | 0,00134990 | 1 | 0,134990 | | |
| Sommes | 1,00000000 | 100 | 100,000000 | 0,000000 | 28,6839 |

clairement plus faibles que les fréquences attendues $NP(X)$ pour les 7 premières classes (non fusionnées) du tableau mais clairement plus fortes pour 5 des 7 dernières classes. Le nombre de classes après fusions est $L' = 14$. Le critère de Pearson = 28,6839, possède $(L' - 3) = 11$ degrés de liberté et tombe dans la région de rejet de l'hypothèse de normalité au seuil $\alpha = 0{,}01$, car $\chi^2_{(0,99;\,11)} = 24{,}725$.

Le tableau 16.4.2 résume l'épreuve de qualité d'ajustement de la distribution normale aux mesures de poids transformées en logarithmes. Nous avons utilisé des logarithmes décimaux (de base 10, aussi appelés logarithmes communs) ici comme on le fait souvent

**Tableau 16.4.2**
**Ajustement de la distribution normale aux mesures de poids transformées en logarithmes décimaux.**

| $Y$ | $P(Y)$ | $F(Y)$ | $NP(Y)$ | $F(Y) - NP(Y)$ | $\chi^2$ |
|---|---|---|---|---|---|
| $-\infty < Y \leq 1{,}8657$ | 0,00134990 | 0 | 0,134990 | −0,222447 | 0,0404785 |
| $1{,}8657 < Y \leq 1{,}8855$ | 0,00162987 | 0 | 0,162987 | | |
| $1{,}8855 < Y \leq 1{,}9052$ | 0,00322990 | 1 | 0,322990 | | |
| $1{,}9052 < Y \leq 1{,}9250$ | 0,00601481 | 0 | 0,601481 | | |
| $1{,}9250 < Y \leq 1{,}9448$ | 0,0105257 | 0 | 1,05257 | −1,45827 | 0,389603 |
| $1{,}9448 < Y \leq 1{,}9645$ | 0,0173090 | 0 | 1,73090 | | |
| $1{,}9645 < Y \leq 1{,}9843$ | 0,0267480 | 4 | 2,67480 | | |
| $1{,}9843 < Y \leq 2{,}0041$ | 0,0388426 | 2 | 3,88426 | 2,815195 | 0,862873 |
| $2{,}0041 < Y \leq 2{,}0238$ | 0,0530055 | 10 | 5,30055 | | |
| $2{,}0238 < Y \leq 2{,}0436$ | 0,0679721 | 10 | 6,79721 | 3,20279 | 1,50913 |
| $2{,}0436 < Y \leq 2{,}0634$ | 0,0819102 | 7 | 8,19102 | −1,19102 | 0,173181 |
| $2{,}0634 < Y \leq 2{,}0832$ | 0,0927561 | 8 | 9,27561 | −1,27561 | 0,175427 |
| $2{,}0832 < Y \leq 2{,}1029$ | 0,0987063 | 8 | 9,87063 | −1,87063 | 0,354513 |
| $2{,}1029 < Y \leq 2{,}1227$ | 0,0987063 | 13 | 9,87063 | 3,129367 | 0,992129 |
| $2{,}1227 < Y \leq 2{,}1425$ | 0,0927561 | 11 | 9,27561 | 1,72439 | 0,320573 |
| $2{,}1425 < Y \leq 2{,}1622$ | 0,0819102 | 4 | 8,19102 | −4,19102 | 2,14438 |
| $2{,}1622 < Y \leq 2{,}1820$ | 0,0679721 | 6 | 6,79721 | −0,79721 | 0,0935006 |
| $2{,}1820 < Y \leq 2{,}2018$ | 0,0530055 | 4 | 5,30055 | −2,18481 | 0,519703 |
| $2{,}2018 < Y \leq 2{,}2215$ | 0,0388426 | 3 | 3,88426 | | |
| $2{,}2215 < Y \leq 2{,}2413$ | 0,0267480 | 4 | 2,67480 | 1,541727 | 0,435472 |
| $2{,}2413 < Y \leq 2{,}2611$ | 0,0173090 | 1 | 1,73090 | | |
| $2{,}2611 < Y \leq 2{,}2809$ | 0,0105257 | 2 | 1,05257 | | |
| $2{,}2809 < Y \leq 2{,}3006$ | 0,00601481 | 1 | 0,601481 | 0,77755 | 0,494572 |
| $2{,}3006 < Y \leq 2{,}3204$ | 0,00322990 | 0 | 0,322990 | | |
| $2{,}3204 < Y \leq 2{,}3402$ | 0,00162987 | 1 | 0,162987 | | |
| $2{,}3402 < Y < +\infty$ | 0,00134990 | 0 | 0,134990 | | |
| Sommes | 1,00000000 | 100 | 100,000000 | 0,000000 | 8,50553 |

en pratique lorsqu'on soumet des données à la transformation logarithmique. La moyenne est $\overline{Y}=2{,}10292$ et l'écart-type $S_Y=0{,}0790786$. Le critère de Pearson est beaucoup moindre (8,50553) que dans le cas des données brutes et tombe dans la région d'acceptation de l'hypothèse de normalité même au seuil $\alpha$=0,05, car $\chi^2_{(0{,}95;\,11)}=19{,}675$. Alors que l'hypothèse de normalité doit être rejetée dans le cas de la variable non transformée $X$, elle peut donc être acceptée dans le cas de la variable transformée $Y=\log_{10}(X)$, ce qui permet de conclure que la variable originale $X$ suit la distribution lognormale (voir le chapitre 14).

Il est particulièrement instructif de comparer l'histogramme des fréquences observées à l'histogramme des fréquences prévues avant (figure 16.4.1) et après la transformation logarithmique (figure 16.4.2). On constate que les fréquences observées sont visiblement plus élevées que les fréquences prévues à l'extrémité droite et moins élevées à l'extrémité gauche de la distribution dans le cas du poids du corps $X$, mais pas dans le cas de son logarithme $Y$. La transformation logarithmique semble donc permettre de corriger la dissymétrie positive perceptible dans le cas du poids du corps.

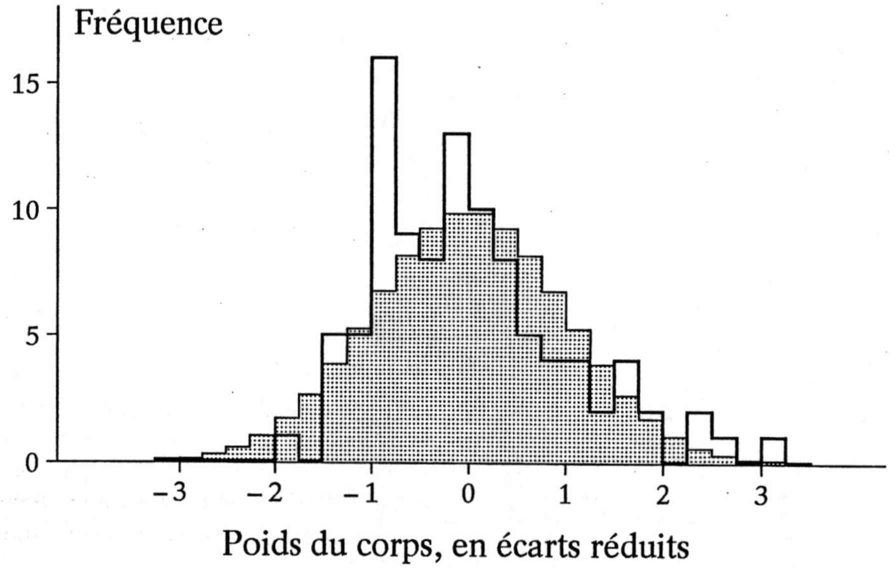


**Figure 16.4.1**
**Comparaison de l'histogramme des fréquences observées (clair, à contour épais) avec celui des fréquences prévues selon la distribution normale (pointillé, à contour mince) dans le cas du poids de 100 hommes adultes décédés à l'Hôpital de Londres (Greenwood et Brown, 1913).**

On peut se demander si la dissymétrie positive de la distribution de fréquences du poids d'êtres humains adultes, mise en évidence ici à partir d'un échantillon relativement restreint ($N=100$) obtenu en milieu hospitalier, est un phénomène général dans les populations humaines. Cette conclusion semble confirmée par diverses autres études, dont l'analyse de très nombreuses données obtenues sur les recrues des forces armées des États-Unis d'Amérique durant la seconde guerre mondiale (Karpinos, 1958).

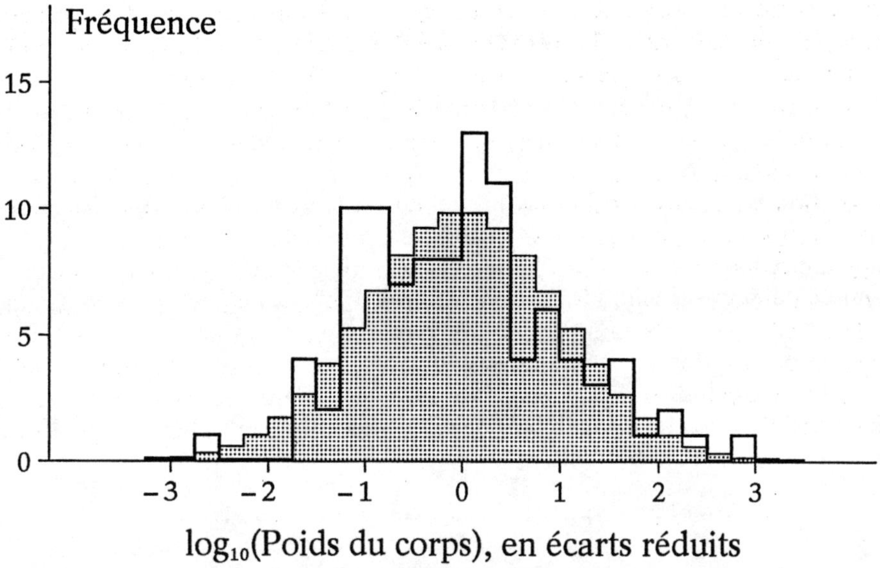


**Figure 16.4.2**
**Comparaison de l'histogramme des fréquences observées (clair, à contour épais) avec celui des fréquences prévues selon la distribution normale (pointillé, à contour mince) dans le cas du logarithme décimal du poids de 100 hommes adultes (Greenwood et Brown, 1913).**

Pour ce qui est de la stature adulte, au contraire, la transformation logarithmique n'est généralement pas indispensable, car la distribution normale s'ajuste souvent de façon acceptable aux données.

Dans le cas de certaines variables, dont la dispersion relative est faible et dont on ne possède pas de grands échantillons, il peut même arriver que l'hypothèse de normalité ne peut être réfutée ni pour la variable originale ni pour son logarithme. La décision d'appliquer la transformation logarithmique peut alors être motivée par d'autres considérations, par exemple par le désir d'éviter l'obtention possible de limites de confiance négatives pour la variable originale ou par celui de *linéariser* des relations exponentielles (section 20.6) ou des relations d'allométrie (section 20.7).

# Chapitre 17
## La distribution binomiale

### Section 17.1: généralités

La distribution binomiale[1] est la distribution de probabilités d'événements composés (section 3.6) qui sont constitués par la réalisation conjointe de $k$ événements simples indépendants (sections 3.9 et 15.3), chaque événement simple pouvant se réaliser de 2 façons complémentaires (section 3.7) dont les probabilités sont $p$ et $q$ respectivement. Comme les deux façons sont complémentaires, on a $(p+q)=1$ dans le cas de chaque événement simple. En outre, comme les événements simples sont indépendants les uns des autres, les probabilités des divers types d'événements composés peuvent être obtenues en additionnant les probabilités des 2 façons et en multipliant les probabilités des $k$ événements simples. On a donc

$$\underbrace{(p+q)\,(p+q)\;\ldots\;(p+q)}_{\substack{1^{\text{er}}\quad 2^{\text{ième}}\;\ldots\; k^{\text{ième}}\\ \text{événements simples}}} \;=\; (p+q)^k \;=\; 1\;.$$

Afin de rendre la discussion de la distribution binomiale plus concrète, nous présentons sans tarder l'exemple de la fréquence relative des enfants de sexe masculin et féminin dans une famille. Chaque événement simple est ici la naissance d'un enfant et, comme les enfants de sexe mal déterminé sont très rares, on peut considérer en pratique que la naissance d'un garçon, dont la probabilité est $p$, et la naissance d'une fille, dont la probabilité est $q$, sont des événements complémentaires, d'où $(p+q)=1$. L'événement composé est l'existence d'une famille de $k$ enfants dont $X$ sont de sexe masculin et $(k-X)$ de sexe féminin. Si on excepte le cas des jumeaux vrais (dits monozygotes), qui sont toujours de même sexe, on pense généralement que le sexe des naissances simultanées ou successives dans une famille est indépendant, de sorte que la probabilité de chaque type de famille peut être déterminée en multipliant chaque terme du binôme $(p+q)$ correspondant à la première naissance par chaque terme du binôme correspondant à la seconde naissance, et ainsi de suite. Étant donné ce qu'on sait du mécanisme de la détermination du sexe, et comme les fréquences relatives des nouveau-nés masculins et féminins sont très voisines, on considère habituellement que $p=q=0{,}5$, mais l'analyse de grands échantillons donne parfois des indications que la probabilité de la naissance d'un garçon diffère légèrement de celle d'une fille. La fréquence relative des enfants des 2 sexes dans une famille constitue un excellent exemple de la distribution binomiale, et nous utiliserons cet exemple au cours du présent chapitre.

### Section 17.2: expansion du binôme $(p+q)^k$

Si on effectue toutes les multiplications sous-entendues dans l'expression $(p+q)^k$, ce qui s'appelle *faire l'expansion de la $k^{\text{ième}}$ puissance du binôme,* et si on regroupe les termes semblables, on obtient une somme de $(k+1)$ termes. Ainsi,

---

[1] L'adjectif binomial(e) est généralement écrit sans accent circonflexe même si le substantif binôme en possède un.

si $k = 2, \quad (p+q)^2 = p^2 + 2pq + q^2,$

si $k = 3, \quad (p+q)^3 = p^3 + 3p^2q + 3pq^2 + q^3,$

si $k = 4, \quad (p+q)^4 = p^4 + 4p^3q + 6p^2q^2 + 4pq^3 + q^4,$

et ainsi de suite. Lorsqu'on examine attentivement les termes obtenus par l'expansion du binôme $(p + q)^4$, par exemple, on constate que, dans le cas de l'exemple du sexe des enfants, chaque terme correspond à un type de famille de $k$ enfants:

le terme $p^4$ est la probabilité d'obtenir une famille comportant 4 garçons et 0 fille, car c'est la probabilité $p$ d'avoir un garçon qui a été prise dans chacun des 4 facteurs du type $(p+q)$;

le terme $4p^3q$ est la probabilité d'obtenir une famille comportant 3 garçons et 1 fille, car la probabilité $p$ d'avoir un garçon a été prise dans 3 facteurs et la probabilité $q$ d'avoir une fille a été prise dans 1 facteur;

le terme $6p^2q^2$ est la probabilité d'obtenir une famille comportant 2 garçons et 2 filles, car la probabilité $p$ a été prise dans 2 facteurs et la probabilité $q$ a été prise dans 2 facteurs;

le terme $4pq^3$ est la probabilité d'obtenir une famille comportant 1 garçon et 3 filles, car la probabilité $p$ a été prise dans 1 facteur et la probabilité $q$ a été prise dans 3 facteurs;

le terme $q^4$ est la probabilité d'obtenir une famille comportant 0 garçon et 4 filles, car c'est la probabilité $q$ d'avoir une fille qui a été prise dans chacun des 4 facteurs.

Comme le nombre total d'enfants dans une famille est égal à l'exposant $k$ du binôme, et comme le nombre de garçons est désigné par $X$, le nombre de filles est forcément égal à $(k-X)$, et chacun des termes de l'expansion peut être obtenu en multipliant l'expression $p^X q^{(k-X)}$ par un *coefficient binomial* dont l'évaluation sera maintenant discutée. Lorsque l'exposant $k$ est un peu plus élevé que ci-dessus, l'expansion directe du binôme serait laborieuse, et on peut déterminer les coefficients des termes successifs à l'aide du triangle de Pascal (tableau 17.2.1). Le triangle de Pascal est construit ligne par ligne en donnant à l'exposant $k$ la valeur des nombres entiers successifs, 1, 2, 3, 4, 5, 6, 7, 8, etc. . Les coefficients situés sur chaque ligne sont intercalés entre ceux de la ligne précédente, chaque coefficient étant égal à la somme des coefficients situés à sa gauche et à sa droite sur la ligne supérieure.

**Tableau 17.2.1**
**Détermination des coefficients binomiaux à l'aide du triangle de Pascal.**

| exposant $k$ | coefficients binomiaux | | | | | | | | | | |
|---|---|---|---|---|---|---|---|---|---|---|---|
| 1 | | | | | 1 | | 1 | | | | |
| 2 | | | | 1 | | 2 | | 1 | | | |
| 3 | | | 1 | | 3 | | 3 | | 1 | | |
| 4 | | 1 | | 4 | | 6 | | 4 | | 1 | |
| 5 | 1 | | 5 | | 10 | | 10 | | 5 | | 1 |
| etc. | | | | | | | | | | | |

Le triangle de Pascal fournit une manière facile de déterminer les coefficients binomiaux lorsque l'exposant $k$ n'est pas trop élevé, mais il serait préférable de pouvoir exprimer ces coefficients de façon algébrique. Ceci est possible si on fait appel aux notions de factorielles et de combinaisons discutées à la section 3.11. En effet, le nombre de fois où les produits du type $p^X q^{(k-X)}$ surviennent lorsqu'on fait l'expansion du binôme est égal au nombre de combinaisons de $k$ objets pris $X$ à la fois, c'est-à-dire à

$$k!/[X!\,(k-X)!\,].$$

Le terme de type général de l'expansion du binôme est donc

$$\{k!/[X!\,(k-X)!\,]\}\, p^X q^{(k-X)},$$

et le lecteur peut s'assurer que chacun des termes successifs des expansions effectuées au début de la présente section peut être reconstitué si on donne à $k$ la valeur convenable et si on fait varier $X$ de 0 à $k$ et $(k-X)$ de $k$ à 0 dans le terme général. Il s'ensuit que la distribution binomiale peut être exprimée comme suit:

$$(p+q)^k = \sum_{X=0}^{k} \{k!/[X!\,(k-X)!\,]\}\, p^X q^{(k-X)} = 1{,}0\,.$$

## Section 17.3: aspect géométrique de la distribution binomiale

L'aspect géométrique de la distribution binomiale diffère suivant la valeur de la probabilité $p$ ou, ce qui revient au même, de $q=(1-p)$, ainsi que selon la valeur de l'exposant $k$. La figure 17.3.1 représente une distribution binomiale dont l'exposant $k=12$ et dont la probabilité $p$ égale 0,9 en haut, 0,5 au centre et 0,1 en bas. Concentrée à droite et négativement dissymétrique lorsque la probabilité $p$ est forte, la distribution binomiale est centrée et symétrique lorsque $p=q=1/2$ et se concentre à gauche et devient positivement dissymétrique lorsque la probabilité $p$ est faible.

L'influence de l'exposant $k$ est illustrée par la figure 17.3.2. Une courbe de densité normale (section 5.2) est superposée à un diagramme en bâtons représentant une distribution binomiale dont la probabilité $p=q=0{,}5$ et dont l'exposant $k=50$. Même si la distribution binomiale demeure discontinue, elle ressemble étroitement à la distribution normale lorsque son exposant est grand, particulièrement si les probabilités $p$ et $q$ sont approximativement égales. La ressemblance croissante de la distribution binomiale à la distribution normale lorsque l'exposant $k$ augmente a été démontrée de manière analytique par le mathématicien français Abraham de Moivre (1667-1754), et c'est la principale raison pour laquelle on utilise souvent la distribution normale comme approximation de la distribution binomiale (section 17.6).

## Section 17.4: moyenne et variance paramétriques de la distribution binomiale

L'exposant $k$ et la probabilité $p$ d'une distribution binomiale théorique sont les paramètres de cette distribution (section 2.2). Toutefois, étant donné l'intérêt des mesures de tendance centrale et de dispersion (chapitre 4), il est utile d'évaluer la moyenne $\mu_X$ et la variance $\sigma_X^2$ paramétriques de la variable binomiale $X$ qui, dans le cas de l'exemple de la fréquence relative des naissances masculines et féminines, désigne le

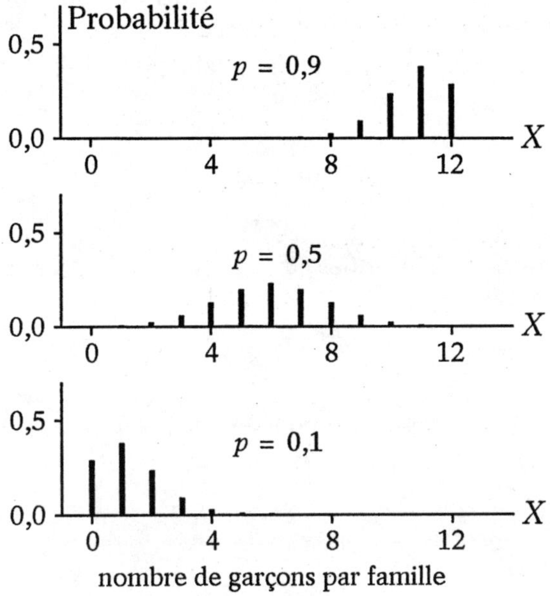


**Figure 17.3.1**
**Aspect géométrique de la distribution binomiale avec exposant $k = 12$ suivant la valeur de la probabilité $p$.**

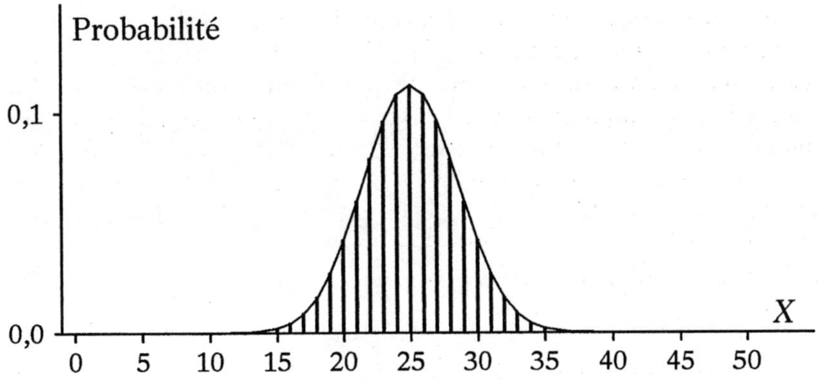


**Figure 17.3.2**
**Ressemblance de la distribution binomiale à la distribution normale lorsque l'exposant $k$ est grand: courbe de densité normale superposée à un diagramme en bâtons représentant une distribution binomiale dont l'exposant $k = 50$ et dont la probabilité $p = 0{,}5$.**

nombre de garçons dans une famille. La façon la plus facile de déterminer la valeur de la moyenne et de la variance paramétriques de la distribution binomiale consiste sans doute à tirer parti du fait que la variable binomiale $X_{(k)}$ dans une distribution d'exposant $k$ peut être exprimée comme la somme de $k$ variables binomiales $X_{(1)}$ dans des distributions d'exposant égal à l'unité:

$$X_{(k)} = \sum_{i=1}^{k} X_{(1)_i} .$$

Dans le cas de la fréquence relative des garçons et des filles, ceci équivaut à considérer une famille de 10 enfants, par exemple, comme la somme de 10 familles successives comportant chacune un seul enfant. La moyenne et la variance paramétriques d'une distribution binomiale dont l'exposant est égal à l'unité sont facilement déterminées à l'aide des définitions données à la section 3.10, si on utilise comme indice de sommation la variable binomiale $X$ elle-même et si on tient compte du fait que cette dernière varie de 0 à $k$:

$$\mu_X = \sum_{X=0}^{k} [X\,P(X)]$$

et

$$\sigma_X^2 = \sum_{X=0}^{k} [(X-\mu_X)^2\,P(X)] = \sum_{X=0}^{k} [X^2 P(X)] - \mu_X^2 .$$

En effet, lorsque l'exposant $k = 1$, la variable binomiale ne prend que deux valeurs successives 0 et 1, auxquelles sont associées les probabilités $q = (1-p)$ et $p$ respectivement. On a donc

$$\mu_{X(1)} = 0 \times (1-p) + 1 \times p = p ,$$

et

$$\sigma_{X(1)}^2 = (0-p)^2\,(1-p) + (1-p)^2\,p = pq .$$

La moyenne $\mu_{X(k)}$ et la variance $\sigma_{X(k)}^2$ d'une distribution binomiale d'exposant $k$ peuvent ensuite être déduites de $\mu_{X(1)}$ et de $\sigma_{X(1)}^2$ si on fait usage de deux propriétés (section 3.10):

$$(1) \quad \mu_{(X\pm Y\pm Z)} = \mu_X \pm \mu_Y \pm \mu_Z , \quad \text{et} \quad (2) \quad \sigma^2_{(X\pm Y\pm Z)} = \sigma_X^2 + \sigma_Y^2 + \sigma_Z^2 ;$$

notons que la seconde de ces deux propriétés demande que les variables $X$, $Y$ et $Z$ soient statistiquement indépendantes.
On a alors

$$\mu_{X(k)} = \sum_{i=1}^{k} \mu_{X(1)i} = k\,\mu_{X(1)} = kp ,$$

et

$$\sigma_{X(k)}^2 = \sum_{i=1}^{k} \sigma_{X(1)i}^2 = k\,\sigma_{X(1)}^2 = kpq .$$

On peut aussi démontrer qu'une distribution binomiale d'exposant $k$ a une moyenne égale à $kp$ et une variance égale à $kpq$ sans faire appel aux deux propriétés utilisées à la page précédente, mais la démonstration est plus laborieuse, et nous n'en indiquons que les grandes lignes. Rappelons que la distribution binomiale peut être exprimée (section 17.2) par l'équation

$$(p+q)^k = \sum_{X=0}^{k} \{k!/[X!\,(k-X)!\,]\}\, p^X q^{(k-X)} = 1{,}0\,.$$

Or chacun des $(k+1)$ termes de la somme ci-dessus est la probabilité $P(X)$ associée à l'une des valeurs successives de la variable binomiale $X_{(k)} = 0, 1, 2, \ldots k$. On peut donc évaluer la moyenne paramétrique à partir de sa définition

$$\mu_X = \sum_{X=0}^{k} [X\,P(X)] = \sum_{X=0}^{k} X\{k!/[X!\,(k-X)!\,]\}\, p^X q^{(k-X)}\,,$$

mais le premier terme de la somme ci-dessus s'annule du fait qu'il contient une valeur de $X$ nulle. On peut alors faire le changement de variable $X' = (X-1)$, la limite supérieure de la nouvelle variable étant $k' = (k-1)$, et montrer que

$$\mu_{X(k)} = kp(p+q)^{k'} = kp \times 1 = kp\,.$$

Dans le cas de la variance, le même changement de variable permet de montrer que

$$\sigma^2_{X(k)} = \sum_{X=0}^{k} [X^2\,P(X)] - \mu^2_{X(k)} = kp[\,k'p + (p+q)^{k'}\,] - k^2p^2 = kp[\,(k-1)p+1] - k^2p^2 = kpq\,.$$

## Section 17.5: épreuves d'hypothèses au sujet de $p$ avec une seule famille

La probabilité $p$ d'une distribution binomiale fait souvent l'objet d'hypothèses. Dans le cas de la fréquence relative des enfants de sexe masculin et féminin (section 17.1), par exemple, étant donné ce qu'on sait du mécanisme de la détermination du sexe, on s'attend théoriquement à ce que $p = 0{,}5$. On peut toutefois se demander si, pour des raisons génétiques ou physiologiques, la probabilité de la naissance d'un garçon ne serait pas plus forte dans certains couples que dans d'autres. On pourrait donc vouloir éprouver l'hypothèse préliminaire $H_0$: $p = p_0 = 0{,}5$. Si on soupçonne que la probabilité de la naissance d'un garçon est plus forte que 1/2 dans une famille particulière, l'hypothèse contraire serait $H_1$: $p = p_1 > p_0$. La figure 17.5.1, à la page suivante, représente deux distributions binomiales d'exposant 10: celle du haut correspond à l'hypothèse préliminaire $H_0$: $p = p_0 = 0{,}5$, tandis que celle du bas correspond à l'hypothèse contraire $H_1$: $p = p_1 > p_0$. Soulignons que, afin d'illustrer clairement la situation, nous avons choisi ici une hypothèse contraire où la probabilité est beaucoup plus forte ($p = 0{,}9$) que tout ce à quoi on pourrait s'attendre dans le cas de la fréquence relative des sexes.

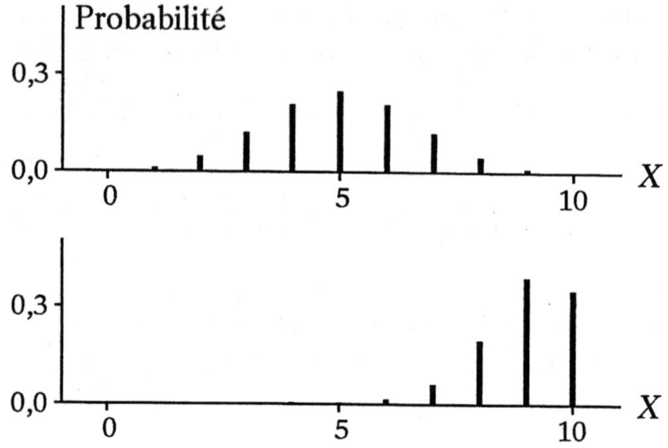


**Figure 17.5.1**
**Distributions binomiales d'exposant $k = 10$ suivant l'hypothèse préliminaire $H_0: p = p_0 = 0{,}5$ (en haut) et suivant l'hypothèse contraire $H_1: p = p_1 > p_0$ (en bas).**

On voit que la probabilité d'avoir une famille de 10 enfants qui seraient tous de sexe masculin est très faible suivant l'hypothèse préliminaire ($p_0^{10} = 0{,}5^{10} = 1/1024$) mais beaucoup plus forte suivant l'hypothèse contraire ($p_1^{10} = 0{,}9^{10} = 0{,}348678$). Si on observe une famille comportant 10 garçons et 0 fille, et si on avait des raisons *a priori* de soupçonner que la probabilité de la naissance d'un garçon était plus forte que 0,5 dans cette famille, on serait donc justifié de rejeter l'hypothèse préliminaire. Soulignons toutefois que l'hypothèse contraire doit être basée sur des raisons indépendantes de l'examen des données parce que, comme nous l'avons déjà noté à la section 9.6, la plupart des méthodes statistiques courantes sont conçues pour éprouver des hypothèses *a priori* et non pas *a posteriori*.

Dans le cas d'une distribution discontinue comme la distribution binomiale, les notions de seuil de signification et de régions d'acceptation et de rejet (sections 9.2 et 9.4) peuvent être utilisées mais elles doivent être nuancées, car les limites des régions d'acceptation et de rejet ne peuvent pas être placées aussi exactement que dans le cas des variables continues. Dans l'hypothèse préliminaire ci-dessus ($k = 10$, $H_0: p = p_0 = 0{,}5$), par exemple, les 3 dernières classes ($X = 8$, 9, 10) possèdent les probabilités $P(8) = 0{,}0439453$, $P(9) = 0{,}0097656$ et $P(10) = 0{,}0009766$. Pour que le seuil de signification soit exactement 0,01, il faudrait donc que la région de rejet, qui est située entièrement à droite, comprenne la classe $X = 10$ plus une partie (mais seulement une partie) de la classe $X = 9$. En effet, si la région de rejet comprenait les 2 classes $X = 9$ et $X = 10$ au complet, le seuil de signification serait un peu plus grand que désiré [$P(9) + P(10) = 0{,}0107422$] tandis que, si la région de rejet comprenait seulement la classe $X = 10$, le seuil de signification serait beaucoup moindre que désiré [$P(10) = 0{,}0009766$]. Cependant, si on plaçait la classe $X = 9$ en partie dans la région de rejet et en partie dans la région d'acceptation, on ne saurait s'il faudrait accepter ou rejeter l'hypothèse préliminaire lorsqu'une observation tomberait dans cette classe. Dans une distribution discontinue, on définit donc habituellement la région d'acceptation en pratique de façon que la probabilité qu'une observation aléatoire y tombe ne soit pas inférieure au complément du seuil de signification selon l'hypothèse préliminaire [$P$(acceptation) $\geq (1-\alpha)$]. Ceci revient à accorder une priorité à l'hypothèse préliminaire.

## Section 17.6: approximation normale et correction de continuité

Nous avons déjà mentionné (section 17.3) que la distribution binomiale ressemble de plus en plus à la distribution normale à mesure que l'exposant $k$ devient grand ($k \to \infty$), particulièrement si $p \doteq q$. En outre, plus $k$ est grand, plus le nombre de termes de la distribution binomiale est considérable et plus l'utilisation de cette distribution est laborieuse. En pratique, lorsque $k$ est grand et $p \doteq q$, il est donc recommandable d'utiliser la distribution normale à la place de la distribution binomiale. C'est ce qu'on appelle *faire l'approximation de la distribution binomiale par la distribution normale.*

L'approximation de la distribution binomiale par la distribution normale peut être améliorée si on effectue ce qu'on appelle la *correction de continuité.* La correction de continuité fut proposée en 1934 par le statisticien britannique Frank Yates dans le cas de l'analyse de données qualitatives à l'aide de la distribution de $\chi^2$. Mais cette correction est également avantageuse dans le cas de l'approximation de la distribution binomiale par la distribution normale. Le but de la correction de continuité est d'établir aussi adéquatement que possible la correspondance entre une distribution discontinue et une distribution continue. Dans la distribution binomiale, la probabilité est concentrée aux valeurs entières mais, si on veut établir la correspondance avec la distribution normale aussi bien que possible, il vaut mieux considérer les valeurs entières comme les points milieux de classes de 1 unité de largeur, et représenter la distribution binomiale par un histogramme de fréquences plutôt qu'un diagramme en bâtons (figure 17.6.1).

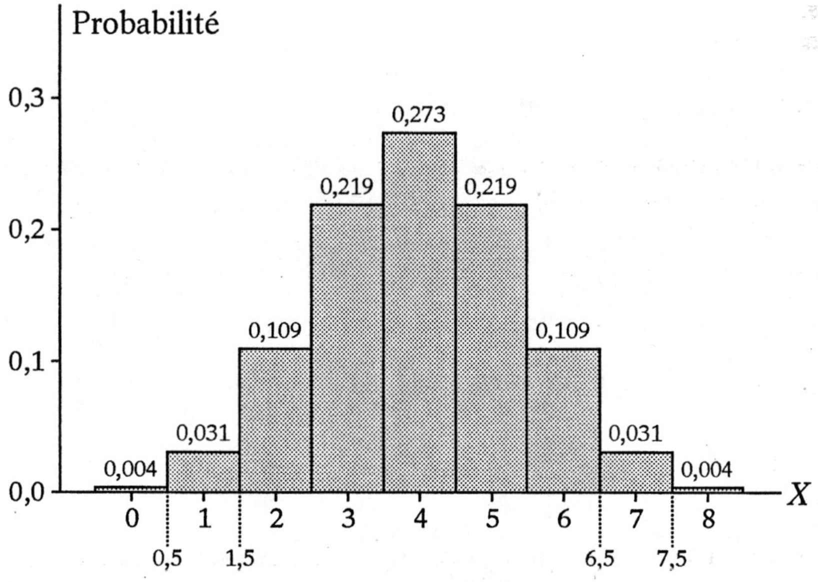


**Figure 17.6.1**
**Interprétation continue d'une distribution binomiale**
**($k = 8$, $p = 0{,}5$, et $\mu = kp = 4$).**

Même si, théoriquement, la variable binomiale $X$ ne peut prendre que des valeurs entières, les limites des classes sont alors interprétées en pratique comme étant fractionnaires. Suivant la nature des questions qu'on se pose, une classe particulière doit être soit incluse au complet soit exclue au complet:

(1) dans un premier exemple, supposons que, dans le cas de la distribution binomiale illustrée à la figure 17.6.1 (page précédente), on veut éprouver l'hypothèse préliminaire $H_0: p = 0,5$ ou, ce qui revient au même, $H_0: \mu = kp = 4$, l'hypothèse contraire étant $H_1: p > 0,5$ ou $H_1: \mu = kp > 4$. L'hypothèse préliminaire est-elle acceptable si l'observation est $X = 7$ ? – Comme on accorde une priorité à l'hypothèse préliminaire (section 17.5), cette dernière sera acceptée si la classe $X = 7$ pénètre (c'est-à-dire si sa limite inférieure $X = 6,5$ est située) dans la région d'acceptation. Avant de consulter une table de la distribution normale, on doit donc prendre comme écart réduit (en notant que $\mu = kp = 4$ et que $\sigma = \sqrt{(kpq)} = \sqrt{2}$ )

$$t = (6,5 - \mu)/\sigma = [(7 - \mu) - 0,5]/\sigma = +[|7 - 4| - 0,5]/\sqrt{2}\ ;$$

on voit ici que $t_{(0,95;\ \infty)} = +1,645 < t = +1,768 < +1,960 = t_{(0,975;\ \infty)}$,

et l'hypothèse préliminaire peut être rejetée au seuil 0,05 mais conservée au seuil 0,025;

(2) dans un second exemple, supposons qu'on veut éprouver l'hypothèse préliminaire $H_0: \mu = kp = 4$, l'hypothèse contraire étant $H_1: \mu = kp < 4$. L'hypothèse préliminaire est-elle acceptable si l'observation est $X = 1$ ? – L'hypothèse préliminaire sera acceptée si la classe observée $X = 1$ (c'est-à-dire si sa limite supérieure $X = 1,5$) pénètre dans la région d'acceptation (figure 17.6.1, page précédente), et on doit prendre comme écart réduit

$$t = (1,5 - \mu)/\sigma = [(1 - \mu) + 0,5]/\sigma = -[|1 - 4| - 0,5]/\sqrt{2}\ ;$$

on voit ici que $t_{(0,025;\ \infty)} = -1,960 < t = -1,768 < -1,645 = t_{(0,05;\ \infty)}$,

et l'hypothèse préliminaire peut être rejetée au seuil 0,05 mais conservée au seuil 0,025.

On voit que, dans le cas des 2 exemples ci-dessus, on doit calculer l'écart réduit à l'aide de la limite la plus centrale de la classe observée, à l'aide de la limite la plus voisine de $\mu$, c'est-à-dire soustraire 0,5 de la valeur absolue $|X - \mu|$ de l'écart, puis redonner à l'écart réduit le signe de $(X - \mu)$:

$$t = [\text{signe de } (X - \mu)] \left[ \frac{|X - \mu| - 0,5}{\sigma} \right] .$$

La fonction "signe de $(X - \mu)$" ou "signe$(X - \mu)$" prend la valeur $-1$, $0$ ou $+1$ selon que l'écart $(X - \mu)$ est $< 0$, $= 0$, ou $> 0$.

À moins que l'exposant $k$ soit un peu plus grand que dans l'exemple précédent (disons $k \geq 10$, ou préférablement $k \geq 20$), une meilleure précision numérique pourrait être obtenue de l'utilisation directe de la distribution binomiale (section 17.5) que de l'approximation normale. Le critère décrit ci-dessus peut aussi être utilisé pour comparer des mesures appariées par l'épreuve des signes discutée à la section 17.11.

## Section 17.7: estimation de la probabilité *p*, de la moyenne, et de la variance

Lorsqu'on possède des observations sur un grand nombre de familles de $k$ enfants plutôt que sur une seule famille, la probabilité $p$, la moyenne $\mu$ et la variance $\sigma^2$ peuvent être estimées à partir des données à l'aide des méthodes de calcul applicables aux données groupées (section 4.7). Cependant, comme nous l'avons fait à la fin de la section 17.2, la variable binomiale $X$ est utilisée ici elle-même comme indice de sommation et varie de 0 à $k$. Les données se présentent alors sous la forme d'un tableau de fréquences à un seul critère de classification. Le tableau 17.7.1 indique le nombre $X$ de garçons par famille dans 53680 familles de 8 enfants. La fréquence $F(X)$ de chaque valeur de $X$ est le nombre de familles de chaque type, c'est-à-dire 215 familles de 0 garçon (et 8 filles), 1485 familles de 1 garçon (et 7 filles), etc. .

**Tableau 17.7.1**
**Nombre *X* de garçons par famille dans des familles de 8 enfants (données de Geissler, 1889).**

| $X$ | $F(X)$ |
|---|---|
| 0 | 215 |
| 1 | 1485 |
| 2 | 5331 |
| 3 | 10649 |
| 4 | 14959 |
| 5 | 11929 |
| 6 | 6678 |
| 7 | 2092 |
| 8 | 342 |
| Fréquence totale (effectif) | 53680 |

Le nombre total de garçons dans les 53680 familles est calculé en multipliant la fréquence $F(X)$ de chaque type de famille par le nombre $X$ de garçons correspondant et en faisant la somme de tous ces produits:

$$\text{Nombre total de garçons} = \sum_{X=0}^{k} [X\,F(X)] = 221023\ ;$$

le nombre moyen $\overline{X}$ de garçons par famille est estimé en divisant le nombre total de garçons par le nombre de familles ($N = \Sigma F(X) = 53680$):

$$\overline{X} = \sum_{X=0}^{k} [X\,F(X)] \,/\, \sum_{X=0}^{k} F(X) = 4{,}117418\ ;$$

l'estimation $\hat{p}$ de la probabilité de la naissance d'un garçon est obtenue en divisant le nombre moyen $\overline{X}$ de garçons par famille par le nombre $k$ d'enfants par famille:

$$\hat{p} = \overline{X}/k = 0{,}514677\ ;$$

on peut donc constater que $\overline{X} = k\hat{p}$, ce qui montre qu'on a une relation du même type entre la moyenne et la probabilité estimées, $\overline{X}$ et $\hat{p}$, qu'entre la moyenne et la probabilité paramétriques, $\mu = kp$.

Enfin, la variance peut elle aussi être estimée à partir des données en divisant la somme centrée par l'équivalent $[\Sigma F(X) - 1]$ du nombre de degrés de liberté:

$$S_X^2 = \sum_{X=0}^{k} [(X-\overline{X})^2 F(X)] \,/\, [\sum_{X=0}^{k} F(X) - 1] = 110979/53679 = 2{,}06745 .$$

## Section 17.8: épreuves d'hypothèses au sujet de *p* avec plusieurs familles

Lorsqu'on possède des données sur de nombreuses familles, comme à la section 17.7, et qu'on veut éprouver une hypothèse au sujet de la probabilité $p$, comme à la section 17.6, on peut également utiliser la distribution binomiale et l'approximation normale, mais en considérant que toutes les familles réunies ensemble constituent une *superfamille* de $Nk$ enfants. La distribution binomiale prend alors la forme

$$(p+q)^{Nk} = 1$$

et possède la moyenne $\mu = Nkp$ et la variance $\sigma^2 = Nkpq$, la variable binomiale étant ici le nombre total de garçons

$$\sum_{X=0}^{k} [X\,F(X)] \;;$$

Comme l'exposant $Nk$ est généralement très grand, l'approximation de la distribution binomiale de la superfamille par la distribution normale est particulièrement satisfaisante. Dans ce cas-ci, la formule de calcul de l'écart réduit obtenue à la fin de la section 17.6 devient

$$t = \text{signe de } [\Sigma[X\,F(X)] - Nkp] \left[ \frac{|[\Sigma[X\,F(X)] - Nkp]| - 0{,}5}{\sqrt{Nkpq}} \right] .$$

Toutefois, si on divise le numérateur et le dénominateur de cet écart réduit par $Nk$, on obtient

$$t = \text{signe de } (\hat{p} - p) \left[ \frac{|\hat{p} - p| - \dfrac{0{,}5}{Nk}}{\sqrt{\dfrac{pq}{Nk}}} \right] ,$$

ce qui montre que, en comparant le nombre total observé de garçons $\Sigma[X\,F(X)]$ avec le nombre total attendu de garçons $Nkp$, on se trouve à comparer la probabilité estimée $\hat{p}$ avec la probabilité hypothétique $p$. En outre, le fait que la correction de continuité 0,5 est divisée par $Nk$ montre que l'importance relative de la correction de continuité diminue à mesure que l'effectif ou fréquence totale $N$ augmente. Dans le cas des données de Geissler (tableau 17.7.1), si on éprouve l'hypothèse $H_0$: $p = 0{,}5$ , on trouve $t = 19{,}235$ ($P < 0{,}001$), de sorte qu'on doit conclure que la probabilité d'avoir un garçon dans une famille de 8 enfants n'est pas exactement 0,5.

## Section 17.9: épreuves de binomialité à l'aide de la variance

Tandis que, en pratique, la variance d'une variable binomiale $X$ peut être estimée directement à partir des données (section 17.7),

$$S_X^2 = \sum_{X=0}^{k} [(X-\overline{X})^2 F(X)]/[\sum_{X=0}^{k} F(X) - 1],$$

en théorie, la variance d'une distribution binomiale est $\sigma_X^2 = kpq$, et il serait donc possible d'estimer ce paramètre d'une seconde manière, par l'intermédiaire de la probabilité estimée $\hat{p}$:

$$\hat{\sigma}_X^2 = k\hat{p}\hat{q} = k\hat{p}(1-\hat{p})\,.$$

Ces deux estimations ne sont pratiquement jamais égales, à cause de la variation d'échantillonnage, mais elles devraient se ressembler si la forme de la distribution observée est vraiment voisine de celle de la distribution binomiale. La comparaison de ces deux estimations de la variance constitue justement la base d'une méthode par laquelle on peut éprouver l'hypothèse que la distribution dont provient l'échantillon est binomiale, c'est-à-dire effectuer une *épreuve de binomialité.*

Rappelons que, dans le cas de la distribution normale, le quotient de la somme des carrés des écarts à la moyenne par la variance paramétrique suit la distribution de $\chi^2$ (chapitres 7 et 10):

$$\sum_{h=1}^{N} (X_h-\overline{X})^2/\sigma_X^2 \leftarrow \chi^2_{(N-1)}\,.$$

Comme la distribution binomiale ressemble à la distribution normale, particulièrement lorsque $p \doteq q$ et $k$ est grand (sections 17.3 et 17.6), on peut éprouver l'hypothèse de binomialité [$H_0$: $\sigma_X^2 = kpq$] de façon approximative à l'aide d'un critère analogue à l'expression précédente:

$$\nu S_X^2 \,/\, \hat{\sigma}_X^2 = \sum_{X=0}^{k} [(X-\overline{X})^2 F(X)] \,/\, k\hat{p}\hat{q} \doteq \chi^2_{(\nu)}\,,$$

Comme c'est le numérateur du critère précédent qui reflète la forme réelle de la distribution observée, la région d'acceptation de $H_0$ est

$$\nu S_X^2 \,/\, \hat{\sigma}_X^2 \leq \chi^2_{(1-\alpha;\,\nu)} \quad \text{si l'hypothèse contraire est } H_1\text{: } \sigma_X^2 > kpq\,,$$

$$\chi^2_{(\alpha;\,\nu)} \leq \nu S_X^2 \,/\, \hat{\sigma}_X^2 \quad \text{si l'hypothèse contraire est } H_1\text{: } \sigma_X^2 < kpq\,,$$

et

$$\chi^2_{(\alpha/2;\,\nu)} \leq \nu S_X^2 \,/\, \hat{\sigma}_X^2 \leq \chi^2_{(1-\alpha/2;\,\nu)} \quad \text{si } H_1\text{: } \sigma_X^2 \neq kpq\,.$$

Si on conclut que $\sigma_X^2 < kpq$, cela indique que les données sont moins dispersées que ce à quoi on s'attendait suivant la distribution binomiale. Les naissances ne sont alors pas indépendantes, et il y a moins de familles que prévu avec beaucoup de garçons ou avec beaucoup de filles. Ceci suggère qu'il y a une tendance à la compensation, à la régulation. Le meurtre des nouveau-nés féminins, pratiqué chez certaines peuplades primitives, pouvait contribuer à régulariser la proportion du nombre de garçons par famille. De nos jours, le fait que certains parents cherchent moins à avoir d'autres enfants lorsqu'ils en ont déjà des 2 sexes peut diminuer la variance du nombre de garçons (ou de filles) dans les familles de 2 ou 3 enfants. En effet, les parents qui ont 2 ou 3 enfants du même sexe cherchent parfois à avoir d'autres enfants pour en avoir au moins un de chaque sexe, et quittent alors la catégorie des familles de 2 ou 3 enfants. En outre, dans les pays où la chose est maintenant légale et peut être obtenue librement, certains parents ont commencé à demander l'avortement lorsque le foetus n'est pas du sexe souhaité ... . Tous ces comportements sont susceptibles de diminuer la variance du nombre de garçons (ou de filles) par famille.

Si on conclut que $\sigma_X^2 > kpq$, cela indique que les données sont plus dispersées qu'elles le seraient suivant la distribution binomiale. Ceci aussi révèle un manque d'indépendance et montre qu'il y a plus de familles que prévu avec beaucoup de garçons ou avec beaucoup de filles. Il y a alors une association positive (section 15.3) entre les naissances du même sexe. Ceci pourrait suggérer que, possiblement pour des raisons génétiques, certains couples tendraient à avoir surtout des garçons et d'autres couples surtout des filles.

Les nombres de degrés de liberté rencontrés au cours d'épreuves de binomialité sont souvent plus considérables que ce qu'on trouve couramment dans les tables de $\chi^2$. On peut alors obtenir les valeurs de $\chi^2$ dont on a besoin avec une précision généralement satisfaisante à l'aide de l'approximation de Wilson et Hilferty (section 7.3).

Dans le cas des données de Geissler (tableau 17.7.1), la variance observée, $S_X^2 = 2{,}06745$, est un peu plus grande que la variance prévue suivant l'hypothèse de binomialité, $\hat{\sigma}_X^2 = k\hat{p}\hat{q} = 1{,}99828$, et le critère de binomialité possède 53679 degrés de liberté et prend la valeur 55537,3. On doit rejeter l'hypothèse que les données de Geissler (1889) suivent la distribution binomiale exactement.

## Section 17.10: épreuves de qualité d'ajustement

En plus de l'épreuve de binomialité discutée à la section 17.9, on peut aussi utiliser l'épreuve de qualité d'ajustement (chapitre 16) pour éprouver l'hypothèse que des données proviennent d'une distribution binomiale. L'épreuve de qualité d'ajustement d'une distribution binomiale est effectuée d'une manière semblable à celle d'une distribution normale (section 16.2), sauf que les classes successives de la variable binomiale $X$ correspondent tout simplement aux nombres entiers 0, 1, 2, ... $k$ et que le nombre maximum de classes est $L = k + 1$. On doit fusionner ici aussi les classes extrêmes lorsque les fréquences absolues prévues correspondantes sont trop faibles, afin de respecter les conditions de validité mentionnées aux sections 15.6 et 16.2, et le nombre de classes après fusion est alors désigné par $L'$ au lieu de $L$. Le nombre de degrés de liberté du critère de Pearson est $(L' - 2)$ si les probabilités des classes successives sont déterminées à l'aide de la probabilité estimée à partir des données, $\hat{p}$. Dans le cas contraire, où la probabilité théorique $p$ est acceptable et peut être utilisée pour évaluer les probabilités des classes successives, alors le nombre de degrés de liberté du critère de Pearson est $(L' - 1)$.

Les résultats fournis par l'épreuve de binomialité et par l'épreuve de qualité d'ajustement ne concordent généralement pas tout à fait parce que l'épreuve de binomialité est surtout sensible à l'intensité de la dispersion, tandis que l'épreuve de qualité d'ajustement reflète la forme générale de la distribution. Tandis que l'épreuve de binomialité peut être utilisée même lorsque les données sont peu nombreuses, l'épreuve de qualité d'ajustement requiert une fréquence totale assez élevée, sinon trop de classes devraient être fusionnées, ce qui résulterait en une perte de sensibilité.

Dans le cas des données de Geissler (tableau 17.7.1), vu le grand nombre d'observations, aucune fusion de classes n'est nécessaire et le critère de Pearson prend la valeur

$$\chi^2_{(L-1)} = \chi^2_{(7)} = 91{,}8731 > 26{,}018 = \chi^2_{(0{,}9995;\,7)} \ ;$$

l'épreuve de qualité d'ajustement confirme donc que la distribution binomiale ne s'accorde pas exactement avec les données de Geissler (1889).

## Section 17.11: une application de la distribution binomiale, l'épreuve des signes

Bien que, tel qu'indiqué dans l'introduction, les méthodes non paramétriques ne soient pas traitées dans le présent manuel, l'*épreuve des signes* (aussi appelée *test des signes,* traduction littérale de l'anglais *sign test*) est brièvement discutée dans cette section à cause de sa simplicité et parce qu'elle constitue un exemple intéressant d'utilisation de la distribution binomiale. La méthode de l'épreuve des signes peut servir à comparer des mesures appariées (voir la section 9.9) sans supposer que les mesures comparées suivent la distribution normale. L'épreuve des signes fait partie des méthodes dites non paramétriques (adjectif traduit de l'anglais *non-parametric,* mais l'adjectif anglais *distribution-free* est plus adéquat). Les méthodes non paramétriques possèdent l'avantage qu'elles ne requièrent pas de supposition précise au sujet de la forme de la distribution de probabilités des variables étudiées, mais elles ont l'inconvénient d'être généralement moins sensibles que les méthodes statistiques classiques (paramétriques).

Lorsqu'on compare des mesures appariées (section 9.9), on fait l'hypothèse préliminaire que les deux mesures $X_A$ et $X_B$ de chaque paire proviennent de populations identiques et la différence $Y=(X_B-X_A)$ a alors la même probabilité d'être positive $(p=0{,}5)$ que d'être négative $(q=0{,}5)$. Toutefois, par suite de la précision numérique limitée avec laquelle les mesures sont prises, il peut arriver que les mesures $X_A$ et $X_B$ de certaines paires soient égales et que la différence $Y$ soit nulle: ces paires de mesures ne fournissent alors pas d'information au sujet du signe de la différence $Y$ et sont exclues de l'épreuve des signes.

Dans le cas des données du tableau 9.9.1, sur la longueur des humérus gauches et droits de squelettes féminins, aucune des différences n'est nulle et $X=9$ des $k=10$ différences observées sont positives. Selon l'hypothèse préliminaire, le nombre $X$ de différences positives possède la distribution binomiale

$$(p+q)^k = (0{,}5+0{,}5)^{10} = 1$$

dont la moyenne est $\mu = kp = 10 \times 0{,}5 = 5$

et dont l'écart-type est $\sigma_X = \sqrt{(kpq)} = \sqrt{(10 \times 0{,}5 \times 0{,}5)} = \sqrt{2{,}5}$ .

On peut donc essayer de voir si la valeur observée $X=9$ est compatible avec l'hypothèse préliminaire à l'aide du critère décrit à la section 17.6:

$$t_{(\infty)} = [\text{signe de } (9-5)] \left[\frac{|9-5|-0{,}5}{\sqrt{2{,}5}}\right] = +2{,}2136 > +1{,}96 = t_{(0{,}975;\,\infty)} \ .$$

Si on pose ici comme à la section 9.9 l'hypothèse contraire que la seconde mesure $X_B$ de chaque paire provient d'une population dont la tendance centrale est plus élevée que celle de la population dont provient la première mesure $X_A$, hypothèse selon laquelle la différence $Y=(X_B-X_A)$ tend à prendre plus souvent des valeurs positives que des valeurs négatives, la région d'acceptation de l'hypothèse préliminaire est

$$t_{(\infty)} \leq t_{(1-\alpha;\,\infty)},$$

et on peut rejeter ici l'hypothèse préliminaire au seuil $\alpha = 0{,}025$ .

On peut remarquer que la différence de longueur des humérus gauches et droits paraît moins fortement significative au point de vue statistique lorsqu'on utilise l'épreuve des signes ($P<0{,}025$) que lorsqu'on utilise la méthode des mesures appariées (section 9.9, $P<0{,}001$). Ceci reflète le fait que, en général, les méthodes non paramétriques sont moins sensibles que les méthodes paramétriques qui leur correspondent.

## Section 17.12: une généralisation, la distribution polynomiale

Lorsque les $k$ événements simples indépendants qui constituent conjointement un événement composé peuvent se réaliser de plus de 2 façons complémentaires, la distribution binomiale est remplacée par la *distribution polynomiale* (aussi appelée *distribution multinomiale*). En palynologie, par exemple, si des grains de pollen de 3 genres de plantes sont présents dans une tourbière, et si les fréquences relatives (probabilités) de ces 3 genres sont $p_1$, $p_2$ et $p_3$ respectivement, et satisfont la condition $p_1+p_2+p_3=1{,}0$, la probabilité de prélever un échantillon de tourbe contenant $k$ grains de pollen dont $X_1$ sont du genre #1, $X_2$ du genre #2 et $X_3$ du genre #3 est

$$\{k!/[X_1!\,X_2!\,X_3!]\}\; p_1^{X_1}\, p_2^{X_2}\, p_3^{X_3}\,,$$

et la distribution de probabilités de tous les types possibles d'échantillons est

$$(p_1+p_2+p_3)^k \;=\; \sum_{X_1=0}^{k}\;\sum_{X_2=0}^{(k-X_1)} \{k!/[X_1!\,X_2!\,X_3!]\}\; p_1^{X_1}\, p_2^{X_2}\, p_3^{X_3} \;=\; 1{,}0\,.$$

La distribution ci-dessus est dite *trinomiale* parce que chaque événement simple peut se réaliser de 3 façons. Il faut noter que la sommation quant à la dernière variable $X_3$ n'est pas nécessaire parce que cette dernière est entièrement déterminée par les variables précédentes: $X_3=(k-X_1-X_2)$. La distribution binomiale est le cas limite de la distribution polynomiale lorsque chaque événement simple ne peut se réaliser que de 2 façons,

$$(p_1+p_2)^k \;=\; \sum_{X_1=0}^{k} \{k!/[X_1!\,X_2!\,]\}\; p_1^{X_1}\, p_2^{X_2} \;=\; 1{,}0\,,$$

comme on peut le constater si on revient à la notation des sections précédentes en effectuant les substitutions $p_1=p$, $p_2=q$, $X_1=X$, et $X_2=(k-X)$. De plus, une distribution polynomiale peut être considérée provisoirement comme une distribution binomiale si les multiples façons dont les $k$ événements simples peuvent se réaliser sont regroupées en 2 classes. On peut montrer de cette manière que chacune des variables $X_i$ d'une distribution polynomiale possède une moyenne égale à $kp_i$ et une variance égale à $kp_i(1-p_i)$, et que la covariance de deux variables polynomiales $X_i$ et $X_j$ est $-kp_ip_j$.

La distribution polynomiale et des distributions apparentées ont été utilisées par Mosimann (1962, 1963) pour analyser les corrélations (chapitre 19) entre les proportions des nombres de grains de pollen provenant de divers genres de plantes dans des relevés palynologiques. Bien que la distribution polynomiale ne soit pas facile à utiliser telle quelle en pratique, elle est importante en théorie parce qu'elle permet de vérifier, après un certain cheminement mathématique, que le critère de Pearson, utilisé dans l'analyse des tableaux de fréquences (chapitres 15 et 16), suit la distribution de $\chi^2$ de manière approximative (section 29.9).

# Chapitre 18
## La distribution de Poisson

### Section 18.1: généralités

La distribution de Poisson est une distribution discontinue qui fut décrite par le mathématicien français Siméon Denis Poisson (1781-1840) dans un livre publié en 1837. La distribution de Poisson peut être considérée comme le cas limite de la distribution binomiale (chapitre 17) lorsque la probabilité $p$ devient de plus en plus petite $(p \to 0)$ mais que l'exposant $k$ devient de plus en plus grand $(k \to \infty)$, de manière telle que leur produit, la moyenne $\mu = kp$, conserve une valeur finie $(0 < \mu = kp < \infty)$. On pourrait donc définir la distribution de Poisson par l'équation suivante:

$$\underset{\substack{k \to \infty,\, p \to 0 \\ 0 < \mu = kp < \infty}}{\text{Limite}} \{(p+q)^k\} = 1 .$$

Nous verrons toutefois dans la suite du présent chapitre qu'il n'est pas nécessaire de faire figurer la probabilité $p$ et l'exposant $k$ explicitement dans la distribution de Poisson, parce que cette dernière peut être exprimée de façon plus simple et en fonction d'un seul paramètre, la moyenne $\mu$. La distribution de Poisson est appropriée lorsqu'on étudie la fréquence d'un événement dont la probabilité est infime mais qui se produit quand même parce qu'il possède un très grand nombre d'occasions de se réaliser. La distribution de Poisson est utilisée dans de nombreux domaines, tant en sciences appliquées qu'en sciences pures. En sciences biologiques, la distribution de Poisson est utile pour étudier la répartition spatio-temporelle des organismes, en écologie, en bactériologie et en épidémiologie, ainsi que l'apparition des phénomènes accidentels, comme les mutations génétiques.

### Section 18.2: un exemple fictif

Supposons qu'on ait une population biologique finie dans laquelle le nombre total d'organismes est $k = 100$ et dont l'aire de distribution, qui est également finie, est partageable en 100 quadrats égaux et semblables. Supposons en outre que chaque organisme a des chances égales de se trouver dans n'importe quel quadrat, et que ces chances ne sont pas affectées par le fait qu'il y ait déjà des organismes ou non dans un quadrat (ceci sous-entend que les organismes n'ont d'interactions ni positives ni négatives). La probabilité qu'un des organismes se trouve dans un des quadrats en particulier est alors $p = 0{,}01$, et le nombre d'organismes $X$ par quadrat peut théoriquement prendre n'importe quelle valeur entière de 0 à 100. La probabilité qu'il y ait $X$ organismes dans un certain quadrat est donnée par les $(k+1) = 101$ termes successifs de l'expansion du binôme

$$(p+q)^k = (0{,}01 + 0{,}99)^{100} = 1 .$$

La moyenne de cette distribution binomiale, qui est sensiblement dissymétrique, est $\mu = kp = 100(0{,}01) = 1$, ce qui signifie qu'il y a en moyenne 1 organisme par quadrat.

Supposons maintenant que l'aire de distribution est mille fois plus grande et comporte 100000 quadrats, de sorte que la probabilité qu'un organisme en particulier soit dans un quadrat est $p = 0{,}00001$. Mais le nombre total d'organismes est lui aussi mille fois plus grand, $k = 100000$, de sorte que le nombre moyen d'organismes par quadrat, la *densité de la population* comme on dit en écologie, est encore 1 organisme par quadrat:

$$kp = 100000(0{,}00001) = 1 .$$

On continue à supposer que la probabilité de la présence d'un organisme dans un quadrat donné est la même, qu'il y ait déjà d'autres organismes dans ce quadrat ou qu'il n'y en ait pas. On suppose donc en particulier que les organismes sont assez petits pour qu'il puisse en entrer 100000 sans difficultés dans un quadrat. Dans ces conditions, le nombre d'organismes $X$ présents dans un quadrat donné peut maintenant varier de 0 à 100000, et la distribution de probabilités de $X$ est

$$(p+q)^k = (0{,}00001 + 0{,}99999)^{100000} = 1 .$$

Cette distribution binomiale comporte $(k+1) = 100001$ termes et son utilisation serait donc excessivement laborieuse. Heureusement, Siméon Denis Poisson a constaté que, lorsque $k \to \infty$ et $p \to 0$ mais $0 < kp < \infty$, la distribution binomiale ressemble de plus en plus à une distribution plus simple dont le nombre de termes est théoriquement infini mais dont il suffit en pratique de considérer un nombre fini de termes.

## Section 18.3: termes de la distribution de Poisson

Dans la présente section, nous chercherons à voir comment le terme de type général de la distribution binomiale (section 17.2),

$$\frac{k!}{X!\,(k-X)!}\, p^X q^{(k-X)} ,$$

peut être simplifié lorsque $k \to \infty$ et $p \to 0$ mais $0 < kp < \infty$, de façon à obtenir une expression plus simple pour la distribution de Poisson. Si nous divisons d'abord $k!$ par $(k-X)!$, si nous multiplions ensuite chacun des $X$ facteurs du numérateur du coefficient binomial par $p$, et si nous remplaçons finalement $q$ par $(1-p)$, nous obtenons

$$\frac{kp(kp-p)\,\ldots\,(kp-pX+p)}{X!} \quad \frac{(1-p)^k}{(1-p)^X} .$$

Mais $\mu = kp$ et $p = \mu/k$, et on a donc

$$\frac{\mu(\mu-p)\,\ldots\,(\mu-pX+p)}{X!} \quad \frac{(1-\mu/k)^k}{(1-p)^X} .$$

Enfin, comme $\lim_{p \to 0} \{ [\mu(\mu-p) \ldots (\mu-pX+p)] \} = \mu^X$,

$$\lim_{p \to 0} \{ (1-p)^X \} = 1^X = 1,$$

et $$\lim_{k \to \infty} \{ (1-\mu/k)^k \} = e^{-\mu},$$

le terme général est $$\frac{\mu^X}{X!\ e^\mu},$$

et la distribution de Poisson peut donc être exprimée par l'équation

$$\underset{\substack{k \to \infty,\, p \to 0 \\ 0<\mu=kp<\infty}}{\text{Limite}} \{ (p+q)^k \} = \sum_{X=0}^{\infty} \frac{\mu^X}{X!\ e^\mu} = 1.$$

Bien que le nombre de termes de la distribution de Poisson soit théoriquement infini, la probabilité est concentrée dans les premiers termes, particulièrement lorsque la moyenne $\mu$ est faible, de sorte qu'on suspend l'évaluation des termes lorsque la somme des termes précédents est déjà suffisamment voisine de l'unité.

## Section 18.4: aspect géométrique de la distribution de Poisson

La distribution de Poisson est fortement dissymétrique lorsque la moyenne $\mu$ est faible (figure 18.4.1, en haut) mais son degré de dissymétrie diminue à mesure que la moyenne augmente (figure 18.4.1, au centre et en bas). L'évaluation du terme de type général (section 18.3) montre que ce dernier est égal à $1/e^\mu$ quand $X=0$ et à $\mu/e^\mu$ quand $X=1$. Le mode de la distribution est donc la classe $X=0$ lorsque $\mu<1$ (figure 18.4.1, en haut) mais est situé plus à droite lorsque $\mu>1$. Les probabilités des classes $X=0$ et $X=1$ sont égales quand $\mu=1$. La distribution de Poisson devient de moins en moins dissymétrique et ressemble de plus en plus à la distribution normale lorsque la moyenne augmente: lorsque $\mu=10$, la dissymétrie est déjà peu perceptible (figure 18.4.1, en bas). Comme la distribution binomiale (sections 17.3 et 17.6), dont elle est un cas limite, la distribution de Poisson sera donc souvent remplacée en pratique par la distribution normale, particulièrement lorsque la moyenne $\mu$ est grande. Toutefois, la distribution lognormale fournit généralement une approximation encore meilleure parce qu'elle est non négative et positivement dissymétrique (section 14.4).

## Section 18.5: moyenne et variance paramétriques de la distribution de Poisson

La moyenne paramétrique de la distribution de Poisson est

$$\underset{\substack{k \to \infty,\, p \to 0 \\ 0<\mu=kp<\infty}}{\text{Limite}} \{kp\} = \mu_X = \mu.$$

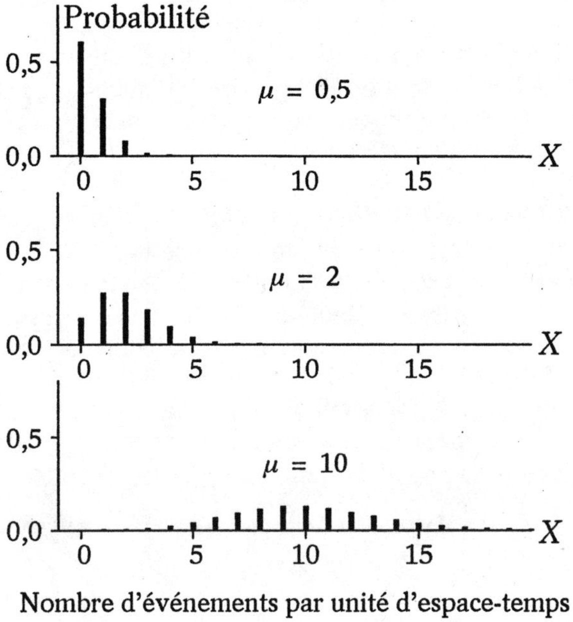


**Figure 18.4.1**
**Aspect géométrique de la distribution de Poisson suivant la valeur de la moyenne $\mu$.**

Pour ce qui est de la variance, comme la variance de la distribution binomiale est $\sigma_X^2 = kpq = kp(1-p)$, la variance de la distribution de Poisson est

$$\sigma_X^2 = \underset{\substack{k \to \infty,\, p \to 0 \\ 0 < \mu = kp < \infty}}{\text{Limite}} \{kp(1-p)\} = \underset{\substack{k \to \infty,\, p \to 0 \\ 0 < \mu = kp < \infty}}{\text{Limite}} \{kp\} \times \underset{\substack{k \to \infty,\, p \to 0 \\ 0 < \mu = kp < \infty}}{\text{Limite}} \{(1-p)\}$$

$$= \mu \times 1 = \mu .$$

La variance et la moyenne de la distribution de Poisson sont donc égales:

$$\sigma_X^2 = \mu .$$

Par comparaison avec la distribution de Poisson, la variance est inférieure à la moyenne dans la distribution binomiale (section 17.4),

$$\sigma_X^2 = kpq = \mu(1-p) < \mu ,$$

et indépendante de la moyenne dans la distribution normale (section 5.3).

## Section 18.6: estimation de la moyenne et de la variance

La moyenne et la variance de la distribution de Poisson sont estimées par la méthode des données groupées (section 4.7) de la même façon que dans le cas de la distribution binomiale (section 17.7). Il faut noter que, lorsque les données suivent vraiment une distribution de Poisson, $\overline{X}$ et $S_X^2$ sont des estimations du même paramètre, $\mu = \sigma_X^2$, mais ces deux estimations diffèrent pratiquement toujours au moins un peu l'une de l'autre à cause de la variation d'échantillonnage.

## Section 18.7: épreuves de poissonienneté[1] (sporadicité)

Lorsque les estimations $\overline{X}$ et $S_X^2$ de la moyenne et de la variance diffèrent beaucoup l'une de l'autre, cela peut suggérer que les données ne suivent pas vraiment une distribution de Poisson. On peut vérifier si l'hypothèse préliminaire $H_0$: $\sigma_X^2 = \mu$ est acceptable en effectuant une *épreuve de poissonienneté* par une méthode analogue à celle que nous avons utilisée pour effectuer l'*épreuve de binomialité* (section 17.9). Comme la distribution de Poisson ressemble à la distribution normale (particulièrement lorsque la moyenne est grande), le quotient de la somme des carrés des écarts par la moyenne observée suit approximativement la distribution de $\chi^2$:

$$\nu S_X^2/\overline{X} = \Sigma[(X-\overline{X})^2 F(X)]/\overline{X} \doteq \chi^2_{(\nu)}, \quad \text{où } \nu = \Sigma F(X) - 1\,.$$

Certains auteurs appellent *indice de dispersion* le rapport $S_X^2/\overline{X}$ (ou plus généralement $S_X^2/\sigma_X^2$). Si on a vraiment une distribution de Poisson, on s'attend à ce que l'indice de dispersion soit voisin de 1. La région d'acceptation de $H_0$ est

$$\nu S_X^2/\overline{X} \leq \chi^2_{(1-\alpha;\,\nu)} \quad \text{si l'hypothèse contraire est } H_1\text{: } \sigma_X^2 > \mu\,,$$

$$\chi^2_{(\alpha;\,\nu)} \leq \nu S_X^2/\overline{X} \quad \text{si l'hypothèse contraire est } H_1\text{: } \sigma_X^2 < \mu\,,$$

et

$$\chi^2_{(\alpha/2;\,\nu)} \leq \nu S_X^2/\overline{X} \leq \chi^2_{(1-\alpha/2;\,\nu)} \quad \text{si } H_1\text{: } \sigma_X^2 \neq \mu\,.$$

Lorsqu'on doit rejeter l'hypothèse préliminaire $H_0$: $\sigma_X^2 = \mu$, il faut conclure que les données ne suivent pas la distribution de Poisson. Ceci peut être dû à diverses raisons, mais il y a une supposition particulièrement importante dans la dérivation de la distribution de Poisson, comme d'ailleurs dans celle de la distribution binomiale: c'est la supposition que les événements simples qui constituent l'événement composé sont indépendants les uns des autres. Si l'hypothèse $H_0$ est invraisemblable, cela suggère, entre autres choses, que les événements simples ne sont pas indépendants les uns des autres. La figure 18.7.1 illustre trois exemples fictifs de répartition spatiale d'organismes dans des quadrats, pour lesquels la distribution de Poisson convient (figure 18.7.1, au centre) ou ne convient pas (figure 18.7.1, en haut et en bas).

Lorsque $\sigma_X^2 < \mu$ (figure 18.7.1, en haut), il y a moins d'observations faibles et d'observations fortes que prévu, et il y a plus d'observations au voisinage de la moyenne. Ceci suggère qu'il y a une association négative entre les événements simples: dans l'exemple de la répartition spatiale d'organismes, quand il y a déjà des organismes dans un

[1] On peut former l'adjectif poissonien (poissonienne) à partir du nom de Siméon Denis Poisson de la même façon que les adjectifs gaussien et hertzien à partir des noms de Gauss et de Hertz. Il s'ensuit que la conformité d'une distribution de probabilités avec la distribution de Poisson peut s'appeler la poissonienneté. Comme la distribution de Poisson s'applique aux phénomènes sporadiques, on pourrait parler aussi de sporadicité.

quadrat, cela diminue la probabilité qu'il y en ait d'autres. Au point de vue écologique, ceci peut être dû à de la *concurrence* (*competition* en anglais): concurrence pour la lumière, l'eau ou les sels minéraux s'il s'agit de plantes, concurrence pour la nourriture ou pour l'espace lui-même (*territorialité*) s'il s'agit d'animaux. On dit d'une répartition où $\sigma_X^2 < \mu$ qu'elle est *régulière.* Dans le cas limite d'une distribution parfaitement régulière (figure 18.7.1, en haut), par suite d'interactions négatives entre les organismes, les distances entre organismes voisins seraient rigoureusement constantes, le nombre d'organismes $X$ par quadrat serait constamment égal à la moyenne et la variance de ce nombre serait nulle: $X = \mu_X$ et $\sigma_X^2 = 0$. Notons que, dans ce cas extrême, le nombre d'organismes par quadrat ne serait plus une variable aléatoire. On trouve un bon exemple de répartition régulière dans une colonie de fous de Bassan, ces gros oiseaux maritimes dont les nids sont éloignés les uns des autres d'une distance approximativement constante parce que les individus de chaque couple empêchent leurs voisins d'approcher jusqu'à la distance qu'ils peuvent atteindre avec leur bec.

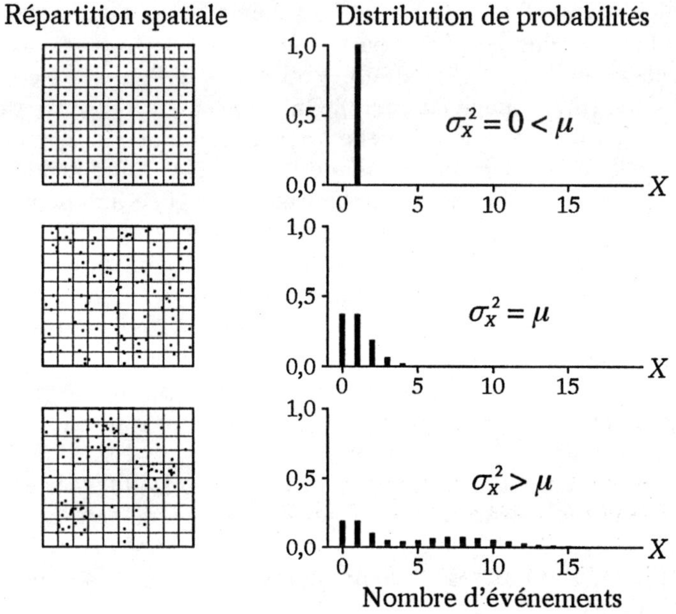


**Figure 18.7.1**
**Exemples de répartitions spatiales correspondant à une distribution régulière (en haut), sporadique ou de Poisson (au centre) et agrégative (en bas).**

Si $\sigma_X^2 > \mu$ , il y a plus d'observations faibles et d'observations fortes que prévu et moins d'observations voisines de la moyenne. Ceci suggère qu'il y a une association positive entre les événements simples: dans le cas de la répartition spatiale d'organismes, s'il y a déjà des organismes dans un quadrat, la probabilité qu'il y ait d'autres organismes est augmentée. En pratique, ceci signifie que les organismes tendent à être présents par groupes, par agrégations, et on dit alors que la distribution est *agrégative* ou *contagieuse* (*clumped* ou *contagious* en anglais). Quand on compte des globules sanguins à l'aide d'un hématimètre, la tendance à l'agglutination risque de résulter en une répartition agrégative qui augmenterait la variance et diminuerait la précision du nombre moyen de globules par case: on combat cette tendance en brassant soigneusement la solution avant l'examen.

Au point de vue écologique, l'agrégativité d'une distribution peut être due ou bien à l'hétérogénéité du milieu ou bien au fait que les organismes tendent réellement à être associés. Lorsqu'on on est intéressé à détecter des associations réelles entre organismes, on doit d'abord vérifier si les apparences d'association ne pourraient pas s'expliquer entièrement par l'hétérogénéité du milieu: si certaines portions du milieu constituent un habitat plus favorable que d'autres, les organismes peuvent y être plus abondants qu'ailleurs même s'ils n'ont aucune tendance à s'associer. Cependant, lorsque l'agrégativité d'une distribution ne semble pas due à l'hétérogénéité du milieu, on peut penser qu'elle résulte d'une tendance réelle à l'association, par exemple la formation de groupements sociaux chez les animaux grégaires ou l'existence d'associations mutuellement ou unilatéralement avantageuses chez les végétaux.

Lorsqu'une répartition spatio-temporelle est fortement agrégative, cela peut aller jusqu'à la bimodalité (figure 18.7.1, en bas) ou même jusqu'à la scission de la distribution en 2 distributions séparées, l'une où le nombre $X$ d'organismes ou d'événements par unité d'espace-temps a des valeurs faibles ou nulles et l'autre où ce nombre a des valeurs fortes (figure 18.7.2, page suivante). On a justement ce genre de situation en épidémiologie dans le cas de ce qu'on appelle les maladies contagieuses: lorsque l'un des membres d'une famille ou d'un groupe d'individus est atteint d'une maladie contagieuse, la production de germes infectieux par l'organisme pathogène augmente la probabilité que d'autres membres de la famille ou du groupe prennent la maladie. On court alors le risque d'avoir un très grand nombre de cas de la maladie en une courte période de temps au sein d'une localité, ce qu'on appelle une *épidémie* chez l'être humain, une *épizootie* chez les animaux et une *épiphytie* chez les plantes. Au contraire, en l'absence de l'organisme pathogène, aucun cas de la maladie n'est présent.

Par opposition aux phénomènes épidémiques dont nous venons de parler, on appelle *sporadique* (du grec σποραδικος, *dispersé;* σπορα, *semence;* σπειρειν, *semer*) le genre de phénomène ou de maladie dont on observe surtout des cas isolés ou peu nombreux, et qui se produit irrégulièrement sans jamais atteindre de fréquences épidémiques. La distribution de Poisson est la distribution de probabilités des phénomènes sporadiques. Il arrive que certains phénomènes, par exemple l'abondance du plancton marin, paraissent avoir une répartition spatio-temporelle sporadique à certains niveaux mais régulière ou agrégative à d'autres niveaux.

## Section 18.8: épreuves de qualité d'ajustement

En plus de l'épreuve de poissoniennité discutée à la section 18.7, on peut aussi utiliser l'épreuve de qualité d'ajustement (chapitre 16) pour éprouver l'hypothèse que des données proviennent d'une distribution de Poisson. L'épreuve de qualité d'ajustement d'une distribution de Poisson est effectuée d'une manière semblable à celle d'une distribution binomiale (section 17.10) sauf que, en biologie, on ne possède pratiquement jamais de valeur hypothétique précise pour la moyenne paramétrique $\mu$ d'une distribution de Poisson. La moyenne estimée $\overline{X}$ est donc pratiquement toujours utilisée pour évaluer les probabilités des classes successives, et le nombre de degrés de liberté du critère de Pearson est $(L' - 2)$, où $L'$ désigne le nombre de classes après fusions.

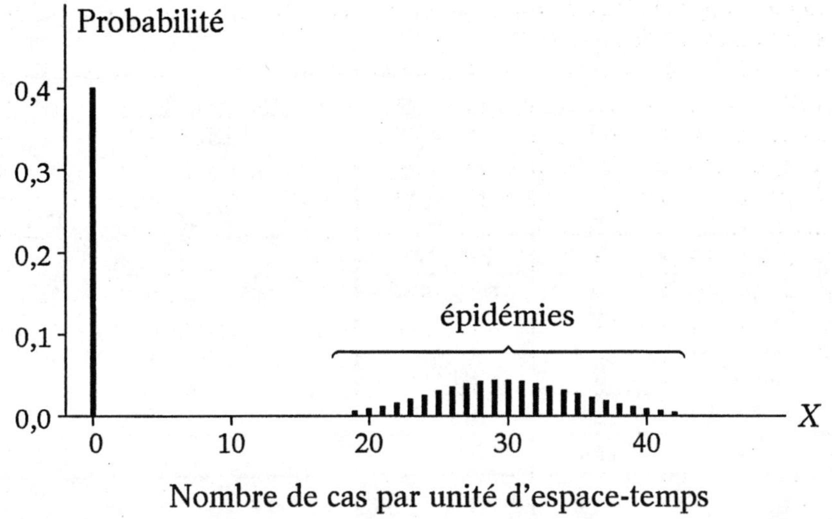


**Figure 18.7.2**
**Scission de la distribution fortement agrégative d'un phénomène épidémique en 2 distributions séparées.**

Les résultats fournis par l'épreuve de poissoniennité et l'épreuve de qualité d'ajustement ne concordent généralement pas tout à fait. Comme l'épreuve de binomialité (section 17.9), l'épreuve de poissoniennité est surtout sensible à l'intensité de la dispersion. Pour ce qui est de l'épreuve de qualité d'ajustement, elle requiert une fréquence totale élevée et des fusions des classes terminales, ce qui peut rendre difficile la détection d'agrégations inconstantes ou peu prononcées.

## Section 18.9: un exemple écologique

Breedlove et Ehrlich (1968) ont étudié les effets de la prédation des larves du lépidoptère *Glaucopsyche lygdamus* sur la légumineuse *Lupinus amplus* dans les Montagnes Rocheuses de l'État du Colorado. Ils ont compté le nombre $X$ d'oeufs pondus sur un échantillon d'inflorescences dont toutes les fleurs étaient encore fermées. Essayons de voir si la distribution de Poisson permet de décrire la distribution de fréquences des données de Breedlove et Ehrlich de manière satisfaisante (tableau 18.9.1, page suivante). L'estimation du nombre moyen d'oeufs par inflorescence est

$$\overline{X} = \Sigma[XF(X)]/\Sigma F(X) = 1{,}112$$

et est utilisée pour estimer la probabilité de chaque valeur de $X$ suivant l'expression

$$\overline{X}^{X}/(X!\ e^{\overline{X}})\ ;$$

afin d'éviter la présence de fréquences prévues $NP(X)$ inférieures à l'unité, les classes $X$= 4, 5, 6, 7, 8 sont fusionnées avant de calculer le critère de Pearson, de sorte que ce dernier possède $(L' - 2) = (5 - 2) = 3$ degrés de liberté ($\chi^2_{(3)} = 8{,}537 > 7{,}8147 = \chi^2_{(0{,}95;\ 3)}$).

**Tableau 18.9.1**
**Ajustement de la distribution de Poisson aux données de Breedlove et Ehrlich (1968).**

| $X$ | $P(X)$ | $F(X)$ | $NP(X)$ | $F(X)-NP(X)$ | $\chi^2$ |
|---|---|---|---|---|---|
| 0 | 0,328901 | 43 | 41,1126 | + 1,88744 | 0,086650 |
| 1 | 0,365737 | 53 | 45,7172 | + 7,28283 | 1,160168 |
| 2 | 0,203350 | 14 | 25,4187 | − 11,4187 | 5,129591 |
| 3 | 0,075375 | 9 | 9,42188 | − 0,421882 | 0,018891 |
| 4 | 0,020954 | 3 | 2,61928 | | |
| 5 | 0,004660 | 1 | 0,582529 | | |
| 6 | 0,000864 | 1 | 0,107962 | 2,6704 | 2,1417 |
| 7 | 0,000137 | 0 | 0,017151 | | |
| 8 | 0,000019 | 1 | 0,002384 | | |
| Sommes | 1 | 125 | 125 | 0 | 8,537 |

L'épreuve de qualité d'ajustement permet tout juste ($P < \alpha = 0{,}05$) de rejeter l'hypothèse que le nombre $X$ d'oeufs pondus par inflorescence suit la distribution de Poisson. On doit toutefois se rappeler que, tel qu'indiqué à la section précédente (18.8), l'épreuve de qualité d'ajustement est peu sensible lorsqu'il est nécessaire de fusionner plusieurs classes terminales comme ici. Par contre, la variance observée $S_X^2 = 1{,}6809$ est clairement plus forte que la moyenne $\overline{X} = 1{,}112$ et, suivant l'épreuve de poissoniennité, on peut rejeter l'hypothèse que les données suivent la distribution de Poisson de manière très concluante ($\chi^2_{(124)} = 187{,}439 > 182{,}445 = \chi^2_{(0{,}9995;\ 124)}$ ; $P < 0{,}0005$).

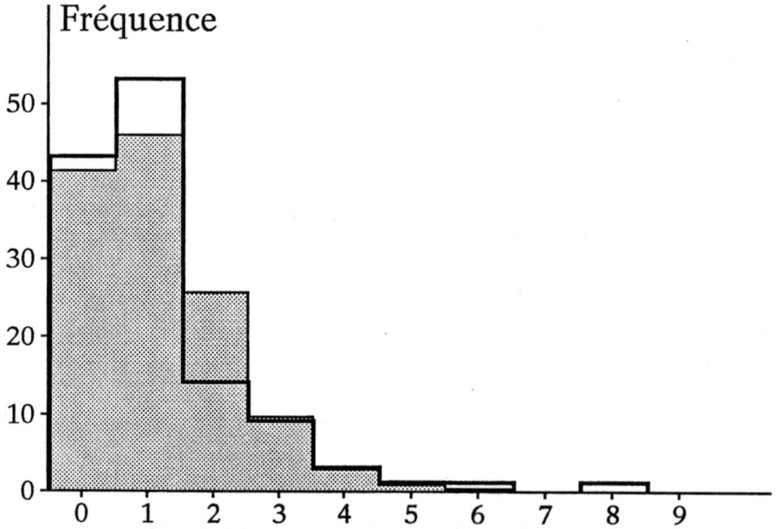


**Figure 18.9.1**
**Histogrammes des fréquences observées (clair, à contour épais) et des fréquences prévues (pointillé, à contour mince) selon la distribution de Poisson pour les données de Breedlove et Ehrlich (1968).**

Les histogrammes des fréquences observées et des fréquences prévues sont représentés à la figure 18.9.1. Remarquons que, si le nombre $X$ d'oeufs pondus par inflorescence suivait une distribution de Poisson de moyenne $\mu = 1{,}112$, la probabilité d'une observation à la valeur $X = 8$ serait très faible ($P = 0{,}000019$). À elle seule, la présence de cette observation suffirait donc à montrer que les données ne sont pas distribuées de façon complètement aléatoire. Les lecteurs qui s'interrogent sur les raisons pour lesquelles certains lépidoptères pondent leurs oeufs par groupes et d'autres de manière isolée voudront peut-être consulter la discussion de Stamp (1980). Pour ce qui est de l'espèce *Glaucopsyche lygdamus,* il semble que les femelles ne pondent pas toutes leurs oeufs de la même façon les unes que les autres.

# Chapitre 19
## La distribution normale bidimensionnelle et le coefficient de corrélation *r*

### Section 19.1: généralités

À l'exception du chapitre 1 et des sections 3.6, 3.9, 3.10, et 15.3 à 15.5, les notions et les méthodes discutées jusqu'ici dans le présent ouvrage concernent l'analyse d'une seule variable aléatoire à la fois. Dans ce chapitre, nous abordons l'étude simultanée de 2 variables. Afin de fournir un exemple aussi concret que possible, la figure 19.1.1 représente le diagramme de dispersion de la longueur $X$ et de la largeur $Y$ du crâne chez 76 mâles (points noirs) et 53 femelles (points blancs) de la martre d'Amérique, les mesures ayant été prises au dixième de millimètre à l'aide d'un pied à coulisse muni d'un vernier (Jolicoeur, 1963b, 1963c). Le fait que les points noirs soient situés majoritairement plus haut et plus à droite que les points blancs dans le diagramme de dispersion semble indiquer que les mâles sont plus gros que les femelles.

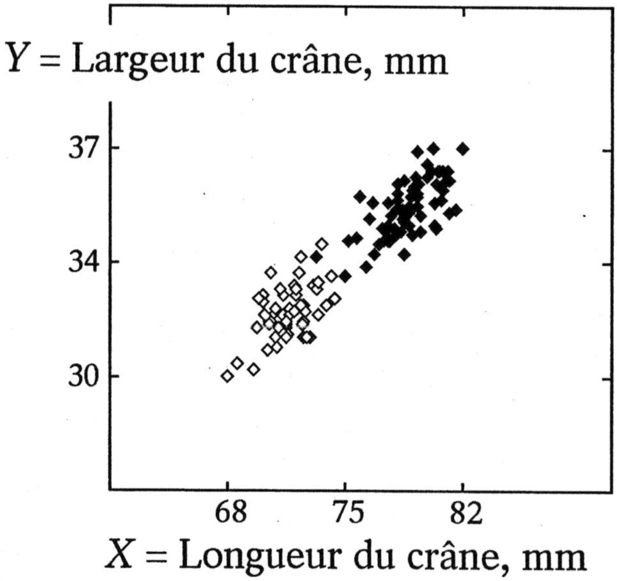


**Figure 19.1.1**
**Diagramme de dispersion de la longueur et de la largeur du crâne de 76 mâles (points noirs) et 53 femelles (points blancs) de la martre d'Amérique, d'après des données obtenues par Jolicoeur (1963b, 1963c).**

Comme les points figuratifs d'un diagramme de dispersion ont tendance à chevaucher lorsqu'ils sont très nombreux, on préfère parfois regrouper des observations comme celles-ci en classes d'étendue supérieure à l'unité de mesure, ce qui résulte en un tableau de fréquences à 2 critères de classification (sections 15.3 à 15.5), appelé aussi un *tableau de corrélation* dans le présent contexte. Lorsqu'on analyse 2 variables aléatoires

*X* et *Y* simultanément, la représentation des 2 variables requiert déjà 2 dimensions, de sorte que la représentation des fréquences ou de la densité de probabilité exige un troisième axe de coordonnées (figures 19.1.2 et 19.2.1). On appelle *stéréogramme de fréquences* la représentation graphique d'un tableau de fréquences à 2 critères de classification (figure 19.1.2). Le stéréogramme de fréquences est une version tridimensionnelle, une généralisation, de l'histogramme de fréquences employé dans l'analyse d'une variable aléatoire unique (figures 3.3.1.b, 3.3.2 et 3.4.1).

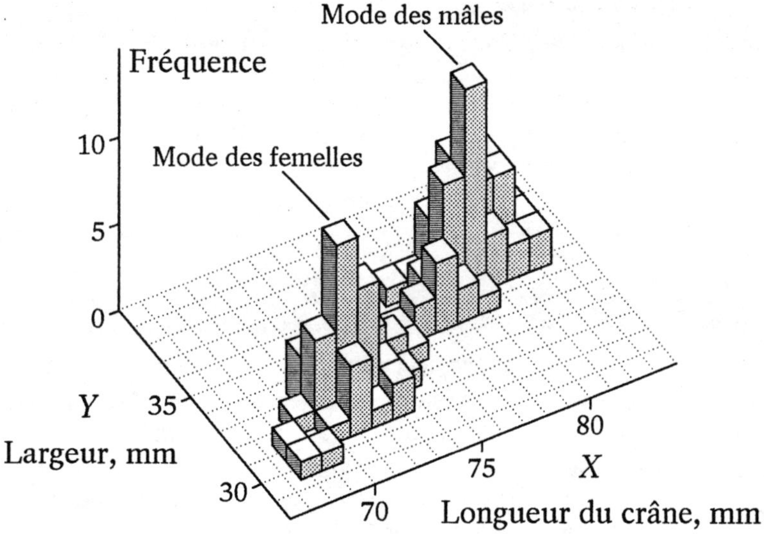


**Figure 19.1.2**
**Stéréogramme de la distribution bidimensionnelle des fréquences de la longueur et de la largeur du crâne de 76 mâles et 53 femelles de la martre d'Amérique, après regroupement des observations en classes de 1 millimètre d'étendue (voir aussi les figures 3.4.1 et 19.1.1).**

Comme l'histogramme des fréquences de la longueur du crâne des martres (figure 3.4.1), le stéréogramme des fréquences de la longueur et de la largeur du crâne révèle clairement la présence de 2 pics, 2 modes dus l'un aux mâles et l'autre aux femelles (figure 19.1.2). Le diagramme de dispersion (figure 19.1.1) et le stéréogramme des fréquences (figure 19.1.2) des dimensions crâniennes de la martre sont particulièrement intéressants parce qu'ils reflètent la présence du dimorphisme sexuel de la taille chez cette espèce de carnivore. Dans une analyse statistique, comme nous l'avons déjà mentionné à la section 3.4, il est toutefois préférable de séparer les données en sous-ensembles aussi homogènes que possible, par exemple en distinguant les mâles des femelles.

Nous considérerons donc un second exemple de données bidimensionnelles ne donnant pas d'indications d'hétérogénéité: le diagramme de dispersion de la concentration en calcium *X*, en µg/ml, et en phosphore *Y*, en centièmes de mg/ml, de spécimens d'urine matinale d'hommes adultes affectés de maigreur (figure 19.1.3, page suivante; données de Brown et Beerstecher, 1951; voir aussi le tableau 19.3.1).

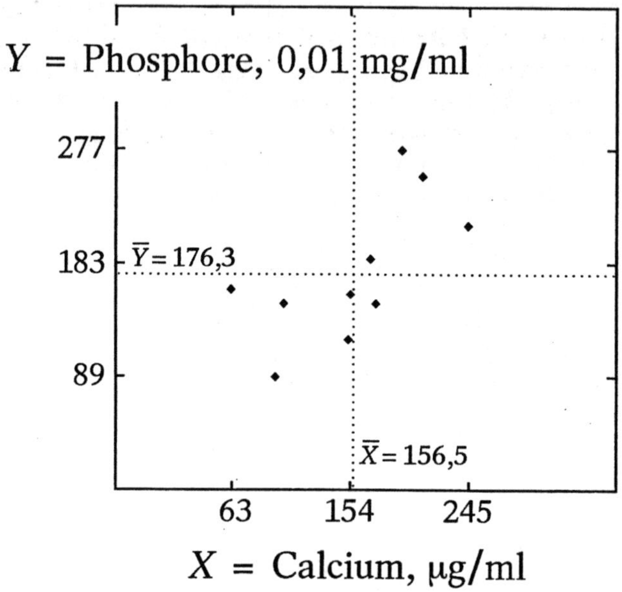


**Figure 19.1.3**
**Diagramme de dispersion de la concentration en calcium (µg/ml) et en phosphore (0,01 mg/ml) de spécimens d'urine matinale d'hommes adultes affectés de maigreur; les concentrations moyennes du calcium ($\overline{X} =$ 156,5) et du phosphore ($\overline{Y} =$ 176,3) sont représentées par des traits pointillés (données de Brown & Beerstecher, 1951).**

Les concentrations moyennes du calcium $\overline{X}$ et du phosphore $\overline{Y}$ ont été représentées par des droites pointillées (figure 19.1.3), et l'examen rapide de ce diagramme de dispersion montre qu'il y a plus de points figuratifs dans les quadrants inférieur gauche et supérieur droit que dans les quadrants supérieur gauche et inférieur droit. Ceci pourrait suggérer qu'il y aurait une relation statistique croissante entre la concentration du calcium et celle du phosphore dans l'urine.

## Section 19.2: la distribution normale bidimensionnelle

Tandis que la distribution normale unidimensionnelle peut être représentée par une courbe dont la forme ressemble à celle d'une cloche aplatie dans l'épaisseur d'une feuille de papier (figures 5.1.1 et 5.2.1), la distribution normale bidimensionnelle peut être représentée par une surface en forme de cloche véritable, suspendue au dessus du plan gradué sur lequel les observations sont dispersées (figure 19.2.1).

La densité de probabilité $f(X_0, Y_0)$, correspondant à une paire possible d'observations $(X_0, Y_0)$, est donnée par l'équation

$$f(X_0, Y_0) = \frac{1}{2\pi\sqrt{(\sigma_X^2\sigma_Y^2 - \sigma_{XY}^2)}}\exp\left\{\frac{-\sigma_X^2\sigma_Y^2}{2(\sigma_X^2\sigma_Y^2 - \sigma_{XY}^2)}\left[\frac{(X_0-\mu_X)^2}{\sigma_X^2} - \frac{2\sigma_{XY}}{\sigma_X\,\sigma_Y}\,\frac{(X_0-\mu_X)(Y_0-\mu_Y)}{\sigma_X\qquad\sigma_Y} + \frac{(Y_0-\mu_Y)^2}{\sigma_Y^2}\right]\right\}.$$

Si on examine l'équation précédente attentivement, on y reconnaît, outre les moyennes $\mu_X$ et $\mu_Y$ et les variances $\sigma_X^2$ et $\sigma_Y^2$ des deux variables, la covariance $\sigma_{XY}$, une quantité déjà mentionnée à la section 3.10 et qu'on rencontre surtout lorsqu'on analyse plus d'une variable à la fois. Les paramètres $\mu_Y$ et $\sigma_Y$, relatifs à la seconde variable $Y$, sont définis par des équations semblables à celles utilisées pour la variable $X$ à la section 5.3.

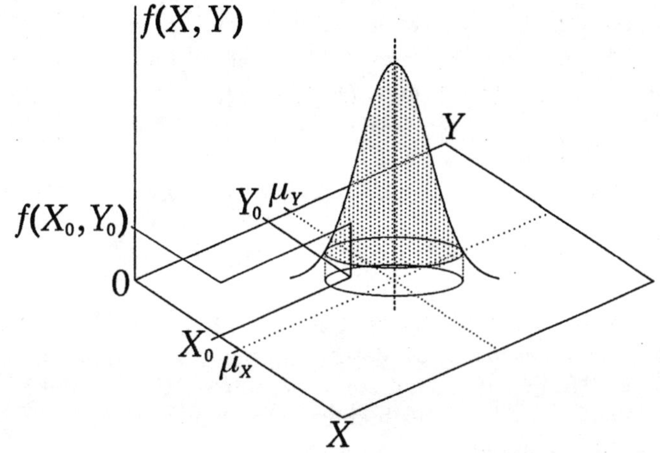


**Figure 19.2.1**
**La surface de densité de probabilité de la distribution normale bidimensionnelle a la forme d'une cloche véritable suspendue dans l'espace à 3 dimensions; la projection sur le plan des variables $X$ et $Y$ d'une courbe de niveau circulaire ou elliptique sur laquelle la densité $f(X, Y)$ est constante s'appelle une *ellipse d'égale densité de probabilité*.**

Pour ce qui est de la covariance paramétrique $\sigma_{XY}$, elle est définie par une expression analogue à celle de la variance sauf qu'elle correspond à la valeur moyenne du produit des écarts des deux variables et elle nécessite une intégrale double au lieu d'une intégrale simple, parce qu'on doit intégrer ici en deux dimensions:

$$\sigma_{XY} = \int_{-\infty}^{+\infty} \int_{-\infty}^{+\infty} (X-\mu_X)(Y-\mu_Y)\, f(X, Y)\, dX\, dY \ .$$

## Section 19.3: calculs statistiques dans le cas de deux variables

En pratique, les moyennes, les variances et les écarts-types des deux variables sont estimés à partir d'un échantillon d'effectif $N$ de la façon expliquée aux sections 4.6 et 4.7; dans le cas de la seconde variable $Y$, il suffit de substituer $Y$ à $X$ dans les formules des tableaux 4.6.1 et 4.7.1. Pour ce qui est de l'estimation $S_{XY}$ de la covariance paramétrique $\sigma_{XY}$, elle est obtenue en divisant la somme des produits des écarts à la moyenne des deux variables, $\Sigma(X-\overline{X})(Y-\overline{Y})$, par le nombre de degrés de liberté $(N-1)$:

$$S_{XY} = \sum_{h=1}^{N} (X_h-\overline{X})(Y_h-\overline{Y})/(N-1) \ .$$

Le tableau 19.3.1 illustre les étapes détaillées du calcul des moyennes et des variances ainsi que de la covariance des deux variables. Tandis que les sommes des carrés des écarts, $\Sigma(X-\overline{X})^2$ et $\Sigma(Y-\overline{Y})^2$, et les variances des deux variables, $S_X^2$ et $S_Y^2$, sont nécessairement positives, la covariance $S_{XY}$ et la somme des produits des écarts, $\Sigma(X-\overline{X})(Y-\overline{Y})$, peuvent être positives, nulles ou négatives suivant que les termes de cette dernière sont surtout positifs, également positifs et négatifs, ou surtout négatifs.

Les sommes des carrés et des produits des écarts, $\Sigma(X-\overline{X})^2$, $\Sigma(Y-\overline{Y})^2$, et $\Sigma(X-\overline{X})(Y-\overline{Y})$, sont appelées *sommes centrées* et peuvent en outre être calculées rapidement à partir des *sommes brutes*, $N$, $\Sigma X$, $\Sigma Y$, $\Sigma X^2$, $\Sigma Y^2$, et $\Sigma XY$, à l'aide des formules suivantes:

$$\Sigma(X-\overline{X})^2 = \Sigma X^2 - (\Sigma X)^2/N\,; \quad \Sigma(Y-\overline{Y})^2 = \Sigma Y^2 - (\Sigma Y)^2/N\,;$$

$$\Sigma(X-\overline{X})(Y-\overline{Y}) = \Sigma XY - (\Sigma X)(\Sigma Y)/N\,.$$

Toutefois, comme cela a été noté aux sections 4.6, 12.3 et 13.6, le calcul des sommes centrées à partir des sommes brutes est parfois imprécis au point de vue numérique, et il est généralement plus sûr de calculer les sommes centrées directement à partir des écarts aux moyennes, ce qui n'est pas sensiblement plus laborieux lorsque les calculs sont effectués à l'aide d'un ordinateur.

**Tableau 19.3.1**
**Calculs détaillés des moyennes, des variances et de la covariance des concentrations $X$ du calcium et $Y$ du phosphore dans l'urine matinale d'hommes adultes affectés de maigreur (données de Brown & Beerstecher, 1951).**

| $X$ | $(X-\overline{X})$ | $(X-\overline{X})^2$ | $(X-\overline{X})(Y-\overline{Y})$ | $(Y-\overline{Y})^2$ | $(Y-\overline{Y})$ | $Y$ |
|---|---|---|---|---|---|---|
| 153 | −3,5 | 12,25 | +197,05 | 3169,69 | −56,3 | 120 |
| 245 | +88,5 | 7832,25 | +3424,95 | 1497,69 | +38,7 | 215 |
| 210 | +53,5 | 2862,25 | +4210,45 | 6193,69 | +78,7 | 255 |
| 170 | +13,5 | 182,25 | +144,45 | 114,49 | +10,7 | 187 |
| 194 | +37,5 | 1406,25 | +3776,25 | 10140,49 | +100,7 | 277 |
| 104 | −52,5 | 2756,25 | +1380,75 | 691,69 | −26,3 | 150 |
| 155 | −1,5 | 2,25 | +27,45 | 334,89 | −18,3 | 158 |
| 63 | −93,5 | 8742,25 | +1337,05 | 204,49 | −14,3 | 162 |
| 97 | −59,5 | 3540,25 | +5194,35 | 7621,29 | −87,3 | 89 |
| 174 | +17,5 | 306,25 | −460,25 | 691,69 | −26,3 | 150 |
| Sommes | | | | | | |
| 1565 | 0 | 27642,5 | +19232,5 | 30660,1 | 0 | 1763 |

$\overline{X} = \Sigma X/N = 1565/10 = 156{,}5$

$\overline{Y} = \Sigma Y/N = 1763/10 = 176{,}3$

$S_X^2 = \Sigma(X-\overline{X})^2/(N-1) = 27642{,}5/9 = 3071{,}39$

$S_Y^2 = \Sigma(Y-\overline{Y})^2/(N-1) = 30660{,}1/9 = 3406{,}68$

$S_{XY} = \Sigma(X-\overline{X})(Y-\overline{Y})/(N-1) = +19232{,}5/9 = +2136{,}94$

La figure 19.3.1 montre dans quelles circonstances le produit $(X-\overline{X})(Y-\overline{Y})$ des écarts correspondant à une paire particulière de données $(X, Y)$ est positif ou négatif. L'écart $(Y-\overline{Y})$ est négatif lorsque $Y<\overline{Y}$, c'est-à-dire lorsque le point figuratif $(X, Y)$ qui représente une paire de données est situé en bas de la droite horizontale passant par la moyenne $\overline{Y}$ dans le diagramme de dispersion (figure 19.3.1, à gauche); pour ce qui est de l'écart $(X-\overline{X})$, il est négatif lorsque $X<\overline{X}$, c'est-à-dire lorsque le point $(X, Y)$ est situé à gauche de la droite verticale passant par la moyenne $\overline{X}$ dans le diagramme de dispersion (figure 19.3.1, au centre). Le produit des écarts, $(X-\overline{X})(Y-\overline{Y})$, est donc positif dans les quadrants inférieur gauche et supérieur droit, où les écarts des deux variables ont le même signe, mais il est négatif dans les quadrants supérieur gauche et inférieur droit, où les écarts des deux variables ont des signes contraires (figure 19.3.1, à droite). La somme des produit des écarts, $\Sigma(X-\overline{X})(Y-\overline{Y})$, et la covariance, $S_{XY}$, sont donc négatives lorsque les points figuratifs sont plus nombreux et situés plus loin du point moyen $(\overline{X}, \overline{Y})$ dans les quadrants négatifs que dans les quadrants positifs; inversement, $\Sigma(X-\overline{X})(Y-\overline{Y})$ et $S_{XY}$ sont positives lorsque les points figuratifs sont plus nombreux et situés plus loin du point moyen $(\overline{X}, \overline{Y})$ dans les quadrants positifs. Enfin, $\Sigma(X-\overline{X})(Y-\overline{Y})$ et $S_{XY}$ sont nulles lorsque les points figuratifs sont aussi nombreux et situés aussi loin dans les quadrants positifs que dans les quadrants négatifs.

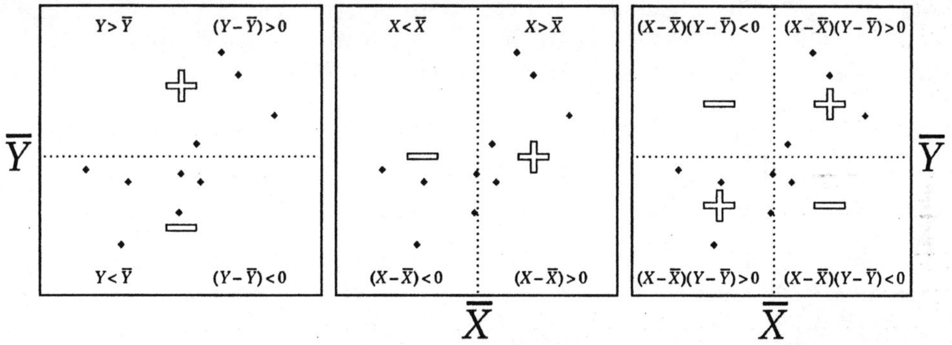


**Figure 19.3.1** [1]
**Le produit des écarts, $(X-\overline{X})(Y-\overline{Y})$, est négatif dans les quadrants supérieur gauche et inférieur droit mais positif dans les quadrants inférieur gauche et supérieur droit (données de la figure 19.1.3 et du tableau 19.3.1).**

## Section 19.4: la covariance des variables réduites ou coefficient de corrélation

Il ressort de la discussion de la section précédente que la covariance $S_{XY}$ reflète la tendance des points figuratifs à descendre ($S_{XY}<0$), à demeurer à la même hauteur ($S_{XY}=0$), ou à monter ($S_{XY}>0$) en allant vers la droite dans un diagramme de dispersion. On pourrait donc être tenté d'utiliser la valeur numérique de la covariance pour détecter ou décrire la présence d'une relation statistique entre deux variables, mais son emploi ne serait pas pleinement satisfaisant parce que la valeur numérique de la covariance dépend non seulement de la présence d'une relation positive ou négative mais aussi de l'étendue de la variation des deux variables.

[1] Bien que cette figure et sa discussion aient été imitées dans d'autres ouvrages, leur version originale faisait partie des notes inédites d'un cours d'introduction à la biométrie donné par l'auteur à l'Université de Montréal.

Heureusement, on peut éliminer l'influence de l'étendue de la variation des variables en considérant la covariance $\sigma_{xy}$ des variables réduites $x = (X - \mu_X)/\sigma_X$ et $y = (Y - \mu_Y)/\sigma_Y$, mieux connue sous le nom de *coefficient de corrélation.* Le coefficient de corrélation paramétrique est représenté par $\rho$ (la lettre grecque *rho* minuscule, l'équivalent de notre $r$) et possède la valeur $\rho = \sigma_{XY}/(\sigma_X \sigma_Y)$. Le coefficient de corrélation est estimé à partir d'un échantillon par la quantité $r = S_{XY}/(S_X S_Y)$ qu'on appelle le coefficient de corrélation de l'échantillon.

La figure 19.4.1 montre les diagrammes de dispersion obtenus en prélevant des échantillons d'effectif $N = 200$ dans des populations statistiques normales bidimensionnelles où le coefficient de corrélation paramétrique $\rho$ est égal à $-1{,}0$, $-0{,}8$, $0{,}0$, $+0{,}8$ et $+1{,}0$. On constate que la relation statistique va d'une droite de pente négative ($\rho = -1{,}0$) à une droite de pente positive ($\rho = +1{,}0$), en passant par des relations statistiques imparfaites ayant l'allure d'ellipses plus ou moins étroites dont l'axe majeur a une pente négative ($-1{,}0 < \rho < 0$) ou positive ($0 < \rho < +1{,}0$). Lorsque le coefficient de corrélation $\rho$ est nul, le nuage de points figuratifs a soit un aspect circulaire (figure 19.4.1, au centre) soit, si on considère le diagramme de dispersion des variables originales $X$ et $Y$ (non réduites), l'aspect d'une ellipse horizontale ou verticale. La figure 19.4.2 illustre le changement d'orientation de la surface de densité de probabilité suivant que le coefficient de corrélation est fortement négatif ($\rho = -0{,}9$), nul ou fortement positif ($\rho = +0{,}9$). Le coefficient de corrélation se trouve à constituer une mesure du degré d'intensité d'une relation statistique rectiligne.

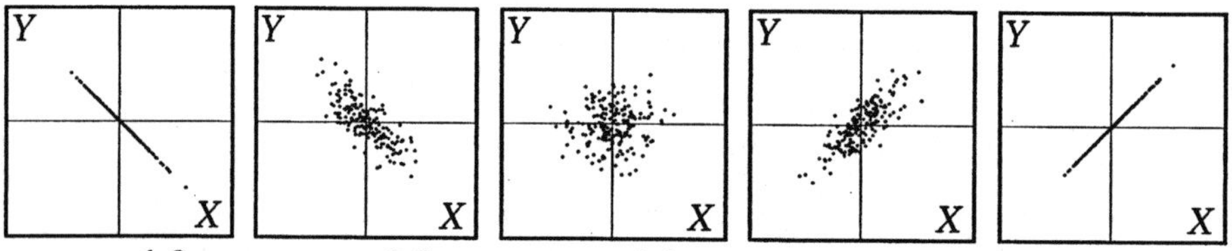


$\rho = -1{,}0$ $\rho = -0{,}8$ $\rho = +0{,}0$ $\rho = +0{,}8$ $\rho = +1{,}0$

**Figure 19.4.1**
**Diagrammes de dispersion d'échantillons d'effectif $N = 200$ provenant de distributions normales bidimensionnelles ayant diverses valeurs du coefficient de corrélation paramétrique $\rho$.**

## Section 19.5: épreuves d'hypothèses de nullité de la corrélation

Il faut évidemment se rappeler que, tandis que c'est le coefficient de corrélation paramétrique $\rho$ qu'on cherche à connaître et au sujet duquel on formule des hypothèses, c'est le coefficient de corrélation de l'échantillon $r$ qu'on peut évaluer à partir de données et dont on doit se servir pour tirer des conclusions statistiques. L'hypothèse préliminaire par laquelle on commence habituellement, à propos du coefficient de corrélation paramétrique, est l'hypothèse de nullité $H_0$: $\rho = 0$. Cette hypothèse apparaît comme la plus simple au point de vue logique (section 9.2) parce qu'elle équivaut à supposer que les moyennes conditionnelles de l'une des deux variables (disons $Y$) étant donnée la valeur de l'autre (disons $X$) sont toutes égales les unes aux autres (section 20.1). En outre, si on veut vérifier la présence d'une relation possible à partir de données, il faut éviter de postuler *a priori* la présence de cette relation.

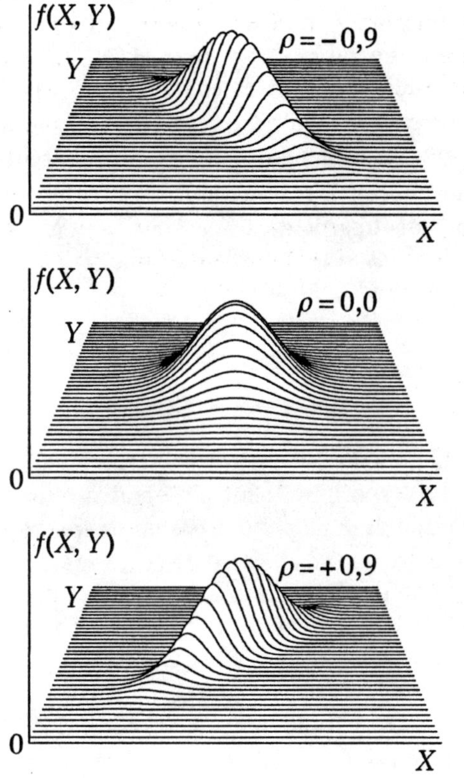


**Figure 19.4.2**
**Changement d'orientation de la surface de densité de probabilité de la distribution normale bidimensionnelle suivant la valeur du coefficient de corrélation paramétrique $\rho$.**

En effet, même lorsque le coefficient de corrélation paramétrique $\rho$ est nul, le coefficient de corrélation de l'échantillon $r$ n'est presque jamais exactement égal à 0 à cause de la variation d'échantillonnage, et sa distribution de probabilités ressemble à la distribution normale sauf que, au lieu d'aller de $-\infty$ à $+\infty$, elle est limitée à l'intervalle $-1{,}0 < r < +1{,}0$ (figure 19.5.1, page 143). Les valeurs non nulles du coefficient de corrélation $r$ qu'on observe peuvent donc être considérées comme des indications possibles de la présence de relations mais, si on veut confirmer la présence d'une relation statistique à partir de données, il faut passer toutes ces indications au crible et ne retenir que celles qui sont trop fortes pour être attribuées au hasard de l'échantillonnage. Pour ce qui est de l'hypothèse contraire $H_1$, on pose une hypothèse à sens unique dans le cas où on a des raisons *a priori* de soupçonner qu'il pourrait y avoir une relation positive ($H_1$: $\rho > 0$) ainsi que dans le cas où on soupçonnerait la présence d'une relation négative ($H_1$: $\rho < 0$) entre les variables; on pose une hypothèse contraire à double sens ($H_1$: $\rho \neq 0$) lorsqu'on soupçonne qu'il y a une relation sans avoir de raisons *a priori* de préciser son signe.

Lorsque l'hypothèse préliminaire qu'on éprouve est l'hypothèse nulle, $H_0$: $\rho=0$, on a l'embarras du choix car la distribution de $r$ est alors connue de façon exacte et est apparentée à la distribution du $t$ de Student ainsi qu'à la distribution du rapport de variances $F$. Si on utilise une table de la distribution de $r$ quand $\rho=0$ (à la fin du présent ouvrage), on détermine les limites des régions d'acceptation et de rejet de $H_0$ en tenant compte de la nature de l'hypothèse contraire $H_1$, tel qu'illustré à figure 19.5.1. La notation $r_{(P;\ \nu)}$ désigne une valeur de $r$ dont la probabilité cumulée est $P$ avec un nombre $\nu$ de degrés de liberté. Dans le cas du coefficient de corrélation $r$ ordinaire considéré ici, le nombre de degrés de liberté est $\nu=(N-2)$, où $N$ est l'effectif de l'échantillon. On peut toutefois aussi transformer une valeur observée du coefficient de corrélation $r$ soit en un $t$ de Student,

$$t_{(\nu)} = r\sqrt{[\nu/(1-r^2)]}\ ,$$

soit en un rapport de variances,

$$F_{(1,\ \nu)} = r^2\nu/(1-r^2)\ .$$

Tandis que l'utilisation de la table de $r$ quand $\rho=0$ ou de la distribution du $t$ de Student permettent d'éprouver des hypothèses contraires soit à sens unique soit à double sens, l'utilisation de la distribution de $F$ ne permet pas de tenir compte du signe du coefficient de corrélation $r$, par suite de la mise au carré de ce dernier.

Dans le cas de l'ensemble de données pris comme exemple au tableau 19.3.1 et aux figures 19.1.3 et 19.3.1, le coefficient de corrélation $r$ est égal à $S_{XY}/(S_X S_Y)= +2136{,}94/(55{,}4201\times 58{,}3668)=+0{,}660631$. Comme il y a $\nu=(N-2)=8$ degrés de liberté, si l'hypothèse contraire est $H_1$: $\rho\neq 0$, la région d'acceptation de $H_0$: $\rho=0$ s'étend de $-0{,}63190$ à $+0{,}63190$ au seuil $\alpha=0{,}05$ et de $-0{,}76459$ à $+0{,}76459$ au seuil $\alpha=0{,}01$. Si on désigne par $P$ la probabilité d'observer un coefficient de corrélation différant autant ou plus de 0 que $r=+0{,}660631$ lorsqu'on prélève un échantillon au hasard dans une population où $\rho=0$, on a donc $0{,}01<P<0{,}05$. Cet ensemble de données nous fournit donc une indication préliminaire ($P<0{,}05$) qu'il y a une corrélation positive entre la concentration du calcium ($X$) et celle du phosphore ($Y$) dans l'urine matinale d'hommes adultes affectés de maigreur, mais ceci ne peut pas être considéré comme une conclusion définitive ($P>0{,}01$).

Si on cherchait à interpréter ce résultat statistique au point de vue biologique, il faudrait se demander si la corrélation positive entre $X$ et $Y$ ne serait pas due à des fluctuations triviales de la densité de l'urine matinale. Ainsi, un individu ayant bu beaucoup d'eau au coucher la veille du prélèvement de l'urine tendrait à produire une urine diluée dans laquelle les concentrations de toutes les substances, y compris le calcium et le phosphore, seraient faibles; au contraire, un individu ayant bu peu d'eau au coucher produirait une urine matinale concentrée. La présence de telles fluctuations au sein d'un même échantillon pourrait expliquer la présence d'une corrélation positive. Toutefois, si une telle explication banale pouvait être exclue, on pourrait envisager une interprétation plus intéressante: la corrélation positive observée entre la concentration du calcium et celle du phosphore refléterait-elle une association biochimique ou physiologique entre ces deux substances? – Ainsi, une variation individuelle de l'intensité du catabolisme du tissu osseux (possiblement liée à l'action de la calcitonine) pourrait produire une augmentation ou une diminution conjointe de la concentration du calcium et de celle du phosphore.

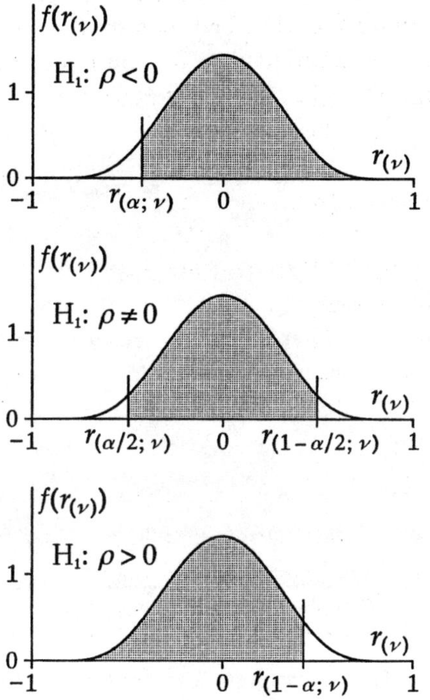


**Figure 19.5.1**
**Régions d'acceptation (pointillées) et de rejet de l'hypothèse préliminaire $H_0$: $\rho = 0$ suivant la nature de l'hypothèse contraire $H_1$.**

## Section 19.6: hypothèses préliminaires non nulles, intervalles de confiance

Malheureusement, malgré leur excellence, les méthodes discutées à la section précédente ne peuvent être utilisées que pour éprouver l'hypothèse de nullité $H_0$: $\rho = 0$. En effet, lorsque le coefficient de corrélation paramétrique $\rho$ n'est pas nul, la distribution du coefficient de corrélation $r$ de l'échantillon perd sa symétrie parce qu'elle n'est plus centrée sur 0 tout en étant limitée à l'intervalle $-1{,}0 < r < +1{,}0$ (figure 19.6.1, en haut, page 145). Or, en biologie comme dans d'autres domaines, une fois qu'on a rejeté l'hypothèse de nullité, il peut être intéressant d'éprouver d'autres hypothèses préliminaires (non nulles), telles que $H_0$: $\rho = 0{,}5$ ou $H_0$: $\rho = 0{,}25$. On peut aussi vouloir déterminer les limites d'un intervalle de confiance pour $\rho$, un contexte dans lequel il serait contradictoire de supposer que $\rho = 0$. On doit alors utiliser soit les tables numériques exactes et les nomogrammes de David (1938), soit la transformation de Fisher, $z = \text{tgh}^{-1}(r) = (1/2)\log_e[(1+r)/(1-r)]$, qui restaure la symétrie de la distribution en étirant l'échelle de variation de $-\infty$ à $+\infty$ (figure 19.6.1, en bas) et donne une variable approximativement normale dont la moyenne est $\zeta = \text{tgh}^{-1}(\rho)$ et l'écart-type $\sigma_z = 1/\sqrt{(N-3)}$. Les fonctions tgh et $\text{tgh}^{-1}$ sont la tangente hyperbolique et l'arc tangente hyperbolique, respectivement, et la lettre grecque $\zeta$ (*zêta*) est l'équivalent de notre $z$ minuscule.

Si on veut éprouver une hypothèse préliminaire (non nulle) que le coefficient de corrélation paramétrique $\rho$ a une certaine valeur numérique particulière $\rho_0$, on peut alors faire subir la transformation de Fisher d'une part au coefficient de corrélation de l'échantillon $r$ et d'autre part au coefficient de corrélation hypothétique $\rho_0$, ce qui donne $z = \text{tgh}^{-1}(r)$ et $\zeta_0 = \text{tgh}^{-1}(\rho_0)$ , puis on évalue le critère

$$t_{(\infty)} = \frac{z - \zeta_0}{1/\sqrt{(N-3)}} = (z - \zeta_0)\sqrt{(N-3)},$$

qui suit approximativement la distribution normale réduite $\mathcal{N}(0, 1)$. Les limites des régions d'acceptation et de rejet de $H_0$: $\rho = \rho_0$, c'est-à-dire $H_0$: $\zeta = \zeta_0$, sont déterminées en tenant compte de la nature de l'hypothèse contraire $H_1$, comme à la section 9.6, sauf qu'on utilise ici la distribution normale au lieu de la distribution du $t$ de Student (d'où la notation $t_{(\infty)}$ ci–dessus). La transformation de Fisher peut servir aussi à comparer deux estimations indépendantes, $r_A$ et $r_B$, du coefficient de corrélation: après avoir évalué $z_A = \text{tgh}^{-1}(r_A)$ et $z_B = \text{tgh}^{-1}(r_B)$, on calcule le critère

$$t_{(\infty)} = \frac{z_A - z_B}{\sqrt{\{[1/(N_A - 3)] + [1/(N_B - 3)]\}}},$$

qui suit également la distribution normale de manière approximative. La transformation de Fisher peut être utilisée en outre pour combiner plusieurs estimations indépendantes du coefficient de corrélation, mais le même résultat peut être obtenu de manière plus simple et plus exacte en calculant le coefficient de corrélation commun à partir de la somme des sommes centrées des divers groupes (voir la section 21.2, cas des "droites parallèles").

Lorsqu'on désire un intervalle de confiance pour $\rho$, on doit d'abord faire subir la transformation de Fisher au coefficient de corrélation $r$ de l'échantillon, déterminer l'intervalle de confiance de $\zeta$ à l'aide de la distribution normale, puis faire subir la transformation inverse aux limites de l'intervalle de confiance afin de réexprimer celui-ci quant à l'échelle de $\rho$. Dans le cas où, s'il s'agissait d'une épreuve d'hypothèse, on aurait $H_0$: $\rho = \rho_0$ et $H_1$: $\rho \neq \rho_0$, par exemple, on a approximativement

$$P[t_{(\alpha/2;\,\infty)} \leq (z - \zeta)\sqrt{(N-3)} \leq t_{(1-\alpha/2;\,\infty)}] = (1 - \alpha),$$

d'où, après plusieurs manipulations,

$$P[z + t_{(\alpha/2;\,\infty)}/\sqrt{(N-3)} \leq \zeta \leq z + t_{(1-\alpha/2;\,\infty)}/\sqrt{(N-3)}] = (1 - \alpha).$$

L'intervalle de confiance de $\zeta$ est donc

$$\zeta_1 \leq \zeta \leq \zeta_2,$$

où

$$\zeta_1 = z + t_{(\alpha/2;\,\infty)}/\sqrt{(N-3)}, \qquad \zeta_2 = z + t_{(1-\alpha/2;\,\infty)}/\sqrt{(N-3)},$$

et

$$z = \text{tgh}^{-1}(r) = (1/2)\log_e[(1+r)/(1-r)].$$

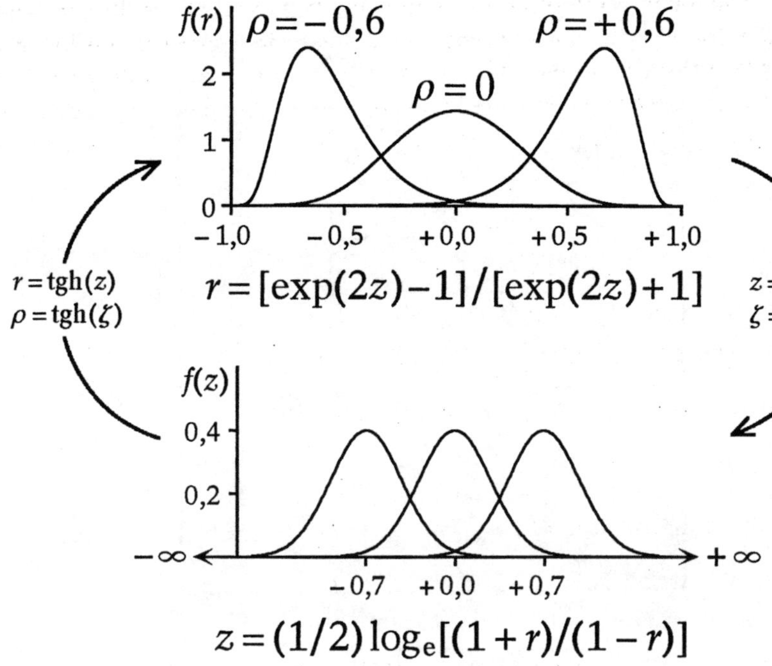


**Figure 19.6.1**
**Distribution du coefficient de corrélation $r$ de l'échantillon pour diverses valeurs du coefficient de corrélation paramétrique $\rho$ (en haut) et distribution de la variable transformée $z$ de Fisher (en bas).**

Afin de réexprimer les limites de confiance $\zeta_1$ et $\zeta_2$ selon l'échelle de $\rho$, on utilise la fonction inverse de la transformation de Fisher, ce qui donne $\rho_1 = \text{tgh}(\zeta_1)$ et $\rho_2 = \text{tgh}(\zeta_2)$. L'intervalle de confiance de $\rho$ est alors

$$\rho_1 \leq \rho \leq \rho_2 .$$

Notons que la tangente hyperbolique d'une valeur particulière $\zeta_0$ est égale à

$$\rho_0 = \text{tgh}(\zeta_0) = [\exp(2\zeta_0) - 1] / [\exp(2\zeta_0) + 1] .$$

En consultant simultanément la section 9.7 et la présente section, le lecteur verra comment déterminer des intervalles de confiance à sens unique pour le coefficient de corrélation $\rho$.

## Section 19.7: ellipses de prédiction

Lorsqu'on analyse simultanément deux variables qui suivent une distribution normale bidimensionnelle, les intervalles de confiance et les intervalles de prédiction à double sens discutés aux sections 9.7 et 9.11 sont remplacés par des régions elliptiques. La manière détaillée de construire ces ellipses de confiance ou de prédiction sera exposée dans le cadre de l'étude de la distribution du $T^2$ de Hotelling (chapitre 30), mais un exemple est donné ici à la figure 19.7.1 (page suivante), qui illustre une ellipse de prédiction au seuil de signification $\alpha = 0,05$ pour le poids du corps $X$ en kg et la longueur du crâne $Y$ en mm de 60 loups femelles adultes collectionnés de 1954 à 1956 dans les Territoires du Nord-Ouest, au Canada (Jolicoeur, 1959).

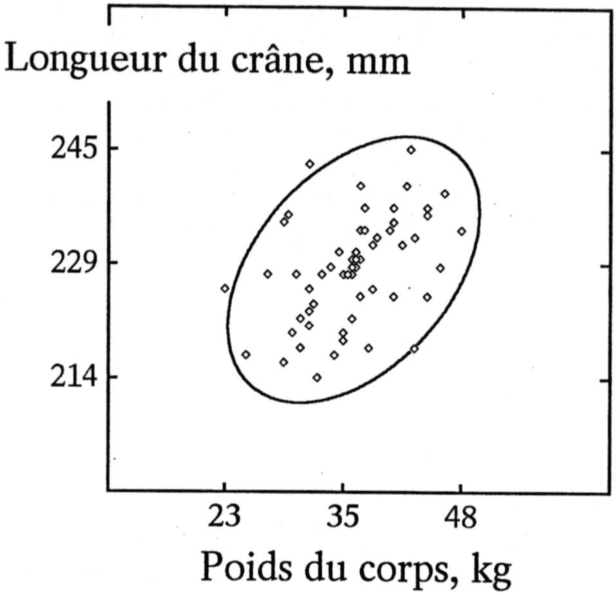


**Figure 19.7.1**
**Ellipse de prédiction au seuil de signification $\alpha = 0,05$ du poids du corps et de la longueur du crâne de 60 loups femelles adultes collectionnés de 1954 à 1956 dans les Territoires du Nord-Ouest, au Canada (Jolicoeur, 1959).**

Cette ellipse délimite la région dans laquelle on s'attendrait à ce que tombe une nouvelle observation individuelle $(X, Y)$ si elle provenait de la même population statistique que l'échantillon disponible. L'ellipse de prédiction a le point moyen $(\overline{X}, \overline{Y})$ de l'échantillon comme centre et est définie par l'inéquation suivante:

$$\frac{N}{(N+1)} \frac{S_X^2 S_Y^2}{(S_X^2 S_Y^2 - S_{XY}^2)} \left[ \frac{(X-\overline{X})^2}{S_X^2} - 2r \frac{(X-\overline{X})(Y-\overline{Y})}{S_X \quad S_Y} + \frac{(Y-\overline{Y})^2}{S_Y^2} \right] \leq \frac{2(N-1)}{(N-2)} F_{(1-\alpha;2,N-2)} .$$

Dans le cas de la figure 19.7.1, on constate que 3 des 60 points figuratifs, c'est-à-dire 5%, tombent à l'extérieur de l'ellipse de prédiction, ce qui concorde exactement ici avec le seuil de signification $\alpha = 0,05$ utilisé pour construire l'ellipse. Lorsque l'effectif de l'échantillon est assez grand, l'ellipse de prédiction constitue souvent un bon moyen de décrire l'étendue estimée de la variation individuelle dans un diagramme de dispersion à 2 dimensions, et elle est fréquemment employée à cette fin en morphologie, en taxonomie ou en paléontologie animale ou végétale, en génétique quantitative, en écologie, en physiologie, etc. . Lorsque l'échantillon est petit, l'ellipse de prédiction est toutefois souvent trop grande par comparaison avec l'étendue de la variation individuelle et devrait être remplacée par une ellipse de variation (section 30.6).

## Section 19.8: la distribution lognormale bidimensionnelle

Comme cela a déjà été mentionné au chapitre 14 dans le cas d'une variable aléatoire unique, la distribution lognormale est souvent utile en biologie parce que beaucoup de données biologiques sont non négatives, et ont des distributions de probabilités positivement dissymétriques et hétéroscédastiques. Lorsqu'on analyse deux variables simultanément, il s'ajoute souvent une raison additionnelle d'utiliser la distribution lognormale, car beaucoup de variables biologiques sont reliées l'une à l'autre par une fonction puissance (du type $Y=aX^b$), dont l'analyse est facilitée par la transformation logarithmique des données (section 20.7). Dans la présente section, il sera plus commode de remplacer les variables ordinaires $X$ et $Y$ par des variables indicées (munies d'indices), $X_1$ et $X_2$, afin de conserver la lettre $Y$ pour désigner les variables transformées en logarithmes. On dira donc que les variables originales $X_1$ et $X_2$ suivent une distribution lognormale bidimensionnelle si leurs logarithmes $Y_1 = \log_e(X_1)$ et $Y_2 = \log_e(X_2)$ suivent une distribution normale bidimensionnelle (section 19.2).

L'exemple considéré ici est un échantillon de mesures du périmètre du crâne, en cm, et du poids du cerveau, en g, de 78 foetus et bébés masculins (Cabana, Jolicoeur et Michaud, 1993). La figure 19.8.1 illustre l'ellipse de prédiction obtenue, au seuil de signification $\alpha = 0{,}05$, en supposant que la distribution normale bidimensionnelle s'applique soit aux données originales (figure 19.8.1, à gauche) soit à leurs logarithmes (figure 19.8.1, au centre). Il est évident que la distribution normale bidimensionnelle s'applique de façon très insatisfaisante aux données originales (figure 19.8.1, à gauche). Non seulement l'ellipse de prédiction s'accorde-t-elle très mal avec la courbure visible du nuage de points figuratifs, mais encore elle exclut l'observation la plus élevée qui semble atypique (aberrante) et elle descend en dessous de l'abscisse, là où le poids du cerveau prendrait des valeurs négatives, ce qui est impossible en réalité. Par contre, la distribution normale bidimensionnelle s'applique presque parfaitement aux données transformées en logarithmes, la courbure et la dissymétrie ayant été éliminées par la transformation logarithmique et aucune observation ne paraissant maintenant atypique (figure 19.8.1, au centre). Enfin, si l'ellipse de prédiction des logarithmes est réexprimée en fonction des données originales, on retrouve une excellente concordance entre la forme du nuage de points figuratifs et la transformée antilogarithmique de l'ellipse, qui reproduit de manière remarquable la non-négativité, la dissymétrie positive, l'hétéroscédasticité, et la courbure des données (figure 19.8.1, à droite).

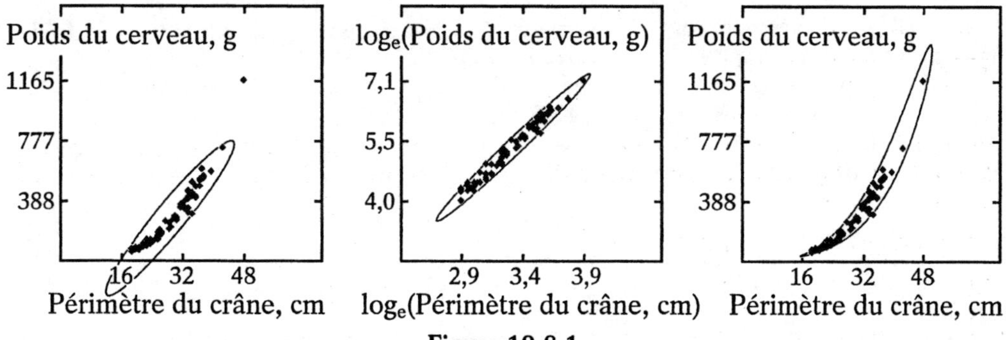


**Figure 19.8.1**

**Ellipse de prédiction normale bidimensionnelle ($\alpha = 0{,}05$) pour les données originales à gauche, pour les logarithmes au centre, et transformée antilogarithmique de l'ellipse de prédiction des logarithmes à droite; poids du cerveau et périmètre du crâne de 78 foetus et bébés masculins (Cabana, Jolicoeur et Michaud, 1993).**

En utilisant la transformation logarithmique ou d'autres transformations, on peut analyser correctement beaucoup de données pour lesquelles autrement la distribution normale bidimensionnelle ne conviendrait pas (voir aussi un exemple écologique à la section 30.9).

## Section 19.9: nécessité de la prudence dans l'interprétation des corrélations

L'interprétation biologique des corrélations doit être faite avec beaucoup de prudence afin d'éviter les explications simplistes ou même franchement erronées. Lorsque les deux variables analysées sont des dimensions corporelles d'organismes animaux ou végétaux appartenant à une même espèce, comme dans les figures 1.2.1, 1.2.2, 19.1.1, 19.7.1, et 19.8.1, on observe fréquemment des corrélations positives. Cela reflète souvent un fait biologique simple mais réel: quand un organisme croît, toutes ses parties, toutes ses dimensions tendent à augmenter à des taux voisins, ce qui conserve à l'organisme une forme plus ou moins constante en dépit des différences de grosseur dues à l'âge ou à la variation individuelle.

Toutefois, dans certains domaines, on utilise concurremment des mesures dont la définition diffère très peu, comme la longueur à la fourche et la longueur standard en ichtyologie. Dans un tel cas, il serait évidemment illusoire d'attacher une quelconque importance à une corrélation très intense mais triviale entre deux variables qui se ressemblent étroitement non pas pour des raisons biologiques mais parce qu'elles sont redondantes. Par ailleurs, en morphologie quantitative, on calcule souvent des indices, des rapports ou des proportions entre divers caractères, et il n'est alors pas logiquement justifiable d'éprouver une hypothèse de nullité au sujet de la corrélation entre deux rapports calculés en partie à partir d'un même caractère. Plusieurs auteurs ont parlé de *corrélations fausses* (*spurious correlations* en anglais) dans ce contexte, mais on doit souligner que ce sont non pas les corrélations qui sont fausses mais les interprétations incorrectes qu'on pourrait en proposer.

De même, en physiologie, on s'intéresse parfois à deux variables dont l'une semble à peu près inversement proportionnelle à l'autre, et il faut s'assurer que cette relation inverse n'est pas due surtout à un artifice mathématique, les deux variables analysées étant proportionnelles l'une à une troisième variable et l'autre à son inverse. À la section 19.5, par exemple, on a mentionné comment une variation non contrôlée de la dilution de l'urine pourrait créer des corrélations factices entre les concentrations de diverses substances, telles que le calcium et le phosphore. Heureusement, cet artefact pourrait être évité si on calculait les quantités totales de calcium et de phosphore excrétées en multipliant les concentrations par le volume du spécimen d'urine.

Enfin, il peut arriver aussi, par exemple en écologie, que plusieurs variables augmentent ou diminuent de façon plus ou moins parallèle au cours du temps ou dans un gradient spatial. Il faut se garder d'interpréter des corrélations entre de telles variables de manière hâtive en termes de causes et d'effets. L'exemple classique mais caricatural consiste à prétendre que, si le prix de la bière et le salaire des professeurs ont augmenté graduellement au cours des cinquante dernières années, ce serait à cause d'interactions causales directes (offre et demande) entre ces deux variables! – Dans le cas d'une tendance générale à l'augmentation ou à la diminution de plusieurs variables, la première étape de l'analyse statistique consiste habituellement à décrire cette tendance générale afin de voir si, après son élimination, les écarts résiduels (section 20.3) des diverses variables paraissent encore reliés.

En somme, si on veut essayer de découvrir des relations biologiques intéressantes, il faut avoir soin de choisir des variables mathématiquement indépendantes les unes des autres, entre lesquelles il n'y a pas lieu de s'attendre à des relations banales d'origine mathématique, chronologique ou spatiale.

## Section 19.10: relations statistiques non rectilignes

Après avoir remarqué à la fin de la section 19.4 que le coefficient de corrélation constitue une mesure de l'intensité d'une relation statistique rectiligne (on dit aussi *rectilinéaire*), nous avons constaté à la section 19.8 et nous verrons aussi aux sections 20.6 et 20.7 que la transformation logarithmique (ou occasionnellement d'autres transformations) des données permettent parfois d'éliminer des courbures et de décrire certaines relations curvilignes (*curvilinéaires*) sous forme de lignes droites ou à l'aide de la distribution normale bidimensionnelle (figure 19.8.1). On dit alors que de telles relations sont *linéarisées* par la transformation des données. Toutefois, certaines relations curvilignes ne peuvent pas être redressées par de simples transformations des variables. Par exemple, la figure 19.10.1 illustre le diagramme de dispersion d'un échantillon de 1000 paires d'observations provenant d'une population simulée dans laquelle les deux variables $X$ et $Y$ ont une relation curviligne symétrique et $\rho = 0$. Cette relation est très forte mais elle ne peut pas être linéarisée à l'aide d'une transformation simple des données, et son intensité ne peut pas être décrite à l'aide du coefficient de corrélation. D'autres exemples de relations non linéarisables ou difficilement linéarisables sont fournis par les courbes de croissance sigmoïdes ou non sigmoïdes, comme la courbe logistique, la courbe de Gompertz, la courbe de Pütter (aussi connue sous le nom de courbe de von Bertalanffy), et des modèles de croissance humaine (Jolicoeur, Pontier, Pernin et Sempé, 1988; Jolicoeur, Baron et Cabana, 1988; Jolicoeur, Pontier et Abidi, 1992; Jolicoeur et Pontier, 1993). De telles relations peuvent être étudiées à l'aide de méthodes statistiques dites non linéaires (chapitre 35).

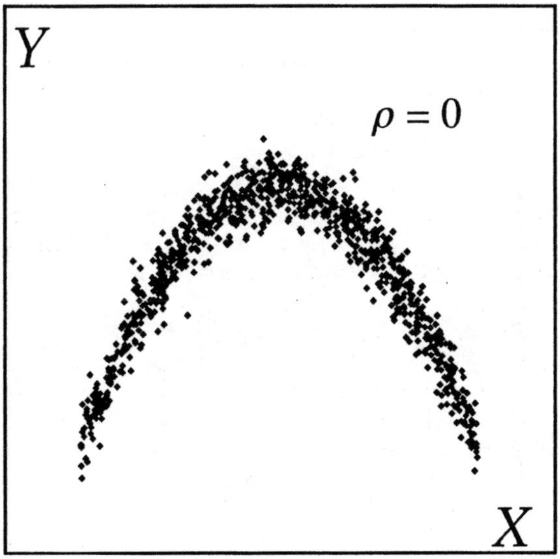


**Figure 19.10.1**
**Certaines relations curvilinéaires ne peuvent pas être linéarisées par de simples transformations de variables, et le coefficient de corrélation linéaire ($\rho$ ou $r$) ne peut pas servir à mesurer l'intensité de telles relations (diagramme réalisé par simulation aléatoire).**

# Chapitre 20
## Les droites d'estimation (dites droites de "régression")

### Section 20.1: généralités

Au chapitre précédent, le coefficient de corrélation nous a permis de détecter la présence d'une relation statistique rectiligne entre deux variables, et de mesurer le degré d'intensité d'une telle relation. À ce chapitre-ci, nous verrons comment tirer parti de la présence d'une relation rectiligne pour estimer la valeur de l'une des deux variables, la variable dite prédite, à partir de celle de l'autre, dite prédictrice. Prenons comme exemple la relation entre la latitude $X$ et la longueur moyenne $Y$, en mm, atteinte à l'âge de quatre ans par l'achigan à petite bouche *Micropterus dolomieui* (figure 20.1.1). L'analyse de ces intéressantes données fut effectuée originalement par le biologiste Gérard Pageau (1967), grâce à qui le présent exemple a pu être utilisé. Les coins inférieur gauche et supérieur droit de ce diagramme de dispersion sont vides, de sorte que la longueur moyenne atteinte à l'âge de 4 ans par les diverses populations locales paraît diminuer lorsque la latitude augmente. Cette diminution semble assez facile à interpréter, compte tenu du fait qu'il s'agit de l'hémisphère nord et que l'augmentation de la latitude correspond à une baisse de la température moyenne des eaux et à un raccourcissement de la saison annuelle de croissance de ce vertébré *poïkilotherme* (dont la température corporelle est variable).

La manière la plus simple de vérifier si la longueur moyenne change lorsque la latitude augmente consiste sans doute à partager les données en plusieurs sous-groupes

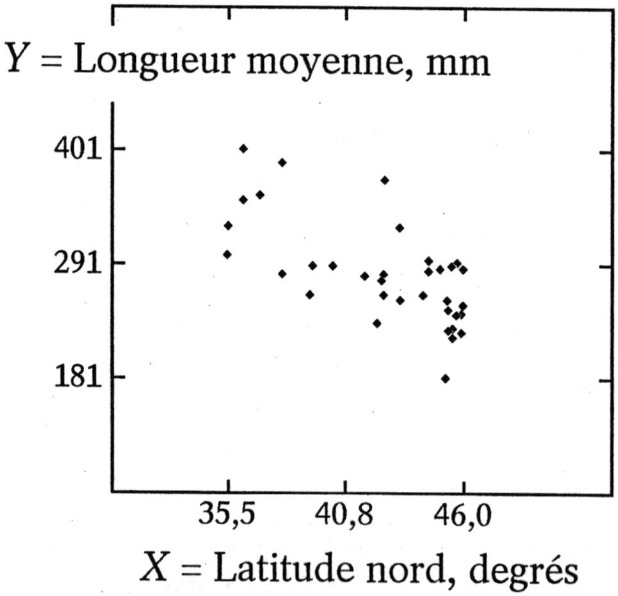


**Figure 20.1.1**
**Diagramme de dispersion de la longueur moyenne $Y$, en mm, atteinte à l'âge de 4 ans par l'achigan à petite bouche *Micropterus dolomieui* selon la latitude $X$ (données compilées et analysées par Pageau, 1967).**

suivant la latitude et à calculer la longueur moyenne dans chaque sous-groupe (figure 20.1.2). On obtient ainsi une série de *moyennes conditionnelles* de la longueur de l'achigan, la condition étant que la latitude est restreinte à un certain intervalle dans chaque sous-groupe. Ainsi, dans la figure 20.1.2, les données ont été partagées en 3 sous-groupes d'effectifs approximativement égaux (comportant 12, 11 et 12 paires d'observations) et les longueurs moyennes dans ces 3 sous-groupes successifs sont 313,1, 279,7 et 250,6 mm. La longueur moyenne atteinte à l'âge de 4 ans par l'achigan à petite bouche paraît donc diminuer lorsque la latitude augmente.

Cette méthode d'analyse a toutefois l'inconvénient qu'elle suggère que la longueur moyenne change de manière discontinue lorsque la latitude augmente, ce que ne paraissent aucunement indiquer les données originales (figure 20.1.1). Afin de décrire la diminution de la longueur moyenne de l'achigan de manière plus graduelle, on pourrait alors essayer de partager les données en un plus grand nombre de sous-groupes mais, comme l'effectif total comporte ici seulement 35 paires d'observations, chaque sous-groupe aurait un effectif très faible et sa moyenne serait sujette à une forte variation d'échantillonnage (section 9.5). La série des moyennes des sous-groupes varierait alors de manière très irrégulière et décrirait mal la relation de la longueur moyenne avec la latitude. Heureusement, on peut montrer théoriquement que, lorsque la relation de 2 variables est rectiligne, si on partage l'intervalle de variation de la variable prédictrice en sous-groupes de plus en plus nombreux et de plus en plus étroits, les moyennes paramétriques de ces sous-groupes sont toutes situées sur une droite. Lorsque les 2 variables suivent une distribution normale bidimensionnelle (section 19.2), l'équation de la version paramétrique de cette droite est

$$\hat{Y} = [\mu_Y - (\sigma_{XY}/\sigma_X^2)\mu_X] + (\sigma_{XY}/\sigma_X^2)X .$$

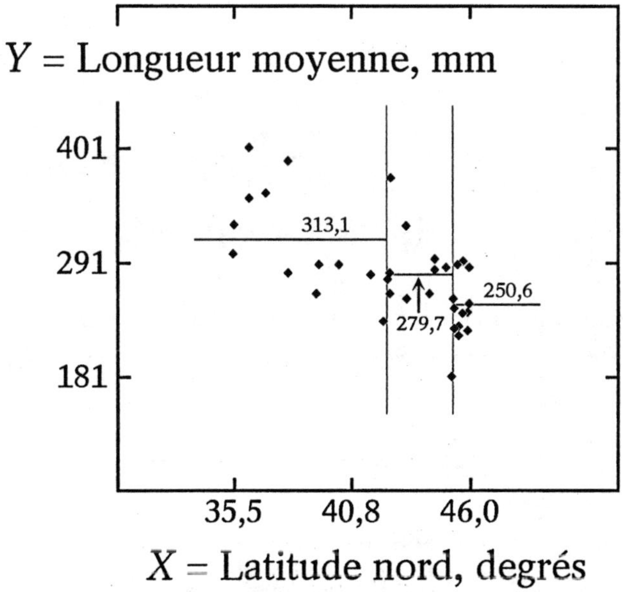


**Figure 20.1.2**
**Longueur moyenne de l'achigan à petite bouche à l'âge de 4 ans, en mm, dans 3 sous-groupes de populations locales de latitude croissante.**

Une telle droite est appelée communément *droite de régression,* mais nous préférons en parler comme d'une *droite d'estimation,* car l'expression *droite de régression* est utilisée par tradition et a tiré son origine d'un malentendu (section 20.2) à l'époque de Francis Galton (1822-1911). L'équation ci-dessus est évidemment théorique puisque qu'elle est exprimée en fonction des paramètres $\mu_X$, $\mu_Y$, $\sigma_X^2$, et $\sigma_{XY}$. En pratique, les paramètres sont estimés à partir de l'échantillon total (non subdivisé) par les quantités $\overline{X}$, $\overline{Y}$, $S_X^2$ et $S_{XY}$, et on utilise la droite

$$\hat{Y} = a + bX,$$

où $a = \overline{Y} - b\overline{X}$ et $b = S_{XY}/S_X^2$. Cette droite peut être considérée comme une *moyenne conditionnelle changeante* de la variable $Y$ par rapport à la variable $X$, par opposition à la moyenne ordinaire (*marginale*) $\overline{Y}$ qui serait représentée par une droite horizontale. L'accent circonflexe qui surmonte la lettre $Y$ indique que la *variable prédite* est $Y$ tandis que $X$ est la *variable prédictrice*.

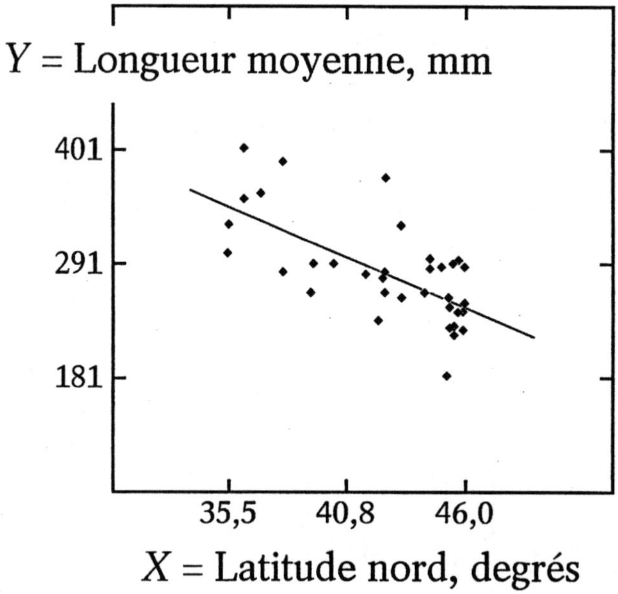


**Figure 20.1.3**
**Droite d'estimation de la longueur moyenne $Y$ à l'âge de 4 ans à partir de la latitude $X$ chez l'achigan à petite bouche (Pageau, 1967).**

Certains auteurs parlent plutôt de $Y$ comme de la *variable dépendante* et de $X$ comme de la *variable indépendante,* mais cette terminologie est équivoque et devrait être évitée. Les valeurs données aux coefficients $a$ et $b$ ci-dessus satisfont la condition des moindres carrés, c'est-à-dire que la somme des carrés des écarts, $\Sigma[Y-(a+bX)]^2$, entre les valeurs observées $Y$ et les valeurs estimées $\hat{Y}$, est minimum lorsque $a = \overline{Y} - b\overline{X}$ et $b = S_{XY}/S_X^2$. Le principe des moindres carrés est également satisfait par la moyenne arithmétique (section 4.2). La droite d'estimation de la longueur moyenne $Y$ de l'achigan à petite bouche à l'âge de 4 ans à partir de la latitude $X$ a été calculée à partir des données des figures 20.1.1 et 20.1.2 et est illustrée dans la figure 20.1.3.

Son équation est $\hat{Y} = 676{,}29 - 9{,}2985X$. La pente $b = -9{,}2985$ indique que, à l'intérieur de l'étendue couverte par les présentes données, la longueur moyenne de l'achigan à petite bouche à l'âge de 4 ans diminue de 9,2985 mm à chaque degré de latitude. Pour ce qui est de l'ordonnée à l'origine, $a = 676{,}29$, on pourrait être tenté de l'interpréter comme indiquant que, lorsque la latitude = 0 (à l'équateur...), la longueur moyenne de l'achigan à petite bouche à l'âge de 4 ans atteindrait 676,29 mm ! – Toutefois, une telle interprétation serait injustifiable, car l'aire de distribution de l'achigan à petite bouche est loin d'atteindre l'équateur. En outre, les présentes données ne vont pas plus au sud que le 35$^{\text{ième}}$ degré de latitude nord, de sorte que l'utilisation de l'équation pour une valeur de $X$ égale à 0 constituerait une extrapolation outrancière. Cet exemple reflète le fait que, lorsqu'on applique des méthodes mathématiques ou statistiques à des phénomènes biologiques, il est toujours important d'interpréter les résultats de l'analyse avec prudence, et de tâcher de découvrir le *sens biologique* des résultats, par opposition à leur *signification statistique* (section 9.2).

## Section 20.2: dualité des droites d'estimation

À la section précédente, il était assez naturel de considérer $X$ comme variable prédictrice et $Y$ comme variable prédite parce que, s'il est vraisemblable que la longueur atteinte par l'achigan soit influencée par la latitude, l'inverse ne l'est pas. Il existe toutefois d'autres ensembles de données pour lesquels chacune des 2 variables peut, suivant le contexte, être considérée raisonnablement soit comme variable prédite soit comme variable prédictrice. Par exemple, la figure 20.2.1 représente le diagramme de dispersion de la longueur de la tête du père $X$ et du premier fils majeur $Y$, en mm, dans 73 familles.

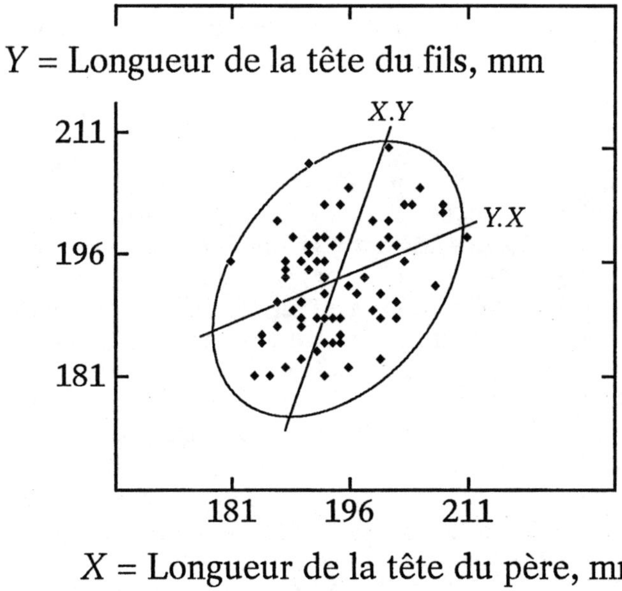


**Figure 20.2.1**
**Diagramme de dispersion de la longueur de la tête du père $X$ et du premier fils majeur $Y$, en mm, dans 73 familles; on a représenté les deux droites d'estimation possibles ainsi qu'une ellipse de prédiction au seuil $\alpha = 0{,}05$ (données extraites du travail de Frets, 1921).**

Dans ce diagramme (page précédente), on a tracé une ellipse de prédiction (section 19.7) au seuil de signification $\alpha = 0{,}05$ ainsi que les deux droites d'estimation possibles, la droite d'estimation de $Y$ à partir de $X$ (désignée par l'abréviation $Y.X$ et aussi appelée *droite de régression de Y en X*) et la droite d'estimation de $X$ à partir de $Y$ (désignée par l'abréviation $X.Y$ et aussi appelée *droite de régression de X en Y*). La droite d'estimation de $Y$ à partir de $X$, dont l'équation est $\hat{Y} = a + bX$ et dont nous avons déjà parlé à la section 20.1, devrait être utilisée si, connaissant déjà la longueur de la tête du père, on voulait prédire la longueur de la tête du fils à l'âge adulte. Par contre, si on connaît la longueur de la tête du premier fils majeur et si on voulait chercher à estimer la longueur de la tête du père, il faudrait utiliser plutôt la droite d'estimation de $X$ à partir de $Y$, dont l'équation est $\hat{X} = c + dY$, où $c = \overline{X} - d\overline{Y}$ et $d = S_{XY}/S_Y^2$.

Sauf quand le coefficient de corrélation $r$ est égal à $\pm 1$, les deux droites d'estimation ont un seul point commun, le point moyen $(\overline{X}, \overline{Y})$, et diffèrent considérablement l'une de l'autre : la droite d'estimation $Y.X$ minimise la somme des carrés des écarts verticaux $\Sigma(Y - \hat{Y})^2$ et intersecte (croise) l'ellipse de prédiction à son extrême gauche et à son extrême droite, tandis que la droite d'estimation $X.Y$ minimise la somme des carrés des écarts horizontaux $\Sigma(X - \hat{X})^2$ et intersecte l'ellipse de prédiction à son point le plus bas et à son point le plus élevé (figure 20.2.1). Lorsque la corrélation est imparfaite comme ici ($r = +0{,}378617$), la droite $X.Y$ a une pente beaucoup plus forte en valeur absolue que la droite $Y.X$. Afin de pouvoir comparer les pentes des deux droites, il faut toutefois réexprimer l'équation de la droite $X.Y$ ($\hat{X} = c + dY$) de la même façon que celle de la droite $Y.X$ ($\hat{Y} = a + bX$), c'est-à-dire avec $Y$ comme variable explicite : on obtient alors

$$Y = -(c/d) + (1/d)\,\hat{X}\ .$$

À la figure 20.2.1, $(1/d) = +2{,}80887$ tandis que $b = +0{,}402655$, ce qui reflète la divergence marquée des deux droites. Il faut donc choisir soigneusement celle des deux droites d'estimation qu'on utilise suivant la nature des questions auxquelles on cherche à répondre.

Au point de vue historique, l'usage regrettable de l'expression *droite de régression* découle d'une mauvaise interprétation par Francis Galton (1822-1911) d'un diagramme semblable à la figure 20.2.1. Si on estime (par exemple à l'aide de la droite $\hat{Y} = a + bX$) la longueur moyenne de la tête des fils dont les pères ont la tête très longue, on constate que ces fils ont la tête moins longue que leurs pères en moyenne. Galton pensa que ce résultat surprenant indiquait qu'il y avait une "régression", un retour vers la moyenne, à chaque génération. Malheureusement, cette interprétation incorrecte se heurtait au fait évident que, dans les populations humaines, animales ou végétales, la variation quantitative ou qualitative ne diminue généralement pas clairement d'une génération à l'autre. En fait, si on utilise plutôt la droite $\hat{X} = c + dY$, il semblerait qu'on puisse démontrer exactement le contraire de la conclusion de Galton, car les pères des fils qui ont la tête très longue ont la tête moins longue que leurs fils en moyenne ! – L'existence de deux droites d'estimation divergentes et susceptibles de fournir des réponses discordantes est une difficulté importante lorsqu'on étudie des relations statistiques imparfaites, et il faut beaucoup de prudence pour éviter les interprétations erronées. Dans certains cas, lorsque chacune des deux variables est sujette à des fluctuations aléatoires et qu'il s'agit de décrire leur relation commune plutôt que d'estimer l'une à partir de l'autre, il arrive même qu'aucune des deux droites d'estimation ordinaires ($Y.X$ et $X.Y$) ne soit convenable et il peut être préférable d'employer la *droite d'estimation orthogonale* ou *axe majeur* (section 20.7 et chapitre 22).

## Section 20.3: écarts résiduels et variance résiduelle

Afin de vérifier si l'utilisation d'une droite d'estimation du type $\hat{Y} = a + bX$ est justifiée dans l'analyse d'un ensemble particulier de données, il faut décomposer l'écart total $[Y - \overline{Y}]$ en deux parties (figure 20.3.1), et voir si la droite $\hat{Y} = a + bX$ passe significativement plus près des observations (figure 20.3.2, page suivante, en haut à droite) que ne le ferait la droite horizontale qui représente la moyenne ordinaire $\overline{Y}$ (figure 20.3.2, en haut à gauche). Si on considère le point figuratif $(X, Y)$ (figure 20.3.1, point noir) qui représente l'une des observations d'un échantillon, on constate que l'*écart total,* mesuré verticalement, entre ce point et la droite horizontale (pointillée) qui passe par la moyenne $\overline{Y}$ est décomposable en deux parties, l'écart dit résiduel $[Y - \hat{Y}] = [Y - (a + bX)]$ entre l'observation $(X, Y)$ et le point prédit $(X, \hat{Y})$ par la droite d'estimation $\hat{Y} = a + bX$ (figure 20.3.1, point blanc), et l'écart dit lié $[\hat{Y} - \overline{Y}] = [(a + bX) - \overline{Y}]$ entre le point prédit $(X, \hat{Y})$ et un point $(X, \overline{Y})$ ayant la même abscisse mais dont l'ordonnée est la moyenne ordinaire $\overline{Y}$ de la variable prédite. Lorsqu'il y a une relation statistique rectiligne entre deux variables $X$ et $Y$, l'*écart lié* est la partie de l'écart total qu'on se trouve à soustraire, à "éliminer", à "expliquer", en tenant compte de la présence de la relation, c'est-à-dire en utilisant la droite d'estimation $\hat{Y} = a + bX$ au lieu de la moyenne ordinaire $\overline{Y}$ comme mesure de tendance centrale.

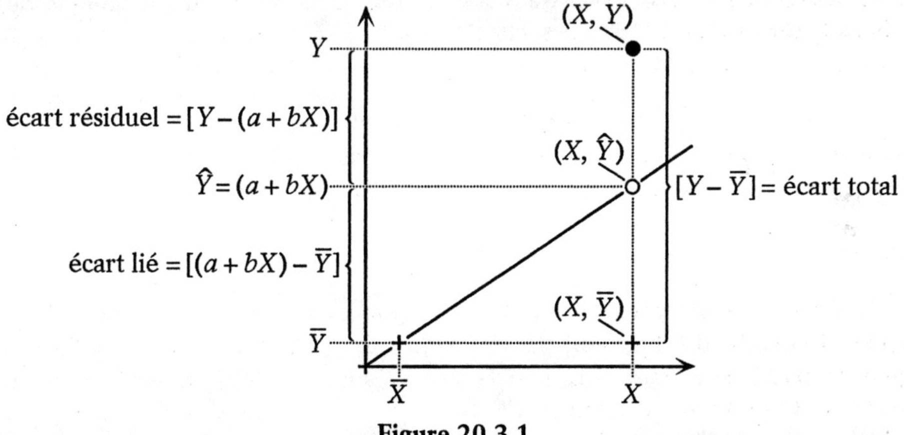


**Figure 20.3.1**
**Décomposition de l'écart total $[Y - \overline{Y}]$ entre une observation $(X, Y)$ et la moyenne $\overline{Y}$ par le point correspondant $(X, \hat{Y})$ situé sur la droite d'estimation $\hat{Y} = a + bX$.**

Quant à l'*écart résiduel,* c'est le "reste" de l'écart total, le "résidu" qu'on ne réussit pas à expliquer ou à éliminer en tenant compte de la présence de la relation. Tel qu'illustré à la figure 20.3.2 (page suivante), la somme de carrés d'écarts de la variation totale $\Sigma(Y - \overline{Y})^2$, de même que le nombre de degrés de liberté correspondant, $(N - 1)$, se décomposent de la même façon que l'écart total. En effet,

$$\Sigma(Y - \overline{Y})^2 = \Sigma\{[Y - (a + bX)] + [(a + bX) - \overline{Y}]\}^2,$$

$$= \Sigma[Y - (a + bX)]^2 + 2\Sigma[Y - (a + bX)][(a + bX) - \overline{Y}] + \Sigma[(a + bX) - \overline{Y}]^2,$$

mais $\Sigma[Y - (a + bX)][(a + bX) - \overline{Y}]$, la somme des produits des écarts résiduels et des écarts liés, s'annule lorsqu'on donne aux coefficients $a$ et $b$ les valeurs numériques obtenues suivant la méthode des moindres carrés (section 20.1, $a = \overline{Y} - b\overline{X}$ et $b = S_{XY} / S_X^2$).

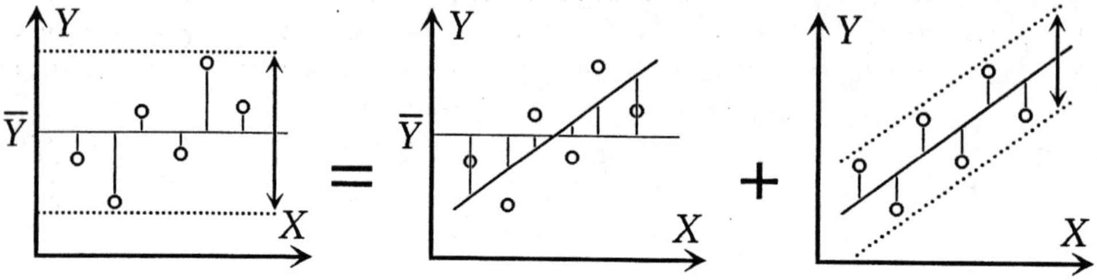


$$\Sigma(Y-\overline{Y})^2 = \Sigma[(a+bX)-\overline{Y}]^2 + \Sigma[Y-(a+bX)]^2$$

$$(N-1) = 1 + (N-2)$$

Variation totale = Variation liée + Variation résiduelle

**Figure 20.3.2** [1]

**Décomposition de la somme de carrés d'écarts totale $\Sigma[Y-\overline{Y}]^2$ en une somme de carrés d'écarts liée $\Sigma[(a+bX)-\overline{Y}]^2$ et une somme de carrés d'écarts résiduelle $\Sigma[Y-(a+bX)]^2$.**

L'analyse de variance, dont la forme la plus simple a déjà été discutée au chapitre 12, peut donc être employée pour vérifier si la droite d'estimation d'un échantillon mérite ou non d'être utilisée. Le tableau d'analyse de variance obtenu (tableau 20.3.1) permet de calculer un rapport de variances $F$ possédant $(1, N-2)$ degrés de liberté :

$$F_{(1,\,N-2)} = S^2_{\text{liée}} / S^2_{Y.X} = (N-2)\,r^2/(1-r^2)\,.$$

L'hypothèse préliminaire éprouvée ici est une hypothèse de nullité, suivant laquelle la pente de la droite d'estimation paramétrique de $Y$ à partir de $X$ serait nulle, $H_0$: $\sigma_{XY}/\sigma_X^2 = 0$. Nous n'insisterons pas davantage sur cette analyse de variance parce qu'elle est strictement équivalente à l'épreuve d'une hypothèse nulle au sujet de la pente de la droite d'estimation à l'aide de la distribution du $t$ de Student (section 20.4), une méthode qui sera plus avantageuse parce qu'elle permettra d'envisager des hypothèses contraires à sens unique au sujet de la pente.

**Tableau 20.3.1**

**Analyse de variance correspondant à une droite d'estimation.**

| Variation | SCE | D. de L. | Variance estimée |
|---|---|---|---|
| résiduelle | $\Sigma[Y-(a+bX)]^2$ | $(N-2)$ | $S^2_{Y.X} = \Sigma[Y-(a+bX)]^2/(N-2)$ |
| liée | $\Sigma[(a+bX)-\overline{Y}]^2$ | 1 | $S^2_{\text{liée}} = \Sigma[(a+bX)-\overline{Y}]^2/1$ |
| totale | $\Sigma[Y-\overline{Y}]^2$ | $(N-1)$ | $S^2_Y = \Sigma[Y-\overline{Y}]^2/(N-1)$ |

[1] Bien que cette figure et sa discussion aient été imitées dans d'autres ouvrages, leur version originale faisait partie des notes inédites d'un cours d'introduction à la biométrie donné par l'auteur à l'Université de Montréal.

Notons toutefois que la variance résiduelle, $S^2_{Y.X}$ (ou sa racine carrée, l'écart-type résiduel, $S_{Y.X}$), est particulièrement importante parce qu'elle reflète la dispersion des observations de part et d'autre de la droite d'estimation, et servira à éprouver des hypothèses et à construire des intervalles de confiance au sujet de la pente (section 20.4) ainsi qu'à délimiter des régions de confiance et de prédiction (section 20.5). Lorsqu'on calcule la variance résiduelle en pratique, on évalue la *somme de carrés d'écarts résiduelle* (on utilise aussi l'expression synonyme *somme des carrés des écarts résiduels*), désignée par les abréviations $SCE_{\text{résiduelle}}$ ou SCER, non pas à l'aide de l'expression $\Sigma[Y-(a+bX)]^2$ mais plutôt à partir des sommes centrées par la formule

$$SCE_{\text{résiduelle}} = SCER = \Sigma(Y-\overline{Y})^2 - [\Sigma(X-\overline{X})(Y-\overline{Y})]^2/\Sigma(X-\overline{X})^2.$$

On peut montrer aussi que $SCE_{\text{résiduelle}} = (1-r^2)\,\Sigma(Y-\overline{Y})^2$, où $r$ désigne le coefficient de corrélation de l'échantillon (section 19.4). Lorsqu'il y a une relation rectiligne prononcée entre deux variables, la variance résiduelle $S^2_{Y.X}$ est clairement plus faible que la variance totale $S^2_Y$, ce qui reflète le fait que la droite d'estimation passe plus proche des observations que ne le ferait la moyenne ordinaire $\overline{Y}$.

## Section 20.4: la pente *b* : épreuves d'hypothèses et intervalles de confiance

La valeur numérique de la pente $b = S_{XY}/S^2_X$ de la droite d'estimation de l'échantillon, $\hat{Y} = a + bX$, est l'estimation de la pente $\beta = \sigma_{XY}/\sigma_X^2$ de la droite d'estimation paramétrique $\hat{Y} = [\mu_Y - (\sigma_{XY}/\sigma_X^2)\mu_X] + (\sigma_{XY}/\sigma_X^2)X$ (de la population statistique). Nous désignons ici la pente paramétrique par la variante $\beta$ de la lettre grecque *bêta* pour éviter la confusion avec la forme plus fréquente $\beta$ dont nous nous sommes servi pour représenter la probabilité d'erreurs de seconde espèce (section 9.4). Les hypothèses qu'on formule concernent donc la pente paramétrique, $\beta = \sigma_{XY}/\sigma_X^2$, tandis que c'est la pente estimée, $b = S_{XY}/S^2_X$, qu'il faut évaluer pour savoir si une hypothèse peut être acceptée ou doit être rejetée. En théorie, on peut montrer que la pente estimée $b$ suit une distribution normale dont la moyenne est la pente paramétrique $\beta = \sigma_{XY}/\sigma_X^2$ et dont l'écart-type $\sigma_b$ peut être estimé par l'expression

$$S_b = S_{Y.X}/\sqrt{\Sigma(X-\overline{X})^2},$$

où $S_{Y.X}$ est l'écart-type résiduel (estimé) et $\sqrt{\Sigma(X-\overline{X})^2}$ est la racine carrée de la somme des carrés des écarts à la moyenne de la variable prédictrice. En pratique, l'écart-type paramétrique $\sigma_b$ est inconnu et on doit utiliser l'estimation $S_b$, de sorte que le critère

$$t_{(N-2)} = (b - \beta_0)/S_b\ ,$$

où $\beta_0$ désigne la valeur de la pente paramétrique selon l'hypothèse préliminaire $H_0$: $\beta = \beta_0$, suit la distribution du $t$ de Student avec $(N-2)$ degrés de liberté.

Dans le cas de l'hypothèse de nullité $H_0$: $\beta = \beta_0 = 0$, par laquelle on commence habituellement afin de vérifier si la droite d'estimation mérite d'être utilisée, le critère prend la forme simplifiée $t_{(N-2)} = b/S_b$, et on peut montrer que ce critère est égal à la valeur $t_{(N-2)} = r\sqrt{[(N-2)/(1-r^2)]}$ trouvée lors de l'épreuve de l'hypothèse $H_0$: $\rho = 0$ à la section 19.5. En outre, le carré du critère, $b^2/S_b^2$, est égal au rapport de variances $F_{(1,\,N-2)} = S^2_{\text{liée}}/S^2_{Y.X}$ trouvé à la section 20.3. Qu'on utilise la distribution du $t$ de Student ou celle du rapport de variances $F$, l'épreuve de l'hypothèse $H_0$: $\beta = \beta_0 = 0$ et celle de $H_0$: $\rho = 0$ sont donc équivalentes. Les limites des régions d'acceptation et de rejet de l'hypothèse préliminaire sont déterminées en tenant compte de la nature de l'hypothèse contraire (à double sens ou à sens unique) comme à la section 9.6, sauf qu'ici on utilise $S_b$ au lieu de $S_{\overline{Y}}$ et on a $(N-2)$ au lieu de $(N-1)$ degrés de liberté. Dans certains domaines, comme l'étude de l'allométrie (section 20.7), il arrive que, après avoir considéré l'hypothèse nulle, on possède d'autres hypothèses préliminaires qu'on désire éprouver, comme $H_0$: $\beta = \beta_0 = 2/3$, $H_0$: $\beta = \beta_0 = 1$, $H_0$: $\beta = \beta_0 = 2$, ou $H_0$: $\beta = \beta_0 = 3$, et on remplace alors $\beta_0$ par la valeur numérique appropriée lors du calcul du critère.

Lorsqu'on ne possède pas de valeur hypothétique particulière pour la pente paramétrique $\beta$, au lieu d'effectuer une épreuve d'hypothèse, on utilise plutôt l'échantillon pour déterminer les limites d'un intervalle de confiance comme à la section 9.7. Dans le cas où, s'il s'agissait d'une épreuve d'hypothèse, on aurait une hypothèse contraire à double sens, par exemple, l'intervalle de confiance de la pente de la droite d'estimation est

$$b + t_{(\alpha/2;\, N-2)} S_b \le \beta \le b + t_{(1-\alpha/2;\, N-2)} S_b .$$

En consultant simultanément la section 9.7 et la présente section, le lecteur verra comment évaluer la limite d'un intervalle de confiance à sens unique.

Quand on utilise la droite d'estimation $\hat{X} = c + dY$ de $X$ à partir de $Y$, il suffit de substituer $X$ à $Y$ et vice-versa partout dans les formules. Ainsi, l'écart-type de la pente $d$ est estimé par l'expression

$$S_d = S_{X.Y} / \sqrt{\Sigma(Y-\overline{Y})^2},$$

où $S_{X.Y}$ est l'écart-type résiduel de $X$ estimé à partir de $Y$ et $\sqrt{\Sigma(Y-\overline{Y})^2}$ est la racine carrée de la somme des carrés des écarts à la moyenne de $Y$, qui est maintenant la variable prédictrice. Toutefois, si on veut comparer l'intervalle de confiance de la pente de la droite d'estimation $X.Y$ avec celui de la pente de la droite $Y.X$, il faut avoir soin de réexprimer l'équation de la droite $X.Y$ de la même façon que celle de la droite $Y.X$ comme à la section 20.2, avec $Y$ comme variable explicite. Ainsi, tandis que l'intervalle de confiance à double sens de la pente paramétrique $\delta$ (*delta*) de la droite $X.Y$ est

$$d_1 = d + t_{(\alpha/2;\, N-2)} S_d \le \delta \le d + t_{(1-\alpha/2;\, N-2)} S_d = d_2 ,$$

l'intervalle de confiance de l'inverse $1/\delta$ de la pente est

$$1/d_2 \le 1/\delta \le 1/d_1 .$$

On doit toutefois remarquer que, tandis que l'intervalle de confiance de la pente d'une droite d'estimation est continu même lorsqu'il couvre le point zéro (parce que la relation n'est pas significative), l'intervalle de confiance de l'inverse de cette pente est alors *disjoint* et constitué de deux parties qui chevauchent la direction de l'ordonnée ($\pm\infty$), comme cela se produit parfois aussi dans le cas de la pente de l'axe majeur (figure 22.3.1, en bas, au centre):

$$-\infty \le 1/\delta \le 1/d_1$$

et

$$1/d_2 \le 1/\delta \le +\infty .$$

## Section 20.5: intervalles de confiance ou de prédiction de la variable prédite

Lorsque les méthodes de la section précédente indiquent que la droite d'estimation mérite d'être utilisée, on peut en outre vouloir préciser les marges d'incertitude qui affectent les estimations obtenues à l'aide de cette droite. Depuis l'étude de Working et Hotelling (1929), on sait que ces marges d'incertitude sont d'autant plus larges que la valeur $X_0$ de la variable prédictrice à laquelle on désire estimer la variable prédite $Y$ est éloignée de la moyenne $\overline{X}$ vers la gauche ou vers la droite. Les limites obtenues sont donc représentées par des courbes d'allure hyperbolique (figure 20.5.1).

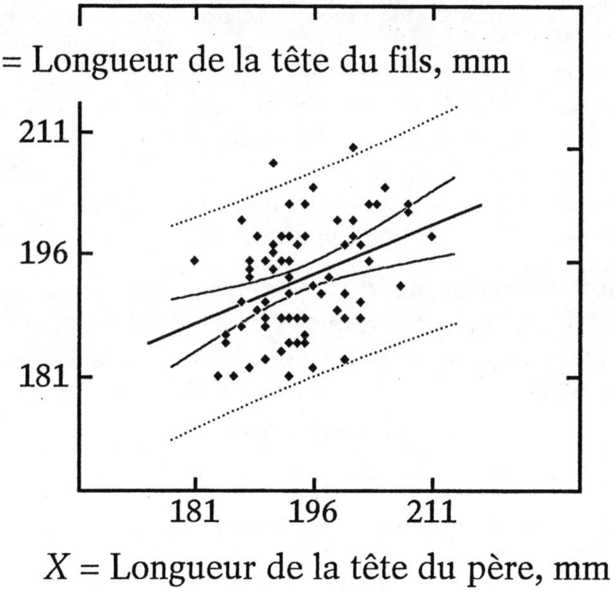


**Figure 20.5.1**
**Intervalles de confiance (traits continus) et de prédiction (traits pointillés) au seuil $\alpha = 0{,}05$ de part et d'autre de la droite d'estimation $\hat{Y} = a + bX$; longueur de la tête du père $X$ et du premier fils majeur $Y$, en mm, dans 73 familles (données extraites du travail de Frets, 1921).**

Quand la droite d'estimation est interprétée comme une sorte de *moyenne changeante*, de *moyenne ajustée* de la variable prédite $Y$, l'intervalle de confiance de la moyenne correspondant à une valeur particulière $X_0$ de la variable prédictrice (figure 20.5.1, traits continus) est délimité par la paire de courbes

$$Y = a + bX_0 + t_{(\alpha/2;\, N-2)}\, S_{Y.X} \sqrt{[(1/N) + (X_0 - \overline{X})^2 / \Sigma(X - \overline{X})^2]}$$

et

$$Y = a + bX_0 + t_{(1-\alpha/2;\, N-2)}\, S_{Y.X} \sqrt{[(1/N) + (X_0 - \overline{X})^2 / \Sigma(X - \overline{X})^2]}\,.$$

D'autre part, lorsqu'on veut savoir entre quelles limites tombera vraisemblablement une nouvelle observation individuelle $Y$ située à $X = X_0$ si elle provient de la même population statistique que l'échantillon, l'intervalle de prédiction (figure 20.5.1, traits pointillés) est beaucoup plus large et est compris entre la paire de courbes suivantes:

$$Y = a + bX_0 + t_{(\alpha/2;\,N-2)}\, S_{Y.X} \sqrt{[1+(1/N) + (X_0-\overline{X})^2/\Sigma(X-\overline{X})^2]}$$

et

$$Y = a + bX_0 + t_{(1-\alpha/2;\,N-2)}\, S_{Y.X} \sqrt{[1+(1/N) + (X_0-\overline{X})^2/\Sigma(X-\overline{X})^2]}\,.$$

Si, par exemple, on utilise une droite d'estimation pour estimer le métabolisme de base $Y$ à partir du poids du corps $X$ dans un échantillon de mammifères, l'intervalle de confiance de confiance montre quel spectre de valeurs est vraisemblable pour la moyenne du métabolisme de base correspondant à un certain poids corporel $X_0$, tandis que l'intervalle de prédiction indique à partir de quelles limites une nouvelle observation individuelle devrait être considérée comme trop extrême pour faire partie de la même population que l'échantillon.

Les intervalles de confiance et de prédiction discutés dans la présente section sont opportuns dans les contextes où il y a vraiment lieu d'estimer une variable à partir d'une autre. Lorsqu'on désire simplement une région de confiance ou de prédiction bidimensionnelle pour deux variables dont on pense qu'elles suivent une distribution normale bidimensionnelle, les régions elliptiques mentionnées aux sections 19.7, 19.8, 20.2, 22.1, 23.1 et 23.2 et au chapitre 30 sont souvent préférables.

## Section 20.6: linéarisation des relations exponentielles

Comme cela a déjà été indiqué brièvement aux sections 19.8 et 19.10, certaines relations curvilignes peuvent être transformées en lignes droites, c'est-à-dire *linéarisées,* à l'aide de transformations simples des variables. C'est le cas des relations exponentielles, du type

$$\hat{Y} = a\exp(bX)\,,$$

pour lesquelles il suffit de transformer la variable prédite $Y$ en logarithme, ce qui donne

$$\log_e(\hat{Y}) = \log_e(a) + bX\,.$$

En pratique, la variable prédictrice $X$ est le temps $t$ dans un grand nombre de relations exponentielles, de sorte qu'on écrit souvent

$$Y = a\mathrm{e}^{bt},$$

où e = 2,71828182846... est la base des logarithmes naturels. On a une croissance ou une décroissance exponentielle suivant que le coefficient $b$ est positif ou négatif.

La figure 20.6.1 illustre la croissance de plus en plus rapide d'une population (au sens biologique) de la lentille d'eau (*Lemna minor*) dans des conditions expérimentales où l'augmentation du nombre d'individus (aussi appelés *frondes* ici en langage technique) possède une allure explosive et n'est freinée par aucune contrainte d'espace, de lumière ou de nourriture. La croissance exponentielle est très importante au point de vue théorique en écologie parce que c'est la façon dont la plupart des populations d'animaux, de plantes, de protistes, de bactéries et de virus augmenteraient si elles étaient placées dans des conditions optimales et ne faisaient face à aucune limite spatiale, énergétique ou alimentaire dans leur milieu. Le nombre d'individus présents dans une population croîtrait alors selon une progression géométrique, à la manière d'un capital investi à intérêts composés, et deviendrait rapidement tellement grand que l'espace manquerait sur notre planète. Au point de vue mathématique, comme la dérivée (le taux d'augmentation) de la fonction exponentielle $f(t) = \mathrm{e}^{bt}$ lui est proportionnelle, $\mathrm{de}^{bt}/\mathrm{d}t = b\mathrm{e}^{bt}$, la fonction exponentielle convient bien pour décrire ou simuler la capacité d'autoreproduction de la matière vivante.

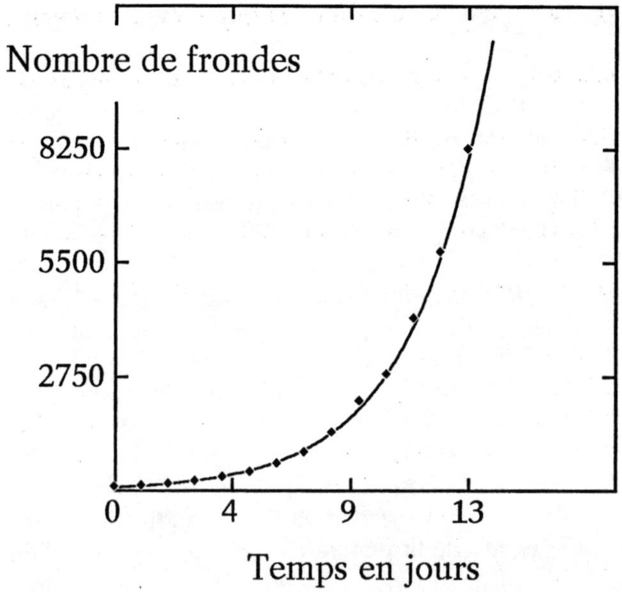


**Figure 20.6.1**
**Croissance exponentielle d'une population expérimentale de la lentille d'eau (*Lemna minor*), d'après des données de Ashby & Oxley (1935).**

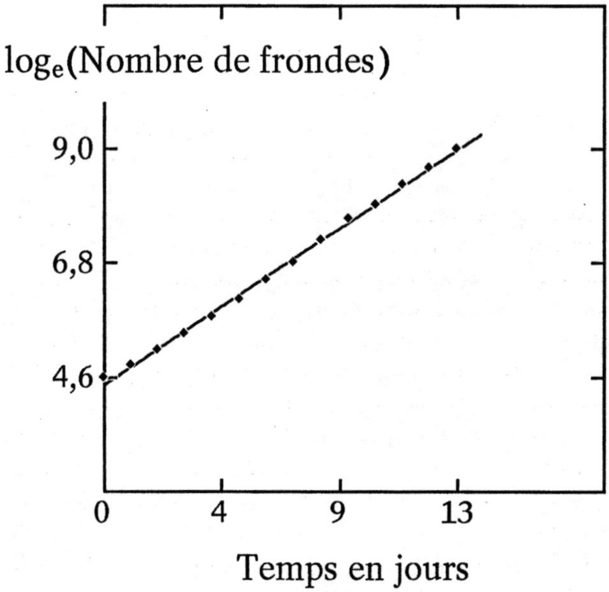


**Figure 20.6.2**
**Croissance exponentielle d'une population expérimentale de la lentille d'eau (*Lemna minor*) représentée dans un diagramme de dispersion semi-logarithmique.**

On parle parfois de ce type d'augmentation comme d'une croissance *malthusienne* parce que l'économiste anglais Thomas Robert Malthus (1766-1834) fut le premier à prévoir les inconvénients d'une croissance immodérée des populations et à préconiser une réduction de la natalité. De nos jours, on parle souvent encore de l'objectif *croissance-zéro,* paradoxalement surtout dans les pays les plus prospères. Il est évident que, même si la plupart des populations commencent leur croissance de manière exponentielle lorsqu'elles colonisent un nouveau milieu, elles rencontrent rapidement des contraintes nutritives et spatiales qui freinent et finissent par arrêter leur augmentation.

À première vue, la courbe exponentielle tracée dans la figure 20.6.1 est tout à fait différente d'une ligne droite mais, si le diagramme de dispersion est refait avec une ordonnée à graduation logarithmique ou, ce qui revient au même, en inscrivant le logarithme de la variable prédite sur l'ordonnée, les points figuratifs s'alignent le long d'une ligne droite qui a été ajustée ici selon le principe des moindres carrés (figure 20.6.2). En d'autres termes, une fois que la variable prédite $Y$ a été remplacée par son logarithme $\log_e(Y)$, il suffit de déterminer la droite d'estimation de la variable transformée $\log_e(Y)$ à partir de la variable prédictrice $X$ ou $t$ (non transformée). Pour ce qui est de l'exemple de la croissance de la population de *Lemna minor,* l'équation de cette droite est

$$\log_e(\hat{Y}) = 4{,}45545 + 0{,}348643\, t\,,$$

ce qui correspond à la courbe exponentielle

$$\hat{Y} = 86{,}0952 \exp(\, 0{,}348643\, t)$$

lorsque la relation est réexprimée quant à l'ordonnée originale.

Comme la transformation logarithmique est appliquée ici à une seule des deux variables, par opposition à ce qu'on fait dans le cas de la *fonction puissance* (sections 19.8 et 20.7), on dit que le diagramme de dispersion obtenu en linéarisant une relation exponentielle est *semi-logarithmique*. Pour que l'opération de linéarisation soit valide, soulignons qu'il faut que ce soit la variable transformée $\log_e(Y)$ dont la distribution de probabilités ressemble à la distribution normale (chapitre 5), plutôt que la variable originale $Y$. Cette supposition est toutefois assez raisonnable car la plupart des variables biologiques sont non négatives et possèdent des distributions positivement dissymétriques (chapitres 13 et 14, et section 19.8). De plus, dans le cas d'une augmentation ou d'une diminution exponentielle, l'utilisation d'une droite d'estimation ordinaire pour décrire la relation entre le logarithme de la variable prédite et la variable prédictrice $X$ est souvent satisfaisante parce que cette dernière varie généralement de façon systématique et est habituellement connue sans erreur.

Lorsque, contrairement à l'exemple que nous venons de considérer, une population biologique est placée dans des conditions nettement hostiles, son taux de natalité peut tomber à 0 tandis que son taux de mortalité peut s'élever: on assiste alors à une décroissance exponentielle. La figure 20.6.3 représente la diminution exponentielle du nombre de bactéries de l'espèce *B. typhosus*[1] après administration de phénol 0,2%, un bactéricide, selon des données compilées par Lee & Gilbert (1918).

[1] Il s'agit vraisemblablement de l'espèce responsable de la fièvre typhoïde et maintenant connue sous le nom de *Salmonella typhi.*

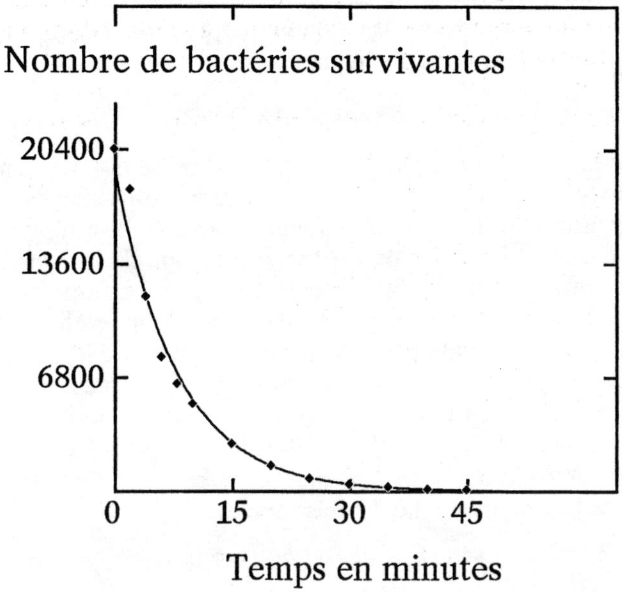


**Figure 20.6.3**
**Décroissance exponentielle d’une culture de bactéries de l’espèce *B. typhosus* après administration de phénol 0,2% (données compilées par Lee & Gilbert, 1918).**

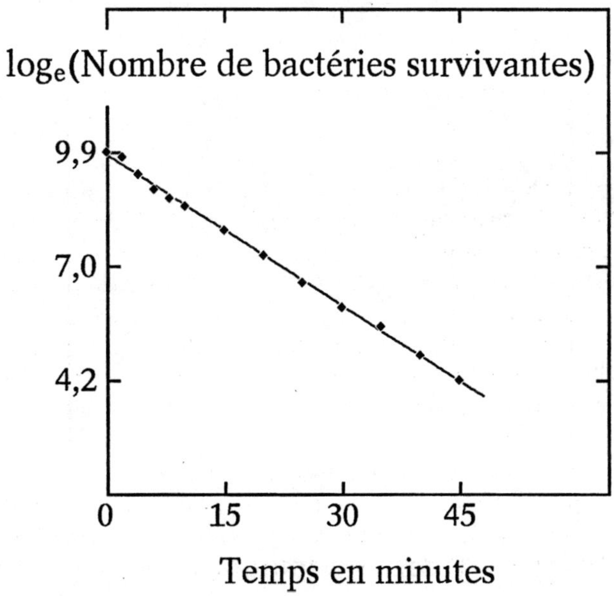


**Figure 20.6.4**
**Décroissance exponentielle d’une culture de bactéries de l’espèce *B. typhosus* après administration de phénol 0,2%, représentée dans un diagramme de dispersion semi-logarithmique.**

La courbe exponentielle décroissante tracée dans la figure 20.6.3 a elle aussi été obtenue par le principe des moindres carrés après remplacement de la variable prédite $Y$ par son logarithme $\log_e(Y)$, et possède l'équation

$$\hat{Y} = 19262{,}5 \exp(-0{,}127246\, t)\,.$$

Le diagramme de dispersion linéarisé est illustré à la figure 20.6.4. La courbe exponentielle décroissante survient aussi dans plusieurs autres contextes en biologie, par exemple lorsqu'un organisme élimine graduellement par filtration ou par son métabolisme une substance qu'on lui a injectée à titre expérimental. On observe alors une baisse exponentielle avec le temps de la concentration de cette substance dans l'organisme. Lorsque la substance a été marquée à l'aide d'un isotope radioactif, le degré de radioactivité peut diminuer non seulement à cause de la baisse de la concentration mais aussi par suite de la décomposition de l'isotope, qui a elle aussi une allure exponentielle (généralement plus lente). La figure 20.6.5 représente la diminution de l'activité radioactive des glycérophosphates dans le foie de rats auxquels on avait injecté de l'hydrogéno-phosphate de sodium ($Na_2HPO_4$) marqué avec du phosphore radioactif $^{32}P$. L'équation de cette courbe exponentielle décroissante est

$$\hat{Y} = 2{,}62378 \exp(-0{,}000826738\, t)\,.$$

On constate que, tandis que le coefficient $b$, qui multiplie la variable prédictrice $t$ dans l'exposant, était positif dans le cas de la croissance de la lentille d'eau (figures 20.6.1 et 20.6.2), il est négatif dans le cas de la décroissance de la bactérie *B. typhosus* (figures 20.6.3 et 20.6.4) et dans celui de la diminution des glycérophosphates (figure 20.6.5).

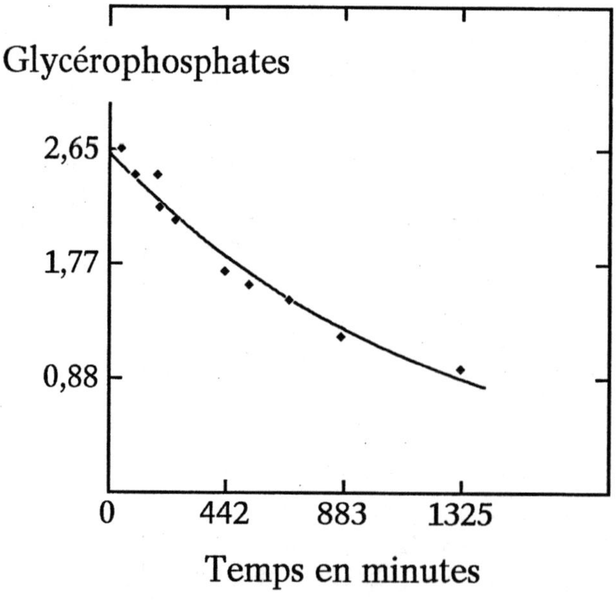


**Figure 20.6.5**
**Diminution exponentielle de l'activité radioactive des glycérophosphates dans le foie de rats après injection avec du $Na_2HPO_4$ marqué avec du phosphore radioactif $^{32}P$ (données de Popjak & Muir, 1950).**

Ce coefficient $b$ reflète la rapidité d'une augmentation ou d'une diminution exponentielle et joue un rôle descriptif important. Ainsi, l'expression $\log_e(2)/|b|$ est appelée *temps de doublement* (*doubling time* en anglais) dans le cas d'une croissance et *demi-vie* (*half-life* en anglais) dans le cas d'une décroissance exponentielle, parce qu'elle mesure la période de temps nécessaire pour que la grandeur d'une population ou la concentration d'une substance soit multipliée ou divisée par 2. Le temps de doublement et la demi-vie sont proportionnels à l'inverse de la pente d'une droite d'estimation, et il est facile d'éprouver des hypothèses ou de construire des intervalles de confiance à leur sujet (section 20.4). Ainsi, l'estimation ponctuelle du temps de doublement de la culture de lentille d'eau illustrée aux figures 20.6.1 et 20.6.2 est $\log_e(2)/|0{,}348643| = 1{,}98813$, soit approximativement 2 jours, et l'intervalle de confiance à double sens serait

$$\log_e(2)/[|b| + t_{(1-\alpha/2;\, N-2)}S_b] \le \log_e(2)/|b| \le \log_e(2)/[|b| + t_{(\alpha/2;\, N-2)}S_b] .$$

## Section 20.7: linéarisation des relations d'allométrie

On parle d'allométrie, en biologie, lorsque des variables sont reliées par une fonction puissance, du type

$$\hat{Y} = aX^b .$$

Tandis que la variable prédictrice, $X$ ou $t$, apparaît dans l'exposant de la fonction exponentielle $\hat{Y} = ae^{bX}$ (section 20.6), elle est affectée dans la fonction puissance d'un exposant $b$ qu'on appelle l'*exposant d'allométrie.* Si on prend le logarithme de chacun des 2 membres de la fonction puissance, on obtient

$$\log_e(\hat{Y}) = \log_e(a) + b\log_e(X) ,$$

ce qui montre que la relation des logarithmes des deux variables a la forme d'une ligne droite. Contrairement aux relations exponentielles, dont la linéarisation demande seulement la transformation logarithmique de la variable prédite, la linéarisation d'une relation d'allométrie (figures 20.7.1 et 20.7.2) requiert donc la transformation logarithmique des 2 variables, de sorte que le diagramme de dispersion linéarisé est dit *bilogarithmique* (figure 20.7.3).

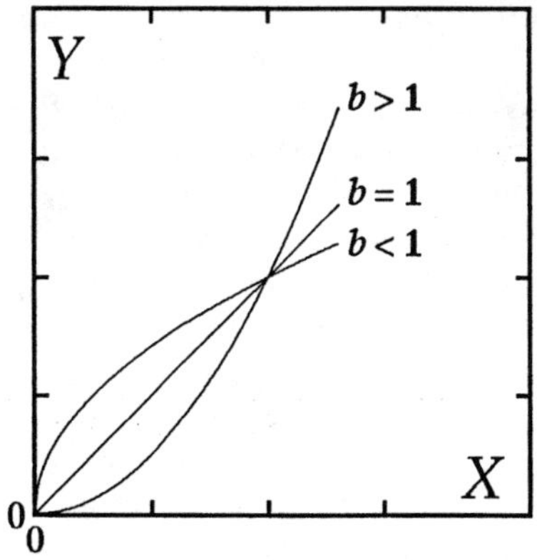


**Figure 20.7.1**
**La courbe d'allométrie passe par l'origine (0, 0) et prend la forme d'une courbe concave vers le haut lorsque l'exposant d'allométrie $b > 1$, d'une droite lorsque $b = 1$, et d'une courbe convexe vers le haut lorsque $b < 1$.**

La courbe d'allométrie passe par l'origine (0, 0) et prend la forme d'une courbe concave vers le haut lorsque l'exposant d'allométrie $b > 1$, celle d'une droite lorsque $b = 1$, et celle d'une courbe convexe vers le haut lorsque $b < 1$ (figure 20.7.1). Selon la terminologie courante, on dit qu'il y a

*allométrie positive* de $Y$ quant à $X$ lorsque l'exposant d'allométrie $b > 1$,

*isométrie* lorsque $b = 1$,

et *allométrie négative* lorsque $b < 1$.

Toutefois, cette terminologie n'est pas vraiment satisfaisante parce qu'il vaudrait mieux réserver l'expression *allométrie négative* pour les cas où $b < 0$, comme lorsqu'une dimension corporelle diminue au cours de la croissance, telle que la queue d'un têtard de grenouille au cours de la métamorphose. Quand $b < 1$, cela signifie que la variable $Y$ augmente proportionnellement moins rapidement que la variable $X$, de sorte que le rapport $(Y/X)$ est moins élevé chez les gros que chez les petits spécimens. L'isométrie correspond à la situation où le rapport $(Y/X)$ demeure constant ($Y = aX$, d'où $Y/X = a$) et peut être considérée comme un cas particulier de l'allométrie.

À titre d'exemple, la figure 20.7.2 illustre la relation entre le poids corporel, en kg, et le métabolisme de base, en kilojoules par jour, de mammifères placentaires adultes de diverses grosseurs, allant de la souris à l'éléphant. La courbe d'allométrie, représentée par un trait continu, diffère clairement de la droite correspondant à l'hypothèse d'isométrie, représentée par un trait pointillé. Il est bien connu, depuis d'assez nombreuses années, que l'activité métabolique d'une unité de biomasse est beaucoup plus intense chez une espèce d'oiseau ou de mammifère de petite taille que chez une espèce de grande taille. Ce phénomène est reflété non seulement par les mesures du métabolisme mais aussi par la consommation quotidienne de nourriture et par la rapidité de divers rythmes, dont le rythme cardiaque et le rythme respiratoire, qui sont plus rapides chez les petits que chez les gros organismes.

Bien que la principale explication proposée par les physiologistes ne rende apparemment pas compte de tous les aspects du phénomène, elle contient sans doute une part de vérité: si l'intensité du métabolisme était constante, la quantité de chaleur produite par un organisme homéotherme (à température constante) serait proportionnelle à sa masse, tandis que les pertes de chaleur seraient proportionnelles à la surface du corps. Or, si on compare des organismes de formes et de densités semblables, leur surface est proportionnelle au carré tandis que leur volume et leur masse sont proportionnels au cube de leurs dimensions linéaires (longueur, diamètre, etc.). Il s'ensuit que la surface du corps est proportionnelle à la puissance 2/3 de la masse et est relativement plus importante chez les petits que chez les gros organismes. Par conséquent, dans les habitats dont la température moyenne est basse, un petit organisme doit produire relativement plus de chaleur pour conserver une température constante et supérieure à celle du milieu. Inversement, dans les habitats dont la température moyenne est élevée, un gros organisme doit produire relativement moins de chaleur et trouver des moyens de se rafraîchir pour éviter de se surchauffer. Si le métabolisme d'une unité de biomasse est plus élevé chez les petits que chez les gros organismes, c'est sans doute en partie pour équilibrer leur bilan thermique, mais vraisemblablement aussi parce que, de manière plus générale, tous les échanges avec le milieu tendent à être proportionnels aux surfaces de l'organisme, qu'il s'agisse d'échanges thermiques, respiratoires, nutritifs, etc..

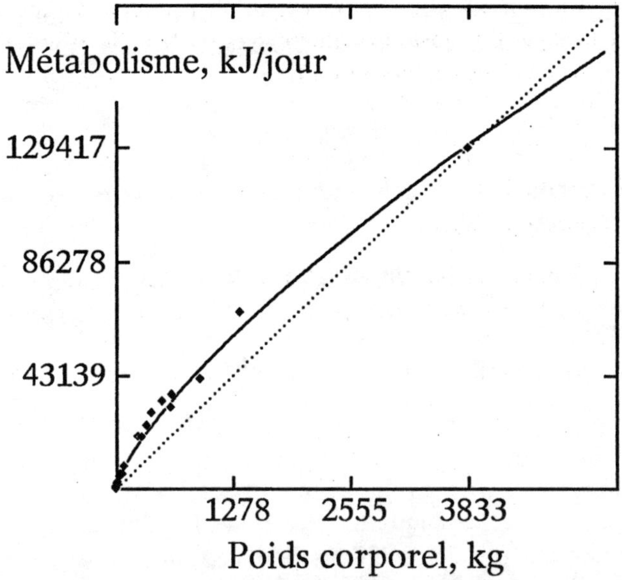


**Figure 20.7.2**
**Courbe d’allométrie (trait continu) du métabolisme basal, en kilojoules par jour, et du poids corporel, en kg, chez des mammifères placentaires adultes; le trait pointillé représente la droite hypothétique d’isométrie passant par le plus gros spécimen (données compilées par Brody, 1945).**

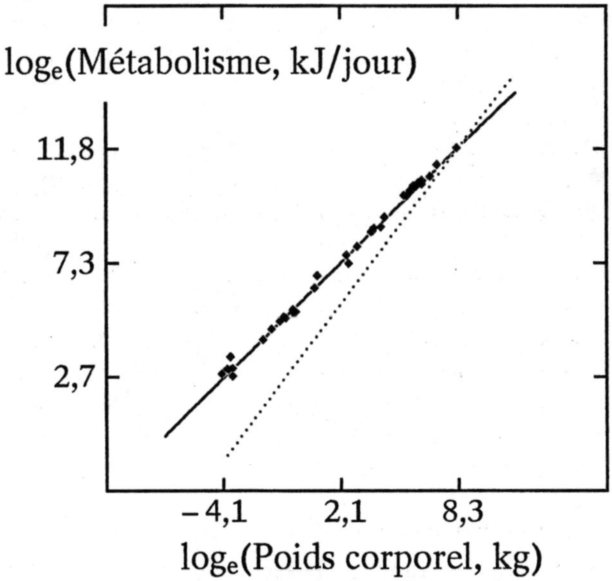


**Figure 20.7.3**
**Diagramme de dispersion bilogarithmique du métabolisme basal, en kilojoules par jour, et du poids corporel, en kg, chez des mammifères placentaires adultes; le trait continu représente la droite d’allométrie et le trait pointillé représente la droite hypothétique d’isométrie passant par le plus gros spécimen.**

En théorie, on s'attendrait donc à ce que le métabolisme total $Y$ soit proportionnel à la surface plutôt qu'à la masse, c'est-à-dire à la puissance 2/3 du poids $X$, et on aurait l'équation suivante:

$$Y = aX^{2/3}.$$

Les paramètres de la relation d'allométrie ont été estimés ici en ajustant une droite d'estimation aux logarithmes des deux variables,

$$\log_e(\hat{Y}) = 5{,}6989 + 0{,}737189 \log_e(X)\,,$$

ce qui correspond à la courbe

$$\hat{Y} = 298{,}539\, X^{0{,}737189}\,.$$

La valeur observée pour l'exposant d'allométrie, 0,737189, semble donc relativement voisine de la valeur théorique, $2/3 \doteq 0{,}666667$, et on pourrait effectuer une épreuve d'hypothèse ou déterminer un intervalle de confiance à l'aide des méthodes de la section 20.4. Au point de vue graphique, la droite d'estimation de $\log_e(Y)$ à partir de $\log_e(X)$, représentée par un trait continu dans le diagramme de dispersion bilogarithmique (figure 20.7.3), diffère clairement de la droite de pente un qui correspond à l'hypothèse d'isométrie, représentée par un trait pointillé.

Il faut toutefois souligner que l'utilisation d'une droite d'estimation ordinaire est plus difficile à justifier dans le cas d'une relation d'allométrie que dans le cas d'une relation exponentielle, parce que chacune des 2 variables d'une relation d'allométrie est habituellement affectée par des fluctuations aléatoires. Dans l'étude de l'allométrie, la *droite d'estimation orthogonale* ou *axe majeur* (section 20.2 et chapitre 22) est donc sans doute souvent préférable aux droites d'estimation ordinaires. Pour ce qui est de la double transformation logarithmique, elle est satisfaisante à la condition que la distribution de probabilités des données originales ressemble davantage à la distribution lognormale qu'à la distribution normale (chapitre 14, sections 19.8 et 30.9), mais cette supposition est souvent justifiable en biologie. Cependant, lorsqu'il arrive que la double transformation logarithmique ne suffit pas à faire disparaître complètement la courbure du nuage de points figuratifs, on parle d'*allométrie complexe* (section 35.14), par opposition à l'*allométrie simple* discutée dans la présente section. L'allométrie peut être étudiée aussi quant à plus de deux variables simultanément (sections 31.6 à 31.9, 35.12, 35.14 et 35.18). De nombreuses études d'allométrie ont été effectuées aussi chez les végétaux [voir par exemple l'article de Niklas (1994)]. La première discussion détaillée de l'allométrie en rapport avec la croissance fut publiée par Huxley (1932). La question de l'utilisation de la distribution lognormale bidimensionnelle ou multidimensionnelle dans les études de croissance a été revue par Mosimann et Campbell (1988).

## Section 20.8: interprétations causales

Le lecteur a déjà été incité à la prudence, à la section 19.9, au sujet de l'interprétation des coefficients de corrélation. Cette mise en garde est également valable dans le cas des droites d'estimation. Cette question a été l'objet de multiples controverses qu'on peut résumer en affirmant qu'il ne suffit pas, en général, d'observer une relation statistique entre deux variables pour pouvoir conclure que l'une de ces deux variables agit sur l'autre à la manière d'une cause sur un effet.

Toutefois, lorsqu’on connaît au préalable l’existence d’une relation causale, un coefficient de corrélation ou l’équation d’une droite d’estimation peuvent fournir une description quantitative tout au moins approchée de cette relation causale. Par exemple, la figure 20.8.1 représente la relation statistique croissante observée lors d’une expérience agricole entre la quantité d’engrais $X$ appliquée, en livres (la livre est une unité de masse encore utilisée aux États-Unis d’Amérique et qui vaut 454 grammes), et la quantité de paille $Y$ récoltée par lopin, en grammes.

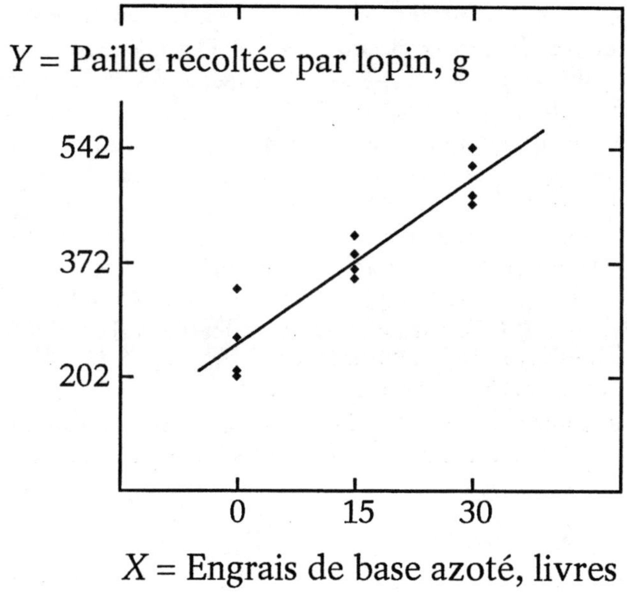


**Figure 20.8.1**
**Description quantitative, par une droite d’estimation, de la relation causale entre la quantité d’engrais appliquée en livres (1 livre = 454 grammes) et la quantité de paille récoltée, en g, lors d’une expérience agricole, d’après des données publiées par Anderson (1946).**

Or il a été démontré à de nombreuses occasions et il est maintenant bien connu que, lors d’expériences agricoles, on peut augmenter la quantité de matière végétale produite si on fertilise le sol à l’aide d’engrais naturels ou d’engrais chimiques. L’existence de cette relation causale étant déjà connue, la droite d’estimation de $Y$ à partir de $X$ peut décrire l’effet de l’addition d’engrais à la condition que la relation soit véritablement linéaire. Dans ce genre de contexte, la variable prédictrice $X$, qui est interprétée comme jouant le rôle de cause, est habituellement déterminée par l’expérimentateur et connue avec précision, de sorte que la droite d’estimation ordinaire $Y.X$ est généralement satisfaisante. Toutefois, il est pratiquement certain que, si on extrapolait vers de très fortes valeurs de $X$, la droite d’estimation ne fournirait plus des prédictions correctes parce que l’addition d’une quantité excessive d’engrais aurait vraisemblablement des effets toxiques et la quantité de paille produite cesserait d’augmenter ou pourrait même diminuer, la relation n’étant plus linéaire (voir la section 34.9). Le lecteur qui désire améliorer sa connaissance de l’estimation linéaire (et non linéaire) devrait étudier l’ouvrage de Tomassone, Audrain, Lesquoy-de Turckheim et Millier (1992).

# Chapitre 21

## L'analyse de covariance: comparaison de droites d'estimation

### Section 21.1: généralités

Lorsqu'une relation statistique rectiligne est présente entre une variable prédictrice $X$ et une variable prédite $Y$, la droite d'estimation $\hat{Y} = a + bX$ constitue une moyenne conditionnelle de $Y$ étant donné $X$, c'est-à-dire une mesure de tendance centrale de $Y$ qui change suivant la valeur de $X$ (section 20.1). La méthode d'analyse de variance (chapitre 12), qui permet de comparer les valeurs moyennes de plusieurs groupes de données, peut donc être adaptée à la comparaison de plusieurs droites d'estimation, puisque ces dernières sont en définitive des moyennes modifiées. Bien que l'appellation *analyse de covariance* soit plus ou moins adéquate, elle est couramment employée pour désigner la version de l'analyse de variance qui s'applique aux droites d'estimation. Tandis que l'analyse de variance (chapitre 12) correspond fondamentalement à la décomposition de la somme des carrés des écarts entre les valeurs observées $Y$ et la moyenne $\overline{Y}$,

$$\text{SCE} = \Sigma(Y - \overline{Y})^2 = \Sigma Y^2 - (\Sigma Y)^2/N,$$

l'analyse de covariance porte sur la décomposition de la somme des carrés des écarts résiduels (abréviations: $\text{SCE}_{\text{résiduelle}}$ ou SCER; section 20.3) entre les observations $Y$ et la droite d'estimation $\hat{Y} = a + bX$,

$$\text{SCER} = \Sigma(Y - \hat{Y})^2 = \Sigma[Y - (a + bX)]^2 = \Sigma(Y - \overline{Y})^2 - [\Sigma(X - \overline{X})(Y - \overline{Y})]^2/\Sigma(X - \overline{X})^2.$$

Lorsqu'il y a une relation rectiligne marquée entre les variables $X$ et $Y$, les variances résiduelles sont plus faibles que les variances totales, et l'analyse de covariance est plus sensible que l'analyse de variance.

### Section 21.2: décomposition de la somme de carrés d'écarts résiduelle totale

Comme l'analyse de variance (chapitre 12), l'analyse de covariance permet d'effectuer une comparaison globale de plusieurs groupes. Afin de simplifier la discussion, nous nous limiterons toutefois d'abord au cas le plus simple où il y a seulement deux groupes. La figure 21.2.1 et le tableau 21.2.1 illustrent trois façons possibles de calculer les sommes de carrés d'écarts résiduelles.

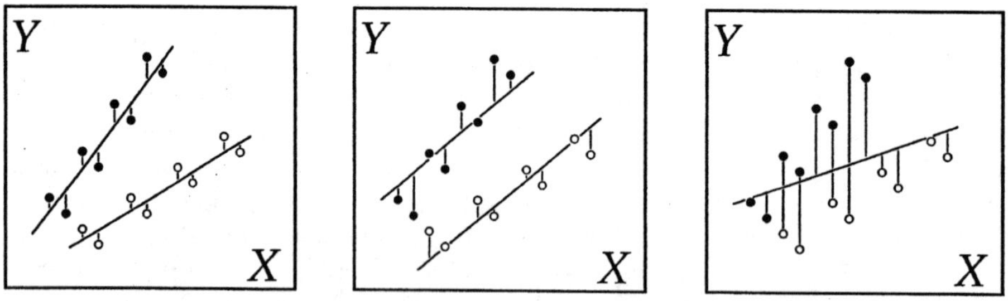


**Figure 21.2.1**
**Sommes de carrés d'écarts résiduelles avec 2 droites différentes (à gauche), 2 droites parallèles (au centre), et 2 droites identiques c'est-à-dire une seule et même droite (à droite).**

# Tableau 21.2.1

## Trois façons de calculer les sommes de carrés d'écarts résiduelles.

(1) Groupes réunis au stade des sommes résiduelles: droites différentes

$$\left.\begin{matrix}\begin{bmatrix} N & \Sigma X & \Sigma Y \\ & \Sigma X^2 & \Sigma XY \\ & & \Sigma Y^2 \end{bmatrix}_1 \longrightarrow \begin{bmatrix} \Sigma(X-\overline{X})^2 & \Sigma(X-\overline{X})(Y-\overline{Y}) \\ & \Sigma(Y-\overline{Y})^2 \end{bmatrix}_1 \longrightarrow \Sigma[Y-(a+bX)]_1^2 \\ \begin{bmatrix} N & \Sigma X & \Sigma Y \\ & \Sigma X^2 & \Sigma XY \\ & & \Sigma Y^2 \end{bmatrix}_2 \longrightarrow \begin{bmatrix} \Sigma(X-\overline{X})^2 & \Sigma(X-\overline{X})(Y-\overline{Y}) \\ & \Sigma(Y-\overline{Y})^2 \end{bmatrix}_2 \longrightarrow \Sigma[Y-(a+bX)]_2^2 \end{matrix}\right\} \longrightarrow \sum_{g=1}^{C} \Sigma[Y-(a+bX)]_g^2 = \text{SCER}_{\text{intragroupes}}$$

(2) Groupes réunis au stade des sommes centrées: droites parallèles

$$\left.\begin{matrix}\begin{bmatrix} N & \Sigma X & \Sigma Y \\ & \Sigma X^2 & \Sigma XY \\ & & \Sigma Y^2 \end{bmatrix}_1 \longrightarrow \begin{bmatrix} \Sigma(X-\overline{X})^2 & \Sigma(X-\overline{X})(Y-\overline{Y}) \\ & \Sigma(Y-\overline{Y})^2 \end{bmatrix}_1 \\ \begin{bmatrix} N & \Sigma X & \Sigma Y \\ & \Sigma X^2 & \Sigma XY \\ & & \Sigma Y^2 \end{bmatrix}_2 \longrightarrow \begin{bmatrix} \Sigma(X-\overline{X})^2 & \Sigma(X-\overline{X})(Y-\overline{Y}) \\ & \Sigma(Y-\overline{Y})^2 \end{bmatrix}_2 \end{matrix}\right\} \longrightarrow \begin{bmatrix} \sum_{g=1}^{C} \Sigma(X-\overline{X})^2 & \sum_{g=1}^{C} \Sigma(X-\overline{X})(Y-\overline{Y}) \\ & \sum_{g=1}^{C} \Sigma(Y-\overline{Y})^2 \end{bmatrix}_{//} \longrightarrow \Sigma[Y-(a+bX)]_{//}^2 = \text{SCER}_{//}$$

(3) Groupes réunis au stade des sommes brutes: droites identiques (une seule droite)

$$\left.\begin{matrix}\begin{bmatrix} N & \Sigma X & \Sigma Y \\ & \Sigma X^2 & \Sigma XY \\ & & \Sigma Y^2 \end{bmatrix}_1 \\ \begin{bmatrix} N & \Sigma X & \Sigma Y \\ & \Sigma X^2 & \Sigma XY \\ & & \Sigma Y^2 \end{bmatrix}_2 \end{matrix}\right\} \longrightarrow \begin{bmatrix} N & \Sigma X & \Sigma Y \\ & \Sigma X^2 & \Sigma XY \\ & & \Sigma Y^2 \end{bmatrix}. \longrightarrow \begin{bmatrix} \Sigma(X-\overline{X})^2 & \Sigma(X-\overline{X})(Y-\overline{Y}) \\ & \Sigma(Y-\overline{Y})^2 \end{bmatrix}. \longrightarrow \Sigma[Y-(a+bX)]_.^2 = \text{SCER}_{\text{totale}}$$

Si on savait à l'avance que les échantillons comparés proviennent de populations statistiques différentes, la façon la plus logique de procéder consisterait à calculer les sommes de carrés d'écarts résiduelles (SCER) séparément pour chaque groupe [figure 21.2.1, à gauche; tableau 21.2.1, (1)]. Si on savait au contraire que les échantillons proviennent d'une seule et même population statistique (ou de populations identiques, ce qui revient au même au point de vue statistique), on devrait plutôt réunir les groupes dès le début des calculs, c'est-à-dire au stade des sommes brutes [figure 21.2.1, à droite; tableau 21.2.1, (3)]. La figure 21.2.1 montre comment les sommes de carrés d'écarts résiduelles sont plus faibles lorsqu'on les calcule pour chaque groupe isolément avant d'en faire l'addition (figure 21.2.1, à gauche) que lorsqu'on réunit les données en un groupe unique avant d'effectuer les calculs (figure 21.2.1, à droite).

Comme dans l'analyse de variance (chapitre 12), les résultats d'une analyse de covariance sont habituellement présentés dans un tableau, que nous avons dressé ici pour le cas général d'un nombre quelconque, $C$, de groupes (tableau 21.2.2). On peut toutefois revenir facilement au cas le plus simple, où il y a seulement 2 groupes, si on pose $C=2$. En additionnant les sommes de carrés d'écarts résiduelles calculées pour chaque groupe isolément, on obtient la *somme de carrés d'écarts résiduelle intragroupes,* inscrite sur la ligne "$C$ droites différentes" dans le tableau 21.2.2, et appelée aussi *somme de carrés d'écarts résiduelle commune,*

$$\text{SCER}_{\text{intragroupes}} = \sum_{g=1}^{C} \Sigma[Y-(a+bX)]_g^2\,;$$

et, en soustrayant cette dernière de la somme de carrés d'écarts résiduelle totale, $\Sigma[Y-(a+bX)]^2$, on obtiendrait une SCER intergroupes à laquelle serait associé un nombre de degrés de liberté égal à $(2C-2)=2(C-1)$, c'est-à-dire 2 degrés de liberté lorsque $C=2$. Entre les deux façons extrêmes d'effectuer les calculs (gauche et droite de la figure 21.2.1; (1) et (3) dans le tableau 21.2.1; lignes "$C$ droites différentes" et "Une seule droite" dans le tableau 21.2.2), il existe toutefois une façon intermédiaire de procéder, qui consiste à réunir les groupes au stade des sommes centrées, et on peut vérifier que la SCER obtenue de cette façon,

$$\text{SCER}_{//} = \Sigma[Y-(a+bX)]^2_{//}\,,$$

correspond à l'ajustement de droites d'estimation parallèles, c'est-à-dire pouvant avoir des positions différentes mais ayant des pentes semblables. En effet, la pente de la droite d'estimation $\hat{Y}=a+bX$ étant estimée par l'expression

$$b = S_{XY}/S_X^2 = \Sigma(X-\overline{X})(Y-\overline{Y})/\Sigma(X-\overline{X})^2\,,$$

on se trouve implicitement à utiliser la même pente pour tous les groupes lorsque les sommes centrées sont additionnées avant de calculer les sommes de carrés d'écarts résiduelles. La somme de carrés d'écarts résiduelle avec $C$ droites parallèles est évaluée par l'expression

$$\Sigma[Y-(a+bX)]^2_{//} = \sum_{g=1}^{C} \Sigma(Y-\overline{Y})_g^2 - \Big[\sum_{g=1}^{C} \Sigma(X-\overline{X})(Y-\overline{Y})_g\Big]^2 \Big/ \sum_{g=1}^{C} \Sigma(X-\overline{X})_g^2\,.$$

# Tableau 21.2.2
## Analyse de covariance.

| Variation | Sommes centrées | | | D.deL. | SCE résiduelle (SCER) | D. de L. | Variance |
|---|---|---|---|---|---|---|---|
| Groupe 1 | $\Sigma(X-\overline{X})^2_1$ | $\Sigma(X-\overline{X})(Y-\overline{Y})_1$ | $\Sigma(Y-\overline{Y})^2_1$ | $N_1-1$ | $\Sigma[Y-(a+bX)]^2_1$ | $N_1-2$ | $S^2_{Y.x_1}$ |
| . . . | . . . | . . . | . . . | . . . | . . . | . . . | . . . |
| Groupe $C$ | $\Sigma(X-\overline{X})^2_C$ | $\Sigma(X-\overline{X})(Y-\overline{Y})_C$ | $\Sigma(Y-\overline{Y})^2_C$ | $N_C-1$ | $\Sigma[Y-(a+bX)]^2_C$ | $N_C-2$ | $S^2_{Y.x_C}$ |
| $C$ droites différentes | | | | | $SCER_{intra}=\sum_{g=1}^{C}\Sigma[Y-(a+bX)]^2_g$ | $N.-2C$ | $S^2_{Y.x\,intragroupes}$ |
| Différences de pentes | | | | | $SCER_{//}$ - $SCER_{intragroupes}$ | $C-1$ | $S^2_{pentes}$ |
| $C$ droites parallèles | $\sum_{g=1}^{C}\Sigma(X-\overline{X})^2_g$ | $\sum_{g=1}^{C}\Sigma(X-\overline{X})(Y-\overline{Y})_g$ | $\sum_{g=1}^{C}\Sigma(Y-\overline{Y})^2_g$ | $N.-C$ | $SCER_{//}=\Sigma[Y-(a+bX)]^2_{//}$ | $N.-C-1$ | $S^2_{Y.x//}$ |
| Différences de positions | | | | | $SCER_{totale}$ - $SCER_{//}$ | $C-1$ | $S^2_{positions}$ |
| Une seule droite | $\Sigma(X-\overline{X})^2_.$ | $\Sigma(X-\overline{X})(Y-\overline{Y}).$ | $\Sigma(Y-\overline{Y})^2_.$ | $N.-1$ | $SCER_{totale}=\Sigma[Y-(a+bX)]^2_.$ | $N.-2$ | $S^2_{Y.x\,totale}$ |

En contrastant la $SCER_{//}$ d'une part avec la SCER intragroupes et d'autre part avec la SCER totale, on peut donc décomposer la SCER intergroupes elle-même en 2 parties possédant chacune $(C-1)$ degrés de liberté,

$$SCER_{\text{pentes}} \quad \text{et} \quad SCER_{\text{positions}} ,$$

qui reflètent respectivement les différences de pentes et les différences de positions entre les droites d'estimation des groupes comparés.

La variance estimée est obtenue de la même façon sur chaque ligne du tableau d'analyse de covariance (tableau 21.2.2): en divisant la quantité inscrite dans la colonne SCE résiduelle (SCER) par le nombre de degrés de liberté inscrit à sa droite. Dans le cas du groupe 1, par exemple, on a

$$S^2_{Y.X_1} = \Sigma[Y-(a+bX)]^2_1/(N_1-2) .$$

## Section 21.3: épreuves d'hypothèses

L'hypothèse préliminaire que les droites d'estimation des groupes comparés ont des pentes paramétriques égales est éprouvée à l'aide du rapport de variances

$$S^2_{\text{pentes}}/S^2_{Y.X\ \text{intragroupes}} ,$$

la région d'acceptation étant

$$S^2_{\text{pentes}}/S^2_{Y.X\ \text{intragroupes}} \leq F_{(1-\alpha;\ C-1,\ N.-2C)} .$$

Lorsque l'hypothèse précédente, d'égalité des pentes paramétriques, est acceptée, on procède ensuite à l'épreuve de l'hypothèse que les droites d'estimation des groupes comparés ont en outre la même position, à l'aide du rapport de variances

$$S^2_{\text{positions}}/S^2_{Y.X//} ,$$

la région d'acceptation étant

$$S^2_{\text{positions}}/S^2_{Y.X//} \leq F_{(1-\alpha;\ C-1,\ N.-C-1)} .$$

Par contre, lorsque l'hypothèse d'égalité des pentes paramétriques est rejetée, on s'abstient habituellement d'éprouver l'hypothèse de similitude des positions, car deux droites de pentes différentes ont nécessairement un point commun et la question de la similitude de leurs positions ne pourrait pas être posée sans équivoque. Lorsque l'hypothèse d'égalité des pentes est acceptée, le fait de traiter séparément la SCER correspondant aux différences de pentes est considéré comme inopportun, et on utilise la variance résiduelle avec droites parallèles, $S^2_{Y.X//}$, qui possède $N.-C-1$ degrés de liberté, comme dénominateur pour éprouver l'hypothèse de similitude des positions.

## Section 21.4: un exemple limnologique

Des limnologistes ont déterminé le pH de l'eau, $X$, et le pourcentage de matière organique des sédiments, $Y$, de lacs de l'État du Wisconsin (Juday, Birge et Meloche, 1941) et de la côte atlantique du Canada (Hayes et Anthony, 1958). Les données et les droites d'estimation de $Y$ à partir de $X$ sont représentées à la figure 21.4.1, et les droites d'estimation des deux groupes de données sont comparées par une analyse de covariance au tableau 21.4.1.

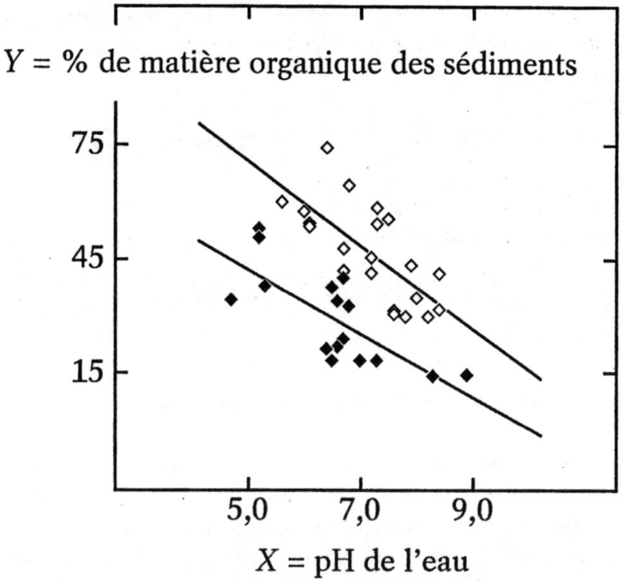


**Figure 21.4.1**
**Relation entre le pourcentage de matière organique des sédiments *Y* et le pH de l'eau *X* de lacs du Wisconsin (points blancs) et de la côte atlantique du Canada (points noirs); données de Juday, Birge et Meloche (1941) et de Hayes et Anthony (1958).**

**Tableau 21.4.1**
**Analyse de covariance: comparaison des droites d'estimation du pourcentage de matière organique des sédiments à partir du pH de l'eau de lacs du Wisconsin et de la côte atlantique du Canada.**

| Nature de la variation | $\Sigma(X-\bar{X})^2$ | $\Sigma(X-\bar{X})(Y-\bar{Y})$ | $\Sigma(Y-\bar{Y})^2$ | Degrés de liberté | $\Sigma[Y-(a+bX)]^2$ | Degrés de liberté | Variance |
|---|---|---|---|---|---|---|---|
| Côte atlantique | 18,1194 | −152,533 | 2301,6 | 15 | 1017,54 | 14 | 72,6818 |
| Wisconsin | 13,5124 | −149,015 | 3283,66 | 20 | 1640,33 | 19 | 86,3331 |
| intragroupes | – | – | – | – | 2657,87 | 33 | 80,5416 |
| diff. de pentes | – | – | – | – | 52,7176 | 1 | 52,7176 |
| droites parallèles | 31,6318 | −301,548 | 5585,27 | 35 | 2710,59 | 34 | 79,7233 |
| diff. de positions | – | – | – | – | 4481,66 | 1 | 4481,66 |
| Ensemble global | 35,3189 | −200,864 | 8334,6 | 36 | 7192,26 | 35 | 205,493 |

L'hypothèse que les pentes paramétriques des deux droites sont identiques peut être conservée ($F_{(1,\ 33)} = 0{,}654539$, $P > 0{,}05$), mais l'hypothèse que les droites ont la même ordonnée à l'origine doit être rejetée ($F_{(1,\ 34)} = 56{,}2153$, $P < 0{,}001$). On peut donc conclure que le pourcentage de matière organique des sédiments diminue de la même façon dans les lacs des deux régions, mais que, à pH égal, ce pourcentage est plus élevé au Wisconsin que sur la côte atlantique. Le fait que le pourcentage de matière organique des sédiments lacustres est plus élevé au Wisconsin que sur la côte atlantique pourrait être expliqué soit par une plus grande productivité des lacs du Wisconsin soit par une plus grande abondance de sédiments inorganiques sur la côte atlantique.

Pour ce qui est de l'augmentation du pourcentage de matière organique des sédiments avec la baisse du pH de l'eau, elle pourrait être interprétée comme un effet de l'inhibition des activités bactériennes (y compris la décomposition de débris d'animaux et de plantes) par l'acidité du milieu. Une explication semblable a d'ailleurs été proposée dans le cas de la préservation remarquable de cadavres d'hommes de l'ère quaternaire découverts dans des tourbières au Danemark.

Les droites d'estimation des deux échantillons, établies à l'aide de la méthode des moindres carrés, possèdent les équations suivantes:

Côte atlantique: $\hat{Y} = 84{,}2056 - 8{,}41823\,X$;

Wisconsin: $\hat{Y} = 125{,}71 - 11{,}0280\,X$.

La valeur numérique obtenue pour l'estimation de l'ordonnée à l'origine de la droite du Wisconsin (125,71) appelle un commentaire: il serait évidemment absurde de prétendre que le pourcentage de matière organique des sédiments $Y$ atteindrait 125,71% lorsque le pH de l'eau $X$ serait égal à 0. Comme la variable $Y$ est un pourcentage, sa valeur ne peut clairement être ni inférieure à 0 ni supérieure à 100. Ici, comme aux sections 20.1 et 20.8, il faut donc éviter d'utiliser la droite d'estimation pour extrapoler loin à l'extérieur de l'étendue couverte par les données. Si on désirait un modèle mathématique permettant de décrire la relation du pourcentage de matière organique des sédiments avec le pH de l'eau correctement de manière plus générale, il vaudrait mieux se servir d'une fonction non linéaire asymptotique, comme la fonction logistique décroissante

$$\hat{Y} = a/\{1 + \exp[(X-b)/c]\}$$

(la fonction logistique croissante est discutée à la section 35.10). L'ajustement d'une telle fonction serait toutefois plus laborieux que celui d'une droite d'estimation, et la comparaison de deux courbes asymptotiques par une analyse de covariance serait approximative. Les droites d'estimation précédentes fournissent une analyse satisfaisante à la condition d'être utilisées avec prudence.

## Section 21.5: possibilités et limites de l'analyse de covariance

Lorsque deux variables jouent clairement l'une le rôle de variable prédictrice *(X)* et l'autre le rôle de variable prédite *(Y)*, l'analyse de covariance est souvent non seulement appropriée mais encore très efficace. L'analyse de covariance peut être employée aussi dans le cas de la ***régression multiple*** (chapitres 23 et 25), où il y a plus d'une variable prédictrice. Par contre, lorsque les variables $X$ et $Y$ sont toutes deux sujettes à des fluctuations aléatoires, et qu'il s'agit de décrire leur relation commune plutôt que d'estimer l'une à partir de l'autre, l'analyse de covariance est d'utilité douteuse: en effet, deux analyses de covariance différentes sont alors possibles selon qu'on estime $Y$ à partir de $X$ ou vice–versa (section 20.2), et les conclusions de ces deux analyses peuvent être contradictoires. Quand on analyse des données pour lesquelles les droites d'estimation ordinaires ne sont pas recommandables, il est possible de comparer deux ou plusieurs groupes d'observations quant à deux ou plusieurs variables simultanément à l'aide de méthodes statistiques multidimensionnelles, comme la distribution du $T^2$ de Hotelling (chapitre 30) ou l'analyse discriminante (chapitres 32 et 33). L'article de Cochran (1957) servit d'introduction à un numéro spécial du périodique *Biometrics* sur l'analyse de covariance.

# Chapitre 22
## La droite d'estimation orthogonale ou *axe majeur*

### Section 22.1: généralités

Comme cela a déjà été mentionné au cours des chapitres précédents (sections 20.2, 20.7, et 21.5), les droites d'estimation ordinaires minimisent la somme des carrés des écarts résiduels dans la direction d'une seule des deux variables: la somme des carrés des écarts résiduels est minimisée parallèlement à l'ordonnée dans le cas de la droite $Y.X$ d'estimation de $Y$ à partir de $X$ (figure 22.1.1, à gauche) mais parallèlement à l'abscisse dans le cas de la droite $X.Y$ d'estimation de $X$ à partir de $Y$ (figure 22.1.1, à droite). Les droites d'estimation ordinaires sont donc convenables soit (1) lorsque la variation aléatoire affecte surtout ou seulement une des deux variables (sections 20.6 et 20.8) soit (2) lorsque la variation aléatoire affecte les deux variables mais il s'agit clairement d'estimer l'une des deux variables à partir de l'autre. Or il arrive assez souvent en biologie (voir la section 20.7, par exemple) et dans d'autres domaines que les variables $X$ et $Y$ sont affectées toutes deux par des fluctuations aléatoires, et qu'on a besoin de décrire leur relation commune plutôt que d'estimer l'une à partir de l'autre. Les droites d'estimation ordinaires sont alors insatisfaisantes, entre autres parce qu'il y en a deux, parce qu'elles peuvent donner des réponses contradictoires (section 20.2), et parce qu'on n'a pas plus de raisons de choisir la droite $Y.X$ que la droite $X.Y$. Lorsqu'on pense que les fluctuations aléatoires des deux variables sont approximativement d'égale importance, on peut utiliser la *droite d'estimation orthogonale* (aussi appelée *droite de régression orthogonale*), qui minimise la somme des carrés des écarts résiduels perpendiculairement à elle-même (figure 22.1.1, au centre), de sorte qu'elle se trouve à tenir compte simultanément des fluctuations des deux variables. La droite d'estimation orthogonale est souvent appelée aussi *axe majeur* parce que la droite d'estimation orthogonale paramétrique (de la population statistique) coïncide avec l'axe majeur des *ellipses d'égale densité de probabilité* d'une distribution normale bidimensionnelle (section 19.2; voir aussi les sections 30.8 et 31.1).

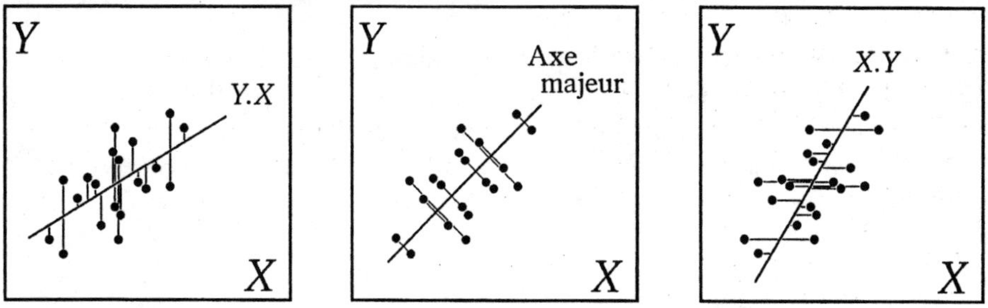


**Figure 22.1.1**
**Trois façons d'appliquer le principe des moindres carrés à l'ajustement d'une droite d'estimation: minimisation de la somme des carrés des écarts verticaux par la droite *Y.X* à gauche, de la somme des carrés des écarts perpendiculaires par la droite d'estimation orthogonale au centre, et de la somme des carrés des écarts horizontaux par la droite *X.Y* à droite.**

La figure 22.1.2 représente l'axe majeur de l'ensemble de données déjà discuté à la section 20.2 et illustré à la figure 20.2.1. La pente de l'axe majeur est ici $k = +1{,}17582$ et est donc intermédiaire entre la pente ($b = +0{,}402655$) de la droite d'estimation $Y.X$ et l'inverse ($1/d = +2{,}80887$) de la pente de la droite d'estimation $X.Y$. Dans le cas de ces données, sur la relation entre la longueur de la tête du père et du fils, l'utilisation de l'axe majeur, de préférence aux droites d'estimation ordinaires, contribuerait à résoudre le paradoxe de Francis Galton (section 20.2; voir aussi la section 22.3).

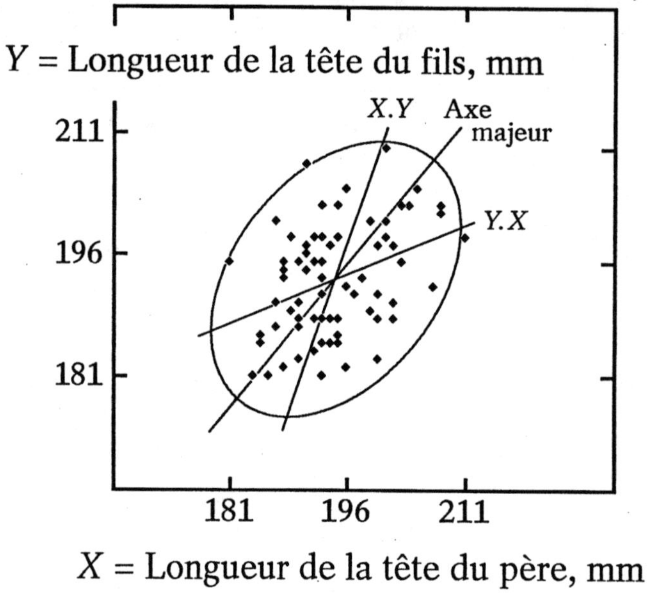


**Figure 22.1.2**
**Ellipse de prédiction, au seuil $\alpha = 0{,}05$, de la longueur de la tête du père $X$ et du premier fils majeur $Y$, en mm, dans 73 familles; la pente de la droite d'estimation orthogonale ou axe majeur est intermédiaire entre la pente de la droite d'estimation $Y.X$ et l'inverse de la pente de la droite d'estimation $X.Y$ (données de Frets, 1921).**

## Section 22.2: estimation selon le principe des moindres carrés

La figure 22.2.1 illustre la façon particulière dont le principe des moindres carrés est appliqué dans le cas de l'axe majeur. À chaque paire d'observation $(X, Y)$ correspond un point $(\hat{X}, \hat{Y})$ situé au pied de la perpendiculaire abaissée du point observé $(X, Y)$ sur la droite d'estimation orthogonale dont la pente, qu'il faut estimer, est désignée par $k$. L'écart entre le point observé $(X, Y)$ et le point prédit $(\hat{X}, \hat{Y})$ est donc l'hypothénuse d'un triangle rectangle dont les deux autres côtés sont les écarts dans la direction de l'abscisse et de l'ordonnée, $(X - \hat{X})$ et $(Y - \hat{Y})$. On a donc

$$\text{Écart orthogonal} = \sqrt{[(X-\hat{X})^2 + (Y-\hat{Y})^2]}$$

mais, comme le point prédit $(\hat{X}, \hat{Y})$ est situé à l'intersection de l'axe majeur, dont la pente est $k = \text{tg}(f)$, et de sa perpendiculaire, qui passe aussi par le point observé $(X, Y)$ et dont la pente est $-1/k$, les coordonnées du point prédit peuvent être réexprimées entièrement en fonction de celles du point observé ainsi que de la pente $k$ qu'on veut estimer.

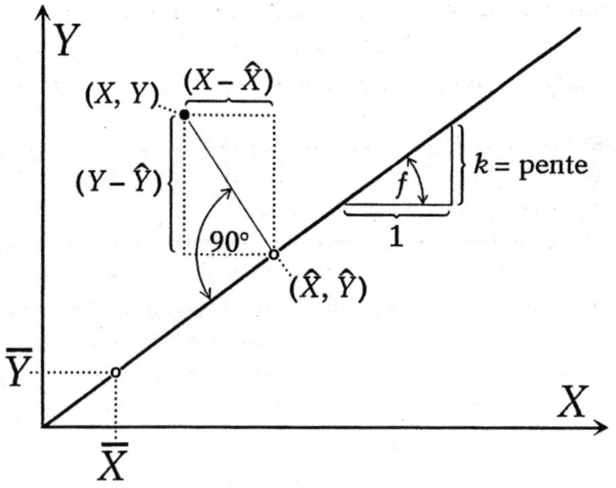


**Figure 22.2.1**
**Décomposition en deux composantes $(X - \hat{X})$ et $(Y - \hat{Y})$ de l'écart orthogonal entre une observation $(X, Y)$ et le point correspondant $(\hat{X}, \hat{Y})$ situé sur l'axe majeur.**

On peut montrer finalement que la somme des carrés des écarts orthogonaux est

$$\sum_{h=1}^{N} [(X - \hat{X})^2 + (Y - \hat{Y})^2] = \frac{(N-1)[S_X^2 k^2 - 2S_{XY}k + S_Y^2]}{(k^2+1)}$$

et, si on pose que la dérivée de cette quantité par rapport à la pente $k$ est nulle, on obtient une équation du second degré,

$$S_{XY}k^2 + (S_X^2 - S_Y^2)k - S_{XY} = 0\,,$$

dont les deux racines sont

$$k_{\mathrm{I}} = \{(S_Y^2 - S_X^2) + \sqrt{[(S_Y^2 - S_X^2)^2 + 4\,S_{XY}^2]}\}/(2\,S_{XY})$$

et

$$k_{\mathrm{II}} = \{(S_Y^2 - S_X^2) - \sqrt{[(S_Y^2 - S_X^2)^2 + 4\,S_{XY}^2]}\}/(2\,S_{XY})\,.$$

L'étude de ces deux racines montre que $k_{\mathrm{I}}$ a le même signe que la covariance $S_{XY}$ et minimise la somme des carrés des écarts résiduels tandis que $k_{\mathrm{II}} = -1/k_{\mathrm{I}}$ a le signe contraire de la covariance et maximise la somme des carrés des écarts résiduels. $k_{\mathrm{I}}$ est donc la pente de l'axe majeur de l'échantillon, qu'on veut déterminer, tandis que $k_{\mathrm{II}}$ est la pente de l'axe mineur, qui lui est perpendiculaire. L'indice I est souvent sous-entendu et la pente de l'axe majeur est souvent désignée par $k$ sans indice. L'axe majeur et l'axe mineur possèdent un point commun (mais généralement un seul) avec les droites d'estimation ordinaires: toutes ces droites passent par le point moyen $(\overline{X}, \overline{Y})$. Si on applique le principe des moindres carrés au niveau de la population statistique, on obtient la pente de l'axe majeur paramétrique qu'on représente par $\varkappa$ (la lettre grecque *kappa* minuscule, qui correspond au $k$ de notre alphabet), et qui est déterminée par une équation analogue à celle de $k$ :

$$\varkappa = \{(\sigma_Y^2 - \sigma_X^2) + \sqrt{[(\sigma_Y^2 - \sigma_X^2)^2 + 4\sigma_{XY}^2]}\}/(2\sigma_{XY}) .$$

Lorsque la corrélation paramétrique $\rho$ est faible, la pente $k$ de l'axe majeur de l'échantillon est très variable, car sa valeur numérique peut être fortement négative ou fortement positive. De plus l'angle $f$ fait par l'axe majeur avec l'abscisse n'est alors pas un estimateur sans biais de l'angle correspondant $\varphi$ *(phi)* de la population statistique, car $f$ possède une distribution axiale dont l'origine est arbitraire. Toutefois, Jolicoeur et Ducharme (1992) ont souligné que les notions usuelles de moyenne (scalaire) et de biais ne sont pas appropriées dans le cas d'une variable directionnelle comme l'angle $f$. De plus, ces mêmes auteurs ont montré que la direction de l'axe majeur de l'échantillon fournit une estimation satisfaisante de celle de l'axe majeur de la population.

## Section 22.3: intervalles de confiance de la pente

Poursuivant des travaux commencés par Creasy (1956), par Mallows (1961) et par Rempe (1962), Jolicoeur (1968) et Jolicoeur et Mosimann (1968) ont montré qu'on peut obtenir un intervalle de confiance approximatif pour la pente $\varkappa$ de l'axe majeur paramétrique d'une distribution normale bidimensionnelle en partant du principe que, si les directions paramétriques de l'axe majeur et de l'axe mineur conjugué sont connues, la corrélation paramétrique entre les coordonnées des observations sur ces deux axes est nulle. L'intervalle de confiance $k_1 \leq \varkappa \leq k_2$ contient donc toutes les valeurs hypothétiques de $\varkappa$ telles que la corrélation observée entre l'axe majeur et l'axe mineur correspondants n'est pas statistiquement significative. Les valeurs des limites $k_1$ et $k_2$ sont égales aux expressions suivantes:

$$k_1 = \{(S_Y^2 - S_X^2) + \sqrt{[(S_Y^2 - S_X^2)^2 + 4\,S_{XY}^2 - 4Q]}\}/(2\,S_{XY} + \sqrt{Q})$$

et

$$k_2 = \{(S_Y^2 - S_X^2) + \sqrt{[(S_Y^2 - S_X^2)^2 + 4\,S_{XY}^2 - 4Q]}\}/(2\,S_{XY} - \sqrt{Q}) .$$

où $Q = F_{(1-\alpha;\ 1,\ N-2)}(S_X^2 S_Y^2 - S_{XY}^2)/(N-2)$, $S_X^2$, $S_Y^2$ et $S_{XY}$ sont les variances et la covariance de l'échantillon, et $F_{(1-\alpha;\ 1,\ N-2)}$ est la valeur du rapport de variances qui possède une probabilité cumulée $(1-\alpha)$ avec $(1, N-2)$ degrés de liberté.

À l'aide de simulations aléatoires, Jolicoeur (1973, 1990) a montré que, bien que l'intervalle $[k_1, k_2]$ soit approximatif, le seuil de signification obtenu en pratique demeure très voisin du seuil nominal $(\alpha)$ même lorsque la corrélation paramétrique est aussi basse que $\rho = 0{,}4$ et l'effectif est aussi faible que $N = 10$. Le comportement de l'intervalle de confiance $[k_1, k_2]$ est cependant plus complexe que celui de la pente d'une droite d'estimation ordinaire (figure 22.3.1), car les limites $k_1$ et $k_2$ sont souvent imaginaires lorsque le coefficient de corrélation des variables $X$ et $Y$ n'est pas statistiquement significatif, l'expression $[(S_Y^2 - S_X^2)^2 + 4S_{XY}^2 - 4Q]$ étant alors négative. En outre, l'intervalle de confiance $[k_1, k_2]$ est occasionnellement disjoint (figure 22.3.1, en bas, au centre), de la même façon que l'intervalle de confiance de l'inverse de la pente de la droite d'estimation de $X$ à partir de $Y$ (section 20.4, dernier paragraphe). Toutefois, même lorsque l'intervalle de confiance de la pente de l'axe majeur est disjoint, ses deux parties (positive et négative) correspondent à des directions contiguës de part et d'autre de la verticale (direction de l'ordonnée). D'autre part, Jolicoeur et Mosimann (1968) ont souligné qu'une interprétation géométrique raisonnable demeure possible même lorsque les limites $k_1$ et $k_2$ sont imaginaires, si on suit alors la suggestion de Fieller (1954) et on considère l'intervalle de confiance $[k_1, k_2]$ comme infini (figure 22.3.1, en bas, à droite). Enfin, les limites $k_1$ et $k_2$ sont toujours réelles et prennent toujours le même signe que le coefficient de corrélation $r$ de l'échantillon lorsque ce dernier est significatif au point de vue statistique (figure 22.3.1, en haut), de sorte que l'utilisation de l'intervalle de confiance $[k_1, k_2]$ de la pente de l'axe majeur ne pose pas de difficultés en pratique.

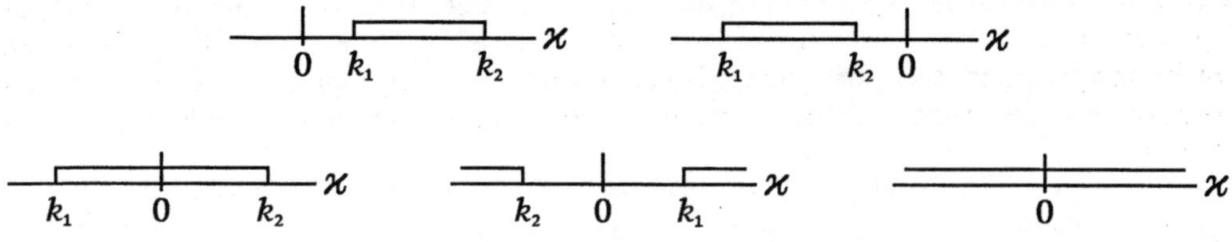


**Figure 22.3.1**
**Principaux types d'intervalles de confiance de la pente de l'axe majeur, suivant que la corrélation est statistiquement significative (en haut) ou ne l'est pas (en bas).**

Dans le cas des données des figures 20.2.1 et 22.1.2, par exemple, les limites de l'intervalle de confiance $[k_1, k_2]$ de la pente de l'axe majeur au seuil $\alpha = 0{,}05$ sont [0,630002, 2,35915], tandis qu'on aurait [0,169729, 0,635581] pour la pente de la droite d'estimation $Y.X$ et [1,77949, 6,6636] pour l'inverse de la pente de la droite d'estimation $X.Y$ (section 20.4). On peut donc accepter l'hypothèse que la pente est égale à l'unité dans le cas de l'axe majeur, alors qu'on devrait la rejeter dans le cas des droites d'estimation ordinaires. En utilisant l'axe majeur de préférence aux droites d'estimation ordinaires, on se trouve donc à résoudre le paradoxe de Galton (sections 20.2 et 22.1), puisqu'on peut accepter l'hypothèse qu'une augmentation de $\Delta X$ mm de la longueur de la tête du père tend à être associée à une augmentation $\Delta Y$ égale de la longueur de la tête du fils et vice-versa.

## Section 22.4: qualités et défauts de l'axe majeur

Par opposition aux droites d'estimation ordinaires, la droite d'estimation orthogonale a l'avantage d'être unique et d'impliquer les deux variables dans la somme de carrés des écarts résiduels. Ces deux qualités rendent l'axe majeur préférable aux droites d'estimation ordinaires lorsque les variables qu'on analyse sont toutes deux sujettes à des fluctuations aléatoires. Malheureusement, l'axe majeur possède un défaut dont les droites d'estimation ordinaires sont exemptes: la pente de l'axe majeur n'est pas invariante quand on fait subir aux variables originales $X$ et $Y$ des changements d'échelle linéaires inégaux, comme lorsqu'on remplace $X$ par $b_X X$ et $Y$ par $b_Y Y$ où $b_X \neq b_Y$. Tandis que la pente des droites d'estimation ordinaires est alors tout simplement multipliée par le rapport $b_Y / b_X$ des coefficients de changement d'échelle, la pente $k$ de l'axe majeur est affectée de façon compliquée et doit être entièrement recalculée. Cette caractéristique est évidemment indésirable car elle a comme conséquence que les résultats de l'analyse changent lorsqu'on effectue un banal changement d'unités de mesure: si on ajuste une droite au métabolisme de base (en kilojoules par jour) et au poids corporel des mammifères par exemple (figure 20.7.2), la pente de l'axe majeur diffère de manière irréductible si on exprime le poids corporel en grammes au lieu de l'exprimer en kilogrammes. Un second défaut, apparenté au précédent, affecte en outre la pente de l'axe majeur: la direction de l'axe majeur a tendance à se rapprocher de celle de l'axe de coordonnées de la variable dotée de la plus grande variance et donc, si les variables sont exprimées en échelle arithmétique (non logarithmique), de la direction de l'axe de coordonnées de la variable qui possède la plus grande moyenne et dont l'ordre de grandeur est le plus élevé (section 4.9 et chapitre 14). Cela signifie que, si on essaie de relier la longueur d'un très petit à celle d'un très grand élément du squelette, par exemple, comme la longueur de la dernière phalange du cinquième orteil à celle du fémur, la direction de l'axe majeur tendrait à être excessivement voisine de celle de l'axe de coordonnées du fémur. Heureusement, deux solutions (par ailleurs d'inégale valeur) sont disponibles pour corriger ces défauts de l'axe majeur, la transformation logarithmique des deux variables (section 22.5) ou leur réduction (section 22.6).

## Section 22.5: l'axe majeur des données transformées en logarithmes

Nous avons déjà souligné à plusieurs reprises que la transformation logarithmique des données est souvent avantageuse en biologie (sections 4.3, 4.9, chapitre 14, sections 19.8, 20.6 et 20.7). La transformation logarithmique des deux variables $X$ et $Y$ possède l'avantage additionnel de rendre la pente $k$ de l'axe majeur invariante quant aux changements linéaires d'échelle inégaux des variables originales (non transformées) $X$ et $Y$. Afin de clarifier la discussion du problème, nous utiliserons des variables indicées (munies d'indices) dans la présente section et désignerons par $X_1$ et $X_2$ les variables originales désignées jusqu'ici par $X$ et $Y$. Ceci nous permettra de désigner les logarithmes $\log_e(X_1)$ par $Y_1$ et $\log_e(X_2)$ par $Y_2$. On peut démontrer facilement que les variances et la covariance des logarithmes $Y_1$ et $Y_2$ ne sont pas modifiées lorsque les variables originales $X_1$ et $X_2$ sont multipliées par des coefficients de changement d'échelle $b_1$ et $b_2$ inégaux. Dans le cas de la covariance des logarithmes, par exemple, si on désigne les moyennes géométriques de $X_1$ et $X_2$ par $G_1$ et $G_2$, on a

$$s_{Y_1Y_2} = \Sigma(Y_1 - \bar{Y}_1)(Y_2 - \bar{Y}_2)/(N-1) = \Sigma[\log_e(X_1/G_1)\log_e(X_2/G_2)]/(N-1) ,$$

et ceci demeure inchangé lorsque les variables originales $(X_1, X_2)$ sont remplacées par $(b_1X_1, b_2X_2)$, parce que les moyennes géométriques de ces nouvelles variables sont $b_1G_1$ et $b_2G_2$ et les coefficients de changement d'échelle $b_1$ et $b_2$ se simplifient:

$$b_1X_1/b_1G_1 = X_1/G_1 \qquad \text{et} \qquad b_2X_2/b_2G_2 = X_2/G_2 .$$

De même, lorsque l'équation de l'axe majeur des logarithmes $Y_1$ et $Y_2$,

$$(Y_2 - \bar{Y}_2) = k(Y_1 - \bar{Y}_1) ,$$

est réexprimée quant aux variables originales $X_1$ et $X_2$,

$$(X_2/G_2) = (X_1/G_1)^k ,$$

on constate que chaque variable originale est divisée par sa moyenne géométrique, de sorte que chacun des deux membres de l'équation est un *nombre pur* (*sans dimension*) qui ne sera affecté par aucun changement linéaire de l'échelle de mesure. De plus, comme la moyenne géométrique de chaque variable reflète l'ordre de grandeur de cette variable, la transformation logarithmique tend à rendre l'axe majeur insensible aux différences d'ordre de grandeur des variables originales. Soulignons que $k$ signifie ici la pente de l'axe majeur des logarithmes $Y_1$ et $Y_2$, et non pas des variables originales $X_1$ et $X_2$. En conclusion, la transformation logarithmique des deux variables permet donc de corriger les deux défauts de l'axe majeur discutés à la section 22.4.

Comme la transformation logarithmique des deux variables transforme en outre l'équation d'une fonction puissance en celle d'une ligne droite, et comme les variables d'une relation d'allométrie ont habituellement des distributions positivement dissymétriques (chapitres 13 et 14) et sont généralement sujettes toutes deux à des fluctuations aléatoires, l'axe majeur des logarithmes des données est particulièrement indiqué dans les études d'allométrie. Si nous revenons aux données sur le métabolisme des mammifères (section 20.7), par exemple, nous trouvons que la pente de l'axe majeur des logarithmes et son intervalle de confiance au seuil $\alpha = 0{,}01$ sont

$$k = +0{,}738129 \qquad \text{et} \qquad +0{,}717211 \leq \varkappa \leq +0{,}759474\,.$$

Selon la présente analyse de cet ensemble particulier de données, l'hypothèse que l'exposant d'allométrie du métabolisme basal quant au poids corporel est $\varkappa = 2/3$ ne semble donc pas acceptable. Par contre, l'hypothèse que $\varkappa = 3/4$, soutenue par certains physiologistes, pourrait être conservée. La question de l'allométrie du métabolisme quant à la masse corporelle des animaux est encore débattue par les physiologistes au moment où ces lignes sont écrites (Feldman, 1995; Heusner, 1991).

## Section 22.6: l'axe majeur des variables réduites ou *axe majeur réduit*

Outre la transformation logarithmique discutée à la section précédente, il existe un second moyen de rendre la pente de l'axe majeur invariante quant aux changements linéaires d'échelle inégaux et quant aux différences d'ordre de grandeur des deux variables (section 22.4): il consiste à remplacer les variables observées $X$ et $Y$ par les variables réduites (section 5.4)

$$x = (X - \mu_X)/\sigma_X \qquad \text{et} \qquad y = (Y - \mu_Y)/\sigma_Y\,.$$

On peut montrer que la pente de l'axe majeur des variables réduites, aussi appelé *axe majeur réduit*, est égale à $+1{,}0$ ou $-1{,}0$ suivant que le coefficient de corrélation paramétrique $\rho$ est positif ou négatif. La pente de l'axe majeur réduit est indéterminée lorsque la corrélation $\rho$ est nulle. L'équation de l'axe majeur paramétrique des variables réduites est donc $y = \text{signe}(\rho)\,x$ mais on préfère habituellement la réexprimer quant aux variables observées $X$ et $Y$, ce qui donne

$$(Y - \mu_Y)/\sigma_Y = \text{signe}(\rho)(X - \mu_X)/\sigma_X\,.$$

En pratique, on remplace en outre les paramètres $\mu_X$, $\mu_Y$, $\sigma_X$, $\sigma_Y$ et $\rho$, qui sont généralement inconnus, par les estimations $\overline{X}$, $\overline{Y}$, $S_X$, $S_Y$ et $r$, de sorte qu'on utilise l'équation de l'axe majeur réduit de l'échantillon,

$$(Y - \overline{Y})/S_Y = \text{signe}(r)(X - \overline{X})/S_X\,.$$

Comme l'écart à la moyenne de chaque variable est divisé par son écart-type, les deux membres de l'équation de l'axe majeur réduit sont des *nombres purs* (*sans dimensions*), qui ne sont affectés par aucun changement linéaire de l'échelle de mesure.

De plus, par suite de la constance approximative du coefficient de variation des données biologiques (sections 4.9 et 14.3), l'écart-type est généralement proportionnel à la moyenne, de sorte que la division de chaque membre de l'équation par l'écart-type tend à rendre l'axe majeur réduit insensible à l'ordre de grandeur des variables. Lorsque l'équation de l'axe majeur réduit de l'échantillon est exprimée avec $Y$ comme variable explicite,

$$Y = \bar{Y} + \text{signe}(r)(S_Y/S_X)(X - \bar{X}) ,$$

on constate que sa pente est égale au produit du quotient des écarts-types par le signe du coefficient de corrélation, $\text{signe}(r)\ (S_Y/S_X)$

Préconisé initialement en 1948 par le biométricien français Georges Teissier (1900-1972), l'axe majeur réduit est devenu très populaire et est présentement connu sous des appellations très diverses chez les biologistes de langue anglaise (*geometric mean functional relationship, geometric mean regression, line of organic correlation, reduced major axis, standardized major axis,* etc.). Cependant, Jolicoeur (1975, 1990) a souligné (voir aussi Kimura, 1992) que le comportement statistique de l'axe majeur des variables réduites est beaucoup moins satisfaisant que celui de l'axe majeur des variables observées (appelé *axe majeur ordinaire* pour éviter la confusion), le rapport $(\sigma_Y/\sigma_X)$ des écarts-types étant le quotient de deux paramètres de dispersion plutôt qu'un paramètre de relation. Lorsque la corrélation paramétrique est faible et l'effectif des échantillons est petit, le seuil de signification réel correspondant à l'intervalle de confiance de la pente devient très inexact dans le cas de l'axe majeur réduit tandis qu'il demeure approximativement correct dans le cas de l'axe majeur ordinaire. D'autre part, contrairement à l'intervalle de confiance de la pente de l'axe majeur ordinaire ou des droites d'estimation ordinaires, celui de l'axe majeur réduit n'atteint ni 0 ni $\infty$ lorsque la corrélation de l'échantillon $r$ n'est pas significative, et n'avertit donc pas l'utilisateur de s'abstenir d'utiliser l'équation d'estimation. Pour les raisons précédentes, Jolicoeur (1990) recommande l'utilisation de l'axe majeur ordinaire des données transformées en logarithmes (section 22.5) chaque fois qu'on peut supposer ou démontrer que les variables observées suivent une distribution lognormale bidimensionnelle (section 19.8), comme cela se produit très fréquemment en biologie. L'axe majeur réduit ne devrait être employé que lorsque l'effectif de l'échantillon est assez grand ($N \geq 20$) et lorsqu'on pense que la corrélation est assez forte en valeur absolue ($|\rho| \geq 0{,}6$) et que les données suivent une distribution normale bidimensionnelle plutôt que la distribution lognormale. Lorsque le contexte est convenable, l'utilisation de l'axe majeur réduit peut être justifiée par le travail de Kruskal (1953), qui a montré que, lorsque deux variables $X_1$ et $X_2$ suivent la distribution normale et qu'on a besoin d'une seule droite pour estimer $X_1$ à partir de $X_2$ aussi souvent que $X_2$ à partir de $X_1$, l'axe majeur réduit maximise la probabilité de faire des prédictions correctes. Les formules nécessaires pour évaluer les limites de confiance de la pente de l'axe majeur réduit ont été développées par Jolicoeur et Mosimann (1968), et leur utilisation a été discutée récemment par Jolicoeur (1990). L'intervalle de confiance approximatif de la pente de l'axe majeur réduit est $[b_1, b_2]$,

où $\quad b_1 = \text{signe}(r)(S_Y/S_X)[\sqrt{(B+1)} - \sqrt{B}] , \quad b_2 = \text{signe}(r)(S_Y/S_X)[\sqrt{(B+1)} + \sqrt{B}] ,$

$$B = F_{(1-\alpha;\,1,\,N-2)}(1 - r^2)/(N - 2) ,$$

et $\quad r =$ le coefficient de corrélation de l'échantillon.

## Section 22.7: un modèle plus général, la relation structurale

Pour qu'une relation linéaire entre deux variables puisse être décrite correctement par l'axe majeur, il faut, comme cela a été noté à la section 22.1, que les fluctuations aléatoires des deux variables aient la même importance. Si on sait ou si on a des raisons de penser que les fluctuations aléatoires de l'une des variables sont plus importantes que celles de l'autre, on doit remplacer l'axe majeur par une autre droite d'estimation appelée la *relation structurale* (ou *relation structurale linéaire bidimensionnelle,* si on désire éviter toute équivoque). La relation structurale correspond à un modèle plus général dont l'axe majeur et les droites d'estimation ordinaires peuvent être considérés comme des cas particuliers. Selon ce modèle, les valeurs numériques prises par les deux variables observées $X_1$ et $X_2$ sont l'aboutissement du schéma suivant:

(1) la valeur de la variable observée $X_i$ chez le $h^{\text{ième}}$ individu de l'échantillon est égale à la somme d'une variable dite *structurale* $\xi_i$ ($\xi$ est la lettre grecque *xi* minuscule, qui correspond à notre $x$) et d'un écart aléatoire normal centré et indépendant $e_{hi}$, d'où

$$X_{h1} = \xi_{h1} + e_{h1} \ , \quad X_{h2} = \xi_{h2} + e_{h2} \ ,$$

où

$$e_{h1} \leftarrow \mathcal{N}(0, \omega_1^2) \ , \quad e_{h2} \leftarrow \mathcal{N}(0, \omega_2^2) \ ,$$

et

$$\mathscr{E}(e_{h1}\, e_{h2}) = 0 \ .$$

$\omega$ est la lettre grecque *oméga* minuscule;

(2) la première variable structurale $\xi_1$ suit une distribution normale dont la moyenne est $\overline{\xi}_1$ et la variance $\sigma^2$:

$$\xi_1 \leftarrow \mathcal{N}(\overline{\xi}_1, \sigma^2) \ ;$$

(3) les deux variables structurales $\xi_1$ et $\xi_2$ sont reliées par une relation exacte

$$(\xi_2 - \overline{\xi}_2) = \varkappa(\xi_1 - \overline{\xi}_1) ,$$

dont on souhaite estimer la pente $\varkappa$ à partir des données.

Dans le schéma qui précède, seules les valeurs des variables $X_1$ et $X_2$ sont observées directement: tous les autres symboles désignent des quantités théoriques dont on suppose l'existence afin d'obtenir une façon logique et cohérente d'analyser les données. En particulier, les écarts indépendants $e_{h1}$ et $e_{h2}$ représentent les fluctuations aléatoires des deux variables observées $X_1$ et $X_2$, dont l'importance est reflétée par les *variances résiduelles* $\omega_1^2$ et $\omega_2^2$. Notons que ces variances résiduelles sont appelées *variances dues aux erreurs* (*error variances* en anglais) dans plusieurs domaines, où elles résultent d'erreurs de mesure, mais cette appellation est peu justifiable en biologie, où les variances résiduelles reflètent souvent surtout de la variation objective, d'origine génétique, physiologique ou écologique. Dans la mesure où le schéma de la relation structurale correspond bien à la réalité, les variances $\sigma_{X_1}^2$ et $\sigma_{X_2}^2$ et la covariance $\sigma_{X_1X_2}$ des variables observées sont reliées aux paramètres du modèle par les équations suivantes:

$$\sigma_{X_1}^2 = \sigma^2 + \omega_1^2 \ ; \qquad \sigma_{X_2}^2 = \varkappa^2\sigma^2 + \omega_2^2 \ ; \qquad \sigma_{X_1X_2} = \varkappa\,\sigma^2 .$$

En pratique, on cherche à estimer les paramètres du modèle, qui figurent dans les membres de droite des trois équations précédentes, en remplaçant les variances et la covariance paramétriques des variables observées, qui apparaissent dans les membres de gauche, par leurs estimations $S^2_{X_1}$, $S^2_{X_2}$ et $S_{X_1X_2}$. Le problème n'est toutefois soluble que si on dispose d'informations supplémentaires, car on ne possède que trois équations alors qu'il y a quatre paramètres à estimer: $\sigma^2$, $\omega_1^2$, $\omega_2^2$, et $\varkappa$. Cette difficulté est généralement contournée en supposant qu'on connaît le rapport $\lambda = \omega_2^2/\omega_1^2$ des variances résiduelles. On peut alors estimer la pente $\varkappa$ de la relation structurale à l'aide de l'expression

$$k = \{(S^2_{X_2} - \lambda S^2_{X_1}) + \sqrt{[(S^2_{X_2} - \lambda S^2_{X_1})^2 + 4\lambda S^2_{X_1X_2}]}\}/(2\,S_{X_1X_2})\,;$$

lorsque la valeur du rapport $\lambda$ est très grande, on emploie plutôt

$$k = 2\,S_{X_1X_2}/\{(S^2_{X_1} - S^2_{X_2}/\lambda) + \sqrt{[(S^2_{X_1} - S^2_{X_2}/\lambda)^2 + 4S^2_{X_1X_2}/\lambda]}\}\,.$$

Le symbole $\lambda$ est la lettre grecque *lambda* minuscule, qui correspond au $L$ minuscule de notre alphabet. Les expressions précédentes montrent que la relation structurale constitue une généralisation non seulement de l'axe majeur (sections 22.1 et 22.2) mais aussi des droites d'estimation ordinaires (section 20.2); en effet, la pente $\varkappa$ de la relation structurale devient égale à celle de l'axe majeur ordinaire lorsque $\lambda = 1$, à la pente de la droite d'estimation de $X_2$ à partir de $X_1$ lorsque $\lambda = \infty$, et à l'inverse de la pente de la droite d'estimation de $X_1$ à partir de $X_2$ lorsque $\lambda = 0$. La relation structurale a donc une pente d'autant plus forte (en valeur absolue) que le rapport $\lambda$ des variances résiduelles est faible, et sa position peut varier graduellement de celle de la droite d'estimation de $X_2$ à partir de $X_1$ jusqu'à celle de la droite d'estimation de $X_1$ à partir de $X_2$ en passant par celle de l'axe majeur, suivant que les fluctuations aléatoires affectent seulement la seconde variable ($\omega_1^2 = 0$ et $\omega_2^2 > 0$, d'où $\lambda = \infty$), qu'elles affectent les deux variables ($0 < \lambda < \infty$), ou qu'elles affectent seulement la première variable ($\lambda = 0$). Si on sait ou si on pense que la variance due aux fluctuations aléatoires de la seconde variable $X_2$ est $\lambda$ fois plus importante (ou $1/\lambda$ fois moins importante) que celle de la première variable $X_1$, on devrait donc employer la relation structurale pour décrire leur relation.

À la suite d'un premier travail de Creasy (1956), les formules nécessaires pour déterminer les limites de confiance de la pente de la relation structurale ont été développées par Jolicoeur et Heusner (1971) et ont été discutées récemment par Jolicoeur (1990). Les limites de l'intervalle de confiance approximatif $[k_1, k_2]$ de la pente de la relation structurale peuvent être déterminées par les expressions suivantes:

$$k_1 = \{(S^2_{X_2} - \lambda S^2_{X_1}) + \sqrt{[(S^2_{X_2} - \lambda S^2_{X_1})^2 + 4\lambda S^2_{X_1X_2} - 4\lambda Q]}\}/(2S_{X_1X_2} + 2\sqrt{Q})$$

et

$$k_2 = \{(S^2_{X_2} - \lambda S^2_{X_1}) + \sqrt{[(S^2_{X_2} - \lambda S^2_{X_1})^2 + 4\lambda S^2_{X_1X_2} - 4\lambda Q]}\}/(2S_{X_1X_2} - 2\sqrt{Q})\,,$$

où
$$Q = F_{(1-\alpha;\, 1,\, N-2)}\,(S^2_{X_1}\, S^2_{X_2} - S^2_{X_1X_2})\,/\,(N-2)\,.$$

Lorsque la valeur du rapport $\lambda$ est très grande, on emploie plutôt

$$k_1 = (2\,S_{X_1X_2} - 2\sqrt{Q})\,/\,\{(S^2_{X_1} - S^2_{X_2}/\lambda) + \sqrt{[(S^2_{X_1} - S^2_{X_2}/\lambda)^2 + 4\,S^2_{X_1X_2}/\lambda - 4\,Q/\lambda]}\}$$

et

$$k_2 = (2\,S_{X_1X_2} + 2\sqrt{Q})\,/\,\{(S^2_{X_1} - S^2_{X_2}/\lambda) + \sqrt{[(S^2_{X_1} - S^2_{X_2}/\lambda)^2 + 4\,S^2_{X_1X_2}/\lambda - 4Q/\lambda]}\}.$$

L'intervalle de confiance $[k_1, k_2]$ coïncide avec ceux des pentes des droites d'estimation ordinaires ou de l'axe majeur lorsque $\lambda = 0$, $\lambda = 1$, ou $\lambda = \infty$.

# Chapitre 23

## La distribution normale tridimensionnelle: corrélations et régressions partielles et multiples

### Section 23.1: généralités

Au cours de ce chapitre, nous abordons l'analyse simultanée de trois variables. Ceci nous permettra de présenter de nouvelles notions qu'on retrouvera dans l'analyse de plusieurs variables (chapitres 25 et 29 à 34). Lorsqu'on considère la distribution de probabilités conjointe de trois variables, les trois dimensions de la géométrie euclidienne classique sont déjà toutes occupées par les variables (voir les figures 23.2.1 et 23.3.1, par exemple), de sorte qu'il n'y a pas de dimension disponible pour l'axe de coordonnées de la fréquence (comparer avec la figure 19.1.2) ou de la densité de probabilité (figure 19.2.1). L'absence d'une représentation géométrique complète n'empêche toutefois pas l'analyse statistique. Dans le cas de la distribution normale tridimensionnelle, le nuage de points figuratifs a l'aspect d'un ellipsoïde (c'est-à-dire d'une sorte de fuseau ou de cigare) suspendu dans l'espace à trois dimensions (figure 23.2.1). L'ellipsoïde est la généralisation tridimensionnelle de l'ellipse; lorsque les trois axes principaux d'un ellipsoïde (l'axe majeur, l'axe intermédiaire et l'axe mineur) ont la même longueur, on obtient une sphère, qui est la généralisation du cercle. Comme exemple, nous considérerons un ensemble de données sur la respiration humaine, dont l'analyse mènera à des conclusions radicalement différentes selon qu'on analysera seulement deux variables à la fois ou qu'on utilisera au contraire de véritables méthodes statistiques tridimensionnelles. Ces données furent obtenues par les pionniers de l'étude de la respiration humaine (Haldane et Priestley, 1905) au cours d'une expérience physiologique durant laquelle l'un des deux expérimentateurs (J. G. P.) respira de l'air contenu dans une boîte fermée. La concentration en $CO_2$ de l'air inspiré augmenta donc graduellement du début à la fin de l'expérience, ce qui eut comme effet d'augmenter la fréquence et la profondeur de la respiration. Les trois variables considérées ici sont $X$ = le pourcentage de $CO_2$ dans l'air inspiré, $Y$ = une mesure globale de ventilation pulmonaire choisie de façon à obtenir des relations linéaires, et $Z$ = le pourcentage de $CO_2$ dans l'air expiré. Afin de faciliter l'analyse de ces intéressantes données, la variable $Y$ a été définie ici comme la racine cubique de l'augmentation de la ventilation pulmonaire, cette dernière étant exprimée au préalable en pourcentage de sa valeur initiale (mesurée avant augmentation de la concentration en $CO_2$). La figure 23.1.1 représente les diagrammes de dispersion des trois variables $X$, $Y$, et $Z$ prises deux à deux.

### Section 23.2: corrélations ordinaires ou corrélations partielles?

À première vue, les trois diagrammes de dispersion de la figure 23.1.1 indiquent que l'augmentation de la concentration en $CO_2$ de l'air inspiré $X$ stimule fortement la ventilation pulmonaire $Y$, mais qu'il n'y a presque pas de relations entre ces deux variables et la concentration en $CO_2$ de l'air expiré $Z$. Les valeurs numériques des coefficients de corrélation ordinaires (du type discuté au chapitre 19) confirment ces indications graphiques, car on a

$$r_{XY} = +0{,}96876, \quad r_{XZ} = +0{,}02019 \quad \text{et} \quad r_{YZ} = -0{,}19148 .$$

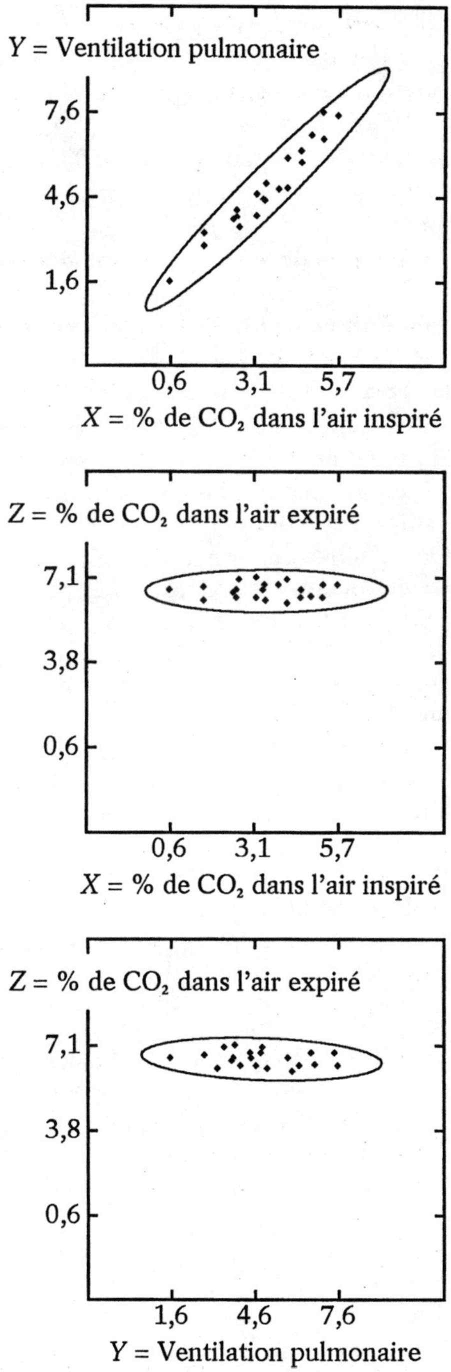


**Figure 23.1.1**
**Diagrammes de dispersion, avec ellipses de prédiction au seuil $\alpha = 0{,}05$, des trois variables de l'exemple sur la respiration humaine (données de Haldane & Priestley, 1905).**

Comme l'effectif de l'échantillon est $N=21$, on a $(N-2)=19$ degrés de liberté et, si on éprouve l'hypothèse de nullité $H_0$: $\rho=0$ avec une hypothèse contraire à double sens $H_1$: $\rho \neq 0$, la région d'acceptation de $H_0$ s'étend de $-0{,}43286$ à $+0{,}43286$ au seuil $\alpha=0{,}05$ et de $-0{,}66521$ à $+0{,}66521$ au seuil $\alpha=0{,}001$. Tandis que la corrélation $r_{XY}$ est fortement significative au point de vue statistique ($P<0{,}001$), les deux autres corrélations ne le sont donc pas du tout ($P>0{,}05$). Soulignons que, même si on faisait une hypothèse contraire à sens unique au sujet de $\rho_{YZ}$ ($H_1$: $\rho_{YZ}<0$), la région d'acceptation irait de $r_{(0{,}05;\,19)}=-0{,}36874$ à $+1{,}0$, de sorte que $r_{YZ}$ ne différerait quand même pas significativement de 0.

Bien que la forte corrélation positive entre $X$ et $Y$ confirme l'effet connu du $CO_2$ sur la respiration (une stimulation de la ventilation), les corrélations $r_{XZ}$ et $r_{YZ}$ ne semblent pas concorder avec nos connaissances théoriques. En effet, on s'attendrait à ce qu'une augmentation de la concentration en $CO_2$ de l'air inspiré se traduise par une augmentation perceptible de la concentration en $CO_2$ de l'air expiré et à ce qu'une augmentation de la ventilation pulmonaire diminue la concentration en $CO_2$ de l'air expiré (qui reflète la composition de l'atmosphère interne des poumons) en favorisant l'expulsion du $CO_2$. Un examen détaillé des données montre toutefois que les méthodes que nous venons d'employer ne réussissent apparemment pas à extraire toute l'information disponible. En effet, on peut vérifier que, chaque fois que le point figuratif qui représente un triplet d'observations ($X$, $Y$, $Z$) tombe haut dans le diagramme de dispersion de $X$ et $Y$ (figure 23.1.1, en haut), il tombe bas dans le diagramme de dispersion de $X$ et $Z$ (figure 23.1.1, au milieu). Cette constatation suggère qu'on pourrait peut-être obtenir une meilleure méthode d'analyse en faisant subir aux variables $Y$ et $Z$, par exemple, un ajustement statistique pour compenser l'inconstance de la variable $X$, etc.. Ce principe permet de définir une nouvelle sorte de coefficient de corrélation appelé *coefficient de corrélation partielle*.

Au point de vue géométrique, le coefficient de corrélation partielle entre $Y$ et $Z$ correspond au diagramme de dispersion obtenu en projetant toutes les observations sur un plan sur lequel la première variable $X$ est gardée constante, la projection étant oblique quant à ce plan mais parallèle aux droites d'estimation de $Y$ et de $Z$ à partir de $X$. La figure 23.2.1 illustre l'ellipse de prédiction correspondant à une telle corrélation partielle. Chacune des 21 observations tridimensionnelles ($X$, $Y$, $Z$) est représentée par un point figuratif muni d'une tige, afin qu'on puisse juger sa hauteur $Z$ au dessus du plan des variables $X$ et $Y$. Un examen attentif des figures 23.2.1 et 23.3.1 montre que la longueur des tiges et la valeur de $Z$ sont généralement plus grandes dans le cas des points figuratifs qui sont les plus éloignés de l'observateur (et qui correspondent donc à des valeurs moins fortes de la variable $Y$). Remarquons en outre que l'ellipse de corrélation partielle paraît posséder une direction générale fortement négative, contrairement à l'ellipse de corrélation ordinaire (figure 23.1.1, en bas), dont l'axe majeur était presque horizontal. Cela paraît confirmer la présence entre $Y$ et $Z$ d'une relation que le coefficient de corrélation ordinaire $r_{YZ}$ ne permettait pas de détecter.

Par opposition à la corrélation ordinaire $r_{YZ}$, que nous appellerons aussi *corrélation totale* dans le présent contexte afin d'éviter toute équivoque, la *corrélation partielle* entre $Y$ et $Z$ lorsque la variable $X$ est constante est représentée par le symbole $r_{YZ.X}$ et peut être calculée à partir des coefficients de corrélation ordinaires à l'aide de la formule suivante:

$$r_{YZ.X} = (r_{YZ} - r_{XY}r_{XZ})/\sqrt{[(1 - r_{XY}^2)(1 - r_{XZ}^2)]}\,.$$

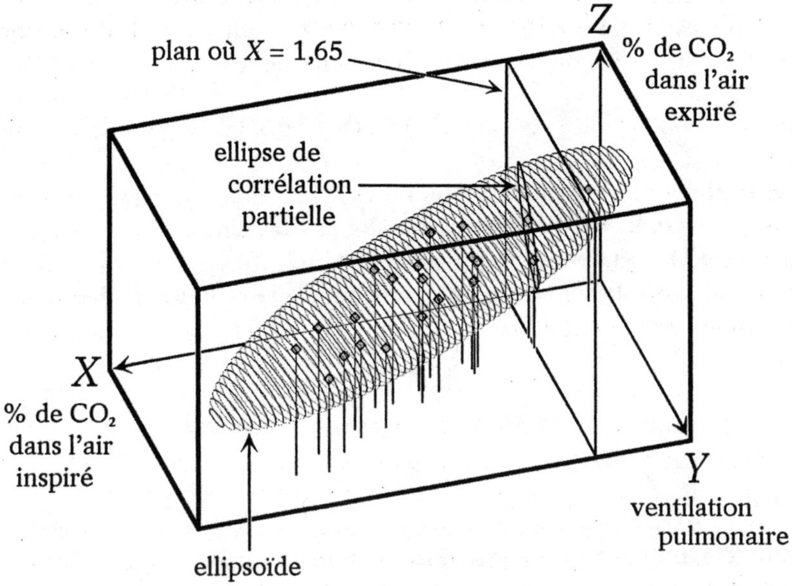


**Figure 23.2.1**
**Diagramme de dispersion tridimensionnel des données sur la respiration humaine; chaque observation de l'échantillon est représentée par un point figuratif muni d'une tige; l'ellipse de corrélation partielle des variables *Y* et *Z* est une projection oblique de l'ellipsoïde tridimensionnel sur un plan sur lequel la variable *X* est constante ($X = 1{,}65$).**

La distribution de probabilités du coefficient de corrélation partielle est semblable à celle du coefficient de corrélation totale sauf que le nombre de degrés de liberté est diminué de 1 pour chaque variable gardée constante. Dans le cas le plus simple, auquel nous nous limitons dans ce chapitre, une seule variable est gardée constante et le nombre de degrés de liberté d'un coefficient de corrélation partielle est $[(N-2)-1] = (N-3)$. Le coefficient de corrélation partielle entre la ventilation pulmonaire et le pourcentage de $CO_2$ de l'air expiré a la valeur $r_{YZ.X} = -0{,}85110$ avec 18 degrés de liberté. Si on éprouve l'hypothèse de nullité $H_0$ avec une hypothèse contraire à double sens, la région d'acceptation de $H_0$ s'étend de $-0{,}67878$ à $+0{,}67878$ au seuil $\alpha = 0{,}001$, de sorte que cette corrélation partielle est très fortement significative au point de vue statistique ($P < 0{,}001$). Lorsqu'on garde constante la concentration en $CO_2$ de l'air inspiré, une augmentation de la ventilation pulmonaire tend donc à diminuer fortement la concentration en $CO_2$ de l'air expiré. Cette conclusion est très différente de celle tirée à l'aide de la corrélation totale et correspond mieux à nos connaissances sur la physiologie de la respiration. La corrélation totale $r_{YZ}$ ne détectait pratiquement pas de relation entre *Y* et *Z* parce qu'elle reflétait la position de l'ellipsoïde, qui est presque horizontal dans l'espace à trois dimensions (figure 23.1.1, au centre et en bas). Au contraire, la corrélation partielle $r_{YZ.X}$ confirme l'existence d'une relation prononcée parce qu'elle montre que l'ellipsoïde est incliné latéralement et fortement aplati, un peu à la manière d'une planche de surf (figure 23.2.1).

On peut aussi calculer d'autres corrélations partielles comme $r_{XZ.Y}$ ou $r_{XY.Z}$, par des formules analogues à celle de $r_{YZ.X}$, en interchangeant les variables. Ainsi, dans l'exemple de la respiration humaine, la corrélation partielle

$$r_{XZ.Y} = (r_{XZ} - r_{XY}r_{YZ})/\sqrt{[(1 - r_{XY}^2)(1 - r_{YZ}^2)]}$$

reflète l'augmentation de la concentration en $CO_2$ de l'air expiré lorsque celle de l'air inspiré augmente mais la ventilation pulmonaire est gardée constante. Dans le cas des données de l'exemple, on trouve $r_{XZ.Y} = +0{,}84499$, avec $(N-3) = 18$ degrés de liberté, ce qui est fortement significatif ($P < 0{,}001$). Ici aussi, la corrélation partielle $r_{XZ.Y}$ permet donc de confirmer la présence d'une relation que la corrélation totale $r_{XZ}$ laissait passer inaperçue.

## Section 23.3: le plan d'estimation, dit de *régression multiple*

L'une des façons de généraliser la droite d'estimation $\hat{Y} = a + bX$ (chapitre 20) consiste à utiliser un *plan d'estimation* (couramment appelé *plan de régression multiple*) dont l'équation $\hat{Z} = a + bX + cY$ permet d'estimer une variable $Z$ à partir de deux autres variables, $X$ et $Y$. L'utilisation d'un plan d'estimation est opportune lorsque la nature des variables considérées ou des questions posées est telle que l'une des variables, $Z$, doit être estimée ou peut être interprétée comme un effet tandis que les autres, $X$ et $Y$, peuvent servir de variables prédictrices ou être interprétées comme jouant le rôle de causes. Dans le cas des données sur la respiration humaine, par exemple, il est naturel de se demander dans quelle mesure la concentration en $CO_2$ de l'air expiré $Z$ (qui reflète la composition de l'atmosphère interne des poumons) est influencée d'une part par la concentration en $CO_2$ de l'air inspiré $X$, une condition extérieure, et d'autre part par l'intensité $Y$ de la ventilation pulmonaire, une réaction de l'organisme. Dans la nature, la constance de la composition de l'atmosphère interne des poumons malgré l'accroissement du pourcentage en $CO_2$ de l'air inspiré est assurée par l'augmentation de l'intensité de la ventilation pulmonaire, ce qui constitue un excellent exemple de *régulation physiologique*. Les coefficients $a$, $b$ et $c$ peuvent être estimés suivant le principe des moindres carrés en minimisant la *somme de carrés d'écarts résiduelle* (ou SCER)

$$\sum_{h=1}^{N} (Z - \hat{Z})^2 = \sum_{h=1}^{N} [Z - (a + bX + cY)]^2 .$$

Si on pose que les dérivées de cette SCER quant aux trois coefficients $a$, $b$, et $c$ sont nulles, on obtient un système de trois équations connues sous le nom d'*équations de Gauss*:

$$aN + b\Sigma X + c\Sigma Y = \Sigma Z ,$$

$$a\Sigma X + b\Sigma X^2 + c\Sigma XY = \Sigma XZ ,$$

$$a\Sigma Y + b\Sigma XY + c\Sigma Y^2 = \Sigma YZ .$$

La résolution de ce système d'équations montre que les coefficients $a$, $b$ et $c$ doivent recevoir les valeurs suivantes:

$$b = (S_{XZ}S_Y^2 - S_{YZ}S_{XY})/(S_X^2S_Y^2 - S_{XY}^2),$$

$$c = (S_{YZ}S_X^2 - S_{XZ}S_{XY})/(S_X^2S_Y^2 - S_{XY}^2),$$

et

$$a = \overline{Z} - b\overline{X} - c\overline{Y}.$$

L'équation du plan d'estimation de la concentration $Z$ en $CO_2$ de l'air expiré à partir de la concentration $X$ en $CO_2$ de l'air inspiré et de la ventilation pulmonaire $Y$ est

$$\hat{Z} = 7{,}09583 + 0{,}747978X - 0{,}647592Y.$$

La condition des moindres carrés assure que, dans un certain sens, le plan d'estimation passe aussi près que possible des observations, car la somme des carrés des distances verticales (parallèles à l'axe de coordonnées des $Z$) entre les points figuratifs et le plan est minimum. La distance moyenne entre les points figuratifs et le plan d'estimation est mesurée par la variance résiduelle:

$$S_{Z.XY}^2 = [(N-1)/(N-3)](S_Z^2 - b\,S_{XZ} - c\,S_{YZ}).$$

La variance résiduelle $S_{Z.XY}^2$ possède $(N-3)$ degrés de liberté, car elle présuppose l'estimation des trois coefficients $a$, $b$ et $c$ à partir des données.

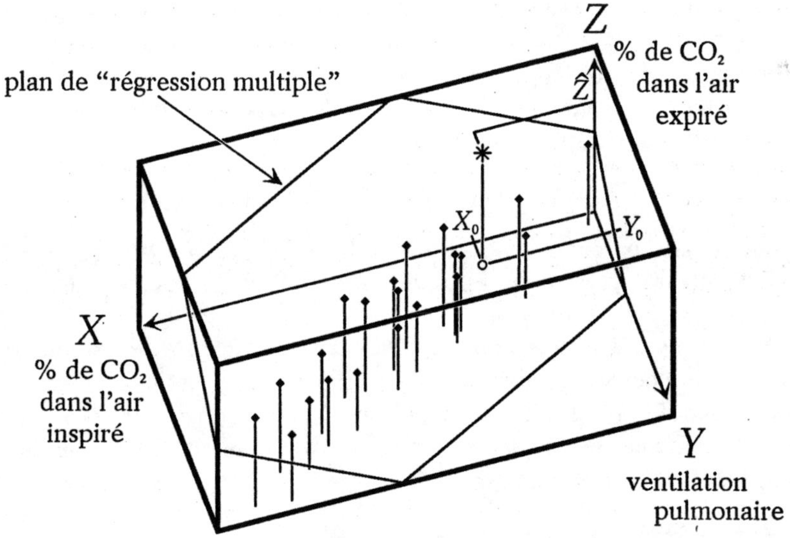


**Figure 23.3.1**
**Le plan d'estimation, dit de *régression multiple,* correspond à l'équation $\hat{Z} = a + bX + cY$ et possède une inclinaison voisine de celle de l'ellipsoïde aplati illustré à la figure 23.2.1; la valeur estimée $\hat{Z}$ de la variable $Z$ est la hauteur de l'intersection (∗) avec le plan d'estimation de la droite verticale élevée à partir du point (o) dont les coordonnées sont les valeurs $X_0$ et $Y_0$ des variables prédictrices.**

## Section 23.4: épreuves d'hypothèses au sujet des coefficients *b* et *c*

Le plan d'estimation ne mérite généralement d'être utilisé que si on doit rejeter l'hypothèse que les valeurs paramétriques $b_0$ et $c_0$ des coefficients $b$ et $c$ sont nulles dans l'équation $\hat{Z}=a+bX+cY$. En outre, lorsque l'hypothèse de nullité est rejetée, on peut vouloir éprouver l'hypothèse que les coefficients $b$ et $c$ possèdent d'autres valeurs théoriques $b_0$ et $c_0$ différentes de zéro. Ces deux types de problèmes peuvent être résolus à l'aide des critères

$$t = (b - b_0)/S_b \qquad \text{et} \qquad t = (c - c_0)/S_c\,,$$

qui suivent la distribution du $t$ de Student avec $(N-3)$ degrés de liberté. Dans le cas de l'hypothèse de nullité, $b_0=0$ et $c_0=0$, de sorte que

$$t = b/S_b \qquad \text{et} \qquad t = c/S_c\,.$$

Les estimations $S_b$ et $S_c$ des écarts-types des coefficients $b$ et $c$ sont obtenues en extrayant la racine carrée des variances correspondantes

$$S_b^2 = S_{Z.XY}^2 S_Y^2/[(N - 1)(S_X^2 S_Y^2 - S_{XY}^2)]\,,$$

et

$$S_c^2 = S_{Z.XY}^2 S_X^2/[(N - 1)(S_X^2 S_Y^2 - S_{XY}^2)]\,.$$

Les limites des régions d'acceptation et de rejet sont déterminées en tenant compte de la nature des hypothèses contraires $H_1$ (à double sens ou à sens unique), comme aux sections 9.6, 19.5 et 20.4. La distribution du $t$ de Student peut être utilisée aussi pour calculer des limites de confiance. Par exemple, dans le cas où, s'il s'agissait d'une épreuve d'hypothèse, on aurait une hypothèse contraire à double sens, l'intervalle de confiance du coefficient paramétrique $b_0$ serait

$$b + t_{(\alpha/2;\,N-3)}\, S_b \leq b_0 \leq b + t_{(1-\alpha/2;\,N-3)}\, S_b\,.$$

On peut montrer que l'épreuve des hypothèses de nullité $H_0$: $b_0=0$ et $H_0$: $c_0=0$ est strictement équivalente à l'épreuve des hypothèses de nullité des coefficients de corrélation partielle $\rho_{XZ.Y}$ et $\rho_{YZ.X}$ discutées à la section 23.2. En fait, les coefficients $b$ et $c$ d'une *régression multiple* peuvent aussi être appelés des *coefficients de régression partielle,* car $b$ reflète l'influence de la variable $X$ sur $Z$ lorsque $Y$ est constante tandis que $c$ reflète l'influence de $Y$ sur $Z$ lorsque $X$ est constante. L'épreuve conjointe des hypothèses de nullité des deux coefficients $b_0$ et $c_0$ est équivalente à celle du coefficient de corrélation multiple, discuté à la section suivante.

## Section 23.5: le coefficient de corrélation multiple

Dans le cas des coefficients de *corrélation partielle* (section 23.2) aussi bien que dans celui des coefficients d'une *régression multiple* (sections 23.3 et 23.4), on se trouve à décrire l'influence sur la variable prédite $Z$ de l'une des variables prédictrices ($X$ ou $Y$) en gardant l'autre variable prédictrice constante. Il arrive toutefois qu'on souhaite obtenir une mesure de la relation globale de la variable prédite d'une part avec toutes les variables prédictrices conjointement d'autre part. Cette mesure de relation globale est représentée par le symbole $R_{Z.XY}$ et est appelée le *coefficient de corrélation multiple* de $Z$ avec $X$ et $Y$. Comme la lettre grecque *rho* ($\rho$) majuscule n'est pas distinguable de notre $P$ majuscule, le coefficient de corrélation multiple paramétrique est souvent désigné par $\overline{R}_{Z.XY}$, mais nous le représenterons ici par $\mathfrak{R}_{Z.XY}$, la lettre $\mathfrak{R}$ étant un $R$ gothique. Le coefficient de corrélation multiple de l'échantillon est égal à la racine carrée positive de l'expression

$$R^2_{Z.XY} = (bS_{XZ} + cS_{YZ})/S^2_Z.$$

Au point de vue technique, le coefficient de corrélation multiple peut être défini comme le coefficient de corrélation ordinaire entre la valeur observée $Z$ et la valeur prédite $\hat{Z}=(a+bX+cY)$ de la variable $Z$. En dépit de cette définition, et contrairement au coefficient de corrélation partielle, le coefficient de corrélation multiple possède une distribution de probabilités fondamentalement différente de celle du coefficient de corrélation ordinaire. Par opposition à la corrélation ordinaire et à la corrélation partielle, la corrélation multiple ne peut jamais prendre une valeur négative ($R_{Z.XY} \geq 0$), car l'imposition de la condition des moindres carrés aux coefficients $a$, $b$ et $c$ force la variable prédite $\hat{Z}$ à ressembler aussi fortement que possible aux valeurs observées $Z$ correspondantes. La distribution de probabilités du coefficient de corrélation multiple est néanmoins apparentée à celle du rapport de variances $F$, ce qui permet de transformer une valeur observée de $R_{Z.XY}$ en un rapport de variances:

$$F_{(2,\,N-3)} = (N-3)R^2_{Z.XY}/[2(1-R^2_{Z.XY})].$$

La région d'acceptation de l'hypothèse de nullité $H_0$: $\mathfrak{R}_{Z.XY} = 0$ est

$$F_{(2,\,N-3)} \leq F_{(1-\alpha;\,2,\,N-3)}.$$

Dans l'exemple des données sur la respiration humaine, on trouve $R_{Z.XY} = +0{,}85117$, ce qui est à peine plus élevé en valeur absolue que le coefficient de corrélation partielle $r_{YZ.X} = -0{,}85110$. Le rapport de variances correspondant à ce coefficient de corrélation multiple est 23,6667 et possède $(2,\,N-3)=(2,\,18)$ degrés de liberté. On peut donc rejeter l'hypothèse $H_0$: $\mathfrak{R}_{Z.XY}=0$ sans hésitation ($P<0{,}001$), ce qui signifie que le pourcentage $Z$ de $CO_2$ dans l'air expiré est relié conjointement au pourcentage $X$ de $CO_2$ dans l'air inspiré et à la ventilation pulmonaire $Y$. On avait constaté à la section 23.2 que les coefficients de corrélation ordinaires $r_{XZ}$ et $r_{YZ}$ ne permettaient pas de détecter cette relation.

## Section 23.6: possibilités et limites des méthodes du présent chapitre

Même si, dans le présent chapitre, nous nous sommes limités au cas le plus simple où il y a trois variables en tout, les corrélations et les régressions partielles et multiples peuvent être utilisées aussi lorsqu'il y a un plus grand nombre de variables. Cependant, quand il y a plus de trois variables, les calculs ne peuvent plus être effectués à l'aide de formules simples comme celles des sections précédentes, et on doit employer les méthodes du calcul linéaire (voir les chapitres 24 et 25), qui consiste dans l'application de l'algèbre des vecteurs et des matrices aux données numériques. En outre, bien que l'exemple considéré dans ce chapitre soit d'intérêt surtout physiologique, les corrélations et régressions partielles et multiples peuvent être appliquées avec profit dans beaucoup d'autres domaines, par exemple en génétique quantitative et en écologie. Les méthodes des corrélations et des régressions partielles et multiples ne permettent toutefois pas de répondre à toutes les sortes de questions rencontrées dans l'analyse statistique de plusieurs variables. En général, les corrélations et les régressions partielles et multiples sont appropriées lorsque certaines des variables peuvent être considérées comme des variables prédictrices ou peuvent être interprétées comme jouant un rôle causal, tandis que les autres variables doivent être prédites ou peuvent être interprétées comme des effets. Quand on pense que toutes les variables sont sujettes à des fluctuations aléatoires et lorsqu'il s'agit non pas de prédire la valeur de certaines de ces variables mais plutôt de décrire leurs relations ou de comparer plusieurs groupes d'observations, on devrait faire appel à d'autres méthodes statistiques multidimensionnelles comme la distribution du $T^2$ de Hotelling (chapitre 30), la méthode des composantes principales (chapitre 31), l'analyse discriminante (chapitres 32 et 33) ou les corrélations canoniques (chapitre 34). Ainsi le plan d'estimation (dit de régression multiple) discuté à la section 23.3 n'est que l'une des façons possibles de généraliser la droite d'estimation utilisée dans l'analyse de deux variables. L'équation d'une ligne droite tridimensionnelle passant par le point moyen $[\bar{X}, \bar{Y}, \bar{Z}]$,

$$(X-\bar{X})/a = (Y-\bar{Y})/b = (Z-\bar{Z})/c\,,$$

peut être préférable lorsqu'il s'agit de décrire une relation linéaire entre trois variables conjointement; dans certains contextes, les *cosinus directeurs* $[a, b, c]$ d'une telle droite (sections 24.1 et 24.6) peuvent être estimés par ceux de *l'axe majeur tridimensionnel* ou *première composante principale* (chapitre 31), qui constitue une généralisation de la droite bidimensionnelle d'estimation orthogonale (chapitre 22). Les méthodes statistiques multidimensionnelles sont discutées du chapitre 29 au chapitre 34 inclusivement.

# Chapitre 24
## Éléments de calcul linéaire (vecteurs et matrices)

### Section 24.1: généralités

Les méthodes de calcul direct employées au chapitre précédent dans le cas de la distribution normale tridimensionnelle (sections 23.2 à 23.5 inclusivement) ne sont pas pratiques lorsqu'il y a plus de deux variables prédictrices. La façon la plus efficace d'effectuer les calculs consiste alors à utiliser l'algèbre des *vecteurs* et des *matrices*, dont l'application est dénommée *calcul linéaire*. La plupart des variables considérées depuis le début du présent manuel comprenaient chacune une seule quantité, appelée un *scalaire*. Une variable scalaire est généralement représentée par une lettre italique, par exemple

$$X = \text{la stature (hauteur) d'un être humain} = 170 \text{ cm} .$$

Contrairement aux scalaires, les vecteurs et les matrices, dont nous décrirons brièvement l'utilisation dans ce chapitre, sont des *ensembles* ordonnés de plusieurs *éléments* dont chacun est identifiable par sa position. Les éléments sont séparés les uns des autres soit par des virgules soit simplement par des espaces. Par exemple, on peut avoir un vecteur de trois éléments,

$$[X,\ Y,\ Z] = [170 \text{ cm},\ 50 \text{ cm},\ 65 \text{ kg}] ,$$

où $X$ = la stature, $Y$= la largeur aux épaules et $Z$= le poids corporel d'un être humain. Pour des raisons d'économie, de cohérence et de clarté, les divers éléments d'un vecteur sont souvent représentés par la même lettre affectée d'*indices* (numéros d'ordre) au lieu de lettres différentes, et le vecteur est désigné de façon résumée par un caractère gras. Ainsi, le vecteur ci-dessus peut être représenté par

$$\mathbf{X} = [X_1 \quad X_2 \quad X_3] = [170 \text{ cm} \quad 50 \text{ cm} \quad 65 \text{ kg}] ,$$

où $X_1$, $X_2$ et $X_3$ remplacent les variables $X$, $Y$ et $Z$ respectivement. Les éléments des vecteurs et des matrices sont généralement des scalaires mais peuvent parfois être eux-mêmes des ensembles (voir le cas des matrices subdivisées à la section 24.14). L'algèbre des vecteurs et des matrices est particulièrement efficace lorsqu'on doit analyser plusieurs variables simultanément parce qu'elle permet de traiter ces variables de manière globale. De plus, les *algorithmes* (procédés de calcul) développés pour les vecteurs et les matrices sont extensibles, c'est-à-dire que ces algorithmes fonctionnent quel que soit le nombre total de variables (à la condition que ce nombre soit indiqué).

Le lecteur connaît sans doute déjà le sens géométrique du mot vecteur: un segment de droite possédant une longueur, une direction et un sens, et représentable par une flèche. En algèbre, le mot vecteur désigne un ensemble ordonné de deux ou plusieurs éléments disposés successivement sur une ligne ou une colonne. Bien que le sens algébrique du mot vecteur soit clairement différent de son sens géométrique, on peut souvent considérer le vecteur algébrique et le vecteur géométrique comme deux aspects d'une même entité. Cette conception aide à voir, entre des entités mathématiques différentes à première vue, des relations qui, autrement, passeraient inaperçues. Ainsi, en géométrie analytique à deux dimensions, le vecteur algébrique $[a,\ b]$ peut être interprété (figure

24.1.1) ou bien comme l'ensemble des coordonnées cartésiennes d'un point, ou encore comme les composantes d'un vecteur géométrique allant de l'origine [0, 0] au point [$a$, $b$], ou enfin comme les *nombres directeurs* (des nombres proportionnels aux *cosinus directeurs,* voir la section 24.6) d'une droite passant par l'origine [0, 0] ainsi que par le point [$a$, $b$]. Plusieurs des termes employés en algèbre linéaire ont une connotation géométrique qui facilite leur compréhension.

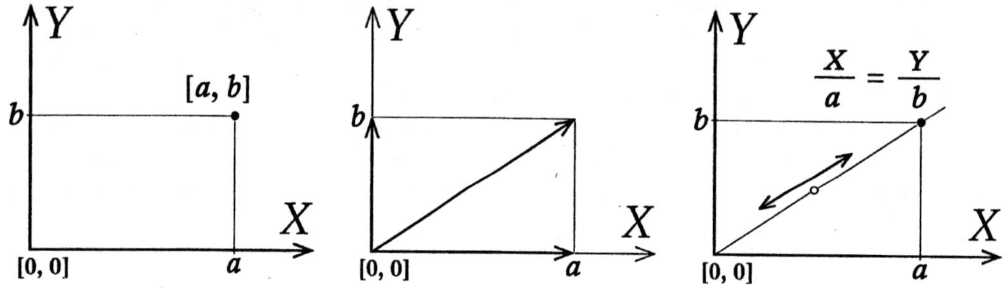


**Figure 24.1.1**
**Trois interprétations géométriques possibles d'un vecteur algébrique [$a$, $b$]: les coordonnées d'un point (à gauche), les composantes d'un vecteur (au centre), et les nombres directeurs d'une droite (à droite).**

## Section 24.2: vecteurs lignes et vecteurs colonnes, transposition

En algèbre linéaire, on distingue un vecteur écrit horizontalement, qu'on appelle un *vecteur ligne*, d'un vecteur écrit verticalement, qu'on appelle un *vecteur colonne*, car ces deux types de vecteurs se comportent différemment au cours de certaines des opérations qu'on leur fait subir. L'opération de *transposition,* que nous indiquerons en plaçant un tilde au dessus de la lettre qui représente un vecteur, permet toutefois de transformer un vecteur ligne en vecteur colonne ou vice versa. Afin de rendre le type d'un vecteur immédiatement évident au lecteur, nous conviendrons d'écrire les vecteurs lignes sans tilde et les vecteurs colonnes avec tilde (beaucoup d'auteurs placent le signe de transposition plutôt sur les vecteurs lignes, mais c'est moins commode). Ainsi, si on transpose le vecteur ligne

$$\mathbf{X} = [X_1 \quad X_2 \quad X_3] = [170 \text{ cm} \quad 50 \text{ cm} \quad 65 \text{ kg}] \,,$$

on obtient le vecteur colonne

$$\tilde{\mathbf{X}} = \begin{bmatrix} X_1 \\ X_2 \\ X_3 \end{bmatrix} = \begin{bmatrix} 170 \text{ cm} \\ 50 \text{ cm} \\ 65 \text{ kg} \end{bmatrix} .$$

## Section 24.3: égalité, addition et soustraction de vecteurs

Pour qu'on puisse s'interroger sur l'égalité de deux vecteurs, ou faire leur somme ou leur différence, ces deux vecteurs doivent être du même type (vecteurs lignes ou colonnes) et posséder le même nombre d'éléments. Deux vecteurs sont égaux si tous leurs éléments correspondants sont égaux. Si, par exemple,

$$\mathbf{X} = [X_1 \; X_2 \; X_3] \,, \qquad \mathbf{Y} = [Y_1 \; Y_2 \; Y_3] \qquad \text{et} \qquad \mathbf{X} = \mathbf{Y} \,,$$

cela signifie que $\qquad X_1 = Y_1 \,, \quad X_2 = Y_2 \quad \text{et} \quad X_3 = Y_3 \,.$

D'autre part, si on obtient un vecteur **Z** en faisant la somme ou la différence de deux vecteurs **X** et **Y**, chacun des éléments du vecteur résultant **Z** est égal à la somme ou à la différence des éléments correspondants des vecteurs **X** et **Y** :

donc, si $\mathbf{X}+\mathbf{Y}=\mathbf{Z}$,

$$\mathbf{Z} = [Z_1 \quad Z_2 \quad Z_3] = [X_1+Y_1 \quad X_2+Y_2 \quad X_3+Y_3]\,,$$



et, si $\mathbf{X}-\mathbf{Y}=\mathbf{Z}$,

$$\mathbf{Z} = [Z_1 \quad Z_2 \quad Z_3] = [X_1-Y_1 \quad X_2-Y_2 \quad X_3-Y_3]\,.$$

Si on soustrait un vecteur de lui même, on obtient un vecteur nul **0** dont tous les éléments sont nuls:

$$\mathbf{X} - \mathbf{X} = \mathbf{0} = [0,\ 0,\ 0]\,.$$

## Section 24.4: multiplication d'un vecteur par un scalaire

Le produit d'un vecteur **X** par un scalaire $a$ est un vecteur dont chacun des éléments est obtenu en multipliant l'élément correspondant du vecteur **X** par le scalaire $a$ :

$$a\,\mathbf{X} = a\,[X_1 \quad X_2 \quad X_3] = [a X_1 \quad a X_2 \quad a X_3]\,.$$

## Section 24.5: multiplication d'un vecteur ligne par un vecteur colonne

Le produit (aussi appelé *produit interne*) d'un vecteur ligne **X** par un vecteur colonne $\tilde{\mathbf{Y}}$ est la somme des produits des éléments (scalaires) correspondants. Contrairement au produit d'un vecteur par un scalaire, le produit interne d'un vecteur ligne par un vecteur colonne (dont tous les éléments sont des scalaires) est donc un scalaire, et non pas un vecteur:

$$\mathbf{X}\tilde{\mathbf{Y}} = [X_1 \quad X_2 \quad X_3]\begin{bmatrix} Y_1 \\ Y_2 \\ Y_3 \end{bmatrix} = X_1Y_1+X_2Y_2+X_3Y_3 = c\,.$$

Exemple numérique:

$$[1,\ 2]\begin{bmatrix} 3 \\ 4 \end{bmatrix} = 1\times 3 + 2\times 4 = 3 + 8 = 11\,.$$

Pour que le produit interne soit possible, les deux vecteurs doivent comporter autant d'éléments l'un que l'autre. En outre, dans le produit interne d'un vecteur ligne par un vecteur colonne, le vecteur ligne précède toujours le vecteur colonne par convention. On obtiendrait aussi un produit en écrivant le vecteur colonne avant le vecteur ligne mais, comme nous le verrons plus loin (section 24.11), ce produit serait une matrice et non pas un scalaire. Toutefois, le produit interne de deux vecteurs conserve la même valeur si l'ordre des vecteurs est changé à la condition que le premier vecteur soit écrit sous la forme d'un vecteur ligne et le second sous la forme d'un vecteur colonne:

$$\mathbf{X}\tilde{\mathbf{Y}} = \mathbf{Y}\tilde{\mathbf{X}} = X_1Y_1+X_2Y_2+X_3Y_3 = c\,.$$

Il est intéressant de remarquer qu'une équation du type

$$a_1 X_1 + a_2 X_2 + a_3 X_3 = 0$$

peut être exprimée en posant la nullité du produit interne du vecteur des coefficients $\mathbf{a} = [a_1 \;\; a_2 \;\; a_3]$ par le vecteur des variables $\mathbf{X} = [X_1 \;\; X_2 \;\; X_3]$ :

$$\mathbf{a}\tilde{\mathbf{X}} = [a_1 \;\; a_2 \;\; a_3]\begin{bmatrix} X_1 \\ X_2 \\ X_3 \end{bmatrix} = a_1 X_1 + a_2 X_2 + a_3 X_3 = 0 \,.$$

Lorsque deux vecteurs non nuls comme $\mathbf{X} = [+1, \; +1, \; +1]$ et $\mathbf{Y} = [+2, \; -1, \; -1]$ ont un produit interne nul,

$$\mathbf{X}\tilde{\mathbf{Y}} = \mathbf{Y}\tilde{\mathbf{X}} = (+1)\times(+2) + (+1)\times(-1) + (+1)\times(-1) = +2-1-1 = 0 \,,$$

on dit que ces deux vecteurs sont *orthogonaux* l'un par rapport à l'autre.

## Section 24.6: longueur, angles et cosinus directeurs d'un vecteur

Dans un espace euclidien à deux dimensions, la *longueur* (aussi appelée *norme*) $||\mathbf{X}||$ d'un vecteur $\mathbf{X} = [a, b] = [X_1 \;\; X_2]$ est égale à la distance entre l'origine, le point $\mathbf{0} = [0, \;\; 0]$, et le point $\mathbf{X}$, c'est-à-dire à l'hypothénuse d'un triangle rectangle dont les côtés ont pour longueur $(a-0) = (X_1 - 0) = X_1$ et $(b-0) = (X_2 - 0) = X_2$ respectivement (voir la figure 24.1.1), c'est-à-dire

$$||\mathbf{X}|| = +\sqrt{(X_1^2 + X_2^2)} = +\sqrt{\mathbf{X}\tilde{\mathbf{X}}} \,;$$

la longueur d'un vecteur $\mathbf{X}$ est donc égale à la racine carrée positive du produit interne $\mathbf{X}\tilde{\mathbf{X}}$ (section 24.5) du vecteur $\mathbf{X}$ par lui-même transposé. De manière analogue, dans un espace euclidien à 3 dimensions, la longueur du vecteur $\mathbf{X}$ est $||\mathbf{X}|| = +\sqrt{(X_1^2 + X_2^2 + X_3^2)}$, et, dans un espace à $q$ dimensions, $||\mathbf{X}|| = +\sqrt{(X_1^2 + X_2^2 + \ldots + X_q^2)}$.

À un vecteur $\mathbf{X}$ de longueur quelconque, on peut associer un vecteur de longueur unité (ou *vecteur unitaire*),

$$\mathbf{x} = [x_1 \;\; x_2 \;\; \ldots \;\; x_q] \,,$$

qu'on obtient en divisant chacun des éléments du vecteur $\mathbf{X}$ par sa longueur $||\mathbf{X}||$ :

$$\mathbf{x} = \left(1/||\mathbf{X}||\right)\mathbf{X} = \left(1/\sqrt{\mathbf{X}\tilde{\mathbf{X}}}\right)\mathbf{X} = \left(1/\sqrt{(X_1^2 + X_2^2 + \ldots + X_q^2)}\right)[X_1 \;\; X_2 \;\; \ldots \;\; X_q] \,.$$

On a donc $\mathbf{x}\tilde{\mathbf{x}} = 1$. Chacun des éléments $(x_i)$ du vecteur de longueur unité est égal au cosinus de l'angle $f_i$ formé par le vecteur $\mathbf{X}$ avec l'axe de coordonnées $OX_i$ et est appelé *cosinus directeur*. L'ensemble des cosinus directeurs,

$$\mathbf{x} = [x_1 \;\; x_2 \;\; \ldots \;\; x_i \;\; \ldots \;\; x_q] = [\cos(f_1), \; \cos(f_2), \ldots, \; \cos(f_i), \ldots, \; \cos(f_q)]$$

permet de décrire la direction (et aussi le sens) du vecteur $\mathbf{X}$ (et aussi du vecteur $\mathbf{x}$) dans l'espace par rapport aux axes de coordonnées (mutuellement perpendiculaires) $OX_1$, $OX_2$, ..., $OX_i$, ..., $OX_q$. Les éléments du vecteur $\mathbf{X} = [X_1 \;\; X_2 \;\; \ldots \;\; X_q]$, dont la longueur diffère de l'unité, sont proportionnels aux cosinus directeurs et peuvent être appelés *nombres directeurs*.

Le cosinus de l'angle $f_{XY}$ formé par deux vecteurs **X** et **Y** dans l'espace est égal au produit interne des vecteurs unitaires correspondants **x** et **y** :

$$\cos(f_{XY}) = \mathbf{x}\tilde{\mathbf{y}} = \mathbf{X}\tilde{\mathbf{Y}} \big/ \left( \|\mathbf{X}\| \times \|\mathbf{Y}\| \right).$$

Lorsque deux vecteurs algébriques **X** et **Y** sont orthogonaux (section 24.5), $\cos(f_{XY}) = 0$, $f_{XY} = 90°$, et les vecteurs géométriques correspondants sont perpendiculaires l'un à l'autre.

## Section 24.7: plusieurs lignes et plusieurs colonnes: les matrices

Contrairement aux vecteurs, dont les éléments sont disposés sur une seule ligne ou une seule colonne, les matrices comportent généralement plusieurs lignes et plusieurs colonnes: la matrice **A** ci-dessous, par exemple, possède trois lignes et trois colonnes et ses éléments sont affectés d'indices doubles:

$$\mathbf{A} = \begin{bmatrix} a_{11} & a_{12} & a_{13} \\ a_{21} & a_{22} & a_{23} \\ a_{31} & a_{32} & a_{33} \end{bmatrix}.$$

Toutefois, la matrice **A** pourrait aussi être considérée soit comme un vecteur ligne dont les éléments sont trois vecteurs colonnes,

$$\mathbf{A} = \begin{bmatrix} \begin{bmatrix} a_{11} \\ a_{21} \\ a_{31} \end{bmatrix} \begin{bmatrix} a_{12} \\ a_{22} \\ a_{32} \end{bmatrix} \begin{bmatrix} a_{13} \\ a_{23} \\ a_{22} \end{bmatrix} \end{bmatrix},$$

soit comme un vecteur colonne dont les éléments sont trois vecteurs lignes:

$$\mathbf{A} = \begin{bmatrix} \begin{bmatrix} a_{11} & a_{12} & a_{13} \end{bmatrix} \\ \begin{bmatrix} a_{21} & a_{22} & a_{23} \end{bmatrix} \\ \begin{bmatrix} a_{31} & a_{32} & a_{33} \end{bmatrix} \end{bmatrix}.$$

Le premier et le second des deux indices sont dits *indice de ligne* et *indice de colonne* respectivement parce qu'ils indiquent de quelle ligne et de quelle colonne fait partie l'élément. Ainsi, l'élément supérieur gauche de la matrice **A** ci-dessus doit se lire "*a* un un", et non pas "*a* onze", tandis que l'élément inférieur gauche doit se lire "*a* trois un" et non pas "*a* trente-et-un". Une matrice est parfois représentée en abrégé par son *élément de type général* $a_{ij}$, $i$ étant l'indice de ligne et $j$ l'indice de colonne:

$$\mathbf{A} = [a_{ij}].$$

On dit que l'ordre d'une matrice est $(m \times n)$ lorsque cette matrice possède $m$ lignes et $n$ colonnes. Ainsi la matrice **A** ci-dessus est d'ordre $(3 \times 3)$, et on peut écrire

$$\mathbf{A}_{(3 \times 3)} = \begin{bmatrix} a_{11} & a_{12} & a_{13} \\ a_{21} & a_{22} & a_{23} \\ a_{31} & a_{32} & a_{33} \end{bmatrix}.$$

De façon générale, la notation utilisée pour une matrice d'ordre $(m \times n)$ est

$$\mathbf{A}_{(m\times n)} = \begin{bmatrix} a_{11} & a_{12} & \dots & a_{1j} & \dots & a_{1n} \\ a_{21} & a_{22} & \dots & a_{2j} & \dots & a_{2n} \\ \dots & \dots & \dots & \dots & \dots & \dots \\ a_{i1} & a_{i2} & \dots & a_{ij} & \dots & a_{in} \\ \dots & \dots & \dots & \dots & \dots & \dots \\ a_{m1} & a_{m2} & \dots & a_{mj} & \dots & a_{mn} \end{bmatrix} .$$

Lorsque $m = n$, la matrice **A** possède le même nombre de lignes et de colonnes, et on dit que c'est une *matrice carrée.*

Comme cas limites particuliers, une matrice $\mathbf{X}_{(1\times n)} = [X_{11} \; X_{12} \dots X_{1n}]$ possédant une seule ligne est un vecteur ligne, une matrice $\tilde{\mathbf{Y}}_{(m\times 1)}$ possédant une seule colonne est un vecteur colonne, et une matrice $\mathbf{A}_{(1\times 1)} = [a_{11}]$ possédant une seule ligne et une seule colonne est un scalaire.

## Section 24.8: transposition de matrices

Lorsqu'on transpose une matrice **A**, les colonnes de la matrice transposée $\tilde{\mathbf{A}}$ sont égales aux lignes de la matrice originale **A** et vice-versa:

donc, $$\text{si } \mathbf{A} = \begin{bmatrix} a_{11} & a_{12} & a_{13} \\ a_{21} & a_{22} & a_{23} \end{bmatrix}, \qquad \tilde{\mathbf{A}} = \begin{bmatrix} a_{11} & a_{21} \\ a_{12} & a_{22} \\ a_{13} & a_{23} \end{bmatrix} .$$

## Section 24.9: égalité, addition et soustraction de matrices

De la même façon que pour les vecteurs (section 24.3), deux matrices **A** et **B** sont égales si chacun des éléments de la première est égal à l'élément correspondant de la seconde:

donc, si $$\mathbf{A} = \begin{bmatrix} a_{11} & a_{12} \\ a_{21} & a_{22} \end{bmatrix} = \mathbf{B} = \begin{bmatrix} b_{11} & b_{12} \\ b_{21} & b_{22} \end{bmatrix},$$

$$a_{11} = b_{11}, \quad a_{12} = b_{12}, \quad a_{21} = b_{21}, \quad \text{et} \quad a_{22} = b_{22} .$$

D'autre part, si la somme (ou la différence) de deux matrices **A** et **B** est une troisième matrice **C**, chacun des éléments de cette troisième matrice est égal à la somme (ou à la différence) des éléments correspondants des deux premières matrices:

donc, si $\mathbf{A}+\mathbf{B}=\mathbf{C}$, $$\mathbf{C} = \begin{bmatrix} a_{11}+b_{11} & a_{12}+b_{12} \\ a_{21}+b_{21} & a_{22}+b_{22} \end{bmatrix}$$

tandis que, si $\mathbf{A}-\mathbf{B}=\mathbf{C}$, $$\mathbf{C} = \begin{bmatrix} a_{11}-b_{11} & a_{12}-b_{12} \\ a_{21}-b_{21} & a_{22}-b_{22} \end{bmatrix} .$$

Pour que deux matrices puissent être égales, ou qu'elles puissent être additionnées ou soustraites l'une de l'autre, il faut nécessairement qu'elles aient d'abord le même ordre (section 24.7). Si on soustrait une matrice d'elle même, on obtient une *matrice nulle*, dont tous les éléments sont nuls:

$$\mathbf{A} - \mathbf{A} = \mathbf{0}\,,$$

c'est-à-dire

$$\begin{bmatrix} a_{11} & a_{12} \\ a_{21} & a_{22} \end{bmatrix} - \begin{bmatrix} a_{11} & a_{12} \\ a_{21} & a_{22} \end{bmatrix} = \begin{bmatrix} 0 & 0 \\ 0 & 0 \end{bmatrix}.$$

## Section 24.10: multiplication d'une matrice par un scalaire

De la même façon que pour les vecteurs (section 24.4), le produit d'une matrice **B** par un scalaire $a$ est une matrice dont chacun des éléments est obtenu en multipliant l'élément correspondant de la matrice **B** par le scalaire $a$ :

$$a\mathbf{B} = \begin{bmatrix} ab_{11} & ab_{12} \\ ab_{21} & ab_{22} \end{bmatrix}.$$

## Section 24.11: multiplication d'une matrice par une autre matrice

Le produit d'une première matrice **A** par une seconde matrice **B** est une troisième matrice **C** dont chacun des éléments est égal au *produit interne* (section 24.5) du vecteur ligne correspondant de la première matrice par le vecteur colonne correspondant de la seconde matrice:

$$\mathbf{AB} = \mathbf{C}\,,$$

c'est-à-dire

$$\begin{bmatrix} a_{11} & a_{12} \\ a_{21} & a_{22} \end{bmatrix}\begin{bmatrix} b_{11} & b_{12} \\ b_{21} & b_{22} \end{bmatrix} = \begin{bmatrix} c_{11} & c_{12} \\ c_{21} & c_{22} \end{bmatrix} = \begin{bmatrix} [a_{11} & a_{12}] \\ [a_{21} & a_{22}] \end{bmatrix}\begin{bmatrix} \begin{bmatrix} b_{11} \\ b_{21} \end{bmatrix} & \begin{bmatrix} b_{12} \\ b_{22} \end{bmatrix} \end{bmatrix} = \begin{bmatrix} a_{11}b_{11} + a_{12}b_{21} & a_{11}b_{12} + a_{12}b_{22} \\ a_{21}b_{11} + a_{22}b_{21} & a_{21}b_{12} + a_{22}b_{22} \end{bmatrix}.$$

Exemple numérique:

$$\begin{bmatrix} +1 & +4 \\ +4 & +9 \end{bmatrix}\begin{bmatrix} +1 & +1 \\ -1 & +1 \end{bmatrix} = \begin{bmatrix} -3 & +5 \\ -5 & +13 \end{bmatrix}.$$

Pour que la multiplication soit possible, il faut que le nombre de colonnes de la première matrice soit égal au nombre de lignes de la seconde matrice:

$$\mathbf{A}_{(m \times n)}\, \mathbf{B}_{(n \times o)} = \mathbf{C}_{(m \times o)}\,.$$

Par exemple,

$$\mathbf{A}_{(4 \times 3)}\, \mathbf{B}_{(3 \times 2)} = \mathbf{C}_{(4 \times 2)}$$

c'est-à-dire

$$\begin{bmatrix} a_{11} & a_{12} & a_{13} \\ a_{21} & a_{22} & a_{23} \\ a_{31} & a_{32} & a_{33} \\ a_{41} & a_{42} & a_{43} \end{bmatrix}\begin{bmatrix} b_{11} & b_{12} \\ b_{21} & b_{22} \\ b_{31} & b_{32} \end{bmatrix} = \begin{bmatrix} c_{11} & c_{12} \\ c_{21} & c_{22} \\ c_{31} & c_{32} \\ c_{41} & c_{42} \end{bmatrix} = \begin{bmatrix} a_{11}b_{11} + a_{12}b_{21} + a_{13}b_{31} & a_{11}b_{12} + a_{12}b_{22} + a_{13}b_{32} \\ a_{21}b_{11} + a_{22}b_{21} + a_{23}b_{31} & a_{21}b_{12} + a_{22}b_{22} + a_{23}b_{32} \\ a_{31}b_{11} + a_{32}b_{21} + a_{33}b_{31} & a_{31}b_{12} + a_{32}b_{22} + a_{33}b_{32} \\ a_{41}b_{11} + a_{42}b_{21} + a_{43}b_{31} & a_{41}b_{12} + a_{42}b_{22} + a_{43}b_{32} \end{bmatrix}.$$

Contrairement au produit interne d'un vecteur ligne par un vecteur colonne (section 24.5), qui est un scalaire, le produit d'un vecteur colonne $\tilde{\mathbf{Y}}_{(m\times 1)}$ par un vecteur ligne $\mathbf{X}_{(1\times n)}$ est une matrice rectangulaire, $\tilde{\mathbf{Y}}_{(m\times 1)}\mathbf{X}_{(1\times n)} = \mathbf{C}_{(m\times n)}$ :

$$\begin{bmatrix} Y_1 \\ Y_2 \\ \dots \\ Y_m \end{bmatrix} [X_1\, X_2\, \dots\, X_n] = \begin{bmatrix} X_1Y_1 & X_2Y_1 & \dots & X_nY_1 \\ X_1Y_2 & X_2Y_2 & \dots & X_nY_2 \\ \dots & \dots & \dots & \dots \\ X_1Y_m & X_2Y_m & \dots & X_nY_m \end{bmatrix}.$$

Dans le cas d'un produit de trois matrices, on a

$$\mathbf{A}_{(m\times n)}\,\mathbf{B}_{(n\times o)}\,\mathbf{C}_{(o\times p)} = \mathbf{D}_{(m\times p)}\,.$$

Le nombre de lignes $m$ de la matrice résultante **D** est donc égal au nombre de lignes de la première matrice **A** tandis que le nombre de colonnes $p$ est égal au nombre de colonnes de la dernière matrice **C** du triple produit.

## Section 24.12: multiplication à gauche et à droite

Contrairement à la multiplication des scalaires, la multiplication de deux matrices **A** et **B** n'est généralement pas *commutative*, c'est-dire que le produit obtenu diffère selon que la première des deux matrices est **A** ou **B**. Bien qu'il y ait des exceptions, on a donc ordinairement $\mathbf{AB} \neq \mathbf{BA}$ , de sorte qu'on distingue le *produit à droite* de **A** par **B**, **AB**, du *produit à gauche* de **A** par **B**, **BA**. On dit aussi que **A** est *prémultipliée* par **B** dans **BA** mais *postmultipliée* par **B** dans **AB**.

Exemple numérique:

Si $\mathbf{A} = \begin{bmatrix} +1 & +4 \\ +4 & +9 \end{bmatrix}$ et $\mathbf{B} = \begin{bmatrix} +1 & +1 \\ -1 & +1 \end{bmatrix}$, $\mathbf{AB} = \begin{bmatrix} -3 & +5 \\ -5 & +13 \end{bmatrix}$, tandis que $\mathbf{BA} = \begin{bmatrix} +5 & +13 \\ +3 & +5 \end{bmatrix}$.

Il y a même des cas, comme lorsque $\mathbf{A} = \mathbf{A}_{(3\times 2)}$ et $\mathbf{B} = \mathbf{B}_{(2\times 2)}$, où un seul des deux produits est possible.

## Section 24.13: transposition d'un produit de matrices

La matrice obtenue en transposant le produit (la *"transposée"* du produit) de deux ou plusieurs matrices est égale au produit des transposées en ordre inverse:

$$\widetilde{(\mathbf{AB})} = \tilde{\mathbf{B}}\,\tilde{\mathbf{A}}\,,$$

et

$$\widetilde{(\mathbf{ABC})} = \tilde{\mathbf{C}}\,\tilde{\mathbf{B}}\,\tilde{\mathbf{A}}\,.$$

## Section 24.14: matrices subdivisées

Dans certains cas, il est avantageux de subdiviser des matrices en sous-matrices, par exemple lorsqu'une partie de leurs éléments correspondent à des variables de nature différente. Ainsi, si on analyse des données au sujet de quatre variables dont les deux premières sont de nature écologique tandis que les deux dernières sont de nature physiologique, il peut être utile de subdiviser une matrice **A** d'ordre $(4 \times 4)$ en quatre sous-matrices d'ordre $(2 \times 2)$ de la façon suivante:

$$\mathbf{A} = \begin{bmatrix} a_{11} & a_{12} & a_{13} & a_{14} \\ a_{21} & a_{22} & a_{23} & a_{24} \\ a_{31} & a_{32} & a_{33} & a_{34} \\ a_{41} & a_{42} & a_{43} & a_{44} \end{bmatrix} = \left[\begin{array}{cc|cc} a_{11} & a_{12} & a_{13} & a_{14} \\ a_{21} & a_{22} & a_{23} & a_{24} \\ \hline a_{31} & a_{32} & a_{33} & a_{34} \\ a_{41} & a_{42} & a_{43} & a_{44} \end{array}\right] = \left[\begin{array}{c|c} \mathbf{A}_{11} & \mathbf{A}_{12} \\ \hline \mathbf{A}_{21} & \mathbf{A}_{22} \end{array}\right].$$

Supposons qu'une seconde matrice **B**, également d'ordre $(4 \times 4)$, doive être additionnée à **A**, ou bien en être soustraite, ou encore être multipliée par elle. Si cette seconde matrice est subdivisée de manière compatible avec la subdivision de **A**,

$$\mathbf{B} = \begin{bmatrix} b_{11} & b_{12} & b_{13} & b_{14} \\ b_{21} & b_{22} & b_{23} & b_{24} \\ b_{31} & b_{32} & b_{33} & b_{34} \\ b_{41} & b_{42} & b_{43} & b_{44} \end{bmatrix} = \left[\begin{array}{cc|cc} b_{11} & b_{12} & b_{13} & b_{14} \\ b_{21} & b_{22} & b_{23} & b_{24} \\ \hline b_{31} & b_{32} & b_{33} & b_{34} \\ b_{41} & b_{42} & b_{43} & b_{44} \end{array}\right] = \left[\begin{array}{c|c} \mathbf{B}_{11} & \mathbf{B}_{12} \\ \hline \mathbf{B}_{21} & \mathbf{B}_{22} \end{array}\right],$$

l'opération désirée peut être effectuée sur les matrices subdivisées et, quelle que soit la subdivision qu'on ait adoptée, le résultat final est le même que si les matrices **A** et **B** n'avaient pas été subdivisées. Par exemple,

$$\mathbf{AB} = \left[\begin{array}{c|c} \mathbf{A}_{11} & \mathbf{A}_{12} \\ \hline \mathbf{A}_{21} & \mathbf{A}_{22} \end{array}\right] \left[\begin{array}{c|c} \mathbf{B}_{11} & \mathbf{B}_{12} \\ \hline \mathbf{B}_{21} & \mathbf{B}_{22} \end{array}\right] = \begin{bmatrix} \mathbf{A}_{11}\mathbf{B}_{11} + \mathbf{A}_{12}\mathbf{B}_{21} & \mathbf{A}_{11}\mathbf{B}_{12} + \mathbf{A}_{12}\mathbf{B}_{22} \\ \mathbf{A}_{21}\mathbf{B}_{11} + \mathbf{A}_{22}\mathbf{B}_{21} & \mathbf{A}_{21}\mathbf{B}_{12} + \mathbf{A}_{22}\mathbf{B}_{22} \end{bmatrix} = \begin{bmatrix} a_{11} & a_{12} & a_{13} & a_{14} \\ a_{21} & a_{22} & a_{23} & a_{24} \\ a_{31} & a_{32} & a_{33} & a_{34} \\ a_{41} & a_{42} & a_{43} & a_{44} \end{bmatrix} \begin{bmatrix} b_{11} & b_{12} & b_{13} & b_{14} \\ b_{21} & b_{22} & b_{23} & b_{24} \\ b_{31} & b_{32} & b_{33} & b_{34} \\ b_{41} & b_{42} & b_{43} & b_{44} \end{bmatrix}$$

$$= \begin{bmatrix} a_{11}b_{11} + a_{12}b_{21} + a_{13}b_{31} + a_{14}b_{41}, & a_{11}b_{12} + a_{12}b_{22} + a_{13}b_{32} + a_{14}b_{42}, & a_{11}b_{13} + a_{12}b_{23} + a_{13}b_{33} + a_{14}b_{43}, & a_{11}b_{14} + a_{12}b_{24} + a_{13}b_{34} + a_{14}b_{44} \\ a_{21}b_{11} + a_{22}b_{21} + a_{23}b_{31} + a_{24}b_{41}, & a_{21}b_{12} + a_{22}b_{22} + a_{23}b_{32} + a_{24}b_{42}, & a_{21}b_{13} + a_{22}b_{23} + a_{23}b_{33} + a_{24}b_{43}, & a_{21}b_{14} + a_{22}b_{24} + a_{23}b_{34} + a_{24}b_{44} \\ a_{31}b_{11} + a_{32}b_{21} + a_{33}b_{31} + a_{34}b_{41}, & a_{31}b_{12} + a_{32}b_{22} + a_{33}b_{32} + a_{34}b_{42}, & a_{31}b_{13} + a_{32}b_{23} + a_{33}b_{33} + a_{34}b_{43}, & a_{31}b_{14} + a_{32}b_{24} + a_{33}b_{34} + a_{34}b_{44} \\ a_{41}b_{11} + a_{42}b_{21} + a_{43}b_{31} + a_{44}b_{41}, & a_{41}b_{12} + a_{42}b_{22} + a_{43}b_{32} + a_{44}b_{42}, & a_{41}b_{13} + a_{42}b_{23} + a_{43}b_{33} + a_{44}b_{43}, & a_{41}b_{14} + a_{42}b_{24} + a_{43}b_{34} + a_{44}b_{44} \end{bmatrix}.$$

## Section 24.15: matrices carrées, éléments diagonaux et trace

Une matrice **A** d'ordre $(m \times n)$ qui possède le même nombre de lignes et de colonnes $(m = n)$ est dite "*matrice carrée d'ordre n*", et on appelle *éléments diagonaux* d'une matrice carrée les éléments $a_{ij} = a_{ii}$ dont l'indice de ligne $i$ et l'indice de colonne $j$ sont égaux. L'ensemble des éléments diagonaux d'une matrice carrée forme la *diagonale principale*,

$$\mathbf{A} = \begin{bmatrix} a_{11} & \cdots & a_{1i} & a_{1j} & \cdots & a_{1n} \\ \cdots & \cdots & \cdots & \cdots & \cdots & \cdots \\ a_{i1} & \cdots & a_{ii} & a_{ij} & \cdots & a_{in} \\ a_{j1} & \cdots & a_{ji} & a_{jj} & \cdots & a_{jn} \\ \cdots & \cdots & \cdots & \cdots & \cdots & \cdots \\ a_{n1} & \cdots & a_{ni} & a_{nj} & \cdots & a_{nn} \end{bmatrix},$$

et la somme des éléments diagonaux est un scalaire et constitue une importante caractéristique qu'on nomme la *trace*:

$$\text{Trace}(\mathbf{A}) = \sum_{i=1}^{n} a_{ii} .$$

## Section 24.16: matrices symétriques

Une matrice carrée **A** est *symétrique* si les éléments qui sont placés semblablement de part et d'autre de la diagonale principale sont égaux:

$$a_{ij} = a_{ji} ;$$

ceci revient à dire que la matrice **A** est égale à sa transposée $\widetilde{\mathbf{A}}$ :

$$\mathbf{A} = \widetilde{\mathbf{A}} .$$

Lorsqu'une matrice est symétrique, on l'indique parfois en écrivant toujours le plus faible des deux indices en premier, au lieu d'écrire l'indice de ligne toujours en premier. Ceci sous-entend l'égalité des éléments semblablement placés, du fait qu'on les représente par le même symbole. Parfois aussi, quand une matrice est symétrique, on se dispense simplement d'écrire les éléments situés en dessous (ou au dessus) de la diagonale principale:

$$\mathbf{A} = \begin{bmatrix} a_{11} & a_{12} & a_{13} \\ a_{21} & a_{22} & a_{23} \\ a_{31} & a_{32} & a_{33} \end{bmatrix} = \begin{bmatrix} a_{11} & a_{12} & a_{13} \\ a_{12} & a_{22} & a_{23} \\ a_{13} & a_{23} & a_{33} \end{bmatrix} = \begin{bmatrix} a_{11} & a_{12} & a_{13} \\ & a_{22} & a_{23} \\ & & a_{33} \end{bmatrix} .$$

Lorsqu'on s'abstient d'écrire les éléments d'une matrice symétrique **A** situés en dessous (ou au dessus) de la diagonale principale, il faut toutefois éviter de confondre cette matrice symétrique avec une *matrice triangulaire*, dont les éléments situés en dessous (ou au dessus) de la diagonale principale seraient nuls.

On rencontre souvent des matrices carrées et symétriques en statistique: si on analyse trois variables, $[X, Y, Z] = [X_1, X_2, X_3]$, par exemple, les variances et les covariances de ces trois variables forment une matrice carrée et symétrique **S** appelée la *matrice de covariance*:

$$\mathbf{S} = [S_{ij}] = \begin{bmatrix} S_X^2 & S_{XY} & S_{XZ} \\ & S_Y^2 & S_{YZ} \\ & & S_Z^2 \end{bmatrix} = \begin{bmatrix} S_{11} & S_{12} & S_{13} \\ S_{12} & S_{22} & S_{23} \\ S_{13} & S_{23} & S_{33} \end{bmatrix} = \begin{bmatrix} S_{11} & S_{12} & S_{13} \\ & S_{22} & S_{23} \\ & & S_{33} \end{bmatrix} .$$

Les éléments de la diagonale principale sont les variances, et les autres sont les covariances. La matrice de covariance des variables réduites,

$$[x, y, z] = [(X-\overline{X})/S_X ,\ \ (Y-\overline{Y})/S_Y ,\ \ (Z-\overline{Z})/S_Z ]$$

est la *matrice de corrélation* $[r_{ij}]$ :

$$[r_{ij}] = \begin{bmatrix} 1 & r_{XY} & r_{XZ} \\ & 1 & r_{YZ} \\ & & 1 \end{bmatrix} = \begin{bmatrix} 1 & r_{12} & r_{13} \\ r_{12} & 1 & r_{23} \\ r_{13} & r_{23} & 1 \end{bmatrix} = \begin{bmatrix} 1 & r_{12} & r_{13} \\ & 1 & r_{23} \\ & & 1 \end{bmatrix} .$$

## Section 24.17: matrices diagonales, scalaires, unité

Une matrice carrée et symétrique **D** dont tous les éléments situés en dehors de la diagonale principale sont nuls est dite *diagonale*. Comme il n'y a pas d'équivoque, les éléments de la diagonale principale d'une matrice diagonale sont habituellement écrits avec un indice simple au lieu d'un indice double:

$$\mathbf{D} = \begin{bmatrix} d_{11} & 0 & 0 \\ 0 & d_{22} & 0 \\ 0 & 0 & d_{33} \end{bmatrix} = \begin{bmatrix} d_1 & 0 & 0 \\ 0 & d_2 & 0 \\ 0 & 0 & d_3 \end{bmatrix} .$$

Une matrice diagonale **C** dont les éléments de la diagonale principale sont tous égaux à une valeur commune $c$ est dite *scalaire*:

$$\mathbf{C} = \begin{bmatrix} c & 0 & 0 \\ 0 & c & 0 \\ 0 & 0 & c \end{bmatrix}.$$

Une *matrice unité* (aussi appelée *matrice identité*), qu'on désigne souvent en abrégé par la lettre **I** majuscule en caractère gras, est une matrice scalaire dont les éléments diagonaux sont égaux à l'unité:

$$\mathbf{I} = \begin{bmatrix} 1 & 0 & 0 \\ 0 & 1 & 0 \\ 0 & 0 & 1 \end{bmatrix}.$$

On peut vérifier facilement que la multiplication de n'importe quelle autre matrice **A** par une matrice identité **I** d'ordre convenable laisse cette autre matrice inchangée:

$$\mathbf{A}_{(2\times 3)}\,\mathbf{I}_{(3\times 3)} = \mathbf{A}_{(2\times 3)} \quad \text{et} \quad \mathbf{I}_{(2\times 2)}\,\mathbf{A}_{(2\times 3)} = \mathbf{A}_{(2\times 3)},$$

c'est-à-dire,

$$\begin{bmatrix} a_{11} & a_{12} & a_{13} \\ a_{21} & a_{22} & a_{23} \end{bmatrix}\begin{bmatrix} 1 & 0 & 0 \\ 0 & 1 & 0 \\ 0 & 0 & 1 \end{bmatrix} = \begin{bmatrix} a_{11} & a_{12} & a_{13} \\ a_{21} & a_{22} & a_{23} \end{bmatrix} \quad \text{et} \quad \begin{bmatrix} 1 & 0 \\ 0 & 1 \end{bmatrix}\begin{bmatrix} a_{11} & a_{12} & a_{13} \\ a_{21} & a_{22} & a_{23} \end{bmatrix} = \begin{bmatrix} a_{11} & a_{12} & a_{13} \\ a_{21} & a_{22} & a_{23} \end{bmatrix}.$$

À la condition de choisir une matrice identité d'ordre convenable, on a donc $\mathbf{AI} = \mathbf{A}$ et $\mathbf{IA} = \mathbf{A}$. Parce que la multiplication par une matrice unité laisse toute autre matrice inchangée, la matrice unité joue dans l'algèbre linéaire un rôle analogue au rôle joué par le chiffre “1” dans l'algèbre des scalaires.

## Section 24.18: déterminant et rang d'une matrice carrée régulière ou singulière

Le déterminant $|\mathbf{A}|$ d'une matrice carrée **A** est un scalaire qui reflète la valeur de tous les éléments de la matrice. De la même façon que la trace (section 24.15), le déterminant d'une matrice en est une importante caractéristique. L'évaluation des déterminants est un vaste sujet auquel des chapitres (ou même des livres) entiers peuvent être consacrés, et nous nous contentons d'indiquer ici une méthode de calcul simple et directe pour les déterminants de matrices carrées d'ordre 2 et 3 :

si la matrice $\mathbf{A} = \mathbf{A}_{(2\times 2)} = \begin{bmatrix} a_{11} & a_{12} \\ a_{21} & a_{22} \end{bmatrix}$, le déterminant $|\mathbf{A}| = \begin{vmatrix} a_{11} & a_{12} \\ a_{21} & a_{22} \end{vmatrix} = (a_{11}a_{22} - a_{21}a_{22})$,

et, si $\mathbf{A} = \mathbf{A}_{(3\times 3)} = \begin{bmatrix} a_{11} & a_{12} & a_{13} \\ a_{21} & a_{22} & a_{23} \\ a_{31} & a_{32} & a_{33} \end{bmatrix}$, le déterminant $|\mathbf{A}| = a_{11}\begin{vmatrix} a_{22} & a_{23} \\ a_{32} & a_{33} \end{vmatrix} - a_{21}\begin{vmatrix} a_{12} & a_{13} \\ a_{32} & a_{33} \end{vmatrix} + a_{31}\begin{vmatrix} a_{12} & a_{13} \\ a_{22} & a_{23} \end{vmatrix}$.

Pour les matrices carrées dont l'ordre est supérieur à 3, le calcul du déterminant est laborieux et mérite d'être fait à l'aide d'un algorithme comme il en existe maintenant pour tous les ordinateurs. Une matrice **A** est dite *régulière* si son déterminant $|\mathbf{A}| \neq 0$ mais singulière si $|\mathbf{A}| = 0$ . Pour qu'une matrice carrée possède une véritable inverse (section 24.19), elle doit être régulière. Le *rang* d'une matrice carrée est l'ordre de sa plus grande sous-matrice carrée (section 24.14) dont le déterminant n'est pas nul. Le rang d'une matrice carrée est égal à son ordre si cette matrice est régulière mais inférieur à l'ordre si la matrice est singulière (voir aussi la section 24.21).

## Section 24.19: matrices inverses

La division d'une matrice **B** par une autre matrice **A** n'existe pas telle quelle, mais elle est remplacée par une opération équivalente: au lieu de diviser **B** par **A**, on multiplie **B** par l'inverse de **A**, c'est-à-dire qu'on effectue le produit $\mathbf{BA}^{-1}$. La matrice inverse $\mathbf{A}^{-1}$ d'une matrice **A** est une matrice telle que, lorsqu'on effectue le produit $\mathbf{AA}^{-1}$, on obtient une matrice unité: $\mathbf{AA}^{-1}=\mathbf{I}$. On peut montrer facilement que, si $\mathbf{A}^{-1}$ est l'inverse à droite de **A**, elle est aussi son inverse à gauche. En effet, si l'inverse à gauche de **A** était une autre matrice **E**, on aurait $\mathbf{EA}=\mathbf{I}$, mais, en postmultipliant les deux membres de cette équation par $\mathbf{A}^{-1}$, on voit que $\mathbf{EAA}^{-1}=\mathbf{EI}=\mathbf{E}=\mathbf{I}\,\mathbf{A}^{-1}=\mathbf{A}^{-1}$; donc l'inverse à gauche est $\mathbf{E}=\mathbf{A}^{-1}$. Seule une matrice carrée peut posséder une inverse véritable, et même une matrice carrée ne possède pas nécessairement une inverse. Comme dans le cas des déterminants (section 24.18), nous ne donnons ici des expressions algébriques que pour les inverses des matrices d'ordre $(2\times 2)$ et $(3\times 3)$:

si la matrice $\mathbf{A}=\mathbf{A}_{(2\times 2)}=\begin{bmatrix} a_{11} & a_{12} \\ a_{21} & a_{22}\end{bmatrix}$, la matrice inverse $\mathbf{A}^{-1}=\dfrac{1}{|\mathbf{A}|}\begin{bmatrix} a_{22} & -a_{12} \\ -a_{21} & a_{11}\end{bmatrix}$,

et, si $\mathbf{A}=\mathbf{A}_{(3\times 3)}=\begin{bmatrix} a_{11} & a_{12} & a_{13} \\ a_{21} & a_{22} & a_{23} \\ a_{31} & a_{32} & a_{33}\end{bmatrix}$, l'inverse $\mathbf{A}^{-1}=\dfrac{1}{|\mathbf{A}|}\begin{bmatrix} \begin{vmatrix} a_{22} & a_{23} \\ a_{32} & a_{33}\end{vmatrix} & -\begin{vmatrix} a_{12} & a_{13} \\ a_{32} & a_{33}\end{vmatrix} & \begin{vmatrix} a_{12} & a_{13} \\ a_{22} & a_{23}\end{vmatrix} \\ -\begin{vmatrix} a_{21} & a_{23} \\ a_{31} & a_{33}\end{vmatrix} & \begin{vmatrix} a_{11} & a_{13} \\ a_{31} & a_{33}\end{vmatrix} & -\begin{vmatrix} a_{11} & a_{13} \\ a_{21} & a_{23}\end{vmatrix} \\ \begin{vmatrix} a_{21} & a_{22} \\ a_{31} & a_{32}\end{vmatrix} & -\begin{vmatrix} a_{11} & a_{12} \\ a_{31} & a_{32}\end{vmatrix} & \begin{vmatrix} a_{11} & a_{12} \\ a_{21} & a_{22}\end{vmatrix}\end{bmatrix}$.

On remarque que les expressions précédentes requièrent l'évaluation préalable du déterminant, qui peut être effectuée tel qu'indiqué à la section 24.18. La présence de l'inverse du déterminant dans l'expression de la matrice inverse explique qu'une matrice singulière ne possède pas d'inverse véritable, car l'inverse d'un déterminant nul est infini. Même lorsque le déterminant $|\mathbf{A}|$ n'est pas exactement nul, l'évaluation de la matrice inverse $\mathbf{A}^{-1}$ peut être difficile sinon impossible en pratique lorsque le déterminant est très petit: on dit alors que la matrice **A** est *presque singulière*.

Pour les matrices dont l'ordre est supérieur à $(3\times 3)$, le calcul d'une matrice inverse est habituellement laborieux et gagne à être effectué à l'aide d'ordinateurs, pour lesquels il existe des algorithmes généralement satisfaisants (sauf dans le cas de matrices presque singulières). Dans les cas où il n'y a pas de matrice inverse véritable, les spécialistes du calcul linéaire ont développé des *pseudoinverses* ou *inverses généralisées*.

L'un des principaux usages des matrices inverses est la résolution d'un système d'équations linéaires (du premier degré):

$$a_{11}X_1 + a_{12}X_2 = c_1 \;,$$
$$a_{21}X_1 + a_{22}X_2 = c_2 \;;$$

c'est-à-dire

$$\mathbf{A}\tilde{\mathbf{X}} = \tilde{\mathbf{c}},$$

où $\mathbf{A}=\begin{bmatrix} a_{11} & a_{12} \\ a_{21} & a_{22}\end{bmatrix}$ est la matrice des coefficients, $\mathbf{X}=[X_1 \;\; X_2]$ est le vecteur des inconnues, et $\mathbf{c}=[c_1 \;\; c_2]$ est le vecteur des quantités connues. Les inconnues peuvent être évaluées en prémultipliant les deux membres de l'équation $\mathbf{A}\tilde{\mathbf{X}}=\tilde{\mathbf{c}}$ par la matrice inverse $\mathbf{A}^{-1}$, ce qui donne:

$$\mathbf{A}^{-1}\mathbf{A}\tilde{\mathbf{X}} = \mathbf{I}\tilde{\mathbf{X}} = \tilde{\mathbf{X}} = \mathbf{A}^{-1}\tilde{\mathbf{c}}.$$

Une fois que la matrice inverse $\mathbf{A}^{-1}$ a été évaluée, la partie la plus ardue des calculs a donc été effectuée, et les inconnues $\mathbf{X}=[X_1\ X_2]$ peuvent être réévaluées facilement et rapidement si de nouvelles valeurs connues $\mathbf{c}=[c_1\ c_2]$ sont disponibles. L'inversion matricielle est utilisée dans de nombreuses méthodes statistiques, par exemple pour résoudre les "*équations de Gauss*" lorsqu'on estime les coefficients d'une régression multiple (sections 23.3 et 25.3), pour déterminer une valeur du critère $T^2$ de Hotelling (chapitre 30), ou pour comparer deux groupes d'observations à l'aide de la fonction discriminante de Fisher (chapitre 32).

## Section 24.20: matrices orthogonales

Une matrice carrée (généralement non symétrique) **A** est orthogonale si sa multiplication par sa transposée $\tilde{\mathbf{A}}$ donne une matrice unité **I** :

$$\mathbf{A}\tilde{\mathbf{A}} = \mathbf{I}\,.$$

Il s'ensuit que l'inverse $\mathbf{A}^{-1}$ d'une matrice orthogonale est tout simplement sa transposée, et que les vecteurs d'une matrice orthogonale sont unitaires et mutuellement orthogonaux (sections 24.6). Au point de vue géométrique, les éléments d'une matrice orthogonale peuvent être interprétés comme les cosinus directeurs de nouveaux axes de coordonnées (mutuellement perpendiculaires) par rapport à d'anciens axes de coordonnées. On se sert de matrices orthogonales pour diagonaliser une matrice carrée symétrique (section 24.21), ainsi que dans l'analyse des composantes principales (chapitre 31) et dans l'analyse discriminante de plusieurs groupes d'observations (chapitre 33).

## Section 24.21: diagonalisation d'une matrice carrée et symétrique

Une matrice carrée et symétrique **A** peut être exprimée sous la forme d'un produit matriciel, $\mathbf{A}=\tilde{\mathbf{U}}\mathbf{D}\mathbf{U}=\mathbf{U}^{-1}\mathbf{D}\mathbf{U}$, où **D** est une matrice diagonale et **U** est une matrice orthogonale (section 24.20), dont l'inverse $\mathbf{U}^{-1}$ est donc simplement égale à la transposée $\tilde{\mathbf{U}}$. Les vecteurs lignes de la matrice **U** sont appelés les *vecteurs propres* ou *vecteurs caractéristiques* de la matrice **A** (en anglais, *latent vectors* ou *characteristic vectors*, ou encore *eigen-vectors*, une traduction littérale de l'allemand), tandis que les éléments diagonaux de la matrice **D** sont appelées les *valeurs propres* ou *valeurs caractéristiques* de la matrice **A** (*latent roots, characteristic roots* ou *eigen-values* en anglais). Chaque vecteur propre $\mathbf{U}_i$ satisfait l'équation $\mathbf{U}_i\mathbf{A}=d_i\mathbf{U}_i$, ce qui montre que le produit d'une matrice **A** par l'un de ses vecteurs propres $\mathbf{U}_i$ est égal au produit de ce vecteur propre par la valeur propre correspondante $d_i$. Le nombre de valeurs propres non nulles est égal au rang de la matrice **A** (section 24.18) et indique combien de dimensions sont réellement occupées par cette matrice dans l'espace. Comme l'inverse $\mathbf{U}^{-1}$ de la matrice **U** en est tout simplement la transposée $\tilde{\mathbf{U}}$, il suffit de prémultiplier les deux membres de l'équation $\mathbf{A}=\tilde{\mathbf{U}}\mathbf{D}\mathbf{U}$ par **U** et de les postmultiplier par $\tilde{\mathbf{U}}$ pour constater que la matrice **D** peut être exprimée en fonction de la matrice **A** à l'aide du produit matriciel

$$\mathbf{U}\mathbf{A}\tilde{\mathbf{U}} = \mathbf{U}\tilde{\mathbf{U}}\mathbf{D}\mathbf{U}\tilde{\mathbf{U}} = \mathbf{I}\mathbf{D}\mathbf{I} = \mathbf{D}\,.$$

On appelle *diagonalisation* de la matrice **A** la série d'opérations par laquelle les valeurs des vecteurs propres $\mathbf{U}_i$ et des valeurs propres $d_i$, $i=1, 2, \ldots q$, sont obtenues à partir de la matrice **A**. Deux importantes caractéristiques sont *invariantes*, c'est-à-dire qu'elles conservent exactement la même valeur, lorsque la matrice **A** est remplacée par sa forme diagonale **D**, la trace (section 24.15) et le déterminant (section 24.18): on a donc $\text{trace}(\mathbf{D})=\text{trace}(\mathbf{A})$ et $|\mathbf{D}|=|\mathbf{A}|$.

L'évaluation numérique des vecteurs et des valeurs propres survient dans plusieurs domaines des mathématiques appliquées et a longtemps été considérée comme un difficile problème de calcul, mais des algorithmes efficaces sont dorénavant disponibles pour presque tous les ordinateurs (voir la section 31.3 et l'appendice A). En statistique, les valeurs et les vecteurs propres sont utilisés dans la construction d'ellipses ou ellipsoïdes de confiance ou de prédiction (chapitre 30), dans l'étude des *composantes principales* ou *axes principaux* d'une distribution normale multidimensionnelle (chapitre 31), ainsi que dans l'analyse discriminante multigroupes (chapitre 33) et dans le calcul des corrélations canoniques (chapitre 34).

## Section 24.22: combinaisons linéaires

Une *combinaison linéaire* des variables $X_1, X_2, \dots, X_q$ est un scalaire égal au produit interne (section 24.5) d'un vecteur de coefficients $\mathbf{a} = [a_1 \; a_2 \; \dots \; a_q]$ par le vecteur des variables transposé $\tilde{\mathbf{X}}$ :

$$\mathbf{a}\tilde{\mathbf{X}} = \mathbf{X}\tilde{\mathbf{a}} = a_1X_1 + a_2X_2 + \dots + a_qX_q = [a_1 \; a_2 \; \dots \; a_q] \begin{bmatrix} X_1 \\ X_2 \\ \dots \\ X_q \end{bmatrix}.$$

On utilise des combinaisons linéaires dans le cas de la régression multiple (chapitres 23 et 25), de l'analyse de variance avec contrastes (chapitre 26), de l'analyse des composantes principales (chapitre 31), et des fonctions discriminantes (chapitres 32 et 33).

## Section 24.23: formes bilinéaires

Une *forme bilinéaire* est un scalaire obtenu en prémultipliant une matrice carrée **A** par un vecteur ligne **X** et en la postmultipliant par un vecteur colonne $\tilde{\mathbf{Y}}$ :

$$\mathbf{XA}\tilde{\mathbf{Y}} = a_{11}X_1Y_1 + \dots + a_{1q}X_1Y_q + a_{q1}X_qY_1 + \dots + a_{qq}X_qY_q = [X_1 \dots X_q] \begin{bmatrix} a_{11} & \dots & a_{1q} \\ \dots & \dots & \dots \\ a_{q1} & \dots & a_{qq} \end{bmatrix} \begin{bmatrix} Y_1 \\ \dots \\ Y_q \end{bmatrix}.$$

La *forme quadratique* (section 24.24) est une sorte particulière de forme bilinéaire très importante en statistique.

## Section 24.24: formes quadratiques

Une *forme quadratique* est un scalaire obtenu en prémultipliant une matrice carrée et symétrique **A** par un vecteur ligne **X** et en la postmultipliant par le même vecteur transposé $\tilde{\mathbf{X}}$ :

$$\mathbf{XA}\tilde{\mathbf{X}} = a_{11}X_1^2 + \dots + 2a_{1q}X_1X_q + \dots + a_{qq}X_q^2 = [X_1 \dots X_q] \begin{bmatrix} a_{11} & \dots & a_{1q} \\ \dots & \dots & \dots \\ a_{1q} & \dots & a_{qq} \end{bmatrix} \begin{bmatrix} X_1 \\ \dots \\ X_q \end{bmatrix}.$$

Quand la matrice **A** d'une forme quadratique est diagonale,

$$\mathbf{A} = \mathbf{D} = \begin{bmatrix} d_1 \dots 0 \\ \dots \dots \dots \\ 0 \dots d_q \end{bmatrix},$$

les termes produits (du type $2a_{1q}X_1X_q$) disparaissent:

$$\mathbf{XD}\tilde{\mathbf{X}} = d_1X_1^2 + d_2X_2^2 + \dots + d_qX_q^2 \; .$$

Enfin, lorsque la matrice d'une forme quadratique est la matrice unité $\mathbf{I}$, la forme quadratique est égale à la somme des carrés des variables $X_1$, $X_2$, ..., $X_q$, c'est-à-dire au carré de la longueur $\|\mathbf{X}\|$ du vecteur $\mathbf{X}$ (section 24.6):

$$\mathbf{XI\breve{X}} = \mathbf{X\breve{X}} = X_1^2 + X_2^2 + \ldots + X_q^2 = \|\mathbf{X}\|^2 .$$

Si on pose une équation selon laquelle la forme quadratique $\mathbf{XI\breve{X}} = \mathbf{X\breve{X}}$ est égale à une constante $c^2$,

$$\mathbf{XI\breve{X}} = \mathbf{X\breve{X}} = X_1^2 + X_2^2 + \ldots + X_q^2 = c^2,$$

cette équation définit donc le lieu géométrique des points situés à égale distance ($c$) de l'origine $\mathbf{0} = [0,\ 0,\ \ldots\ 0]$. Cette équation correspond donc à deux points situés à égale distance de l'origine s'il y a une dimension, à un *cercle* centré sur l'origine s'il y a deux dimensions, à une *sphère* s'il y a trois dimensions, et à une *hypersphère* s'il y a plus de trois dimensions. Pour ce qui est de l'équation

$$\mathbf{XD\breve{X}} = d_1 X_1^2 + d_2 X_2^2 + \ldots + d_q X_q^2 = c^2,$$

elle correspond en deux dimensions à une *ellipse* centrée sur l'origine et dont les axes principaux coïncident avec les axes de coordonnées, à un *ellipsoïde* en trois dimensions, et à un *hyperellipsoïde* en plus de trois dimensions. Enfin, l'équation

$$\mathbf{XA\breve{X}} = c^2$$

correspond à des ellipses (figures 19.7.1, 19.8.1, 22.1.2) ou à des ellipsoïdes (figure 23.2.1) dont les axes principaux n'ont généralement pas la même direction que les axes de coordonnées. Ces exemples illustrent l'intérêt de la notation matricielle, grâce à laquelle une seule équation concise, $\mathbf{XI\breve{X}} = \mathbf{X\breve{X}} = c^2$, $\mathbf{XD\breve{X}} = c^2$ ou $\mathbf{XA\breve{X}} = c^2$, conserve sa signification géométrique quel que soit le nombre de variables considérées.

En statistique, les formes quadratiques figurent dans l'équation de la densité de probabilité de la distribution normale (sections 5.2, 19.2, 23.1, 23.2, 29.2), et servent à déterminer la valeur du critère $T^2$ de Hotelling ou à établir des régions de confiance ou de prédiction circulaires ou elliptiques (chapitre 30).

## Section 24.25: décomposition spectrale d'une matrice carrée et symétrique

Une matrice carrée et symétrique $\mathbf{A}$ peut être exprimée en fonction de ses valeurs et de ses vecteurs propres si les matrices $\mathbf{U}$ et $\mathbf{\breve{U}}$ sont subdivisées quant à ces derniers dans l'équation $\mathbf{A} = \mathbf{\breve{U}DU}$ mentionnée au début de la section 24.21: ce produit matriciel est alors analogue à une forme quadratique diagonalisée dont le vecteur ligne est la matrice $\mathbf{\breve{U}}$ et a comme éléments les vecteurs colonnes $\mathbf{\breve{U}}_1$, $\mathbf{\breve{U}}_2$, ..., $\mathbf{\breve{U}}_q$ (au lieu de scalaires) :

$$\mathbf{A} = \mathbf{\breve{U}DU} = d_1\mathbf{\breve{U}}_1\mathbf{U}_1 + d_2\mathbf{\breve{U}}_2\mathbf{U}_2 + \ldots + d_i\mathbf{\breve{U}}_i\mathbf{U}_i + \ldots + d_q\mathbf{\breve{U}}_q\mathbf{U}_q .$$

Cette équation indique la contribution de chaque valeur propre $d_i$ et du vecteur propre correspondant $\mathbf{U}_i$ à la matrice $\mathbf{A}$, et révèle ce qu'on appelle la *décomposition spectrale* de la matrice $\mathbf{A}$ quant à ses valeurs propres et ses vecteurs propres.

## Section 24.26: lectures additionnelles, moyens de calcul numérique

Le lecteur qui désire approfondir sa connaissance du calcul linéaire peut consulter les ouvrages de Aitken (1956), Beaumont (1965), Bouteloup (1961), Dieudonné (1964), Graybill (1969), Murdoch (1957), Schreier et Sperner (1951), Searle (1966) et Wade (1951). Les applications numériques peuvent être grandement facilitées par l'utilisation d'un logiciel de calcul comme *Mathematica*® (Wolfram Research, Inc., 100 Trade Center Drive, Champaign, Illinois 61820-7237, U.S.A.) ou d'un langage de programmation de haut niveau muni d'instructions matricielles comme *True BASIC*™ (True BASIC Inc., 12 Commerce Avenue, West Lebanon, New Hampshire 03784-1669, U.S.A.).

L'encadré suivant illustre la brièveté et la simplicité d'un programme d'inversion de matrice rédigé en "*True BASIC*". Le premier énoncé, le titre du programme, est un commentaire, tel qu'indiqué par le point d'exclamation initial.

```
! Inversion de matrice
DIM A(4,4),B(4,4)
MAT READ A
MAT B = INV(A)
MAT PRINT B
DATA 2,1,1,1
DATA 1,2,1,1
DATA 1,1,2,1
DATA 1,1,1,2
PAUSE 180
END
```

Le second énoncé détermine l'ordre de la matrice devant être inversée,

$$\mathbf{A}_{(4\times 4)} = \begin{bmatrix} 2 & 1 & 1 & 1 \\ 1 & 2 & 1 & 1 \\ 1 & 1 & 2 & 1 \\ 1 & 1 & 1 & 2 \end{bmatrix},$$

ainsi que de son inverse $\mathbf{A}^{-1} = \mathbf{B}$. Le troisième énoncé, `MAT READ A`, provoque le transfert dans la matrice **A** des valeurs numériques des éléments, données dans les quatre énoncés `DATA`. Le quatrième énoncé, `MAT B = INV(A)`, suffit pour obtenir le calcul de l'inverse de la matrice **A**, et le cinquième énoncé, `MAT PRINT B`, assure l'affichage du résultat.

$$\mathbf{A}^{-1} = \mathbf{B} = \begin{bmatrix} +0{,}8 & -0{,}2 & -0{,}2 & -0{,}2 \\ -0{,}2 & +0{,}8 & -0{,}2 & -0{,}2 \\ -0{,}2 & -0{,}2 & +0{,}8 & -0{,}2 \\ -0{,}2 & -0{,}2 & -0{,}2 & +0{,}8 \end{bmatrix}.$$

L'avant-dernier énoncé, `PAUSE 180`, laisse à l'utilisateur, dans la nouvelle version 5.0 du langage *True BASIC*, le temps (ici approximativement 180 secondes) d'enregistrer les résultats, et le dernier énoncé, `END`, indique la fin du programme. D'autres exemples de programmes en *True BASIC* sont donnés aux sections 29.3 et 30.8 et aux appendices A et B.

# Chapitre 25
# Corrélations et régressions partielles et multiples: calculs matriciels

## Section 25.1: généralités

C'est grâce au calcul linéaire (chapitre 24) que les corrélations et les régressions partielles et multiples présentées au chapitre 23 demeurent faciles à utiliser lorsqu'il y a plus de deux variables prédictrices. Afin d'envisager la situation de manière plus générale, convenons de subdiviser chaque vecteur d'observations **X** en deux sous-vecteurs $\mathbf{X}_1$ et $\mathbf{X}_2$ ayant pour éléments les variables prédictrices et les variables prédites respectivement:

$$\mathbf{X} = [\mathbf{X}_1 | \mathbf{X}_2] = [X_1 \ldots X_i, X_j \ldots X_k | X_{(k+1)} \ldots X_u, X_v \ldots X_q] .$$

Le sous-vecteur $\mathbf{X}_1$ contient donc les *variables prédictrices,* c'est-à-dire celles qu'on garde constantes ou dont on se sert pour estimer ou ajuster les autres, tandis que le sous-vecteur $\mathbf{X}_2$ contient les *variables prédites,* qui sont estimées ou ajustées. Les variables prédictrices et les variables prédites sont parfois appelées *variables indépendantes* et *variables dépendantes,* respectivement, mais cette terminologie est équivoque et devrait être évitée, car une variable ne peut pas être utilisée pour en estimer, prédire ou ajuster une autre si elle en est statistiquement indépendante.

## Section 25.2: coefficients de corrélation partielle

Selon la notation mentionnée à la section précédente, la corrélation partielle entre deux variables prédites $X_u$ et $X_v$ lorsqu'une variable prédictrice $X_k$ est gardée constante (section 23.2) peut être exprimée de la manière suivante:

$$r_{uv.k} = (r_{uv} - r_{ku}r_{kv})/\sqrt{[(1 - r_{ku}^2)(1 - r_{kv}^2)]} ,$$

avec $\nu = [(N-2)-1] = (N-3)$ degrés de liberté. Toutefois, la notion de corrélation partielle peut être étendue au cas où plusieurs variables prédictrices sont gardées constantes. Si toutes les variables prédictrices du sous-vecteur $\mathbf{X}_1$ sont gardées constantes, par exemple, le coefficient de corrélation partielle $r_{uv.1\ldots k}$ est égal à l'expression

$$r_{uv.1\ldots k} = (r_{uv.1\ldots(k-1)} - r_{ku.1\ldots(k-1)}r_{kv.1\ldots(k-1)})/\sqrt{[(1-r_{ku.1\ldots(k-1)}^2)(1-r_{kv.1\ldots(k-1)}^2)]}$$

et possède $\nu = [(N-2)-k]$ degrés de liberté. On constate que cette formule est *récursive,* en ce sens que le coefficient de corrélation partielle avec $k$ variables constantes est défini à l'aide d'autres coefficients de corrélation partielle avec $(k-1)$ variables constantes, qui seraient eux-mêmes définis à l'aide de coefficients de corrélation partielle avec $(k-2)$ variables constantes, et ainsi de suite jusqu'à ce qu'on ait remonté aux coefficients de corrélation totale $r_{uv}$, $r_{ku}$ et $r_{kv}$. De tels calculs seraient évidemment très laborieux et sujets aux erreurs d'arrondissement. Heureusement, la partie la plus longue et la plus pénible de ces calculs correspond à l'inversion de la matrice de corrélation (ou de la matrice de covariance ou de la matrice des sommes centrées) des variables prédictrices (sections 24.19, 24.26, 25.3 et 25.5), et cette dernière peut être effectuée avec précision, rapidité et facilité à l'aide d'un ordinateur.

## Section 25.3: calculs matriciels dans le cas de 2 variables prédictrices

Pour aborder le problème sous sa forme la plus simple, l'application du calcul linéaire à la détermination des coefficients d'une équation de régression multiple (section 23.3) est d'abord illustrée dans le cas où il y a trois variables, dont deux variables prédictrices. On peut réexprimer l'équation de régression multiple à l'aide de variables indicées,

$$\hat{X}_3 = a + b_1X_1 + b_2X_2 ,$$

et les équations de Gauss, découlant du principe des moindres carrés, à l'aide de matrices:

$$\begin{bmatrix} N & \Sigma X_1 & \Sigma X_2 \\ \Sigma X_1 & \Sigma X_1^2 & \Sigma X_1X_2 \\ \Sigma X_2 & \Sigma X_1X_2 & \Sigma X_2^2 \end{bmatrix} \begin{bmatrix} a \\ b_1 \\ b_2 \end{bmatrix} = \begin{bmatrix} \Sigma X_3 \\ \Sigma X_1X_3 \\ \Sigma X_2X_3 \end{bmatrix} .$$

Une fois que l'inverse de la matrice des sommes brutes a été évaluée,

$$\begin{bmatrix} N & \Sigma X_1 & \Sigma X_2 \\ \Sigma X_1 & \Sigma X_1^2 & \Sigma X_1X_2 \\ \Sigma X_2 & \Sigma X_1X_2 & \Sigma X_2^2 \end{bmatrix}^{-1} ,$$

le vecteur $[a \ \ b_1 \ \ b_2]$ des coefficients peut donc être obtenu par une simple multiplication matricielle:

$$\begin{bmatrix} a \\ b_1 \\ b_2 \end{bmatrix} = \begin{bmatrix} N & \Sigma X_1 & \Sigma X_2 \\ \Sigma X_1 & \Sigma X_1^2 & \Sigma X_1X_2 \\ \Sigma X_2 & \Sigma X_1X_2 & \Sigma X_2^2 \end{bmatrix}^{-1} \begin{bmatrix} \Sigma X_3 \\ \Sigma X_1X_3 \\ \Sigma X_2X_3 \end{bmatrix} .$$

Toutefois, on préfère souvent résoudre la première des équations de Gauss séparément des autres,

$$a = \overline{X}_3 - b_1\overline{X}_1 - b_2\overline{X}_2 ,$$

et la résolution des équations suivantes,

$$\begin{bmatrix} \Sigma(X_1-\overline{X}_1)^2 & \Sigma(X_1-\overline{X}_1)(X_2-\overline{X}_2) \\ \Sigma(X_1-\overline{X}_1)(X_2-\overline{X}_2) & \Sigma(X_2-\overline{X}_2)^2 \end{bmatrix} \begin{bmatrix} b_1 \\ b_2 \end{bmatrix} = \begin{bmatrix} \Sigma(X_1-\overline{X}_1)(X_3-\overline{X}_3) \\ \Sigma(X_2-\overline{X}_2)(X_3-\overline{X}_3) \end{bmatrix} ,$$

ne requiert alors que l'inversion de la matrice des sommes centrées des variables prédictrices,

$$\begin{bmatrix} b_1 \\ b_2 \end{bmatrix} = \begin{bmatrix} \Sigma(X_1-\overline{X}_1)^2 & \Sigma(X_1-\overline{X}_1)(X_2-\overline{X}_2) \\ \Sigma(X_1-\overline{X}_1)(X_2-\overline{X}_2) & \Sigma(X_2-\overline{X}_2)^2 \end{bmatrix}^{-1} \begin{bmatrix} \Sigma(X_1-\overline{X}_1)(X_3-\overline{X}_3) \\ \Sigma(X_2-\overline{X}_2)(X_3-\overline{X}_3) \end{bmatrix} .$$

La valeur du vecteur des coefficients, $\mathbf{b} = [b_1 \ \ b_2]$, peut être exprimée de façon encore plus concise quant aux variances et aux covariances:

$$\begin{bmatrix} b_1 \\ b_2 \end{bmatrix} = \begin{bmatrix} S_{11} & S_{12} \\ S_{12} & S_{22} \end{bmatrix}^{-1} \begin{bmatrix} S_{13} \\ S_{23} \end{bmatrix} .$$

Le principe des moindres carrés assure que, au point de vue géométrique, le plan de régression multiple passe très proche des points figuratifs, de sorte que la somme des carrés des écarts résiduels,

$$\sum_{h=1}^{N} (X_3 - \hat{X}_3)^2 = \sum_{h=1}^{N} [X_3 - (a + b_1 X_1 + b_2 X_2)]^2 ,$$

est aussi faible que possible (section 23.3). Si on donne aux coefficients $\mathbf{b} = [b_1 \;\; b_2]$ les valeurs trouvées ci-dessus selon la méthode des moindres carrés, on peut calculer la valeur minimum de la somme des carrés des écarts résiduels de manière globale, sans avoir à considérer chaque écart individuellement:

$$\Sigma(X_3 - \hat{X}_3)^2 = \Sigma(X_3 - \bar{X}_3)^2 - \Sigma(\hat{X}_3 - \bar{X}_3)^2$$

c'est-à-dire

$$\Sigma(X_3 - \hat{X}_3)^2 = \Sigma(X_3 - \bar{X}_3)^2 - [b_1 \;\; b_2] \begin{bmatrix} \Sigma(X_1 - \bar{X}_1)(X_3 - \bar{X}_3) \\ \Sigma(X_2 - \bar{X}_2)(X_3 - \bar{X}_3) \end{bmatrix} .$$

Cette somme de carrés d'écarts résiduels possède $\nu = [(N-1) - 2] = (N-3)$ degrés de liberté, et l'estimation de la variance résiduelle de $X_3$ quant au plan de régression multiple dans la direction de l'axe de coordonnées $OX_3$ est

$$S^2_{3.12} = \Sigma(X_3 - \hat{X}_3)^2 / [(N-1) - 2] .$$

L'estimation $[S_{b_i b_j}]$ de la matrice de covariance des coefficients $\mathbf{b} = [b_1 \;\; b_2]$, qui a elle aussi $\nu = [(N-1) - 2] = (N-3)$ degrés de liberté, est ensuite obtenue en multipliant l'inverse de la matrice des sommes centrées des variables prédictrices par la variance résiduelle $S^2_{3.12}$, un exemple de produit d'une matrice par un scalaire (section 24.10):

$$[S_{b_i b_j}] = S^2_{3.12} \begin{bmatrix} \Sigma(X_1 - \bar{X}_1)^2 & \Sigma(X_1 - \bar{X}_1)(X_2 - \bar{X}_2) \\ \Sigma(X_1 - \bar{X}_1)(X_2 - \bar{X}_2) & \Sigma(X_2 - \bar{X}_2)^2 \end{bmatrix}^{-1} .$$

Le lecteur peut vérifier que les éléments diagonaux de la matrice ci-dessus sont bien égaux aux expressions données pour les variances des coefficients $b$ et $c$ à la section 23.4. Pour ce qui est du coefficient de corrélation multiple (section 23.5), il peut être évalué à l'aide du calcul linéaire en utilisant l'une des expressions suivantes:

$$R_{3.12} = + \sqrt{\frac{[b_1 \; b_2] \begin{bmatrix} \Sigma(X_1 - \bar{X}_1)(X_3 - \bar{X}_3) \\ \Sigma(X_2 - \bar{X}_2)(X_3 - \bar{X}_3) \end{bmatrix}}{\Sigma(X_3 - \bar{X}_3)^2}} = + \sqrt{\frac{[b_1 \; b_2] \begin{bmatrix} S_{13} \\ S_{23} \end{bmatrix}}{S_{33}}} ,$$

ou

$$R_{3.12} = + \sqrt{[r_{13} \; r_{23}] \begin{bmatrix} 1 & r_{12} \\ r_{12} & 1 \end{bmatrix}^{-1} \begin{bmatrix} r_{13} \\ r_{23} \end{bmatrix}} .$$

## Section 25.4: une notation plus complète et plus explicite

Au début de la section précédente (25.3), l'équation de régression multiple a été donnée sous une forme simplifiée,

$$\hat{X}_3 = a + b_1 X_1 + b_2 X_2 ,$$

et il est temps d'employer une notation plus complète et plus explicite:

$$\hat{X}_{3.12} = a_{3.12} + b_{31.2} X_1 + b_{32.1} X_2 .$$

Cette notation s'interprète comme suit:

$\hat{X}_{3.12}$ est la valeur de $X_3$ telle qu'estimée à partir des variables $X_1$ et $X_2$ ;

$a_{3.12}$ est l'ordonnée à l'origine de l'équation d'estimation de $X_3$ à partir des variables $X_1$ et $X_2$ ;

$b_{31.2}$ est le coefficient d'estimation de $X_3$ à partir de $X_1$ , la variable $X_2$ étant gardée constante;

$b_{32.1}$ est le coefficient d'estimation de $X_3$ à partir de $X_2$, la variable $X_3$ étant gardée constante.

Les coefficients $b_{31.2}$ et $b_{32.1}$ de l'équation de régression multiple sont apparentés aux coefficients de corrélation partielle $r_{31.2}$ et $r_{32.1}$ et constituent des coefficients de régression partielle.

## Section 25.5: le cas général de plusieurs *(k)* variables prédictrices

Lorsqu'il y a plus de deux variables prédictrices, les procédés exposés à la section 25.3 demeurent utilisables, sauf que les équations comportent de plus nombreuses variables, et les vecteurs et les matrices possèdent de plus nombreux éléments. Les variables prédictrices sont les $k$ composantes du vecteur $\mathbf{X}_1 = [X_1 \ldots X_i \ldots X_k]$ tandis que la variable prédite est $X_{(k+1)}$ . Ainsi, l'équation de régression multiple peut s'écrire:

$$\hat{X}_{(k+1)} = a + b_1 X_1 + \ldots + b_k X_k ,$$

c'est-à-dire, en notation détaillée (section 25.4),

$$\hat{X}_{(k+1).1\ldots k} = a_{(k+1).1\ldots k} + b_{(k+1)1.2\ldots k} X_1 + \ldots + b_{(k+1)k.12\ldots(k-1)} X_k ,$$

où $\hat{X}_{(k+1).1\ldots k}$ est la valeur de $X_{(k+1)}$ telle qu'estimée à partir des variables $[X_1 \ldots X_i \ldots X_k]$,

$a_{(k+1).1\ldots k}$ est l'ordonnée à l'origine de l'équation d'estimation de $X_{(k+1)}$ à partir des variables $[X_1 \ldots X_i \ldots X_k]$ ,

$b_{(k+1)1.2\ldots k}$ est le coefficient d'estimation de $X_{(k+1)}$ à partir de $X_1$, toutes les autres variables prédictrices $[X_2 \ldots X_i \ldots X_k]$ étant gardées constantes,

$b_{(k+1)k.12\ldots(k-1)}$ est le coefficient d'estimation de $X_{(k+1)}$ à partir de $X_k$, toutes les autres variables prédictrices $[X_1 \ldots X_i \ldots X_{(k-1)}]$ étant gardées constantes.

Les coefficients de l'équation de régression multiple sont alors estimés par de simples extensions des procédés utilisés à la section 25.3:

$$a_{(k+1).1\ldots k} = \overline{X}_{(k+1)} - b_{(k+1)1.2\ldots k} \overline{X}_1 - \ldots - b_{(k+1)k.12\ldots(k-1)} \overline{X}_k ,$$

et

$$\begin{bmatrix} b_{(k+1)\,1.2\ldots k} \\ \ldots \\ b_{(k+1)\,k.12\ldots(k-1)} \end{bmatrix} = \begin{bmatrix} \Sigma(X_1-\overline{X}_1)^2 & \ldots & \Sigma(X_1-\overline{X}_1)(X_k-\overline{X}_k) \\ \ldots & \ldots & \ldots \\ \Sigma(X_1-\overline{X}_1)(X_k-\overline{X}_k) & \ldots & \Sigma(X_k-\overline{X}_k)^2 \end{bmatrix}^{-1} \begin{bmatrix} \Sigma(X_1-\overline{X}_1)(X_{(k+1)}-\overline{X}_{(k+1)}) \\ \ldots \\ \Sigma(X_k-\overline{X}_k)(X_{(k+1)}-\overline{X}_{(k+1)}) \end{bmatrix}.$$

La somme des carrés des écarts résiduels est, en notation simplifiée,

$$\Sigma(X_{(k+1)}-\hat{X}_{(k+1)})^2 = \Sigma(X_{(k+1)}-\overline{X}_{(k+1)})^2 - [b_1 \ \ldots \ b_k] \begin{bmatrix} \Sigma(X_1-\overline{X}_1)(X_{(k+1)}-\overline{X}_{(k+1)}) \\ \ldots \\ \Sigma(X_k-\overline{X}_k)(X_{(k+1)}-\overline{X}_{(k+1)}) \end{bmatrix}$$

et possède $\nu = [(N-1)-k]$ degrés de liberté.

La variance résiduelle quant à l'hyperplan de régression multiple est

$$S^2_{(k+1).1\ldots k} = \Sigma(X_{(k+1)}-\hat{X}_{(k+1)})^2 \,/\, [(N-1)-k] \ .$$

La matrice de covariance des coefficients $\mathbf{b} = [b_1 \ \ldots \ b_k]$ est

$$[S_{b_i b_j}] = S^2_{(k+1).1\ldots k} \begin{bmatrix} \Sigma(X_1-\overline{X}_1)^2 & \ldots & \Sigma(X_1-\overline{X}_1)(X_k-\overline{X}_k) \\ \ldots & \ldots & \ldots \\ \Sigma(X_1-\overline{X}_1)(X_k-\overline{X}_k) & \ldots & \Sigma(X_k-\overline{X}_k)^2 \end{bmatrix}^{-1} .$$

Le coefficient de corrélation multiple entre la variable prédite $X_{(k+1)}$ et les $k$ variables prédictrices $[X_1 \ldots X_i \ldots X_k]$ peut être déterminé par l'une des expressions suivantes:

$$R_{(k+1).1\ldots k} = +\sqrt{\frac{[b_1 \ldots b_k] \begin{bmatrix} \Sigma(X_1-\overline{X}_1)(X_{(k+1)}-\overline{X}_{(k+1)}) \\ \ldots \\ \Sigma(X_k-\overline{X}_k)(X_{(k+1)}-\overline{X}_{(k+1)}) \end{bmatrix}}{\Sigma(X_{(k+1)}-\overline{X}_{(k+1)})^2}} \ ,$$

$$R_{(k+1).1\ldots k} = +\sqrt{\frac{[b_1 \ldots b_k] \begin{bmatrix} S_{1(k+1)} \\ \ldots \\ S_{k(k+1)} \end{bmatrix}}{S_{(k+1)(k+1)}}} \ ,$$

ou

$$R_{(k+1).1\ldots k} = +\sqrt{[r_{1(k+1)} \ \ldots \ r_{k(k+1)}] \begin{bmatrix} 1 & \ldots & r_{1k} \\ \ldots & \ldots & \ldots \\ r_{1k} & \ldots & 1 \end{bmatrix}^{-1} \begin{bmatrix} r_{1(k+1)} \\ \ldots \\ r_{k(k+1)} \end{bmatrix}} \ ,$$

et le rapport de variances correspondant est

$$F_{(k,\,N-1-k)} = \frac{(N-1-k)\,R^2_{(k+1).1\ldots k}}{k\,[1-R^2_{(k+1).1\ldots k}]} \ .$$

La région d'acceptation de l'hypothèse préliminaire $H_0$: $\mathfrak{R}_{(k+1).1...k} = 0$ est

$$F_{(k, N-1-k)} \leq F_{(1-\alpha; k, N-1-k)} \cdot$$

## Section 25.6: analyse de variance correspondant à une régression multiple

Comme cela a été fait dans le cas de la droite d'estimation $Y = a + bX$ (section 20.3, tableau 20.3.1), la décomposition de la somme des carrés des écarts totale de la variable prédite à l'aide d'une équation de régression multiple peut être décrite par une analyse de variance (tableau 25.6.1).

**Tableau 25.6.1**
**Analyse de variance correspondant à une régression multiple.**

| Variation | SCE | D. de L. | Variance estimée |
|---|---|---|---|
| résiduelle | $\Sigma(X_{(k+1)} - \hat{X}_{(k+1)})^2$ | $N-1-k$ | $S^2_{(k+1).1...k} = \Sigma(X_{(k+1)} - \hat{X}_{(k+1)})^2/(N-1-k)$ |
| liée | $\Sigma(\hat{X}_{(k+1)} - \overline{X}_{(k+1)})^2$ | $k$ | $\Sigma(\hat{X}_{(k+1)} - \overline{X}_{(k+1)})^2/k$ |
| totale | $\Sigma(X_{(k+1)} - \overline{X}_{(k+1)})^2$ | $N-1$ | $S^2_{(k+1)} = \Sigma(X_{(k+1)} - \overline{X}_{(k+1)})^2/(N-1)$ |

L'hypothèse préliminaire qu'on éprouve habituellement d'abord dans une telle analyse est celle de la nullité du vecteur des coefficients paramétriques $\boldsymbol{\beta} = [\beta_1 \ ... \ \beta_k]$ estimés par $\mathbf{b} = [b_1 \ ... \ b_k]$ : $H_0: \boldsymbol{\beta} = [\beta_1 \ ... \ \beta_k] = \mathbf{0} = [0 \ ... \ 0]$ ; $H_1: \boldsymbol{\beta} \neq \mathbf{0}$ .

Le rapport de variances obtenu dans cette analyse de variance prend exactement la même valeur et possède les mêmes nombres de degrés de liberté que le rapport de variances correspondant au coefficient de corrélation multiple (section 25.5). De la même façon que dans le cas où il y a seulement deux variables (section 20.4), l'épreuve de l'hypothèse de nullité des coefficients $\boldsymbol{\beta} = [\beta_1 \ ... \ \beta_k]$ est donc strictement équivalente à l'épreuve de l'hypothèse de nullité du coefficient de corrélation multiple paramétrique $\mathfrak{R}_{(k+1).1...k}$ . De plus, à la condition de tenir compte du nombre de degrés de liberté $k$ associé à la variation liée, il est possible d'étendre aux régressions multiples l'application de l'analyse de covariance, utilisée précédemment pour comparer deux ou plusieurs droites d'estimation (chapitre 21).

## Section 25.7: hypothèses au sujet de coefficients en particulier

L'analyse de variance discutée à la section 25.6 permet d'éprouver l'hypothèse que tous les coefficients $\boldsymbol{\beta} = [\beta_1 \ ... \ \beta_k]$ sont nuls conjointement. Lorsqu'on veut éprouver des hypothèses au sujet de certains coefficients en particulier, on doit généraliser les méthodes discutées à la section 23.4. La variance de chaque coefficient estimé $b_i$ est elle-même estimée avec $\nu = [(N-1)-k]$ degrés de liberté en multipliant l'inverse de la matrice des sommes centrées des variables prédictrices par la variance résiduelle $S^2_{(k+1).1...k}$ et en prenant l'élément diagonal correspondant $S^2_{b_i}$ (sections 25.3 et 25.5).

L'hypothèse préliminaire $H_0: \beta_i = \beta_{i_0}$ que le coefficient paramétrique $\beta_i$ a une valeur particulière $\beta_{i_0}$ (0 dans le cas d'une hypothèse de nullité, ou une autre valeur numérique d'origine théorique) peut être éprouvée à l'aide du critère

$$t_{(N-1-k)} = (b_i - \beta_{i_0})/S_{b_i} ,$$

qui suit la distribution du $t$ de Student avec $(N-1-k)$ degrés de liberté.

Lorsqu'on n'a pas d'idée précise au sujet de la valeur hypothétique $\beta_{i_0}$, on calcule plutôt les limites d'un intervalle de confiance, par exemple à double sens (bilatéral):

$$b_i + t_{(\alpha/2;\, N-1-k)}\, S_{b_i} \le \beta_i \le b_i + t_{(1-\alpha/2;\, N-1-k)}\, S_{b_i}\,.$$

## Section 25.8: intervalles de confiance ou de prédiction de la variable prédite

Comme dans le cas de la droite d'estimation $Y = a + bX$ (section 20.5), les valeurs prédites pour la variable $\hat{X}_{(k+1).1\ldots k}$ à l'aide d'une régression multiple sont affectées par l'incertitude des coefficients $a_{(k+1).1\ldots k}$ et $\mathbf{b} = [b_{(k+1)1.2\ldots k} \;\cdots\; b_{(k+1)k.12\ldots(k-1)}]$, qui sont estimés à partir d'un échantillon d'effectif limité. Dans le cas où il y a deux variables prédictrices, la zone d'incertitude est limitée en bas par une surface convexe vers le haut, et en haut par une surface convexe vers le bas. Dans le cas général de $k$ variables prédictrices, les limites de l'intervalle de confiance ou de prédiction sont:

$$\hat{X}_{(k+1).1\ldots k} \pm t_{(1-\alpha/2;\, N-1-k)}\, S_{(k+1).1\ldots k}\, H\,,$$

où $H$ est un facteur d'élargissement de l'intervalle. Quand la valeur prédite pour la variable $\hat{X}_{(k+1).1\ldots k}$ est interprétée comme une *moyenne changeante*, une *moyenne ajustée,* le facteur d'élargissement $H$ de l'intervalle de confiance prend la valeur

$$H = \sqrt{(1/N) + \left[X_{1_0} - \bar{X}_1,\ \ldots\ X_{k_0} - \bar{X}_k\right] \begin{bmatrix} \Sigma(X_1-\bar{X}_1)^2 & \ldots & \Sigma(X_1-\bar{X}_1)(X_k-\bar{X}_k) \\ \ldots & \ldots & \ldots \\ \Sigma(X_1-\bar{X}_1)(X_k-\bar{X}_k) & \ldots & \Sigma(X_k-\bar{X}_k)^2 \end{bmatrix}^{-1} \begin{bmatrix} X_{1_0}-\bar{X}_1 \\ \ldots \\ X_{k_0}-\bar{X}_k \end{bmatrix}}\,.$$

Le vecteur $\mathbf{X}_0 = [X_{1_0} \;\ldots\; X_{k_0}]$ est l'ensemble des valeurs particulières des variables prédictrices mises dans l'équation de régression multiple pour estimer la variable prédite. D'autre part, quand on se demande entre quelles limites il est vraisemblable que tombe une nouvelle observation provenant de la même population statistique que l'échantillon, l'intervalle de prédiction est beaucoup plus large que l'intervalle de confiance et le facteur d'élargissement $H$ prend la valeur:

$$H = \sqrt{1 + (1/N) + \left[X_{1_0} - \bar{X}_1,\ \ldots\ X_{k_0} - \bar{X}_k\right] \begin{bmatrix} \Sigma(X_1-\bar{X}_1)^2 & \ldots & \Sigma(X_1-\bar{X}_1)(X_k-\bar{X}_k) \\ \ldots & \ldots & \ldots \\ \Sigma(X_1-\bar{X}_1)(X_k-\bar{X}_k) & \ldots & \Sigma(X_k-\bar{X}_k)^2 \end{bmatrix}^{-1} \begin{bmatrix} X_{1_0}-\bar{X}_1 \\ \ldots \\ X_{k_0}-\bar{X}_k \end{bmatrix}}\,.$$

La matrice présente dans le facteur d'élargissement est l'inverse de la matrice des sommes centrées des variables prédictrices.

## Section 25.9: possibilités et limites des méthodes du présent chapitre

Comme cela a été mentionné à la section 23.6, les corrélations et les régressions partielles et multiples peuvent être appliquées dans des domaines très divers, y compris la physiologie, l'écologie et la génétique quantitative. Les possibilités de ces méthodes sont évidemment amplifiées par l'utilisation de vecteurs et de matrices, qui facilitent l'exécution des calculs lorsqu'il y a plus de deux variables prédictrices. Il faut toutefois résister à la tentation d'inclure de très nombreuses variables prédictrices dont certaines seraient étroitement corrélées ou redondantes, car la matrice des sommes centrées des variables prédictrices pourrait alors être singulière ou presque singulière (sections 24.18 et 24.19). Ceci pourrait non seulement nuire à l'exécution des calculs mais à tout le moins rendre les interprétations difficiles, car on pourrait obtenir des coefficients de signes contraires pour des variables prédictrices dont on sait a priori qu'elles devraient influencer la variable prédite dans le même sens.

En ichtyologie, par exemple, on devrait généralement éviter d'inclure la *longueur totale* et la *longueur à la fourche* simultanément parmi les variables prédictrices, car ces deux variables diffèrent très peu l'une de l'autre et, si l'une figure déjà parmi les variables prédictrices, l'autre n'apporterait que très peu d'information additionnelle. De même, en écologie, lorsque de nombreuses caractéristiques du milieu ont été mesurées, il est généralement préférable de faire un choix réfléchi et de faire porter l'analyse d'abord sur quelques variables prédictrices entre lesquelles on ne s'attend pas à des relations trop étroites (revoir la section 19.9). Tomassone, Audrain, Lesquoy-de Turckheim et Millier (1992) ont consacré plusieurs chapitres à des aspects récents de la régression multiple.

# Chapitre 26
# L'analyse de variance de type I à 1 critère de classification avec contrastes

## Section 26.1: comment tirer plus d'information d'une analyse de variance?

L'importance de comparer les intervalles de confiance des moyennes à l'issue d'une analyse de variance a été soulignée à la section 12.8. L'épreuve d'hypothèse globale effectuée dans une analyse de variance (section 12.6) indique s'il y a des différences concluantes entre les moyennes mais ne révèle ni la nature ni la grandeur de ces différences. L'examen d'une série d'intervalles de confiance, comme celle représentée dans la figure 12.8.1, est donc très utile au point de vue descriptif.

Au point de vue statistique, par contre, la comparaison d'intervalles de confiance peut fournir des indications équivoques. Dans la figure 26.1.1, par exemple, sont illustrés deux intervalles de confiance qui ne chevauchent que très légèrement. Intuitivement, le lecteur serait porté à considérer comme acceptable l'hypothèse que les moyennes $\mu_1$ et $\mu_2$ des populations dont ont été tirés les deux échantillons sont égales. En effet, la probabilité que le premier intervalle de confiance contienne la moyenne $\mu_1$ à son extrême droite est supérieure au seuil de signification, de même que la probabilité que le second intervalle de confiance contienne la moyenne $\mu_2$ à son extrême gauche (disons $P = 0{,}06 > \alpha = 0{,}05$). Il semblerait donc à première vue qu'une même valeur commune $\mu = \mu_1 = \mu_2$ puisse être la moyenne à la fois de la première et de la seconde population.

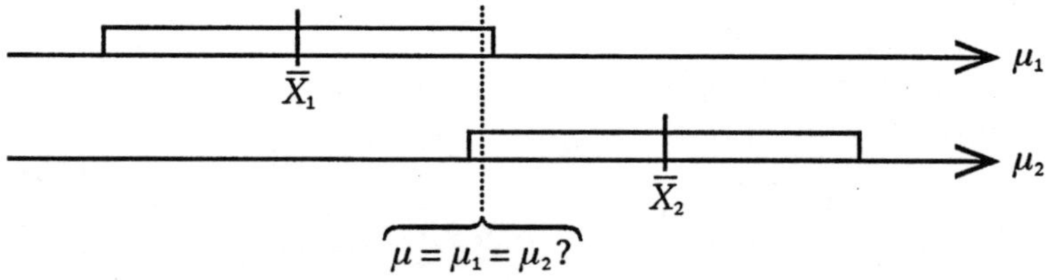


**Figure 26.1.1**
**Le léger chevauchement de deux intervalles de confiance indique-t-il que les moyennes paramétriques peuvent être considérées comme égales?**

Mais cette façon de raisonner ne tient pas compte du fait que, si les deux échantillons ont été tirés indépendamment chacun de sa population, il est très peu probable que l'un des intervalles de confiance tombe très à gauche de sa moyenne paramétrique et l'autre simultanément très à droite. En fait, même si la probabilité de chacun de ces deux événements indépendants n'est pas excessivement petite ($P = 0{,}06$), la probabilité que les deux se réalisent conjointement est égale aux produit des probabilités qu'ils se réalisent séparément (section 3.9), c'est-à-dire à $P = 0{,}06 \times 0{,}06 = 0{,}0036$, ce qui est inférieur même au seuil $\alpha = 0{,}01$. À elle seule, la comparaison de deux intervalles de confiance ne montre donc pas de façon explicite si les moyennes $\bar{X}_1$ et $\bar{X}_2$ des échantillons correspondants diffèrent significativement ou non au point de vue statistique.

Bien que, comme cela vient d'être montré, la comparaison visuelle d'intervalles de confiance soit une façon trop peu sensible de détecter des différences entre des moyennes, ce procédé entraîne néanmoins un risque accru de commettre des erreurs de première espèce (section 9.4). La figure 26.1.2 montre que l'utilisation simultanée des intervalles de confiance de deux moyennes correspond géométriquement à celle d'un rectangle n'ayant qu'une probabilité $P = (1-\alpha)^2 \doteq 1-2\alpha$ de couvrir le point $[\mu_1, \mu_2]$ des vraies moyennes. De façon générale, l'utilisation simultanée de $C$ intervalles de confiance correspond à un parallélépipède ou un hyperparallélépipède ne possédant qu'une probabilité $P = (1-\alpha)^C \doteq 1 - C\alpha$ de couvrir l'ensemble $[\mu_1, \mu_2, \ldots, \mu_C]$ des vraies moyennes. Le risque de rejeter erronément au moins une vraie valeur moyenne paramétrique est donc multiplié par le nombre $C$ d'intervalles de confiance utilisés simultanément. Si on utilise simultanément une vingtaine d'intervalles de confiance construits au seuil de signification $\alpha = 0{,}05$, on a donc une probabilité $P \doteq 20 \times 0{,}05 = 1{,}0$ de rejeter erronément au moins une vraie valeur moyenne !

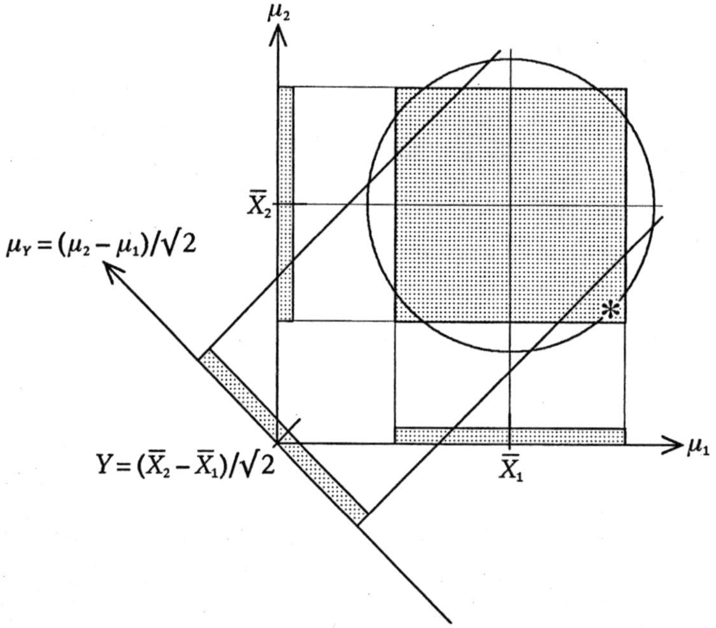


**Figure 26.1.2**
**Intervalles de confiance correspondant à une probabilité $P = (1-\alpha) = 0{,}95$ pour $\mu_1$ (pointillé, horizontal), pour $\mu_2$ (pointillé, vertical), pour $\mu_Y = (\mu_2 - \mu_1)/\sqrt{2}$ (pointillé, incliné), et pour $\mu_1$ *et* $\mu_2$ conjointement (circulaire). Le rectangle correspond à l'utilisation simultanée de deux intervalles croisés et à une probabilité de seulement $P = (1-\alpha)^2 \doteq 1-2\alpha$, c'est-à-dire approximativement 0,90.**

La façon la plus efficace au point de vue statistique de comparer deux moyennes $\bar{X}_1$ et $\bar{X}_2$ consiste à considérer leur différence $(\bar{X}_2 - \bar{X}_1)$, sinon la variable $Y = (\bar{X}_2 - \bar{X}_1)/\sqrt{2}$ qui correspond à une simple rotation d'axe sans changement d'échelle. Ceci revient à utiliser un intervalle de confiance unique (pointillé et incliné dans la figure 26.1.2) qui conserve la probabilité $\alpha$ de rejeter erronément une vraie valeur paramétrique mais qui est orienté de façon à maximiser les chances de détecter une éventuelle différence entre les moyennes $\mu_1$ et $\mu_2$ des populations. C'est essentiellement ce qu'on se trouve à faire en pratique lorsqu'on utilise la distribution du $t$ de Student pour éprouver l'hypothèse de nullité de la différence $(\mu_2 - \mu_1)$ (section 9.8) ou pour calculer son intervalle de confiance. Ainsi, une paire de valeurs hypothétiques $[\mu_1^*, \mu_2^*]$, représentée par un astérisque dans le coin inférieur droit du rectangle (figure 26.1.2), serait considérée à tort comme vraisemblable si on utilisait les deux intervalles de confiance de $\mu_1$ et de $\mu_2$ conjointement, tandis qu'elle est détectée comme invraisemblable si on utilise l'intervalle de confiance, plus sensible, de la différence paramétrique $\mu_Y = (\mu_2 - \mu_1)/\sqrt{2}$.

En somme, l'utilisation simultanée des intervalles de confiance d'une série de moyennes est utile au point de vue descriptif pour compléter une analyse de variance, mais elle est inefficace au point de vue statistique pour vérifier quelles moyennes diffèrent significativement ou non les unes des autres.

## Section 26.2: la méthode des seuils de signification ajustés, dite de Bonferroni

Lorsqu'on utilise des intervalles de confiance simultanément pour plusieurs moyennes, il est possible de faire en sorte que la probabilité globale de rejeter erronément au moins une vraie valeur paramétrique dans l'ensemble n'excède pas le seuil de signification désiré $\alpha$: il suffit de diviser le seuil utilisé pour construire chaque intervalle par le nombre total $C$ d'intervalles. Ce procédé est associé au nom du probabiliste Bonferroni. Le lecteur spécialement intéressé au problème des comparaisons multiples peut consulter l'ouvrage de Miller (1966). Si on suppose que les variances des populations comparées sont égales (section 12.6) et si on estime la variance de chaque moyenne à partir de la variance commune, dite *"intragroupes"*,

$$S^2_{\overline{X}_g} = S^2_{\text{intragroupes}} / N_g ,$$

chaque intervalle de confiance peut alors être exprimé comme suit:

$$\overline{X}_g + t_{(\alpha/(2C);\, \nu)} S_{\overline{X}_g} \leq \mu_g \leq \overline{X}_g + t_{(1-\alpha/(2C);\, \nu)} S_{\overline{X}_g} ,$$

où $\nu = (N. - C)$ est le nombre de degrés de liberté de la somme des carrés des écarts intragroupes (section 12.4). On se trouve donc à employer un seuil de signification de $(\alpha/C)$ pour chaque intervalle mais de $\alpha$ pour l'ensemble des $C$ intervalles de confiance. Les probabilités cumulées $(1-\alpha/(2C))$ nécessaires selon cette méthode sont souvent beaucoup plus voisines de l'unité que les valeurs disponibles dans les tables. Par le passé, on obtenait habituellement les valeurs du $t$ de Student dont on avait besoin à l'aide d'une approximation mais, de nos jours, il est possible de calculer des valeurs non tabulées du $t$ de Student avec rapidité et précision sur un ordinateur à l'aide d'un logiciel spécialisé.

Le même procédé peut être employé lorsqu'on compare plusieurs moyennes dans des comparaisons deux-à-deux et que ces comparaisons avaient été projetées *a priori* avant d'examiner les données (voir la section 26.4). Le seuil de signification $\alpha$ s'applique alors à chaque comparaison si chacune est effectuée à l'aide de l'intervalle de confiance

$$(\overline{X}_j - \overline{X}_i) + t_{(\alpha/2;\, \nu)} S_X \sqrt{[(1/N_i) + (1/N_j)]} \leq (\mu_j - \mu_i) \leq (\overline{X}_j - \overline{X}_i) + t_{(1-\alpha/2;\, \nu)} S_X \sqrt{[(1/N_i) + (1/N_j)]},$$

où $S_X$ est l'écart-type intragroupes, mais on peut faire en sorte que le seuil $\alpha$ s'applique plutôt à un ensemble de $k$ comparaisons en employant un seuil de $(\alpha/k)$ pour chacune.

Il faut souligner que, même si l'ajustement des seuils de signification discuté dans cette section a l'avantage de maintenir à un bas niveau ($\alpha$) la probabilité de rejeter erronément l'hypothèse préliminaire au moins une fois dans l'ensemble, il possède l'inconvénient d'affaiblir la probabilité d'accepter correctement l'hypothèse contraire, et donc de rendre chaque comparaison particulière moins sensible.

## Section 26.3: les contrastes, des comparaisons généralisées

Afin d'obtenir une manière plus efficace de mettre en évidence la grandeur et la nature des différences entre plusieurs moyennes, nous allons maintenant considérer la notion de *"contraste"*, qui constitue une généralisation de la différence entre deux moyennes trouvée satisfaisante dans le cas de deux groupes (section 26.1). En langage technique, on appelle *contraste* (on dit aussi *"comparaison"*) une expression telle que

$$Y = a_1\overline{X}_1 + a_2\overline{X}_2 + \ \dots\ + a_g\overline{X}_g + \ \dots\ + a_C\overline{X}_C = \sum_{g=1}^{C} a_g\overline{X}_g \ .$$

Selon la terminologie du calcul linéaire, un contraste est donc une *combinaison linéaire* de moyennes (section 24.22) obtenue en effectuant le *produit interne* (section 24.5) du vecteur des moyennes $\overline{\mathbf{X}} = [\overline{X}_1, \overline{X}_2, \dots, \overline{X}_g, \dots, \overline{X}_C]$ (transposé sous forme d'un vecteur colonne) par un vecteur ligne de coefficients $\mathbf{a} = [a_1, a_2, \dots, a_g, \dots, a_C]$ (ou vice-versa):

$$Y = \mathbf{a}\tilde{\overline{\mathbf{X}}} = \overline{\mathbf{X}}\tilde{\mathbf{a}} \, .$$

Toutefois, pour qu'une combinaison linéaire de moyennes $Y$ soit définie comme un contraste, la condition suivante doit être remplie:

$$a_1 + a_2 + \ \dots\ + a_g + \ \dots\ + a_C = \sum_{g=1}^{C} a_g = 0 \ .$$

Il est à remarquer que, lorsque le vecteur des coefficients est $\mathbf{a} = [-1, +1, 0, \dots, 0]$, le contraste se réduit à la différence entre deux moyennes $Y = (\overline{X}_2 - \overline{X}_1)$ discutée à la section 26.1.

Par suite des propriétés des *espérances mathématiques* (section 3.10), la moyenne paramétrique d'un contraste $Y$ de moyennes est égale au contraste des moyennes paramétriques correspondantes,

$$\mu_Y = a_1\mu_1 + a_2\mu_2 + \ \dots\ + a_g\mu_g + \ \dots\ + a_C\mu_C \ ,$$

et, si l'hypothèse préliminaire de l'analyse de variance est vraie,

$$H_0\colon \mu_1 = \mu_2 = \dots = \mu_g = \dots = \mu_C \ ,$$

la variance paramétrique du contraste est égale à l'expression

$$\sigma_Y^2 = a_1^2\sigma_{\overline{X}_1}^2 + \ \dots\ + a_C^2\sigma_{\overline{X}_C}^2 = a_1^2\sigma_{X_1}^2/N_1 + \ \dots\ + a_C^2\sigma_{X_C}^2/N_C = \sum_{g=1}^{C} a_g^2\sigma_{X_g}^2/N_g \ ,$$

Si, de plus, comme on le suppose dans l'analyse de variance (sections 12.6 et 12.7), les variances des $C$ populations sont égales, $\sigma_{X_1}^2 = \dots = \sigma_{X_g}^2 = \dots = \sigma_{X_C}^2 = \sigma_X^2 = \sigma^2$, alors la variance paramétrique du contraste peut être exprimée de façon plus simple:

$$\sigma_Y^2 = \sigma^2 \sum_{g=1}^{C} a_g^2/N_g \,;$$

enfin, si les effectifs des $C$ échantillons sont égaux eux aussi, $N_1 = \ldots = N_g = \ldots = N_C = N$, on a encore plus simplement

$$\sigma_Y^2 = \sigma^2 (1/N) \, \Sigma \, a_g^2 \,.$$

En pratique, la variance du contraste est estimée en remplaçant $\sigma^2$ par son estimation intragroupes:

$$\hat{\sigma}_Y^2 = S_Y^2 = S^2_{\text{intragroupes}} \sum_{g=1}^{C} a_g^2/N_g \quad \text{ou} \quad \hat{\sigma}_Y^2 = S_Y^2 = S^2_{\text{intragroupes}} (1/N) \sum_{g=1}^{C} a_g^2 \,.$$

Le lecteur verra dans les sections suivantes que les valeurs de $Y$ et de $S_Y^2$ calculées à partir des données d'une analyse de variance permettent d'éprouver facilement des hypothèses ou de calculer des intervalles de confiance au sujet des moyennes paramétriques de contrastes.

## Section 26.4: contrastes *a priori* et *a posteriori*

Lorsque, dans une analyse de variance, on éprouve l'hypothèse d'égalité des moyennes, par exemple $H_0: \mu_1 = \mu_2 = \mu_3 = \mu_4$, l'hypothèse contraire est que certaines moyennes sont inégales, mais ceci comporte de nombreuses possibilités très différentes les unes des autres: par exemple, on pourrait avoir $H_1: \mu_1 < \mu_2 < \mu_3 < \mu_4$, mais on pourrait aussi avoir $H_1: \mu_1 > \mu_2 > \mu_3 > \mu_4$, ou $H_1: \mu_1 = \mu_2 < \mu_3 = \mu_4$, ou un grand nombre d'autres sortes possibles d'hypothèses contraires. Les contrastes peuvent aider à voir quelle hypothèse contraire est particulièrement vraisemblable lorsqu'on doit rejeter l'hypothèse préliminaire.

Supposons par exemple qu'on étudie la croissance pondérale jusqu'à l'âge de quatre ans dans quatre populations (biologiques) d'une même espèce de poisson, deux populations habitant des élargissements du fleuve Saint-Laurent, les lacs Saint-Louis (population 1) et Saint-Pierre (population 2), et deux populations habitant des lacs situés plus au nord dans les Laurentides (populations 3 et 4). Bien qu'on commence par poser l'hypothèse que le poids moyen à l'âge de quatre ans soit égal dans les quatre populations, on soupçonne que le poids moyen pourrait être plus élevé dans les populations 1 et 2 qui, étant situées plus au sud que les deux autres, jouissent d'une saison de croissance plus longue, d'une température moyenne plus élevée et d'une alimentation plus abondante. Dans ce contexte, si l'hypothèse $H_0: \mu_1 = \mu_2 = \mu_3 = \mu_4$, doit être rejetée, l'hypothèse contraire $H_1: \mu_1 = \mu_2 > \mu_3 = \mu_4$ correspond à ce qu'on soupçonne et à ce qu'on souhaiterait détecter. Or, lorsqu'elle est vraie, l'hypothèse contraire précédente peut être détectée de façon particulièrement efficace si on prend $\mathbf{a} = [+1, +1, -1, -1]$ comme vecteur des coefficients du contraste $Y = a_1\overline{X}_1 + a_2\overline{X}_2 + a_3\overline{X}_3 + a_4\overline{X}_4$, car la moyenne paramétriquc $\mu_Y = \mu_1 + \mu_2 - \mu_3 - \mu_4$ est nulle selon l'hypothèse préliminaire $H_0$ mais positive selon l'hypothèse contraire $H_1$. En effet, si l'hypothèse préliminaire est vraie, $\mu_1 - \mu_3 = 0$ et $\mu_2 - \mu_4 = 0$, d'où $\mu_Y = \mu_1 + \mu_2 - \mu_3 - \mu_4 = 0$; au contraire, si l'hypothèse contraire est vraie, $\mu_1 - \mu_3 > 0$ et $\mu_2 - \mu_4 > 0$, d'où $\mu_Y = \mu_1 + \mu_2 - \mu_3 - \mu_4 > 0$.

Comme le choix des coefficients est inspiré par des connaissances préalables, on dit que $Y$ est un contraste *a priori* et on peut éprouver l'hypothèse préliminaire $H_0: \mu_Y = 0$ à l'aide de la distribution du $t$ de Student, l'hypothèse contraire étant $H_1: \mu_Y > 0$ et la région d'acceptation de $H_0$ :

$$t_{(N.-C)} = (Y - \mu_Y)/S_Y = (Y - 0)/S_Y = Y/S_Y \leq t_{(1-\alpha;\, N.-C)} \,.$$

Si on préfère connaître toute la gamme des valeurs vraisemblables de la moyenne paramétrique du contraste, on peut déterminer l'intervalle de confiance (ici *"bilatéral"*, c'est-à-dire à double sens):

$$Y + t_{(\alpha/2;\, N.-C)}\, S_Y \leq \mu_Y \leq Y + t_{(1-\alpha/2;\, N.-C)}\, S_Y \,.$$

Dans d'autres contextes, au contraire, les connaissances préalables ne suffisent pas pour motiver le choix d'une hypothèse contraire ou celui des coefficients d'un contraste. L'examen préliminaire des données peut néanmoins montrer que certaines moyennes diffèrent les unes des autres de manière très marquée quoiqu'imprévue, ce qui pourrait être mis en relief à l'aide d'un contraste alors dit *a posteriori*.

La plupart des méthodes statistiques courantes ne peuvent pas être utilisées de façon valide pour éprouver une hypothèse *a posteriori*, car elles présupposent que les observations sont obtenues de manière aléatoire et indépendante (revoir la section 9.6). Or la supposition d'indépendance n'est pas entièrement respectée lorsqu'on décide de comparer des observations essentiellement parce qu'on vient de constater qu'elles diffèrent fortement. Ainsi, il est évident que, parmi un groupe d'une dizaine de moyennes observées, la plus faible et la plus forte diffèrent plus fortement que deux moyennes qui auraient été prises complètement au hasard, justement parce qu'elles ont été choisies en fonction de leur caractère extrême.

Pour comparer validement des observations extrêmes, pour éprouver des hypothèses suggérées par l'examen des données, ou pour tirer des conclusions au sujet de contrastes *a posteriori*, il faut donc utiliser des méthodes conçues spécialement à cette fin. Certaines de ces méthodes utilisent des tables de l'étendue, c'est-à-dire de la différence entre la valeur minimum et la valeur maximum d'un groupe d'observations (section 4.8). Quand ces tables sont adaptées au cas des petits échantillons, on parle d'*étendue studentisée* (*studentized range*, en anglais). Lorsqu'il s'agit de moyennes observées, l'emploi de tables d'étendue n'est possible qu'à la condition que les effectifs de tous les échantillons soient égaux. Autrement, ces moyennes ne sont pas dispersées aussi fortement les unes que les autres. La méthode du statisticien américain Scheffé (1959) est plus générale parce qu'elle permet de déterminer l'intervalle de confiance d'un contraste *a posteriori* même lorsque les effectifs des échantillons comparés sont inégaux:

$$Y - S_Y \sqrt{[(C-1)\, F_{(1-\alpha;\, C-1,\, \nu)}]} \leq \mu_Y \leq Y + S_Y \sqrt{[(C-1)\, F_{(1-\alpha;\, C-1,\, \nu)}]} \,,$$

où $\nu = (N.-C)$ lorsque la variance du contraste est estimée à partir de la somme des carrés des écarts intragroupes d'une analyse de variance à un critère de classification. Le lecteur peut vérifier que l'intervalle de confiance obtenu par la méthode de Scheffé pour la moyenne d'un contraste *a posteriori* est plus large que l'intervalle déterminé précédemment à l'aide de la distribution du $t$ de Student pour la moyenne d'un contraste *a priori*. Cette plus grande largeur compense le caractère incomplètement aléatoire d'une comparaison suggérée par l'examen des données.

## Section 26.5: décomposition de la somme de carrés d'écarts intergroupes par un ensemble de contrastes orthogonaux

Il est parfois possible d'utiliser des contrastes d'une manière particulièrement avantageuse: on choisit *a priori* un ensemble de plusieurs contrastes indépendants de façon telle que chacun correspond à l'un des $(C-1)$ degrés de liberté de la somme des carrés des écarts intergroupes dans une analyse de variance à un critère de classification. Pour obtenir cette correspondance, il faut que les contrastes choisis soient mutuellement *orthogonaux*, c'est-à-dire que leurs covariances soient nulles. Considérons donc deux contrastes:

$$Y_1 = a_{11}\overline{X}_1 + \dots + a_{1C}\overline{X}_C \qquad \text{et} \qquad Y_2 = a_{21}\overline{X}_1 + \dots + a_{2C}\overline{X}_C \ .$$

On peut montrer que, si les variances des $C$ populations sont égales comme on le suppose dans l'analyse de variance, la covariance des deux contrastes est

$$\operatorname{covar}(Y_1, Y_2) = \sigma^2 \sum_{g=1}^{C} a_{1g}a_{2g} / N_g \ .$$

Lorsque les effectifs des échantillons sont égaux eux aussi, la covariance des contrastes prend la forme plus simple

$$\operatorname{covar}(Y_1, Y_2) = (\sigma^2/N) \sum_{g=1}^{C} a_{1g}a_{2g} = (\sigma^2/N)\, \mathbf{a}_1\tilde{\mathbf{a}}_2 \ .$$

Pour que les deux contrastes $Y_1$ et $Y_2$ soient orthogonaux, leurs coefficients doivent donc réduire leur covariance à zéro selon l'une des deux dernières équations ci-dessus. La situation est simple quand les effectifs des échantillons sont égaux: il suffit alors que les vecteurs de coefficients $\mathbf{a}_1$ et $\mathbf{a}_2$ soient orthogonaux (sections 24.5 et 24.6) pour que les deux contrastes le soient aussi. Il est plus difficile de trouver des contrastes orthogonaux quand les effectifs des échantillons sont inégaux, car ces effectifs affectent alors la relation. De façon générale, dans l'analyse de variance, il est très souhaitable que tous les échantillons aient des effectifs égaux, car cela permet d'éviter des complications techniques.

Lorsque l'hypothèse préliminaire d'égalité des moyennes est vraie, le carré de la valeur observée d'un contraste, $(Y-\mu_Y)^2 = (Y-0)^2 = Y^2$, est une estimation de la variance de ce contraste possédant un degré de liberté:

$$Y^2 = \hat{\sigma}_Y^2 = \hat{\sigma}^2 (1/N) \Sigma a_g^2 \qquad \text{ou} \qquad Y^2 = \hat{\sigma}_Y^2 = \hat{\sigma}^2 \Sigma a_g^2/N_g \ .$$

Il s'ensuit que, en divisant le carré de la valeur d'un contraste, $Y^2$, par le facteur multipliant $\hat{\sigma}^2$ dans les expressions ci-dessus, on obtient une estimation de la variance $\sigma^2$ qui possède un degré de liberté et qui est égale à la fraction de la somme de carrés d'écarts intergroupes correspondant au contraste en question:

$$\hat{\sigma}^2 = Y^2/[(1/N)\Sigma a_g^2] \qquad \text{sinon} \qquad \hat{\sigma}^2 = Y^2/[\Sigma a_g^2/N_g] \ .$$

Si on effectue l'opération précédente pour chacun d'une série de $(C-1)$ contrastes orthogonaux dans une analyse de variance à un critère de classification, on se trouve à décomposer la somme de carrés d'écarts intergroupes en $(C-1)$ parties dont chacune correspond à l'un des contrastes et peut servir à éprouver l'hypothèse préliminaire à son sujet.

## Section 26.6: un exemple taxonomique et écologique

L'entomologiste Brower (1959) a noté que les espèces de papillons *Papilio glaucus* et *Papilio rutulus* se ressemblent fortement, particulièrement au stade adulte, de sorte que certains auteurs hésitent à leur accorder le statut d'espèces distinctes. Dans l'analyse suivante, on compare la longueur de l'aile antérieure droite en mm dans des échantillons de dix spécimens mâles adultes provenant de quatre régions: (1) le Dakota du Sud, (2) l'Illinois, (3) le Colorado, et (4) l'Utah. On pense que les groupes (1) et (2) font partie de l'espèce *Papilio glaucus* et les groupes (3) et (4) de l'espèce *Papilio rutulus*. Il paraît naturel d'utiliser les $(C-1)=3$ contrastes orthogonaux suivants:

$$\mathbf{a}_1 = [+1,\ +1,\ -1,\ -1],$$
$$\mathbf{a}_2 = [+1,\ -1,\ 0,\ 0],$$
$$\mathbf{a}_3 = [\ 0,\ 0,\ +1,\ -1].$$

En effet le premier contraste mettra en relief la différence entre les deux populations (biologiques) attribuées à l'espèce *Papilio glaucus* d'une part et les deux populations attribuées à l'espèce *Papilio rutulus* d'autre part, tandis que le second contraste opposera l'une à l'autre les populations de *Papilio glaucus,* et le troisième contrastera les populations de *Papilio rutulus.*

Les moyennes observées sont $[\overline{X}_1\ \ \overline{X}_2\ \ \overline{X}_3\ \ \overline{X}_4] = [44{,}4\ \ \ 48{,}7\ \ \ 46{,}9\ \ \ 46{,}6]$ mm et le tableau d'analyse de variance prend la forme suivante:

**Tableau 26.6.1**
**Analyse de variance de type I à 1 critère de classification avec contrastes: longueur de l'aile antérieure droite en mm de spécimens mâles adultes appartenant aux espèces *Papilio glaucus* et *P. rutulus* (Brower, 1959).**

| Variation | Somme de carrés d'écarts | Degrés de liberté | Variance estimée | $F$ | $P$ |
|---|---|---|---|---|---|
| *Papilio glaucus,* Dakota du Sud | 32,4 | 9 | 3,6 | | |
| *Papilio glaucus,* Illinois | 52,1 | 9 | 5,78889 | | |
| *Papilio rutulus,* Colorado | 50,9 | 9 | 5,65556 | | |
| *Papilio rutulus,* Utah | 40,4 | 9 | 4,48889 | | |
| intragroupes | 175,8 | 36 | 4,88333 | | |
| intergroupes | 93,3 | 3 | 31,1 | 6,3686 | $0{,}001<P<0{,}01$ |
| contraste 1 | 0,4 | 1 | 0,4 | 0,08191 | $P>0{,}05$ |
| contraste 2 | 92,45 | 1 | 92,45 | 18,9317 | $P<0{,}001$ |
| contraste 3 | 0,45 | 1 | 0,45 | 0,09215 | $P>0{,}05$ |
| totale | 269,1 | 39 | 6,9 | | |

Il est surprenant de constater que, prises globalement, les populations (biologiques) attribuées à l'espèce *Papilio glaucus* ne diffèrent pas de manière concluante des populations attribuées à l'espèce *Papilio rutulus* (contraste No 1). Le seul contraste significatif au point de vue statistique est le second, qui oppose les spécimens *Papilio glaucus* du Dakota du Sud à ceux de l'Illinois. Pas de différence concluante non plus entre les spécimens *Papilio rutulus* du Colorado et de l'Utah (contraste No 3).

La faiblesse de la longueur de l'aile des *Papilio glaucus* du Dakota du Sud pourrait peut-être s'expliquer par l'aridité des *"mauvaises terres"* du Dakota (connues en anglais sous le nom de *"badlands"*), qui seraient moins favorables à la croissance des chenilles que l'Illinois, un état agricole.

L'absence de différence concluante entre la longueur de l'aile des *Papilio glaucus* et des *Papilio rutulus* ne signifie pas nécessairement que les deux espèces ne sont pas valides: la longueur de l'aile est possiblement influencée par les conditions du milieu et n'est sans doute pas un très bon caractère au point de vue taxonomique. Il faudrait analyser aussi d'autres caractères moins sujets aux influences du milieu et comparer en outre les stades larvaires, qui se ressemblent possiblement moins que les adultes.

Au point de vue méthodologique, la décomposition de la somme de carrés d'écarts intergroupes à l'aide de contrastes orthogonaux est un excellent moyen de tirer plus d'information d'une analyse de variance. Dans le cas du présent exemple, ce procédé montre clairement que les différences entre les moyennes ne sont pas réparties comme on l'aurait pensé.

# Chapitre 27
# L'analyse de variance de type II à 1 critère de classification avec composantes de variance

## Section 27.1: généralités

Dans l'analyse de variance de type I dont nous avons parlé jusqu'ici (chapitres 12 et 26), les populations statistiques dont originent les échantillons sont choisies de manière systématique, de sorte que les moyennes de ces populations et les différences entre ces moyennes sont d'intérêt majeur. Si, par exemple, un entomologiste veut comparer la longueur de l'aile chez plusieurs espèces de papillons, comme *Papilio glaucus, Papilio eurymedon, Papilio multicaudatus, Papilio rutulus,* etc., il se procure un échantillon de spécimens de chaque espèce afin d'estimer la longueur moyenne de l'aile de chacune, et ces mêmes populations seraient échantillonnées à nouveau lors d'une étude subséquente. De même, un chercheur désirant vérifier l'efficacité de plusieurs traitements expérimentaux ou médicaux obtient un échantillon d'individus soumis à chaque traitement, en plus d'un échantillon d'individus témoins soumis à aucun traitement et servant de point de comparaison. Si, par la suite, un autre chercheur veut confirmer les résultats du premier chercheur, il obtiendra de nouveaux échantillons traités de la même façon et représentant les mêmes populations statistiques. Cette première sorte de situation est schématisée dans la figure 27.1.1.

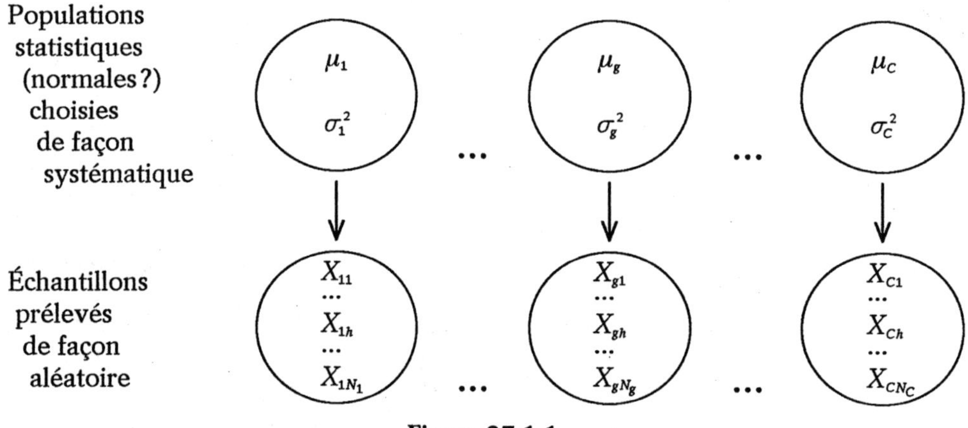


**Figure 27.1.1**
**Genèse présumée des observations dans une analyse de variance de type I.**

Le premier type d'analyse de variance peut être décrit aussi par une *équation modèle:*

$$X_{gh} = \mu_g + e_{gh}, \quad \text{où} \quad e_{gh} \leftarrow \mathcal{N}(0, \sigma^2),$$

c'est-à-dire

$$X_{gh} = \bar{\mu} + (\mu_g - \bar{\mu}) + e_{gh} = \bar{\mu} + \delta_g + e_{gh},$$

si on utilise la moyenne des moyennes, $\bar{\mu} = (1/C) \sum_{g=1}^{C} \mu_g$ , et l'écart $\delta_g = (\mu_g - \bar{\mu})$ .

La caractéristique principale de ce premier type d'analyse de variance, c'est que les moyennes $\mu_g$ des populations (ou les différences $\delta_g$) possèdent des valeurs fixes qui dépendent des populations qu'on a décidé d'étudier: les $\mu_g$ et les $\delta_g$ sont donc de purs paramètres.

Dans l'analyse de variance de type II, au contraire, les populations et leurs moyennes $\mu_g$ ne sont pas choisies systématiquement: elles sont elles-mêmes tirées au hasard de ce qu'on pourrait appeler une *"superpopulation"* de populations. Cette seconde sorte de situation est schématisée dans la figure 27.1.2.

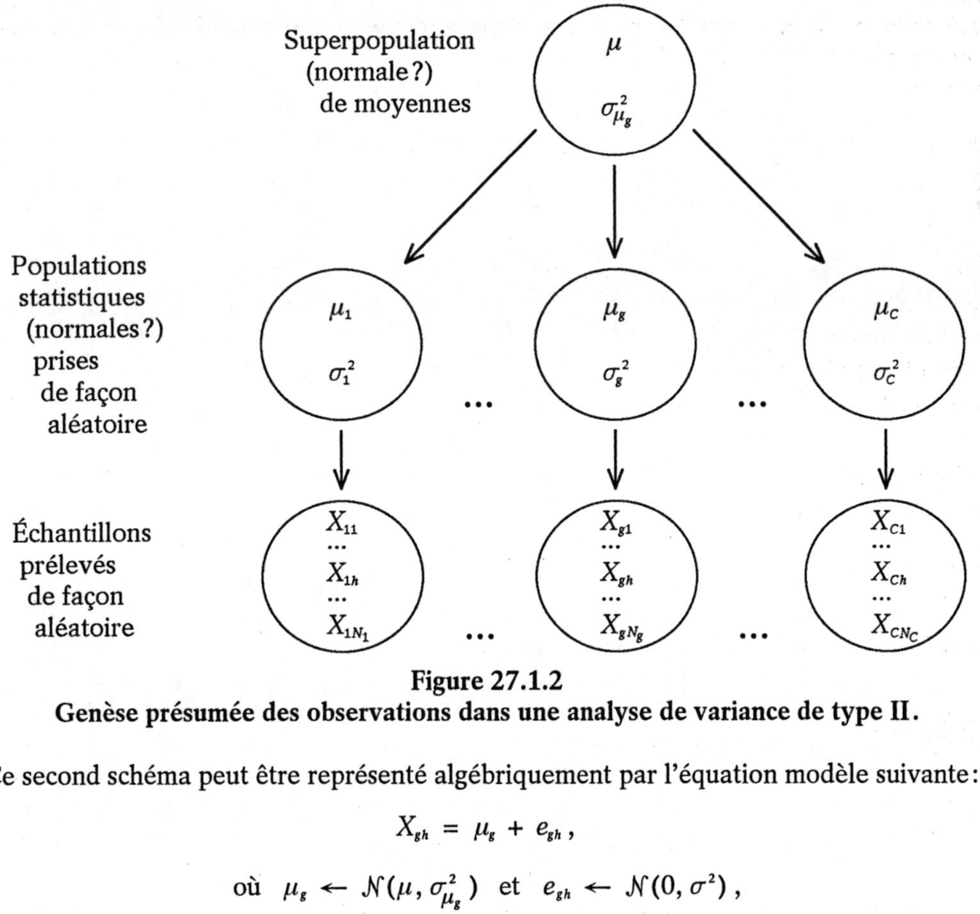


**Figure 27.1.2**
**Genèse présumée des observations dans une analyse de variance de type II.**

Ce second schéma peut être représenté algébriquement par l'équation modèle suivante:

$$X_{gh} = \mu_g + e_{gh} ,$$

$$\text{où} \quad \mu_g \leftarrow \mathcal{N}(\mu, \sigma^2_{\mu_g}) \quad \text{et} \quad e_{gh} \leftarrow \mathcal{N}(0, \sigma^2) ,$$

c'est-à-dire

$$X_{gh} = \mu + (\mu_g - \mu) + e_{gh} = \mu + d_g + e_{gh} ,$$

$$\text{où} \quad d_g \leftarrow \mathcal{N}(0, \sigma^2_d) \quad \text{et} \quad e_{gh} \leftarrow \mathcal{N}(0, \sigma^2) ,$$

la variance de l'écart $d_g = (\mu_g - \mu)$ étant $\sigma^2_d = \sigma^2_{\mu_g}$. Les écarts $d_g$ et $e_{gh}$ sont statistiquement indépendants. Il est préférable de désigner l'écart $(\mu_g - \mu)$ par $d_g$ au lieu de $\delta_g$ ici afin de souligner que, dans le contexte d'une analyse de variance de type II, les moyennes $\mu_g$ et les différences $d_g = (\mu_g - \mu)$ ne sont plus de purs paramètres. En effet, bien que la moyenne $\mu_g$ de chaque population soit un paramètre par rapport aux observations individuelles $X_{gh}$ qu'on tire de cette population, elle est aussi une variable aléatoire par rapport à la superpopulation dont elle est tirée au hasard. On parle de $\sigma^2$ et de $\sigma_d^2$ comme étant des *composantes de variance* (*variance components* en anglais).

Dans le cas du second comme du premier type d'analyse de variance, il faut noter que, du fait même qu'on écrit

$$e_{gh} \leftarrow \mathcal{N}(0, \sigma^2) \text{ plutôt que } e_{gh} \leftarrow \mathcal{N}(0, \sigma_g^2),$$

on se trouve à faire implicitement la supposition d'égalité des variances des populations (sections 12.6 et 12.7):

$$\sigma_1^2 = \ldots = \sigma_g^2 = \ldots = \sigma_C^2 = \sigma^2 .$$

La caractéristique distinctive du modèle II par opposition au modèle I d'analyse de variance, c'est que les populations sont elles-mêmes prises au hasard. Ceci a une conséquence pratique et fournit un critère qui aide à distinguer les cas où le second modèle d'analyse de variance est plus convenable que le premier: selon le second modèle, il n'est ni possible ni désirable d'échantillonner à nouveau exactement les mêmes populations statistiques au cours d'études ou d'expériences consécutives. Par conséquent, les moyennes $\mu_g$ et les différences $d_g = (\mu_g - \mu)$ ont peu d'intérêt en elles-mêmes: c'est plutôt leur variance $\sigma_d^2 = \sigma_{\mu_g}^2$ qu'on cherche à connaître.

## Section 27.2: exemples biologiques du type II d'analyse de variance

Comme premier exemple, considérons des données extraites d'une étude de familles hollandaises par Frets (1921). On a mesuré la longueur de la tête en mm des trois premiers fils majeurs (afin de s'assurer que la croissance était terminée) dans dix-huit familles. Si on suppose que l'ordre de naissance n'a pas d'influence sur la longueur de la tête à l'âge adulte (ce qui pourrait être éprouvé par ailleurs), on a ici une situation qui correspond au second type d'analyse de variance. La variance de la longueur de la tête des fils d'une même famille quant à la moyenne de leur famille est la composante $\sigma^2$, tandis que la variance des moyennes des familles quant à la moyenne générale de la population est la composante $\sigma_d^2$ . La variance intrafamiliale $\sigma^2$ comporte sans doute une part héréditaire car, à l'exception des jumeaux monozygotes, des frères n'ont pas exactement la même hérédité, n'ayant pas tous reçu la même moitié des gènes paternels et maternels (en partie à cause du phénomène de recombinaison). Toutefois, la variance intrafamiliale $\sigma^2$ peut comporter aussi une certaine fraction *"environnementale"*, car même les enfants d'une même famille peuvent être soumis à des conditions légèrement différentes du milieu. D'autre part, la variance interfamiliale $\sigma_d^2$ peut refléter en partie des différences de conditions du milieu d'une famille à l'autre, mais devrait comporter une fraction héréditaire importante (sauf sans doute dans une population fortement consanguine).

On trouve un deuxième exemple dans les données de Brown et Beerstecher (1951), qui ont déterminé la concentration du calcium en µg/ml dans l'urine matinale d'une dizaine d'hommes affectés de maigreur. Si on suppose que l'ordre dans lequel les spécimens d'urine ont été obtenus n'a pas d'influence sur leur concentration en calcium, on a ici aussi une situation correspondant au deuxième type d'analyse de variance. La composante intraindividuelle $\sigma^2$ correspond à la variation des spécimens fournis par une même personne, et reflète possiblement en partie des fluctuations quotidiennes du métabolisme, tandis que la composante interindividuelle $\sigma_d^2$ décrit les différences de la concentration du calcium urinaire d'une personne à l'autre, certains individus excrétant plus de calcium que d'autres. L'analyse de ces données sera quelque peu compliquée par le fait que Brown et Beerstecher n'ont pas réussi à obtenir trois échantillons d'urine de chacun des dix individus: deux personnes n'ont fourni que deux échantillons chacune, et une personne n'a fourni qu'un seul échantillon.

L'analyse de variance de type II peut être utile aussi dans l'étude de certaines données écologiques. Supposons qu'on étudie l'abondance d'une espèce d'invertébré marin ou lacustre. On choisit une série de stations entre lesquelles on ne s'attend pas à des différences systématiques parce qu'on sait ou on pense que le milieu est homogène et, à chaque station, on choisit un certain nombre de quadrats au hasard. Comme on pense que les stations diffèrent les unes des autres de manière aléatoire (à cause de l'homogénéité du milieu), le deuxième type d'analyse de variance est convenable. La composante $\sigma^2$ exprime les différences d'abondance entre les quadrats d'une même station, tandis que la composante $\sigma_d^2$ reflète les différences d'abondance moyenne entre les stations.

## Section 27.3: valeurs attendues des variances intragroupes et intergroupes

La partie initiale d'une analyse de variance à un critère de classification de type II ressemble à celle d'une analyse de type I (chapitre 12), sauf que l'espérance mathématique de l'estimation intergroupes de la variance est différente (tableau 27.3.1; voir aussi les sections 12.4 et 12.5).

**Tableau 27.3.1**
**Espérances mathématiques des variances intragroupes et intergroupes dans les analyses de variance à 1 critère de types I et II.**

| Type d'analyse | $S^2_{\text{intragroupes}}$ | $S^2_{\text{intergroupes}}$ |
|---|---|---|
| I | $\sigma^2$ | $\sigma^2 + [1/(C-1)]\{\sum_{g=1}^{C} N_g\delta_g^2 - (\sum_{g=1}^{C} N_g\delta_g)^2/N.\}$ |
| II | $\sigma^2$ | $\sigma^2 + [1/(C-1)]\{\sum_{g=1}^{C} N_g - (\sum_{g=1}^{C} N_g^2)/N.\}\,\sigma_d^2$ |

Dans l'analyse de variance de type II, on peut toutefois exprimer l'espérance mathématique de la variance intergroupes de façon plus simple en définissant une sorte de moyenne pondérée des effectifs (s'ils sont inégaux):

$$N_0 = [1/(C-1)]\{\sum_{g=1}^{C} N_g - (\sum_{g=1}^{C} N_g^2)/N.\} .$$

On a alors $$\mathscr{E}\{S^2_{\text{intergroupes}}\} = \sigma^2 + N_0\,\sigma_d^2 .$$

Lorsque les effectifs des échantillons sont tous égaux à une valeur commune $N$, le coefficient $N_0$ se réduit tout simplement à cette valeur commune.

## Section 27.4: hypothèse préliminaire (de nullité) et hypothèse contraire

Alors que l'hypothèse préliminaire consistait à affirmer la nullité des différences $\delta_g = (\mu_g - \bar{\mu})$ entre les moyennes dans l'analyse de variance du premier type (revoir les sections 12.2, 12.4 et 12.6), elle consiste à supposer que la composante de variance $\sigma_d^2$ est nulle dans l'analyse de variance du deuxième type:

$$H_0:\ \sigma_d^2 = 0\ ,\ H_1:\ \sigma_d^2 > 0\ .$$

Mais la région d'acceptation de l'hypothèse préliminaire est semblable qu'il s'agisse d'une analyse de type I ou II:

$$S^2_{\text{intergroupes}} / S^2_{\text{intragroupes}} \leq F_{(1-\alpha;\ C-1,\ N.-C)}\ .$$

## Section 27.5: estimations ponctuelles des composantes $\sigma^2$ et $\sigma_d^2$

L'estimation ponctuelle de la composante $\sigma^2$ ne pose pas de difficultés. Comme $\mathscr{E}\{S^2_{\text{intragroupes}}\} = \sigma^2$, on utilise tout simplement l'estimateur sans biais $\hat{\sigma}^2 = S^2_{\text{intragroupes}}$. L'estimation de la composante $\sigma_d^2$ est plus délicate. Comme $\mathscr{E}\{S^2_{\text{intergroupes}}\} = \sigma^2 + N_0\,\sigma_d^2$, on écrit

$$S^2_{\text{intergroupes}} = \hat{\sigma}^2 + N_0\,\hat{\sigma}_d^2 = S^2_{\text{intragroupes}} + N_0\,\hat{\sigma}_d^2\ ,$$

d'où

$$\hat{\sigma}_d^2 = (S^2_{\text{intergroupes}} - S^2_{\text{intragroupes}})/N_0\ .$$

Toutefois, comme le numérateur de $\hat{\sigma}_d^2$ est la différence de deux estimateurs indépendants de variance, il peut arriver occasionnellement que cette différence soit négative, alors qu'il est évidemment impossible pour la variance paramétrique $\sigma_d^2$ d'être négative. Lorsque $\hat{\sigma}_d^2 < 0$, on accepte donc l'hypothèse préliminaire $H_0$ et on conclut que $\sigma_d^2 = 0$.

## Section 27.6: décomposition de la variance observée quant à $\sigma^2$ et $\sigma_d^2$

Supposons qu'on prélève une observation au hasard dans une population statistique elle-même tirée au hasard de la superpopulation dont la moyenne est $\mu$ (section 27.1). On peut se demander de quelle façon la variance $\sigma_X^2$ des observations est reliée aux composantes $\sigma^2$ et $\sigma_d^2$. Comme l'équation modèle est

$$X_{gh} = \mu + d_{gh} + e_{gh}\ ,$$

on a

$$(X_{gh} - \mu) = d_{gh} + e_{gh}$$

d'où

$$(X_{gh} - \mu)^2 = d_{gh}^2 + 2\,d_{gh}\,e_{gh} + e_{gh}^2$$

et $\mathscr{E}\{(X_{gh} - \mu)^2\} = \sigma_X^2 = \mathscr{E}\{d_{gh}^2\} + \mathscr{E}\{2\,d_{gh}\,e_{gh}\} + \mathscr{E}\{e_{gh}^2\} = \sigma_d^2 + 0 + \sigma^2 = \sigma_d^2 + \sigma^2$.

La variance $\sigma_X^2$ des observations est donc égale à la somme des deux composantes de variance $\sigma^2$ et $\sigma_d^2$.

## Section 27.7 : importance relative de $\sigma_d^2$ et corrélation intraclasse

Bien que cela semble aujourd'hui surtout une curiosité historique, les problèmes maintenant étudiés à l'aide du deuxième type d'analyse de variance furent abordés au début du vingtième siècle à l'aide d'une sorte de coefficient de corrélation appelée le *coefficient de corrélation intraclasse.* Par opposition au coefficient de corrélation ordinaire (chapitre 19), appelé coefficient de corrélation interclasse, le coefficient de corrélation intraclasse, désigné par le symbole $r_{\mathrm{i}}$ (l'indice "i" étant l'initiale de l'adjectif intraclasse), était obtenu en appariant toutes les observations de toutes les façons possibles à l'intérieur de chaque échantillon. De nos jours, il vaut mieux suivre la recommandation de Fisher (1970, pages 223-227) et définir le coefficient de corrélation intraclasse paramétrique comme

$$\rho_{\mathrm{i}} = \sigma_d^2/(\sigma^2+\sigma_d^2) = 100\,\sigma_d^2/(\sigma^2+\sigma_d^2)\,\% .$$

Ce quotient varie de 0 à 1 (ou de 0% à 100%) et mesure l'importance relative de la composante $\sigma_d^2$ dans la variance individuelle $\sigma_x^2 = \sigma^2 + \sigma_d^2$ . Pour ce qui est de l'estimation ponctuelle du coefficient $\rho_{\mathrm{i}}$ , on utilise maintenant l'expression

$$r_{\mathrm{i}} = \hat{\sigma}_d^2/(\hat{\sigma}^2+\hat{\sigma}_d^2) = (S^2_{\text{intergroupes}} - S^2_{\text{intragroupes}})/[S^2_{\text{intergroupes}} + (N_0-1)S^2_{\text{intragroupes}}] .$$

## Section 27.8 : intervalle de confiance du quotient $\rho_{\mathrm{i}} = \sigma_d^2/(\sigma^2+\sigma_d^2)$

L'intervalle de confiance à double sens (*bilatéral*) d'un rapport de variances (section 11.4),

$$(S_1^2/S_2^2)/F_{(1-\alpha/2;\,\nu_1,\,\nu_2)} \le (\sigma_1^2/\sigma_2^2) \le (S_1^2/S_2^2)/F_{(\alpha/2;\,\nu_1,\,\nu_2)} ,$$

peut être utilisé pour le quotient $(\sigma^2+N_0\sigma_d^2)/\sigma^2$, ce qui donne

$$(S^2_{\text{inter}}/S^2_{\text{intra}})/F_{(1-\alpha/2;\,C-1,\,N.-C)} \le (\sigma^2+N_0\sigma_d^2)/\sigma^2 \le (S^2_{\text{inter}}/S^2_{\text{intra}})/F_{(\alpha/2;\,C-1,\,N.-C)} .$$

En soustrayant le chiffre 1 des trois membres de cette inéquation et en les divisant ensuite par $N_0$ on obtient

$$(1/N_0)\{[S^2_{\text{inter}} - S^2_{\text{intra}}F_{(1-\alpha/2;\,C-1,\,N.-C)}]/S^2_{\text{intra}}F_{(1-\alpha/2;\,C-1,\,N.-C)}\} \le (\sigma_d^2/\sigma^2) \le \ldots$$

$$\ldots (1/N_0)\{[S^2_{\text{inter}} - S^2_{\text{intra}}F_{(\alpha/2;\,C-1,\,N.-C)}]/S^2_{\text{intra}}F_{(\alpha/2;\,C-1,\,N.-C)}\} .$$

En inversant les trois membres de cette nouvelle inéquation (ce qui change l'ordre de grandeur croissante), en leur additionnant encore une fois le chiffre 1, et en les réinversant, on obtient finalement l'intervalle de confiance du quotient $\rho_{\mathrm{i}}$ :

$$\rho_{\mathrm{i}_1} \le \sigma_d^2/(\sigma^2+\sigma_d^2) \le \rho_{\mathrm{i}_2} ,$$

où

$$\rho_{\mathrm{i}_1} = \{[S^2_{\text{inter}} - S^2_{\text{intra}}F_{(1-\alpha/2;\,C-1,\,N.-C)}]/[S^2_{\text{inter}} + (N_0-1)S^2_{\text{intra}}F_{(1-\alpha/2;\,C-1,\,N.-C)}]\}$$

et

$$\rho_{\mathrm{i}_2} = \{[S^2_{\text{inter}} - S^2_{\text{intra}}F_{(\alpha/2;\,C-1,\,N.-C)}]/[S^2_{\text{inter}} + (N_0-1)S^2_{\text{intra}}F_{(\alpha/2;\,C-1,\,N.-C)}]\} .$$

## Section 27.9: variance de la moyenne générale estimée $\overline{X}.$

L'estimation $\overline{X}.$ de la moyenne générale $\mu$ se trouve à résumer l'information obtenue sur cette dernière à partir de l'ensemble de toutes les données. Il est donc souhaitable de connaître la variance de $\overline{X}.$, afin d'avoir une idée de la précision avec laquelle $\overline{X}.$ nous renseigne au sujet de $\mu$ . Selon l'équation modèle de l'analyse de variance du type II, $X_{gh} = \mu + d_g + e_{gh}$ , on a

$$\overline{X}. = (\Sigma X)./N. = (1/N.) \sum_{g=1}^{C} \sum_{h=1}^{N_g} (\mu + d_g + e_{gh}) = \mu + (1/N.) \sum_{f=1}^{C} N_f d_f + (1/N.) \sum_{g=1}^{C} \sum_{h=1}^{N_g} e_{gh}$$

d'où $$(\overline{X}. - \mu)^2 = (1/N.^2)[(\Sigma N_f d_f)^2 + 2(\Sigma N_f d_f)(\Sigma \Sigma e_{gh}) + (\Sigma \Sigma e_{gh})^2] .$$

Lorsqu'on évalue $\mathscr{E}\{(\overline{X}. - \mu)^2\}$, tous les termes produits, tels que $d_f d_g$ quand $f \neq g$, $e_{gh} e_{gi}$ quand $h \neq i$, et $d_f e_{gh}$ ont des espérances mathématiques nulles à cause de l'indépendance des écarts $d_f$, $d_g$, $e_{gh}$ et $e_{gi}$. Par suite des simplifications qui s'ensuivent,

$$\mathscr{E}\{(\overline{X}. - \mu)^2\} = \sigma^2_{\overline{X}.} = (1/N.^2)[\sum_{g=1}^{C} N_g^2 \sigma_d^2 + N.\, \sigma^2 ] .$$

Lorsque les effectifs sont tous égaux à une valeur commune $N$, l'effectif général $N. = CN$ et la variance de la moyenne générale prend la forme encore plus simple

$$\mathscr{E}\{(\overline{X}. - \mu)^2\} = \sigma^2_{\overline{X}.} = (\sigma^2 + N\sigma_d^2)/(CN) .$$

## Section 27.10: répartition optimale des effectifs

La manière la plus simple de connaître la moyenne générale $\mu$ avec plus de précision serait évidemment d'augmenter le nombre $C$ de populations ainsi que l'effectif $N$ des échantillons, mais ceci serait susceptible d'augmenter le coût total d'une étude au delà de toute limite. Nous verrons dans cette section que, en tenant compte de l'importance relative des deux composantes de variance, $\sigma^2$ et $\sigma_d^2$ , il est possible de choisir l'effectif $N$ des échantillons de façon à minimiser la variance de $\overline{X}.$ sans dépasser le budget disponible. Mais, auparavant, introduisons une nouvelle notation (tableau 27.10.1) inspirée par la théorie de l'échantillonnage (Snedecor et Cochran, 1967, pages 531-534).

**Tableau 27.10.1**
**Notations équivalentes dans l'analyse de variance à 1 critère de type II.**

| nature de la variation | intergroupes | intragroupes |
|---|---|---|
| effectifs | $C \rightarrow n_1$ (unités primaires) | $N \rightarrow n_2$ (unités secondaires) |
| composantes de variance | $\sigma_d^2 \rightarrow \sigma_1^2$ | $\sigma^2 \rightarrow \sigma_2^2$ |
| coût unitaire | $c_1$ | $c_2$ |
| variances paramétriques | $\sigma^2 + N\sigma_d^2 \rightarrow \sigma_2^2 + n_2\, \sigma_1^2$ | $\sigma^2 \rightarrow \sigma_2^2$ |
| exemple physiologique | $C \rightarrow n_1$ personnes | $N \rightarrow n_2$ spécimens par personne |
| exemple écologique | $C \rightarrow n_1$ stations | $N \rightarrow n_2$ quadrats par station |

Les populations sont considérées comme des unités primaires et les échantillons comme des unités secondaires parce que, en physiologie humaine, il faut bien retenir la collaboration d'une personne avant d'en obtenir des échantillons d'urine, et que, en écologie, il faut bien déterminer l'emplacement d'une station d'échantillonnage avant de choisir celui des quadrats. Les coûts $c_1$ et $c_2$ des unités primaires et secondaires peuvent consister soit en valeurs monétaires soit en heures de travail (ou une combinaison des deux). La nouvelle notation ($n_1$ unités primaires, $n_2$ unités secondaires, composantes de variance $\sigma_1^2$ et $\sigma_2^2$, coûts unitaires $c_1$ et $c_2$) possède l'avantage d'être plus facilement généralisable lorsqu'on pratique l'échantillonnage aléatoire à plus de deux niveaux, comme dans l'*analyse de variance hiérarchique* (*nested anova* en anglais). Quelques quantités importantes sont exprimées quant aux deux notations dans le tableau 27.10.2.

**Tableau 27.10.2**
**Quantités importantes pour la répartition optimale des effectifs.**

| | notation $(C, N)$ | notation $(n_1, n_2)$ |
|---|---|---|
| nombre total d'unités secondaires | $CN$ | $n_1 n_2$ |
| variance de la moyenne générale | $\sigma_d^2/C + \sigma^2/(CN)$ | $\sigma_1^2/n_1 + \sigma_2^2/(n_1 n_2)$ |
| coût total de l'étude | $Cc_1 + CNc_2$ | $n_1 c_1 + n_1 n_2 c_2$ |

En pratique, il est souhaitable de minimiser à la fois la variance de l'estimation de la moyenne générale et le coût total de l'étude. Ce résultat peut être obtenu en minimisant le produit de ces deux quantités:

$$\text{variance} \times \text{coût} = [\sigma_1^2/n_1 + \sigma_2^2/(n_1 n_2)] \times [n_1 c_1 + n_1 n_2 c_2] \ ,$$

c'est-à-dire

$$\text{variance} \times \text{coût} = c_1\sigma_1^2 + c_1\sigma_2^2/n_2 + c_2 n_2 \sigma_1^2 + c_2\sigma_2^2 \ .$$

On remarque que le nombre $n_1$ d'unités primaires est disparu de ce produit, qui permettra d'estimer uniquement la valeur du nombre $n_2$ d'unités secondaires. Le nombre d'unités primaires sera estimé par la suite en tenant compte du budget disponible. Si on pose que la dérivée du produit (variance × coût) quant à $n_2$ est nulle, on obtient la condition suivante:

$$n_2 = \sqrt{[(c_1\sigma_2^2)/(c_2\,\sigma_1^2)]} \ .$$

Le même résultat peut d'ailleurs être obtenu à l'aide d'un multiplicateur de Lagrange. Comme le nombre d'unités secondaires doit nécessairement être un entier, on prend comme estimation $\hat{n}_2$ le nombre entier le plus voisin de $\sqrt{[(c_1\sigma_2^2)/(c_2\,\sigma_1^2)]}$ . Pour ce qui est du nombre $n_1$ d'unités primaires, on le choisit de façon à utiliser aussi complètement que possible le budget disponible sans toutefois le dépasser. On prend donc

$$\hat{n}_1 = \text{la partie entière du quotient } [(\text{budget disponible})/(c_1 + \hat{n}_2 c_2)] \ .$$

Soulignons que, pour que la méthode de répartition optimale des effectifs puisse être utilisée, il faut qu'on ait estimé les composantes de variance et les coûts unitaires au préalable au cours d'une étude pilote.

## Section 27.11 : un exemple anthropométrique

L'application de l'analyse de variance de type II aux données de Frets (1921) mentionnées à la section 27.2 permet de décomposer la variance totale de la longueur de la tête des fils majeurs de familles hollandaises (tableau 27.11.1).

**Tableau 27.11.1**
**Analyse de variance de type II de la longueur de la tête en mm de fils majeurs de familles hollandaises d'après des données de Frets (1921).**

| Variation | Sommes de carrés d'écarts | Degrés de liberté | Variance observée | Variance attendue |
|---|---|---|---|---|
| intragroupes | 898,667 | 36 | 24,963 | $\sigma^2$ |
| intergroupes | 1583,48 | 17 | 93,146 | $\sigma^2 + 3\,\sigma_d^2$ |
| totale | 2482,15 | 53 | 46,833 | – |

L'hypothèse préliminaire $H_0$ selon laquelle la composante de variance interfamiliale $\sigma_d^2$ serait nulle peut être rejetée de manière très concluante car

$$F_{(0{,}999;\,17,\,36)} < S^2_{\text{intergroupes}} / S^2_{\text{intragroupes}} = 3{,}73137 .$$

L'estimation ponctuelle de la composante de variance interfamiliale est

$$\hat{\sigma}_d^2 = (93{,}146 - 24{,}963) / 3 = 22{,}7277 ,$$

une valeur très voisine de l'estimation de la composante intrafamiliale $\hat{\sigma}^2 = 24{,}963$. La fraction estimée de la variance totale due à la composante interfamiliale, aussi appelée corrélation intraclasse, est

$$22{,}7277 / (24{,}963 + 22{,}7277) = 0{,}476565 = 47{,}6565\,\% ,$$

et l'intervalle de confiance de cette fraction au seuil de signification $\alpha = 0{,}01$ est

$$0{,}103709 \le \sigma_d^2 / (\sigma^2 + 3\sigma_d^2) \le 0{,}792837 ,$$

c'est-à-dire de 10,3709 % à 79,2837 %.

## Section 27.12 : un exemple de physiologie humaine

Dans le cas des données de Brown et Beerstecher (1951) sur la concentration en calcium de l'urine (section 27.2), en plus de permettre d'évaluer l'importance relative de la composante de variance interindividuelle $\sigma_d^2$, l'analyse de variance de type II pourrait servir à optimiser la répartition des effectifs lors d'une étude ultérieure. L'analyse est résumée dans le tableau 27.12.1.

**Tableau 27.12.1**
**Analyse de variance de type II de la concentration en calcium de l'urine d'après des données de Brown et Beerstecher (1951).**

| Variation | Sommes de carrés d'écarts | Degrés de liberté | Variance observée | Variance attendue |
|---|---|---|---|---|
| intragroupes | 72214,3 | 16 | 4513,4 | $\sigma^2$ |
| intergroupes | 127265 | 9 | 14140,5 | $\sigma^2 + N_0\sigma_d^2$ |
| totale | 199479 | 25 | 7979,16 | – |

L'hypothèse préliminaire $H_0 : \sigma_d^2 = 0$ peut être rejetée mais de façon moins concluante que dans l'exemple précédent, car

$$F_{(0,95;\,9,\,16)} < S^2_{\text{intergroupes}} / S^2_{\text{intragroupes}} = 3{,}13301 < F_{(0,99;\,9,\,16)} \,.$$

Le coefficient $N_0$, évalué à partir des effectifs inégaux (sections 27.2 et 27.3) est égal à 2,5812 et l'estimation ponctuelle de la composante de variance interindividuelle $\sigma_d^2$ est

$$\hat{\sigma}_d^2 = (14140{,}5 - 4513{,}4) / 2{,}5812 = 3729{,}72 \,,$$

une valeur numérique qui ici aussi n'est pas très éloignée de celle de la composante de variance intraindividuelle $\hat{\sigma}^2 = 4513{,}4$. L'importance relative estimée de la composante interfamiliale est

$$3729{,}72 / (4513{,}4 + 3729{,}72) = 0{,}452465 = 45{,}2465\,\% \,.$$

Comme l'hypothèse préliminaire $H_0 : \sigma_d^2 = 0$ a pu être rejetée au seuil $\alpha = 0{,}05$ mais pas au seuil $\alpha = 0{,}01$, le seuil $\alpha = 0{,}05$ est utilisé pour déterminer l'intervalle de confiance du coefficient de corrélation intraclasse:

$$0{,}0105939 \leq \rho_{\text{i}} \leq 0{,}806093 \,.$$

Supposons finalement qu'on se propose de recueillir un nouvel ensemble plus considérable de données sur la même question et qu'on dispose à cette fin d'un budget total de 2600,00 unités monétaires. La participation de chaque sujet coûte 100,00 unités monétaires ($c_1 = 100$) quelle que soit la durée de l'étude, et chaque analyse d'urine coûte 10,00 unités monétaires ($c_2 = 10$). Étant donné les estimations des composantes de variance fournies par l'analyse ci-dessus, quelle serait la répartition optimale des effectifs pour la nouvelle étude?

Le nombre estimé d'unités secondaires (analyses d'urine par personne), $\hat{n}_2$, est l'entier le plus voisin de

$$\sqrt{[(100 \times 4513{,}4) / (10 \times 3729{,}72)]} = 3{,}4787$$

c'est-à-dire $\hat{n}_2 = 3$.

Le nombre estimé d'unités primaires (personnes) est

$$\hat{n}_1 = \text{la partie entière du quotient } [2600 / (100 + 3 \times 10)] = 20 \,.$$

En obtenant la collaboration de 20 personnes et en analysant 3 échantillons d'urine pour chacune, on devrait donc pouvoir estimer la concentration moyenne du calcium dans l'urine avec un maximum de précision tout en respectant le budget disponible pour cette recherche. Il faut souligner que les effectifs $\hat{n}_1 = 20$ et $\hat{n}_2 = 3$ ne sont qu'estimés à partir d'un ensemble restreint de données préliminaires, et devraient vraisemblablement être révisés lorsqu'on disposerait de données plus abondantes.

# Chapitre 28

# L'analyse de variance de type I à 2 critères de classification avec interaction

## Section 28.1: généralités

Au cours du présent chapitre, nous revenons à l'analyse de variance de type I, dans laquelle les populations comparées sont choisies de façon systématique, de sorte qu'on est intéressé à connaître les moyennes de ces populations et leurs différences. Nous considérons toutefois ici le cas où les groupes d'observations peuvent être classifiés de manière croisée quant à deux critères, au lieu d'un seul comme dans les chapitres 12, 26 et 27. Afin de rendre la situation aussi concrète que possible, donnons sans tarder des exemples biologiques.

Dans son étude détaillée des papillons de l'espèce *Papilio glaucus* et des espèces apparentées, l'entomologiste Brower (1959) a mesuré la longueur du huitième tergite de spécimens mâles appartenant aux deux espèces *Papilio eurymedon* et *Papilio rutulus* et provenant de deux régions: celle de Boulder, au Colorado, et celle du Grand Lac Salé, en Utah. Les mesures, exprimées en mm, ont été prises sur des agrandissements de photographies obtenues au microscope et sont égales à huit fois la longueur réelle du huitième tergite en mm. Contrairement aux exemples considérés aux chapitres 12 et 26, les données de Brower sur *Papilio eurymedon* et *Papilio rutulus* peuvent être classifiées de deux façons croisées: au point de vue taxonomique et quant à la région de provenance (tableau 28.1.1).

**Tableau 28.1.1**
**Classification quant à deux critères des données de Brower (1959) sur les papillons mâles des espèces *Papilio eurymedon* et *Papilio rutulus* du Colorado et de l'Utah.**

| | | Région de provenance | |
|---|---|---|---|
| | | Colorado | Utah |
| Espèce | *Papilio eurymedon* | 10 spécimens | 10 spécimens |
| | *Papilio rutulus* | 10 spécimens | 10 spécimens |

Chaque échantillon occupe donc une case située à l'intersection de l'une des lignes et de l'une des colonnes d'un tableau à double entrée, au lieu d'occuper simplement l'une des colonnes d'un tableau à simple entrée comme dans l'analyse de variance à un seul critère de classification (chapitres 12 et 26).

Comme second exemple, prenons les résultats d'une expérience agricole (Millikan, 1963), qui ont été aimablement mis à notre disposition par leur auteur. Le docteur C. R. Millikan, alors chef biologiste du ministère de l'agriculture de l'État de Victoria, en Australie, a étudié les effets de l'application de phosphore et de zinc sur la croissance pondérale du trèfle *Trifolium subterraneum* L.. Nous considérons ici les résultats obtenus à trois concentrations du phosphore ($P_1 = 3$ ppm, $P_2 = 7{,}5$ ppm, et $P_3 = 15$ ppm) et trois concentrations du zinc ($Zn_1 = 0{,}005$ ppm, $Zn_2 = 0{,}05$ ppm, et $Zn_3 = 0{,}5$ ppm) sur la variété *Edenhope*. Millikan a obtenu 6 mesures (aussi appelées *répétitions* en langage technique; *"replicates"* en anglais) à chaque combinaison de concentrations du phosphore et du zinc, et chaque mesure est égale à la somme des poids secs des racines et des parties supérieures de deux plantes après 66 jours de croissance (tableau 28.1.2).

**Tableau 28.1.2**
**Classification des données de Millikan (1963) sur la croissance du trèfle *Trifolium subterraneum* L. après application de phosphore et de zinc.**

| | | Concentration en zinc | | |
|---|---|---|---|---|
| | | $Zn_1 = 0{,}005$ ppm | $Zn_2 = 0{,}05$ ppm | $Zn_3 = 0{,}5$ ppm |
| Concentration en phosphore | $P_1 = 3$ ppm | 6 mesures | 6 mesures | 6 mesures |
| | $P_2 = 7{,}5$ ppm | 6 mesures | 6 mesures | 6 mesures |
| | $P_3 = 15$ ppm | 6 mesures | 6 mesures | 6 mesures |

Les données de Millikan (1963) peuvent donc elles aussi être classifiées de façon croisée quant à deux critères, sauf que les 9 échantillons comportant chacun 6 mesures sont répartis ici dans un total de $3 \times 3 = 9$ cases résultant de l'intersection des deux classifications tripartites.

**Tableau 28.1.3**
**Classification quant à deux critères de données obtenues lors de l'essai simultané de deux traitements médicaux.**

| | | Traitement "B" | |
|---|---|---|---|
| | | non administré | administré |
| Traitement "A" | non administré | $N$ patients | $N$ patients |
| | administré | $N$ patients | $N$ patients |

L'analyse de variance à deux critères de classification peut être utile également en médecine, lorsqu'on cherche à évaluer simultanément les effets de deux traitements (tableau 28.1.3), et en écologie, lorsqu'on cherche à repérer les combinaisons de conditions du milieu qui sont les plus favorables à la croissance des individus ou à celle des populations (tableau 28.1.4).

**Tableau 28.1.4**
**Classification quant à deux conditions écologiques de données sur la croissance d'organismes individuels ou de populations.**

| | | Humidité, hydricité ou salinité | | |
|---|---|---|---|---|
| | | faible | moyenne | forte |
| Température du milieu | 0°C | $N$ données | $N$ données | $N$ données |
| | 5°C | $N$ données | $N$ données | $N$ données |
| | 10°C | $N$ données | $N$ données | $N$ données |

De façon générale, dans l'analyse de variance à deux critères de classification, les nombres de classes du premier et du second critères de classification peuvent être désignés par les lettres $L$ (initiale du mot ligne) et $C$ (initiale du mot colonne) respectivement, et on parle d'une analyse de variance ($L \times C$). Ainsi, l'analyse des données du tableau 28.1.1 est une analyse $(2 \times 2)$ tandis que celle du tableau 28.1.2 est une analyse $(3 \times 3)$. Il est toutefois utile d'ajouter une colonne à la droite et une ligne au bas du tableau des données (tableau 28.1.5). La colonne additionnelle sert à inscrire les sommes des quantités correspondant aux cases situées sur chaque ligne, tandis que la ligne additionnelle sert à inscrite les sommes des quantités caractérisant les cases situées dans chaque colonne.

**Tableau 28.1.5**
**Notation employée pour les sommes brutes dans une analyse de variance à deux critères de classification.**

| | | Critère 2 | | Sommes des colonnes sur chaque ligne |
|---|---|---|---|---|
| | | Colonne 1 | Colonne 2 | |
| Critère 1 | Ligne 1 | $N_{11}, (\Sigma X)_{11}, (\Sigma X^2)_{11}$ | $N_{12}, (\Sigma X)_{12}, (\Sigma X^2)_{12}$ | $N_{1\cdot}, (\Sigma X)_{1\cdot}, (\Sigma X^2)_{1\cdot}$ |
| | Ligne 2 | $N_{21}, (\Sigma X)_{21}, (\Sigma X^2)_{21}$ | $N_{22}, (\Sigma X)_{22}, (\Sigma X^2)_{22}$ | $N_{2\cdot}, (\Sigma X)_{2\cdot}, (\Sigma X^2)_{2\cdot}$ |
| Sommes des lignes dans chaque colonne | | $N_{\cdot 1}, (\Sigma X)_{\cdot 1}, (\Sigma X^2)_{\cdot 1}$ | $N_{\cdot 2}, (\Sigma X)_{\cdot 2}, (\Sigma X^2)_{\cdot 2}$ | $N_{\cdot\cdot}, (\Sigma X)_{\cdot\cdot}, (\Sigma X^2)_{\cdot\cdot}$ |

De la même façon que dans l'analyse de variance à un seul critère de classification (section 12.2 du chapitre 12), les quantités relatives à chaque groupe sont désignées par une variable indicée, et un indice quant auquel la sommation a été faite est remplacé par un point. Dans l'analyse de variance à deux critères de classification, toutefois, en plus du premier indice $f$ (de ligne) et du second indice $g$ (de colonne) indiqués dans le tableau 28.1.5, un troisième indice $h$ est requis pour représenter le numéro d'ordre de chaque mesure (ou *répétition*) de l'échantillon situé dans une case. Ainsi, la somme des carrés des mesures de l'échantillon situé à l'intersection de la seconde ligne ($f=2$) et de la première colonne ($g=1$) est

$$(\Sigma X^2)_{21} = \sum_{h=1}^{N_{21}} X_{21h}^2 ,$$

tandis que la somme des mesures situées sur la seconde ligne est

$$(\Sigma X)_{2.} = \sum_{g=1}^{C} (\Sigma X)_{2g} = \sum_{g=1}^{C} \sum_{h=1}^{N_{2g}} X_{2gh} ,$$

l'effectif global est

$$N_{..} = \sum_{f=1}^{L} N_{f.} = \sum_{g=1}^{C} N_{.g} = \sum_{f=1}^{L} \sum_{g=1}^{C} N_{fg} ,$$

et la somme de toutes les mesures est

$$(\Sigma X)_{..} = \sum_{f=1}^{L} \sum_{g=1}^{C} \sum_{h=1}^{N_{fg}} X_{fgh} .$$

Le système d'indices décrit ci-dessus est utilisé aussi pour les moyennes, les sommes centrées et les variances. Dans cet ouvrage, nous nous limitons au cas où plusieurs observations (*répétitions*) ont été obtenues dans chaque case et où les effectifs des échantillons de toutes les cases sont égaux ($N_{11} = ... = N_{fg} = ... = N_{LC} = N$), car c'est la situation la plus avantageuse au point de vue statistique.

## Section 28.2: paramètres et équations modèles

Afin d'aborder le problème sous sa forme la plus simple, nous discuterons d'abord les systèmes de paramètres et d'équations modèles utilisables dans le cas de l'analyse $(2 \times 2)$, où chacun des deux critères de classification ne possède que deux classes (tableaux 28.1.1 et 28.1.3). Les notions présentées dans cette première discussion pourront être étendues facilement au cas plus général d'une analyse $(L \times C)$ par la suite. Le système de paramètres le plus simple consiste sûrement à postuler une moyenne pour chaque case du tableau des données (tableau 28.2.1).

**Tableau 28.2.1**
**Moyennes des cases dans une analyse de variance (2 × 2) de type I.**

| | | Critère 2 | |
|---|---|---|---|
| | | colonne 1 | colonne 2 |
| Critère 1 | ligne 1 | $\mu_{11}$ | $\mu_{12}$ |
| | ligne 2 | $\mu_{21}$ | $\mu_{22}$ |

L'*équation modèle* correspondante est

$$X_{fgh} = \mu_{fg} + e_{fgh}\ ,\ \text{où}\ e_{fgh} \leftarrow \mathcal{N}(0, \sigma^2)\ .$$

Selon le schéma précédent, il y a fondamentalement quatre paramètres de tendance centrale, $\mu_{11}$, $\mu_{12}$, $\mu_{21}$, *et* $\mu_{22}$, en plus d'un cinquième paramètre de dispersion, $\sigma^2$. Toutefois, certains aspects de l'analyse peuvent être rendus plus explicites si on définit en outre une moyenne pour chaque ligne et pour chaque colonne ainsi qu'une moyenne générale (tableau 28.2.2),

**Tableau 28.2.2**
**Moyennes des cases, des lignes et des colonnes, et moyenne générale dans une analyse de variance (2 × 2) de type I.**

| | | Critère 2 | | |
|---|---|---|---|---|
| | | colonne 1 | colonne 2 | |
| Critère 1 | ligne 1 | $\mu_{11}$ | $\mu_{12}$ | $\mu_{1\cdot} = (\mu_{11} + \mu_{12})/2$ |
| | ligne 2 | $\mu_{21}$ | $\mu_{22}$ | $\mu_{2\cdot} = (\mu_{21} + \mu_{22})/2$ |
| | | $\mu_{\cdot 1} = (\mu_{11} + \mu_{21})/2$ | $\mu_{\cdot 2} = (\mu_{12} + \mu_{22})/2$ | $\mu_{\cdot\cdot}$ |

et si on définit un système d'écarts entre la moyenne générale $\mu_{\cdot\cdot}$ et la moyenne de chaque ligne, de chaque colonne et de chaque case (tableau 28.2.3).

**Tableau 28.2.3**
**Écarts entre les moyennes des cases, des lignes, des colonnes, et la moyenne générale dans une analyse de variance (2 × 2) de type I.**

| | | Critère 2 | | |
|---|---|---|---|---|
| | | colonne 1 | colonne 2 | |
| Critère 1 | ligne 1 | $\delta_{11} = \mu_{11} - (\mu_{\cdot\cdot} + \delta_{1\cdot} + \delta_{\cdot 1})$ | $\delta_{12} = \mu_{12} - (\mu_{\cdot\cdot} + \delta_{1\cdot} + \delta_{\cdot 2})$ | $\delta_{1\cdot} = \mu_{1\cdot} - \mu_{\cdot\cdot}$ |
| | ligne 2 | $\delta_{21} = \mu_{21} - (\mu_{\cdot\cdot} + \delta_{2\cdot} + \delta_{\cdot 1})$ | $\delta_{22} = \mu_{22} - (\mu_{\cdot\cdot} + \delta_{2\cdot} + \delta_{\cdot 2})$ | $\delta_{2\cdot} = \mu_{2\cdot} - \mu_{\cdot\cdot}$ |
| | | $\delta_{\cdot 1} = \mu_{\cdot 1} - \mu_{\cdot\cdot}$ | $\delta_{\cdot 2} = \mu_{\cdot 2} - \mu_{\cdot\cdot}$ | $\mu_{\cdot\cdot}$ |

Il est alors possible de réexprimer les moyennes des cases, des lignes et des colonnes en fonction de la moyenne générale, des écarts des lignes, des colonnes et des cases, et l'*équation modèle* peut être reformulée comme suit:

$$X_{fgh} = \mu_{..} + \delta_{f.} + \delta_{.g} + \delta_{fg} + e_{fgh} \ ,$$

où $X_{fgh}$ = la $h^{\text{ième}}$ observation (ou *"répétition"*) de la case située à l'intersection de la $f^{\text{ième}}$ ligne et de la $g^{\text{ième}}$ colonne,
$\mu_{..}$ = la moyenne générale,
$\delta_{f.}$ = l'écart de ligne, aussi appelé *"effet de ligne"*,
$\delta_{.g}$ = l'écart de colonne, aussi appelé *"effet de colonne"*,
$\delta_{fg}$ = le terme d'*interaction*,
et $e_{fgh}$ = l'écart aléatoire responsable de la dispersion.
Par opposition au terme d'interaction $\delta_{fg}$, l'écart de ligne $\delta_{f.}$ et l'écart de colonne $\delta_{.g}$ pris conjointement sont appelés *"effets principaux"*. Les expressions *"effet de ligne"*, *"effet de colonne"*, *"effets principaux"*, et *"interaction"* ont une connotation causale qui paraît plus naturelle dans le cas de données expérimentales (tableaux 28.1.2 et 28.1.3) que dans celui de données descriptives (tableaux 28.1.1 et 28.1.4). L'utilisation de cette terminologie est liée au fait que l'analyse de variance à deux critères de classification s'est développée originalement dans le contexte de l'expérimentation agricole.

Cependant les écarts des cases, des lignes et des colonnes définis au tableau 28.2.3 ne sont évidemment pas indépendants les uns des autres, car ils satisfont de nombreuses relations. Ainsi, la somme des écarts de lignes est nulle, $\delta_{1.} + \delta_{2.} = 0$, de même que la somme des écarts de colonnes, $\delta_{.1} + \delta_{.2} = 0$, et les sommes d'écarts des cases situées sur une même ligne ou dans une même colonne: $\delta_{11} + \delta_{12} = 0$, $\delta_{11} + \delta_{21} = 0$, $\delta_{21} + \delta_{22} = 0$, et $\delta_{12} + \delta_{22} = 0$. Il s'ensuit que, dans une analyse de variance $(2 \times 2)$ de type I, on peut faire les substitutions suivantes: $\delta_{1.} = -\delta_{2.}$ , $\delta_{.1} = -\delta_{.2}$ , $\delta_{11} = \delta_{22}$ , $\delta_{12} = -\delta_{22}$ , et $\delta_{21} = -\delta_{22}$ . Les moyennes des cases, des lignes et des colonnes peuvent donc être remplacées par les expressions données dans le tableau 28.2.4.

**Tableau 28.2.4**
**Moyennes des cases, des lignes, des colonnes réexprimées en fonction de la moyenne générale et des écarts de cases, de lignes et de colonnes dans une analyse de variance $(2 \times 2)$ de type I.**

| | | Critère 2 | | |
|---|---|---|---|---|
| | | colonne 1 | colonne 2 | |
| Critère 1 | ligne 1 | $\mu_{11} = \mu_{..} - \delta_{2.} - \delta_{.2} + \delta_{22}$ | $\mu_{12} = \mu_{..} - \delta_{2.} + \delta_{.2} - \delta_{22}$ | $\mu_{1.} = \mu_{..} - \delta_{2.}$ |
| | ligne 2 | $\mu_{21} = \mu_{..} + \delta_{2.} - \delta_{.2} - \delta_{22}$ | $\mu_{22} = \mu_{..} + \delta_{2.} + \delta_{.2} + \delta_{22}$ | $\mu_{2.} = \mu_{..} + \delta_{2.}$ |
| | | $\mu_{.1} = \mu_{..} - \delta_{.2}$ | $\mu_{.2} = \mu_{..} + \delta_{.2}$ | $\mu_{..}$ |

Après simplification, le remplacement des moyennes des quatre cases d'une analyse de variance $(2 \times 2)$ par la moyenne générale $\mu_{..}$, l'écart de lignes $\delta_{2.}$, l'écart de colonnes $\delta_{.2}$, et l'écart de case $\delta_{22}$ laisse donc inchangé le nombre total (4) de paramètres indépendants de tendance centrale. Bien que le nouveau système de paramètres ne soit pas tel quel plus économique quant au nombre de paramètres que le système précédent, il devient plus économique dans le cas particulier où le terme d'interaction $\delta_{22}$ est nul.

On parle dans ce cas d'*additivité*, en ce sens que les moyennes des cases peuvent alors être expliquées entièrement par l'addition des effets principaux à la moyenne générale. L'opération par laquelle un système de paramètres est remplacé par un autre peut être appelée *"reparamétrisation"*. Dans le cas plus général d'une analyse de variance $(L \times C)$, le nombre d'écarts indépendants est $(L-1)$ pour les lignes, $(C-1)$ pour les colonnes, et $(L-1)(C-1)$ pour l'interaction. Le principal avantage de la reparamétrisation discutée dans la présente section est qu'elle rend explicite, elle met en relief, les tendances de variation quant auxquelles on se pose le plus naturellement des questions dans une analyse à deux critères de classification: les effets principaux et l'interaction.

## Section 28.3: effets principaux, interaction, et contrastes orthogonaux

Dans le cas d'une analyse de variance $(2 \times 2)$ de type I, il existe une relation intéressante entre l'utilisation de contrastes orthogonaux (section 26.5) et la mise en relief des effets principaux et de l'interaction. Plaçons les unes à la suite des autres dans un vecteur ligne (sections 24.2, 24.5, 24.22) les moyennes des cases de chaque ligne du tableau des données,

$$\boldsymbol{\mu} = [\mu_{11} \quad \mu_{12} \quad \mu_{21} \quad \mu_{22}] \, .$$

Il est possible de définir trois contrastes orthogonaux, $Y_1 = \mathbf{a}_1 \tilde{\boldsymbol{\mu}}$, $Y_2 = \mathbf{a}_2 \tilde{\boldsymbol{\mu}}$, et $Y_3 = \mathbf{a}_3 \tilde{\boldsymbol{\mu}}$, tels que le premier reflète les différences entre les lignes, le second les différences entre les colonnes, et le troisième l'interaction. En effet, si les vecteurs des coefficients de ces trois contrastes sont

$$\begin{aligned} \mathbf{a}_1 &= [-1 \quad -1 \quad +1 \quad +1] \, , \\ \mathbf{a}_2 &= [-1 \quad +1 \quad -1 \quad +1] \, , \\ \text{et} \quad \mathbf{a}_3 &= [+1 \quad -1 \quad -1 \quad +1] \, , \end{aligned}$$

on peut vérifier que leurs moyennes sont

$$\begin{aligned} \mu_{Y_1} &= 4\,\delta_{2\cdot} \, , \\ \mu_{Y_2} &= 4\,\delta_{\cdot 2} \, , \\ \mu_{Y_3} &= 4\,\delta_{22} \, . \end{aligned}$$

La somme de carrés d'écarts intergroupes peut donc être décomposée en trois parties indépendantes dont la première correspond aux différences entre les lignes, la seconde aux différences entre les colonnes, et la troisième à l'interaction. Le nombre de contrastes orthogonaux est toutefois plus grand dans le cas d'une analyse $(L \times C)$, où $(L-1)$ contrastes sont associés aux différences entre les lignes, $(C-1)$ contrastes aux différences entre les colonnes, et $(L-1)(C-1)$ contrastes à l'interaction.

## Section 28.4: évaluation et décomposition des sommes de carrés d'écarts

Le calcul numérique des diverses sommes de carrés d'écarts (ou *sommes centrées*) peut être effectué de façon méthodique. Bien que l'utilisation des *termes de centrage* puisse occasionner des pertes de précision numérique (sections 4.6 et 12.3), elle comporte néanmoins un avantage dans l'analyse de variance à deux critères de classification, car elle facilite la compréhension des calculs. On devrait toutefois tâcher de minimiser l'influence des erreurs d'arrondissement en effectuant les calculs en haute précision. On doit alors remplir un tableau analogue au tableau des données (tableau 28.1.5) et calculer un terme de centrage pour chacune des $LC$ cases, des $L$ lignes, des $C$ colonnes, ainsi que pour l'ensemble des données (tableau 28.4.1).

**Tableau 28.4.1**
**Termes de centrage nécessaires aux calculs dans une analyse de variance de type I à deux critères de classification.**

| | | Critère 2 | | Pour chaque ligne |
|---|---|---|---|---|
| | | Colonne 1 | Colonne 2 | |
| Critère 1 | Ligne 1 | $(\Sigma X)^2_{11}/N_{11}$ | $(\Sigma X)^2_{12}/N_{12}$ | $(\Sigma X)^2_{1\cdot}/N_{1\cdot}$ |
| | Ligne 2 | $(\Sigma X)^2_{21}/N_{21}$ | $(\Sigma X)^2_{22}/N_{22}$ | $(\Sigma X)^2_{2\cdot}/N_{2\cdot}$ |
| Pour chaque colonne | | $(\Sigma X)^2_{\cdot 1}/N_{\cdot 1}$ | $(\Sigma X)^2_{\cdot 2}/N_{\cdot 2}$ | $(\Sigma X)^2_{\cdot\cdot}/N_{\cdot\cdot}$ |

Les diverses sommes de carrés d'écarts nécessaires dans une analyse de variance de type I à deux critères de classification peuvent ensuite être calculées de la façon suivante, l'abréviation "t. de c." signifiant "terme de centrage":

$$\text{SCE}_{\text{totale}} = (\Sigma X^2)_{\cdot\cdot} - (\Sigma X)^2_{\cdot\cdot}/N_{\cdot\cdot}\,, \text{ où } (\Sigma X)^2_{\cdot\cdot}/N_{\cdot\cdot} = \text{le t. de c. général},$$

$$\text{SCE}_{\text{intragroupes}} = (\Sigma X^2)_{\cdot\cdot} - \text{la somme des t. de c. des } LC \text{ cases},$$

$$\text{SCE}_{\text{intergroupes}} = \text{SCE}_{\text{totale}} - \text{SCE}_{\text{intragroupes}}\,,$$

$$\text{SCE}_{\text{lignes}} = \text{la somme des t. de c. des } L \text{ lignes} - \text{le t. de c. général},$$

$$\text{SCE}_{\text{colonnes}} = \text{la somme des t. de c. des } C \text{ colonnes} - \text{le t. de c. général},$$

$$\text{SCE}_{\text{interaction}} = \text{SCE}_{\text{intergroupes}} - \text{SCE}_{\text{lignes}} - \text{SCE}_{\text{colonnes}}\,.$$

Certaines des formules précédentes peuvent être exprimées aussi à l'aide d'une notation plus détaillée:

$$\text{SCE}_{\text{totale}} = \sum_f \sum_g \sum_h X^2 - \Big(\sum_f \sum_g \sum_h X\Big)^2/N_{\cdot\cdot}\,,$$

$$\text{SCE}_{\text{intragroupes}} = \sum_f \sum_g \sum_h X^2 - \sum_f \sum_g \Big[\Big(\sum_h X\Big)^2/N_{fg}\Big]\,,$$

$$\text{SCE}_{\text{lignes}} = \sum_f \Big[\Big(\sum_g \sum_h X\Big)^2/N_{f\cdot}\Big] - \Big(\sum_f \sum_g \sum_h X\Big)^2/N_{\cdot\cdot}\,,$$

$$\text{SCE}_{\text{colonnes}} = \sum_g \Big[\Big(\sum_f \sum_h X\Big)^2/N_{\cdot g}\Big] - \Big(\sum_f \sum_g \sum_h X\Big)^2/N_{\cdot\cdot}\,.$$

## Section 28.5: le tableau d'analyse de variance ($L \times C$)

Le tableau d'une analyse de variance ($L \times C$) comporte la particularité que la somme de carrés d'écarts intergroupes y est séparée en trois fractions correspondant aux différences de lignes, aux différences de colonnes et à l'interaction, et possédant $(L-1)$, $(C-1)$ et $(L-1)(C-1)$ degrés de liberté respectivement (tableau 28.5.1). On peut noter que, lorsque les effectifs des cases sont tous égaux à une valeur commune,

$$N_{11} = \ldots = N_{fg} = \ldots = N_{LC} = N\ ,$$

comme nous le supposons dans le présent chapitre, l'effectif total $N..$ est égal au produit de l'effectif commun $N$ par le nombre de cases:

$$N.. = LCN\ .$$

**Tableau 28.5.1**
**Analyse de variance de type I à deux critères de classification.**

| Variation | Somme de carrés d'écarts | Degrés de liberté | Variance observée | Variance attendue |
|---|---|---|---|---|
| intragroupes | $SCE_{\text{intragroupes}}$ | $(N..-LC)$ | $SCE_{\text{intragroupes}}/(N..-LC)$ | $\sigma^2$ |
| lignes | $SCE_{\text{lignes}}$ | $(L-1)$ | $SCE_{\text{lignes}}/(L-1)$ | $\sigma^2 + \Delta^2_{\text{lignes}}$ |
| colonnes | $SCE_{\text{colonnes}}$ | $(C-1)$ | $SCE_{\text{colonnes}}/(C-1)$ | $\sigma^2 + \Delta^2_{\text{colonnes}}$ |
| interaction | $SCE_{\text{interaction}}$ | $(L-1)(C-1)$ | $SCE_{\text{interaction}}/(L-1)(C-1)$ | $\sigma^2 + \Delta^2_{\text{interaction}}$ |
| totale | $SCE_{\text{totale}}$ | $(N..-1)$ | $SCE_{\text{totale}}/(N..-1)$ | (généralement inutilisée) |

Les quantités paramétriques $\Delta^2_{\text{lignes}}$, $\Delta^2_{\text{colonnes}}$ et $\Delta^2_{\text{interaction}}$ présentes dans la colonne "Variance attendue" peuvent être évaluées par des procédés semblables à ceux de la section 12.4. Elles ont les valeurs suivantes:

$$\Delta^2_{\text{lignes}} = [CN/(L-1)] \sum_{f=1}^{L} \delta^2_{f.}\ ,$$

$$\Delta^2_{\text{colonnes}} = [LN/(C-1)] \sum_{g=1}^{C} \delta^2_{.g}\ ,$$

et

$$\Delta^2_{\text{interaction}} = \{N/(L-1)(C-1)\} \sum_{f=1}^{L} \sum_{g=1}^{C} \delta^2_{fg}\ .$$

Lorsque l'hypothèse préliminaire est vraie et qu'il n'y a ni effets principaux ni interaction, les quantités $\Delta^2_{\text{lignes}}$, $\Delta^2_{\text{colonnes}}$ et $\Delta^2_{\text{interaction}}$ sont toutes nulles, et les variances observées $S^2_{\text{lignes}}$, $S^2_{\text{colonnes}}$ et $S^2_{\text{interaction}}$ sont toutes des estimations du même paramètre, $\sigma^2$. Au contraire, dès que l'une des quantités $\Delta^2_{\text{lignes}}$, $\Delta^2_{\text{colonnes}}$ et $\Delta^2_{\text{interaction}}$ n'est pas nulle, la variance observée correspondante a tendance à être plus grande que $\sigma^2$.

On peut donc éprouver les trois sous-hypothèses préliminaires qu'il n'y a pas d'effets de lignes, pas d'effets de colonnes et pas d'interaction à l'aide de la distribution du rapport de variances (tableau 28.5.2):

**Tableau 28.5.2**
**Épreuves des sous-hypothèses préliminaires dans l'analyse de variance de type I à deux critères de classification.**

| Hypothèse | Région d'acceptation |
|---|---|
| $\delta_{f\cdot}^2 = 0$ | $S^2_{\text{lignes}} / S^2_{\text{intragroupes}} \leq F_{(1-\alpha;\, L-1,\, N..-LC)}$ |
| $\delta_{\cdot g}^2 = 0$ | $S^2_{\text{colonnes}} / S^2_{\text{intragroupes}} \leq F_{(1-\alpha;\, C-1,\, N..-LC)}$ |
| $\delta_{fg}^2 = 0$ | $S^2_{\text{interaction}} / S^2_{\text{intragroupes}} \leq F_{(1-\alpha;\, (L-1)(C-1),\, N..-LC)}$ |

En pratique, on commence habituellement par éprouver l'hypothèse qu'il n'y a pas d'interaction et, lorsque cette hypothèse doit être rejetée et qu'on doit conclure qu'il y a interaction, on s'abstient d'éprouver les effets de lignes et de colonnes. Lorsqu'il y a interaction, en effet, cela signifie que les différences entre les moyennes ne peuvent pas être attribuées simplement à des effets principaux et qu'une méthode d'analyse plus complexe devrait être employée (section 28.7).

## Section 28.6: un exemple taxonomique et écologique

Comme premier exemple, considérons les données de Brower (1959) déjà mentionnées à la section 28.1 (tableau 28.1.1). Les moyennes des quatre échantillons sont données au tableau 28.6.1.

**Tableau 28.6.1**
**Moyennes de la longueur du huitième tergite × 8 en mm de 10 papillons mâles chez deux espèces et dans deux régions (Brower, 1959).**

| | | Région de provenance | |
|---|---|---|---|
| | | Colorado | Utah |
| Espèce | *Papilio eurymedon* | $\overline{X}_{11} = 17{,}75$ | $\overline{X}_{12} = 19{,}65$ |
| | *Papilio rutulus* | $\overline{X}_{21} = 19{,}95$ | $\overline{X}_{22} = 20{,}25$ |

L'analyse de variance est résumée au tableau 28.6.2.

**Tableau 28.6.2**
**Analyse de variance de la longueur du huitième tergite × 8 en mm de papillons mâles des espèces *P. eurymedon* et *P. rutulus* au Colorado et en Utah (Brower, 1959).**

| Variation | SCE | D. de L. | Variance | $F$ | $P$ |
|---|---|---|---|---|---|
| intragroupes | 56 | 36 | 1,55556 | | |
| espèces | 19,6 | 1 | 19,6 | 12,6 | $0{,}001 < P < 0{,}01$ |
| régions | 12,1 | 1 | 12,1 | 7,77857 | $0{,}001 < P < 0{,}01$ |
| interaction | 6,4 | 1 | 6,4 | 4,11429 | $0{,}01 < P \leq 0{,}05$ |
| totale | 94,1 | 39 | 2,41282 | | |

L'interaction est à peine significative au point de vue statistique, la valeur observée du rapport de variances (4,11429) étant très voisine de $F_{(0,95;\ 1,\ 36)} = 4{,}11317$. Par contre, les différences entre les deux espèces et les deux régions paraissent plus concluantes ($P < 0{,}01$). La comparaison des moyennes (tableau 28.6.1) suggère que le huitième tergite est plus long chez *Papilio rutulus* que chez *Papilio eurymedon*, et plus long en Utah qu'au Colorado.

## Section 28.7 : un exemple agronomique

Comme second exemple, revenons aux résultats expérimentaux de Millikan (1963) sur la croissance du trèfle *Trifolium subterraneum* L. (tableau 28.1.2). Une analyse préliminaire ayant montré que la variance est plus élevée dans les cases où la moyenne est plus forte, les données ont été soumises à la transformation logarithmique $Y = \log_{10}(X)$, où $X$ est la somme des poids secs en g des racines et des parties supérieures de deux plantes de la variété Edenhope âgées de 66 jours et exposées à diverses concentrations de phosphore et de zinc. Les moyennes des neuf échantillons sont données dans le tableau 28.7.1.

**Tableau 28.7.1**
**Moyennes du logarithme décimal du poids sec en g de deux plantes de trèfle (*Trifolium subterraneum* L.) de la variété Edenhope âgées de 66 jours.**

| | | Concentration en zinc | | |
|---|---|---|---|---|
| | | $Zn_1 = 0{,}005$ ppm | $Zn_2 = 0{,}05$ ppm | $Zn_3 = 0{,}5$ ppm |
| Concentration en phosphore | $P_1 = 3$ ppm | $\overline{Y}_{11} = 0{,}508215$ | $\overline{Y}_{12} = 0{,}498785$ | $\overline{Y}_{13} = 0{,}543687$ |
| | $P_2 = 7{,}5$ ppm | $\overline{Y}_{21} = 0{,}581597$ | $\overline{Y}_{22} = 0{,}861794$ | $\overline{Y}_{23} = 0{,}819579$ |
| | $P_3 = 15$ ppm | $\overline{Y}_{31} = 0{,}463414$ | $\overline{Y}_{32} = 0{,}980882$ | $\overline{Y}_{33} = 0{,}879430$ |

L'analyse de variance est résumée par le tableau 28.7.2.

**Tableau 28.7.2**
**Analyse de variance du logarithme décimal du poids sec en g de deux plantes de trèfle (*Trifolium subterraneum* L.) de la variété Edenhope âgées de 66 jours.**

| Variation | SCE | D. de L. | Variance | *F* | *P* |
|---|---|---|---|---|---|
| intragroupes | 0,380556 | 45 | 0,0084568 | | |
| phosphore | 0,739084 | 2 | 0,369542 | 43,6976 | $P < 0{,}001$ |
| zinc | 0,737625 | 2 | 0,368812 | 43,6113 | $P < 0{,}001$ |
| interaction | 0,445228 | 4 | 0,111307 | 13,1618 | $P < 0{,}001$ |
| totale | 2,30249 | 53 | 0,0434432 | | |

L'interaction étant fortement significative au point de vue statistique ($P < 0{,}001$), il serait inopportun d'éprouver les effets principaux (section 28.5), car les différences observées ne peuvent pas être expliquées simplement par l'addition de phosphore et de zinc. Pour décrire une interaction comme celle du phosphore et du zinc dans les données de Millikan (1963), on pourrait utiliser une méthode statistique plus élaborée, par exemple ajuster une *surface de réaction* (*"response surface"* en anglais; voir la section 35.9; voir aussi Box, Hunter et Hunter, 1978, chapitre 15, ainsi que Tomassone, Dervin et Masson, 1993, pages 279-288).

La nature générale de l'interaction entre le phosphore et le zinc est visible dans un stéréogramme des moyennes (figure 28.7.1). En plus d'être tous deux nécessaires à la croissance du trèfle, chacun de ces deux éléments paraît nécessaire à l'utilisation de l'autre élément par la plante. Ainsi, lorsque la plante manque de phosphore, elle semble incapable d'utiliser le zinc, et vice-versa. Lorsque les concentrations des deux éléments sont augmentées simultanément, la croissance est stimulée plus fortement qu'on s'y attendrait en additionnant leurs actions séparées.

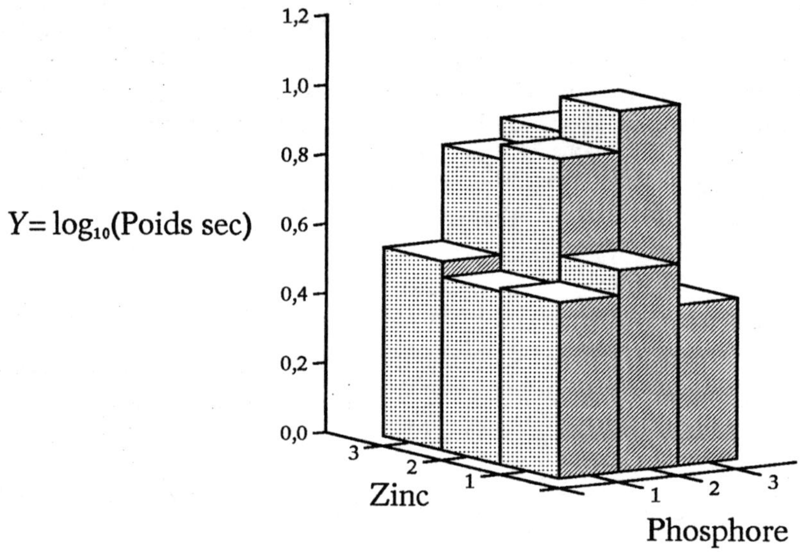


**Figure 28.7.1**
**Stéréogramme des moyennes du logarithme décimal du poids sec en g de deux plantes de trèfle (*Trifolilum subterraneum* L.) âgées de 66 jours à diverses concentrations de phosphore et de zinc, d'après des données de Millikan (1963).**

On parle d'*interaction positive* ou de *synergie* lorsque l'action simultanée de deux facteurs est plus forte que la somme de leurs actions séparées, comme c'est le cas pour l'addition de phosphore et de zinc sur la croissance du trèfle. On parle au contraire d'*interaction négative* ou d'*antagonisme* lorsque l'action simultanée de deux facteurs ou de deux traitements expérimentaux est moins forte que la somme de leurs actions séparées.

# Chapitre 29
## La distribution normale multidimensionnelle

### Section 29.1: les méthodes statistiques multidimensionnelles

L'utilisation des corrélations et des régressions partielles et multiples (chapitres 23 et 25) fait partie des méthodes statistiques multidimensionnelles au sens large. En français, plusieurs auteurs parlent d'*analyse multivariée* (une traduction littérale de l'anglais *multivariate analysis*). Cependant, on traite souvent les corrélations et les régressions partielles et multiples séparément des autres méthodes multidimensionnelles, parce qu'elles sont mieux connues et utilisées depuis plus longtemps. En fait, l'origine de la régression multiple remonte à Karl Friedrich Gauss (1777-1855). De plus, la régression multiple demeure utilisable même lorsque les variables prédictrices varient de façon systématique et lorsque seule la variable prédite est aléatoire. Au contraire, les méthodes multidimensionnelles au sens strict, discutées dans ce chapitre et les chapitres suivants (29 à 34), se sont développées surtout depuis 1930 et concernent typiquement plusieurs variables aléatoires conjointement. Pendant plusieurs décennies, les méthodes multidimensionnelles proprement dites ont fait l'objet surtout d'articles de périodiques à saveur fortement mathématique, et très peu de monographies leur furent initialement consacrées (Anderson, 1958; Kendall, 1957; Rao, 1952; Roy, 1957). Cependant de nombreux ouvrages sont apparus par la suite (Anderson, 1984; Dagnelie, 1975; Dempster, 1969; Gnanadesikan, 1977; Kshirsagar, 1972; Lebart, Morineau et Piron, 1995; Lefebvre, 1976; Morrison, 1967, 1990; Pontier, Dufour et Normand, 1990; Rao, 1965; Seal, 1964; Seber, 1984; Tomassone, Dervin et Masson, 1993). De plus, certaines discussions spécialisées (Blackith et Reyment, 1971) et certaines réimpressions colligées de tirés-à-part (Atchley et Bryant, 1975; Bryant et Atchley, 1975) ont été publiées.

### Section 29.2: la densité de probabilité normale multidimensionnelle

Lorsque plusieurs variables $X_1, \ldots, X_i, X_j, \ldots, X_q$ suivent la distribution normale conjointement, la densité de probabilité du vecteur $\mathbf{X} = [X_1, \ldots, X_i, X_j, \ldots, X_q]$ peut être exprimée de façon concise à l'aide de vecteurs et de matrices:

$$f(X_1, \ldots, X_i, X_j, \ldots, X_q) = \frac{1}{(2\pi)^{(q/2)}\,|\mathbf{\Sigma}|^{(1/2)}}\, e^{-(1/2)\,(\mathbf{X}-\boldsymbol{\mu})\,\mathbf{\Sigma}^{-1}(\tilde{\mathbf{X}}-\tilde{\boldsymbol{\mu}})},$$

où $q$ est le nombre d'éléments du vecteur $\mathbf{X}$, c'est-à-dire le nombre de variables,

$\boldsymbol{\mu} = [\mu_1, \ldots, \mu_i, \mu_j, \ldots, \mu_q]$ est le vecteur des moyennes paramétriques,

$$\mathbf{\Sigma} = \begin{bmatrix} \sigma_1^2 & \cdots & \sigma_{1i} & \sigma_{1j} & \cdots & \sigma_{1q} \\ \cdots & \cdots & \cdots & \cdots & \cdots & \cdots \\ \sigma_{1i} & \cdots & \sigma_i^2 & \sigma_{ij} & \cdots & \sigma_{iq} \\ \sigma_{1j} & \cdots & \sigma_{ij} & \sigma_j^2 & \cdots & \sigma_{jq} \\ \cdots & \cdots & \cdots & \cdots & \cdots & \cdots \\ \sigma_{1q} & \cdots & \sigma_{iq} & \sigma_{jq} & \cdots & \sigma_q^2 \end{bmatrix}$$ est la matrice de covariance paramétrique,

$\pi = 3{,}141592653590 \ldots$, et $e = 2{,}718281828459 \ldots$.

La matrice de covariance est représentée par la lettre grecque sigma majuscule en caractère gras, $\mathbf{\Sigma}$, et ne doit pas être confondue avec le signe de sommation, représenté par la même lettre mais en caractère léger (ordinaire), $\Sigma$. Pour que la distribution normale soit vraiment $q$-dimensionnelle, il faut que la matrice de covariance $\mathbf{\Sigma}$ soit régulière (section 24.18) et que son déterminant $|\mathbf{\Sigma}|$ soit positif. Le vecteur moyen $\boldsymbol{\mu}$ décrit la position du centre de la distribution tandis que la matrice de covariance $\mathbf{\Sigma}$ reflète conjointement l'importance de la dispersion ainsi que la présence ou l'absence de relations statistiques rectilignes positives ou négatives entre les variables observées $[X_1, \ldots, X_q]$. On peut toutefois décrire séparément l'ampleur de la variation par la série des écarts-types $(\sigma_1, \ldots, \sigma_q)$ et la présence de relations par la matrice de covariance des variables réduites $[(X_1-\mu_1)/\sigma_1, \ldots, (X_i-\mu_i)/\sigma_i, (X_j-\mu_j)/\sigma_j, \ldots, (X_q-\mu_q)/\sigma_q]$, aussi appelée matrice de corrélation:

$$[\rho_{ij}] = \begin{bmatrix} 1 & \ldots & \rho_{1i} & \rho_{1j} & \ldots & \rho_{1q} \\ \ldots & \ldots & \ldots & \ldots & \ldots & \ldots \\ \rho_{1i} & \ldots & 1 & \rho_{ij} & \ldots & \rho_{iq} \\ \rho_{1j} & \ldots & \rho_{ij} & 1 & \ldots & \rho_{jq} \\ \ldots & \ldots & \ldots & \ldots & \ldots & \ldots \\ \rho_{1q} & \ldots & \rho_{iq} & \rho_{jq} & \ldots & 1 \end{bmatrix}.$$

Le lecteur doit noter que l'expression de la densité de probabilité de la distribution normale multidimensionnelle est complètement générale. Lorsque le nombre $q$ de variables est égal à 1 ou à 2, en particulier, cette expression redonne la densité de probabilité de la distribution normale unidimensionnelle (section 5.2) ou bidimensionnelle (section 19.2). L'argument de l'exponentielle contient une forme quadratique (section 24.24): $(\mathbf{X}-\boldsymbol{\mu})\,\mathbf{\Sigma}^{-1}(\tilde{\mathbf{X}}-\tilde{\boldsymbol{\mu}})$. Lorsque la variation occupe réellement toutes les dimensions de l'espace $q$-dimensionnel, cette forme quadratique équivaut à une somme de carrés de $q$ variables normales réduites et suit la distribution de $\chi^2$ avec $q$ degrés de liberté. L'équation

$$(\mathbf{X}-\boldsymbol{\mu})\,\mathbf{\Sigma}^{-1}(\tilde{\mathbf{X}}-\tilde{\boldsymbol{\mu}}) = \chi^2_{(1-\alpha;\,q)}$$

délimite alors une région elliptique (si $q=2$), ellipsoïdale (si $q=3$) ou hyperellipsoïdale (si $q \geq 4$) à l'intérieur de laquelle chaque observation individuelle $\mathbf{X}$ provenant de la distribution normale multidimensionnelle $\mathcal{N}(\boldsymbol{\mu}, \mathbf{\Sigma})$ a une probabilité $(1-\alpha)$ de se trouver.

## Section 29.3: calcul des estimations des paramètres

Les procédés utilisés pour calculer les estimations ponctuelles (section 9.1) des paramètres d'une distribution normale multidimensionnelle sont généralement de simples extensions de ceux qui sont employés dans le cas des distributions normales unidimensionnelles (sections 4.2, 4.5, 4.6, 4.7 et 4.10) et bidimensionnelles (sections 19.3 et 19.4). Nous insisterons donc ici surtout sur la façon dont on peut employer les vecteurs et les matrices (chapitre 24) pour effectuer les calculs dans le cas de plusieurs variables, certaines quantités ayant d'ailleurs déjà été mentionnées à propos des corrélations et des régressions partielles et multiples (chapitre 25). La première étape consiste souvent à calculer la matrice des sommes brutes (voir aussi la section 25.3) des données d'un échantillon:

$$\left[\begin{array}{c|cccccc} N & \Sigma X_1 & \dots & \Sigma X_i & \Sigma X_j & \dots & \Sigma X_q \\ \hline \Sigma X_1 & \Sigma X_1^2 & \dots & \Sigma X_1 X_i & \Sigma X_1 X_j & \dots & \Sigma X_1 X_q \\ \dots & \dots & \dots & \dots & \dots & \dots & \dots \\ \Sigma X_i & \Sigma X_1 X_i & \dots & \Sigma X_i^2 & \Sigma X_i X_j & \dots & \Sigma X_i X_q \\ \Sigma X_j & \Sigma X_1 X_j & \dots & \Sigma X_i X_j & \Sigma X_j^2 & \dots & \Sigma X_j X_q \\ \dots & \dots & \dots & \dots & \dots & \dots & \dots \\ \Sigma X_q & \Sigma X_1 X_q & \dots & \Sigma X_i X_q & \Sigma X_j X_q & \dots & \Sigma X_q^2 \end{array}\right] .$$

Cette matrice est d'ordre $(q+1) \times (q+1)$, car elle possède une ligne et une colonne de plus que le nombre de variables. La matrice des sommes brutes est subdivisée ci-dessus en quatre sous-matrices: la sous-matrice supérieure gauche comporte un seul élément, l'effectif $N$ de l'échantillon; les sous-matrices supérieure droite et inférieure gauche contiennent les sommes des variables écrites sous forme d'un vecteur ligne et d'un vecteur colonne, respectivement; enfin, la sous-matrice inférieure droite, qui est d'ordre $(q \times q)$, contient les sommes des carrés et des produits des variables.

Le vecteur moyen paramétrique $\boldsymbol{\mu}$ est généralement estimé en multipliant la sous-matrice supérieure droite par l'inverse de l'effectif (section 24.10), ce qui donne le vecteur moyen de l'échantillon:

$$\overline{\mathbf{X}} = [\overline{X}_1 , \dots , \overline{X}_i , \overline{X}_j , \dots , \overline{X}_q ] = (1/N) [\Sigma X_1 , \dots , \Sigma X_i , \Sigma X_j , \dots , \Sigma X_q ] .$$

La matrice des sommes centrées,

$$\begin{bmatrix} \Sigma(X_1-\overline{X}_1)^2 & \dots & \Sigma(X_1-\overline{X}_1)\Sigma(X_i-\overline{X}_i) & \Sigma(X_1-\overline{X}_1)\Sigma(X_j-\overline{X}_j) & \dots & \Sigma(X_1-\overline{X}_1)\Sigma(X_q-\overline{X}_q) \\ \dots & \dots & \dots & \dots & \dots & \dots \\ \Sigma(X_1-\overline{X}_1)\Sigma(X_i-\overline{X}_i) & \dots & \Sigma(X_i-\overline{X}_i)^2 & \Sigma(X_i-\overline{X}_i)\Sigma(X_j-\overline{X}_j) & \dots & \Sigma(X_i-\overline{X}_i)\Sigma(X_q-\overline{X}_q) \\ \Sigma(X_1-\overline{X}_1)\Sigma(X_j-\overline{X}_j) & \dots & \Sigma(X_i-\overline{X}_i)\Sigma(X_j-\overline{X}_j) & \Sigma(X_j-\overline{X}_j)^2 & \dots & \Sigma(X_j-\overline{X}_j)\Sigma(X_q-\overline{X}_q) \\ \dots & \dots & \dots & \dots & \dots & \dots \\ \Sigma(X_1-\overline{X}_1)\Sigma(X_q-\overline{X}_q) & \dots & \Sigma(X_i-\overline{X}_i)\Sigma(X_q-\overline{X}_q) & \Sigma(X_j-\overline{X}_j)\Sigma(X_q-\overline{X}_q) & \dots & \Sigma(X_q-\overline{X}_q)^2 \end{bmatrix},$$

est habituellement obtenue ensuite en soustrayant la matrice des termes de centrage,

$$(1/N)\begin{bmatrix} \Sigma X_1 \\ \dots \\ \Sigma X_i \\ \Sigma X_j \\ \dots \\ \Sigma X_q \end{bmatrix} [\Sigma X_1 \dots \Sigma X_i \; \Sigma X_j \dots \Sigma X_q] = (1/N)\begin{bmatrix} (\Sigma X_1)^2 & \dots & (\Sigma X_1)(\Sigma X_i) & (\Sigma X_1)(\Sigma X_j) & \dots & (\Sigma X_1)(\Sigma X_q) \\ \dots & \dots & \dots & \dots & \dots & \dots \\ (\Sigma X_1)(\Sigma X_i) & \dots & (\Sigma X_i)^2 & (\Sigma X_i)(\Sigma X_j) & \dots & (\Sigma X_i)(\Sigma X_q) \\ (\Sigma X_1)(\Sigma X_j) & \dots & (\Sigma X_i)(\Sigma X_j) & (\Sigma X_j)^2 & \dots & (\Sigma X_j)(\Sigma X_q) \\ \dots & \dots & \dots & \dots & \dots & \dots \\ (\Sigma X_1)(\Sigma X_q) & \dots & (\Sigma X_i)(\Sigma X_q) & (\Sigma X_j)(\Sigma X_q) & \dots & (\Sigma X_q)^2 \end{bmatrix},$$

de la sous-matrice inférieure droite de la matrice des sommes brutes:

$$[\Sigma(X_i-\overline{X}_i)(X_j-\overline{X}_j)] = [\Sigma X_i X_j] - (1/N)[(\Sigma X_i)(\Sigma X_j)] .$$

La matrice de covariance $\mathbf{S}$ de l'échantillon, qui sert à estimer la matrice de covariance $\boldsymbol{\Sigma}$ de la population, est ensuite évaluée en multipliant la matrice des sommes centrées par l'inverse du nombre de degrés de liberté:

$$\mathbf{S} = \begin{bmatrix} S_1^2 & \dots & S_{1i} & S_{1j} & \dots & S_{1q} \\ \dots & \dots & \dots & \dots & \dots & \dots \\ S_{1i} & \dots & S_i^2 & S_{ij} & \dots & S_{iq} \\ S_{1j} & \dots & S_{ij} & S_j^2 & \dots & S_{jq} \\ \dots & \dots & \dots & \dots & \dots & \dots \\ S_{1q} & \dots & S_{iq} & S_{jq} & \dots & S_q^2 \end{bmatrix} = (1/(N-1))\,[\Sigma(X_i - \overline{X}_i)(X_j - \overline{X}_j)]\,.$$

Toutefois, comme cela a déjà été souligné à plusieurs reprises (sections 4.6, 12.3, 13.6, 19.3, 28.4), l'utilisation des termes de centrage occasionne parfois des imprécisions numériques, qui peuvent être évitées en calculant les sommes centrées directement à partir des écarts à la moyenne $(X_i - \overline{X}_i)$ et $(X_j - \overline{X}_j)$ .
La dernière étape des calculs est l'évaluation de la matrice de corrélation $[r_{ij}]$ de l'échantillon,

$$[r_{ij}] = \begin{bmatrix} 1 & \dots & r_{1i} & r_{1j} & \dots & r_{1q} \\ \dots & \dots & \dots & \dots & \dots & \dots \\ r_{1i} & \dots & 1 & r_{ij} & \dots & r_{iq} \\ r_{1j} & \dots & r_{ij} & 1 & \dots & r_{jq} \\ \dots & \dots & \dots & \dots & \dots & \dots \\ r_{1q} & \dots & r_{iq} & r_{jq} & \dots & 1 \end{bmatrix},$$

qui sert à estimer la matrice de corrélation $[\rho_{ij}]$ de la population (section 29.2). La matrice de corrélation $[r_{ij}]$ peut être obtenue en multipliant la $i^{\text{ème}}$ ligne de la matrice de covariance **S** par l'inverse $(1/S_i)$ du $i^{\text{ème}}$ écart-type et la $j^{\text{ème}}$ colonne par l'inverse $(1/S_j)$ du $j^{\text{ème}}$ écart-type. L'encadré suivant contient les cinq énoncés qu'il suffit d'insérer dans un programme en *True BASIC*™ (section 24.26) pour calculer la matrice de corrélation $\mathbf{R} = [r_{ij}]$ à partir de la matrice de covariance $\mathbf{S} = [S_{ij}]$ :

```
FOR i = 1 TO q
  FOR j = 1 TO q
    R(i,j) = S(i,j)/SQR(S(i,i)*S(j,j))
  NEXT j
NEXT i
```

.

En *True BASIC,* comme dans plusieurs autres langages de programmation, les indices $i$ et $j$ sont placés entre parenthèses et séparés par une virgule. L'astérisque indique la multiplication et l'abréviation SQR (de *square root,* traduction anglaise de racine carrée) signifie l'extraction de la racine carrée de la quantité qui suit entre parenthèses. La division de chaque variable par son écart-type constitue un changement d'échelle et peut être effectuée en prémultipliant et postmultipliant la matrice de covariance **S** par une matrice diagonale dont le $i^{\text{ème}}$ élément diagonal est $(1/S_i)$:

$$\mathbf{R} = [r_{ij}] = \begin{bmatrix} (1/S_1) & \dots & 0 & 0 & \dots & 0 \\ \dots & \dots & \dots & \dots & \dots & \dots \\ 0 & \dots & (1/S_i) & 0 & \dots & 0 \\ 0 & \dots & 0 & (1/S_j) & \dots & 0 \\ \dots & \dots & \dots & \dots & \dots & \dots \\ 0 & \dots & 0 & 0 & \dots & (1/S_q) \end{bmatrix} \mathbf{S} \begin{bmatrix} (1/S_1) & \dots & 0 & 0 & \dots & 0 \\ \dots & \dots & \dots & \dots & \dots & \dots \\ 0 & \dots & (1/S_i) & 0 & \dots & 0 \\ 0 & \dots & 0 & (1/S_j) & \dots & 0 \\ \dots & \dots & \dots & \dots & \dots & \dots \\ 0 & \dots & 0 & 0 & \dots & (1/S_q) \end{bmatrix}.$$

## Section 29.4: épreuve de l'hypothèse de nullité de toutes les corrélations

L'hypothèse que les variables $[X_1, \ldots, X_i, X_j, \ldots, X_q]$ sont toutes indépendantes les unes des autres équivaut à celle que toutes leurs corrélations sont nulles, c'est-à-dire que leur matrice de corrélation paramétrique est une matrice unité: $H_0$: $[\rho_{ij}] = \mathbf{I}$. La région d'acceptation approximative de cette hypothèse est

$$- [N - 1 - (2q + 5)/6] \log_e(|r_{ij}|) \leq \chi^2_{(1-\alpha;\, q(q-1)/2)},$$

où $N$ est l'effectif de l'échantillon, $q$ est le nombre de variables considérées, et $|r_{ij}|$ est le déterminant de la matrice de corrélation de l'échantillon (Bartlett, 1954). Le critère ci-dessus peut être utilisé par exemple pour éprouver l'hypothèse que les écarts à la symétrie bilatérale de l'humérus, du radius, du fémur et du tibia de squelettes humains adultes (section 29.6) sont tous indépendants les uns des autres. Bien que la majorité des corrélations des matrices du tableau 29.6.1 soient voisines de zéro, on trouve $\chi^2_{(6)} = 22{,}7393$ dans le cas des 117 squelettes masculins et $\chi^2_{(6)} = 41{,}7205$ dans celui des 110 squelettes féminins. On doit donc rejeter l'hypothèse que la matrice de corrélation des dissymétries bilatérales des os des membres humains est une matrice identité ($P < 0{,}001$).

## Section 29.5: moyennes, variances et covariances de combinaisons linéaires

Lorsqu'un vecteur de plusieurs variables $\mathbf{X} = [X_1, \ldots, X_i, X_j, \ldots, X_q]$ a le vecteur moyen $\boldsymbol{\mu} = \boldsymbol{\mu}_X = [\mu_1, \ldots, \mu_i, \mu_j, \ldots, \mu_q]$ et la matrice de covariance

$$\boldsymbol{\Sigma} = \boldsymbol{\Sigma}_{XX} = \begin{bmatrix} \sigma_1^2 & \ldots & \sigma_{1i} & \sigma_{1j} & \ldots & \sigma_{1q} \\ \ldots & \ldots & \ldots & \ldots & \ldots & \ldots \\ \sigma_{1i} & \ldots & \sigma_i^2 & \sigma_{ij} & \ldots & \sigma_{iq} \\ \sigma_{1j} & \ldots & \sigma_{ij} & \sigma_j^2 & \ldots & \sigma_{jq} \\ \ldots & \ldots & \ldots & \ldots & \ldots & \ldots \\ \sigma_{1q} & \ldots & \sigma_{iq} & \sigma_{jq} & \ldots & \sigma_q^2 \end{bmatrix},$$

les combinaisons linéaires (section 24.22) de ces variables, comme

$$\tilde{\mathbf{Z}} = \mathbf{A}\tilde{\mathbf{X}} = \begin{bmatrix} Z_1 \\ \ldots \\ Z_k \end{bmatrix} = \begin{bmatrix} a_{11} & \ldots & a_{1q} \\ \ldots & \ldots & \ldots \\ a_{k1} & \ldots & a_{kq} \end{bmatrix} \begin{bmatrix} X_1 \\ \ldots \\ X_q \end{bmatrix},$$

possèdent le vecteur moyen

$$\mathscr{E}\{\tilde{\mathbf{Z}}\} = \tilde{\boldsymbol{\mu}}_Z = \mathbf{A}\tilde{\boldsymbol{\mu}} = \begin{bmatrix} a_{11} & \ldots & a_{1q} \\ \ldots & \ldots & \ldots \\ a_{k1} & \ldots & a_{kq} \end{bmatrix} \begin{bmatrix} \mu_1 \\ \ldots \\ \mu_q \end{bmatrix}$$

et la matrice de covariance

$$\mathscr{E}\{(\tilde{\mathbf{Z}} - \tilde{\boldsymbol{\mu}}_Z)(\mathbf{Z} - \boldsymbol{\mu}_Z)\} = \boldsymbol{\Sigma}_{ZZ} = \mathbf{A}\,\boldsymbol{\Sigma}\,\tilde{\mathbf{A}} = \begin{bmatrix} a_{11} & \ldots & a_{1q} \\ \ldots & \ldots & \ldots \\ a_{k1} & \ldots & a_{kq} \end{bmatrix} \begin{bmatrix} \sigma_1^2 & \ldots & \sigma_{1q} \\ \ldots & \ldots & \ldots \\ \sigma_{1q} & \ldots & \sigma_q^2 \end{bmatrix} \begin{bmatrix} a_{11} & \ldots & a_{k1} \\ \ldots & \ldots & \ldots \\ a_{1q} & \ldots & a_{kq} \end{bmatrix},$$

à la condition que les coefficients $[a_{ij}]$ soient connus a priori, c'est-à-dire qu'ils ne soient pas estimés à partir des données.

Pour que la distribution des combinaisons $Z_1, \ldots, Z_k$ occupe $k$ dimensions, il faut en outre que $k \leq q$ et que les combinaisons soient linéairement indépendantes les unes des autres, comme par exemple lorsque les vecteurs lignes de la matrice **A** des coefficients des combinaisons sont mutuellement orthogonaux (section 24.6). Il existe des relations analogues au niveau de l'échantillon, c'est-à-dire que le vecteur moyen et la matrice de covariance des combinaisons linéaires $\mathbf{Z} = [Z_1, \ldots, Z_k]$ dans un échantillon d'effectif $N$ sont

$$\bar{\bar{\mathbf{Z}}} = \mathbf{A}\bar{\bar{\mathbf{X}}} \quad \text{et} \quad \mathbf{S}_{ZZ} = \mathbf{A}\,\mathbf{S}_{XX}\tilde{\mathbf{A}}\,.$$

Lorsque les coefficients des combinaisons sont déterminés *a priori*, seule la matrice centrale $\mathbf{S}_{XX}$ du produit matriciel $\mathbf{A}\,\mathbf{S}_{XX}\tilde{\mathbf{A}}$ est aléatoire, et ce dernier fournit une estimation sans biais de la matrice de covariance paramétrique $\mathbf{\Sigma}_{ZZ}$ des combinaisons.

## Section 29.6: combinaisons linéaires *a priori* de variables normales

Lorsque les variables $\mathbf{X} = [X_1, \ldots, X_i, X_j, \ldots, X_q]$ suivent la distribution normale multidimensionnelle, les combinaisons linéaires $\mathbf{Z} = [Z_1, \ldots, Z_k]$ discutées à la section précédente suivent elles aussi une distribution normale multidimensionnelle, et les méthodes basées sur cette dernière peuvent être employées.

Ainsi, lors de son étude de la symétrie bilatérale dans le squelette humain, d'après des données fournies par le professeur Adolph H. Schultz, alors directeur de l'Institut d'anthropologie de l'Université de Zürich, Jolicoeur (1963c) a cherché à vérifier s'il y a des relations entre les écarts à la symétrie bilatérale des os des bras et des jambes, et a considéré les dimensions suivantes (appendice C):

$X_1$ = la longueur de l'humérus gauche, $X_5$ = la longueur du fémur gauche,
$X_2$ = la longueur de l'humérus droit, $X_6$ = la longueur du fémur droit,
$X_3$ = la longueur du radius gauche, $X_7$ = la longueur du tibia gauche,
$X_4$ = la longueur du radius droit, $X_8$ = la longueur du tibia droit.

Dans le cas de dimensions linéaires d'êtres humains adultes, la distribution normale s'ajuste souvent de manière acceptable, et les écarts à la symétrie bilatérale des segments proximaux et distaux des bras et des jambes peuvent être décrits par les quatre combinaisons linéaires suivantes:

$$\begin{bmatrix} \text{la dissymétrie des humérus} \\ \text{la dissymétrie des radius} \\ \text{la dissymétrie des fémurs} \\ \text{la dissymétrie des tibias} \end{bmatrix} = \begin{bmatrix} Z_1 \\ Z_2 \\ Z_3 \\ Z_4 \end{bmatrix} = \begin{bmatrix} -1 & +1 & 0 & 0 & 0 & 0 & 0 & 0 \\ 0 & 0 & -1 & +1 & 0 & 0 & 0 & 0 \\ 0 & 0 & 0 & 0 & -1 & +1 & 0 & 0 \\ 0 & 0 & 0 & 0 & 0 & 0 & -1 & +1 \end{bmatrix} \begin{bmatrix} X_1 \\ X_2 \\ X_3 \\ X_4 \\ X_5 \\ X_6 \\ X_7 \\ X_8 \end{bmatrix}.$$

Selon l'hypothèse préliminaire, la corrélation paramétrique entre les combinaisons $Z_i$ et $Z_j$ serait nulle: $H_0$: $\rho_{ij} = 0$. La matrice de covariance des combinaisons $[Z_1, Z_2, Z_3, Z_4]$ peut être obtenue facilement en prémultipliant et postmultipliant la matrice de covariance des variables $[X_1, \ldots, X_q]$ respectivement par la matrice des coefficients et par sa transposée:

$$[s_{Z_iZ_j}] = \begin{bmatrix} -1 & +1 & 0 & 0 & 0 & 0 & 0 & 0 \\ 0 & 0 & -1 & +1 & 0 & 0 & 0 & 0 \\ 0 & 0 & 0 & 0 & -1 & +1 & 0 & 0 \\ 0 & 0 & 0 & 0 & 0 & 0 & -1 & +1 \end{bmatrix} [s_{X_iX_j}] \begin{bmatrix} -1 & 0 & 0 & 0 \\ +1 & 0 & 0 & 0 \\ 0 & -1 & 0 & 0 \\ 0 & +1 & 0 & 0 \\ 0 & 0 & -1 & 0 \\ 0 & 0 & +1 & 0 \\ 0 & 0 & 0 & -1 \\ 0 & 0 & 0 & +1 \end{bmatrix}.$$

La matrice de corrélation $[r_{Z_iZ_j}]$ des combinaisons peut ensuite être déduite de leur matrice de covariance suivant le procédé décrit à la section 29.3. Les matrices de corrélation obtenues (Jolicoeur, 1963c) pour les combinaisons $[Z_1, Z_2, Z_3, Z_4]$ à partir d'échantillons de squelettes humains sont données au tableau 29.6.1. Aucune corrélation négative n'est statistiquement significative, ce qui permet d'accepter l'hypothèse que les dissymétries de l'un des segments d'un membre ne sont pas compensées par celles d'un autre segment. Seule la corrélation positive entre les combinaisons $Z_1$ et $Z_2$, qui reflètent la dissymétrie bilatérale de l'humérus et du radius respectivement, est fortement concluante chez les deux sexes ($P < 0{,}001$). Les autres corrélations ne diffèrent pas significativement de 0 ou atteignent à peine le seuil $\alpha = 0{,}05$.

**Tableau 29.6.1**
**Matrices de corrélation des écarts à la symétrie bilatérale de l'humérus, du radius, du fémur et du tibia de squelettes humains adultes (Jolicoeur, 1963c).**

| 117 hommes | 110 femmes |
|---|---|
| $\begin{bmatrix} 1 & +0{,}361414 & +0{,}023747 & +0{,}166714 \\ & 1 & -0{,}047231 & +0{,}186796 \\ & & 1 & +0{,}084519 \\ & & & 1 \end{bmatrix}$ | $\begin{bmatrix} 1 & +0{,}516997 & -0{,}004443 & +0{,}153873 \\ & 1 & +0{,}102485 & +0{,}070836 \\ & & 1 & +0{,}193036 \\ & & & 1 \end{bmatrix}$ |

Cette analyse indique donc que les dissymétries bilatérales tendent à affecter le segment proximal et le segment distal du bras conjointement, mais ne révèle pas d'autres relations de façon très concluante.

## Section 29.7: la distribution lognormale multidimensionnelle

Le fait que la distribution lognormale est souvent plus convenable que la distribution normale pour l'analyse des données biologiques a déjà été discuté au chapitre 14 dans le cas unidimensionnel et à la section 19.8 dans le cas bidimensionnel. Dans le cas multidimensionnel aussi, la distribution lognormale s'accorde mieux avec le caractère généralement non négatif des données biologiques et avec la fréquente dissymétrie positive (chapitre 13) et l'hétéroscédasticité (sections 14.3 et 19.8) de leur distribution.

Lorsque le vecteur des données originales, $\mathbf{X} = [X_1, \dots, X_i, X_j, \dots, X_q]$, suit la distribution lognormale multidimensionnelle, le vecteur des logarithmes des données, $\mathbf{Y} = [Y_1, \dots, Y_i, Y_j, \dots, Y_q]$, où $Y_i = \log_e(X_i)$, suit la distribution normale multidimensionnelle (section 29.2), et les méthodes applicables à cette dernière peuvent être employées dans l'analyse des données transformées. On doit noter que le vecteur moyen, la matrice de covariance et la matrice de corrélation concernent alors les données transformées, et non pas les données originales. Cependant, une fois l'analyse statistique terminée, les résultats tels que les estimations ponctuelles ou linéaires ou les régions de confiance, de prédiction ou de variation peuvent être réexprimés quant aux variables originales à l'aide de la transformation antilogarithmique (figures 19.8.1 et 30.9.1).

## Section 29.8: combinaisons linéaires de logarithmes de variables lognormales

Lorsque les variables originales $[X_1, \ldots, X_q]$ suivent la distribution lognormale, ce sont les combinaisons linéaires des logarithmes $[Y_1, \ldots, Y_q]$, où $Y_i = \log_e(X_i)$, qui suivent la distribution normale multidimensionnelle. Par conséquent, les produits et les quotients de variables lognormales suivent eux aussi la distribution lognormale, car ils sont égaux à des antilogarithmes de combinaisons linéaires de variables normales. Or les biologistes doivent souvent considérer des produits ou des quotients de variables aléatoires (Jolicoeur, 1996).

Ainsi, dans leur étude du métabolisme d'individus alcooliques, Beerstecher et ses collaborateurs (Beerstecher et autres, 1950) ont déterminé le volume $X_1$ en ml et la concentration en créatinine $X_2$ en mg/ml de spécimens complets de l'urine matinale de huit individus témoins de sexe masculin et en bonne santé. Les deux variables étant non négatives, on peut supposer que la distribution lognormale convient à leur analyse, et la transformation logarithmique des données, en plus de normaliser leur distribution, a l'avantage de faciliter l'exploration de combinaisons linéaires des logarithmes.

Malgré la faiblesse de l'effectif ($N = 8$), le coefficient de corrélation entre les logarithmes du volume et de la concentration en créatinine diffère significativement de 0 ($r = -0{,}782102$, $P < 0{,}05$), ce qui indique que, lorsque le spécimen d'urine est plus volumineux, il est simultanément plus dilué, un résultat physiologiquement plutôt trivial. Le diagramme de dispersion des logarithmes $Y_1$ et $Y_2$ reflète visiblement cette corrélation négative (figure 29.8.1, à gauche). La créatinine étant couramment utilisée en physiologie comme un indicateur du fonctionnement du rein, il est souhaitable de vérifier si, comme la concentration, la quantité totale de créatinine excrétée est corrélée avec le volume urinaire. Cela peut être fait facilement si on définit les combinaisons linéaires suivantes:

$$\begin{bmatrix} Z_1 \\ Z_2 \end{bmatrix} = \begin{bmatrix} 1 & 0 \\ 1 & 1 \end{bmatrix} \begin{bmatrix} Y_1 \\ Y_2 \end{bmatrix}.$$

Tandis que la première combinaison $Z_1$ est simplement égale au logarithme $Y_1$ du volume d'urine, la deuxième combinaison $Z_2 = Y_1 + Y_2$ est égale au logarithme du produit du volume du spécimen d'urine par sa concentration en créatinine, c'est-à-dire au logarithme de la quantité totale de créatinine excrétée. La matrice de covariance des combinaisons $Z_1$ et $Z_2$ est obtenue aisément en prémultipliant et postmultipliant la matrice de covariance des variables transformées $Y_1$ et $Y_2$ par la matrice des coefficients des combinaisons et sa transposée:

$$\begin{bmatrix} S_{Z_1}^2 & S_{Z_1Z_2} \\ S_{Z_1Z_2} & S_{Z_2}^2 \end{bmatrix} = \begin{bmatrix} 1 & 0 \\ 1 & 1 \end{bmatrix} \begin{bmatrix} S_{Y_1}^2 & S_{Y_1Y_2} \\ S_{Y_1Y_2} & S_{Y_2}^2 \end{bmatrix} \begin{bmatrix} 1 & 1 \\ 0 & 1 \end{bmatrix}.$$

Le coefficient de corrélation des combinaisons $Z_1$ et $Z_2$ ne diffère pas significativement de 0 ($r = 0{,}054749$, $P > 0{,}05$), ce qui permet de conserver l'hypothèse que la quantité totale de créatinine excrétée n'est pas corrélée avec le volume d'urine, une conclusion confirmée par l'examen du diagramme de dispersion correspondant (figure 29.8.1, à droite). Cette conclusion justifie l'utilisation de la créatinine comme un indicateur du fonctionnement rénal.

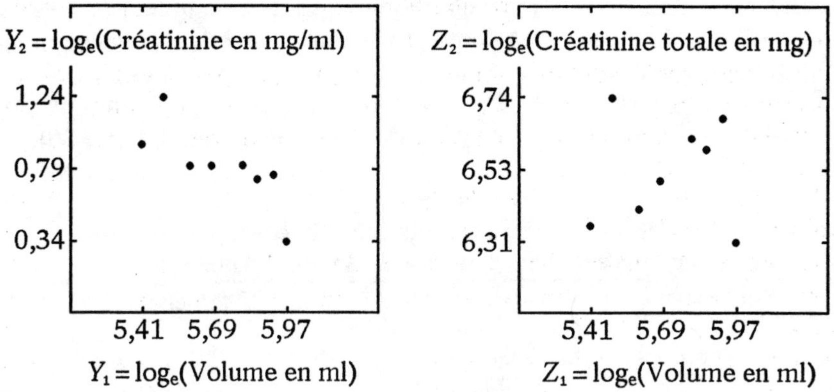


**Figure 29.8.1**
**À gauche: corrélation négative entre les logarithmes $Y_1$ du volume d'urine et $Y_2$ de la concentration en créatinine; à droite: absence de corrélation des logarithmes $Z_1$ du volume d'urine et $Z_2$ de la quantité totale de créatinine excrétée.**

Tirons un second exemple du domaine de la morphométrie. Au cours d'une étude statistique multidimensionnelle de la variation du squelette de la martre d'Amérique (*Martes americana*), Jolicoeur (1963b) a tenté de vérifier une hypothèse formulée antérieurement par un anatomiste (Scott, 1957). Selon cette hypothèse, la massivité (ou robustesse) du squelette est déterminée dans l'ensemble du corps par l'activité de la couche profonde du périoste, et elle est stimulée par l'exercice musculaire et par les hormones sexuelles. Il s'ensuit qu'on devrait observer des corrélations positives entre la massivité de diverses parties du squelette. Jolicoeur (1963b) a donc mesuré la longueur et la largeur en mm de plusieurs éléments du squelette, les variables suivantes étant considérées dans la présente analyse:

$X_1$ = la longueur totale du crâne,
$X_2$ = la largeur totale du crâne,
$X_3$ = la longueur totale du sacrum,
$X_4$ = la largeur totale du sacrum,
$X_5$ = la longueur totale de l'humérus,
$X_6$ = la largeur distale de l'humérus,
$X_7$ = la longueur totale du fémur,
$X_8$ = la largeur distale du fémur.

Après avoir soumis les variables à la transformation logarithmique $Y_i = \log_e(X_i)$, on peut définir quatre combinaisons dont chacune décrit la largeur relative de l'une des quatre structures considérées:

$$\begin{bmatrix} Z_1 \\ Z_2 \\ Z_3 \\ Z_4 \end{bmatrix} = \begin{bmatrix} -1 & 1 & 0 & 0 & 0 & 0 & 0 & 0 \\ 0 & 0 & -1 & 1 & 0 & 0 & 0 & 0 \\ 0 & 0 & 0 & 0 & -1 & 1 & 0 & 0 \\ 0 & 0 & 0 & 0 & 0 & 0 & -1 & 1 \end{bmatrix} \begin{bmatrix} Y_1 \\ Y_2 \\ Y_3 \\ Y_4 \\ Y_5 \\ Y_6 \\ Y_7 \\ Y_8 \end{bmatrix}.$$

Les matrices de corrélation des quatre combinaisons dans un échantillon de 52 mâles et dans un échantillon de 33 femelles sont données au tableau 29.8.1, et les diagrammes de dispersion des combinaisons 1 et 2 d'une part et 3 et 4 d'autre part sont illustrés dans la figure 29.8.2, où ont été tracées des ellipses de prédiction correspondant à un seuil de signification de 0,05 et basées sur la distribution du $T^2$ de Hotelling (chapitre 30).

**Tableau 29.8.1**
**Matrices de corrélation de quatre combinaisons linéaires de logarithmes de dimensions squelettiques chez la martre d'Amérique.**

| 52 mâles | 33 femelles |
|---|---|
| $\begin{bmatrix} 1 & -0{,}114354 & +0{,}153447 & +0{,}074380 \\ & 1 & -0{,}103602 & +0{,}120005 \\ & & 1 & +0{,}610387 \\ & & & 1 \end{bmatrix}$ | $\begin{bmatrix} 1 & -0{,}119540 & +0{,}058865 & +0{,}105141 \\ & 1 & +0{,}276222 & +0{,}345485 \\ & & 1 & +0{,}754863 \\ & & & 1 \end{bmatrix}$ |

La seule corrélation qui est positive de façon très significative au point de vue statistique dans les deux échantillons est celle des combinaisons $Z_3$ et $Z_4$ (tableau 29.8.1 et figure 29.8.2 à droite), qui reflètent les largeurs relatives de l'humérus et du fémur respectivement ($P < 0{,}001$). De plus, les combinaisons 3 et 4 ont des valeurs numériques plus élevées (figure 29.8.2 à droite) et indiquent une plus grande "robustesse" de l'humérus et du fémur chez les mâles que chez les femelles. Par contre, les autres corrélations, dont celle entre les logarithmes des largeurs relatives du crâne et du sacrum (combinaisons $Z_1$ et $Z_2$, tableau 29.8.1, figure 29.8.2 à gauche), ne sont pas significatives au point de vue statistique ($P > 0{,}05$) ou le sont à peine ($P \leq 0{,}05$).

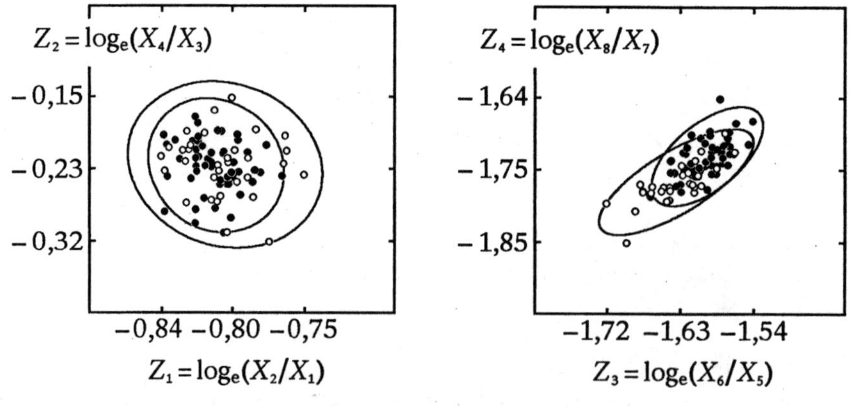


**Figure 29.8.2**
**À gauche: absence de corrélation des logarithmes des largeurs relatives du crâne ($Z_1$) et du sacrum ($Z_2$) chez la martre d'Amérique; à droite: les logarithmes des largeurs relatives de l'humérus ($Z_3$) et du fémur ($Z_4$) sont positivement corrélés et plus élevés chez les 52 mâles (représentés par des points noirs) que chez les 33 femelles (représentées par des points blancs).**

L'hypothèse de Scott (1957), selon laquelle la massivité du squelette affecterait plusieurs éléments de ce dernier conjointement, semble confirmée dans le cas de l'humérus et du fémur de la martre d'Amérique, dont les logarithmes des largeurs relatives montrent une corrélation positive. Ceci s'explique sans doute par le fait que les os longs des membres servent principalement à la locomotion et supportent le poids du corps. De plus, comme ces os sont de forme simple, leur robustesse est sans doute approximativement proportionnelle à leur largeur relative. Par contre, les logarithmes des largeurs relatives d'autres éléments du squelette, comme le crâne et le sacrum, ne sont pas clairement corrélés, ce qui s'explique peut-être par le fait que ces os ne servent pas surtout à la locomotion et sont plus complexes, de sorte que leur robustesse n'est pas une fonction simple de leur largeur relative.

Les exemples donnés dans les deux dernières sections suggèrent que les combinaisons linéaires *a priori* de variables normales (section 29.6) ou de logarithmes de variables lognormales (présente section) pourraient servir à explorer facilement d'intéressantes corrélations dans divers domaines (physiologie, morphologie, écologie, génétique quantitative, etc.). L'utilisation de ces combinaisons linéaires évoque la simplicité, la rigueur et la puissance des contrastes, en particulier les contrastes orthogonaux, employés dans l'analyse de variance (sections 26.3 à 26.6, 28.3).

## Section 29.9: la distribution polynomiale (dite multinomiale)

De la même façon que la distribution binomiale, qui ressemble de plus en plus à la distribution normale unidimensionnelle lorsque son exposant $k$ augmente (section 17.3), la distribution polynomiale (section 17.12) devient de plus en plus semblable à la distribution normale multidimensionnelle. Le vecteur moyen $\boldsymbol{\mu}$ et la matrice de covariance $\boldsymbol{\Sigma}$ de la distribution polynomiale ont les valeurs suivantes:

$$\boldsymbol{\mu} = [kp_1, \ldots, kp_i, kp_j, \ldots, kp_q],$$

et

$$\boldsymbol{\Sigma} = \begin{bmatrix} kp_1(1-p_1) & \ldots & -kp_1p_i & -kp_1p_j & \ldots & -kp_1p_q \\ \ldots & \ldots & \ldots & \ldots & \ldots & \ldots \\ -kp_ip_1 & \ldots & kp_i(1-p_i) & -kp_ip_j & \ldots & -kp_ip_q \\ -kp_jp_1 & \ldots & -kp_jp_i & kp_j(1-p_j) & \ldots & -kp_jp_q \\ \ldots & \ldots & \ldots & \ldots & \ldots & \ldots \\ -kp_qp_1 & \ldots & -kp_qp_i & -kp_qp_j & \ldots & kp_q(1-p_q) \end{bmatrix}.$$

Toutefois, par suite de la contrainte

$$X_1 + \ldots + X_i + X_j + \ldots + X_q = k,$$

la matrice de covariance de la distribution polynomiale est singulière, car les variables $[X_1, \ldots, X_i, X_j, \ldots, X_q]$ ne sont pas linéairement indépendantes, l'une d'entre elles ($X_q$ par exemple) pouvant être exprimée en fonction des autres:

$$X_q = k - (X_1 + \ldots + X_i + X_j + \ldots + X_{(q-1)}).$$

Cependant, si on omet l'une des variables (disons $X_q$), on obtient une matrice de covariance d'ordre $(q-1) \times (q-1)$ correspondant aux variables $[X_1, \dots, X_{(q-1)}]$,

$$\mathbf{V} = \boldsymbol{\Sigma}_{((q-1)\times(q-1))} = \begin{bmatrix} kp_1(1-p_1) & \dots & -kp_1p_i & -kp_1p_j & \dots & -kp_1p_{(q-1)} \\ \dots & \dots & \dots & \dots & \dots & \dots \\ -kp_ip_1 & \dots & kp_i(1-p_i) & -kp_ip_j & \dots & -kp_ip_{(q-1)} \\ -kp_jp_1 & \dots & -kp_jp_i & kp_j(1-p_j) & \dots & -kp_jp_{(q-1)} \\ \dots & \dots & \dots & \dots & \dots & \dots \\ -kp_{(q-1)}p_1 & \dots & -kp_{(q-1)}p_i & -kp_{(q-1)}p_j & \dots & kp_{(q-1)}(1-p_{(q-1)}) \end{bmatrix},$$

et, à la condition qu'aucune des probabilités $[p_1, \dots, p_i, p_j, \dots, p_q]$ ne soit nulle, cette matrice de covariance $\boldsymbol{\Sigma}_{((q-1)\times(q-1))}$ est régulière et son inverse $\mathbf{V}^{-1}$ a la valeur

$$(1/k)\begin{bmatrix} [(1/p_1)+(1/p_q)] & \dots & (1/p_q) & (1/p_q) & \dots & (1/p_q) \\ \dots & \dots & \dots & \dots & \dots & \dots \\ (1/p_q) & \dots & [(1/p_i)+(1/p_q)] & (1/p_q) & \dots & (1/p_q) \\ (1/p_q) & \dots & (1/p_q) & [(1/p_j)+(1/p_q)] & \dots & (1/p_q) \\ \dots & \dots & \dots & \dots & \dots & \dots \\ (1/p_q) & \dots & (1/p_q) & (1/p_q) & \dots & [(1/p_{(q-1)})+(1/p_q)] \end{bmatrix}.$$

Les considérations précédentes contribuent à expliquer pourquoi le critère de Pearson, utilisé aux chapitres 15 et 16, suit la distribution de $\chi^2$ de manière approximative. Par exemple, si on applique la distribution polynomiale à un tableau de fréquences à un critère de classification comportant $L = q$ lignes (section 15.2),

la fréquence totale $N$ correspond à l'exposant $k$,

les fréquences observées $[F_1, \dots, F_L]$ correspondent

aux valeurs des variables $[X_1, \dots, X_q]$,

et les fréquences attendues $[A_1, \dots, A_L] = [NP(X_1), \dots, NP(X_q)]$ correspondent

aux moyennes $\boldsymbol{\mu} = [kp_1, \dots, kp_q]$

de la distribution polynomiale

$$\big(P(X_1), \dots, P(X_q)\big)^N = (p_1 + \dots + p_q)^k = 1 .$$

À première vue, le critère de Pearson,

$$\sum_{i=1}^{L} (F_i - A_i)^2/A_i = \sum_{i=1}^{L} \big(F(X_i) - NP(X_i)\big)^2/NP(X_i) = \sum_{i=1}^{q} (X_i - kp_i)^2/kp_i ,$$

ne semble pas équivalent à une somme de carrés de variables réduites, car le dénominateur $A_i = NP(X_i) = k\,p_i$ de chacun de ses $q$ termes est égal à la moyenne $\mu_i = k\,p_i$ au lieu de la variance $\sigma_X^2 = k\,p_i(1 - p_i)$ de la variable $F_i = F(X_i) = X_i$. De plus, il n'est pas complètement évident que, dans l'analyse d'un tableau de fréquences à un critère de classification (section 15.2 et chapitre 16) dont les probabilités sont d'origine théorique, le nombre de degrés de liberté du critère de Pearson est $(L - 1) = (q - 1)$ au lieu de $L = q$. Ces doutes peuvent toutefois être tous deux dissipés par la démonstration algébrique que la somme des $q$ termes du critère de Pearson est égale à la forme quadratique de $(q - 1)$ variables

$$\left[(X_1 - kp_1) \quad \ldots \quad (X_{(q-1)} - kp_{(q-1)})\right] \mathbf{V}^{-1} \begin{bmatrix} (X_1 - kp_1) \\ \ldots \\ (X_{(q-1)} - kp_{(q-1)}) \end{bmatrix},$$

qui possède la même valeur quelle que soit la variable qui a été omise. Cette forme quadratique est équivalente à une somme de carrés de $(q - 1)$ variables réduites indépendantes et, comme la distribution polynomiale ressemble de plus en plus à la distribution normale multidimensionnelle lorsque l'exposant $k$ augmente, le critère de Pearson suit donc la distribution de $\chi^2$ avec $(q - 1) = (L - 1)$ degrés de liberté de manière approximative. En découvrant, il y a presque un siècle (Pearson, 1900), l'application de la distribution de $\chi^2$ aux tableaux de fréquences, Karl Pearson (1857-1936) a fait oeuvre de pionnier.

# Chapitre 30

# La distribution du $T^2$ de Hotelling, et les ellipses de confiance et de prédiction

## Section 30.1: la généralisation multidimensionnelle du $t$ de Student

En théorie, lorsque plusieurs variables $X_1, \ldots, X_i, X_j, \ldots, X_q$ suivent la distribution normale multidimensionnelle, la distribution de $\chi^2$ pourrait être utilisée pour éprouver des hypothèses ou pour déterminer des régions de confiance au sujet du vecteur moyen $\boldsymbol{\mu}$ si la matrice de covariance paramétrique $\boldsymbol{\Sigma}$ était connue. En effet, la forme quadratique $(\mathbf{X}-\boldsymbol{\mu})\,\boldsymbol{\Sigma}^{-1}(\tilde{\mathbf{X}}-\tilde{\boldsymbol{\mu}})$, qui figure dans la densité de probabilité normale $q$-dimensionnelle, suit la distribution de $\chi^2$ avec $q$ degrés de liberté (section 29.1). En pratique toutefois la matrice de covariance paramétrique $\boldsymbol{\Sigma}$ est généralement inconnue, et est remplacée par son estimation, la matrice de covariance $\mathbf{S}$ de l'échantillon (section 29.3).

On doit alors utiliser la distribution du $T^2$ de Hotelling, qui constitue une généralisation multidimensionnelle de la distribution du $t$ de Student (chapitre 6). Découverte par le statisticien américain Harold Hotelling (1895-1973) en 1931, la distribution du $T^2$ de Hotelling est reliée à la distribution du rapport de variances $F$ (chapitre 8) par l'équation

$$T^2_{(P\,;\,q,\,\nu)} = [(\nu q)/(\nu - q + 1)]\; F_{(P\,;\,q,\,\nu-q+1)}\;,$$

où $P$ est la probabilité cumulée, $q$ est le nombre de dimensions occupées par la variation et $\nu$ est le nombre de degrés de liberté de la matrice de covariance estimée $\mathbf{S}$ utilisée dans le calcul du critère $T^2$. En pratique, les valeurs du $T^2$ de Hotelling nécessaires pour déterminer des régions de confiance peuvent donc être calculées à partir de tables du rapport de variances à l'aide de l'expression précédente. Inversement, les valeurs du $T^2$ de Hotelling obtenues au cours d'épreuves d'hypothèses peuvent être converties en rapports de variance à l'aide de la relation

$$F_{(P\,;\,q,\,\nu-q+1)} = [(\nu - q + 1)/(\nu q)]\; T^2_{(P\,;\,q,\,\nu)}\;.$$

L'utilisation du $T^2$ de Hotelling n'exige donc pas de tables spéciales. La distribution du $T^2$ de Hotelling est particulièrement facile à employer lorsqu'il n'y a que $q = 2$ variables, car la probabilité cumulée $P$ est alors simplement

$$P = 1 - [\nu/(\nu + T^2_{(P\,;\,2,\,\nu)})]^{(\nu-1)/2}\;;$$

inversement, $$T^2_{(P\,;\,2,\,\nu)} = \nu\,[1/(1-P)^{2/(\nu-1)} - 1]\;.$$

D'autre part, dans le cas limite où il y a une seule variable ($q = 1$), le $T^2$ de Hotelling devient simplement égal à un rapport de variances ou au carré d'un $t$ de Student, et son nombre de degrés de liberté $\nu$ est égal à celui du dénominateur du rapport de variances correspondant ($\nu - 1 + 1 = \nu$):

$$T^2_{(1,\,\nu)} = F_{(1,\,\nu)} = t^2_{(\nu)}\;.$$

Toutefois, lorsqu'il y a plusieurs variables ($q \geq 2$), le nombre de degrés de liberté du $T^2$ de Hotelling et celui du dénominateur de $F$ sont inégaux, et diffèrent parfois de ce à quoi on s'attendrait intuitivement (voir la section 30.7 par exemple).

Contrairement à ce qu'on fait dans le cas du $t$ de Student, on ne considère pas la racine carrée du $T^2$ de Hotelling parce que, lorsqu'il y a plusieurs variables, il est impossible de définir de façon non arbitraire une direction unique qui opposerait les valeurs positives aux valeurs négatives de la racine carrée du $T^2$ de Hotelling.

## Section 30.2: épreuves d'hypothèses au sujet du vecteur moyen $\mu$

De la même façon que dans le cas unidimensionnel (section 9.5), lorsqu'un vecteur de plusieurs variables $\mathbf{X} = [X_1, \ldots, X_q]$ suit une distribution normale multidimensionnelle dont les paramètres sont le vecteur moyen $\mu$ et la matrice de covariance $\Sigma$,

$$\mathbf{X} \leftarrow \mathcal{N}(\mu, \Sigma),$$

le vecteur moyen $\overline{\mathbf{X}}$ d'un échantillon d'effectif $N$ suit lui aussi une distribution normale multidimensionnelle dont le vecteur moyen paramétrique est $\mu$ mais dont la matrice de covariance paramétrique, $(1/N)\Sigma$, est $N$ fois plus petite que celle des observations individuelles:

$$\overline{\mathbf{X}} \leftarrow \mathcal{N}(\mu, (1/N)\Sigma).$$

La forme quadratique figurant dans la densité de probabilité de la distribution de $\overline{\mathbf{X}}$ est donc $N(\overline{\mathbf{X}} - \mu)\Sigma^{-1}(\tilde{\overline{\mathbf{X}}} - \tilde{\mu})$ et, si la matrice de covariance paramétrique $\Sigma$ était connue, la région d'acceptation de l'hypothèse préliminaire $H_0$: $\mu = \mu_0$ serait

$$N(\overline{\mathbf{X}} - \mu_0)\Sigma^{-1}(\tilde{\overline{\mathbf{X}}} - \tilde{\mu}_0) \leq \chi^2_{(1-\alpha;\, q)}.$$

En pratique, la matrice de covariance paramétrique $\Sigma$ est généralement inconnue et est remplacée par la matrice de covariance $\mathbf{S}$ de l'échantillon, et la région d'acceptation de l'hypothèse préliminaire est

$$N(\overline{\mathbf{X}} - \mu_0)\mathbf{S}^{-1}(\tilde{\overline{\mathbf{X}}} - \tilde{\mu}_0) \leq T^2_{(1-\alpha;\, q,\, N-1)} = [((N-1)q)/(N-q)]\, F_{(1-\alpha;\, q,\, N-q)}.$$

Le critère ci-dessus peut être utilisé, par exemple, pour éprouver l'hypothèse que le vecteur moyen $\mu_Z$ des dissymétries bilatérales des squelettes humains considérés aux sections 29.4 et 29.6 est nul en moyenne:

$$H_0: \mu = \mu_0 = \mathbf{0} = [0, 0, 0, 0].$$

Selon cette hypothèse, même si la symétrie bilatérale des longueurs des os des bras et des jambes subit des fluctuations individuelles, elle serait parfaite en moyenne. Les vecteurs moyens $\overline{\mathbf{Z}}$ et les matrices de covariance $\mathbf{S}_{ZZ}$ des échantillons de squelettes masculins et féminins sont donnés au tableau 30.2.1 (page suivante). Les valeurs obtenues pour le critère du $T^2$ de Hotelling tombent dans la région de rejet de l'hypothèse préliminaire à tous les seuils usuels de signification statistique. En effet, on trouve $T^2_{(4,\ 116)} = 76{,}3039$ chez les hommes, ce qui correspond à un rapport de variances $F_{(4,\ 113)} = 18{,}5826$, et $T^2_{(4,\ 109)} = 118{,}261$ chez les femmes, ce qui correspond à un rapport de variances $F_{(4,\ 106)} = 28{,}7516$. L'hypothèse que les os des bras et des jambes ont la même longueur en moyenne des deux côtés du corps peut donc être rejetée de façon très concluante. Il est intéressant de remarquer que l'épreuve précédente constitue une généralisation de la méthode des mesures appariées (section 9.9).

**Tableau 30.2.1**
**Vecteurs moyens $\overline{\mathbf{Z}}$ et matrices de covariance $\mathbf{S}_{ZZ}$ des écarts à la symétrie bilatérale de l'humérus, du radius, du fémur et du tibia de squelettes humains adultes (Jolicoeur, 1963c).**

| 117 hommes | | | | 110 femmes | | | |
|---|---|---|---|---|---|---|---|
| [2,37607 | 1,96581 | −1,10256 | 0,042735] | [3,05455 | 2,57273 | −0,672727 | −0,036364] |
| 17,1160 | 4,71986 | 0,314766 | 2,49241 | 13,5016 | 5,50976 | −0,045538 | 2,10292 |
| | 9,96434 | −0,477675 | 2,13078 | | 8,41209 | 0,829191 | 0,764137 |
| | | 10,2653 | 0,978559 | | | 7,78182 | 2,00284 |
| | | | 13,0585 | | | | 13,8335 |

Au point de vue statistique, par comparaison avec les méthodes unidimensionnelles, l'utilisation du $T^2$ de Hotelling comporte l'avantage qu'elle réduit le nombre de comparaisons nécessaires ainsi que le risque de rejeter erronément l'hypothèse préliminaire. Cet avantage est analogue à celui de l'épreuve d'hypothèse globale dans l'analyse de variance (section 12.1). Ainsi, si on analysait les différences de longueurs des humérus, des radius, des fémurs et des tibias gauches et droits à l'aide de la distribution du $t$ de Student, quatre épreuves unidimensionnelles seraient nécessaires pour remplacer chaque épreuve quadridimensionnelle effectuée à l'aide de la distribution du $T^2$ de Hotelling. Mais l'utilisation du $T^2$ de Hotelling possède un avantage encore plus important: elle permet de tenir compte des corrélations positives ou négatives entre les variables, ce qui peut modifier considérablement les conclusions tirées, comme cela sera illustré à la section 30.4.

Les méthodes unidimensionnelles ne doivent pas pour autant être considérées comme désuètes. Ainsi, si on éprouve l'hypothèse de nullité pour chacun des éléments du vecteur moyen successivement par des épreuves unidimensionnelles à l'aide de la distribution du $t$ de Student, on constate que les différences bilatérales moyennes sont positives et concluantes pour l'humérus et le radius, négatives et concluantes pour le fémur, et approximativement nulles et non concluantes pour le tibia. Dans le cas de ces données sur la dissymétrie bilatérale du squelette humain, les épreuves unidimensionnelles paraissent donc préférables, car elles permettent de voir que les divers os des bras et des jambes ne s'écartent pas tous de la symétrie bilatérale de la même façon.

## Section 30.3: région de confiance du vecteur moyen $\boldsymbol{\mu}$

Lorsqu'on n'a pas d'idées préalables au sujet de la valeur du vecteur moyen $\boldsymbol{\mu}$ de la population, on détermine sa région de confiance, qui comprend l'ensemble de toutes les valeurs vraisemblables du vecteur $\boldsymbol{\mu}$. Ces dernières satisfont l'inéquation

$$N(\overline{\mathbf{X}}-\boldsymbol{\mu})\mathbf{S}^{-1}(\tilde{\overline{\mathbf{X}}}-\tilde{\boldsymbol{\mu}}) \le T^2_{(1-\alpha\,;\,q,\,N-1)} = [((N-1)q)/(N-q)]\,F_{(1-\alpha\,;\,q,\,N-q)}\,.$$

Cette région a la forme d'une ellipse lorsqu'il y a $q=2$ variables, d'un ellipsoïde lorsque $q=3$ , et d'un hyperellipsoïde lorsque $q \geq 4$ . Bien qu'il soit possible de représenter un ellipsoïde de confiance dans une illustration tridimensionnelle, l'ellipse de confiance bidimensionnelle est sans contredit la version la plus utilisée et la plus facile à dessiner et à interpréter. La figure 30.3.1 illustre l'ellipse de confiance au seuil $\alpha=0{,}05$ du vecteur moyen $\boldsymbol{\mu}=[\mu_1,\ \mu_2]$ du poids du corps $X_1$ en kg et de la longueur du crâne $X_2$ en mm chez 60 loups femelles adultes (Jolicoeur, 1959).

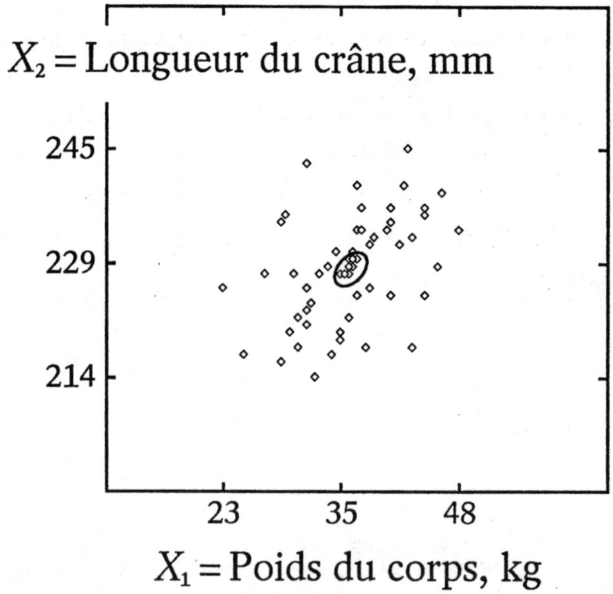


**Figure 30.3.1**
**Ellipse de confiance, au seuil $\alpha = 0{,}05$, du vecteur moyen $\mu = [\mu_1, \mu_2]$ du poids du corps $X_1$ en kg et de la longueur du crâne $X_2$ en mm chez 60 loups femelles adultes des Territoires du Nord-Ouest, au Canada (Jolicoeur, 1959).**

L'ellipse de confiance de $\mu$, qui reflète l'incertitude du vecteur moyen $\overline{\mathbf{X}}$ de l'échantillon, a la même forme mais est remarquablement plus petite que l'ellipse de prédiction calculée au même seuil de signification (figure 19.7.1), qui reflète l'étendue de la variation individuelle. La petitesse de l'ellipse de confiance du vecteur $\mu$ découle du fait que les moyennes $\overline{\mathbf{X}}$ d'échantillons d'effectif $N$ sont moins variables que les observations individuelles $\mathbf{X}$, une conséquence de la loi des grands nombres déjà mentionnée à la section 9.5. La façon détaillée de tracer une ellipse de confiance à l'aide d'un ordinateur sera discutée en même temps que celle d'une ellipse de prédiction, à la section 30.8.

## Section 30.4: hypothèse d'égalité des vecteurs moyens de deux populations

Comme dans le cas unidimensionnel (section 9.8), le vecteur $(\overline{\mathbf{X}}_B - \overline{\mathbf{X}}_A)$ de la différence entre les vecteurs moyens $\overline{\mathbf{X}}_A$ et $\overline{\mathbf{X}}_B$ de deux échantillons d'effectifs $N_A$ et $N_B$ tirés de distributions normales multidimensionnelles $\mathcal{N}(\mu_A, \mathbf{\Sigma}_A)$ et $\mathcal{N}(\mu_B, \mathbf{\Sigma}_B)$ suit lui aussi une distribution normale multidimensionnelle dont le vecteur moyen paramétrique est $(\mu_B - \mu_A)$ et dont la matrice de covariance paramétrique est $(1/N_A)\mathbf{\Sigma}_A + (1/N_B)\mathbf{\Sigma}_B$ :

$$(\overline{\mathbf{X}}_B - \overline{\mathbf{X}}_A) \leftarrow \mathcal{N}\left(\mu_B - \mu_A, (1/N_A)\mathbf{\Sigma}_A + (1/N_B)\mathbf{\Sigma}_B\right).$$

Les matrices de covariance paramétriques $\mathbf{\Sigma}_A$ et $\mathbf{\Sigma}_B$ étant généralement inconnues en pratique, on suppose habituellement qu'elles sont égales, $\mathbf{\Sigma}_A = \mathbf{\Sigma}_B = \mathbf{\Sigma}$, ce qui simplifie le problème de la comparaison des moyennes.

On obtient alors l'estimation commune $\mathbf{S}_{\text{intragroupes}}$ de la matrice de covariance $\boldsymbol{\Sigma}$ en additionnant les matrices des sommes centrées des deux échantillons et en divisant la matrice résultante des sommes centrées intragroupes par la somme des nombres de degrés de liberté, $(N_A - 1) + (N_B - 1) = (N_A + N_B - 2)$. Si les matrices de covariance $\mathbf{S}_A$ et $\mathbf{S}_B$ de chacun des deux échantillons ont déjà été calculées, on peut aussi évaluer l'estimation de la matrice de covariance intragroupes comme suit:

$$\mathbf{S}_{\text{intragroupes}} = \mathbf{S} = [1/(N_A + N_B - 2)]\,[(N_A - 1)\mathbf{S}_A + (N_B - 1)\mathbf{S}_B] \,.$$

Pour ce qui est de la matrice de covariance du vecteur $(\overline{\mathbf{X}}_B - \overline{\mathbf{X}}_A)$, son estimation est

$$[(1/N_A) + (1/N_B)]\,\mathbf{S}_{\text{intragroupes}} = [(N_A + N_B)/(N_A\,N_B)]\,\mathbf{S} \,.$$

La région d'acceptation de l'hypothèse préliminaire que le vecteur de la différence des moyennes paramétriques est $(\boldsymbol{\mu}_B - \boldsymbol{\mu}_A)$ peut alors être exprimée quant au critère $T^2$ de Hotelling:

$$\frac{(N_A\,N_B)}{(N_A + N_B)}\big((\overline{\mathbf{X}}_B - \overline{\mathbf{X}}_A) - (\boldsymbol{\mu}_B - \boldsymbol{\mu}_A)\big)\,\mathbf{S}^{-1}\big((\tilde{\overline{\mathbf{X}}}_B - \tilde{\overline{\mathbf{X}}}_A) - (\tilde{\boldsymbol{\mu}}_B - \tilde{\boldsymbol{\mu}}_A)\big) \le T^2_{(1-\alpha;\, q,\, N_A + N_B - 2)} \,,$$

où $\mathbf{S}^{-1}$ est l'inverse de la matrice de covariance intragroupes

et $T^2_{(1-\alpha;\, q,\, N_A + N_B - 2)} = [((N_A + N_B - 2)q)/(N_A + N_B - q - 1)]\,F_{(1-\alpha;\, q,\, N_A + N_B - q - 1)}$ .

Dans le cas particulier de l'hypothèse de nullité, l'expression précédente se simplifie vu que le vecteur $(\boldsymbol{\mu}_B - \boldsymbol{\mu}_A)$ est nul et cesse d'y apparaître de manière explicite:

$$\frac{(N_A\,N_B)}{(N_A + N_B)}(\overline{\mathbf{X}}_B - \overline{\mathbf{X}}_A)\,\mathbf{S}^{-1}(\tilde{\overline{\mathbf{X}}}_B - \tilde{\overline{\mathbf{X}}}_A) \le T^2_{(1-\alpha;\, q,\, N_A + N_B - 2)} \,.$$

L'utilisation du $T^2$ de Hotelling pour comparer les vecteurs moyens de deux échantillons peut être illustrée avec des données extraites d'un travail (Ford, 1958), sur le développement du rein du saumon rose du Pacifique, *Onchorynchus gorbuscha* (Walbaum). Les glomérules des reins des poissons osseux sont utiles surtout aux espèces vivant en eau douce, car ils permettent d'excréter le surplus d'eau absorbé par osmose. C'est pourquoi Peter Ford, un embryologiste canadien d'origine britannique, a tenté de vérifier si, au moment de leur migration de retour à l'océan, la mise en eau salée d'alevins du saumon rose les incite à ralentir l'augmentation du nombre de glomérules de leurs reins. Sept mois après l'éclosion de leurs oeufs en pisciculture, Ford a donc transféré un groupe B d'alevins en eau salée alors qu'un autre groupe A était maintenu en eau douce. Au cours des six semaines suivantes, on sacrifia périodiquement quelques alevins de chaque groupe et on détermina leur longueur à la fourche $X_1$ et le nombre $X_2$ de glomérules de leurs reins. Ford a basé son analyse sur un peu plus d'une vingtaine de spécimens prélevés dans chaque groupe après des séjours en eau salée (ou en eau douce) allant de une à six semaines, mais nous nous limitons ici à deux petits échantillons obtenus après cinq semaines et comportant $N_A = N_B = 4$ spécimens chacun. Les vecteurs moyens et les matrices de covariance des deux échantillons sont donnés au tableau 30.4.1.

Si on compare les moyennes des deux échantillons par des épreuves unidimensionnelles à l'aide de la distribution du $t$ de Student, on trouve $t_{(6)} = +1{,}6397$ pour la longueur à la fourche et $t_{(6)} = -0{,}595302$ pour le nombre de glomérules du rein. Aucun de ces deux critères n'est significatif même au plus grossier des seuils usuels de signification statistique ($\alpha = 0{,}05$). Cependant, la comparaison bidimensionnelle des vecteurs moyens des deux échantillons à l'aide de la distribution de Hotelling donne:

$$T^2_{(2,6)} = 29{,}1886, \text{ d'où } F_{(2,5)} = 12{,}1619 > 8{,}4346 = F_{(0{,}975;\,2,\,5)},$$

ce qui permet de rejeter l'hypothèse de nullité au seuil $\alpha = 0{,}025$.

**Tableau 30.4.1**
**Vecteurs moyens $\overline{\mathbf{X}}$ et matrices de covariance S de la longueur à la fourche $X_1$ et du nombre $X_2$ de glomérules du rein d'alevins du saumon rose du Pacifique d'après des données de Ford (1958).**

| Groupe | A: 4 alevins gardés en eau douce | B: 4 alevins transférés en eau salée |
|---|---|---|
| $\overline{\mathbf{X}}$ | [35,65 292] | [41,10 273] |
| S | $\begin{bmatrix} 6{,}810 & 105{,}667 \\ & 1894{,}000 \end{bmatrix}$ | $\begin{bmatrix} 37{,}380 & 282{,}000 \\ & 2180{,}670 \end{bmatrix}$ |

Les raisons de la plus grande sensibilité de l'épreuve du $T^2$ de Hotelling par comparaison avec les épreuves du $t$ de Student sont évidentes si on représente graphiquement la région d'acceptation au seuil $\alpha = 0{,}05$ (figure 30.4.1, à gauche) de l'hypothèse que le vecteur $(\mu_B - \mu_A) = \mathbf{0}$, ou l'intervalle de confiance au même seuil (figure 30.4.1, à droite) du vecteur $(\mu_B - \mu_A)$. Dans la partie gauche de la figure 30.4.1, l'ellipse centrée sur le vecteur hypothétique $(\mu_B - \mu_A) = \mathbf{0} = [0 \;\; 0]$ est la région d'acceptation bidimensionnelle déterminée par le $T^2$ de Hotelling, tandis que le rectangle représente l'intersection des deux régions d'acceptation unidimensionnelles obtenues à l'aide du $t$ de Student.

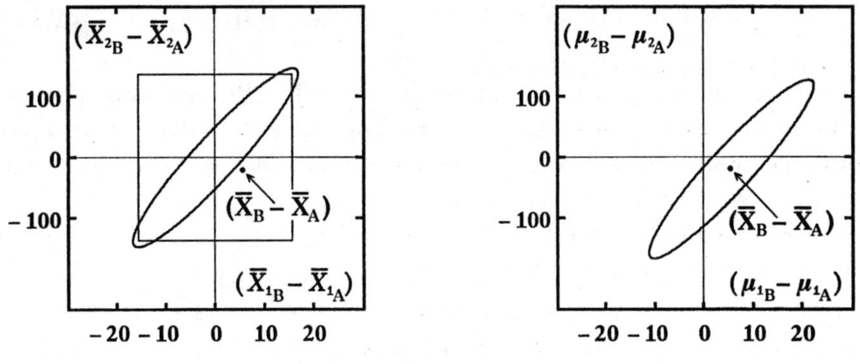


**Figure 30.4.1**
**Comparaison de la longueur à la fourche $X_1$ et du nombre $X_2$ de glomérules du rein d'alevins de saumon rose gardés en eau douce (A) et transférés en eau salée (B); à gauche: région d'acceptation de l'hypothèse que le vecteur $(\mu_B - \mu_A) = \mathbf{0}$; à droite: région de confiance du vecteur $(\mu_B - \mu_A)$.**

On constate que le vecteur observé $(\overline{\mathbf{X}}_B - \overline{\mathbf{X}}_A)$ des différences entre les moyennes des deux échantillons tombe à l'extérieur de l'ellipse, qui tient compte de la corrélation entre les deux variables, mais à l'intérieur du rectangle, qui néglige cette corrélation. Si on préfère utiliser une région de confiance au lieu d'effectuer une épreuve d'hypothèse, on parvient à la même conclusion, car l'ellipse de confiance (figure 30.4.1 à droite), qui est centrée sur le vecteur observé $(\overline{\mathbf{X}}_B - \overline{\mathbf{X}}_A)$, ne couvre pas le vecteur hypothétique $(\boldsymbol{\mu}_B - \boldsymbol{\mu}_A) = \mathbf{0} = [0 \quad 0]$.

La discordance entre les conclusions tirées à l'aide de la distribution du $t$ de Student et de la distribution du $T^2$ de Hotelling s'explique de plus si on remarque que la longueur à la fourche et le nombre de glomérules du rein montrent une forte corrélation positive: +0,930410 dans le groupe A, +0,987722 dans le groupe B, et +0,913587 pour la corrélation intragroupes ($0{,}01 < P < 0{,}02$). L'épreuve du $T^2$ de Hotelling est plus sensible parce qu'elle tient compte de la présence de cette forte corrélation positive et parce qu'elle combine l'information relative aux deux variables. Dans cette analyse, l'utilisation simultanée des deux régions d'acceptation unidimensionnelles serait désavantageuse non seulement parce qu'elle est moins sensible que la région elliptique mais en outre parce qu'elle entraînerait un risque accru (approximativement $2\alpha$) de rejeter erronément l'hypothèse nulle (revoir la section 26.1).

Les alevins transférés en eau salée paraissent donc différer des alevins maintenus en eau douce par une diminution du nombre de glomérules des reins jumelée à une augmentation de la longueur à la fourche. Dans l'analyse originale de ses données, Ford (1958) compara par une analyse de covariance (chapitre 21) les droites d'estimation du nombre de glomérules à partir de la longueur à la fourche, utilisant cette dernière variable comme une sorte de mesure d'*âge physiologique*. Ce procédé est discutable car la longueur à la fourche paraît influencée elle aussi par le transfert en eau salée. Même si les taux de croissance varient beaucoup d'un alevin à l'autre, il aurait sans doute été préférable d'utiliser comme variable prédictrice l'âge chronologique, qui était connu, et de traiter les autres variables comme affectées toutes deux par le traitement expérimental. Il n'en reste pas moins que l'utilisation du $T^2$ de Hotelling vient de se montrer particulièrement efficace, car elle a permis de confirmer la diminution du nombre de glomérules des reins en plus de révéler l'augmentation de la longueur à la fourche, et ceci malgré qu'on ait utilisé ici seulement une faible partie des données analysées originalement par Ford (1958).

Les méthodes statistiques multidimensionnelles au sens strict, comme la comparaison des vecteurs moyens de deux échantillons par le $T^2$ de Hotelling, ont jusqu'à maintenant été utilisées surtout en biologie descriptive (anthropométrie, taxonomie quantitative, etc.), et n'ont pas encore été beaucoup employées dans l'analyse de données expérimentales. Depuis la publication des ouvrages classiques de Fisher (1960, 1970), on est généralement conscient de la nécessité de planifier les expériences de façon à faire varier plusieurs facteurs simultanément, mais on est encore peu sensibilisé à la multiplicité possible des effets d'un même traitement expérimental, qui rend l'analyse statistique multidimensionnelle souvent recommandable.

## Section 30.5: comparaison d'un vecteur individuel avec un échantillon

De la même façon que dans le cas unidimensionnel (section 9.10), la comparaison d'un vecteur individuel **X** avec un échantillon est traitée comme un cas particulier de la comparaison des vecteurs moyens $\bar{\mathbf{X}}_A$ et $\bar{\mathbf{X}}_B$ de deux échantillons. Le vecteur individuel **X** est alors considéré comme un échantillon d'effectif $N_B = 1$, qui permet d'estimer uniquement le vecteur moyen paramétrique $\boldsymbol{\mu}_B$ de sa population. La matrice de covariance paramétrique $\boldsymbol{\Sigma}_A = \boldsymbol{\Sigma}$ est donc estimée entièrement à partir de l'échantillon A par la matrice $\mathbf{S}_A = \mathbf{S}$, dont le nombre de degrés de liberté est $(N_A - 1) = (N - 1)$.

Le critère du $T^2$ de Hotelling permettant de comparer un vecteur individuel **X** au vecteur moyen $\bar{\mathbf{X}}$ d'un échantillon d'effectif $N$ est

$$\frac{N}{(N+1)}\left((\mathbf{X}-\bar{\mathbf{X}})-(\boldsymbol{\mu}_B-\boldsymbol{\mu}_A)\right)\mathbf{S}^{-1}\left((\tilde{\mathbf{X}}-\tilde{\bar{\mathbf{X}}})-(\tilde{\boldsymbol{\mu}}_B-\tilde{\boldsymbol{\mu}}_A)\right) \leq T^2_{(1-\alpha;\, q,\, N-1)} ,$$

où $T^2_{(1-\alpha;\, q,\, N-1)} = [((N-1)q)/(N-q)]\, F_{(1-\alpha;\, q,\, N-q)}$ .

Dans le cas particulier de l'hypothèse de nullité, $H_0$: $(\boldsymbol{\mu}_B - \boldsymbol{\mu}_A) = \mathbf{0}$ , la région d'acceptation prend la forme plus simple

$$\frac{N}{(N+1)}(\mathbf{X}-\bar{\mathbf{X}})\,\mathbf{S}^{-1}(\tilde{\mathbf{X}}-\tilde{\bar{\mathbf{X}}}) \leq T^2_{(1-\alpha;\, q,\, N-1)} .$$

## Section 30.6: régions de prédiction et de variation individuelle

De même que dans le cas unidimensionnel (section 9.11), si on suppose qu'un nouveau vecteur individuel **X** proviendra de la même population que l'échantillon dont le vecteur moyen est $\bar{\mathbf{X}}$, la dernière inéquation de la section précédente peut servir à délimiter une région de prédiction, dans laquelle tombera vraisemblablement le nouveau vecteur individuel. Bien qu'il soit possible de représenter une région de prédiction tridimensionnelle (voir l'ellipsoïde de la figure 23.2.1), la version la plus courante en pratique est sûrement l'ellipse de prédiction bidimensionnelle, qui correspond à l'inéquation

$$\frac{N}{(N+1)}(\mathbf{X}-\bar{\mathbf{X}})\,\mathbf{S}^{-1}(\tilde{\mathbf{X}}-\tilde{\bar{\mathbf{X}}}) \leq T^2_{(1-\alpha;\, 2,\, N-1)} = (N-1)[1/\alpha^{2/(N-2)} - 1] .$$

En plus de jouer un rôle en statistique, la région de prédiction est souvent utile en biologie quantitative parce que, lorsque l'effectif de l'échantillon est suffisamment grand (disons $N \geq 50$), la grandeur de la région de prédiction correspond généralement assez bien avec l'étendue observée ou estimée de la variation individuelle. Ainsi, lorsque les variables mesurées sont des caractères taxonomiques déterminés en majeure partie par l'hérédité, la région de prédiction fournit une description graphique du degré d'hétérogénéité génétique de la population biologique échantillonnée. Si les variables mesurées sont des caractéristiques du milieu où vit une espèce, comme la profondeur, la salinité et la température de l'eau pour un organisme marin, la région de prédiction délimite l'ensemble des conditions qui conviennent à cette espèce et peut servir à préciser sa *niche écologique* (Green, 1971). Enfin, si les variables mesurées sont des coordonnées spatiales, la région de prédiction peut refléter l'étendue du *territoire* défendu ou du *domaine vital* (*home range* en anglais) fréquenté par un organisme individuel.

Cependant, lorsque l'effectif de l'échantillon est petit, la région de prédiction paraît souvent démesurément grande par comparaison avec l'étendue de la variation individuelle, car elle est alors agrandie par l'incertitude du vecteur moyen $\overline{\mathbf{X}}$ et de la matrice de covariance **S** de l'échantillon. Bien qu'elle demeure satisfaisante comme outil de raisonnement statistique, la région de prédiction d'un petit échantillon reflète donc mal l'étendue de la variation individuelle. Si ce dont on a vraiment besoin c'est de décrire l'étendue estimée ou observée de la variation, on devrait utiliser plutôt une *région de variation* (Jolicoeur et Heusner, 1986). On obtient une région de variation en remplaçant simplement les paramètres $\boldsymbol{\mu}$ et $\boldsymbol{\Sigma}$ de la population statistique par le vecteur moyen $\overline{\mathbf{X}}$ et la matrice de covariance **S** de l'échantillon et en utilisant la distribution normale au lieu du $t$ de Student ainsi que la distribution de $\chi^2$ au lieu du $T^2$ de Hotelling ou du rapport $F$ de variances. La région de variation $q$-dimensionnelle est donc définie par l'inéquation

$$(\mathbf{X}-\overline{\mathbf{X}})\,\mathbf{S}^{-1}(\tilde{\mathbf{X}}-\tilde{\overline{\mathbf{X}}}) \le \chi^2_{(1-\alpha;q)}\,.$$

Lorsqu'il y a $q=2$ variables, l'ellipse de variation correspond à l'inéquation

$$(\mathbf{X}-\overline{\mathbf{X}})\,\mathbf{S}^{-1}(\tilde{\mathbf{X}}-\tilde{\overline{\mathbf{X}}}) \le \chi^2_{(1-\alpha;2)}\,.$$

Dans le cas d'un petit échantillon ($N=10$) comme celui des données de Brown et Beerstecher (1951), déjà discutées aux sections 19.1, 19.3 et 19.5, la figure 30.6.1 montre comment l'ellipse de variation est plus petite et correspond mieux que l'ellipse de prédiction à l'étendue de la variation individuelle.

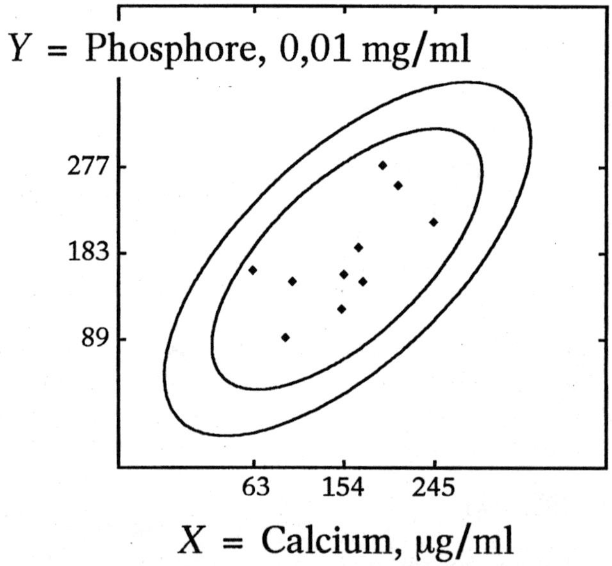


**Figure 30.6.1**
**Diagramme de dispersion de la concentration en calcium (µg/ml) et en phosphore (0,01 mg/ml) de spécimens d'urine matinale d'hommes adultes affectés de maigreur; ellipses de prédiction (grande) et de variation (petite) au seuil de signification $\alpha=0{,}05$.**

## Section 30.7: le vecteur des coefficients d'une régression multiple

La distribution du $T^2$ de Hotelling peut enfin être utilisée pour éprouver des hypothèses ou déterminer des régions de confiance au sujet du vecteur $\boldsymbol{\beta} = [\beta_1 \; \ldots \; \beta_k]$ des coefficients paramétriques d'une régression multiple. Dans le cas de l'hypothèse de nullité, $H_0$: $\boldsymbol{\beta} = [\beta_1 \ldots \beta_k] = \boldsymbol{\beta}_0 = \mathbf{0} = [0 \ldots 0]$, le rapport de variances $F$ correspondant au $T^2$ de Hotelling est identique à celui qu'on obtient lorsqu'on effectue l'analyse de variance d'une régression multiple (section 25.6) ou lorsqu'on éprouve l'hypothèse de nullité du coefficient de corrélation multiple paramétrique, $H_0$: $\mathcal{R}_{(k+1).1\ldots k} = 0$, (section 25.5):

$$F_{(k,\, N-1-k)} = (1/k)\,(\mathbf{b} - \boldsymbol{\beta}_0)\,[S_{b_i b_j}]^{-1}\,(\tilde{\mathbf{b}} - \tilde{\boldsymbol{\beta}}_0) = \frac{(N-1-k)\,R^2_{(k+1).1\ldots k}}{k\,[1 - R^2_{(k+1).1\ldots k}]} \quad ,$$

où $\mathbf{b} = [b_1 \; \ldots \; b_k]$ est le vecteur des coefficients de régression multiple de l'échantillon et $[S_{b_i b_j}]$ est la matrice de covariance estimée du vecteur $\mathbf{b}$ (section 25.5). De plus, le critère précédent permet aussi d'éprouver des hypothèses préliminaires non nulles ou de déterminer des intervalles de confiance au sujet du vecteur $\boldsymbol{\beta}$:

$$(1/k)\,(\mathbf{b} - \boldsymbol{\beta})\,[S_{b_i b_j}]^{-1}\,(\tilde{\mathbf{b}} - \tilde{\boldsymbol{\beta}}) \leq F_{(1-\alpha;\, k,\, N-1-k)} \; .$$

Il est toutefois déroutant de constater que la valeur du $T^2$ de Hotelling obtenue dans ce cas particulier possède $(N-2)$ degrés de liberté, tandis que la matrice de covariance des coefficients de régression utilisée dans le calcul, $[S_{b_i b_j}]$, possède $(N-1-k)$ degrés de liberté. Cette question est reliée à un problème de dualité discuté par Kshirsagar (1972, pages 167-170), et reflète la complexité théorique de l'analyse statistique multidimensionnelle. La formulation ci-dessus quant au rapport de variances paraît plus facile à justifier intuitivement et sera sans doute préférée par la plupart des utilisateurs.

Les régions de confiance obtenues pour les coefficients d'une régression multiple peuvent ressembler à celle que nous avons illustrée dans le cas de la différence entre deux vecteurs moyens (section 30.4, figure 30.4.1 à droite). Lorsqu'il y a deux variables prédictrices, en particulier, le coefficient de corrélation entre les deux coefficients $b_1$ et $b_2$ de la régression multiple a la même valeur absolue que celui des variables prédictrices mais possède le signe contraire. Si deux variables prédictrices ont une forte corrélation positive et si leurs coefficients $b_1$ et $b_2$ dans la régression multiple ont le même signe, la corrélation négative des estimations $b_1$ et $b_2$ constitue une sorte d'*effet compensatoire*: quand, par exemple, par suite du hasard de l'échantillonnage, la valeur absolue du coefficient $b_1$ est particulièrement basse, le coefficient $b_2$ a tendance à prendre une valeur particulièrement élevée, ce qui permet à la variable $X_2$, pour ainsi dire, de *prendre la relève* et de remplacer partiellement la variable $X_1$, qui est alors moins bien placée pour jouer son rôle prédictif. Contrairement aux corrélations totales ou partielles entre des variables biologiques (chapitres 19, 23, 25 et 29), la sorte de compensation discutée dans cette section doit sans doute être considérée surtout comme un effet d'échantillonnage, et il n'y a présumément pas lieu de chercher ici des interprétations objectives.

## Section 30.8: dessin d'une ellipse de confiance, de prédiction ou de variation

Diverses méthodes ont été utilisées au cours des dernières décennies pour dessiner des ellipses de confiance, de prédiction ou de variation. La première étape de certaines de ces méthodes consistait à calculer les coordonnées des extrémités de l'axe majeur et de l'axe mineur de l'ellipse et à indiquer leur position par des points sur la surface de dessin. L'ellipse était ensuite tracée à l'aide soit d'une technique manuelle soit d'un instrument spécialisé appelé *ellipsographe* (disponible il y a une quarantaine d'années chez le fabricant Riefler). De nos jours, il est plus facile d'utiliser un ordinateur, et nous décrivons ici une séquence de trois changements de variables qui permet de transformer une ellipse en un cercle (dont le dessin est plus facile) ou inversement (figure 30.8.1). En plus de fournir une méthode de calcul efficace pour les ellipses de confiance, de prédiction et de variation, ces opérations mathématiques constituent un exemple aussi simple que possible (bidimensionnel) de l'analyse en composantes principales, qui sera étudiée au chapitre suivant (31).

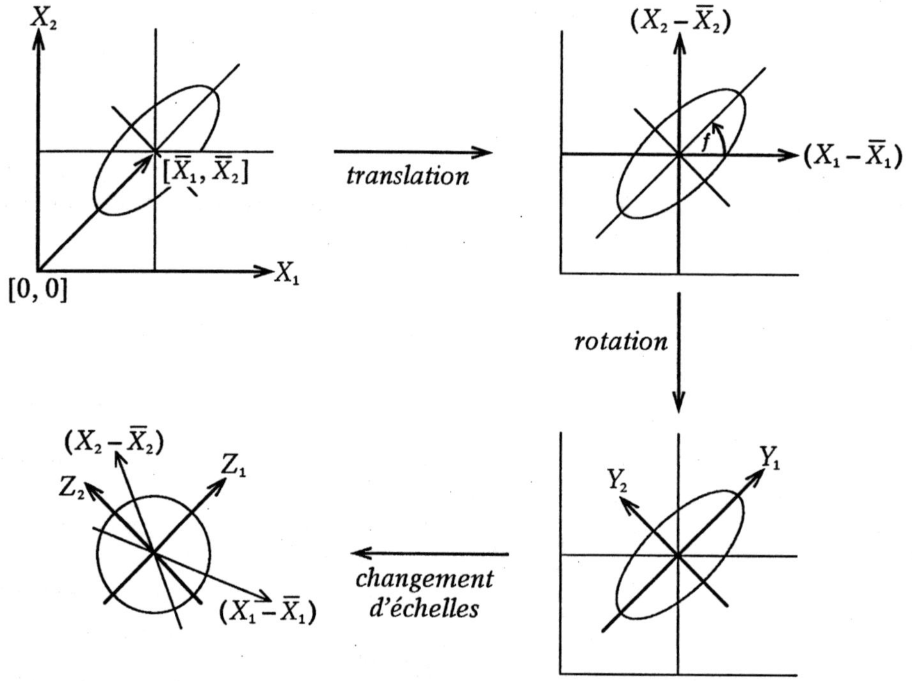


**Figure 30.8.1**
**Translation, rotation et changement d'échelles transformant l'équation d'une ellipse en celle d'un cercle.**

Supposons qu'on veut tracer une ellipse de confiance, de prédiction ou de variation dans un diagramme de dispersion. On peut d'abord remplacer les variables mesurées $\mathbf{X} = [X_1, \; X_2]$ par les variables centrées $(\mathbf{X} - \overline{\mathbf{X}}) = [X_1 - \overline{X}_1, \; X_2 - \overline{X}_2]$, ce qui équivaut à déplacer l'origine du point $\mathbf{0} = [0, \; 0]$ à la moyenne $\overline{\mathbf{X}} = [\overline{X}_1, \; \overline{X}_2]$. À la suite de cette opération, appelée *translation,* le vecteur moyen de l'échantillon sera $\mathbf{0} = [0, \; 0]$. On peut ensuite faire tourner les axes de coordonnées d'un angle $f$, si nécessaire, pour superposer l'abscisse à l'axe majeur (le plus allongé) de l'ellipse par une *rotation*.

On choisit l'angle $f$ (section 22.2) de façon que

$$\mathrm{tg}(f) = \{(S_2^2 - S_1^2) + \sqrt{[(S_2^2 - S_1^2)^2 + 4S_{12}^2]}\}/(2S_{12}),$$

et les nouvelles variables sont $\tilde{\mathbf{Y}} = \mathbf{U}(\tilde{\mathbf{X}} - \tilde{\bar{\mathbf{X}}})$, c'est-à-dire

$$\begin{bmatrix} Y_1 \\ Y_2 \end{bmatrix} = \begin{bmatrix} \cos(f) & \sin(f) \\ -\sin(f) & \cos(f) \end{bmatrix} \begin{bmatrix} (X_1 - \bar{X}_1) \\ (X_2 - \bar{X}_2) \end{bmatrix} = \begin{bmatrix} u_{11} & u_{12} \\ u_{21} & u_{22} \end{bmatrix} \begin{bmatrix} (X_1 - \bar{X}_1) \\ (X_2 - \bar{X}_2) \end{bmatrix},$$

où $\mathbf{U} = \begin{bmatrix} u_{11} & u_{12} \\ u_{21} & u_{22} \end{bmatrix} = \begin{bmatrix} \cos(f) & \sin(f) \\ -\sin(f) & \cos(f) \end{bmatrix}$ est la *matrice de rotation.*

Le vecteur moyen des deux nouvelles variables est nul, $\bar{\mathbf{Y}} = [\bar{Y}_1, \bar{Y}_2] = [0, 0]$, leur covariance est nulle, la variance est maximisée dans la direction de $Y_1$ et minimisée dans la direction de $Y_2$, et la matrice de covariance est la matrice diagonale

$$\mathbf{D} = \begin{bmatrix} d_1 & 0 \\ 0 & d_2 \end{bmatrix} = \mathbf{U}\,\mathbf{S}\,\tilde{\mathbf{U}}.$$

Les vecteurs $[u_{11}, u_{12}]$ et $[u_{21}, u_{22}]$ sont les vecteurs propres et les scalaires $d_1$ et $d_2$ sont les valeurs propres (section 24.21) de la matrice de covariance **S** des variables originales $X_1$ et $X_2$. Il suffit maintenant d'un troisième changement de variables,

$$\begin{bmatrix} Z_1 \\ Z_2 \end{bmatrix} = \begin{bmatrix} 1/\sqrt{d_1} & 0 \\ 0 & 1/\sqrt{d_2} \end{bmatrix} \begin{bmatrix} Y_1 \\ Y_2 \end{bmatrix} = \begin{bmatrix} 1/\sqrt{d_1} & 0 \\ 0 & 1/\sqrt{d_2} \end{bmatrix} \begin{bmatrix} u_{11} & u_{12} \\ u_{21} & u_{22} \end{bmatrix} \begin{bmatrix} (X_1 - \bar{X}_1) \\ (X_2 - \bar{X}_2) \end{bmatrix},$$

pour transformer l'équation d'une ellipse en celle d'un cercle (section 24.24). En effet, le vecteur moyen des nouvelles variables est nul, $\bar{\mathbf{Z}} = [\bar{Z}_1, \bar{Z}_2] = [0, 0]$, et leur matrice de covariance est une matrice unité **I**, de sorte que, par exemple, l'inéquation de la région de prédiction peut être réexprimée comme ceci:

$$\frac{N}{(N+1)}(\mathbf{X} - \bar{\mathbf{X}})\,\mathbf{S}^{-1}(\tilde{\mathbf{X}} - \tilde{\bar{\mathbf{X}}}) = \frac{N}{(N+1)}\mathbf{Z}\,\mathbf{I}\,\tilde{\mathbf{Z}} = \frac{N}{(N+1)}(Z_1^2 + Z_2^2) \leq T^2_{(1-\alpha;\,2,\,N-1)}.$$

La division de la variable $Y_1$ par son écart-type $\sqrt{d_1}$ et de la variable $Y_2$ par son écart-type $\sqrt{d_2}$ constitue un *changement d'échelles.*

Une fois que les coordonnées de chacun des points du cercle sont déterminées quant aux variables $Z_1$ et $Z_2$, en faisant varier de 0° à 360° l'angle formé par le rayon avec l'abscisse, il suffit d'employer la triple transformation inverse

$$\begin{bmatrix} X_1 \\ X_2 \end{bmatrix} = \begin{bmatrix} \bar{X}_1 \\ \bar{X}_2 \end{bmatrix} + \begin{bmatrix} u_{11} & u_{21} \\ u_{12} & u_{22} \end{bmatrix} \begin{bmatrix} \sqrt{d_1} & 0 \\ 0 & \sqrt{d_2} \end{bmatrix} \begin{bmatrix} Z_1 \\ Z_2 \end{bmatrix}$$

pour obtenir les coordonnées du point correspondant sur l'ellipse de prédiction des variables originales $X_1$ et $X_2$.

L'encadré ci-dessous contient la série d'énoncés qu'il suffit d'insérer dans un programme en *True BASIC*™ (voir aussi les sections 24.26 et 29.3 et les appendices A et B) pour tracer une ellipse de prédiction dans un diagramme de dispersion. Le calcul du vecteur moyen $\overline{\mathbf{X}}$ et de la matrice de covariance **S** de l'échantillon, la mise en place du diagramme de dispersion, ainsi que le choix du seuil de signification $\alpha$ (alpha) doivent évidemment avoir été effectués au préalable. Dans le quatrième énoncé de l'encadré, l'expression SQR$[T^2 * (N+1)/N]$ doit être remplacée par SQR$(T^2/N)$ s'il s'agit d'une ellipse de confiance du vecteur moyen $\mu$ et par SQR$(\chi^2_{(1-\alpha;\, 2)})$ s'il s'agit d'une ellipse de variation.

```
! Ellipse de prédiction
OPTION ANGLE DEGREES
LET T2 = (N-1)*((1/alpha)^(2/(N-2))-1)
LET RayonCercle = SQR(T2*(N+1)/N)
LET D1 = ((S(1,1)+S(2,2)+SQR((S(1,1)-S(2,2))^2+4*S(1,2)^2))/2)
LET D2 = ((S(1,1)+S(2,2)-SQR((S(1,1)-S(2,2))^2+4*S(1,2)^2))/2)
LET U(1,1) = S(1,1)-S(2,2)+SQR((S(1,1)-S(2,2))^2+4*S(1,2)^2)
LET U(1,2) = 2*S(1,2)
LET SQ = SQR(U(1,1)^2+U(1,2)^2)
LET U(1,1),U(2,2) = U(1,1)/SQ
LET U(1,2) = U(1,2)/SQ
LET U(2,1) = -U(1,2)
FOR Angle = 0 TO 360
   LET Z(1) = COS(Angle)*RayonCercle
   LET Z(2) = SIN(Angle)*RayonCercle
   LET Y(1) = Z(1)*SQR(D1)
   LET Y(2) = Z(2)*SQR(D2)
   LET X(1) = M(1)+U(1,1)*Y(1)+U(2,1)*Y(2)
   LET X(2) = M(2)+U(1,2)*Y(1)+U(2,2)*Y(2)
   PLOT X(1),X(2);
NEXT Angle
PLOT X(1),X(2)
```

## Section 30.9: transformation antilogarithmique d'une région elliptique

Lorsque la distribution des données ressemble à la distribution lognormale (chapitre 14, sections 19.8, 20.7, 22.5, 29.7 et 29.8) plutôt qu'à la distribution normale, les régions de confiance, de prédiction ou de variation obtenues pour les logarithmes des données peuvent être réexprimées quant aux variables originales. Cette opération a déjà été illustrée dans le cas d'un exemple anatomique à la figure 19.8.1, mais elle peut être très utile aussi dans l'analyse de données écologiques. La figure 30.9.1 représente la relation entre les quantités de benthos et de plancton en kg/ha, après dessication, d'après des données publiées par l'éminent limnologiste canadien Rawson (1960) à la suite d'une étude de douze grands lacs de la province de Saskatchewan. En fait, l'effectif de l'échantillon est $N = 13$ parce que deux parties de l'un de ces lacs furent étudiées séparément. Le diagramme de dispersion des données originales montre un degré élevé d'hétéroscédasticité et de dissymétrie positive (figure 30.9.1 à droite), ce qui suggère que la distribution normale bidimensionnelle conviendrait très mal à l'analyse de ces données. Au contraire, les données transformées en logarithmes ne donnent pas d'indications graphiques d'hétéroscédasticité ou de dissymétrie (figure 30.9.1 à gauche).

De plus, tandis que la corrélation des données originales n'est pas significative ($H_0$: $\rho=0$, $H_1$: $\rho \neq 0$; $r=+0{,}492140$, $\nu=11$, $0{,}05<P$), celle des logarithmes est clairement concluante ($r=+0{,}710586$, $P<0{,}01$).

En outre, la dispersion des points figuratifs a une allure clairement elliptique qui s'accorde bien avec l'ellipse de variation des logarithmes (figure 30.9.1 à gauche). Au contraire, la dispersion des données originales a une allure très différente de la forme d'une ellipse (figure 30.9.1 à droite). La transformation logarithmique a ici des effets particulièrement prononcés parce que, comme c'est souvent le cas lorsqu'on mesure l'abondance d'organismes animaux ou végétaux, l'étendue de la variation des quantités observées est très grande, pouvant aller de valeurs très faibles jusqu'à plusieurs dizaines, centaines ou milliers d'unités. Tandis que le calcul du coefficient de corrélation des logarithmes constitue un moyen remarquablement efficace de détecter la relation entre les quantités de benthos et de plancton, la transformée antilogarithmique de l'ellipse de variation des logarithmes reproduit de manière surprenante l'hétéroscédasticité et la dissymétrie des données originales (figure 30.9.1 à droite). En somme, dans le cas de ces données limnologiques tout comme dans celui des données anatomiques de la figure 19.8.1, la transformation logarithmique permet d'appliquer de manière satisfaisante la distribution normale à des données pour l'analyse desquelles on ne l'aurait jamais cru convenable à première vue. L'étude des intéressantes données de Rawson (1960) sera poursuivie aux sections 31.10 et 33.11.

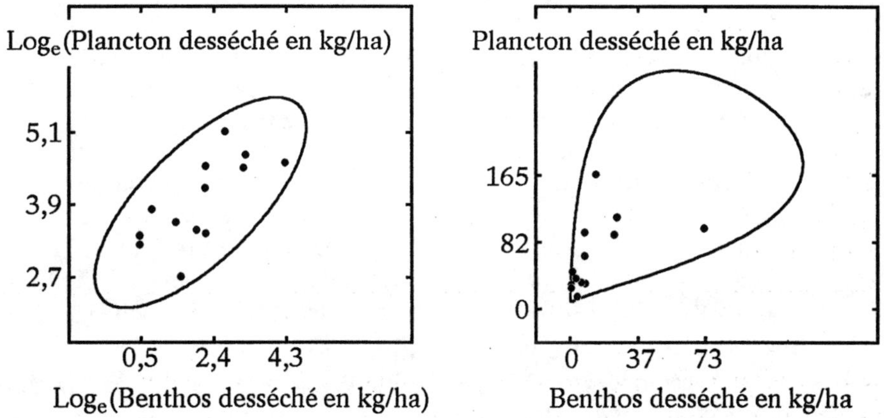


**Figure 30.9.1**
**Diagrammes de dispersion logarithmique (à gauche) et arithmétique (à droite) des quantités de benthos et de plancton en kg/ha dans des lacs de la Saskatchewan d'après des données de Rawson (1960); ellipse de variation au seuil $\alpha=0{,}05$ à gauche et transformée antilogarithmique à droite.**

# Chapitre 31

# Les composantes principales ou *axes principaux*

## Section 31.1: généralités

L'appellation *composantes principales* est apparue dans les articles du statisticien américain Harold Hotelling en 1933, mais la méthode était antérieurement connue sous le nom d'*axes principaux* et remonte à Karl Pearson (1901). En principe, la méthode des composantes principales convient pour analyser la variation d'un seul échantillon provenant d'une population statistique unique qui suit la distribution de probabilités normale multidimensionnelle (section 29.2). Cependant les composantes principales sont souvent utilisées en outre en pratique lorsque la forme exacte de la distribution de probabilités est douteuse, ou lorsque les données sont hétérogènes mais que la population d'origine de chaque observation est inconnue. La méthode des composantes principales consiste à déterminer $q$ combinaisons linéaires (sections 24.22 et 29.5) $\mathbf{Y}=[Y_1, \dots Y_q]$ des variables originales $\mathbf{X}=[X_1, \dots X_q]$ de manière telle que les nouvelles variables $\mathbf{Y}=[Y_1, \dots Y_q]$ possèdent des covariances nulles, que leurs axes de coordonnées soient mutuellement orthogonaux, et que les valeurs de leurs variances s'échelonnent d'un maximum pour $Y_1$ jusqu'à un minimum pour $Y_q$. Les composantes principales paramétriques (de la population statistique) correspondent aux coordonnées des observations sur les axes principaux des ellipses, ellipsoïdes ou hyperellipsoïdes d'égale densité de probabilité (sections 19.2, 23.1, 24.24 et 29.2): la première composante principale correspond à l'axe majeur, la dernière composante principale correspond à l'axe mineur, et les autres composantes principales correspondent aux axes intermédiaires successifs. La version la plus simple des axes principaux est le cas bidimensionnel, qui a déjà été discuté à propos de la droite d'estimation orthogonale (chapitre 22) et du dessin d'ellipses de confiance, de prédiction ou de variation (section 30.8). Les vecteurs des cosinus directeurs (section 24.6) des axes principaux sont les vecteurs propres, et les variances des coordonnées $[Y_1, \dots Y_q]$ sont les valeurs propres (sections 24.21 et 31.11), de la matrice de covariance des variables originales. L'utilisation des composantes principales a été discutée de manière exhaustive par Jackson (1991).

## Section 31.2: les axes principaux paramétriques (de la population)

En théorie, dans la situation idéale où le vecteur moyen $\boldsymbol{\mu}$ et la matrice de covariance $\boldsymbol{\Sigma}$ de la population statistique sont connus, les composantes principales d'une observation individuelle $\mathbf{X}=[X_1, \dots X_q]$ peuvent être évaluées par l'équation $\tilde{\mathbf{Y}}=\boldsymbol{\Upsilon}(\tilde{\mathbf{X}}-\tilde{\boldsymbol{\mu}})$, où $\boldsymbol{\Upsilon}$ désigne la matrice(orthogonale) des cosinus directeurs des axes principaux (ou vecteurs propres) paramétriques:

$$\begin{bmatrix} Y_1 \\ \dots \\ Y_i \\ \dots \\ Y_q \end{bmatrix} = \begin{bmatrix} \upsilon_{11} & \dots & \upsilon_{1j} & \dots & \upsilon_{1q} \\ \dots & \dots & \dots & \dots & \dots \\ \upsilon_{i1} & \dots & \upsilon_{ij} & \dots & \upsilon_{iq} \\ \dots & \dots & \dots & \dots & \dots \\ \upsilon_{q1} & \dots & \upsilon_{qj} & \dots & \upsilon_{qq} \end{bmatrix} \begin{bmatrix} X_1-\mu_1 \\ \dots \\ X_j-\mu_j \\ \dots \\ X_q-\mu_q \end{bmatrix} = \begin{bmatrix} \cos(\varphi_{11}) & \dots & \cos(\varphi_{1j}) & \dots & \cos(\varphi_{1q}) \\ \dots & \dots & \dots & \dots & \dots \\ \cos(\varphi_{i1}) & \dots & \cos(\varphi_{ij}) & \dots & \cos(\varphi_{iq}) \\ \dots & \dots & \dots & \dots & \dots \\ \cos(\varphi_{q1}) & \dots & \cos(\varphi_{qj}) & \dots & \cos(\varphi_{qq}) \end{bmatrix} \begin{bmatrix} X_1-\mu_1 \\ \dots \\ X_j-\mu_j \\ \dots \\ X_q-\mu_q \end{bmatrix}.$$

$\boldsymbol{\Upsilon}$, $\upsilon$ et $\varphi$ sont les lettres grecques upsilon majuscule, upsilon minuscule et phi, et correspondent respectivement à notre **U** majuscule, à notre $u$ minuscule et à notre $f$. $\varphi_{ij}$ est l'angle fait par l'axe de coordonnées de la $i^{\text{ème}}$ composante principale $Y_i$ de la population avec l'axe de coordonnées de la $j^{\text{ème}}$ variable originale centrée $(X_j-\mu_j)$.

Le vecteur moyen des composantes principales est $\boldsymbol{\mu}_Y = \mathbf{0} = [0, \ldots 0]$ et leur matrice de covariance est la matrice diagonale $\boldsymbol{\Delta}$ :

$$\boldsymbol{\Delta} = \begin{bmatrix} \delta_1 & \ldots & 0 \\ \ldots & \ldots & \ldots \\ 0 & \ldots & \delta_q \end{bmatrix} = \mathscr{E}\left\{ \begin{bmatrix} \upsilon_{11} & \ldots & \upsilon_{1q} \\ \ldots & \ldots & \ldots \\ \upsilon_{q1} & \ldots & \upsilon_{qq} \end{bmatrix} \begin{bmatrix} X_1 - \mu_1 \\ \ldots \\ X_q - \mu_q \end{bmatrix} \begin{bmatrix} X_1 - \mu_1 & \ldots & X_q - \mu_q \end{bmatrix} \begin{bmatrix} \upsilon_{11} & \ldots & \upsilon_{q1} \\ \ldots & \ldots & \ldots \\ \upsilon_{1q} & \ldots & \upsilon_{qq} \end{bmatrix} \right\},$$

$$\text{c'est-à-dire } \boldsymbol{\Delta} = \begin{bmatrix} \upsilon_{11} & \ldots & \upsilon_{1q} \\ \ldots & \ldots & \ldots \\ \upsilon_{q1} & \ldots & \upsilon_{qq} \end{bmatrix} \begin{bmatrix} \sigma_1^2 & \ldots & \sigma_{1q} \\ \ldots & \ldots & \ldots \\ \sigma_{1q} & \ldots & \sigma_q^2 \end{bmatrix} \begin{bmatrix} \upsilon_{11} & \ldots & \upsilon_{q1} \\ \ldots & \ldots & \ldots \\ \upsilon_{1q} & \ldots & \upsilon_{qq} \end{bmatrix}.$$

Tandis que la matrice de covariance $\boldsymbol{\Delta}$ des composantes principales $\mathbf{Y}$ peut être obtenue à partir de la matrice de covariance $\boldsymbol{\Sigma}$ des variables originales $\mathbf{X}$ par le produit matriciel $\boldsymbol{\Upsilon}\,\boldsymbol{\Sigma}\,\widetilde{\boldsymbol{\Upsilon}}$, la matrice de covariance $\boldsymbol{\Sigma}$ des variables originales peut être reconstituée à partir de ses valeurs propres et de ses vecteurs propres (section 24.25) par le produit

$$\widetilde{\boldsymbol{\Upsilon}}\,\boldsymbol{\Delta}\,\boldsymbol{\Upsilon} = \delta_1 \widetilde{\boldsymbol{\Upsilon}}_1 \boldsymbol{\Upsilon}_1 + \delta_2 \widetilde{\boldsymbol{\Upsilon}}_2 \boldsymbol{\Upsilon}_2 + \ldots + \delta_i \widetilde{\boldsymbol{\Upsilon}}_i \boldsymbol{\Upsilon}_i + \ldots + \delta_q \widetilde{\boldsymbol{\Upsilon}}_q \boldsymbol{\Upsilon}_q \ ,$$

où $\boldsymbol{\Upsilon}_1, \boldsymbol{\Upsilon}_2, \ldots \boldsymbol{\Upsilon}_i, \ldots \boldsymbol{\Upsilon}_q$ sont les vecteurs lignes successifs de la matrice $\boldsymbol{\Upsilon}$.

## Section 31.3 : les axes principaux estimés (de l'échantillon)

Les composantes principales de la population statistique étant généralement inconnues en pratique, elles sont estimées à partir du vecteur moyen $\overline{\mathbf{X}}$ et de la matrice de covariance $\mathbf{S}$ de l'échantillon. La matrice $\mathbf{U}$ des cosinus directeurs et la matrice de covariance diagonale $\mathbf{D}$ des axes principaux correspondent aux vecteurs et aux valeurs propres de la matrice de covariance $\mathbf{S}$ de l'échantillon. Après évaluation des matrices $\mathbf{U}$ et $\mathbf{D}$, les coordonnées des observations quant aux axes principaux de l'échantillon peuvent être calculées par l'équation $\widetilde{\mathbf{Y}} = \mathbf{U}(\widetilde{\mathbf{X}} - \widetilde{\overline{\mathbf{X}}})$, $f_{ij}$ étant l'angle formé par le $i^{\text{ème}}$ axe principal de l'échantillon avec l'axe de coordonnées de la $j^{\text{ème}}$ variable originale centrée $(X_j - \overline{X}_j)$ :

$$\begin{bmatrix} Y_1 \\ \ldots \\ Y_i \\ \ldots \\ Y_q \end{bmatrix} = \begin{bmatrix} u_{11} & \ldots & u_{1j} & \ldots & u_{1q} \\ \ldots & \ldots & \ldots & \ldots & \ldots \\ u_{i1} & \ldots & u_{ij} & \ldots & u_{iq} \\ \ldots & \ldots & \ldots & \ldots & \ldots \\ u_{q1} & \ldots & u_{qj} & \ldots & u_{qq} \end{bmatrix} \begin{bmatrix} X_1 - \overline{X}_1 \\ \ldots \\ X_j - \overline{X}_j \\ \ldots \\ X_q - \overline{X}_q \end{bmatrix} = \begin{bmatrix} \cos(f_{11}) & \ldots & \cos(f_{1j}) & \ldots & \cos(f_{1q}) \\ \ldots & \ldots & \ldots & \ldots & \ldots \\ \cos(f_{i1}) & \ldots & \cos(f_{ij}) & \ldots & \cos(f_{iq}) \\ \ldots & \ldots & \ldots & \ldots & \ldots \\ \cos(f_{q1}) & \ldots & \cos(f_{qj}) & \ldots & \cos(f_{qq}) \end{bmatrix} \begin{bmatrix} X_1 - \overline{X}_1 \\ \ldots \\ X_j - \overline{X}_j \\ \ldots \\ X_q - \overline{X}_q \end{bmatrix}.$$

L'évaluation numérique des matrices $\mathbf{U}$ et $\mathbf{D}$ à partir de la matrice de covariance $\mathbf{S}$ de l'échantillon a été discutée en détail dans le cas bidimensionnel à la section 30.8. Dans le cas multidimensionnel, les matrices $\mathbf{U}$ et $\mathbf{D}$ peuvent être obtenues à l'aide de diverses méthodes de calcul pour lesquelles des logiciels sont disponibles pour la plupart des ordinateurs. La méthode de diagonalisation du mathématicien allemand Carl Gustav Jacobi (1804-1851), décrite et discutée par White (1958), est relativement simple et généralement très satisfaisante. Un court programme en *True BASIC™* en est donné à l'appendice A. Cette méthode constitue une généralisation du procédé décrit à la section 30.8 et consiste en une suite de rotations bidimensionnelles dont chacune réduit à zéro l'une des covariances de la matrice $\mathbf{S}$ ou des matrices qui lui succèdent au cours des calculs. On dit que c'est une méthode *itérative* (du mot latin *iter*, chemin, d'où l'idée de cheminement), parce qu'on s'approche progressivement de la solution cherchée par une série d'étapes semblables, dont chacune est appelée une *itération*.

La première étape consiste à trouver la covariance possédant la plus grande valeur absolue, disons $S_{ij}$. On prend ensuite l'angle $f = 0{,}5\,\mathrm{arctg}\,[2S_{ij}/(S_{ii} - S_{jj})]$, où l'abréviation $\mathrm{arctg} = \mathrm{tg}^{-1}$ désigne la fonction trigonométrique inverse de la tangente (arc tangente), et on forme la matrice de rotation $\mathbf{U}_1$ en remplaçant les $ii^{\text{ème}}$, $ij^{\text{ème}}$, $ji^{\text{ème}}$ et $jj^{\text{ème}}$ éléments d'une matrice unité par $\cos(f)$, $\sin(f)$, $-\sin(f)$ et $\cos(f)$ respectivement:

$$\mathbf{U}_1 = \begin{bmatrix} 1 & 0 & \dots & 0 & \dots & 0 & \dots & 0 & 0 \\ 0 & 1 & \dots & 0 & \dots & 0 & \dots & 0 & 0 \\ \dots & \dots & \dots & \dots & \dots & \dots & \dots & \dots & \dots \\ 0 & 0 & \dots & u_{ii} & \dots & u_{ij} & \dots & 0 & 0 \\ \dots & \dots & \dots & \dots & \dots & \dots & \dots & \dots & \dots \\ 0 & 0 & \dots & u_{ji} & \dots & u_{jj} & \dots & 0 & 0 \\ \dots & \dots & \dots & \dots & \dots & \dots & \dots & \dots & \dots \\ 0 & 0 & \dots & 0 & \dots & 0 & \dots & 1 & 0 \\ 0 & 0 & \dots & 0 & \dots & 0 & \dots & 0 & 1 \end{bmatrix} = \begin{bmatrix} 1 & 0 & \dots & 0 & \dots & 0 & \dots & 0 & 0 \\ 0 & 1 & \dots & 0 & \dots & 0 & \dots & 0 & 0 \\ \dots & \dots & \dots & \dots & \dots & \dots & \dots & \dots & \dots \\ 0 & 0 & \dots & \cos(f) & \dots & \sin(f) & \dots & 0 & 0 \\ \dots & \dots & \dots & \dots & \dots & \dots & \dots & \dots & \dots \\ 0 & 0 & \dots & -\sin(f) & \dots & \cos(f) & \dots & 0 & 0 \\ \dots & \dots & \dots & \dots & \dots & \dots & \dots & \dots & \dots \\ 0 & 0 & \dots & 0 & \dots & 0 & \dots & 1 & 0 \\ 0 & 0 & \dots & 0 & \dots & 0 & \dots & 0 & 1 \end{bmatrix}.$$

Si on évalue le produit matriciel $\mathbf{S}_1 = \mathbf{U}_1 \mathbf{S} \breve{\mathbf{U}}_1$, on constate alors que ses $ij^{\text{ème}}$ et $ji^{\text{ème}}$ éléments sont devenus égaux à zéro. La seconde étape consiste à répéter la première étape en substituant la matrice $\mathbf{S}_1$ à la matrice $\mathbf{S}$ et à trouver une seconde matrice de rotation $\mathbf{U}_2$ et un second produit matriciel $\mathbf{S}_2 = \mathbf{U}_2 \mathbf{S}_1 \breve{\mathbf{U}}_2$. Les étapes subséquentes sont semblables à la seconde étape, et les calculs sont poursuivis jusqu'à ce que la plus grande covariance (en valeur absolue) de la matrice $\mathbf{S}_k = \mathbf{U}_k \mathbf{S}_{(k-1)} \breve{\mathbf{U}}_k$ soit suffisamment voisine de zéro. La matrice $\mathbf{U}$ des cosinus directeurs des axes principaux (vecteurs propres) et la forme diagonale $\mathbf{D}$ de la matrice de covariance $\mathbf{S}$ de l'échantillon sont alors déterminées en effectuant les produits

$$\mathbf{U} = \mathbf{U}_k \mathbf{U}_{(k-1)} \dots \mathbf{U}_2 \mathbf{U}_1 \quad \text{et} \quad \mathbf{D} = \mathbf{U} \mathbf{S} \breve{\mathbf{U}}.$$

## Section 31.4: interprétations des axes principaux

Afin de voir à quelle sorte de variation correspond chaque axe principal, on peut inverser la première équation de la section précédente, réexprimer les variables observées $\breve{\mathbf{X}}$ en fonction des composantes principales $\breve{\mathbf{Y}}$,

$$\begin{bmatrix} X_1 \\ \dots \\ X_q \end{bmatrix} = \begin{bmatrix} \overline{X}_1 \\ \dots \\ \overline{X}_q \end{bmatrix} + \begin{bmatrix} u_{11} & \dots & u_{q1} \\ \dots & \dots & \dots \\ u_{1q} & \dots & u_{qq} \end{bmatrix} \begin{bmatrix} Y_1 \\ \dots \\ Y_q \end{bmatrix},$$

et faire varier une seule de ces dernières à la fois. Ainsi, si toutes les composantes principales sauf la première sont gardées égales à zéro, on obtient l'équation du premier axe principal:

$$\begin{bmatrix} X_1 \\ \dots \\ X_q \end{bmatrix} = \begin{bmatrix} \overline{X}_1 \\ \dots \\ \overline{X}_q \end{bmatrix} + \begin{bmatrix} u_{11} \\ \dots \\ u_{1q} \end{bmatrix} Y_1,$$

c'est-à-dire $$\frac{X_1 - \overline{X}_1}{u_{11}} = \dots = \frac{X_j - \overline{X}_j}{u_{1j}} = \dots = \frac{X_q - \overline{X}_q}{u_{1q}} = Y_1.$$

Il faut souligner que, lorsque la méthode des composantes principales est appliquée à des données obtenues dans un autre but, il est souvent difficile sinon impossible d'interpréter les axes principaux, à l'exception peut-être du premier, de façon claire au point de vue biologique.

Lorsque les variables originales **X** sont des dimensions corporelles d'organismes différant les uns des autres quant à l'âge ou la grosseur, les covariances de la matrice **S** sont habituellement toutes positives et les cosinus directeurs $[u_{11} \ldots u_{1q}]$ du premier axe principal ont généralement tous le même signe (et peuvent être rendus tous positifs en changeant au besoin le sens du vecteur correspondant). Au contraire, les axes principaux autres que le premier possèdent des cosinus directeurs de signes différents. Par exemple, la figure 31.4.1 représente les composantes principales d'un échantillon de 24 tortues peintes (*Chrysemys picta marginata*) femelles capturées en une seule journée (le 2 août 1956) dans un petit étang stagnant de la vallée du Saint-Laurent, près de Montréal (Jolicoeur et Mosimann, 1960). Les trois variables considérées ici sont

$X_1 = \log_e$(longueur de la carapace en mm), $X_2 = \log_e$(largeur de la carapace en mm),

$X_3 = \log_e$(hauteur de la carapace en mm).

Le vecteur moyen $\overline{\mathbf{X}}$, la matrice de covariance **S**, la matrice **U** des cosinus directeurs et la matrice de covariance diagonale **D** des axes principaux sont donnés au tableau 31.4.1 (page suivante). Les matrices **S** et **D** sont multipliées par $10^4$ pour en faciliter la lecture.

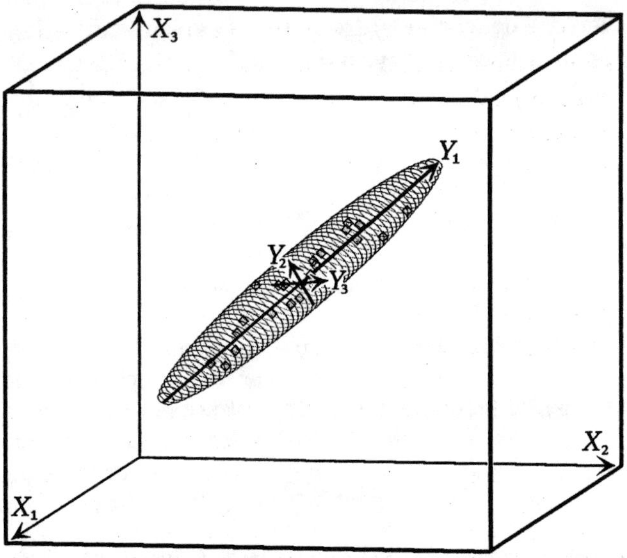


**Figure 31.4.1**
**Composantes principales des logarithmes de la longueur, de la largeur et de la hauteur de la carapace, en mm, de 24 tortues peintes femelles (Jolicoeur et Mosimann, 1960).**

Comme les cosinus directeurs de l'axe majeur, [0,622264 0,484071 0,615193], sont tous positifs, cet axe correspond à une tendance à l'augmentation conjointe (sinon à la diminution conjointe) des trois variables, et la variance correspondante, $d_1 = 671{,}996/10^4$, peut être interprétée, au sens large, comme une mesure de la variation de la grosseur (aussi appelée *taille*; *size* en anglais) des individus. Toutefois, le second cosinus directeur de l'axe majeur des tortues est inférieur aux deux autres, ce qui semble indiquer que la largeur de la carapace augmente moins rapidement que sa longueur et sa hauteur.

**Tableau 31.4.1**
**Vecteur moyen $\overline{\mathbf{X}}$, matrice de covariance S, matrice U des cosinus directeurs et matrice de covariance diagonale D des axes principaux des logarithmes des mesures de 24 tortues peintes femelles.**

$$\overline{\mathbf{X}} = [4{,}90036 \quad 4{,}62291 \quad 3{,}93825]$$

$$10^4\mathbf{S} = \begin{bmatrix} 263{,}910 & 201{,}240 & 254{,}429 \\ 201{,}240 & 161{,}904 & 197{,}819 \\ 254{,}429 & 197{,}819 & 258{,}986 \end{bmatrix}$$

$$\mathbf{U} = \begin{bmatrix} 0{,}622264 & 0{,}484071 & 0{,}615193 \\ -0{,}455179 & -0{,}415619 & 0{,}787447 \\ -0{,}636866 & 0{,}770023 & -0{,}038286 \end{bmatrix}$$

$$10^4\mathbf{D} = \begin{bmatrix} 671{,}996 & 0 & 0 \\ 0 & 7{,}50452 & 0 \\ 0 & 0 & 5{,}30001 \end{bmatrix}$$

Quant aux cosinus directeurs de l'axe intermédiaire et de l'axe mineur, ils n'ont pas tous le même signe, de sorte que les deux derniers axes principaux correspondent à des tendances à l'augmentation de certaines variables mais à la diminution des autres. Ainsi, l'axe intermédiaire oppose la longueur et la largeur à la hauteur, tandis que l'axe mineur, dont le vecteur de cosinus directeurs est voisin de $[-1/\sqrt{2},\ +1/\sqrt{2},\ 0]$, oppose la longueur à la largeur. Les variances $d_2 = 7{,}50452/10^4$ et $d_3 = 5{,}30001/10^4$ peuvent donc être interprétées comme des mesures de la variation de la forme (au sens large).

On constate donc que les cosinus directeurs de chaque axe principal révèlent la nature de la variation tandis que la valeur propre correspondante reflète l'importance de cette variation. L'analyse des intéressantes données de l'exemple ci-dessus sera poursuivie aux sections 31.6 et 31.7, et la question de l'analyse de la variation de la taille et de la forme des organismes (*size* and *shape,* en anglais) sera discutée de façon plus détaillée aux sections 31.5 et 31.8.

En écologie, les variables originales sont souvent des mesures d'abondance de plusieurs espèces et, lorsque les cosinus directeurs du premier axe principal sont tous positifs (ce qui n'est pas toujours le cas), la première composante principale peut être interprétée comme une mesure de l'abondance générale de toutes les espèces. Quant aux autres axes principaux, ils correspondent à des tendances de variation dans la direction desquelles certaines espèces deviennent plus abondantes tandis que d'autres deviennent plus rares.

## Section 31.5: décomposition de la variation totale de plusieurs variables

Comme la diagonalisation d'une matrice de covariance laisse sa trace inchangée (section 24.21), la somme $(d_1 + \ldots + d_q)$ des variances des composantes principales $[Y_1, \ldots Y_q]$ est égale à la somme $(S_1^2 + \ldots + S_q^2)$ des variances des variables originales $[X_1, \ldots X_q]$. On considère pour cette raison la trace de la matrice de covariance **S** (qui est égale à celle de la matrice diagonale **D**) comme une mesure de variation totale des $q$ variables conjointement. Cependant, bien que la variation totale des composantes principales soit égale à celle des variables originales, elle est répartie différemment. En effet, la variance $d_1$ du premier axe principal correspond à une fraction maximale de la variation totale, la variance $d_2$ du second axe principal correspond à une fraction maximale du reste après soustraction de $d_1$ , et ainsi de suite jusqu'à la variance $d_q$ du dernier axe principal, qui est minimale.

Dans certains cas, on préfère appliquer la méthode des composantes principales à la matrice de corrélation, qui est la matrice de covariance des variables réduites (section 24.16), plutôt qu'à la matrice de covariance des variables originales. En effet, les variances des variables réduites sont toutes égales à l'unité et la trace de la matrice de corrélation est égale au nombre $q$ de variables, de sorte que les variables réduites sont sur un pied d'égalité au début d'une analyse en composantes principales.

Les données de Schultz sur la longueur des humérus, radius, fémurs et tibias gauches et droits de 117 hommes et 110 femmes, déjà considérées aux sections 29.4, 29.6 et 30.2, constituent un exemple idéal de la décomposition de la trace de matrices de corrélation ou de covariance, car l'intensité de la symétrie bilatérale dans le squelette des membres humains permet de s'attendre à des relations intelligibles. Les matrices de corrélation sont données au tableau 31.5.1. On constate que les corrélations les plus élevées ($r \geq 0{,}96$) sont celles entre les longueurs des homologues bilatéraux, c'est-à-dire des os correspondants des côtés gauche et droit, comme l'humérus gauche et l'humérus droit, etc.. Pour ce qui est des autres corrélations, elles semblent particulièrement élevées entre les os qui font partie d'un même membre (supérieur par opposition à inférieur) ou qui sont semblablement rapprochés (proximaux) ou éloignés du corps (distaux). Mais il n'est manifestement pas facile de tirer des conclusions claires au sujet d'une telle masse de données numériques.

**Tableau 31.5.1**
**Corrélations des longueurs des humérus, radius, fémurs et tibias gauches et droits chez 117 hommes (au dessus de la diagonale principale) et 110 femmes (en dessous de la diagonale).**

| Humérus gauche | Humérus droit | Radius gauche | Radius droit | Fémur gauche | Fémur droit | Tibia gauche | Tibia droit |
|---|---|---|---|---|---|---|---|
| 1 | 0,964826 | 0,817164 | 0,792966 | 0,794824 | 0,800620 | 0,756549 | 0,773786 |
| 0,971165 | 1 | 0,804800 | 0,806282 | 0,782573 | 0,789134 | 0,725603 | 0,750664 |
| 0,810960 | 0,810033 | 1 | 0,967167 | 0,762217 | 0,749690 | 0,802115 | 0,802965 |
| 0,780147 | 0,807019 | 0,974459 | 1 | 0,764900 | 0,750241 | 0,791873 | 0,802095 |
| 0,846822 | 0,834010 | 0,790756 | 0,775075 | 1 | 0,987566 | 0,862919 | 0,872100 |
| 0,842514 | 0,829157 | 0,783361 | 0,770302 | 0,992904 | 1 | 0,859202 | 0,870762 |
| 0,787713 | 0,762344 | 0,830505 | 0,799288 | 0,911178 | 0,903724 | 1 | 0,982497 |
| 0,790529 | 0,770537 | 0,845622 | 0,816391 | 0,899287 | 0,895226 | 0,986596 | 1 |

On peut se demander si la méthode des composantes principales permettrait de tirer des renseignements plus explicites d'un tel ensemble de quantités variables. Les cosinus directeurs des axes principaux sont donnés au tableau 31.5.2. Comme dans l'exemple de la section précédente, les cosinus directeurs de l'axe majeur sont tous positifs, de sorte que la variance $d_1$ peut être interprétée ici aussi comme une mesure de la variation de la taille au sens large. De plus, les cosinus directeurs du premier axe principal sont tous approximativement égaux à une valeur commune $1/\sqrt{q} = 1/\sqrt{8} = 0{,}353553$ :

$$[+1/\sqrt{8},\ +1/\sqrt{8},\ +1/\sqrt{8},\ +1/\sqrt{8},\ +1/\sqrt{8},\ +1/\sqrt{8},\ +1/\sqrt{8},\ +1/\sqrt{8}].$$

Ceci suggère que, comme on analyse ici une matrice de corrélation, on se trouve à faire abstraction de l'influence de l'ordre de grandeur des variables, qui est reflété par leurs écarts-types, et les longueurs des huit os des membres ont tendance à augmenter (ou à diminuer) conjointement à des taux relatifs égaux.

Bien que les cosinus directeurs des sept autres axes principaux ne soient pas tous positifs, les axes 2, 3 et 4 diffèrent d'une manière importante des axes 5, 6, 7 et 8 : sauf dans le cas de quelques cosinus très voisins de zéro, les cosinus d'homologues bilatéraux (comme l'humérus gauche et l'humérus droit, etc.) ont le même signe sur le deuxième, sur le troisième et sur le quatrième axe mais des signes contraires sur les quatre derniers axes. Ceci révèle que les axes 2, 3 et 4 correspondent à des variations contrastant les os proximaux et distaux des membres supérieurs et inférieurs, mais n'opposant pas les os gauches aux os droits. Au contraire, les axes 5, 6, 7 et 8 opposent les os gauches aux os droits et reflètent donc les fluctuations de la symétrie bilatérale. Les vecteurs de certains axes principaux paraissent reliés de façon frappante aux vecteurs des coefficients de certaines combinaisons linéaires *a priori* considérées à la section 29.6. Ainsi le vecteur des cosinus directeurs du huitième axe principal de chaque échantillon (117 hommes et 110 femmes) est très voisin du vecteur

$$[0,\ 0,\ 0,\ 0,\ -1/\sqrt{2},\ +1/\sqrt{2},\ 0,\ 0],$$

qui oppose la longueur du fémur gauche à celle du fémur droit et est proportionnel au vecteurs des coefficients $[0,\ 0,\ 0,\ 0,\ -1,\ +1,\ 0,\ 0]$ de la troisième combinaison linéaire *a priori* utilisée à la section 29.6. Quant aux vecteurs des cosinus directeurs des axes principaux 5, 6 et 7, ils sont manifestement eux-mêmes proportionnels à des combinaisons linéaires des vecteurs des coefficients des combinaisons 1, 2 et 4 de la section 29.6.

Enfin, pour ce qui est du deuxième, du troisième et du quatrième axe principal, ils correspondent eux aussi à des tendances de variation qui sont relativement faciles à identifier: le deuxième axe principal de chaque échantillon est très voisin du vecteur

$$[+1/\sqrt{8},\ +1/\sqrt{8},\ +1/\sqrt{8},\ +1/\sqrt{8},\ -1/\sqrt{8},\ -1/\sqrt{8},\ -1/\sqrt{8},\ -1/\sqrt{8}],$$

qui oppose les longueurs des os des bras à celles des os des jambes, tandis que les axes 3 et 4 contrastent les longueurs des os proximaux (humérus et fémurs) à celles des os distaux (radius et tibia).

**Tableau 31.5.2**
**Matrices des cosinus directeurs des axes principaux des matrices de corrélation des longueurs des humérus, radius, fémurs et tibias gauches et droits.**

117 hommes

| | | | | | | | |
|---|---|---|---|---|---|---|---|
| +0,350761 | +0,346666 | +0,351103 | +0,349499 | +0,358041 | +0,356999 | +0,355640 | +0,359505 |
| +0,352474 | +0,406032 | +0,339489 | +0,329675 | −0,345730 | −0,350557 | −0,361432 | −0,337504 |
| +0,413679 | +0,429498 | −0,441781 | −0,457548 | +0,234029 | +0,281892 | −0,252312 | −0,204910 |
| +0,279321 | +0,192554 | −0,211790 | −0,285560 | −0,447763 | −0,409401 | +0,447841 | +0,435708 |
| −0,490694 | +0,505353 | −0,504406 | +0,455018 | −0,029699 | −0,023728 | −0,088169 | +0,182080 |
| −0,511235 | +0,484002 | +0,472896 | −0,482014 | −0,050194 | +0,061445 | +0,159126 | −0,129604 |
| +0,024126 | +0,032075 | −0,198286 | +0,166798 | +0,173878 | −0,172300 | +0,650966 | −0,669008 |
| +0,029231 | −0,052423 | −0,063835 | +0,105217 | −0,680721 | +0,684517 | +0,147692 | −0,165815 |

110 femmes

| | | | | | | | |
|---|---|---|---|---|---|---|---|
| +0,349394 | +0,346955 | +0,350053 | +0,343682 | +0,361376 | +0,359703 | +0,357853 | +0,358962 |
| +0,254420 | +0,336594 | +0,391742 | +0,440798 | −0,343060 | −0,351118 | −0,366826 | −0,314127 |
| +0,497756 | +0,487043 | −0,402834 | −0,419979 | +0,161144 | +0,169151 | −0,232384 | −0,260364 |
| +0,284321 | +0,154363 | −0,086930 | −0,276560 | −0,449008 | −0,485666 | +0,410291 | +0,453291 |
| −0,506791 | +0,551927 | −0,511391 | +0,386011 | −0,055229 | −0,034038 | +0,026778 | +0,151951 |
| −0,344269 | +0,307743 | +0,434843 | −0,444508 | −0,011718 | +0,087588 | −0,461579 | +0,423360 |
| −0,321233 | +0,313506 | +0,308312 | −0,285781 | +0,238238 | −0,250052 | +0,498687 | −0,503810 |
| −0,077756 | +0,087600 | +0,092214 | −0,080308 | −0,681320 | +0,641475 | +0,229301 | −0,207512 |

À la suite de l'examen des cosinus directeurs des axes principaux, les valeurs des variances de ces axes sont données dans le tableau 31.5.3, qui fournit une description résumée de la nature et de l'importance relative des tendances de variation correspondantes. Il est étonnant de constater que, bien que les fluctuations de la symétrie bilatérale occupent la moitié (4) du nombre total de dimensions disponibles (8), la somme des variances correspondantes n'est égale qu'à environ 1% de la trace des matrices de corrélation, c'est-à-dire de la variation totale de toutes les variables. Ceci reflète la faiblesse des fluctuations de la symétrie bilatérale dans les longueurs des os des membres humains. Les autres tendances de variation de la forme sont beaucoup plus prononcées car, bien qu'elles n'occupent que trois dimensions, elles rendent compte conjointement d'environ 13% à 14% de la trace. Enfin, la plus forte tendance de variation dans ces échantillons d'organismes adultes est celle de la taille qui, bien qu'elle n'occupe qu'une seule dimension sur huit, correspond à environ 85% de la trace.

**Tableau 31.5.3**
**Nature et importance relative des tendances de variation correspondant aux axes principaux des matrices de corrélation des longueurs des os des bras et des jambes (Jolicoeur, 1963c).**

| | 117 hommes | | 110 femmes | | | |
|---|---|---|---|---|---|---|
| Axe principal | Variance | Pourcentage de la trace | Variance | Pourcentage de la trace | Nature de la variation | |
| 1 | 6,74796 | 84,35 | 6,90646 | 86,33 | Variation de la taille | |
| 2 | 0,547582 | 6,84 | 0,468795 | 5,86 | Contraste des bras et des jambes | Variation de la forme générale (symétrie exclue) |
| 3 | 0,402484 | 5,03 | 0,414908 | 5,19 | Contrastes proximo-distaux | |
| 4 | 0,207246 | 2,59 | 0,141036 | 1,76 | | |
| 5 | 0,046670 | 0,58 | 0,036667 | 0,46 | Contrastes entre homologues bilatéraux | Fluctuations de la symétrie bilatérale |
| 6 | 0,020821 | 0,26 | 0,013312 | 0,17 | | |
| 7 | 0,015715 | 0,20 | 0,012677 | 0,16 | | |
| 8 | 0,011522 | 0,14 | 0,006147 | 0,08 | | |

Alors que l'examen des matrices de corrélation effectué au début de la présente section nous avait appris surtout que les corrélations les plus fortes étaient celles des homologues bilatéraux, l'analyse des composantes principales vient donc de révéler la structure multidimensionnelle de la variation de manière beaucoup plus précise et plus détaillée.

## Section 31.6: les axes principaux de données transformées en logarithmes, et la généralisation multidimensionnelle de l'équation d'allométrie

Les mesures de longueur des os des membres humains analysées aux sections 29.6 et 30.2 et à la section précédente (31.5) n'ont pas été soumises à la transformation logarithmique parce que, lorsque la dispersion rclative est faible, il peut arriver quc l'hypothèse de normalité ne peut être réfutée ni pour la variable originale ni pour son logarithme (fin de la section 16.4). Cela se produit en particulier pour la stature ou pour d'autres mesures linéaires d'organismes adultes appartenant à des espèces où la croissance prend fin longtemps avant le décès de l'individu.

Par souci de simplicité, la distribution normale peut alors être appliquée aux données non transformées. Néanmoins, la distribution de fréquences des données biologiques ressemble généralement davantage à la distribution lognormale qu'à la distribution normale (chapitre 14, et sections 4.3, 4.9, 12.7, 16.4, 19.8, 20.6, 20.7, 22.5, 28.7, 29.7, 29.8 et 30.9). De plus, la transformation logarithmique peut être désirable pour éviter l'obtention de limites de confiance négatives quant aux variables originales, pour linéariser des relations exponentielles ou allométriques, ou pour faciliter l'étude des relations entre des produits ou des quotients de variables à l'aide de combinaisons linéaires *a priori* de leurs logarithmes (section 29.8).

Les composantes principales de données transformées en logarithmes peuvent être interprétées de la même manière générale que celles de données brutes (non transformées), sauf que l'équation de la ligne droite multidimensionnelle correspondant à chaque axe principal est exprimée quant aux logarithmes au lieu des variables originales $X_i$. Ainsi, l'équation de l'axe majeur des logarithmes $Y_i = \log_e(X_i)$ des données est

$$\frac{Y_1 - \overline{Y}_1}{u_{11}} = \ldots = \frac{Y_i - \overline{Y}_i}{u_{1i}} = \frac{Y_j - \overline{Y}_j}{u_{1j}} = \ldots = \frac{Y_q - \overline{Y}_q}{u_{1q}} = Z_1 ,$$

où $Z_1$ désigne la valeur de la première composante principale. Lorsque cette équation est exprimée quand aux variables originales, on obtient

$$\left(\frac{X_1}{G_1}\right)^{\frac{1}{u_{11}}} = \ldots = \left(\frac{X_i}{G_i}\right)^{\frac{1}{u_{1i}}} = \left(\frac{X_j}{G_j}\right)^{\frac{1}{u_{1j}}} = \ldots = \left(\frac{X_q}{G_q}\right)^{\frac{1}{u_{1q}}} = \mathrm{e}^{Z_1},$$

où $G_i = \exp(\overline{Y}_i)$ est la moyenne géométrique de la $i^{\text{ème}}$ variable originale $X_i$. En posant l'égalité de n'importe quelle paire de membres de cette équation multidimensionnelle, on obtient l'équation bidimensionnelle d'une fonction puissance, c'est-à-dire d'une relation d'allométrie (sections 20.7 et 22.5), dont l'*exposant d'allométrie* est $k = u_{1i}/u_{1j}$ :

$$\left(\frac{X_i}{G_i}\right) = \left(\frac{X_j}{G_j}\right)^{\frac{u_{1i}}{u_{1j}}} .$$

Comme les échantillons d'organismes prélevés dans la nature comprennent généralement des individus différant les uns des autres quant à l'âge et à la grosseur, la tendance de variation la plus prononcée des dimensions corporelles est souvent celle de la taille, qui correspond alors approximativement à la première composante principale de la matrice de covariance des données (ici transformées en logarithmes). Il est donc intuitivement raisonnable d'utiliser l'équation du premier axe principal des logarithmes des variables comme une généralisation multidimensionnelle de l'équation d'allométrie.

Au point de vue historique, le premier chercheur qui tenta de découvrir une version multidimensionnelle de l'équation d'allométrie fut le biométricien français Georges Teissier (1900-1972), qui proposa d'abord d'utiliser la version multidimensionnelle de l'axe majeur réduit (section 22.6) des données transformées en logarithmes (Teissier, 1948):

$$\frac{Y_1 - \overline{Y}_1}{s_{Y_1}} = \ldots = \frac{Y_i - \overline{Y}_i}{s_{Y_i}} = \frac{Y_j - \overline{Y}_j}{s_{Y_j}} = \ldots = \frac{Y_q - \overline{Y}_q}{s_{Y_q}} .$$

La détermination de l'axe majeur réduit n'exigeait que le calcul de la moyenne et de l'écart-type du logarithme de chaque variable, une solution certainement avantageuse avant l'ère des ordinateurs électroniques. Cependant, en plus des faiblesses statistiques de la version bidimensionnelle, qui furent découvertes de nombreuses années plus tard (section 22.6; Jolicoeur, 1975, 1990; Kimura, 1992), la version multidimensionnelle de l'axe majeur réduit possède le désavantage qu'elle ne tient pas compte de la valeur des corrélations entre les variables. Dans des travaux ultérieurs, Teissier (1955, 1960, 1961) proposa donc d'employer soit une version multidimensionnelle de la relation structurale bidimensionnelle (section 22.7) soit l'axe majeur de la matrice de corrélation des données transformées en logarithmes. Toutefois la relation structurale multidimensionnelle, qui est apparentée à l'*analyse factorielle* utilisée en psychologie quantitative, souffre du fait que les estimations obtenues pour les variances résiduelles sont fréquemment négatives en pratique (le cas Heywood), alors qu'on suppose en théorie que chaque variable possède sa propre variance. D'autre part, la principale raison invoquée pour préférer l'axe majeur de la matrice de corrélation à celui de la matrice de covariance était d'éviter l'influence des unités de mesure, mais cela n'est pas nécessaire dans le cas des logarithmes des données, car la matrice de covariance des logarithmes est déjà un ensemble de *nombres sans dimensions* (section 22.5). De plus, la distribution des composantes principales est plus simple et mieux connue dans le cas de la matrice de covariance que dans celui de la matrice de corrélation. C'est pourquoi Jolicoeur (1963a) parvint finalement à la conclusion que la manière la plus simple et la plus directe de généraliser l'équation d'allométrie était d'utiliser l'axe majeur de la matrice de covariance des logarithmes.

Il est intéressant d'exprimer quant aux variables originales $X_i$ l'équation de l'axe majeur des logarithmes $Y_i = \log_e(X_i)$ des mesures de la longueur, de la largeur et de la hauteur de la carapace des 24 tortues peintes femelles étudiées à la section 31.4:

$$\left(\frac{X_1}{134{,}338}\right)^{\frac{1}{0{,}622264}} = \left(\frac{X_2}{101{,}790}\right)^{\frac{1}{0{,}484071}} = \left(\frac{X_3}{51{,}3287}\right)^{\frac{1}{0{,}615193}} = e^{Z_1}.$$

Lorsqu'on passe d'une petite tortue (jeune?) à une grosse tortue (âgée?), la longueur $X_1$ paraît donc augmenter plus rapidement que la largeur $X_2$, car elle est proportionnelle à la puissance $0{,}622264/0{,}484071 = 1{,}28548$ de cette dernière, mais elle semble augmenter à la même vitesse que la hauteur $X_3$ par rapport à laquelle son exposant d'allométrie est $0{,}622264/0{,}615193 = 1{,}01149$. L'étude de cet exemple sera poursuivie aux deux prochaines sections (31.7 et 31.8).

## Section 31.7: hypothèses au sujet de la direction des axes principaux

Pour que les proportions des tortues de la section précédente demeurent constantes lorsque leur grosseur augmente, il faudrait que les cosinus directeurs de l'axe majeur de la matrice de covariance des mesures transformées en logarithmes soient tous égaux à une même valeur, $1/\sqrt{q} = 1/\sqrt{3}$ . On doit remarquer que, comme cette affirmation constitue une hypothèse, elle concerne la population statistique plutôt que l'échantillon, et elle doit être formulée quant aux axes principaux paramétriques (section 31.2) au lieu des axes principaux estimés. Cette hypothèse d'*isométrie* (section 20.7) peut donc être formulée quant à toutes les variables conjointement comme suit:

$$H_0\colon\ [v_{11}, v_{12}, v_{13}] = [1/\sqrt{q}, \ldots, 1/\sqrt{q}] = [1/\sqrt{3}, 1/\sqrt{3}, 1/\sqrt{3}]\,.$$

Selon l'hypothèse précédente, tous les exposants d'allométrie du type $(v_{1i}/v_{1j})$ seraient égaux à l'unité, et toutes les variables originales demeureraient proportionnelles à leurs moyennes géométriques, l'équation de l'axe majeur paramétrique (de la population statistique) étant

$$\left(\frac{X_1}{\Gamma_1}\right) = \left(\frac{X_2}{\Gamma_2}\right) = \left(\frac{X_3}{\Gamma_3}\right) ,$$

où $\Gamma_i$ est la moyenne géométrique (paramétrique) de la $i^{\text{ème}}$ variable originale $X_i$.

On pourrait aussi avoir des hypothèses à éprouver au sujet d'autres axes principaux. Supposons par exemple qu'on aurait des raisons théoriques de penser que le rapport $(X_2/X_1)$ de la largeur à la longueur de ces tortues correspondrait à leur tendance de variation la moins prononcée. On pourrait alors s'attendre à ce que la variable $\log_e(X_2/X_1) = (Y_2 - Y_1)$ possède une variance particulièrement faible. Or cette variable est proportionnelle à la coordonnée d'une observation sur l'axe mineur des logarithmes des données si le vecteur des cosinus directeurs de ce dernier est $[-1/\sqrt{2},\ +1/\sqrt{2},\ 0]$. On devrait alors éprouver l'hypothèse

$$\text{H}_0\text{: } [v_{31},\ v_{32},\ v_{33}] = [-1/\sqrt{2},\ +1/\sqrt{2},\ 0] .$$

Pour formuler les choses de façon plus générale, l'équation du $k^{\text{ième}}$ axe principal hypothétique peut être exprimée quant aux variables originales $X_i$ comme ceci lorsque ces dernières sont soumises à la transformation logarithmique avant l'analyse:

$$\left(\frac{X_1}{\Gamma_1}\right)^{\frac{1}{v_{k1}}} = \ldots = \left(\frac{X_i}{\Gamma_i}\right)^{\frac{1}{v_{ki}}} = \left(\frac{X_j}{\Gamma_j}\right)^{\frac{1}{v_{kj}}} = \ldots = \left(\frac{X_q}{\Gamma_q}\right)^{\frac{1}{v_{kq}}} = e^{Z_k} .$$

Par contre, lorsque l'analyse porte sur les variables originales $X_i$ non transformées, l'équation du $k^{\text{ième}}$ axe principal hypothétique est

$$\frac{X_1 - \mu_1}{v_{k1}} = \ldots = \frac{X_i - \mu_i}{v_{ki}} = \frac{X_j - \mu_j}{v_{kj}} = \ldots = \frac{X_q - \mu_q}{v_{kq}} .$$

On peut éprouver des hypothèses au sujet de la direction d'un axe principal à l'aide de critères asymptotiques, utilisables lorsque l'effectif de l'échantillon est grand (disons $N \geq 30$), qui furent développés par Anderson (1963), Kshirsagar (1961) et Mallows (1961). Le critère asymptotique le plus utilisé en pratique est celui d'Anderson (1963), qui suit la distribution de $\chi^2$ de manière approximative:

$$(N-1)\left(d_i \mathbf{v}_i \mathbf{S}^{-1} \tilde{\mathbf{v}}_i + \mathbf{v}_i \mathbf{S} \tilde{\mathbf{v}}_i / d_i - 2\right) \doteq \chi^2_{(q-1)} ,$$

où $\mathbf{v}_i$ est le vecteur des cosinus directeurs du $i^{\text{ème}}$ axe principal hypothétique,

$\mathbf{S}^{-1}$ est l'inverse de la matrice de covariance $\mathbf{S}$ de l'échantillon,

et $d_i$ est la $i^{\text{ème}}$ valeur propre de la matrice $\mathbf{S}$.

L'hypothèse préliminaire que le vecteur des cosinus directeurs du $i^{\text{ème}}$ axe principal est $\mathbf{v}_i$ peut être acceptée si

$$(N-1)\left(d_i \mathbf{v}_i \mathbf{S}^{-1} \tilde{\mathbf{v}}_i + \mathbf{v}_i \mathbf{S} \tilde{\mathbf{v}}_i / d_i - 2\right) \leq \chi^2_{(1-\alpha;\, q-1)} .$$

Après avoir été employé la première fois par Jolicoeur (1963b) dans le contexte de l'allométrie, le critère d'Anderson fut utilisé pour obtenir un intervalle de confiance asymptotique (applicable aux grands échantillons) pour la pente de l'axe majeur d'une distribution normale bidimensionnelle (Jolicoeur, 1965).

Un intervalle de confiance bidimensionnel applicable aux petits échantillons fut obtenu par la suite (Jolicoeur, 1968; Jolicoeur et Mosimann, 1968) à partir du principe selon lequel la corrélation entre les coordonnées des observations sur l'axe majeur et l'axe mineur hypothétiques ne doit pas différer significativement de zéro (section 22.3). La version multidimensionnelle du critère correspondant à cet intervalle de confiance bidimensionnel a finalement été découverte indépendamment par Vaughton (1970, thèse de maîtrise non publiée) et Jolicoeur (1984), ce dernier ayant montré que

$$(N-q)\left(\mathbf{v}_i \mathbf{S}\tilde{\mathbf{v}}_i\, \mathbf{v}_i \mathbf{S}^{-1}\tilde{\mathbf{v}}_i - 1\right)/(q-1) = F_{(q-1,\,N-q)}\,.$$

Ce critère applicable aux petits échantillons correspond à l'épreuve de l'hypothèse de nullité du coefficient de corrélation multiple paramétrique entre les coordonnées des observations sur l'axe principal hypothétique et sur les $(q-1)$ autres axes principaux, qui n'ont pas besoin d'être spécifiés. L'hypothèse préliminaire que le vecteur $\mathbf{v}_i$ est le vecteur des cosinus directeurs de l'un des axes principaux peut être acceptée si

$$(N-q)\left(\mathbf{v}_i \mathbf{S}\tilde{\mathbf{v}}_i\, \mathbf{v}_i \mathbf{S}^{-1}\tilde{\mathbf{v}}_i - 1\right)/(q-1) \leq F_{(1-\alpha;\,q-1,\,N-q)}\,.$$

Contrairement au critère asymptotique d'Anderson (1963), le critère applicable aux petits échantillons n'associe pas le vecteur hypothétique $\mathbf{v}_i$ à l'une des valeurs propres, $d_i$, de la matrice de covariance de l'échantillon, et ne permet donc pas de spécifier de quel axe principal il s'agit. En pratique, il est toutefois souvent possible de voir à quel axe principal $\mathbf{u}_i$ de l'échantillon correspond l'axe principal hypothétique $\mathbf{v}_i$ en évaluant l'angle $f$ entre les deux à l'aide du cosinus

$$\cos(f) = \mathbf{v}_i\, \tilde{\mathbf{u}}_i$$

et en s'assurant que cet angle n'est pas trop grand (disons $f \leq 20°$). Étant donné leurs différences, le critère d'Anderson (1963) et le critère applicable aux petits échantillons peuvent être utilisés tous deux avec avantage au cours d'une même analyse, car ils se complètent plus qu'ils ne se remplacent. Pour éprouver des hypothèses quant à plusieurs axes principaux simultanément, James (1977) et Tyler (1981) ont développé des méthodes plus complexes, qui seront sans doute moins souvent utiles aux biologistes. Quand on considère tous les axes principaux conjointement, on peut éprouver l'hypothèse que leur matrice de corrélation est une matrice unité (section 29.4).

Dans l'exemple des 24 tortues peintes femelles déjà considérées aux sections 31.4 et 31.6, l'hypothèse d'isométrie, suivant laquelle le vecteur des cosinus directeurs de l'axe majeur serait $\mathbf{v}_1 = [1/\sqrt{3}\,, 1/\sqrt{3}\,, 1/\sqrt{3}\,]$, doit être rejetée aussi bien avec le critère applicable aux petits échantillons ($F_{(2,\;21)} = 14{,}7864$, $P < 0{,}0005$) qu'avec le critère d'Anderson ($\chi^2_{(2)} = 32{,}7863$, $P < 0{,}0005$). Il paraît donc démontré que les proportions des tortues peintes femelles changent lorsque leur taille augmente. D'autre part, l'hypothèse que le vecteur $\mathbf{v}_3 = [-1/\sqrt{2}\,, +1/\sqrt{2}\,,\ 0\,]$ est le vecteur des cosinus directeurs de l'axe mineur doit elle aussi être rejetée ($F_{(2,\,21)} = 12{,}3911$, $P < 0{,}0005$; $\chi^2_{(2)} = 27{,}4105$, $P < 0{,}0005$), de sorte qu'il n'y a pas lieu de penser que le simple rapport de la largeur à la longueur de la carapace corresponde à la tendance de variation la moins prononcée.

Tirons un second exemple de l'étude d'un échantillon de 68 martres d'Amérique mâles (appendice D; Jolicoeur, 1984). Les variables considérées ici sont

$$Y_1 = \log_e(X_1) = \log_e(\text{longueur du crâne en mm}),$$

$$Y_2 = \log_e(X_2) = \log_e(\text{longueur de l'humérus en mm}),$$

$$Y_3 = \log_e(X_3) = \log_e(\text{longueur du fémur en mm}).$$

Les composantes principales sont représentées dans la figure 31.7.1, tandis que le tableau 31.7.1 contient le vecteur moyen $\overline{\mathbf{Y}}$ , la matrice de covariance **S**, la matrice **U** des cosinus directeurs des axes principaux et la forme diagonale **D** de la matrice de covariance.

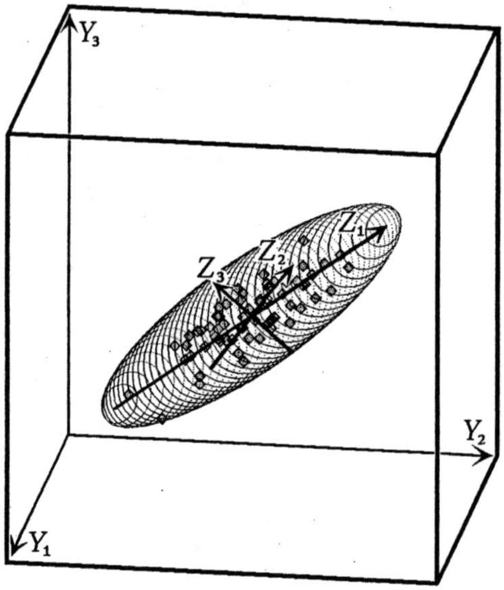


**Figure 31.7.1**
**Composantes principales des logarithmes de la longueur du crâne, de l'humérus et du fémur, en mm, dans un échantillon de 68 martres d'Amérique mâles (Jolicoeur, 1984).**

**Tableau 31.7.1**
**Vecteur moyen $\overline{\mathbf{Y}}$, matrice de covariance S, matrice U des cosinus directeurs et matrice de covariance diagonale D des axes principaux de données transformées en logarithmes d'un échantillon de 68 martres mâles.**

| | |
|---|---|
| $\overline{\mathbf{Y}} = [4{,}36919 \quad 4{,}16006 \quad 4{,}25933]$ | $10^4\mathbf{S} = \begin{bmatrix} 5{,}28200 & 4{,}03648 & 3{,}98936 \\ 4{,}03648 & 6{,}95118 & 6{,}19409 \\ 3{,}98936 & 6{,}19409 & 6{,}99730 \end{bmatrix}$ |
| $\mathbf{U} = \begin{bmatrix} 0{,}463356 & 0{,}626388 & 0{,}626848 \\ -0{,}885872 & 0{,}309013 & 0{,}346036 \\ 0{,}023049 & -0{,}715646 & 0{,}698083 \end{bmatrix}$ | $10^4\mathbf{D} = \begin{bmatrix} 16{,}1357 & 0 & 0 \\ 0 & 2{,}31568 & 0 \\ 0 & 0 & 0{,}779092 \end{bmatrix}$ |

L'hypothèse d'isométrie pourrait ici à peine être rejetée avec le critère d'Anderson ($\chi^2_{(2)} = 6{,}09488$, $P \leq 0{,}05$) mais peut être conservée avec le critère applicable aux petits échantillons ($F_{(2,\ 65)} = 2{,}90394$, $P > 0{,}05$). Cette analyse ne démontre donc pas de différences de forme concluantes entre les petites et les grosses martres mâles.

Dans le cas de l'axe mineur, d'autre part, on a des raisons *a priori* de poser l'hypothèse

$$H_0:\ \mathbf{v}_3 = [\ 0,\ -1/\sqrt{2},\ +1/\sqrt{2}\ ],$$

car le rapport de la longueur du fémur à celle de l'humérus devrait être plus critique que les rapports de chacune de ces deux variables à la longueur du crâne pour ce qui est de l'efficacité de la locomotion. Au cours de l'évolution, la sélection naturelle devrait donc avoir particulièrement réduit la variabilité de la variable $\log_e(X_3/X_2) = (Y_3 - Y_2)$, qui est proportionnelle à la coordonnée d'une observation sur le vecteur hypothétique $\mathbf{v}_3$. Or l'axe mineur observé dans l'échantillon, $\mathbf{u}_3 = [0{,}023049,\ -0{,}715646,\ +0{,}698083\ ]$, est très voisin de l'axe mineur hypothétique $\mathbf{v}_3$ avec lequel il fait un angle très faible, $f = 1{,}50025°$, et l'hypothèse $H_0$ est acceptable aussi bien avec le critère d'Anderson ($\chi^2_{(2)} = 0{,}060228$, $P > 0{,}05$) qu'avec le critère applicable aux petits échantillons ($F_{(2,\ 65)} = 0{,}029195$, $P > 0{,}05$). L'hypothèse selon laquelle le rapport de la longueur du fémur à celle de l'humérus aurait une variabilité minimale est donc compatible avec les données.

## Section 31.8 : l'analyse de la variation de la taille et de la forme

La question de l'analyse de la variation de la taille et de la forme a été considérée par plusieurs auteurs, dont Mosimann (1970), Sprent (1972), et Darroch et Mosimann (1985). Lorsque les cosinus directeurs de l'axe majeur de la matrice de covariance **S** des logarithmes des données de l'échantillon sont tous positifs, la coordonnée $Z_1$ d'une observation sur cet axe peut être interprétée comme une *mesure de taille* (ou *variable de taille*, *size variable* en anglais):

$$Z_1 = u_{11}(Y_1 - \overline{Y}_1) + \ldots + u_{1q}(Y_q - \overline{Y}_q) = \log_e[(X_1/G_1)^{u_{11}} \times \ldots \times (X_q/G_q)^{u_{1q}}]\ .$$

Quand, par surcroît, l'hypothèse d'isométrie $H_0:\ \mathbf{v}_1 = [1/\sqrt{q}\ ,\ \ldots\ ,\ 1/\sqrt{q}]$ est acceptable, on peut définir la variable de taille quant aux paramètres de la population statistique comme suit

$$Z_1 = (Y_1 - \mu_1)/\sqrt{q} + \ldots + (Y_q - \mu_q)/\sqrt{q} = \log_e[(X_1/\Gamma_1) \times \ldots \times (X_q/\Gamma_q)]^{(1/\sqrt{q})}\ .$$

La définition précédente fait toutefois appel aux moyennes géométriques $\Gamma_1, \ldots \Gamma_q$ de la population, qui sont généralement inconnues, de sorte que, en pratique, on utilisera plutôt

$$Z_1 = (Y_1 - \overline{Y}_1)/\sqrt{q} + \ldots + (Y_q - \overline{Y}_q)/\sqrt{q} = \log_e[(X_1/G_1) \times \ldots \times (X_q/G_q)]^{(1/\sqrt{q})}\ .$$

Bien que la variable de taille $Z_1$ ci-dessus soit apparentée à la moyenne géométrique des variables considérée par Mosimann (1970),

$$\sqrt[q]{\prod_{i=1}^{q} X_i} = \exp[\log_e(X_1 \times \ldots \times X_q)^{(1/q)}]\ ,$$

elle en diffère de trois manières importantes:

(1) la variable de taille $Z_1$ est exprimée en échelle logarithmique plutôt qu'arithmétique, afin de tenir compte du fait que la distribution de fréquences des données biologiques ressemble plus souvent à la distribution lognormale qu'à la distribution normale;
(2) comme chaque variable originale $X_i$ est divisée par sa moyenne géométrique $G_i$ ou $\Gamma_i$ dans le calcul de la variable $Z_1$, cette dernière est un nombre pur, indépendant des changements linéaires d'unités de mesure; les variables peuvent donc être mesurées ici avec des unités différentes même si elles doivent avoir la même nature (Mosimann, 1970, page 931; ne pas mêler des longueurs avec des surfaces, des volumes ou des masses);
(3) l'exposant de chacune des variables originales $X_i$ ou de leur produit est $(1/\sqrt{q})$ au lieu de $(1/q)$ comme dans la moyenne géométrique, ce qui rend la longueur du vecteur $\mathbf{v}_1 = [1/\sqrt{q}\,, \ldots\,, 1/\sqrt{q}]$ égale à l'unité, permet d'employer la même échelle de mesure pour la variable $Z_1$ que pour les variables de forme $[Z_2\,, \ldots\, Z_q]$ dont les axes de coordonnées lui sont perpendiculaires, et rend la variance de la variable $Z_1$ comparable aux variances des autres variables.

Bien que l'axe majeur de la matrice de covariance des données transformées en logarithmes demeure sans doute la meilleure façon de généraliser l'équation d'allométrie (voir la discussion de Shea, 1985), le lecteur doit se garder de penser que la variation de la taille et de la forme est toujours facile à analyser de manière satisfaisante. Dans son important travail de 1970, Mosimann a souligné que la taille peut être mesurée de nombreuses façons différentes et que, en théorie, la forme ne peut être indépendante que d'une seule variable de taille. Parmi les mesures de taille possibles, il y a bien sûr la variable $Z_1$ définie ci-dessus, ainsi que la moyenne géométrique des variables qui lui est apparentée, mais il y a aussi la somme $(X_1 + \ldots + X_q)$ des variables observées ou d'une partie d'entre elles, la racine carrée de la somme de leurs carrés, $\sqrt{(X_1^2 + \ldots + X_q^2)}$, l'une ou l'autre des variables originales $X_i$ ou son logarithme $Y_i$, etc., etc. . L'une ou l'autre de ces variables de taille peut s'avérer préférable suivant la nature du problème étudié. Bien que, en théorie, la forme ne puisse être indépendante que d'une seule variable de taille, en pratique, comme l'a souligné Mosimann (1970, pages 931-932), l'association de la forme avec la taille est sûrement moins discutable lorsqu'elle demeure concluante même lorsque la taille est définie de plusieurs façons différentes.

Afin de rendre la présente discussion plus concrète, deux exemples problématiques sont illustrés aux figures 31.8.1 et 31.8.2. La figure 31.8.1 représente le cas où la direction de l'axe majeur coïncide avec celle de la *droite d'isométrie* (aussi appelée *droite équiangulaire*, parce qu'elle fait des angles égaux avec les axes de coordonnées de toutes les variables), représentée par un trait mince. L'hypothèse d'isométrie serait donc acceptée si on utilise la coordonnée $Z_1$ sur l'axe majeur comme variable de taille. Au contraire, si la corrélation est imparfaite et si l'effectif de l'échantillon est assez grand, l'hypothèse d'isométrie pourrait être rejetée si on utilise l'une des variables transformées $Y_1$ ou $Y_2$ comme mesure de taille, car cela revient à utiliser la droite d'estimation $Y_2.Y_1$ de $Y_2$ à partir de $Y_1$ ou celle $(Y_1.Y_2)$ de $Y_1$ à partir de $Y_2$. De plus, la conclusion tirée en utilisant $Y_1$ comme variable de taille ($Y_2$ négativement allométrique) contredirait la conclusion tirée en utilisant $Y_2$ ($Y_2$ positivement allométrique)! – Dans un tel cas, où les variables observées $Y_1$ et $Y_2$ montrent une corrélation clairement positive, il y a peu de doute que la coordonnée $Z_1$ sur l'axe majeur constitue une variable de taille plus satisfaisante que $Y_1$ ou $Y_2$ .

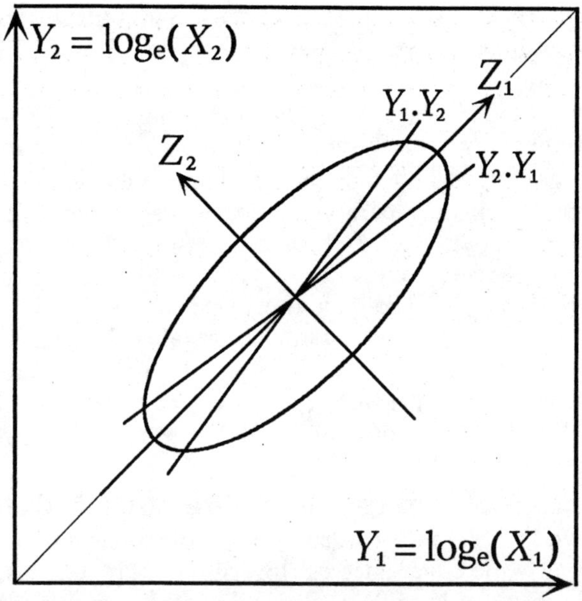


**Figure 31.8.1**
**L'hypothèse d'isométrie peut être acceptable si on utilise l'axe majeur mais inacceptable si on utilise les droites d'estimation ordinaires ($Y_2.Y_1$ ou $Y_1.Y_2$), ce qui revient à utiliser le logarithme de l'une ou l'autre des variables originales comme variable de taille.**

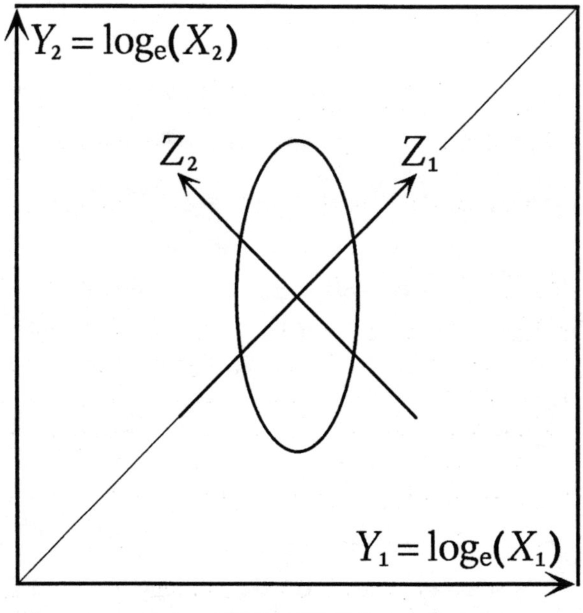


**Figure 31.8.2**
**Même lorsqu'il n'y a aucune corrélation entre les logarithmes $Y_1 = \log_e(X_1)$ et $Y_2 = \log_e(X_2)$ des variables originales, il peut y avoir une forte corrélation entre la variable de taille $Z_1 = (Y_1 + Y_2)/\sqrt{2}$ et la variable de forme $Z_2 = (Y_2 - Y_1)/\sqrt{2}$.**

D'autre part, la figure 31.8.2 illustre un cas où il n'y a aucune corrélation entre les variables transformées $Y_1$ et $Y_2$ mais où l'une de ces deux variables ($Y_2$) varie beaucoup plus fortement que l'autre. Si on utilise la coordonnée $Z_1 = (Y_1 + Y_2)/\sqrt{2}$ sur la droite d'isométrie comme variable de taille et la coordonnée $Z_2 = (Y_2 - Y_1)/\sqrt{2}$ sur l'axe perpendiculaire comme variable de forme, la taille et la forme montrent une forte corrélation positive. Et pourtant, en l'absence de corrélation entre les variables observées $Y_1$ et $Y_2$, il semble manifestement incorrect de considérer la variable $Y_2$ comme positivement allométrique! – Évidemment, dans un cas aussi extrême que celui qui est illustré à la figure 31.8.2, le chercheur qui utiliserait l'axe majeur éviterait de parler d'allométrie, vu que l'hypothèse que l'axe majeur est vertical, qui correspond à l'absence de relation entre les variables observées, serait acceptable. Néanmoins, si on utilise la coordonnée $Z_1$ sur la droite d'isométrie comme variable de taille, une variable observée $Y_2$ qui possède une forte variance mais qui n'est pas fortement associée aux autres variables pourrait occasionnellement avoir tendance à être interprétée incorrectement comme positivement allométrique.

## Section 31.9 : la méthode des corrélations entre variables de taille et de forme

Lorsqu'on éprouve le besoin de confirmer les indications d'allométrie fournies par l'axe majeur de la matrice de covariance des logarithmes des données, on peut vérifier si l'association entre la forme et la taille continue de paraître concluante même quand on définit la taille différemment. Dans le cas des 24 tortues peintes femelles considérées aux sections 31.4, 31.6 et 31.7, par exemple, on peut calculer la matrice de corrélation (tableau 31.9.1) entre les variables suivantes:

$$Y_1 = \log_e(X_1) = \log_e(\text{longueur de la carapace en mm}),$$

$$Y_2 = \log_e(X_2) = \log_e(\text{largeur de la carapace en mm}),$$

$$Y_3 = \log_e(X_3) = \log_e(\text{hauteur de la carapace en mm}),$$

$$Y_4 = \log_e(X_2 - X_1) = \log_e(\text{largeur/longueur}),$$

$$Y_5 = \log_e(X_3 - X_1) = \log_e(\text{hauteur/longueur}).$$

**Tableau 31.9.1**
**Matrice de corrélation de trois variables de taille ($Y_1$, $Y_2$ et $Y_3$) et deux variables de forme ($Y_4$ et $Y_5$) chez 24 tortues peintes femelles.**

$$[r_{ij}] = \begin{bmatrix} 1 & +0{,}973545 & +0{,}973198 & -0{,}798595 & -0{,}155765 \\ +0{,}973545 & 1 & +0{,}966050 & -0{,}639943 & -0{,}071756 \\ +0{,}973198 & +0{,}966050 & 1 & -0{,}728201 & +0{,}075573 \\ -0{,}798595 & -0{,}639943 & -0{,}728201 & 1 & +0{,}334823 \\ -0{,}155765 & -0{,}071756 & +0{,}075573 & +0{,}334823 & 1 \end{bmatrix}$$

Les variables $Y_1$, $Y_2$ et $Y_3$ sont les logarithmes des dimensions de la carapace, dont nous avons déjà considéré les composantes principales, mais qui seront prises ici chacune à son tour comme variable de taille. Les variables $Y_4$ et $Y_5$ sont les logarithmes des quotients de la largeur et de la hauteur par la longueur de la carapace, deux variables de forme.

On constate que, quelle que soit la variable de taille choisie ($Y_1$, $Y_2$ ou $Y_3$), sa corrélation avec $Y_4$ est négative et diffère significativement de 0 ($P < 0{,}001$), mais il n'en est pas de même avec $Y_5$ ($P > 0{,}05$). Les indications fournies par l'axe majeur aux sections 31.4, 31.6 et 31.7, selon lesquelles la largeur paraît augmenter moins rapidement que la longueur et la hauteur de la carapace, sont donc confirmées.

Il est intéressant de réexaminer aussi l'exemple des 68 martres d'Amérique mâles considérées à la section 31.7. Le tableau 31.9.2 donne les corrélations entre les cinq variables suivantes:

$$Y_1 = \log_e(X_1) = \log_e(\text{longueur du crâne en mm}),$$

$$Y_2 = \log_e(X_2) = \log_e(\text{longueur de l'humérus en mm}),$$

$$Y_3 = \log_e(X_3) = \log_e(\text{longueur du fémur en mm}),$$

$$Y_4 = \log_e(X_2 - X_1) = \log_e(\text{longueur de l'humérus/longueur du crâne}),$$

$$Y_5 = \log_e(X_3 - X_1) = \log_e(\text{longueur du fémur/longueur du crâne}).$$

**Tableau 31.9.2**
**Matrice de corrélation de trois variables de taille ($Y_1$, $Y_2$ et $Y_3$) et deux variables de forme ($Y_4$ et $Y_5$) chez 68 martres d'Amérique mâles.**

$$[r_{ij}] = \begin{bmatrix} 1 & +0{,}666154 & +0{,}656204 & -0{,}265701 & -0{,}271216 \\ +0{,}666154 & 1 & +0{,}888144 & +0{,}542008 & +0{,}394621 \\ +0{,}656204 & +0{,}888144 & 1 & +0{,}408632 & +0{,}548327 \\ -0{,}265701 & +0{,}542008 & +0{,}408632 & 1 & +0{,}815698 \\ -0{,}271216 & +0{,}394621 & +0{,}548327 & +0{,}815698 & 1 \end{bmatrix}$$

Les variables $Y_1$, $Y_2$ et $Y_3$ sont les logarithmes des longueurs du crâne, de l'humérus et du fémur, qui seront utilisées ici à tour de rôle comme variables de taille, tandis que les variables $Y_4$ et $Y_5$ sont les logarithmes des quotients de la longueur de l'humérus et de celle du fémur par la longueur du crâne, deux variables de forme. Contrairement à ce que nous avions trouvé chez les tortues, les variables de forme sont corrélées significativement avec toutes les variables de taille (à un seuil allant de $\alpha = 0{,}05$ à $\alpha = 0{,}001$), mais ces corrélations sont négatives lorsque la variable de taille est le logarithme de la longueur du crâne tandis qu'elles sont positives lorsque la variable de taille est le logarithme de la longueur de l'humérus ou de celle du fémur. La longueur des os des membres paraît donc positivement ou négativement allométrique suivant la variable de taille utilisée. Étant donné ces discordances, l'association de la taille et de la forme paraît douteuse, et il semble prudent de conserver l'hypothèse d'isométrie jusqu'à ce qu'on obtienne des indications concordantes. La présente méthode, qu'on pourrait appeler la *méthode des corrélations entre variables de taille et de forme,* confirme donc ici aussi la conclusion tirée à l'aide des composantes principales, car l'hypothèse d'isométrie a également été retenue lorsque le critère applicable aux petits échantillons a été utilisé pour l'axe majeur des mêmes données à la section 31.7. .

## Section 31.10 : axes principaux de données hétérogènes

Bien que la théorie des composantes principales suppose une seule population statistique homogène et normale, la méthode est néanmoins souvent utilisée aussi en pratique lorsque la forme de la distribution n'est pas connue avec précision ou lorsque les données proviennent possiblement de plusieurs populations inconnues. La figure 31.10.1 illustre les diagrammes de dispersion des trois premières composantes principales des données de Rawson (1960), déjà prises comme exemple à la section 30.9.

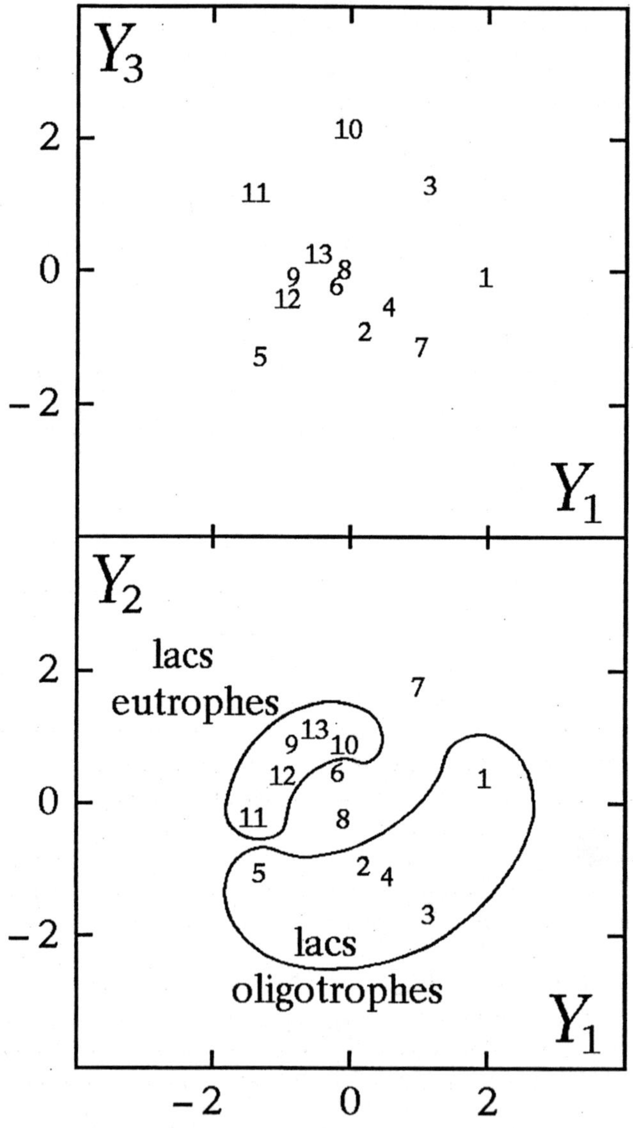


**Figure 31.10.1**
**Diagrammes de dispersion des coordonnées sur leurs trois premiers axes principaux de lacs de la Saskatchewan étudiés par Rawson (1960).**

La localisation géographique des treize lacs (ou parties de lacs) de la province de Saskatchewan étudiés par Rawson (1960) est précisée au tableau 31.10.1. Parmi les caractéristiques physiques, chimiques et biologiques déterminées par Rawson (1960), les variables suivantes sont retenues dans la présente analyse:

$X_1$ = Profondeur moyenne du lac en m,

$X_2$ = Température moyenne des eaux superficielles (de 0 à 10 m) en juillet et août,

$X_3$ = $\log_e$(Masse sèche de plancton en kg/ha),

$X_4$ = $\log_e$(Masse sèche de benthos en kg/ha),

$X_5$ = $\log_e$(Masse moyenne de poissons capturés par filet standard, en kg/filet).

**Tableau 31.10.1**
**Localisation géographique de treize lacs (ou parties de lacs) de la province de Saskatchewan étudiés par Rawson (1960).**

| Numéro | Nom | Longitude | Latitude | Substratum géologique |
|---|---|---|---|---|
| 1 | Athabasca | 110° ouest | 59° nord | affleurements rocheux précambriens du *Bouclier canadien* |
| 2 | Cree | 107° ouest | 57° nord | |
| 3 | Wollaston | 103° ouest | 58° nord | |
| 4 | Reindeer | 102° ouest | 57° nord | |
| 5 | Frobisher | 108° ouest | 57° nord | |
| 6 | La Ronge | 105° ouest | 55° nord | à la limite du *Bouclier canadien* et des dépôts glaciaires |
| 7 | Hunter Bay | 104° ouest | 55° nord | |
| 8 | Amisk | 102° ouest | 54° nord | |
| 9 | Churchill | 108° ouest | 56° nord | dépôts glaciaires situés au sud du *Bouclier canadien* |
| 10 | Big Peter Pond | 109° ouest | 56° nord | |
| 11 | Little Peter Pond | 108° ouest | 56° nord | |
| 12 | Île à la Crosse | 108° ouest | 56° nord | |
| 13 | Waskesiu | 107° ouest | 54° nord | |

Bien que les cinq premiers lacs soient situés sur des affleurements rocheux du *Bouclier canadien,* et les cinq derniers plus au sud sur des dépôts glaciaires, il ne serait pas nécessairement justifiable de classifier ces treize étendues d'eau en catégories distinctes dès le début de l'analyse, car le substratum géologique est hétérogène même sur le *Bouclier canadien.* Ainsi, Rawson (1960) a noté que, tandis que les lacs Wollaston et Reindeer sont entourés de crêtes granitiques, le lac Cree est situé sur un plateau de grès. De plus, bien que la rive nord du lac Athabasca soit granitique, la rive sud en est sablonneuse. Il semble donc préférable de considérer cet échantillon de lacs initialement comme faisant partie d'un continuum. Si les divers lacs appartiennent en fait à des catégories suffisamment différentes, la variation *intergroupes* devrait transparaître au cours de l'analyse même si l'échantillon est traité comme provenant d'une seule population homogène.

Afin d'éviter que d'éventuelles disparités des variances $d_1, d_2, \ldots d_q$ déforment de manière excessive les diagrammes de dispersion des composantes principales, ces dernières sont utilisées sous leur forme réduite, $\mathbf{Y} = \mathbf{D}^{-1/2}\,\mathbf{U}(\mathbf{X}-\bar{\mathbf{X}})$, c'est-à-dire

$$\begin{bmatrix} Y_1 \\ Y_2 \\ \cdots \\ Y_q \end{bmatrix} = \begin{bmatrix} 1/\sqrt{d_1} & 0 & \cdots & 0 \\ 0 & 1/\sqrt{d_2} & \cdots & 0 \\ \cdots & \cdots & \cdots & \cdots \\ 0 & 0 & \cdots & 1/\sqrt{d_q} \end{bmatrix} \begin{bmatrix} u_{11} & u_{12} & \cdots & u_{1q} \\ u_{21} & u_{22} & \cdots & u_{2q} \\ \cdots & \cdots & \cdots & \cdots \\ u_{q1} & u_{q2} & \cdots & u_{qq} \end{bmatrix} \begin{bmatrix} (X_1 - \overline{X}_1) \\ (X_2 - \overline{X}_2) \\ \cdots \\ (X_q - \overline{X}_q) \end{bmatrix} .$$

L'examen du diagramme de dispersion des composantes principales $Y_1$ et $Y_2$ (figure 31.10.1, bas) montre que les lacs du numéros 1 à 5 sont situés en dessous et à droite des lacs numéros 9 à 13, tandis que les lacs numéros 6 à 8 occupent une position intermédiaire. Par contre, les trois groupes de lacs sont moins bien séparés les uns des autres dans le diagramme de dispersion des composantes $Y_1$ et $Y_3$ (figure 31.10.1, haut). Le diagramme de dispersion des deux premières composantes principales (figure 31.10.1, bas) est intéressant parce qu'il fournit une vue synthétique des données basée sur les cinq variables originales $[X_1, X_2, \ldots X_5]$ conjointement.

On doit toutefois souligner que, dans le cas des présentes données, certains diagrammes de dispersion des variables originales sont au moins aussi révélateurs, et plus faciles à interpréter, que ceux des composantes principales. Ainsi, le diagramme de dispersion de la profondeur moyenne $X_1$ et de la température estivale moyenne des eaux superficielles $X_2$ montre que, bien que le lac Frobisher (numéro 5) soit situé sur le *Bouclier canadien,* il ressemble, par sa faible profondeur moyenne et par la température estivale moyenne élevée de ses eaux superficielles, aux lacs situés sur les dépôts glaciaires (figure 31.10.2). Cependant, le diagramme de dispersion des logarithmes des masses sèches par hectare de benthos ($X_3$) et de plancton ($X_4$) suggère que le lac Frobisher (numéro 5) ressemble néanmoins aux autres lacs situés sur le *Bouclier canadien* par sa faible productivité (figure 31.10.3). Toutefois, contrairement à celle des lacs numéros 1 à 4, la faible productivité du lac Frobisher pourrait être due au moins partiellement à la faible transparence de ses eaux (Rawson, 1960, pages 202-203).

La forte corrélation négative entre la profondeur moyenne et la température estivale moyenne des eaux superficielles (figure 31.10.2; $r = -0{,}834638$, $P < 0{,}001$) est intéressante parce qu'elle reflète le fait que les eaux superficielles (*l'épilimnion*) sont généralement plus difficiles à réchauffer dans un lac dont la profondeur moyenne est plus forte, non seulement parce que les eaux profondes (*l'hypolimnion*) y constituent un réservoir de froid plus important mais aussi parce que la stratification thermique (*la thermocline*) a tendance à y être plus stable. Les limnologistes expliquent de plus qu'un lac profond tend à être peu productif parce que les éléments minéraux libérés par la décomposition bactérienne des débris animaux et végétaux ont tendance à demeurer une grande partie de l'année dans les eaux profondes et sont d'autant moins disponibles pour fertiliser les eaux superficielles. En somme, on retrouve ici la théorie limnologique qui sert de base à la classification des lacs *oligotrophes, mésotrophes* et *eutrophes,* dont la productivité est respectivement faible, moyenne et forte.

Au point de vue méthodologique, on doit enfin remarquer que le degré de chevauchement des trois groupes de lacs est moindre lorsqu'on considère les variables originales $X_3$ et $X_4$ conjointement (figure 31.10.3) qu'il ne l'est dans le diagramme de dispersion des deux premières composantes principales (figure 31.10.1). Nous verrons aux chapitres 32 et 33 que, lorsqu'on a des raisons *a priori* de soupçonner que deux ou plusieurs groupes d'observations multidimensionnelles proviennent de populations statistiques différentes, les fonctions discriminantes sont généralement plus efficaces que les composantes principales pour séparer ces groupes les uns des autres.

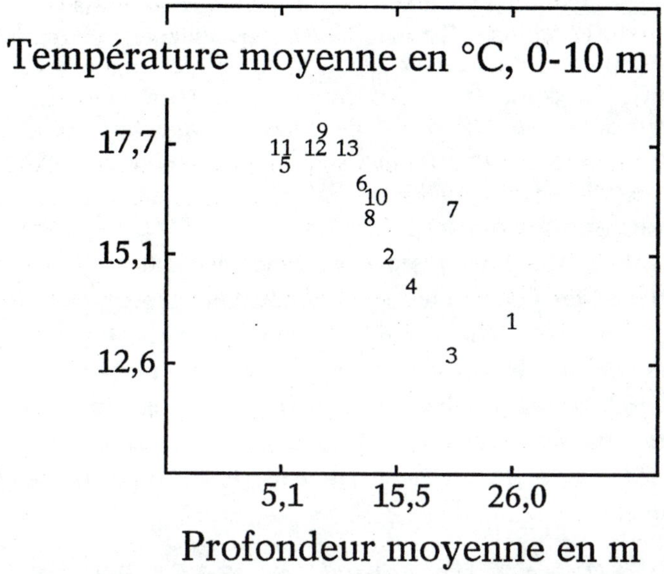


**Figure 31.10.2**
**Diagramme de dispersion de la profondeur moyenne en m et de la température estivale moyenne en °C des eaux superficielles (de 0 à 10m) de lacs de la Saskatchewan étudiés par Rawson (1960).**

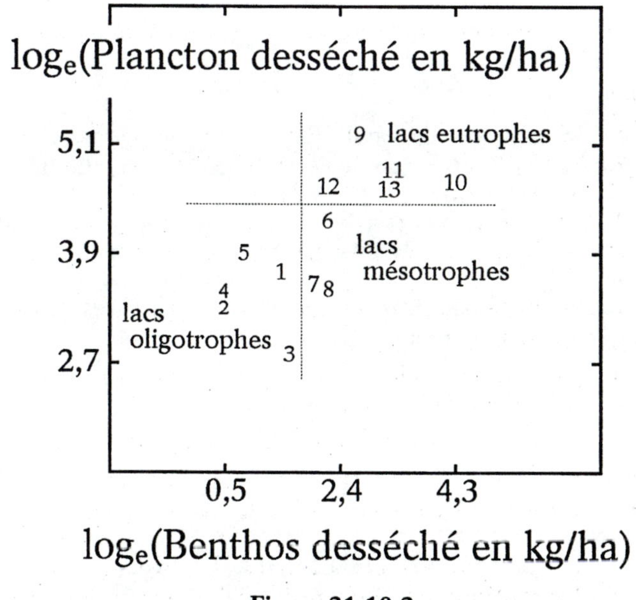


**Figure 31.10.3**
**Diagramme de dispersion des logarithmes des masses sèches par hectare de benthos et de plancton dans des lacs de la Saskatchewan étudiés par Rawson (1960).**

Dans l'étude d'une collection hétérogène de spécimens de poissons du genre *Etheostoma* provenant de la région d'Ottawa, McAllister, Jolicoeur et Tsuyuki (1972) ont montré que la distribution de fréquences de la première composante principale d'un ensemble de variables comprenant des caractères qualitatifs et des caractères méristiques était significativement trimodale. Ceci suggère que la population échantillonnée contenait des hybrides naturels en plus des spécimens appartenant aux espèces parentes *Etheostoma nigrum* et *Etheostoma olmstedi.*

## Section 31.11 : considérations mathématiques

Le fait que les combinaisons linéaires des variables originales qui possèdent les variances les plus fortes et les plus faibles correspondent aux vecteurs et aux valeurs propres de la matrice de covariance **S** de l'échantillon peut être démontré en maximisant ou en minimisant la forme quadratique $\mathbf{U}_i \mathbf{S} \breve{\mathbf{U}}_i$ tout en respectant la condition $\mathbf{U}_i \mathbf{I} \breve{\mathbf{U}}_i = \mathbf{U}_i \breve{\mathbf{U}}_i = 1$, selon laquelle le vecteur $\mathbf{U}_i$ est de longueur unitaire (section 24.6). Cette démonstration est généralement effectuée à l'aide de la *méthode des multiplicateurs indéterminés* du mathématicien français Joseph Louis de Lagrange (1736-1813), selon laquelle

$$\frac{d}{d\mathbf{U}_i}[\mathbf{U}_i \mathbf{S} \breve{\mathbf{U}}_i - d_i(\mathbf{U}_i \mathbf{I} \breve{\mathbf{U}}_i - 1)] = 2\mathbf{U}_i \mathbf{S} - 2d_i \mathbf{U}_i \mathbf{I} = 0,$$

d'où

$$\mathbf{U}_i \mathbf{S} = d_i \mathbf{U}_i \mathbf{I} = d_i \mathbf{U}_i .$$

On voit que le produit de la matrice de covariance **S** par le vecteur $\mathbf{U}_i$ est proportionnel à ce vecteur, ce qui montre que $\mathbf{U}_i$ est un vecteur propre et $d_i$ est la valeur propre correspondante de la matrice **S** (section 24.21). Une matrice de covariance d'ordre $(q \times q)$ possède $q$ vecteurs propres et $q$ valeurs propres, et les $q$ équations scalaires du type $\mathbf{U}_i \mathbf{S} = d_i \mathbf{U}_i$ peuvent être regroupées en une seule équation matricielle,

$$\mathbf{US} = \mathbf{DUI} = \mathbf{DU},$$

où la matrice **D** est la matrice diagonale des valeurs propres. Une démonstration semblable peut être faite pour la matrice de covariance de la population statistique $\boldsymbol{\Sigma}$ et ses vecteurs propres $\boldsymbol{\Upsilon}$ et ses valeurs propres $\boldsymbol{\Delta}$ (section 31.2) :

$$\boldsymbol{\Upsilon\Sigma} = \boldsymbol{\Delta\Upsilon} .$$

Il est cependant possible de démontrer les relations précédentes sans faire appel aux multiplicateurs indéterminés de Lagrange. En effet,

$$\frac{d}{d\mathbf{U}_i}\mathbf{U}_i \mathbf{S} \breve{\mathbf{U}}_i / \mathbf{U}_i \breve{\mathbf{U}}_i = \frac{d}{d\mathbf{U}_i}\mathbf{U}_i \mathbf{S} \breve{\mathbf{U}}_i / \mathbf{U}_i \mathbf{I} \breve{\mathbf{U}}_i = [2\mathbf{U}_i \mathbf{S}(\mathbf{U}_i \mathbf{I} \breve{\mathbf{U}}_i) - 2(\mathbf{U}_i \mathbf{S} \breve{\mathbf{U}}_i)\mathbf{U}_i \mathbf{I}]/(\mathbf{U}_i \mathbf{I} \breve{\mathbf{U}}_i)^2.$$

Pour que

$$\frac{d}{d\mathbf{U}_i}\mathbf{U}_i \mathbf{S} \breve{\mathbf{U}}_i / \mathbf{U}_i \breve{\mathbf{U}}_i = 0,$$

il faut donc que

$$\mathbf{U}_i \mathbf{S} = [(\mathbf{U}_i \mathbf{S} \breve{\mathbf{U}}_i)/(\mathbf{U}_i \mathbf{I} \breve{\mathbf{U}}_i)]\mathbf{U}_i \mathbf{I} = d_i \mathbf{U}_i .$$

Le lecteur qui n'est pas familier avec la différentiation des vecteurs et de leurs fonctions, comme les formes quadratiques, peut consulter Graybill (1969, chapitre 10).

# Chapitre 32

## La fonction discriminante linéaire de Fisher

### Section 32.1: généralités

Lorsque l'hypothèse d'égalité des vecteurs moyens de deux populations normales multidimensionnelles est rejetée à l'aide de la distribution du $T^2$ de Hotelling (section 30.4), il peut être utile de déterminer la combinaison linéaire

$$Y = b_1 X_1 + b_2 X_2 + \ldots + b_q X_q$$

des variables originales qui met le mieux possible en évidence les différences entre les observations provenant des deux populations, et qui peut servir à estimer de laquelle des deux populations est provenue une nouvelle observation individuelle

$$\mathbf{X} = [X_1, X_2, \ldots X_q]\ .$$

Cette combinaison linéaire est appelée *fonction discriminante* et fut développée par Fisher (1936), dont l'attention fut attirée sur le problème par le botaniste américain Edgar Anderson (voir Anderson, 1954) au cours de l'étude d'espèces d'iris présentes dans la péninsule de Gaspé, au Québec. Dans son article, qu'il illustra à l'aide de données fournies par Edgar Anderson, Fisher (1936) obtint sa fonction discriminante en maximisant le quotient de la différence entre les moyennes des deux espèces par l'écart-type intragroupes. Fisher montra de plus que la même solution pouvait être obtenue en attribuant arbitrairement aux spécimens une valeur de $Y$ constante au sein de chaque échantillon mais différente d'un échantillon à l'autre, et en estimant les coefficients

$$\mathbf{b} = [b_1, b_2, \ldots b_q]$$

de la fonction discriminante à l'aide d'une régression multiple (sections 23.3, 25.3 et 25.5). La fonction discriminante peut jouer un rôle important non seulement en taxonomie mais aussi dans le diagnostic médical, où les variables $\mathbf{X} = [X_1, X_2, \ldots X_q]$ peuvent être des symptômes, et dans divers autres domaines où une conclusion doit être tirée ou une décision doit être prise sur la base de plusieurs données quantitatives.

### Section 32.2: choix de l'une de deux populations connues *a priori*

Afin de présenter le problème d'abord sous sa forme la plus simple, supposons ici que nous savons qu'une observation individuelle $\mathbf{X} = [X_1, X_2, \ldots X_q]$ est provenue de l'une de deux populations normales multidimensionnelles dont les paramètres sont déjà connus: $\mathcal{N}(\boldsymbol{\mu}_A, \boldsymbol{\Sigma}_A)$ et $\mathcal{N}(\boldsymbol{\mu}_B, \boldsymbol{\Sigma}_B)$ . À en juger par la valeur des éléments du vecteur $\mathbf{X}$, de laquelle des deux populations devrait-on estimer que l'observation est provenue? – De prime abord, il semble raisonnable d'attribuer l'observation individuelle $\mathbf{X}$ à la population dans laquelle la probabilité de piger au hasard une observation aussi peu différente ou moins différente de la moyenne aurait été la plus forte. Or cette probabilité peut être évaluée pour chaque population à l'aide de la forme quadratique $(\mathbf{X} - \boldsymbol{\mu})\, \boldsymbol{\Sigma}^{-1} (\tilde{\mathbf{X}} - \tilde{\boldsymbol{\mu}})$ , qui suit la distribution de $\chi^2$ avec $q$ degrés de liberté (section 29.2). Plus la valeur de cette forme quadratique est forte, plus la probabilité est faible qu'une observation individuelle telle que $\mathbf{X}$ soit provenue de la population.

On devrait donc attribuer l'observation individuelle **X** à la population A

si $$(\mathbf{X} - \mu_A)\,\Sigma_A^{-1}(\tilde{\mathbf{X}} - \tilde{\mu}_A) < (\mathbf{X} - \mu_B)\,\Sigma_B^{-1}(\tilde{\mathbf{X}} - \tilde{\mu}_B),$$

c'est-à-dire si $$0 < Z = (\mathbf{X} - \mu_B)\,\Sigma_B^{-1}(\tilde{\mathbf{X}} - \tilde{\mu}_B) - (\mathbf{X} - \mu_A)\,\Sigma_A^{-1}(\tilde{\mathbf{X}} - \tilde{\mu}_A),$$

et à la population B dans le cas contraire. Lorsque les matrices de covariance $\Sigma_A$ et $\Sigma_B$ des deux populations sont égales, $\Sigma_A = \Sigma_B = \Sigma$, l'inéquation précédente se simplifie, et on a alors

$$\mathbf{X}\,\Sigma^{-1}(\tilde{\mu}_B - \tilde{\mu}_A) < (1/2)\,(\mu_B + \mu_A)\,\Sigma^{-1}(\tilde{\mu}_B - \tilde{\mu}_A)$$

où $$\Sigma^{-1}(\tilde{\mu}_B - \tilde{\mu}_A) = \tilde{\mathbf{6}}$$

est le vecteur colonne des coefficients paramétriques de la *fonction discriminante linéaire* $Y$.

On peut donc réécrire $$Y = \mathbf{X}\tilde{\mathbf{6}} < (1/2)\,(\mu_B + \mu_A)\,\tilde{\mathbf{6}},$$

ce qui indique que l'observation individuelle $\mathbf{X} = [X_1, X_2, \dots X_q]$ devrait être attribuée à la population A si la valeur $Y = \mathbf{X}\tilde{\mathbf{6}}$ de sa fonction discriminante est située plus près de la fonction discriminante $\mu_A\tilde{\mathbf{6}}$ de la moyenne $\mu_A$ de la population A que le point milieu $(1/2)(\mu_B + \mu_A)\,\tilde{\mathbf{6}}$ entre les fonctions discriminantes des moyennes des deux populations. Autrement dit, l'observation individuelle **X** devrait être attribuée à la population A si sa fonction discriminante $Y$ est plus voisine de celle de la moyenne de la population A que de celle de la population B, un résultat très compréhensible.

Lorsque la probabilité *a priori* que l'observation individuelle **X** provienne de la population A, $P(\text{A})$, diffère de celle qu'elle provienne de la population B, $P(\text{B}) = 1 - P(\text{A})$, ou lorsque les coûts c(1|2) et c(2|1) des deux sortes d'erreurs de classification sont différents, la façon de procéder ci-dessus peut être modifiée de manière à réduire la probabilité ou le coût total des erreurs de classification (voir Anderson, 1984, chapitre 6 et Morrison, 1990, chapitre 6). Enfin, lorsque les matrices de covariance $\Sigma_A$ et $\Sigma_B$ des deux populations sont inégales, l'inéquation du haut de la page détermine une frontière courbe qui sépare la région dans laquelle l'observation individuelle **X** est attribuée à la population A de celle où elle est attribuée à la population B, et la variable $Z$ constitue une *fonction discriminante quadratique*.

## Section 32.3 : deux populations représentées par des échantillons

Lorsque les paramètres des populations A et B ne sont pas connus *a priori* et sont estimés à partir de deux échantillons d'effectifs $N_A$ et $N_B$, on procède essentiellement de la même façon qu'à la section précédente sauf que les paramètres sont remplacés par leurs estimations (voir la section 30.4), de sorte qu'on attribue l'observation individuelle **X** à la population A si

$$\mathbf{X}\tilde{\mathbf{b}} < (1/2)\,(\bar{\mathbf{X}}_B + \bar{\mathbf{X}}_A)\,\tilde{\mathbf{b}}.$$

où $$\tilde{\mathbf{b}} = \mathbf{S}^{-1}(\tilde{\bar{\mathbf{X}}}_B - \tilde{\bar{\mathbf{X}}}_A)$$

et $$\mathbf{S} = [1/(N_A + N_B - 2)]\,[(N_A - 1)\,\mathbf{S}_A + (N_B - 1)\,\mathbf{S}_B] = \mathbf{S}_{\text{intragroupes}}.$$

Il est toutefois bien entendu que l'attribution d'une observation individuelle à l'une des deux populations A et B est plus incertaine lorsque les paramètres ne sont qu'estimés à partir d'échantillons d'effectifs restreints au lieu d'être connus *a priori*.

## Section 32.4: relation entre la fonction discriminante et le $T^2$ de Hotelling

Bien que le $T^2$ de Hotelling (1931) et la fonction discriminante de Fisher (1936) aient été développés indépendamment l'un de l'autre et répondent à des questions différentes, les deux méthodes sont étroitement reliées. En effet, dans le cas particulier où on éprouve l'hypothèse d'égalité des vecteurs moyens des deux populations,

$$H_0 : \mu_B = \mu_A \text{ , c'est-à-dire } H_0 : \mu_B - \mu_A = 0 \text{ ,}$$

la valeur du $T^2$ de Hotelling est

$$\frac{(N_A N_B)}{(N_A + N_B)} (\bar{\mathbf{X}}_B - \bar{\mathbf{X}}_A)\, \mathbf{S}^{-1} (\tilde{\bar{\mathbf{X}}}_B - \tilde{\bar{\mathbf{X}}}_A) = \frac{(N_A N_B)}{(N_A + N_B)} (\bar{\mathbf{X}}_B - \bar{\mathbf{X}}_A)\, \tilde{\mathbf{b}} = T^2_{(q,\, N_A + N_B - 2)} \text{ .}$$

où $\tilde{\mathbf{b}}$ est le vecteur colonne des coefficients de la fonction discriminante.

## Section 32.5: la distance généralisée de Mahalanobis

Le $T^2$ de Hotelling et la fonction discriminante de Fisher sont en outre apparentés à la *distance généralisée* proposée en 1936 par le statisticien indien P. C. Mahalanobis (1893-1972) pour mesurer l'importance relative de la différence entre les vecteurs moyens de deux populations normales multidimensionnelles. Théoriquement, la distance généralisée entre les moyennes de deux populations A et B est définie comme la racine carrée $\Delta$ de la forme quadratique

$$\Delta^2 = (\mu_B - \mu_A)\, \Sigma^{-1} (\tilde{\mu}_B - \tilde{\mu}_A) \text{ .}$$

Par comparaison avec la distance ordinaire de la géométrie euclidienne,

$$\sqrt{((\mu_B - \mu_A)\, \mathbf{I}\, (\tilde{\mu}_B - \tilde{\mu}_A))} \text{ ,}$$

la distance généralisée $\Delta$ de Mahalanobis a l'avantage d'utiliser la variation intragroupes comme unité de mesure pour la différence entre les moyennes, et de tenir compte du fait que l'écart-type intragroupes varie selon la direction. En effet, à cause des corrélations entre les variables, la variation intragroupes a habituellement une allure elliptique (ou ellipsoïdale) plutôt que circulaire (ou sphérique). En employant la distance généralisée, on se trouve à appliquer une unité de mesure d'allure elliptique aux variables originales ou, ce qui revient au même, à utiliser de nouvelles variables par rapport auxquelles la variation intragroupes a une allure circulaire (voir la figure 30.8.1).

Lorsque les paramètres des deux populations sont estimés à partir d'échantillons, la distance généralisée est estimée à l'aide de la racine carrée $D$ de l'expression

$$D^2 = (\bar{\mathbf{X}}_B - \bar{\mathbf{X}}_A)\, \mathbf{S}^{-1} (\tilde{\bar{\mathbf{X}}}_B - \tilde{\bar{\mathbf{X}}}_A) \text{ .}$$

On voit donc qu'il suffit de multiplier le carré $D^2$ de la distance généralisée des échantillons par $(N_A N_B)/(N_A + N_B)$ pour retrouver la valeur du $T^2$ de Hotelling utilisée pour éprouver l'hypothèse $H_0 : \mu_B - \mu_A = 0$ (section 30.4).

Lorsqu'on compare des échantillons provenant de plus de deux populations, on peut apparier ces groupes de toutes les façons possibles et évaluer la distance généralisée entre les groupes de chaque paire. On peut ensuite, en utilisant des boules et des bâtonnets, comme les chimistes le faisaient autrefois pour représenter des structures moléculaires, construire un modèle tridimensionnel approximatif des différences entre les groupes. Toutefois, les méthodes discutées au chapitre suivant (33) sont plus efficaces pour analyser les différences multidimensionnelles de plusieurs groupes d'observations.

## Section 32.6 : un exemple taxonomique

La fonction discriminante linéaire de Fisher est illustrée ici dans le cas de données sur deux espèces de papillons déjà mentionnées à la section 26.6. Chaque espèce est représentée par un échantillon de 10 spécimens mâles provenant de la Colombie britannique dans le cas de *Papilio glaucus* (A) et du Colorado dans celui de *Papilio rutulus* (B). Afin de faciliter la mise en évidence des relations entre les variables originales $X_1$ et $X_2$ et la fonction discriminante $Y = b_1 X_1 + b_2 X_2$, seules les deux variables suivantes sont incluses dans la présente analyse :

$X_1$ = la longueur du superuncus en mm, multipliée par 8,

$X_2$ = la longueur de la valve génitale droite, en mm.

Les vecteurs moyens $\overline{\mathbf{X}}$ et les matrices de covariance $\mathbf{S}$ des deux échantillons sont donnés au tableau 32.6.1.

**Tableau 32.6.1**
**Statistiques de deux échantillons de papillons mâles d'après des données de Brower (1959).**

| Espèce | *Papilio glaucus* | *Papilio rutulus* |
|---|---|---|
| Provenance | Colombie britannique | Colorado |
| Effectif | $N_A = 10$ | $N_B = 10$ |
| Vecteur moyen $\overline{\mathbf{X}}$ | [9,000 4,752] | [10,95 5,540] |
| Matrice de covariance $\mathbf{S}$ | $\begin{bmatrix} 0{,}3333333 & 0{,}0411111 \\ 0{,}0411111 & 0{,}0625067 \end{bmatrix}$ | $\begin{bmatrix} 0{,}1916667 & 0{,}0650000 \\ 0{,}0650000 & 0{,}0695556 \end{bmatrix}$ |

L'estimation des coefficients de la fonction discriminante (voir la section 32.3) est

$$\mathbf{b} = (\overline{\mathbf{X}}_B - \overline{\mathbf{X}}_A)\mathbf{S}^{-1} = [5{,}98920 \quad 7{,}12148],$$

la valeur du $T^2$ de Hotelling (sections 30.4 et 32.4) est

$$T^2_{(2,\,18)} = 86{,}4534, \text{ d'où } F_{(2,\,17)} = 40{,}8252 \text{ et } P < 0{,}001,$$

et la distance généralisée $D$ de Mahalanobis (section 32.5) est

$$D = \sqrt{D^2} = \sqrt{17{,}2907} = 4{,}15821.$$

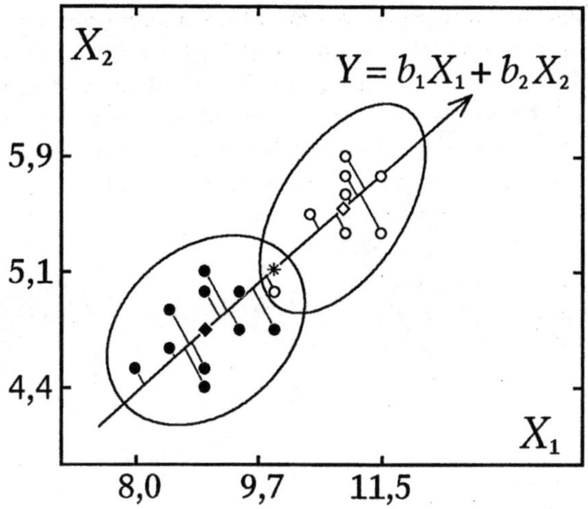


**Figure 32.6.1**
**Diagramme de dispersion de $X_1$ = (la longueur du superuncus) × 8 et de $X_2$ = la longueur de la valve génitale droite, en mm, chez des papillons mâles de l'espèce *Papilio glaucus* (●, moyenne : ◆) et de l'espèce *Papilio rutulus* (○, moyenne : ◇); les observations individuelles sont projetées (obliquement) sur l'axe de coordonnées de la fonction discriminante linéaire de Fisher $Y = b_1X_1 + b_2X_2$ ; la moyenne générale est représentée par un astérisque (✱).**

On doit donc rejeter l'hypothèse que les vecteurs moyens $\boldsymbol{\mu}_A$ et $\boldsymbol{\mu}_B$ des deux espèces sont égaux, et la distance généralisée de Mahalanobis entre les moyennes des deux populations est estimée à approximativement quatre fois l'écart-type intragroupes. De plus, si on pense qu'un nouveau spécimen douteux appartient à l'une des deux espèces, il serait justifiable d'utiliser la fonction discriminante $Y$ pour tenter d'identifier ce spécimen.

Les projections des observations individuelles sur l'axe de coordonnées de la fonction discriminante linéaire $Y = b_1X_1 + b_2X_2$ de Fisher ont été représentées dans la figure 32.6.1. Comme les effectifs des deux échantillons sont égaux ($N_A = N_B = 10$), la moyenne générale (✱) coïncide ici avec le point milieu entre les moyennes $\overline{\mathbf{X}}_A$ (◆) et $\overline{\mathbf{X}}_B$ (◇) des deux groupes. On constate qu'une seule des observations individuelles, la plus basse de l'espèce *Papilio rutulus* (○), serait mal classifiée à l'aide de la fonction discriminante, parce qu'elle est située en bas du point milieu (✱), et donc plus près de la moyenne de l'autre groupe, $\overline{\mathbf{X}}_A$ (◆), que de celle de son propre groupe, $\overline{\mathbf{X}}_B$ (◇).

Notons que, si on calcule la variance intragroupes de la fonction discriminante $Y = \mathbf{b}\tilde{\mathbf{X}}$, on trouve (section 29.5)

$$S_Y^2 = \mathbf{b}\mathbf{S}\tilde{\mathbf{b}} = (\overline{\mathbf{X}}_B - \overline{\mathbf{X}}_A)\mathbf{S}^{-1}\mathbf{S}\,\mathbf{S}^{-1}(\tilde{\overline{\mathbf{X}}}_B - \tilde{\overline{\mathbf{X}}}_A) = (\overline{\mathbf{X}}_B - \overline{\mathbf{X}}_A)\mathbf{S}^{-1}(\tilde{\overline{\mathbf{X}}}_B - \tilde{\overline{\mathbf{X}}}_A) = D^2.$$

La variance de la fonction discriminante des observations individuelles est donc égale au carré de la distance généralisée entre les moyennes des deux échantillons, un résultat plutôt surprenant à première vue!

On préfère souvent ajuster les coefficients $\mathbf{b} = [b_1 \;\; b_2]$ de façon à ce que la variance de la fonction discriminante des observations individuelles soit égale à l'unité, ce qui concorde avec l'échelle à l'aide de laquelle la distance généralisée $D$ est exprimée. Il suffit pour ce faire de redéfinir les coefficients de la fonction discriminante comme suit:

$$\mathbf{b} = (1/D)(\overline{\mathrm{X}}_{\mathrm{B}} - \overline{\mathrm{X}}_{\mathrm{A}})\mathrm{S}^{-1}.$$

Dans le cas du présent exemple, on obtient alors:

$$\mathbf{b} = (1/4{,}15821)[5{,}98920 \quad 7{,}12148] = [1{,}44033 \quad 1{,}71263].$$

# Chapitre 33
## L'analyse discriminante multigroupes

### Section 33.1: généralités

Bien qu'il soit possible de représenter les différences multidimensionnelles entre plusieurs groupes d'observations en appariant ces groupes de toutes les façons possibles et en évaluant la distance généralisée de Mahalanobis entre les moyennes des groupes de chaque paire (section 32.5), nous discuterons dans ce chapitre une méthode beaucoup plus efficace appelée l'*analyse discriminante multigroupes* (*"multiple discriminant analysis"* en anglais). L'*analyse discriminante multigroupes* est aussi appelée *analyse canonique* (*"canonical variate analysis"*), mais cette appellation est moins adéquate, car on peut utiliser des variables canoniques même lorsqu'il n'y a qu'un seul groupe d'observations (section 30.8, chapitre 31, chapitre 34). L'analyse discriminante multigroupes peut être conçue comme une analyse en composantes principales (chapitre 31) dans laquelle on détermine les axes principaux de la variation intergroupes après avoir pris la variation intragroupes comme unité de mesure (sections 33.3 et 33.12). Dans le cas particulier où il y a seulement deux groupes d'observations, l'analyse discriminante multigroupes se réduit à l'utilisation de la fonction discriminante linéaire de Fisher (chapitre 32).

### Section 33.2 : la variation multidimensionnelle intragroupes et intergroupes

Selon l'hypothèse préliminaire $H_0$, les échantillons comparés dans une analyse discriminante multigroupes proviennent d'une seule et même population statistique normale $\mathcal{N}(\boldsymbol{\mu}, \boldsymbol{\Sigma})$ ou, ce qui revient au même, de populations normales dont les vecteurs moyens et les matrices de covariance sont identiques (figure 33.2.1, à gauche). Selon l'hypothèse contraire $H_1$, les échantillons proviennent de populations différentes (figure 33.2.1, à droite). Lorsque l'hypothèse préliminaire $H_0 : \boldsymbol{\mu}_1 = \ldots = \boldsymbol{\mu}_C = \boldsymbol{\mu}$ est vraie, le vecteur moyen $\overline{\mathbf{X}}_g$ du $g^{\text{ième}}$ échantillon possède une distribution normale multidimensionnelle (sections 29.2 et 30.2) dont le vecteur moyen est $\boldsymbol{\mu}$ mais dont la matrice de covariance $(1/N_g)\,\boldsymbol{\Sigma}$ est $N_g$ fois plus petite que celle des vecteurs d'observations individuelles $\mathbf{X}_{gh}$.

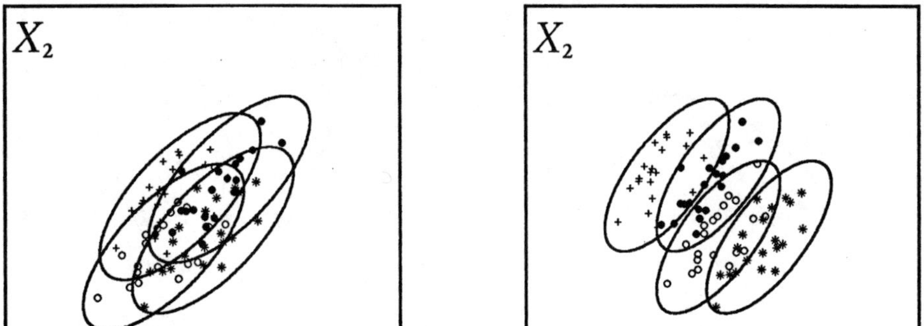


**Figure 33.2.1**
**Points figuratifs et ellipses de prédiction d'échantillons provenant de la même population ou de populations identiques (à gauche) et de populations différentes (à droite).**

Au point de vue graphique, cela est reflété par le fait que les groupes de points figuratifs chevauchent largement et que la dispersion de leurs centres a l'allure d'une ellipse (ou d'un ellipsoïde) dont la forme est la même mais dont la grandeur est moindre que celle de la variation individuelle (figure 33.2.1, à gauche). À l'opposé, lorsque l'hypothèse contraire $H_1$ est vraie, le degré de chevauchement des groupes de points figuratifs est moindre, et les directions principales de la dispersion de leurs centres diffèrent de celles de la variation individuelle (figures 33.2.1 et 33.2.2, à droite). Notons que, afin de simplifier le problème de la comparaison des moyennes, on suppose généralement que les matrices de covariance des populations comparées sont égales,

$$\boldsymbol{\Sigma}_1 = \dots = \boldsymbol{\Sigma}_g = \dots = \boldsymbol{\Sigma}_C = \boldsymbol{\Sigma},$$

même lorsque l'hypothèse contraire $H_1: \boldsymbol{\mu}_i \neq \boldsymbol{\mu}_j$ est vraie, de la même façon que dans plusieurs chapitres précédents (sections 9.8, 12.7, 30.4 et 32.2). Cependant, même lorsque les matrices de covariance sont inégales ou que la distribution n'est pas normale, l'analyse discriminante multigroupes fournit une solution simplifiée ("linéarisée") souvent relativement satisfaisante au problème de la comparaison des moyennes de plusieurs groupes de données quant à plusieurs variables.

Dans l'analyse discriminante multigroupes comme dans l'analyse de variance (chapitre 12), c'est en comparant la variation intergroupes à la variation intragroupes (figure 33.2.2) qu'on voit si on peut conserver l'hypothèse préliminaire $H_0$ ou si on doit plutôt la rejeter et accepter l'hypothèse contraire $H_1$. Cependant la variation intragroupes et la variation intergroupes sont décrites ici non pas par de simples sommes de carrés d'écarts d'une seule variable comme dans l'analyse de variance unidimensionnelle mais par des matrices de sommes (de carrés et) de produits d'écarts des $q$ variables $[X_1 \dots X_q]$. La matrice **W** des sommes centrées intragroupes (*"within-groups sums of products"* en anglais) est évaluée en additionnant les sommes de produits d'écarts obtenues à l'intérieur de chaque échantillon par rapport au vecteur moyen $\overline{\mathbf{X}}_g$ de cet échantillon, c'est-à-dire en faisant comme si les moyennes des échantillons coïncidaient (figure 33.2.2, à gauche). La matrice **B** des sommes centrées intergroupes (*"between-groups s. p."* en anglais), est égale à la différence $\mathbf{B} = \mathbf{T} - \mathbf{W}$, où **T** désigne la matrice des

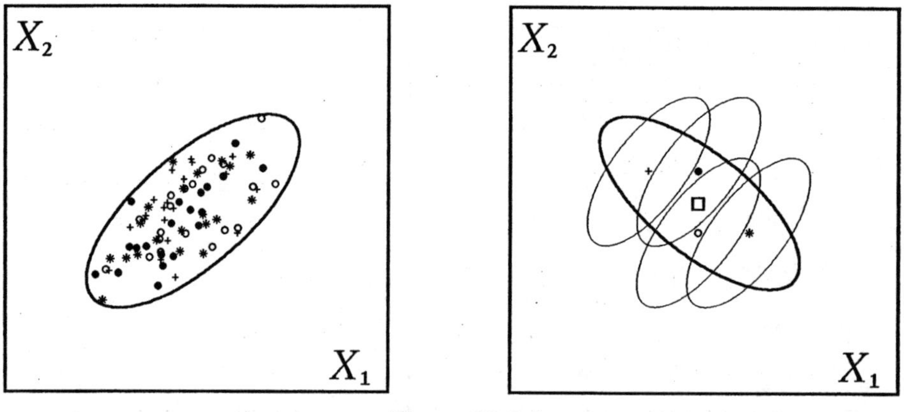


**Figure 33.2.2**
**Variation intragroupes des observations individuelles autour de la moyenne de chaque échantillon (à gauche), et variation intergroupes des moyennes des échantillons autour de la moyenne générale ( □ , à droite).**

sommes de produits d'écarts totales, obtenues en faisant les sommes des produits des écarts de toutes les observations par rapport à la moyenne générale $\overline{\mathbf{X}}_{\cdot\cdot}$ La matrice **B** reflète la dispersion des moyennes des échantillons $\overline{\mathbf{X}}_g$ autour de la moyenne générale $\overline{\mathbf{X}}.$ (figure 33.2.2, à droite). Bien que l'analyse discriminante multigroupes soit étroitement reliée à l'analyse de variance multidimensionnelle et puisse être combinée à l'analyse de covariance (chapitre 21; voir aussi Baron et Jolicoeur, 1980) et à l'analyse de variance à deux (ou plusieurs) critères de classification (chapitre 28), nous nous limitons ici au cas le plus simple où les groupes comparés peuvent être séparés quant à un seul critère. Le tableau 33.2.1 résume la notation et les équations employées pour calculer les matrices de sommes de produits d'écarts intragroupes **W** et intergroupes **B**.

**Tableau 33.2.1**
**Notation et équations de calcul pour les matrices de sommes de produits d'écarts intragroupes W et intergroupes B.**

| |
|---|
| $X_{ghi}$ = la valeur numérique de la $i^{\text{ème}}$ variable de la $h^{\text{ième}}$ observation individuelle du $g^{\text{ième}}$ groupe (échantillon), c'est-à-dire le $i^{\text{ème}}$ élément du vecteur $\mathbf{X}_{gh}$ |
| $i = 1, \dots q$, et $j = 1, \dots q$, sont des indices de variables |
| $q$ = le nombre de variables |
| $h = 1, \dots N_g$, est l'indice d'observation individuelle |
| $N_g$ = l'effectif du $g^{\text{ième}}$ groupe (échantillon) |
| $g = 1, \dots C$, est l'indice de groupe (échantillon) |
| $C$ = le nombre de groupes (échantillons) comparés |
| $N. = N_1 + \dots + N_g + \dots + N_C = \sum_{g=1}^{C} N_g$ = l'effectif total |
| $\overline{\mathbf{X}}_g = [\overline{X}_{g1} \dots \overline{X}_{gq}]$ est le vecteur moyen du $g^{\text{ième}}$ échantillon |
| $\overline{\mathbf{X}}. = [\overline{X}._1 \dots \overline{X}._q]$ est le vecteur moyen de l'ensemble de toutes les observations |
| $\mathbf{T} = [\sum_{g=1}^{C} \sum_{h=1}^{N_g} (X_{ghi} - \overline{X}._i)(X_{ghj} - \overline{X}._j)]$ = la matrice des sommes centrées totales |
| $\mathbf{W} = [\sum_{g=1}^{C} \sum_{h=1}^{N_g} (X_{ghi} - \overline{X}_{gi})(X_{ghj} - \overline{X}_{gj})]$ = la matrice des sommes centrées intragroupes |
| $\mathbf{B} = \mathbf{T} - \mathbf{W} = [\sum_{g=1}^{C} N_g(\overline{X}_{gi} - \overline{X}._i)(\overline{X}_{gj} - \overline{X}._j)]$ = la matrice des sommes centrées intergroupes |

Théoriquement, lorsque l'hypothèse préliminaire $H_0: \boldsymbol{\mu}_1 = \boldsymbol{\mu}_2 = \dots = \boldsymbol{\mu}_C = \boldsymbol{\mu}$ est vraie, les vecteurs d'observations individuelles $\mathbf{X}_{gh} = [X_{ghi}]$ sont dispersés autour de $\boldsymbol{\mu}$ avec une matrice de covariance $\boldsymbol{\Sigma}$, tandis que le vecteur moyen $\overline{\mathbf{X}}_g$ du $g^{\text{ième}}$ échantillon est dispersé autour de $\boldsymbol{\mu}$ avec une matrice de covariance $(1/N_g)\boldsymbol{\Sigma}$, et la matrice de covariance paramétrique $\boldsymbol{\Sigma}$ pourrait être estimée soit par l'estimation intragroupes,

$$\mathbf{S}^2_{\text{intragroupes}} = [(1/(N. - C)]\,\mathbf{W}, \text{ qui possède } (N. - C) \text{ degrés de liberté,}$$

soit par l'estimation intergroupes,

$$\mathbf{S}^2_{\text{intergroupes}} = [(1/(C - 1)]\,\mathbf{B}, \text{ qui possède } (C - 1) \text{ degrés de liberté.}$$

Lorsque l'hypothèse préliminaire n'est pas vraie, les vecteurs moyens $\boldsymbol{\mu}_1, \ldots, \boldsymbol{\mu}_g, \ldots, \boldsymbol{\mu}_C$ des populations comparées ne coïncident pas. Toutefois, il est possible que, même si les moyennes ne coïncident pas, elles *"n'occupent pas"* complètement le nombre total de dimensions disponibles. Supposons par exemple qu'on compare trois groupes d'organismes appartenant à un même genre par rapport à trois caractères quantitatifs, et que les organismes de deux de ces groupes appartiennent à deux espèces voisines tandis qu'on pense que ceux du troisième groupe sont des hybrides entre les deux espèces. Si les hybrides sont parfaitement intermédiaires entre les deux espèces parentes quant à tous les caractères étudiés, leur moyenne devrait être située sur la même droite que les moyennes des deux espèces et à mi-chemin entre ces moyennes. On s'attendrait alors à ce que les moyennes des trois groupes soient *"colinéaires"*, c'est-à-dire à ce qu'elles soient situées sur une seule et même droite dans l'espace à trois dimensions, alors qu'elles auraient pu autrement occuper deux dimensions, car trois points non colinéaires déterminent un plan. On parlerait alors de *"colinéarité"* (*"collinearity"* en anglais) et on concluerait que, d'une certaine façon, ces moyennes différeraient moins si elles occupaient une seule dimension que si elles en avaient occupé deux. De même, si les moyennes de quatre groupes étaient contenues dans un plan (deux dimensions) au lieu d'occuper trois dimensions comme elles l'auraient pu, on parlerait de *"coplanarité"*.

Au cours d'une analyse discriminante multigroupes, on peut donc considérer toute une série d'hypothèses, à partir de l'hypothèse préliminaire $H_0$ selon laquelle les moyennes ne diffèrent pas et occupent un seul point (0 dimension), en passant par l'hypothèse $H_1$ selon laquelle les moyennes sont colinéaires et occupent une seule dimension, l'hypothèse $H_2$ selon laquelle les moyennes sont coplanaires et occupent deux dimensions, et ainsi de suite jusqu'à l'hypothèse que les moyennes occupent le nombre maximum de dimensions disponibles, qui est égal à minimum$(q, C-1)$ où $q$ est le nombre de variables et $C$ est le nombre de groupes. Nous décrirons maintenant une série de changements de variables qui permettront de mettre en évidence aussi clairement que possible les différences multidimensionnelles entre plusieurs groupes d'observations.

## Section 33.3: aspects géométriques de l'analyse discriminante multigroupes

Les changements de variables effectués dans l'analyse discriminante multigroupes sont semblables à ceux que nous avons déjà décrits à l'occasion du dessin d'une ellipse de confiance, de prédiction ou de variation (section 30.8), sauf qu'il y a ici généralement plus de deux variables et plusieurs groupes d'observations au lieu d'un seul. La première transformation consiste à passer des variables originales $\mathbf{X} = [X_1 \ldots X_q]$, représentées par le vecteur colonne $\tilde{\mathbf{X}}$ au haut de la figure 33.3.1, aux variables centrées $(\tilde{\mathbf{X}} - \tilde{\bar{\mathbf{X}}}.)$, à la seconde ligne de la figure 33.3.1. Cette transformation revient à utiliser la moyenne générale $\bar{\mathbf{X}}. = [\bar{X}._1 \ldots \bar{X}._q]$ comme origine au lieu du point $\mathbf{0} = [0 \ldots 0]$ et constitue une *translation*. La seconde transformation consiste à passer des variables centrées $(\tilde{\mathbf{X}} - \tilde{\bar{\mathbf{X}}}.)$ aux coordonnées $\tilde{\mathbf{Y}} = \mathbf{U}(\tilde{\mathbf{X}} - \tilde{\bar{\mathbf{X}}}.)$ des observations sur les axes principaux $\mathbf{U}$ de la matrice de covariance intragroupes (troisième ligne de la figure 33.3.1). Ce changement de variables constitue une première *rotation*. La troisième transformation est un *changement d'échelles* qui consiste à réduire les coordonnées $\mathbf{Y} = [Y_1 \ldots Y_q]$ des observations sur les axes principaux de la variation intragroupes en divisant chacune de ces coordonnées $(Y_i)$ par son écart-type, c'est-à-dire par la racine carrée $\sqrt{d_i}$ de la valeur propre correspondante (quatrième ligne de la figure 33.3.1). Ce changement d'échelles est effectué en prémultipliant le vecteur colonne $\tilde{\mathbf{Y}}$ par l'inverse de la racine carrée de la forme diagonale **D** de la matrice de covariance intragroupes. On doit souligner ici qu'il ne faut pas confondre la matrice **D**, désignée par la lettre **D** en caractère gras, avec la distance généralisée de Mahalanobis $D$, désignée par la lettre $D$ en caractère italique au chapitre 32. À la suite de ce changement d'échelles, on a donc les nouvelles variables $\mathbf{D}^{-1/2}\ \mathbf{U}(\tilde{\mathbf{X}} - \tilde{\tilde{\mathbf{X}}}.)$ et la variation intragroupes a maintenant l'allure d'un cercle, d'une sphère ou d'une hypersphère selon qu'il y a deux, trois ou plus de trois variables.

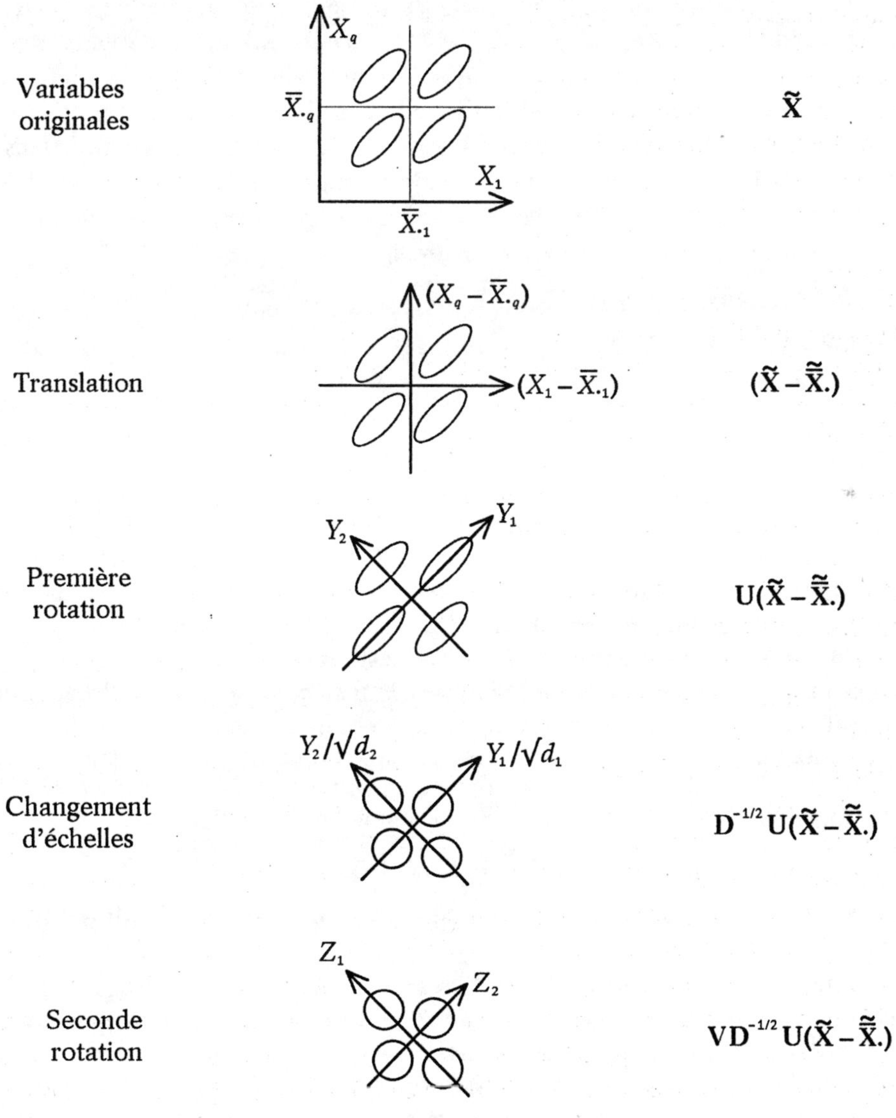


**Figure 33.3.1**
**Interprétation géométrique des changements de variables effectués dans l'analyse discriminante multigroupes.**

À cette étape des calculs, la matrice de covariance intragroupes est devenue une matrice unité,

$$\mathbf{D}^{-1/2}\,\mathbf{U}\,\mathbf{S}\,\tilde{\mathbf{U}}\,\mathbf{D}^{-1/2} = \mathbf{D}^{-1/2}\,\mathbf{D}\,\mathbf{D}^{-1/2} = \mathbf{I}\,,$$

tandis que la matrice **B** des sommes centrées intergroupes a pris la forme

$$\mathbf{D}^{-1/2}\,\mathbf{U}\,\mathbf{B}\,\tilde{\mathbf{U}}\,\mathbf{D}^{-1/2}\,.$$

Sous cette nouvelle forme, la matrice des sommes centrées intergroupes reflète encore la dispersion des vecteurs moyens $\bar{\mathbf{X}}_g = [\bar{X}_{g1}\ \ldots\ \bar{X}_{gq}]$ des échantillons autour de la moyenne générale $\bar{\mathbf{X}}_. = [\bar{X}_{.1}\ \ldots\ \bar{X}_{.q}]$, mais cette dispersion est exprimée par rapport aux coordonnées réduites $[Y_1/\sqrt{d_1}\ \ldots\ Y_q/\sqrt{d_q}] = \mathbf{D}^{-1/2}\,\mathbf{U}\,(\tilde{\mathbf{X}} - \tilde{\bar{\mathbf{X}}}_.)$ des observations sur les axes principaux de la variation intragroupes. La nouvelle forme de la matrice des sommes centrées intergroupes n'est habituellement pas diagonale, car les axes principaux de la variation intergroupes n'ont généralement pas les mêmes directions que ceux de la variation intragroupes. Une seconde rotation, faite à l'aide d'une matrice orthogonale **V**, doit donc être effectuée pour exprimer les observations quant aux axes principaux de la variation intergroupes (dernière ligne de la figure 33.3.1),

$$\tilde{\mathbf{Z}} = \mathbf{V}\,\mathbf{D}^{-1/2}\,\mathbf{U}\,(\tilde{\mathbf{X}} - \tilde{\bar{\mathbf{X}}}_.) = \mathbf{K}\,(\tilde{\mathbf{X}} - \tilde{\bar{\mathbf{X}}}_.)\,,$$

et le produit matriciel $\mathbf{K} = \mathbf{V}\,\mathbf{D}^{-1/2}\,\mathbf{U}$ est la matrice des coefficients des *axes discriminants* ou *fonctions discriminantes* $\tilde{\mathbf{Z}}$. À la suite de cette dernière transformation, la matrice des sommes centrées intergroupes prend la forme diagonale

$$\mathbf{K}\,\mathbf{B}\,\tilde{\mathbf{K}} = \mathbf{V}\,\mathbf{D}^{-1/2}\,\mathbf{U}\,\mathbf{B}\,\tilde{\mathbf{U}}\,\mathbf{D}^{-1/2}\,\tilde{\mathbf{V}} = \mathbf{E}\,,$$

dont les éléments diagonaux $e_j$ sont rangés par ordre de grandeur décroissante en changeant au besoin l'ordre des vecteurs lignes de la matrice **K**. Les valeurs numériques des éléments $e_j$ reflètent l'importance relative des différences entre les vecteurs moyens des échantillons dans la direction de chaque axe discriminant, le nombre maximum d'éléments $e_j$ non nuls (aux erreurs d'arrondissement près) étant égal à $\min(q,\ C-1)$. Lorsque l'hypothèse préliminaire $H_0$ d'égalité des vecteurs moyens $\boldsymbol{\mu}_g$ est vraie, la somme des éléments diagonaux $e_j$ dont l'indice $j \leq \min(q,\ C-1)$ suit la distribution de $\chi^2$ avec $q(C-1)$ degrés de liberté de façon approximative. On doit remarquer que, contrairement aux matrices **U** et **V**, la matrice **K** des coefficients des fonctions discriminantes n'est pas orthogonale. Si jamais on a besoin de revenir aux variables originales à partir des fonctions discriminantes, on doit donc employer l'équation

$$\tilde{\mathbf{X}} = \tilde{\bar{\mathbf{X}}}_. + \mathbf{K}^{-1}\,\tilde{\mathbf{Z}} = \tilde{\bar{\mathbf{X}}}_. + \tilde{\mathbf{U}}\,\mathbf{D}^{+1/2}\,\tilde{\mathbf{V}}\,\tilde{\mathbf{Z}}\,.$$

## Section 33.4: hypothèses sur la dimensionnalité de la variation intergroupes

Le tableau 33.4.1 résume la façon dont on peut procéder, suivant une méthode approximative due au statisticien Bartlett et décrite par Rao (1952, page 373; 1965, page 474), pour éprouver des hypothèses au sujet du nombre de dimensions occupées par les vecteurs moyens $\boldsymbol{\mu}_g$ des populations. Bien que la somme des valeurs propres $e_j$ suive la distribution de $\chi^2$ de façon approximative, Bartlett (1954) a constaté que l'approximation est améliorée si chaque valeur propre $e_j$ est remplacée par l'expression $a \times \log_e[1 + e_j/(N_. - C)]$ où $a = [(N_. - 1) - (1/2)(q + C)]$. L'approximation par la distribution de $\chi^2$ est alors tellement satisfaisante qu'elle est pratiquement exacte, comme l'a noté Kshirsagar (1972, pages 301-302).

Tableau 33.4.1

Épreuves d'hypothèses au sujet de la dimensionnalité de la variation intergroupes.

| Valeur propre | Composante de $\chi^2$ | Degrés de liberté | Somme des composantes de $\chi^2$ | Degrés de liberté cumulés | Hypothèse éprouvée |
|---|---|---|---|---|---|
| $e_1$ | $a \times \log_e[1+e_1/(N.-C)]$ | $(q+C-2)$ | $\sum_{i=1}^{\min(q,C-1)} a \times \log_e[1+e_i/(N.-C)]$ | $q(C-1)$ | $H_0$: 0 dimension |
| $e_2$ | $a \times \log_e[1+e_2/(N.-C)]$ | $(q+C-4)$ | $\sum_{i=2}^{\min(q,C-1)} a \times \log_e[1+e_i/(N.-C)]$ | $q(C-1) -(q+C-2)$ | $H_1$: 1 dimension |
| . . . | . . . | . . . | . . . | . . . | . . . |
| $e_j$ | $a \times \log_e[1+e_j/(N.-C)]$ | $(q+C-2j)$ | $\sum_{i=j}^{\min(q,C-1)} a \times \log_e[1+e_i/(N.-C)]$ | $(q-j+1)(C-j)$ | $H_{(j-1)}$: $(j-1)$ dimensions |
| . . . | . . . | . . . | . . . | . . . | . . . |
| $e_{\min(q,C-1)}$ | $a \times \log_e[1+e_{\min(q,C-1)}/(N.-C)]$ | $(C-q)$ si $q \leq (C-1)$, $(q-C+2)$ si $(C-1)<q$ | $a \times \log_e[1+e_{\min(q,C-1)}/(N.-C)]$ | $(C-q)$ si $q \leq (C-1)$, $(q-C+2)$ si $(C-1)<q$ | $H_{\min(q-1,C-2)}$: $\min(q-1, C-2)$ dimensions |

Note: le facteur de Bartlett $a = [(N.-1)-(1/2)(q+C)]$.

Cependant, Bartlett a trouvé que l'approximation par la distribution de $\chi^2$ ne fonctionnerait plus si on excluait une valeur propre observée $e_j$ dans une direction dans laquelle les vecteurs moyens $\mu_g$ ne diffèrent pas. Afin d'éviter cette éventualité, les composantes de $\chi^2$ et les nombres de degrés de liberté correspondants sont cumulés jusqu'au bas du tableau 33.4.1 pour chaque épreuve d'hypothèse (quatrième et cinquième colonnes).

On commence par éprouver l'hypothèse préliminaire $H_0$ suivant laquelle les vecteurs moyens $\mu_g$ ne différeraient pas du tout et occuperaient zéro dimension. On fait donc la somme des composantes de $\chi^2$ du type $[(N. - 1) - (1/2)(q + C)] \log_e[1 + e_j/(N. - C)]$ correspondant à toutes les valeurs propres observées à partir de $e_1$ jusqu'à $e_{\min(q,\, C-1)}$. Si cette somme, inscrite dans la quatrième colonne du tableau 33.4.1, est plus grande que $\chi^2_{(1-\alpha,\; q(C-1))}$, on rejette l'hypothèse préliminaire $H_0$ et on accepte l'hypothèse contraire $H_1$ selon laquelle les vecteurs moyens $\mu_g$ occuperaient une dimension.

Dans une seconde étape, on prend l'hypothèse $H_1$ à son tour comme hypothèse préliminaire, et on fait la somme des composantes de $\chi^2$ (inscrites dans la seconde colonne du tableau) à partir de la ligne de la seconde valeur propre $e_2$ jusqu'à celle de $e_{\min(q,\, C-1)}$, c'est-à-dire encore une fois jusqu'au bas du tableau. Si cette somme, inscrite dans la quatrième colonne du tableau, est plus grande que $\chi^2_{(1-\alpha,\; q(C-1)-(q+C-2))}$, on rejette l'hypothèse $H_1$ et on accepte l'hypothèse contraire $H_2$ selon laquelle les vecteurs moyens $\mu_g$ occuperaient deux dimensions.

On continue ainsi ligne par ligne jusqu'au bas du tableau tant que la somme des composantes de $\chi^2$ trouvée sur chaque ligne est plus grande que $\chi^2_{(1-\alpha)}$ avec le nombre de degrés de liberté indiqué dans la cinquième colonne, mais on met fin aux épreuves dès que l'une des hypothèses inscrites dans la sixième colonne peut être acceptée. Si par exemple l'hypothèse $H_3$ doit être rejetée mais l'hypothèse $H_4$ peut être acceptée, on conclut que l'analyse des données démontre que le nombre de dimensions occupées par les vecteurs moyens $\mu_g$ est égal à quatre, mais ne démontre pas que ce nombre soit supérieur à quatre.

Si l'analyse des données indique qu'on doit rejeter toutes les hypothèses inscrites dans la sixième colonne du tableau jusqu'à la dernière inclusivement, $H_{\min(q-1,\, C-2)}$, on conclut que les vecteurs moyens $\mu_g$ occupent toutes les dimensions disponibles, ce qui revient à accepter l'hypothèse $H_{\min(q,\, C-1)}$. Toutefois, cette dernière ne figure pas comme telle au tableau et n'est jamais éprouvée, car c'est l'hypothèse contraire ultime, qui n'impose aucune restriction quant au nombre de dimensions occupées, c'est l'hypothèse qu'on accepte lorsqu'on doit rejeter toutes celles qui l'ont précédé.

## Section 33.5: résumé des étapes des calculs

À cause de la longueur et de la complexité des calculs nécessités par l'analyse discriminante multigroupes, les principales étapes en sont résumées au tableau 33.5.1. Bien que ces étapes aient déjà toutes été discutées, il est peut-être utile de noter que, en algèbre scalaire, la $i^{\text{ème}}$ fonction discriminante $Z_i$ du vecteur moyen $\overline{\mathbf{X}}_g = [\overline{X}_{g1} \dots \overline{X}_{gq}]$ du $g^{\text{ième}}$ échantillon est

$$Z_i = k_{i1}(\overline{X}_{g1} - \overline{X}_{\cdot 1}) + \dots + k_{iq}(\overline{X}_{gq} - \overline{X}_{\cdot q}) ,$$

où $\overline{\mathbf{X}}_{\cdot} = [\overline{X}_{\cdot 1} \dots \overline{X}_{\cdot q}]$ est le vecteur moyen de l'ensemble de toutes les observations (tableau 33.2.1). De même, la fonction discriminante d'un spécimen individuel $\mathbf{X} = [X_1 \dots X_q]$ est

$$Z_i = k_{i1}(X_1 - \overline{X}_{\cdot 1}) + \dots + k_{iq}(X_q - \overline{X}_{\cdot q}) .$$

**Tableau 33.5.1**
**Résumé des étapes des calculs.**

| | |
|---|---|
| (1) | on calcule les matrices des sommes centrées intragroupes $\mathbf{W}$ et intergroupes $\mathbf{B}$ tel qu'indiqué à la section 33.2 ; |
| (2) | on calcule la matrice de covariance $\mathbf{S} = \mathbf{S}_{\text{commune}} = \mathbf{S}_{\text{intragroupes}} = [1/(N_{\cdot} - C)]\,\mathbf{W}$; |
| (3) | on diagonalise la matrice $\mathbf{S}$ tel qu'indiqué à la section 31.3, ce qui donne la matrice orthogonale $\mathbf{U}$ et la matrice diagonale $\mathbf{D}$ ; |
| (4) | on évalue le produit matriciel $\mathbf{D}^{-1/2}\,\mathbf{U}\,\mathbf{B}\,\tilde{\mathbf{U}}\,\mathbf{D}^{-1/2}$ ; |
| (5) | on diagonalise le produit matriciel $\mathbf{D}^{-1/2}\mathbf{U}\,\mathbf{B}\,\tilde{\mathbf{U}}\,\mathbf{D}^{-1/2}$ de la même façon qu'à l'étape (3), ce qui donne la matrice orthogonale $\mathbf{V}$ et la matrice diagonale $\mathbf{E}$; |
| (6) | on évalue la matrice des coefficients des fonctions discriminantes $\mathbf{K} = \mathbf{V}\,\mathbf{D}^{-1/2}\,\mathbf{U}$; |
| (7) | on s'assure de l'exactitude des calculs précédents en vérifiant si $\mathbf{K}\,\mathbf{S}\,\tilde{\mathbf{K}} = \mathbf{I}$ et si $\mathbf{K}\,\mathbf{B}\,\tilde{\mathbf{K}} = \mathbf{E}$; |
| (8) | on éprouve les hypothèses $H_0$, $H_1$, $H_2$, ... etc. de la façon expliquée à la section 33.4 et au tableau 33.4.1 ; |
| (9) | on calcule, si désiré, les valeurs des fonctions discriminantes qui correspondent à des valeurs propres $e_1, e_2, \dots e_{\min(q,\,C-1)}$ statistiquement significatives; on calcule ces fonctions discriminantes pour les observations individuelles et pour les moyennes des échantillons de référence, de même que pour de nouveaux spécimens d'appartenance douteuse qu'on souhaiterait identifier; les valeurs de ces fonctions discriminantes peuvent être représentées graphiquement dans des diagrammes de dispersion (voir les sections 33.6 à 33.11). |

Les relations entre la matrice de covariance intragroupes $\mathbf{S}$, la matrice $\mathbf{B}$ des sommes centrées intergroupes, la matrice $\mathbf{K}$ des coefficients des fonctions discriminantes et la matrice diagonale $\mathbf{E}$ des valeurs propres correspondantes sont résumées de façon globale (voir la section 33.12) par l'équation $\mathbf{KB} = \mathbf{EKS}$.

## Section 33.6: représentation graphique des résultats

Ce qui rend l'analyse discriminante multigroupes spécialement intéressante, c'est que les résultats de telles analyses peuvent être représentés graphiquement et constituent des vues bidimensionnelles ou tridimensionnelles des groupes de données multidimensionnelles qu'on souhaite comparer (voir les figures 33.8.1, 33.9.1, 33.10.1 et 33.11.1).

Lorsque le nombre total $q$ de variables considérées est supérieur à deux ou à trois, les fonctions discriminantes permettent d'*extraire* l'information pertinente aux différences entre les moyennes des groupes et d'en exprimer la plus grande partie quant à un nombre minimum de combinaisons linéaires (section 24.22) des mesures originales. En principe, seules les fonctions discriminantes qui ont été trouvées statistiquement significatives par les méthodes de la section 33.4 devraient être représentées graphiquement. Cependant, il est parfois utile de représenter aussi la première fonction discriminante non significative (disons la troisième si seules les deux premières sont significatives), à la condition de souligner qu'elle ne contribue pas de façon concluante à la dispersion intergroupes.

La façon d'employer les diagrammes de dispersion des fonctions discriminantes dépend de la nature des questions posées. Lorsqu'on est surtout intéressé aux différences entre les moyennes, on représente parfois des régions de confiance des fonctions discriminantes $\mathbf{K}(\tilde{\boldsymbol{\mu}}_g - \tilde{\bar{\bar{\mathbf{X}}}}.)$ des vecteurs moyens $\boldsymbol{\mu}_g$ de chaque population. Lorsque la supposition d'égalité des matrices de covariance paramétriques est justifiable, ces régions de confiance ont la forme d'un cercle dont le rayon est égal à

$$\sqrt{(\chi^2_{(1-\alpha;2)}/N_g)}\,,$$

ou, préférablement,

$$\sqrt{(T^2_{(1-\alpha;2,N.-C)}/N_g)}\,,$$

et dont le centre a comme coordonnées les fonctions discriminante $\tilde{\bar{\bar{\mathbf{Z}}}}_g = \mathbf{K}(\tilde{\bar{\bar{\mathbf{X}}}}_g - \tilde{\bar{\bar{\mathbf{X}}}}.)$ du vecteur moyen $\bar{\mathbf{X}}_g$ de l'échantillon.

Lorsque la supposition d'égalité des matrices de covariance est douteuse, on peut obtenir une région de confiance plus satisfaisante pour la moyenne $\boldsymbol{\mu}_g$ de chaque population en remplaçant le cercle de confiance discuté au paragraphe précédent par une ellipse de confiance centrée elle aussi sur les fonctions discriminantes du vecteur moyen $\bar{\mathbf{X}}_g$ de l'échantillon et basée sur $T^2_{(1-\alpha;\,2,\,N_g-1)}$, mais en tirant les variances et les covariances des fonctions discriminantes de la matrice $\mathbf{K}\mathbf{S}_g\tilde{\mathbf{K}} \neq \mathbf{I}$ estimée à l'aide de la matrice de covariance $\mathbf{S}_g$ de chaque échantillon au lieu de la matrice de covariance intra-groupes $\mathbf{S}$.

Dans certains domaines, on est particulièrement intéressé à savoir si, par suite de la divergence de leurs moyennes, plusieurs groupes d'organismes continuent ou non de chevaucher (*overlap* en anglais) de manière appréciable. En taxonomie, par exemple, l'absence de chevauchement sous-entend que l'identification d'éventuels spécimens d'appartenance douteuse devrait pouvoir être faite sans risque d'erreur. En génétique et dans l'étude de l'évolution, d'autre part, l'absence de chevauchement quant à plusieurs caractères quantitatifs pourrait suggérer que des groupes d'organismes sont tellement différenciés qu'ils seraient reproductivement incompatibles (bien que ce ne soit pas toujours le cas). Dans de telles études, on voudrait représenter non seulement les moyennes des groupes mais aussi l'étendue de la variation individuelle de chaque groupe, en représentant toutes les observations individuelles par des points figuratifs ou en traçant un cercle de prédiction (figure 33.9.1), de rayon

$$\sqrt{[T^2_{(1-\alpha;2,N.-C)}(N_g+1)/N_g]}\,,$$

ou encore une ellipse de prédiction basée sur $T^2_{(1-\alpha;2,N_g-1)}$ et sur les éléments appropriés de la matrice $\mathbf{KS}_g\tilde{\mathbf{K}}$ (figures 33.8.1). Lorsque les effectifs de certains des échantillons sont très petits, les cercles de prédiction correspondent souvent mal à l'étendue estimée ou observée de la variation individuelle (section 30.6), mais peuvent être remplacés par des *cercles de variation* de rayon $\sqrt{\chi^2_{(1-\alpha;\,2)}}$ (figure 33.10.1).

Lorsque les effectifs des échantillons comparés sont considérables, on trouve souvent que toutes ou presque toutes les fonctions discriminantes sont statistiquement significatives même quand les différences observées entre les moyennes sont faibles. Toutefois, la majeure partie de la variation des moyennes est habituellement concentrée dans la direction des premiers axes discriminants. Bien qu'on ne doive ignorer aucun des axes discriminants significatifs, les premiers axes sont néanmoins les plus importants si on veut détecter ou mettre en évidence les tendances les plus prononcées, les "*grandes lignes*", de la variation.

C'est pourquoi on cherche souvent à fournir une représentation tridimensionnelle du diagramme de dispersion des trois premiers axes discriminants, par exemple à l'aide d'une paire de vues stéréoscopiques. De façon plus simple, si on réunit deux diagrammes de dispersion bidimensionnels dont les abscisses représentent la même fonction discriminante avec la même échelle, comme dans les figures 33.9.1 et 33.10.1, on peut voir simultanément deux vues perpendiculaires d'un même diagramme tridimensionnel. De plus, l'interprétation tridimensionnelle d'une telle figure peut être facilitée si on en examine une copie pliée à angle droit le long de l'abscisse de sa partie supérieure (figure 33.6.1), car les deux diagrammes bidimensionnels peuvent alors être perçus comme des projections sur la face antérieure (en gris) et la face supérieure (en blanc) d'une "boîte" contenant le diagramme tridimensionnel (en noir).

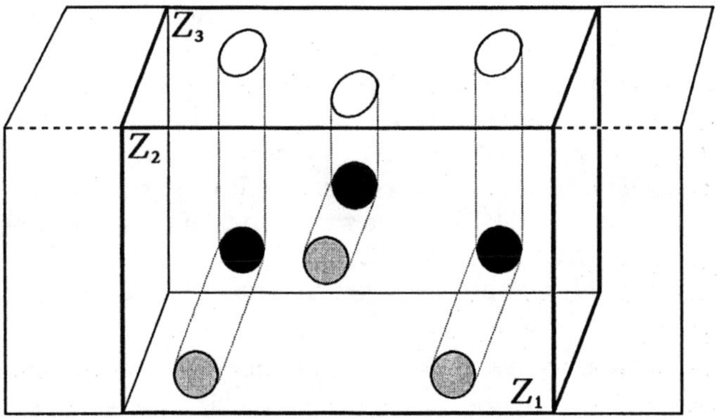


**Figure 33.6.1**
**Interprétation tridimensionnelle d'une paire de diagrammes de dispersion jumelés.**

## Section 33.7 : les cercles de confiance et le problème des réflections d'axes

Le sens de l'axe de coordonnées d'une fonction discriminante est arbitraire, et les signes de tous les coefficients sont parfois inversés lorsqu'on change d'algorithme ou lorsqu'on passe d'un ensemble de données à un autre. Ce type de phénomène se produit non seulement dans le cas des fonctions discriminantes mais aussi dans celui des composantes principales (chapitre 31) et dans celui des corrélations canoniques (chapitre 34).

Bien que ce phénomène, qui correspond géométriquement à une *réflection d'axe de coordonnées*, soit plutôt trivial, il pourrait masquer la similitude des résultats obtenus dans des analyses apparentées, mais on peut l'éviter en pratique si on change au besoin les signes de tous les éléments des vecteurs des coefficients et si on définit arbitrairement comme positif (ou négatif) l'élément qui possède la plus grande valeur absolue.

Il est particulièrement important d'empêcher les réflections d'axes lorsqu'on cherche à vérifier le bon fonctionnement de régions de confiance. En effet, Krzanowski (1989) a prétendu que la probabilité que les cercles de confiance des moyennes des fonctions discriminantes (section 33.6) couvrent les projections des moyennes paramétriques était très inexacte, parfois inférieure à la moitié du seuil de confiance désiré de 95%. Mais les fréquences obtenues par Krzanowski (1989) à l'aide de la méthode de rééchantillonnage *"bootstrap"* étaient incorrectes, entre autres raisons parce qu'il n'a pas tenu compte du phénomène des réflections d'axes. L'erreur de Krzanowski (1989) a été mentionnée par Ringrose et Krzanowski (1991), mais dans un périodique nouveau et encore peu répandu, et peu d'utilisateurs des fonctions discriminantes sont sans doute conscients de ce que la critique originale de Krzanowski (1989) n'était pas fondée. De plus, certains statisticiens continuent d'essayer de remplacer les cercles de confiance des moyennes des fonctions discriminantes par des méthodes non paramétriques, qui ne seraient sans doute pas vraiment plus exactes.

On peut montrer par une expérience d'échantillonnage que les cercles de confiance des moyennes de groupes sont approximativement corrects dans l'analyse discriminante multigroupes. Afin d'obtenir des résultats aussi comparables que possible à ceux de Krzanowski (1989), les paramètres utilisés dans la présente expérience d'échantillonnage sont égaux aux vecteurs moyens et aux matrices de covariance des données publiées par Lubischew (1962) sur trois espèces russes de coléoptères du genre *Chaetocnema*, données prises comme exemple par Krzanowski (1989, page 115, figure 1). De plus, les effectifs des échantillons utilisés dans l'expérience d'échantillonnage sont égaux à ceux des données de Lubischew (1962) : $N_1 = 21$ spécimens pour la première espèce (*Chaetocnema concinna*), $N_2 = 31$ spécimens pour la seconde espèce (*Chaetocnema heikertingeri*) et $N_3 = 22$ spécimens pour la troisième espèce (*Chaetocnema heptapotamica*). Les nombres pseudoaléatoires normaux ont été produits en soustrayant 24 de la somme de 48 nombres pseudoaléatoires uniformes et en divisant la différence par 2. Ces nombres pseudoaléatoires indépendants ont ensuite été transformés en nombres corrélés à l'aide des valeurs propres et des vecteurs propres de la matrice de covariance de chaque espèce.

Les résultats de trois analyses discriminantes simulées des données de Lubischew (1962) sont représentés à la figure 33.7.1. Le cercle de confiance du vecteur moyen paramétrique $\boldsymbol{\mu}_g = [\mu_{g1} \ldots \mu_{gq}]$ de chaque groupe, basé sur le $T^2$ de Hotelling au seuil $\alpha = 0{,}05$ , est représenté dans le diagramme de dispersion des deux premières fonctions discriminantes $Z_1$ et $Z_2$. Chaque cercle porte une étiquette indiquant le numéro de groupe (1, 2 ou 3) et le numéro de simulation (*a*, *b* ou *c*). De plus la fonction discriminante $\mathbf{K}(\tilde{\boldsymbol{\mu}}_g - \tilde{\tilde{\mathbf{X}}}.)$ de la moyenne paramétrique de chaque groupe est représentée par un point figuratif (• pour le groupe 1, ○ pour le groupe 2 et ∗ pour le groupe 3) montrant si la projection de la moyenne paramétrique est couverte ou non par le cercle de confiance correspondant. Bien que les cercles de confiance de la moyenne de chaque groupe se déplacent dans le diagramme de dispersion d'une simulation à l'autre, chacun des neuf cercles de confiance de la figure 33.7.1 couvre la projection de la moyenne paramétrique correspondante, ce qui ne semble sûrement pas appuyer la conclusion de Krzanowski (1989).

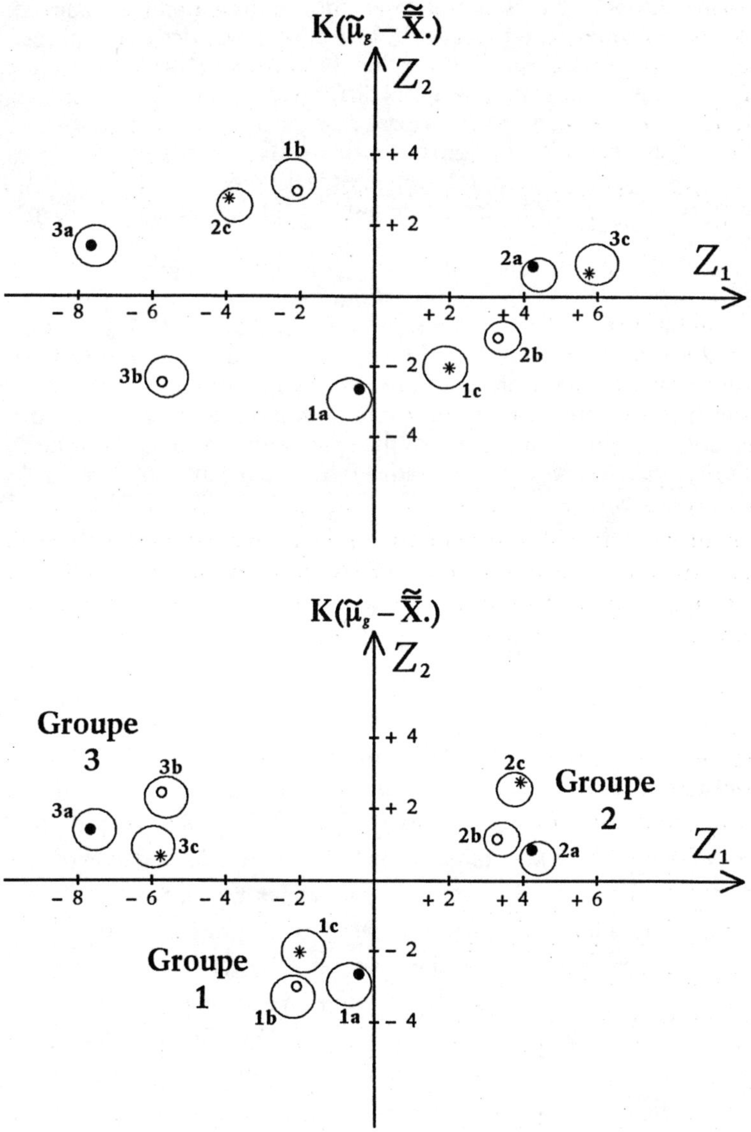


**Figure 33.7.1**

**Diagrammes de dispersion des cercles de confiance ($1 - \alpha = 0{,}95$) des moyennes de groupes dans le plan des deux premières fonctions discriminantes $Z_1$ et $Z_2$ lorsqu'il y a des réflections d'axes (en haut) et lorsqu'il n'y en a pas (en bas); chaque étiquette indique le numéro de groupe (1, 2 ou 3) et de simulation (a, b, ou c); les points figuratifs (•, ○ ou ∗) représentent les moyennes paramétriques de groupes $\mu_g$ et sont couverts par le cercle de confiance correspondant dans tous les cas illustrés.**

Les réflections d'axes ont été tolérées dans la partie supérieure mais supprimées dans la partie inférieure de la figure 33.7.1. La partie supérieure de la figure 33.7.1 montre que l'axe de coordonnées de la seconde fonction discriminante est réfléchi lorsqu'on passe de la simulation "a" à la simulation "b", et que l'axe de coordonnées de la première fonction discriminante est réfléchi lorsqu'on passe des simulations "a" et "b" à la simulation "c". Il s'ensuit que les cercles de confiance de la moyenne de chaque groupe sont dispersés dans trois quadrants différents et qu'aucune configuration claire ne se dégage de la dispersion intergroupes. Au contraire, une fois que les réflections d'axes ont été supprimées, la configuration des différences entre les groupes devient cohérente, les groupes 1, 2 et 3 tombant respectivement dans les portions centrale inférieure, supérieure droite et supérieure gauche du diagramme de dispersion (partie inférieure de la figure 33.7.1).

Une série plus longue de vingt simulations aléatoires est illustrée dans la figure 33.7.2, où la projection de la moyenne paramétrique $\boldsymbol{\mu}_g$ de chaque groupe est représentée par un point noir. Les parties supérieures des figures 33.7.1 et 33.7.2 montrent que les divers types de réflections d'axes ne se produisent pas aussi fréquemment les uns que les autres. Ainsi, le cercle de confiance de la moyenne du second groupe tombe dans le quadrant supérieur gauche approximativement deux fois moins souvent que dans le quadrant inférieur droit, il ne tombe que rarement dans le quadrant supérieur gauche, et n'est jamais tombé dans le quadrant inférieur gauche au cours de la présente expérience d'échantillonnage.

Même lorsque les réflections d'axes sont supprimées, le cercle de confiance de la moyenne de chaque groupe se déplace encore de façon marquée d'une simulation à l'autre dans le diagramme de dispersion des fonctions discriminantes (figures 33.7.1 et 33.7.2, bas), mais il continue de couvrir la projection de la moyenne paramétrique correspondante la majeure partie du temps, ce qui montre que cette dernière se déplace de manière corrélée. Les coordonnées des fonctions discriminantes du vecteur moyen $\bar{\mathbf{X}}_g$ de l'échantillon et du vecteur paramétrique moyen $\boldsymbol{\mu}_g$ du $g^{\text{ième}}$ groupe sont donc affectées par des fluctuations substantielles, mais les valeurs numériques de ces coordonnées ont peu d'intérêt en elles-mêmes, parce que, ce qui compte surtout dans l'analyse discriminante, c'est la configuration et l'étendue de la dispersion intergroupes. Pour ce qui est du bon fonctionnement des cercles de confiance des moyennes de groupes, ce qui est réellement important, c'est la distance entre la projection $\mathbf{K}\tilde{\tilde{\bar{\mathbf{X}}}}_g$ du vecteur moyen du $g^{\text{ième}}$ échantillon et la projection $\mathbf{K}\tilde{\boldsymbol{\mu}}_g$ du vecteur moyen paramétrique correspondant, plutôt que la distance entre l'une ou l'autre des projections précédentes et la projection $\mathbf{K}\tilde{\tilde{\bar{\mathbf{X}}}}.$ de la moyenne générale observée $\bar{\mathbf{X}}..$ Par conséquent, lorsqu'on veut vérifier le bon fonctionnement des cercles de confiance des moyennes de groupes, on doit considérer la différence $\mathbf{K}(\tilde{\boldsymbol{\mu}}_g - \tilde{\tilde{\bar{\mathbf{X}}}}.) - \mathbf{K}(\tilde{\tilde{\bar{\mathbf{X}}}}_g - \tilde{\tilde{\bar{\mathbf{X}}}}.) = \mathbf{K}(\tilde{\boldsymbol{\mu}}_g - \tilde{\tilde{\bar{\mathbf{X}}}}_g)$ plutôt que les valeurs $\mathbf{K}(\tilde{\tilde{\bar{\mathbf{X}}}}_g - \tilde{\tilde{\bar{\mathbf{X}}}}.)$ et $\mathbf{K}(\tilde{\boldsymbol{\mu}}_g - \tilde{\tilde{\bar{\mathbf{X}}}}.)$ des fonctions discriminantes telles que calculées d'habitude. Des diagrammes de dispersion des différences $\mathbf{K}(\tilde{\boldsymbol{\mu}}_g - \tilde{\tilde{\bar{\mathbf{X}}}}_g)$ ont été insérés dans les coins supérieur gauche, supérieur droit et inférieur gauche de la partie inférieure de la figure 33.7.2, et la projection de chaque vecteur moyen paramétrique gît à l'extérieur du cercle de confiance correspondant dans seulement 2 cas sur 60, et gît proche du cercle dans un troisième cas. Comme ces cercles de confiance ont été basés sur la distribution du $T^2$ de Hotelling au seuil $\alpha = 0{,}05$, les fréquences observées ici s'accordent très bien avec ce à quoi on s'attendrait.

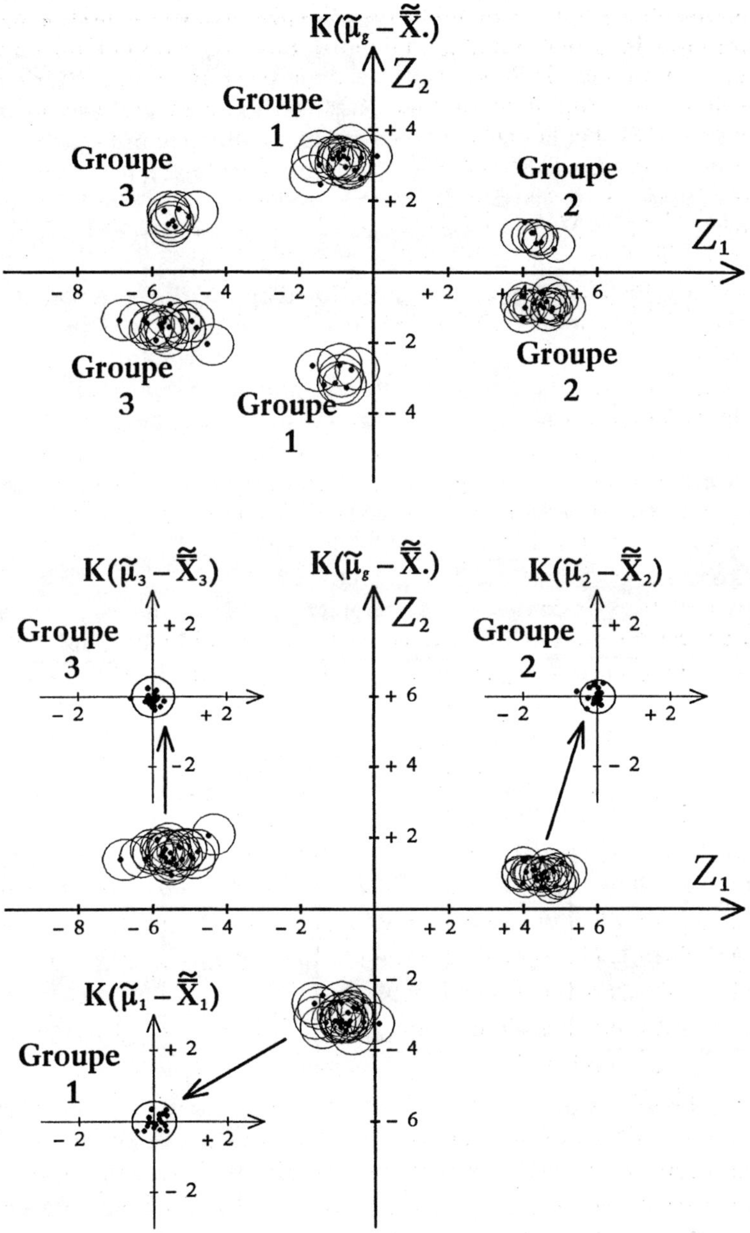


**Figure 33.7.2**

**Diagrammes de dispersion des cercles de confiance ($1 - \alpha = 0{,}95$) des moyennes de groupes dans le plan des deux premières fonctions discriminantes $Z_1$ et $Z_2$ lorsqu'il y a des réflections d'axes (en haut) et lorsqu'il n'y en a pas (en bas); la projection de la moyenne paramétrique $\mu_g$ de chaque groupe dans chaque simulation est représentée par un point noir; les petits diagrammes insérés dans les coins de la partie inférieure sont centrés sur la moyenne de chaque échantillon dans chaque simulation au lieu de la moyenne générale observée.**

Le tableau 33.7.1 contient les résultats d'une expérience d'échantillonnage beaucoup plus substantielle comprenant 10 000 simulations. Les fréquences de couverture ont été déterminées aux seuils $\alpha = 0{,}05$ et $\alpha = 0{,}01$ pour trois méthodes. Selon la première méthode, qualifiée de *"traditionnelle"* par Krzanowski (1989), les cercles de confiance ont été calculés en utilisant la matrice de covariance commune intragroupes et la distribution de $\chi^2$ avec 2 degrés de liberté. Selon la seconde méthode, les cercles de confiance ont été basés aussi sur la matrice de covariance intragroupes, qui possède $(N. - C)$ degrés de liberté, où $C$ et $N.$ désignent respectivement le nombre de groupes et l'effectif total, mais la distribution de $\chi^2$ a été remplacée par la distribution du $T^2$ de Hotelling. Enfin, selon la troisième méthode, la supposition d'égalité des matrices de covariance paramétriques a été abandonnée et les cercles de confiance de la moyenne du $g^{\text{ième}}$ groupe ont été remplacés par des ellipses basées sur la distribution du $T^2$ de Hotelling, mais la matrice de covariance des fonctions discriminantes dans le $g^{\text{ième}}$ groupe a été estimée par le produit matriciel $\mathbf{K}\mathbf{S}_g\breve{\mathbf{K}}$ avec $(N_g - 1)$ degrés de liberté, où $\mathbf{S}_g$ est la matrice de covariance du $g^{\text{ième}}$ échantillon. Il faut souligner que les ellipses de confiance ci-dessus sont généralement beaucoup moins grandes et moins allongées que les ellipses (franchement incorrectes) proposées par Krzanowski (1989).

**Tableau 33.7.1**
**Fréquences relatives de couverture des projections des moyennes paramétriques par les régions de confiance correspondantes dans 10 000 simulations.**

| Type de région | cercles de confiance | | cercles de confiance | | ellipses de confiance | |
|---|---|---|---|---|---|---|
| Distribution | $\chi^2_{(1-\alpha;\,2)}$ | | $T^2_{(1-\alpha;\,2,\,N.-C)}$ de Hotelling | | $T^2_{(1-\alpha;\,2,\,N_g-1)}$ de Hotelling | |
| Matrice de covariance | intragroupes commune | | intragroupes commune | | matrice de covariance $\mathbf{S}_g$ de chaque échantillon | |
| $(1-\alpha)$ | 0,95 | 0,99 | 0,95 | 0,99 | 0,95 | 0,99 |
| Groupe 1 | 0,9394 | 0,9843 | 0,9494 | 0,9889 | 0,9342 | 0,9859 |
| Groupe 2 | 0,8511 | 0,9431 | 0,8667 | 0,9542 | 0,9272 | 0,9831 |
| Groupe 3 | 0,9613 | 0,9911 | 0,9669 | 0,9941 | 0,9331 | 0,9826 |
| Moyenne | 0,9173 | 0,9728 | 0,9277 | 0,9791 | 0,9315 | 0,9839 |

Bien que les moyennes des fréquences de couverture des trois groupes, inscrites à la dernière ligne du tableau 33.7.1, soient toutes inférieures au seuil nominal de confiance, elles se rapprochent de $(1-\alpha)$ lorsque la distribution de $\chi^2$ est remplacée par celle du $T^2$ de Hotelling et que la matrice de covariance intragroupes commune est remplacée par la matrice de covariance $\mathbf{S}_g$ de chaque échantillon. Les fréquences de couverture sont sensiblement plus basses pour le groupe 2 que pour les groupes 1 et 3, particulièrement quand la matrice de covariance intragroupes commune est utilisée, mais ceci s'explique si on examine les diagrammes de dispersion représentés dans l'article original de Lubischew (1962), car la dispersion y est visiblement plus grande dans la deuxième espèce que dans les espèces 1 et 3. C'est pourquoi, lorsque les cercles de confiance sont basés sur la matrice de covariance intragroupes commune, ils ont tendance à être trop petits pour l'espèce 2 et trop grands pour les espèces 1 et 3.

Les fréquences de couverture des trois groupes sont plus homogènes lorsque les cercles de confiance sont remplacés par des ellipses basées sur la matrice de covariance des fonctions discriminantes estimée séparément pour chaque groupe, $\mathbf{KS}_g\tilde{\mathbf{K}}$, car ce procédé permet à la dispersion de chaque groupe d'avoir sa propre grandeur et ses propres directions. Même de cette façon, toutefois, les fréquences de couverture demeurent légèrement inférieures à $(1-\alpha)$, et les utilisateurs prudents éviteront sans doute d'employer le seuil $\alpha = 0{,}05$ pour tirer des conclusions au sujet des différences entre les moyennes. De plus, certains chercheurs préféreraient peut-être envisager la comparaison des moyennes de plusieurs $(C)$ groupes comme un problème d'estimation multiple et utiliser des régions de confiance agrandies à la manière de Bonferroni (section 26.2), en prenant un seuil de confiance $(1-\alpha/C)$ pour chaque groupe.

De toutes façons, avant de tirer toute conclusion que ce soit au sujet des différences entre les moyennes des groupes, on devrait d'abord éprouver l'hypothèse préliminaire $H_0$ de manière globale à l'aide des méthodes de la section 33.4. Par contre, une fois que la signification statistique de la variation intergroupes a été établie, les diagrammes de dispersion des fonctions discriminantes de l'échantillon devraient être considérés comme la meilleure vue des différences entre les groupes obtenable à partir des données, car ces diagrammes sont basés sur des estimations du maximum de vraisemblance.

## Section 33.8 : les différences de trois espèces d'iris

L'analyse discriminante multigroupes est d'abord illustrée (figure 33.8.1) dans le cas de données célèbres sur trois espèces nord-américaines d'iris (appendice E). Ces données furent obtenues par le botaniste américain Edgar Anderson, qui attira l'attention de Ronald A. Fisher sur le besoin de développer des méthodes statistiques pour distinguer des espèces voisines (voir Anderson, 1954). C'est pour analyser ces données que Fisher inventa la fonction discriminante linéaire (chapitre 32), applicable à la comparaison de deux groupes (Fisher, 1936). En plus d'avoir été publiées par Fisher en 1936 dans son article original, ces données ont été reproduites à de multiples reprises (Andrews et Herzberg, 1985; Atchley et Bryant, 1975; Morrison, 1990; Pontier, Dufour et Normand, 1990). Certaines caractéristiques des trois espèces sont résumées au tableau 33.8.1.

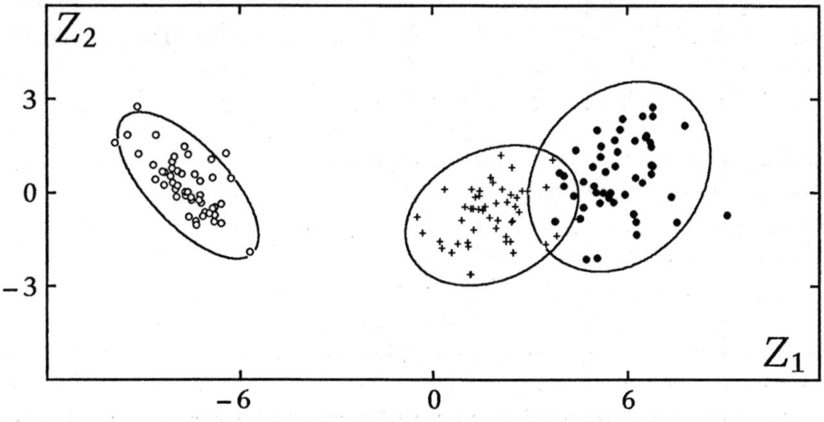


**Figure 33.8.1**

**Diagramme de dispersion des deux fonctions discriminantes des trois espèces d'iris *Iris setosa* (○), *Iris versicolor* (+) et *Iris virginica* (●) d'après des données publiées par Fisher (1936); ellipses de prédiction au seuil $\alpha = 0{,}05$.**

**Tableau 33.8.1**
**Caractéristiques de trois espèces nord-américaines d'iris.**

| Espèce | *Iris setosa canadensis* (*Iris Hookeri*) | *Iris versicolor* | *Iris virginica* |
|---|---|---|---|
| Aire de distribution | nord-est du Québec, du Canada, et des États-Unis d'Amérique | sud-est du Québec et du Canada, États-Unis d'Amérique | sud-ouest du Québec et du Canada, États-Unis d'Amérique |
| Habitat | rives et prairies bien drainées, dunes, pentes rocheuses | rives et prairies humides, marécages | rives et prairies humides, marécages |
| Nombre chromosomique | 38 | 108 | 70 |

La sous-espèce *Iris setosa canadensis* (aussi appelée *Iris Hookeri* aux États-Unis d'Amérique) est particulièrement intéressante parce qu'elle est apparentée à une espèce présente dans l'est de l'Asie et en Alaska, dont on pense qu'elle a été séparée par les glaciations du Quaternaire. Les mesures d'*Iris setosa canadensis* et d'*Iris versicolor* analysées par Fisher furent obtenues par Edgar Anderson en Gaspésie, dans les prairies qui longent la rive sud du fleuve Saint-Laurent, entre l'Île Verte et Trois-Pistoles, où ces deux espèces poussent entremêlées. L'espèce *Iris virginica* n'est pas présente en Gaspésie, mais elle fut considérée par Anderson et par Fisher pour éprouver l'hypothèse selon laquelle l'espèce "hexaploïde" *Iris versicolor* descendrait d'hybrides naturels entre l'espèce "diploïde" *Iris setosa* et l'espèce "tétraploïde" *Iris virginica.* Les caractères quantitatifs mesurés par Anderson sur 50 spécimens de chaque espèce et analysés par Fisher furent les suivants:

$X_1$ = la longueur d'un sépale en mm,

$X_2$ = la largeur d'un sépale en mm,

$X_3$ = la longueur d'un pétale en mm,

$X_4$ = la largeur d'un pétale en mm.

Certains auteurs ont noté que la comparaison des espèces *Iris setosa canadensis* et *Iris versicolor* ne nécessitait pas vraiment l'utilisation de fonctions discriminantes, car les pétales d'*Iris setosa canadensis* sont minuscules et il n'y a aucun chevauchement entre leurs dimensions et celles des pétales d'*Iris versicolor.* Cette absence de chevauchement est d'ailleurs reflétée par le diagramme de dispersion des fonctions discriminantes (figure 33.8.1), où les deux espèces sont complètement séparées. Par contre, l'espèce *Iris versicolor* diffère beaucoup moins fortement de l'espèce *Iris virginica*, avec laquelle elle chevauche partiellement (figure 33.8.1). Notons que l'étendue de la variation individuelle a été décrite ici par des ellipses plutôt que par des cercles de prédiction, parce qu'il est évident que la grandeur et l'orientation de la dispersion chez *Iris setosa canadensis* diffèrent beaucoup de celles d'*Iris versicolor* et d'*Iris virginica* .

Si l'espèce *Iris versicolor* descendait d'hybrides naturels entre *Iris setosa canadensis* et *Iris virginica* , et s'il n'y avait aucun phénomène de dominance ou d'épistasie, on s'attendrait à ce que les caractères quantitatifs d'*Iris versicolor* soient intermédiaires entre ceux d'*Iris setosa canadensis* et d'*Iris virginica* et à ce que la moyenne paramétrique d'*Iris versicolor* soit située sur la même droite que les moyennes des deux autres espèces. L'hypothèse et les suppositions précédentes ne sont apparemment pas toutes complètement vraies, car Fisher (1936) a noté que la largeur des sépales ($X_2$) d'*Iris versicolor* n'est pas intermédiaire entre celles des sépales des deux autres espèces, et l'analyse discriminante multigroupes montre que l'hypothèse que les vecteurs moyens des trois espèces occupent une seule dimension doit être rejetée (tableau 33.8.2, $\chi^2_{(3)} = 36{,}5297$, $P = 0{,}5786/10^7$). Toutefois, la ressemblance phénotypique plus forte entre *Iris virginica* et *Iris versicolor* qu'entre cette dernière espèce et *Iris setosa canadensis* (figure 33.7.1) pourrait s'expliquer (Fisher, 1936) par le fait qu'*Iris virginica*, étant tétraploïde, aurait contribué deux fois plus de matériel héréditaire qu'*Iris setosa canadensis* au génotype d'*Iris versicolor*.

**Tableau 33.8.2**
**Analyse discriminante multigroupes des données publiées par Fisher (1936) sur les trois espèces d'iris *Iris setosa*, *Iris versicolor* et *Iris virginica*.**

| Valeur propre | Composante de $\chi^2$ | Degrés de liberté | Somme des composantes de $\chi^2$ | Degrés de liberté cumulés | Probabilité |
|---|---|---|---|---|---|
| 4732,21 | 509,586 | 5 | 546,115 | 8 | 0 |
| 41,9525 | 36,5297 | 3 | 36,5297 | 3 | $0{,}5786/10^7$ |

En définitive, le fait que la variation intergroupes soit significativement bidimensionnelle ne contredit pas hors de tout doute l'hypothèse selon laquelle *Iris versicolor* descendrait d'hybrides naturels entre *Iris setosa canadensis* et *Iris virginica*. En effet, la non-intermédiarité de la largeur des sépales pourrait découler d'un phénomène de dominance ou d'épistasie. De plus, même si l'espèce *Iris versicolor* avait été formée par hybridation naturelle entre les deux autres espèces, cela pourrait s'être passé il y a un certain nombre de milliers d'années, et les trois espèces pourraient avoir continué d'évoluer par la suite.

## Section 33.9 : les différences de quatre espèces de papillons

Dans un second exemple, nous revenons aux intéressantes données de Brower (1959) sur des papillons mâles de diverses espèces du genre *Papilio*, déjà considérées plusieurs fois dans ce manuel. La désignation spécifique et la provenance des spécimens sont indiquées au tableau 33.9.1.

**Tableau 33.9.1**
**Données sur des papillons mâles de quatre espèces du genre *Papilio* (Brower, 1959).**

| Espèce | Provenance | Effectif de l'échantillon |
|---|---|---|
| *Papilio glaucus* | Colombie britannique | $N_1 = 10$ |
| *Papilio rutulus* | Colorado | $N_2 = 10$ |
| *Papilio eurymedon* | Colorado | $N_3 = 10$ |
| *Papilio multicaudatus* | Colorado | $N_4 = 10$ |

Les variables suivantes sont considérées dans la présente analyse:

$X_1$ = la longueur du huitième tergite en mm, multipliée par 8,
$X_2$ = la longueur du superuncus en mm, multipliée par 8,
$X_3$ = la longueur de la valve droite en mm,
$X_4$ = la longueur de l'aile antérieure droite en mm.

L'analyse discriminante multigroupes est résumée au tableau 33.9.2, et on constate que les deux premiers axes discriminants sont fortement significatifs au point de vue statistique, mais que le troisième ne l'est pas ($\chi^2_{(2)} = 4{,}54663$, $P = 0{,}10297$). Toutefois, comme les effectifs sont faibles, le troisième axe discriminant aurait peut-être été significatif si les effectifs des échantillons avaient été plus grands.

**Tableau 33.9.2**

**Analyse discriminante multigroupes des données de Brower (1959) sur les quatre espèces *Papilio glaucus, P. rutulus, P. eurymedon* et *P. multicaudatus*.**

| Valeur propre | Composante de $\chi^2$ | Degrés de liberté | Somme des composantes de $\chi^2$ | Degrés de liberté cumulés | Probabilité |
|---|---|---|---|---|---|
| 539,174 | 96,9904 | 6 | 117,027 | 12 | 0 |
| 20,0418 | 15,4903 | 4 | 20,0369 | 6 | 0,0027278 |
| 4,99387 | 4,54663 | 2 | 4,54663 | 2 | 0,10297 |

Le diagramme de dispersion des trois fonctions discriminantes est représenté à la figure 33.9.1. La non-significativité du troisième axe discriminant est confirmée graphiquement par les positions verticales pratiquement identiques des quatre cercles de prédiction dans le diagramme de dispersion des fonctions $Z_1$ et $Z_3$ (haut de la figure 33.9.1). Par rapport aux caractères considérés dans la présente analyse, *Papilio multicaudatus* diffère clairement des trois autres espèces, mais ces dernières chevauchent largement et sont difficiles à distinguer les unes des autres.

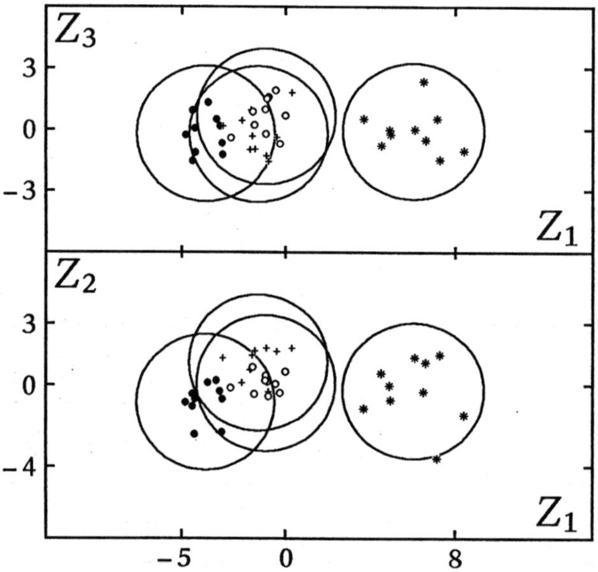


**Figure 33.9.1**

**Diagrammes de dispersion des trois fonctions discriminantes de spécimens mâles des quatre espèces de papillons *Papilio glaucus* (●), *Papilio rutulus* (○), *Papilio eurymedon* (+) et *Papilio multicaudatus* (∗) quant à quatre caractères quantitatifs d'après des données de Brower (1959); cercles de prédiction au seuil $\alpha = 0{,}05$.**

Notons que les entomologistes spécialisés dans la taxonomie de ce groupe de papillons tiennent compte de nombreux autres caractères qu'il serait difficile d'inclure dans une même analyse discriminante, comme les préférences d'habitat et de nourriture, le comportement reproducteur et les caractéristiques larvaires. Au point de vue biogéographique, l'aire de distribution de *Papilio glaucus* couvre une grande partie de l'Amérique du Nord, à l'exclusion de l'ouest des États-Unis d'Amérique où elle est remplacée par les trois autres espèces (ainsi que par une cinquième espèce au Mexique, *Papilio alexiares*). On pense couramment que les glaciers du Quaternaire ont formé des barrières entre *Papilio glaucus* à l'est et les autres espèces à l'ouest et au sud. Depuis la fonte des glaciers, les aires de distribution se sont réétendues et se touchent, mais les espèces paraissent suffisamment différenciées pour conserver leur identité, car leurs hybrides semblent rares et peu fertiles.

## Section 33.10: la divergence évolutive de plusieurs ordres de mammifères

Bien que, comme cela a été montré dans les deux sections précédentes (33.8 et 33.9), l'analyse discriminante multigroupes soit très utile dans l'étude de différences mineures entre des populations biologiques étroitement apparentées (microévolution de races, sous-espèces ou espèces affines), elle peut jouer un rôle important aussi dans l'étude de différences majeures entre des entités taxonomiques de niveau élevé (macroévolution de genres, familles, ordres, etc.), car elle permet d'obtenir des représentations synthétiques des divergences évolutives quant à plusieurs caractères quantitatifs simultanément. Lorsqu'on compare ainsi des catégories taxonomiques majeures, chaque spécimen représente habituellement une espèce au lieu de ne représenter qu'un organisme individuel comme lors de la comparaison de catégories taxonomiques mineures.

Les données qui ont servi de base à l'étude de Jolicoeur, Pirlot, Baron et Stephan (1984) sont décrites sommairement au tableau 33.10.1. Le tableau 33.10.2 résume les résultats de l'analyse discriminante effectuée par Jolicoeur, Pirlot, Baron et Stephan (1984) sur les logarithmes décimaux du poids corporel et des volumes de onze régions majeures du cerveau de cinq groupes de mammifères.

**Tableau 33.10.1**
**Données de Jolicoeur, Pirlot, Baron et Stephan (1984) sur la divergence évolutive du cerveau des Insectivores, des Chiroptères et des Primates.**

| Groupe | Effectif de l'échantillon |
|---|---|
| Insectivores de base | $N_1 = 12$ |
| Insectivores progressifs | $N_2 = 16$ |
| Chiroptères | $N_3 = 63$ |
| Prosimiens | $N_4 = 21$ |
| Simiens | $N_5 = 27$ |

On constate que les quatre axes discriminants sont tous statistiquement significatifs, mais que 93,10% de la somme des valeurs propres (2297,84) tombe sur les deux premiers axes et 98,12% sur les trois premiers axes. On ne néglige donc que très peu d'information (1,88%) si on se limite à ne considérer que le diagramme de dispersion des trois premières fonctions discriminantes (figure 33.10.1).

**Tableau 33.10.2**
**Analyse discriminante multigroupes des données sur cinq groupes de mammifères (Jolicoeur, Pirlot, Baron et Stephan, 1984).**

| Valeur propre | Composante de $\chi^2$ | Degrés de liberté | Somme des composantes de $\chi^2$ | Degrés de liberté cumulés | Probabilité |
|---|---|---|---|---|---|
| 1836,19 | 348,102 | 15 | 617,845 | 48 | 0 |
| 303,03 | 153,09 | 13 | 269,743 | 33 | 0 |
| 115,391 | 80,4431 | 11 | 116,653 | 20 | 0 |
| 43,2304 | 36,2096 | 9 | 36,2096 | 9 | $3{,}63911/10^5$ |

L'absence de chevauchement entre les Insectivores et les Prosimiens d'une part, et entre ces derniers et les Simiens d'autre part, est remarquable et reflète les différences très prononcées du développement du cerveau, dont le volume relatif est presque négligeable chez les Insectivores primitifs mais prépondérant chez les Simiens. La position exceptionnelle de l'homme (1) est évidente. Les Chiroptères paraissent voisins des Insectivores progressifs et des Prosimiens. Le lecteur trouvera s'il le désire une discussion et des conclusions beaucoup plus détaillées dans l'article auquel les données ont servi de base (Jolicoeur, Pirlot, Baron et Stephan, 1984).

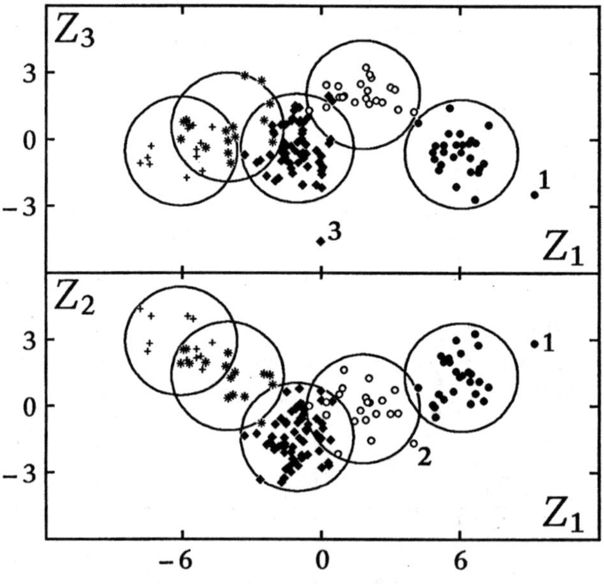


**Figure 33.10.1**
**Diagrammes de dispersion des trois premières fonctions discriminantes de cinq groupes de mammifères [insectivores de base (+), insectivores progressifs (✱), chiroptères (◆), prosimiens (○) et simiens (●)] quant aux logarithmes décimaux du poids corporel et des volumes de onze régions majeures du cerveau, d'après des données de Jolicoeur, Pirlot, Baron et Stephan (1984); cercles de variation ($\alpha = 0{,}05$); observations atypiques: 1 : *Homo sapiens,* 2: *Tarsius* sp., 3: *Hipposideros armiger* (un chiroptère).**

## Section 33.11 : un exemple écologique et limnologique

Dans un quatrième et dernier exemple, l'analyse discriminante multigroupes est appliquée aux données de Rawson (1960) sur trois groupes de lacs de la Saskatchewan, déjà considérées aux sections 30.9 et 31.10. Les mêmes variables sont incluses dans l'analyse et les lacs sont numérotés de la même façon qu'à la section 31.10. Le diagramme de dispersion des fonctions discriminantes est illustré à la figure 33.11.1. Tandis que les lacs situés sur le Bouclier canadien (numéros 1 à 5) tombent clairement à gauche du diagramme de dispersion des deux fonctions discriminantes $Z_1$ et $Z_2$, les lacs situés au sud du Bouclier canadien (numéros 9 à 13) tombent clairement à droite , et les lacs situés à la limite du Bouclier canadien (numéros 6, 7 et 8) tombent au centre.

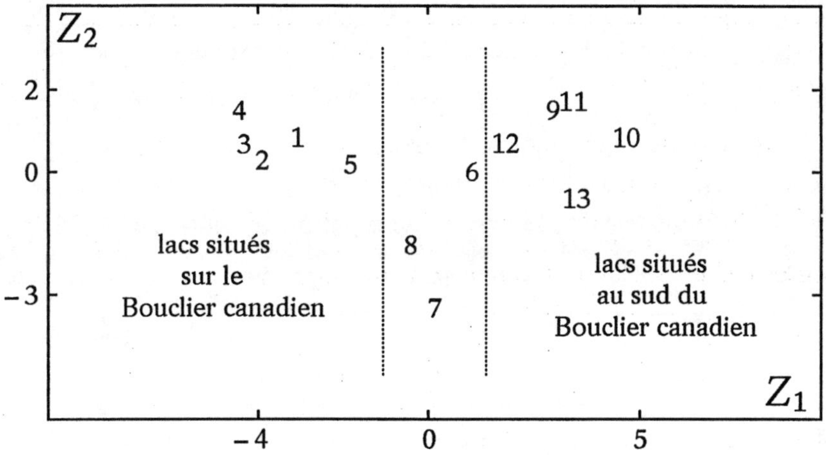


**Figure 33.11.1**
**Diagrammes de dispersion des deux fonctions discriminantes de trois groupes de lacs de la Saskatchewan d'après des données de Rawson (1960); les lacs sont numérotés comme à la section 31.10.**

Si on compare la figure 33.11.1 aux figures 31.10.1, 31.10.2 et 31.10.3, on constate que les trois groupes de lacs sont séparés plus distinctement par l'analyse discriminante que par toute autre méthode. Le tableau 33.11.1, qui résume l'analyse discriminante, indique cependant que le second axe discriminant n'est pas statistiquement significatif ($\chi^2_{(4)} = 6{,}95326$, $P = 0{,}138379$). Même si les lacs numéros 6, 7 et 8 semblent tomber plus bas que les autres (figure 33.11.1), cela n'est donc pas concluant, et on peut considérer que les lacs des trois groupes s'échelonnent le long d'une relation rectiligne.

**Tableau 33.11.1**
**Analyse discriminante multigroupes des données de Rawson (1960) sur trois groupes de lacs de la Sakatchewan.**

| Valeur propre | Composante de $\chi^2$ | Degrés de liberté | Somme des composantes de $\chi^2$ | Degrés de liberté cumulés | Probabilité |
|---|---|---|---|---|---|
| 115,583 | 20,2431 | 6 | 27,1963 | 10 | 0,00242438 |
| 13,849 | 6,95326 | 4 | 6,95326 | 4 | 0,138379 |

Afin de préciser la nature de cette relation rectiligne, on peut réexprimer les variables originales quant aux fonctions discriminantes (comme cela a été fait pour les composantes principales à la section 31.4) et faire varier uniquement la première de ces fonctions (qui est seule significative). On a ici, comme à la fin de la section 33.3,

$$\tilde{\mathbf{X}} = \tilde{\tilde{\mathbf{X}}}. + \mathbf{K}^{-1}\,\tilde{\mathbf{Z}} = \tilde{\tilde{\mathbf{X}}}. + \tilde{\mathbf{U}}\,\mathbf{D}^{+1/2}\,\tilde{\mathbf{V}}\,\tilde{\mathbf{Z}}\,,$$

mais, comme la seconde fonction discriminante $Z_2$ est gardée constante et égale à 0, on a

$$(\mathbf{X} - \overline{\mathbf{X}}.) = Z_1[-1{,}06533 \quad +0{,}419305 \quad +0{,}196160 \quad +0{,}323173 \quad +0{,}078120]\,.$$

Une augmentation de la première fonction discriminante $Z_1$ correspond donc à une diminution de la profondeur moyenne en m $X_1$ mais à une augmentation des quatre autres variables, qui sont reliées positivement au degré d'eutrophie des lacs:

$X_2$ = Température moyenne des eaux superficielles (de 0 à 10 m) en juillet et août,

$X_3$ = $\log_e$ (Masse sèche de plancton en kg/ha),

$X_4$ = $\log_e$ (Masse sèche de benthos en kg/ha),

$X_5$ = $\log_e$ (Masse moyenne de poissons capturés par filet standard, en kg/filet).

Les lacs situés sur le Bouclier canadien peuvent donc être considérés comme oligotrophes, les lacs situés à la limite du Bouclier canadien comme mésotrophes, et les lacs situés au sud du Bouclier canadien comme eutrophes. Cette analyse discriminante multigroupes confirme donc les conclusions tirées à la section 31.10.

Lorsque seul le premier axe discriminant est statistiquement significatif, comme ici, l'équation de cet axe peut servir à décrire la relation linéaire multidimensionnelle entre les variables. Cette relation est dite *fonctionnelle* ou *structurale* (voir aussi la section 22.7) selon que la fonction $Z_1$ varie de façon systématique ou aléatoire, et les observations de chaque groupe peuvent être considérées comme des répétitions (*replicates* en anglais) permettant d'estimer les variances et covariances résiduelles quant à la relation. Dans ce contexte, certains auteurs parlent de *moindres carrés généralisés* (Sprent, 1969).

## Section 33.12: dernières remarques

De nombreux exemples d'utilisation de l'analyse discriminante multigroupes en biologie ont été publiés, dont ceux de Jolicoeur (1959, 1975), Green (1971), Baron et Jolicoeur (1980) et Jolicoeur, Pirlot, Baron et Stephan (1984). Dans bien des cas, l'analyse discriminante multigroupes augmente considérablement la capacité de détecter de faibles différences lorsqu'on compare plusieurs groupes d'observations quant à plusieurs variables.

Cependant, même lorsqu'elle ne révèle pas de différences significatives, l'utilisation de l'analyse discriminante demeure avantageuse parce qu'elle diminue le risque que l'absence de différences concluantes soit due au manque de sensibilité de la méthode employée. De plus, Pontier, Jolicoeur et Pernin (1987) ont souligné que, lorsque le nombre $q$ de variables analysées est supérieur à $(C-1)$, où $C$ est le nombre de groupes comparés, il peut être utile de considérer, en plus des $(C-1)$ fonctions discriminantes proprement dites, $[q-(C-1)]$ combinaisons linéaires additionnelles quant auxquelles les moyennes des groupes d'observations ne diffèrent pas. Des exemples de telles fonctions, appelées *antidiscriminantes,* ont été tirés de la biométrie des sportifs par Pontier, Dufour et Normand (1990) et par Touabti-Mimouni (1996). Dans l'analyse discriminante multigroupes, comme dans l'analyse des composantes principales [section 31.7; voir aussi Jolicoeur (1963d) et Jolicoeur (1984)], les combinaisons linéaires qui varient peu ou qui ne varient pas du tout reflètent des caractéristiques par rapport auxquelles l'organisme a tendance à demeurer constant.

Au point de vue mathématique, la matrice **K** des coefficients des fonctions discriminantes peut être obtenue en maximisant la somme de carrés d'écarts intergroupes $\mathbf{KB\tilde{K}}$ sous la condition $\mathbf{KS\tilde{K}=1}$, selon laquelle les variances intragroupes des fonctions discriminantes sont égales à l'unité et leurs covariances sont nulles. Comme dans le cas des composantes principales (section 31.11), cette maximisation peut être effectuée à l'aide de la méthode des multiplicateurs indéterminés de Lagrange, selon laquelle

$$\frac{d}{d\mathbf{K}_i}[\mathbf{K}_i\mathbf{B}\tilde{\mathbf{K}}_i - e_i(\mathbf{K}_i\mathbf{S}\tilde{\mathbf{K}}_i - 1)] = 2\mathbf{K}_i\mathbf{B} - 2e_i\mathbf{K}_i\mathbf{S} = 0 ,$$

d'où $$\mathbf{K}_i\mathbf{B} = e_i\mathbf{K}_i\mathbf{S} .$$

Les équations relatives à toutes les fonctions discriminantes, dont le nombre est égal à minimum$(q,\ C-1)$, peuvent être regroupées en une seule équation matricielle (section 33.5),

$$\mathbf{KB} = \mathbf{EKS} ,$$

qui peut être mise sous la forme $$\mathbf{KBS}^{-1} = \mathbf{EK}$$

si on en postmultiplie chaque membre par l'inverse de la matrice de covariance intragroupes **S**. Cette dernière équation montre que les vecteurs de la matrice **K** sont les vecteurs propres et que les éléments de la diagonale principale de la matrice diagonale **E** sont les valeurs propres de la matrice $\mathbf{BS}^{-1}$. Toutefois, comme cette dernière matrice est asymétrique, ses vecteurs propres gauches diffèrent de ses vecteurs propres droits, ce qui peut porter à confusion. Aussi préfère-t-on habituellement effectuer les calculs de la façon symétrique décrite aux sections 33.3 et 33.5. L'équation $\mathbf{KB=EKS}$ peut être obtenue aussi sans faire appel aux multiplicateurs indéterminés de Lagrange, car

$$\frac{d}{d\mathbf{K}_i}\mathbf{K}_i\mathbf{B}\tilde{\mathbf{K}}_i/\mathbf{K}_i\mathbf{S}\tilde{\mathbf{K}}_i = [2\mathbf{K}_i\mathbf{B}(\mathbf{K}_i\mathbf{S}\tilde{\mathbf{K}}_i) - 2(\mathbf{K}_i\mathbf{B}\tilde{\mathbf{K}}_i)\mathbf{K}_i\mathbf{S}]/(\mathbf{K}_i\mathbf{S}\tilde{\mathbf{K}}_i)^2 = 0 ,$$

d'où $$\mathbf{K}_i\mathbf{B} = [(\mathbf{K}_i\mathbf{B}\tilde{\mathbf{K}}_i)/(\mathbf{K}_i\mathbf{S}\tilde{\mathbf{K}}_i)]\mathbf{K}_i\mathbf{S} = e_i\mathbf{K}_i\mathbf{S} .$$

L'analyse discriminante multigroupes est apparentée à la méthode des corrélations canoniques (chapitre 34), dont elle peut être considérée comme un cas particulier.

# Chapitre 34
## Les corrélations canoniques

### Section 34.1: généralités

Proposée en 1936 par Harold Hotelling, la méthode des corrélations canoniques a pour but de décrire les relations linéaires entre deux sous-ensembles de variables aléatoires de façon aussi simple et efficace que possible. Le vecteur de l'ensemble de toutes les variables, $\mathbf{X} = [X_1, \dots X_q]$, est alors partagé en deux sous-vecteurs $\mathbf{X}_1$ et $\mathbf{X}_2$,

$$\mathbf{X} = [\mathbf{X}_1 | \mathbf{X}_2] = [X_{11}, \dots X_{1q_1} | X_{21}, \dots X_{2q_2}],$$

dont le premier possède $q_1$ et le second $q_2$ éléments. Par convention, les variables sont placées de façon telle que $q_1 \leq q_2$. On subdivise le vecteur moyen $\boldsymbol{\mu}$ et la matrice de covariance $\boldsymbol{\Sigma}$ des $q = q_1 + q_2$ variables de façon correspondante:

$$\boldsymbol{\mu} = [\boldsymbol{\mu}_1 | \boldsymbol{\mu}_2] \qquad \text{et} \qquad \boldsymbol{\Sigma} = \begin{bmatrix} \boldsymbol{\Sigma}_{11} & \boldsymbol{\Sigma}_{12} \\ \boldsymbol{\Sigma}_{21} & \boldsymbol{\Sigma}_{22} \end{bmatrix}.$$

Les propriétés algébriques des corrélations canoniques demeurent valables quelle que soit la forme de la distribution de probabilité des variables $\mathbf{X} = [\mathbf{X}_1 | \mathbf{X}_2]$, mais les méthodes couramment disponibles pour éprouver des hypothèses supposent que la distribution normale multidimensionnelle s'applique à au moins un des deux sous-vecteurs $\mathbf{X}_1$ et $\mathbf{X}_2$, les variables ayant été transformées si nécessaire au préalable.

L'analyse des corrélations canoniques consiste à chercher $q_1$ paires de combinaisons linéaires

$$A_{11}X_{11} + \dots + A_{1q_1}X_{1q_1} \qquad \text{et} \qquad B_{11}X_{21} + \dots + B_{1q_2}X_{2q_2},$$

$$\dots$$

$$A_{q_1 1}X_{11} + \dots + A_{q_1 q_1}X_{1q_1} \qquad \text{et} \qquad B_{q_1 1}X_{21} + \dots + B_{q_1 q_2}X_{2q_2},$$

c'est-à-dire,

$$\mathbf{A}\tilde{\mathbf{X}}_1 \qquad \text{et} \qquad \mathbf{B}\tilde{\mathbf{X}}_2,$$

où

$$\mathbf{A}_{(q_1 \times q_1)} = \begin{bmatrix} A_{11} & \dots & A_{1q_1} \\ \dots & \dots & \dots \\ A_{q_1 1} & \dots & A_{q_1 q_1} \end{bmatrix} \qquad \text{et} \qquad \mathbf{B}_{(q_1 \times q_2)} = \begin{bmatrix} B_{11} & \dots & B_{1q_2} \\ \dots & \dots & \dots \\ B_{q_1 1} & \dots & B_{q_1 q_2} \end{bmatrix}.$$

Ces combinaisons sont choisies de façon telle (section 34.2) que la variance de chaque combinaison est égale à l'unité, que la corrélation entre les deux combinaisons de chaque paire est maximale, et que toutes les autres corrélations sont nulles. Au niveau de la population statistique, les matrices de coefficients **A** et **B** doivent donc satisfaire les conditions suivantes:

$$[\mathbf{A}\ \mathbf{B}] \begin{bmatrix} \boldsymbol{\Sigma}_{11} & \boldsymbol{\Sigma}_{12} \\ \boldsymbol{\Sigma}_{21} & \boldsymbol{\Sigma}_{22} \end{bmatrix} \begin{bmatrix} \tilde{\mathbf{A}} \\ \tilde{\mathbf{B}} \end{bmatrix} = \begin{bmatrix} \mathbf{I} & \mathbf{P} \\ \mathbf{P} & \mathbf{I} \end{bmatrix},$$

où **I** est une matrice identité d'ordre $(q_1 \times q_1)$ et **P** (**P** étant la lettre grecque rho majuscule) est une matrice carrée et diagonale (section 24.17) d'ordre $(q_1 \times q_1)$ dont les éléments diagonaux sont les corrélations canoniques $\rho_i$ et dont les autres éléments sont nuls:

$$\mathbf{P} = \begin{bmatrix} \rho_1 & \ldots & 0 \\ \ldots & \ldots & \ldots \\ 0 & \ldots & \rho_{q_1} \end{bmatrix} .$$

Chacune des combinaisons linéaires $\mathbf{A}\tilde{\mathbf{X}}_1$ des variables du premier sous-ensemble est donc corrélée avec une (mais une seule) des combinaisons linéaires $\mathbf{B}\tilde{\mathbf{X}}_2$ des variables du second sous-ensemble, celle dont l'indice est égal au sien. Par convention, les paires de combinaisons linéaires sont rangées par ordre de grandeur décroissante de la corrélation canonique correspondante, c'est-à-dire de façon à ce que

$$\rho_1 \geqq \rho_2 \geqq \ldots \geqq \rho_i \geqq \ldots \geqq \rho_{q_1} .$$

Les corrélations canoniques sont non négatives, mais certaines d'entre elles peuvent être nulles. Les principaux buts de l'analyse sont de découvrir le nombre et la grandeur des corrélations canoniques non nulles dans la population statistique ainsi que la façon dont les variables originales des deux sous-ensembles sont combinées dans les fonctions $\mathbf{A}\tilde{\mathbf{X}}_1$ et $\mathbf{B}\tilde{\mathbf{X}}_2$.

Les estimations des matrices de coefficients **A** et **B** sont obtenues en remplaçant la matrice de covariance paramétrique **Σ** par celle de l'échantillon, **S**, et on a alors

$$[\mathbf{A}\ \mathbf{B}] \begin{bmatrix} \mathbf{S}_{11} & \mathbf{S}_{12} \\ \mathbf{S}_{21} & \mathbf{S}_{22} \end{bmatrix} \begin{bmatrix} \tilde{\mathbf{A}} \\ \tilde{\mathbf{B}} \end{bmatrix} = \begin{bmatrix} \mathbf{I} & \mathbf{R} \\ \mathbf{R} & \mathbf{I} \end{bmatrix} ,$$

où **R** est la matrice des corrélations canoniques de l'échantillon:

$$\mathbf{R} = \begin{bmatrix} r_1 & \ldots & 0 \\ \ldots & \ldots & \ldots \\ 0 & \ldots & r_{q_1} \end{bmatrix} .$$

## Section 34.2 : principes et méthodes de calcul

On veut maximiser la corrélation $r_i$ de la $i^{\text{ème}}$ paire $\mathbf{A}_i\tilde{\mathbf{X}}_1$ et $\mathbf{B}_i\tilde{\mathbf{X}}_2$ de combinaisons linéaires. Comme dans le cas des composantes principales (section 31.11) et dans celui de l'analyse discriminante multigroupes (section 33.12), cette maximisation peut être effectuée à l'aide des multiplicateurs indéterminés de Lagrange. Il faut maximiser la corrélation

$$r_i = \mathbf{A}_i\mathbf{S}_{12}\tilde{\mathbf{B}}_i \,/\sqrt{[(\mathbf{A}_i\mathbf{S}_{11}\tilde{\mathbf{A}}_i)\,(\mathbf{B}_i\mathbf{S}_{22}\tilde{\mathbf{B}}_i)]} ,$$

en respectant les conditions $\mathbf{A}_i\mathbf{S}_{11}\tilde{\mathbf{A}}_i = 1$ et $\mathbf{B}_i\mathbf{S}_{22}\tilde{\mathbf{B}}_i = 1$, ce qui revient à maximiser la covariance $\mathbf{A}_i\mathbf{S}_{12}\tilde{\mathbf{B}}_i$. On peut donc écrire

$$\frac{\mathrm{d}}{\mathrm{d}\mathbf{A}_i}[\mathbf{A}_i\mathbf{S}_{12}\tilde{\mathbf{B}}_i - (l_i/2)(\mathbf{A}_i\mathbf{S}_{11}\tilde{\mathbf{A}}_i - 1) - (m_i/2)(\mathbf{B}_i\mathbf{S}_{22}\tilde{\mathbf{B}}_i - 1)] = \mathbf{S}_{12}\tilde{\mathbf{B}}_i - l_i\mathbf{S}_{11}\tilde{\mathbf{A}}_i = 0 ,$$

et

$$\frac{\mathrm{d}}{\mathrm{d}\mathbf{B}_i}[\mathbf{A}_i\mathbf{S}_{12}\tilde{\mathbf{B}}_i - (l_i/2)(\mathbf{A}_i\mathbf{S}_{11}\tilde{\mathbf{A}}_i - 1) - (m_i/2)(\mathbf{B}_i\mathbf{S}_{22}\tilde{\mathbf{B}}_i - 1)] = \mathbf{A}_i\mathbf{S}_{12} - m_i\mathbf{B}_i\mathbf{S}_{22} = 0 ,$$

où $l_i$ et $m_i$, et $(l_i/2)$ et $(m_i/2)$ aussi, sont des multiplicateurs indéterminés de Lagrange. Si on transpose les produits matriciels $\mathbf{S}_{12}\tilde{\mathbf{B}}_i$ et $\mathbf{S}_{11}\tilde{\mathbf{A}}_i$ dans la première des deux équations précédentes, on a

$$\mathbf{B}_i\mathbf{S}_{21} = l_i\,\mathbf{A}_i\mathbf{S}_{11} \qquad (1)$$

et

$$\mathbf{A}_i\mathbf{S}_{12} = m_i\,\mathbf{B}_i\mathbf{S}_{22}\,. \qquad (2)$$

Si on postmultiplie les deux membres de l'équation (1) par $\tilde{\mathbf{A}}_i$ et les deux membres de l'équation (2) par $\tilde{\mathbf{B}}_i$, on obtient

$$\mathbf{B}_i\mathbf{S}_{21}\tilde{\mathbf{A}}_i = l_i\,\mathbf{A}_i\mathbf{S}_{11}\tilde{\mathbf{A}}_i = l_i \times 1 = l_i$$

et

$$\mathbf{A}_i\mathbf{S}_{12}\tilde{\mathbf{B}}_i = m_i\,\mathbf{B}_i\mathbf{S}_{22}\tilde{\mathbf{B}}_i = m_i \times 1 = m_i\,.$$

Mais la forme bilinéaire (section 24.23) $\mathbf{B}_i\mathbf{S}_{21}\tilde{\mathbf{A}}_i$ est égale à $\mathbf{A}_i\mathbf{S}_{12}\tilde{\mathbf{B}}_i$ dont elle n'est que la transposée, ce qui montre que $l_i = m_i$, de sorte qu'on peut réécrire l'équation (2) comme suit :

$$\mathbf{A}_i\mathbf{S}_{12} = l_i\,\mathbf{B}_i\mathbf{S}_{22}\,. \qquad (3)$$

Lorsque le vecteur $\mathbf{A}_i$ des coefficients de la combinaison linéaire des variables du sous-vecteur $\mathbf{X}_1$ aura été évalué, la valeur du vecteur $\mathbf{B}_i$ des coefficients de la combinaison linéaire des variables du sous-vecteur $\mathbf{X}_2$ pourra donc être tirée de l'équation (3) comme suit :

$$\mathbf{B}_i = (1/l_i)\,\mathbf{A}_i\mathbf{S}_{12}\mathbf{S}_{22}^{-1}\,. \qquad (4)$$

Pour le moment, la valeur de $\mathbf{B}_i$ donnée par l'équation (4) peut être substituée dans l'équation (1), ce qui donne

$$(1/l_i)\,\mathbf{A}_i\mathbf{S}_{12}\mathbf{S}_{22}^{-1}\mathbf{S}_{21} = l_i\,\mathbf{A}_i\mathbf{S}_{11}\,,$$

d'où

$$\mathbf{A}_i\mathbf{S}_{12}\mathbf{S}_{22}^{-1}\mathbf{S}_{21} = l_i^2\,\mathbf{A}_i\mathbf{S}_{11}\,. \qquad (5)$$

Les équations correspondant aux $q_1$ paires de combinaisons linéaires peuvent finalement être regroupées en une seule équation matricielle,

$$\mathbf{A}\mathbf{S}_{12}\mathbf{S}_{22}^{-1}\mathbf{S}_{21} = \mathbf{L}^2\mathbf{A}\mathbf{S}_{11}\,, \qquad (6)$$

où les éléments de la diagonale principale de la matrice diagonale $\mathbf{L}$ sont les multiplicateurs indéterminés $l_1, \ldots\, l_i, \ldots\, l_{q_1}$. L'équation (6) est visiblement de la même forme que l'équation $\mathbf{KB} = \mathbf{EKS}$ trouvée dans l'analyse discriminante multigroupes (section 33.12), ce qui indique qu'une méthode de calcul semblable (sections 33.3 et 33.5) peut être employée, les substitutions suivantes étant effectuées :

$$\mathbf{A} \leftrightarrow \mathbf{K}\,,$$

$$\mathbf{S}_{12}\mathbf{S}_{22}^{-1}\mathbf{S}_{21} \leftrightarrow \mathbf{B}\,,$$

$$\mathbf{L}^2 \leftrightarrow \mathbf{E}\,,$$

et

$$\mathbf{S}_{11} \leftrightarrow \mathbf{S}\,.$$

Les équations de calcul des corrélations canoniques peuvent être obtenues aussi sans utiliser les multiplicateurs indéterminés de Lagrange, si on annule les dérivées par rapport aux vecteurs $\mathbf{A}_i$ et $\mathbf{B}_i$ du carré de la $i^{\text{ème}}$ corrélation canonique,

$$r_i^2 = (\mathbf{A}_i\mathbf{S}_{12}\tilde{\mathbf{B}}_i)^2 / [(\mathbf{A}_i\mathbf{S}_{11}\tilde{\mathbf{A}}_i)(\mathbf{B}_i\mathbf{S}_{22}\tilde{\mathbf{B}}_i)] .$$

Dès que ces deux dérivées ont été déterminées, les équations résultantes peuvent être considérablement simplifiées si on y remplace $\mathbf{A}_i\mathbf{S}_{11}\tilde{\mathbf{A}}_i$ et $\mathbf{B}_i\mathbf{S}_{22}\tilde{\mathbf{B}}_i$ par l'unité et $\mathbf{A}_i\mathbf{S}_{12}\tilde{\mathbf{B}}_i$ par $r_i$. On a alors

$$\mathbf{B}_i\mathbf{S}_{21} = r_i\,\mathbf{A}_i\mathbf{S}_{11} \tag{7}$$

et

$$\mathbf{A}_i\mathbf{S}_{12} = r_i\,\mathbf{B}_i\mathbf{S}_{22} . \tag{8}$$

Les équations (7) et (8) sont semblables aux équations (1) et (2) sauf que la corrélation canonique $r_i$ y tient la place des multiplicateurs indéterminés $l_i$ et $m_i$, ce qui montre que ces derniers sont en fait égaux à la corrélation canonique cherchée. Les équations (6) et (4) peuvent donc être réexprimées de façon plus explicite et plus synthétique comme suit:

$$\mathbf{A}\mathbf{S}_{12}\,\mathbf{S}_{22}^{-1}\mathbf{S}_{21} = \mathbf{R}^2\mathbf{A}\mathbf{S}_{11} , \tag{9}$$

et

$$\mathbf{B} = \mathbf{R}^{-1}\mathbf{A}\mathbf{S}_{12}\,\mathbf{S}_{22}^{-1} . \tag{10}$$

## Section 34.3 : hypothèses sur la dimensionnalité des corrélations

Le fait que l'analyse discriminante multigroupes et l'analyse des corrélations canoniques sont apparentées se manifeste aussi par la nature des hypothèses envisagées et par la façon dont elles sont éprouvées. Alors que, dans l'analyse discriminante, on s'interroge sur la dimensionnalité de la variation intergroupes (section 33.4), dans l'analyse des corrélations canoniques, on s'interroge sur la dimensionnalité des corrélations entre deux sous-ensembles de variables. Les tableaux dont on se sert pour éprouver des hypothèses à propos des fonctions discriminantes (tableau 33.4.1) et des corrélations canoniques (tableau 34.3.2) sont très semblables (équivalences indiquées au tableau 34.3.1), et sont utilisés essentiellement de la même façon.

**Tableau 34.3.1**
**Équivalences entre l'analyse discriminante et celle des corrélations canoniques.**

| | Fonctions discriminantes | Corrélations canoniques |
|---|---|---|
| Nombre de variables du premier sous-ensemble | $q$ si $q \leq (C-1)$,<br>$(C-1)$ si $(C-1) < q$ | $q_1$ |
| Nombre de variables du second sous-ensemble | $(C-1)$ si $q \leq (C-1)$,<br>$q$ si $(C-1) < q$ | $q_2$ |
| Composante de $\chi^2$ | $a \times \log_e[1 + e_j/(N. - C)]$ | $-a \times \log_e(1 - r_i^2)$ |

Tableau 34.3.2

Épreuves d'hypothèses au sujet de la dimensionnalité des corrélations.

| Corrélation canonique | Composante de $\chi^2$ | Degrés de liberté | Somme des composantes de $\chi^2$ | Degrés de liberté cumulés | Hypothèse éprouvée |
|---|---|---|---|---|---|
| $r_1$ | $-a \times \log_e(1-r_1^2)$ | $(q_1+q_2-1)$ | $\sum_{i=1}^{q_1}[-a \times \log_e(1-r_i^2)]$ | $q_1 q_2$ | $H_0$: 0 dimension |
| $r_2$ | $-a \times \log_e(1-r_2^2)$ | $(q_1+q_2-3)$ | $\sum_{i=2}^{q_1}[-a \times \log_e(1-r_i^2)]$ | $(q_1-1)(q_2-1)$ | $H_1$: 1 dimension |
| . . . | . . . | . . . | . . . | . . . | . . . |
| $r_j$ | $-a \times \log_e(1-r_j^2)$ | $(q_1+q_2+1-2j)$ | $\sum_{i=j}^{q_1}[-a \times \log_e(1-r_i^2)]$ | $(q_1+1-j)(q_2+1-j)$ | $H_{(j-1)}$: $(j-1)$ dimensions |
| . . . | . . . | . . . | . . . | . . . | . . . |
| $r_{q_1}$ | $-a \times \log_e(1-r_{q_1}^2)$ | $(q_2+1-q_1)$ | $-a \times \log_e(1-r_{q_1}^2)$ | $(q_2+1-q_1)$ | $H_{(q_1-1)}$: $(q_1-1)$ dimensions |

Note 1: le facteur de Bartlett $a = [(N-1)-(1/2)(q_1+q_2+1)]$; Note 2: $q_1 \leq q_2$ par convention.

## Section 34.4: l'exemple des données de Frets (1921) citées par Rao (1952)

Contrairement à l'analyse discriminante multigroupes, qui a été très utilisée, il existe peu d'exemples convaincants de l'application des corrélations canoniques, au point que certains auteurs ont mis leur utilité pratique en doute (voir Kendall et Stuart, 1966, page 305). C'est sans doute pour cette raison que l'exemple des données extraites par Rao (1952, page 245) de la monographie de Frets (1921), sur la longueur et la largeur de la tête du premier et du second fils adultes dans 25 familles hollandaises, a été repris par d'autres auteurs, dont Anderson (1958, page 58; 1984, page 97) et Seber (1984, page 263). Bien que cet exemple soit peu satisfaisant à cause de la faiblesse de l'effectif ($N = 25$), il peut être considéré comme classique, vu qu'il a été utilisé dans plusieurs ouvrages importants et que les données en sont disponibles à plusieurs endroits dans la littérature. Son analyse sera donc refaite brièvement dans la présente section, mais sera contrastée avec celle d'un échantillon plus substantiel des données de Frets (1921) dans la section suivante (34.5). Le tableau 34.4.1 contient les moyennes, la matrice de covariance, les écarts-types et les corrélations de cet échantillon tiré de l'ouvrage de Frets (1921) par Rao (1952). Les données individuelles sont reproduites à l'appendice F.

**Tableau 34.4.1**

**Moyennes, matrice de covariance, écarts-types et corrélations de la longueur et de la largeur de la tête en mm des deux premiers fils adultes de 25 familles hollandaises, d'après des données tirées par Rao (1952) de la monographie de Frets (1921).**

| | premier fils | | deuxième fils | |
|---|---|---|---|---|
| | longueur | largeur | longueur | largeur |
| Moyennes | 185,72 | 151,12 | 183,84 | 149,24 |
| Matrice de covariance | 95,2933 | 52,8683 | 69,6617 | 46,1117 |
| | | 54,3600 | 51,3117 | 35,0533 |
| | | | 100,807 | 56,5400 |
| | | | | 45,0233 |
| Écarts-types | 9,76183 | 7,37292 | 10,0403 | 6,70994 |
| Matrice de corrélation | 1 | 0,734556 | 0,710752 | 0,703981 |
| | | 1 | 0,693157 | 0,708550 |
| | | | 1 | 0,839252 |
| | | | | 1 |

On se demande quelles combinaisons linéaires des dimensions de la tête du premier fils présentent des corrélations maximales avec les combinaisons linéaires correspondantes des dimensions de la tête du deuxième fils. Le tableau 34.4.2 contient les valeurs

**Tableau 34.4.2**

**Coefficients des combinaisons linéaires de la longueur et de la largeur de la tête en mm des deux premiers fils adultes de 25 familles hollandaises, d'après des données tirées par Rao (1952) de la monographie de Frets (1921).**

| | premier fils | | deuxième fils | |
|---|---|---|---|---|
| | longueur | largeur | longueur | largeur |
| 1ère combinaison | + 0,0565662 | + 0,0707368 | + 0,0502426 | + 0,0802224 |
| 2ième combinaison | − 0,139971 | + 0,186950 | − 0,176148 | + 0,262084 |

numériques des éléments des matrices **A** et **B** des coefficients des combinaisons linéaires, et le tableau 34.4.3 résume l'analyse des corrélations canoniques.

Les combinaisons de la première paire ont des coefficients tous positifs et reflètent la grosseur (la "taille") de la tête. Comme la corrélation canonique correspondante (la première) est fortement significative ($r_1 = 0{,}788508$, $P = 0{,}00032189$), ces données montrent que le premier et le second fils adultes de chaque famille se ressemblent quant à la grosseur de la tête. Par contre, les combinaisons de la seconde paire ont des coefficients négatifs pour la longueur et positifs pour la largeur, et reflètent la largeur relative (la forme) de la tête. Comme la corrélation canonique correspondante (la seconde) n'est aucunement significative ($r_2 = 0{,}053740$, $P = 0{,}803082$), le premier et le second fils adultes de chaque famille ne paraissent donc pas se ressembler quant à la largeur relative de la tête. À première vue, l'absence de ressemblance des deux fils quant à la largeur relative de la tête est surprenante, car on s'attendrait à ce que la ressemblance héréditaire entre des frères se manifeste au niveau de la forme aussi bien que de la grosseur de la tête. Cette question sera réexaminée à la section suivante à l'aide d'un échantillon plus substantiel des données de Frets (1921).

**Tableau 34.4.3**
**Analyse des corrélations canoniques de la longueur et de la largeur de la tête en mm des deux premiers fils adultes de 25 familles hollandaises, d'après des données tirées par Rao (1952) de la monographie de Frets (1921).**

| Corrélation canonique | Composante de $\chi^2$ | Degrés de liberté | Somme des composantes de $\chi^2$ | Degrés de liberté cumulés | Probabilité |
|---|---|---|---|---|---|
| 0,788508 | 20,9020 | 3 | 20,9642 | 4 | 0,00032189 |
| 0,053740 | 0,062181 | 1 | 0,062181 | 1 | 0,803082 |

Une remarque s'impose au sujet de la précision numérique. Il y a vingt ou trente ans, il était difficile de calculer les corrélations canoniques et les vecteurs associés avec précision, particulièrement lorsque les nombres de variables $q_1$ et $q_2$ étaient élevés (Lefebvre et Tassencourt, 1968). De nos jours, étant donné la précision des ordinateurs disponibles, il y a peu d'excuses pour se contenter de résultats numériques inexacts. Par exemple, si on vérifie les résultats numériques de la présente analyse en recalculant entièrement à l'intérieur de l'ordinateur la matrice de covariance (et de corrélation) des combinaisons linéaires,

$$[\mathbf{A}\ \mathbf{B}]\begin{bmatrix} \mathbf{S}_{11} & \mathbf{S}_{12} \\ \mathbf{S}_{21} & \mathbf{S}_{22} \end{bmatrix}\begin{bmatrix} \tilde{\mathbf{A}} \\ \tilde{\mathbf{B}} \end{bmatrix} = \begin{bmatrix} \mathbf{I} & \mathbf{R} \\ \mathbf{R} & \mathbf{I} \end{bmatrix},$$

on constate que les éléments de cette matrice qui doivent être égaux à 0 ou à 1 satisfont cette exigence avec une précision atteignant une quinzaine de décimales. Les résultats des calculs effectués il y a plusieurs dizaines d'années sur les mêmes données par Anderson (1958, pages 303-305; 1984, pages 500-502) concordent avec les présents résultats mais n'ont que de 3 à 6 chiffres justes. Pour ce qui est des résultats plus récents de Seber (1984, pages 262-264), toujours sur les mêmes données, ils ont 3 ou 4 chiffres justes dans le cas des corrélations canoniques mais seulement 1 ou 2 chiffres justes dans le cas des coefficients des combinaisons linéaires. La principale difficulté à l'heure actuelle est sans doute la piètre qualité et la documentation inadéquate des logiciels commerciaux dont beaucoup d'utilisateurs se contentent. Les remarques finales de

Lefebvre et Tassencourt (1968) méritent encore aujourd'hui toute l'attention du lecteur: "Il est inquiétant de constater que la quasi-totalité des programmes de bibliothèques ignorent l'importance des vérifications. Il semble que l'augmentation considérable de puissance des calculateurs a provoqué une sorte d'ivresse qui a fait oublier qu'il ne servait à rien de calculer vite si l'on risquait parfois de calculer faux."

## Section 34.5: un échantillon plus substantiel des données de Frets (1921)

Il n'est malheureusement pas facile d'extraire un échantillon aléatoire de l'ensemble des données de Frets (1921) car, suivant les procédés courants à son époque, cet auteur a séparé ses données en nombreux tableaux selon le type de phénomène dont il essayait de détecter l'existence. De plus, les données relatives à certaines familles sont répétées dans plusieurs tableaux. Enfin, la comparaison de ces données répétées révèle quelques discordances, sans doute dues à des erreurs typographiques. Dans le but d'obtenir un échantillon aussi impartial et aussi exempt d'erreurs que possible, nous avons donc extrait de la monographie de Frets (1921) les données relatives à toutes les familles possédant au moins un fils et une fille adultes, et ne présentant ni discordances ni données manquantes. Le tableau 34.5.1 résume les statistiques de ces 73 familles.

**Tableau 34.5.1**
**Moyennes, matrice de covariance, écarts-types et corrélations de la longueur et de la largeur de la tête en mm du père, de la mère, du premier fils adulte et de la première fille adulte de 73 familles hollandaises, d'après des données tirées de la monographie de Frets (1921).**

| père | | mère | | fils | | fille | |
|---|---|---|---|---|---|---|---|
| longueur | largeur | longueur | largeur | longueur | largeur | longueur | largeur |
| moyennes | | | | | | | |
| 194,507 | 154,685 | 184,096 | 149,329 | 192,890 | 153,863 | 183,260 | 147,822 |
| matrice de covariance | | | | | | | |
| 39,5312 | 16,2452 | 5,50628 | 7,58105 | 15,9174 | 16,0982 | 13,9774 | 3,71651 |
| | 28,6632 | 3,73896 | 3,24391 | 12,7567 | 12,1785 | 9,87481 | 9,16533 |
| | | 24,0323 | 10,5930 | 13,2884 | 5,69387 | 11,6275 | 4,96176 |
| | | | 30,9460 | 5,60597 | 14,6429 | 5,91324 | 10,1566 |
| | | | | 44,7100 | 13,7487 | 16,3761 | 5,95244 |
| | | | | | 32,0643 | 5,55004 | 10,9753 |
| | | | | | | 31,2785 | 8,81088 |
| | | | | | | | 19,1484 |
| écarts-types | | | | | | | |
| 6,28738 | 5,35381 | 4,90228 | 5,56291 | 6,68656 | 5,66254 | 5,59272 | 4,37589 |
| matrice de corrélation | | | | | | | |
| 1 | 0,482607 | 0,178645 | 0,216749 | 0,378617 | 0,452164 | 0,397495 | 0,135083 |
| | 1 | 0,142459 | 0,108919 | 0,356346 | 0,401716 | 0,329794 | 0,391219 |
| | | 1 | 0,388437 | 0,405390 | 0,205116 | 0,424096 | 0,231298 |
| | | | 1 | 0,150712 | 0,464851 | 0,190064 | 0,417234 |
| | | | | 1 | 0,363117 | 0,437911 | 0,203435 |
| | | | | | 1 | 0,175252 | 0,442933 |
| | | | | | | 1 | 0,360023 |
| | | | | | | | 1 |

Au cours de l'analyse de l'échantillon d'effectif $N=25$ extrait de la monographie de Frets (1921) par Rao (1952), à la section précédente, l'absence de corrélation entre les combinaisons linéaires reflétant la largeur relative de la tête du premier et du second fils adultes a été jugée surprenante. La même question peut être considérée à nouveau dans le cas du premier fils et de la première fille adultes de l'échantillon plus substantiel analysé dans la présente section. Le tableau 34.5.2 contient les coefficients des combinaisons linéaires et le tableau 34.5.3 résume l'analyse des corrélations canoniques.

**Tableau 34.5.2**
**Coefficients des combinaisons linéaires de la longueur et de la largeur de la tête en mm du premier fils et de la première fille adultes de 73 familles hollandaises, d'après des données tirées de la monographie de Frets (1921).**

| | premier fils | | première fille | |
|---|---|---|---|---|
| | longueur | largeur | longueur | largeur |
| 1ère combinaison | +0,0878041 | +0,110184 | +0,0993871 | +0,149665 |
| 2ième combinaison | −0,134364 | +0,154219 | −0,163872 | +0,193910 |

Les combinaisons linéaires de la première paire reflètent la grosseur et celles de la seconde paire reflètent la largeur relative de la tête comme à la section précédente mais, cette fois-ci, les deux corrélations canoniques sont importantes (0,462898 et 0,393440) et statistiquement significatives ($P<0{,}001$). Contrairement à l'échantillon restreint tiré des données de Frets (1921) par Rao (1952), ce nouvel échantillon plus considérable indique donc que la ressemblance héréditaire des enfants affecte la largeur relative aussi bien que la grosseur de la tête. On trouve également des corrélations canoniques substantielles et concluantes entre les dimensions de la tête de chacun des enfants et celles de ses parents.

**Tableau 34.5.3**
**Analyse des corrélations canoniques de la longueur et de la largeur de la tête en mm du premier fils et de la première fille adultes de 73 familles hollandaises, d'après des données tirées de la monographie de Frets (1921).**

| Corrélation canonique | Composante de $\chi^2$ | Degrés de liberté | Somme des composantes de $\chi^2$ | Degrés de liberté cumulés | Probabilité |
|---|---|---|---|---|---|
| 0,462898 | 16,7598 | 3 | 28,4481 | 4 | 0,0000101 |
| 0,393440 | 11,6883 | 1 | 11,6883 | 1 | 0,0006290 |

On peut se demander si le père et la mère ont tendance à se ressembler eux aussi quant aux dimensions de la tête, car l'analyse de données de Galton par Karl Pearson et Alice Lee (1900) a montré une ressemblance de la coloration des yeux des conjoints, que Pearson a interprétée comme résultant de la recherche par une personne d'un conjoint qui lui ressemble (section 15.5). Les coefficients des combinaisons linéaires des dimensions de la tête du père et de la mère sont donnés au tableau 34.5.4 et l'analyse des corrélations canoniques est résumée au tableau 34.5.5. Contrairement au cas des enfants, aucune des deux corrélations canoniques n'est statistiquement significative ($P>0{,}05$). De plus, les signes des coefficients des combinaisons linéaires de la seconde paire sont inversés lorsqu'on passe de l'un à l'autre des conjoints. La présente analyse ne révèle donc aucune tendance des conjoints à se ressembler quant aux dimensions de la tête.

**Tableau 34.5.4**
**Coefficients des combinaisons linéaires de la longueur et de la largeur de la tête en mm du père et de la mère dans 73 familles hollandaises, d'après des données tirées de la monographie de Frets (1921).**

| | père | | mère | |
|---|---|---|---|---|
| | longueur | largeur | longueur | largeur |
| 1ère combinaison | + 0,144513 | + 0,0312045 | + 0,101711 | + 0,124848 |
| 2ième combinaison | − 0,109968 | + 0,210967 | + 0,196620 | − 0,149898 |

En somme, les conclusions tirées de l'analyse de ce nouvel échantillon plus important des données de Frets (1921) s'accordent mieux avec les connaissances actuelles au sujet du contrôle héréditaire des caractères quantitatifs. Pour ce qui est du point de vue méthodologique, les interprétations descriptives faites des combinaisons linéaires correspondant aux corrélations canoniques dans la présente section pourraient être confirmées facilement par l'utilisation de combinaisons linéaires *a priori* (sections 29.6 et 29.8) définies de façon à refléter la grosseur et la largeur relative de la tête de manière exacte.

**Tableau 34.5.5**
**Analyse des corrélations canoniques de la longueur et de la largeur de la tête en mm du père et de la mère dans 73 familles hollandaises, d'après des données tirées de la monographie de Frets (1921).**

| Corrélation canonique | Composante de $\chi^2$ | Degrés de liberté | Somme des composantes de $\chi^2$ | Degrés de liberté cumulés | Probabilité |
|---|---|---|---|---|---|
| 0,242218 | 4,20204 | 3 | 4,43963 | 4 | 0,349766 |
| 0,058419 | 0,237596 | 1 | 0,237596 | 1 | 0,625948 |

## Section 34.6: possibilités et limites des corrélations canoniques

L'analyse des corrélations canoniques est généralement de nature exploratoire, parce que les combinaisons linéaires correspondantes sont rarement aussi faciles à interpréter que dans le cas des données de Frets (1921) prises comme exemples aux sections précédentes. Il ne faut pas penser pour autant que l'utilité de la méthode des corrélations canoniques est limitée à la génétique quantitative. En biologie humaine, par exemple, on pourrait corréler une série de caractéristiques physiologiques d'un groupe d'individus avec une série de caractéristiques morphométriques. Dans l'étude du développement, on pourrait chercher des relations entre les ensembles de caractéristiques de deux formes très différentes prises successivement par les individus d'une même espèce au cours de leur cycle vital, comme les larves et les adultes des batraciens anoures (grenouilles, rainettes et crapauds) ou des lépidoptères (papillons). En neurobiologie, on pourrait voir s'il y a des relations entre le développement quantitatif de divers centres sensoriels ou moteurs du système nerveux central et le degré de succès de l'organisme dans divers types d'activités ou face à divers types de problèmes. En psychologie ou dans l'étude du comportement animal, on pourrait tenter de relier un ensemble de composantes quantitatives d'un stimulus complexe avec un ensemble de caractéristiques d'une réaction également complexe de l'organisme. En écologie, il serait intéressant d'essayer de corréler un ensemble de conditions physicochimiques du milieu avec un ensemble de caractéristiques biologiques d'une communauté.

De nombreux problèmes pourraient donc être étudiés par la méthode des corrélations canoniques, mais il faut souligner que l'interprétation des résultats exige typiquement un effort au moins aussi considérable que l'analyse elle-même. Il est sûrement utile d'essayer de confirmer à l'aide de combinaisons linéaires *a priori* (sections 29.6 et 29.8) les suggestions inspirées par l'analyse des corrélations canoniques. Il est sans doute généralement préférable aussi de faire porter l'analyse d'abord sur des sous-ensembles relativement restreints de variables, comme dans les sections précédentes du présent chapitre, et de ne chercher à obtenir une vue d'ensemble des relations que par la suite. Analyse ou synthèse? – Paradoxalement, la méthode des corrélations canoniques est à la fois l'une et l'autre.

# Chapitre 35

## Les courbes de croissance et autres relations non linéaires

### Section 35.1: généralités

Les adjectifs *linéaire* et *non linéaire* reçoivent des sens techniques particuliers en statistique. Ainsi, une relation (on dit aussi un *modèle*) $Y=f(A, B, C, ... ; X)$ est dite *linéaire* si la dérivée de la fonction $f(A, B, C, ... ; X)$ quant à chacun de ses coefficients (paramètres) $A, B, C, ...$ etc. n'est fonction ni du même coefficient ni d'un autre coefficient. Au contraire, la relation $Y=f(A, B, C, ... ; X)$ est dite *non linéaire* dès que la dérivée de la fonction $f(A, B, C, ... ; X)$ quant à l'un de ses coefficients est fonction du même coefficient ou d'un autre coefficient. Considérons par exemple la relation entre la consommation d'oxygène $Y$ en g par kg de poids corporel par heure et la température extérieure $X = T$ en °C chez des cobayes (figure 35.1.1).

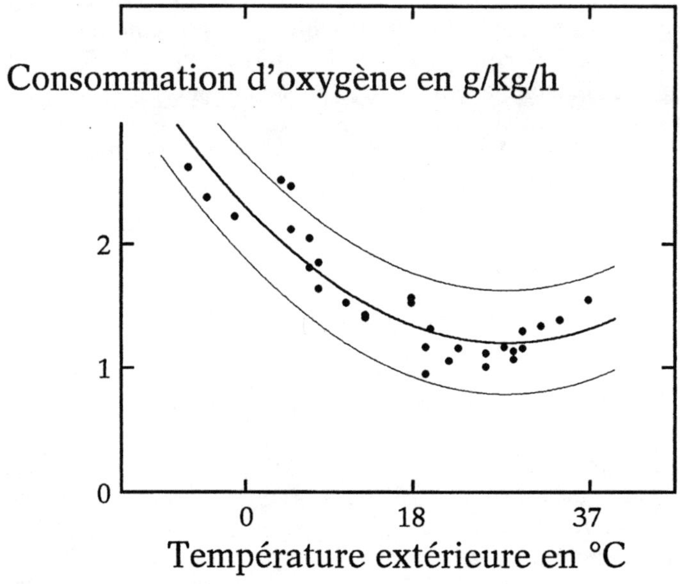


**Figure 35.1.1**
**Relation non rectilinéaire entre la consommation d'oxygène $Y$ en g/kg/h de cobayes et la température extérieure $T$ en °C, d'après des données de Terroine et Trautmann (1927); bandes de variation (traits minces) au seuil $\alpha = 0{,}05$.**

Bien que cette relation soit clairement *non rectilinéaire* (on dit aussi *non rectiligne*), elle peut être décrite à l'aide du polynôme

$$Y = a+bX+cX^2 = a+bT+cT^2,$$

qui, même s'il n'est pas linéaire quant à la variable prédictrice $X = T$, est linéaire quant à chacun de ses coefficients *a, b, et c*. En effet, $dY/da=1$, $dY/db=T$, et $dY/dc=T^2$. Il s'ensuit que les coefficients *a, b, et c* peuvent être estimés simplement à l'aide de la régression multiple (chapitres 23 et 25) de la variable prédite $Y$ quant à la première et la seconde puissance, $T$ et $T^2$, de la variable prédictrice.

Toutefois, la relation précédente peut également être décrite à l'aide d'une autre fonction,

$$Y = A\{1+[(T-B)/C]^2\},$$

qui n'est pas linéaire, car $dY/dA = \{1+[(T-B)/C]^2\}$, etc., mais dont l'interprétation biologique est plus facile et plus intéressante,

car $A$ mesure la consommation d'oxygène minimale moyenne,
$B$ est la température à laquelle la consommation d'oxygène minimale moyenne $A$ est atteinte,
et $C$ est l'écart de température, en dessous ou au dessus de $B$, auquel la consommation d'oxygène est doublée par rapport à la consommation minimale moyenne $A$.

En général, l'estimation ponctuelle et par intervalle des coefficients d'une relation non linéaire comme $Y = A\{1+[(T-B)/C]^2\}$ est beaucoup plus difficile (sections 35.2, 35.3, 35.4 et 35.5) que celle d'une relation linéaire comme $Y = a+bT+cT^2$. Aussi la plupart des statisticiens préfèrent-ils utiliser le plus souvent possible des modèles linéaires plutôt que des modèles non linéaires. Au point de vue biologique toutefois, un modèle non linéaire formulé de manière réfléchie est souvent plus révélateur et plus facile à interpréter qu'un modèle linéaire, comme le montre le présent exemple.

Dans le cas particulier de l'analyse des données de Terroine et Trautmann (1927), il arrive qu'on peut passer du modèle non linéaire $Y = A\{1+[(T-B)/C]^2\}$ au modèle linéaire $Y = a+bT+cT^2$ et vice-versa simplement à l'aide d'une reparamétrisation. En effet, le modèle non linéaire ci-dessus peut être exprimé in extenso comme

$$Y = A + AB^2/C^2 - 2ABT/C^2 + AT^2/C^2,$$

d'où

$$a = A + AB^2/C^2,$$

$$b = -2AB/C^2$$

et

$$c = A/C^2.$$

On voit que les coefficients *a, b, et c* du modèle linéaire $Y = a+bT+cT^2$ seraient très difficiles à interpréter au point de vue biologique, car ils ne sont reliés que de façon compliquée aux quantités $A$, $B$, et $C$ qui, elles, possèdent une signification physiologique claire, indiquée au sommet de la page.

Inversement,

$$A = a-(b^2/4c),$$

$$B = -b/(2c),$$

et

$$C = \sqrt{\{(a/c)-[b^2/(4c^2)]\}}.$$

Par contre, beaucoup d'autres modèles non linéaires ne peuvent pas être exprimés sous forme linéaire à l'aide d'une reparamétrisation et sont alors dits *intrinsèquement non linéaires*. Certaines relations intrinsèquement non linéaires peuvent être linéarisées par une transformation de la variable prédite $Y$ (sections 20.6 et 20.7), mais cette opération n'est recommandable que lorsque la variable transformée suit une distribution bien connue (normale, par exemple) et possède une variance constante.

Alors que les coefficients d'un modèle linéaire sont souvent représentés par les lettres minuscules *a, b, c,* etc., ceux d'un modèle non linéaire sont souvent désignés par les lettres majuscules $A$, $B$, $C$, etc.. Pour ce qui est des paramètres statistiques correspondants, les lettres grecques majuscules ne sont généralement pas utilisées parce que plusieurs d'entre elles sont identiques aux caractères romains équivalents tandis que d'autres n'ont pas d'équivalents clairs. Certains auteurs utilisent donc les lettres majuscules $A$, $B$, $C$, etc. pour représenter les paramètres statistiques et munissent ces lettres d'un accent circonflexe, $\hat{A}$, $\hat{B}$, $\hat{C}$, etc. , pour désigner les estimations ou les estimateurs. On peut obtenir une autre notation satisfaisante en désignant les estimations par les lettres romaines non accentuées $A$, $B$, $C$, etc. et les paramètres statistiques pas les lettres majuscules gothiques $\mathfrak{A}$, $\mathfrak{B}$, $\mathfrak{C}$, etc.. C'est ce que nous ferons dans ce chapitre.

Bien que, dans le cas d'un modèle non linéaire, il soit approximatif d'estimer la variance résiduelle en divisant la somme des carrés des écarts résiduels SCER par le nombre de degrés de liberté $(N-q)$, où $q$ désigne le nombre de paramètres, une expérience d'échantillonnage (Jolicoeur, 1995) a montré que cela peut être satisfaisant en pratique. Plusieurs ouvrages sont consacrés en tout ou en partie aux modèles non linéaires (Bates et Watts, 1988; Draper et Smith, 1981; Jolivet, 1983; Lebreton, Millier, Jolivet, Pavé et Vila, 1982; Pavé, 1994; Ratkowski, 1983, 1990; Ross, 1990; Seber et Wild, 1989; Tomassone, Audrain, Lesquoy-de Turckheim et Millier, 1992; Tomassone, Dervin et Masson, 1993). Le niveau mathématique de certains de ces ouvrages en rend cependant la lecture difficile.

## Section 35.2 : minimisation itérative de la somme des carrés des écarts

Les coefficients $A$, $B$, $C$, ... d'un modèle non linéaire $\hat{Y}=f(A, B, C, \ldots ; X)$ figurent de façon non linéaire non seulement dans la fonction $f(A, B, C, \ldots ; X)$ mais en outre dans les dérivées quant à ces coefficients de la somme des carrés des écarts résiduels,

$$\text{SCER} = \sum_{h=1}^{N} (Y_h - \hat{Y})^2.$$

Il s'ensuit que, dans le cas d'un modèle non linéaire, les équations obtenues en posant que les dérivées précédentes sont nulles, selon le principe des *moindres carrés*, ne permettent généralement pas d'obtenir les estimations $A$, $B$, $C$, ... des paramètres $\mathfrak{A}$, $\mathfrak{B}$, $\mathfrak{C}$, ... par un calcul direct comme c'était possible dans le cas d'un modèle linéaire (sections 20.1, 22.2, 23.3, 25.3 et 25.5). Les estimations des moindres carrés sont donc obtenues habituellement par tâtonnement à l'aide d'une méthode *itérative*, à l'issue d'une suite d'étapes semblables, dont chacune est appelée une itération (voir aussi la section 31.3).

Plusieurs méthodes itératives sont disponibles pour minimiser la somme des carrés des écarts résiduels [ou encore pour maximiser la vraisemblance (section 4.10)] en fonction de la valeur des coefficients $A$, $B$, $C$, ... . La plupart de ces algorithmes demandent soit de déterminer au préalable les dérivées de la somme des carrés des écarts résiduels (SCER) quant aux coefficients $A$, $B$, $C$, ... soit d'estimer ces dérivées de façon numérique à chaque itération. Toutefois la *méthode du simplexe* de Nelder et Mead (1965) n'exige ni la détermination ni l'estimation numérique des dérivées, de sorte qu'elle est relativement facile à programmer (et à modifier au besoin). La *méthode du simplexe* de Nelder et Mead (1965) n'a de commun que le nom avec une méthode due au mathématicien George B. Dantzig et utilisée en programmation linéaire (Vajda, 1959). Par comparaison avec d'autres méthodes courantes de minimisation, l'algorithme de Nelder et Mead (1965) est généralement moins rapide, mais il est robuste et possède l'avantage de fonctionner même lorsque le modèle ajusté et la somme de carrés d'écarts résiduels correspondante ne possèdent pas de dérivées à certaines des valeurs de la variable prédictrice, comme dans le cas des modèles segmentés (section 35.8).

De plus, la méthode du simplexe permet d'imposer facilement des contraintes (par exemple de non-négativité ou de non-positivité) aux paramètres lorsque la chose est désirable (sections 35.13, 35.14, 35.17). Olsson et Nelson (1975) ont fait un historique de la façon dont les mérites de la méthode du simplexe de Nelder et Mead (1965) ont été graduellement reconnus dans divers domaines. L'auteur du présent manuel a utilisé la méthode de Nelder et Mead (1965) avec succès dans ses recherches depuis une quinzaine d'années. Un programme en langage *True BASIC*™ permettant d'ajuster un modèle non linéaire à l'aide de la méthode de Nelder et Mead (1965) est donné à l'appendice B. Contrairement aux versions antérieures de la méthode du simplexe, dont celle publiée en FORTRAN par O'Neill (1971), le programme de l'appendice B utilise deux critères de convergence, ce qui permet de mettre fin aux itérations non seulement lorsque la diminution de la somme des carrés des écarts résiduels devient négligeable mais aussi lorsque les estimations ponctuelles des paramètres ne changent pratiquement plus, ce qui ne se produit pas toujours exactement en même temps.

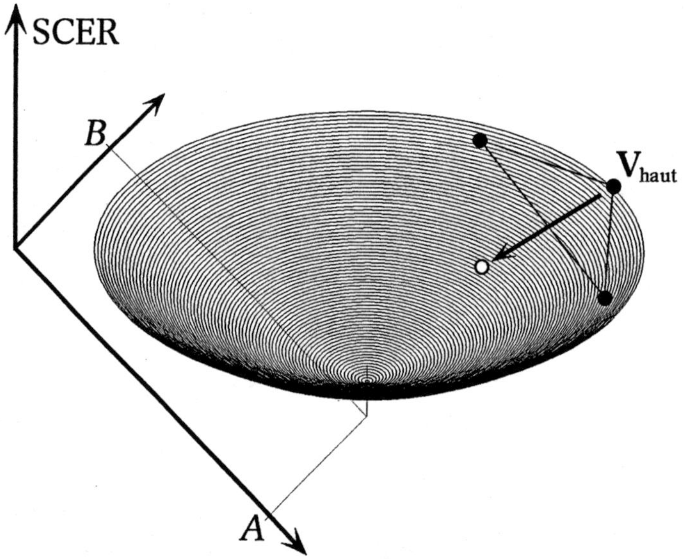


**Figure 35.2.1**
**Lors d'une itération typique de la méthode de Nelder et Mead (1965), le point le plus élevé du simplexe, représenté ici par un triangle de points noirs, est remplacé par sa réflection quant au milieu des autres points.**

La méthode du simplexe a déjà été décrite en détail plusieurs fois dans la littérature (Nelder et Mead, 1965; O'Neill, 1971; Olsson et Nelson, 1975), de sorte que la présente section est limitée à un brève discussion du programme donné dans l'appendice B, qui comporte d'ailleurs de nombreux commentaires explicatifs. Le vecteur initial des valeurs d'essai des paramètres (ou *point de départ*) sert de base à l'établissement d'un ensemble de $(q+1)$ vecteurs linéairement indépendants, où $q$ désigne le nombre de paramètres du modèle ajusté. Ces vecteurs peuvent être réunis en une matrice **V** d'ordre $(q+1)\times(q+1)$ et être représentés géométriquement (figure 35.2.1) par un groupe de points (aussi appelé *simplexe*) dans un espace où la $(q+1)^{ième}$ dimension correspond à la somme de carrés d'écarts résiduels. Dans le cas où on cherche à obtenir les estimations ponctuelles $A$ et $B$ de deux paramètres $\mathfrak{A}$ et $\mathfrak{B}$, par exemple, les valeurs de la somme des carrés des écarts résiduels (SCER) correspondant aux diverses valeurs possibles des coefficients $A$ et $B$ sont représentées par une sorte de cuvette de section circulaire ou elliptique s'il s'agit d'un modèle linéaire mais de forme irrégulière s'il s'agit d'un modèle non linéaire. Les estimations des moindres carrés sont les coordonnées $A$ et $B$ du point le plus bas de cette cuvette.

La méthode de minimisation de Nelder et Mead (1965) consiste, lors d'une étape typique, à remplacer le point $\mathbf{V}_{\text{haut}}$, dont l'altitude (SCER) est la plus élevée, par sa réflection $\mathbf{V}_1$ (le point blanc dans la figure 35.2.1) quant au centre $\mathbf{V}_{\text{med}}$ des autres points du simplexe. Lorsque l'altitude de la réflection $\mathbf{V}_1$ est inférieure à celle du point le plus bas $\mathbf{V}_{\text{bas}}$, on essaie d'en profiter pour descendre encore davantage jusqu'au point $\mathbf{V}_2$, ce qui résulterait en une extension du simplexe. Au contraire, lorsque l'altitude de la réflection $\mathbf{V}_1$ est supérieure à celle de tous les autres points (sauf possiblement $\mathbf{V}_{\text{haut}}$), on procède à une contraction du simplexe autour de son point le plus bas. À moins de difficultés particulières, le simplexe se rapproche graduellement du point d'altitude minimum et en cerne finalement la position de plus en plus étroitement.

On doit cependant remarquer qu'aucun algorithme de minimisation ne fonctionne toujours de manière satisfaisante. La difficulté la plus courante provient du fait que, lorsqu'on ajuste un modèle non linéaire, et surtout si on utilise un nombre surabondant de paramètres, la surface de la somme des carrés des écarts peut posséder non pas un seul minimum mais plusieurs minima locaux plus ou moins éloignés les uns des autres et d'altitudes habituellement différentes. Comme on souhaite généralement découvrir le minimum le plus bas, on peut tenter de vérifier si le point de convergence d'une première série d'itérations mérite d'être retenu en le prenant comme point de départ d'une seconde série d'itérations.

Nelder et Mead (1965) ont souligné que leur méthode est adaptative, en ce sens que leur simplexe s'étire lorsque la surface explorée lui permet d'accélérer sa descente mais se contracte lorsqu'une surface presque horizontale et sinueuse ralentit son progrès. Lorsqu'un biologiste surveille la descente graduelle d'un simplexe vers le point le plus bas de la surface d'une somme de carrés d'écarts résiduels, il a parfois l'impression d'observer une amibe ! – La méthode de Nelder et Mead peut également servir à maximiser une fonction: il suffit de changer le signe de la fonction avant de la minimiser.

## Section 35.3: utilisation des moindres carrés multiplicatifs

Bien qu'on ait supposé par simplicité dans les deux premières sections de ce chapitre que la variable prédite $Y$ suivait la distribution normale, la distribution lognormale convient généralement mieux aux variables biologiques, qui sont presque toutes non négatives et hétéroscédastiques et possèdent souvent des distributions positivement dissymétriques (chapitre 14, et sections 16.4, 19.8, 20.6, 20.7, 22.5, 28.7, 29.7, 29.8, 30.9, 31.6, et 31.8). La supposition que la variable prédite à l'aide d'un modèle non linéaire suit la distribution lognormale n'entraîne pas de difficultés. Il suffit d'utiliser ce qu'on appelle les *moindres carrés multiplicatifs,* c'est à dire de définir la somme des carrés des écarts résiduels en échelle logarithmique:

$$\text{SCER} = \sum_{h=1}^{N} [\log_e(Y_h) - \log_e(\hat{Y})]^2 = \sum_{h=1}^{N} [\log_e(Y_h/\hat{Y})]^2 .$$

La valeur $\hat{Y}$ prédite par le modèle doit alors cependant être interprétée comme une moyenne géométrique (sections 4.3 et 14.2) au lieu d'une moyenne arithmétique. De plus, l'écart-type résiduel, $\sqrt{[SCER/(N-q)]}$, où $N$ et $q$ désignent respectivement l'effectif de l'échantillon et le nombre de paramètres du modèle ajusté, est celui des logarithmes $Z_h = \log_e(Y_h)$, de sorte que les limites de variation de part et d'autre de la relation doivent être déterminées d'abord en logarithmes puis subir la transformation antilogarithmique $Y = \exp(Z)$ avant d'être employées ou représentées dans le diagramme des données originales (section 35.6). Notons que, bien que les démographes et les économétriciens préfèrent souvent continuer à utiliser la moyenne arithmétique pour des raisons pratiques même lorsque la distribution de leurs variables est dissymétrique, l'utilisation de la moyenne géométrique comme mesure de tendance centrale ne soulève habituellement pas d'objections en biologie. La figure 35.3.1 représente le résultat de l'ajustement par les moindres carrés multiplicatifs du modèle $Y = A\{1+[(T-B)/C]^2\}$, ajusté précédemment (figure 35.1.1) par les moindres carrés additifs (ordinaires).

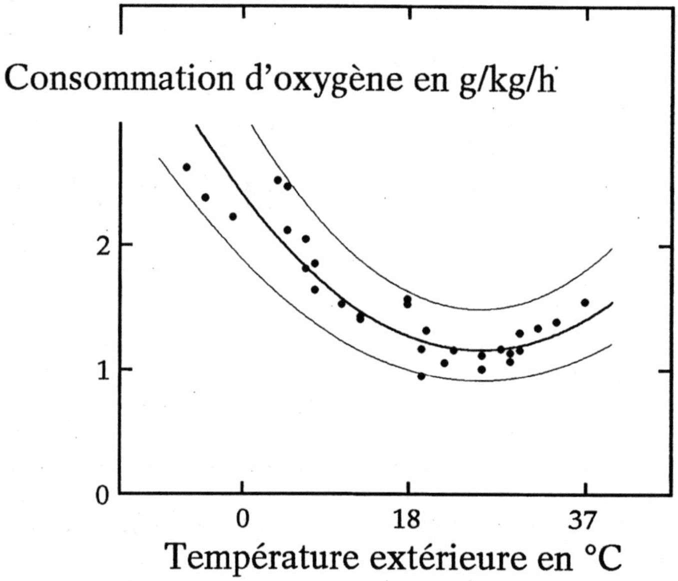


**Figure 35.3.1**
**Relation entre la consommation d'oxygène $Y$ en g/kg/h de cobayes et la température extérieure $T$ en °C, ajustée par les moindres carrés multiplicatifs; d'après des données de Terroine et Trautmann (1927); bandes de variation (traits minces) au seuil $\alpha = 0{,}05$.**

Si on compare la figure 35.3.1 avec la figure 35.1.1, on constate surtout que les bandes de variation obtenues par les moindres carrés multiplicatifs sont plus étroites pour les consommations faibles mais plus larges pour les consommations fortes d'oxygène. Il s'ensuit que l'ajustement fourni par les moindres carrés multiplicatifs est plus précis au voisinage de la consommation minimale moyenne, qui sera mieux déterminée que par les moindres carrés additifs. De plus, la bande inférieure de variation est perceptiblement plus étroite que la bande supérieure, comme il se doit dans une distribution positivement dissymétrique.

## Section 35.4: régions de confiance multidimensionnelles des paramètres

Lorsqu'on a ajusté un modèle non linéaire $\hat{Y} = f(A, B, C, ... ; X)$, obtenu les estimations des moindres carrés $[A, B, C, ...]$ et la valeur minimale SCER = SCER$(A, B, C, ...)$ de la somme des carrés des écarts, on peut éprouver l'hypothèse $H_0$ que le vecteur des paramètres $[\mathfrak{A}, \mathfrak{B}, \mathfrak{C}, ...]$ a la valeur hypothétique $[\mathfrak{A}_0, \mathfrak{B}_0, \mathfrak{C}_0, ...]$ avec un bon degré d'approximation selon la méthode du rapport de vraisemblance à l'aide du critère

$$\{[\text{SCER}(\mathfrak{A}_0, \mathfrak{B}_0, \mathfrak{C}_0, ...) - \text{SCER}(A, B, C, ...)]/q\} / \{[\text{SCER}(A, B, C, ...)]/(N-q)\},$$

où SCER$(\mathfrak{A}_0, \mathfrak{B}_0, \mathfrak{C}_0, ...)$ est la valeur de la somme des carrés des écarts résiduels calculée avec les valeurs hypothétiques $[\mathfrak{A}_0, \mathfrak{B}_0, \mathfrak{C}_0, ...]$ des paramètres au lieu de leurs estimations des moindres carrés $[A, B, C, ...]$. On peut accepter l'hypothèse

$$H_0: [\mathfrak{A}, \mathfrak{B}, \mathfrak{C}, ...] = [\mathfrak{A}_0, \mathfrak{B}_0, \mathfrak{C}_0, ...]$$

si le rapport de variances précédent $\leq F_{(1-\alpha; q, N-q)}$, mais on doit la rejeter si le rapport de variances $> F_{(1-\alpha; q, N-q)}$. Inversement, en l'absence d'une hypothèse préalable, l'ensemble des vecteurs de paramètres $[\mathfrak{A}, \mathfrak{B}, \mathfrak{C}, ...]$ satisfaisant l'inéquation

$$\text{SCER}(\mathfrak{A}, \mathfrak{B}, \mathfrak{C}, ...) \leq \text{SCER}(A, B, C, ...) \times \{1 + [q \times F_{(1-\alpha; q, N-q)}]/(N-q)\}$$

constitue une région de confiance $q$-dimensionnelle pour le vecteur $[\mathfrak{A}, \mathfrak{B}, \mathfrak{C}, ...]$. Elliptique, ellipsoïdale ou hyperellipsoïdale dans le cas d'un modèle linéaire, la région de confiance précédente a la forme d'une ellipse, d'un ellipsoïde ou d'un hyperellipsoïde plus ou moins fortement déformé dans le cas d'un modèle non linéaire.

Ces régions de confiance $q$-dimensionnelles sont mentionnées dans la plupart des ouvrages sur les modèles non linéaires (Bates et Watts, 1988, page 200; Draper et Smith, 1981, page 472; Ross, 1990, page 9), et semblent considérées par beaucoup d'auteurs comme le meilleur résumé des relations entre les estimations de tous les paramètres. Cependant, en pratique, on a rarement des raisons a priori de formuler des hypothèses au sujet de plusieurs sinon de tous les paramètres conjointement. De plus, comme ces régions multidimensionnelles sont difficiles à utiliser telles quelles, on essaie souvent de simplifier la tâche en explorant des projections ou des sections bidimensionnelles de cet espace multidimensionnel (Bates et Watts, 1988, pages 204 à 216; Miller, 1994). Enfin, lorsqu'il s'agit de décider si on doit conserver ou éliminer un paramètre dans un modèle, une épreuve d'hypothèse ou une région de confiance unidimensionnelle (section 35.5) répond généralement de façon plus directe à la question posée.

## Section 35.5: limites de confiance unidimensionnelles des paramètres

Depuis plusieurs décennies, on a obtenu des limites de confiance approximatives pour les paramètres de modèles non linéaires en traitant ces derniers comme s'ils étaient linéaires et en estimant leur matrice de covariance par l'inverse de la *matrice d'information* (Pavé, 1994, page 520; Ratkowsky, 1983, page 16; Ross, 1990, page 7). Ces limites de confiance *"linéarisées"* sont d'ailleurs encore pratiquement les seules à être offertes dans les logiciels commerciaux de régression non linéaire. Cependant les recherches de Donaldson et Schnabel (1987) ont montré que les limites précédentes sont souvent très imprécises, tandis qu'on peut obtenir des limites de confiance plus satisfaisantes, selon la méthode du rapport de vraisemblance, en tenant compte de la non-linéarité du modèle employé.

La détermination de limites de confiance marginales pour chacun des paramètres d'un modèle non linéaire à tour de rôle a été décrite brièvement par Ratkowsky (1990, page 40). L'intervalle de confiance $[B_1, B_2]$ du paramètre $\mathfrak{B}$, par exemple, comprend toutes les valeurs de ce paramètre qui satisfont l'inéquation

$$\text{SCER}(\mathfrak{B}) \leq \text{SCER}(A, B, C, \ldots) \times \{1 + [1 \times F_{(1-\alpha;\,1,\,N-q)}]/(N-q)\},$$

où SCER($\mathfrak{B}$) désigne la somme de carrés d'écarts résiduels obtenue en fixant la valeur du paramètre $\mathfrak{B}$ arbitrairement mais en estimant ensuite tous les autres paramètres ($\mathfrak{A}$, $\mathfrak{C}$, ...) selon le principe des moindres carrés. On constate que le numérateur du rapport de variances figurant dans l'intervalle de confiance unidimensionnel possède un seul degré de liberté, contrairement au numérateur du rapport de variances figurant dans la région de confiance $q$-dimensionnelle (section 35.4), qui possédait $q$ degrés de liberté. Jolicoeur (1995) a montré par une expérience d'échantillonnage que les intervalles entre les limites de confiance marginales ci-dessus couvrent leurs paramètres avec une fréquence relative très voisine du complément $(1-\alpha)$ du seuil de signification $\alpha$ même lorsqu'on utilise les moindres carrés multiplicatifs (section 35.3) et lorsqu'on impose des contraintes de non-négativité aux paramètres.

L'évaluation numérique de la limite de confiance marginale supérieure de l'un des paramètres d'un modèle non linéaire possédant $q=2$ paramètres est illustrée à la figure 35.5.1. Chaque itération comporte d'abord l'attribution d'une valeur d'essai au paramètre dont on évalue les limites, représentée par une flèche verticale, et ensuite la minimisation de la somme des carrés des écarts résiduels quant aux autres paramètres, représentée par une flèche horizontale. Le *point de départ* de chaque itération peut être soit le vecteur $[A, B, C, \ldots]$ des estimations générales des moindres carrés (figure 35.5.1, à gauche) soit le point de convergence de l'itération précédente (figure 35.5.1, à droite).

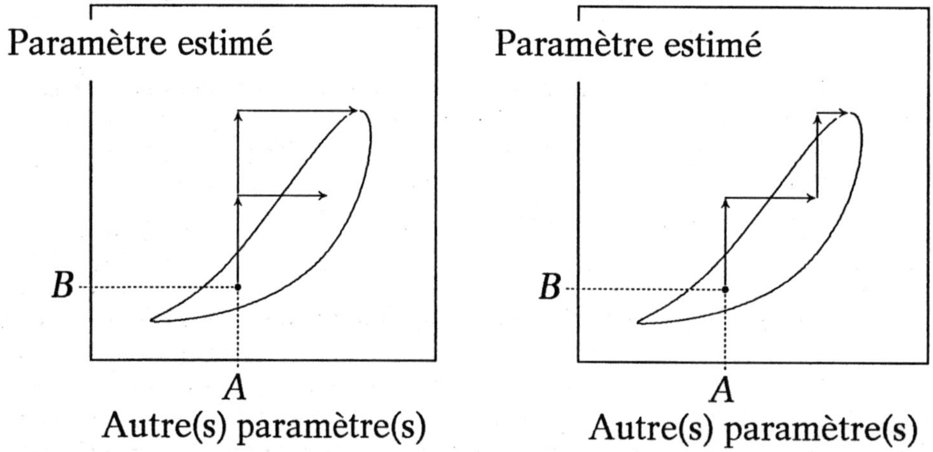


**Figure 35.5.1**
**Dans le calcul d'une limite de confiance marginale d'un paramètre ($\mathfrak{B}$ par exemple), le *point de départ* de chaque itération peut être soit le vecteur $[A, B]$ des estimations générales des moindres carrés (à gauche) soit le point de convergence de l'itération précédente (à droite).**

L'évaluation numérique des limites de confiance marginales des paramètres d'un modèle non linéaire est difficile et prend beaucoup de temps, car elle exige un grand nombre de minimisations successives, dont la plupart possèdent des points de convergence très éloignés du vecteur $[A, B, C, \ldots]$ des estimations générales des moindres carrés. Aussi serait-il tentant d'utiliser des limites de confiance conditionnelles au lieu des limites de confiance marginales de chacun des paramètres, car la détermination des limites conditionnelles n'exige pas de minimisations répétées et est beaucoup plus rapide. De plus, les intervalles de confiance conditionnels seraient plus étroits (et donc plus précis), car ils tiendraient compte des corrélations entre les estimations des paramètres. L'évaluation numérique des limites conditionnelles se déroule de la même façon que celle des limites marginales, sauf que les paramètres autres que celui dont on calcule les limites demeurent égaux à des valeurs prédéterminées, comme par exemple leurs estimations générales des moindres carrés (figure 35.5.2).

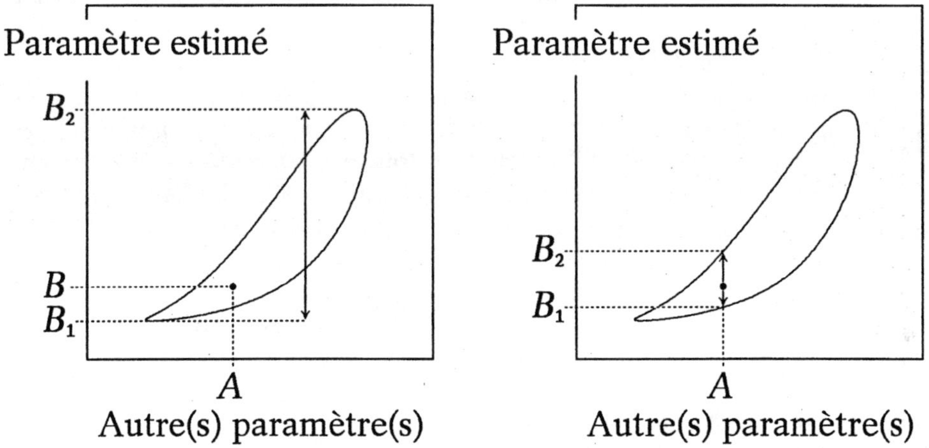


**Figure 35.5.2**
**Les paramètres autres que le paramètre estimé sont libres de varier dans le cas des limites de confiance marginales (à gauche) mais demeurent égaux à des valeurs prédéterminées (leurs estimations générales des moindres carrés, par exemple) dans le cas des limites de confiance conditionnelles (à droite).**

On pourrait penser que l'utilisation des intervalles de confiance conditionnels des paramètres d'un modèle non linéaire (figure 35.5.2, à droite), plus étroits et plus précis que les intervalles de confiances marginaux (figure 35.5.2, à gauche), procurerait la même sorte d'avantage que celle d'une droite d'estimation (chapitre 20) ou de la distribution du $T^2$ de Hotelling (chapitre 30), qui tiennent compte elles aussi de la présence de corrélations. Quand il s'agit de décider si on doit conserver ou non un paramètre dans un modèle, toutefois, les limites de confiance marginales de ce paramètre sont préférables car, lorsqu'on élimine un paramètre d'un modèle, le modèle simplifié est réajusté en minimisant la somme des carrés des écarts résiduels quant aux autres paramètres. Dans le cas de la comparaison de modèles emboîtés (section 35.7), les conclusions obtenues à l'aide d'analyses de variance concorderont donc avec les indications fournies par les limites de confiance marginales des paramètres du modèle complet (non simplifié), plutôt qu'avec les limites conditionnelles.

De plus, par suite de la présence de corrélations entre les estimations des paramètres, les limites de confiance conditionnelles d'un paramètre ($\mathfrak{B}$ par exemple) ne sont pas invariantes lorsque le modèle est reparamétrisé quant à un autre paramètre (disons $\mathfrak{A}$), tandis que les limites de confiance marginales ne sont pas affectées. Les limites de confiance conditionnelles de l'un des paramètres d'un modèle non linéaire ont donc l'inconvénient majeur de ne pas être uniques, car elles dépendent de la façon dont les autres paramètres du modèle sont choisis. Comme dans le cas des régressions multiples (section 30.7), les corrélations entre les estimations des paramètres des modèles non linéaires doivent sans doute être considérées surtout comme des effets d'échantillonnage, qu'il ne serait pas opportun de tenter d'interpréter au point de vue biologique. Il est intéressant de remarquer que, dans le cas des coefficients des régressions multiples aussi, les limites de confiance couramment utilisées sont des limites marginales (sections 23.4 et 25.7), et non pas des limites conditionnelles. L'utilisation des limites de confiance marginales d'un modèle non linéaire sera illustrée à la section 35.7 (tableau 35.7.3).

## Section 35.6: bandes de variation

Dans ce chapitre, l'étendue estimée de la variation individuelle de part et d'autre des relations non linéaires est décrite par des *bandes de variation* (*"variation belts"* en anglais). Ces bandes de variation, discutées par Jolicoeur et Heusner (1986), sont obtenues simplement en substituant les estimations [$A$, $B$, $C$, ...] des coefficients aux paramètres [$\mathfrak{A}$, $\mathfrak{B}$, $\mathfrak{C}$, ...] de la relation et en utilisant la distribution normale ainsi que l'écart-type résiduel estimé $S_{Y.X} = \sqrt{[\text{SCER}/(N-q)]}$, où $N$ et $q$ désignent l'effectif de l'échantillon et le nombre de paramètres. La bande de variation est constituée par l'ensemble des valeurs de la variable prédite $Y$ satisfaisant la double inéquation

$$f(A, B, C, ... ; X_0) + t_{(\alpha/2;\, \infty)}\, S_{Y.X} \leq Y \leq f(A, B, C, ... ; X_0) + t_{(1-\alpha/2;\, \infty)}\, S_{Y.X}$$

pour toute valeur particulière $X_0$ de la variable prédictrice. Lorsqu'on utilise les moindres carrés multiplicatifs, tel qu'indiqué à la section 35.3, les limites de la bande de variation doivent d'abord être déterminées en échelle logarithmique puis subir la transformation antilogarithmique, de sorte qu'on a

$$f(A, B, C, ... ; X_0) \times \exp[t_{(\alpha/2;\, \infty)}\, S_{Y.X}] \leq Y \leq f(A, B, C, ... ; X_0) \times \exp[t_{(1-\alpha/2;\, \infty)}\, S_{Y.X}].$$

La bande de variation est l'ensemble des intervalles de variation (section 9.11) de la variable prédite $Y$ correspondant à toutes les valeurs successives possibles de la variable prédictrice.

## Section 35.7: analyses de variance de modèles emboîtés

En statistique, on appelle *modèles emboîtés* (*nested models* en anglais; en français, certains auteurs parlent aussi de *modèles imbriqués*) des modèles dont certains peuvent être considérés comme des cas particuliers des autres. Revenons à l'exemple des données de Terroine et Trautmann (1927) sur la consommation d'oxygène $Y$ des cobayes en g/kg/h selon la température extérieure $T$ en °C (sections 35.1 et 35.3, figures 35.1.1 et 35.3.1). Remarquons d'abord que le modèle à 3 paramètres utilisé aux sections 35.1 et 35.3, $Y = A\{1 + [(T-B)/C]^2\}$ , peut être réexprimé comme

$$Y = A\{1 + |(T-B)/C|^2\},$$

car la prise de la valeur absolue $|(T-B)/C|$ n'affecte pas la valeur de la fonction $Y$, étant donné que le carré de l'expression $[(T-B)/C]$ est positif de toutes façons.

La seconde puissance ayant été choisie arbitrairement, on pourrait se demander si un exposant différent de 2 ne s'accorderait pas mieux avec la relation observée entre les données. Il est possible de répondre à cette question en comparant le modèle précédent avec un modèle plus général

$$Y = A\{1+|(T-B)/C|^D\},$$

où l'exposant arbitraire 2 est remplacé par un quatrième paramètre $\mathfrak{D}$ $(D)$ estimable à partir des données. On dit que les deux modèles ci-dessus sont *emboîtés*, ou encore que le modèle $Y=A\{1+|(T-B)/C|^2\}$ est *emboîté dans le modèle* $Y=A\{1+|(T-B)/C|^D\}$, parce que le premier modèle peut être obtenu à partir du second en fixant le paramètre $\mathfrak{D}$ arbitrairement à la valeur 2. Pour reprendre des termes employés à la section 35.4, on peut dire aussi que le premier modèle est une *version simplifiée* du *modèle complet.*

Les estimations ponctuelles des paramètres et les sommes des carrés des écarts résiduels obtenues par les moindres carrés multiplicatifs pour les deux modèles sont données au tableau 35.7.1. On constate que la somme des carrés des écarts résiduels (SCER) est clairement plus faible pour le modèle complet (0,313434) que pour le modèle simplifié (0,425075).

**Tableau 35.7.1**
**Estimations des paramètres par les moindres carrés multiplicatifs, sommes des carrés des écarts et écarts-types résiduels pour deux modèles emboîtés des données de Terroine et Trautmann (1927) sur des cobayes; l'effectif $N=30$.**

| | | Modèle | |
|---|---|---|---|
| | | $Y = A\{1+\|(T-B)/C\|^2\}$ | $Y = A\{1+\|(T-B)/C\|^D\}$ |
| Nombre de paramètres | | 3 | 4 |
| Paramètres | $\mathfrak{A}$ $(A)$ | 1,15551 g/kg/h | 1,01434 g/kg/h |
| | $\mathfrak{B}$ $(B)$ | 25,6480 °C | 25,0373 °C |
| | $\mathfrak{C}$ $(C)$ | 24,6730 °C | 20,3544 °C |
| | $\mathfrak{D}$ $(D)$ | Égal à 2,0 par hypothèse | 1,20387 (nombre pur) |
| SCER | | 0,425075 | 0,313434 |
| Écart-type résiduel | | 0,125473 | 0,109796 |

La comparaison des deux modèles par une analyse de variance approximative est résumée au tableau 35.7.2.

**Tableau 35.7.2**
**Comparaison par une analyse de variance approximative de deux modèles emboîtés des données de Terroine et Trautmann (1927) sur des cobayes.**

| Nature de la variation | SCER | Degrés de liberté | Variance observée | Rapport de variances | Probabilité |
|---|---|---|---|---|---|
| Modèle complet | 0,313434 | $(N-4)=26$ | 0,0120552 | | |
| Paramètre additionnel | 0,111641 | 1 | 0,111641 | $F_{(1,\,26)}=9{,}26081$ | $P=0{,}0052986$ |
| Modèle simplifié | 0,425075 | $(N-3)=27$ | 0,0157435 | | |

Malgré le caractère approximatif de cette analyse de variance, l'hypothèse que le paramètre $\mathfrak{D}$ (correspondant au coefficient $D$) est égal à 2 peut donc être rejetée de façon concluante, car l'augmentation de la somme des carrés des écarts résiduels entraînée par la fixation de ce quatrième paramètre est trop considérable pour être attribuée au hasard. Le modèle complet est illustré à la figure 35.7.1, et la faiblesse de la somme des carrés des écarts résiduels quant au modèle complet est reflétée graphiquement aussi par l'étroitesse relative des bandes de variation de part et d'autre de la relation (comparer la figure 35.7.1 avec la figure 35.3.1).

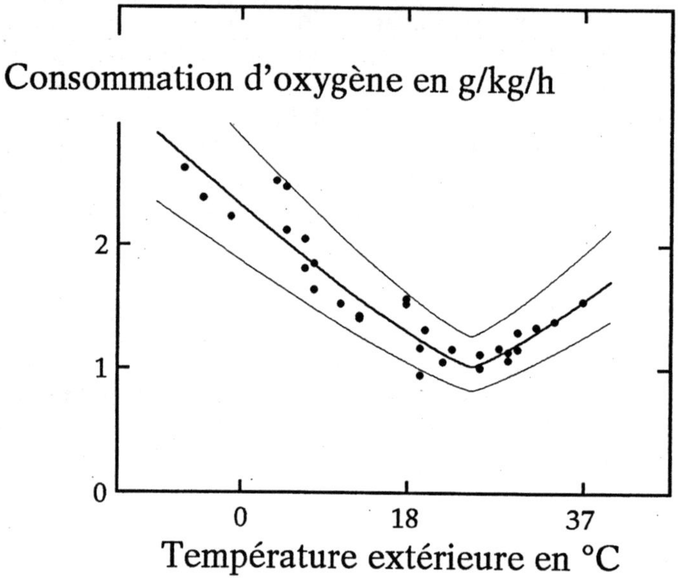


**Figure 35.7.1**
**Relation entre la consommation d'oxygène $Y$ en g/kg/h de cobayes et la température extérieure $T$ en °C, décrite par les moindres carrés multiplicatifs à l'aide du modèle $Y = A\{1+|(T-B)/C|^D\}$; bandes de variation (traits minces) au seuil $\alpha = 0{,}05$.**

La conclusion tirée en comparant les deux modèles par l'analyse de variance concorde avec les indications données par le calcul des limites de confiance marginales des paramètres du modèle complet (section 35.5 et tableau 35.7.3). On voit que l'intervalle de confiance de l'exposant $\mathfrak{D}$ ne couvre pas la valeur 2, même pas au seuil de signification $\alpha = 0{,}01$. L'utilisation du modèle simplifié dont l'exposant est égal à 2 ne paraît donc pas justifiable dans le cas des données sur les cobayes de Terroine et Trautmann (1927). Par contre, bien que les intervalles de confiance couvrent toute une gamme vraisemblable de nombres fractionnaires, la valeur entière $\mathfrak{D}_0 = 1{,}0$ est comprise dans ces intervalles et l'estimation ponctuelle $D = 1{,}20387$ (tableau 35.7.1) est assez voisine de l'unité, de sorte que le modèle simplifié

$$Y = A\{1+|(T-B)/C|^1\} = A\{1+|(T-B)/C|\}$$

devrait fournir une description satisfaisante de la relation observée. Or ce modèle constitue justement un exemple des modèles linéaires par morceaux qui seront discutés à la section suivante (35.8).

**Tableau 35.7.3**
**Limites de confiance marginales des paramètres du modèle $Y = A\{1+|(T-B)/C|^D\}$ appliqué aux données de Terroine et Trautmann (1927) sur des cobayes.**

| $\alpha$ | 0,05 | | 0,01 | |
|---|---|---|---|---|
| Limite | inférieure | supérieure | inférieure | supérieure |
| $\mathfrak{A}$ $(A)$ | 0,822630 | 1,14466 | 0,719393 | 1,18419 |
| $\mathfrak{B}$ $(B)$ | 23,6781 | 26,8032 | 23,1990 | 27,6575 |
| $\mathfrak{C}$ $(C)$ | 12,4947 | 26,1771 | 8,36807 | 28,3152 |
| $\mathfrak{D}$ $(D)$ | 0,790053 | 1,70856 | 0,656723 | 1,91784 |

En général, lorsqu'on souhaite simplifier un modèle non linéaire, les paramètres dont on peut considérer l'élimination sont des constantes additives dont l'intervalle de confiance couvre 0 ainsi que des constantes multiplicatives et des exposants dont l'intervalle de confiance couvre l'unité. On devrait toutefois s'abstenir d'éliminer des paramètres dont la présence est nécessaire pour maintenir l'homogénéité dimensionnelle d'un modèle (Bridgman, 1931). Ainsi, dans le modèle dont l'équation est

$$Y = A\{1+|(T-B)/C|\},$$

on devrait conserver les paramètres $\mathfrak{A}(A)$ et $\mathfrak{C}(C)$ même si leurs intervalles de confiance couvraient l'unité, car $\mathfrak{A}(A)$ est nécessaire pour assurer que le membre de droite est exprimé dans la même unité (g/kg/h) que la variable prédite $Y$, tandis que $\mathfrak{C}(C)$ est nécessaire pour que la valeur du quotient $(T-B)/C$ demeure inchangée si on mesure la température $T$ en fractions de degrés au lieu de la mesurer en degrés. Par contre, le paramètre $\mathfrak{B}(B)$ pourrait être candidat à l'élimination si son intervalle de confiance couvrait 0, car son absence ne compromettrait pas l'homogénéité dimensionnelle de l'équation. La nullité du paramètre $\mathfrak{B}(B)$ sous-entendrait cependant que la consommation d'oxygène moyenne des cobayes serait minimale lorsque la température extérieure serait 0 °C, une supposition peu défendable au point de vue physiologique ...

En pratique, le nouvel utilisateur de modèles non linéaires devrait résister à la tentation de commencer par employer un modèle compliqué en projetant d'éliminer les paramètres superflus par la suite, car l'estimation ponctuelle et par intervalle d'un nombre surabondant de paramètres est généralement difficile sinon impossible au point de vue numérique. Les difficultés sont analogues à celles qui découlent de l'utilisation d'un nombre excessif de variables prédictrices trop fortement corrélées en régression multiple (section 25.9), mais elles sont encore plus grandes dans le cas des modèles non linéaires. Il vaut donc mieux commencer par employer un modèle simple, et vérifier éventuellement si on peut obtenir une meilleure description de la relation observée en passant à un modèle légèrement plus complexe.

## Section 35.8 : modèles segmentés (*"modèles par morceaux"*)

Les modèles segmentés les plus simples et les plus connus sont les *modèles linéaires par morceaux* (*piecewise-linear models* en anglais), qui sont constitués d'une suite de segments de droites, le point final de chaque segment coïncidant avec le point initial du segment suivant. On peut toutefois concevoir aussi des modèles segmentés dont une partie sinon la totalité des segments sont curvilinéaires (voir la section 35.15).

Depuis quelques décennies, la décomposition d'une relation globale en plusieurs segments successifs a été relativement peu utilisée en biologie, sans doute parce que les ordinateurs ont facilité l'ajustement de relations curvilinéaires complexes, mais peut-être aussi en partie parce qu'il est philosophiquement plus satisfaisant de décrire des phénomènes de manière graduelle et unifiée. Il reste néanmoins que certaines relations biologiques paraisssent changer soudainement d'allure à certaines valeurs de la variable prédictrice, et peuvent être décrites à l'aide de modèles segmentés. De plus, Prunty (1983) a proposé l'utilisation de fonctions lisses qui sont *linéaires par morceaux à la limite,* dans lesquelles des paramètres additionnels jouent le rôle d'exposants et assurent une transition courbée d'un segment au segment suivant.

Le modèle $Y=A\{1+|(T-B)/C|\}$, mentionné à la section précédente, est un exemple particulièrement simple de modèle linéaire par morceaux. Son ajustement par les moindres carrés multiplicatifs aux données de Terroine et Trautmann (1927) sur la relation entre la consommation d'oxygène de cobayes et la température extérieure est illustré à la figure 35.8.1. Bien que ce modèle segmenté possède un paramètre de moins que le modèle $Y=A\{1+|(T-B)/C|^D\}$, dans lequel il est emboîté, sa somme de carrés d'écarts résiduels (SCER) est à peine supérieure, et son écart-type résiduel est légèrement inférieur (tableau 35.8.1).

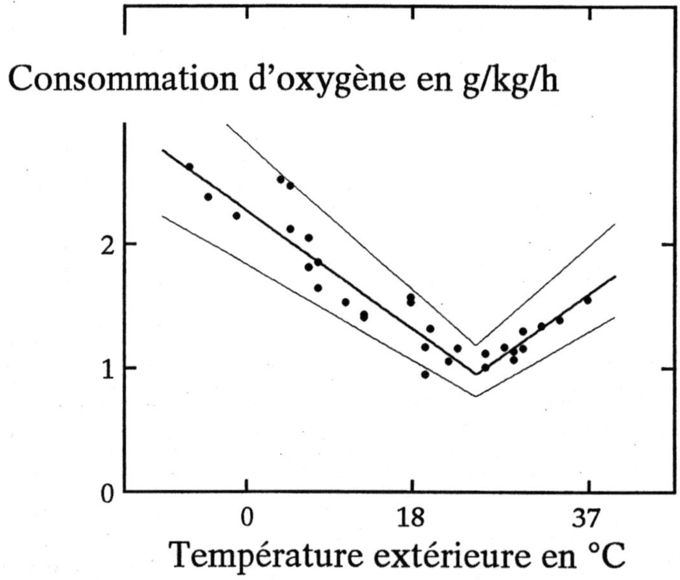


**Figure 35.8.1**
**Relation entre la consommation d'oxygène $Y$ en g/kg/h de cobayes et la température extérieure $T$ en °C, décrite par les moindres carrés multiplicatifs à l'aide du modèle linéaire par morceaux $Y = A\{1+|(T-B)/C|\}$; bandes de variation (traits minces) au seuil $\alpha=0{,}05$.**

De plus, les intervalles de confiance marginaux obtenus pour les paramètres $\mathfrak{A}(A)$, $\mathfrak{B}(B)$ et $\mathfrak{C}(C)$ du modèle $Y=A\{1+|(T-B)/C|\}$ sont sensiblement plus étroits (tableau 35.8.2) que ceux des paramètres correspondants (tableau 35.7.3) du modèle $Y=A\{1+|(T-B)/C|^D\}$. Les paramètres du modèle plus simple peuvent donc être estimés avec plus de précision que ceux du modèle complet.

**Tableau 35.8.1**
**Estimations des paramètres par les moindres carrés multiplicatifs, sommes des carrés des écarts et écarts-types résiduels pour deux modèles emboîtés des données de Terroine et Trautmann (1927) sur des cobayes, dont le modèle linéaire par morceaux $Y = A\{1+|(T-B)/C|^1\}$; l'effectif $N=30$.**

| | | Modèle | |
|---|---|---|---|
| | | $Y = A\{1+\|(T-B)/C\|^1\}$ | $Y = A\{1+\|(T-B)/C\|^D\}$ |
| Nombre de paramètres | | 3 | 4 |
| Paramètres | $\mathfrak{A}$ $(A)$ | 0,946898 g/kg/h | 1,01434 g/kg/h |
| | $\mathfrak{B}$ $(B)$ | 24,9392 °C | 25,0373 °C |
| | $\mathfrak{C}$ $(C)$ | 17,8458 °C | 20,3544 °C |
| | $\mathfrak{D}$ $(D)$ | Égal à 1,0 par hypothèse | 1,20387 (nombre pur) |
| SCER | | 0,324820 | 0,313434 |
| Écart-type résiduel | | 0,109683 | 0,109796 |

En somme, même s'il suppose que la consommation d'oxygène $Y$ cesse de diminuer et commence brusquement à augmenter lorsque la température extérieure $T$ franchit le point de neutralité thermique $B$, le modèle $Y = A\{1+|(T-B)/C|\}$ paraît fournir une description très satisfaisante de la relation entre la consommation d'oxygène et la température extérieure chez les cobayes.

**Tableau 35.8.2**
**Limites de confiance marginales des paramètres du modèle $Y = A\{1+|(T-B)/C|\}$ appliqué aux données de Terroine et Trautmann (1927) sur des cobayes.**

| $\alpha$ | 0,05 | | 0,01 | |
|---|---|---|---|---|
| Limite | inférieure | supérieure | inférieure | supérieure |
| $\mathfrak{A}$ $(A)$ | 0,858597 | 1,03965 | 0,828676 | 1,07325 |
| $\mathfrak{B}$ $(B)$ | 23,8056 | 26,4493 | 23,4285 | 27,0800 |
| $\mathfrak{C}$ $(C)$ | 13,8781 | 23,5691 | 12,7638 | 26,2167 |

On trouve une relation d'allure très différente (figure 35.8.2, page suivante) entre la consommation d'oxygène $Y$ et la température extérieure $T$ chez une autre espèce de mammifère étudiée par Terroine et Trautmann (1927), le lapin. Contrairement au cobaye, dont la consommation d'oxygène s'élève dès que la température extérieure s'éloigne du *point de neutralité thermique,* le lapin maintient une consommation d'oxygène pratiquement constante à l'intérieur d'une large plage allant approximativement de $-4$°C à $+33$°C ! – Il y a donc lieu d'utiliser ici un modèle comportant trois segments.

Le modèle à 5 paramètres $Y = A\{1 + \max[0, (B-T)/C] + \max[0, (T-D)/E]\}$ a été employé parce que la pente du troisième segment (figure 35.8.2, à droite) est visiblement plus forte en valeur absolue que celle du premier segment (figure 35.8.2, à gauche). Les deux fonctions "max" permettent de traiter séparément les réactions de l'organisme aux deux extrémités de la *plage de neutralité thermique.* Les estimations des cinq paramètres par les moindres carrés multiplicatifs sont données au tableau 35.8.3 (page suivante).

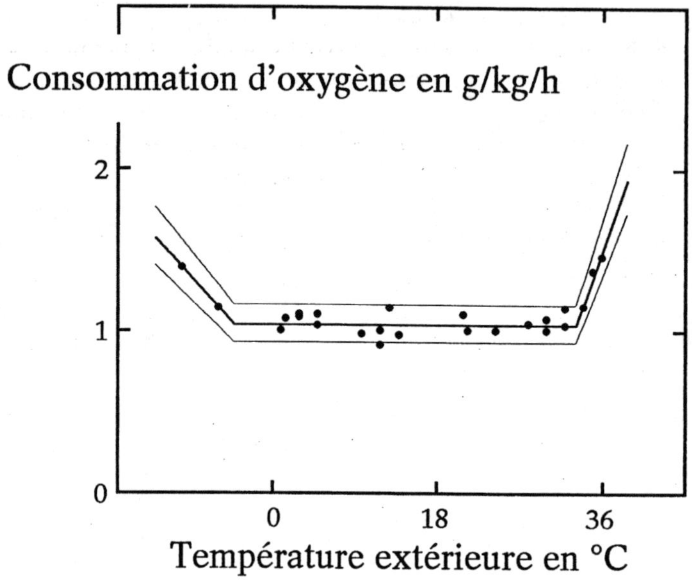


**Figure 35.8.2**
**Relation entre la consommation d'oxygène $Y$ en g/kg/h de lapins et la température extérieure $T$ en °C, décrite à l'aide du modèle linéaire par morceaux**
$$Y = A\{ 1 + \max[0, (B - T)/C] + \max[0, (T - D)/E] \};$$
**bandes de variation (traits minces) au seuil $\alpha = 0{,}05$.**

La consommation minimale moyenne d'oxygène serait doublée si la température extérieure descendait de $C = 16{,}5291$ °C en dessous de la limite inférieure $B = -4{,}28907$ °C de la plage de neutralité thermique ou montait de $E = 6{,}45260$ °C au-dessus de la limite supérieure $D = 33{,}1671$ °C . La consommation d'oxygène augmente plus de 2 fois plus rapidement lorsque la température extérieure monte au-dessus de $D = 33{,}1671$ °C que lorsqu'elle baisse en dessous de $B = -4{,}28907$ °C, parce que le lapin doit lutter plus énergiquement contre les températures élevées, qui seraient vite létales.

**Tableau 35.8.3**
**Estimations des paramètres par les moindres carrés multiplicatifs, sommes des carrés des écarts et écart-type résiduel pour le modèle linéaire par morceaux $Y = A\{ 1 + \max[0, (B - T)/C] + \max[0, (T - D)/E] \}$; données de Terroine et Trautmann (1927) sur des lapins; l'effectif $N = 26$.**

| | | |
|---|---|---|
| Paramètres | $\mathfrak{A}$ $(A)$ | 1,03307 g/kg/h |
| | $\mathfrak{B}$ $(B)$ | −4,28907 °C |
| | $\mathfrak{C}$ $(C)$ | 16,5291 °C |
| | $\mathfrak{D}$ $(D)$ | 33,1671 °C |
| | $\mathfrak{E}$ $(E)$ | 6,45260 °C |
| SCER | | 0,0704539 |
| Écart-type résiduel | | 0,0579219 |

On rencontre malheureusement des difficultés numériques si on cherche à calculer les limites de confiance marginales des paramètres du modèle précédent, parce que Terroine et Trautmann (1927) ont obtenu trop peu de données aux extrémités gauche et droite de la relation. L'examen du diagramme de dispersion (figure 35.8.2) montre en effet qu'il y a seulement deux observations dans la zone du premier segment du modèle (à gauche) et seulement trois observations dans la zone du troisième segment (à droite). Cet exemple illustre l'importance, lorsqu'on cherche à décrire une relation quantitative, d'obtenir suffisamment de données pour toutes les parties de cette relation.

L'existence de deux relations très différentes (figures 35.8.1 et 35.8.2) pour la même sorte de phénomène chez deux espèces appartenant à la même classe soulève une importante question. Le cobaye et le lapin [tout au moins de la variété étudiée par Terroine et Trautmann (1927)] ont manifestement des stratégies dissemblables face au problème de l'acclimatation thermique. Comme beaucoup d'autres mammifères de faible taille, le cobaye possède une fourrure peu isolante et évite les températures très basses ou très élevées en se réfugiant dans son terrier. Cependant, dès que la température extérieure diffère de l'optimum, le cobaye doit lutter pour empêcher sa température corporelle d'augmenter ou de diminuer. Au contraire, le lapin possède une fourrure très isolante et peut demeurer longtemps exposé au froid de l'hiver presque sans augmenter ses activités métaboliques. Toutefois, lorsque la température extérieure est élevée, le lapin doit se refroidir, ce qu'il fait à l'aide de ses grandes oreilles, qui sont peu poilues et fortement vascularisées. Dans la nature, le lapin se débarasse en outre de son chaud manteau de fourrure juste avant l'été par sa mue annuelle !

Au point de vue méthodologique, la nécessité d'utiliser deux modèles différents pour décrire le même phénomène chez deux espèces d'organismes vivants appartenant à la même classe montre en outre que, pour bien choisir un modèle statistique, il est essentiel de bien connaître et de bien comprendre le contexte biologique. Même la façon dont un modèle est paramétrisé est importante au point de vue biologique. Ainsi, dans un modèle segmenté, les coordonnées des points de jonction entre les segments successifs peuvent être d'intérêt majeur, comme par exemple le *point de neutralité thermique* chez les cobayes ou les *limites de la plage de neutralité thermique* chez les lapins. Les recommandations de Ratkowsky (1983), selon qui les modèles non linéaires devraient être paramétrisés surtout en fonction de critères statistiques, ne sont donc pas acceptables.

## Section 35.9 : problèmes d'optimisation

Chez les organismes vivants, l'optimisation consiste fondamentalement soit à minimiser les dépenses énergétiques soit à maximiser le rendement, c'est-à-dire la croissance corporelle ou la reproduction (voir aussi Ferron, 1987). La relation entre la consommation d'oxygène et la température extérieure, considérée depuis le début de ce chapitre, est un bon exemple de minimisation, car la consommation d'oxygène est liée aux activités métaboliques et aux dépenses d'énergie de l'organisme. Le second type de relation, selon laquelle la production de biomasse passe par un maximum, est illustré à la figure 35.9.1 (page suivante). Il s'agit ici d'estimer le poids maximum moyen de deux plantes de trèfle (*Trifolium subterraneum* L.) de la variété *Edenhope* âgées de 66 jours à partir de la concentration en zinc de l'engrais utilisé. Les données proviennent de l'étude de Millikan (1963), qui a déjà été citée aux sections 28.1 et 28.7.

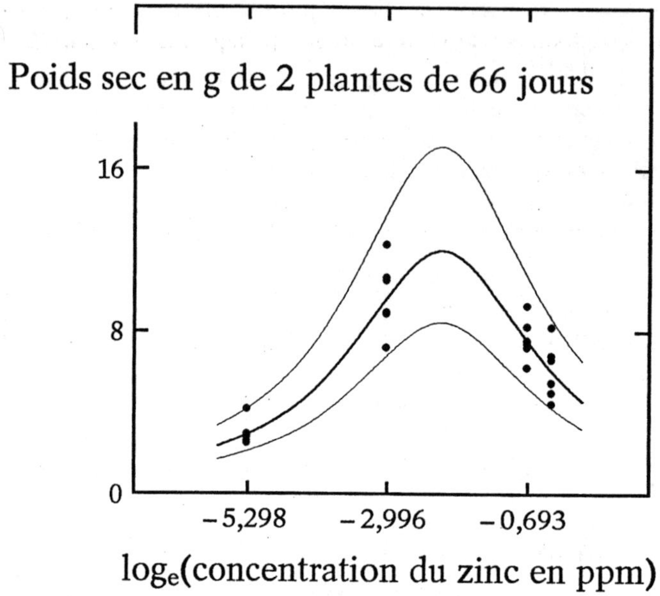


**Figure 35.9.1**
**Maximisation du poids sec *Y* en g de deux plantes de trèfle (*Trifolium subterraneum* L.) en fonction du logarithme naturel *X* de la concentration du zinc en ppm, décrite à l'aide du modèle $Y = A/\{1 + [(X-B)/C]^2\}$; bandes de variation au seuil $\alpha = 0{,}05$; données de Millikan (1963).**

Comme les trois premières concentrations du zinc augmentaient en progression géométrique ($Zn_1 = 0{,}005$ ppm, $Zn_2 = 0{,}05$ ppm, $Zn_3 = 0{,}5$ ppm et $Zn_4 = 0{,}75$ ppm), le logarithme naturel *X* de la concentration du zinc a été utilisé afin d'espacer les valeurs de la variable prédictrice de façon assez régulière. L'engrais administré aux plantes contenait en outre 15 ppm de phosphore. Le modèle de maximisation employé ici,

$$Y = A/\{1 + [(X-B)/C]^2\},$$

est étroitement apparenté au modèle non linéaire de minimisation utilisé à la section 35.1, sauf que le coefficient *A* est divisé au lieu d'être multiplié par l'expression $\{1 + [(X-B)/C]^2\}$. Les estimations des trois paramètres obtenues par les moindres carrés multiplicatifs sont reproduites au tableau 35.9.1.

**Tableau 35.9.1**
**Estimations des paramètres par les moindres carrés multiplicatifs, sommes des carrés des écarts et écart-type résiduel pour le modèle $Y = A/\{1 + [(X-B)/C]^2\}$; données de Millikan (1963) sur *Trifolium subterraneum*; l'effectif $N = 24$.**

| | | |
|---|---|---|
| Paramètres | $\mathfrak{A}$ (*A*) | 11,9711 g |
| | $\mathfrak{B}$ (*B*) | – 2,09355 |
| | $\mathfrak{C}$ (*C*) | 1,81214 |
| SCER | | 0,693860 |
| Écart-type résiduel | | 0,181772 |

Les estimations ponctuelles des paramètres indiquent donc que le poids sec maximal moyen de deux plantes de trèfle de la variété Edenhope âgées de 66 jours est

$$A = 11{,}9711 \text{ grammes},$$

que ce poids est atteint lorsque la concentration en zinc de l'engrais est

$$\exp(B) = \exp(-2{,}09355) = 0{,}123249 \text{ ppm},$$

et que le poids moyen est diminué de moitié et égal à $A/2 = 5{,}98555$ g lorsque la concentration de l'engrais en zinc est

$$\exp(1{,}81214) = 6{,}12354 \text{ fois}$$

plus forte ou plus faible que la concentration optimale (0,123249 ppm). Le modèle utilisé dans cette analyse constitue un exemple de *courbe de réaction* ou *courbe de réponse* (voir Lebreton, Millier, Jolivet, Pavé et Vila, 1982, chapitre 5). Pour décrire l'influence du zinc et du phosphore simultanément, il faudrait employer un modèle plus complexe comportant deux variables prédictrices et correspondant à une *surface de réaction* (voir la section 28.7).

## Section 35.10: la croissance des populations (au sens biologique)

Après la relation exponentielle (section 20.6), le modèle non linéaire le plus connu et le plus utilisé dans l'étude de la croissance des populations biologiques (Lassus, 1987) est sans doute la courbe *logistique* (aussi dite *autocatalytique*), conçue originalement par le mathématicien belge Verhulst en 1838. L'équation de cette courbe peut être exprimée de la façon suivante:

$$Y = A/\{1 + \exp[(B-t)/C]\},$$

où $Y$ désigne le nombre d'organismes présents dans la population au temps $t$;

$A$ est l'asymptote supérieure de la courbe, c'est-à-dire le nombre maximum moyen d'organismes de la population au temps $t = +\infty$; en écologie, l'asymptote supérieure $A$ est habituellement interprétée comme la *capacité de soutien* du milieu (*carrying capacity* en anglais);

$B$ est l'abscisse du point d'inflexion $[t, Y] = [B, A/2]$ de la courbe; c'est le temps auquel le nombre $Y$ d'organismes est égal à la moitié de la *capacité de soutien*;

et $C$ donne le temps $t = (B - C)$ auquel le nombre $Y$ d'organismes n'est encore égal qu'à $A/(1 + \mathrm{e}) = 0{,}268941 \times A$; en écologie des populations, l'inverse $r = 1/C$ du coefficient $C$ est appelé le *taux intrinsèque d'accroissement* d'une population.

Les trois coefficients $A$, $B$ et $C$ sont positifs dans le cas d'une croissance, mais $C$ serait négatif dans le cas d'une décroissance logistique (section 21.4). La courbe logistique possède en outre une asymptote inférieure, égale à 0, au temps $t = -\infty$. La dérivée de la fonction logistique par rapport au temps $t$ peut être exprimée sous la forme

$$\mathrm{d}Y/\mathrm{d}t = Y \times (1/C) \times [1 - (Y/A)],$$

ce qui montre que le taux d'augmentation du nombre d'organismes $Y$ est égal au produit d'un facteur proportionnel à la grandeur actuelle de la population, $Y \times (1/C)$, par une *fonction de freinage*, $[1 - (Y/A)]$, dont la valeur est d'abord égale à l'unité mais décroît vers 0 à mesure que la grandeur $Y$ de la population tend vers l'asymptote supérieure $A$.

Très semblable à la croissance exponentielle (section 20.6) au tout début, la croissance logistique en diffère donc radicalement et ralentit de plus en plus quand le nombre d'organismes se rapproche de la capacité de soutien du milieu, ce que reflète son allure sigmoïde (en forme de *S* allongé). Comme la fonction logistique permet de simuler les contraintes d'espace et de nourriture auxquelles les organismes sont confrontés en se multipliant, elle fournit un modèle de croissance biologique plus réaliste que la fonction exponentielle. La figure 35.10.1 illustre l'ajustement d'une courbe logistique par les moindres carrés multiplicatifs à des données publiées par l'écologiste russe Gause dans un travail classique en 1934. Les données originales sont reproduites dans les énoncés "DATA" à la fin de l'appendice B, et les estimations ponctuelles et les limites de confiance marginales des paramètres ont déjà été publiées (Jolicoeur, 1995).

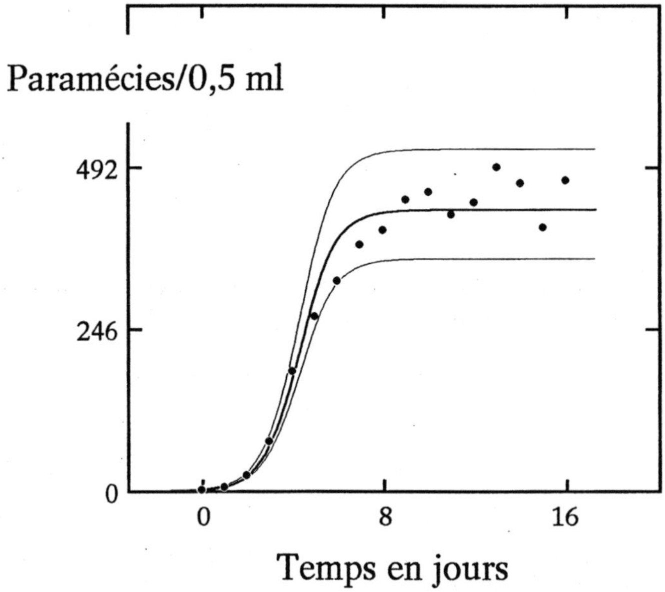


**Figure 35.10.1**

**Croissance d'une population expérimentale de paramécies de l'espèce *Paramecium aurelia* décrite par la courbe logistique ajustée par les moindres carrés multiplicatifs, d'après des données de Gause (1934); bandes de variation au seuil $\alpha = 0,05$.**

La courbe logistique n'est qu'un exemple parmi un grand nombre de modèles qui peuvent être employés dans l'analyse de la croissance des populations, y compris des modèles où le temps est traité comme une variable discrète et où le calcul matriciel est employé (voir Lacroix, 1987). L'étude de ces méthodes requerrait plusieurs chapitres ou même une monographie complète et dépasse le cadre de cet ouvrage. Le lecteur intéressé à la dynamique des populations biologiques devrait consulter le très utile manuel de Lebreton, Millier, Jolivet, Pavé et Vila (1982).

## Section 35.11: la croissance somatique (corporelle)

Appliquée initialement à la croissance des populations biologiques (section 35.10), la courbe logistique a été utilisée aussi pour décrire la croissance somatique (corporelle) d'organismes individuels. De même, la courbe de Gompertz (section 35.12), d'abord proposée par cet actuaire en 1825 pour faciliter la construction de tables de mortalité humaine, a été employée aussi comme courbe de croissance corporelle (Winsor, 1932).

Cependant, la courbe logistique et la courbe de Gompertz possèdent toutes deux une asymptote inférieure en plus de leur asymptote supérieure, c'est-à-dire que leur ordonnée n'est nulle qu'au temps $t = -\infty$, ce qui les rend moins bien adaptées à la croissance somatique qu'à celle des populations. En effet, tandis que toute population biologique remonte ultimement à des ancêtres éloignés dans le temps, l'organisme individuel ne commence qu'au moment précis de la fécondation, le *temps zéro.* Mises à part les matières de réserve, l'oeuf fécondé est généralement beaucoup plus petit que l'organisme adulte, de sorte qu'une courbe de croissance somatique devrait avoir une ordonnée pratiquement nulle au temps 0, et passer par l'origine. Enfin, comme il n'est pas toujours facile de se procurer de très jeunes organismes, les courbes possédant une asymptote inférieure se permettent souvent de passer loin de l'origine, une tendance contre laquelle les courbes passant par l'origine, comme celles de Hill (1913) et de Pütter (1924), sont évidemment protégées.

D'abord proposée par le physiologiste Hill en 1913 comme courbe de saturation de l'hémoglobine par l'oxygène et par le monoxyde de carbone, la courbe de Hill peut être utilisée aussi pour décrire la croissance d'une dimension corporelle $Y$ en fonction du temps $t$ (Jolicoeur, 1985):

$$Y = A/[1+(C/t)^B],$$

où $Y$ désigne la dimension corporelle de l'organisme au temps $t$,

$A$ est l'asymptote supérieure de la courbe, c'est-à-dire la valeur maximum moyenne de la dimension $Y$ au temps $t = +\infty$;

$B$ est un nombre sans dimension, dont dépend la forme de la courbe;

et $C$ est le temps auquel la dimension $Y$ est égale à la moitié de la valeur maximum moyenne.

Bien que la courbe de Hill (1913) ne possède que trois paramètres, qui sont tous positifs, elle peut être soit sigmoïde (lorsque $B > 1$) soit non sigmoïde (lorsque $B \leq 1$) et possède un point d'inflexion dont la hauteur $(B-1)A/(2B)$ varie de 0 lorsque $B \leq 1$ à $(A/2)$ lorsque $B = +\infty$, ce qui la rend plus souple que la courbe logistique et la courbe de Gompertz, dont les hauteurs des points d'inflexion sont égales à des fractions fixes de l'asymptote supérieure $A$. L'affirmation de Winsor (1932), selon qui une courbe devrait avoir au moins quatre paramètres pour posséder une forme variable, était donc incorrecte.

La croissance somatique peut être analysée en outre à l'aide d'une version modifiée (Jolicoeur, 1985; Lebeau, Jolicoeur, Pageau et Crossman, 1986),

$$Y = A[1-\exp(-t/C)]^B,$$

d'une courbe proposée originalement par Pütter (1924) mais modifiée (section 35.14) et popularisée par la suite par Bertalanffy (1951). Comme la courbe de Hill, la courbe de Pütter peut être soit sigmoïde (lorsque $B > 1$) soit non sigmoïde (lorsque $B \leq 1$) et possède un point d'inflexion dont la hauteur $A[(B-1)/B]^B$ varie de 0 à $(A/e)$. D'autre part, contrairement à la courbe de Hill, la courbe de Pütter a l'avantage d'être algébriquement compatible avec la présence de l'allométrie simple entre plusieurs dimensions somatiques (sections 20.7, 31.6 et 35.12), mais le désavantage d'être difficile à évaluer avec précision lorsque $t$ est faible et $C$ est grand, car la valeur numérique de l'expression $\exp(-t/C)$ est alors très voisine de l'unité dont elle est soustraite.

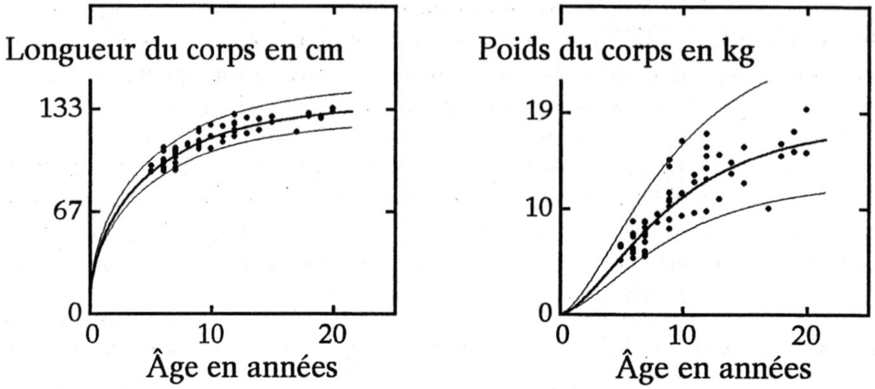


**Figure 35.11.1**
**Croissance en longueur et en poids de 59 femelles du masquinongé *Esox masquinongy*, décrite à l'aide de la courbe $Y = A[1 - \exp(-t/C)]^B$ ajustée par les moindres carrés multiplicatifs, d'après des données de Lebeau (1984); bandes de variation au seuil $\alpha = 0{,}05$.**

Les problèmes numériques sont toutefois peu fréquents lorsque les calculs sont effectués en haute précision, et la courbe de Pütter est particulièrement intéressante, à cause de sa compatibilité algébrique avec l'allométrie, lorsqu'elle s'ajuste aux données de façon satisfaisante. La figure 35.11.1 illustre l'ajustement de la courbe de Pütter par les moindres carrés multiplicatifs à la croissance en longueur et en poids de 59 femelles du masquinongé (*Esox masquinongy*), une espèce nord-américaine géante de brochet. Ces données ont été fournies par l'ichtyologiste Bernard Lebeau (1984), à qui l'auteur exprime ses sincères remerciements. Les estimations ponctuelles des paramètres consignées au tableau 35.11.1 diffèrent légèrement des chiffres publiés par Lebeau, Jolicoeur, Pageau et Crossman (1986), car ces derniers avaient été obtenus en faisant l'hypothèse que le paramètre $\mathfrak{C}$ ($C$) avait la même valeur numérique pour toutes les dimensions analysées. Les limites de confiance marginales des paramètres sont données au tableau 35.11.2 pour la longueur et au tableau 35.11.3 pour le poids du corps. On constate que, dans le cas de la longueur (tableau 35.11.2) aussi bien que dans celui du poids du corps (tableau 35.11.3), les limites de confiance supérieures de l'asymptote $\mathfrak{A}$ ($A$) et du coeffi-

**Tableau 35.11.1**
**Estimations des paramètres par les moindres carrés multiplicatifs, sommes des carrés des écarts et écarts-types résiduels de la courbe $Y = A[1 - \exp(-t/C)]^B$ ajustée à la longueur et au poids du corps de 59 femelles masquinongé, d'après des données de Lebeau (1984).**

| | | Dimension somatique | |
|---|---|---|---|
| | | longueur du corps en cm | poids du corps en kg |
| Paramètres | $\mathfrak{A}$ ($A$) | 136,788 cm | 17,9303 kg |
| | $\mathfrak{B}$ ($B$) | 0,490988 (nombre pur) | 1,78395 (nombre pur) |
| | $\mathfrak{C}$ ($C$) | 8,44025 années | 6,96365 années |
| SCER | | 0,104958 | 1,94658 |
| Écart-type résiduel | | 0,0432926 | 0,186441 |

**Tableau 35.11.2**
**Limites de confiance marginales des paramètres du modèle $Y = A[1 - \exp(-t/C)]^B$ appliqué à la longueur du corps de 59 femelles maskinongé, d'après des données de Lebeau (1984).**

| $\alpha$ | 0,05 | | 0,01 | |
|---|---|---|---|---|
| Limite | inférieure | supérieure | inférieure | supérieure |
| $\mathfrak{A}$ $(A)$ | 128,053 | 179,687 | 126,193 | $+\infty$ |
| $\mathfrak{B}$ $(B)$ | 0,281213 | 0,836228 | 0,231133 | 1,00096 |
| $\mathfrak{C}$ $(C)$ | 4,76097 | 45,458 | 4,14007 | $+\infty$ |

cient d'échelle de temps $\mathfrak{C}$ $(C)$ sont finies au seuil $\alpha = 0{,}05$ mais infinies au seuil $\alpha = 0{,}01$. On peut donc rejeter l'hypothèse que la croissance du maskinongé est d'allure illimitée au seuil $\alpha = 0{,}05$, mais on pourrait la conserver au seuil plus exigeant $\alpha = 0{,}01$. D'autre part, l'allure sigmoïde de la croissance pondérale n'est pas établie hors de tout doute, car l'intervalle de confiance de l'exposant $\mathfrak{B}$ $(B)$ descend en dessous de l'unité aussi bien au seuil $\alpha = 0{,}05$ qu'au seuil $\alpha = 0{,}01$ (tableau 35.11.3). En somme, les présentes données donnent des indications préliminaires que la croissance du maskinongé est de nature asymptotique, mais il faudrait des données additionnelles pour étayer plus fermement cette conclusion.

**Tableau 35.11.3**
**Limites de confiance marginales des paramètres du modèle $Y = A[1 - \exp(-t/C)]^B$ appliqué au poids du corps de 59 femelles maskinongé, d'après des données de Lebeau (1984).**

| $\alpha$ | 0,05 | | 0,01 | |
|---|---|---|---|---|
| Limite | inférieure | supérieure | inférieure | supérieure |
| $\mathfrak{A}$ $(A)$ | 14,4950 | 62,3438 | 13,8108 | $+\infty$ |
| $\mathfrak{B}$ $(B)$ | 0,835359 | 3,67404 | 0,692086 | 4,71536 |
| $\mathfrak{C}$ $(C)$ | 3,72545 | 75,6338 | 3,19469 | $+\infty$ |

Notons que, théoriquement, il n'est pas impossible que certains organismes possèdent une croissance somatique de type illimité. En effet, même si de tels organismes continuent de croître jusqu'à leur décès, leurs taux de mortalité ne leur laissent pas le temps de devenir infiniment gros. La croissance somatique de type illimité peut souvent être décrite de façon satisfaisante par une simple fonction puissance du temps,

$$Y = At^B ,$$

où $A$ représente la valeur de la dimension $Y$ lorsque le temps $t = 1$. On pourrait alors parler d'*allométrie temporelle*. L'analyse par Jolicoeur (1985) et par Jolicoeur et Heusner (1986) des données de Laws (1953) sur l'éléphant de mer austral (*Mirounga leonina* L.) suggère que les mâles de cette espèce de phoque possèdent une croissance de type illimité, la sélection naturelle favorisant les mâles de forte taille capables d'accaparer un harem. Au contraire, les femelles de l'éléphant de mer n'atteignent que des tailles plus modestes et possèdent une croissance de type clairement limité. La croissance somatique est de type clairement limité chez de nombreuses espèces d'oiseaux et de mammifères, y compris l'espèce humaine (section 35.13). La croissance des végétaux a été étudiée ou discutée par beaucoup d'auteurs, dont Causton et Venus (1981) et Hunt (1982).

## Section 35.12: croissance chronologique et allométrie multidimensionnelle

Les chercheurs intéressés à la *morphométrie,* c'est-à-dire à l'étude quantitative de la morphologie animale ou végétale, se sont demandé depuis longtemps si les modèles de croissance par rapport au temps (aussi appelée *croissance chronologique,* voir la section 35.11) sont compatibles avec la présence de l'allométrie simple (sections 20.7 et 31.6) entre les diverses dimensions somatiques d'organismes appartenant à une même espèce. La question a été revue récemment par Lebeau, Jolicoeur, Pageau et Crossman (1986) et par Jean (1987, chapitre 5). Lorsque la croissance de plusieurs dimensions corporelles $[Y_1, \ldots, Y_i, Y_j, \ldots Y_q]$ est de type illimité et peut être décrite par des fonctions puissance du temps $t$,

$$Y_1 = A_1 t^{B_1}, \ldots, Y_i = A_i t^{B_i}, Y_j = A_j t^{B_j}, \ldots, Y_q = A_q t^{B_q},$$

ces $q$ équations bidimensionnelles peuvent être regroupées en une seule équation multidimensionnelle,

$$(Y_1/A_1)^{1/B_1} = \ldots = (Y_i/A_i)^{1/B_i} = (Y_j/A_j)^{1/B_j} = \ldots = (Y_q/A_q)^{1/B_q} = t.$$

Les coefficients $[A_1, \ldots, A_i, A_j, \ldots A_q]$ représentent ici les valeurs numériques prises par les dimensions corporelles $[Y_1, \ldots, Y_i, Y_j, \ldots Y_q]$ lorsque le temps $t=1$. On peut toutefois faire un nombre pur de chaque membre de l'équation ci-dessus si on divise chaque variable (y compris le temps $t$) par sa moyenne géométrique:

$$(Y_1/G_1)^{1/B_1} = \ldots = (Y_i/G_i)^{1/B_i} = (Y_j/G_j)^{1/B_j} = \ldots = (Y_q/G_q)^{1/B_q} = t/G_t.$$

Les $q$ premiers membres de l'équation précédente équivalent à la généralisation multidimensionnelle de l'équation d'allométrie (section 31.6), et l'association de n'importe quelle paire de ces $q$ premiers membres donne une fonction puissance dont l'exposant $(B_j/B_i)$ est égal au quotient des exposants d'allométrie par rapport au temps des deux dimensions somatiques en cause,

$$Y_j = A_j (Y_i/A_i)^{B_j/B_i} = G_j (Y_i/G_i)^{B_j/B_i}.$$

La croissance chronologique de type illimité, selon laquelle chaque dimension corporelle demeure égale à une fonction puissance de l'âge [il en serait de même dans le cas d'une croissance exponentielle (section 20.6)], est donc pleinement compatible au point de vue algébrique avec la présence de relations d'allométrie simple entre ces dimensions.

Les relations de l'allométrie avec la croissance chronologique de type sigmoïde et limité (asymptotique) sont moins explicites. Lumer (1937) a maintenu que l'allométrie simple n'était pas pleinement compatible avec la croissance sigmoïde, tandis que Kavanagh et Richards (1942) ont constaté que des dimensions corporelles peuvent être allométriques l'une par rapport à l'autre tout en étant reliées au temps par des fonctions sigmoïdes, ces fonctions sigmoïdes n'étant cependant pas nécessairement toutes de la même forme. Lorsqu'on considère plusieurs dimensions corporelles simultanément, la courbe de Gompertz,

$$Y_i = A_i \exp\{-\exp[(B_i - t)/C_i]\},$$

où $A_i$ désigne l'asymptote supérieure, peut être mise sous la forme multidimensionnelle

$$\ldots = B_i - C_i \log_e[\log_e(A_i/Y_i)] = B_j - C_j \log_e[\log_e(A_j/Y_j)] = \ldots = t,$$

mais chacun des $q$ premiers membres de cette équation multidimensionnelle ne possède une valeur définie que si la variable correspondante n'est pas plus grande que son asymptote: $Y_i \leq A_i$. L'association de deux membres de cette équation multidimensionnelle montre que

$$Y_j = A_j \exp\{-\exp[(B_j - B_i)/C_j)] \times [\log_e(A_i/Y_i)]^{(C_i/C_j)}\} .$$

Pour que toutes les dimensions somatiques soient reliées l'une à l'autre par des équations d'allométrie, les coefficients d'échelle de temps $[C_1, \ldots, C_i, C_j, \ldots C_q]$ doivent tous être égaux à une valeur commune $C$, car on a alors une fonction puissance,

$$Y_j = A_j (Y_i/A_i)^{\exp[(B_j - B_i)/C]} .$$

De même, la courbe de Pütter (section 35.11),

$$Y_i = A_i[1 - \exp(-t/C_i)]^{B_i} ,$$

peut être mise sous la forme multidimensionnelle,

$$\ldots = -C_i \log_e[1 - (Y_i/A_i)^{1/B_i}] = -C_j \log_e[1 - (Y_j/A_j)^{1/B_j}] = \ldots = t ,$$

et l'appariement de deux membres montre que

$$Y_j = A_j \{1 - [1 - (Y_i/A_i)^{1/B_i}]^{(C_i/C_j)}\}^{B_j} .$$

Pour que toutes ces relations soient des équations d'allométrie simple, il faut donc ici aussi, dans le cas de la courbe de Pütter comme dans celui de celle de Gompertz, que les coefficients d'échelle de temps $[C_1, \ldots, C_i, C_j, \ldots C_q]$ soient tous égaux à une valeur commune $C$, et on a alors

$$Y_j = A_j (Y_i/A_i)^{(B_j/B_i)} ,$$

et la version multidimensionnelle de la courbe peut être mise sous la forme plus simple

$$(Y_1/A_1)^{1/B_1} = \ldots = (Y_i/A_i)^{1/B_i} = (Y_j/A_j)^{1/B_j} = \ldots = (Y_q/A_q)^{1/B_q} = [1 - \exp(-t/C)] .$$

En somme, certains modèles de croissance asymptotique, en particulier la courbe de Gompertz et celle de Pütter, sont compatibles avec la présence de relations d'allométrie simple entre des dimensions corporelles, à la condition que les coefficients d'échelle de temps de ces dimensions soient égaux les uns aux autres. Dans le cas de la longueur et du poids du corps et du nombre d'oeufs de femelles maskinongé, Lebeau, Jolicoeur, Pageau et Crossman (1986) ont constaté que les estimations des exposants d'allométrie fournies par la version multidimensionnelle ci-dessus de la courbe de Pütter étaient voisines de celles qu'on pouvait obtenir à l'aide de la méthode des composantes principales (section 31.6) ou de droites d'estimation (régression) ordinaires (section 20.7).

## Section 35.13: la croissance humaine et les poussées de croissance

Les modèles de croissance somatique discutés dans les sections précédentes ne sont pas satisfaisants dans le cas de la stature et du poids du corps humain, à cause de la présence de la *poussée pubertaire de croissance* (*pubertal growth spurt*). En effet, après avoir subi un ralentissement à la fin de l'enfance, la croissance de la stature et celle du poids s'accélèrent au moment de la puberté, en partie par suite de la production de l'hormone de croissance par l'hypophyse (aussi appelée glande pituitaire). Pour pouvoir refléter le ralentissement prépubertaire et l'accélération subséquente de la croissance, un modèle de croissance humaine doit généralement comporter au moins deux phases.

Proposés il y a une vingtaine d'années, les deux modèles de croissance humaine les plus connus et les plus utilisés sont sans doute la courbe triple logistique de Bock et Thissen (1976) et la courbe de Preece et Baines (1978). Bien qu'on en utilise parfois une version simplifiée n'ayant que 8 paramètres, la courbe triple logistique comporte fondamentalement 9 paramètres et est obtenue en additionnant 3 fonctions logistiques,

$$Y = A_1/\{1+\exp[(B_1-t)/C_1]\}+A_2/\{1+\exp[(B_2-t)/C_2]\}+A_3/\{1+\exp[(B_3-t)/C_3]\}\,,$$

tandis que la courbe de Preece et Baines (1978),

$$Y = A-2(A-B)/\{\exp[(t-D)/C_1]+\exp[(t-D)/C_2]\}\,,$$

possède seulement 5 paramètres, ce qui rend son ajustement numérique moins laborieux. En principe, la triple logistique de Bock et Thissen (1976) et la courbe de Preece et Baines (1978) souffrent du désavantage qu'elle ne passent pas par l'origine, de sorte qu'elles ont tendance à mal s'ajuster aux observations faites sur de très jeunes enfants. Afin de remédier à ce problème, Jolicoeur, Pontier, Pernin et Sempé (1988) ont proposé un nouveau modèle comportant 7 paramètres et couramment désigné par le sigle JPPS:

$$Y = A\left\{1-1/\left[(t/C_1)^{B_1}+(t/C_2)^{B_2}+(t/C_3)^{B_3}\right]\right\}^k.$$

Le modèle JPPS passe par l'origine $[t,\ Y]=[0,\ 0]$ et est exprimé en fonction de l'âge total (depuis le moment de la fécondation), qui peut être estimé au besoin en additionnant la durée moyenne de la grossesse (39 semaines) à l'âge postnatal (ordinaire). Le coefficient $k$ reçoit la valeur $k=1$ lorsque le modèle est appliqué à la stature, et $k=3$ dans le cas du poids du corps. $A$ est une estimation de la taille adulte. Contrairement au modèle de Preece et Baines (1978), le modèle JPPS s'ajuste de façon satisfaisante aussi bien aux très jeunes enfants qu'aux enfants plus âgés. De plus, comme le modèle JPPS possède seulement 7 paramètres, son ajustement numérique est moins laborieux que celui de la courbe triple logistique de Bock et Thissen (1976). Les coefficients du modèle JPPS doivent satisfaire les contraintes $A>0,\ B_i\geq 0,\ C_i>0$. On s'en assure tout simplement en faisant porter les itérations du simplexe (section 35.2) sur les logarithmes des coefficients au lieu des coefficients eux-mêmes.

Dans un travail ultérieur, Jolicoeur, Pontier et Abidi (1992) ont proposé une version plus élaborée du modèle JPPS, désignée par le sigle JPA-2, qui est exprimée en fonction de l'âge postnatal et dans laquelle la contrainte de passer par l'origine est assouplie par l'introduction d'un huitième paramètre $\mathfrak{D}$ $(D)\geq 0$:

$$Y=A\left\{1-1/\left[[(t+D)/C_1]^{B_1}+[(t+D)/C_2]^{B_2}+[(t+D)/C_3]^{B_3}\right]\right\}^k.$$

Le huitième paramètre $\mathfrak{D}$ $(D)$ du modèle JPA-2 représente la durée estimée du développement prénatal. En effet, la durée de la grossesse n'est pas nécessairement toujours égale à sa valeur moyenne de 39 semaines. De plus, le développement de certains caractères ne s'active possiblement qu'après l'établissement d'une organisation préliminaire (système circulatoire, etc.) permettant au foetus de profiter pleinement des éléments nutritifs absorbés à travers le placenta. Enfin, l'estimation du paramètre $\mathfrak{D}$ $(D)$ à partir des données compense automatiquement toute erreur ou incertitude dans la détermination du moment exact de la fécondation. La figure 35.13.1 illustre l'ajustement du modèle JPA-2 à des données obtenues sur 13 garçons lors de l'étude auxologique française. Les résultats numériques sont consignés au tableau 35.13.1.

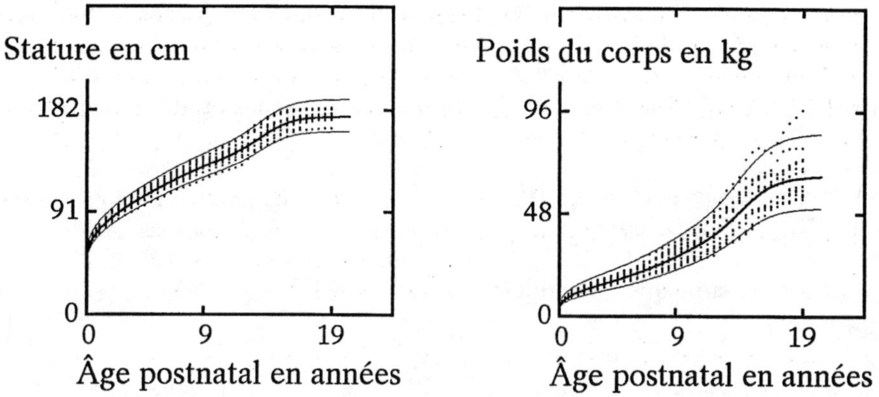


**Figure 35.13.1**

**Croissance transversale de la stature (à gauche) et du poids (à droite) de 13 garçons; données de l'étude auxologique française (Jolicoeur, Pontier, Pernin et Sempé, 1988; Jolicoeur, Pontier et Abidi, 1992; Jolicoeur et Pontier, 1993); la courbe JPA-2,**
$$Y = A\{1 - 1/[[(t+D)/C_1]^{B_1} + [(t+D)/C_2]^{B_2} + [(t+D)/C_3]^{B_3}]\}^k,$$
**est ajustée par les moindres carrés multiplicatifs; bandes de variation au seuil $\alpha = 0{,}05$.**

Les données utilisées ici sont longitudinales, c'est-à-dire que toute une série de mesures consécutives (41 mesures échelonnées de l'âge de 1 mois à l'âge de 19 ans, dans le cas présent) ont été prises sur chaque enfant. De plus, les modèles de croissance discutés dans cette section ont été conçus originalement pour l'analyse de données longitudinales. La présente analyse a néanmoins été effectuée comme si les données étaient transversales, c'est-a-dire que l'association entre les mesures obtenues sur un même enfant a été ignorée, afin de vérifier si le modèle JPA-2 fonctionne de manière satisfaisante aussi lorsqu'on simule une étude transversale (Jolicoeur et Pontier, 1993).

**Tableau 35.13.1**

**Estimations des paramètres par les moindres carrés multiplicatifs, sommes des carrés des écarts et écarts-types résiduels de la courbe JPA-2 ajustée à 13 garçons, les données étant traitées comme si elles étaient transversales.**

| | | stature en cm | poids du corps en kg |
|---|---|---|---|
| Paramètres | $\mathfrak{A}$ ($A$) | 175,666 cm | 65,7518 kg |
| | $\mathfrak{B}_1$ ($B_1$) | 0,358447 | 0,255682 |
| | $\mathfrak{B}_2$ ($B_2$) | 2,35008 | 2,88564 |
| | $\mathfrak{B}_3$ ($B_3$) | 14,1509 | 12,6349 |
| | $\mathfrak{C}_1$ ($C_1$) | 2,97728 années | 0,691983 années |
| | $\mathfrak{C}_2$ ($C_2$) | 8,03954 années | 8,92748 années |
| | $\mathfrak{C}_3$ ($C_3$) | 12,6333 années | 12,7071 années |
| | $\mathfrak{D}$ ($D$) | 0,223400 années | 0,0499509 années |
| SCER | | 0,898578 | 9,63642 |
| Écart-type résiduel | | 0,423929 | 1,38827 |

Bien qu'on considère généralement comme moins désirables les études transversales, dans lesquelles plusieurs enfants d'âges différents sont mesurés simultanément mais chaque enfant est mesuré une seule fois, de telles études sont quand même utiles parce qu'elles peuvent être réalisées beaucoup plus rapidement que les études longitudinales, qui prennent une génération !

Après avoir effectué une comparaison détaillée de huit modèles asymptotiques de la croissance humaine, dont les modèles JPPS et JPA-2, la courbe triple logistique de Bock et Thissen (1976), la courbe de Preece et Baines (1978), et les modèles de Shohoji et Sasaki (1987) et de Kanefuji et Shohoji (1990), Jolicoeur, Pontier et Abidi (1992) sont parvenus à la conclusion que le modèle JPA-2 possède présentement la meilleure qualité d'ajustement.

Comme tous ces modèles asymptotiques sont de nature empirique, et comme plusieurs d'entre eux donnent déjà une qualité d'ajustement pratiquement parfaite, en particulier lorsqu'on les applique à des données longitudinales de stature, il est peut-être illusoire de chercher des modèles encore "meilleurs". D'autre part, certains auteurs ont trouvé que la croissance prépubertaire est de nature cyclique (Butler, McKie et Ratcliffe, 1990), et l'existence d'une poussée de mi-croissance (*mid-growth spurt*) est encore controversée, mais on peut se demander si des tendances aussi mineures devraient réellement être incorporées dans un modèle de croissance, ou ne devraient pas plutôt être reléguées au rang de simples fluctuations. Hauspie (1989) a fait une excellente revue des méthodes mathématiques applicables à l'étude de la croissance humaine.

## Section 35.14 : l'allométrie complexe

À la suite de la parution de l'ouvrage classique de Huxley (1932), on s'est beaucoup intéressé à l'étude de l'allométrie (sections 20.7, 31.6, 35.12), mais on a eu tendance à considérer les cas où la fonction puissance (l'allométrie simple) ne convenait pas comme des exceptions rares, difficiles à étudier, et de peu d'intérêt. S'il est vrai que l'allométrie complexe est beaucoup plus difficile à analyser que l'allométrie simple, on se tromperait grandement en pensant qu'elle est rare ou qu'elle présente peu d'intérêt.

Ainsi, notre premier exemple porte sur une espèce supposément bien connue, le rat blanc de laboratoire (*Rattus norvegicus*). La longueur du corps en mm, le poids du corps en g et le poids du cerveau en mg ont été mesurés sur 4 spécimens le jour de la naissance, et de 10 jours en 10 jours jusqu'à l'âge de 100 jours. Les données originales ont été publiées par Jolicoeur et Pirlot (1988) et sont reproduites à l'appendice G grâce à l'aimable autorisation de la rédaction du périodique *Growth, Development & Aging*. Les diagrammes de dispersion des dimensions somatiques en fonction de l'*âge total* sont illustrés à la figure 35.14.1. Notons que l'âge total est déterminé en ajoutant la durée moyenne de la gestation (24 jours chez le rat blanc) à l'*âge postnatal* (ordinaire). L'âge total d'un rat blanc nouveau-né est donc $t = (0 + 24) = 24$ jours. Nos premiers essais d'analyse ont montré que la courbe de Pütter (sections 35.11 et 35.12),

$$Y_i = A_i[1 - \exp(-t/C_i)]^{B_i}$$

s'ajustait très bien à la longueur et au poids du corps mais très mal au poids du cerveau, parce que la croissance de cette dernière variable démarre plus tardivement que celle des deux autres variables (figure 35.14.1, a, b et c). Afin de tenir compte de ce délai initial dans la croissance du poids du cerveau, on pourrait remplacer, dans la courbe de Pütter, l'âge total $t$ par la différence $(t - t_{0i})$ ou $(t - D_i)$, à la manière de Bertalanffy (1951), où $t_{0i} = D_i$ est le délai initial après lequel démarre la croissance de la variable $Y_i$.

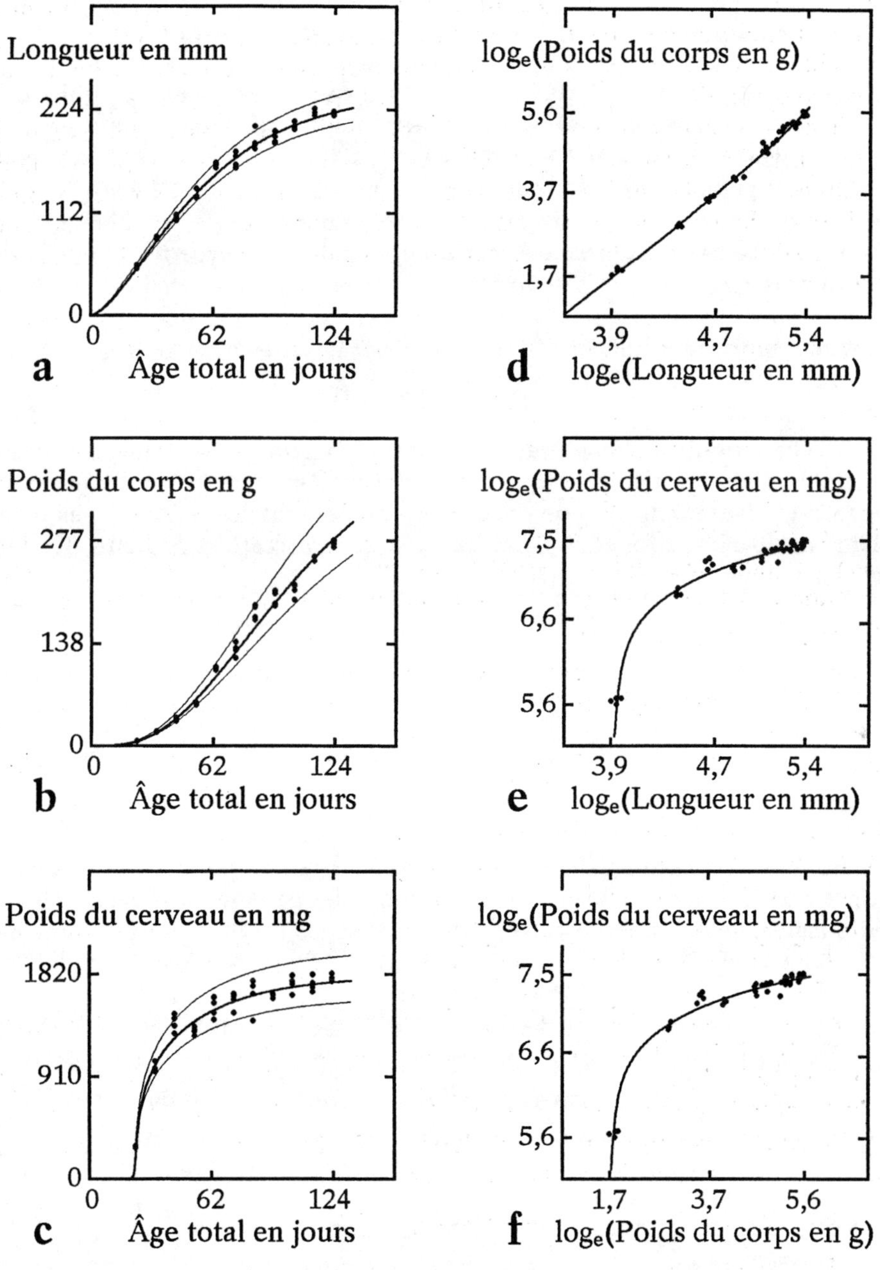


**Figure 35.14.1**

**Croissance chronologique de la longueur (a), du poids du corps (b) et du poids du cerveau (c) de 44 rats blancs mâles, et relations bilogarithmiques, rectiligne (allométrie simple) en d mais curvilignes (allométrie complexe) en e et en f; d'après des données de Jolicoeur et Pirlot (1988).**

On obtiendrait ainsi la version modifiée de la courbe de Pütter,

$$Y_i = A_i\left\{1-\exp\left[-(t-t_{0i})/C_i\right]\right\}^{B_i} = A_i\left\{1-\exp\left[-(t-D_i)/C_i\right]\right\}^{B_i},$$

à laquelle est attaché le nom de Bertalanffy (1951) et qui est fréquemment utilisée en ichtyologie et dans les recherches sur les pêcheries. Rappelons toutefois que, au lieu d'estimer le coefficient $B$ à partir des données comme nous faisons dans le présent ouvrage, Bertalanffy lui donnait arbitrairement la valeur $B=1$ dans l'analyse d'une dimension linéaire (la longueur par exemple) et $B=3$ dans le cas d'un volume, d'une masse ou d'un poids. Malheureusement, cette version de la courbe de Pütter a des ordonnées initiales négatives ou non définies lorsque le délai $t_{0i}=D_i$ est positif, et fournit donc une description insatisfaisante du début de la croissance. On pourrait éviter cet inconvénient en remplaçant l'âge $t$ par la *fonction délai* linéaire par morceaux

$$\max(0, t-t_{0i}) = \max(0, t-D_i),$$

mais, dans le contexte de l'allométrie, où la transformation logarithmique est très souvent désirable, l'insertion de cette dernière fonction délai dans la courbe de Pütter possède encore l'inconvénient de donner des ordonnées initiales nulles. Nous avons donc finalement utilisé une fonction délai linéaire par morceaux à la limite (Prunty, 1983), lisse et essentiellement positive,

$$(t^E + D_i^E)^{1/E} - D_i,$$

où le coefficient $D$ est positif par définition. Comme la région occupée par la portion initiale de la courbe

$$Y_i = A_i\left\{1-\exp\left[\left[D_i-(t^E+D_i^E)^{1/E}\right]/C_i\right]\right\}^{B_i}$$

ne contient habituellement pas assez de données pour permettre d'estimer l'exposant $E$, ce dernier a reçu la valeur arbitraire $E=100$.

Les courbes ajustées à la longueur et au poids du corps et au poids du cerveau sont illustrées à la figure 35.14.1 (a, b et c) et les estimations des paramètres par les moindres carrés multiplicatifs, les sommes de carrés des écarts et les écarts-types résiduels sont consignés au tableau 35.14.1. Les présents résultats diffèrent légèrement des chiffres

**Tableau 35.14.1**

**Estimations des paramètres, sommes des carrés des écarts et écarts-types résiduels de la courbe $Y = A\left\{1-\exp\left[\left[D-(t^{100}+D^{100})^{1/100}\right]/C\right]\right\}^B$ ajustée par les moindres carrés multiplicatifs à la longueur et au poids du corps et au poids du cerveau de 44 rats blancs mâles, d'après des données de Jolicoeur et Pirlot (1988).**

| | | longueur du corps en mm | poids du corps en g | poids du cerveau en mg |
|---|---|---|---|---|
| Paramètres | 𝔄 ($A$) | 245,713 mm | 444,295 g | 1816,91 mg |
| | 𝔅 ($B$) | 1,80660 | 4,12862 | 0,370571 |
| | ℭ ($C$) | 43,5002 jours | 55,2457 jours | 44,0217 jours |
| | 𝔇 ($D$) | 0 jour | 0 jour | 23,7944 jours |
| SCER | | 0,0572125 | 0,275693 | 0,142824 |
| Écart-type résiduel | | 0,0378195 | 0,0830200 | 0,0597545 |

publiés par Jolicoeur et Pirlot (1988) parce que ces derniers furent obtenus à l'aide d'un modèle hétéroscédastique et avec une fonction délai différente. De plus, les limites de confiance des paramètres publiées par Jolicoeur et Pirlot étaient des limites conditionnelles, les limites de confiance marginales n'étant alors pas évaluables en pratique.

Le fait saillant de l'analyse de ces courbes de croissance chronologique est la présence d'un délai initial considérable ($D = 23{,}7944$ jours), pratiquement égal à la durée de la gestation, pour le poids du cerveau, et l'absence de délai pour les 2 autres dimensions. Par contre, une fois que la croissance pondérale du cerveau a démarré, elle a tendance à progresser plus rapidement ($C = 44{,}0217$ jours) que celle du poids du corps ($C = 55{,}2457$ jours). En somme, il semble que, chez le rat blanc, le développement pondéral du cerveau s'accélère presque exactement au moment de la naissance, c'est-à-dire quand l'individu commence à avoir des interactions avec le milieu extérieur. La nature des relations d'allométrie entre les trois dimensions somatiques est particulièrement évidente dans les diagrammes de dispersion bilogarithmiques (figure 35.14.1, d, e et f). La relation entre les logarithmes de la longueur et du poids du corps est pratiquement rectiligne (figure 35.14.1, d), ce qui montre que ces deux dimensions sont reliées approximativement par une fonction puissance (allométrie simple). Au contraire, les relations des logarithmes de ces deux dimensions corporelles avec celui du poids du cerveau sont fortement courbées (figure 35.14.1, e et f), ce qui montre que le poids du cerveau n'est clairement pas égal à une fonction puissance de la longueur ou du poids du corps. Par ailleurs, des résultats essentiellement semblables ont été obtenus par Jolicoeur, Cabana et Ducharme (1992) à l'aide d'une généralisation à quatre paramètres de la courbe de Gompertz,

$$Y_i = A_i \exp\{-\exp[(B_i - t)/C_i + (D_i/t)]\} .$$

Les courbes représentées dans les diagrammes d'allométrie (figure 35.14.1, d, e et f) décrivent les trajectoires obtenues en estimant les deux dimensions corporelles à partir de l'âge à l'aide des courbes de croissance chronologique, l'âge jouant le rôle de *variable instrumentale.* Il est généralement plus difficile de décrire l'allométrie complexe de façon satisfaisante lorsque l'âge est inconnu ou n'est pas inclus dans l'analyse. Dans ce dernier cas, un modèle bidimensionnel simplifié d'allométrie complexe peut être dérivé (Jolicoeur, 1989) de la courbe de Gompertz (section 35.12):

$$Y_j = A \exp\{-B[\log_e(Y_{i\max}/Y_i)]^C\} ,$$

où $Y_{i\max}$ est la plus forte valeur de la dimension corporelle $Y_i$ observée dans l'échantillon. Lorsque l'exposant $C$, qu'on peut appeler l'*exposant d'allométrie complexe,* est égal à l'unité, la fonction précédente se réduit à la fonction puissance

$$Y_j = A\,(Y_i/Y_{i\max})^B .$$

On peut donc accepter l'hypothèse d'allométrie simple (c'est-a-dire que les deux variables sont reliées par une fonction puissance) si l'intervalle de confiance du paramètre $\mathfrak{C}$ ($C$) couvre l'unité.

Il serait sans doute très difficile, sinon peut-être impossible, de développer un modèle général unique et satisfaisant pour l'allométrie complexe parce que, contrairement à l'allométrie simple, qui correspond à un type unique et bien défini de relation, l'allométrie complexe est une catégorie hétérogène qui regroupe un grand nombre d'entités différentes.

Ainsi, les recherches de Dawood, Jolicoeur et Sharief (1988), Cabana, Jolicoeur et Baron (1990), Cabana, Jolicoeur et Michaud (1993) et de Jolicoeur et Pontier (1993) ont montré que les relations d'allométrie complexe possèdent parfois une seule courbure et sont convexes soit vers le haut soit vers le bas, mais peuvent aussi avoir une allure hyperbolique ou être sigmoïdes ou sigmoïdes inversées !

Bien que les cas d'allométrie complexe aient été considérés comme exceptionnels jusqu'à maintenant, et que leur étude ait été généralement négligée, ils constituent la règle plutôt que l'exception. Nous terminons donc cette section par un second exemple touchant le lecteur de plus près, puisqu'il concerne l'espèce humaine. Dans une réanalyse de données transversales obtenues lors d'autopsies et publiées originalement par Marchand (1902), Jolicoeur, Baron et Cabana (1988) ont décrit la croissance de la stature et du poids du cerveau à l'aide d'un modèle segmenté comportant deux phases curvilignes et possédant six paramètres. L'une de leurs principales conclusions fut que la croissance pondérale du cerveau prend fin vers l'âge de 7 ans, c'est-à-dire beaucoup plus tôt qu'on l'avait pensé auparavant. En effet, plusieurs auteurs de travaux antérieurs avaient maintenu que le poids du cerveau humain continue de croître jusque vers l'âge de 18 ou 20 ans. Afin de vérifier graphiquement la conclusion de Jolicoeur, Baron et Cabana (1988), nous reproduisons dans la figure 35.14.2 le diagramme de dispersion des logarithmes de la stature et du poids du cerveau chez 699 individus de sexe masculin dont l'âge postnatal allait de 0 à 83 ans. Les individus dont l'âge est supérieur à 7 ans sont représentés par des points noirs (•), et les plus jeunes par des points blancs (○).

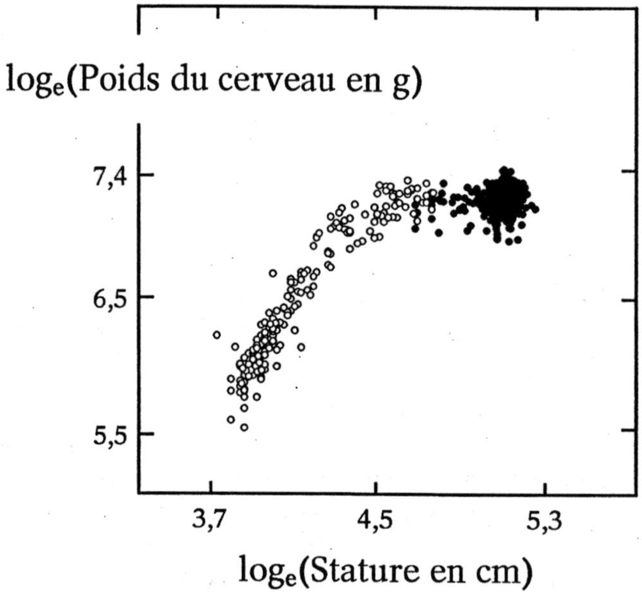


**Figure 35.14.2**
**Diagramme de dispersion des logarithmes de la stature et du poids du cerveau de 699 êtres humains de sexe masculin âgés de 0 à 83 ans; les points blancs représentent les individus d'âge inférieur ou égal à 7 ans, et les points noirs les individus âgés de plus de 7 ans.**

La courbure de la relation des logarithmes est très marquée, de sorte que l'hypothèse d'allométrie simple est clairement inacceptable. L'accumulation de points noirs à l'extrémité supérieure droite du nuage de points représente des individus adultes dont la croissance est terminée et correspond à la projection des asymptotes des courbes de croissance chronologique de la stature et du poids du cerveau. Contrairement à la stature, le poids du cerveau ne paraît pas continuer à augmenter sensiblement après l'âge de 7 ans.

## Section 35.15 : croissance et déclin d'une population biologique

Lorsque les circonstances sont défavorables, comme par exemple lorsque les individus d'une espèce doivent affronter la concurrence de ceux d'une autre espèce, au lieu de fluctuer de part et d'autre d'une asymptote supérieure (section 35.10), une population peut décroître après avoir passé par un maximum. Ainsi, la figure 35.15.1 représente la croissance et le déclin d'une population expérimentale de paramécies de l'espèce *Paramecium caudatum,* dans une culture mixte avec l'espèce voisine *Paramecium aurelia,* d'après des données de Gause (1934).

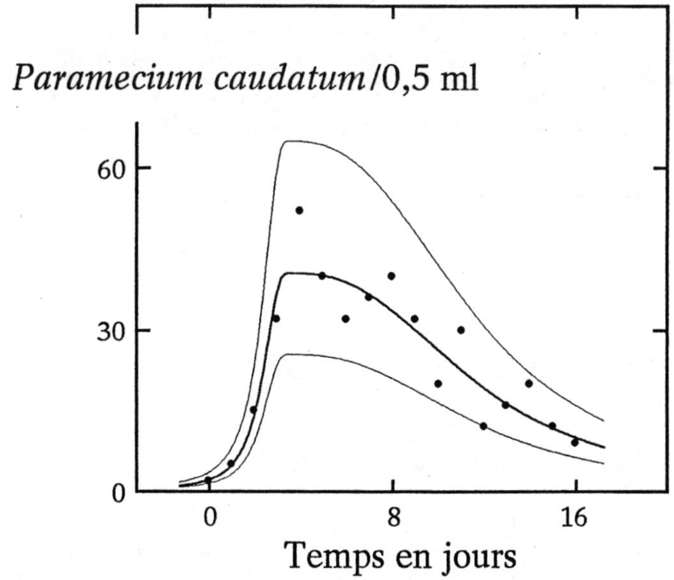


**Figure 35.15.1**

**Croissance et déclin du nombre de *Paramecium caudatum* /0,5 ml dans une culture mixte avec *Paramecium aurelia,* décrite à l'aide du modèle segmenté**

$$Y = A/\{1 + \max[0, (B-t)/C]^E + \max[0, (t-B)/D]^E\};$$

**bandes de variation (traits minces) au seuil $\alpha = 0{,}05$; d'après des données de Gause (1934).**

Laissant le lecteur trouver une discussion des intéressantes théories de Lotka et Volterra dans un traité d'écologie des populations, sinon dans le bref exposé de Leclair (1987), nous illustrons ici un modèle descriptif segmenté permettant, malgré sa simplicité, d'estimer le temps auquel la population atteint sa grandeur maximale ainsi que son taux de croissance et son taux de déclin.

L'augmentation initiale de la population étant visiblement plus rapide que son déclin, nous utilisons le modèle

$$Y = A/\{\,1 + \max[0, (B-t)/C]^E + \max[0, (t-B)/D]^E\,\},$$

où $Y$ désigne le nombre d'organismes présents dans la population au temps $t$ ;
$A$ est le nombre maximum moyen d'organismes de la population;
$B$ est le temps auquel le nombre $Y$ d'organismes de la population atteint sa valeur maximale moyenne $A$;
$C$ donne le temps $t = (B - C)$ auquel le nombre $Y$ d'organismes n'a encore atteint que la moitié $A/2$ de sa grandeur maximale moyenne;
$D$ donne le temps $t = (B + D)$ auquel le nombre $Y$ d'organismes, après avoir passé par sa grandeur maximale moyenne, a décliné à la moitié $A/2$ de cette grandeur;
et $E$ est un exposant qui détermine le degré de courbure et la forme de la relation.

Les estimations des paramètres par les moindres carrés multiplicatifs, la somme des carrés des écarts résiduels et l'écart-type résiduel sont consignés au tableau 35.15.1. Le nombre maximal moyen de *Paramecium caudatum* est atteint moins de quatre jours ($B = 3{,}48408$ jours) après le début de l'expérience, et le temps de demi-déclin de la population ($D = 8{,}18793$ jours) est près de sept fois plus élevé que son temps de demi-croissance initiale ($C = 1{,}16787$ jours).

**Tableau 35.15.1**
**Estimations des paramètres par les moindres carrés multiplicatifs, sommes des carrés des écarts et écart-type résiduel pour le modèle segmenté $Y = A/\{\,1 + \max[0, (B-t)/C]^E + \max[0, (t-B)/D]^E\,\}$; données de Gause (1934) sur *Paramecium caudatum*; l'effectif $N = 17$.**

| | | |
|---|---|---|
| Paramètres | $\mathfrak{A}$ $(A)$ | 40,5139 paramécies/0,5 ml |
| | $\mathfrak{B}$ $(B)$ | 3,48408 jours |
| | $\mathfrak{C}$ $(C)$ | 1,16787 jours |
| | $\mathfrak{D}$ $(D)$ | 8,18793 jours |
| | $\mathfrak{E}$ $(E)$ | 2,64627 (nombre pur) |
| SCER | | 0,690069 |
| Écart-type résiduel | | 0,239804 |

Jolicoeur et Pontier (1989) ont proposé un modèle non segmenté de croissance et de déclin apparenté à la croissance et à la décroissance exponentielles et logistiques et ne possédant que quatre paramètres,

$$Y = 1/\{\exp[(B-t)/C] + \exp[(t-A)/D)]\}\,.$$

Pratiquement aussi satisfaisant que le modèle précédent au point de vue descriptif (moindres carrés multiplicatifs non pondérés, SCER = 0,701419, écart-type résiduel de 0,232283, $A = 33{,}0944$, $B = -0{,}547162$, $C = 0{,}863239$, $D = 7{,}23246$), le modèle de Jolicoeur et Pontier (1989) se prête moins facilement à l'interprétation des paramètres.

## Section 35.16: la vitesse des réactions enzymatiques

Historiquement, le travail de Michaelis et Menten (1913) a constitué un pas important dans la compréhension quantitative des réactions enzymatiques. La question a été revue récemment de façon particulièrement intelligible par Bourassa (1987), et de manière plus détaillée par Jolivet (1982, chapitre 5). Selon le modèle de Michaelis et Menten (1913), la vitesse initiale $Y$ d'une réaction enzymatique est reliée à la concentration $X$ du substrat par l'équation

$$Y = A[X/(X+B)],$$

où $A$ est la vitesse maximale atteignable par la réaction étant donné la quantité d'enzyme disponible;

et $B$ est la concentration du substrat à laquelle la vitesse de la réaction est égale à la moitié $A/2$ de sa vitesse maximale; le coefficient $B$ est couramment connu sous le nom de *constante de Michaelis* et souvent désigné par le symbole $K_M$.

En biochimie, la courbe de Michaelis et Menten est souvent linéarisée à l'aide de transformations discutables, dans lesquelles on néglige l'inconstance de la variance des variables transformées. La figure 35.16.1 illustre la courbe de Michaelis et Menten dans le cas de données publiées par Wilkinson (1961) et reprises par Bliss et James (1966) dans leur étude détaillée de l'hyperbole rectangulaire. Les moindres carrés additifs sont utilisés ici afin d'obtenir des résultats comparables à ceux de Bliss et James (1966).

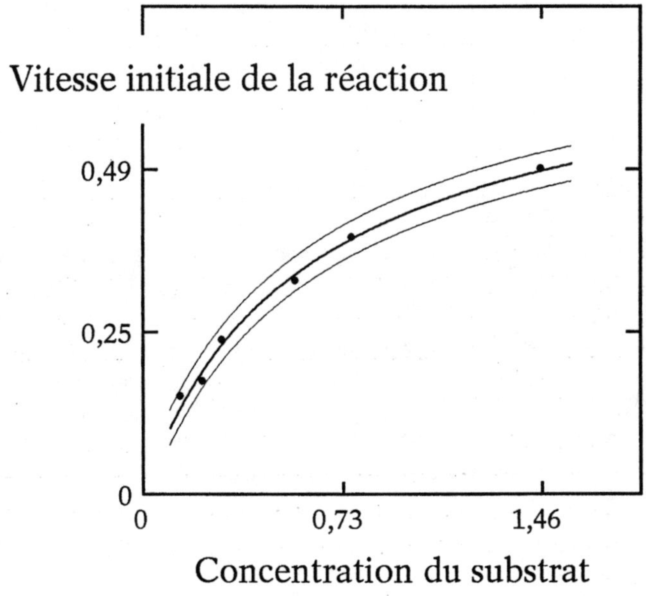


**Figure 35.16.1**

**Description à l'aide de la courbe de Michaelis et Menten (1913), $Y = A[X/(X+B)]$, ajustée par les moindres carrés additifs, de la relation entre la vitesse initiale $Y$ d'une réaction enzymatique et la concentration $X$ du substrat, d'après des données de Wilkinson (1961); bandes de variation au seuil $\alpha = 0{,}05$.**

**Tableau 35.16.1**
**Estimations des paramètres par les moindres carrés additifs, sommes des carrés des écarts et écart-type résiduel pour le modèle de Michaelis et Menten (1913), $Y = A[X/(X+B)]$ , ajusté à des données de Wilkinson (1961); $N=6$.**

| | | |
|---|---|---|
| Paramètres | $\mathfrak{A}$ ($A$) | 0,690399 |
| | $\mathfrak{B}$ ($B$) | 0,596548 |
| SCER | | 0,000736018 |
| Écart-type résiduel | | 0,0135648 |

Les estimations ponctuelles (tableau 35.16.1) ont de 4 à 5 décimales de concordance et les limites de confiance au seuil $\alpha=0{,}05$ (tableau 35.16.2) ont de 3 à 4 chiffres de concordance avec les chiffres publiés par Bliss et James (1966, bas de la page 581 et haut de la page 601), un accord acceptable compte tenu des méthodes et des moyens de calcul disponibles il y a une trentaine d'années. Pour ce qui est des présents calculs, ils ont été effectués entièrement sur ordinateur, en haute précision et sans aucune transcription de résultats intermédiaires.

**Tableau 35.16.2**
**Limites de confiance marginales des paramètres du modèle $Y = A[X/(X+B)]$ (Michaelis et Menten, 1913) appliqué à des données de Wilkinson (1961) sur la vitesse d'une réaction enzymatique.**

| $\alpha$ | 0,05 | | 0,01 | |
|---|---|---|---|---|
| Limite | inférieure | supérieure | inférieure | supérieure |
| $\mathfrak{A}$ ($A$) | 0,598953 | 0,810749 | 0,549185 | 0,915077 |
| $\mathfrak{B}$ ($B$) | 0,433635 | 0,829533 | 0,351566 | 1,04382 |

Currie (1982) a étudié la façon dont la répartition des valeurs de la variable prédictrice $X$ influence la précision avec laquelle les paramètres de la courbe de Michaelis et Menten peuvent être estimés. Si on savait a priori que la réaction étudiée obéit à l'équation de Michaelis et Menten, il faudrait placer la moitié des observations à la valeur $X=B$ et l'autre moitié à une valeur de $X$ aussi élevée que possible. Toutefois, une telle répartition de l'effectif $N$ de l'échantillon ne permettrait pas de vérifier si le modèle de Michaelis et Menten convient à l'analyse des données en pratique. Même si la courbe de Michaelis et Menten s'ajuste de façon satisfaisante à de nombreux ensembles de données, Jolivet (1982, chapitre 5) a souligné que sa dérivation fait appel à plusieurs suppositions simplificatrices, qui ne sont pas nécessairement toujours justifiées. Il est étonnant que la courbe de Michaelis et Menten (1913) soit si souvent citée dans la littérature et que la courbe de Hill (1913) le soit si rarement, alors que cette dernière (section 35.11),

$$Y = A/[1+(C/X)^B] = A[X^B/(X^B+C^B)],$$

ou, si on interchange $B$ et $C$,

$$Y = A/[1+(B/X)^C] = A[X^C/(X^C+B^C)],$$

est plus générale. En effet, la courbe de Hill se réduit à la courbe de Michaelis et Menten lorsque son exposant (désigné par $B$ ou par $C$) est égal à l'unité, ces deux modèles étant emboîtés (section 35.7).

## Section 35.17 : la température et la durée des processus biologiques

L'influence de la température sur les processus biologiques a été discutée par Belehradek (1935), dont l'excellente monographie conserve encore aujourd'hui toute sa valeur. De plus, les aspects écologiques ont été revus de façon substantielle par Schwerdtfeger (1963, pages 94-170). La diminution de la durée des processus biologiques en fonction de la température du milieu fut d'abord constatée empiriquement par le physicien et naturaliste français René Antoine Ferchault de Réaumur (1683-1757), qui remarqua que la durée de la période de maturation des fruits dépendait de la somme des températures moyennes des journées écoulées depuis le début de la saison de croissance. Des observations analogues furent faites par la suite non seulement en biologie végétale, sur la durée du développement des bourgeons par exemple, mais aussi en entomologie, en herpétologie et en ichtyologie, sur la durée de divers stades du développement d'animaux poïkilothermes. De telles constatations peuvent être formulées en postulant l'existence d'une relation inverse entre la durée $Y$ d'un processus biologique et la température (moyenne) $T$ à laquelle ce processus est soumis:

$$Y = A/T ,$$

où $Y$ est la durée en jours du processus étudié,
$T$ est la température en degrés Celsius à laquelle le processus est soumis,
et $A$ est la durée prédite du processus lorsque la température est égale à 1°Celsius.

Certains biologistes remarquèrent toutefois que l'équation précédente suppose qu'un processus biologique s'arrête et que sa durée augmente sans borne lorsque la température du milieu $T = 0$ °C, et qu'il est plus réaliste d'estimer à partir de données le seuil $B$ de température au-dessus duquel un processus peut se dérouler. Souvent désigné par les expressions *zéro biologique* ou *zéro physiologique,* ce seuil de température peut différer du point de congélation de l'eau douce, particulièrement chez les organismes tropicaux ou marins. On a alors le modèle à deux paramètres

$$Y = A/(T - B) ,$$

où $B$ est l'estimation de la température à laquelle la vitesse d'un processus biologique devient nulle et à laquelle sa durée tend vers l'infini. Bien que cette dernière équation soit souvent satisfaisante et que la notion du *zéro biologique* présente un intérêt considérable, l'analyse de nombreux ensembles de données a montré que la souplesse de ce modèle à deux paramètres n'est pas toujours suffisante, mais la généralisation à trois paramètres proposée par Belehradek (1935),

$$Y = A/(T - B)^C ,$$

où $C$ est un exposant qui modifie la forme de la courbe, permet de décrire correctement la relation avec la température de la durée de la plupart des processus biologiques. Il ne faut toutefois pas hausser la température jusqu'au point d'endommager l'organisme, ce qui réaugmenterait légèrement la durée du processus puis l'arrêterait. Par ailleurs, dans la formulation ci-dessus du modèle de Belehradek, le coefficient $A$ est la durée estimée du processus à une température très basse ($T = B + 1$), voisine du zéro biologiquc, situéc habituellement en dehors de l'étendue des données et à laquelle on ne peut pas faire d'observations rapidement. Il est donc préférable de reparamétriser le modèle de Belehradek (1935) de façon à ce que le coefficient $A$ corresponde à une température plus modérée $T_1$, située approximativement au centre de l'étendue de la température.

La version reparamétrisée de la courbe de Belehradek (1935) correspond à l'équation suivante (Ratkowsky, 1990, pages 91 et 107; Jolicoeur, 1995, page 219):

$$Y = A\left[(T_1 - B)/(T - B)\right]^C,$$

où $Y$ est la durée en jours du processus étudié,
$T$ est la température en degrés Celsius à laquelle le processus prend place,
$T_1$ est la température particulière choisie pour estimer la durée $A$ du processus,
$B$ est le seuil de température au-dessus duquel le processus peut se dérouler,
$C$ est un exposant qui modifie la forme de la courbe,
et $A$ est la durée prédite du processus lorsque la température est égale à $T_1$.

Parallèlement à des études empiriques, de nombreux chercheurs du début du vingtième siècle tentèrent d'appliquer aux processus biologiques des formules théoriques simplifiées, développées originalement pour décrire l'influence de la température sur la vitesse des réactions chimiques. Cependant, en général, les processus biologiques sont plus complexes que les réactions chimiques et possèdent un seuil de température plus élevé que le zéro absolu (0°Kelvin = −273,15°Celsius), et on constata graduellement que les formules dérivées des recherches de Berthelot (1827-1907), Van't Hoff (1852-1911) et Arrhenius (1859-1927) décrivaient mal les relations observées et ne pouvaient pas recevoir d'interprétations claires en biologie. À l'heure actuelle, la version reparamétrisée de la courbe de Belehradek (1935) demeure le meilleur modèle descriptif pour la relation entre la durée des processus biologiques et la température du milieu. Il faut toutefois éviter que l'estimation ponctuelle ou les limites de confiance du coefficient $B$ prennent des valeurs numériques inférieures au zéro absolu (0°Kelvin = −273,15°Celsius), comme cela pourrait se produire lorsque l'effectif $N$ de l'échantillon est faible, lorsque la variation résiduelle est forte, ou lorsque la courbure de la relation observée entre $T$ et $Y$ est faible. Pour cette raison, il vaut mieux utiliser les moindres carrés additifs plutôt que les moindres carrés multiplicatifs, car ces derniers diminueraient l'influence des durées $Y$ longues, qui sont importantes pour la détermination du seuil de température. De plus, il est recommandable d'exprimer toutes les températures ($T$, $T_1$ et $B$) en degrés Kelvin et d'appliquer la contrainte $0 \leq B$ pendant les calculs (voir la section 35.13), les résultats pouvant par la suite être réexprimés en degrés Celsius.

La figure 35.17.1 illustre l'application de la courbe de Belehradek à la durée $Y$ du temps d'éclosion des oeufs en fonction de la température $T$ de l'eau chez la truite brune (*Salmo trutta,* aussi connue sous le nom *Salmo fario*) et chez la morue (*Gadus morrhua,* aussi connue sous le nom *Gadus callarias*). La température $T_1 = 10$°C = 283,15°K a été choisie ici vu qu'elle tombe à l'intérieur de l'étendue de variation de la température dans les deux échantillons. Les estimations des paramètres par les moindres carrés additifs sont consignées au tableau 35.17.1 et les limites de confiance marginales des paramètres aux tableaux 35.17 2 et 35.17.3. On constate que la durée du temps d'éclosion des oeufs à une température de 10°C est plus de quatre fois plus grande chez la truite brune que chez la morue. Comme beaucoup de salmonidés des régions tempérées, la truite brune quitte la mer et remonte les cours d'eau pour frayer en eau douce au début de la saison froide. La longueur du temps d'éclosion des oeufs de cette espèce anadrome, qui peut atteindre trois ou quatre mois en eau froide, est sans doute adaptative, car elle permet de synchroniser l'éclosion des oeufs avec le début de la saison chaude suivante, où les conditions sont plus propices au développement des alevins.

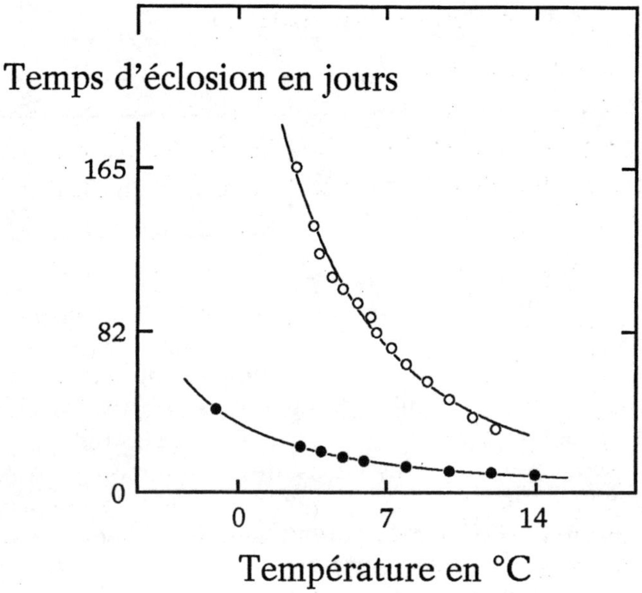


**Figure 35.17.1**
**Relation de la durée $Y$ du temps d'éclosion des oeufs avec la température $X = T$ de l'eau chez la truite brune (○) et chez la morue (●), décrite à l'aide de la version reparamétrisée $Y = A[(10 - B)/(T - B)]^C$ de la courbe de Belehradek (1935) ajustée par les moindres carrés additifs à des données de Gray (1928) et de Dannevig (1894; reproduites par Altman et Dittmer, 1966).**

Au contraire, chez la morue, qui vit dans des mers froides où la périodicité saisonnière est peu marquée, et dont les larves passent environ deux mois et demi dans le plancton avant de descendre dans le benthos, il ne serait sans doute pas avantageux que le temps d'éclosion des oeufs soit long.

**Tableau 35.17.1**
**Estimations des paramètres par les moindres carrés additifs, sommes des carrés des écarts et écarts-types résiduels de la courbe $Y = A[(10 - B)/(T - B)]^C$ ajustée à la durée $Y$ du temps d'éclosion des oeufs en fonction de la température de l'eau chez la truite brune et chez la morue.**

| | | truite brune | morue |
|---|---|---|---|
| Paramètres | $\mathfrak{A}$ $(A)$ | 47,3408 jours | 10,9575 jours |
| | $\mathfrak{B}$ $(B)$ | – 13,0095 °C | – 10,1177 °C |
| | $\mathfrak{C}$ $(C)$ | 3,23611 (nombre pur) | 1,69974 (nombre pur) |
| SCER | | 189,744 | 1,31265 |
| Écart-type résiduel | | 4,15325 | 0,467734 |

**Tableau 35.17.2**
**Limites de confiance marginales des paramètres du modèle $Y = A[(10 - B)/(T - B)]^C$ appliqué à la durée $Y$ du temps d'éclosion des oeufs chez la truite brune d'après des données de Gray (1928); $N = 14$.**

| $\alpha$ | 0,05 | | 0,01 | |
|---|---|---|---|---|
| Limite | inférieure | supérieure | inférieure | supérieure |
| 𝔄 (*A*) | 43,3218 jours | 51,3464 jours | 41,6815 jours | 52,9864 jours |
| 𝔅 (*B*) | - 273,15 °C | - 2,49396 °C | - 273,15 °C | - 1,01948 °C |
| ℭ (*C*) | 1,38807 | 50,1184 | 1,11441 | 52,1701 |

Le fait que l'estimation ponctuelle du *zéro biologique* *B* soit inférieure à − 10 ° C chez les deux espèces (tableau 35.17.1) ne doit pas être interprété littéralement. Seules des données expérimentales obtenues à de telles températures permettraient de vérifier si les oeufs de la truite brune ou ceux de la morue survivraient ou non à la congélation. À plus forte raison, le fait que les limites de confiance marginales inférieures du paramètre 𝔅 (*B*) soient égales au zéro absolu ( − 273,15°C ) chez la truite brune (tableau 35.17.2) ne signifie aucunement que les oeufs de ce poisson pourraient subir impunément une telle température! – Il indique seulement que les données de Gray (1928) ne permettent pas d'établir l'existence d'un *zéro biologique* distinct du *zéro absolu,* et que l'analyse de ces données pourrait être effectuée à l'aide d'un modèle emboîté (section 35.7) plus simple ne comportant que deux paramètres (les températures étant exprimées ci-dessous en degrés Celsius):

$$Y = A[(T_1 + 273{,}15)/(T + 273{,}15)]^C .$$

**Tableau 35.17.3**
**Limites de confiance marginales des paramètres du modèle $Y = A[(10 - B)/(T - B)]^C$ appliqué à la durée $Y$ du temps d'éclosion des oeufs chez la morue d'après des données de Dannevig (1894; reproduites par Altman et Dittmer, 1966); $N = 9$.**

| $\alpha$ | 0,05 | | 0,01 | |
|---|---|---|---|---|
| Limite | inférieure | supérieure | inférieure | supérieure |
| 𝔄 (*A*) | 10,4378 jours | 11,4758 jours | 10,1694 jours | 11,7423 jours |
| 𝔅 (*B*) | - 15,7641 °C | - 6,9888 °C | - 20,8364 °C | - 5,87766 °C |
| ℭ (*C*) | 1,26703 | 2,45555 | 1,10833 | 3,1225 |

## Section 35.18 : modèles théoriques et modèles empiriques

Parmi les modèles non linéaires mentionnés dans le présent chapitre ou dans des chapitres antérieurs (sections 20.6 et 20.7), certains possèdent ou peuvent recevoir une justification théorique, tandis que d'autres sont utilisés de façon empirique parce que leur forme correspond à celle de la relation observée entre des données obtenues sur un phénomène particulier. L'utilisation d'une fonction de prédiction d'une variable $Y$ peut parfois être justifiée par l'écriture raisonnée de la dérivée $Y' = \mathrm{d}Y/\mathrm{d}t$ de cette fonction par rapport au temps $t$ ou à une autre variable prédictrice. En effet, la dérivée $Y'$ d'une fonction $Y$ correspond au taux de changement de cette fonction quant à la variable prédictrice, de sorte que les termes de cette dérivée peuvent refléter l'action de causes tendant à faire augmenter ou diminuer la fonction $Y$. Dans un cas idéal, la dérivée d'une fonction de prédiction pourrait donc être interprétée comme une explication causale du changement d'un phénomène. Ainsi, la dérivée de la fonction exponentielle $Y = a\,e^{bt}$ (section 20.6),

$$Y' = ab e^{bt} = bY,$$

est proportionnelle à cette fonction, de sorte que cette dernière permet de décrire la croissance du nombre $Y$ d'organismes à un taux relatif constant $(Y'/Y) = b$, selon le principe des intérêts composés, dans une population biologique qui n'est sujette à aucune contrainte alimentaire ou spatiale. Quant à la fonction logistique (section 35.10), le premier terme $(Y/C)$ de sa dérivée,

$$Y' = \mathrm{d}Y/\mathrm{d}t = Y \times (1/C) \times [1 - (Y/A)] = (Y/C) - [Y^2/(AC)],$$

est proportionnel à la fonction $Y$ et peut représenter la tendance à l'autoreproduction comme dans le cas de la fonction exponentielle, mais le second terme $-[Y^2/(AC)]$ est proportionnel au carré de la fonction $Y$ affecté d'un signe moins et peut refléter les interactions négatives de plus en plus fortes entre les individus d'une population croissante soumise à des contraintes. Pour ce qui est de la fonction de Gompertz (sections 35.11, 35.12 et 35.14), son taux relatif de croissance,

$$(Y'/Y) = (1/C)\exp[(B - t)/C],$$

est une fonction exponentielle décroissante du temps, une condition que quelques auteurs ont trouvé convenable de postuler dans le cas de certains tissus ou organes. Quant à la présence entre deux variables $Y_1$ et $Y_2$ d'une relation d'allométrie simple ou fonction puissance (sections 20.7, 22.5, 31.6, 35.12, et 35.14),

$$Y_2 = A\,Y_1^B,$$

elle indique que, si ces deux variables sont des fonctions du temps, $Y_1 = Y_1(t)$ et $Y_2 = Y_2(t)$, le rapport $(Y_2'/Y_2)/(Y_1'/Y_1)$ de leurs taux de croissance relative est constant et égal à l'exposant d'allométrie $B$. En effet, si on calcule les dérivées par rapport au temps des deux membres de la forme logarithmique de l'équation d'allométrie, $\log_e[Y_2(t)] = \log_e(A) + B\log_e[Y_1(t)]$, on trouve

$$(1/Y_2) \times \mathrm{d}Y_2/\mathrm{d}t = B \times (1/Y_1) \times \mathrm{d}Y_1/\mathrm{d}t.$$

Enfin, d'autres fonctions de prédiction (sections 35.11 et 35.16), comme la fonction de Hill (1913) et celle de Michaelis et Menten (1913), sont justifiées par des raisonnements théoriques au sujet du mécanisme des réactions chimiques (Jolivet, 1982, chapitre 5).

Malheureusement, les justifications "théoriques" dont nous venons de donner des exemples sont fondées sur de nombreuses suppositions dont la légitimité est loin d'être toujours assurée dans des cas biologiques particuliers. Ainsi, contrairement à ce qu'on suppose pour la fonction exponentielle et la fonction logistique, il est fort possible que l'augmentation d'une population biologique favorise initialement la production de nouveaux individus. Pour ce qui est de la courbe de Gompertz, le taux relatif de croissance ne décroît sans doute que rarement de façon exactement exponentielle. De plus, bien que les raisonnements faits à propos de la courbe logistique et de la courbe de Gompertz ne paraissent aucunement contredire leur application à la croissance somatique, ces courbes conviennent souvent mal à cette utilisation parce qu'elles possèdent une asymptote inférieure et n'atteignent 0 qu'à $t = -\infty$ (section 35.11).

Enfin, il est remarquable que, bien qu'un modèle comme la fonction logistique possède un certain fondement théorique, aucune hypothèse précise ne peut généralement être énoncée au sujet des valeurs numériques de ses paramètres.

Par ailleurs, ce chapitre montre abondamment que de nombreux modèles d'origine empirique permettent non seulement de décrire des relations biologiques de façon satisfaisante mais en outre, contrairement à ce qu'on pense souvent, d'éprouver d'importantes hypothèses à leur sujet (sections 35.7, 35.8, 35.9, 35.11, 35.13, 35.14, 35.15 et 35.17). En terminant cet ouvrage, on peut conclure que, bien que les connaissances théoriques soient sûrement plus développées dans certains domaines biologiques que dans d'autres, la frontière entre les modèles théoriques et les modèles empiriques est encore présentement diffuse dans une grande partie de la biologie. De bons modèles théoriques seraient certainement désirables, mais il vaut mieux avoir de bons modèles empiriques que des modèles théoriques trop simplistes, ou trop divorcés de la réalité concrète, ou qu'aucun modèle d'aucune sorte.

# Appendice A

## Programme de diagonalisation d'une matrice carrée et symétrique en langage *True BASIC™* selon la méthode de Carl Gustav Jacobi (1804-1851)

(voir la section 31.3 ainsi que la remarque au début de l'appendice B)

```
! Jacobi
! Diagonalisation d'une matrice carrée et symétrique
!            par la méthode de Carl Gustav Jacobi (1846)
! P.J., 17 mai 1996
OPTION ANGLE RADIANS
DIM S(3,3),U(3,3),D(3,3)
LET q=3                               ! q = le nombre de variables
MAT REDIM  S(q,q),U(q,q),D(q,q)
MAT READ S
CALL SubTrace(q,Trace,S(,))
CALL Jacobi(q,Trace,S(,),U(,),D(,))
PRINT "Matrice devant être diagonalisée"
PRINT
MAT PRINT S
PRINT "Trace =";Trace
PRINT
PRINT "Matrice des vecteurs propres"
PRINT
MAT PRINT U
PRINT "Matrice diagonale des valeurs propres"
PRINT
MAT PRINT D
DATA 1,0.5,0.5
DATA 0.5,1,0.5
DATA 0.5,0.5,1
PRINT "Tapez 'Oui' si l'enregistrement des résultats est terminé"
INPUT OuiNon$
END

SUB SubTrace(q,Trace,D(,))
    MAT REDIM D(q,q)
    LET Trace=0
    FOR i=1 TO q
        LET Trace=Trace+D(i,i)
    NEXT i
END SUB
```

```
SUB Jacobi(q,Trace,A(,),U(,),D(,))
    DIM T(3,3),V(3,3)
    MAT REDIM A(q,q),U(q,q),D(q,q),T(q,q),V(q,q)
    MAT U=IDN
    MAT D=A
    DO
       DO
      ! recherche de l'élément extradiagonal de valeur absolue maximum, Elmax
          LET Elmax=0
          FOR i=1 TO q
              FOR j=i+1 TO q
                  IF ABS(D(i,j))>Elmax THEN
                     LET Elmax=ABS(D(i,j))
                     LET i0=i
                     LET j0=j
                  END IF
              NEXT j
          NEXT i
          IF  D(i0,i0)<=0  OR  D(j0,j0)<=0
                           OR  Elmax<(1/10^11)*SQR(D(i0,i0)*D(j0,j0))
                           OR  Elmax<(5/10^11)*Trace  THEN
! Nota Bene: les 3 lignes précédentes doivent être tapées sur une seule ligne
             LET D(i0,j0)=0
          ELSE
             EXIT DO
          END IF
       LOOP while Elmax>0
       IF Elmax>0 THEN
          MAT T=IDN
          IF D(i0,i0)=D(j0,j0) THEN
             LET F=Pi/4
          ELSE
             LET F=0.5*ATN(2*D(i0,j0)/(D(i0,i0)-D(j0,j0)))
          END IF
          LET T(i0,i0)=COS(F)
          LET T(i0,j0)=SIN(F)
          LET T(j0,i0)=-T(i0,j0)
          LET T(j0,j0)=T(i0,i0)
          MAT D=T*U
          MAT U=D
          MAT T=U*A
          MAT V=TRN(U)
          MAT D=T*V
       END IF
    LOOP WHILE Elmax>0
```

```
    ! Mise en ordre des valeurs et vecteurs propres
    MAT V=ZER
    FOR i=1 TO q
        LET F=-9*10^100
        FOR j=1 TO q
            IF D(j,j)>F THEN
               LET F=D(j,j)
               LET g=j
               FOR h=1 TO q
                   LET V(i,h)=U(j,h)
               NEXT h
            END IF
        NEXT j
        LET D(g,g)=-9*10^101
    NEXT i
    MAT U=V
    IF U(1,1)<0 THEN MAT U = (-1)*U
    ! la ligne précédente évite que l'élément U(1,1) soit pris comme négatif
    MAT T=TRN(U)
    MAT D=A*T
    MAT T=U*D
    MAT D=T
END SUB
```

# Résultats des calculs

```
Matrice devant être diagonalisée

 1              .5              .5
 .5             1               .5
 .5             .5              1

Trace = 3

Matrice des vecteurs propres

 .57735         .57735          .57735
-.707107        .707107         0
-.408248       -.408248         .816497

Matrice diagonale des valeurs propres

 2.             8.89429e-17    -2.5411e-17
-2.88398e-17    .5             -3.03577e-18
 2.6563e-17    -3.0443e-18      .5
```

# Appendice B

### Programme de minimisation de la somme des carrés des écarts résiduels quant à un modèle non linéaire en langage *True BASIC™* selon la méthode de Nelder et Mead (1965)

(voir la section 35.2)

REMARQUE: Au cas où la présence de lettres accentuées (à, é, è, ê, etc.) dans les énoncés PRINT occasionnerait des difficultés aux utilisateurs de certains ordinateurs, ces difficultés pourraient être évitées en remplaçant chaque lettre accentuée par une lettre sans accent.

```
! NelderMead
! Ajustement de la courbe logistique, Y=A/{1+exp[(B-t)/C]};
!  mimimisation itérative de la somme des carrés des écarts résiduels (SCER)
!   par l'algorithme du simplexe de Nelder et Mead (1965)
! P.J., 22 mai 1996
DECLARE DEF Yestime
DIM Legende$(2),Mi(2),Ma(2),Donnees(100,2)
DIM Pas(3),Par(3),Param(3)
DIM V(4,4),Vbas(4),Vhaut(4),Vmed(4),V1(4),V2(4)
LET q=3   ! q = le nombre de paramètres de la courbe ajustée
! réajustement automatique des dimensions des vecteurs et des matrices
!            au nombre q de paramètres du modèle ajusté
MAT REDIM Pas(q),Par(q),Param(q)
MAT REDIM V(q+1,q+1),Vbas(q+1),Vhaut(q+1),Vmed(q+1),V1(q+1),V2(q+1)
LET Affichage=1
! Aucun affichage d'itérations si Affichage = 0;
!  affichage à tous les multiples de 50 itérations si Affichage = 1;
!   affichage à toutes les itérations si Affichage = 2.
LET Denominateur=10
! La variable Denominateur contrôle la grandeur du simplexe initial:
!  la longueur des côtés du simplexe initial est égale à la coordonnée
!   du point de départ divisée par Denominateur; le simplexe initial est
!    d'autant plus grand que Denominateur est petit.
LET NmaxIter=2000 ! Nombre maximum d'itérations, fixé par l'utilisateur
PRINT "Lecture des données"
PRINT
FOR i=1 TO 2
    READ Legende$(i)
NEXT i
READ N
MAT REDIM Donnees(N,2)
FOR h=1 TO N
    FOR i=1 TO 2
        READ Donnees(h,i)
    NEXT i
NEXT h
! Recherche des valeurs extrêmes des variables
FOR i=1 TO 2
    LET Mi(i)=1.e+308
    LET Ma(i)=-1.e-308
NEXT i
FOR h=1 TO N
    FOR i=1 TO 2
        LET Mi(i)=min(Mi(i),Donnees(h,i))
        LET Ma(i)=max(Ma(i),Donnees(h,i))
    NEXT i
NEXT h
```

```
PRINT "Valeurs extrêmes des variables"
PRINT
PRINT "Variable";TAB(10);"Minimum";TAB(20);"Maximum"
PRINT
FOR i=1 TO 2
    PRINT i;tab(10);Mi(i);tab(20);Ma(i)
    PRINT
NEXT i

! Appel de la sous-routine de minimisation par la méthode de Nelder et Mead (1965)

! Point de départ

LET Par(1)=Ma(1)
LET Par(2)=(Mi(2)+Ma(2))/2
LET Par(3)=(Ma(2)-Mi(2))/5

CALL NelderMead

PRINT "Résultats"
PRINT
PRINT "Nombre d'itérations = ";Iteration
PRINT
PRINT "Somme des carrés des écarts résiduels (SCER) = ";SCER
PRINT
PRINT "Estimations des paramètres"
PRINT
FOR i=1 TO q
    PRINT "#";i; " : ";Param(i)
    PRINT
NEXT i

PRINT "Tapez ""Oui"" si l'enregistrement des résultats est terminé"
INPUT OuiNon$
IF Ucase$(OuiNon$)="OUI" THEN STOP

SUB NelderMead
    PRINT "Minimisation de la SCER par la méthode de Nelder et Mead (1965)"
    PRINT
    LET Iteration=0

    ! Simplexe initial: Point de départ
    FOR i=1 TO q
        LET V(q+1,i)=Par(i)
    NEXT i

    ! Autres points du simplexe initial

    ! Le  'Pas'  = la longueur des côtés du simplexe
    FOR i=1 TO q
        LET Pas(i)=V(q+1,i)/Denominateur
    NEXT i
    FOR i=1 TO q
        FOR j=1 TO q
            LET V(i,j)=V(q+1,j)
            IF i=j then LET V(i,i)=V(i,i)-Pas(i)
        NEXT j
    NEXT i

    CALL Altitudes
```

```
DO
    ! Partie itérative de l'algorithme

    ! Recherche de Vbas et Vhaut
    LET Vbas(q+1)=1.e+308
    LET Vhaut(q+1)=-1.e+308
    FOR i=1 TO q+1
        IF V(i,q+1)<Vbas(q+1) then
            FOR j=1 TO q+1
                LET Vbas(j)=V(i,j)
            NEXT j
        END IF
        IF V(i,q+1)>Vhaut(q+1) then
            LET NoVhaut=i
            FOR j=1 TO q+1
                LET Vhaut(j)=V(i,j)
            NEXT j
        END IF
    NEXT i

    ! Essais de diminuer l'altitude du point le plus élevé

    ! Calcul de Vmed
    MAT Vmed=ZER
    FOR i=1 TO q+1
        IF i<>NoVhaut then
            FOR j=1 TO q+1
                LET Vmed(j)=Vmed(j)+V(i,j)
            NEXT j
        END IF
    NEXT i
    MAT Vmed=(1/q)*Vmed

    ! Calcul de V1
    FOR i=1 TO q
        LET V1(i)=2*Vmed(i)-Vhaut(i)  !  réflection :Vmed + (Vmed - Vhaut)
        LET Par(i)=V1(i)
    NEXT i

    ! Évaluation de la SCER de V1
    CALL EvalScer
    LET V1(q+1)=SCER
    ! SCER de V1 comparée à celles de Vbas et Vhaut
    IF V1(q+1)<Vbas(q+1) then
        ! Comme V1(q+1)<Vbas(q+1), essayer extension
        ! Calcul de V2
        FOR i=1 TO q
            LET V2(i)=2*V1(i)-Vmed(i)  !  extension :  V1 + (V1 - Vmed)
            LET Par(i)=V2(i)
        NEXT i
        ! Évaluation de la SCER de V2
        CALL EvalScer
        LET V2(q+1)=SCER
        ! SCER de V2 comparée avec celle de Vbas
        IF V2(q+1)<Vbas(q+1) then
            ! Donc, V2 plus bas que Vbas,
            !   et remplacer Vhaut par V2
            FOR i=1 TO q+1
                LET V(NoVhaut,i)=V2(i)
            NEXT i
        ELSE
```

```
        ! Donc, V2(q+1)>Vbas(q+1),
        !  et alors remplacer Vhaut par V1 car V1(q+1) < Vbas(q+1)
        FOR i=1 TO q+1
            LET V(NoVhaut,i)=V1(i)
        NEXT i
    END IF
ELSE
    ! Donc, Vbas(q+1)<V1(q+1)
    !  Est-ce que V1(q+1) < V(i,q+1) pour l'un des i <> NoVhaut ?
    LET ScerMaxSansVhaut=0
    FOR i=1 TO q+1
        IF i<>NoVhaut then
            IF V(i,q+1)>ScerMaxSansVhaut then
                LET ScerMaxSansVhaut=V(i,q+1)
            END IF
        END IF
    NEXT i
    IF V1(q+1)<=ScerMaxSansVhaut then
        ! Donc,  V1(q+1) <= ScerMax(i <> NoVhaut),
        !           et remplacer Vhaut par V1
        FOR i=1 TO q+1
            LET V(NoVhaut,i)=V1(i)
        NEXT i
    ELSE
        ! Alors, V1(q+1) > ScerMax(i <> NoVhaut),
        !  et essayer contraction : calcul de V2
        IF V1(q+1) < Vhaut(q+1) then
            ! Alors remplacer Vhaut par V1 avant contraction
            FOR i=1 TO q+1
                LET V(NoVhaut,i)=V1(i)
            NEXT i
        END IF
        ! Contraction proprement dite
        FOR i=1 TO q
            LET V2(i)=(Vhaut(i)+Vmed(i))/2
            LET Par(i)=V2(i)
        NEXT i
        CALL EvalScer
        LET V2(q+1)=SCER
        ! SCER de V2 comparée à celle de Vhaut
        IF V2(q+1)<Vhaut(q+1) then
            ! Alors, remplacer Vhaut par V2
            FOR i=1 TO q+1
                LET V(NoVhaut,i)=V2(i)
            NEXT i
        ELSE
            ! Alors, contraction non réussie : rapprocher
            !   tous les points du simplexe de Vbas
            FOR i=1 TO q+1
                FOR j=1 TO q
                    LET V(i,j)=(V(i,j)+Vbas(j))/2
                NEXT j
            NEXT i
            CALL Altitudes
        END IF
    END IF
END IF
```

```
        ! Critères de convergence
        LET Critere1=ABS((Vhaut(q+1)-Vbas(q+1))/Vbas(q+1))
        LET Critere2=0
        FOR i=1 TO q
            LET Critere2=Critere2+ABS((Vhaut(i)-Vbas(i))/Vbas(i))
        NEXT i
        LET Critere2=Critere2/q
        LET Iteration=Iteration+1
        ! Affichage facultatif des itérations
        IF Affichage = 1 OR Affichage = 2 THEN
           IF Affichage = 2  OR  mod(Iteration,50)=0  OR  Critere1<=1.e-14
                                        OR  Critere2<=1.e-14 THEN
! Nota Bene:  les 2 lignes précédentes doivent être tapées sur une seule ligne
              PRINT "Itération ";Iteration
              PRINT "Critère 1 (SCER): ";Critere1;
              PRINT "Critère 2 (paramètres): ";Critere2
              PRINT
              MAT PRINT V;
           END IF
        END IF
        ! Prise en note des résultats
        FOR i=1 TO q
            LET Param(i)=Vbas(i)
        NEXT i
        LET SCER=Vbas(q+1)
    LOOP WHILE Critere1>1.e-14 AND Critere2>1.e-14 AND Iteration<NmaxIter
END SUB

SUB Altitudes
    ! SCER pour les (q+1) points du simplexe
    FOR i=1 TO q+1
        FOR j=1 TO q
            LET Par(j)=V(i,j)
        NEXT j
        CALL EvalScer
        LET V(i,q+1)=SCER
    NEXT i
END SUB

SUB EvalScer
    ! Évaluation de la SCER correspondant à un vecteur de paramètres Par()
    LET SCER=0
    FOR h=1 TO N
        LET Y=Donnees(h,1)
        LET t=Donnees(h,2)
        LET Yest=Yestime(t,Par())
        LET SCER=SCER+(Y-Yest)^2
!       Pour ajustement par les moindres carrés multiplicatifs,
!         remplacer l'énoncé précédent par LET SCER=SCER+LOG(Y/Yest)^2
    NEXT h
END SUB

DEF Yestime(t,Par())
    ! Évaluation de Y estimé (Yestime) au temps t
    LET Yestime=Par(1)/(1+exp((Par(2)-t)/Par(3)))
END DEF
```

```
! Données

! Gause1934a

! Nombre de Paramecium aurelia par 0,5 ml et âge de la culture en jours;
!  Tableau 4, page 145, colonne 2, dans Gause (1934).

! Légendes des variables
DATA "Paramécies/0,5 ml"
DATA "Temps en jours"

! Effectif
DATA 17

! Données
DATA 2,0
DATA 6,1
DATA 24,2
DATA 75,3
DATA 182,4
DATA 264,5
DATA 318,6
DATA 373,7
DATA 396,8
DATA 443,9
DATA 454,10
DATA 420,11
DATA 438,12
DATA 492,13
DATA 468,14
DATA 400,15
DATA 472,16

END
```

# Résultats des calculs

```
Nombre d'itérations =  122

Somme des carrés des écarts résiduels (SCER) =  8639.92

Estimations des paramètres

# 1  :  448.183

# 2  :  4.74322

# 3  :  1.24261
```

# Appendice C

**Longueurs en mm des os des membres gauches et droits de squelettes humains adultes de race blanche d'après des données d'Adolph H. Schultz**

(voir les sections 29.6, 30.2, et 31.5)

| 117 hommes | | | | | | | | 110 femmes | | | | | | | |
|---|---|---|---|---|---|---|---|---|---|---|---|---|---|---|---|
| $X_1$ | $X_2$ | $X_3$ | $X_4$ | $X_5$ | $X_6$ | $X_7$ | $X_8$ | $X_1$ | $X_2$ | $X_3$ | $X_4$ | $X_5$ | $X_6$ | $X_7$ | $X_8$ |
| 357 | 360 | 260 | 262 | 461 | 453 | 379 | 381 | 328 | 325 | 240 | 241 | 455 | 450 | 389 | 382 |
| 355 | 360 | 259 | 260 | 473 | 473 | 399 | 394 | 322 | 319 | 229 | 227 | 433 | 433 | 368 | 370 |
| 354 | 360 | 261 | 266 | 476 | 476 | 390 | 389 | 321 | 327 | 234 | 236 | 445 | 445 | 385 | 386 |
| 354 | 356 | 258 | 257 | 460 | 455 | 387 | 389 | 318 | 325 | 239 | 244 | 449 | 448 | 373 | 369 |
| 351 | 346 | 268 | 267 | 471 | 470 | 413 | 408 | 317 | 320 | 239 | 239 | 444 | 438 | 383 | 380 |
| 348 | 357 | 266 | 265 | 465 | 465 | 389 | 391 | 317 | 320 | 232 | 229 | 418 | 422 | 343 | 345 |
| 347 | 358 | 265 | 262 | 452 | 449 | 392 | 394 | 316 | 317 | 205 | 205 | 410 | 408 | 336 | 334 |
| 344 | 342 | 236 | 235 | 441 | 442 | 370 | 366 | 313 | 317 | 224 | 227 | 428 | 424 | 362 | 358 |
| 343 | 348 | 255 | 260 | 473 | 473 | 395 | 401 | 312 | 310 | 207 | 205 | 409 | 411 | 323 | 325 |
| 341 | 343 | 250 | 251 | 463 | 461 | 362 | 363 | 311 | 303 | 225 | 222 | 416 | 415 | 351 | 349 |
| 341 | 339 | 255 | 255 | 457 | 456 | 383 | 379 | 309 | 317 | 229 | 234 | 427 | 424 | 375 | 378 |
| 340 | 343 | 243 | 243 | 458 | 463 | 375 | 374 | 308 | 306 | 218 | 221 | 424 | 422 | 350 | 345 |
| 340 | 338 | 250 | 249 | 449 | 447 | 381 | 378 | 307 | 311 | 236 | 239 | 419 | 421 | 364 | 361 |
| 338 | 340 | 246 | 249 | 468 | 462 | 389 | 391 | 306 | 314 | 228 | 234 | 414 | 414 | 343 | 347 |
| 338 | 339 | 239 | 246 | 444 | 444 | 367 | 370 | 306 | 310 | 228 | 234 | 418 | 416 | 345 | 357 |
| 337 | 338 | 250 | 250 | 463 | 464 | 375 | 378 | 306 | 310 | 215 | 217 | 409 | 405 | 340 | 337 |
| 337 | 336 | 244 | 246 | 433 | 433 | 358 | 363 | 306 | 306 | 216 | 215 | 410 | 414 | 343 | 343 |
| 335 | 337 | 263 | 265 | 463 | 467 | 401 | 398 | 306 | 299 | 220 | 218 | 428 | 428 | 362 | 358 |
| 335 | 335 | 247 | 245 | 444 | 446 | 376 | 375 | 305 | 310 | 214 | 224 | 428 | 428 | 353 | 347 |
| 334 | 338 | 245 | 247 | 449 | 443 | 387 | 392 | 305 | 309 | 223 | 227 | 428 | 429 | 360 | 362 |
| 334 | 332 | 251 | 247 | 437 | 433 | 367 | 368 | 305 | 305 | 231 | 235 | 436 | 435 | 374 | 374 |
| 333 | 336 | 255 | 260 | 448 | 443 | 374 | 367 | 304 | 309 | 224 | 229 | 426 | 422 | 355 | 352 |
| 333 | 336 | 243 | 246 | 465 | 465 | 378 | 373 | 303 | 307 | 228 | 233 | 396 | 396 | 348 | 344 |
| 333 | 332 | 258 | 262 | 453 | 450 | 384 | 382 | 303 | 305 | 226 | 226 | 420 | 417 | 358 | 360 |
| 333 | 329 | 238 | 236 | 428 | 430 | 366 | 370 | 303 | 300 | 232 | 232 | 405 | 407 | 345 | 345 |
| 332 | 338 | 241 | 249 | 461 | 461 | 385 | 387 | 302 | 308 | 217 | 226 | 419 | 420 | 355 | 348 |
| 332 | 336 | 238 | 239 | 427 | 430 | 357 | 352 | 302 | 306 | 233 | 237 | 444 | 442 | 386 | 383 |
| 331 | 343 | 250 | 251 | 453 | 451 | 375 | 379 | 302 | 306 | 216 | 218 | 425 | 428 | 343 | 345 |
| 331 | 330 | 250 | 251 | 461 | 457 | 393 | 394 | 302 | 305 | 213 | 217 | 424 | 423 | 347 | 352 |
| 330 | 335 | 249 | 252 | 452 | 448 | 375 | 375 | 301 | 310 | 219 | 220 | 412 | 412 | 350 | 356 |
| 330 | 335 | 238 | 238 | 423 | 425 | 345 | 347 | 301 | 305 | 221 | 221 | 424 | 427 | 346 | 347 |
| 330 | 334 | 248 | 250 | 437 | 439 | 369 | 365 | 301 | 300 | 229 | 232 | 415 | 411 | 357 | 360 |
| 330 | 332 | 249 | 250 | 451 | 447 | 376 | 376 | 300 | 311 | 225 | 231 | 419 | 417 | 332 | 333 |
| 330 | 331 | 246 | 250 | 453 | 445 | 373 | 369 | 300 | 298 | 212 | 217 | 403 | 401 | 345 | 349 |
| 329 | 344 | 254 | 268 | 433 | 431 | 362 | 373 | 299 | 306 | 219 | 221 | 423 | 418 | 343 | 342 |
| 329 | 336 | 239 | 242 | 437 | 437 | 367 | 369 | 299 | 304 | 225 | 226 | 395 | 392 | 337 | 336 |
| 329 | 333 | 245 | 248 | 438 | 438 | 373 | 371 | 299 | 300 | 233 | 232 | 405 | 398 | 341 | 339 |
| 329 | 330 | 257 | 257 | 462 | 460 | 396 | 393 | 298 | 304 | 218 | 222 | 406 | 406 | 344 | 353 |
| 329 | 330 | 247 | 249 | 450 | 445 | 383 | 385 | 298 | 300 | 216 | 220 | 381 | 378 | 320 | 319 |
| 329 | 325 | 249 | 246 | 443 | 442 | 375 | 376 | 298 | 296 | 212 | 218 | 409 | 405 | 337 | 338 |
| 328 | 328 | 240 | 249 | 435 | 433 | 369 | 368 | 297 | 304 | 219 | 223 | 396 | 399 | 334 | 337 |
| 327 | 330 | 241 | 245 | 425 | 425 | 354 | 354 | 297 | 301 | 224 | 226 | 415 | 411 | 355 | 356 |
| 326 | 329 | 249 | 250 | 432 | 432 | 366 | 369 | 297 | 297 | 226 | 228 | 417 | 414 | 351 | 350 |
| 326 | 329 | 240 | 242 | 437 | 438 | 358 | 360 | 297 | 297 | 220 | 220 | 411 | 410 | 347 | 336 |
| 326 | 321 | 231 | 230 | 410 | 409 | 342 | 341 | 297 | 297 | 220 | 215 | 420 | 420 | 358 | 353 |
| 325 | 327 | 245 | 248 | 429 | 424 | 374 | 369 | 297 | 296 | 213 | 216 | 421 | 415 | 345 | 344 |
| 325 | 321 | 245 | 243 | 402 | 399 | 351 | 350 | 296 | 305 | 209 | 213 | 405 | 398 | 340 | 339 |
| 324 | 328 | 236 | 240 | 430 | 433 | 350 | 350 | 296 | 300 | 211 | 215 | 376 | 377 | 314 | 320 |
| 324 | 328 | 238 | 238 | 431 | 434 | 358 | 359 | 295 | 299 | 223 | 228 | 406 | 407 | 344 | 347 |

| 117 hommes (suite) | | | | | | | | 110 femmes (suite) | | | | | | | |
|---|---|---|---|---|---|---|---|---|---|---|---|---|---|---|---|
| $X_1$ | $X_2$ | $X_3$ | $X_4$ | $X_5$ | $X_6$ | $X_7$ | $X_8$ | $X_1$ | $X_2$ | $X_3$ | $X_4$ | $X_5$ | $X_6$ | $X_7$ | $X_8$ |
| 324 | 325 | 230 | 237 | 441 | 441 | 367 | 370 | 294 | 296 | 207 | 210 | 397 | 400 | 326 | 323 |
| 324 | 324 | 240 | 240 | 433 | 439 | 360 | 363 | 294 | 294 | 225 | 226 | 420 | 423 | 355 | 354 |
| 323 | 324 | 247 | 247 | 452 | 455 | 393 | 393 | 294 | 294 | 209 | 213 | 387 | 389 | 316 | 320 |
| 323 | 324 | 233 | 235 | 444 | 445 | 349 | 363 | 293 | 294 | 211 | 212 | 390 | 388 | 317 | 317 |
| 322 | 322 | 250 | 247 | 430 | 432 | 361 | 360 | 293 | 294 | 207 | 211 | 400 | 400 | 333 | 331 |
| 322 | 329 | 253 | 255 | 432 | 431 | 358 | 354 | 292 | 301 | 215 | 220 | 418 | 418 | 328 | 329 |
| 322 | 323 | 235 | 239 | 441 | 436 | 367 | 372 | 292 | 295 | 205 | 204 | 395 | 398 | 323 | 326 |
| 322 | 322 | 234 | 231 | 426 | 422 | 351 | 354 | 292 | 295 | 203 | 207 | 400 | 397 | 322 | 323 |
| 322 | 321 | 244 | 248 | 435 | 437 | 367 | 368 | 291 | 296 | 209 | 214 | 395 | 397 | 310 | 308 |
| 321 | 324 | 238 | 246 | 430 | 426 | 347 | 345 | 291 | 292 | 213 | 214 | 407 | 407 | 349 | 345 |
| 321 | 322 | 236 | 237 | 410 | 418 | 343 | 346 | 289 | 298 | 208 | 212 | 376 | 373 | 309 | 308 |
| 320 | 332 | 240 | 251 | 452 | 450 | 382 | 384 | 289 | 290 | 205 | 208 | 378 | 379 | 320 | 320 |
| 320 | 324 | 235 | 235 | 434 | 430 | 339 | 345 | 288 | 297 | 202 | 213 | 391 | 393 | 304 | 301 |
| 320 | 322 | 239 | 243 | 437 | 434 | 366 | 364 | 287 | 290 | 210 | 210 | 397 | 397 | 340 | 339 |
| 320 | 320 | 246 | 245 | 459 | 462 | 362 | 365 | 287 | 290 | 202 | 206 | 394 | 396 | 313 | 313 |
| 320 | 320 | 236 | 239 | 424 | 426 | 361 | 363 | 286 | 291 | 207 | 210 | 399 | 398 | 336 | 336 |
| 319 | 322 | 226 | 229 | 436 | 439 | 357 | 361 | 286 | 286 | 209 | 211 | 396 | 399 | 332 | 332 |
| 319 | 318 | 234 | 234 | 442 | 439 | 374 | 372 | 285 | 295 | 209 | 212 | 399 | 397 | 332 | 332 |
| 318 | 319 | 240 | 244 | 435 | 436 | 384 | 383 | 285 | 291 | 206 | 209 | 390 | 393 | 309 | 315 |
| 317 | 331 | 230 | 232 | 414 | 420 | 341 | 339 | 284 | 280 | 203 | 204 | 390 | 390 | 319 | 320 |
| 317 | 326 | 242 | 240 | 427 | 431 | 375 | 375 | 283 | 290 | 207 | 209 | 369 | 368 | 319 | 318 |
| 317 | 323 | 240 | 241 | 445 | 441 | 365 | 363 | 283 | 285 | 214 | 214 | 400 | 404 | 346 | 347 |
| 316 | 325 | 247 | 245 | 423 | 418 | 360 | 359 | 283 | 284 | 207 | 204 | 365 | 360 | 310 | 310 |
| 316 | 324 | 238 | 240 | 440 | 443 | 367 | 367 | 283 | 282 | 205 | 206 | 383 | 384 | 328 | 323 |
| 316 | 321 | 234 | 237 | 452 | 452 | 367 | 369 | 282 | 289 | 208 | 211 | 391 | 388 | 320 | 316 |
| 315 | 322 | 237 | 240 | 438 | 439 | 350 | 353 | 282 | 288 | 202 | 205 | 373 | 373 | 302 | 300 |
| 315 | 317 | 233 | 234 | 423 | 418 | 353 | 350 | 282 | 284 | 222 | 225 | 409 | 409 | 345 | 341 |
| 315 | 314 | 234 | 236 | 428 | 428 | 352 | 351 | 281 | 280 | 208 | 210 | 370 | 374 | 329 | 328 |
| 315 | 313 | 240 | 241 | 436 | 434 | 366 | 368 | 281 | 279 | 207 | 207 | 379 | 379 | 319 | 318 |
| 315 | 310 | 234 | 230 | 423 | 419 | 354 | 353 | 280 | 285 | 205 | 208 | 367 | 370 | 328 | 332 |
| 315 | 309 | 249 | 250 | 442 | 442 | 376 | 371 | 280 | 284 | 209 | 211 | 382 | 383 | 323 | 320 |
| 313 | 316 | 236 | 237 | 427 | 432 | 370 | 367 | 280 | 283 | 207 | 212 | 392 | 392 | 338 | 334 |
| 313 | 315 | 223 | 225 | 440 | 440 | 357 | 357 | 280 | 280 | 192 | 197 | 377 | 374 | 301 | 300 |
| 313 | 314 | 235 | 236 | 426 | 421 | 352 | 352 | 279 | 284 | 215 | 219 | 380 | 380 | 313 | 316 |
| 313 | 313 | 235 | 236 | 405 | 410 | 357 | 360 | 279 | 282 | 203 | 205 | 393 | 390 | 323 | 323 |
| 313 | 311 | 239 | 241 | 405 | 405 | 349 | 348 | 279 | 274 | 204 | 206 | 397 | 399 | 339 | 333 |
| 312 | 317 | 245 | 246 | 419 | 419 | 341 | 343 | 278 | 285 | 209 | 216 | 387 | 386 | 306 | 308 |
| 312 | 317 | 224 | 225 | 431 | 429 | 344 | 345 | 278 | 282 | 208 | 211 | 388 | 388 | 316 | 315 |
| 312 | 316 | 240 | 241 | 438 | 436 | 363 | 367 | 278 | 282 | 201 | 206 | 377 | 379 | 318 | 324 |
| 312 | 314 | 229 | 234 | 414 | 414 | 361 | 363 | 277 | 285 | 219 | 223 | 397 | 394 | 334 | 334 |
| 311 | 310 | 227 | 228 | 425 | 424 | 334 | 334 | 277 | 283 | 214 | 220 | 382 | 381 | 327 | 326 |
| 311 | 306 | 224 | 223 | 434 | 433 | 347 | 348 | 277 | 275 | 205 | 201 | 375 | 375 | 302 | 310 |
| 310 | 310 | 225 | 226 | 428 | 429 | 355 | 357 | 276 | 285 | 219 | 219 | 410 | 411 | 353 | 353 |
| 310 | 308 | 230 | 229 | 414 | 415 | 342 | 343 | 275 | 278 | 204 | 202 | 390 | 385 | 320 | 318 |
| 310 | 307 | 232 | 233 | 409 | 404 | 341 | 343 | 275 | 278 | 198 | 200 | 375 | 375 | 318 | 322 |
| 309 | 309 | 241 | 242 | 437 | 432 | 358 | 355 | 273 | 275 | 186 | 186 | 376 | 378 | 301 | 298 |
| 309 | 309 | 229 | 225 | 419 | 415 | 339 | 332 | 272 | 276 | 189 | 194 | 374 | 368 | 295 | 291 |
| 308 | 308 | 231 | 233 | 415 | 410 | 351 | 351 | 271 | 277 | 202 | 207 | 381 | 380 | 318 | 313 |
| 308 | 305 | 229 | 232 | 416 | 416 | 340 | 340 | 271 | 273 | 201 | 202 | 380 | 380 | 325 | 329 |
| 307 | 318 | 232 | 235 | 410 | 405 | 326 | 329 | 268 | 275 | 184 | 187 | 338 | 337 | 294 | 290 |
| 307 | 316 | 225 | 227 | 412 | 410 | 327 | 325 | 268 | 271 | 206 | 207 | 378 | 372 | 326 | 327 |
| 306 | 312 | 222 | 227 | 433 | 431 | 365 | 365 | 267 | 270 | 195 | 201 | 366 | 369 | 307 | 308 |
| 305 | 304 | 238 | 241 | 437 | 430 | 361 | 359 | 264 | 270 | 189 | 194 | 365 | 364 | 300 | 299 |
| 304 | 306 | 225 | 224 | 430 | 422 | 353 | 349 | 264 | 269 | 191 | 191 | 369 | 368 | 301 | 297 |
| 303 | 310 | 239 | 245 | 441 | 438 | 357 | 357 | 247 | 251 | 184 | 184 | 337 | 332 | 286 | 289 |
| 303 | 307 | 229 | 231 | 417 | 414 | 349 | 346 | 240 | 245 | 175 | 182 | 338 | 340 | 269 | 276 |
| 302 | 308 | 206 | 210 | 386 | 386 | 320 | 321 | 271 | 276 | 213 | 217 | 359 | 359 | 296 | 298 |
| 302 | 303 | 203 | 217 | 398 | 398 | 311 | 315 | 288 | 296 | 226 | 236 | 383 | 389 | 319 | 328 |

| 117 hommes (suite et fin) | | | | | | | | 110 femmes (suite et fin) | | | | | | | |
|---|---|---|---|---|---|---|---|---|---|---|---|---|---|---|---|
| $X_1$ | $X_2$ | $X_3$ | $X_4$ | $X_5$ | $X_6$ | $X_7$ | $X_8$ | $X_1$ | $X_2$ | $X_3$ | $X_4$ | $X_5$ | $X_6$ | $X_7$ | $X_8$ |
| 301 | 303 | 233 | 234 | 403 | 400 | 334 | 324 | 291 | 295 | 219 | 221 | 367 | 367 | 307 | 310 |
| 301 | 296 | 226 | 225 | 412 | 414 | 350 | 347 | 305 | 306 | 223 | 224 | 400 | 400 | 345 | 346 |
| 300 | 307 | 230 | 236 | 423 | 424 | 338 | 339 | 313 | 311 | 237 | 234 | 404 | 397 | 335 | 339 |
| 299 | 304 | 220 | 221 | 403 | 399 | 325 | 320 | | | | | | | | |
| 297 | 296 | 230 | 235 | 411 | 407 | 336 | 340 | | | | | | | | |
| 293 | 298 | 223 | 228 | 388 | 384 | 326 | 328 | | | | | | | | |
| 290 | 292 | 204 | 209 | 407 | 409 | 350 | 337 | | | | | | | | |
| 287 | 294 | 227 | 231 | 413 | 410 | 341 | 342 | | | | | | | | |
| 277 | 280 | 208 | 212 | 382 | 378 | 328 | 325 | | | | | | | | |
| 276 | 282 | 215 | 219 | 377 | 374 | 329 | 328 | | | | | | | | |

# Appendice D

## Longueurs du crâne ($X_1$), de l'humérus ($X_2$) et du fémur ($X_3$) en mm de 68 martres d'Amérique mâles d'après des données de Jolicoeur (1984)

(voir les sections 31.7 et 31.9)

| $X_1$ | $X_2$ | $X_3$ | $X_1$ | $X_2$ | $X_3$ |
|---|---|---|---|---|---|
| 79,2 | 61,9 | 69,4 | 78,2 | 64,6 | 71,8 |
| 79,5 | 66,0 | 72,4 | 81,0 | 67,2 | 72,7 |
| 77,9 | 62,8 | 70,3 | 81,5 | 66,7 | 72,5 |
| 79,4 | 64,7 | 71,5 | 78,2 | 64,8 | 72,1 |
| 79,0 | 63,0 | 69,7 | 79,1 | 67,6 | 73,2 |
| 78,5 | 64,6 | 71,4 | 78,7 | 63,8 | 70,6 |
| 78,4 | 62,8 | 69,6 | 78,6 | 62,3 | 67,6 |
| 80,1 | 65,6 | 70,9 | 80,6 | 64,9 | 71,0 |
| 78,6 | 63,2 | 71,1 | 82,3 | 66,1 | 73,5 |
| 79,7 | 64,3 | 70,8 | 80,4 | 64,7 | 73,1 |
| 78,7 | 63,0 | 69,5 | 80,7 | 63,2 | 71,2 |
| 79,5 | 62,4 | 68,2 | 76,5 | 61,2 | 68,5 |
| 79,7 | 66,8 | 73,5 | 76,3 | 62,7 | 70,2 |
| 77,3 | 65,2 | 71,9 | 81,4 | 65,2 | 71,5 |
| 79,7 | 65,4 | 72,6 | 82,3 | 65,2 | 71,7 |
| 81,9 | 65,1 | 71,5 | 76,8 | 63,2 | 69,0 |
| 79,5 | 62,6 | 69,5 | 79,1 | 64,8 | 70,3 |
| 79,0 | 62,7 | 70,2 | 80,8 | 65,7 | 71,9 |
| 77,7 | 61,7 | 68,3 | 80,7 | 64,0 | 72,3 |
| 80,1 | 66,4 | 73,1 | 77,4 | 62,2 | 69,5 |
| 81,1 | 66,2 | 75,0 | 79,2 | 63,2 | 70,4 |
| 79,5 | 63,8 | 70,4 | 77,5 | 67,1 | 73,2 |
| 76,8 | 60,8 | 65,5 | 80,6 | 64,6 | 71,9 |
| 78,7 | 64,0 | 69,7 | 73,2 | 59,3 | 65,3 |
| 79,5 | 66,0 | 73,3 | 81,5 | 64,1 | 71,0 |
| 77,8 | 63,7 | 68,4 | 75,7 | 61,6 | 68,7 |
| 79,0 | 64,8 | 72,1 | 78,3 | 62,9 | 69,9 |
| 75,2 | 61,6 | 67,7 | 81,3 | 64,3 | 71,8 |
| 78,5 | 63,7 | 71,3 | 76,7 | 63,4 | 68,4 |
| 81,1 | 66,1 | 71,9 | 78,1 | 64,3 | 71,2 |
| 79,0 | 65,2 | 71,8 | 75,0 | 61,8 | 68,7 |
| 80,5 | 66,2 | 72,8 | 78,3 | 63,2 | 69,4 |
| 79,6 | 63,8 | 70,4 | 80,9 | 64,6 | 70,4 |
| 77,7 | 64,5 | 71,8 | 77,7 | 63,5 | 71,5 |

# Appendice E

**Longueur ($X_1$) et largeur ($X_2$) d'un sépale et longueur ($X_3$) et largeur d'un pétale ($X_4$) en mm de 50 fleurs de chacune de trois espèces d'iris, d'après des données du botaniste Edgar Anderson publiées par Fisher (1936).**

(voir la section 33.8)

| *Iris setosa canadensis* | | | | *Iris versicolor* | | | | *Iris virginica* | | | |
|---|---|---|---|---|---|---|---|---|---|---|---|
| $X_1$ | $X_2$ | $X_3$ | $X_4$ | $X_1$ | $X_2$ | $X_3$ | $X_4$ | $X_1$ | $X_2$ | $X_3$ | $X_4$ |
| 5,1 | 3,5 | 1,4 | 0,2 | 7,0 | 3,2 | 4,7 | 1,4 | 6,3 | 3,3 | 6,0 | 2,5 |
| 4,9 | 3,0 | 1,4 | 0,2 | 6,4 | 3,2 | 4,5 | 1,5 | 5,8 | 2,7 | 5,1 | 1,9 |
| 4,7 | 3,2 | 1,3 | 0,2 | 6,9 | 3,1 | 4,9 | 1,5 | 7,1 | 3,0 | 5,9 | 2,1 |
| 4,6 | 3,1 | 1,5 | 0,2 | 5,5 | 2,3 | 4,0 | 1,3 | 6,3 | 2,9 | 5,6 | 1,8 |
| 5,0 | 3,6 | 1,4 | 0,2 | 6,5 | 2,8 | 4,6 | 1,5 | 6,5 | 3,0 | 5,8 | 2,2 |
| 5,4 | 3,9 | 1,7 | 0,4 | 5,7 | 2,8 | 4,5 | 1,3 | 7,6 | 3,0 | 6,6 | 2,1 |
| 4,6 | 3,4 | 1,4 | 0,3 | 6,3 | 3,3 | 4,7 | 1,6 | 4,9 | 2,5 | 4,5 | 1,7 |
| 5,0 | 3,4 | 1,5 | 0,2 | 4,9 | 2,4 | 3,3 | 1,0 | 7,3 | 2,9 | 6,3 | 1,8 |
| 4,4 | 2,9 | 1,4 | 0,2 | 6,6 | 2,9 | 4,6 | 1,3 | 6,7 | 2,5 | 5,8 | 1,8 |
| 4,9 | 3,1 | 1,5 | 0,1 | 5,2 | 2,7 | 3,9 | 1,4 | 7,2 | 3,6 | 6,1 | 2,5 |
| 5,4 | 3,7 | 1,5 | 0,2 | 5,0 | 2,0 | 3,5 | 1,0 | 6,5 | 3,2 | 5,1 | 2,0 |
| 4,8 | 3,4 | 1,6 | 0,2 | 5,9 | 3,0 | 4,2 | 1,5 | 6,4 | 2,7 | 5,3 | 1,9 |
| 4,8 | 3,0 | 1,4 | 0,1 | 6,0 | 2,2 | 4,0 | 1,0 | 6,8 | 3,0 | 5,5 | 2,1 |
| 4,3 | 3,0 | 1,1 | 0,1 | 6,1 | 2,9 | 4,7 | 1,4 | 5,7 | 2,5 | 5,0 | 2,0 |
| 5,8 | 4,0 | 1,2 | 0,2 | 5,6 | 2,9 | 3,6 | 1,3 | 5,8 | 2,8 | 5,1 | 2,4 |
| 5,7 | 4,4 | 1,5 | 0,4 | 6,7 | 3,1 | 4,4 | 1,4 | 6,4 | 3,2 | 5,3 | 2,3 |
| 5,4 | 3,9 | 1,3 | 0,4 | 5,6 | 3,0 | 4,5 | 1,5 | 6,5 | 3,0 | 5,5 | 1,8 |
| 5,1 | 3,5 | 1,4 | 0,3 | 5,8 | 2,7 | 4,1 | 1,0 | 7,7 | 3,8 | 6,7 | 2,2 |
| 5,7 | 3,8 | 1,7 | 0,3 | 6,2 | 2,2 | 4,5 | 1,5 | 7,7 | 2,6 | 6,9 | 2,3 |
| 5,1 | 3,8 | 1,5 | 0,3 | 5,6 | 2,5 | 3,9 | 1,1 | 6,0 | 2,2 | 5,0 | 1,5 |
| 5,4 | 3,4 | 1,7 | 0,2 | 5,9 | 3,2 | 4,8 | 1,8 | 6,9 | 3,2 | 5,7 | 2,3 |
| 5,1 | 3,7 | 1,5 | 0,4 | 6,1 | 2,8 | 4,0 | 1,3 | 5,6 | 2,8 | 4,9 | 2,0 |
| 4,6 | 3,6 | 1,0 | 0,2 | 6,3 | 2,5 | 4,9 | 1,5 | 7,7 | 2,8 | 6,7 | 2,0 |
| 5,1 | 3,3 | 1,7 | 0,5 | 6,1 | 2,8 | 4,7 | 1,2 | 6,3 | 2,7 | 4,9 | 1,8 |
| 4,8 | 3,4 | 1,9 | 0,2 | 6,4 | 2,9 | 4,3 | 1,3 | 6,7 | 3,3 | 5,7 | 2,1 |
| 5,0 | 3,0 | 1,6 | 0,2 | 6,6 | 3,0 | 4,4 | 1,4 | 7,2 | 3,2 | 6,0 | 1,8 |
| 5,0 | 3,4 | 1,6 | 0,4 | 6,8 | 2,8 | 4,8 | 1,4 | 6,2 | 2,8 | 4,8 | 1,8 |
| 5,2 | 3,5 | 1,5 | 0,2 | 6,7 | 3,0 | 5,0 | 1,7 | 6,1 | 3,0 | 4,9 | 1,8 |
| 5,2 | 3,4 | 1,4 | 0,2 | 6,0 | 2,9 | 4,5 | 1,5 | 6,4 | 2,8 | 5,6 | 2,1 |
| 4,7 | 3,2 | 1,6 | 0,2 | 5,7 | 2,6 | 3,5 | 1,0 | 7,2 | 3,0 | 5,8 | 1,6 |
| 4,8 | 3,1 | 1,6 | 0,2 | 5,5 | 2,4 | 3,8 | 1,1 | 7,4 | 2,8 | 6,1 | 1,9 |
| 5,4 | 3,4 | 1,5 | 0,4 | 5,5 | 2,4 | 3,7 | 1,0 | 7,9 | 3,8 | 6,4 | 2,0 |
| 5,2 | 4,1 | 1,5 | 0,1 | 5,8 | 2,7 | 3,9 | 1,2 | 6,4 | 2,8 | 5,6 | 2,2 |
| 5,5 | 4,2 | 1,4 | 0,2 | 6,0 | 2,7 | 5,1 | 1,6 | 6,3 | 2,8 | 5,1 | 1,5 |
| 4,9 | 3,1 | 1,5 | 0,2 | 5,4 | 3,0 | 4,5 | 1,5 | 6,1 | 2,6 | 5,6 | 1,4 |
| 5,0 | 3,2 | 1,2 | 0,2 | 6,0 | 3,4 | 4,5 | 1,6 | 7,7 | 3,0 | 6,1 | 2,3 |
| 5,5 | 3,5 | 1,3 | 0,2 | 6,7 | 3,1 | 4,7 | 1,5 | 6,3 | 3,4 | 5,6 | 2,4 |
| 4,9 | 3,6 | 1,4 | 0,1 | 6,3 | 2,3 | 4,4 | 1,3 | 6,4 | 3,1 | 5,5 | 1,8 |
| 4,4 | 3,0 | 1,3 | 0,2 | 5,6 | 3,0 | 4,1 | 1,3 | 6,0 | 3,0 | 4,8 | 1,8 |
| 5,1 | 3,4 | 1,5 | 0,2 | 5,5 | 2,5 | 4,0 | 1,3 | 6,9 | 3,1 | 5,4 | 2,1 |
| 5,0 | 3,5 | 1,3 | 0,3 | 5,5 | 2,6 | 4,4 | 1,2 | 6,7 | 3,1 | 5,6 | 2,4 |
| 4,5 | 2,3 | 1,3 | 0,3 | 6,1 | 3,0 | 4,6 | 1,4 | 6,9 | 3,1 | 5,1 | 2,3 |
| 4,4 | 3,2 | 1,3 | 0,2 | 5,8 | 2,6 | 4,0 | 1,2 | 5,8 | 2,7 | 5,1 | 1,9 |
| 5,0 | 3,5 | 1,6 | 0,6 | 5,0 | 2,3 | 3,3 | 1,0 | 6,8 | 3,2 | 5,9 | 2,3 |
| 5,1 | 3,8 | 1,9 | 0,4 | 5,6 | 2,7 | 4,2 | 1,3 | 6,7 | 3,3 | 5,7 | 2,5 |
| 4,8 | 3,0 | 1,4 | 0,3 | 5,7 | 3,0 | 4,2 | 1,2 | 6,7 | 3,0 | 5,2 | 2,3 |
| 5,1 | 3,8 | 1,6 | 0,2 | 5,7 | 2,9 | 4,2 | 1,3 | 6,3 | 2,5 | 5,0 | 1,9 |
| 4,6 | 3,2 | 1,4 | 0,2 | 6,2 | 2,9 | 4,3 | 1,3 | 6,5 | 3,0 | 5,2 | 2,0 |
| 5,3 | 3,7 | 1,5 | 0,2 | 5,1 | 2,5 | 3,0 | 1,1 | 6,2 | 3,4 | 5,4 | 2,3 |
| 5,0 | 3,3 | 1,4 | 0,2 | 5,7 | 2,8 | 4,1 | 1,3 | 5,9 | 3,0 | 5,1 | 1,8 |

# Appendice F

**Longueur et largeur de la tête en mm des deux premiers fils adultes de 25 familles hollandaises, d'après des données tirées de la monographie de Frets (1921) par Rao (1952)**



(voir la section 34.4)

| premier fils | | deuxième fils | |
|---|---|---|---|
| longueur | largeur | longueur | largeur |
| 191 | 155 | 179 | 145 |
| 195 | 149 | 201 | 152 |
| 181 | 148 | 185 | 149 |
| 183 | 153 | 188 | 149 |
| 176 | 144 | 171 | 142 |
| 208 | 157 | 192 | 152 |
| 189 | 150 | 190 | 149 |
| 197 | 159 | 189 | 152 |
| 188 | 152 | 197 | 159 |
| 192 | 150 | 187 | 151 |
| 179 | 158 | 186 | 148 |
| 183 | 147 | 174 | 147 |
| 174 | 150 | 185 | 152 |
| 190 | 159 | 195 | 157 |
| 188 | 151 | 187 | 158 |
| 163 | 137 | 161 | 130 |
| 195 | 155 | 183 | 158 |
| 186 | 153 | 173 | 148 |
| 181 | 145 | 182 | 146 |
| 175 | 140 | 165 | 137 |
| 192 | 154 | 185 | 152 |
| 174 | 143 | 178 | 147 |
| 176 | 139 | 176 | 143 |
| 197 | 167 | 200 | 158 |
| 190 | 163 | 187 | 150 |

# Appendice G

## Âge postnatal, longueur du corps, poids du corps et poids du cerveau de 44 rats blancs mâles, d'après des données de Jolicoeur et Pirlot (1988)

(voir la section 35.14)

| âge postnatal (jours) | longueur du corps (mm) | poids du corps (g) | poids du cerveau (mg) |
|---|---|---|---|
| 0 | 50 | 5,6 | 280 |
| 0 | 52 | 6,2 | 270 |
| 0 | 54 | 6,3 | 290 |
| 0 | 52 | 6,6 | 290 |
| 10 | 82 | 17,8 | 950 |
| 10 | 85 | 17,9 | 960 |
| 10 | 82 | 18,0 | 980 |
| 10 | 83 | 18,9 | 1040 |
| 20 | 105 | 32,3 | 1290 |
| 20 | 103 | 34,1 | 1420 |
| 20 | 109 | 37,0 | 1360 |
| 20 | 106 | 35,9 | 1460 |
| 30 | 137 | 57,5 | 1320 |
| 30 | 129 | 54,0 | 1270 |
| 30 | 127 | 57,3 | 1310 |
| 30 | 128 | 55,3 | 1350 |
| 40 | 159 | 103,9 | 1470 |
| 40 | 162 | 105,0 | 1610 |
| 40 | 165 | 101,6 | 1560 |
| 40 | 159 | 105,8 | 1410 |
| 50 | 172 | 128,6 | 1620 |
| 50 | 163 | 117,8 | 1590 |
| 50 | 177 | 139,8 | 1640 |
| 50 | 159 | 131,4 | 1470 |
| 60 | 180 | 169,5 | 1400 |
| 60 | 186 | 189,2 | 1750 |
| 60 | 205 | 187,2 | 1710 |
| 60 | 184 | 173,3 | 1640 |
| 70 | 199 | 208,8 | 1600 |
| 70 | 193 | 205,1 | 1640 |
| 70 | 186 | 191,8 | 1630 |
| 70 | 188 | 188,7 | 1600 |
| 80 | 205 | 196,5 | 1730 |
| 80 | 202 | 215,5 | 1800 |
| 80 | 210 | 209,5 | 1630 |
| 80 | 201 | 217,0 | 1750 |
| 90 | 220 | 254,2 | 1700 |
| 90 | 220 | 248,4 | 1740 |
| 90 | 224 | 254,4 | 1810 |
| 90 | 217 | 248,5 | 1660 |
| 100 | 218 | 270,6 | 1780 |
| 100 | 219 | 273,7 | 1820 |
| 100 | 217 | 276,7 | 1760 |
| 100 | 221 | 267,3 | 1750 |

# Bibliographie

ABRAMOWITZ, M., STEGUN, I. A.
1968 *Handbook of Mathematical Functions, with Formulas, Graphs, and Mathematical Tables.* National Bureau of Standards, Applied Mathematics Series, No. 55. U. S. Government Printing Office, Washington, D. C.

AITKEN, A. C.
1956 *Determinants and Matrices.* 9ième édition. Oliver and Boyd, Edinburgh

ALLARD, C., JOLICOEUR, P., GOULET, C.
1970 Cholesterol determinations: how many? *Canadian Medical Association Journal* **102,** 1398-1399.

ALTMAN, P. L., DITTMER, D. S.
1966 *Environmental Biology.* Biological Handbooks, Federation of American Societies for Experimental Biology, Bethesda, Maryland.

ANDERSON, E.
1954 Efficient and inefficient methods of measuring specific differences. Chapitre 6, pages 93-106, dans *Statistics and Mathematics in Biology* (O. Kempthorne, T. A. Bancroft, J. W. Gowen, J. L. Lush, dir.). Iowa State College Press, Ames. [réimprimé en 1964 par Hafner, New York].

ANDERSON, R. L.
1946 Missing-plot techniques. *Biometrics* **2,** 41-47.

ANDERSON, T. W.
1958 *An Introduction to Multivariate Statistical Analysis.* Wiley, New York.

1963 Asymptotic theory for principal component analysis. *Annals of Mathematical Statistics* **34,** 122-148.

1984 *An Introduction to Multivariate Statistical Analysis.* 2ième édition. Wiley, New York.

ANDREWS, D. F., HERZBERG, A. M.
1985 *Data.* Springer-Verlag, New York.

ASHBY, E., OXLEY, T. A.
1935 The interaction of factors in the growth of *Lemna*. VI. *Annals of Botany* **49,** 309-336.

ATCHLEY, W. R., BRYANT, E. H.
1975 *Multivariate Statistical Methods, Among-Groups Covariation.* Benchmark Papers in Systematic and Evolutionary Biology, 1. Dowden, Hutchinson & Ross, Stroudsburg, Pennsylvania.

BARON, G., JOLICOEUR, P.
1980 Brain structure in Chiroptera: some multivariate trends. *Evolution* **34,** 386-393.

BARTLETT, M. S.
1954 A note on the multiplying factors for various $\chi^2$ approximations. *Journal of the Royal Statistical Society, Series B* **16,** 296-298.

BATES, D. M., WATTS, D. G.
1988 *Nonlinear regression analysis and its applications.* Wiley, New York.

BEAUMONT, R. A.
1965 *Linear Algebra.* Harcourt, Brace & World, Inc., New York.

BEERSTECHER, E., SUTTON, H. E., BERRY, H. K., BROWN, W. D., REED, J., RICH, G. B., BERRY, L. J., WILLIAMS, R. J.
1950 Biochemical individuality. V. Explorations with respect to the metabolic patterns of compulsive drinkers. *Archives of Biochemistry* **29**, 27-40.

BELEHRADEK, J.
1935 *Temperature and Living Matter.* Borntraeger, Berlin.

BERTALANFFY, L. von
1951 *Theoretische Biologie.* Zweiter Band: *Stoffwechsel, Wachstum.* Francke, Bern.

BLACKITH, R. E., REYMENT, R. A.
1971 *Multivariate Morphometrics.* Academic Press, London.

BLISS, C. I., JAMES, A. T.
1966 Fitting the rectangular hyperbola. *Biometrics* **22**, 573-602.

BOCK, R. D., THISSEN, D.
1976 Fitting multi-component models for growth in stature. *Proceedings of the 9$^{th}$ International Biometrics Conference* 1, 431-442.

BOURASSA, M.
1987 La cinétique enzymatique fondamentale. Chapitre 7, pages 200-225 dans *Une approche mathématique de la biologie* (R. V. Jean, dir.). Gaëtan Morin, Chicoutimi.

BOUTELOUP, J.
1961 *Calcul matriciel.* “Que-sais-je ?” Numéro 927. Presses Universitaires de France, Paris.

BOX, G. E. P., HUNTER, W. G., HUNTER, J. S.
1978 *Statistics for Experimenters*. Wiley, New York.

BRADSHAW, J. L., ROGERS, L. J.
1993 *The Evolution of Lateral Asymmetries, Language, Tool Use, and Intellect.* Academic Press, Inc., San Diego.

BREEDLOVE, D. E., EHRLICH, P. R.
1968 Plant-herbivore coevolution: lupines and lycaenids. *Science* **162**, 671-672.

BRIDGMAN, P. W.
1931 *Dimensional Analysis.* Yale University Press, New Haven.

BRODY, S.
1945 *Bioenergetics and Growth.* Reinhold Publishing Corporation, New York. [réimprimé en 1964 par Hafner, New York].

BROWER, L. P.
1959 Speciation in butterflies of the *Papilio glaucus* group. I. Morphological relationships and hybridization. *Evolution* **13**, 40-63.

BROWN, J. D., BEERSTECHER, E.
1951 Metabolic patterns of underweight and overweight individuals. *Univ.Texas Publ., Biochem. Inst. Studies* **4,** 181-188.

BRYANT, E. H., ATCHLEY, W. R.
1975 *Multivariate Statistical Methods, Within-Groups Covariation.* Benchmark Papers in Systematic and Evolutionary Biology, 2. Dowden, Hutchinson & Ross, Stroudsburg, Pennsylvania.

BUTLER, G. E., McKIE, M., RATCLIFFE, S. G.
1990 The cyclical nature of prepubertal growth. *Annals of Human Biology* **17,** 177-198.

CABANA, T., JOLICOEUR, P., BARON, G.
1990 Brain and body growth and allometry in the Mongolian Gerbil (*Meriones unguiculatus*). *Growth, Development & Aging* **54,** 23-30.

CABANA, T., JOLICOEUR, P., MICHAUD, J.
1993 Prenatal and postnatal growth and allometry of stature, head circumference and brain weight in Québec children. *American Journal of Human Biology* **5,** 93-99.

CAUSTON, D. R., VENUS, J. C.
1981 *The Biometry of Plant Growth.* Arnold, London.

CHANUT, J.-P.
1987 Collecte des données. Chapitre 6, pages 156-198 dans *Une approche mathématique de la biologie* (R. V. Jean, dir.). Gaëtan Morin, Chicoutimi.

COCHRAN, W. G.
1954 Some methods for strengthening the common $\chi^2$ tests. *Biometrics* **10,** 417-451.

1957 Analysis of covariance: its nature and uses. *Biometrics* **13,** 261-281.

COREN, S., PORAC, C.
1977 Fifty centuries of right-handedness: the historical record. *Science* **198,** 631-632.

CREASY, M. A.
1956 Confidence limits for the gradient in the linear functional relationship. *Journal of the Royal Statistical Society, Series B* **18,** 65-69.

CURRIE, D. J.
1982 Estimating Michaelis-Menten parameters: bias, variance and experimental design. *Biometrics* **38,** 907-919.

DAGNELIE, P.
1969 *Théorie et méthodes statistiques. Volume I, La statistique descriptive et les fondements de l'inférence statistique.* Éditions J. Duculot, S.A., Gembloux.

1970 *Théorie et méthodes statistiques. Volume II, Les méthodes de l'inférence statistique.* Éditions J. Duculot, S.A., Gembloux.

1975 *Analyse statistique à plusieurs variables.* Les Presses agronomiques de Gembloux, Belgique.

DARMOIS, G.
1952 *Statistique et applications.* Librairie Armand Colin, Paris.

DARROCH, J. N., MOSIMANN, J. E.
1985 Canonical and principal components of shape. *Biometrika* **72**, 241-252.

DAVID, F. N.
1938 *Tables of the Ordinates and Probability Integral of the Distribution of the Correlation Coefficient in Small Samples.* Cambridge University Press, London.

DAWES, E. A.
1967 *Quantitative Problems in Biochemistry.* 4ième édition. Livingstone, Edinburgh.

DAWOOD, N., JOLICOEUR, P., SHARIEF, S. D.
1988 Postnatal brain growth and allometry in the rabbit *Oryctolagus cuniculus*. *Growth, Development & Aging* **52**, 169-175.

DEMPSTER, A. P.
1969 *Elements of Continuous Multivariate Analysis.* Addison-Wesley, Reading, Massachusetts.

DIEUDONNÉ, J.
1964 *Algèbre linéaire et géométrie élémentaire.* Hermann, Paris.

DONALDSON, J. R., SCHNABEL, R. B.
1987 Computational experience with confidence regions and confidence intervals for nonlinear least squares. *Technometrics* **29**, 67-82.

DRAPER, N. R., SMITH, H.
1981 *Applied Regression Analysis.* 2ième édition. Wiley, New York.

FELDMAN, H. A.
1995 On the allometric mass exponent, when it exists. *Journal of Theoretical Biology* **172**, 187-197.

FERRON, J.
1987 L'optimisation du comportement animal. Chapitre 1, pages 2-36 dans *Une approche mathématique de la biologie* (R. V. Jean, dir.). Gaëtan Morin, Chicoutimi.

FIELLER, E. C.
1954 Some problems in interval estimation. *Journal of the Royal Statistical Society, Series B* **16**, 175-185, 219-221.

FISHER, R. A.
1936 The use of multiple measurements in taxonomic problems. *Annals of Eugenics* **7**, 179-188.

1950 *Contributions to Mathematical Statistics.* Wiley, New York.

1960 *The Design of Experiments.* 7ième édition. Oliver and Boyd, Edinburgh.

1970 *Statistical Methods for Research Workers.* 14ième édition. Oliver and Boyd, Edinburgh.

FORD, P.
1958 Studies on the development of the kidney of the Pacific pink salmon (*Onchorynchus gorbuscha* (Walbaum)) II. Variation in glomerular count of the kidney of the Pacific pink salmon. *Canadian Journal of Zoology* **36**, 45-47.

FRETS, G. P.
1921 *Heredity of Headform in Man.* Martinus Nijhoff, The Hague.

GAUSE, G. F.
1934 *The Struggle for Existence.* Williams & Wilkins, Baltimore.

GEISSLER, A.
1889 Beiträge zur Frage des Geschlechts verhältnisses der Geborenen. *Zeitschrift des Königlich Sächsischen Statistischen Bureaus.*

GNANADESIKAN, R.
1977 *Methods for Statistical Data Analysis of Multivariate Observations.* Wiley, New York.

GRAY, J.
1928 The growth of fish. III. The effect of temperature on the development of the eggs of *Salmo fario. British Journal of Experimental Biology* **6,** 125-130.

GRAYBILL, F. A.
1969 *Introduction to Matrices with Applications in Statistics.* Wadsworth, Belmont.

GREEN, R. H.
1971 A multivariate statistical approach to the Hutchinsonian niche: Bivalve molluscs of central Canada. *Ecology* **52,** 543-556.
1979 *Sampling Design and Statistical Methods for Environmental Biologists.* Wiley, New York.

GREENWOOD, M., BROWN, J. W.
1913 A second study of the weight, variability and correlation of the human viscera. *Biometrika* **9,** 473-485.

HALDANE, J. S., PRIESTLEY, J. G.
1905 The regulation of the lung ventilation. *Journal of Physiology* **32,** 225-266.

HAUSPIE, R. C.
1989 Mathematical models for the study of individual growth patterns. *Revue d'Épidémiologie et de Santé Publique* **37,** 461-476.

HAYES, F. R., ANTHONY, E. H.
1958 Lake water and sediment. I. Characteristics and water chemistry of some Canadian east coast lakes. *Limnology and Oceanography* **3,** 299-307.

HELLER, R.
1974 *Manuel de statistique biologique.* 2ième édition. Gauthier-Villars, Paris.

HEUSNER, A. A.
1991 Size and power in mammals. *Journal of Experimental Biology* **160,** 25-54.

HEUSNER, A. A., JOLICOEUR, P.
1972 Allometry of the standard oxygen consumption in the white rat. Pages 22-24 dans *Proceedings of the International Symposium on Environmental Physiology: Bioenergetics*, Dublin, July 18-23, 1971. Federation of American Societies for Experimental Biology, Bethesda, Maryland.

HILL, A. V.
1913 The combinations of haemoglobin with oxygen and with carbon monoxide. *Biochemical Journal* 7, 471-480.

HOTELLING, H.
1931 The generalization of Student's ratio. *Annals of Mathematical Statistics* **2,** 360-378.

1933 Analysis of a complex of statistical variables into principal components. *Journal of Educational Psychology* **24,** 417-441, 498-520.

1936 Relations between two sets of variates. *Biometrika* **28,** 321-377.

HUNT, R.
1982 *Plant Growth Curves.* Arnold, London.

HUXLEY, J. S.
1932 *Problems of Relative Growth.* Methuen, London.

JACKSON, J. E.
1991 *A User's Guide to Principal Components.* Wiley, New York.

JACOBI, C. G. J.
1846 Über ein leichtes Verfahren, die in der Theorie der Säkularstörungen vorkommenden Gleichungen numerisch aufzulösen. *Journal für die reine und angewandte Mathematik* **30,** 51-95.

JAMES, A. T.
1977 Tests for a prescribed subspace of principal components. Pages 73-77 dans *Multivariate Analysis – IV, Proceedings of the Fourth International Symposium on Multivariate Analysis* (P. R. Krishnaiah, dir.). North-Holland, Amsterdam.

JEAN, R. V.
1987 Croissance différentielle, formule allométrique de Huxley et croissance sigmoïde. Chapitre 5, pages 128-155 dans *Une approche mathématique de la biologie* (R. V. Jean, dir.). Gaëtan Morin, Chicoutimi.

JOLICOEUR, P.
1959 Multivariate geographical variation in the wolf *Canis lupus* L. *Evolution* **13,** 283-299.

1963a The multivariate generalization of the allometry equation. *Biometrics* **19,** 497-499.

1963b The degree of generality of robustness in *Martes americana.* *Growth* **27,** 1-27.

1963c Bilateral symmetry and asymmetry in limb bones of *Martes americana* and man. *Revue Canadienne de Biologie* **22,** 409-432.

1963d Les combinaisons multidimensionnelles de caractères anatomiques quantitatifs. *Proceedings of the XVI International Congress of Zoology,* Washington, **1,** 183.

1965 Calcul d'un intervalle de confiance pour la pente de l'axe majeur de la distribution normale de deux variables. *Biométrie-Praximétrie* **6,** 31-35.

1968 Interval estimation of the slope of the major axis of a bivariate normal distribution in the case of a small sample. *Biometrics* **24,** 679-682.

JOLICOEUR, P.
1973 Imaginary confidence limits of the slope of the major axis of a bivariate normal distribution: a sampling experiment.
*Journal of the American Statistical Association* **68,** 866-871.

1975a Linear regressions in fishery research: some comments.
*Journal of the Fisheries Research Board of Canada* **32,** 1491-1494.

1975b Sexual dimorphism and geographical distance as factors of skull variation in the wolf *Canis lupus* L. Chapitre 4, pages 54-61, dans *The Wild Canids* (M. W. Fox, dir.). Van Nostrand Reinhold, New York.

1984 Principal components, factor analysis, and multivariate allometry: a small–sample direction test. *Biometrics* **40,** 685-690.

1985 A flexible 3-parameter curve for limited or unlimited somatic growth.
*Growth* **49,** 271-281.

1989 A simplified model for bivariate complex allometry.
*Journal of Theoretical Biology* **140,** 41-49.

1990 Bivariate allometry: interval estimation of the slopes of the ordinary and standardized normal major axes and structural relationship.
*Journal of Theoretical Biology* **144,** 275-285.

1995 Unlinearized confidence limits for the statistical recovery of non-linear relationships in biology. *Journal of Theoretical Biology* **172,** 217-224.

1996 Combinaisons linéaires *a priori* de logarithmes de variables lognormales. Communication présentée aux 28ièmes Journées de Statistique, 27-30 mai 1996, Université Laval, Québec.

JOLICOEUR, P., ABIDI, H., PONTIER, J.
1991 Human stature: which growth model?
*Growth, Development & Aging* **55,** 129-132.

JOLICOEUR, P., .BARON, G.
1980 Brain center correlations among Chiroptera.
*Brain, Behavior & Evolution* **17,** 419-431.

JOLICOEUR, P., BARON, G., CABANA, T.
1988 Cross-sectional growth and decline of human stature and brain weight in 19th-century Germany. *Growth, Development & Aging* **52,** 201-206.

JOLICOEUR, P., BRUNEL, P.
1966 Application du diagramme hexagonal à l'étude de la sélection de ses proies par la morue. *Vie et Milieu* **17,** 419-433.

JOLICOEUR, P., CABANA, T., DUCHARME, G.
1992 A four-parameter generalization of the Gompertz curve suitable for somatic growth. *Growth, Development & Aging* **56,** 69-74.

JOLICOEUR, P., DUCHARME, G.
1992 Bivariate allometry: point estimation of the slope of the normal major axis.
*Journal of Theoretical Biology* **154,** 35-41.

JOLICOEUR, P., HEUSNER, A. A.

1971 The allometry equation in the analysis of the standard oxygen consumption and body weight of the white rat. *Biometrics* **27,** 841-855.

1986 Log-normal variation belts for growth curves. *Biometrics* **42,** 785-794.

JOLICOEUR, P., MOSIMANN, J. E.

1960 Size and shape variation in the Painted Turtle. A principal component analysis. *Growth* **24,** 339-354.

1968 Intervalles de confiance pour la pente de l'axe majeur d'une distribution normale bidimensionnelle. *Biométrie-Praximétrie* **9,** 121-140.

JOLICOEUR, P., PIRLOT, P.

1988 Asymptotic growth and complex allometry of the brain and body in the white rat. *Growth, Development & Aging* **52,** 3-9.

JOLICOEUR, P., PIRLOT, P., BARON, G., STEPHAN, H.

1984 Brain structure and correlation patterns in Insectivora, Chiroptera, and Primates. *Systematic Zoology* **33,** 14-29.

JOLICOEUR, P., PONTIER, J.

1989 Population growth and decline: a four-parameter generalization of the logistic curve. *Journal of Theoretical Biology* **141,** 563-571.

1993 Peut-on utiliser des modèles de croissance longitudinale dans l'analyse de données transversales? *Biométrie-Praximétrie* **33,** 33-44.

JOLICOEUR, P., PONTIER, J., ABIDI, H.

1992 Asymptotic models for the longitudinal growth of human stature. *American Journal of Human Biology* **4,** 461-468.

JOLICOEUR, P., PONTIER, J., PERNIN, M.-O., SEMPÉ, M.

1988 A lifetime asymptotic growth curve for human height. *Biometrics* **44,** 995-1003.

JOLIVET, E.

1983 *Introduction aux modèles mathématiques en biologie.* Masson, Paris.

JUDAY, C., BIRGE, E. A., MELOCHE, V. W.

1941 Chemical analyses of the bottom deposits of Wisconsin lakes. II. Second Report. *Transactions of the Wisconsin Academy of Sciences, Arts and Letters* **33,** 99-114.

KANEFUJI, K., SHOHOJI, T.

1990 On a growth model of human height. *Growth, Development & Aging* 54, 155-165.

KARPINOS, B. D.

1958 Height and weight of selective service registrants processed for military service during world war II. *Human Biology* **30,** 292-321.

KAVANAGH, A. J., RICHARDS, O. W.

1942 Mathematical analysis of the relative growth of organisms. *Proceedings of the Rochester Academy of Science* **8,** 150-174.

KENDALL, M. G.

1957 *A Course in Multivariate Analysis.* Griffin, London.

KENDALL, M. G., STUART, A.
1963 *The Advanced Theory of Statistics.* Volume 1, Second edition. Griffin, London.
1966 *The Advanced Theory of Statistics.* Volume 3. Griffin, London.
1973 *The Advanced Theory of Statistics.* Volume 2, Third edition. Griffin, London.

KENNEDY, W. J., Jr., GENTLE, J. E.
1980 *Statistical Computing.* Dekker, New York.

KERMACK, K. A., HALDANE, J. B. S.
1950 Organic correlation and allometry. *Biometrika* **37,** 30-41.

KIMURA, D. K.
1992 Symmetry and scale dependence in functional relationship regression. *Systematic Biology* **41,** 233-241.

KRUSKAL, W. H.
1953 On the uniqueness of the line of organic correlation. *Biometrics* **9,** 47-58.

KRZANOWSKI, W. J.
1989 On confidence regions in canonical variate analysis. *Biometrika* **76,** 107-116.

KSHIRSAGAR, A. M.
1961 The goodness-of-fit of a single (non-isotropic) hypothetical principal component. *Biometrika* **48,** 397-407.
1972 *Multivariate Analysis.* Dekker, New York.

LACROIX, N. H. J.
1987 Tables de survie et matrices de Leslie. Chapitre 2, pages 38-70 dans *Une approche mathématique de la biologie* (R. V. Jean, dir.). Gaëtan Morin, Chicoutimi.

LASSUS, C.
1987 Croissance exponentielle et logistique des populations. Chapitre 4, pages 98-126, dans *Une approche mathématique de la biologie* (R. V. Jean, dir.). Gaëtan Morin, Chicoutimi.

LAWS, R. M.
1953 The elephant seal (*Mirounga leonina* Linn.). I. Growth and age. *Falkland Islands Dependencies Survey, Scientific Reports,* No. 8.

LEBART, L., MORINEAU, A., PIRON, M.
1995 *Statistique exploratoire multidimensionnelle.* Dunod, Paris.

LEBEAU, B.
1984 La reproduction du maskinongé *Esox masquinongy* Mitchill au lac Barrière et au lac St-Louis, Province de Québec. Mémoire de M. Sc., Département de Sciences biologiques, Université de Montréal.

LEBEAU, B., JOLICOEUR, P., PAGEAU, G., CROSSMAN, E. J.
1986 Asymptotic growth, egg production and trivariate allometry in *Esox masquinongy* Mitchill. *Growth* **50,** 185-200.

LEBRETON, J. D., MILLIER, C., JOLIVET, E., PAVÉ, A., VILA, J. P.
1982 *Modèles dynamiques déterministes en biologie.* Masson, Paris.

LECLAIR, R.
1987 Théorie de la prédation, modèle de Lotka-Volterra et modèle de Nicholson-Bailey. Chapitre 9, pages 262-288 dans *Une approche mathématique de la biologie* (R. V. Jean, dir.). Gaëtan Morin, Chicoutimi.

LEE, R. E., GILBERT, C. A.
1918 On the application of the mass law to the process of disinfection. *Journal of Physical Chemistry* **22,** 348-372.

LEFEBVRE, J.
1980 *Introduction aux analyses statistiques multidimensionnelles.* 2ième édition. Masson, Paris.

LEFEBVRE, J., TASSENCOURT, L.
1968 Le problème de la précision dans le calcul des corrélations canoniques. *Biométrie-Praximétrie* **9,** 161-173.

LEGAY, J.-M., et collaborateurs.
1981 *Exercices et problèmes commentés, Mathématiques pour biologistes.* Masson, Paris.

LEPRINCE, D. J., JOLICOEUR, P.
1986a Annual, intra-, and inter-specific variations in body size and potential fecundity of some *Tabanus* species (*Diptera: Tabanidae*). *Canadian Entomologist* **118,** 1265-1272.

1986b Response to carbon dioxide of *Tabanus quinquevittatus* Wiedemann females (*Diptera, Tabanidae*) in relation to relative abundance, parity, follicle development, and sperm and fructose presence. *Canadian Entomologist* **118,** 1273-1277.

L'HÉRITIER, P.
1949 *Les méthodes statistiques dans l'expérimentation biologique.* Centre National de la Recherche scientifique, Paris.

LUBISCHEW, A. A.
1962 On the use of discriminant functions in taxonomy. *Biometrics* **18,** 455-477.

MACKINTOSH, N. A., WHEELER, J. F. G.
1929 Southern blue and fin whales. *Discovery Reports* **I,** 257-540.

MALLOWS, C. L.
1961 Latent vectors of random symmetric matrices. *Biometrika* **48,** 133-149.

MARCHAND, F.
1902 Ueber das Hirngewicht des Menschen. *Abhandlungen der Königlich Säschsischen Gesellschaft der Wissenschaften, mathematisch-physikalische Classe* **27,** 391-482.

McALLISTER, D. E., JOLICOEUR, P., TSUYUKI, H.
1972 Morphological and myogen comparison of johnny and tessellated darters and their hybrids, genus *Etheostoma,* near Ottawa, Canada. *Journal of the Fisheries Research Board of Canada* **29,** 1173-1180.

MICHAELIS, L., MENTEN, M. L.
1913 Die Kinetik der Invertinwirkung. *Biochemische Zeitschrift* **49,** 333-369.

MILLER, A. J.
1994 Bivariate confidence regions in non-linear regression.
*Applied Statistics* **43,** 275-284.

MILLER, R. G.
1966 *Simultaneous Statistical Inference.* McGraw-Hill, New York.

MILLIKAN, C. R.
1963 Effects of different levels of zinc and phosphorus on the growth of subterranean clover (*Trifolium subterraneum* L.).
*Australian Journal of Agricultural Research* **14,** 180-205.

MORRISON, D. F.
1967 *Multivariate Statistical Methods.* McGraw-Hill, New York.

1983 *Applied Linear Statistical Methods.* Prentice-Hall, Englewood Cliffs, New Jersey.

1990 *Multivariate Statistical Methods.* 3ième édition. McGraw-Hill, New York.

MOSIMANN, J. E.
1962 On the compound multinomial distribution, the multivariate $\beta$-distribution, and correlations among proportions. *Biometrika* **49,** 65-82.

1963 On the compound negative multinomial distribution and correlations among inversely sampled pollen counts. *Biometrika* **50,** 47-54.

1968 *Elementary Probability for the Biological Sciences.*
Appleton-Century-Crofts, New York.

1970 Size allometry: size and shape variables with characterizations of the lognormal and generalized gamma distribution.
*Journal of the American Statistical Association* **65,** 930-945.

MOSIMANN, J. E., CAMPBELL, G.
1988 Applications in Biology: Simple Growth Models. Chapitre 11, pages 287-302, dans *Lognormal Distributions: Theory and Applications* (E. L. Crow et K. Shimizu, dir.). Dekker, New York.

MÜNTER, A. H.
1936 A study of the lengths of the long bones of the arms and legs in man, with special reference to Anglo-Saxon skeletons. *Biometrika* **28,** 258-294.

MURDOCH, D. C.
1957 *Linear Algebra for Undergraduates.* Wiley, New York.

NELDER, J. A., MEAD, R.
1965 A simplex method for function minimization. *Computer Journal* **7,** 308-313.

NIKLAS, K. J.
1994 The allometry of safety-factors for plant height.
*American Journal of Botany* **81,** 345-351.

OLSSON, D. M., NELSON, L. S.
1975 The Nelder-Mead simplex procedure for function minimization.
*Technometrics* **17,** 45-51.

O'NEILL, R.
1971 Function minimization using a simplex procedure. *Applied Statistics* **20,** 338-345.

PAGEAU, G.
1967 Comportement, alimentation et croissance de l'achigan à petite bouche (*Micropterus dolomieui* Lacépède) dans la plaine de Montréal et dans les Laurentides. Thèse de Ph. D., Département de Sciences biologiques, Université de Montréal.

PAVÉ, A.
1994 *Modélisation en biologie et en écologie.* Aléas Éditeur, Lyon.

PEARSON, K.
1900 On the criterion that a given system of deviations from the probable in the case of a correlated system of variables is such that it can be reasonably supposed to have arisen from random sampling. *London, Edinburgh and Dublin Philosophical Magazine and Journal of Science,* Series 5, **50,** 157-175.

1901 On lines and planes of closest fit to systems of points in space. *Philosophical Magazine,* Series 6, **2,** 559-572.

PEARSON, K., LEE, A.
1900 Mathematical contributions to the theory of evolution. VIII. On the inheritance of characters not capable of exact quantitative measurement. *Philosophical Transactions of the Royal Society of London (Series A)* **195,** 79-150.

PIRLOT, P., JOLICOEUR, P.
1982 Correlations between major brain regions in Chiroptera. *Brain, Behavior & Evolution* **20,** 172-181.

PONTIER, J., DUFOUR, A.-B., NORMAND, M.
1990 *Le modèle euclidien en analyse de données.* Éditions de l'Université de Bruxelles, Bruxelles.

PONTIER, J., JOLICOEUR, P., PERNIN, M.-O.
1987 Analyse canonique complète. *Statistique et Analyse des Données* **12,** 124-148.

PONTIER, J., JOLICOEUR, P., ABIDI, H., SEMPÉ, M.
1988 Croissance staturale chez l'enfant: le modèle JPPS. *Biométrie-Praximétrie* **28,** 27-44.

PONTIER, J., JOLICOEUR, P., PERNIN, M.-O., ABIDI, H., SEMPÉ, M.
1988 Modélisation de la courbe de croissance staturale chez l'enfant: le modèle JPPS. *Cahiers d'Anthropologie et Biométrie Humaine (Paris)* **6,** 71-85.

PONTIER, J., NORMAND, M., JOLICOEUR, P.
1989 Modélisation JPPS d'une courbe de maturation osseuse. *Biométrie-Praximétrie* **29,** 49-62.

POPJAK, G., MUIR, H.
1950 In search of a phospholipin precursor. *Biochemical Journal* **46,** 103-113.

PREECE, M. A., BAINES, M. J.
1978 A new family of mathematical models describing the human growth curve. *Annals of Human Biology* **5,** 1-24.

PRUNTY, L.
1983 Curve fitting with smooth functions that are piecewise-linear in the limit. *Biometrics* **39**, 857-866.

PÜTTER, A.
1920 Studien über physiologische Ähnlichkeit. VI. Wachstumsähnlichkeiten. *Pfluegers Archiv für die gesamte Physiologie* **180**, 298-340.

RAO, C. R.
1952 *Advanced Statistical Methods in Biometric Research.* Wiley, New York. [réimprimé en 1970 avec corrections par Hafner, New York].

1965 *Linear Statistical Inference and Its Applications.* Wiley, New York.

RATKOWSKI, D. A.
1983 *Nonlinear Regression Modeling.* Dekker, New York.

1990 *Handbook of Nonlinear Regression Models.* Dekker, New York.

RAWSON, D. S.
1960 A limnological comparison of twelve large lakes in northern Saskatchewan. *Limnology and Oceanography* **5**, 195-211.

REMPE, U.
1962 Über einige statistische Hilfsmittel moderner zoologisch-systematischer Untersuchungen. *Zoologischer Anzeiger* **169**, 93-140.

RIGGS, D. S.
1970 *The Mathematical Approach to Physiological Problems.* M.I.T. Press, Cambridge.

RINGROSE, T. J., KRZANOWSKI, W. J.
1991 Simulation study of confidence regions for canonical variate analysis. *Statistics and Computing* **1**, 41-46.

ROSS, G. S.
1990 *Nonlinear Estimation.* Springer-Verlag, New York.

ROY, S. N.
1957 *Some Aspects of Multivariate Analysis.* Wiley, New York.

SCHEBESTA, P., LEBZELTER, V.
1933 *Anthropology of the Central African Pygmies in the Belgian Congo.* Czech Academy of Sciences and Arts, Prague.

SCHEFFÉ, H.
1959 *The Analysis of Variance.* Wiley, New York.

SCHREIER, O., SPERNER, E.
1959 *Modern Algebra and Matrix Theory.* Chelsea, New York.

SCHWARTZ, D.
1963 *Méthodes statistiques à l'usage des médecins et des biologistes.* 3ième édition. Éditions Médicales Flammarion, Paris.

SCHWERDTFEGER, F.
1963 *Ökologie der Tiere.* Band I: *Autökologie.* Verlag Paul Parey, Berlin.

SCOTT, J. H.
1957 Muscle growth and function in relation to skeletal morphology. *American Journal of Physical Anthropology* N. S., **15,** 197-234.

SEAL, H. L.
1964 *Multivariate Statistical Analysis for Biologists.* Methuen, London.

SEARLE, S. R.
1966 *Matrix Algebra for the Biological Sciences.* Wiley, New York.

SEBER, G. A. F.
1984 *Multivariate Observations.* Wiley, New York.

SEBER, G. A. F., WILD, C. J.
1989 *Nonlinear Regression.* Wiley, New York.

SHEA, B. T.
1985 Bivariate and multivariate growth allometry: statistical and biological considerations. *Journal of Zoology, London (A)* **206,** 367-390.

SHOHOJI, T., SASAKI, H.
1987 Individual growth of stature of Japanese. *Growth* **51,** 432-450.

SIMON, W.
1977 *Mathematical Techniques for Biology and Medicine.* M.I.T. Press, Cambridge.

SMITH, J. M.
1957 Temperature tolerance and acclimatization in *Drosophila subobscura. Journal of Experimental Biology* **34,** 85-96.

SNEDECOR, G. W., COCHRAN, W. G.
1967 *Statistical Methods.* 6ième édition. Iowa State University Press, Ames, Iowa.

SPRENT, P.
1969 *Models in Regression and Related Topics.* Methuen, London.

1972 The mathematics of size and shape. *Biometrics* **28,** 23-37.

1992 *Pratique des statistiques nonparamétriques.* Traduction française: J.-P. Ley. Institut national de la recherche agronomique, Paris.

1993 *Applied Nonparametric Statistical Methods.* 2ième édition. Chapman & Hall, London.

STAMP, N. E.
1980 Egg deposition patterns in butterflies: why do some species cluster their eggs rather than deposit them singly? *American Naturalist* **115,** 367-380.

STIGLER, S. M.
1986 *The History of Statistics. The Measurement of Uncertainty before 1900.* Harvard University Press, Cambridge.

STUDENT
1908 The probable error of a mean. *Biometrika* **6,** 1-25.

TEISSIER, G.
1948 La relation d'allométrie: sa signification statistique et biologique. *Biometrics* **4,** 14-53.

TEISSIER, G.
1955 Sur la détermination de l'axe d'un nuage rectiligne de points. *Biometrics* **11**, 344-356.

1960 Relative growth. Chapitre 16, pages 537-560, dans *The Physiology of Crustacea, Vol.1, Metabolism and Growth* (T. H. Waterman, dir.). Academic Press, New York.

1961 Choix des paramètres définissant une relation structurale linéaire dans la pratique biométrique. *Biométrie-Praximétrie* **2**, 137-158.

TERROINE, É. F., TRAUTMANN, S.
1927 Influence de la température extérieure sur la production calorique des homéothermes et loi des surfaces. *Annales de Physiologie et de Physicochimie biologique* **3**, 422-457.

TOMASSONE, R., AUDRAIN, S., LESQUOY-de TURCKHEIM, É., MILLIER, C.
1992 *Le régression, nouveaux regards sur une ancienne méthode statistique.* 2ième édition. Masson, Paris.

TOMASSONE, R., DERVIN, C., MASSON, J.-P.
1993 *Biométrie: modélisation de phénomènes biologiques.* Masson, Paris.

TOUABTI-MIMOUNI, N.
1996 Contribution de méthodes biométriques à l'analyse de la morphotypologie des sportifs. Thèse de Doctorat, Faculté des Sciences du Sport et de l'Éducation Physique, Université Claude-Bernard – Lyon I.

TYLER, D. E.
1981 Asymptotic inference for eigenvectors. *Annals of Statistics* **9**, 725-736.

VAJDA, S.
1959 *Théorie des jeux et programmation linéaire.* Dunod, Paris.

VAUGHTON, M.
1970 Analysis of examination results. M. Sc. thesis, Department of Mathematics, University of Adelaide, Australia.

VESSEREAU, A.
1960 *Méthodes statistiques en biologie et en agronomie.* 2ième édition. Librairie J. B. Baillière et Fils, Paris.

WADE, T. L.
1951 *The Algebra of Vectors and Matrices.* Addison-Wesley, Reading, Massachusetts.

WHITE, P. A.
1958 The computation of eigenvalues and eigenvectors of a matrix. *Journal of the Society for Industrial and Applied Mathematics* **6**, 393-437.

WILKINSON, G. N.
1961 Statistical estimations in enzyme kinetics. *Biochemical Journal* **80**, 324-332.

WILSON, E. B., HILFERTY, M. M.
1931 The distribution of chi-square. *Proceedings of the National Academy of Sciences of the U. S. A.* **17**, 684-688.

WINSOR, C. P.
1932 The Gompertz curve as a growth curve.
*Proceedings of the National Academy of Sciences of the U. S. A.* **18**, 1-8.

WORKING, H., HOTELLING, H.
1929 Applications of the theory of error to the interpretation of trends.
*Journal of the American Statistical Association* **24**, 73-89.

YATES, F.
1934 Contingency tables involving small numbers and the $\chi^2$ test.
*Supplement to the Journal of the Royal Statistical Society* **1**, 217-235.

# Tables statistiques les plus utilisées en biométrie

## La distribution normale.

| Écart réduit | Probabilité cumulée | Écart réduit | Probabilité cumulée |
|---|---|---|---|
| 0,00 | 0,500000 | 1,50 | 0,933193 |
| 0,05 | 0,519939 | 1,55 | 0,939429 |
| 0,10 | 0,539828 | 1,60 | 0,945201 |
| 0,15 | 0,559618 | 1,65 | 0,950529 |
| 0,20 | 0,579260 | 1,70 | 0,955435 |
| 0,25 | 0,598706 | 1,75 | 0,959941 |
| 0,30 | 0,617911 | 1,80 | 0,964070 |
| 0,35 | 0,636831 | 1,85 | 0,967843 |
| 0,40 | 0,655422 | 1,90 | 0,971283 |
| 0,45 | 0,673645 | 1,95 | 0,974412 |
| 0,50 | 0,691462 | 2,00 | 0,977250 |
| 0,55 | 0,708840 | 2,05 | 0,979818 |
| 0,60 | 0,725747 | 2,10 | 0,982136 |
| 0,65 | 0,742154 | 2,15 | 0,984222 |
| 0,70 | 0,758036 | 2,20 | 0,986097 |
| 0,75 | 0,773373 | 2,25 | 0,987776 |
| 0,80 | 0,788145 | 2,30 | 0,989276 |
| 0,85 | 0,802337 | 2,35 | 0,990613 |
| 0,90 | 0,815940 | 2,40 | 0,991802 |
| 0,95 | 0,828944 | 2,45 | 0,992857 |
| 1,00 | 0,841345 | 2,50 | 0,993790 |
| 1,05 | 0,853141 | 2,55 | 0,994614 |
| 1,10 | 0,864334 | 2,60 | 0,995339 |
| 1,15 | 0,874928 | 2,65 | 0,995975 |
| 1,20 | 0,884930 | 2,70 | 0,996533 |
| 1,25 | 0,894350 | 2,75 | 0,997020 |
| 1,30 | 0,903200 | 2,80 | 0,997445 |
| 1,35 | 0,911492 | 2,85 | 0,997814 |
| 1,40 | 0,919243 | 2,90 | 0,998134 |
| 1,45 | 0,926471 | 2,95 | 0,998411 |
| 1,50 | 0,933193 | 3,00 | 0,998650 |

## La distribution normale.

| Écart réduit | Probabilité cumulée | Écart réduit | Probabilité cumulée |
|---|---|---|---|
| 3,00 | 0,998650 | 4,00 | 0,999968 |
| 3,05 | 0,998856 | 4,05 | 0,999974 |
| 3,10 | 0,999032 | 4,10 | 0,999979 |
| 3,15 | 0,999184 | 4,15 | 0,999983 |
| 3,20 | 0,999313 | 4,20 | 0,999987 |
| 3,25 | 0,999423 | 4,25 | 0,999989 |
| 3,30 | 0,999517 | 4,30 | 0,999991 |
| 3,35 | 0,999596 | 4,35 | 0,999993 |
| 3,40 | 0,999663 | 4,40 | 0,999995 |
| 3,45 | 0,999720 | 4,45 | 0,999996 |
| 3,50 | 0,999767 | 4,50 | 0,999997 |
| 3,55 | 0,999807 | 4,55 | 0,999997 |
| 3,60 | 0,999841 | 4,60 | 0,999998 |
| 3,65 | 0,999869 | 4,65 | 0,999998 |
| 3,70 | 0,999892 | 4,70 | 0,999999 |
| 3,75 | 0,999912 | 4,75 | 0,999999 |
| 3,80 | 0,999928 | 4,80 | 0,999999 |
| 3,85 | 0,999941 | 4,85 | 0,999999 |
| 3,90 | 0,999952 | 4,90 | 1,000000 |
| 3,95 | 0,999961 | 4,95 | 1,000000 |
| 4,00 | 0,999968 | 5,00 | 1,000000 |

REMARQUES:

La distribution normale étant symétrique quant à l'origine, seuls les écarts réduits correspondant à des probabilités cumulées égales ou supérieures à 0,5 sont donnés ici. Les valeurs de $t$ correspondant à des probabilités cumulées $P$ inférieures à 0,5 peuvent être obtenues à l'aide de la relation

$$t_{(P)} = -t_{(1-P)} .$$

Les valeurs des écarts réduits normaux $t$ ayant des probabilités cumulées égales aux compléments $(1-\alpha)$ des seuils usuels de signification, comme $\alpha = 0{,}05$, $\alpha = 0{,}01$ et $\alpha = 0{,}001$, ou aux compléments de leurs moitiés, $(1-\alpha/2)$, sont données à la dernière ligne de la table du $t$ de Student. En effet, la distribution du $t$ de Student ressemble d'autant plus à la distribution normale que son nombre de degrés de liberté $\nu$ est grand. La dernière ligne de la table du $t$ de Student, pour laquelle le nombre de degrés de liberté $\nu = \infty$, correspond donc à la distribution normale. On peut désigner pour cette raison un écart réduit normal ayant une probabilité cumulée $P$ soit par $t_{(P)}$ soit par $t_{(P;\,\infty)}$ .

## La distribution du *t* de Student.

| $\nu$ | Probabilités cumulées | | | | | |
|---|---|---|---|---|---|---|
| | 0,9500 | 0,9750 | 0,9900 | 0,9950 | 0,9990 | 0,9995 |
| 1 | 6,3138 | 12,7062 | 31,8205 | 63,6567 | 318,3088 | 636,6193 |
| 2 | 2,9200 | 4,3027 | 6,9646 | 9,9248 | 22,3271 | 31,5991 |
| 3 | 2,3534 | 3,1824 | 4,5407 | 5,8409 | 10,2145 | 12,9240 |
| 4 | 2,1318 | 2,7764 | 3,7469 | 4,6041 | 7,1732 | 8,6103 |
| 5 | 2,0150 | 2,5706 | 3,3649 | 4,0321 | 5,8934 | 6,8688 |
| 6 | 1,9432 | 2,4469 | 3,1427 | 3,7074 | 5,2076 | 5,9588 |
| 7 | 1,8946 | 2,3646 | 2,9980 | 3,4995 | 4,7853 | 5,4079 |
| 8 | 1,8595 | 2,3060 | 2,8965 | 3,3554 | 4,5008 | 5,0413 |
| 9 | 1,8331 | 2,2622 | 2,8214 | 3,2498 | 4,2968 | 4,7809 |
| 10 | 1,8125 | 2,2281 | 2,7638 | 3,1693 | 4,1437 | 4,5869 |
| 11 | 1,7959 | 2,2010 | 2,7181 | 3,1058 | 4,0247 | 4,4370 |
| 12 | 1,7823 | 2,1788 | 2,6810 | 3,0545 | 3,9296 | 4,3178 |
| 13 | 1,7709 | 2,1604 | 2,6503 | 3,0123 | 3,8520 | 4,2208 |
| 14 | 1,7613 | 2,1448 | 2,6245 | 2,9768 | 3,7874 | 4,1405 |
| 15 | 1,7531 | 2,1314 | 2,6025 | 2,9467 | 3,7328 | 4,0728 |
| 16 | 1,7459 | 2,1199 | 2,5835 | 2,9208 | 3,6862 | 4,0150 |
| 17 | 1,7396 | 2,1098 | 2,5669 | 2,8982 | 3,6458 | 3,9651 |
| 18 | 1,7341 | 2,1009 | 2,5524 | 2,8784 | 3,6105 | 3,9216 |
| 19 | 1,7291 | 2,0930 | 2,5395 | 2,8609 | 3,5794 | 3,8834 |
| 20 | 1,7247 | 2,0860 | 2,5280 | 2,8453 | 3,5518 | 3,8495 |
| 21 | 1,7207 | 2,0796 | 2,5176 | 2,8314 | 3,5272 | 3,8193 |
| 22 | 1,7171 | 2,0739 | 2,5083 | 2,8188 | 3,5050 | 3,7921 |
| 23 | 1,7139 | 2,0687 | 2,4999 | 2,8073 | 3,4850 | 3,7676 |
| 24 | 1,7109 | 2,0639 | 2,4922 | 2,7969 | 3,4668 | 3,7454 |
| 25 | 1,7081 | 2,0595 | 2,4851 | 2,7874 | 3,4502 | 3,7251 |
| 26 | 1,7056 | 2,0555 | 2,4786 | 2,7787 | 3,4350 | 3,7066 |
| 27 | 1,7033 | 2,0518 | 2,4727 | 2,7707 | 3,4210 | 3,6896 |
| 28 | 1,7011 | 2,0484 | 2,4671 | 2,7633 | 3,4082 | 3,6739 |
| 29 | 1,6991 | 2,0452 | 2,4620 | 2,7564 | 3,3962 | 3,6594 |
| 30 | 1,6973 | 2,0423 | 2,4573 | 2,7500 | 3,3852 | 3,6460 |

## La distribution du *t* de Student.

| $\nu$ | Probabilités cumulées | | | | | |
|---|---|---|---|---|---|---|
| | 0,9500 | 0,9750 | 0,9900 | 0,9950 | 0,9990 | 0,9995 |
| 31 | 1,6955 | 2,0395 | 2,4528 | 2,7440 | 3,3749 | 3,6335 |
| 32 | 1,6939 | 2,0369 | 2,4487 | 2,7385 | 3,3653 | 3,6218 |
| 33 | 1,6924 | 2,0345 | 2,4448 | 2,7333 | 3,3563 | 3,6109 |
| 34 | 1,6909 | 2,0322 | 2,4411 | 2,7284 | 3,3479 | 3,6007 |
| 35 | 1,6896 | 2,0301 | 2,4377 | 2,7238 | 3,3400 | 3,5911 |
| 36 | 1,6883 | 2,0281 | 2,4345 | 2,7195 | 3,3326 | 3,5821 |
| 37 | 1,6871 | 2,0262 | 2,4314 | 2,7154 | 3,3256 | 3,5737 |
| 38 | 1,6860 | 2,0244 | 2,4286 | 2,7116 | 3,3190 | 3,5657 |
| 39 | 1,6849 | 2,0227 | 2,4258 | 2,7079 | 3,3128 | 3,5581 |
| 40 | 1,6839 | 2,0211 | 2,4233 | 2,7045 | 3,3069 | 3,5510 |
| 41 | 1,6829 | 2,0195 | 2,4208 | 2,7012 | 3,3013 | 3,5442 |
| 42 | 1,6820 | 2,0181 | 2,4185 | 2,6981 | 3,2960 | 3,5377 |
| 43 | 1,6811 | 2,0167 | 2,4163 | 2,6951 | 3,2909 | 3,5316 |
| 44 | 1,6802 | 2,0154 | 2,4141 | 2,6923 | 3,2861 | 3,5258 |
| 45 | 1,6794 | 2,0141 | 2,4121 | 2,6896 | 3,2815 | 3,5203 |
| 46 | 1,6787 | 2,0129 | 2,4102 | 2,6870 | 3,2771 | 3,5150 |
| 47 | 1,6779 | 2,0117 | 2,4083 | 2,6846 | 3,2729 | 3,5099 |
| 48 | 1,6772 | 2,0106 | 2,4066 | 2,6822 | 3,2689 | 3,5051 |
| 49 | 1,6766 | 2,0096 | 2,4049 | 2,6800 | 3,2651 | 3,5004 |
| 50 | 1,6759 | 2,0086 | 2,4033 | 2,6778 | 3,2614 | 3,4960 |
| 51 | 1,6753 | 2,0076 | 2,4017 | 2,6757 | 3,2579 | 3,4918 |
| 52 | 1,6747 | 2,0066 | 2,4002 | 2,6737 | 3,2545 | 3,4877 |
| 53 | 1,6741 | 2,0057 | 2,3988 | 2,6718 | 3,2513 | 3,4838 |
| 54 | 1,6736 | 2,0049 | 2,3974 | 2,6700 | 3,2481 | 3,4800 |
| 55 | 1,6730 | 2,0040 | 2,3961 | 2,6682 | 3,2451 | 3,4764 |
| 56 | 1,6725 | 2,0032 | 2,3948 | 2,6665 | 3,2423 | 3,4729 |
| 57 | 1,6720 | 2,0025 | 2,3936 | 2,6649 | 3,2395 | 3,4696 |
| 58 | 1,6716 | 2,0017 | 2,3924 | 2,6633 | 3,2368 | 3,4663 |
| 59 | 1,6711 | 2,0010 | 2,3912 | 2,6618 | 3,2342 | 3,4632 |
| 60 | 1,6706 | 2,0003 | 2,3901 | 2,6603 | 3,2317 | 3,4602 |

## La distribution du *t* de Student.

| $\nu$ | Probabilités cumulées | | | | | |
|---|---|---|---|---|---|---|
| | 0,9500 | 0,9750 | 0,9900 | 0,9950 | 0,9990 | 0,9995 |
| 61 | 1,6702 | 1,9996 | 2,3890 | 2,6589 | 3,2293 | 3,4573 |
| 62 | 1,6698 | 1,9990 | 2,3880 | 2,6575 | 3,2270 | 3,4545 |
| 63 | 1,6694 | 1,9983 | 2,3870 | 2,6561 | 3,2247 | 3,4518 |
| 64 | 1,6690 | 1,9977 | 2,3860 | 2,6549 | 3,2225 | 3,4491 |
| 65 | 1,6686 | 1,9971 | 2,3851 | 2,6536 | 3,2204 | 3,4466 |
| 66 | 1,6683 | 1,9966 | 2,3842 | 2,6524 | 3,2184 | 3,4441 |
| 67 | 1,6679 | 1,9960 | 2,3833 | 2,6512 | 3,2164 | 3,4417 |
| 68 | 1,6676 | 1,9955 | 2,3824 | 2,6501 | 3,2145 | 3,4394 |
| 69 | 1,6672 | 1,9949 | 2,3816 | 2,6490 | 3,2126 | 3,4372 |
| 70 | 1,6669 | 1,9944 | 2,3808 | 2,6479 | 3,2108 | 3,4350 |
| 71 | 1,6666 | 1,9939 | 2,3800 | 2,6469 | 3,2090 | 3,4329 |
| 72 | 1,6663 | 1,9935 | 2,3793 | 2,6459 | 3,2073 | 3,4308 |
| 73 | 1,6660 | 1,9930 | 2,3785 | 2,6449 | 3,2057 | 3,4289 |
| 74 | 1,6657 | 1,9925 | 2,3778 | 2,6439 | 3,2041 | 3,4269 |
| 75 | 1,6654 | 1,9921 | 2,3771 | 2,6430 | 3,2025 | 3,4250 |
| 76 | 1,6652 | 1,9917 | 2,3764 | 2,6421 | 3,2010 | 3,4232 |
| 77 | 1,6649 | 1,9913 | 2,3758 | 2,6412 | 3,1995 | 3,4214 |
| 78 | 1,6646 | 1,9908 | 2,3751 | 2,6403 | 3,1980 | 3,4197 |
| 79 | 1,6644 | 1,9905 | 2,3745 | 2,6395 | 3,1966 | 3,4180 |
| 80 | 1,6641 | 1,9901 | 2,3739 | 2,6387 | 3,1953 | 3,4163 |
| 81 | 1,6639 | 1,9897 | 2,3733 | 2,6379 | 3,1939 | 3,4147 |
| 82 | 1,6636 | 1,9893 | 2,3727 | 2,6371 | 3,1926 | 3,4132 |
| 83 | 1,6634 | 1,9890 | 2,3721 | 2,6364 | 3,1913 | 3,4116 |
| 84 | 1,6632 | 1,9886 | 2,3716 | 2,6356 | 3,1901 | 3,4102 |
| 85 | 1,6630 | 1,9883 | 2,3710 | 2,6349 | 3,1889 | 3,4087 |
| 86 | 1,6628 | 1,9879 | 2,3705 | 2,6342 | 3,1877 | 3,4073 |
| 87 | 1,6626 | 1,9876 | 2,3700 | 2,6335 | 3,1866 | 3,4059 |
| 88 | 1,6624 | 1,9873 | 2,3695 | 2,6329 | 3,1854 | 3,4045 |
| 89 | 1,6622 | 1,9870 | 2,3690 | 2,6322 | 3,1843 | 3,4032 |
| 90 | 1,6620 | 1,9867 | 2,3685 | 2,6316 | 3,1833 | 3,4019 |

## La distribution du *t* de Student.

| $\nu$ | Probabilités cumulées | | | | | |
|---|---|---|---|---|---|---|
| | 0,9500 | 0,9750 | 0,9900 | 0,9950 | 0,9990 | 0,9995 |
| 91 | 1,6618 | 1,9864 | 2,3680 | 2,6309 | 3,1822 | 3,4007 |
| 92 | 1,6616 | 1,9861 | 2,3676 | 2,6303 | 3,1812 | 3,3994 |
| 93 | 1,6614 | 1,9858 | 2,3671 | 2,6297 | 3,1802 | 3,3982 |
| 94 | 1,6612 | 1,9855 | 2,3667 | 2,6291 | 3,1792 | 3,3971 |
| 95 | 1,6611 | 1,9853 | 2,3662 | 2,6286 | 3,1782 | 3,3959 |
| 96 | 1,6609 | 1,9850 | 2,3658 | 2,6280 | 3,1773 | 3,3948 |
| 97 | 1,6607 | 1,9847 | 2,3654 | 2,6275 | 3,1764 | 3,3937 |
| 98 | 1,6606 | 1,9845 | 2,3650 | 2,6269 | 3,1755 | 3,3926 |
| 99 | 1,6604 | 1,9842 | 2,3646 | 2,6264 | 3,1746 | 3,3915 |
| 100 | 1,6602 | 1,9840 | 2,3642 | 2,6259 | 3,1737 | 3,3905 |
| 102 | 1,6599 | 1,9835 | 2,3635 | 2,6249 | 3,1721 | 3,3885 |
| 104 | 1,6596 | 1,9830 | 2,3627 | 2,6239 | 3,1705 | 3,3865 |
| 106 | 1,6594 | 1,9826 | 2,3620 | 2,6230 | 3,1689 | 3,3847 |
| 108 | 1,6591 | 1,9822 | 2,3614 | 2,6221 | 3,1674 | 3,3829 |
| 110 | 1,6588 | 1,9818 | 2,3607 | 2,6213 | 3,1660 | 3,3812 |
| 112 | 1,6586 | 1,9814 | 2,3601 | 2,6204 | 3,1646 | 3,3795 |
| 114 | 1,6583 | 1,9810 | 2,3595 | 2,6196 | 3,1633 | 3,3779 |
| 116 | 1,6581 | 1,9806 | 2,3589 | 2,6189 | 3,1620 | 3,3764 |
| 118 | 1,6579 | 1,9803 | 2,3584 | 2,6181 | 3,1607 | 3,3749 |
| 120 | 1,6577 | 1,9799 | 2,3578 | 2,6174 | 3,1595 | 3,3735 |
| 122 | 1,6574 | 1,9796 | 2,3573 | 2,6167 | 3,1584 | 3,3721 |
| 124 | 1,6572 | 1,9793 | 2,3568 | 2,6161 | 3,1573 | 3,3707 |
| 126 | 1,6570 | 1,9790 | 2,3563 | 2,6154 | 3,1562 | 3,3694 |
| 128 | 1,6568 | 1,9787 | 2,3558 | 2,6148 | 3,1551 | 3,3682 |
| 130 | 1,6567 | 1,9784 | 2,3554 | 2,6142 | 3,1541 | 3,3669 |
| 132 | 1,6565 | 1,9781 | 2,3549 | 2,6136 | 3,1531 | 3,3658 |
| 134 | 1,6563 | 1,9778 | 2,3545 | 2,6130 | 3,1522 | 3,3646 |
| 136 | 1,6561 | 1,9776 | 2,3541 | 2,6125 | 3,1512 | 3,3635 |
| 138 | 1,6560 | 1,9773 | 2,3537 | 2,6119 | 3,1503 | 3,3624 |
| 140 | 1,6558 | 1,9771 | 2,3533 | 2,6114 | 3,1495 | 3,3614 |

**La distribution du *t* de Student.**

| ν | Probabilités cumulées | | | | | |
|---|---|---|---|---|---|---|
| | 0,9500 | 0,9750 | 0,9900 | 0,9950 | 0,9990 | 0,9995 |
| 142 | 1,6557 | 1,9768 | 2,3529 | 2,6109 | 3,1486 | 3,3604 |
| 144 | 1,6555 | 1,9766 | 2,3525 | 2,6104 | 3,1478 | 3,3594 |
| 146 | 1,6554 | 1,9763 | 2,3522 | 2,6099 | 3,1470 | 3,3584 |
| 148 | 1,6552 | 1,9761 | 2,3518 | 2,6095 | 3,1462 | 3,3575 |
| 150 | 1,6551 | 1,9759 | 2,3515 | 2,6090 | 3,1455 | 3,3566 |
| 152 | 1,6549 | 1,9757 | 2,3511 | 2,6086 | 3,1447 | 3,3557 |
| 154 | 1,6548 | 1,9755 | 2,3508 | 2,6081 | 3,1440 | 3,3548 |
| 156 | 1,6547 | 1,9753 | 2,3505 | 2,6077 | 3,1433 | 3,3540 |
| 158 | 1,6546 | 1,9751 | 2,3502 | 2,6073 | 3,1426 | 3,3532 |
| 160 | 1,6544 | 1,9749 | 2,3499 | 2,6069 | 3,1419 | 3,3524 |
| 162 | 1,6543 | 1,9747 | 2,3496 | 2,6065 | 3,1413 | 3,3516 |
| 164 | 1,6542 | 1,9745 | 2,3493 | 2,6061 | 3,1407 | 3,3508 |
| 166 | 1,6541 | 1,9744 | 2,3490 | 2,6058 | 3,1401 | 3,3501 |
| 168 | 1,6540 | 1,9742 | 2,3487 | 2,6054 | 3,1395 | 3,3494 |
| 170 | 1,6539 | 1,9740 | 2,3485 | 2,6051 | 3,1389 | 3,3487 |
| 172 | 1,6538 | 1,9739 | 2,3482 | 2,6047 | 3,1383 | 3,3480 |
| 174 | 1,6537 | 1,9737 | 2,3480 | 2,6044 | 3,1377 | 3,3473 |
| 176 | 1,6536 | 1,9735 | 2,3477 | 2,6041 | 3,1372 | 3,3467 |
| 178 | 1,6535 | 1,9734 | 2,3475 | 2,6037 | 3,1366 | 3,3460 |
| 180 | 1,6534 | 1,9732 | 2,3472 | 2,6034 | 3,1361 | 3,3454 |
| 182 | 1,6533 | 1,9731 | 2,3470 | 2,6031 | 3,1356 | 3,3448 |
| 184 | 1,6532 | 1,9729 | 2,3468 | 2,6028 | 3,1351 | 3,3442 |
| 186 | 1,6531 | 1,9728 | 2,3466 | 2,6025 | 3,1346 | 3,3436 |
| 188 | 1,6530 | 1,9727 | 2,3463 | 2,6022 | 3,1341 | 3,3430 |
| 190 | 1,6529 | 1,9725 | 2,3461 | 2,6020 | 3,1337 | 3,3425 |
| 192 | 1,6528 | 1,9724 | 2,3459 | 2,6017 | 3,1332 | 3,3419 |
| 194 | 1,6527 | 1,9723 | 2,3457 | 2,6014 | 3,1328 | 3,3414 |
| 196 | 1,6527 | 1,9721 | 2,3455 | 2,6011 | 3,1323 | 3,3409 |
| 198 | 1,6526 | 1,9720 | 2,3453 | 2,6009 | 3,1319 | 3,3403 |
| 200 | 1,6525 | 1,9719 | 2,3451 | 2,6006 | 3,1315 | 3,3398 |

## La distribution du *t* de Student.

| $\nu$ | Probabilités cumulées | | | | | |
|---|---|---|---|---|---|---|
| | 0,9500 | 0,9750 | 0,9900 | 0,9950 | 0,9990 | 0,9995 |
| 250 | 1,6510 | 1,9695 | 2,3414 | 2,5956 | 3,1231 | 3,3299 |
| 300 | 1,6499 | 1,9679 | 2,3388 | 2,5923 | 3,1176 | 3,3233 |
| 400 | 1,6487 | 1,9659 | 2,3357 | 2,5882 | 3,1107 | 3,3150 |
| 500 | 1,6479 | 1,9647 | 2,3338 | 2,5857 | 3,1066 | 3,3101 |
| 600 | 1,6474 | 1,9639 | 2,3326 | 2,5840 | 3,1039 | 3,3068 |
| 700 | 1,6470 | 1,9634 | 2,3317 | 2,5829 | 3,1019 | 3,3045 |
| 800 | 1,6468 | 1,9629 | 2,3310 | 2,5820 | 3,1005 | 3,3027 |
| 900 | 1,6465 | 1,9626 | 2,3305 | 2,5813 | 3,0993 | 3,3014 |
| 1000 | 1,6464 | 1,9623 | 2,3301 | 2,5808 | 3,0984 | 3,3003 |
| $\infty$ | 1,644854 | 1,959964 | 2,326348 | 2,575829 | 3,090232 | 3,290527 |

REMARQUES:

La distribution du $t$ de Student étant symétrique quant à l'origine, seuls les écarts réduits correspondant à des probabilités cumulées égales ou supérieures à 0,5 sont donnés ici. Les valeurs de $t$ correspondant à des probabilités cumulées $P$ inférieures à 0,5 peuvent être obtenues à l'aide de la relation

$$t_{(P;\,\nu)} = -t_{(1-P;\,\nu)} .$$

Dans le cas de la distribution du $t$ de Student, de même que dans celui de la distribution de $\chi^2$ (khi-carré) ainsi que de la distribution du rapport de variances $F$, on recommande généralement d'interpoler à l'aide de l'inverse du nombre de degrés de liberté $\nu$ plutôt qu'à l'aide du nombre de degrés de liberté lui-même. Dans le cas de la présente table, toutefois, tous les nombres de degrés de liberté pairs sont donnés entre $\nu = 100$ et $\nu = 200$. La valeur de $t$ correspondant à un nombre de degrés de liberté $\nu$ impair compris entre 100 et 200 pourra donc être obtenue avec une précision satisfaisante en faisant tout simplement la moyenne arithmétique des valeurs de $t$ situées immédiatement au-dessus et en-dessous:

$$t_{(P;\,\nu)} \doteq [\,t_{(P;\,\nu-1)} + t_{(P;\,\nu+1)}\,]/2 .$$

Plus le nombre de degrés de liberté $\nu$ est grand, plus la distribution du $t$ de Student ressemble à la distribution normale. La dernière ligne de la table du $t$ de Student, pour laquelle le nombre de degrés de liberté $\nu = \infty$, correspond donc à la distribution normale. On peut désigner pour cette raison un écart réduit normal ayant une probabilité cumulée $P$ soit par $t_{(P)}$ soit par $t_{(P;\,\infty)}$ .

## La distribution de $\chi^2$ (khi-carré).

| $\nu$ | Probabilités cumulées | | | | | |
|---|---|---|---|---|---|---|
| | 0,0005 | 0,0010 | 0,0050 | 0,0100 | 0,0250 | 0,0500 |
| | 0,9500 | 0,9750 | 0,9900 | 0,9950 | 0,9990 | 0,9995 |
| 1 | 0,00000039 | 0,00000157 | 0,00003927 | 0,00015709 | 0,00098207 | 0,0039321 |
| | 3,8415 | 5,0239 | 6,6349 | 7,8794 | 10,828 | 12,116 |
| 2 | 0,0010003 | 0,0020010 | 0,010025 | 0,020101 | 0,050636 | 0,10259 |
| | 5,9915 | 7,3778 | 9,2103 | 10,597 | 13,816 | 15,202 |
| 3 | 0,015279 | 0,024298 | 0,071722 | 0,11483 | 0,21580 | 0,35185 |
| | 7,8147 | 9,3484 | 11,345 | 12,838 | 16,266 | 17,730 |
| 4 | 0,063922 | 0,090804 | 0,20699 | 0,29711 | 0,48442 | 0,71072 |
| | 9,4877 | 11,143 | 13,277 | 14,860 | 18,467 | 19,997 |
| 5 | 0,15814 | 0,21021 | 0,41174 | 0,55430 | 0,83121 | 1,1455 |
| | 11,070 | 12,833 | 15,086 | 16,750 | 20,515 | 22,105 |
| 6 | 0,29941 | 0,38107 | 0,67573 | 0,87209 | 1,2373 | 1,6354 |
| | 12,592 | 14,449 | 16,812 | 18,548 | 22,458 | 24,103 |
| 7 | 0,48488 | 0,59849 | 0,98926 | 1,2390 | 1,6899 | 2,1673 |
| | 14,067 | 16,013 | 18,475 | 20,278 | 24,322 | 26,018 |
| 8 | 0,71038 | 0,85711 | 1,3444 | 1,6465 | 2,1797 | 2,7326 |
| | 15,507 | 17,535 | 20,090 | 21,955 | 26,124 | 27,868 |
| 9 | 0,97170 | 1,1519 | 1,7349 | 2,0879 | 2,7004 | 3,3251 |
| | 16,919 | 19,023 | 21,666 | 23,589 | 27,877 | 29,666 |
| 10 | 1,2650 | 1,4787 | 2,1559 | 2,5582 | 3,2470 | 3,9403 |
| | 18,307 | 20,483 | 23,209 | 25,188 | 29,588 | 31,420 |
| 11 | 1,5868 | 1,8339 | 2,6032 | 3,0535 | 3,8157 | 4,5748 |
| | 19,675 | 21,920 | 24,725 | 26,757 | 31,264 | 33,137 |
| 12 | 1,9344 | 2,2142 | 3,0738 | 3,5706 | 4,4038 | 5,2260 |
| | 21,026 | 23,337 | 26,217 | 28,300 | 32,909 | 34,821 |

## La distribution de $\chi^2$ (khi-carré).

| $\nu$ | Probabilités cumulées | | | | | |
|---|---|---|---|---|---|---|
| | 0,0005<br>0,9500 | 0,0010<br>0,9750 | 0,0050<br>0,9900 | 0,0100<br>0,9950 | 0,0250<br>0,9990 | 0,0500<br>0,9995 |
| 13 | 2,3051<br>22,362 | 2,6172<br>24,736 | 3,5650<br>27,688 | 4,1069<br>29,819 | 5,0088<br>34,528 | 5,8919<br>36,478 |
| 14 | 2,6967<br>23,685 | 3,0407<br>26,119 | 4,0747<br>29,141 | 4,6604<br>31,319 | 5,6287<br>36,123 | 6,5706<br>38,109 |
| 15 | 3,1075<br>24,996 | 3,4827<br>27,488 | 4,6009<br>30,578 | 5,2293<br>32,801 | 6,2621<br>37,697 | 7,2609<br>39,719 |
| 16 | 3,5358<br>26,296 | 3,9416<br>28,845 | 5,1422<br>32,000 | 5,8122<br>34,267 | 6,9077<br>39,252 | 7,9616<br>41,308 |
| 17 | 3,9802<br>27,587 | 4,4161<br>30,191 | 5,6972<br>33,409 | 6,4078<br>35,718 | 7,5642<br>40,790 | 8,6718<br>42,879 |
| 18 | 4,4394<br>28,869 | 4,9048<br>31,526 | 6,2648<br>34,805 | 7,0149<br>37,156 | 8,2307<br>42,312 | 9,3905<br>44,434 |
| 19 | 4,9123<br>30,144 | 5,4068<br>32,852 | 6,8440<br>36,191 | 7,6327<br>38,582 | 8,9065<br>43,820 | 10,117<br>45,973 |
| 20 | 5,3981<br>31,410 | 5,9210<br>34,170 | 7,4338<br>37,566 | 8,2604<br>39,997 | 9,5908<br>45,315 | 10,851<br>47,498 |
| 21 | 5,8957<br>32,671 | 6,4467<br>35,479 | 8,0337<br>38,932 | 8,8972<br>41,401 | 10,283<br>46,797 | 11,591<br>49,011 |
| 22 | 6,4045<br>33,924 | 6,9830<br>36,781 | 8,6427<br>40,289 | 9,5425<br>42,796 | 10,982<br>48,268 | 12,338<br>50,511 |
| 23 | 6,9237<br>35,172 | 7,5292<br>38,076 | 9,2604<br>41,638 | 10,196<br>44,181 | 11,689<br>49,728 | 13,091<br>52,000 |
| 24 | 7,4527<br>36,415 | 8,0849<br>39,364 | 9,8862<br>42,980 | 10,856<br>45,559 | 12,401<br>51,179 | 13,848<br>53,479 |

## La distribution de $\chi^2$ (khi-carré).

| $\nu$ | Probabilités cumulées | | | | | |
|---|---|---|---|---|---|---|
| | 0,0005<br>0,9500 | 0,0010<br>0,9750 | 0,0050<br>0,9900 | 0,0100<br>0,9950 | 0,0250<br>0,9990 | 0,0500<br>0,9995 |
| 25 | 7,9910<br>37,652 | 8,6493<br>40,646 | 10,520<br>44,314 | 11,524<br>46,928 | 13,120<br>52,620 | 14,611<br>54,947 |
| 26 | 8,5379<br>38,885 | 9,2221<br>41,923 | 11,160<br>45,642 | 12,198<br>48,290 | 13,844<br>54,052 | 15,379<br>56,407 |
| 27 | 9,0932<br>40,113 | 9,8028<br>43,195 | 11,808<br>46,963 | 12,879<br>49,645 | 14,573<br>55,476 | 16,151<br>57,858 |
| 28 | 9,6563<br>41,337 | 10,391<br>44,461 | 12,461<br>48,278 | 13,565<br>50,993 | 15,308<br>56,892 | 16,928<br>59,300 |
| 29 | 10,227<br>42,557 | 10,986<br>45,722 | 13,121<br>49,588 | 14,256<br>52,336 | 16,047<br>58,301 | 17,708<br>60,735 |
| 30 | 10,804<br>43,773 | 11,588<br>46,979 | 13,787<br>50,892 | 14,953<br>53,672 | 16,791<br>59,703 | 18,493<br>62,162 |
| 31 | 11,389<br>44,985 | 12,196<br>48,232 | 14,458<br>52,191 | 15,655<br>55,003 | 17,539<br>61,098 | 19,281<br>63,582 |
| 32 | 11,979<br>46,194 | 12,811<br>49,480 | 15,134<br>53,486 | 16,362<br>56,328 | 18,291<br>62,487 | 20,072<br>64,995 |
| 33 | 12,576<br>47,400 | 13,431<br>50,725 | 15,815<br>54,776 | 17,074<br>57,648 | 19,047<br>63,870 | 20,867<br>66,403 |
| 34 | 13,179<br>48,602 | 14,057<br>51,966 | 16,501<br>56,061 | 17,789<br>58,964 | 19,806<br>65,247 | 21,664<br>67,803 |
| 35 | 13,787<br>49,802 | 14,688<br>53,203 | 17,192<br>57,342 | 18,509<br>60,275 | 20,569<br>66,619 | 22,465<br>69,199 |
| 36 | 14,401<br>50,998 | 15,324<br>54,437 | 17,887<br>58,619 | 19,233<br>61,581 | 21,336<br>67,985 | 23,269<br>70,588 |

## La distribution de $\chi^2$ (khi-carré).

| $\nu$ | Probabilités cumulées | | | | | |
|---|---|---|---|---|---|---|
| | 0,0005<br>0,9500 | 0,0010<br>0,9750 | 0,0050<br>0,9900 | 0,0100<br>0,9950 | 0,0250<br>0,9990 | 0,0500<br>0,9995 |
| 37 | 15,020<br>52,192 | 15,965<br>55,668 | 18,586<br>59,893 | 19,960<br>62,883 | 22,106<br>69,346 | 24,075<br>71,972 |
| 38 | 15,644<br>53,384 | 16,611<br>56,896 | 19,289<br>61,162 | 20,691<br>64,181 | 22,878<br>70,703 | 24,884<br>73,351 |
| 39 | 16,273<br>54,572 | 17,262<br>58,120 | 19,996<br>62,428 | 21,426<br>65,476 | 23,654<br>72,055 | 25,695<br>74,725 |
| 40 | 16,906<br>55,758 | 17,916<br>59,342 | 20,707<br>63,691 | 22,164<br>66,766 | 24,433<br>73,402 | 26,509<br>76,095 |
| 41 | 17,544<br>56,942 | 18,575<br>60,561 | 21,421<br>64,950 | 22,906<br>68,053 | 25,215<br>74,745 | 27,326<br>77,459 |
| 42 | 18,186<br>58,124 | 19,239<br>61,777 | 22,138<br>66,206 | 23,650<br>69,336 | 25,999<br>76,084 | 28,144<br>78,820 |
| 43 | 18,832<br>59,304 | 19,906<br>62,990 | 22,859<br>67,459 | 24,398<br>70,616 | 26,785<br>77,419 | 28,965<br>80,176 |
| 44 | 19,483<br>60,481 | 20,576<br>64,201 | 23,584<br>68,710 | 25,148<br>71,893 | 27,575<br>78,750 | 29,787<br>81,528 |
| 45 | 20,137<br>61,656 | 21,251<br>65,410 | 24,311<br>69,957 | 25,901<br>73,166 | 28,366<br>80,077 | 30,612<br>82,876 |
| 46 | 20,794<br>62,830 | 21,929<br>66,617 | 25,041<br>71,201 | 26,657<br>74,437 | 29,160<br>81,400 | 31,439<br>84,220 |
| 47 | 21,456<br>64,001 | 22,610<br>67,821 | 25,775<br>72,443 | 27,416<br>75,704 | 29,956<br>82,720 | 32,268<br>85,560 |
| 48 | 22,121<br>65,171 | 23,295<br>69,023 | 26,511<br>73,683 | 28,177<br>76,969 | 30,755<br>84,037 | 33,098<br>86,897 |

## La distribution de $\chi^2$ (khi-carré).

| $\nu$ | Probabilités cumulées | | | | | |
|---|---|---|---|---|---|---|
| | 0,0005<br>0,9500 | 0,0010<br>0,9750 | 0,0050<br>0,9900 | 0,0100<br>0,9950 | 0,0250<br>0,9990 | 0,0500<br>0,9995 |
| 49 | 22,789<br>66,339 | 23,983<br>70,222 | 27,249<br>74,919 | 28,941<br>78,231 | 31,555<br>85,351 | 33,930<br>88,231 |
| 50 | 23,461<br>67,505 | 24,674<br>71,420 | 27,991<br>76,154 | 29,707<br>79,490 | 32,357<br>86,661 | 34,764<br>89,561 |
| 51 | 24,136<br>68,669 | 25,368<br>72,616 | 28,735<br>77,386 | 30,475<br>80,747 | 33,162<br>87,968 | 35,600<br>90,887 |
| 52 | 24,814<br>69,832 | 26,065<br>73,810 | 29,481<br>78,616 | 31,246<br>82,001 | 33,968<br>89,272 | 36,437<br>92,211 |
| 53 | 25,495<br>70,993 | 26,765<br>75,002 | 30,230<br>79,843 | 32,018<br>83,253 | 34,776<br>90,573 | 37,276<br>93,531 |
| 54 | 26,179<br>72,153 | 27,468<br>76,192 | 30,981<br>81,069 | 32,793<br>84,502 | 35,586<br>91,872 | 38,116<br>94,849 |
| 55 | 26,866<br>73,311 | 28,173<br>77,380 | 31,735<br>82,292 | 33,570<br>85,749 | 36,398<br>93,168 | 38,958<br>96,163 |
| 56 | 27,555<br>74,468 | 28,881<br>78,567 | 32,490<br>83,513 | 34,350<br>86,994 | 37,212<br>94,461 | 39,801<br>97,475 |
| 57 | 28,248<br>75,624 | 29,592<br>79,752 | 33,248<br>84,733 | 35,131<br>88,236 | 38,027<br>95,751 | 40,646<br>98,784 |
| 58 | 28,943<br>76,778 | 30,305<br>80,936 | 34,008<br>85,950 | 35,913<br>89,477 | 38,844<br>97,039 | 41,492<br>100,090 |
| 59 | 29,640<br>77,931 | 31,020<br>82,117 | 34,770<br>87,166 | 36,698<br>90,715 | 39,662<br>98,324 | 42,339<br>101,394 |
| 60 | 30,340<br>79,082 | 31,738<br>83,298 | 35,534<br>88,379 | 37,485<br>91,952 | 40,482<br>99,607 | 43,188<br>102,695 |

**La distribution de $\chi^2$ (khi-carré).**

| $\nu$ | Probabilités cumulées | | | | | |
|---|---|---|---|---|---|---|
| | 0,0005<br>0,9500 | 0,0010<br>0,9750 | 0,0050<br>0,9900 | 0,0100<br>0,9950 | 0,0250<br>0,9990 | 0,0500<br>0,9995 |
| 61 | 31,043<br>80,232 | 32,459<br>84,476 | 36,301<br>89,591 | 38,273<br>93,186 | 41,303<br>100,888 | 44,038<br>103,993 |
| 62 | 31,748<br>81,381 | 33,181<br>85,654 | 37,068<br>90,802 | 39,063<br>94,419 | 42,126<br>102,166 | 44,889<br>105,289 |
| 63 | 32,455<br>82,529 | 33,906<br>86,830 | 37,838<br>92,010 | 39,855<br>95,649 | 42,950<br>103,442 | 45,741<br>106,583 |
| 64 | 33,165<br>83,675 | 34,633<br>88,004 | 38,610<br>93,217 | 40,649<br>96,878 | 43,776<br>104,716 | 46,595<br>107,875 |
| 65 | 33,877<br>84,821 | 35,362<br>89,177 | 39,383<br>94,422 | 41,444<br>98,105 | 44,603<br>105,988 | 47,450<br>109,164 |
| 66 | 34,591<br>85,965 | 36,093<br>90,349 | 40,158<br>95,626 | 42,240<br>99,330 | 45,431<br>107,258 | 48,305<br>110,451 |
| 67 | 35,307<br>87,108 | 36,826<br>91,519 | 40,935<br>96,828 | 43,038<br>100,554 | 46,261<br>108,526 | 49,162<br>111,736 |
| 68 | 36,025<br>88,250 | 37,561<br>92,689 | 41,713<br>98,028 | 43,838<br>101,776 | 47,092<br>109,791 | 50,020<br>113,018 |
| 69 | 36,745<br>89,391 | 38,298<br>93,856 | 42,494<br>99,228 | 44,639<br>102,996 | 47,924<br>111,055 | 50,879<br>114,299 |
| 70 | 37,467<br>90,531 | 39,036<br>95,023 | 43,275<br>100,425 | 45,442<br>104,215 | 48,758<br>112,317 | 51,739<br>115,578 |
| 71 | 38,192<br>91,670 | 39,777<br>96,189 | 44,058<br>101,621 | 46,246<br>105,432 | 49,592<br>113,577 | 52,600<br>116,854 |
| 72 | 38,918<br>92,808 | 40,519<br>97,353 | 44,843<br>102,816 | 47,051<br>106,648 | 50,428<br>114,835 | 53,462<br>118,129 |

## La distribution de $\chi^2$ (khi-carré).

| $\nu$ | Probabilités cumulées | | | | | |
|---|---|---|---|---|---|---|
| | 0,0005 | 0,0010 | 0,0050 | 0,0100 | 0,0250 | 0,0500 |
| | 0,9500 | 0,9750 | 0,9900 | 0,9950 | 0,9990 | 0,9995 |
| 73 | 39,646 | 41,264 | 45,629 | 47,858 | 51,265 | 54,325 |
| | 93,945 | 98,516 | 104,010 | 107,862 | 116,092 | 119,402 |
| 74 | 40,376 | 42,010 | 46,417 | 48,666 | 52,103 | 55,189 |
| | 95,081 | 99,678 | 105,202 | 109,074 | 117,346 | 120,673 |
| 75 | 41,107 | 42,757 | 47,206 | 49,475 | 52,942 | 56,054 |
| | 96,217 | 100,839 | 106,393 | 110,286 | 118,599 | 121,942 |
| 76 | 41,841 | 43,507 | 47,997 | 50,286 | 53,782 | 56,920 |
| | 97,351 | 101,999 | 107,583 | 111,495 | 119,850 | 123,209 |
| 77 | 42,576 | 44,258 | 48,788 | 51,097 | 54,623 | 57,786 |
| | 98,484 | 103,158 | 108,771 | 112,704 | 121,100 | 124,475 |
| 78 | 43,312 | 45,010 | 49,582 | 51,910 | 55,466 | 58,654 |
| | 99,617 | 104,316 | 109,958 | 113,911 | 122,348 | 125,739 |
| 79 | 44,051 | 45,764 | 50,376 | 52,725 | 56,309 | 59,522 |
| | 100,749 | 105,473 | 111,144 | 115,117 | 123,594 | 127,001 |
| 80 | 44,791 | 46,520 | 51,172 | 53,540 | 57,153 | 60,391 |
| | 101,879 | 106,629 | 112,329 | 116,321 | 124,839 | 128,261 |
| 81 | 45,533 | 47,277 | 51,969 | 54,357 | 57,998 | 61,261 |
| | 103,010 | 107,783 | 113,512 | 117,524 | 126,083 | 129,520 |
| 82 | 46,276 | 48,036 | 52,767 | 55,174 | 58,845 | 62,132 |
| | 104,139 | 108,937 | 114,695 | 118,726 | 127,324 | 130,778 |
| 83 | 47,021 | 48,796 | 53,567 | 55,993 | 59,692 | 63,004 |
| | 105,267 | 110,090 | 115,876 | 119,927 | 128,565 | 132,033 |
| 84 | 47,767 | 49,557 | 54,368 | 56,813 | 60,540 | 63,876 |
| | 106,395 | 111,242 | 117,057 | 121,126 | 129,804 | 133,288 |

## La distribution de $\chi^2$ (khi-carré).

| $\nu$ | Probabilités cumulées | | | | | |
|---|---|---|---|---|---|---|
| | 0,0005<br>0,9500 | 0,0010<br>0,9750 | 0,0050<br>0,9900 | 0,0100<br>0,9950 | 0,0250<br>0,9990 | 0,0500<br>0,9995 |
| 85 | 48,515<br>107,522 | 50,320<br>112,393 | 55,170<br>118,236 | 57,634<br>122,325 | 61,389<br>131,041 | 64,749<br>134,540 |
| 86 | 49,264<br>108,648 | 51,085<br>113,544 | 55,973<br>119,414 | 58,456<br>123,522 | 62,239<br>132,277 | 65,623<br>135,792 |
| 87 | 50,015<br>109,773 | 51,850<br>114,693 | 56,777<br>120,591 | 59,279<br>124,718 | 63,089<br>133,512 | 66,498<br>137,041 |
| 88 | 50,767<br>110,898 | 52,617<br>115,841 | 57,582<br>121,767 | 60,103<br>125,913 | 63,941<br>134,745 | 67,373<br>138,290 |
| 89 | 51,521<br>112,022 | 53,386<br>116,989 | 58,389<br>122,942 | 60,928<br>127,106 | 64,793<br>135,978 | 68,249<br>139,537 |
| 90 | 52,276<br>113,145 | 54,155<br>118,136 | 59,196<br>124,116 | 61,754<br>128,299 | 65,647<br>137,208 | 69,126<br>140,782 |
| 91 | 53,032<br>114,268 | 54,926<br>119,282 | 60,005<br>125,289 | 62,581<br>129,491 | 66,501<br>138,438 | 70,003<br>142,027 |
| 92 | 53,790<br>115,390 | 55,698<br>120,427 | 60,815<br>126,462 | 63,409<br>130,681 | 67,356<br>139,666 | 70,882<br>143,269 |
| 93 | 54,549<br>116,511 | 56,472<br>121,571 | 61,625<br>127,633 | 64,238<br>131,871 | 68,211<br>140,893 | 71,760<br>144,511 |
| 94 | 55,309<br>117,632 | 57,246<br>122,715 | 62,437<br>128,803 | 65,068<br>133,059 | 69,068<br>142,119 | 72,640<br>145,751 |
| 95 | 56,070<br>118,752 | 58,022<br>123,858 | 63,250<br>129,973 | 65,898<br>134,247 | 69,925<br>143,344 | 73,520<br>146,990 |
| 96 | 56,833<br>119,871 | 58,799<br>125,000 | 64,063<br>131,141 | 66,730<br>135,433 | 70,783<br>144,567 | 74,401<br>148,228 |

## La distribution de $\chi^2$ (khi-carré).

| ν | Probabilités cumulées | | | | | |
|---|---|---|---|---|---|---|
| | 0,0005<br>0,9500 | 0,0010<br>0,9750 | 0,0050<br>0,9900 | 0,0100<br>0,9950 | 0,0250<br>0,9990 | 0,0500<br>0,9995 |
| 97 | 57,597<br>120,990 | 59,577<br>126,141 | 64,878<br>132,309 | 67,562<br>136,619 | 71,642<br>145,789 | 75,282<br>149,465 |
| 98 | 58,362<br>122,108 | 60,356<br>127,282 | 65,694<br>133,476 | 68,396<br>137,803 | 72,501<br>147,010 | 76,164<br>150,700 |
| 99 | 59,128<br>123,225 | 61,137<br>128,422 | 66,510<br>134,642 | 69,230<br>138,987 | 73,361<br>148,230 | 77,046<br>151,934 |
| 100 | 59,896<br>124,342 | 61,918<br>129,561 | 67,328<br>135,807 | 70,065<br>140,169 | 74,222<br>149,449 | 77,929<br>153,167 |
| 102 | 61,434<br>126,574 | 63,484<br>131,838 | 68,965<br>138,134 | 71,737<br>142,532 | 75,946<br>151,884 | 79,697<br>155,629 |
| 104 | 62,977<br>128,804 | 65,054<br>134,111 | 70,606<br>140,459 | 73,413<br>144,891 | 77,672<br>154,314 | 81,468<br>158,087 |
| 106 | 64,524<br>131,031 | 66,629<br>136,382 | 72,251<br>142,780 | 75,092<br>147,247 | 79,401<br>156,740 | 83,240<br>160,541 |
| 108 | 66,075<br>133,257 | 68,207<br>138,651 | 73,899<br>145,099 | 76,774<br>149,599 | 81,133<br>159,162 | 85,015<br>162,990 |
| 110 | 67,631<br>135,480 | 69,789<br>140,917 | 75,550<br>147,414 | 78,458<br>151,948 | 82,867<br>161,581 | 86,792<br>165,435 |
| 112 | 69,191<br>137,701 | 71,375<br>143,180 | 77,204<br>149,727 | 80,146<br>154,294 | 84,604<br>163,995 | 88,570<br>167,876 |
| 114 | 70,754<br>139,921 | 72,965<br>145,441 | 78,862<br>152,037 | 81,836<br>156,637 | 86,342<br>166,406 | 90,351<br>170,314 |
| 116 | 72,321<br>142,138 | 74,558<br>147,700 | 80,522<br>154,344 | 83,529<br>158,977 | 88,084<br>168,813 | 92,134<br>172,747 |

## La distribution de $\chi^2$ (khi-carré).

| $\nu$ | Probabilités cumulées | | | | | |
|---|---|---|---|---|---|---|
| | 0,0005<br>0,9500 | 0,0010<br>0,9750 | 0,0050<br>0,9900 | 0,0100<br>0,9950 | 0,0250<br>0,9990 | 0,0500<br>0,9995 |
| 118 | 73,892<br>144,354 | 76,155<br>149,957 | 82,185<br>156,648 | 85,225<br>161,314 | 89,827<br>171,217 | 93,918<br>175,177 |
| 120 | 75,467<br>146,567 | 77,755<br>152,211 | 83,852<br>158,950 | 86,923<br>163,648 | 91,573<br>173,617 | 95,705<br>177,603 |
| 122 | 77,045<br>148,779 | 79,359<br>154,464 | 85,520<br>161,250 | 88,624<br>165,980 | 93,320<br>176,014 | 97,493<br>180,025 |
| 124 | 78,626<br>150,989 | 80,965<br>156,714 | 87,192<br>163,546 | 90,327<br>168,308 | 95,070<br>178,408 | 99,283<br>182,445 |
| 126 | 80,211<br>153,198 | 82,575<br>158,962 | 88,866<br>165,841 | 92,033<br>170,634 | 96,822<br>180,799 | 101,074<br>184,860 |
| 128 | 81,799<br>155,405 | 84,188<br>161,209 | 90,543<br>168,133 | 93,741<br>172,957 | 98,576<br>183,186 | 102,867<br>187,273 |
| 130 | 83,390<br>157,610 | 85,804<br>163,453 | 92,222<br>170,423 | 95,451<br>175,278 | 100,331<br>185,571 | 104,662<br>189,682 |
| 132 | 84,984<br>159,814 | 87,422<br>165,696 | 93,904<br>172,711 | 97,163<br>177,597 | 102,089<br>187,953 | 106,459<br>192,088 |
| 134 | 86,582<br>162,016 | 89,044<br>167,936 | 95,588<br>174,996 | 98,878<br>179,913 | 103,848<br>190,331 | 108,257<br>194,491 |
| 136 | 88,182<br>164,216 | 90,669<br>170,175 | 97,275<br>177,280 | 100,595<br>182,226 | 105,609<br>192,707 | 110,056<br>196,891 |
| 138 | 89,785<br>166,415 | 92,296<br>172,412 | 98,964<br>179,561 | 102,314<br>184,538 | 107,372<br>195,080 | 111,857<br>199,289 |
| 140 | 91,391<br>168,613 | 93,926<br>174,648 | 100,655<br>181,840 | 104,034<br>186,847 | 109,137<br>197,451 | 113,659<br>201,683 |

## La distribution de $\chi^2$ (khi-carré).

| $\nu$ | Probabilités cumulées | | | | | |
|---|---|---|---|---|---|---|
| | 0,0005<br>0,9500 | 0,0010<br>0,9750 | 0,0050<br>0,9900 | 0,0100<br>0,9950 | 0,0250<br>0,9990 | 0,0500<br>0,9995 |
| 142 | 93,000<br>170,809 | 95,558<br>176,882 | 102,348<br>184,118 | 105,757<br>189,154 | 110,903<br>199,819 | 115,463<br>204,074 |
| 144 | 94,612<br>173,004 | 97,193<br>179,114 | 104,044<br>186,393 | 107,482<br>191,458 | 112,671<br>202,184 | 117,268<br>206,463 |
| 146 | 96,226<br>175,198 | 98,831<br>181,344 | 105,741<br>188,666 | 109,209<br>193,761 | 114,441<br>204,547 | 119,075<br>208,849 |
| 148 | 97,843<br>177,390 | 100,471<br>183,573 | 107,441<br>190,938 | 110,937<br>196,062 | 116,212<br>206,907 | 120,883<br>211,233 |
| 150 | 99,463<br>179,581 | 102,113<br>185,800 | 109,142<br>193,208 | 112,668<br>198,360 | 117,985<br>209,265 | 122,692<br>213,613 |
| 152 | 101,085<br>181,770 | 103,758<br>188,026 | 110,846<br>195,476 | 114,400<br>200,657 | 119,759<br>211,620 | 124,502<br>215,992 |
| 154 | 102,709<br>183,959 | 105,405<br>190,251 | 112,551<br>197,742 | 116,134<br>202,951 | 121,534<br>213,973 | 126,314<br>218,368 |
| 156 | 104,336<br>186,146 | 107,055<br>192,474 | 114,259<br>200,006 | 117,869<br>205,244 | 123,312<br>216,324 | 128,127<br>220,741 |
| 158 | 105,966<br>188,332 | 108,706<br>194,695 | 115,968<br>202,269 | 119,607<br>207,535 | 125,090<br>218,673 | 129,941<br>223,112 |
| 160 | 107,597<br>190,516 | 110,360<br>196,915 | 117,679<br>204,530 | 121,346<br>209,824 | 126,870<br>221,019 | 131,756<br>225,481 |
| 162 | 109,231<br>192,700 | 112,016<br>199,134 | 119,392<br>206,790 | 123,086<br>212,111 | 128,651<br>223,363 | 133,572<br>227,847 |
| 164 | 110,867<br>194,883 | 113,674<br>201,351 | 121,107<br>209,047 | 124,828<br>214,396 | 130,434<br>225,705 | 135,390<br>230,211 |

## La distribution de $\chi^2$ (khi-carré).

| $\nu$ | Probabilités cumulées | | | | | |
|---|---|---|---|---|---|---|
| | 0,0005<br>0,9500 | 0,0010<br>0,9750 | 0,0050<br>0,9900 | 0,0100<br>0,9950 | 0,0250<br>0,9990 | 0,0500<br>0,9995 |
| 166 | 112,506<br>197,064 | 115,335<br>203,567 | 122,823<br>211,304 | 126,572<br>216,680 | 132,218<br>228,045 | 137,209<br>232,573 |
| 168 | 114,146<br>199,244 | 116,997<br>205,782 | 124,541<br>213,558 | 128,318<br>218,962 | 134,003<br>230,383 | 139,028<br>234,933 |
| 170 | 115,789<br>201,423 | 118,661<br>207,995 | 126,261<br>215,812 | 130,064<br>221,242 | 135,790<br>232,719 | 140,849<br>237,291 |
| 172 | 117,434<br>203,602 | 120,327<br>210,208 | 127,983<br>218,063 | 131,813<br>223,521 | 137,578<br>235,053 | 142,671<br>239,646 |
| 174 | 119,080<br>205,779 | 121,995<br>212,419 | 129,706<br>220,314 | 133,563<br>225,798 | 139,367<br>237,385 | 144,494<br>242,000 |
| 176 | 120,729<br>207,955 | 123,665<br>214,628 | 131,430<br>222,563 | 135,314<br>228,074 | 141,157<br>239,716 | 146,318<br>244,351 |
| 178 | 122,380<br>210,130 | 125,337<br>216,837 | 133,157<br>224,810 | 137,066<br>230,347 | 142,949<br>242,044 | 148,143<br>246,701 |
| 180 | 124,033<br>212,304 | 127,011<br>219,044 | 134,884<br>227,056 | 138,820<br>232,620 | 144,741<br>244,370 | 149,969<br>249,048 |
| 182 | 125,687<br>214,477 | 128,687<br>221,251 | 136,614<br>229,301 | 140,576<br>234,891 | 146,535<br>246,695 | 151,796<br>251,394 |
| 184 | 127,344<br>216,649 | 130,364<br>223,456 | 138,344<br>231,544 | 142,332<br>237,160 | 148,330<br>249,018 | 153,623<br>253,737 |
| 186 | 129,002<br>218,820 | 132,043<br>225,660 | 140,077<br>233,786 | 144,090<br>239,428 | 150,126<br>251,339 | 155,452<br>256,079 |
| 188 | 130,662<br>220,991 | 133,724<br>227,863 | 141,810<br>236,027 | 145,850<br>241,694 | 151,923<br>253,659 | 157,282<br>258,419 |

## La distribution de $\chi^2$ (khi-carré).

| $\nu$ | Probabilités cumulées | | | | | |
|---|---|---|---|---|---|---|
| | 0,0005<br>0,9500 | 0,0010<br>0,9750 | 0,0050<br>0,9900 | 0,0100<br>0,9950 | 0,0250<br>0,9990 | 0,0500<br>0,9995 |
| 190 | 132,324<br>223,160 | 135,406<br>230,064 | 143,545<br>238,266 | 147,610<br>243,959 | 153,721<br>255,976 | 159,113<br>260,758 |
| 192 | 133,988<br>225,329 | 137,090<br>232,265 | 145,282<br>240,505 | 149,372<br>246,223 | 155,521<br>258,292 | 160,944<br>263,094 |
| 194 | 135,654<br>227,496 | 138,776<br>234,465 | 147,020<br>242,742 | 151,135<br>248,485 | 157,321<br>260,607 | 162,776<br>265,429 |
| 196 | 137,321<br>229,663 | 140,463<br>236,664 | 148,759<br>244,977 | 152,900<br>250,746 | 159,122<br>262,920 | 164,610<br>267,762 |
| 198 | 138,990<br>231,829 | 142,152<br>238,861 | 150,499<br>247,212 | 154,665<br>253,006 | 160,925<br>265,231 | 166,444<br>270,093 |
| 200 | 140,660<br>233,994 | 143,843<br>241,058 | 152,241<br>249,445 | 156,432<br>255,264 | 162,728<br>267,541 | 168,279<br>272,423 |

REMARQUES:

Dans le cas de la distribution de $\chi^2$ (khi-carré), de même que dans celui de la distribution du $t$ de Student ainsi que de la distribution du rapport de variances $F$, on recommande généralement d'interpoler à l'aide de l'inverse du nombre de degrés de liberté $\nu$ plutôt qu'à l'aide du nombre de degrés de liberté lui-même. Dans le cas de la présente table, toutefois, tous les nombres de degrés de liberté pairs sont donnés entre $\nu = 100$ et $\nu = 200$. La valeur de $\chi^2$ correspondant à un nombre de degrés de liberté impair $\nu$ compris entre 100 et 200 pourra donc être obtenue avec une précision satisfaisante en faisant tout simplement la moyenne arithmétique des valeurs de $\chi^2$ ayant un degré de liberté de moins et un degré de liberté de plus:

$$\chi^2_{(P;\,\nu)} \doteq [\,\chi^2_{(P;\,\nu-1)} + \chi^2_{(P;\,\nu+1)}\,]/2 \ .$$

Lorsque le nombre de degrés de liberté $\nu$ est supérieur à 200, on peut généralement obtenir la valeur de $\chi^2$ avec au moins quatre chiffres justes à l'aide de la très bonne approximation de Wilson et Hilferty (1931):

$$\chi^2_{(P;\,\nu)} \doteq \nu\{1 - 2/(9\nu) + t_{(P;\,\infty)}\sqrt{[2/(9\nu)]}\}^3 \ .$$

## La distribution du rapport de variances, $F$, quand $\sigma_1^2 = \sigma_2^2$.

| $\nu_1$ | $\nu_2$ | Probabilités cumulées | | | | | |
|---|---|---|---|---|---|---|---|
| | | 0,9500 | 0,9750 | 0,9900 | 0,9950 | 0,9990 | 0,9995 |
| 1 | 1 | 161,4476 | 647,7890 | 4052,181 | 16210,72 | 405284,1 | 1621138 |
| 1 | 2 | 18,5128 | 38,5063 | 98,5025 | 198,5013 | 998,5003 | 1998,500 |
| 1 | 3 | 10,1280 | 17,4434 | 34,1162 | 55,5520 | 167,0292 | 266,5492 |
| 1 | 4 | 7,7086 | 12,2179 | 21,1977 | 31,3328 | 74,1373 | 106,2189 |
| 1 | 5 | 6,6079 | 10,0070 | 16,2582 | 22,7848 | 47,1808 | 63,6110 |
| 1 | 6 | 5,9874 | 8,8131 | 13,7450 | 18,6350 | 35,5075 | 46,0816 |
| 1 | 7 | 5,5914 | 8,0727 | 12,2464 | 16,2356 | 29,2452 | 36,9878 |
| 1 | 8 | 5,3177 | 7,5709 | 11,2586 | 14,6882 | 25,4148 | 31,5553 |
| 1 | 9 | 5,1174 | 7,2093 | 10,5614 | 13,6136 | 22,8571 | 27,9910 |
| 1 | 10 | 4,9646 | 6,9367 | 10,0443 | 12,8265 | 21,0396 | 25,4921 |
| 1 | 11 | 4,8443 | 6,7241 | 9,6460 | 12,2263 | 19,6868 | 23,6520 |
| 1 | 12 | 4,7472 | 6,5538 | 9,3302 | 11,7542 | 18,6433 | 22,2450 |
| 1 | 13 | 4,6672 | 6,4143 | 9,0738 | 11,3735 | 17,8154 | 21,1367 |
| 1 | 14 | 4,6001 | 6,2979 | 8,8616 | 11,0603 | 17,1434 | 20,2424 |
| 1 | 15 | 4,5431 | 6,1995 | 8,6831 | 10,7980 | 16,5874 | 19,5065 |
| 1 | 16 | 4,4940 | 6,1151 | 8,5310 | 10,5755 | 16,1202 | 18,8907 |
| 1 | 17 | 4,4513 | 6,0420 | 8,3997 | 10,3842 | 15,7222 | 18,3683 |
| 1 | 18 | 4,4139 | 5,9781 | 8,2854 | 10,2181 | 15,3793 | 17,9197 |
| 1 | 19 | 4,3807 | 5,9216 | 8,1849 | 10,0725 | 15,0808 | 17,5304 |
| 1 | 20 | 4,3512 | 5,8715 | 8,0960 | 9,9439 | 14,8188 | 17,1895 |
| 1 | 21 | 4,3248 | 5,8266 | 8,0166 | 9,8295 | 14,5869 | 16,8886 |
| 1 | 22 | 4,3009 | 5,7863 | 7,9454 | 9,7271 | 14,3803 | 16,6211 |
| 1 | 23 | 4,2793 | 5,7498 | 7,8811 | 9,6348 | 14,1950 | 16,3817 |
| 1 | 24 | 4,2597 | 5,7166 | 7,8229 | 9,5513 | 14,0280 | 16,1663 |
| 1 | 25 | 4,2417 | 5,6864 | 7,7698 | 9,4753 | 13,8767 | 15,9715 |
| 1 | 26 | 4,2252 | 5,6586 | 7,7213 | 9,4059 | 13,7390 | 15,7944 |
| 1 | 27 | 4,2100 | 5,6331 | 7,6767 | 9,3423 | 13,6131 | 15,6328 |
| 1 | 28 | 4,1960 | 5,6096 | 7,6356 | 9,2838 | 13,4976 | 15,4847 |
| 1 | 29 | 4,1830 | 5,5878 | 7,5977 | 9,2297 | 13,3912 | 15,3485 |
| 1 | 30 | 4,1709 | 5,5675 | 7,5625 | 9,1797 | 13,2930 | 15,2228 |
| 1 | 40 | 4,0847 | 5,4239 | 7,3141 | 8,8279 | 12,6094 | 14,3520 |
| 1 | 50 | 4,0343 | 5,3403 | 7,1706 | 8,6258 | 12,2221 | 13,8618 |
| 1 | 60 | 4,0012 | 5,2856 | 7,0771 | 8,4946 | 11,9730 | 13,5476 |
| 1 | 120 | 3,9201 | 5,1523 | 6,8509 | 8,1788 | 11,3802 | 12,8039 |
| 1 | 250 | 3,8789 | 5,0849 | 6,7373 | 8,0212 | 11,0880 | 12,4394 |
| 1 | 500 | 3,8601 | 5,0543 | 6,6858 | 7,9498 | 10,9567 | 12,2760 |
| 1 | 1000 | 3,8508 | 5,0391 | 6,6603 | 7,9145 | 10,8919 | 12,1955 |
| 1 | $\infty$ | 3,8415 | 5,0239 | 6,6349 | 7,8794 | 10,8276 | 12,1157 |

## La distribution du rapport de variances, *F*, quand $\sigma_1^2 = \sigma_2^2$.

| $\nu_1$ | $\nu_2$ | Probabilités cumulées | | | | | |
|---|---|---|---|---|---|---|---|
| | | 0,9500 | 0,9750 | 0,9900 | 0,9950 | 0,9990 | 0,9995 |
| 2 | 1 | 199,5000 | 799,5000 | 4999,500 | 19999,50 | 499999,5 | 2000000 |
| 2 | 2 | 19,0000 | 39,0000 | 99,0000 | 199,0000 | 999,0000 | 1999,000 |
| 2 | 3 | 9,5521 | 16,0441 | 30,8165 | 49,7993 | 148,5000 | 236,6102 |
| 2 | 4 | 6,9443 | 10,6491 | 18,0000 | 26,2843 | 61,2456 | 87,4427 |
| 2 | 5 | 5,7861 | 8,4336 | 13,2739 | 18,3138 | 37,1223 | 49,7820 |
| 2 | 6 | 5,1433 | 7,2599 | 10,9248 | 14,5441 | 27,0000 | 34,7976 |
| 2 | 7 | 4,7374 | 6,5415 | 9,5466 | 12,4040 | 21,6890 | 27,2057 |
| 2 | 8 | 4,4590 | 6,0595 | 8,6491 | 11,0424 | 18,4937 | 22,7496 |
| 2 | 9 | 4,2565 | 5,7147 | 8,0215 | 10,1067 | 16,3871 | 19,8655 |
| 2 | 10 | 4,1028 | 5,4564 | 7,5594 | 9,4270 | 14,9054 | 17,8653 |
| 2 | 11 | 3,9823 | 5,2559 | 7,2057 | 8,9122 | 13,8116 | 16,4053 |
| 2 | 12 | 3,8853 | 5,0959 | 6,9266 | 8,5096 | 12,9737 | 15,2972 |
| 2 | 13 | 3,8056 | 4,9653 | 6,7010 | 8,1865 | 12,3127 | 14,4298 |
| 2 | 14 | 3,7389 | 4,8567 | 6,5149 | 7,9216 | 11,7789 | 13,7336 |
| 2 | 15 | 3,6823 | 4,7650 | 6,3589 | 7,7008 | 11,3391 | 13,1632 |
| 2 | 16 | 3,6337 | 4,6867 | 6,2262 | 7,5138 | 10,9710 | 12,6880 |
| 2 | 17 | 3,5915 | 4,6189 | 6,1121 | 7,3536 | 10,6584 | 12,2862 |
| 2 | 18 | 3,5546 | 4,5597 | 6,0129 | 7,2148 | 10,3899 | 11,9423 |
| 2 | 19 | 3,5219 | 4,5075 | 5,9259 | 7,0935 | 10,1568 | 11,6446 |
| 2 | 20 | 3,4928 | 4,4613 | 5,8489 | 6,9865 | 9,9526 | 11,3847 |
| 2 | 21 | 3,4668 | 4,4199 | 5,7804 | 6,8914 | 9,7723 | 11,1557 |
| 2 | 22 | 3,4434 | 4,3828 | 5,7190 | 6,8064 | 9,6120 | 10,9526 |
| 2 | 23 | 3,4221 | 4,3492 | 5,6637 | 6,7300 | 9,4685 | 10,7712 |
| 2 | 24 | 3,4028 | 4,3187 | 5,6136 | 6,6609 | 9,3394 | 10,6083 |
| 2 | 25 | 3,3852 | 4,2909 | 5,5680 | 6,5982 | 9,2225 | 10,4611 |
| 2 | 26 | 3,3690 | 4,2655 | 5,5263 | 6,5409 | 9,1163 | 10,3275 |
| 2 | 27 | 3,3541 | 4,2421 | 5,4881 | 6,4885 | 9,0194 | 10,2058 |
| 2 | 28 | 3,3404 | 4,2205 | 5,4529 | 6,4403 | 8,9305 | 10,0944 |
| 2 | 29 | 3,3277 | 4,2006 | 5,4204 | 6,3958 | 8,8488 | 9,9921 |
| 2 | 30 | 3,3158 | 4,1821 | 5,3903 | 6,3547 | 8,7734 | 9,8977 |
| 2 | 40 | 3,2317 | 4,0510 | 5,1785 | 6,0664 | 8,2508 | 9,2470 |
| 2 | 50 | 3,1826 | 3,9749 | 5,0566 | 5,9016 | 7,9564 | 8,8829 |
| 2 | 60 | 3,1504 | 3,9253 | 4,9774 | 5,7950 | 7,7678 | 8,6505 |
| 2 | 120 | 3,0718 | 3,8046 | 4,7865 | 5,5393 | 7,3211 | 8,1033 |
| 2 | 250 | 3,0319 | 3,7439 | 4,6911 | 5,4122 | 7,1022 | 7,8368 |
| 2 | 500 | 3,0138 | 3,7162 | 4,6478 | 5,3549 | 7,0041 | 7,7176 |
| 2 | 1000 | 3,0047 | 3,7025 | 4,6264 | 5,3265 | 6,9557 | 7,6590 |
| 2 | ∞ | 2,9957 | 3,6889 | 4,6052 | 5,2983 | 6,9078 | 7,6009 |

## La distribution du rapport de variances, *F*, quand $\sigma_1^2 = \sigma_2^2$.

| $\nu_1$ | $\nu_2$ | Probabilités cumulées | | | | | |
|---|---|---|---|---|---|---|---|
| | | 0,9500 | 0,9750 | 0,9900 | 0,9950 | 0,9990 | 0,9995 |
| 3 | 1 | 215,7073 | 864,1630 | 5403,352 | 21614,74 | 540379,2 | 2161518 |
| 3 | 2 | 19,1643 | 39,1655 | 99,1662 | 199,1664 | 999,1666 | 1999,167 |
| 3 | 3 | 9,2766 | 15,4392 | 29,4567 | 47,4672 | 141,1085 | 224,7012 |
| 3 | 4 | 6,5914 | 9,9792 | 16,6944 | 24,2591 | 56,1772 | 80,0925 |
| 3 | 5 | 5,4095 | 7,7636 | 12,0600 | 16,5298 | 33,2025 | 44,4225 |
| 3 | 6 | 4,7571 | 6,5988 | 9,7795 | 12,9166 | 23,7033 | 30,4535 |
| 3 | 7 | 4,3468 | 5,8898 | 8,4513 | 10,8824 | 18,7723 | 23,4572 |
| 3 | 8 | 4,0662 | 5,4160 | 7,5910 | 9,5965 | 15,8295 | 19,3865 |
| 3 | 9 | 3,8625 | 5,0781 | 6,9919 | 8,7171 | 13,9018 | 16,7700 |
| 3 | 10 | 3,7083 | 4,8256 | 6,5523 | 8,0807 | 12,5527 | 14,9655 |
| 3 | 11 | 3,5874 | 4,6300 | 6,2167 | 7,6004 | 11,5611 | 13,6545 |
| 3 | 12 | 3,4903 | 4,4742 | 5,9525 | 7,2258 | 10,8042 | 12,6632 |
| 3 | 13 | 3,4105 | 4,3472 | 5,7394 | 6,9258 | 10,2089 | 11,8897 |
| 3 | 14 | 3,3439 | 4,2417 | 5,5639 | 6,6804 | 9,7294 | 11,2707 |
| 3 | 15 | 3,2874 | 4,1528 | 5,4170 | 6,4760 | 9,3353 | 10,7649 |
| 3 | 16 | 3,2389 | 4,0768 | 5,2922 | 6,3034 | 9,0059 | 10,3443 |
| 3 | 17 | 3,1968 | 4,0112 | 5,1850 | 6,1556 | 8,7269 | 9,9894 |
| 3 | 18 | 3,1599 | 3,9539 | 5,0919 | 6,0278 | 8,4875 | 9,6861 |
| 3 | 19 | 3,1274 | 3,9034 | 5,0103 | 5,9161 | 8,2799 | 9,4241 |
| 3 | 20 | 3,0984 | 3,8587 | 4,9382 | 5,8177 | 8,0984 | 9,1955 |
| 3 | 21 | 3,0725 | 3,8188 | 4,8740 | 5,7304 | 7,9383 | 8,9945 |
| 3 | 22 | 3,0491 | 3,7829 | 4,8166 | 5,6524 | 7,7960 | 8,8163 |
| 3 | 23 | 3,0280 | 3,7505 | 4,7649 | 5,5823 | 7,6688 | 8,6574 |
| 3 | 24 | 3,0088 | 3,7211 | 4,7181 | 5,5190 | 7,5545 | 8,5147 |
| 3 | 25 | 2,9912 | 3,6943 | 4,6755 | 5,4615 | 7,4511 | 8,3860 |
| 3 | 26 | 2,9752 | 3,6697 | 4,6366 | 5,4091 | 7,3572 | 8,2693 |
| 3 | 27 | 2,9604 | 3,6472 | 4,6009 | 5,3611 | 7,2715 | 8,1630 |
| 3 | 28 | 2,9467 | 3,6264 | 4,5681 | 5,3170 | 7,1931 | 8,0658 |
| 3 | 29 | 2,9340 | 3,6072 | 4,5378 | 5,2764 | 7,1210 | 7,9766 |
| 3 | 30 | 2,9223 | 3,5894 | 4,5097 | 5,2388 | 7,0545 | 7,8944 |
| 3 | 40 | 2,8387 | 3,4633 | 4,3126 | 4,9758 | 6,5945 | 7,3287 |
| 3 | 50 | 2,7900 | 3,3902 | 4,1993 | 4,8259 | 6,3364 | 7,0133 |
| 3 | 60 | 2,7581 | 3,3425 | 4,1259 | 4,7290 | 6,1712 | 6,8124 |
| 3 | 120 | 2,6802 | 3,2269 | 3,9491 | 4,4972 | 5,7814 | 6,3409 |
| 3 | 250 | 2,6407 | 3,1687 | 3,8609 | 4,3822 | 5,5909 | 6,1120 |
| 3 | 500 | 2,6227 | 3,1423 | 3,8210 | 4,3304 | 5,5057 | 6,0099 |
| 3 | 1000 | 2,6138 | 3,1292 | 3,8012 | 4,3048 | 5,4637 | 5,9597 |
| 3 | ∞ | 2,6049 | 3,1161 | 3,7816 | 4,2794 | 5,4221 | 5,9100 |

## La distribution du rapport de variances, *F*, quand $\sigma_1^2 = \sigma_2^2$.

| $\nu_1$ | $\nu_2$ | Probabilités cumulées | | | | | |
|---|---|---|---|---|---|---|---|
| | | 0,9500 | 0,9750 | 0,9900 | 0,9950 | 0,9990 | 0,9995 |
| 4 | 1 | 224,5832 | 899,5833 | 5624,583 | 22499,58 | 562499,6 | 2250000 |
| 4 | 2 | 19,2468 | 39,2484 | 99,2494 | 199,2497 | 999,2499 | 1999,250 |
| 4 | 3 | 9,1172 | 15,1010 | 28,7099 | 46,1946 | 137,1004 | 218,2508 |
| 4 | 4 | 6,3882 | 9,6045 | 15,9770 | 23,1545 | 53,4358 | 76,1242 |
| 4 | 5 | 5,1922 | 7,3879 | 11,3919 | 15,5561 | 31,0850 | 41,5344 |
| 4 | 6 | 4,5337 | 6,2272 | 9,1483 | 12,0275 | 21,9235 | 28,1152 |
| 4 | 7 | 4,1203 | 5,5226 | 7,8466 | 10,0505 | 17,1980 | 21,4408 |
| 4 | 8 | 3,8379 | 5,0526 | 7,0061 | 8,8051 | 14,3916 | 17,5782 |
| 4 | 9 | 3,6331 | 4,7181 | 6,4221 | 7,9559 | 12,5603 | 15,1060 |
| 4 | 10 | 3,4780 | 4,4683 | 5,9943 | 7,3428 | 11,2828 | 13,4068 |
| 4 | 11 | 3,3567 | 4,2751 | 5,6683 | 6,8809 | 10,3461 | 12,1759 |
| 4 | 12 | 3,2592 | 4,1212 | 5,4120 | 6,5211 | 9,6327 | 11,2474 |
| 4 | 13 | 3,1791 | 3,9959 | 5,2053 | 6,2335 | 9,0727 | 10,5244 |
| 4 | 14 | 3,1122 | 3,8919 | 5,0354 | 5,9984 | 8,6223 | 9,9469 |
| 4 | 15 | 3,0556 | 3,8043 | 4,8932 | 5,8029 | 8,2527 | 9,4757 |
| 4 | 16 | 3,0069 | 3,7294 | 4,7726 | 5,6378 | 7,9442 | 9,0844 |
| 4 | 17 | 2,9647 | 3,6648 | 4,6690 | 5,4967 | 7,6831 | 8,7547 |
| 4 | 18 | 2,9277 | 3,6083 | 4,5790 | 5,3746 | 7,4593 | 8,4732 |
| 4 | 19 | 2,8951 | 3,5587 | 4,5003 | 5,2681 | 7,2655 | 8,2302 |
| 4 | 20 | 2,8661 | 3,5147 | 4,4307 | 5,1743 | 7,0960 | 8,0185 |
| 4 | 21 | 2,8401 | 3,4754 | 4,3688 | 5,0911 | 6,9467 | 7,8324 |
| 4 | 22 | 2,8167 | 3,4401 | 4,3134 | 5,0168 | 6,8142 | 7,6676 |
| 4 | 23 | 2,7955 | 3,4083 | 4,2636 | 4,9500 | 6,6957 | 7,5207 |
| 4 | 24 | 2,7763 | 3,3794 | 4,2184 | 4,8898 | 6,5892 | 7,3889 |
| 4 | 25 | 2,7587 | 3,3530 | 4,1774 | 4,8351 | 6,4931 | 7,2701 |
| 4 | 26 | 2,7426 | 3,3289 | 4,1400 | 4,7852 | 6,4057 | 7,1624 |
| 4 | 27 | 2,7278 | 3,3067 | 4,1056 | 4,7396 | 6,3261 | 7,0643 |
| 4 | 28 | 2,7141 | 3,2863 | 4,0740 | 4,6977 | 6,2532 | 6,9747 |
| 4 | 29 | 2,7014 | 3,2674 | 4,0449 | 4,6591 | 6,1863 | 6,8925 |
| 4 | 30 | 2,6896 | 3,2499 | 4,0179 | 4,6234 | 6,1245 | 6,8168 |
| 4 | 40 | 2,6060 | 3,1261 | 3,8283 | 4,3738 | 5,6981 | 6,2966 |
| 4 | 50 | 2,5572 | 3,0544 | 3,7195 | 4,2316 | 5,4593 | 6,0072 |
| 4 | 60 | 2,5252 | 3,0077 | 3,6490 | 4,1399 | 5,3067 | 5,8232 |
| 4 | 120 | 2,4472 | 2,8943 | 3,4795 | 3,9207 | 4,9472 | 5,3921 |
| 4 | 250 | 2,4078 | 2,8373 | 3,3950 | 3,8121 | 4,7719 | 5,1833 |
| 4 | 500 | 2,3898 | 2,8114 | 3,3569 | 3,7632 | 4,6935 | 5,0903 |
| 4 | 1000 | 2,3808 | 2,7986 | 3,3380 | 3,7390 | 4,6549 | 5,0446 |
| 4 | ∞ | 2,3719 | 2,7858 | 3,3192 | 3,7151 | 4,6167 | 4,9993 |

## La distribution du rapport de variances, $F$, quand $\sigma_1^2 = \sigma_2^2$.

| $\nu_1$ | $\nu_2$ | Probabilités cumulées | | | | | |
|---|---|---|---|---|---|---|---|
| | | 0,9500 | 0,9750 | 0,9900 | 0,9950 | 0,9990 | 0,9995 |
| 5 | 1 | 230,1619 | 921,8479 | 5763,650 | 23055,80 | 576404,6 | 2305619 |
| 5 | 2 | 19,2964 | 39,2982 | 99,2993 | 199,2996 | 999,2999 | 1999,300 |
| 5 | 3 | 9,0135 | 14,8848 | 28,2371 | 45,3916 | 134,5800 | 214,1973 |
| 5 | 4 | 6,2561 | 9,3645 | 15,5219 | 22,4564 | 51,7116 | 73,6307 |
| 5 | 5 | 5,0503 | 7,1464 | 10,9670 | 14,9396 | 29,7524 | 39,7194 |
| 5 | 6 | 4,3874 | 5,9876 | 8,7459 | 11,4637 | 20,8027 | 26,6452 |
| 5 | 7 | 3,9715 | 5,2852 | 7,4604 | 9,5221 | 16,2058 | 20,1726 |
| 5 | 8 | 3,6875 | 4,8173 | 6,6318 | 8,3018 | 13,4847 | 16,4403 |
| 5 | 9 | 3,4817 | 4,4844 | 6,0569 | 7,4712 | 11,7137 | 14,0583 |
| 5 | 10 | 3,3258 | 4,2361 | 5,6363 | 6,8724 | 10,4807 | 12,4251 |
| 5 | 11 | 3,2039 | 4,0440 | 5,3160 | 6,4217 | 9,5784 | 11,2442 |
| 5 | 12 | 3,1059 | 3,8911 | 5,0643 | 6,0711 | 8,8921 | 10,3549 |
| 5 | 13 | 3,0254 | 3,7667 | 4,8616 | 5,7910 | 8,3541 | 9,6635 |
| 5 | 14 | 2,9582 | 3,6634 | 4,6950 | 5,5623 | 7,9218 | 9,1118 |
| 5 | 15 | 2,9013 | 3,5764 | 4,5556 | 5,3721 | 7,5674 | 8,6622 |
| 5 | 16 | 2,8524 | 3,5021 | 4,4374 | 5,2117 | 7,2719 | 8,2892 |
| 5 | 17 | 2,8100 | 3,4379 | 4,3359 | 5,0746 | 7,0219 | 7,9751 |
| 5 | 18 | 2,7729 | 3,3820 | 4,2479 | 4,9560 | 6,8078 | 7,7072 |
| 5 | 19 | 2,7401 | 3,3327 | 4,1708 | 4,8526 | 6,6225 | 7,4761 |
| 5 | 20 | 2,7109 | 3,2891 | 4,1027 | 4,7616 | 6,4606 | 7,2748 |
| 5 | 21 | 2,6848 | 3,2501 | 4,0421 | 4,6809 | 6,3179 | 7,0980 |
| 5 | 22 | 2,6613 | 3,2151 | 3,9880 | 4,6088 | 6,1914 | 6,9416 |
| 5 | 23 | 2,6400 | 3,1835 | 3,9392 | 4,5441 | 6,0783 | 6,8021 |
| 5 | 24 | 2,6207 | 3,1548 | 3,8951 | 4,4857 | 5,9768 | 6,6771 |
| 5 | 25 | 2,6030 | 3,1287 | 3,8550 | 4,4327 | 5,8851 | 6,5644 |
| 5 | 26 | 2,5868 | 3,1048 | 3,8183 | 4,3844 | 5,8018 | 6,4623 |
| 5 | 27 | 2,5719 | 3,0828 | 3,7848 | 4,3402 | 5,7259 | 6,3694 |
| 5 | 28 | 2,5581 | 3,0626 | 3,7539 | 4,2996 | 5,6565 | 6,2845 |
| 5 | 29 | 2,5454 | 3,0438 | 3,7254 | 4,2622 | 5,5927 | 6,2067 |
| 5 | 30 | 2,5336 | 3,0265 | 3,6990 | 4,2276 | 5,5339 | 6,1350 |
| 5 | 40 | 2,4495 | 2,9037 | 3,5138 | 3,9860 | 5,1283 | 5,6430 |
| 5 | 50 | 2,4004 | 2,8327 | 3,4077 | 3,8486 | 4,9013 | 5,3698 |
| 5 | 60 | 2,3683 | 2,7863 | 3,3389 | 3,7599 | 4,7565 | 5,1962 |
| 5 | 120 | 2,2899 | 2,6740 | 3,1735 | 3,5482 | 4,4157 | 4,7902 |
| 5 | 250 | 2,2501 | 2,6175 | 3,0912 | 3,4435 | 4,2497 | 4,5939 |
| 5 | 500 | 2,2320 | 2,5919 | 3,0540 | 3,3963 | 4,1756 | 4,5065 |
| 5 | 1000 | 2,2231 | 2,5792 | 3,0355 | 3,3730 | 4,1391 | 4,4635 |
| 5 | $\infty$ | 2,2141 | 2,5665 | 3,0173 | 3,3499 | 4,1030 | 4,4211 |

## La distribution du rapport de variances, *F*, quand $\sigma_1^2 = \sigma_2^2$.

| $\nu_1$ | $\nu_2$ | Probabilités cumulées | | | | | |
|---|---|---|---|---|---|---|---|
| | | 0,9500 | 0,9750 | 0,9900 | 0,9950 | 0,9990 | 0,9995 |
| 6 | 1 | 233,9860 | 937,1111 | 5858,986 | 23437,11 | 585937,1 | 2343750 |
| 6 | 2 | 19,3295 | 39,3315 | 99,3326 | 199,3330 | 999,3333 | 1999,333 |
| 6 | 3 | 8,9406 | 14,7347 | 27,9107 | 44,8385 | 132,8475 | 211,4118 |
| 6 | 4 | 6,1631 | 9,1973 | 15,2069 | 21,9746 | 50,5250 | 71,9160 |
| 6 | 5 | 4,9503 | 6,9777 | 10,6723 | 14,5133 | 28,8344 | 38,4703 |
| 6 | 6 | 4,2839 | 5,8198 | 8,4661 | 11,0730 | 20,0297 | 25,6326 |
| 6 | 7 | 3,8660 | 5,1186 | 7,1914 | 9,1553 | 15,5208 | 19,2984 |
| 6 | 8 | 3,5806 | 4,6517 | 6,3707 | 7,9520 | 12,8580 | 15,6553 |
| 6 | 9 | 3,3738 | 4,3197 | 5,8018 | 7,1339 | 11,1281 | 13,3351 |
| 6 | 10 | 3,2172 | 4,0721 | 5,3858 | 6,5446 | 9,9256 | 11,7469 |
| 6 | 11 | 3,0946 | 3,8807 | 5,0692 | 6,1016 | 9,0466 | 10,6002 |
| 6 | 12 | 2,9961 | 3,7283 | 4,8206 | 5,7570 | 8,3788 | 9,7377 |
| 6 | 13 | 2,9153 | 3,6043 | 4,6204 | 5,4819 | 7,8557 | 9,0678 |
| 6 | 14 | 2,8477 | 3,5014 | 4,4558 | 5,2574 | 7,4358 | 8,5337 |
| 6 | 15 | 2,7905 | 3,4147 | 4,3183 | 5,0708 | 7,0917 | 8,0988 |
| 6 | 16 | 2,7413 | 3,3406 | 4,2016 | 4,9134 | 6,8049 | 7,7383 |
| 6 | 17 | 2,6987 | 3,2767 | 4,1015 | 4,7789 | 6,5625 | 7,4348 |
| 6 | 18 | 2,6613 | 3,2209 | 4,0146 | 4,6627 | 6,3550 | 7,1761 |
| 6 | 19 | 2,6283 | 3,1718 | 3,9386 | 4,5614 | 6,1754 | 6,9531 |
| 6 | 20 | 2,5990 | 3,1283 | 3,8714 | 4,4721 | 6,0186 | 6,7590 |
| 6 | 21 | 2,5727 | 3,0895 | 3,8117 | 4,3931 | 5,8805 | 6,5885 |
| 6 | 22 | 2,5491 | 3,0546 | 3,7583 | 4,3225 | 5,7580 | 6,4377 |
| 6 | 23 | 2,5277 | 3,0232 | 3,7102 | 4,2591 | 5,6486 | 6,3033 |
| 6 | 24 | 2,5082 | 2,9946 | 3,6667 | 4,2019 | 5,5504 | 6,1829 |
| 6 | 25 | 2,4904 | 2,9685 | 3,6272 | 4,1500 | 5,4617 | 6,0744 |
| 6 | 26 | 2,4741 | 2,9447 | 3,5911 | 4,1027 | 5,3812 | 5,9761 |
| 6 | 27 | 2,4591 | 2,9228 | 3,5580 | 4,0594 | 5,3078 | 5,8867 |
| 6 | 28 | 2,4453 | 2,9027 | 3,5276 | 4,0197 | 5,2407 | 5,8050 |
| 6 | 29 | 2,4324 | 2,8840 | 3,4995 | 3,9831 | 5,1791 | 5,7301 |
| 6 | 30 | 2,4205 | 2,8667 | 3,4735 | 3,9492 | 5,1223 | 5,6611 |
| 6 | 40 | 2,3359 | 2,7444 | 3,2910 | 3,7129 | 4,7306 | 5,1882 |
| 6 | 50 | 2,2864 | 2,6736 | 3,1864 | 3,5785 | 4,5117 | 4,9259 |
| 6 | 60 | 2,2541 | 2,6274 | 3,1187 | 3,4918 | 4,3721 | 4,7594 |
| 6 | 120 | 2,1750 | 2,5154 | 2,9559 | 3,2849 | 4,0437 | 4,3704 |
| 6 | 250 | 2,1350 | 2,4591 | 2,8748 | 3,1826 | 3,8841 | 4,1824 |
| 6 | 500 | 2,1167 | 2,4335 | 2,8381 | 3,1366 | 3,8128 | 4,0988 |
| 6 | 1000 | 2,1076 | 2,4208 | 2,8200 | 3,1138 | 3,7777 | 4,0577 |
| 6 | $\infty$ | 2,0986 | 2,4082 | 2,8020 | 3,0913 | 3,7430 | 4,0171 |

## La distribution du rapport de variances, $F$, quand $\sigma_1^2 = \sigma_2^2$.

| $\nu_1$ | $\nu_2$ | Probabilités cumulées | | | | | |
|---|---|---|---|---|---|---|---|
| | | 0,9500 | 0,9750 | 0,9900 | 0,9950 | 0,9990 | 0,9995 |
| 7 | 1 | 236,7684 | 948,2169 | 5928,356 | 23714,57 | 592873,3 | 2371494 |
| 7 | 2 | 19,3532 | 39,3552 | 99,3564 | 199,3568 | 999,3571 | 1999,357 |
| 7 | 3 | 8,8867 | 14,6244 | 27,6717 | 44,4341 | 131,5829 | 209,3792 |
| 7 | 4 | 6,0942 | 9,0741 | 14,9758 | 21,6217 | 49,6579 | 70,6635 |
| 7 | 5 | 4,8759 | 6,8531 | 10,4555 | 14,2004 | 28,1626 | 37,5569 |
| 7 | 6 | 4,2067 | 5,6955 | 8,2600 | 10,7859 | 19,4634 | 24,8916 |
| 7 | 7 | 3,7870 | 4,9949 | 6,9928 | 8,8854 | 15,0186 | 18,6579 |
| 7 | 8 | 3,5005 | 4,5286 | 6,1776 | 7,6941 | 12,3980 | 15,0797 |
| 7 | 9 | 3,2927 | 4,1970 | 5,6129 | 6,8849 | 10,6979 | 12,8044 |
| 7 | 10 | 3,1355 | 3,9498 | 5,2001 | 6,3025 | 9,5175 | 11,2489 |
| 7 | 11 | 3,0123 | 3,7586 | 4,8861 | 5,8648 | 8,6553 | 10,1270 |
| 7 | 12 | 2,9134 | 3,6065 | 4,6395 | 5,5245 | 8,0009 | 9,2839 |
| 7 | 13 | 2,8321 | 3,4827 | 4,4410 | 5,2529 | 7,4886 | 8,6296 |
| 7 | 14 | 2,7642 | 3,3799 | 4,2779 | 5,0313 | 7,0775 | 8,1083 |
| 7 | 15 | 2,7066 | 3,2934 | 4,1415 | 4,8473 | 6,7408 | 7,6840 |
| 7 | 16 | 2,6572 | 3,2194 | 4,0259 | 4,6920 | 6,4604 | 7,3324 |
| 7 | 17 | 2,6143 | 3,1556 | 3,9267 | 4,5594 | 6,2234 | 7,0367 |
| 7 | 18 | 2,5767 | 3,0999 | 3,8406 | 4,4448 | 6,0206 | 6,7847 |
| 7 | 19 | 2,5435 | 3,0509 | 3,7653 | 4,3448 | 5,8452 | 6,5675 |
| 7 | 20 | 2,5140 | 3,0074 | 3,6987 | 4,2569 | 5,6920 | 6,3785 |
| 7 | 21 | 2,4876 | 2,9686 | 3,6396 | 4,1789 | 5,5571 | 6,2125 |
| 7 | 22 | 2,4638 | 2,9338 | 3,5867 | 4,1094 | 5,4376 | 6,0658 |
| 7 | 23 | 2,4422 | 2,9023 | 3,5390 | 4,0469 | 5,3308 | 5,9351 |
| 7 | 24 | 2,4226 | 2,8738 | 3,4959 | 3,9905 | 5,2349 | 5,8180 |
| 7 | 25 | 2,4047 | 2,8478 | 3,4568 | 3,9394 | 5,1484 | 5,7124 |
| 7 | 26 | 2,3883 | 2,8240 | 3,4210 | 3,8928 | 5,0698 | 5,6169 |
| 7 | 27 | 2,3732 | 2,8021 | 3,3882 | 3,8501 | 4,9983 | 5,5300 |
| 7 | 28 | 2,3593 | 2,7820 | 3,3581 | 3,8110 | 4,9328 | 5,4506 |
| 7 | 29 | 2,3463 | 2,7633 | 3,3303 | 3,7749 | 4,8727 | 5,3778 |
| 7 | 30 | 2,3343 | 2,7460 | 3,3045 | 3,7416 | 4,8173 | 5,3108 |
| 7 | 40 | 2,2490 | 2,6238 | 3,1238 | 3,5088 | 4,4355 | 4,8516 |
| 7 | 50 | 2,1992 | 2,5530 | 3,0202 | 3,3765 | 4,2224 | 4,5972 |
| 7 | 60 | 2,1665 | 2,5068 | 2,9530 | 3,2911 | 4,0864 | 4,4357 |
| 7 | 120 | 2,0868 | 2,3948 | 2,7918 | 3,0874 | 3,7670 | 4,0587 |
| 7 | 250 | 2,0463 | 2,3384 | 2,7114 | 2,9867 | 3,6117 | 3,8768 |
| 7 | 500 | 2,0279 | 2,3129 | 2,6751 | 2,9414 | 3,5424 | 3,7959 |
| 7 | 1000 | 2,0187 | 2,3002 | 2,6572 | 2,9190 | 3,5083 | 3,7561 |
| 7 | $\infty$ | 2,0096 | 2,2875 | 2,6393 | 2,8968 | 3,4746 | 3,7168 |

## La distribution du rapport de variances, $F$, quand $\sigma_1^2 = \sigma_2^2$.

| $\nu_1$ | $\nu_2$ | Probabilités cumulées | | | | | |
|---|---|---|---|---|---|---|---|
| | | 0,9500 | 0,9750 | 0,9900 | 0,9950 | 0,9990 | 0,9995 |
| 8 | 1 | 238,8827 | 956,6562 | 5981,070 | 23925,41 | 598144,2 | 2392578 |
| 8 | 2 | 19,3710 | 39,3730 | 99,3742 | 199,3746 | 999,3749 | 1999,375 |
| 8 | 3 | 8,8452 | 14,5399 | 27,4892 | 44,1256 | 130,6190 | 207,8303 |
| 8 | 4 | 6,0410 | 8,9796 | 14,7989 | 21,3520 | 48,9962 | 69,7080 |
| 8 | 5 | 4,8183 | 6,7572 | 10,2893 | 13,9610 | 27,6495 | 36,8595 |
| 8 | 6 | 4,1468 | 5,5996 | 8,1017 | 10,5658 | 19,0303 | 24,3251 |
| 8 | 7 | 3,7257 | 4,8993 | 6,8400 | 8,6781 | 14,6340 | 18,1680 |
| 8 | 8 | 3,4381 | 4,4333 | 6,0289 | 7,4959 | 12,0455 | 14,6391 |
| 8 | 9 | 3,2296 | 4,1020 | 5,4671 | 6,6933 | 10,3680 | 12,3978 |
| 8 | 10 | 3,0717 | 3,8549 | 5,0567 | 6,1159 | 9,2041 | 10,8671 |
| 8 | 11 | 2,9480 | 3,6638 | 4,7445 | 5,6821 | 8,3548 | 9,7639 |
| 8 | 12 | 2,8486 | 3,5118 | 4,4994 | 5,3451 | 7,7104 | 8,9355 |
| 8 | 13 | 2,7669 | 3,3880 | 4,3021 | 5,0761 | 7,2061 | 8,2930 |
| 8 | 14 | 2,6987 | 3,2853 | 4,1399 | 4,8566 | 6,8017 | 7,7813 |
| 8 | 15 | 2,6408 | 3,1987 | 4,0045 | 4,6744 | 6,4707 | 7,3650 |
| 8 | 16 | 2,5911 | 3,1248 | 3,8896 | 4,5207 | 6,1950 | 7,0203 |
| 8 | 17 | 2,5480 | 3,0610 | 3,7910 | 4,3894 | 5,9620 | 6,7303 |
| 8 | 18 | 2,5102 | 3,0053 | 3,7054 | 4,2759 | 5,7628 | 6,4833 |
| 8 | 19 | 2,4768 | 2,9563 | 3,6305 | 4,1770 | 5,5904 | 6,2705 |
| 8 | 20 | 2,4471 | 2,9128 | 3,5644 | 4,0900 | 5,4400 | 6,0853 |
| 8 | 21 | 2,4205 | 2,8740 | 3,5056 | 4,0128 | 5,3076 | 5,9229 |
| 8 | 22 | 2,3965 | 2,8392 | 3,4530 | 3,9440 | 5,1901 | 5,7791 |
| 8 | 23 | 2,3748 | 2,8077 | 3,4057 | 3,8822 | 5,0853 | 5,6512 |
| 8 | 24 | 2,3551 | 2,7791 | 3,3629 | 3,8264 | 4,9912 | 5,5366 |
| 8 | 25 | 2,3371 | 2,7531 | 3,3239 | 3,7758 | 4,9063 | 5,4333 |
| 8 | 26 | 2,3205 | 2,7293 | 3,2884 | 3,7297 | 4,8292 | 5,3398 |
| 8 | 27 | 2,3053 | 2,7074 | 3,2558 | 3,6875 | 4,7590 | 5,2547 |
| 8 | 28 | 2,2913 | 2,6872 | 3,2259 | 3,6487 | 4,6947 | 5,1771 |
| 8 | 29 | 2,2783 | 2,6686 | 3,1982 | 3,6131 | 4,6358 | 5,1059 |
| 8 | 30 | 2,2662 | 2,6513 | 3,1726 | 3,5801 | 4,5814 | 5,0403 |
| 8 | 40 | 2,1802 | 2,5289 | 2,9930 | 3,3498 | 4,2070 | 4,5914 |
| 8 | 50 | 2,1299 | 2,4579 | 2,8900 | 3,2189 | 3,9980 | 4,3428 |
| 8 | 60 | 2,0970 | 2,4117 | 2,8233 | 3,1344 | 3,8648 | 4,1851 |
| 8 | 120 | 2,0164 | 2,2994 | 2,6629 | 2,9330 | 3,5519 | 3,8170 |
| 8 | 250 | 1,9756 | 2,2429 | 2,5830 | 2,8333 | 3,3998 | 3,6395 |
| 8 | 500 | 1,9569 | 2,2172 | 2,5469 | 2,7885 | 3,3320 | 3,5606 |
| 8 | 1000 | 1,9476 | 2,2045 | 2,5290 | 2,7663 | 3,2986 | 3,5218 |
| 8 | $\infty$ | 1,9384 | 2,1918 | 2,5113 | 2,7444 | 3,2656 | 3,4835 |

## La distribution du rapport de variances, $F$, quand $\sigma_1^2 = \sigma_2^2$.

| $\nu_1$ | $\nu_2$ | Probabilités cumulées | | | | | |
|---|---|---|---|---|---|---|---|
| | | 0,9500 | 0,9750 | 0,9900 | 0,9950 | 0,9990 | 0,9995 |
| 9 | 1 | 240,5433 | 963,2846 | 6022,473 | 24091,00 | 602284,0 | 2409137 |
| 9 | 2 | 19,3848 | 39,3869 | 99,3881 | 199,3885 | 999,3888 | 1999,389 |
| 9 | 3 | 8,8123 | 14,4731 | 27,3452 | 43,8824 | 129,8600 | 206,6107 |
| 9 | 4 | 5,9988 | 8,9047 | 14,6591 | 21,1391 | 48,4745 | 68,9549 |
| 9 | 5 | 4,7725 | 6,6811 | 10,1578 | 13,7716 | 27,2445 | 36,3093 |
| 9 | 6 | 4,0990 | 5,5234 | 7,9761 | 10,3915 | 18,6882 | 23,8779 |
| 9 | 7 | 3,6767 | 4,8232 | 6,7188 | 8,5138 | 14,3299 | 17,7808 |
| 9 | 8 | 3,3881 | 4,3572 | 5,9106 | 7,3386 | 11,7665 | 14,2905 |
| 9 | 9 | 3,1789 | 4,0260 | 5,3511 | 6,5411 | 10,1066 | 12,0759 |
| 9 | 10 | 3,0204 | 3,7790 | 4,9424 | 5,9676 | 8,9558 | 10,5646 |
| 9 | 11 | 2,8962 | 3,5879 | 4,6315 | 5,5368 | 8,1163 | 9,4762 |
| 9 | 12 | 2,7964 | 3,4358 | 4,3875 | 5,2021 | 7,4797 | 8,6593 |
| 9 | 13 | 2,7144 | 3,3120 | 4,1911 | 4,9351 | 6,9818 | 8,0259 |
| 9 | 14 | 2,6458 | 3,2093 | 4,0297 | 4,7173 | 6,5826 | 7,5217 |
| 9 | 15 | 2,5876 | 3,1227 | 3,8948 | 4,5364 | 6,2559 | 7,1117 |
| 9 | 16 | 2,5377 | 3,0488 | 3,7804 | 4,3838 | 5,9839 | 6,7722 |
| 9 | 17 | 2,4943 | 2,9849 | 3,6822 | 4,2535 | 5,7541 | 6,4868 |
| 9 | 18 | 2,4563 | 2,9291 | 3,5971 | 4,1410 | 5,5575 | 6,2437 |
| 9 | 19 | 2,4227 | 2,8801 | 3,5225 | 4,0428 | 5,3876 | 6,0343 |
| 9 | 20 | 2,3928 | 2,8365 | 3,4567 | 3,9564 | 5,2392 | 5,8521 |
| 9 | 21 | 2,3660 | 2,7977 | 3,3981 | 3,8799 | 5,1087 | 5,6923 |
| 9 | 22 | 2,3419 | 2,7628 | 3,3458 | 3,8116 | 4,9929 | 5,5509 |
| 9 | 23 | 2,3201 | 2,7313 | 3,2986 | 3,7502 | 4,8896 | 5,4251 |
| 9 | 24 | 2,3002 | 2,7027 | 3,2560 | 3,6949 | 4,7968 | 5,3124 |
| 9 | 25 | 2,2821 | 2,6766 | 3,2172 | 3,6447 | 4,7131 | 5,2109 |
| 9 | 26 | 2,2655 | 2,6528 | 3,1818 | 3,5989 | 4,6372 | 5,1189 |
| 9 | 27 | 2,2501 | 2,6309 | 3,1494 | 3,5571 | 4,5680 | 5,0354 |
| 9 | 28 | 2,2360 | 2,6106 | 3,1195 | 3,5186 | 4,5047 | 4,9590 |
| 9 | 29 | 2,2229 | 2,5919 | 3,0920 | 3,4832 | 4,4466 | 4,8890 |
| 9 | 30 | 2,2107 | 2,5746 | 3,0665 | 3,4505 | 4,3930 | 4,8246 |
| 9 | 40 | 2,1240 | 2,4519 | 2,8876 | 3,2220 | 4,0243 | 4,3836 |
| 9 | 50 | 2,0734 | 2,3808 | 2,7850 | 3,0920 | 3,8185 | 4,1394 |
| 9 | 60 | 2,0401 | 2,3344 | 2,7185 | 3,0083 | 3,6873 | 3,9846 |
| 9 | 120 | 1,9588 | 2,2217 | 2,5586 | 2,8083 | 3,3792 | 3,6234 |
| 9 | 250 | 1,9174 | 2,1650 | 2,4789 | 2,7094 | 3,2296 | 3,4492 |
| 9 | 500 | 1,8986 | 2,1392 | 2,4429 | 2,6649 | 3,1628 | 3,3718 |
| 9 | 1000 | 1,8892 | 2,1264 | 2,4250 | 2,6429 | 3,1300 | 3,3338 |
| 9 | ∞ | 1,8799 | 2,1136 | 2,4073 | 2,6210 | 3,0975 | 3,2962 |

**La distribution du rapport de variances, *F*, quand $\sigma_1^2 = \sigma_2^2$.**

| $\nu_1$ | $\nu_2$ | Probabilités cumulées | | | | | |
|---|---|---|---|---|---|---|---|
| | | 0,9500 | 0,9750 | 0,9900 | 0,9950 | 0,9990 | 0,9995 |
| 10 | 1 | 241,8817 | 968,6274 | 6055,847 | 24224,49 | 605621,0 | 2422485 |
| 10 | 2 | 19,3959 | 39,3980 | 99,3992 | 199,3996 | 999,3999 | 1999,400 |
| 10 | 3 | 8,7855 | 14,4189 | 27,2287 | 43,6858 | 129,2467 | 205,6255 |
| 10 | 4 | 5,9644 | 8,8439 | 14,5459 | 20,9667 | 48,0526 | 68,3460 |
| 10 | 5 | 4,7351 | 6,6192 | 10,0510 | 13,6182 | 26,9166 | 35,8639 |
| 10 | 6 | 4,0600 | 5,4613 | 7,8741 | 10,2500 | 18,4109 | 23,5156 |
| 10 | 7 | 3,6365 | 4,7611 | 6,6201 | 8,3803 | 14,0833 | 17,4669 |
| 10 | 8 | 3,3472 | 4,2951 | 5,8143 | 7,2106 | 11,5401 | 14,0078 |
| 10 | 9 | 3,1373 | 3,9639 | 5,2565 | 6,4172 | 9,8943 | 11,8146 |
| 10 | 10 | 2,9782 | 3,7168 | 4,8491 | 5,8467 | 8,7539 | 10,3189 |
| 10 | 11 | 2,8536 | 3,5257 | 4,5393 | 5,4183 | 7,9224 | 9,2423 |
| 10 | 12 | 2,7534 | 3,3736 | 4,2961 | 5,0855 | 7,2920 | 8,4346 |
| 10 | 13 | 2,6710 | 3,2497 | 4,1003 | 4,8199 | 6,7992 | 7,8086 |
| 10 | 14 | 2,6022 | 3,1469 | 3,9394 | 4,6034 | 6,4041 | 7,3104 |
| 10 | 15 | 2,5437 | 3,0602 | 3,8049 | 4,4235 | 6,0808 | 6,9054 |
| 10 | 16 | 2,4935 | 2,9862 | 3,6909 | 4,2719 | 5,8117 | 6,5701 |
| 10 | 17 | 2,4499 | 2,9222 | 3,5931 | 4,1424 | 5,5844 | 6,2883 |
| 10 | 18 | 2,4117 | 2,8664 | 3,5082 | 4,0305 | 5,3900 | 6,0483 |
| 10 | 19 | 2,3779 | 2,8172 | 3,4338 | 3,9329 | 5,2219 | 5,8416 |
| 10 | 20 | 2,3479 | 2,7737 | 3,3682 | 3,8470 | 5,0752 | 5,6618 |
| 10 | 21 | 2,3210 | 2,7348 | 3,3098 | 3,7709 | 4,9462 | 5,5041 |
| 10 | 22 | 2,2967 | 2,6998 | 3,2576 | 3,7030 | 4,8317 | 5,3646 |
| 10 | 23 | 2,2747 | 2,6682 | 3,2106 | 3,6420 | 4,7296 | 5,2405 |
| 10 | 24 | 2,2547 | 2,6396 | 3,1681 | 3,5870 | 4,6379 | 5,1293 |
| 10 | 25 | 2,2365 | 2,6135 | 3,1294 | 3,5370 | 4,5551 | 5,0292 |
| 10 | 26 | 2,2197 | 2,5896 | 3,0941 | 3,4916 | 4,4801 | 4,9385 |
| 10 | 27 | 2,2043 | 2,5676 | 3,0618 | 3,4499 | 4,4117 | 4,8560 |
| 10 | 28 | 2,1900 | 2,5473 | 3,0320 | 3,4117 | 4,3491 | 4,7808 |
| 10 | 29 | 2,1768 | 2,5286 | 3,0045 | 3,3765 | 4,2917 | 4,7117 |
| 10 | 30 | 2,1646 | 2,5112 | 2,9791 | 3,3440 | 4,2388 | 4,6482 |
| 10 | 40 | 2,0772 | 2,3882 | 2,8005 | 3,1167 | 3,8744 | 4,2134 |
| 10 | 50 | 2,0261 | 2,3168 | 2,6981 | 2,9875 | 3,6711 | 3,9727 |
| 10 | 60 | 1,9926 | 2,2702 | 2,6318 | 2,9042 | 3,5415 | 3,8201 |
| 10 | 120 | 1,9105 | 2,1570 | 2,4721 | 2,7052 | 3,2372 | 3,4643 |
| 10 | 250 | 1,8687 | 2,0999 | 2,3925 | 2,6068 | 3,0893 | 3,2927 |
| 10 | 500 | 1,8496 | 2,0740 | 2,3565 | 2,5625 | 3,0234 | 3,2164 |
| 10 | 1000 | 1,8402 | 2,0611 | 2,3386 | 2,5405 | 2,9909 | 3,1790 |
| 10 | ∞ | 1,8307 | 2,0483 | 2,3209 | 2,5188 | 2,9588 | 3,1420 |

## La distribution du rapport de variances, $F$, quand $\sigma_1^2 = \sigma_2^2$.

| $\nu_1$ | $\nu_2$ | Probabilités cumulées | | | | | |
|---|---|---|---|---|---|---|---|
| | | 0,9500 | 0,9750 | 0,9900 | 0,9950 | 0,9990 | 0,9995 |
| 11 | 1 | 242,9835 | 973,0252 | 6083,317 | 24334,36 | 608367,7 | 2433472 |
| 11 | 2 | 19,4050 | 39,4071 | 99,4083 | 199,4087 | 999,4090 | 1999,409 |
| 11 | 3 | 8,7633 | 14,3742 | 27,1326 | 43,5236 | 128,7408 | 204,8129 |
| 11 | 4 | 5,9358 | 8,7935 | 14,4523 | 20,8243 | 47,7043 | 67,8433 |
| 11 | 5 | 4,7040 | 6,5678 | 9,9626 | 13,4912 | 26,6456 | 35,4961 |
| 11 | 6 | 4,0274 | 5,4098 | 7,7896 | 10,1329 | 18,1816 | 23,2161 |
| 11 | 7 | 3,6030 | 4,7095 | 6,5382 | 8,2697 | 13,8791 | 17,2072 |
| 11 | 8 | 3,3130 | 4,2434 | 5,7343 | 7,1045 | 11,3525 | 13,7737 |
| 11 | 9 | 3,1025 | 3,9121 | 5,1779 | 6,3142 | 9,7183 | 11,5982 |
| 11 | 10 | 2,9430 | 3,6649 | 4,7715 | 5,7462 | 8,5864 | 10,1153 |
| 11 | 11 | 2,8179 | 3,4737 | 4,4624 | 5,3197 | 7,7614 | 9,0483 |
| 11 | 12 | 2,7173 | 3,3215 | 4,2198 | 4,9884 | 7,1362 | 8,2481 |
| 11 | 13 | 2,6347 | 3,1975 | 4,0245 | 4,7240 | 6,6474 | 7,6281 |
| 11 | 14 | 2,5655 | 3,0946 | 3,8640 | 4,5085 | 6,2556 | 7,1349 |
| 11 | 15 | 2,5068 | 3,0078 | 3,7299 | 4,3295 | 5,9352 | 6,7340 |
| 11 | 16 | 2,4564 | 2,9337 | 3,6162 | 4,1785 | 5,6684 | 6,4021 |
| 11 | 17 | 2,4126 | 2,8696 | 3,5185 | 4,0496 | 5,4431 | 6,1232 |
| 11 | 18 | 2,3742 | 2,8137 | 3,4338 | 3,9382 | 5,2505 | 5,8858 |
| 11 | 19 | 2,3402 | 2,7645 | 3,3596 | 3,8410 | 5,0840 | 5,6813 |
| 11 | 20 | 2,3100 | 2,7209 | 3,2941 | 3,7555 | 4,9386 | 5,5034 |
| 11 | 21 | 2,2829 | 2,6819 | 3,2359 | 3,6798 | 4,8107 | 5,3474 |
| 11 | 22 | 2,2585 | 2,6469 | 3,1837 | 3,6122 | 4,6973 | 5,2095 |
| 11 | 23 | 2,2364 | 2,6152 | 3,1368 | 3,5515 | 4,5962 | 5,0867 |
| 11 | 24 | 2,2163 | 2,5865 | 3,0944 | 3,4967 | 4,5053 | 4,9767 |
| 11 | 25 | 2,1979 | 2,5603 | 3,0558 | 3,4470 | 4,4233 | 4,8777 |
| 11 | 26 | 2,1811 | 2,5363 | 3,0205 | 3,4017 | 4,3490 | 4,7880 |
| 11 | 27 | 2,1655 | 2,5143 | 2,9882 | 3,3602 | 4,2812 | 4,7065 |
| 11 | 28 | 2,1512 | 2,4940 | 2,9585 | 3,3222 | 4,2193 | 4,6321 |
| 11 | 29 | 2,1379 | 2,4752 | 2,9311 | 3,2871 | 4,1624 | 4,5638 |
| 11 | 30 | 2,1256 | 2,4577 | 2,9057 | 3,2547 | 4,1100 | 4,5011 |
| 11 | 40 | 2,0376 | 2,3343 | 2,7274 | 3,0284 | 3,7490 | 4,0712 |
| 11 | 50 | 1,9861 | 2,2627 | 2,6250 | 2,8997 | 3,5476 | 3,8334 |
| 11 | 60 | 1,9522 | 2,2159 | 2,5587 | 2,8166 | 3,4193 | 3,6826 |
| 11 | 120 | 1,8693 | 2,1021 | 2,3990 | 2,6183 | 3,1179 | 3,3309 |
| 11 | 250 | 1,8271 | 2,0447 | 2,3193 | 2,5202 | 2,9715 | 3,1613 |
| 11 | 500 | 1,8078 | 2,0186 | 2,2833 | 2,4760 | 2,9061 | 3,0860 |
| 11 | 1000 | 1,7982 | 2,0056 | 2,2655 | 2,4541 | 2,8740 | 3,0490 |
| 11 | $\infty$ | 1,7886 | 1,9927 | 2,2477 | 2,4324 | 2,8422 | 3,0124 |

## La distribution du rapport de variances, *F*, quand $\sigma_1^2 = \sigma_2^2$.

| $\nu_1$ | $\nu_2$ | Probabilités cumulées | | | | | |
|---|---|---|---|---|---|---|---|
| | | 0,9500 | 0,9750 | 0,9900 | 0,9950 | 0,9990 | 0,9995 |
| 12 | 1 | 243,9060 | 976,7079 | 6106,321 | 24426,37 | 610667,8 | 2442672 |
| 12 | 2 | 19,4125 | 39,4146 | 99,4159 | 199,4163 | 999,4166 | 1999,417 |
| 12 | 3 | 8,7446 | 14,3366 | 27,0518 | 43,3874 | 128,3165 | 204,1312 |
| 12 | 4 | 5,9117 | 8,7512 | 14,3736 | 20,7047 | 47,4118 | 67,4214 |
| 12 | 5 | 4,6777 | 6,5245 | 9,8883 | 13,3845 | 26,4180 | 35,1870 |
| 12 | 6 | 3,9999 | 5,3662 | 7,7183 | 10,0343 | 17,9888 | 22,9643 |
| 12 | 7 | 3,5747 | 4,6658 | 6,4691 | 8,1764 | 13,7073 | 16,9888 |
| 12 | 8 | 3,2839 | 4,1997 | 5,6667 | 7,0149 | 11,1945 | 13,5766 |
| 12 | 9 | 3,0729 | 3,8682 | 5,1114 | 6,2274 | 9,5700 | 11,4159 |
| 12 | 10 | 2,9130 | 3,6209 | 4,7059 | 5,6613 | 8,4452 | 9,9436 |
| 12 | 11 | 2,7876 | 3,4296 | 4,3974 | 5,2363 | 7,6256 | 8,8847 |
| 12 | 12 | 2,6866 | 3,2773 | 4,1553 | 4,9062 | 7,0046 | 8,0908 |
| 12 | 13 | 2,6037 | 3,1532 | 3,9603 | 4,6429 | 6,5192 | 7,4758 |
| 12 | 14 | 2,5342 | 3,0502 | 3,8001 | 4,4281 | 6,1302 | 6,9867 |
| 12 | 15 | 2,4753 | 2,9633 | 3,6662 | 4,2497 | 5,8121 | 6,5892 |
| 12 | 16 | 2,4247 | 2,8890 | 3,5527 | 4,0994 | 5,5473 | 6,2602 |
| 12 | 17 | 2,3807 | 2,8249 | 3,4552 | 3,9709 | 5,3237 | 5,9837 |
| 12 | 18 | 2,3421 | 2,7689 | 3,3706 | 3,8599 | 5,1324 | 5,7483 |
| 12 | 19 | 2,3080 | 2,7196 | 3,2965 | 3,7631 | 4,9672 | 5,5457 |
| 12 | 20 | 2,2776 | 2,6758 | 3,2311 | 3,6779 | 4,8229 | 5,3694 |
| 12 | 21 | 2,2504 | 2,6368 | 3,1730 | 3,6024 | 4,6960 | 5,2148 |
| 12 | 22 | 2,2258 | 2,6017 | 3,1209 | 3,5350 | 4,5835 | 5,0781 |
| 12 | 23 | 2,2036 | 2,5699 | 3,0740 | 3,4745 | 4,4831 | 4,9565 |
| 12 | 24 | 2,1834 | 2,5411 | 3,0316 | 3,4199 | 4,3929 | 4,8475 |
| 12 | 25 | 2,1649 | 2,5149 | 2,9931 | 3,3704 | 4,3116 | 4,7494 |
| 12 | 26 | 2,1479 | 2,4908 | 2,9578 | 3,3252 | 4,2378 | 4,6606 |
| 12 | 27 | 2,1323 | 2,4688 | 2,9256 | 3,2839 | 4,1706 | 4,5798 |
| 12 | 28 | 2,1179 | 2,4484 | 2,8959 | 3,2460 | 4,1091 | 4,5061 |
| 12 | 29 | 2,1045 | 2,4295 | 2,8685 | 3,2110 | 4,0526 | 4,4385 |
| 12 | 30 | 2,0921 | 2,4120 | 2,8431 | 3,1787 | 4,0006 | 4,3763 |
| 12 | 40 | 2,0035 | 2,2882 | 2,6648 | 2,9531 | 3,6425 | 3,9505 |
| 12 | 50 | 1,9515 | 2,2162 | 2,5625 | 2,8247 | 3,4426 | 3,7149 |
| 12 | 60 | 1,9174 | 2,1692 | 2,4961 | 2,7419 | 3,3153 | 3,5655 |
| 12 | 120 | 1,8337 | 2,0548 | 2,3363 | 2,5439 | 3,0162 | 3,2172 |
| 12 | 250 | 1,7910 | 1,9971 | 2,2565 | 2,4459 | 2,8708 | 3,0493 |
| 12 | 500 | 1,7715 | 1,9708 | 2,2204 | 2,4018 | 2,8060 | 2,9747 |
| 12 | 1000 | 1,7618 | 1,9577 | 2,2025 | 2,3800 | 2,7740 | 2,9380 |
| 12 | ∞ | 1,7522 | 1,9447 | 2,1847 | 2,3583 | 2,7425 | 2,9018 |

## La distribution du rapport de variances, $F$, quand $\sigma_1^2 = \sigma_2^2$.

| $\nu_1$ | $\nu_2$ | Probabilités cumulées | | | | | |
|---|---|---|---|---|---|---|---|
| | | 0,9500 | 0,9750 | 0,9900 | 0,9950 | 0,9990 | 0,9995 |
| 13 | 1 | 244,6898 | 979,8368 | 6125,865 | 24504,54 | 612622,0 | 2450489 |
| 13 | 2 | 19,4189 | 39,4210 | 99,4223 | 199,4227 | 999,4230 | 1999,423 |
| 13 | 3 | 8,7287 | 14,3045 | 26,9831 | 43,2715 | 127,9553 | 203,5512 |
| 13 | 4 | 5,8911 | 8,7150 | 14,3065 | 20,6027 | 47,1627 | 67,0621 |
| 13 | 5 | 4,6552 | 6,4876 | 9,8248 | 13,2934 | 26,2240 | 34,9237 |
| 13 | 6 | 3,9764 | 5,3290 | 7,6575 | 9,9501 | 17,8244 | 22,7496 |
| 13 | 7 | 3,5503 | 4,6285 | 6,4100 | 8,0967 | 13,5607 | 16,8024 |
| 13 | 8 | 3,2590 | 4,1622 | 5,6089 | 6,9384 | 11,0596 | 13,4084 |
| 13 | 9 | 3,0475 | 3,8306 | 5,0545 | 6,1530 | 9,4433 | 11,2601 |
| 13 | 10 | 2,8872 | 3,5832 | 4,6496 | 5,5887 | 8,3245 | 9,7970 |
| 13 | 11 | 2,7614 | 3,3917 | 4,3416 | 5,1649 | 7,5094 | 8,7449 |
| 13 | 12 | 2,6602 | 3,2393 | 4,0999 | 4,8358 | 6,8920 | 7,9563 |
| 13 | 13 | 2,5769 | 3,1150 | 3,9052 | 4,5733 | 6,4094 | 7,3455 |
| 13 | 14 | 2,5073 | 3,0119 | 3,7452 | 4,3591 | 6,0228 | 6,8598 |
| 13 | 15 | 2,4481 | 2,9249 | 3,6115 | 4,1813 | 5,7066 | 6,4651 |
| 13 | 16 | 2,3973 | 2,8506 | 3,4981 | 4,0314 | 5,4434 | 6,1385 |
| 13 | 17 | 2,3531 | 2,7863 | 3,4007 | 3,9033 | 5,2212 | 5,8641 |
| 13 | 18 | 2,3143 | 2,7302 | 3,3162 | 3,7926 | 5,0312 | 5,6305 |
| 13 | 19 | 2,2800 | 2,6808 | 3,2422 | 3,6961 | 4,8669 | 5,4294 |
| 13 | 20 | 2,2495 | 2,6369 | 3,1769 | 3,6111 | 4,7236 | 5,2544 |
| 13 | 21 | 2,2222 | 2,5978 | 3,1187 | 3,5358 | 4,5975 | 5,1010 |
| 13 | 22 | 2,1975 | 2,5626 | 3,0667 | 3,4686 | 4,4857 | 4,9654 |
| 13 | 23 | 2,1752 | 2,5308 | 3,0199 | 3,4083 | 4,3859 | 4,8447 |
| 13 | 24 | 2,1548 | 2,5019 | 2,9775 | 3,3538 | 4,2963 | 4,7365 |
| 13 | 25 | 2,1362 | 2,4756 | 2,9389 | 3,3044 | 4,2155 | 4,6392 |
| 13 | 26 | 2,1192 | 2,4515 | 2,9038 | 3,2594 | 4,1422 | 4,5511 |
| 13 | 27 | 2,1035 | 2,4293 | 2,8715 | 3,2182 | 4,0754 | 4,4709 |
| 13 | 28 | 2,0889 | 2,4089 | 2,8418 | 3,1803 | 4,0143 | 4,3978 |
| 13 | 29 | 2,0755 | 2,3900 | 2,8144 | 3,1454 | 3,9582 | 4,3307 |
| 13 | 30 | 2,0630 | 2,3724 | 2,7890 | 3,1132 | 3,9065 | 4,2690 |
| 13 | 40 | 1,9738 | 2,2481 | 2,6107 | 2,8880 | 3,5507 | 3,8466 |
| 13 | 50 | 1,9214 | 2,1758 | 2,5083 | 2,7599 | 3,3521 | 3,6128 |
| 13 | 60 | 1,8870 | 2,1286 | 2,4419 | 2,6771 | 3,2255 | 3,4646 |
| 13 | 120 | 1,8026 | 2,0136 | 2,2818 | 2,4794 | 2,9282 | 3,1190 |
| 13 | 250 | 1,7595 | 1,9555 | 2,2018 | 2,3814 | 2,7837 | 2,9524 |
| 13 | 500 | 1,7398 | 1,9290 | 2,1656 | 2,3373 | 2,7192 | 2,8783 |
| 13 | 1000 | 1,7299 | 1,9158 | 2,1477 | 2,3155 | 2,6874 | 2,8419 |
| 13 | ∞ | 1,7202 | 1,9027 | 2,1299 | 2,2938 | 2,6560 | 2,8060 |

## La distribution du rapport de variances, $F$, quand $\sigma_1^2 = \sigma_2^2$.

| $\nu_1$ | $\nu_2$ | Probabilités cumulées | | | | | |
|---|---|---|---|---|---|---|---|
| | | 0,9500 | 0,9750 | 0,9900 | 0,9950 | 0,9990 | 0,9995 |
| 14 | 1 | 245,3640 | 982,5278 | 6142,674 | 24571,77 | 614302,8 | 2457212 |
| 14 | 2 | 19,4244 | 39,4265 | 99,4278 | 199,4282 | 999,4285 | 1999,429 |
| 14 | 3 | 8,7149 | 14,2768 | 26,9238 | 43,1716 | 127,6443 | 203,0517 |
| 14 | 4 | 5,8733 | 8,6838 | 14,2486 | 20,5148 | 46,9481 | 66,7524 |
| 14 | 5 | 4,6358 | 6,4556 | 9,7700 | 13,2148 | 26,0566 | 34,6967 |
| 14 | 6 | 3,9559 | 5,2968 | 7,6049 | 9,8774 | 17,6825 | 22,5643 |
| 14 | 7 | 3,5292 | 4,5961 | 6,3590 | 8,0279 | 13,4341 | 16,6415 |
| 14 | 8 | 3,2374 | 4,1297 | 5,5589 | 6,8721 | 10,9430 | 13,2631 |
| 14 | 9 | 3,0255 | 3,7980 | 5,0052 | 6,0887 | 9,3337 | 11,1256 |
| 14 | 10 | 2,8647 | 3,5504 | 4,6008 | 5,5257 | 8,2200 | 9,6702 |
| 14 | 11 | 2,7386 | 3,3588 | 4,2932 | 5,1031 | 7,4089 | 8,6239 |
| 14 | 12 | 2,6371 | 3,2062 | 4,0518 | 4,7748 | 6,7945 | 7,8399 |
| 14 | 13 | 2,5536 | 3,0819 | 3,8573 | 4,5129 | 6,3144 | 7,2327 |
| 14 | 14 | 2,4837 | 2,9786 | 3,6975 | 4,2993 | 5,9297 | 6,7500 |
| 14 | 15 | 2,4244 | 2,8915 | 3,5639 | 4,1219 | 5,6151 | 6,3577 |
| 14 | 16 | 2,3733 | 2,8170 | 3,4506 | 3,9723 | 5,3533 | 6,0331 |
| 14 | 17 | 2,3290 | 2,7526 | 3,3533 | 3,8445 | 5,1323 | 5,7604 |
| 14 | 18 | 2,2900 | 2,6964 | 3,2689 | 3,7341 | 4,9433 | 5,5283 |
| 14 | 19 | 2,2556 | 2,6469 | 3,1949 | 3,6378 | 4,7799 | 5,3285 |
| 14 | 20 | 2,2250 | 2,6030 | 3,1296 | 3,5530 | 4,6374 | 5,1547 |
| 14 | 21 | 2,1975 | 2,5638 | 3,0715 | 3,4779 | 4,5119 | 5,0022 |
| 14 | 22 | 2,1727 | 2,5285 | 3,0195 | 3,4108 | 4,4007 | 4,8675 |
| 14 | 23 | 2,1502 | 2,4966 | 2,9727 | 3,3506 | 4,3015 | 4,7476 |
| 14 | 24 | 2,1298 | 2,4677 | 2,9303 | 3,2962 | 4,2124 | 4,6402 |
| 14 | 25 | 2,1111 | 2,4413 | 2,8917 | 3,2469 | 4,1320 | 4,5435 |
| 14 | 26 | 2,0939 | 2,4171 | 2,8566 | 3,2020 | 4,0591 | 4,4559 |
| 14 | 27 | 2,0781 | 2,3949 | 2,8243 | 3,1608 | 3,9926 | 4,3763 |
| 14 | 28 | 2,0635 | 2,3743 | 2,7946 | 3,1231 | 3,9319 | 4,3036 |
| 14 | 29 | 2,0500 | 2,3554 | 2,7672 | 3,0882 | 3,8761 | 4,2370 |
| 14 | 30 | 2,0374 | 2,3378 | 2,7418 | 3,0560 | 3,8247 | 4,1757 |
| 14 | 40 | 1,9476 | 2,2130 | 2,5634 | 2,8312 | 3,4707 | 3,7561 |
| 14 | 50 | 1,8949 | 2,1404 | 2,4609 | 2,7032 | 3,2731 | 3,5239 |
| 14 | 60 | 1,8602 | 2,0929 | 2,3943 | 2,6205 | 3,1472 | 3,3766 |
| 14 | 120 | 1,7750 | 1,9773 | 2,2339 | 2,4228 | 2,8512 | 3,0332 |
| 14 | 250 | 1,7315 | 1,9187 | 2,1537 | 2,3248 | 2,7074 | 2,8676 |
| 14 | 500 | 1,7116 | 1,8921 | 2,1174 | 2,2806 | 2,6431 | 2,7940 |
| 14 | 1000 | 1,7017 | 1,8788 | 2,0994 | 2,2588 | 2,6115 | 2,7578 |
| 14 | $\infty$ | 1,6918 | 1,8656 | 2,0815 | 2,2371 | 2,5802 | 2,7221 |

## La distribution du rapport de variances, $F$, quand $\sigma_1^2 = \sigma_2^2$.

| $\nu_1$ | $\nu_2$ | Probabilités cumulées | | | | | |
|---|---|---|---|---|---|---|---|
| | | 0,9500 | 0,9750 | 0,9900 | 0,9950 | 0,9990 | 0,9995 |
| 15 | 1 | 245,9499 | 984,8668 | 6157,285 | 24630,21 | 615763,7 | 2463056 |
| 15 | 2 | 19,4291 | 39,4313 | 99,4325 | 199,4329 | 999,4333 | 1999,433 |
| 15 | 3 | 8,7029 | 14,2527 | 26,8722 | 43,0847 | 127,3736 | 202,6169 |
| 15 | 4 | 5,8578 | 8,6565 | 14,1982 | 20,4383 | 46,7612 | 66,4828 |
| 15 | 5 | 4,6188 | 6,4277 | 9,7222 | 13,1463 | 25,9108 | 34,4988 |
| 15 | 6 | 3,9381 | 5,2687 | 7,5590 | 9,8140 | 17,5587 | 22,4029 |
| 15 | 7 | 3,5107 | 4,5678 | 6,3143 | 7,9678 | 13,3237 | 16,5012 |
| 15 | 8 | 3,2184 | 4,1012 | 5,5151 | 6,8143 | 10,8413 | 13,1363 |
| 15 | 9 | 3,0061 | 3,7694 | 4,9621 | 6,0325 | 9,2381 | 11,0081 |
| 15 | 10 | 2,8450 | 3,5217 | 4,5581 | 5,4707 | 8,1288 | 9,5594 |
| 15 | 11 | 2,7186 | 3,3299 | 4,2509 | 5,0489 | 7,3210 | 8,5182 |
| 15 | 12 | 2,6169 | 3,1772 | 4,0096 | 4,7213 | 6,7092 | 7,7381 |
| 15 | 13 | 2,5331 | 3,0527 | 3,8154 | 4,4600 | 6,2312 | 7,1341 |
| 15 | 14 | 2,4630 | 2,9493 | 3,6557 | 4,2468 | 5,8483 | 6,6538 |
| 15 | 15 | 2,4034 | 2,8621 | 3,5222 | 4,0698 | 5,5351 | 6,2637 |
| 15 | 16 | 2,3522 | 2,7875 | 3,4089 | 3,9205 | 5,2745 | 5,9409 |
| 15 | 17 | 2,3077 | 2,7230 | 3,3117 | 3,7929 | 5,0544 | 5,6697 |
| 15 | 18 | 2,2686 | 2,6667 | 3,2273 | 3,6827 | 4,8663 | 5,4388 |
| 15 | 19 | 2,2341 | 2,6171 | 3,1533 | 3,5866 | 4,7037 | 5,2401 |
| 15 | 20 | 2,2033 | 2,5731 | 3,0880 | 3,5020 | 4,5618 | 5,0673 |
| 15 | 21 | 2,1757 | 2,5338 | 3,0300 | 3,4270 | 4,4369 | 4,9157 |
| 15 | 22 | 2,1508 | 2,4984 | 2,9779 | 3,3600 | 4,3262 | 4,7817 |
| 15 | 23 | 2,1282 | 2,4665 | 2,9311 | 3,2999 | 4,2274 | 4,6624 |
| 15 | 24 | 2,1077 | 2,4374 | 2,8887 | 3,2456 | 4,1387 | 4,5556 |
| 15 | 25 | 2,0889 | 2,4110 | 2,8502 | 3,1963 | 4,0587 | 4,4595 |
| 15 | 26 | 2,0716 | 2,3867 | 2,8150 | 3,1515 | 3,9861 | 4,3724 |
| 15 | 27 | 2,0558 | 2,3644 | 2,7827 | 3,1104 | 3,9200 | 4,2933 |
| 15 | 28 | 2,0411 | 2,3438 | 2,7530 | 3,0727 | 3,8595 | 4,2210 |
| 15 | 29 | 2,0275 | 2,3248 | 2,7256 | 3,0379 | 3,8039 | 4,1547 |
| 15 | 30 | 2,0148 | 2,3072 | 2,7002 | 3,0057 | 3,7527 | 4,0938 |
| 15 | 40 | 1,9245 | 2,1819 | 2,5216 | 2,7811 | 3,4003 | 3,6765 |
| 15 | 50 | 1,8714 | 2,1090 | 2,4190 | 2,6531 | 3,2035 | 3,4456 |
| 15 | 60 | 1,8364 | 2,0613 | 2,3523 | 2,5705 | 3,0781 | 3,2992 |
| 15 | 120 | 1,7505 | 1,9450 | 2,1915 | 2,3727 | 2,7833 | 2,9575 |
| 15 | 250 | 1,7065 | 1,8861 | 2,1110 | 2,2746 | 2,6399 | 2,7928 |
| 15 | 500 | 1,6864 | 1,8592 | 2,0746 | 2,2304 | 2,5759 | 2,7195 |
| 15 | 1000 | 1,6764 | 1,8459 | 2,0565 | 2,2085 | 2,5443 | 2,6835 |
| 15 | ∞ | 1,6664 | 1,8326 | 2,0385 | 2,1868 | 2,5132 | 2,6479 |

## La distribution du rapport de variances, $F$, quand $\sigma_1^2 = \sigma_2^2$.

| $\nu_1$ | $\nu_2$ | Probabilités cumulées | | | | | |
|---|---|---|---|---|---|---|---|
| | | 0,9500 | 0,9750 | 0,9900 | 0,9950 | 0,9990 | 0,9995 |
| 16 | 1 | 246,4639 | 986,9187 | 6170,101 | 24681,47 | 617045,2 | 2468182 |
| 16 | 2 | 19,4333 | 39,4354 | 99,4367 | 199,4371 | 999,4374 | 1999,437 |
| 16 | 3 | 8,6923 | 14,2315 | 26,8269 | 43,0083 | 127,1359 | 202,2352 |
| 16 | 4 | 5,8441 | 8,6326 | 14,1539 | 20,3710 | 46,5969 | 66,2460 |
| 16 | 5 | 4,6038 | 6,4032 | 9,6802 | 13,0861 | 25,7826 | 34,3249 |
| 16 | 6 | 3,9223 | 5,2439 | 7,5186 | 9,7582 | 17,4499 | 22,2609 |
| 16 | 7 | 3,4944 | 4,5428 | 6,2750 | 7,9148 | 13,2265 | 16,3777 |
| 16 | 8 | 3,2016 | 4,0761 | 5,4766 | 6,7633 | 10,7517 | 13,0247 |
| 16 | 9 | 2,9890 | 3,7441 | 4,9240 | 5,9829 | 9,1538 | 10,9046 |
| 16 | 10 | 2,8276 | 3,4963 | 4,5204 | 5,4221 | 8,0484 | 9,4618 |
| 16 | 11 | 2,7009 | 3,3044 | 4,2134 | 5,0011 | 7,2435 | 8,4250 |
| 16 | 12 | 2,5989 | 3,1515 | 3,9724 | 4,6741 | 6,6340 | 7,6483 |
| 16 | 13 | 2,5149 | 3,0269 | 3,7783 | 4,4132 | 6,1578 | 7,0470 |
| 16 | 14 | 2,4446 | 2,9234 | 3,6187 | 4,2005 | 5,7764 | 6,5690 |
| 16 | 15 | 2,3849 | 2,8360 | 3,4852 | 4,0237 | 5,4644 | 6,1807 |
| 16 | 16 | 2,3335 | 2,7614 | 3,3720 | 3,8747 | 5,2048 | 5,8594 |
| 16 | 17 | 2,2888 | 2,6968 | 3,2748 | 3,7473 | 4,9856 | 5,5895 |
| 16 | 18 | 2,2496 | 2,6404 | 3,1904 | 3,6373 | 4,7982 | 5,3597 |
| 16 | 19 | 2,2149 | 2,5907 | 3,1165 | 3,5412 | 4,6362 | 5,1620 |
| 16 | 20 | 2,1840 | 2,5465 | 3,0512 | 3,4568 | 4,4949 | 4,9900 |
| 16 | 21 | 2,1563 | 2,5071 | 2,9931 | 3,3818 | 4,3705 | 4,8391 |
| 16 | 22 | 2,1313 | 2,4717 | 2,9411 | 3,3150 | 4,2602 | 4,7058 |
| 16 | 23 | 2,1086 | 2,4396 | 2,8943 | 3,2549 | 4,1618 | 4,5871 |
| 16 | 24 | 2,0880 | 2,4105 | 2,8519 | 3,2007 | 4,0735 | 4,4808 |
| 16 | 25 | 2,0691 | 2,3840 | 2,8133 | 3,1515 | 3,9938 | 4,3851 |
| 16 | 26 | 2,0518 | 2,3597 | 2,7781 | 3,1067 | 3,9215 | 4,2985 |
| 16 | 27 | 2,0358 | 2,3373 | 2,7458 | 3,0656 | 3,8556 | 4,2197 |
| 16 | 28 | 2,0210 | 2,3167 | 2,7160 | 3,0279 | 3,7953 | 4,1478 |
| 16 | 29 | 2,0073 | 2,2976 | 2,6886 | 2,9932 | 3,7400 | 4,0819 |
| 16 | 30 | 1,9946 | 2,2799 | 2,6632 | 2,9611 | 3,6890 | 4,0212 |
| 16 | 40 | 1,9037 | 2,1542 | 2,4844 | 2,7365 | 3,3378 | 3,6060 |
| 16 | 50 | 1,8503 | 2,0810 | 2,3816 | 2,6086 | 3,1418 | 3,3761 |
| 16 | 60 | 1,8151 | 2,0330 | 2,3148 | 2,5259 | 3,0167 | 3,2303 |
| 16 | 120 | 1,7285 | 1,9161 | 2,1536 | 2,3280 | 2,7228 | 2,8902 |
| 16 | 250 | 1,6841 | 1,8567 | 2,0728 | 2,2297 | 2,5797 | 2,7261 |
| 16 | 500 | 1,6638 | 1,8297 | 2,0362 | 2,1854 | 2,5159 | 2,6531 |
| 16 | 1000 | 1,6536 | 1,8162 | 2,0180 | 2,1635 | 2,4844 | 2,6172 |
| 16 | $\infty$ | 1,6435 | 1,8028 | 2,0000 | 2,1417 | 2,4533 | 2,5818 |

## La distribution du rapport de variances, $F$, quand $\sigma_1^2 = \sigma_2^2$.

| $\nu_1$ | $\nu_2$ | Probabilités cumulées | | | | | |
|---|---|---|---|---|---|---|---|
| | | 0,9500 | 0,9750 | 0,9900 | 0,9950 | 0,9990 | 0,9995 |
| 17 | 1 | 246,9184 | 988,7331 | 6181,435 | 24726,80 | 618178,4 | 2472715 |
| 17 | 2 | 19,4370 | 39,4391 | 99,4404 | 199,4408 | 999,4411 | 1999,441 |
| 17 | 3 | 8,6829 | 14,2127 | 26,7867 | 42,9407 | 126,9254 | 201,8972 |
| 17 | 4 | 5,8320 | 8,6113 | 14,1146 | 20,3113 | 46,4515 | 66,0362 |
| 17 | 5 | 4,5904 | 6,3814 | 9,6429 | 13,0327 | 25,6691 | 34,1709 |
| 17 | 6 | 3,9083 | 5,2218 | 7,4827 | 9,7086 | 17,3534 | 22,1350 |
| 17 | 7 | 3,4799 | 4,5206 | 6,2401 | 7,8678 | 13,1403 | 16,2682 |
| 17 | 8 | 3,1867 | 4,0538 | 5,4423 | 6,7180 | 10,6722 | 12,9257 |
| 17 | 9 | 2,9737 | 3,7216 | 4,8902 | 5,9388 | 9,0790 | 10,8128 |
| 17 | 10 | 2,8120 | 3,4737 | 4,4869 | 5,3789 | 7,9770 | 9,3752 |
| 17 | 11 | 2,6851 | 3,2816 | 4,1801 | 4,9586 | 7,1747 | 8,3423 |
| 17 | 12 | 2,5828 | 3,1286 | 3,9392 | 4,6321 | 6,5672 | 7,5686 |
| 17 | 13 | 2,4987 | 3,0039 | 3,7452 | 4,3716 | 6,0926 | 6,9697 |
| 17 | 14 | 2,4282 | 2,9003 | 3,5857 | 4,1592 | 5,7124 | 6,4936 |
| 17 | 15 | 2,3683 | 2,8128 | 3,4523 | 3,9827 | 5,4015 | 6,1068 |
| 17 | 16 | 2,3167 | 2,7380 | 3,3391 | 3,8338 | 5,1428 | 5,7869 |
| 17 | 17 | 2,2719 | 2,6733 | 3,2419 | 3,7066 | 4,9244 | 5,5181 |
| 17 | 18 | 2,2325 | 2,6168 | 3,1575 | 3,5967 | 4,7376 | 5,2894 |
| 17 | 19 | 2,1977 | 2,5670 | 3,0836 | 3,5008 | 4,5762 | 5,0924 |
| 17 | 20 | 2,1667 | 2,5228 | 3,0183 | 3,4164 | 4,4353 | 4,9212 |
| 17 | 21 | 2,1389 | 2,4833 | 2,9602 | 3,3416 | 4,3114 | 4,7709 |
| 17 | 22 | 2,1138 | 2,4478 | 2,9082 | 3,2748 | 4,2015 | 4,6382 |
| 17 | 23 | 2,0910 | 2,4157 | 2,8613 | 3,2148 | 4,1034 | 4,5200 |
| 17 | 24 | 2,0703 | 2,3865 | 2,8189 | 3,1606 | 4,0154 | 4,4142 |
| 17 | 25 | 2,0513 | 2,3599 | 2,7803 | 3,1114 | 3,9359 | 4,3189 |
| 17 | 26 | 2,0339 | 2,3355 | 2,7451 | 3,0666 | 3,8638 | 4,2326 |
| 17 | 27 | 2,0179 | 2,3131 | 2,7127 | 3,0256 | 3,7981 | 4,1542 |
| 17 | 28 | 2,0030 | 2,2924 | 2,6830 | 2,9879 | 3,7381 | 4,0826 |
| 17 | 29 | 1,9893 | 2,2732 | 2,6555 | 2,9532 | 3,6829 | 4,0169 |
| 17 | 30 | 1,9765 | 2,2554 | 2,6301 | 2,9211 | 3,6321 | 3,9565 |
| 17 | 40 | 1,8851 | 2,1293 | 2,4511 | 2,6966 | 3,2820 | 3,5429 |
| 17 | 50 | 1,8313 | 2,0558 | 2,3481 | 2,5686 | 3,0865 | 3,3140 |
| 17 | 60 | 1,7959 | 2,0076 | 2,2811 | 2,4859 | 2,9618 | 3,1688 |
| 17 | 120 | 1,7085 | 1,8900 | 2,1194 | 2,2878 | 2,6685 | 2,8298 |
| 17 | 250 | 1,6638 | 1,8303 | 2,0384 | 2,1894 | 2,5257 | 2,6662 |
| 17 | 500 | 1,6432 | 1,8030 | 2,0016 | 2,1449 | 2,4619 | 2,5934 |
| 17 | 1000 | 1,6330 | 1,7895 | 1,9834 | 2,1229 | 2,4305 | 2,5577 |
| 17 | ∞ | 1,6228 | 1,7759 | 1,9652 | 2,1011 | 2,3994 | 2,5223 |

## La distribution du rapport de variances, *F*, quand $\sigma_1^2 = \sigma_2^2$.

| $\nu_1$ | $\nu_2$ | Probabilités cumulées | | | | | |
|---|---|---|---|---|---|---|---|
| | | 0,9500 | 0,9750 | 0,9900 | 0,9950 | 0,9990 | 0,9995 |
| 18 | 1 | 247,3232 | 990,3490 | 6191,529 | 24767,17 | 619187,7 | 2476752 |
| 18 | 2 | 19,4402 | 39,4424 | 99,4436 | 199,4440 | 999,4444 | 1999,444 |
| 18 | 3 | 8,6745 | 14,1960 | 26,7509 | 42,8804 | 126,7378 | 201,5960 |
| 18 | 4 | 5,8211 | 8,5924 | 14,0795 | 20,2581 | 46,3217 | 65,8491 |
| 18 | 5 | 4,5785 | 6,3619 | 9,6096 | 12,9850 | 25,5677 | 34,0334 |
| 18 | 6 | 3,8957 | 5,2021 | 7,4507 | 9,6644 | 17,2673 | 22,0227 |
| 18 | 7 | 3,4669 | 4,5008 | 6,2089 | 7,8258 | 13,0633 | 16,1704 |
| 18 | 8 | 3,1733 | 4,0338 | 5,4116 | 6,6775 | 10,6012 | 12,8373 |
| 18 | 9 | 2,9600 | 3,7015 | 4,8599 | 5,8994 | 9,0121 | 10,7307 |
| 18 | 10 | 2,7980 | 3,4534 | 4,4569 | 5,3403 | 7,9131 | 9,2977 |
| 18 | 11 | 2,6709 | 3,2612 | 4,1503 | 4,9205 | 7,1131 | 8,2683 |
| 18 | 12 | 2,5684 | 3,1081 | 3,9095 | 4,5945 | 6,5074 | 7,4973 |
| 18 | 13 | 2,4841 | 2,9832 | 3,7156 | 4,3344 | 6,0342 | 6,9005 |
| 18 | 14 | 2,4134 | 2,8795 | 3,5561 | 4,1221 | 5,6551 | 6,4261 |
| 18 | 15 | 2,3533 | 2,7919 | 3,4228 | 3,9459 | 5,3452 | 6,0408 |
| 18 | 16 | 2,3016 | 2,7170 | 3,3096 | 3,7972 | 5,0872 | 5,7220 |
| 18 | 17 | 2,2567 | 2,6522 | 3,2124 | 3,6701 | 4,8695 | 5,4542 |
| 18 | 18 | 2,2172 | 2,5956 | 3,1280 | 3,5603 | 4,6833 | 5,2263 |
| 18 | 19 | 2,1823 | 2,5457 | 3,0541 | 3,4645 | 4,5223 | 5,0301 |
| 18 | 20 | 2,1511 | 2,5014 | 2,9887 | 3,3802 | 4,3819 | 4,8595 |
| 18 | 21 | 2,1232 | 2,4618 | 2,9306 | 3,3054 | 4,2583 | 4,7098 |
| 18 | 22 | 2,0980 | 2,4262 | 2,8786 | 3,2387 | 4,1487 | 4,5775 |
| 18 | 23 | 2,0751 | 2,3940 | 2,8317 | 3,1787 | 4,0509 | 4,4598 |
| 18 | 24 | 2,0543 | 2,3648 | 2,7892 | 3,1246 | 3,9631 | 4,3544 |
| 18 | 25 | 2,0353 | 2,3381 | 2,7506 | 3,0754 | 3,8839 | 4,2594 |
| 18 | 26 | 2,0178 | 2,3137 | 2,7153 | 3,0306 | 3,8120 | 4,1735 |
| 18 | 27 | 2,0017 | 2,2912 | 2,6830 | 2,9896 | 3,7466 | 4,0953 |
| 18 | 28 | 1,9868 | 2,2704 | 2,6532 | 2,9520 | 3,6867 | 4,0240 |
| 18 | 29 | 1,9730 | 2,2512 | 2,6257 | 2,9173 | 3,6316 | 3,9586 |
| 18 | 30 | 1,9601 | 2,2334 | 2,6003 | 2,8852 | 3,5810 | 3,8984 |
| 18 | 40 | 1,8682 | 2,1068 | 2,4210 | 2,6607 | 3,2318 | 3,4863 |
| 18 | 50 | 1,8141 | 2,0330 | 2,3178 | 2,5326 | 3,0367 | 3,2581 |
| 18 | 60 | 1,7784 | 1,9846 | 2,2507 | 2,4498 | 2,9123 | 3,1133 |
| 18 | 120 | 1,6904 | 1,8663 | 2,0885 | 2,2514 | 2,6195 | 2,7754 |
| 18 | 250 | 1,6453 | 1,8062 | 2,0071 | 2,1528 | 2,4769 | 2,6122 |
| 18 | 500 | 1,6245 | 1,7787 | 1,9702 | 2,1082 | 2,4132 | 2,5395 |
| 18 | 1000 | 1,6142 | 1,7651 | 1,9519 | 2,0862 | 2,3818 | 2,5038 |
| 18 | $\infty$ | 1,6038 | 1,7515 | 1,9336 | 2,0642 | 2,3507 | 2,4685 |

## La distribution du rapport de variances, $F$, quand $\sigma_1^2 = \sigma_2^2$.

| $\nu_1$ | $\nu_2$ | Probabilités cumulées | | | | | |
|---|---|---|---|---|---|---|---|
| | | 0,9500 | 0,9750 | 0,9900 | 0,9950 | 0,9990 | 0,9995 |
| 19 | 1 | 247,6861 | 991,7973 | 6200,576 | 24803,35 | 620092,3 | 2480370 |
| 19 | 2 | 19,4431 | 39,4453 | 99,4465 | 199,4470 | 999,4473 | 1999,447 |
| 19 | 3 | 8,6670 | 14,1810 | 26,7188 | 42,8263 | 126,5696 | 201,3258 |
| 19 | 4 | 5,8114 | 8,5753 | 14,0480 | 20,2104 | 46,2053 | 65,6812 |
| 19 | 5 | 4,5678 | 6,3444 | 9,5797 | 12,9422 | 25,4768 | 33,9100 |
| 19 | 6 | 3,8844 | 5,1844 | 7,4219 | 9,6247 | 17,1900 | 21,9218 |
| 19 | 7 | 3,4551 | 4,4829 | 6,1808 | 7,7881 | 12,9941 | 16,0826 |
| 19 | 8 | 3,1613 | 4,0158 | 5,3840 | 6,6411 | 10,5374 | 12,7578 |
| 19 | 9 | 2,9477 | 3,6833 | 4,8327 | 5,8639 | 8,9520 | 10,6570 |
| 19 | 10 | 2,7854 | 3,4351 | 4,4299 | 5,3055 | 7,8557 | 9,2281 |
| 19 | 11 | 2,6581 | 3,2428 | 4,1234 | 4,8863 | 7,0577 | 8,2017 |
| 19 | 12 | 2,5554 | 3,0896 | 3,8827 | 4,5606 | 6,4535 | 7,4331 |
| 19 | 13 | 2,4709 | 2,9646 | 3,6888 | 4,3008 | 5,9816 | 6,8382 |
| 19 | 14 | 2,4000 | 2,8607 | 3,5294 | 4,0888 | 5,6035 | 6,3653 |
| 19 | 15 | 2,3398 | 2,7730 | 3,3961 | 3,9127 | 5,2944 | 5,9812 |
| 19 | 16 | 2,2880 | 2,6980 | 3,2829 | 3,7641 | 5,0372 | 5,6635 |
| 19 | 17 | 2,2429 | 2,6331 | 3,1857 | 3,6372 | 4,8200 | 5,3966 |
| 19 | 18 | 2,2033 | 2,5764 | 3,1013 | 3,5275 | 4,6343 | 5,1694 |
| 19 | 19 | 2,1683 | 2,5265 | 3,0274 | 3,4318 | 4,4738 | 4,9739 |
| 19 | 20 | 2,1370 | 2,4821 | 2,9620 | 3,3475 | 4,3337 | 4,8038 |
| 19 | 21 | 2,1090 | 2,4424 | 2,9039 | 3,2728 | 4,2104 | 4,6547 |
| 19 | 22 | 2,0837 | 2,4067 | 2,8518 | 3,2060 | 4,1011 | 4,5228 |
| 19 | 23 | 2,0608 | 2,3745 | 2,8049 | 3,1461 | 4,0036 | 4,4055 |
| 19 | 24 | 2,0399 | 2,3452 | 2,7624 | 3,0920 | 3,9160 | 4,3004 |
| 19 | 25 | 2,0207 | 2,3184 | 2,7238 | 3,0429 | 3,8370 | 4,2058 |
| 19 | 26 | 2,0032 | 2,2939 | 2,6885 | 2,9981 | 3,7653 | 4,1201 |
| 19 | 27 | 1,9870 | 2,2713 | 2,6561 | 2,9571 | 3,7000 | 4,0422 |
| 19 | 28 | 1,9720 | 2,2505 | 2,6263 | 2,9194 | 3,6402 | 3,9711 |
| 19 | 29 | 1,9581 | 2,2313 | 2,5987 | 2,8847 | 3,5853 | 3,9059 |
| 19 | 30 | 1,9452 | 2,2134 | 2,5732 | 2,8526 | 3,5348 | 3,8459 |
| 19 | 40 | 1,8529 | 2,0864 | 2,3937 | 2,6281 | 3,1863 | 3,4350 |
| 19 | 50 | 1,7985 | 2,0122 | 2,2903 | 2,4999 | 2,9916 | 3,2075 |
| 19 | 60 | 1,7625 | 1,9636 | 2,2230 | 2,4171 | 2,8674 | 3,0631 |
| 19 | 120 | 1,6739 | 1,8447 | 2,0604 | 2,2183 | 2,5750 | 2,7260 |
| 19 | 250 | 1,6283 | 1,7842 | 1,9786 | 2,1194 | 2,4325 | 2,5631 |
| 19 | 500 | 1,6074 | 1,7566 | 1,9415 | 2,0748 | 2,3688 | 2,4905 |
| 19 | 1000 | 1,5969 | 1,7428 | 1,9231 | 2,0526 | 2,3374 | 2,4549 |
| 19 | ∞ | 1,5865 | 1,7291 | 1,9048 | 2,0306 | 2,3063 | 2,4196 |

## La distribution du rapport de variances, $F$, quand $\sigma_1^2 = \sigma_2^2$.

| $\nu_1$ | $\nu_2$ | Probabilités cumulées | | | | | |
|---|---|---|---|---|---|---|---|
| | | 0,9500 | 0,9750 | 0,9900 | 0,9950 | 0,9990 | 0,9995 |
| 20 | 1 | 248,0131 | 993,1028 | 6208,730 | 24835,97 | 620907,7 | 2483632 |
| 20 | 2 | 19,4458 | 39,4479 | 99,4492 | 199,4496 | 999,4499 | 1999,450 |
| 20 | 3 | 8,6602 | 14,1674 | 26,6898 | 42,7775 | 126,4178 | 201,0820 |
| 20 | 4 | 5,8025 | 8,5599 | 14,0196 | 20,1673 | 46,1003 | 65,5298 |
| 20 | 5 | 4,5581 | 6,3286 | 9,5526 | 12,9035 | 25,3946 | 33,7987 |
| 20 | 6 | 3,8742 | 5,1684 | 7,3958 | 9,5888 | 17,1201 | 21,8307 |
| 20 | 7 | 3,4445 | 4,4667 | 6,1554 | 7,7540 | 12,9316 | 16,0033 |
| 20 | 8 | 3,1503 | 3,9995 | 5,3591 | 6,6082 | 10,4797 | 12,6860 |
| 20 | 9 | 2,9365 | 3,6669 | 4,8080 | 5,8318 | 8,8976 | 10,5903 |
| 20 | 10 | 2,7740 | 3,4185 | 4,4054 | 5,2740 | 7,8037 | 9,1651 |
| 20 | 11 | 2,6464 | 3,2261 | 4,0990 | 4,8552 | 7,0076 | 8,1415 |
| 20 | 12 | 2,5436 | 3,0728 | 3,8584 | 4,5299 | 6,4048 | 7,3750 |
| 20 | 13 | 2,4589 | 2,9477 | 3,6646 | 4,2703 | 5,9340 | 6,7818 |
| 20 | 14 | 2,3879 | 2,8437 | 3,5052 | 4,0585 | 5,5568 | 6,3103 |
| 20 | 15 | 2,3275 | 2,7559 | 3,3719 | 3,8826 | 5,2484 | 5,9273 |
| 20 | 16 | 2,2756 | 2,6808 | 3,2587 | 3,7342 | 4,9918 | 5,6105 |
| 20 | 17 | 2,2304 | 2,6158 | 3,1615 | 3,6073 | 4,7751 | 5,3444 |
| 20 | 18 | 2,1906 | 2,5590 | 3,0771 | 3,4977 | 4,5899 | 5,1179 |
| 20 | 19 | 2,1555 | 2,5089 | 3,0031 | 3,4020 | 4,4297 | 4,9229 |
| 20 | 20 | 2,1242 | 2,4645 | 2,9377 | 3,3178 | 4,2900 | 4,7534 |
| 20 | 21 | 2,0960 | 2,4247 | 2,8796 | 3,2431 | 4,1670 | 4,6047 |
| 20 | 22 | 2,0707 | 2,3890 | 2,8274 | 3,1764 | 4,0579 | 4,4732 |
| 20 | 23 | 2,0476 | 2,3567 | 2,7805 | 3,1165 | 3,9606 | 4,3562 |
| 20 | 24 | 2,0267 | 2,3273 | 2,7380 | 3,0624 | 3,8732 | 4,2514 |
| 20 | 25 | 2,0075 | 2,3005 | 2,6993 | 3,0133 | 3,7944 | 4,1571 |
| 20 | 26 | 1,9898 | 2,2759 | 2,6640 | 2,9685 | 3,7228 | 4,0716 |
| 20 | 27 | 1,9736 | 2,2533 | 2,6316 | 2,9275 | 3,6576 | 3,9940 |
| 20 | 28 | 1,9586 | 2,2324 | 2,6017 | 2,8899 | 3,5980 | 3,9230 |
| 20 | 29 | 1,9446 | 2,2131 | 2,5742 | 2,8551 | 3,5432 | 3,8580 |
| 20 | 30 | 1,9317 | 2,1952 | 2,5487 | 2,8230 | 3,4928 | 3,7982 |
| 20 | 40 | 1,8389 | 2,0677 | 2,3689 | 2,5984 | 3,1450 | 3,3884 |
| 20 | 50 | 1,7841 | 1,9933 | 2,2652 | 2,4702 | 2,9506 | 3,1614 |
| 20 | 60 | 1,7480 | 1,9445 | 2,1978 | 2,3872 | 2,8266 | 3,0174 |
| 20 | 120 | 1,6587 | 1,8249 | 2,0346 | 2,1881 | 2,5344 | 2,6809 |
| 20 | 250 | 1,6127 | 1,7640 | 1,9525 | 2,0889 | 2,3920 | 2,5182 |
| 20 | 500 | 1,5916 | 1,7362 | 1,9152 | 2,0441 | 2,3282 | 2,4458 |
| 20 | 1000 | 1,5811 | 1,7223 | 1,8967 | 2,0219 | 2,2968 | 2,4101 |
| 20 | $\infty$ | 1,5705 | 1,7085 | 1,8783 | 1,9998 | 2,2657 | 2,3749 |

## La distribution du rapport de variances, $F$, quand $\sigma_1^2 = \sigma_2^2$.

| $\nu_1$ | $\nu_2$ | Probabilités cumulées | | | | | |
|---|---|---|---|---|---|---|---|
| | | 0,9500 | 0,9750 | 0,9900 | 0,9950 | 0,9990 | 0,9995 |
| 21 | 1 | 248,3094 | 994,2856 | 6216,118 | 24865,52 | 621646,4 | 2486587 |
| 21 | 2 | 19,4481 | 39,4503 | 99,4516 | 199,4520 | 999,4523 | 1999,452 |
| 21 | 3 | 8,6540 | 14,1551 | 26,6635 | 42,7333 | 126,2801 | 200,8610 |
| 21 | 4 | 5,7945 | 8,5460 | 13,9938 | 20,1282 | 46,0050 | 65,3924 |
| 21 | 5 | 4,5493 | 6,3142 | 9,5281 | 12,8684 | 25,3201 | 33,6976 |
| 21 | 6 | 3,8649 | 5,1538 | 7,3722 | 9,5562 | 17,0567 | 21,7480 |
| 21 | 7 | 3,4349 | 4,4520 | 6,1324 | 7,7230 | 12,8749 | 15,9313 |
| 21 | 8 | 3,1404 | 3,9846 | 5,3364 | 6,5783 | 10,4273 | 12,6207 |
| 21 | 9 | 2,9263 | 3,6520 | 4,7856 | 5,8027 | 8,8482 | 10,5297 |
| 21 | 10 | 2,7636 | 3,4035 | 4,3831 | 5,2454 | 7,7565 | 9,1078 |
| 21 | 11 | 2,6358 | 3,2109 | 4,0769 | 4,8270 | 6,9620 | 8,0868 |
| 21 | 12 | 2,5328 | 3,0575 | 3,8363 | 4,5020 | 6,3605 | 7,3222 |
| 21 | 13 | 2,4479 | 2,9322 | 3,6425 | 4,2426 | 5,8907 | 6,7305 |
| 21 | 14 | 2,3768 | 2,8282 | 3,4832 | 4,0310 | 5,5143 | 6,2602 |
| 21 | 15 | 2,3163 | 2,7403 | 3,3498 | 3,8552 | 5,2066 | 5,8783 |
| 21 | 16 | 2,2642 | 2,6651 | 3,2367 | 3,7069 | 4,9505 | 5,5623 |
| 21 | 17 | 2,2189 | 2,6000 | 3,1394 | 3,5801 | 4,7343 | 5,2969 |
| 21 | 18 | 2,1791 | 2,5431 | 3,0550 | 3,4705 | 4,5494 | 5,0710 |
| 21 | 19 | 2,1438 | 2,4930 | 2,9810 | 3,3749 | 4,3896 | 4,8765 |
| 21 | 20 | 2,1124 | 2,4484 | 2,9156 | 3,2907 | 4,2501 | 4,7074 |
| 21 | 21 | 2,0842 | 2,4086 | 2,8574 | 3,2160 | 4,1274 | 4,5591 |
| 21 | 22 | 2,0587 | 2,3728 | 2,8052 | 3,1494 | 4,0186 | 4,4280 |
| 21 | 23 | 2,0356 | 2,3404 | 2,7583 | 3,0895 | 3,9214 | 4,3113 |
| 21 | 24 | 2,0146 | 2,3109 | 2,7157 | 3,0354 | 3,8342 | 4,2068 |
| 21 | 25 | 1,9953 | 2,2840 | 2,6770 | 2,9862 | 3,7555 | 4,1127 |
| 21 | 26 | 1,9776 | 2,2594 | 2,6416 | 2,9415 | 3,6841 | 4,0275 |
| 21 | 27 | 1,9613 | 2,2367 | 2,6092 | 2,9005 | 3,6190 | 3,9500 |
| 21 | 28 | 1,9462 | 2,2158 | 2,5793 | 2,8628 | 3,5595 | 3,8792 |
| 21 | 29 | 1,9322 | 2,1965 | 2,5517 | 2,8281 | 3,5048 | 3,8144 |
| 21 | 30 | 1,9192 | 2,1785 | 2,5262 | 2,7960 | 3,4545 | 3,7547 |
| 21 | 40 | 1,8260 | 2,0506 | 2,3461 | 2,5713 | 3,1072 | 3,3459 |
| 21 | 50 | 1,7709 | 1,9759 | 2,2423 | 2,4429 | 2,9131 | 3,1194 |
| 21 | 60 | 1,7346 | 1,9269 | 2,1747 | 2,3598 | 2,7892 | 2,9756 |
| 21 | 120 | 1,6447 | 1,8067 | 2,0109 | 2,1603 | 2,4972 | 2,6396 |
| 21 | 250 | 1,5983 | 1,7454 | 1,9285 | 2,0609 | 2,3547 | 2,4771 |
| 21 | 500 | 1,5770 | 1,7174 | 1,8910 | 2,0159 | 2,2910 | 2,4047 |
| 21 | 1000 | 1,5664 | 1,7034 | 1,8724 | 1,9936 | 2,2595 | 2,3691 |
| 21 | ∞ | 1,5557 | 1,6895 | 1,8539 | 1,9715 | 2,2284 | 2,3338 |

## La distribution du rapport de variances, $F$, quand $\sigma_1^2 = \sigma_2^2$.

| $\nu_1$ | $\nu_2$ | Probabilités cumulées | | | | | |
|---|---|---|---|---|---|---|---|
| | | 0,9500 | 0,9750 | 0,9900 | 0,9950 | 0,9990 | 0,9995 |
| 22 | 1 | 248,5791 | 995,3622 | 6222,843 | 24892,42 | 622318,8 | 2489276 |
| 22 | 2 | 19,4503 | 39,4525 | 99,4537 | 199,4541 | 999,4545 | 1999,455 |
| 22 | 3 | 8,6484 | 14,1438 | 26,6396 | 42,6929 | 126,1548 | 200,6598 |
| 22 | 4 | 5,7872 | 8,5332 | 13,9703 | 20,0925 | 45,9182 | 65,2672 |
| 22 | 5 | 4,5413 | 6,3011 | 9,5058 | 12,8364 | 25,2522 | 33,6055 |
| 22 | 6 | 3,8564 | 5,1406 | 7,3506 | 9,5264 | 16,9989 | 21,6726 |
| 22 | 7 | 3,4260 | 4,4386 | 6,1113 | 7,6947 | 12,8231 | 15,8656 |
| 22 | 8 | 3,1313 | 3,9711 | 5,3157 | 6,5510 | 10,3795 | 12,5612 |
| 22 | 9 | 2,9169 | 3,6383 | 4,7651 | 5,7760 | 8,8031 | 10,4744 |
| 22 | 10 | 2,7541 | 3,3897 | 4,3628 | 5,2192 | 7,7134 | 9,0556 |
| 22 | 11 | 2,6261 | 3,1970 | 4,0566 | 4,8012 | 6,9204 | 8,0368 |
| 22 | 12 | 2,5229 | 3,0434 | 3,8161 | 4,4765 | 6,3200 | 7,2740 |
| 22 | 13 | 2,4379 | 2,9181 | 3,6224 | 4,2173 | 5,8511 | 6,6836 |
| 22 | 14 | 2,3667 | 2,8139 | 3,4630 | 4,0058 | 5,4755 | 6,2145 |
| 22 | 15 | 2,3060 | 2,7260 | 3,3297 | 3,8301 | 5,1683 | 5,8334 |
| 22 | 16 | 2,2538 | 2,6507 | 3,2165 | 3,6819 | 4,9128 | 5,5182 |
| 22 | 17 | 2,2084 | 2,5855 | 3,1192 | 3,5552 | 4,6969 | 5,2535 |
| 22 | 18 | 2,1685 | 2,5285 | 3,0348 | 3,4456 | 4,5124 | 5,0281 |
| 22 | 19 | 2,1331 | 2,4783 | 2,9607 | 3,3500 | 4,3529 | 4,8341 |
| 22 | 20 | 2,1016 | 2,4337 | 2,8953 | 3,2659 | 4,2137 | 4,6654 |
| 22 | 21 | 2,0733 | 2,3938 | 2,8370 | 3,1912 | 4,0912 | 4,5174 |
| 22 | 22 | 2,0478 | 2,3579 | 2,7849 | 3,1246 | 3,9825 | 4,3866 |
| 22 | 23 | 2,0246 | 2,3254 | 2,7378 | 3,0647 | 3,8856 | 4,2702 |
| 22 | 24 | 2,0035 | 2,2959 | 2,6953 | 3,0106 | 3,7985 | 4,1659 |
| 22 | 25 | 1,9842 | 2,2690 | 2,6565 | 2,9615 | 3,7199 | 4,0720 |
| 22 | 26 | 1,9664 | 2,2443 | 2,6211 | 2,9167 | 3,6486 | 3,9870 |
| 22 | 27 | 1,9500 | 2,2216 | 2,5887 | 2,8757 | 3,5837 | 3,9097 |
| 22 | 28 | 1,9349 | 2,2006 | 2,5587 | 2,8380 | 3,5242 | 3,8391 |
| 22 | 29 | 1,9208 | 2,1812 | 2,5311 | 2,8033 | 3,4696 | 3,7744 |
| 22 | 30 | 1,9077 | 2,1631 | 2,5055 | 2,7712 | 3,4194 | 3,7148 |
| 22 | 40 | 1,8141 | 2,0349 | 2,3252 | 2,5463 | 3,0726 | 3,3068 |
| 22 | 50 | 1,7588 | 1,9599 | 2,2211 | 2,4178 | 2,8786 | 3,0807 |
| 22 | 60 | 1,7222 | 1,9106 | 2,1533 | 2,3346 | 2,7548 | 2,9372 |
| 22 | 120 | 1,6317 | 1,7899 | 1,9891 | 2,1347 | 2,4629 | 2,6016 |
| 22 | 250 | 1,5850 | 1,7282 | 1,9063 | 2,0350 | 2,3204 | 2,4392 |
| 22 | 500 | 1,5635 | 1,7000 | 1,8686 | 1,9899 | 2,2566 | 2,3668 |
| 22 | 1000 | 1,5528 | 1,6859 | 1,8500 | 1,9675 | 2,2252 | 2,3312 |
| 22 | $\infty$ | 1,5420 | 1,6719 | 1,8313 | 1,9453 | 2,1940 | 2,2960 |

## La distribution du rapport de variances, $F$, quand $\sigma_1^2 = \sigma_2^2$.

| $\nu_1$ | $\nu_2$ | Probabilités cumulées | | | | | |
|---|---|---|---|---|---|---|---|
| | | 0,9500 | 0,9750 | 0,9900 | 0,9950 | 0,9990 | 0,9995 |
| 23 | 1 | 248,8256 | 996,3462 | 6228,990 | 24917,00 | 622933,5 | 2491735 |
| 23 | 2 | 19,4523 | 39,4544 | 99,4557 | 199,4561 | 999,4564 | 1999,456 |
| 23 | 3 | 8,6432 | 14,1336 | 26,6176 | 42,6561 | 126,0401 | 200,4757 |
| 23 | 4 | 5,7805 | 8,5216 | 13,9488 | 20,0599 | 45,8387 | 65,1527 |
| 23 | 5 | 4,5339 | 6,2891 | 9,4853 | 12,8071 | 25,1900 | 33,5213 |
| 23 | 6 | 3,8486 | 5,1284 | 7,3309 | 9,4992 | 16,9460 | 21,6037 |
| 23 | 7 | 3,4179 | 4,4263 | 6,0921 | 7,6688 | 12,7758 | 15,8054 |
| 23 | 8 | 3,1229 | 3,9587 | 5,2967 | 6,5260 | 10,3357 | 12,5067 |
| 23 | 9 | 2,9084 | 3,6257 | 4,7463 | 5,7516 | 8,7618 | 10,4238 |
| 23 | 10 | 2,7453 | 3,3770 | 4,3441 | 5,1953 | 7,6739 | 9,0077 |
| 23 | 11 | 2,6172 | 3,1843 | 4,0380 | 4,7775 | 6,8823 | 7,9910 |
| 23 | 12 | 2,5139 | 3,0306 | 3,7976 | 4,4530 | 6,2829 | 7,2297 |
| 23 | 13 | 2,4287 | 2,9052 | 3,6038 | 4,1940 | 5,8148 | 6,6407 |
| 23 | 14 | 2,3573 | 2,8009 | 3,4445 | 3,9827 | 5,4399 | 6,1725 |
| 23 | 15 | 2,2966 | 2,7128 | 3,3111 | 3,8071 | 5,1332 | 5,7923 |
| 23 | 16 | 2,2443 | 2,6374 | 3,1979 | 3,6589 | 4,8781 | 5,4778 |
| 23 | 17 | 2,1987 | 2,5721 | 3,1006 | 3,5323 | 4,6627 | 5,2136 |
| 23 | 18 | 2,1587 | 2,5151 | 3,0161 | 3,4228 | 4,4784 | 4,9887 |
| 23 | 19 | 2,1233 | 2,4648 | 2,9421 | 3,3272 | 4,3192 | 4,7951 |
| 23 | 20 | 2,0917 | 2,4201 | 2,8766 | 3,2431 | 4,1802 | 4,6268 |
| 23 | 21 | 2,0633 | 2,3801 | 2,8183 | 3,1684 | 4,0579 | 4,4791 |
| 23 | 22 | 2,0377 | 2,3442 | 2,7661 | 3,1018 | 3,9494 | 4,3486 |
| 23 | 23 | 2,0144 | 2,3116 | 2,7191 | 3,0419 | 3,8526 | 4,2324 |
| 23 | 24 | 1,9932 | 2,2821 | 2,6765 | 2,9878 | 3,7657 | 4,1284 |
| 23 | 25 | 1,9738 | 2,2551 | 2,6377 | 2,9387 | 3,6872 | 4,0346 |
| 23 | 26 | 1,9560 | 2,2303 | 2,6022 | 2,8939 | 3,6160 | 3,9498 |
| 23 | 27 | 1,9396 | 2,2076 | 2,5697 | 2,8529 | 3,5511 | 3,8726 |
| 23 | 28 | 1,9244 | 2,1865 | 2,5398 | 2,8152 | 3,4918 | 3,8022 |
| 23 | 29 | 1,9103 | 2,1671 | 2,5121 | 2,7805 | 3,4373 | 3,7376 |
| 23 | 30 | 1,8972 | 2,1490 | 2,4865 | 2,7483 | 3,3870 | 3,6781 |
| 23 | 40 | 1,8031 | 2,0203 | 2,3059 | 2,5233 | 3,0406 | 3,2709 |
| 23 | 50 | 1,7475 | 1,9451 | 2,2016 | 2,3947 | 2,8469 | 3,0451 |
| 23 | 60 | 1,7108 | 1,8956 | 2,1336 | 2,3114 | 2,7231 | 2,9018 |
| 23 | 120 | 1,6197 | 1,7743 | 1,9688 | 2,1110 | 2,4313 | 2,5665 |
| 23 | 250 | 1,5726 | 1,7122 | 1,8857 | 2,0110 | 2,2886 | 2,4041 |
| 23 | 500 | 1,5509 | 1,6838 | 1,8479 | 1,9657 | 2,2248 | 2,3317 |
| 23 | 1000 | 1,5401 | 1,6696 | 1,8291 | 1,9433 | 2,1933 | 2,2961 |
| 23 | ∞ | 1,5292 | 1,6555 | 1,8104 | 1,9209 | 2,1621 | 2,2609 |

## La distribution du rapport de variances, *F*, quand $\sigma_1^2 = \sigma_2^2$.

| $\nu_1$ | $\nu_2$ | Probabilités cumulées | | | | | |
|---|---|---|---|---|---|---|---|
| | | 0,9500 | 0,9750 | 0,9900 | 0,9950 | 0,9990 | 0,9995 |
| 24 | 1 | 249,0518 | 997,2492 | 6234,631 | 24939,57 | 623497,5 | 2493991 |
| 24 | 2 | 19,4541 | 39,4562 | 99,4575 | 199,4579 | 999,4583 | 1999,458 |
| 24 | 3 | 8,6385 | 14,1241 | 26,5975 | 42,6222 | 125,9349 | 200,3067 |
| 24 | 4 | 5,7744 | 8,5109 | 13,9291 | 20,0300 | 45,7658 | 65,0475 |
| 24 | 5 | 4,5272 | 6,2780 | 9,4665 | 12,7802 | 25,1329 | 33,4438 |
| 24 | 6 | 3,8415 | 5,1172 | 7,3127 | 9,4742 | 16,8974 | 21,5403 |
| 24 | 7 | 3,4105 | 4,4150 | 6,0743 | 7,6450 | 12,7322 | 15,7502 |
| 24 | 8 | 3,1152 | 3,9472 | 5,2793 | 6,5029 | 10,2954 | 12,4566 |
| 24 | 9 | 2,9005 | 3,6142 | 4,7290 | 5,7292 | 8,7239 | 10,3772 |
| 24 | 10 | 2,7372 | 3,3654 | 4,3269 | 5,1732 | 7,6376 | 8,9637 |
| 24 | 11 | 2,6090 | 3,1725 | 4,0209 | 4,7557 | 6,8471 | 7,9489 |
| 24 | 12 | 2,5055 | 3,0187 | 3,7805 | 4,4314 | 6,2488 | 7,1891 |
| 24 | 13 | 2,4202 | 2,8932 | 3,5868 | 4,1726 | 5,7814 | 6,6011 |
| 24 | 14 | 2,3487 | 2,7888 | 3,4274 | 3,9614 | 5,4070 | 6,1339 |
| 24 | 15 | 2,2878 | 2,7006 | 3,2940 | 3,7859 | 5,1009 | 5,7544 |
| 24 | 16 | 2,2354 | 2,6252 | 3,1808 | 3,6378 | 4,8462 | 5,4405 |
| 24 | 17 | 2,1898 | 2,5598 | 3,0835 | 3,5112 | 4,6311 | 5,1769 |
| 24 | 18 | 2,1497 | 2,5027 | 2,9990 | 3,4017 | 4,4471 | 4,9524 |
| 24 | 19 | 2,1141 | 2,4523 | 2,9249 | 3,3062 | 4,2881 | 4,7592 |
| 24 | 20 | 2,0825 | 2,4076 | 2,8594 | 3,2220 | 4,1493 | 4,5912 |
| 24 | 21 | 2,0540 | 2,3675 | 2,8010 | 3,1474 | 4,0272 | 4,4438 |
| 24 | 22 | 2,0283 | 2,3315 | 2,7488 | 3,0807 | 3,9189 | 4,3136 |
| 24 | 23 | 2,0050 | 2,2989 | 2,7017 | 3,0208 | 3,8222 | 4,1976 |
| 24 | 24 | 1,9838 | 2,2693 | 2,6591 | 2,9667 | 3,7354 | 4,0937 |
| 24 | 25 | 1,9643 | 2,2422 | 2,6203 | 2,9176 | 3,6570 | 4,0002 |
| 24 | 26 | 1,9464 | 2,2174 | 2,5848 | 2,8728 | 3,5859 | 3,9155 |
| 24 | 27 | 1,9299 | 2,1946 | 2,5522 | 2,8318 | 3,5211 | 3,8385 |
| 24 | 28 | 1,9147 | 2,1735 | 2,5223 | 2,7941 | 3,4618 | 3,7681 |
| 24 | 29 | 1,9005 | 2,1540 | 2,4946 | 2,7594 | 3,4074 | 3,7036 |
| 24 | 30 | 1,8874 | 2,1359 | 2,4689 | 2,7272 | 3,3572 | 3,6443 |
| 24 | 40 | 1,7929 | 2,0069 | 2,2880 | 2,5020 | 3,0111 | 3,2377 |
| 24 | 50 | 1,7371 | 1,9313 | 2,1835 | 2,3732 | 2,8175 | 3,0122 |
| 24 | 60 | 1,7001 | 1,8817 | 2,1154 | 2,2898 | 2,6938 | 2,8690 |
| 24 | 120 | 1,6084 | 1,7597 | 1,9500 | 2,0890 | 2,4019 | 2,5339 |
| 24 | 250 | 1,5610 | 1,6973 | 1,8665 | 1,9887 | 2,2592 | 2,3716 |
| 24 | 500 | 1,5392 | 1,6687 | 1,8285 | 1,9432 | 2,1952 | 2,2992 |
| 24 | 1000 | 1,5282 | 1,6544 | 1,8096 | 1,9207 | 2,1637 | 2,2635 |
| 24 | ∞ | 1,5173 | 1,6402 | 1,7908 | 1,8983 | 2,1324 | 2,2283 |

## La distribution du rapport de variances, *F*, quand $\sigma_1^2 = \sigma_2^2$.

| $\nu_1$ | $\nu_2$ | Probabilités cumulées | | | | | |
|---|---|---|---|---|---|---|---|
| | | 0,9500 | 0,9750 | 0,9900 | 0,9950 | 0,9990 | 0,9995 |
| 25 | 1 | 249,2601 | 998,0808 | 6239,825 | 24960,34 | 624016,8 | 2496068 |
| 25 | 2 | 19,4558 | 39,4579 | 99,4592 | 199,4596 | 999,4599 | 1999,460 |
| 25 | 3 | 8,6341 | 14,1155 | 26,5790 | 42,5910 | 125,8379 | 200,1510 |
| 25 | 4 | 5,7687 | 8,5010 | 13,9109 | 20,0024 | 45,6986 | 64,9506 |
| 25 | 5 | 4,5209 | 6,2679 | 9,4491 | 12,7554 | 25,0803 | 33,3725 |
| 25 | 6 | 3,8348 | 5,1069 | 7,2960 | 9,4511 | 16,8525 | 21,4818 |
| 25 | 7 | 3,4036 | 4,4045 | 6,0580 | 7,6230 | 12,6920 | 15,6992 |
| 25 | 8 | 3,1081 | 3,9367 | 5,2631 | 6,4817 | 10,2583 | 12,4104 |
| 25 | 9 | 2,8932 | 3,6035 | 4,7130 | 5,7084 | 8,6888 | 10,3342 |
| 25 | 10 | 2,7298 | 3,3546 | 4,3111 | 5,1528 | 7,6041 | 8,9231 |
| 25 | 11 | 2,6014 | 3,1616 | 4,0051 | 4,7356 | 6,8147 | 7,9100 |
| 25 | 12 | 2,4977 | 3,0077 | 3,7647 | 4,4115 | 6,2172 | 7,1515 |
| 25 | 13 | 2,4123 | 2,8821 | 3,5710 | 4,1528 | 5,7505 | 6,5646 |
| 25 | 14 | 2,3407 | 2,7777 | 3,4116 | 3,9417 | 5,3767 | 6,0982 |
| 25 | 15 | 2,2797 | 2,6894 | 3,2782 | 3,7662 | 5,0710 | 5,7194 |
| 25 | 16 | 2,2272 | 2,6138 | 3,1650 | 3,6182 | 4,8167 | 5,4061 |
| 25 | 17 | 2,1815 | 2,5484 | 3,0676 | 3,4916 | 4,6019 | 5,1429 |
| 25 | 18 | 2,1413 | 2,4912 | 2,9831 | 3,3822 | 4,4182 | 4,9189 |
| 25 | 19 | 2,1057 | 2,4408 | 2,9089 | 3,2867 | 4,2594 | 4,7260 |
| 25 | 20 | 2,0739 | 2,3959 | 2,8434 | 3,2025 | 4,1208 | 4,5583 |
| 25 | 21 | 2,0454 | 2,3558 | 2,7850 | 3,1279 | 3,9988 | 4,4112 |
| 25 | 22 | 2,0196 | 2,3198 | 2,7328 | 3,0613 | 3,8906 | 4,2811 |
| 25 | 23 | 1,9963 | 2,2871 | 2,6856 | 3,0014 | 3,7940 | 4,1654 |
| 25 | 24 | 1,9750 | 2,2574 | 2,6430 | 2,9472 | 3,7073 | 4,0617 |
| 25 | 25 | 1,9554 | 2,2303 | 2,6041 | 2,8981 | 3,6291 | 3,9683 |
| 25 | 26 | 1,9375 | 2,2054 | 2,5686 | 2,8533 | 3,5580 | 3,8837 |
| 25 | 27 | 1,9210 | 2,1826 | 2,5360 | 2,8123 | 3,4933 | 3,8068 |
| 25 | 28 | 1,9057 | 2,1615 | 2,5060 | 2,7746 | 3,4341 | 3,7366 |
| 25 | 29 | 1,8915 | 2,1419 | 2,4783 | 2,7398 | 3,3797 | 3,6722 |
| 25 | 30 | 1,8782 | 2,1237 | 2,4526 | 2,7076 | 3,3296 | 3,6130 |
| 25 | 40 | 1,7835 | 1,9943 | 2,2714 | 2,4823 | 2,9838 | 3,2069 |
| 25 | 50 | 1,7273 | 1,9186 | 2,1667 | 2,3533 | 2,7902 | 2,9817 |
| 25 | 60 | 1,6902 | 1,8687 | 2,0984 | 2,2697 | 2,6665 | 2,8386 |
| 25 | 120 | 1,5980 | 1,7462 | 1,9325 | 2,0686 | 2,3746 | 2,5037 |
| 25 | 250 | 1,5502 | 1,6834 | 1,8487 | 1,9679 | 2,2317 | 2,3413 |
| 25 | 500 | 1,5282 | 1,6546 | 1,8105 | 1,9223 | 2,1677 | 2,2688 |
| 25 | 1000 | 1,5171 | 1,6402 | 1,7915 | 1,8996 | 2,1361 | 2,2332 |
| 25 | ∞ | 1,5061 | 1,6259 | 1,7726 | 1,8771 | 2,1048 | 2,1979 |

## La distribution du rapport de variances, $F$, quand $\sigma_1^2 = \sigma_2^2$.

| $\nu_1$ | $\nu_2$ | Probabilités cumulées | | | | | |
|---|---|---|---|---|---|---|---|
| | | 0,9500 | 0,9750 | 0,9900 | 0,9950 | 0,9990 | 0,9995 |
| 26 | 1 | 249,4525 | 998,8490 | 6244,624 | 24979,53 | 624496,7 | 2497988 |
| 26 | 2 | 19,4573 | 39,4594 | 99,4607 | 199,4611 | 999,4615 | 1999,461 |
| 26 | 3 | 8,6301 | 14,1074 | 26,5618 | 42,5622 | 125,7483 | 200,0071 |
| 26 | 4 | 5,7635 | 8,4919 | 13,8940 | 19,9769 | 45,6364 | 64,8610 |
| 26 | 5 | 4,5151 | 6,2584 | 9,4331 | 12,7325 | 25,0316 | 33,3065 |
| 26 | 6 | 3,8287 | 5,0973 | 7,2805 | 9,4298 | 16,8111 | 21,4278 |
| 26 | 7 | 3,3972 | 4,3949 | 6,0428 | 7,6027 | 12,6549 | 15,6520 |
| 26 | 8 | 3,1015 | 3,9269 | 5,2482 | 6,4620 | 10,2239 | 12,3677 |
| 26 | 9 | 2,8864 | 3,5936 | 4,6982 | 5,6892 | 8,6564 | 10,2945 |
| 26 | 10 | 2,7229 | 3,3446 | 4,2963 | 5,1339 | 7,5730 | 8,8854 |
| 26 | 11 | 2,5943 | 3,1516 | 3,9904 | 4,7170 | 6,7847 | 7,8739 |
| 26 | 12 | 2,4905 | 2,9976 | 3,7500 | 4,3930 | 6,1880 | 7,1167 |
| 26 | 13 | 2,4050 | 2,8719 | 3,5563 | 4,1344 | 5,7219 | 6,5308 |
| 26 | 14 | 2,3333 | 2,7673 | 3,3969 | 3,9234 | 5,3486 | 6,0652 |
| 26 | 15 | 2,2722 | 2,6790 | 3,2635 | 3,7480 | 5,0433 | 5,6870 |
| 26 | 16 | 2,2196 | 2,6033 | 3,1503 | 3,6000 | 4,7893 | 5,3742 |
| 26 | 17 | 2,1738 | 2,5378 | 3,0529 | 3,4735 | 4,5748 | 5,1114 |
| 26 | 18 | 2,1335 | 2,4806 | 2,9683 | 3,3641 | 4,3913 | 4,8878 |
| 26 | 19 | 2,0978 | 2,4300 | 2,8941 | 3,2686 | 4,2327 | 4,6952 |
| 26 | 20 | 2,0660 | 2,3851 | 2,8286 | 3,1845 | 4,0943 | 4,5278 |
| 26 | 21 | 2,0374 | 2,3450 | 2,7702 | 3,1098 | 3,9724 | 4,3809 |
| 26 | 22 | 2,0116 | 2,3088 | 2,7179 | 3,0432 | 3,8644 | 4,2511 |
| 26 | 23 | 1,9881 | 2,2761 | 2,6707 | 2,9833 | 3,7679 | 4,1355 |
| 26 | 24 | 1,9668 | 2,2464 | 2,6280 | 2,9291 | 3,6813 | 4,0319 |
| 26 | 25 | 1,9472 | 2,2192 | 2,5891 | 2,8800 | 3,6031 | 3,9387 |
| 26 | 26 | 1,9292 | 2,1943 | 2,5536 | 2,8352 | 3,5321 | 3,8542 |
| 26 | 27 | 1,9126 | 2,1714 | 2,5209 | 2,7941 | 3,4675 | 3,7774 |
| 26 | 28 | 1,8973 | 2,1502 | 2,4909 | 2,7564 | 3,4083 | 3,7073 |
| 26 | 29 | 1,8830 | 2,1306 | 2,4631 | 2,7216 | 3,3540 | 3,6430 |
| 26 | 30 | 1,8698 | 2,1124 | 2,4374 | 2,6894 | 3,3039 | 3,5839 |
| 26 | 40 | 1,7746 | 1,9827 | 2,2559 | 2,4639 | 2,9583 | 3,1783 |
| 26 | 50 | 1,7183 | 1,9066 | 2,1510 | 2,3348 | 2,7648 | 2,9533 |
| 26 | 60 | 1,6809 | 1,8566 | 2,0825 | 2,2511 | 2,6412 | 2,8103 |
| 26 | 120 | 1,5881 | 1,7335 | 1,9161 | 2,0494 | 2,3491 | 2,4755 |
| 26 | 250 | 1,5400 | 1,6704 | 1,8319 | 1,9484 | 2,2061 | 2,3130 |
| 26 | 500 | 1,5178 | 1,6414 | 1,7936 | 1,9026 | 2,1419 | 2,2405 |
| 26 | 1000 | 1,5067 | 1,6269 | 1,7745 | 1,8799 | 2,1103 | 2,2048 |
| 26 | ∞ | 1,4956 | 1,6124 | 1,7554 | 1,8573 | 2,0789 | 2,1695 |

## La distribution du rapport de variances, $F$, quand $\sigma_1^2 = \sigma_2^2$.

| $\nu_1$ | $\nu_2$ | Probabilités cumulées | | | | | |
|---|---|---|---|---|---|---|---|
| | | 0,9500 | 0,9750 | 0,9900 | 0,9950 | 0,9990 | 0,9995 |
| 27 | 1 | 249,6309 | 999,5609 | 6249,071 | 24997,32 | 624941,3 | 2499766 |
| 27 | 2 | 19,4587 | 39,4609 | 99,4621 | 199,4625 | 999,4629 | 1999,463 |
| 27 | 3 | 8,6263 | 14,1000 | 26,5460 | 42,5355 | 125,6652 | 199,8736 |
| 27 | 4 | 5,7586 | 8,4834 | 13,8784 | 19,9532 | 45,5788 | 64,7780 |
| 27 | 5 | 4,5097 | 6,2497 | 9,4182 | 12,7112 | 24,9865 | 33,2453 |
| 27 | 6 | 3,8230 | 5,0884 | 7,2661 | 9,4100 | 16,7726 | 21,3776 |
| 27 | 7 | 3,3913 | 4,3859 | 6,0287 | 7,5838 | 12,6204 | 15,6083 |
| 27 | 8 | 3,0954 | 3,9178 | 5,2344 | 6,4438 | 10,1920 | 12,3280 |
| 27 | 9 | 2,8801 | 3,5845 | 4,6845 | 5,6714 | 8,6262 | 10,2576 |
| 27 | 10 | 2,7164 | 3,3353 | 4,2827 | 5,1164 | 7,5442 | 8,8505 |
| 27 | 11 | 2,5877 | 3,1422 | 3,9768 | 4,6997 | 6,7568 | 7,8405 |
| 27 | 12 | 2,4838 | 2,9881 | 3,7364 | 4,3759 | 6,1608 | 7,0844 |
| 27 | 13 | 2,3982 | 2,8623 | 3,5427 | 4,1174 | 5,6954 | 6,4993 |
| 27 | 14 | 2,3264 | 2,7577 | 3,3833 | 3,9064 | 5,3225 | 6,0345 |
| 27 | 15 | 2,2652 | 2,6692 | 3,2499 | 3,7311 | 5,0176 | 5,6569 |
| 27 | 16 | 2,2125 | 2,5935 | 3,1366 | 3,5831 | 4,7638 | 5,3445 |
| 27 | 17 | 2,1666 | 2,5280 | 3,0392 | 3,4566 | 4,5496 | 5,0822 |
| 27 | 18 | 2,1262 | 2,4706 | 2,9546 | 3,3472 | 4,3663 | 4,8589 |
| 27 | 19 | 2,0905 | 2,4200 | 2,8804 | 3,2517 | 4,2079 | 4,6666 |
| 27 | 20 | 2,0586 | 2,3751 | 2,8148 | 3,1676 | 4,0696 | 4,4994 |
| 27 | 21 | 2,0299 | 2,3348 | 2,7563 | 3,0930 | 3,9479 | 4,3527 |
| 27 | 22 | 2,0040 | 2,2986 | 2,7040 | 3,0263 | 3,8400 | 4,2231 |
| 27 | 23 | 1,9805 | 2,2659 | 2,6568 | 2,9664 | 3,7436 | 4,1076 |
| 27 | 24 | 1,9591 | 2,2361 | 2,6140 | 2,9123 | 3,6571 | 4,0042 |
| 27 | 25 | 1,9395 | 2,2089 | 2,5751 | 2,8631 | 3,5789 | 3,9111 |
| 27 | 26 | 1,9215 | 2,1839 | 2,5395 | 2,8183 | 3,5080 | 3,8268 |
| 27 | 27 | 1,9048 | 2,1609 | 2,5069 | 2,7772 | 3,4434 | 3,7501 |
| 27 | 28 | 1,8894 | 2,1397 | 2,4768 | 2,7395 | 3,3843 | 3,6801 |
| 27 | 29 | 1,8751 | 2,1201 | 2,4490 | 2,7047 | 3,3300 | 3,6158 |
| 27 | 30 | 1,8618 | 2,1018 | 2,4233 | 2,6725 | 3,2800 | 3,5567 |
| 27 | 40 | 1,7663 | 1,9718 | 2,2415 | 2,4467 | 2,9346 | 3,1516 |
| 27 | 50 | 1,7097 | 1,8955 | 2,1363 | 2,3174 | 2,7411 | 2,9268 |
| 27 | 60 | 1,6722 | 1,8453 | 2,0677 | 2,2336 | 2,6175 | 2,7839 |
| 27 | 120 | 1,5789 | 1,7216 | 1,9008 | 2,0315 | 2,3253 | 2,4491 |
| 27 | 250 | 1,5305 | 1,6581 | 1,8163 | 1,9302 | 2,1821 | 2,2866 |
| 27 | 500 | 1,5081 | 1,6289 | 1,7777 | 1,8842 | 2,1178 | 2,2140 |
| 27 | 1000 | 1,4969 | 1,6144 | 1,7585 | 1,8614 | 2,0861 | 2,1783 |
| 27 | $\infty$ | 1,4857 | 1,5998 | 1,7394 | 1,8387 | 2,0547 | 2,1429 |

## La distribution du rapport de variances, $F$, quand $\sigma_1^2 = \sigma_2^2$.

| $\nu_1$ | $\nu_2$ | Probabilités cumulées | | | | | |
|---|---|---|---|---|---|---|---|
| | | 0,9500 | 0,9750 | 0,9900 | 0,9950 | 0,9990 | 0,9995 |
| 28 | 1 | 249,7966 | 1000,222 | 6253,203 | 25013,85 | 625354,5 | 2501419 |
| 28 | 2 | 19,4600 | 39,4622 | 99,4635 | 199,4639 | 999,4642 | 1999,464 |
| 28 | 3 | 8,6229 | 14,0930 | 26,5312 | 42,5106 | 125,5879 | 199,7496 |
| 28 | 4 | 5,7541 | 8,4755 | 13,8639 | 19,9312 | 45,5252 | 64,7007 |
| 28 | 5 | 4,5047 | 6,2416 | 9,4043 | 12,6914 | 24,9445 | 33,1884 |
| 28 | 6 | 3,8177 | 5,0802 | 7,2527 | 9,3915 | 16,7368 | 21,3309 |
| 28 | 7 | 3,3858 | 4,3775 | 6,0157 | 7,5662 | 12,5883 | 15,5676 |
| 28 | 8 | 3,0897 | 3,9093 | 5,2214 | 6,4268 | 10,1623 | 12,2910 |
| 28 | 9 | 2,8743 | 3,5759 | 4,6717 | 5,6548 | 8,5982 | 10,2232 |
| 28 | 10 | 2,7104 | 3,3267 | 4,2700 | 5,1001 | 7,5173 | 8,8180 |
| 28 | 11 | 2,5816 | 3,1334 | 3,9641 | 4,6835 | 6,7309 | 7,8093 |
| 28 | 12 | 2,4776 | 2,9793 | 3,7237 | 4,3599 | 6,1355 | 7,0543 |
| 28 | 13 | 2,3918 | 2,8534 | 3,5300 | 4,1015 | 5,6706 | 6,4701 |
| 28 | 14 | 2,3199 | 2,7487 | 3,3706 | 3,8906 | 5,2982 | 6,0058 |
| 28 | 15 | 2,2587 | 2,6602 | 3,2372 | 3,7153 | 4,9936 | 5,6288 |
| 28 | 16 | 2,2059 | 2,5844 | 3,1238 | 3,5674 | 4,7401 | 5,3169 |
| 28 | 17 | 2,1599 | 2,5187 | 3,0264 | 3,4409 | 4,5261 | 5,0549 |
| 28 | 18 | 2,1195 | 2,4613 | 2,9418 | 3,3315 | 4,3430 | 4,8319 |
| 28 | 19 | 2,0836 | 2,4107 | 2,8675 | 3,2360 | 4,1848 | 4,6399 |
| 28 | 20 | 2,0517 | 2,3657 | 2,8019 | 3,1519 | 4,0466 | 4,4729 |
| 28 | 21 | 2,0229 | 2,3254 | 2,7434 | 3,0773 | 3,9250 | 4,3264 |
| 28 | 22 | 1,9970 | 2,2891 | 2,6910 | 3,0106 | 3,8172 | 4,1969 |
| 28 | 23 | 1,9734 | 2,2563 | 2,6438 | 2,9507 | 3,7209 | 4,0817 |
| 28 | 24 | 1,9520 | 2,2265 | 2,6010 | 2,8965 | 3,6345 | 3,9784 |
| 28 | 25 | 1,9323 | 2,1992 | 2,5620 | 2,8473 | 3,5564 | 3,8854 |
| 28 | 26 | 1,9142 | 2,1742 | 2,5264 | 2,8025 | 3,4856 | 3,8012 |
| 28 | 27 | 1,8975 | 2,1512 | 2,4937 | 2,7614 | 3,4210 | 3,7246 |
| 28 | 28 | 1,8821 | 2,1299 | 2,4636 | 2,7236 | 3,3619 | 3,6546 |
| 28 | 29 | 1,8677 | 2,1102 | 2,4358 | 2,6888 | 3,3076 | 3,5904 |
| 28 | 30 | 1,8544 | 2,0919 | 2,4100 | 2,6566 | 3,2576 | 3,5314 |
| 28 | 40 | 1,7586 | 1,9615 | 2,2280 | 2,4307 | 2,9124 | 3,1266 |
| 28 | 50 | 1,7017 | 1,8850 | 2,1226 | 2,3012 | 2,7190 | 2,9020 |
| 28 | 60 | 1,6641 | 1,8346 | 2,0538 | 2,2172 | 2,5953 | 2,7592 |
| 28 | 120 | 1,5703 | 1,7104 | 1,8864 | 2,0147 | 2,3029 | 2,4244 |
| 28 | 250 | 1,5215 | 1,6466 | 1,8015 | 1,9131 | 2,1595 | 2,2617 |
| 28 | 500 | 1,4989 | 1,6172 | 1,7627 | 1,8669 | 2,0952 | 2,1891 |
| 28 | 1000 | 1,4876 | 1,6025 | 1,7435 | 1,8440 | 2,0634 | 2,1533 |
| 28 | ∞ | 1,4763 | 1,5879 | 1,7242 | 1,8212 | 2,0319 | 2,1179 |

## La distribution du rapport de variances, $F$, quand $\sigma_1^2 = \sigma_2^2$.

| $\nu_1$ | $\nu_2$ | Probabilités cumulées | | | | | |
|---|---|---|---|---|---|---|---|
| | | 0,9500 | 0,9750 | 0,9900 | 0,9950 | 0,9990 | 0,9995 |
| 29 | 1 | 249,9510 | 1000,839 | 6257,053 | 25029,25 | 625739,4 | 2502959 |
| 29 | 2 | 19,4613 | 39,4634 | 99,4647 | 199,4651 | 999,4654 | 1999,465 |
| 29 | 3 | 8,6196 | 14,0866 | 26,5174 | 42,4874 | 125,5159 | 199,6340 |
| 29 | 4 | 5,7498 | 8,4681 | 13,8503 | 19,9107 | 45,4753 | 64,6287 |
| 29 | 5 | 4,5001 | 6,2340 | 9,3914 | 12,6729 | 24,9054 | 33,1353 |
| 29 | 6 | 3,8128 | 5,0724 | 7,2402 | 9,3743 | 16,7034 | 21,2874 |
| 29 | 7 | 3,3806 | 4,3697 | 6,0034 | 7,5498 | 12,5583 | 15,5296 |
| 29 | 8 | 3,0844 | 3,9014 | 5,2094 | 6,4109 | 10,1346 | 12,2566 |
| 29 | 9 | 2,8688 | 3,5679 | 4,6598 | 5,6393 | 8,5720 | 10,1911 |
| 29 | 10 | 2,7048 | 3,3186 | 4,2581 | 5,0848 | 7,4922 | 8,7876 |
| 29 | 11 | 2,5759 | 3,1253 | 3,9522 | 4,6684 | 6,7066 | 7,7802 |
| 29 | 12 | 2,4718 | 2,9710 | 3,7119 | 4,3449 | 6,1119 | 7,0262 |
| 29 | 13 | 2,3859 | 2,8451 | 3,5182 | 4,0866 | 5,6475 | 6,4427 |
| 29 | 14 | 2,3139 | 2,7403 | 3,3587 | 3,8758 | 5,2754 | 5,9791 |
| 29 | 15 | 2,2525 | 2,6517 | 3,2253 | 3,7006 | 4,9712 | 5,6026 |
| 29 | 16 | 2,1997 | 2,5758 | 3,1119 | 3,5527 | 4,7180 | 5,2911 |
| 29 | 17 | 2,1536 | 2,5101 | 3,0145 | 3,4262 | 4,5042 | 5,0294 |
| 29 | 18 | 2,1131 | 2,4527 | 2,9298 | 3,3168 | 4,3213 | 4,8067 |
| 29 | 19 | 2,0772 | 2,4019 | 2,8555 | 3,2213 | 4,1632 | 4,6149 |
| 29 | 20 | 2,0452 | 2,3569 | 2,7898 | 3,1372 | 4,0251 | 4,4482 |
| 29 | 21 | 2,0164 | 2,3165 | 2,7313 | 3,0625 | 3,9036 | 4,3019 |
| 29 | 22 | 1,9904 | 2,2802 | 2,6789 | 2,9959 | 3,7959 | 4,1725 |
| 29 | 23 | 1,9668 | 2,2473 | 2,6316 | 2,9359 | 3,6997 | 4,0574 |
| 29 | 24 | 1,9453 | 2,2174 | 2,5888 | 2,8818 | 3,6133 | 3,9542 |
| 29 | 25 | 1,9255 | 2,1901 | 2,5498 | 2,8326 | 3,5353 | 3,8613 |
| 29 | 26 | 1,9074 | 2,1651 | 2,5141 | 2,7877 | 3,4645 | 3,7772 |
| 29 | 27 | 1,8907 | 2,1420 | 2,4814 | 2,7466 | 3,4000 | 3,7007 |
| 29 | 28 | 1,8752 | 2,1207 | 2,4513 | 2,7088 | 3,3409 | 3,6308 |
| 29 | 29 | 1,8608 | 2,1010 | 2,4234 | 2,6740 | 3,2867 | 3,5667 |
| 29 | 30 | 1,8474 | 2,0827 | 2,3976 | 2,6417 | 3,2367 | 3,5077 |
| 29 | 40 | 1,7513 | 1,9519 | 2,2153 | 2,4156 | 2,8916 | 3,1033 |
| 29 | 50 | 1,6942 | 1,8752 | 2,1097 | 2,2860 | 2,6982 | 2,8787 |
| 29 | 60 | 1,6564 | 1,8246 | 2,0408 | 2,2019 | 2,5745 | 2,7360 |
| 29 | 120 | 1,5621 | 1,6999 | 1,8728 | 1,9989 | 2,2819 | 2,4011 |
| 29 | 250 | 1,5130 | 1,6357 | 1,7876 | 1,8969 | 2,1383 | 2,2384 |
| 29 | 500 | 1,4903 | 1,6062 | 1,7486 | 1,8506 | 2,0738 | 2,1656 |
| 29 | 1000 | 1,4789 | 1,5914 | 1,7293 | 1,8276 | 2,0420 | 2,1298 |
| 29 | ∞ | 1,4675 | 1,5766 | 1,7099 | 1,8047 | 2,0104 | 2,0943 |

## La distribution du rapport de variances, *F*, quand $\sigma_1^2 = \sigma_2^2$.

| $\nu_1$ | $\nu_2$ | Probabilités cumulées | | | | | |
|---|---|---|---|---|---|---|---|
| | | 0,9500 | 0,9750 | 0,9900 | 0,9950 | 0,9990 | 0,9995 |
| 30 | 1 | 250,0951 | 1001,414 | 6260,649 | 25043,63 | 626099,0 | 2504397 |
| 30 | 2 | 19,4624 | 39,4646 | 99,4658 | 199,4663 | 999,4666 | 1999,467 |
| 30 | 3 | 8,6166 | 14,0805 | 26,5045 | 42,4658 | 125,4486 | 199,5260 |
| 30 | 4 | 5,7459 | 8,4613 | 13,8377 | 19,8915 | 45,4286 | 64,5614 |
| 30 | 5 | 4,4957 | 6,2269 | 9,3793 | 12,6556 | 24,8688 | 33,0857 |
| 30 | 6 | 3,8082 | 5,0652 | 7,2285 | 9,3582 | 16,6722 | 21,2468 |
| 30 | 7 | 3,3758 | 4,3624 | 5,9920 | 7,5345 | 12,5304 | 15,4941 |
| 30 | 8 | 3,0794 | 3,8940 | 5,1981 | 6,3961 | 10,1087 | 12,2244 |
| 30 | 9 | 2,8637 | 3,5604 | 4,6486 | 5,6248 | 8,5476 | 10,1611 |
| 30 | 10 | 2,6996 | 3,3110 | 4,2469 | 5,0706 | 7,4688 | 8,7592 |
| 30 | 11 | 2,5705 | 3,1176 | 3,9411 | 4,6543 | 6,6839 | 7,7530 |
| 30 | 12 | 2,4663 | 2,9633 | 3,7008 | 4,3309 | 6,0898 | 6,9999 |
| 30 | 13 | 2,3803 | 2,8372 | 3,5070 | 4,0727 | 5,6258 | 6,4171 |
| 30 | 14 | 2,3082 | 2,7324 | 3,3476 | 3,8619 | 5,2542 | 5,9541 |
| 30 | 15 | 2,2468 | 2,6437 | 3,2141 | 3,6867 | 4,9502 | 5,5780 |
| 30 | 16 | 2,1938 | 2,5678 | 3,1007 | 3,5389 | 4,6972 | 5,2669 |
| 30 | 17 | 2,1477 | 2,5020 | 3,0032 | 3,4124 | 4,4836 | 5,0056 |
| 30 | 18 | 2,1071 | 2,4445 | 2,9185 | 3,3030 | 4,3009 | 4,7831 |
| 30 | 19 | 2,0712 | 2,3937 | 2,8442 | 3,2075 | 4,1429 | 4,5916 |
| 30 | 20 | 2,0391 | 2,3486 | 2,7785 | 3,1234 | 4,0050 | 4,4250 |
| 30 | 21 | 2,0102 | 2,3082 | 2,7200 | 3,0488 | 3,8836 | 4,2788 |
| 30 | 22 | 1,9842 | 2,2718 | 2,6675 | 2,9821 | 3,7759 | 4,1496 |
| 30 | 23 | 1,9605 | 2,2389 | 2,6202 | 2,9221 | 3,6798 | 4,0346 |
| 30 | 24 | 1,9390 | 2,2090 | 2,5773 | 2,8679 | 3,5935 | 3,9316 |
| 30 | 25 | 1,9192 | 2,1816 | 2,5383 | 2,8187 | 3,5155 | 3,8388 |
| 30 | 26 | 1,9010 | 2,1565 | 2,5026 | 2,7738 | 3,4448 | 3,7547 |
| 30 | 27 | 1,8842 | 2,1334 | 2,4699 | 2,7327 | 3,3803 | 3,6783 |
| 30 | 28 | 1,8687 | 2,1121 | 2,4397 | 2,6949 | 3,3213 | 3,6084 |
| 30 | 29 | 1,8543 | 2,0923 | 2,4118 | 2,6600 | 3,2671 | 3,5444 |
| 30 | 30 | 1,8409 | 2,0739 | 2,3860 | 2,6278 | 3,2171 | 3,4855 |
| 30 | 40 | 1,7444 | 1,9429 | 2,2034 | 2,4015 | 2,8721 | 3,0814 |
| 30 | 50 | 1,6872 | 1,8659 | 2,0976 | 2,2717 | 2,6787 | 2,8569 |
| 30 | 60 | 1,6491 | 1,8152 | 2,0285 | 2,1874 | 2,5549 | 2,7142 |
| 30 | 120 | 1,5543 | 1,6899 | 1,8600 | 1,9840 | 2,2621 | 2,3793 |
| 30 | 250 | 1,5049 | 1,6254 | 1,7744 | 1,8817 | 2,1183 | 2,2164 |
| 30 | 500 | 1,4821 | 1,5957 | 1,7353 | 1,8352 | 2,0537 | 2,1435 |
| 30 | 1000 | 1,4706 | 1,5808 | 1,7158 | 1,8121 | 2,0218 | 2,1076 |
| 30 | $\infty$ | 1,4591 | 1,5660 | 1,6964 | 1,7891 | 1,9901 | 2,0721 |

## La distribution du rapport de variances, $F$, quand $\sigma_1^2 = \sigma_2^2$.

| $\nu_1$ | $\nu_2$ | Probabilités cumulées | | | | | |
|---|---|---|---|---|---|---|---|
| | | 0,9500 | 0,9750 | 0,9900 | 0,9950 | 0,9990 | 0,9995 |
| 40 | 1 | 251,1432 | 1005,598 | 6286,782 | 25148,15 | 628712,0 | 2514849 |
| 40 | 2 | 19,4707 | 39,4729 | 99,4742 | 199,4746 | 999,4749 | 1999,475 |
| 40 | 3 | 8,5944 | 14,0365 | 26,4108 | 42,3082 | 124,9590 | 198,7399 |
| 40 | 4 | 5,7170 | 8,4111 | 13,7454 | 19,7518 | 45,0886 | 64,0714 |
| 40 | 5 | 4,4638 | 6,1750 | 9,2912 | 12,5297 | 24,6020 | 32,7242 |
| 40 | 6 | 3,7743 | 5,0125 | 7,1432 | 9,2408 | 16,4445 | 20,9501 |
| 40 | 7 | 3,3404 | 4,3089 | 5,9084 | 7,4224 | 12,3260 | 15,2349 |
| 40 | 8 | 3,0428 | 3,8398 | 5,1156 | 6,2875 | 9,9194 | 11,9889 |
| 40 | 9 | 2,8259 | 3,5055 | 4,5666 | 5,5186 | 8,3685 | 9,9419 |
| 40 | 10 | 2,6609 | 3,2554 | 4,1653 | 4,9659 | 7,2971 | 8,5515 |
| 40 | 11 | 2,5309 | 3,0613 | 3,8596 | 4,5508 | 6,5178 | 7,5538 |
| 40 | 12 | 2,4259 | 2,9063 | 3,6192 | 4,2282 | 5,9278 | 6,8071 |
| 40 | 13 | 2,3392 | 2,7797 | 3,4253 | 3,9704 | 5,4670 | 6,2294 |
| 40 | 14 | 2,2664 | 2,6742 | 3,2656 | 3,7600 | 5,0979 | 5,7704 |
| 40 | 15 | 2,2043 | 2,5850 | 3,1319 | 3,5850 | 4,7959 | 5,3976 |
| 40 | 16 | 2,1507 | 2,5085 | 3,0182 | 3,4372 | 4,5446 | 5,0891 |
| 40 | 17 | 2,1040 | 2,4422 | 2,9205 | 3,3108 | 4,3323 | 4,8300 |
| 40 | 18 | 2,0629 | 2,3842 | 2,8354 | 3,2014 | 4,1507 | 4,6094 |
| 40 | 19 | 2,0264 | 2,3329 | 2,7608 | 3,1058 | 3,9936 | 4,4194 |
| 40 | 20 | 1,9938 | 2,2873 | 2,6947 | 3,0215 | 3,8564 | 4,2541 |
| 40 | 21 | 1,9645 | 2,2465 | 2,6359 | 2,9467 | 3,7357 | 4,1091 |
| 40 | 22 | 1,9380 | 2,2097 | 2,5831 | 2,8799 | 3,6285 | 3,9808 |
| 40 | 23 | 1,9139 | 2,1763 | 2,5355 | 2,8197 | 3,5328 | 3,8666 |
| 40 | 24 | 1,8920 | 2,1460 | 2,4923 | 2,7654 | 3,4468 | 3,7643 |
| 40 | 25 | 1,8718 | 2,1183 | 2,4530 | 2,7160 | 3,3692 | 3,6721 |
| 40 | 26 | 1,8533 | 2,0928 | 2,4170 | 2,6709 | 3,2987 | 3,5886 |
| 40 | 27 | 1,8361 | 2,0693 | 2,3840 | 2,6296 | 3,2344 | 3,5126 |
| 40 | 28 | 1,8203 | 2,0477 | 2,3535 | 2,5916 | 3,1755 | 3,4432 |
| 40 | 29 | 1,8055 | 2,0276 | 2,3253 | 2,5565 | 3,1215 | 3,3795 |
| 40 | 30 | 1,7918 | 2,0089 | 2,2992 | 2,5241 | 3,0716 | 3,3209 |
| 40 | 40 | 1,6928 | 1,8752 | 2,1142 | 2,2958 | 2,7268 | 2,9183 |
| 40 | 50 | 1,6337 | 1,7963 | 2,0066 | 2,1644 | 2,5329 | 2,6941 |
| 40 | 60 | 1,5943 | 1,7440 | 1,9360 | 2,0789 | 2,4086 | 2,5512 |
| 40 | 120 | 1,4952 | 1,6141 | 1,7628 | 1,8709 | 2,1128 | 2,2145 |
| 40 | 250 | 1,4430 | 1,5465 | 1,6740 | 1,7655 | 1,9665 | 2,0495 |
| 40 | 500 | 1,4186 | 1,5151 | 1,6332 | 1,7172 | 1,9004 | 1,9754 |
| 40 | 1000 | 1,4063 | 1,4993 | 1,6127 | 1,6932 | 1,8676 | 1,9387 |
| 40 | $\infty$ | 1,3940 | 1,4835 | 1,5923 | 1,6691 | 1,8350 | 1,9024 |

## La distribution du rapport de variances, $F$, quand $\sigma_1^2 = \sigma_2^2$.

| $\nu_1$ | $\nu_2$ | Probabilités cumulées | | | | | |
|---|---|---|---|---|---|---|---|
| | | 0,9500 | 0,9750 | 0,9900 | 0,9950 | 0,9990 | 0,9995 |
| 50 | 1 | 251,7742 | 1008,117 | 6302,517 | 25211,09 | 630285,4 | 2521143 |
| 50 | 2 | 19,4757 | 39,4779 | 99,4792 | 199,4796 | 999,4799 | 1999,480 |
| 50 | 3 | 8,5810 | 14,0099 | 26,3542 | 42,2131 | 124,6635 | 198,2656 |
| 50 | 4 | 5,6995 | 8,3808 | 13,6896 | 19,6673 | 44,8832 | 63,7754 |
| 50 | 5 | 4,4444 | 6,1436 | 9,2378 | 12,4535 | 24,4407 | 32,5056 |
| 50 | 6 | 3,7537 | 4,9804 | 7,0915 | 9,1697 | 16,3067 | 20,7705 |
| 50 | 7 | 3,3189 | 4,2763 | 5,8577 | 7,3544 | 12,2020 | 15,0778 |
| 50 | 8 | 3,0204 | 3,8067 | 5,0654 | 6,2215 | 9,8044 | 11,8461 |
| 50 | 9 | 2,8028 | 3,4719 | 4,5167 | 5,4539 | 8,2597 | 9,8086 |
| 50 | 10 | 2,6371 | 3,2214 | 4,1155 | 4,9022 | 7,1927 | 8,4251 |
| 50 | 11 | 2,5066 | 3,0268 | 3,8097 | 4,4876 | 6,4165 | 7,4325 |
| 50 | 12 | 2,4010 | 2,8714 | 3,5692 | 4,1653 | 5,8290 | 6,6896 |
| 50 | 13 | 2,3138 | 2,7443 | 3,3752 | 3,9078 | 5,3700 | 6,1149 |
| 50 | 14 | 2,2405 | 2,6384 | 3,2153 | 3,6975 | 5,0023 | 5,6582 |
| 50 | 15 | 2,1780 | 2,5488 | 3,0814 | 3,5225 | 4,7015 | 5,2872 |
| 50 | 16 | 2,1240 | 2,4719 | 2,9675 | 3,3747 | 4,4511 | 4,9803 |
| 50 | 17 | 2,0769 | 2,4053 | 2,8694 | 3,2482 | 4,2395 | 4,7224 |
| 50 | 18 | 2,0354 | 2,3468 | 2,7841 | 3,1387 | 4,0584 | 4,5028 |
| 50 | 19 | 1,9986 | 2,2952 | 2,7093 | 3,0430 | 3,9018 | 4,3136 |
| 50 | 20 | 1,9656 | 2,2493 | 2,6430 | 2,9586 | 3,7650 | 4,1490 |
| 50 | 21 | 1,9360 | 2,2081 | 2,5838 | 2,8837 | 3,6445 | 4,0046 |
| 50 | 22 | 1,9092 | 2,1710 | 2,5308 | 2,8167 | 3,5376 | 3,8768 |
| 50 | 23 | 1,8848 | 2,1374 | 2,4829 | 2,7564 | 3,4421 | 3,7630 |
| 50 | 24 | 1,8625 | 2,1067 | 2,4395 | 2,7018 | 3,3562 | 3,6611 |
| 50 | 25 | 1,8421 | 2,0787 | 2,3999 | 2,6522 | 3,2787 | 3,5691 |
| 50 | 26 | 1,8233 | 2,0530 | 2,3637 | 2,6070 | 3,2083 | 3,4859 |
| 50 | 27 | 1,8059 | 2,0293 | 2,3304 | 2,5655 | 3,1440 | 3,4101 |
| 50 | 28 | 1,7898 | 2,0073 | 2,2997 | 2,5273 | 3,0852 | 3,3408 |
| 50 | 29 | 1,7748 | 1,9870 | 2,2714 | 2,4921 | 3,0311 | 3,2773 |
| 50 | 30 | 1,7609 | 1,9681 | 2,2450 | 2,4594 | 2,9813 | 3,2188 |
| 50 | 40 | 1,6600 | 1,8324 | 2,0581 | 2,2295 | 2,6360 | 2,8165 |
| 50 | 50 | 1,5995 | 1,7520 | 1,9490 | 2,0967 | 2,4413 | 2,5920 |
| 50 | 60 | 1,5590 | 1,6985 | 1,8772 | 2,0100 | 2,3162 | 2,4485 |
| 50 | 120 | 1,4565 | 1,5649 | 1,7000 | 1,7981 | 2,0172 | 2,1091 |
| 50 | 250 | 1,4019 | 1,4945 | 1,6083 | 1,6897 | 1,8681 | 1,9417 |
| 50 | 500 | 1,3762 | 1,4616 | 1,5658 | 1,6398 | 1,8004 | 1,8660 |
| 50 | 1000 | 1,3632 | 1,4451 | 1,5445 | 1,6148 | 1,7668 | 1,8285 |
| 50 | $\infty$ | 1,3501 | 1,4284 | 1,5231 | 1,5898 | 1,7332 | 1,7912 |

## La distribution du rapport de variances, $F$, quand $\sigma_1^2 = \sigma_2^2$.

| $\nu_1$ | $\nu_2$ | Probabilités cumulées | | | | | |
|---|---|---|---|---|---|---|---|
| | | 0,9500 | 0,9750 | 0,9900 | 0,9950 | 0,9990 | 0,9995 |
| 60 | 1 | 252,1957 | 1009,800 | 6313,030 | 25253,14 | 631336,6 | 2525347 |
| 60 | 2 | 19,4791 | 39,4812 | 99,4825 | 199,4829 | 999,4833 | 1999,483 |
| 60 | 3 | 8,5720 | 13,9921 | 26,3164 | 42,1494 | 124,4658 | 197,9483 |
| 60 | 4 | 5,6877 | 8,3604 | 13,6522 | 19,6107 | 44,7457 | 63,5772 |
| 60 | 5 | 4,4314 | 6,1225 | 9,2020 | 12,4024 | 24,3326 | 32,3592 |
| 60 | 6 | 3,7398 | 4,9589 | 7,0567 | 9,1219 | 16,2143 | 20,6501 |
| 60 | 7 | 3,3043 | 4,2544 | 5,8236 | 7,3088 | 12,1189 | 14,9724 |
| 60 | 8 | 3,0053 | 3,7844 | 5,0316 | 6,1772 | 9,7272 | 11,7501 |
| 60 | 9 | 2,7872 | 3,4493 | 4,4831 | 5,4104 | 8,1865 | 9,7191 |
| 60 | 10 | 2,6211 | 3,1984 | 4,0819 | 4,8592 | 7,1224 | 8,3401 |
| 60 | 11 | 2,4901 | 3,0035 | 3,7761 | 4,4450 | 6,3483 | 7,3508 |
| 60 | 12 | 2,3842 | 2,8478 | 3,5355 | 4,1229 | 5,7623 | 6,6104 |
| 60 | 13 | 2,2966 | 2,7204 | 3,3413 | 3,8655 | 5,3046 | 6,0376 |
| 60 | 14 | 2,2229 | 2,6142 | 3,1813 | 3,6552 | 4,9378 | 5,5825 |
| 60 | 15 | 2,1601 | 2,5242 | 3,0471 | 3,4803 | 4,6377 | 5,2127 |
| 60 | 16 | 2,1058 | 2,4471 | 2,9330 | 3,3324 | 4,3878 | 4,9067 |
| 60 | 17 | 2,0584 | 2,3801 | 2,8348 | 3,2058 | 4,1767 | 4,6496 |
| 60 | 18 | 2,0166 | 2,3214 | 2,7493 | 3,0962 | 3,9960 | 4,4306 |
| 60 | 19 | 1,9795 | 2,2696 | 2,6742 | 3,0004 | 3,8396 | 4,2420 |
| 60 | 20 | 1,9464 | 2,2234 | 2,6077 | 2,9159 | 3,7030 | 4,0778 |
| 60 | 21 | 1,9165 | 2,1819 | 2,5484 | 2,8408 | 3,5827 | 3,9337 |
| 60 | 22 | 1,8894 | 2,1446 | 2,4951 | 2,7736 | 3,4759 | 3,8063 |
| 60 | 23 | 1,8648 | 2,1107 | 2,4471 | 2,7132 | 3,3804 | 3,6927 |
| 60 | 24 | 1,8424 | 2,0799 | 2,4035 | 2,6585 | 3,2946 | 3,5909 |
| 60 | 25 | 1,8217 | 2,0516 | 2,3637 | 2,6088 | 3,2171 | 3,4991 |
| 60 | 26 | 1,8027 | 2,0257 | 2,3273 | 2,5633 | 3,1467 | 3,4160 |
| 60 | 27 | 1,7851 | 2,0018 | 2,2938 | 2,5217 | 3,0825 | 3,3403 |
| 60 | 28 | 1,7689 | 1,9797 | 2,2629 | 2,4834 | 3,0236 | 3,2711 |
| 60 | 29 | 1,7537 | 1,9591 | 2,2344 | 2,4479 | 2,9695 | 3,2076 |
| 60 | 30 | 1,7396 | 1,9400 | 2,2079 | 2,4151 | 2,9196 | 3,1492 |
| 60 | 40 | 1,6373 | 1,8028 | 2,0194 | 2,1838 | 2,5737 | 2,7467 |
| 60 | 50 | 1,5757 | 1,7211 | 1,9090 | 2,0499 | 2,3782 | 2,5216 |
| 60 | 60 | 1,5343 | 1,6668 | 1,8363 | 1,9622 | 2,2523 | 2,3776 |
| 60 | 120 | 1,4290 | 1,5299 | 1,6557 | 1,7469 | 1,9502 | 2,0354 |
| 60 | 250 | 1,3723 | 1,4573 | 1,5614 | 1,6358 | 1,7985 | 1,8654 |
| 60 | 500 | 1,3455 | 1,4231 | 1,5174 | 1,5843 | 1,7292 | 1,7883 |
| 60 | 1000 | 1,3318 | 1,4058 | 1,4953 | 1,5585 | 1,6947 | 1,7499 |
| 60 | $\infty$ | 1,3180 | 1,3883 | 1,4730 | 1,5325 | 1,6601 | 1,7116 |

## La distribution du rapport de variances, $F$, quand $\sigma_1^2 = \sigma_2^2$.

| $\nu_1$ | $\nu_2$ | Probabilités cumulées | | | | | |
|---|---|---|---|---|---|---|---|
| | | 0,9500 | 0,9750 | 0,9900 | 0,9950 | 0,9990 | 0,9995 |
| 120 | 1 | 253,2529 | 1014,020 | 6339,391 | 25358,57 | 633972,4 | 2535891 |
| 120 | 2 | 19,4874 | 39,4896 | 99,4908 | 199,4912 | 999,4916 | 1999,492 |
| 120 | 3 | 8,5494 | 13,9473 | 26,2211 | 41,9895 | 123,9692 | 197,1511 |
| 120 | 4 | 5,6581 | 8,3092 | 13,5581 | 19,4684 | 44,3998 | 63,0788 |
| 120 | 5 | 4,3985 | 6,0693 | 9,1118 | 12,2737 | 24,0605 | 31,9905 |
| 120 | 6 | 3,7047 | 4,9044 | 6,9690 | 9,0015 | 15,9812 | 20,3467 |
| 120 | 7 | 3,2674 | 4,1989 | 5,7373 | 7,1933 | 11,9090 | 14,7064 |
| 120 | 8 | 2,9669 | 3,7279 | 4,9461 | 6,0649 | 9,5321 | 11,5078 |
| 120 | 9 | 2,7475 | 3,3918 | 4,3978 | 5,3001 | 8,0014 | 9,4926 |
| 120 | 10 | 2,5801 | 3,1399 | 3,9965 | 4,7501 | 6,9443 | 8,1248 |
| 120 | 11 | 2,4480 | 2,9441 | 3,6904 | 4,3367 | 6,1753 | 7,1437 |
| 120 | 12 | 2,3410 | 2,7874 | 3,4494 | 4,0149 | 5,5931 | 6,4094 |
| 120 | 13 | 2,2524 | 2,6590 | 3,2548 | 3,7577 | 5,1381 | 5,8413 |
| 120 | 14 | 2,1778 | 2,5519 | 3,0942 | 3,5473 | 4,7735 | 5,3897 |
| 120 | 15 | 2,1141 | 2,4611 | 2,9595 | 3,3722 | 4,4750 | 5,0228 |
| 120 | 16 | 2,0589 | 2,3831 | 2,8447 | 3,2240 | 4,2263 | 4,7190 |
| 120 | 17 | 2,0107 | 2,3153 | 2,7459 | 3,0971 | 4,0160 | 4,4636 |
| 120 | 18 | 1,9681 | 2,2558 | 2,6597 | 2,9871 | 3,8360 | 4,2461 |
| 120 | 19 | 1,9302 | 2,2032 | 2,5839 | 2,8908 | 3,6801 | 4,0585 |
| 120 | 20 | 1,8963 | 2,1562 | 2,5168 | 2,8058 | 3,5438 | 3,8952 |
| 120 | 21 | 1,8657 | 2,1141 | 2,4568 | 2,7302 | 3,4237 | 3,7518 |
| 120 | 22 | 1,8380 | 2,0760 | 2,4029 | 2,6625 | 3,3170 | 3,6249 |
| 120 | 23 | 1,8128 | 2,0415 | 2,3542 | 2,6015 | 3,2216 | 3,5117 |
| 120 | 24 | 1,7896 | 2,0099 | 2,3100 | 2,5463 | 3,1357 | 3,4102 |
| 120 | 25 | 1,7684 | 1,9811 | 2,2696 | 2,4961 | 3,0581 | 3,3186 |
| 120 | 26 | 1,7488 | 1,9545 | 2,2325 | 2,4501 | 2,9875 | 3,2355 |
| 120 | 27 | 1,7306 | 1,9299 | 2,1985 | 2,4079 | 2,9231 | 3,1599 |
| 120 | 28 | 1,7138 | 1,9072 | 2,1670 | 2,3690 | 2,8640 | 3,0907 |
| 120 | 29 | 1,6981 | 1,8861 | 2,1379 | 2,3331 | 2,8097 | 3,0272 |
| 120 | 30 | 1,6835 | 1,8664 | 2,1108 | 2,2998 | 2,7595 | 2,9686 |
| 120 | 40 | 1,5766 | 1,7242 | 1,9172 | 2,0636 | 2,4103 | 2,5640 |
| 120 | 50 | 1,5115 | 1,6386 | 1,8026 | 1,9254 | 2,2113 | 2,3361 |
| 120 | 60 | 1,4673 | 1,5810 | 1,7263 | 1,8341 | 2,0821 | 2,1891 |
| 120 | 120 | 1,3519 | 1,4327 | 1,5330 | 1,6055 | 1,7667 | 1,8341 |
| 120 | 250 | 1,2870 | 1,3506 | 1,4280 | 1,4831 | 1,6030 | 1,6520 |
| 120 | 500 | 1,2551 | 1,3105 | 1,3774 | 1,4245 | 1,5259 | 1,5669 |
| 120 | 1000 | 1,2385 | 1,2898 | 1,3513 | 1,3945 | 1,4867 | 1,5238 |
| 120 | $\infty$ | 1,2214 | 1,2684 | 1,3246 | 1,3637 | 1,4468 | 1,4800 |

## La distribution du rapport de variances, $F$, quand $\sigma_1^2 = \sigma_2^2$.

| $\nu_1$ | $\nu_2$ | Probabilités cumulées | | | | | |
|---|---|---|---|---|---|---|---|
| | | 0,9500 | 0,9750 | 0,9900 | 0,9950 | 0,9990 | 0,9995 |
| 250 | 1 | 253,8043 | 1016,222 | 6353,143 | 25413,58 | 635347,5 | 2541391 |
| 250 | 2 | 19,4917 | 39,4939 | 99,4952 | 199,4956 | 999,4959 | 1999,496 |
| 250 | 3 | 8,5375 | 13,9238 | 26,1713 | 41,9058 | 123,7096 | 196,7344 |
| 250 | 4 | 5,6425 | 8,2823 | 13,5088 | 19,3938 | 44,2188 | 62,8180 |
| 250 | 5 | 4,3811 | 6,0413 | 9,0644 | 12,2062 | 23,9178 | 31,7973 |
| 250 | 6 | 3,6861 | 4,8758 | 6,9229 | 8,9382 | 15,8589 | 20,1874 |
| 250 | 7 | 3,2479 | 4,1696 | 5,6918 | 7,1326 | 11,7986 | 14,5666 |
| 250 | 8 | 2,9466 | 3,6981 | 4,9009 | 6,0057 | 9,4294 | 11,3803 |
| 250 | 9 | 2,7264 | 3,3613 | 4,3527 | 5,2419 | 7,9038 | 9,3733 |
| 250 | 10 | 2,5583 | 3,1089 | 3,9513 | 4,6924 | 6,8502 | 8,0112 |
| 250 | 11 | 2,4256 | 2,9124 | 3,6450 | 4,2792 | 6,0838 | 7,0342 |
| 250 | 12 | 2,3179 | 2,7552 | 3,4037 | 3,9576 | 5,5034 | 6,3030 |
| 250 | 13 | 2,2287 | 2,6263 | 3,2087 | 3,7003 | 5,0498 | 5,7372 |
| 250 | 14 | 2,1536 | 2,5186 | 3,0477 | 3,4899 | 4,6861 | 5,2874 |
| 250 | 15 | 2,0893 | 2,4273 | 2,9126 | 3,3145 | 4,3883 | 4,9217 |
| 250 | 16 | 2,0336 | 2,3487 | 2,7974 | 3,1661 | 4,1402 | 4,6190 |
| 250 | 17 | 1,9849 | 2,2804 | 2,6981 | 3,0388 | 3,9303 | 4,3644 |
| 250 | 18 | 1,9418 | 2,2205 | 2,6115 | 2,9285 | 3,7504 | 4,1474 |
| 250 | 19 | 1,9035 | 2,1673 | 2,5353 | 2,8319 | 3,5947 | 3,9603 |
| 250 | 20 | 1,8691 | 2,1199 | 2,4677 | 2,7465 | 3,4584 | 3,7974 |
| 250 | 21 | 1,8381 | 2,0773 | 2,4073 | 2,6706 | 3,3383 | 3,6542 |
| 250 | 22 | 1,8099 | 2,0388 | 2,3530 | 2,6025 | 3,2315 | 3,5273 |
| 250 | 23 | 1,7843 | 2,0038 | 2,3038 | 2,5411 | 3,1359 | 3,4142 |
| 250 | 24 | 1,7608 | 1,9718 | 2,2591 | 2,4855 | 3,0499 | 3,3127 |
| 250 | 25 | 1,7391 | 1,9425 | 2,2183 | 2,4349 | 2,9721 | 3,2211 |
| 250 | 26 | 1,7191 | 1,9155 | 2,1809 | 2,3885 | 2,9013 | 3,1380 |
| 250 | 27 | 1,7006 | 1,8905 | 2,1464 | 2,3459 | 2,8367 | 3,0622 |
| 250 | 28 | 1,6834 | 1,8674 | 2,1145 | 2,3067 | 2,7774 | 2,9929 |
| 250 | 29 | 1,6674 | 1,8459 | 2,0850 | 2,2703 | 2,7228 | 2,9292 |
| 250 | 30 | 1,6524 | 1,8258 | 2,0575 | 2,2366 | 2,6723 | 2,8705 |
| 250 | 40 | 1,5425 | 1,6802 | 1,8602 | 1,9967 | 2,3200 | 2,4634 |
| 250 | 50 | 1,4748 | 1,5917 | 1,7425 | 1,8553 | 2,1179 | 2,2325 |
| 250 | 60 | 1,4285 | 1,5317 | 1,6635 | 1,7612 | 1,9859 | 2,0828 |
| 250 | 120 | 1,3047 | 1,3737 | 1,4592 | 1,5209 | 1,6579 | 1,7151 |
| 250 | 250 | 1,2318 | 1,2821 | 1,3432 | 1,3866 | 1,4807 | 1,5191 |
| 250 | 500 | 1,1940 | 1,2352 | 1,2846 | 1,3193 | 1,3936 | 1,4236 |
| 250 | 1000 | 1,1735 | 1,2098 | 1,2532 | 1,2835 | 1,3477 | 1,3734 |
| 250 | ∞ | 1,1515 | 1,1828 | 1,2198 | 1,2454 | 1,2993 | 1,3207 |

## La distribution du rapport de variances, $F$, quand $\sigma_1^2 = \sigma_2^2$.

| $\nu_1$ | $\nu_2$ | Probabilités cumulées | | | | | |
|---|---|---|---|---|---|---|---|
| | | 0,9500 | 0,9750 | 0,9900 | 0,9950 | 0,9990 | 0,9995 |
| 500 | 1 | 254,0593 | 1017,240 | 6359,501 | 25439,00 | 635983,1 | 2543934 |
| 500 | 2 | 19,4937 | 39,4959 | 99,4972 | 199,4976 | 999,4979 | 1999,498 |
| 500 | 3 | 8,5320 | 13,9130 | 26,1483 | 41,8671 | 123,5894 | 196,5415 |
| 500 | 4 | 5,6353 | 8,2698 | 13,4859 | 19,3593 | 44,1349 | 62,6972 |
| 500 | 5 | 4,3731 | 6,0283 | 9,0424 | 12,1749 | 23,8517 | 31,7078 |
| 500 | 6 | 3,6775 | 4,8625 | 6,9015 | 8,9088 | 15,8022 | 20,1136 |
| 500 | 7 | 3,2389 | 4,1560 | 5,6707 | 7,1044 | 11,7474 | 14,5018 |
| 500 | 8 | 2,9371 | 3,6842 | 4,8799 | 5,9782 | 9,3817 | 11,3210 |
| 500 | 9 | 2,7166 | 3,3471 | 4,3317 | 5,2148 | 7,8584 | 9,3178 |
| 500 | 10 | 2,5481 | 3,0944 | 3,9302 | 4,6656 | 6,8065 | 7,9584 |
| 500 | 11 | 2,4151 | 2,8977 | 3,6238 | 4,2525 | 6,0412 | 6,9832 |
| 500 | 12 | 2,3071 | 2,7401 | 3,3823 | 3,9309 | 5,4616 | 6,2534 |
| 500 | 13 | 2,2176 | 2,6109 | 3,1871 | 3,6735 | 5,0086 | 5,6886 |
| 500 | 14 | 2,1422 | 2,5030 | 3,0260 | 3,4630 | 4,6453 | 5,2396 |
| 500 | 15 | 2,0776 | 2,4114 | 2,8906 | 3,2875 | 4,3478 | 4,8746 |
| 500 | 16 | 2,0217 | 2,3326 | 2,7752 | 3,1389 | 4,0999 | 4,5723 |
| 500 | 17 | 1,9727 | 2,2640 | 2,6757 | 3,0115 | 3,8901 | 4,3180 |
| 500 | 18 | 1,9294 | 2,2038 | 2,5889 | 2,9010 | 3,7103 | 4,1013 |
| 500 | 19 | 1,8909 | 2,1504 | 2,5124 | 2,8042 | 3,5546 | 3,9143 |
| 500 | 20 | 1,8562 | 2,1027 | 2,4446 | 2,7186 | 3,4183 | 3,7515 |
| 500 | 21 | 1,8250 | 2,0599 | 2,3840 | 2,6425 | 3,2981 | 3,6083 |
| 500 | 22 | 1,7966 | 2,0211 | 2,3294 | 2,5742 | 3,1913 | 3,4815 |
| 500 | 23 | 1,7708 | 1,9859 | 2,2800 | 2,5126 | 3,0956 | 3,3684 |
| 500 | 24 | 1,7470 | 1,9537 | 2,2351 | 2,4568 | 3,0095 | 3,2668 |
| 500 | 25 | 1,7252 | 1,9242 | 2,1941 | 2,4059 | 2,9316 | 3,1751 |
| 500 | 26 | 1,7050 | 1,8970 | 2,1564 | 2,3594 | 2,8606 | 3,0920 |
| 500 | 27 | 1,6863 | 1,8718 | 2,1217 | 2,3166 | 2,7958 | 3,0161 |
| 500 | 28 | 1,6689 | 1,8485 | 2,0896 | 2,2771 | 2,7364 | 2,9467 |
| 500 | 29 | 1,6527 | 1,8268 | 2,0598 | 2,2405 | 2,6816 | 2,8828 |
| 500 | 30 | 1,6375 | 1,8065 | 2,0321 | 2,2066 | 2,6310 | 2,8240 |
| 500 | 40 | 1,5260 | 1,6590 | 1,8329 | 1,9647 | 2,2768 | 2,4153 |
| 500 | 50 | 1,4569 | 1,5689 | 1,7133 | 1,8214 | 2,0729 | 2,1826 |
| 500 | 60 | 1,4093 | 1,5075 | 1,6327 | 1,7256 | 1,9391 | 2,0312 |
| 500 | 120 | 1,2804 | 1,3434 | 1,4215 | 1,4778 | 1,6028 | 1,6549 |
| 500 | 250 | 1,2015 | 1,2448 | 1,2974 | 1,3347 | 1,4154 | 1,4483 |
| 500 | 500 | 1,1587 | 1,1918 | 1,2317 | 1,2596 | 1,3191 | 1,3431 |
| 500 | 1000 | 1,1342 | 1,1618 | 1,1947 | 1,2176 | 1,2661 | 1,2854 |
| 500 | ∞ | 1,1063 | 1,1277 | 1,1530 | 1,1704 | 1,2069 | 1,2213 |

## La distribution du rapport de variances, $F$, quand $\sigma_1^2 = \sigma_2^2$.

| $\nu_1$ | $\nu_2$ | Probabilités cumulées | | | | | |
|---|---|---|---|---|---|---|---|
| | | 0,9500 | 0,9750 | 0,9900 | 0,9950 | 0,9990 | 0,9995 |
| 1000 | 1 | 254,1868 | 1017,749 | 6362,682 | 25451,73 | 636301,2 | 2545206 |
| 1000 | 2 | 19,4947 | 39,4969 | 99,4982 | 199,4986 | 999,4989 | 1999,499 |
| 1000 | 3 | 8,5292 | 13,9075 | 26,1367 | 41,8477 | 123,5293 | 196,4450 |
| 1000 | 4 | 5,6317 | 8,2636 | 13,4745 | 19,3420 | 44,0929 | 62,6368 |
| 1000 | 5 | 4,3690 | 6,0218 | 9,0314 | 12,1592 | 23,8186 | 31,6629 |
| 1000 | 6 | 3,6732 | 4,8558 | 6,8908 | 8,8941 | 15,7737 | 20,0766 |
| 1000 | 7 | 3,2343 | 4,1492 | 5,6601 | 7,0902 | 11,7217 | 14,4693 |
| 1000 | 8 | 2,9324 | 3,6772 | 4,8694 | 5,9644 | 9,3577 | 11,2913 |
| 1000 | 9 | 2,7116 | 3,3400 | 4,3211 | 5,2012 | 7,8357 | 9,2900 |
| 1000 | 10 | 2,5430 | 3,0871 | 3,9196 | 4,6521 | 6,7845 | 7,9318 |
| 1000 | 11 | 2,4098 | 2,8902 | 3,6131 | 4,2390 | 6,0198 | 6,9576 |
| 1000 | 12 | 2,3017 | 2,7325 | 3,3716 | 3,9174 | 5,4406 | 6,2285 |
| 1000 | 13 | 2,2121 | 2,6032 | 3,1763 | 3,6601 | 4,9879 | 5,6642 |
| 1000 | 14 | 2,1365 | 2,4951 | 3,0150 | 3,4494 | 4,6248 | 5,2156 |
| 1000 | 15 | 2,0718 | 2,4034 | 2,8795 | 3,2739 | 4,3275 | 4,8508 |
| 1000 | 16 | 2,0157 | 2,3245 | 2,7641 | 3,1253 | 4,0796 | 4,5488 |
| 1000 | 17 | 1,9666 | 2,2558 | 2,6644 | 2,9978 | 3,8699 | 4,2946 |
| 1000 | 18 | 1,9232 | 2,1954 | 2,5775 | 2,8871 | 3,6901 | 4,0780 |
| 1000 | 19 | 1,8845 | 2,1419 | 2,5009 | 2,7902 | 3,5344 | 3,8911 |
| 1000 | 20 | 1,8497 | 2,0941 | 2,4329 | 2,7046 | 3,3981 | 3,7283 |
| 1000 | 21 | 1,8184 | 2,0511 | 2,3722 | 2,6283 | 3,2779 | 3,5852 |
| 1000 | 22 | 1,7899 | 2,0122 | 2,3175 | 2,5599 | 3,1710 | 3,4584 |
| 1000 | 23 | 1,7639 | 1,9769 | 2,2680 | 2,4982 | 3,0753 | 3,3452 |
| 1000 | 24 | 1,7401 | 1,9445 | 2,2230 | 2,4423 | 2,9891 | 3,2437 |
| 1000 | 25 | 1,7181 | 1,9149 | 2,1818 | 2,3913 | 2,9111 | 3,1519 |
| 1000 | 26 | 1,6978 | 1,8876 | 2,1440 | 2,3446 | 2,8401 | 3,0687 |
| 1000 | 27 | 1,6790 | 1,8623 | 2,1092 | 2,3017 | 2,7752 | 2,9928 |
| 1000 | 28 | 1,6615 | 1,8389 | 2,0769 | 2,2621 | 2,7156 | 2,9233 |
| 1000 | 29 | 1,6452 | 1,8170 | 2,0471 | 2,2254 | 2,6607 | 2,8594 |
| 1000 | 30 | 1,6299 | 1,7967 | 2,0192 | 2,1914 | 2,6100 | 2,8004 |
| 1000 | 40 | 1,5175 | 1,6481 | 1,8189 | 1,9483 | 2,2549 | 2,3908 |
| 1000 | 50 | 1,4477 | 1,5572 | 1,6984 | 1,8040 | 2,0499 | 2,1571 |
| 1000 | 60 | 1,3994 | 1,4950 | 1,6169 | 1,7073 | 1,9150 | 2,0046 |
| 1000 | 120 | 1,2675 | 1,3273 | 1,4015 | 1,4550 | 1,5737 | 1,6232 |
| 1000 | 250 | 1,1847 | 1,2241 | 1,2720 | 1,3059 | 1,3793 | 1,4093 |
| 1000 | 500 | 1,1378 | 1,1664 | 1,2007 | 1,2247 | 1,2759 | 1,2965 |
| 1000 | 1000 | 1,1097 | 1,1320 | 1,1586 | 1,1771 | 1,2161 | 1,2316 |
| 1000 | ∞ | 1,0747 | 1,0895 | 1,1070 | 1,1189 | 1,1439 | 1,1537 |

## La distribution du rapport de variances, *F*, quand $\sigma_1^2 = \sigma_2^2$.

| $\nu_1$ | $\nu_2$ | Probabilités cumulées | | | | | |
|---|---|---|---|---|---|---|---|
| | | 0,9500 | 0,9750 | 0,9900 | 0,9950 | 0,9990 | 0,9995 |
| ∞ | 1 | 254,3144 | 1018,258 | 6365,864 | 25464,46 | 636619,4 | 2546479 |
| ∞ | 2 | 19,4957 | 39,4979 | 99,4992 | 199,4996 | 999,4999 | 1999,500 |
| ∞ | 3 | 8,5264 | 13,9021 | 26,1252 | 41,8283 | 123,4691 | 196,3483 |
| ∞ | 4 | 5,6281 | 8,2573 | 13,4631 | 19,3247 | 44,0509 | 62,5762 |
| ∞ | 5 | 4,3650 | 6,0153 | 9,0204 | 12,1435 | 23,7854 | 31,6180 |
| ∞ | 6 | 3,6689 | 4,8491 | 6,8800 | 8,8793 | 15,7453 | 20,0396 |
| ∞ | 7 | 3,2298 | 4,1423 | 5,6495 | 7,0760 | 11,6960 | 14,4367 |
| ∞ | 8 | 2,9276 | 3,6702 | 4,8588 | 5,9506 | 9,3337 | 11,2616 |
| ∞ | 9 | 2,7067 | 3,3329 | 4,3105 | 5,1875 | 7,8128 | 9,2621 |
| ∞ | 10 | 2,5379 | 3,0798 | 3,9090 | 4,6385 | 6,7625 | 7,9053 |
| ∞ | 11 | 2,4045 | 2,8828 | 3,6024 | 4,2255 | 5,9983 | 6,9320 |
| ∞ | 12 | 2,2962 | 2,7249 | 3,3608 | 3,9039 | 5,4195 | 6,2035 |
| ∞ | 13 | 2,2064 | 2,5955 | 3,1654 | 3,6465 | 4,9671 | 5,6398 |
| ∞ | 14 | 2,1307 | 2,4872 | 3,0040 | 3,4359 | 4,6042 | 5,1915 |
| ∞ | 15 | 2,0658 | 2,3953 | 2,8684 | 3,2602 | 4,3070 | 4,8270 |
| ∞ | 16 | 2,0096 | 2,3163 | 2,7528 | 3,1115 | 4,0592 | 4,5251 |
| ∞ | 17 | 1,9604 | 2,2474 | 2,6530 | 2,9839 | 3,8496 | 4,2712 |
| ∞ | 18 | 1,9168 | 2,1869 | 2,5660 | 2,8732 | 3,6698 | 4,0546 |
| ∞ | 19 | 1,8780 | 2,1333 | 2,4893 | 2,7762 | 3,5141 | 3,8678 |
| ∞ | 20 | 1,8432 | 2,0853 | 2,4212 | 2,6904 | 3,3778 | 3,7050 |
| ∞ | 21 | 1,8117 | 2,0422 | 2,3603 | 2,6140 | 3,2575 | 3,5619 |
| ∞ | 22 | 1,7831 | 2,0032 | 2,3055 | 2,5455 | 3,1505 | 3,4351 |
| ∞ | 23 | 1,7570 | 1,9677 | 2,2558 | 2,4837 | 3,0548 | 3,3219 |
| ∞ | 24 | 1,7330 | 1,9353 | 2,2107 | 2,4276 | 2,9685 | 3,2203 |
| ∞ | 25 | 1,7110 | 1,9055 | 2,1694 | 2,3765 | 2,8904 | 3,1285 |
| ∞ | 26 | 1,6906 | 1,8781 | 2,1315 | 2,3297 | 2,8193 | 3,0452 |
| ∞ | 27 | 1,6717 | 1,8527 | 2,0965 | 2,2867 | 2,7543 | 2,9693 |
| ∞ | 28 | 1,6541 | 1,8291 | 2,0642 | 2,2470 | 2,6947 | 2,8997 |
| ∞ | 29 | 1,6376 | 1,8072 | 2,0342 | 2,2102 | 2,6397 | 2,8357 |
| ∞ | 30 | 1,6223 | 1,7867 | 2,0062 | 2,1760 | 2,5889 | 2,7767 |
| ∞ | 40 | 1,5089 | 1,6371 | 1,8047 | 1,9318 | 2,2326 | 2,3660 |
| ∞ | 50 | 1,4383 | 1,5452 | 1,6831 | 1,7863 | 2,0264 | 2,1312 |
| ∞ | 60 | 1,3893 | 1,4821 | 1,6006 | 1,6885 | 1,8905 | 1,9776 |
| ∞ | 120 | 1,2539 | 1,3104 | 1,3805 | 1,4311 | 1,5433 | 1,5901 |
| ∞ | 250 | 1,1661 | 1,2014 | 1,2442 | 1,2745 | 1,3401 | 1,3669 |
| ∞ | 500 | 1,1132 | 1,1365 | 1,1644 | 1,1840 | 1,2256 | 1,2424 |
| ∞ | 1000 | 1,0781 | 1,0938 | 1,1125 | 1,1254 | 1,1528 | 1,1637 |
| ∞ | ∞ | 1,0000 | 1,0000 | 1,0000 | 1,0000 | 1,0000 | 1,0000 |

## La distribution du rapport de variances, *F*, quand $\sigma_1^2 = \sigma_2^2$.

REMARQUES:

Dans le cas de la distribution du rapport de variances *F*, de même que dans celui de la distribution de $\chi^2$ (khi-carré) ainsi que dans celui de la distribution du *t* de Student, on recommande généralement d'interpoler à l'aide de l'inverse des nombres de degrés de liberté plutôt qu'à l'aide des nombres de degrés de liberté eux-mêmes.

Bien que la distribution du rapport de variances ne soit pas symétrique, elle possède une propriété voisine:

$$F_{(1-P;\, \nu_2,\, \nu_1)} = 1/F_{(P;\, \nu_1,\, \nu_2)}\,.$$

Comme la table donnée sur les pages précédentes ne donne que des probabilités cumulées supérieures à 0,95, on se sert de la propriété ci-dessus pour évaluer les valeurs du rapport de variances *F* correspondant aux probabilités complémentaires (0,05, 0,025, 0,01, 0,005, 0,001 et 0,0005).

La distribution du rapport de variances *F* est apparentée à la distribution du *t* de Student par la relation:

$$F_{(P;\, 1,\, \nu)} = t^2_{[(1-P)/2;\, \nu]} = t^2_{[(1+P)/2;\, \nu]}\,.$$

La table des pages précédentes peut être utilisée en outre lorsque les variances paramétriques $\sigma_1^2$ et $\sigma_2^2$ sont inégales à la condition que la valeur de leur rapport $\Phi = \sigma_1^2/\sigma_2^2$ soit connue ou qu'elle soit spécifiée par une hypothèse. Le rapport des variances observées doit alors être calculé à l'aide de l'expression

$$F_{(\nu_1,\, \nu_2)} = (S_1^2/S_2^2)\big/(\sigma_1^2/\sigma_2^2)\,.$$

La présence du facteur $\sigma_1^2/\sigma_2^2$ compense, pour ainsi dire, l'inégalité des variances paramétriques. Lorsque les variances paramétriques sont égales, l'expression ci-dessus se réduit à la forme usuelle:

$$F_{(\nu_1,\, \nu_2)} = (S_1^2/S_2^2)\,.$$

**La distribution du coefficient de corrélation, *r*, quand $\rho = 0$.**

| $\nu$ | Probabilités cumulées | | | | | |
|---|---|---|---|---|---|---|
| | 0,9500 | 0,9750 | 0,9900 | 0,9950 | 0,9990 | 0,9995 |
| 1 | 0,98769 | 0,99692 | 0,99951 | 0,99988 | 1,00000 | 1,00000 |
| 2 | 0,90000 | 0,95000 | 0,98000 | 0,99000 | 0,99800 | 0,99900 |
| 3 | 0,80538 | 0,87834 | 0,93433 | 0,95874 | 0,98593 | 0,99114 |
| 4 | 0,72930 | 0,81140 | 0,88219 | 0,91720 | 0,96326 | 0,97407 |
| 5 | 0,66944 | 0,75449 | 0,83287 | 0,87453 | 0,93496 | 0,95088 |
| 6 | 0,62149 | 0,70673 | 0,78872 | 0,83434 | 0,90490 | 0,92490 |
| 7 | 0,58221 | 0,66638 | 0,74978 | 0,79768 | 0,87514 | 0,89826 |
| 8 | 0,54936 | 0,63190 | 0,71546 | 0,76459 | 0,84669 | 0,87212 |
| 9 | 0,52140 | 0,60207 | 0,68510 | 0,73479 | 0,81993 | 0,84705 |
| 10 | 0,49726 | 0,57598 | 0,65807 | 0,70789 | 0,79495 | 0,82330 |
| 11 | 0,47616 | 0,55294 | 0,63386 | 0,68353 | 0,77173 | 0,80096 |
| 12 | 0,45750 | 0,53241 | 0,61205 | 0,66138 | 0,75014 | 0,78000 |
| 13 | 0,44086 | 0,51398 | 0,59227 | 0,64114 | 0,73007 | 0,76035 |
| 14 | 0,42590 | 0,49731 | 0,57425 | 0,62259 | 0,71139 | 0,74193 |
| 15 | 0,41236 | 0,48215 | 0,55774 | 0,60551 | 0,69396 | 0,72466 |
| 16 | 0,40003 | 0,46828 | 0,54255 | 0,58971 | 0,67767 | 0,70843 |
| 17 | 0,38873 | 0,45553 | 0,52852 | 0,57507 | 0,66241 | 0,69316 |
| 18 | 0,37834 | 0,44376 | 0,51550 | 0,56144 | 0,64809 | 0,67878 |
| 19 | 0,36874 | 0,43286 | 0,50340 | 0,54871 | 0,63462 | 0,66521 |
| 20 | 0,35983 | 0,42271 | 0,49209 | 0,53680 | 0,62193 | 0,65238 |
| 21 | 0,35153 | 0,41325 | 0,48151 | 0,52562 | 0,60994 | 0,64023 |
| 22 | 0,34378 | 0,40439 | 0,47158 | 0,51510 | 0,59860 | 0,62871 |
| 23 | 0,33652 | 0,39607 | 0,46223 | 0,50518 | 0,58785 | 0,61777 |
| 24 | 0,32970 | 0,38824 | 0,45341 | 0,49581 | 0,57765 | 0,60736 |
| 25 | 0,32328 | 0,38086 | 0,44508 | 0,48693 | 0,56795 | 0,59745 |
| 26 | 0,31722 | 0,37389 | 0,43718 | 0,47851 | 0,55871 | 0,58799 |
| 27 | 0,31149 | 0,36728 | 0,42969 | 0,47051 | 0,54990 | 0,57896 |
| 28 | 0,30606 | 0,36101 | 0,42257 | 0,46289 | 0,54149 | 0,57032 |
| 29 | 0,30090 | 0,35505 | 0,41579 | 0,45563 | 0,53344 | 0,56205 |
| 30 | 0,29599 | 0,34937 | 0,40933 | 0,44870 | 0,52574 | 0,55412 |

**La distribution du coefficient de corrélation, *r*, quand $\rho = 0$.**

| $\nu$ | Probabilités cumulées | | | | | |
|---|---|---|---|---|---|---|
| | 0,9500 | 0,9750 | 0,9900 | 0,9950 | 0,9990 | 0,9995 |
| 31 | 0,29132 | 0,34396 | 0,40315 | 0,44207 | 0,51836 | 0,54651 |
| 32 | 0,28686 | 0,33879 | 0,39725 | 0,43573 | 0,51127 | 0,53920 |
| 33 | 0,28259 | 0,33384 | 0,39160 | 0,42965 | 0,50447 | 0,53218 |
| 34 | 0,27852 | 0,32911 | 0,38618 | 0,42381 | 0,49793 | 0,52541 |
| 35 | 0,27461 | 0,32457 | 0,38098 | 0,41821 | 0,49163 | 0,51890 |
| 36 | 0,27086 | 0,32022 | 0,37598 | 0,41282 | 0,48556 | 0,51262 |
| 37 | 0,26727 | 0,31603 | 0,37117 | 0,40764 | 0,47971 | 0,50655 |
| 38 | 0,26381 | 0,31201 | 0,36655 | 0,40264 | 0,47407 | 0,50070 |
| 39 | 0,26048 | 0,30813 | 0,36209 | 0,39782 | 0,46862 | 0,49504 |
| 40 | 0,25728 | 0,30440 | 0,35779 | 0,39317 | 0,46335 | 0,48957 |
| 41 | 0,25419 | 0,30079 | 0,35364 | 0,38868 | 0,45825 | 0,48427 |
| 42 | 0,25121 | 0,29732 | 0,34963 | 0,38434 | 0,45332 | 0,47914 |
| 43 | 0,24833 | 0,29396 | 0,34575 | 0,38014 | 0,44854 | 0,47417 |
| 44 | 0,24555 | 0,29071 | 0,34200 | 0,37608 | 0,44391 | 0,46935 |
| 45 | 0,24286 | 0,28756 | 0,33837 | 0,37214 | 0,43942 | 0,46467 |
| 46 | 0,24026 | 0,28452 | 0,33485 | 0,36833 | 0,43506 | 0,46013 |
| 47 | 0,23773 | 0,28157 | 0,33144 | 0,36462 | 0,43083 | 0,45572 |
| 48 | 0,23529 | 0,27871 | 0,32813 | 0,36103 | 0,42671 | 0,45143 |
| 49 | 0,23292 | 0,27594 | 0,32492 | 0,35754 | 0,42272 | 0,44726 |
| 50 | 0,23062 | 0,27324 | 0,32180 | 0,35415 | 0,41883 | 0,44320 |
| 51 | 0,22839 | 0,27063 | 0,31876 | 0,35086 | 0,41505 | 0,43925 |
| 52 | 0,22622 | 0,26809 | 0,31582 | 0,34765 | 0,41136 | 0,43540 |
| 53 | 0,22411 | 0,26561 | 0,31295 | 0,34453 | 0,40778 | 0,43166 |
| 54 | 0,22206 | 0,26321 | 0,31016 | 0,34150 | 0,40428 | 0,42800 |
| 55 | 0,22006 | 0,26087 | 0,30744 | 0,33854 | 0,40088 | 0,42444 |
| 56 | 0,21812 | 0,25859 | 0,30479 | 0,33566 | 0,39755 | 0,42096 |
| 57 | 0,21623 | 0,25637 | 0,30221 | 0,33284 | 0,39431 | 0,41757 |
| 58 | 0,21438 | 0,25420 | 0,29970 | 0,33010 | 0,39115 | 0,41426 |
| 59 | 0,21258 | 0,25209 | 0,29724 | 0,32743 | 0,38806 | 0,41103 |
| 60 | 0,21083 | 0,25003 | 0,29485 | 0,32482 | 0,38504 | 0,40787 |

## La distribution du coefficient de corrélation, *r*, quand $\rho = 0$.

| $\nu$ | Probabilités cumulées | | | | | |
|---|---|---|---|---|---|---|
| | 0,9500 | 0,9750 | 0,9900 | 0,9950 | 0,9990 | 0,9995 |
| 61 | 0,20912 | 0,24803 | 0,29251 | 0,32227 | 0,38210 | 0,40478 |
| 62 | 0,20745 | 0,24606 | 0,29022 | 0,31978 | 0,37921 | 0,40176 |
| 63 | 0,20582 | 0,24415 | 0,28799 | 0,31735 | 0,37640 | 0,39880 |
| 64 | 0,20423 | 0,24228 | 0,28581 | 0,31497 | 0,37364 | 0,39591 |
| 65 | 0,20267 | 0,24045 | 0,28368 | 0,31264 | 0,37094 | 0,39309 |
| 66 | 0,20115 | 0,23866 | 0,28160 | 0,31036 | 0,36831 | 0,39032 |
| 67 | 0,19967 | 0,23691 | 0,27956 | 0,30814 | 0,36572 | 0,38761 |
| 68 | 0,19821 | 0,23520 | 0,27756 | 0,30596 | 0,36319 | 0,38495 |
| 69 | 0,19679 | 0,23352 | 0,27561 | 0,30382 | 0,36071 | 0,38235 |
| 70 | 0,19539 | 0,23188 | 0,27370 | 0,30173 | 0,35829 | 0,37980 |
| 71 | 0,19403 | 0,23028 | 0,27182 | 0,29969 | 0,35591 | 0,37730 |
| 72 | 0,19269 | 0,22871 | 0,26999 | 0,29768 | 0,35357 | 0,37485 |
| 73 | 0,19139 | 0,22716 | 0,26819 | 0,29571 | 0,35128 | 0,37244 |
| 74 | 0,19010 | 0,22565 | 0,26642 | 0,29379 | 0,34904 | 0,37009 |
| 75 | 0,18885 | 0,22417 | 0,26469 | 0,29189 | 0,34684 | 0,36777 |
| 76 | 0,18761 | 0,22272 | 0,26300 | 0,29004 | 0,34468 | 0,36550 |
| 77 | 0,18641 | 0,22130 | 0,26133 | 0,28822 | 0,34255 | 0,36327 |
| 78 | 0,18522 | 0,21990 | 0,25970 | 0,28643 | 0,34047 | 0,36108 |
| 79 | 0,18406 | 0,21853 | 0,25810 | 0,28468 | 0,33843 | 0,35893 |
| 80 | 0,18292 | 0,21718 | 0,25653 | 0,28296 | 0,33642 | 0,35682 |
| 81 | 0,18180 | 0,21586 | 0,25498 | 0,28127 | 0,33444 | 0,35474 |
| 82 | 0,18070 | 0,21457 | 0,25346 | 0,27961 | 0,33251 | 0,35270 |
| 83 | 0,17961 | 0,21329 | 0,25197 | 0,27797 | 0,33060 | 0,35069 |
| 84 | 0,17855 | 0,21204 | 0,25051 | 0,27637 | 0,32873 | 0,34872 |
| 85 | 0,17751 | 0,21081 | 0,24907 | 0,27479 | 0,32688 | 0,34678 |
| 86 | 0,17649 | 0,20960 | 0,24765 | 0,27324 | 0,32507 | 0,34488 |
| 87 | 0,17548 | 0,20841 | 0,24626 | 0,27172 | 0,32329 | 0,34300 |
| 88 | 0,17449 | 0,20725 | 0,24490 | 0,27022 | 0,32154 | 0,34115 |
| 89 | 0,17352 | 0,20610 | 0,24355 | 0,26875 | 0,31981 | 0,33934 |
| 90 | 0,17256 | 0,20497 | 0,24223 | 0,26730 | 0,31812 | 0,33755 |

## La distribution du coefficient de corrélation, *r*, quand $\rho = 0$.

| $\nu$ | Probabilités cumulées | | | | | |
|---|---|---|---|---|---|---|
| | 0,9500 | 0,9750 | 0,9900 | 0,9950 | 0,9990 | 0,9995 |
| 91 | 0,17162 | 0,20386 | 0,24092 | 0,26587 | 0,31644 | 0,33579 |
| 92 | 0,17069 | 0,20276 | 0,23964 | 0,26447 | 0,31480 | 0,33406 |
| 93 | 0,16978 | 0,20169 | 0,23838 | 0,26308 | 0,31318 | 0,33235 |
| 94 | 0,16888 | 0,20063 | 0,23714 | 0,26172 | 0,31159 | 0,33067 |
| 95 | 0,16800 | 0,19958 | 0,23592 | 0,26038 | 0,31002 | 0,32901 |
| 96 | 0,16713 | 0,19856 | 0,23472 | 0,25906 | 0,30847 | 0,32738 |
| 97 | 0,16627 | 0,19755 | 0,23353 | 0,25776 | 0,30694 | 0,32578 |
| 98 | 0,16543 | 0,19655 | 0,23236 | 0,25648 | 0,30544 | 0,32419 |
| 99 | 0,16460 | 0,19557 | 0,23121 | 0,25522 | 0,30396 | 0,32263 |
| 100 | 0,16378 | 0,19460 | 0,23008 | 0,25398 | 0,30250 | 0,32110 |
| 102 | 0,16218 | 0,19271 | 0,22786 | 0,25155 | 0,29965 | 0,31808 |
| 104 | 0,16063 | 0,19088 | 0,22571 | 0,24918 | 0,29687 | 0,31516 |
| 106 | 0,15912 | 0,18909 | 0,22361 | 0,24688 | 0,29417 | 0,31231 |
| 108 | 0,15765 | 0,18736 | 0,22158 | 0,24465 | 0,29154 | 0,30953 |
| 110 | 0,15622 | 0,18567 | 0,21959 | 0,24247 | 0,28898 | 0,30683 |
| 112 | 0,15483 | 0,18402 | 0,21766 | 0,24035 | 0,28649 | 0,30420 |
| 114 | 0,15348 | 0,18242 | 0,21578 | 0,23828 | 0,28406 | 0,30164 |
| 116 | 0,15216 | 0,18086 | 0,21395 | 0,23627 | 0,28169 | 0,29913 |
| 118 | 0,15087 | 0,17934 | 0,21216 | 0,23431 | 0,27938 | 0,29669 |
| 120 | 0,14962 | 0,17786 | 0,21042 | 0,23240 | 0,27713 | 0,29431 |
| 122 | 0,14840 | 0,17641 | 0,20872 | 0,23053 | 0,27493 | 0,29199 |
| 124 | 0,14720 | 0,17500 | 0,20706 | 0,22870 | 0,27278 | 0,28972 |
| 126 | 0,14604 | 0,17362 | 0,20544 | 0,22692 | 0,27068 | 0,28750 |
| 128 | 0,14490 | 0,17228 | 0,20386 | 0,22518 | 0,26863 | 0,28533 |
| 130 | 0,14379 | 0,17096 | 0,20231 | 0,22348 | 0,26662 | 0,28321 |
| 132 | 0,14270 | 0,16967 | 0,20080 | 0,22182 | 0,26466 | 0,28114 |
| 134 | 0,14164 | 0,16842 | 0,19932 | 0,22019 | 0,26274 | 0,27911 |
| 136 | 0,14060 | 0,16719 | 0,19787 | 0,21860 | 0,26086 | 0,27712 |
| 138 | 0,13959 | 0,16598 | 0,19645 | 0,21704 | 0,25902 | 0,27518 |
| 140 | 0,13859 | 0,16481 | 0,19507 | 0,21552 | 0,25722 | 0,27327 |

**La distribution du coefficient de corrélation, $r$, quand $\rho = 0$.**

| $\nu$ | Probabilités cumulées | | | | | |
|---|---|---|---|---|---|---|
| | 0,9500 | 0,9750 | 0,9900 | 0,9950 | 0,9990 | 0,9995 |
| 142 | 0,13762 | 0,16365 | 0,19371 | 0,21402 | 0,25546 | 0,27141 |
| 144 | 0,13666 | 0,16252 | 0,19238 | 0,21256 | 0,25373 | 0,26958 |
| 146 | 0,13573 | 0,16142 | 0,19108 | 0,21113 | 0,25204 | 0,26779 |
| 148 | 0,13482 | 0,16033 | 0,18980 | 0,20973 | 0,25038 | 0,26604 |
| 150 | 0,13392 | 0,15927 | 0,18855 | 0,20835 | 0,24875 | 0,26432 |
| 152 | 0,13304 | 0,15823 | 0,18733 | 0,20700 | 0,24716 | 0,26263 |
| 154 | 0,13218 | 0,15721 | 0,18612 | 0,20568 | 0,24559 | 0,26097 |
| 156 | 0,13133 | 0,15621 | 0,18494 | 0,20438 | 0,24406 | 0,25935 |
| 158 | 0,13050 | 0,15523 | 0,18379 | 0,20310 | 0,24255 | 0,25775 |
| 160 | 0,12969 | 0,15426 | 0,18265 | 0,20185 | 0,24107 | 0,25618 |
| 162 | 0,12889 | 0,15331 | 0,18153 | 0,20062 | 0,23961 | 0,25465 |
| 164 | 0,12811 | 0,15238 | 0,18044 | 0,19942 | 0,23819 | 0,25313 |
| 166 | 0,12734 | 0,15147 | 0,17936 | 0,19823 | 0,23678 | 0,25165 |
| 168 | 0,12658 | 0,15058 | 0,17831 | 0,19707 | 0,23541 | 0,25019 |
| 170 | 0,12584 | 0,14969 | 0,17727 | 0,19593 | 0,23405 | 0,24876 |
| 172 | 0,12511 | 0,14883 | 0,17625 | 0,19480 | 0,23272 | 0,24735 |
| 174 | 0,12439 | 0,14798 | 0,17524 | 0,19370 | 0,23141 | 0,24596 |
| 176 | 0,12368 | 0,14714 | 0,17426 | 0,19261 | 0,23013 | 0,24460 |
| 178 | 0,12299 | 0,14632 | 0,17329 | 0,19154 | 0,22886 | 0,24326 |
| 180 | 0,12231 | 0,14551 | 0,17234 | 0,19049 | 0,22762 | 0,24194 |
| 182 | 0,12164 | 0,14472 | 0,17140 | 0,18946 | 0,22639 | 0,24065 |
| 184 | 0,12098 | 0,14393 | 0,17047 | 0,18844 | 0,22519 | 0,23937 |
| 186 | 0,12033 | 0,14316 | 0,16957 | 0,18744 | 0,22400 | 0,23811 |
| 188 | 0,11969 | 0,14240 | 0,16867 | 0,18646 | 0,22283 | 0,23688 |
| 190 | 0,11906 | 0,14166 | 0,16779 | 0,18549 | 0,22168 | 0,23566 |
| 192 | 0,11844 | 0,14092 | 0,16693 | 0,18454 | 0,22055 | 0,23446 |
| 194 | 0,11783 | 0,14020 | 0,16607 | 0,18360 | 0,21944 | 0,23328 |
| 196 | 0,11723 | 0,13949 | 0,16523 | 0,18267 | 0,21834 | 0,23212 |
| 198 | 0,11664 | 0,13879 | 0,16441 | 0,18176 | 0,21726 | 0,23097 |
| 200 | 0,11606 | 0,13810 | 0,16359 | 0,18086 | 0,21619 | 0,22984 |

## La distribution du coefficient de corrélation, *r*, quand $\rho = 0$.

| $\nu$ | Probabilités cumulées | | | | | |
|---|---|---|---|---|---|---|
| | 0,9500 | 0,9750 | 0,9900 | 0,9950 | 0,9990 | 0,9995 |
| 250 | 0,10385 | 0,12361 | 0,14648 | 0,16199 | 0,19378 | 0,20608 |
| 300 | 0,09483 | 0,11289 | 0,13382 | 0,14802 | 0,17715 | 0,18843 |
| 400 | 0,08215 | 0,09782 | 0,11600 | 0,12834 | 0,15369 | 0,16352 |
| 500 | 0,07350 | 0,08753 | 0,10381 | 0,11487 | 0,13761 | 0,14644 |
| 600 | 0,06710 | 0,07992 | 0,09480 | 0,10491 | 0,12571 | 0,13379 |
| 700 | 0,06213 | 0,07400 | 0,08779 | 0,09716 | 0,11644 | 0,12393 |
| 800 | 0,05812 | 0,06923 | 0,08214 | 0,09091 | 0,10896 | 0,11598 |
| 900 | 0,05480 | 0,06528 | 0,07745 | 0,08573 | 0,10276 | 0,10939 |
| 1000 | 0,05199 | 0,06194 | 0,07348 | 0,08134 | 0,09751 | 0,10380 |
| $\infty$ | 0,00000 | 0,00000 | 0,00000 | 0,00000 | 0,00000 | 0,00000 |

REMARQUES:

Comme, lorsque le coefficient de corrélation paramétrique $\rho = 0$, la distribution du coefficient observé $r$ est symétrique, les valeurs de $r$ possédant une probabilité cumulée $P$ inférieure à 0,5 peuvent être évaluées à l'aide de la relation

$$r_{(P;\,\nu)} = -r_{(1-P;\,\nu)}\,.$$

Le nombre de degrés de liberté d'un coefficient de corrélation ordinaire (aussi appelé *coefficient de corrélation totale*) est $\nu = (N-2)$, où $N$ est l'effectif de l'échantillon. Dans le cas d'un *coefficient de corrélation partielle,* le nombre de degrés de liberté est $\nu = (N-2-k)$, où $k$ désigne le nombre de variables prédictrices gardées constantes.

Un coefficient de corrélation totale ou partielle peut être transformé en un $t$ de Student à l'aide de la relation

$$t_{(\nu)} = r\sqrt{[\nu/(1-r^2)]}\,.$$

Inversement, on peut déterminer la valeur de $r$ possédant une probabilité cumulée $P$ à l'aide de la relation

$$r_{(P;\,\nu)} = t_{(P;\,\nu)}/\sqrt{[t^2_{(P;\,\nu)} + \nu]}\,.$$

La table des pages précédentes ne doit être employée ni lorsque $\rho \neq 0$ (voir section 19.6) ni dans le cas d'un coefficient de corrélation multiple (voir section 23.5).

# Table des matières détaillée

# Index des auteurs

# Index des sujets